专利文献研究

医药制药

2018

国家知识产权局专利局专利文献部◎组织编写

知识产权出版社
全国百佳图书出版单位
—北京—

图书在版编目（CIP）数据

专利文献研究. 2018. 医药制药/国家知识产权局专利局专利文献部组织编写. —北京：知识产权出版社，2019.9

ISBN 978 - 7 - 5130 - 6496 - 5

Ⅰ.①专… Ⅱ.①国… Ⅲ.①专利—文集 Ⅳ.①G306 - 53

中国版本图书馆 CIP 数据核字（2019）第 214070 号

内容提要

本书为国家知识产权局专利局专利文献部组织编写的 2018 年优秀专利文献研究成果集的医药制药专题，共 31 篇论文，旨在通过对这个专题的深入研究，传播共享专利局各审查部门、各地审查协作中心的专利审查员、专利信息分析人员、专利布局研究人员的最新专利文献研究成果，以期共同推进我国的专利文献的专题研究深度及广度。

责任编辑：卢海鹰	责任校对：潘凤越
执行编辑：崔思琪	责任印制：刘译文

专利文献研究（2018）

——医药制药

国家知识产权局专利局专利文献部　组织编写

出版发行：**知识产权出版社**有限责任公司	网　　址：http：//www.ipph.cn
社　　址：北京市海淀区气象路 50 号院	邮　　编：100081
责编电话：010 - 82000860 转 8122	责编邮箱：lueagle@126.com
发行电话：010 - 82000860 转 8101/8102	发行传真：010 - 82000893/82005070/82000270
印　　刷：三河市国英印务有限公司	经　　销：各大网上书店、新华书店及相关专业书店
开　　本：787mm×1092mm　1/16	印　　张：42.25
版　　次：2019 年 9 月第 1 版	印　　次：2019 年 9 月第 1 次印刷
字　　数：880 千字	定　　价：190.00 元

ISBN 978-7-5130-6496-5

出版说明

习近平总书记指出："加强知识产权保护是完善产权保护制度最重要的内容，也是提高中国经济竞争力最大的激励"。创新驱动发展是世界经济发展的必然趋势，知识产权日益成为国家发展的战略性资源和国际竞争力的核心要素。作为创新主战场的制造业需要把握这一难得的战略机遇，突出创新驱动，突破一批重点领域关键技术，向数字化、网络化、智能化方向发展。

《专利文献研究》系列丛书自 2010 年首刊以来，已收录文章 400 余篇，旨在及时挖掘专利文献价值、呈现各技术领域的最新研究成果。自 2017 年以来，本书编写组紧密围绕重点领域，邀请国家知识产权局专利局相关领域专利审查员开展专利技术综述撰写工作。

《专利文献研究 2018》丛书共分三册，收录了智能汽车、智能电网、医药制药三个技术领域的专利技术综述。作者在整理、分析特定技术领域相关专利文献的基础上，以典型技术方案为支撑，展现该领域的技术发展趋势、核心技术、主要专利申请人和发明人等信息，并以此为基础对该技术领域今后的发展方向和发展趋势进行综合性论述。

衷心希望本书的出版能够为广大专利工作者提供参考，为制造业相关领域从业者提供借鉴和支持，为实现中国制造向中国创造、中国速度向中国质量、中国产品向中国品牌三大转变贡献力量。

《专利文献研究 2018》编辑部
2019 年 9 月

目　录

CDK 抑制剂类抗肿瘤化药专利技术综述*

孙静　李军勇**

摘要 细胞周期是细胞生命活动的基本特征。一个完整的细胞周期受多种蛋白酶的调控，调控失调会导致细胞过度增殖，从而引发肿瘤。以细胞周期蛋白依赖性激酶（cyclin dependent kinase，CDK）为靶点的药物可以阻断细胞周期，控制细胞增殖，从而达到抗肿瘤的目的。本文以细胞周期依赖性蛋白激酶、细胞周期蛋白、细胞周期调控机制及其与肿瘤的关系为入口，对近年来不同结构类型的细胞周期蛋白激酶抑制剂类抗肿瘤化药进行专利技术综述，并初步分析其发展趋势。

关键词 细胞周期　细胞周期蛋白依赖性激酶　抑制剂　抗肿瘤

一、概述

目前，已发现的与细胞周期调控有关的分子很多，可分为 3 大类：细胞周期蛋白（cyclin）、细胞周期蛋白依赖性激酶（cyclin‒dependent‒kinase，CDK）、细胞周期蛋白依赖性激酶抑制因子（cyclin‒dependent‒kinaseinhibitor，CKI）。其中，CDK 是细胞周期调控网络的核心分子，细胞周期蛋白对 CDK 具有正性调控作用，CKI 有负性调控作用，它们共同构成了细胞周期调控的分子基础。

（一）细胞周期蛋白依赖性激酶

美国和英国的 3 位科学家利兰·哈特韦尔、提莫西·亨特和保罗·纳斯，因发现细胞周期蛋白依赖性激酶和细胞周期蛋白及其作用，获得 2001 年诺贝尔生理学/医学奖。CDK 与细胞周期蛋白以非共价键结合形成复合物，并通过细胞周期蛋白的表达和降解，参与酶的调节并维持细胞周期有序进行，其中 CDK 为催化亚基，细胞周期蛋白为调控亚基。不同的细胞周期蛋白‒CDK 复合物具有不同的生物学功能，并通过 CDK 的底物磷酸化，实现对细胞周期不同时相的推进和转化。

---

* 作者单位：国家知识产权局专利局专利审查协作江苏中心。

** 等同第一作者。

根据 CDK 功能的不同，可以将其主要分为两大类。一类 CDK 参与细胞周期调控，主要包括 CDK1、CDK2、CDK4、CDK6 等，另一类 CDK 参与转录调节，主要包括 CDK7、CDK8、CDK9、CDK10、CDK11 等（见图 1－1）。CDK7/Cyclin H、CDK8/Cyclin C、CDK9/Cyclin T 均通过调节 RNA 聚合酶Ⅱ的磷酸化来调节转录。

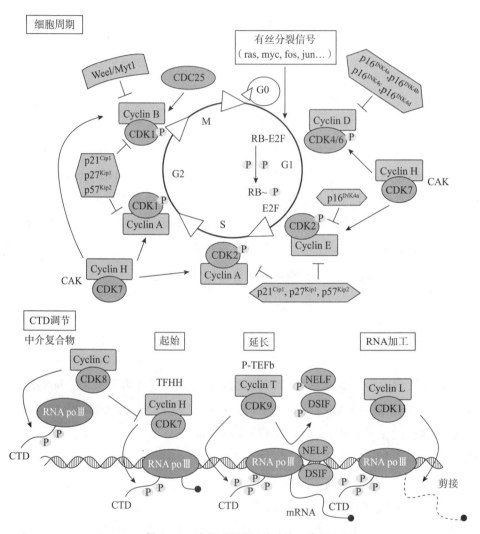

图 1－1　主要 CDK 及其功能示意图

（二）已上市的细胞周期蛋白依赖性激酶抑制剂

在肿瘤细胞中，细胞周期蛋白过表达或过度活化、CDK 活性被抑制、上游分裂信号持续激活等都会引起 CDK 的活性改变。CDK 活性失调会直接或间接引起细胞增殖失控、基因组不稳定（DNA 突变增加、染色体缺失等）和染色体不稳定（染色体数目变化）等，参与肿瘤的发生发展。由于 CDK 活性为细胞分裂所必需，而在肿瘤细胞中又常有 CDK 活性增强，因此长期以来，CDK 一直被认为是抗肿瘤及其他增殖失调疾病药物研发的较好靶点。目前已有 3 个 CDK 抑制剂在临床用于抗肿瘤治疗，具体见表 1－1。

表 1-1　代表性 CDK 抑制剂类抗肿瘤药物

品名	结构式	国家	公司	上市年份
Palbociclib		美国	辉瑞	2015
Ribociclib		美国	诺华	2017
Abemaciclib		美国	礼来	2018

2015 年 2 月，美国辉瑞（Pfizer）公司的帕布昔利布（Palbociclib）获美国食品药品监督管理局（FDA）批准与雌激素疗法联合用于雌激素受体阳性乳腺癌患者的治疗。在 RB 野生型细胞中，Palbociclib 能抑制 CDK4、CDK6 的活性（IC_{50} 分别为 9~11nmol/L 和 15nmol/L），从而降低 RB 磷酸化水平，引起 G1 期阻滞，抑制多种 CDK4 扩增肿瘤细胞株的增殖。该化合物的成功上市再次掀起了 CDK 抑制剂的研发热潮。该药的上市为 CDK4/6 抑制剂及 G1 期相关靶点药物的开发提供了强有力的支持。

2017 年 3 月，美国诺华（Novartis）公司的瑞博西尼（Ribociclib）获 FDA 批准与雌激素疗法联合用于雌激素受体阳性乳腺癌患者的治疗。Ribociclib 在 CDK4/6 或其上游调节信号激活的肿瘤中有效（IC_{50} 分别为 10nmol/L 和 39nmol/L），连续给药可抑制移植瘤的生长，对小鼠体质量则无明显影响，是目前辉瑞公司产品 Palbociclib 的主要竞争者。

2018 年 2 月，美国礼来（Eli Lilly）公司的 Abemaciclib 获 FDA 批准与雌激素疗法联合用于雌激素受体阳性乳腺癌患者的治疗。作为一种口服有效的 CDK4、CDK6 选择性抑制剂（IC_{50} 分别为 2nmol/L 和 5nmol/L），Abemaciclib 能通过血脑屏障，在体外激酶实验中发现 Abemaciclib 还能抑制 CDK9 活性（$IC_{50}=59$nmol/L）。

国际制药企业巨头接连推出重磅药物，无疑展现了该领域抗肿瘤药物研发竞争的白热化。根据 2016 年财报，Palbociclib 的总销售额为 21 亿美元，世界排名第五，辉瑞公司也凭借 Palbociclib 销售额的大幅增长，抗肿瘤药物销售额从 29 亿美元升高至 46 亿美元，排名上升至全球销售额的季军，业内人士预计 Palbociclib 5 年后的收入将达 70 亿美元。正是背后丰厚的利润以及超高的投资回报率促使着更多的制药企业纷纷加入 CDK 抑制剂类抗肿瘤药物研发的竞争中，目前数十个 CDK 抑制剂处于针对实体瘤和血液系统肿瘤的临床或临床前研究阶段。

对于中国来说，Palbociclib 所针对的适应证乳腺癌是中国最主要的恶性肿瘤之一，发病率居城乡女性首位，累计发病率为 3.45%，即平均 29 名女性中有 1 名患乳腺癌，是危害居民生命健康的最主要的恶性肿瘤之一，且在近十几年总体呈现上升趋势。以 Palbociclib 为代表的 CDK 抑制剂类抗肿瘤药物的研发将是"中国制造"不可或缺的一环，占有重要的地位。中国在 CDK 抑制剂类抗肿瘤药物的"研发竞赛"中同样没有缺席，目前，江苏恒瑞、轩竹医药、贝达药业等国内知名制药企业也纷纷加入 CDK 抑制剂类抗肿瘤药物研发大军。笔者希望通过本文对 CDK 抑制剂类抗肿瘤药物的专利技术的梳理，使中国制药行业对该技术领域更加重视，投入更多的研发力量，最终让中国企业能够在 CDK 抑制剂类抗肿瘤药物这一技术领域展现出中国制药的力量。

二、数据库的选择和检索

为了解 CDK 抑制剂类抗肿瘤药物技术专利申请状况，笔者通过检索中国专利文摘数据库（CNABS）、中国专利全文数据库（CNTXT）和德温特世界专利索引数据库（DWPI）、美国专利全文文本数据库（USTXT）、国际专利全文文本数据库（WOTXT）、欧洲专利全文文本数据库（EPTXT）、日本全文专利数据库（JPTXT）以及韩国全文专利数据库（KRTXT）来获得进行统计分析的专利样本。检索的关键词主要包括：细胞周期蛋白依赖性激酶、癌、瘤、CDK、Cyclin dependent kinase inhibitor、cancer、tumour，检索要素分为三部分：靶标（CDK）、适应证（抗肿瘤）以及化学药；检索涉及的主要分类号为 C07D、C07C、C07F、C07H 3、C07H 5、C07H 7、C07H 9、C07H 11、C07H 13、C07H 15、C07H 17、C07H 19、C07H 23、C07J，具体检索过程如表 2-1 所示。

表 2-1 CDK 抑制剂类抗肿瘤药物的专利技术检索过程

序号	数据库	结果/篇	检索式
1	CNABS	805	CDK or 细胞周期蛋白依赖性激酶
2	CNABS	152256	/IC C07D or C07C OR C07F OR C07H 3 OR C07H 5 OR C07H 7 OR C07H 9 OR C07H 11 OR C07H 13 OR C07H 15 OR C07H 17 OR C07H 19 OR C07H 23 OR C07J
3	CNABS	157904	癌 or 瘤 or 增殖

序号	数据库	结果/篇	检索式
4	CNABS	453	1 and 2 and 3
1	DWPI	846807	/IC C07D or C07C OR C07F OR C07H 3 OR C07H 5 OR C07H 7 OR C07H 9 OR C07H 11 OR C07H 13 OR C07H 15 OR C07H 17 OR C07H 19 OR C07H 23 OR C07J
2	DWPI	360419	+ prolif + or + cancer? or + tumour? or + tumor? or A61P35/ic
3	DWPI	83906	1 and 2
4	DWPI	2512	cdk or（Cyclin s dependent s kinase s inhibitor?）
5	DWPI	3754	转库＊
6	DWPI	1237	3 and 5
7	DWPI	1051	3 and 4
8	DWPI	1632	6 or 7

转库＊表示的检索过程为在 WOTXT、JPTXT、CNTXT、EPTXT、KRTXT、USTXT 中检索"CDK/frec ＞2"，"或"运算合并后转库 DWPI。

由于 2018 年 7 月 1 日之后申请的专利申请多数还未公开，因而本文仅分析 2018 年 7 月 1 日以前已经公开的专利申请的数据。经过数据整理，得到专利申请文献 1600 余篇。

三、专利分析

（一）专利申请量趋势分析

截至 2018 年 7 月 1 日，我国关于 CDK 抑制剂类抗肿瘤化药的专利申请量为 453 件，全球申请量达到 1669 件。自 1995 年以来，国内外相关专利申请年度分布情况如图 3－1 所示。从图 3－1 中可以看出，全球相关专利申请量于 2001 年细胞周期蛋白依赖性激酶和细胞周期蛋白及其作用机理阐明后迎来了第一次小高潮，此后保持稳定发展，于 2006 年前后迎来第二次高潮，其后发展保持低速缓慢前进，于 2015 年，即 Palbociclib 被 FDA 批准的期间再次迎来第三次高潮，可谓一波三折。而我国相关专利申请量在 2012 年之前几乎为零，错过了全球发展的第一、第二次高潮。2012～2014 年专利申请量较少，增长缓慢，并没有跟上全球发展的第三次高潮。但是在 2014 年以后，我国相关专利申请量增长较多，增长速率也同步甚至高于全球发展水平，这表明国外对于 CDK 抑制剂类抗肿瘤化药的研究较早，研发历程较长，而国内起步较晚，但近些年国内相关研究的热度并不逊色于国外。

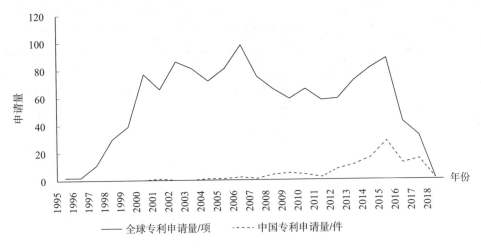

图 3-1 CDK 抑制剂类抗肿瘤药国内外专利申请年度趋势

（二）专利申请人分析

以优先权国家为入口，CDK 抑制剂类抗肿瘤化药的专利申请以中国、美国、欧洲居多，约占总申请量的 70%。图 3-2 是相关专利申请国家/地区分布，从该图中可以看出，美国优势地位显著，申请量约占 56%，50% 以上的专利申请均来自美国，研发实力不容小觑；中国为后起之秀，申请量已经赶上欧洲，与欧洲一样，占总申请量的 9%；除此之外，英国、德国、日本、韩国等对该领域均有所涉及。

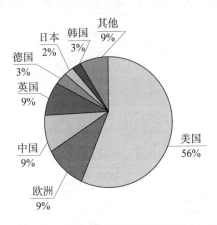

图 3-2 CDK 抑制剂类抗肿瘤药专利申请国家/地区分布

对专利申请量前五的国家/地区作进一步的分析，以时间为横坐标可以清楚地看到各个国家/地区专利申请量的发展历程，具体如图 3-3 所示，美国的专利申请量的趋势基本上与全球专利申请量的趋势一致，可见美国在该领域的霸主地位。在 2010 年之前，仅有英国开展了一定规模的 CDK 抑制剂类抗肿瘤化药的研发工作；而在此之后中国逐渐登上舞台，尤其是 2014 年以后申请量增量明显，增长率远远超过美国、英国等发达国家，申请总量也逐渐逼近美国，显示了中国强劲的研发实力以及研发潜力。

目前在该领域中，专利申请人相对集中于全球知名制药企业，具体如图3-4所示，拜耳（BAYER）公司以163件专利申请位列第一，Ribociclib 的原研公司诺华（NOVARTIS）紧随其后，以114件专利申请位列第二，第三位是阿斯利康（ASTRAZENECA），显示了美国制药在该领域强大的研发实力以及垄断地位。前十位的专利申请人还没有出现中国的制药企业，中国在该领域还需要继续投入更多的研发力量，赶超之路任重道远。

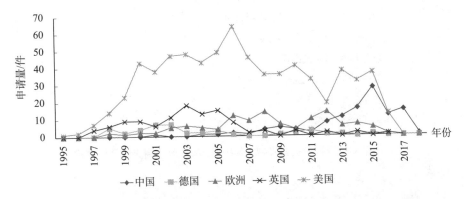

图3-3　CDK 抑制剂类抗肿瘤药专利申请量前五国家/地区的专利申请年度分布

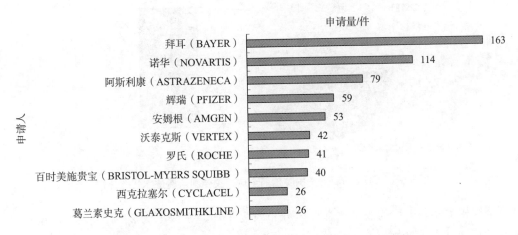

图3-4　CDK 抑制剂类抗肿瘤药全球主要申请人专利申请排名

与全球主要申请人分布不同的是，目前国内主要专利申请人中高校占多数，可见中国新药研发的重心仍然在科研院校中；当然也有如东阳光、江苏恒瑞、正大天晴这样的国内知名制药企业开始加大新药研发的投入，取得了较好的成绩，足见中国制药企业的活力与潜力，具体如图3-5所示。

（三）专利申请的法律状态分析

根据技术主题内容，CDK 抑制剂类抗肿瘤化药的专利申请可分为化合物、衍生物、晶型、合成方法以及药物制剂（如组合物）等方面。经限定检索后得到的绝大多数为马库什通式化合物及其制备方法、组合物、用途的专利申请，以目前的法律状态为入口，CDK 抑制剂类抗肿瘤化药的全球专利申请的法律状态如图 3 - 6 所示。

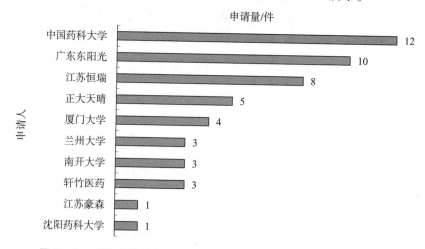

图 3 - 5　CDK 抑制剂类抗肿瘤药中国专利主要申请人专利申请排名

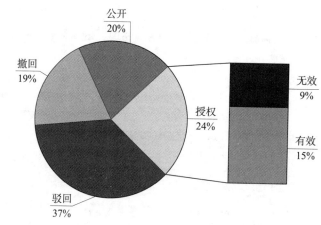

图 3 - 6　CDK 抑制剂类抗肿瘤药全球相关专利申请法律状态分布

　　全球相关专利申请的法律状态总体分布较为平均，授权率为 24%，驳回率为 37%；还有 20% 处于公开阶段，还未结案；19% 已撤回。授权案件中有 9% 处于无效状态，可能的原因为专利权人放弃专利权或被第三人无效。

　　欧洲相关专利申请总体是稳定发展，授权率为 41%，远超全球平均水平，其中仅有 4% 的专利申请处于无效状态，可见其专利布局的稳定性以及准确性较好，相关专利申请法律状态具体分布见图 3 - 7。

　　结合申请人排序，对全球排名前三的制药巨头进行专利申请的法律状态检索发现（参见图 3 - 8），制药巨头的专利申请中撤回状态占多数，尤其是诺华公司，撤回率达到 60% 以上。当然撤回的原因很多，例如专利布局策略、专利申请视撤等。阿斯利康的授权率近 50%，无效状态占比 33% 以上。可见，药物研发不是一项一蹴而就的工作，其背

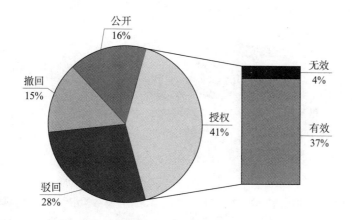

图 3-7　CDK 抑制剂类抗肿瘤药欧洲相关专利申请法律状态分布

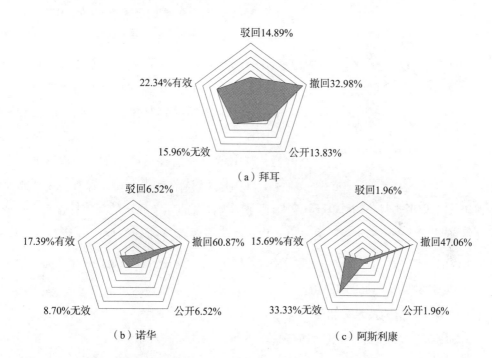

图 3-8　CDK 抑制剂类抗肿瘤药全球排名前三的专利申请人相关专利申请法律状态分布

后的知识产权保护也是一项系统工作，如何进行有效的专利布局也是中国企业需要努力的方向之一。

（四）专利申请的分类号分析

经统计，CDK 抑制剂类抗肿瘤化药专利申请的 IPC 分类号集中于 A61K、C07D、A61P，其中与化合物结构相关的分类号中 C07D 占 90%，即杂环化合物是 CDK 抑制剂类抗肿瘤化药的主要结构类型，而涉及胆甾醇衍生物的 C07C、涉及肽类化合物的 C07K，涉及非碳氢氧环状化合物的 C07F，涉及糖、核酸、核苷酸类的 C07H，涉及甾族化合物

C07J 总计仅占 10%，具体见图 3－9。

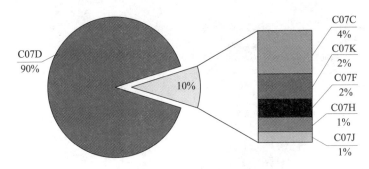

图 3－9　CDK 抑制剂类抗肿瘤药相关专利申请化合物结构相关 IPC 分类号分布

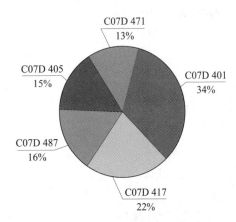

图 3－10　CDK 抑制剂类抗肿瘤药
相关专利申请 C07D 分类号分布

对 C07D 再细分，可以看出 CDK 抑制剂类抗肿瘤化药主要结构类型集中在 C07D 401（杂环化合物，含有两个或更多个杂环，以氮原子作为仅有的环杂原子，至少有一个环是仅含有一个氮原子的六节环）、C07D 417（杂环化合物，含两个或更多个杂环，至少有一个环有氮原子和硫原子作为仅有的环杂原子）、C07D 487（杂环化合物，其中稠合环系含有氮原子作为仅有的环杂原子）、C07D 405（杂环化合物，含有一个或多个以氧原子作为仅有的环杂原子的环，且含有一个或多个以氮原子作为仅有的环杂原子的环）、C07D 471

（杂环化合物，其中稠合环系含有氮原子作为仅有的环杂原子，其中至少一个环是含有一个氮原子的六节环），具体见图 3－10。

（五）专利申请的技术分析

1. CDK 抑制剂类抗肿瘤化药研究现状

要了解 CDK 抑制剂类抗肿瘤化药的专利动态，有必要先了解一下已上市和进入临床研究的相关药物，这有助于我们更清晰地理解相关专利技术，探索专利技术的研究趋势。截至 2018 年 7 月 1 日，上市 CDK 抑制剂类抗肿瘤化药药物共有 3 个，分别是 2015 年经 FDA 批准上市的 Palbociclib、2017 年上市的 Ribociclib 和 2018 年上市的 Abemaciclib，另外，数十个活性化合物也已经进入临床试验，部分仍处于研发中的药物如表 3－1 所示。

值得关注的是，中国 1 类新药中同样涉及了 CDK 抑制剂类抗肿瘤化药（具体见表 3－2），分别是江苏恒瑞、轩竹医药、贝达药业以及重庆复创医药，均是针对 CDK4、CDK6 靶点进行的药物研发，用于治疗乳腺癌等恶性肿瘤，目前处于 I 期临床试验阶段；

李氏大药厂与外国药企合作的 CDK1、CDK2 抑制剂，用于治疗固体瘤等恶性肿瘤，目前处于 I 期临床试验阶段。此外，常州千红生化制药的 QHRD107 也提交了临床申请，是一种 CDK9 抑制剂，用于治疗急性骨髓性白血病。

表 3－1　CDK 抑制剂部分相关在研化药

药物名称	研发公司	CDK 靶点	肿瘤种类	阶段
Dinaciclib	默沙东	CDK1，2，5，9	乳腺癌等	Ⅲ
Flavopirido	赛诺菲	CDK2，4，6，7，9	白血病等	Ⅱ
Roscovitine	Cyclacel	CDK2，5，7，9	肺癌等	Ⅱ
AT－7519	AStex	CDK4－6，7，9	白血病等	Ⅱ
G1T38	G1	CDK4，6	恶性肿瘤	Ⅱ
SNS－032	施贵宝	CDK2，7，9	淋巴癌等	Ⅱ
G1T28	G1	CDK4，6	肺癌等	Ⅱ
Atuveciclib	拜耳	CDK9	白血病等	I
BAY－1251152	拜耳	CDK9	白血病等	I

表 3－2　中国 1 类新药涉及 CDK 抑制剂的抗肿瘤药物

药物名称	研发公司	CDK 靶点	肿瘤种类	阶段
吡罗西尼	轩竹医药	CDK4，6	乳腺癌	I
BPI－16350	贝达药业	CDK4，6	乳腺癌	I
FCN－437c	重庆复创医药	CDK4，6	乳腺癌等	I
SHR－6390	江苏恒瑞	CDK4，6	恶性肿瘤	I
TG－02	李氏大药厂	CDK1，2	固体瘤	Ⅱ

由上述在研药物可知，全球知名制药企业对 CDK 抑制剂类抗肿瘤药物的研发相当重视，中国也在逐渐追赶上外国制药研发的脚步。当然其过程也是艰辛的，根据 CDK 抑制剂类抗肿瘤药物研发至上市的历程可知（具体见图 3－11），仅有少数活性化合物可以顺利通过 Ⅰ～Ⅲ 期临床试验上市，有些出自"名门"的活性化合物，如 Flavopiri-dol，作为第一代 CDK 抑制剂的代表，由于药效不明显等问题而遗憾退出，未能如期进入Ⅲ期临床。那么，如何找到活性更优的替代化合物将成为该类专利申请的主要技术问题。

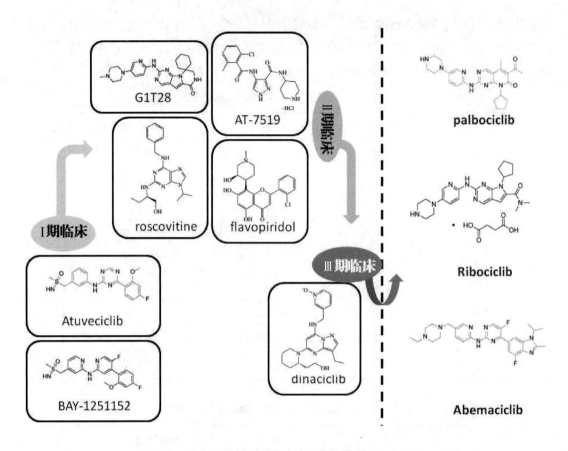

图 3 – 11　CDK 抑制剂类抗肿瘤药物研发至上市历程

2. CDK 抑制剂类抗肿瘤化药专利申请的技术问题分析

在药物研发中，Flavopiridol 为代表的第一代 CDK 抑制剂以等效的方式阻断 CDK 家族所有亚型，在临床表现出较高的毒性，无法达到有效的治疗剂量，因此激发了研发人员对于选择性 CDK 抑制剂的研发热情，期望能够找到提高靶点选择性的活性化合物，以防止正常细胞受到不良作用的损害，如骨髓抑制或肠道反应。如何提高 CDK 靶向的选择性从而降低毒性成为 CDK 抑制剂类抗肿瘤化药专利申请最主要的技术问题。

通过对 CDK 靶点种类为切入口进行分析可知，CDK2、CDK4、CDK6 靶点是全球专利申请中较多涉及的，超过 60% 的专利申请中涉及上述 CDK 靶点，这是由于大多数增殖细胞依赖 CDK2、CDK4、CDK6 增殖。其中选择 CDK4、CDK6 靶点的研发是较为成功的，CDK4、CDK6 靶点抑制剂不表现出 "pan – CDK 抑制剂" 的细胞毒性，是目前研发的热点之一，具体见图 3 – 12。

通过重点分析美国与中国相关专利申请可知，中国与美国的研发重点是相似的，CDK1、CDK2、CDK4、CDK6 是美国企业最为关注的 CDK 靶点，而中国基于研发上的跟随策略，专利申请也集中于上述靶点，具体见图 3 – 13。

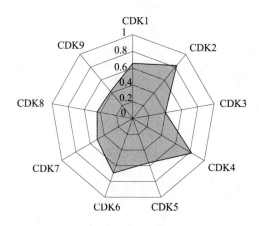

图 3 -12　全球专利申请 CDK 靶点种类分布

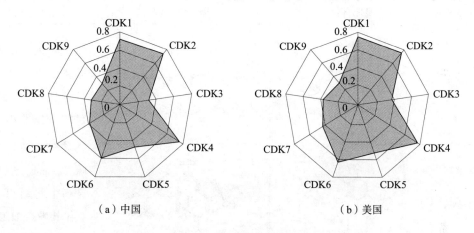

（a）中国　　　　　　　　　　　　（b）美国

图 3 -13　中国和美国专利申请 CDK 靶点种类分布

除此之外，提高药物的生物利用度也是 CDK 抑制剂类抗肿瘤化药专利申请需要解决的技术问题之一。例如，2018 年被 FDA 批准上市的 Abemaciclib，作为一种口服有效的 CDK4、CDK6 选择性抑制剂具有广阔的市场空间。

3. CDK 抑制剂类抗肿瘤化药专利申请的技术手段分析

研发人员不断地寻找新的活性化合物，期望可以解决选择性差、毒性大、生物利用度低的技术问题。以下从结构类型为入口结合所解决的技术问题分别介绍专利申请中的相关技术手段。

（1）黄匹多类衍生物

黄匹多（见图 3 - 14 中化合物 1）是美国国立癌症研究所筛选得到的第一个进入临床的非选择性 CDK 抑制剂，它是以植物红果樫木（*Dysoxylum binectariferum*）中分离得到的 Rohitukine（见图 3 - 14 中化合物 2）为先导化合物，经结构修饰得到的黄酮类化合物。

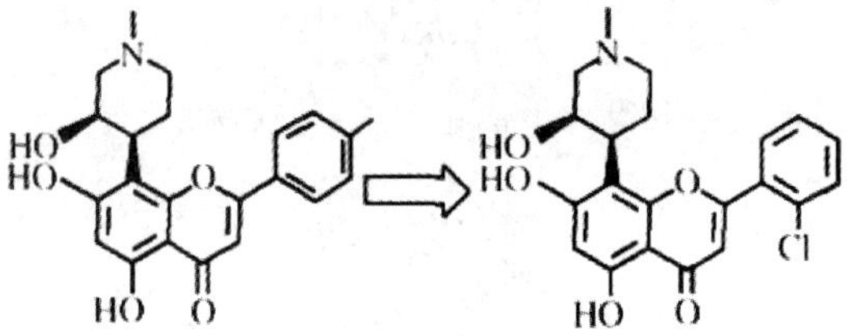

图 3 - 14　黄匹多及其先导化合物

研发人员在此基础上合成了一系列的黄匹多类衍生物，包括 CDK 抑制剂第一代药物 Flavopiridol，其他衍生物结构如表 3 - 3 所示。

表 3 - 3　黄匹多类衍生物结构示例

专利公开号	马库什通式	具体化合物	技术效果
US20170334938	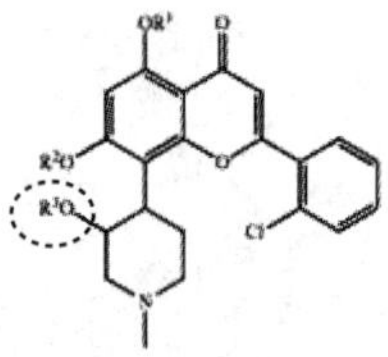	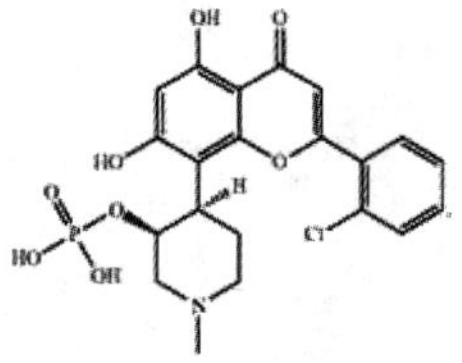	Flavopiridol 前药，提高生物利用度，对体外肿瘤细胞具有明显抑制作用
CN107849073	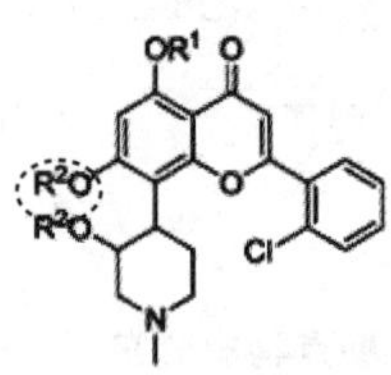	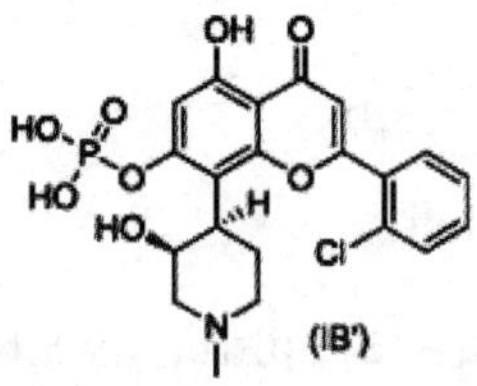	Flavopiridol 前药，提高生物利用度，对体外肿瘤细胞具有明显抑制作用
CN104771407	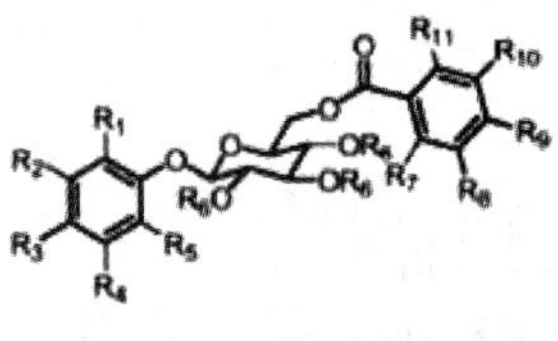	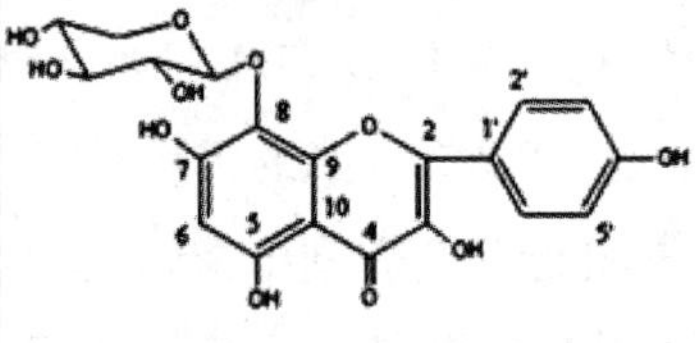	提取自玫瑰红景天根 Litvinolin，选择性 CDK5 抑制剂，IC_{50} 值为 3.24μM

注：μM = μmol/L，nM = nmol/L，余同。

（2）嘌呤类衍生物

第一个嘌呤类 CDK 抑制剂是 6 - 二甲氨基嘌呤，该化合物以 CDK4 为作用靶点，但抑制活性并不高（IC_{50} 值为 1.2×10^5 μM）。研发人员以它为先导化合物，合成了一系列的嘌呤类衍生物，具体衍生物结构如表 3 - 4 所示，主要结构修饰位点在于嘌呤环上取代基，引入含 NH - 环状结构，获得活性较优的化合物，如专利 CN101679434 公开的一种 CDK2/CDK9 抑制剂，相较于现有的 Seliciclib 活性表现更加出色。

表 3 - 4 嘌呤类衍生物结构示例

专利公开号	马库什通式	具体化合物	技术效果
US6642231	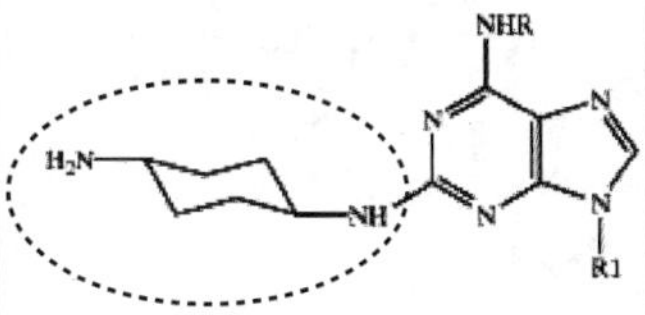	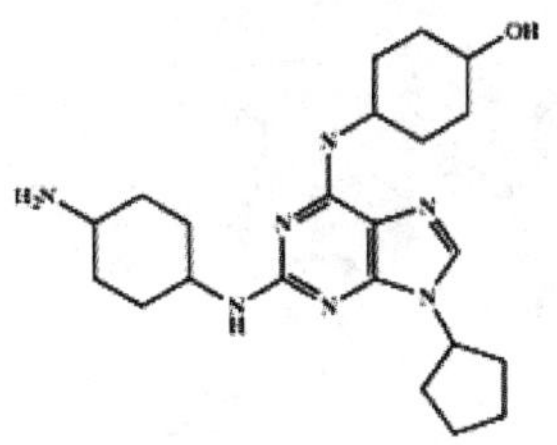	选择性 CDK2 抑制剂，IC_{50} 值为 $0.05\mu M$
EP1353922	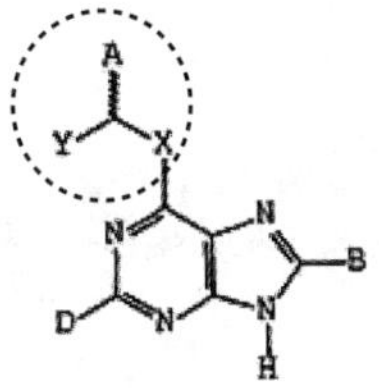	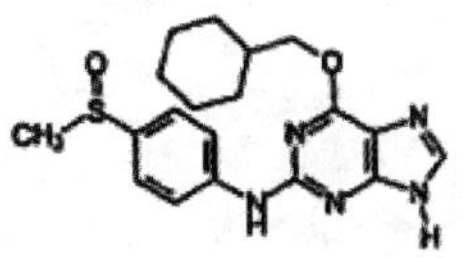	选择性 CDK1、CDK2 抑制剂，IC_{50} 值分别为 $0.2\mu M$、$0.1\mu M$
CN101679434	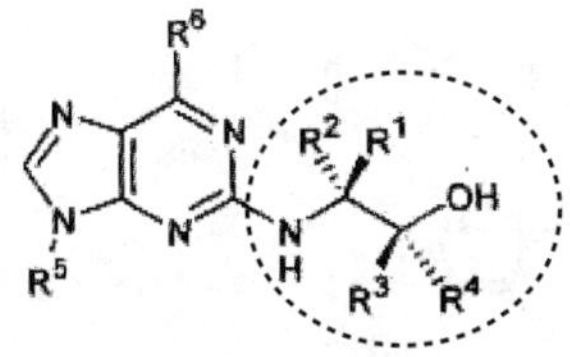	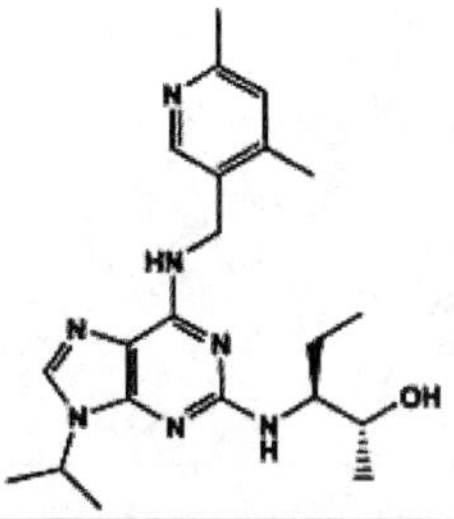	相较于 Seliciclib 活性更优，选择性 CDK2、CDK9 抑制剂，IC_{50} 值分别为 $90nM$、$10\mu M$

（3）嘧啶/吡啶类衍生物

通过对嘌呤类活性化合物的结构改造，研发人员发现了新的嘧啶/吡啶类化合物，并且具有更好的抑制活性。目前 CDK 抑制剂的结构大部分是嘧啶/吡啶类化合物及其电子等排体。通过对嘧啶/吡啶母核及其取代基的不断改造与修饰，研发人员获得了大量可用于临床试验的活性化合物，具体结构如表 3 - 5 所示，其中，专利 WO2015058163 公开了一系列非 ATP 竞争性 CDK7 抑制剂，为 CDK 抑制剂的研发提供了新的思路与方向。

表 3 - 5 嘧啶/吡啶类衍生物结构示例

专利公开号	马库什通式	具体化合物	技术效果
WO2018005533	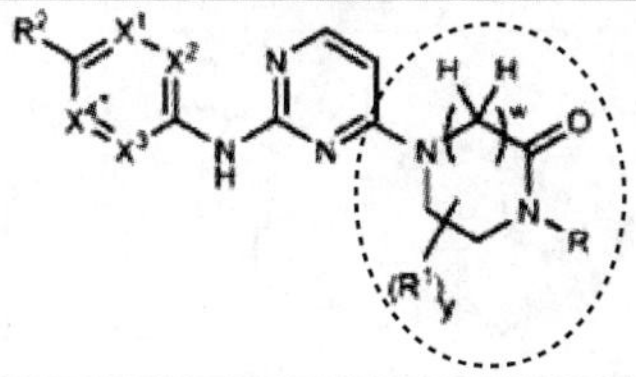	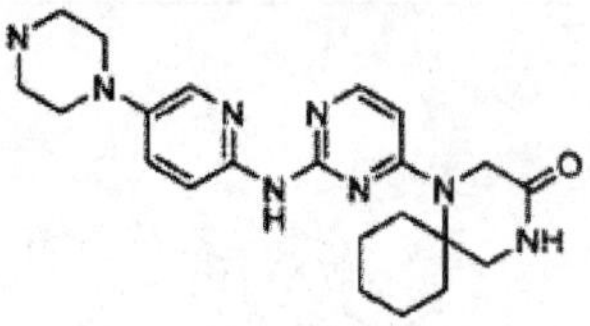	选择性 CDK4/6 抑制剂，IC_{50} 值为 $0.44\mu M$
WO2015058163	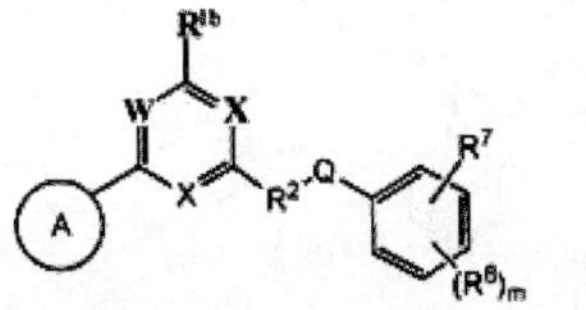	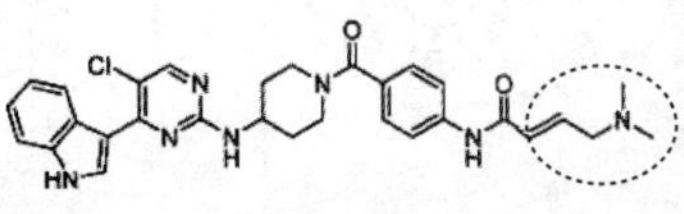	非 ATP 竞争性 CDK7 抑制剂，共价抑制剂，IC_{50} 值为 $100nM$

续表

专利公开号	马库什通式	具体化合物	技术效果
WO2016015605			比 Palbociclib 更优的药代动力学表现，更高生物利用度
WO2008132138			对体外多种肿瘤细胞具有明显抑制作用，IC_{50} 值小于 $5\mu M$
WO2003076434			对体外多种肿瘤细胞具有明显抑制作用
CN1898237			对体外多种肿瘤细胞具有明显抑制作用，最低 IC_{50} 值达到 $10nM$
CN1486311			对体外多种肿瘤细胞具有明显抑制作用，最低 IC_{50} 值达到 $1\mu M$
WO2017114351			选择性 CDK4/6 抑制剂，IC_{50} 值为 $23nM$

续表

专利公开号	马库什通式	具体化合物	技术效果
US20080045568			选择性 CDK2 抑制剂，IC_{50} 值小于 $1\mu M$
WO2017060167			选择性 CDK9 抑制剂，IC_{50} 值为 $0.7nM$
WO2017162215			口服，选择性 CDK4/6 抑制剂，IC_{50} 值为 $0.8nM$
CN105294737			选择性 CDK4、CDK6 抑制剂，IC_{50} 值分别为 $50nM$、$515nM$
CN102186856			选择性 CDK4 抑制剂，IC_{50} 值为 $1\sim10nM$

专利公开号	马库什通式	具体化合物	技术效果
CN1880317			对体外肿瘤细胞具有明显抑制作用
CN101594871			选择性 CDK4 抑制剂，IC_{50} 值 < $10\mu M$；JAK 抑制剂，IC_{50} 值 < $10\mu M$
US7947695			选择性 CDK4 抑制剂，IC_{50} 值 < $10nM$（$100\mu M$）
CN105473140			选择性 CDK4/6 抑制剂，代谢更稳定，毒性更低
CN103703000			选择性 CDK4、CDK6 抑制剂，FLT3 抑制剂，IC_{50}值为 0.12uM

续表

专利公开号	马库什通式	具体化合物	技术效果
CN107427521	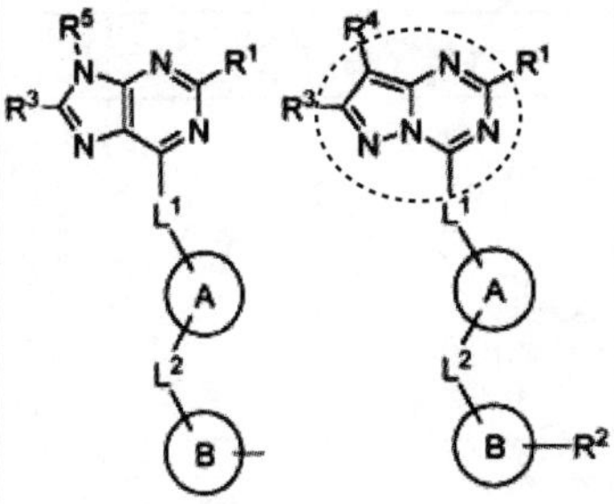	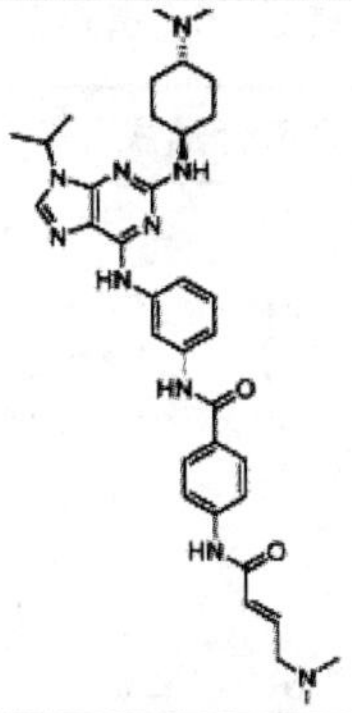	选择性 CDK7、CDK9 抑制剂，IC_{50} 值为 9.43nM
CN102295643	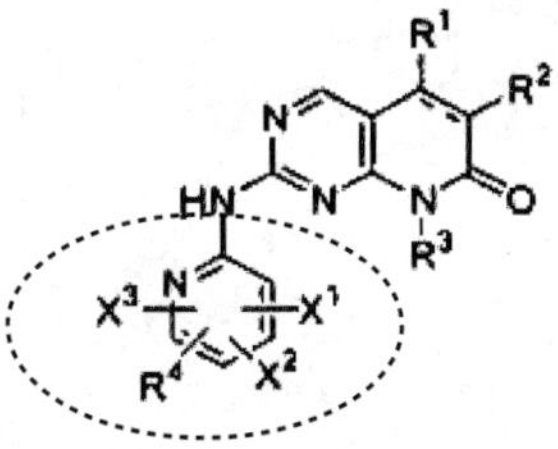	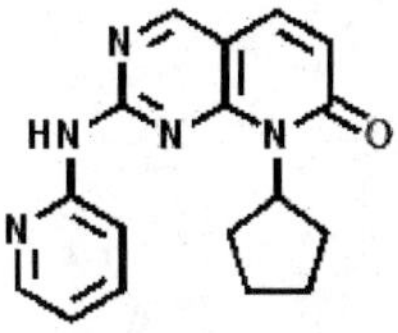	选择性 CDK4 抑制剂，IC_{50} 值为 $0.145\mu M$
WO2016015597	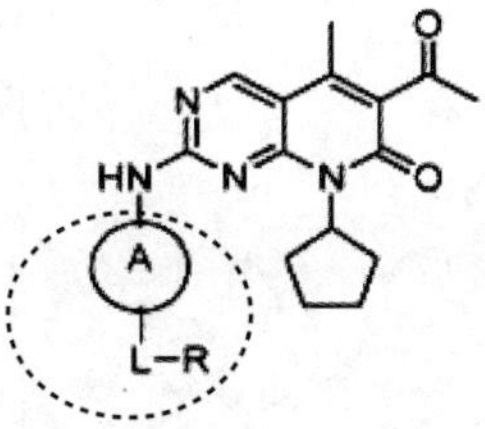	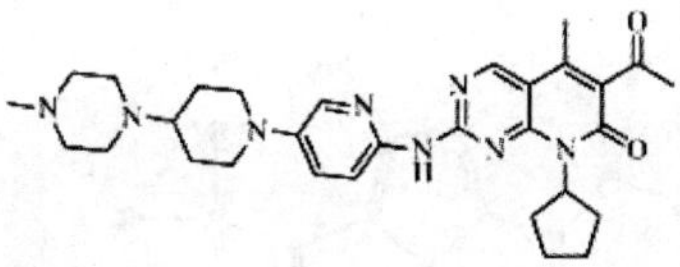	比 Palbociclib 更优的药代动力学表现，更高生物利用度
CN108191857	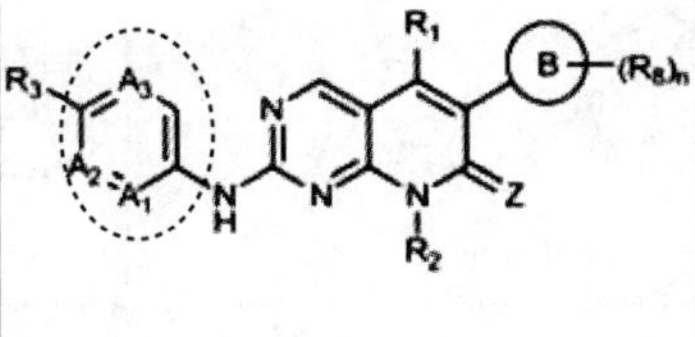	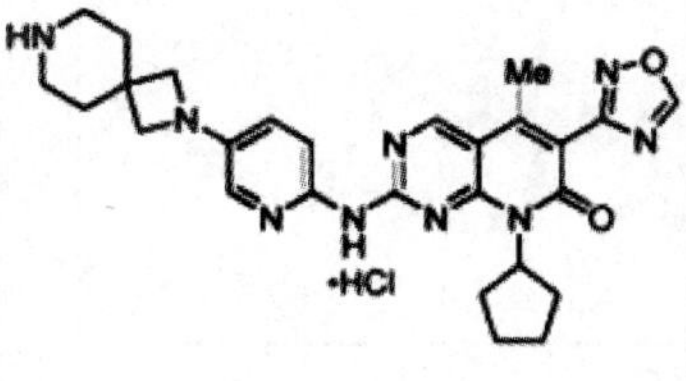	对体外多种肿瘤细胞具有明显抑制作用，最低 IC_{50} 值达到 100nM

除了嘧啶/吡啶类单环化合物外，研发人员还拓展了含嘧啶/吡啶类稠和环作为母核的活性化合物，如苯并吡啶、苯并嘧啶、吡咯并吡啶、吡咯并嘧啶、吡唑并嘧啶等多种稠和环结构，极大地丰富了 CDK 抑制剂化合物的结构类型，其中专利 WO2016015605 的苯并嘧啶类化合物取得了比现有药物 Palbociclib 更优的生物利用度。

（4）芳杂环/苯并稠和杂环类衍生物

除了上述针对嘧啶/吡啶母核进行的结构修饰外，研发人员更是拓展了母核杂原子种类以及数量的可能性，开发了一系列以吡唑、三唑、噻唑等替换嘧啶/吡啶的衍生物，还拓展了母核环系的个数，以苯并稠和杂环为代表，同样取得了表现较好的活性化合物，具体如表 3 - 6 所示。

表 3 - 6　芳杂环/苯并稠和杂环类衍生物结构示例

专利公开号	马库什通式	具体化合物	技术效果
WO20170448			选择性 CDK2、CDK9 抑制剂，IC_{50} 值分别为 7.8nM、8.9nM
WO2008007123			可口服，选择性 CDK4 抑制剂，IC_{50} 值小于 5μM
WO2006070202			选择性 CDK1 抑制剂，IC_{50} 值为 6.25nM
WO2004072070			选择性 CDK4 抑制剂，肿瘤生长抑制率为 42.5%（1μm 浓度下）
CN1826323			选择性 CDK 抑制剂，IC_{50} 值小于 20μM
CN108024970			选择性 CDK7 抑制剂，IC_{50} 值为 0.025~0.1μM
CN103702979			对体外多种肿瘤细胞具有明显抑制作用

续表

专利公开号	马库什通式	具体化合物	技术效果
WO2007121154	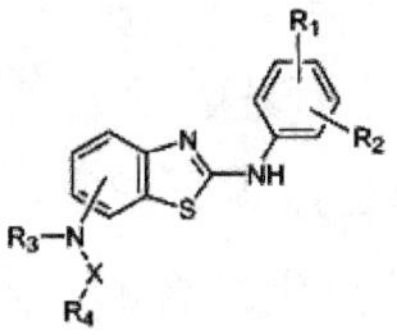	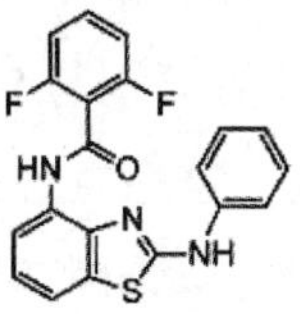	选择性 CDK1、CDK2 抑制剂，IC_{50} 值分别为 3.6nM、0.6nM
US6914062	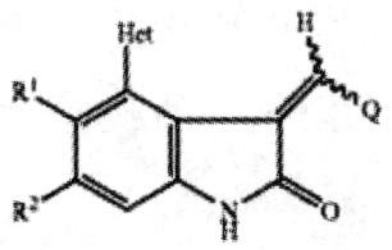	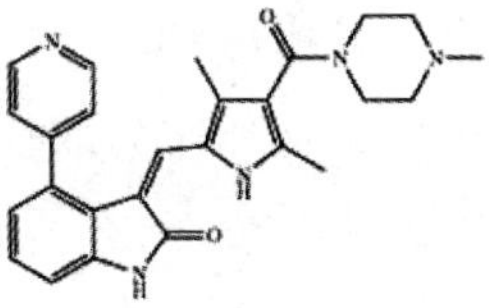	选择性 CDK6 抑制剂，IC_{50} 值为 0.088μM
US20130178439	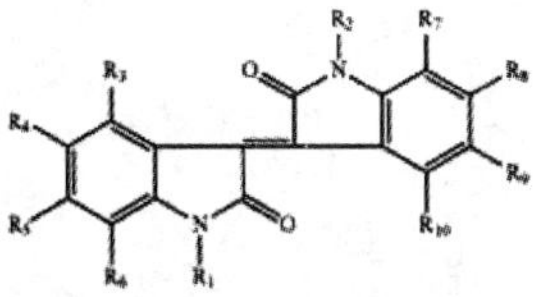	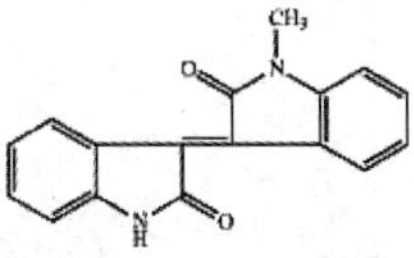	对体外多种肿瘤细胞具有明显抑制作用
US6706718	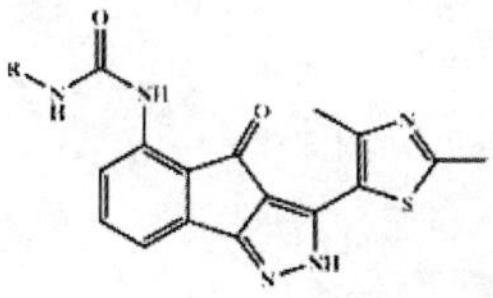	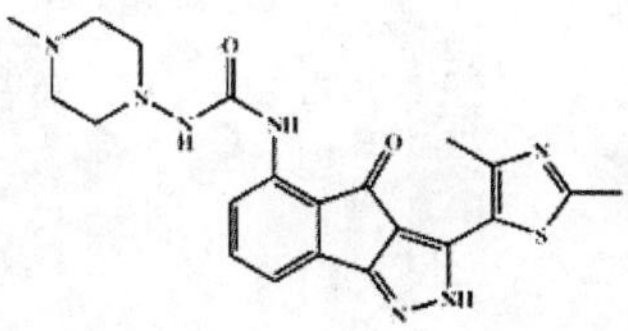	对体外多种肿瘤细胞具有明显抑制作用
US6291504	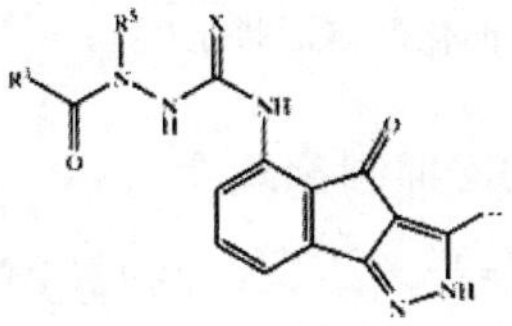	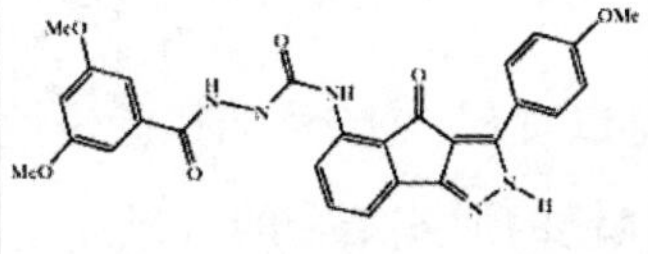	对体外多种肿瘤细胞具有明显抑制作用

4. 构效关系探讨

通过上述 CDK 抑制剂类抗肿瘤药物的专利分析可以看出，研究者对于 CDK 抑制剂进行多角度的结构修饰，为了寻找可以上市使用的高效低毒活性化合物进行了不懈的努力，为我们积累了宝贵的经验。虽然活性化合物结构类型多变，CDK 靶点也不尽相同，但是仍然能够从中找到一些规律。

（1）ATP 竞争性 CDK 抑制剂

由图 3 – 15 可知，CDK 具有可以结合 ATP 的催化区域，此类 CDK 抑制剂则是模仿 ATP 结构以结合到 CDK 的 ATP 结合口袋而发挥抑制作用。对于黄匹多类衍生物而言，色原酮母核是与辅酶 ATP 结构中嘌呤结合起作用的，母核的构型对活性十分重要，以苯并呋喃等电子等排体替换，其活性不会消失；而结构中哌啶环不可以替换，其中 N 原子对保持 CDK 抑制剂活性至关重要，采用 C 等原子替换后活性大大降低。对于嘌呤类衍生物而言，嘌呤咪唑环上 H 和 N 可分别与 CDK 靶点结构中氨基酸形成氢键，嘧啶环上的 NH 同样与相应氨基酸形成氢键，这一发现提示仲胺氮原子被碳原子取代后对 CDK 靶点的抑制活性具有一定影响，在结构修饰时应注意保留上述可供结合的位点。同样地，对于嘧啶类、芳杂环/苯并稠和杂环类衍生物，在保持母核上 N 原子存在的前提下，可以对取代基进行电子等排体的替换，寻找与 CDK 靶点中相应氨基酸更多的氢键结合位点，从而具有更稳定的结合力，如选择哌啶环作为取代基或是对母核环结构进行环大小、N 原子位置以及数量的修饰。

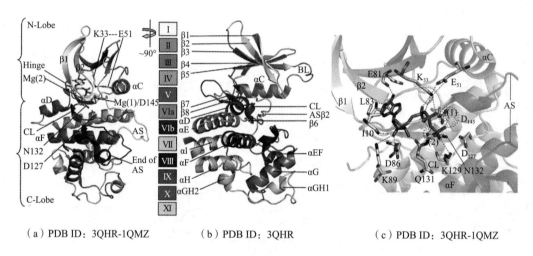

（a）PDB ID：3QHR-1QMZ　　　（b）PDB ID：3QHR　　　（c）PDB ID：3QHR-1QMZ

图 3-15　结合 ATP 的 pCDK2 催化区域活性形式

通过梳理我们可以发现，上述 ATP 竞争性 CDK 抑制剂均含有一个能够与 CDK 靶点中 ATP 结合口袋以氢键的形式结合的含氮原子的杂芳环结构，同时以 NH 或类似的含有 NH 的连接链与哌嗪等取代基连接。即 ATP 竞争性 CDK 抑制剂的结构至少分为取代基-NH-含氮原子的平面构型的杂芳环结构块三部分，其中具有可以与 CDK 靶点中 ATP 结合口袋形成氢键、范德华力的结合位点，如氨基、胍基、酰胺基等。当然，目前研发人员并没有完全揭开 CDK 靶点所有亚型的微观结构以及它们各自的作用机制，相信随着研发的深入，CDK 靶点的秘密终将被人类揭晓。

（2）非 ATP 竞争性 CDK 抑制剂

由于 ATP 结合口袋在不同 CDK 或其他激酶之间相对保守，因此，靶向非 ATP 结合口袋和干扰蛋白-蛋白结合为开发高选择性 CDK 抑制剂开辟了新的思路。近来涌现了多种开发 CDK/cyclin 抑制剂的新方法，其中的 THZ1（结构见图 3-16）含有一个丙烯酰胺结构，能共价结合到传统激酶区域外的半胱氨酸残基上，是首个被报道的共价不可逆

CDK 抑制剂。虽然研发仍处于初期阶段，作用机理尚不清楚，但说明了该领域具有无限的潜力。

四、结语

CDK 抑制剂虽然已成功用于肿瘤临床治疗中，但其在基础研究中仍有很多未知，使该类抑制剂的疗效、适应证、敏感人群的选择等仍不确定。与第一代 CDK 抑制剂相比，第二代 CDK 抑制剂，特别是在临床已获成功的 Palbociclib 等，选择性更好，治疗指数更高，不良作用更小，提示提高 CDK 抑制剂的选择性对开发出成功的 CDK 抑制剂很关键。我国虽然起步晚，但近几年投入不断加大，已有数种 CDK 抑制剂类抗肿瘤药物进入临床研究，可谓潜力无限。本文对于涉及 CDK 抑制剂类抗肿瘤药物的专利文献进行了梳理，揭示了该类化合物结构改造的技术手段，对 ATP 竞争性 CDK 抑制剂的构效关系进行了探讨，并举例说明了非 ATP 竞争性 CDK 抑制剂的研发方向，供研究者更进一步挖掘 CDK 抑制剂类抗肿瘤药物的潜力，也为其他类似结构的抗肿瘤药物的研发提供了可借鉴的研究思路。

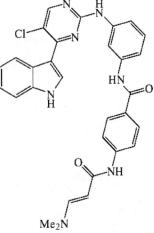

图 3-16 THZ1 结构示意图

参考文献

［1］Coats S, Flanagan WM, Nourse J, et al. Requirement of p27Kip1 for restriction point control of the fibroblast cell cycle ［J］. Science, 1996, 272（5263）: 877.

［2］Okamoto M, Hidaka A, Toyama M, et al. Selective inhibition of HIV－1 replication by the CDK9 inhibitor FIT－039 ［J］. Antiviral Res, 2015, 123: 1－4.

［3］Guen V J, Gamble C, Flajolet M, et al. CDK10/cyclin M is a protein kinase that controls ETS2 degradation and is deficient in STAR syndrome ［J］. Proc Natl Acad Sci USA, 2013, 110（48）: 19525－19530.

［4］Malumbres M. Cyclin－dependent kinases ［J］. Genome Biol, 2014, 15（6）: 122.

［5］Canavese M, Santo L, Raje N. Cyclin dependent kinases in cancer ［J］. Cancer Biol Ther, 2014, 13（7）: 451－457.

［6］Malumbres M, Barbacid M. Cell cycle, CDK and cancer: A changing paradigm ［J］. Nat Rev Cancer, 2009, 9（3）: 153－166.

［7］Mahmoud A. Al－Sha'er. Discovery of novel CDK1 inhibitors by combining pharmacophore modeling, QSAR analysis and in silicoscreening followed by in vitro bioassay ［J］. European Journal of Medicinal Chemistry, 2010, 45（9）: 4316－4330.

HDAC 抑制剂专利技术综述*

迟丽娜　原悦**　周付科**　郭晓赟**　王勤耕**

摘　要　组蛋白去乙酰化酶（HDAC）抑制剂作为一种新型抗肿瘤药物，尤其是其针对外周 T 细胞淋巴瘤（PTCL）的治疗的新药研究愈发成为热点并受到广泛关注。本文主要针对西达苯胺、伏立诺他、帕比司他、贝利司他等已上市的 HDAC 抑制剂的相关专利文献进行筛选和整理，从申请量趋势、重要申请人、技术来源国/地区、技术主题、技术演变等方面进行整体态势的分析，并进一步厘清了其技术发展脉络，对比了国内、国外专利申请特点以及各重要申请人的专利布局方式。

关键词　组蛋白去乙酰化酶　外周 T 细胞淋巴瘤　专利分析　西达苯胺　HDAC

一、概述

（一）研究背景

癌症是影响人类身体健康，甚至危及生命的恶性疾病，其成因复杂，治愈困难。以外周 T 细胞淋巴瘤（peripheral T – celllymphoma，PTCL）为例，其是高度异质性的淋巴细胞异常恶性增殖性疾病，具有复发性且难治愈的特点，其发病率呈现明显的地域性差异。在中国，PTCL 发病例数占非霍奇金淋巴瘤（NHL）的 25% ~ 30%，显著高于欧美国家的 10% ~ 15%。对于 PTCL，目前尚无标准治疗方案，含蒽环类药物的化疗方案是最常用的一线治疗方案。然而，该方案对其他常见病理亚型的疗效较差，5 年生存率仅 30%。[1]

研究发现，许多组蛋白去乙酰化酶（HDAC）家族成员的表达和活性在多种肿瘤病例中都有异常表现。HDAC 是一类在染色体的结构修饰和基因表达调控中发挥重要作用的蛋白酶，可以调节抑癌基因的表达、提高转录因子的活性。具体来说，HDAC 可以催化组蛋白的去乙酰化过程，使组蛋白与 DNA 结合紧密，进而抑制转录因子的表达。在肿瘤细胞中组蛋白大多呈低乙酰化状态，而 HDAC 异常导致的组蛋白乙酰化状态失衡与肿

＊ 作者单位：国家知识产权局专利局专利审查协作北京中心。

＊＊ 等同第一作者。

瘤的发生和发展有密切关系。

随着研究的深入，越来越多的 HDAC 抑制剂显示出了高效的体内外抗肿瘤活性和多种抗肿瘤作用机制，其中也包括 PTCL。HDAC 抑制剂能引起细胞周期的阻断和肿瘤细胞选择性凋亡，从而发挥抗肿瘤作用。

（二）研究对象及方法

目前在全球上市及在研的 HDAC 抑制剂的适应证涉及多发性骨髓瘤、T 细胞淋巴瘤、非小细胞肺癌、乳腺癌、HIV 感染等[2]，在已上市的产品中，涉及多发性骨髓瘤治疗药物 1 种，T 细胞淋巴瘤治疗药物 4 种，具体信息如表 1-1 所示。

表 1-1 已上市的 HDAC 抑制剂类药物概况

序号	药物名称	适应证	原研厂家	专利公开号及法律状态	申请日	首次批准国及年份	在中国药品注册情况
1	西达苯胺（chidamide，爱谱沙）	外周 T 细胞淋巴瘤	深圳微芯生物	WO2004071400A2 CN1513839A（有效） US20040224991A1（有效） JP2007527362A（有效） EP2860174A2（有效）	2003-07-04	中国2014	已上市，国药准字H20140128、H20140129
2	罗米地辛（romidepsin，Istodax，FK228）	外周 T 细胞淋巴瘤；皮肤 T 细胞淋巴瘤	Fujisawa	CN1040054A（失效） EP0352646A2（失效） US4977138A1（失效） JP0285296A（失效）	1989-07-21	美国2009	原研药未在中国提出注册申请，国内先后4家企业提出注册申请，均获得批件
3	伏立诺他（vorinostat，Zolinza）	皮肤 T 细胞淋巴瘤	Merck	WO93007148A	1992-10-05	美国2006	原研药未在中国提出注册申请，国内先后26家企业提出注册申请，均获得批件
4	帕比司他（panobinostat，Farydak）	多发性骨髓瘤	Novartis	WO0222577A2 CN145099（有效） EP187039（视撤） US20030018062A1（有效）	2002-03-21	美国2015	暂无厂家提出注册申请

续表

序号	药物名称	适应证	原研厂家	专利公开号及法律状态	申请日	首次批准国及年份	在中国药品注册情况
5	贝利司他（belinos-tat，Be-leodaq）	外周T细胞淋巴瘤	Spectrum	WO0230879A2 EP1328510A2（有效） US20040077726A1（有效） JP2009051845A（有效） 未进入中国	2002-04-18	美国2014	原研未在中国提出注册申请，国内先后4家企业提出注册申请，均获得批件

其中，西达本胺是由深圳微芯生物科技有限公司研制全球首个亚型选择性的 HDAC 抑制剂，2014 年 12 月，西达本胺获国家食品药品监督管理总局（CFDA）批准，在中国以商品名爱谱沙（Epidaza）上市，其相关专利 CN1284772C 荣获第十九届中国专利金奖，代表了我国在 HDAC 抑制剂研发领域的重大突破。

本文拟针对上述 HDAC 抑制剂主要上市药物检索相关专利文献，着眼于不同侧重点对专利信息进行整理、分析、比较，通过对各有特色的专利布局分析实现对 HDAC 抑制剂主要上市药物的专利价值挖掘，具体检索信息如表 1-2 所示，检索时间截止于 2018 年 8 月 30 日。

表 1-2 上市 HDAC 抑制剂药物检索信息

药品名	数据库	检索信息	文献量/篇
西达本胺	CNABS、DWPI	西达苯胺 or 西达本胺 or 爱普莎 or Chidamide or Benzamide	43
	STN（CAPLUS、REGISTRY）	CAS RN 号	
罗米地辛	CNABS、DWPI	罗米迪司肽 or 缩酚酸肽 or 罗米地辛 or 罗咪酯肽 or 缩酯环肽 or 罗米地新 or 罗米迪辛 or 二硫 s 四氮杂双环 Romidepsi +，+ tetraazabicycl +，histone 1w deacelylase，HDAC??，追踪检索	498
	STN（CAPLUS、REGISTRY）	环结构信息、HDAC?、CAS RN 号	
伏立诺他	CNABS、DWPI	伏立诺他，组蛋白去乙酰化酶，vorinostat，zolinaza，HDAC，histone 1W deacetylase C07C，C07D，A61K	622
	STN（Caplus、Registry）	CAS RN 号，HDAC，histone W deacetylase	

续表

药品名	数据库	检索信息	文献量/篇
帕比司他	CNABS、DWPI	帕比司他，LBH589，Farydak，pano-binostat，histone 1W deacetylase	440
	STN（Caplus、Registry）	CAS RN 号	
贝利司他	CNABS、DWPI	贝利司他，贝林司他，PXD 101，Beleodaq，组蛋白去乙酰化酶，HDAC??，histone 1W deacetylase，追踪检索	324
	STN（CAPLUS、REGISTRY）	CAS RN 号，HDAC, histone W deacetylase	

二、上市 HDAC 抑制剂药物专利分析

（一）西达本胺的专利申请情况分析

西达本胺（Chidamide）是我国深圳微芯生物科技有限公司基于先导化合物 Tacedina-line 和恩替诺特（Entinostat）研制出的全球首个亚型选择性的 HDAC 抑制剂，其结构如图 2 - 1 所示。2014 年 12 月，西达本胺获国家食品药品监督管理总局批准，在中国以商品名爱谱沙（Epidaza）上市，临床适用于至少接受过 1 次全身化疗的复发或难治性 PTCL 患者，具有安全性高、不良反应小等特点。

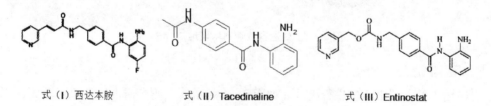

式（I）西达本胺　　　　　　式（II）Tacedinaline　　　　　　式（III）Entinostat

图 2 - 1　先导化合物及西达本胺结构式

对西达本胺的专利文献进行检索，共得到 43 篇专利文献，上述专利文献涉及西达本胺的化合物、制备方法、前药、晶型、剂型、组合物、制药用途、药物联用方法等。以上述文献为基础，对西达本胺专利文献的申请趋势、重要申请人、专利申请涉及的主题类型进行简要分析，并着重分析其技术演进过程。

1. 申请趋势

根据申请日对专利申请趋势进行统计。如图 2 - 2 所示，2003～2016 年国内外专利申请趋势类似，大体上呈逐步增长的趋势，符合潜力药物随着研究深入其价值逐步被发现而专利申请量不断增长的基本规律。

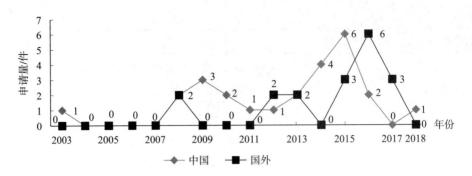

图2-2　西达本胺国内外申请量趋势

2. 专利申请的地域分布

根据专利申请号对专利申请的地域分布进行统计。如图2-3所示，来自中国的专利申请量达到61%，显著高于其他国家，说明作为原研国，我国在西达本胺的研发、应用等方面处于领先地位。

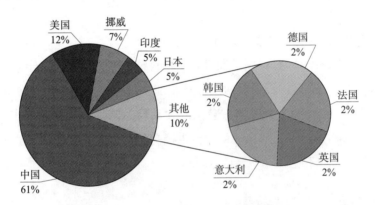

图2-3　西达本胺专利申请地域分布

3. 重要申请人

对申请人的专利申请量进行统计。如图2-4所示，主要申请人包括原研公司深圳微芯生物科技有限责任公司（以下简称"深圳微芯"）以及鼎泓国际投资（香港）有限公司（以下简称"鼎泓国际"）。此外，申请量较大的申请人包括中国军事科学院野战输血研究所（以下简称"军科院野战输血所"）、东南大学、山东轩竹、比奥诺尔免疫有限公司（BIONOR IMMUNO AS）和幽兰化学医药有限公司（ORCHID CHEM & PHARM LID）等。

4. 技术主题

对专利申请所涉及的技术主题进行统计，如图2-5所示，联合用药（43%）与制药用途（21%）的专利申请占比明显高于其他类型。此外，化合物及其衍生物、类似物分别占比12%，化合物的制备方法、制剂、晶体等方面的专利申请则占比较小。

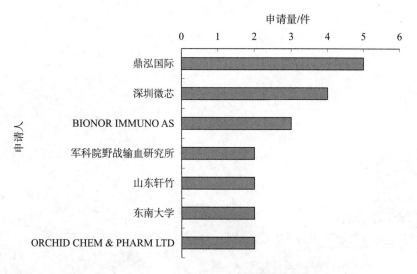

图2-4 西达本胺重要申请人申请量排名

5. 技术演进

综合考虑上述专利申请对西达本胺所披露的技术信息，根据其与西达本胺的相关程度，按照申请年份和主题类型进行统计，获得西达本胺专利技术演进路线。

如图2-6所示，2003年，原研公司深圳微芯的公开号为CN1513839A的专利申请涉及具有分化和抗增殖活性的苯甲酰胺类HDAC抑制剂，其实施例2的产物即为西达本胺。该专利申请于2006年获得授权。深圳微芯还提出了公开号为WO2004071400A2的PCT申请，该申请随

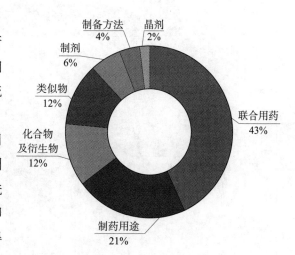

图2-5 西达本胺各技术主题专利分布

后进入美国、欧洲、日本等国家和地区，均获得授权并保持有效。该专利成为西达本胺的基础专利。

2008～2010年，鼎泓国际的公开号为CN101756957A、CN101757626A、CN101836989A、CN101837129A和CN102441167A的专利申请分别要求保护HDAC抑制剂与其他药用化合物组成的药物组合物，所述HDAC抑制剂选自西达本胺等。该系列申请的药物组合物用于治疗癌症，均已获得授权。作为非原研公司，鼎泓国际抢占了药物联用主题类型的先机。

2012年，深圳微芯的公开号为CN103833626A的专利申请涉及西达本胺晶型A和晶型B及其制备方法等，该专利申请获得授权并保持有效。原研公司深圳微芯以此开始了对西达本胺的初步专利布局。

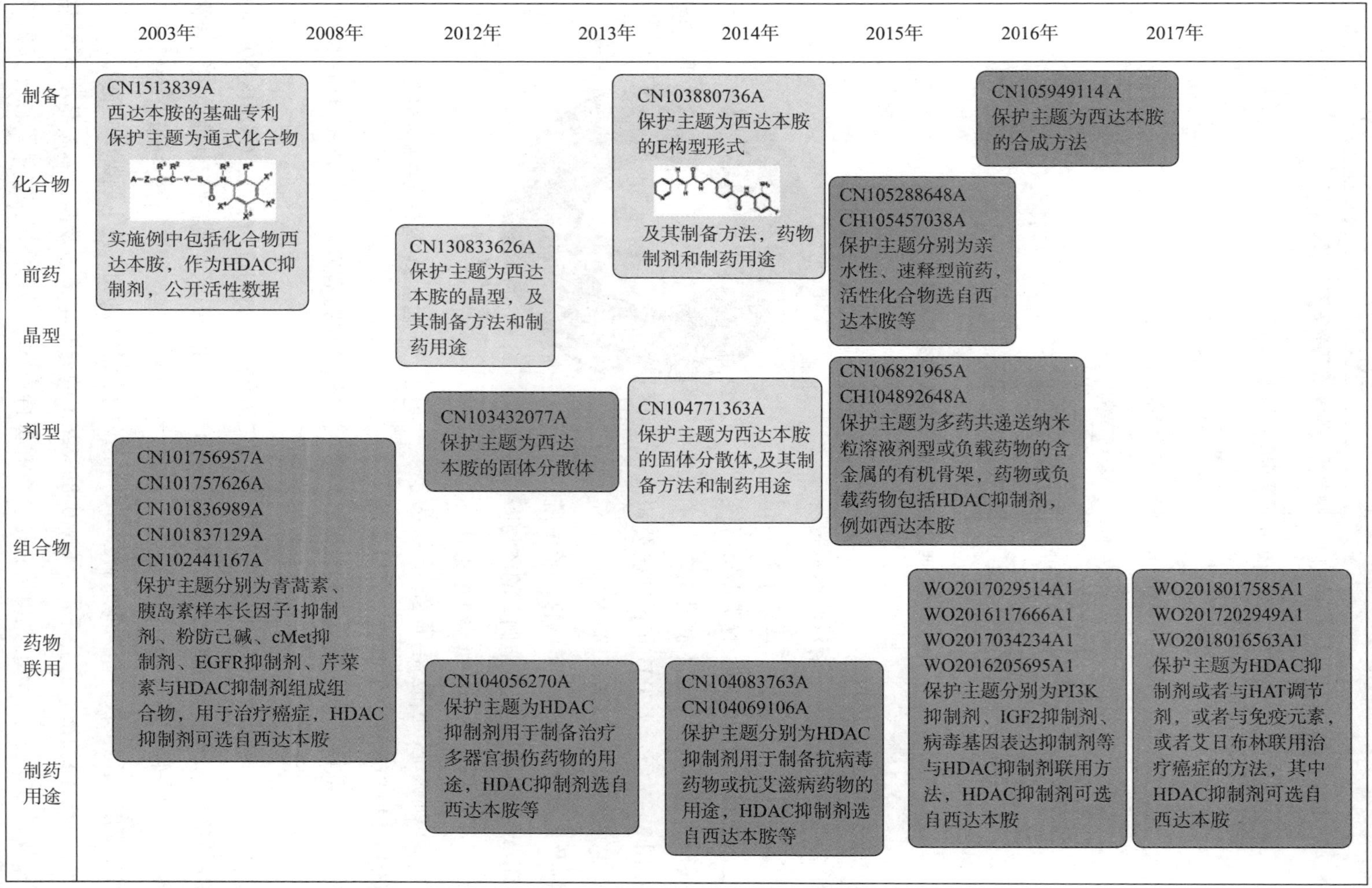

	2003年	2008年	2012年	2013年	2014年	2015年	2016年	2017年
制备								CN105949114A 保护主题为西达本胺的合成方法
化合物	CN1513839A 西达本胺的基础专利，保护主题为通式化合物西达本胺，作为HDAC抑制剂，公开活性数据				CN103880736A 保护主题为西达本胺的E构型形式及其制备方法、药物制剂和制药用途			
前药			CN103833626A 保护主题为西达本胺的晶型，及其制备和药用用途					
晶型				CN103443077A 保护主题为西达本胺的固体分散体				
剂型					CN104771363A 保护主题为西达本胺的固体分散体及其制备方法和制药用途	CN105288648A CH105457038A 保护主题分别为水性、速释型前药，活性化合物选自西达本胺等	CN106821965A CH104892648A 保护主题为多药共递送纳米粒溶液剂或以载负药物的含金属的有机骨架，药物或选负载药物包括HDAC抑制剂，例如西达本胺	
组合物	CN101756957A CN101757626A CN101836989A CN101837129A CN102441167A 保护主题分别为青蒿素、胰岛素样生长因子1抑制剂、粉防己碱、cMet抑制剂、EGFR抑制剂、芹菜素与HDAC抑制剂组合成组合物，用于治疗癌症，HDAC抑制剂可选自西达本胺							
药物联用						CN104408763A CN104069106A 保护主题分别为HDAC抑制剂用于制备抗病毒药物或抗艾滋病药物的用途，HDAC抑制剂可选自西达本胺等	WO2017029514A1 WO2016117666A1 WO2017034234A1 WO2016205695A1 保护主题分别为PI3K抑制剂、IGF2抑制剂、病毒基因表达抑制剂等与HDAC抑制剂联用方法，HDAC抑制剂可选自西达本胺	WO2018017585A1 WO2017202949A1 WO2018016563A1 保护主题为HDAC抑制剂或者与HAT调节剂，或者与免疫元素，或者艾日布林联用治疗癌症的方法，其中HDAC抑制剂可选自西达本胺
制药用途			CN104056270A 保护主题为HDAC抑制剂用于制备治疗多器官损伤药物的用途，HDAC抑制剂可选自西达本胺等					

图例：□ 原研方　■ 其他

图2-6 西达本胺专利技术演进路线

2013 年，北京淦航医药科技有限公司的公开号为 CN103432077A 的专利申请涉及西达本胺固体分散制剂，军科院野战输血所的公开号为 CN104056270A 的专利申请涉及 HDAC 抑制剂在制备治疗或预防多器官损伤的药物中的用途，所述 HDAC 抑制剂选自西达本胺等，该专利申请已获得授权。从此，西达本胺的研发受到多方关注。

2014 年，深圳微芯的公开号为 CN103880736A 的专利申请涉及 E 构型西达本胺，其是由具有立体异构特征的原料制备得到。该专利申请经历了实审驳回、复审撤驳后获得授权并保持有效；另一件公开号为 CN104771363A 的专利申请涉及由西达本胺和水溶性载体材料组成的固体分散体。军科院野战输血所的公开号为 CN104083763A 的专利申请涉及苯酰胺类 HDAC 抑制剂在制备重激活持续性感染病毒药物中的应用，所述 HDAC 抑制剂优选西达本胺，所述病毒为人类免疫缺陷性病毒（HIV）等。南通瑞思医药科技有限公司的公开号为 CN104069106A 的专利申请也涉及苯甲酰胺类化合物在制备激活潜伏艾滋病病毒药物中的应用，所述苯甲酰胺类化合物优选为西达本胺，此外，苯甲酰胺类化合物还可以与甲基化转移酶抑制剂、细胞因子或 NF - κB 信号激活剂组成组合物，或者与抗艾滋病病毒药物组成组合物用于上述用途，该专利申请经驳回后处于复审阶段。

2015 年，东南大学的公开号为 CN105288648A 和 CN105457038A 的专利申请分别涉及亲水性药物的磷脂化合物和速释型药物磷脂化合物，所述药物的活性化合物选自包括西达本胺在内的多种药用化合物。上述专利申请尚处于实审程序中。同年，天津工业大学的专利申请 CN104892648A 要求保护负载抗肿瘤药物的靶向金属有机骨架，所述抗肿瘤药物选自西达本胺等数种药物。以上专利申请涉及西达本胺的衍生化前药或负载形式，关注其药代动力学性能。此外，中国科学院大连化学物理研究所的公开号为 CN106821965A 的专利申请要求保护一种用于治疗肿瘤的维甲酸多药共递送纳米粒溶液及其制备和应用，该多药共递送系统含有优选为西达本胺的 HDAC 抑制剂等成分；该专利申请同时关注了西达本胺的药物联用及递送性能，目前处于等待实审提案状态。

2016 年，山东川成医药股份有限公司的公开号为 CN105949114A 的专利申请涉及西达本胺的合成方法，该方法通过选择合适的原料及试剂，提高了产品的纯度和收率。

2016～2017 年，日本的鹿儿岛大学的公开号为 WO2016117666A1 的 PCT 申请涉及一种具有杀灭 HIV - 1 感染细胞作用的制剂，该制剂包括苯甲酰胺类化合物以及另一种抗 HIV 药物；美国 Faller V. Douglas 的公开号为 WO2016205695A2 的 PCT 申请涉及一种治疗 HIV 的方法，包括给予患者抑制病毒基因表达的药物和抗病毒活性的药物，所述抑制病毒基因表达的药物为 HDAC 抑制剂；英国的 KARUS THERAPEUTICS 公司的公开号为 WO2017029514A1 的 PCT 申请涉及治疗癌症的由 PI3K 抑制剂和 HDAC 抑制剂组成的药物组合物；韩国的首尔大学 R&DB 基金的公开号为 WO2017034234A1 的 PCT 申请涉及一种用于治疗癌症的药物组合，主要成分是 IGF2 抑制剂和 HDAC 抑制剂；法国 INSERM 的公开号为 WO2017202949A1 的 PCT 申请涉及施用 HDAC 抑制剂和免疫元素联合治疗乳房癌的方法；美国哥伦比亚大学的公开号为 WO2018017858A1 的 PCT 申请涉及 HAT 调节剂与 HDAC 抑制剂的组合物用于治疗癌症或神经退行性疾病的用途；日本的卫材 R&D 管理有限公司（EISAI R&D MANAGEMENT）的公开号为 WO2018016563A1 的 PCT 申请涉及艾日布林和 HDAC 抑制剂联用治疗激素敏感性癌症的方法。上述 HDAC 抑制剂优选或可选为西达本胺。可见目前世界范围内涉及西达本胺的专利技术主要涉及药物联用。

西达本胺作为自主知识产权药物，本文重点对其技术演进进行详细分析，其原研专利进入了美国、欧洲、日本等国家和地区，有效扩展了专利的应用地域，其相继申请了涉及晶型等主题的专利并获得授权，体现了进一步发掘其价值的知识产权意识。前期专利申请主要集中于国内，在 2016 年受到广泛关注后，域外申请人也提交了专利申请，可见原创药物在我国进行专利布局占据天然优势，结合诸多药品新政更会加速国内制药企业提高创新能力，促进科学技术进步和经济发展。

（二）伏立诺他的专利申请情况分析

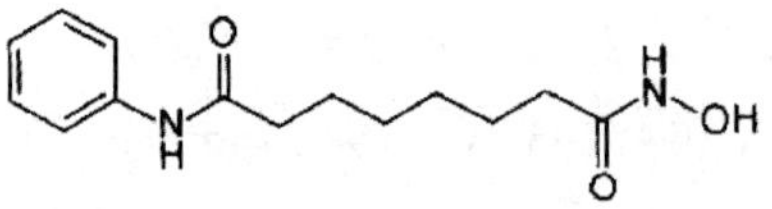

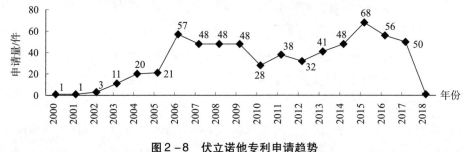

图 2-7 伏立诺他结构式

伏立诺他（Vorinostat）是美国默克公司研发的首个 HDAC 抑制剂类抗癌药，2006 年 10 月首次由美国 FDA 批准上市，临床主要用于治疗顽固复发性、耐药性 T 细胞淋巴癌，商品名 Zolinza，其结构如图 2-7 所示。

对伏立诺他涉及 HDAC 抑制剂方面的专利文献进行检索，共得到 622 件专利文献，上述专利文献或者直接涉及伏立诺他，或者主要涉及 HDAC 抑制剂并指出伏立诺他为优选 HDAC 抑制剂，或者主要涉及其他药用化合物，但可以与伏立诺他等 HDAC 抑制剂组成组合物或联合应用，因此以上述文献为基础，对伏立诺他相关专利文献的申请趋势、技术来源国/地区分布、专利申请目标国/地区分布、重要申请人和专利权终属公司、重要专利申请等进行分析。

1. 申请趋势

根据申请日对专利申请趋势进行统计。如图 2-8 所示，伏立诺他相关专利申请始于 2000 年，2003 年开始逐渐增多（11 件/年），2006 年出现第一次申请高峰（57 件/年），随后申请量有所回落但基本保持稳定，2015 年达到年最大申请量（68 件/年）。由于

图 2-8 伏立诺他专利申请趋势

2018年提交的专利申请大部分并未公开，2018年申请量仅显示为1件/年。

2. 专利技术来源国/地区分布

根据优先权国别对专利技术来源国/地区分布进行统计。如图2-9所示，美国占比最高（73.2%），占绝对优势，其次是欧洲、英国和中国。这与伏立诺他的化合物、上市产品均出自美国科研院所和医药公司是一致的。

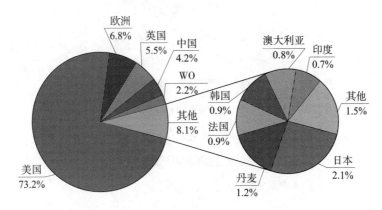

图2-9　伏立诺他专利技术来源国/地区分布

3. 专利申请目标国/地区分布

根据公开号国别对专利申请目标国/地区分布进行统计。如图2-10所示，PCT申请是最主要的申请形式，占73.4%，其他重要的目标国家和地区包括美国、中国和欧洲等。可见大部分关于伏立诺他的专利申请均瞄准了国际市场。

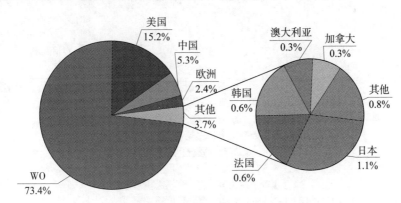

图2-10　伏立诺他专利申请目标国/地区分布

4. 重要申请人

对申请人的专利申请量进行统计，结果显示申请人比较分散，涉及医药公司、科研院所以及个人申请人，有众多仅有1件专利申请的申请人。图2-11显示了申请量在8件以上的重要申请人，其中，申请量最多的诺华共有20件专利申请，上市药物的研发方默克排名第三，共有11件专利申请。

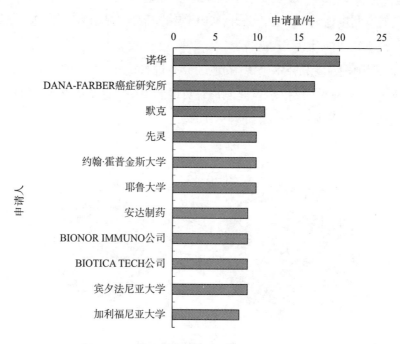

图2-11　伏立诺他主要申请人专利申请排名

5. 专利权终属公司

专利申请经授权后，经专利权转让等市场行为，最终的专利权人可能与原申请人并不相同。对伏立诺他相关专利权的最终所属公司进行统计，结果显示拥有5件以上专利权的公司共40家。图2-12显示了拥有8件以上专利权的终属公司。其中，默克拥有24件，居于首位。

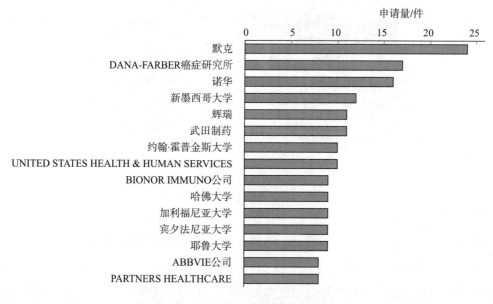

图2-12　伏立诺他主要专利权终属公司

6. 重要专利申请

通常情况下，申请人对应用效果好、市场价值高的技术提出 PCT 申请后，会进入多个国家和地区形成同族申请，以期在更大范围内受到保护，利益最大化。因此同族数量可从侧面反映专利申请的重要程度。

对伏立诺他相关专利申请的同族数量进行统计，从同族数量较多的专利申请中筛选出与伏立诺他相关度较高的重要专利申请，如图 2-13 所示。

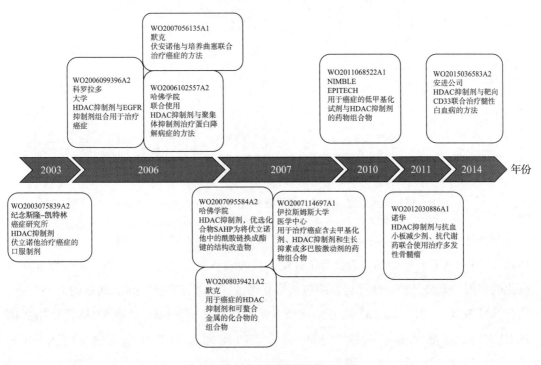

图 2-13　伏立诺他重要专利申请

图 2-13 所示的同族专利申请数量均在 10 件以上，以申请日的年份进行排序，大部分涉及 HDAC 抑制剂与其他药物联用治疗癌症的组合物或方法，伏立诺他在上述专利申请中均为优选 HDAC 抑制剂，另有一件涉及在伏立诺他基础上的结构改造化合物（专利 WO2007095584A2）。公开号为 WO2003075839A2 的专利申请涉及伏立诺他治疗癌症的口服制剂，其同族数量在 45 件以上，是拥有同族最多的专利申请，其同族申请主要涉及伏立诺他作为抗癌药物的多种制剂或用途。

7. 伏立诺他化合物的原研方相关专利申请情况

伏立诺他化合物最早由纪念斯隆-凯特林（Sloan-Kettering）癌症研究所合成得到，虽然早期研究关注了其抗癌活性，但尚未将伏立诺他定位于 HDAC 抑制剂，因此伏立诺他化合物的早期专利申请并未包含在前述 622 篇专利文献的范围内。现对纪念斯隆-凯特林癌症研究所关于伏立诺他的专利申请进行检索并作简要分析，如图 2-14 所示。

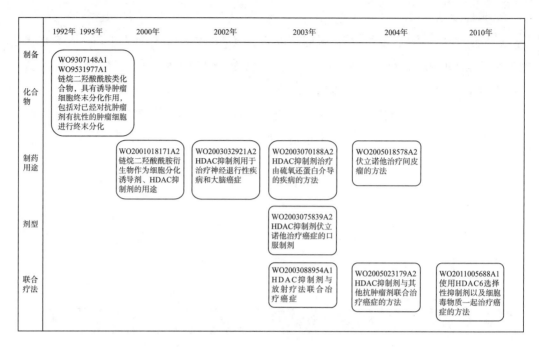

图2-14 纪念斯隆-凯特林癌症研究所关于伏立诺他的重要专利申请

公开号为 WO9307148A1 的专利申请首次披露了伏立诺他的结构式，优先权日为 1991 年 10 月 4 日，该专利申请公开了链烷二羧酸酰胺类化合物，具有诱导肿瘤细胞终末分化的作用，其公开的具体化合物中包括伏立诺他，同时还公开了伏立诺他的活性数据。从公开号为 WO2001018171A2 的专利申请开始，伏立诺他被赋予代号 SAHA，并作为优选 HDAC 抑制剂出现在后续专利申请中。前述拥有同族数量最多的专利申请 WO2003075839A2 的原申请人即为 Sloan-Kettering 癌症研究所，该专利申请的终属公司是默克。Sloan-Kettering 癌症研究所对伏立诺他的专利申请主要涉及其治疗多种癌症的用途，以及与其他药物联用治疗癌症的方法。

8. 伏立诺他上市药物的研发方相关专利申请情况

伏立诺他的上市药物是由默克研发推广的，现对默克关于伏立诺他的专利申请进行检索并作简要分析，如图 2-15 所示。

默克对伏立诺他的相关专利申请始于 2003 年，从 2003 年至 2009 年，每年至少有 1 件专利申请，除涉及伏立诺他治疗癌症的口服制剂（WO2003075839A2）、伏立诺他的前药（WO2005097747A1）以及伏立诺他的制备方法（WO2009098515A1）专利申请外，其余专利申请均涉及伏立诺他与其他药用化合物的组合物或联用方法。最新的是 2016 年的专利申请 WO2016153839A1，涉及伏立诺他与 PD-1 受体联用治疗癌症的方法。

在已上市的 HDAC 抑制剂中，伏立诺他上市时间最早，相关专利文献数量也是最多的。其活性化合物原研方及上市药品研发方均对伏立诺他进行了广泛深入的研究，并进

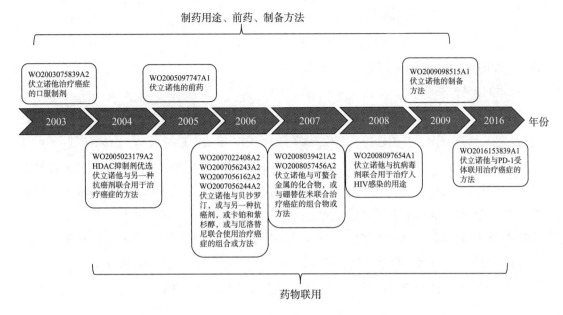

图2-15 默克关于伏立诺他的重要专利申请

行了相应的专利布局。二者及其他重要申请人/专利权人对伏立诺他相关技术的研发方向及专利布局策略可为类似药物的研发提供借鉴。

（三）帕比司他的专利申请情况分析

帕比司他（Panobinostat；商品名 Farydak），化学名为 2N - 羟基 - 3 - ［4 - ［ ［ ［2 - (2 - 甲基 - 1H - 吲哚 - 3 - 基) 乙基］ 氨基］ 甲基］ 苯基］ - (2E) - 2 - 丙烯酰胺，CAS号为 404950 - 80 - 7，分子式 $C_{21}H_{23}N_3O_2$，分子量 349.42622，结构式如图 2 - 16 所示。

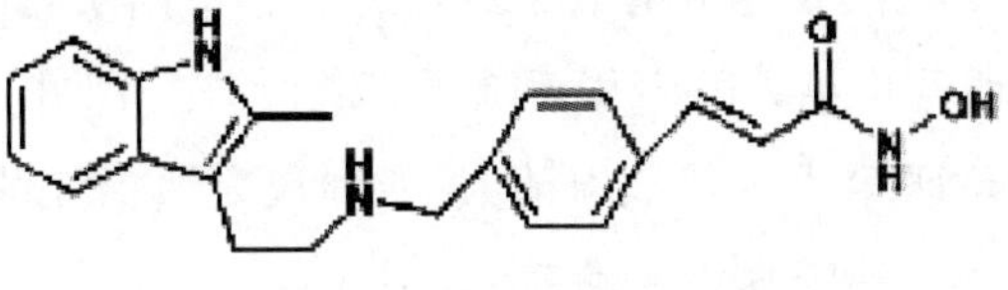

图2-16 帕比司他结构式

帕比司他是由诺华研发的一种新型、小分子广谱组蛋白去乙酰化酶（HDACs）抑制剂，于 2015 年 2 月 25 日被 FDA 批准上市，与硼替佐米和地塞米松联合用于既往接受至少 2 种治疗方案（包括 Velcade 和一种免疫调节药物）治疗失败的多发性骨髓瘤患者群体。

帕比司他对不同种类的 HDACs 均可表现出较高的活性，帕比司他对 HDAC4、HDAC7、HDAC8 的半数有效量均在 13.2nM 以下，故该药对多种肿瘤细胞均可发挥有效细胞毒素活性，抵抗细胞恶性增殖。分子学分析显示，帕比司他可促进细胞周期调控因子 p21、p53 和 p57 蛋白累积，抑制原癌基因表达，促使细胞周期停滞；与此同时，该药可上调细胞色素 C、凋亡蛋白酶激活因子 - 1、半胱氨酸蛋白酶 - 3 及聚合酶断裂，从而诱导细胞凋亡，且具有浓度依赖性。

下文以前述检索文献作为基础对帕比司他专利申请量趋势、主要申请人及其专利布局、涉及的技术主题及研究热点进行专利分析。

1. 申请量趋势

图2-17显示了帕比司他的申请量变化，从2001年原研专利申请开始，申请量总体呈现出上升-回落-再上升的趋势，其中2007年和2017年的申请量最高，分别达到了14件和12件。分析可知，自原研药申请之初，涉及帕比司他的专利申请数量并不多，随着帕比司他在抗肿瘤研究中表现出的巨大潜力，2006年以后涉及帕比司他的专利申请量出现明显增长的态势，并在欧洲罕见病用药委员会接受诺华将帕比司他乳酸盐作为罕见病用药用于治疗CTCL申请的2007年达到了第一个申请量高峰；2011～2013年，涉及帕比司他的专利申请量出现了较大回落。但是，随着帕比司他于2015年2月25日被FDA批准上市，全球再次掀起了研究帕比司他的热潮，并于2017年达到了第二个申请量高峰。

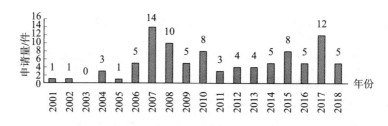

图2-17　帕比司他专利申请量年度趋势

2. 主要申请人及其专利布局

通过对申请人进行专利权人的申请数量进行分析，得出了帕比司他主要申请人分布（见图2-18）。作为原研药申请人的诺华贡献了37件帕比司他相关专利申请，中国的鼎泓国际以5件的申请量位居第二。其他申请人/专利权人包括江苏豪森、南京卡文迪许、沪亚生物国际、首尔大学、静冈县立大学等。

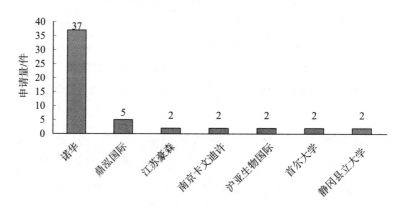

图2-18　帕比司他主要申请人专利申请

图 2-19 为诺华对帕比司他的专利申请布局图。通过分析可以看出，诺华关于帕比司他的相关专利申请大部分集中在 2004～2008 年，主题涉及化合物、其盐、多晶型物、组合物、制剂、制备化合物及其盐的方法、用途等。可见诺华在帕比司他研究初期便从产品、制备方法、用途等角度进行了专利布局，基础专利和外围专利并重，以基础专利抢占先机，再以外围专利衍生布局，形成层层递进的严密保护网。

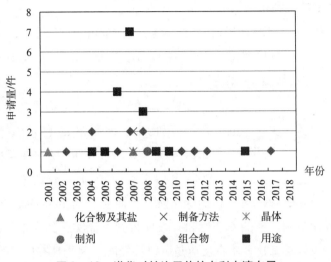

图 2-19　诺华对帕比司他的专利申请布局

3. 技术主题及研究热点

如图 2-20 所示，药物组合物（32%）和制药用途（48%）方面的专利申请占比明显高于其他类型。在 FDA 批准的帕比司他适应证即是与硼替佐米和地塞米松联用，并且帕比司他不良作用严重，可能导致严重的腹泻和严重危及生命的心脏事件、心律失常及心电图变化，因此围绕帕比司他的研究更多的是将其与其他药物联合使用。此外，化合物的制备方法、晶体及溶剂合物、无定形态等方面的专利申请分别占比 7% 和 6%，化合物及其衍生物方面的专利申请占比较小。

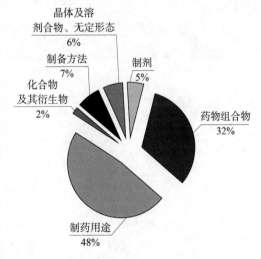

图 2-20　帕比司他各技术主题专利分布

通过分析不同主题类型、不同疾病的相关专利数量，可以看出围绕帕比司他的相关专利申请的适应证多集中在增殖性疾病、广义癌症、白血病等，并且多与其他治疗剂联合使用。另外对其他疾病如多器官损伤、心血管疾病、骨破坏、疫苗接种、自身免疫性疾病、HIV、多囊性疾病、中枢神经系统紊乱、神经退行性疾病等也有涉及。近年来的研究热点仍然集中于治疗癌症的方法以及组合物上，偶有涉及溶剂合物、晶型或无定形态的专利申请出现。

该部分对帕比司他申请量趋势、主要申请人及其专利布局、技术主题和研究热点进行了分析，由于目前帕比司他在国内研究不多，为国内企业了解帕比司他的研究方向和热点提供了数据支持和参考依据。

（四）贝利司他的专利申请情况分析

贝利司他（Belinostat，PXD 101，贝林司他），化学名为（2E）– N – 羟基 – 3 –（3 – 苯基氨基磺酰基苯基）丙烯酰胺，分子式 $C_{15}H_{14}N_2O_4S$，分子量 318.35；CAS 号为 866323 – 14 – 0，结构式如图 2 – 21 所示。

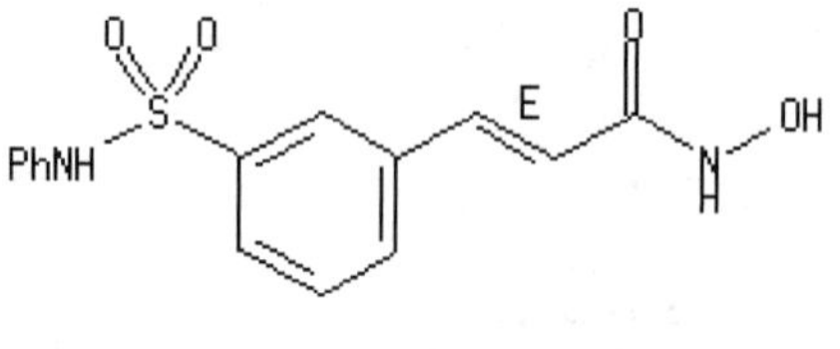

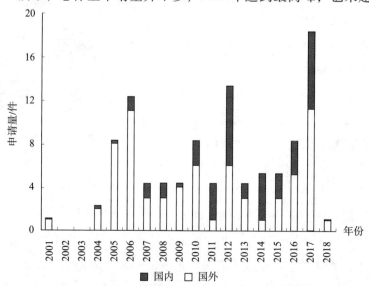

图 2 – 21 贝利司他的结构信息

贝利司他是由光谱生物医药公司开发的一种用于治疗外周 T 细胞淋巴瘤（PTCL）的新药，于 2014 年 7 月 3 日获 FDA 批准在美国上市，其为自 2009 年以来用于 PTCL 治疗的第 3 种药物。该药为静脉注射剂，商品名为 Beleodaq。体外、体内药效试验以及临床试验使贝利司他的安全性和有效性得到了证实，其最常见的不良反应有恶心、红斑、水肿、发烧等，这些不良反应是可以接受的，因此具有良好的使用前景[3]。

经前述检索得专利申请 324 件，通过进一步筛查，可获得 31 件贝利司他相关的国内专利申请，76 件国外专利申请，基于上述专利信息对贝利司他的专利情况进行统计分析。

1. 专利申请趋势

如图 2 – 22 所示，总体上申请量并不多，2017 年达到最高峰，也未超过 20 件，另

图 2 – 22 贝利司他专利申请国内/国外申请趋势

外，分布上也没有明显的趋势或规律。国外专利申请早于国内申请，其在2001年申请了化合物核心专利，在2005～2006年达到相对的顶峰，近年来存在下降趋势，在2017年又恢复了对其的研究热度，数量明显上涨；相比，国内研发有所滞后，最早于2006年才有相关申请，从2011年起申请量明显增加，一度超过了国外申请数量。

2. 专利申请技术来源国/地区分布

如图2-23所示，从数量上来看，国内申请中居主导地位的仍是国内申请人，PCT申请进入国家阶段或以《巴黎公约》途径进行中国的专利申请，即来华申请，总量占43%。国外申请中占主导地位的是美国，其在该领域的技术比较成熟，处于领先地位；仅有1件申请其技术来源于中国。

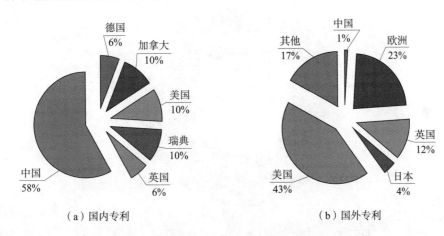

（a）国内专利　　　　　　　　　　（b）国外专利

图2-23　贝利司他国内/国外专利申请技术来源国/地区分布

3. 专利申请人/专利权人分布

如图2-24，对贝利司他关注的企业和/或研究所非常多，专利申请人非常分散，拥有2件及以上专利申请的申请人在国内仅占25%，国外处于更为分散的局面，仅占6%，包括原研企业光谱生物医药公司在内，仅关注个别点的技术，都未形成具有一定规模的专利群。其中，国内重要申请人包括北京万全德众医药生物技术有限公司、瑞阳制药有限公司、深圳万乐药业有限公司、华东理工大学等，国外重要申请人包括光谱生物医药公司、安达制药有限公司等。

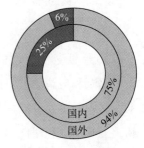

■ 2件及以下申请人/专利权人数
■ 2件以上申请人/专利权人数

图2-24　贝利司他国内/外专利申请人/专利权人分布

4. 专利申请的质量

被引证次数在很大程度上可以代表专利申请的质量，次数越多，质量越高，贝利司他化合物核心专利（WO0230879A2）的被引证次数最高，达141次。国外申请的被引证频次较高，而国内申请较低，被引证的申请很少，且被引证频次低，最高也未突破20次，更为重要的是，其中被引证的申请以及高引证频次的申请绝大部分被来华申请占据，说明国内本土企业的申请质量相比较低，相关的研发能力亟待加强。

5. 专利申请技术主题分布

如图2-25所示，贝利司他相关专利申请主要涉及关键杂质、联合用药及组合物、晶体、衍生物等9个方面，国外申请人更关注联合用药及组合物、制剂、制药用途等方面的开拓性研发，处于技术上游。而国内申请人则主要从衍生物、晶体、中间体、关键杂质等方面进行突破，另外，在联合用药、制药用途等方面也进行了相应的跟进。

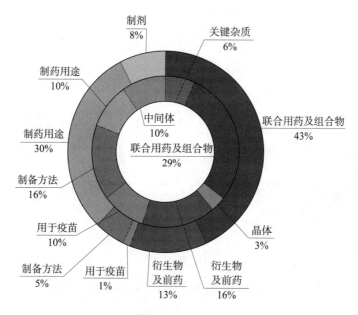

图2-25 贝利司他国内/外专利技术主题分布

注：图中内圈表示国内申请，外圈表示国外申请。

6. 技术发展脉络

（1）专利技术总发展脉络

根据专利申请的被引证次数筛选出贝利司他相关的重要专利，这些重要专利构成了技术发展中的重要节点。如图2-26所示，于2001年申请的专利WO0230879A2为核心专利，公开了贝利司他化合物的核心结构，以该核心专利为基础，衍生了衍生物、联合用药、制剂、制药用途和制备方法这5个重要的技术分支。从2001年伊始，经历了2004～2006年以及2010～2012年两个快速发展期。从图2-27也可以看出，研究者对于联合用药分支表现出了持续的高关注度，不断有相关重要技术涌现，尽管被引证次数存在2至4年的滞后，但已经可以明显看出，与激酶抑制剂联用的技术已经受到了较为广泛的关注；而制剂、制备方法这两个分支在第一快速发展期即已基本成熟，衍生物、制药用途这两个分支在第二快速发展期也获得了重要的突破。

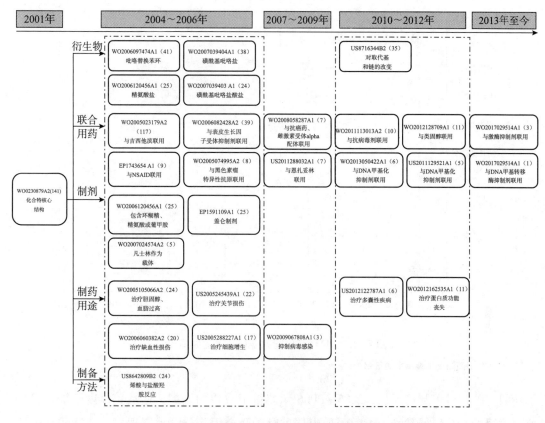

图2-26　贝利司他专利技术发展脉络

注：括号内数字表示被引证次数。

（2）国内/国外专利技术发展脉络

可以看出随着技术的发展，各技术主题从萌芽、发展到广泛应用的时间线，能够从另一侧面反映专利技术的发展脉络。从图2-27可以得知，国内从2006年才开始从制剂和联合用药这两个方面研究贝利司他相关技术，制剂技术在2006年已经基本成形，之后未有新的发展，与总发展脉络一致，国内申请人也对于联合用药分支表现出了持续的高关注度；对于制药用途的研究集中在2012～2014年，之后未有新的突破；国内申请人对于贝利司他的晶体研究热度明显小于其他药物，可能跟贝利司他化合物本身有关，但对于制备方法、中间体、关键杂质的研究热情较高，相关技术在2010～2016年获得了较好的发展；另外，将贝利司他等HDAC抑制剂用于疫苗的技术在2012年以后于2018年又重新受到了关注。

从图2-28可以得知，从2001年获得了贝利司他的化合物核心结构后，经历了2年的时间发现了其具有较好的使用前景，从2004年开始围绕贝利司他进行各个侧面的深入研究。不同于国内，国外申请人在近年又开始针对制剂进行改进；在晶体、关键杂质和中间体方面国外申请人未投入明显的研究热情；对于将贝利司他等HDAC抑制剂用于疫苗的技术在2012年以后未进行进一步关注；在制备方法和衍生物方面，2016年以来取得

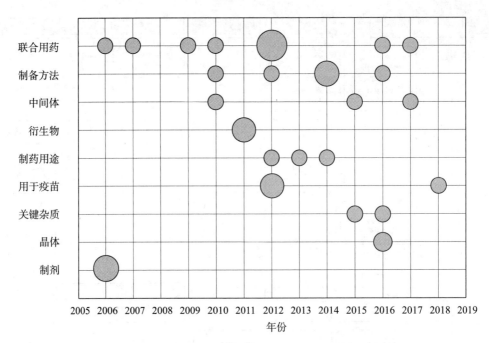

图2-27 贝利司他国内专利技术发展脉络

注：图中圆圈大小表示申请量多少。

了新的突破；对于制药用途，2005～2006年获得了较快的发展，此后关注度下降，发展速度放缓；与总发展脉络一致，国外申请人对于联合用药分支也表现出了持续的高关注度，并于近年内进一步取得了较多的新成果。

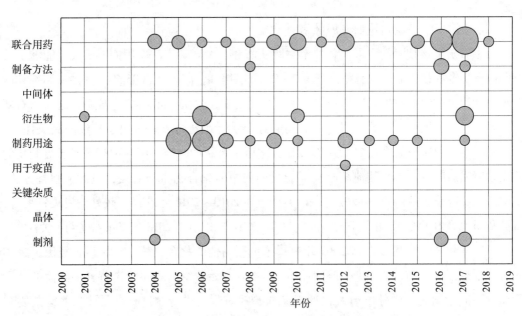

图2-28 贝利司他国外专利技术发展脉络

注：图中圆圈大小表示申请量多少。

该部分分析了针对贝利司他国内、国外专利申请在申请量趋势、技术来源国分布、申请人／专利权人分布、技术主题分布上的差别，并比较了国外、国内以及来华申请的质量差距，以及从不同的侧面分析了贝利司他专利技术总发展脉络、国内发展脉络和国外发展脉络，以期为国内仿制药企业规避或突破专利壁垒的决策的制订提供数据支持和参考依据。

三、结论

癌症的治疗依然是人类需想方设法攻克的难题，新药的研发、上市和保护以及仿制药的跟进仍然任重而道远，我国医药产业转型升级为"中国创造"并建立与之匹配的完善制度还有很长的路需要走。专利已经成为企业构建商业视野的关键环节，专利分析已经成为给决策者制订计划、研发者寻找技术突破提供参考依据的重要工具。在此背景下，本文着重分析了已上市药物西达苯胺、伏立诺他、帕比司他、贝利司他，从各个层面分析了其专利申请的整体态势、各重要申请人的专利布局，厘清了其技术演变过程和发展脉络，以期对本领域我国制药企业的发展有所裨益。

参考文献

［1］ 中国临床肿瘤学会，等．西达本胺治疗外周 T 细胞淋巴瘤中国专家共识（2016 版）［J］．中国肿瘤临床，2016，43（8）：317 – 323.

［2］ 钱丽娜，等．组蛋白去乙酰化酶抑制剂药物及其专利信息分析［J］．中国新药杂志，2016，25（5）：484 – 489，517.

［3］ 赵倩，等．治疗复发或难控型外周 T 细胞淋巴瘤新药——贝林司他［J］．医药导报，2016，35（5）：551 – 554.

PTP1B 抑制剂专利技术综述[*]

沈芳　李瑶[**]　马永涛[**]　张雄辉[**]　王欢[**]　王静平

摘　要　蛋白酪氨酸磷酸酶 1B（PTP1B）是治疗Ⅱ型糖尿病的潜在的重要靶点，与肥胖、肿瘤也具有密切关系。本文从专利分布和布局的角度出发，选择以 PTP1B 抑制剂作为主题，使用关键词对全球专利数据库中的全球发明专利申请进行了检索，得到相关的发明专利申请。对上述数据进行人工筛选分类，并对 PTP1B 抑制剂专利态势、合成类 PTP1B 抑制剂、天然 PTP1B 抑制剂以及 PTP1B 抑制剂主要功效等作了研究分析，揭示了 PTP1B 抑制剂相关发明专利申请的当前状况和未来的发展趋势。

关键词　糖尿病　蛋白酪氨酸磷酸酶　PTP1B　合成　天然　专利

一、概述

（一）PTP1B 抑制剂研究现状

随着全球经济的快速发展，工业化、城市化进程的不断推进，人们的饮食呈现高热量和高钠化的趋势，同时人们的体力活动越来越少，伴随而来的糖尿病患者群日益增大[1]。糖尿病是 21 世纪世界范围的一种多病因代谢性疾病，仅次于肿瘤和心血管疾病。

蛋白酪氨酸磷酸酶和蛋白酪氨酸激酶共同调节细胞内蛋白质的去磷酸化与磷酸化从而调节体内细胞生长、分化、增殖、代谢、凋亡等生理过程。该过程的异常可导致多种疾病，如糖尿病、肥胖症、癌症、神经退行性疾病以及炎症等。在庞大的 PTPs 家族中，蛋白质酪氨酸磷酸酶 1B（PTP1B）是第一个于 1988 年被成功分离纯化的蛋白酶，它不仅是胰岛素和瘦素信号转导的关键生理调节因子，而且其与内质网（ER）应激以及胰岛细胞之间也有重要关联。胰岛素敏感度降低是Ⅱ型糖尿病的重要标志，PTP1B 可以通过作用于胰岛素受体（IR）和胰岛素受体底物蛋白（IRS）的关键酪氨酸残基，使其去磷酸化，从而抑制胰岛素的信号通路或导致胰岛素信号通路的终止，最终使胰岛素的敏感度降低，因此，近年来

---

　*　作者单位：国家知识产权局专利局专利审查协作天津中心。

　**　等同第一作者。

PTP1B 抑制剂已成为治疗 II 型糖尿病的潜在靶点和研究热点。此外，PTP1B 与肥胖、肿瘤也密切相关。图 1 – 1 显示了 PTP1B 与糖尿病、肿瘤、肥胖相关的信号通路。[2]

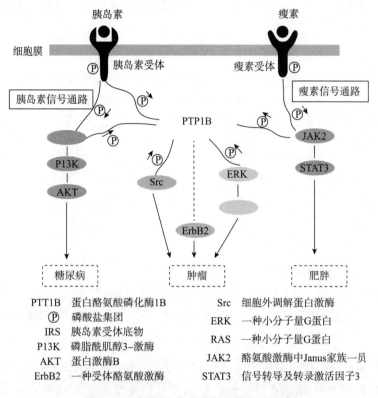

PTT1B	蛋白酪氨酸磷化酶1B	Src	细胞外调解蛋白激酶
℗	磷酸盐集团	ERK	一种小分子量G蛋白
IRS	胰岛素受体底物	RAS	一种小分子量G蛋白
P13K	磷脂酰肌醇3–激酶	JAK2	酪氨酸激酶中Janus家族一员
AKT	蛋白激酶B	STAT3	信号转导及转录激活因子3
ErbB2	一种受体酪氨酸激酶		

图 1 – 1　PTP1B 与疾病相关的信号通路

PTP1B 的晶体结构已由 Barford 研究组报道，如图 1 – 2 所示，其抑制剂主要靶向 3

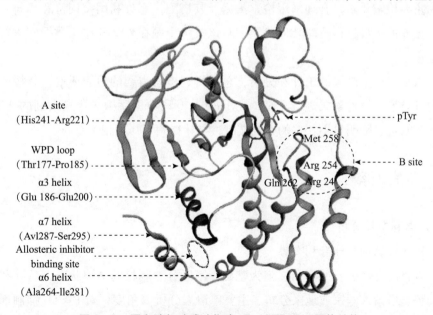

图 1 –2　蛋白酪氨酸磷酸化酶 1B（PTP1B）晶体结构

个重要位点，即 N 端的两个芳基磷酸酯结合位点，亲和力高的催化位点（A 位点）和亲和力低的非催化位点（B 位点），以及距催化口袋约 20Å 的 C 端的变构位点，PTP1B 的 A 位点是由 8 个氨基酸残基 His214～Arg221 形成的刚性环状结构，该位点中的 Cys215 在催化过程中至关重要。[3]

目前，有很多制药公司都对 PTP1B 抑制剂的研究感兴趣，如 Abbott、Genaeca、Pfizer 和 ISIS 等公司，产生了至少 4 个处于临床阶段的候选药物（见表 1−1）。

表 1−1   处于临床研究的 PTP1B 抑制剂

PTP1B 抑制剂	制药公司	治疗疾病	研究阶段
ISIS – 113715	美国 ISIS	糖尿病	临床 II 期
ISIS – PTP1BRx	美国 ISIS	糖尿病	临床 II 期
Ertiprotafib	美国 Pfizer	糖尿病	临床 II 期
Trodusquemine	美国 Genaeca	糖尿病、癌症、肥胖	临床前

（二）检索策略和数据处理

本文的检索主题是 PTP1B 抑制剂，检索截止日期为 2018 年 7 月。本文所采用的数据库是中国专利文摘数据库（CNABS）、德温特世界专利索引数据库（DWPI）以及 Incopat 专利数据库。

本文的检索策略，初步选择关键词和分类号对该技术主题进行检索，对检索到的专利文献关键词和分类号进行统计分析，并抽样对相关专利文献进行人工阅读，提炼关键词。

作为主要检索要素，合理采用检索策略及其搭配，充分利用截词符和算符，同时利用不同数据库的优势进行适时转库检索，对该技术主题在外文和中文数据库进行全面而准确的检索。

根据对初步检索结果的统计和分析，总结得到检索需要的检索要素，并按照检索的需求，对各技术主题检索式进行总结，在 Incopat 专利数据库中导出检索到的全部文献，进一步人工筛选去除明显不相关的专利文献，共计得到 590 项相关专利。

二、研究内容

（一）专利态势分析

1. PTP1B 抑制剂全球专利态势

本节以目前已经公开的专利文献为基础，不区分专利权的法律状态，从专利申请整体发展趋势、申请人国家或地区分布、主要申请人分析等角度，对 PTP1B 抑制剂的全球专利状况进行分析。

（1）发展趋势

全球 PTP1B 抑制剂领域的专利技术发展大致经历了以下三个发展阶段，如图 2 - 1 所示。

第一阶段（1994～1999 年）为萌芽期。1994 年在美国出现了全球范围内第一项涉及 PTP1B 抑制剂的专利申请，之后长达 4 年时间里，相应专利的申请数量一直处于个位数水平，呈现缓慢增长的趋势，直至 1999 年，该数量才突破 10 项/年。这些数据表明在这一阶段，各国研发人员在糖尿病药物的研究中，刚刚在 PTP1B 抑制剂领域中发现少量药物，对该领域的认识和关注度有限，相关研究处于相对不活跃的状态。

第二阶段（2000～2004 年）为发展期。在这 5 年中，PTP1B 抑制剂领域的申请数量呈现显著增长趋势，2004 年有 49 项申请，相当于上一阶段 1999 年申请数量的近 4 倍。

第三阶段（2005 年至今）为稳定期。自 2005 年起，PTP1B 抑制剂领域的申请数量呈现相对较为平稳的发展趋势，2016 年、2017 年的申请量较低可能与一定量的专利申请还处于未公开阶段有关。因此，从 2005 年至今，PTP1B 抑制剂领域的研究一直处于热点状态。

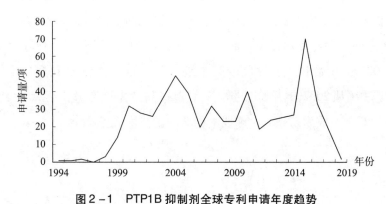

图 2 - 1　PTP1B 抑制剂全球专利申请年度趋势

（2）技术来源国家/区域分布

以专利申请的优先权统计技术来源的国家、地区和区域性组织，在 DWPI 数据库中检索到的 PTP1B 抑制剂的全球专利申请共涉及 21 个国家、地区以及区域性组织。本节选取专利申请量排名前十位的国家、地区及区域性组织的专利申请数据，通过申请量排名情况以及专利总申请量和年份发展趋势对 PTP1B 抑制剂的全球专利国家区域分布特点进行分析，结果如图 2 - 2 所示。排名前十位的依次为中国（CN）、美国（US）、丹麦（DK）、韩国（KR）、日本（JP）、瑞士（CH）、德国（DE）、印度（IN）、法国（FR）。其中，中国、美国分别以 260 项和 161 项申请遥遥领先于其他国家和地区，其总量超过申请量之和的六成，表明我国在该领域的研究也有着相当的实力。

对全球 PTP1B 抑制剂专利申请量排名前四位的国家和地区的专利申请趋势进行分析可以看出，过去二十几年的年申请量变化均具有各自的特点，如图 2 - 3 所示，美国起步

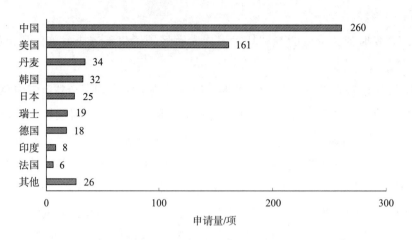

图2-2　PTP1B抑制剂全球专利申请排名前十位的国家/地区分布

相对较早，1994年就已经开始了相关药物的研发，丹麦则在1998年随后跟进，中国和韩国在2000年以后也迅速在该领域开始了研发工作。从申请趋势来看，美国和丹麦分别在2003年、2000年达到技术研发的鼎盛期，在一定程度上，有利于这些国家和地区通过较早进行专利布局而抢占市场份额。然而，近年来美国在该领域的研发日益弱化，2010年以来申请量几乎处于每年5项以下。而丹麦则在2002年以后停止该领域技术的进一步创新。韩国从2001年开始起步，发展较为平稳，每年都有少量专利产出，但始终处于3项/年左右。中国从2002年开始起步，一直保持高速发展态势，至2015年达到顶峰，年申请量超过60项，成为该领域全球技术创新的主要增长点。

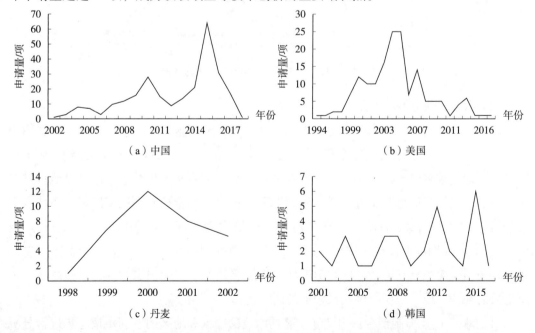

图2-3　PTP1B抑制剂全球专利申请量前四位的国家/地区趋势

对全球 PTP1B 抑制剂申请量较多的国家的专利流向进行统计分析可以看出，美国的申请量不仅相对较多，且其专利申请除在本国申请外，多采用 PCT 等多边申请的方式，专利覆盖全球的各大主要区域，保护范围大，保护力度强，由此也不难看出，美国的专利申请中核心专利、重点专利较多。相比之下，虽然中国的申请量最大，但大部分仅限于在中国本土申请，在其他地区的申请量有限，260 项专利申请中，仅有 3 项在国外进行了申请。可见，中国专利申请尽管量多，但绝大部分在国外无法受到专利保护。

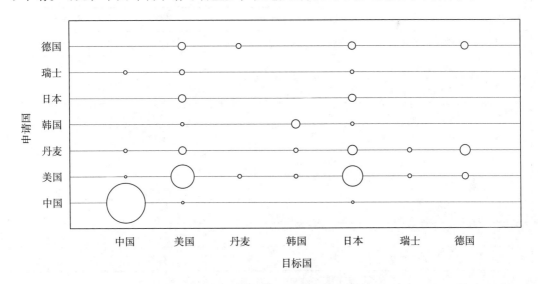

图 2 - 4　PTP1B 抑制剂主要国家地区的专利流向

注：图中圆圈大小表示申请量多少。

进一步，对全球 PTP1B 抑制剂领域的专利申请活跃度进行分析，如表 2 - 1 所示，对于 PTP1B 抑制剂领域而言，近年来面向中国的专利申请活跃度明显高于全球申请活跃度平均水平，这说明糖尿病药物在中国具有广阔的市场前景，在此驱动下，各国申请人都加紧了在中国的专利布局。其中整体申请为全球 PTP1B 抑制剂总申请情况，外国申请表示技术目标国为中国以外的国家或地区的申请情况，中国申请表示技术目标国为中国的专利申请情况。

表 2 - 1　全球 PTP1B 抑制剂领域专利申请活跃度

	往年平均申请量/项 （1994～2017 年）	近 5 年平均申请量/项 （2013～2017 年）	活跃指数 （近 5 年/往年）
整体申请	24. 46	34. 60	1. 41
外国申请	13. 42	5. 20	0. 39
中国申请	11. 04	29. 40	2. 66

（3）主要申请人

在 DWPI 数据库中检索到全球拥有 PTP1B 抑制剂领域专利申请的专利申请人与权利人共计 243 位。采用 CPY 字段等手段，根据公司股权归属状况对从属于同一母公司的子公司与关联公司进行合并统计后，本节选取全球专利申请量排名前十位申请人的专利申请数据，从申请量排名进行分析，结果如表 2－2 所示。

表 2－2　PTP1B 抑制剂全球申请量排名前十位的申请人及其申请量

排名	申请人	国家	申请量/项
1	佛山市赛维斯医药科技有限公司	中国	45
2	默克公司	德国	37
3	中国科学院上海药物研究所	中国	33
4	诺和诺德公司	丹麦	27
5	中国科学院海洋研究所	中国	26
6	中国科学院新疆理化技术研究所	中国	19
7	南昌大学	中国	14
8	ISIS 制药公司	美国	13
9	诺华公司	瑞士	12
10	华东师范大学	中国	12

虽然佛山市赛维斯医药科技有限公司在 PTP1B 抑制剂领域的专利申请量处于领先地位，但是对其拥有的专利申请法律状态进行统计分析发现，该公司虽然申请量最多，但是授权率为 0，已结案件均为驳回或视撤，因此，不具有统计意义。该领域排名前十位的申请人主要集中在中国，占据 6 位，然而主要以研究所和高校为主。而国外入围前十的申请人则是著名的制药巨头，在技术研发以及成果转化方面优势明显。

2. PTP1B 抑制剂中国专利态势

本节从专利申请整体发展趋势、专利申请国家和地区分布、主要专利申请人分析以及法律状态等角度对 PTP1B 抑制剂的 318 项中国专利申请进行分析。

（1）发展趋势

从图 2－5 中可以看出（图中，中国整体表示在中国进行专利申请的总体情况，包括国内申请和国外来华申请），2002 年以前国外申请人在中国的专利申请数量占主导地位，中国申请人在 PTP1B 抑制剂领域的专利申请起步晚于国外申请人达 8 年之久，2003～2006 年，中国申请人与国外申请人在华专利申请数量基本相当，自 2007 年开始，中国申请量大幅度攀升，而国外申请人来华专利申请数量则呈现下降趋势，2014 年以来，在华专利申请主体则均为中国申请人。

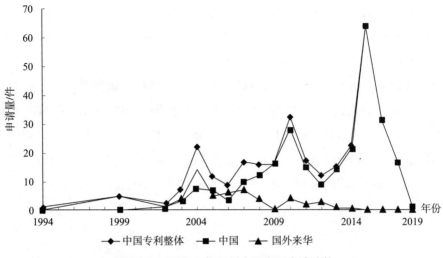

图2-5 PTP1B 抑制剂中国专利申请趋势

近年来国内申请人的申请活跃度明显高于整体平均水平，如表2-3所示，说明国内创新研发主体对 PTP1B 抑制剂领域的研发热情和力量投入明显提高，这一领域逐渐成为国内糖尿病药物领域研发的热点。

表2-3 中国 PTP1B 抑制剂领域专利申请活跃度

	往年平均申请量/件 （1994～2017 年）	近 5 年平均申请量/件 （2013～2017 年）	活跃指数 （近 5 年/往年）
整体申请	17. 61	29. 8	1. 69
外国来华申请	3. 22	0. 4	0. 12
国内申请	14. 39	29. 4	2. 04

（2）申请人来源分布

1）总体分布

图2-6 显示了 PTP1B 抑制剂中国专利申请区域分布情况，列举了在中国申请专利的

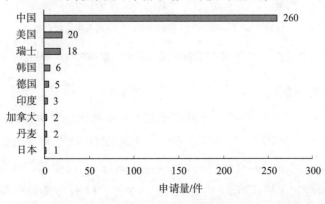

图2-6 PTP1B 抑制剂中国专利申请的申请人来源分布

相关国家。从图 2-6 中可以看出，中国国内申请人在华的专利申请数量遥居首位，占据了在华申请总量的 81.76%，其次为美国和瑞士，分别位居第二和第三，该两国在华专利申请数量达到国外申请人在华专利申请总量的 65.5%。

对国内和国外申请人的中国专利申请趋势进一步分析，如图 2-7（a）和图 2-7（b）所示，国外申请人在 20 世纪 90 年代就开始了在华 PTP1B 抑制剂领域的专利申请，而中国国内申请人最早的专利申请出现于 2002 年，相较于国外最早在华申请的 1994 年而言，滞后了 8 年。国外申请人的在华申请数量在 2004 年达到顶峰，此后逐年降低，近年来几近为无。而中国国内申请人从 2002 年开始起步，一直保持高速发展态势，至 2015 年达到顶峰，年申请量超过 60 件。

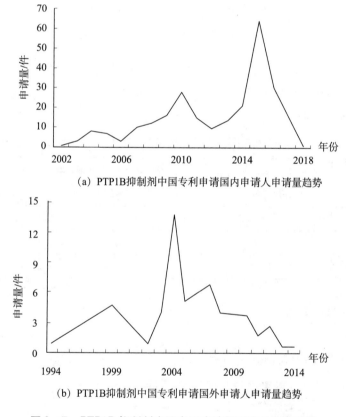

（a）PTP1B 抑制剂中国专利申请国内申请人申请量趋势

（b）PTP1B 抑制剂中国专利申请国外申请人申请量趋势

图 2-7　PTP1B 抑制剂中国专利申请量国内的申请趋势

2）国内申请人分布

图 2-8 显示了中国国内 PTP1B 抑制剂相关专利申请区域分布情况，列出了专利申请量排名前十位的省市。从图 2-8 中可以看出，上海以 60 项专利申请排名第一，占国内申请总量的 23%，广东以 50 项专利申请排名第二，占国内申请总量的 19.2%。山东、新疆、江苏、江西等省区依次以 31 件、19 件、16 件、14 件申请排名第三至第六位，吉林和北京以 13 件并列第七位。排名前 8 位的省市专利申请量均在 10 项以上，且总量为

216件，占国内申请总量的83.1%。

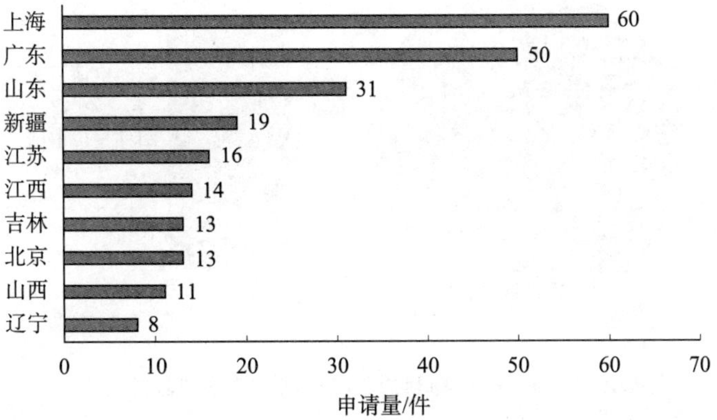

图2-8　PTP1B抑制剂中国专利国内申请人申请量区域分布

说明我国国内申请人的研究力量相对集中，上海和广东为第一梯队，山东、新疆、江苏、江西、吉林和北京为第二梯队。

（3）主要申请人

从表2-4中可以看出，在华PTP1B抑制剂申请量排名前十位的申请人中，9位为国内申请人，除佛山市赛维斯医药科技有限公司以外，其余8位国内申请人均为研究所或高校，说明我国在PTP1B抑制剂领域的技术创新主要以纵向研究为主，企业参与度不够，相关成果转化不足。

表2-4　PTP1B抑制剂中国专利申请量排名前十位的申请人及其申请量

排名	申请人	国家	申请量/件
1	佛山市赛维斯医药科技有限公司	中国	45
2	中国科学院上海药物研究所	中国	32
3	中国科学院海洋研究所	中国	26
4	中国科学院新疆理化技术研究所	中国	19
5	南昌大学	中国	14
6	华东师范大学	中国	13
7	诺华公司	瑞士	12
8	山西大学	中国	11
9	北华大学	中国	9
10	中国医学科学院药物研究所	中国	7

（4）法律状态

从图2-9中可以看出，目前全部在华PTP1B抑制剂专利申请中，处于授权且有效状态的专利权共83件，占总数量的27%。53%的专利申请处于已撤回、被驳回或专利权终止的状态，20%的申请目前仍在审查过程中。

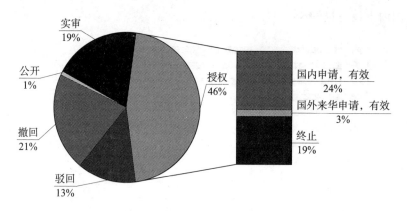

图 2 - 9　PTP1B 抑制剂中国专利申请法律状态分布

（二）合成类 PTP1B 抑制剂

PTP1B 作为 Ⅱ 型糖尿病和肥胖症的一个新型治疗靶点，近年来已吸引了很多科研单位和制药公司的密切关注。目前开发的具有临床应用前景的抑制剂主要涉及合成类的 PTP1B 抑制剂，大多数是通过有机合成、组合化学、分子模拟的方法，利用计算机辅助药物设计进行新药开发，通过高通量筛选，寻找具有抑制 PTP1B 活性的化合物，再对化合物进行结构改造，例如基团修饰、替换等，以期改善化合物的药代动力学性质以及不良反应，最后得到具有特异性、高效性的 PTP1B 抑制剂。本节主要针对涉及合成类 PTP1B 抑制剂的专利进行分析，以化合物活性基团为技术分支进行统计分析，获取技术发展路线、代表性专利等方面的信息。

1. 专利申请技术分支分析

对于药物来说，寻找具有高特异性和高选择性的靶向先导化合物，不仅需要研究靶点的三维立体结构，还需要对现有的众多活性化合物性质进行详细的动力学研究，总结化合物与受体之间的构效关系，以期对化合物的结构改造指明方向。此外，化合物的分子量大小、溶解性、带电基团、分子表面极性等理化性质均会影响细胞膜通透性、药代稳定性、生物毒性等，从而限制了活性化合物的成药性。

PTP1B 抑制剂的开发一直受困于两点：（1）PTP1B 抑制剂的细胞膜的透过性。PTP1B 催化蛋白磷酸水解，其活性位点带电，所以一般作用于活性位点的化合物都带电或强极性；而 PTP1B 又是分布在细胞膜内，带电或强极性的化合物是无法通过细胞膜而起效的。（2）PTP1B 的选择性。PTP1B 与其他蛋白磷酸酶如 TCPTP 高度同源，尤其是活性位点同源性更高达 94%。所以 PTP1B 抑制剂的筛选基本上着眼于以上两点。[4]

从图 2 - 10 中可知，合成类 PTP1B 抑制剂的化合物结构涉及大量不同类型的基团，母体结构的必需基团主要集中在酰胺、羧酸、噻唑、磷酸、磺酰基、二苯基等方面。对涉及上述活性基团的专利申请进行统计，形成图 2 - 11 所示的技术发展路线。

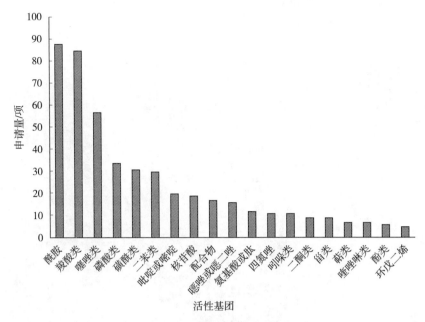

图2-10　合成类PTP1B抑制剂活性基团分布

2. 合成类PTP1B抑制剂的代表性专利

目前，对于PTP1B抑制剂的药物设计主要集中在两个方向：一个是针对PTP1B的催化活性区设计得到磷酸酪氨酸（pTyr）模拟物，另一个是针对PTP1B酶的变构抑制位点设计得到非竞争性PTP1B抑制剂，前后由于催化位点具有正电性和保守性的结构特征，通常细胞渗透性差，作用特异性不强，后者由于变构抑制位点在PTP酶家族保守性较低，相较于磷酸酪氨酸（pTyr）模拟物在细胞渗透性和作用特异性方面具有一定优势。

本节根据抑制剂结构的不同，选取专利申请量较大的酰胺类、羧酸类、杂环类进行分析，进一步通过人工浏览，以专利申请年份为时间轴，选取不同时期、不同母体结构的专利申请作为代表性专利来阐述PTP1B抑制剂的发展现状（图2-11）。

（1）含有酰胺结构的专利申请

此类抑制剂大多是以含有草酰氨基基团的化合物为先导化合物进行结构改造，通过结构中的草酰氨基与PTP1B的精氨酸活性中心相互作用，形成盐桥，在适当位置引入大体积疏水基团进行结构修饰，依靠氢键作用和疏水相互作用，可以特异性识别PTP1B。

诺和诺德公司的专利申请CN99806015.1涉及蛋白酪氨酸磷酸酶的调节剂，以人工合成的生物素化^{33}P-磷酸化的肽为底物，用PTP1B开发出一种大容量筛选闪烁近似性试验，肽底物对应于胰岛素受体激酶的活化环，用胰岛素受体酪氨酸激酶在酪氨酸残基处^{33}P-磷酸化，对化合物进行筛选发现草酰氨基苯甲酸可作为经典的、竞争性、可逆转的、活性位点指导的抑制物，部分化合物对于PTP1B具有选择性抑制活性，而对其他PTP酶几乎没有影响。之后，该公司的专利申请AU6985300涉及草酰氨基取代的噻吩并吡喃衍生物，在PTP1B酶抑制试验中，优选化合物的Ki值达0.8μM。

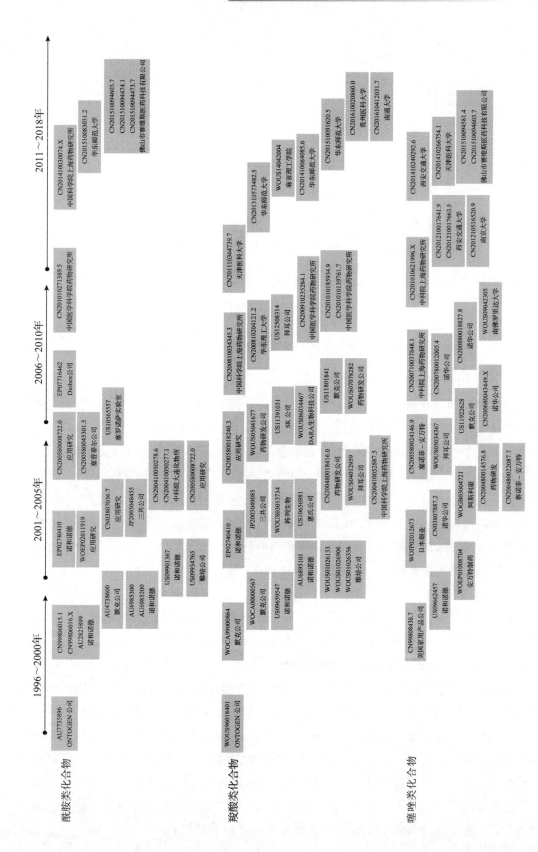

图2-11 合成类PTP1B抑制剂技术发展路线

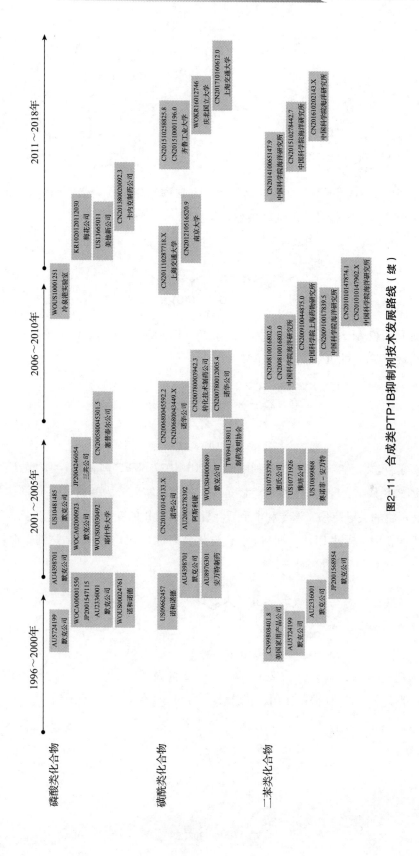

图2-11 合成类PTP1B抑制剂技术发展路线（续）

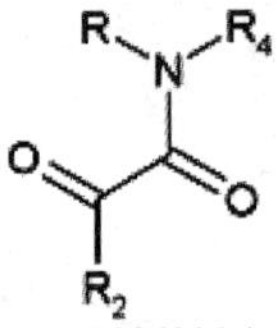

CN99806015.1

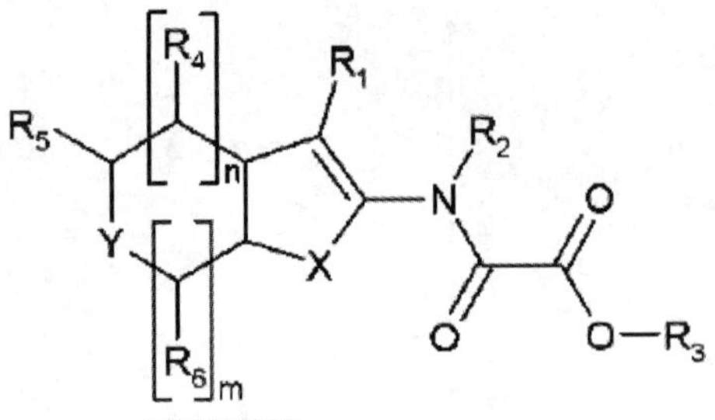

AU6985300

默克公司的专利申请 AU4738600 涉及膦酸和羧酸衍生物作为蛋白酪氨酸磷酸酶－1B 的抑制剂，但是没有公开具体的活性数据。

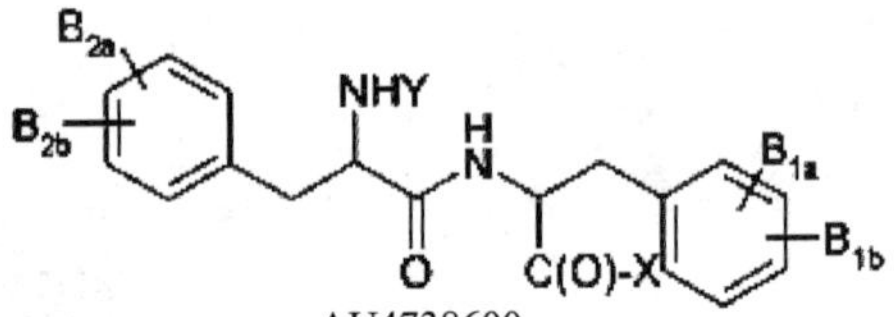

AU4738600

应用研究系统 ARS 股份公司的专利申请 WOEP0300808 涉及取代亚甲基酰胺衍生物，优选化合物对 PTP1B 的 IC_{50} 值少于 $5\mu M$。

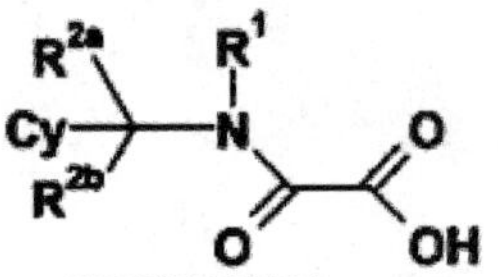

WOEP0300808

中国医学科学院药物研究所的专利申请 CN201010271389.5 涉及含芳酮和芳酰胺类化合物，由于 PTP1B 酶结合腔的结构保守性特征，选择性的实现成为制约 PTP1B 抑制剂发展成为抗糖尿病药物的关键瓶颈，该专利申请旨在针对 PTP1B 的变构结合位点涉及合成具有抗糖尿病作用的新型选择性 PTP1B 抑制剂，优选化合物对 PTP1B 的 IC_{50} 值达到 $3.45\mu M$。

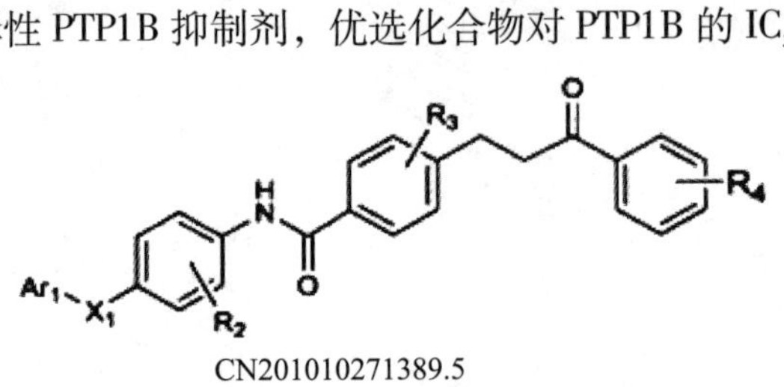

CN201010271389.5

华东师范大学的专利申请 CN201510083031.2 涉及手性 3，3－二取代氧化吲哚衍生物，表现出良好的 PTP1B 抑制作用，优选化合物的 IC_{50} 值达到 $2.06\mu M$。

CN201510083031.2

（2）含有羧酸结构的专利申请

由惠氏公司开发的以PTP1B为靶点的药物Ertiprotafib和由日本烟草公司开发的JTT-551均含有羧酸结构，曾进入临床阶段，但是由于临床效果不佳和毒副作用大而被终止。

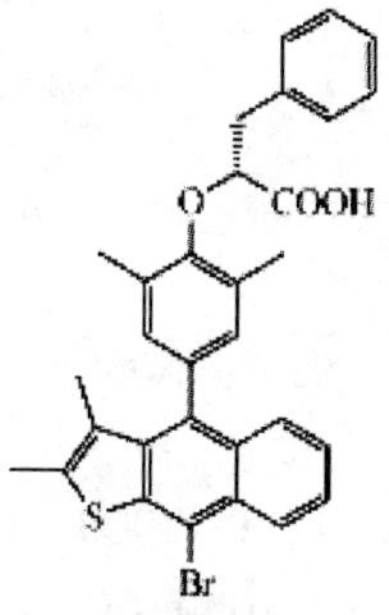

Ertiprotafib

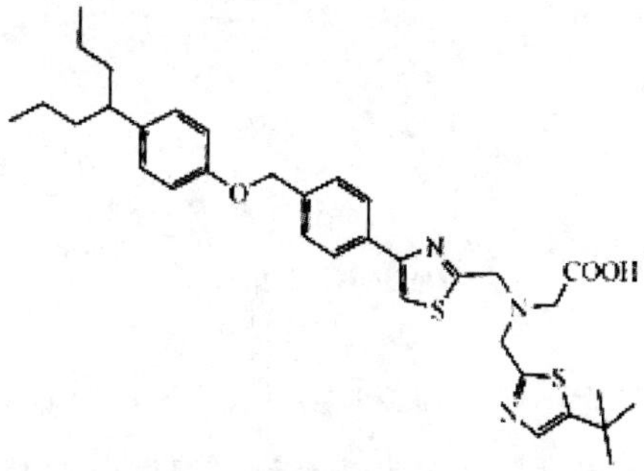

JTT-551

Ontogen公司的专利申请AU7735896涉及芳基丙烯酸衍生物可用作蛋白酪氨酸磷酸酶抑制剂，例如PTP1B抑制剂。

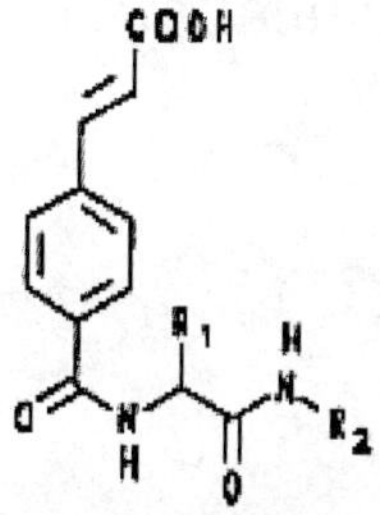

AU7735896

雅培公司的专利申请US09934765涉及氨基（氧代）乙酸蛋白酪氨酸磷酸酶PTP1B抑制剂，抑制浓度在 $3 \sim 100\mu M$。

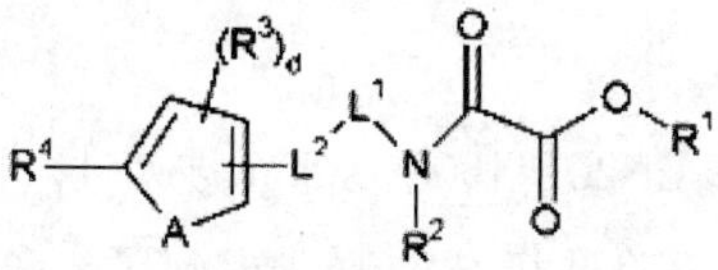

US09934765

应用研究系统ARS股份公司的专利申请AU2005231980涉及作为PTP1B抑制剂的1，1'-（1，2-乙炔二基）双苯羧酸衍生物，对PTP1B的 IC_{50} 值为 $0.51\mu M$。

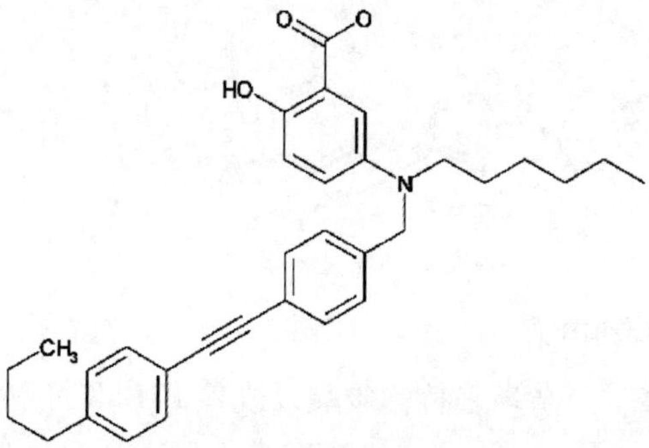

AU2005231980

赛诺菲－安万特的专利申请 AU2005263418、CN20058004337.8 报道了两个系列的羧酸类抑制剂，都是以水杨酸为核心结构，在 PTP1B 酶抑制试验中，两个系列化合物的 IC_{50} 值分别为 $0.7 \sim 46\mu M$、$0.5 \sim 1.9\mu M$。

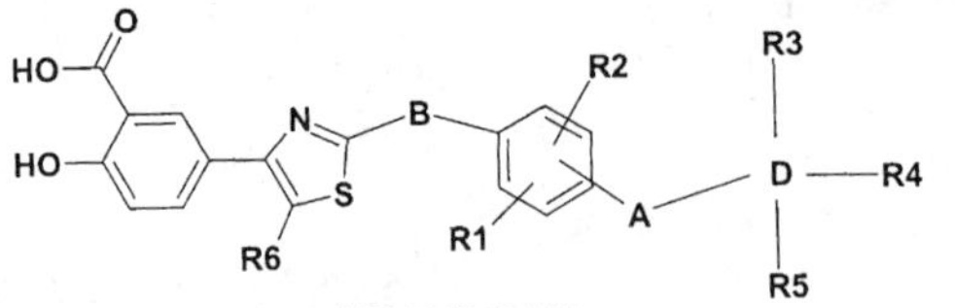

AU2005263418

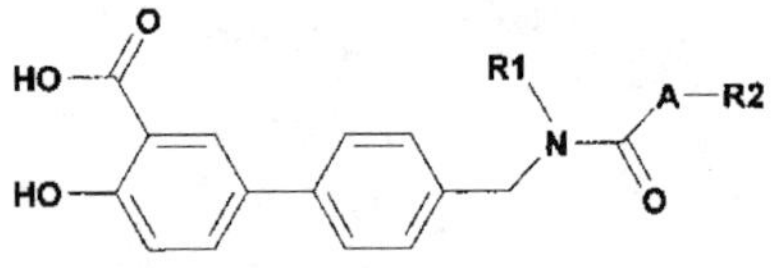

CN20058004337.8

中国医学科学院药物研究所的专利申请 CN20091023528.4、CN20101013976.1 涉及苯甲酰胺基羧酸类化合物，根据已知 PTP1B 抑制剂与酶的相互作用模式，总结出抑制剂的药效团应至少包括两个芳基和一个羧基，采用药效团与骨架迁越相结合的设计策略，构建虚拟化合物库，筛出在理论上强效结合的化合物，CN20091023528.4 给出的具体化合物的 IC_{50} 值，最优为 $2.39\mu M$，CN20101013976.1 的活性较高，在 $0.09 \sim 0.85\mu M$。

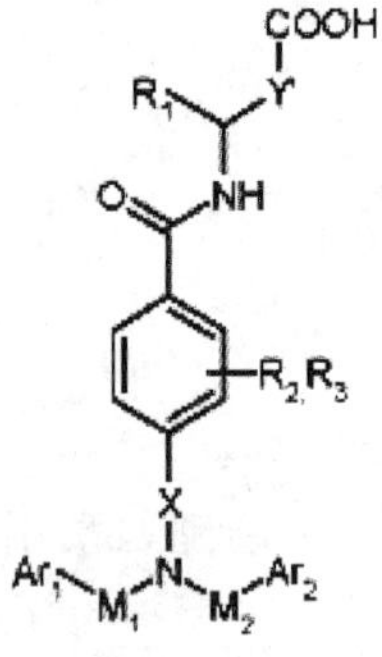

CN20091023528.4

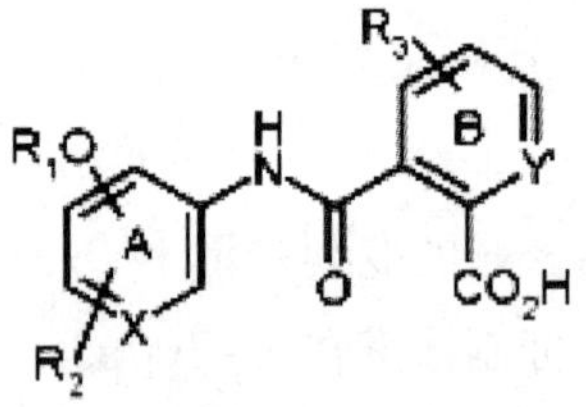

CN20101013976.1

华东师范大学的专利申请 CN201410084085.6 涉及 4，4－二甲基石胆酸－2，3－骈 N－芳基吡唑衍生物，基于石胆酸进行结构改造得到了一种结构新颖、PTP1B 抑制活性显著提高的抑制剂，优选化合物的 IC_{50} 达到 $0.42\mu M$。

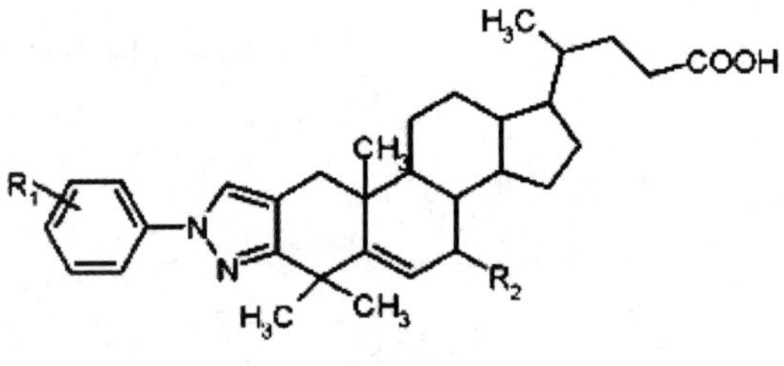

CN201410084085.6

（3）含杂环结构的专利申请

由于羧酸的电性较高，用杂环来替代羧酸以改善 PTP1B 抑制剂的细胞膜渗透性一直是人们研究的热点。

美国家用产品公司的专利申请 CN99808438 涉及（2－酰氨基噻唑－4－基）乙酸衍生物，化合物在 $25\mu M$ 浓度下对 PTP1B 的抑制率最高达到 96.6%。

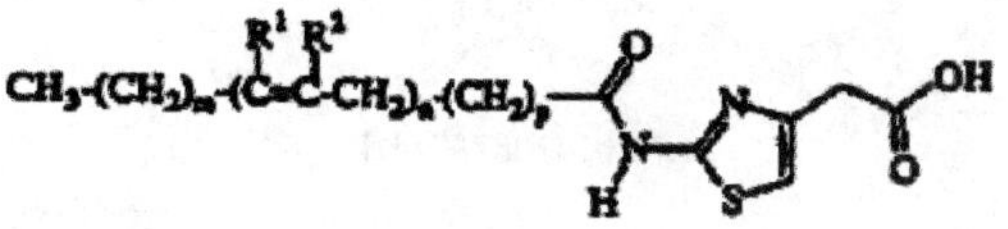

CN99808438

霍夫曼－拉罗奇公司的专利申请 AU2005304040 涉及氨基喹唑啉化合物，PTP1B 抑制活性的 IC_{50} 在 $1.09\sim91.79\mu M$ 内。

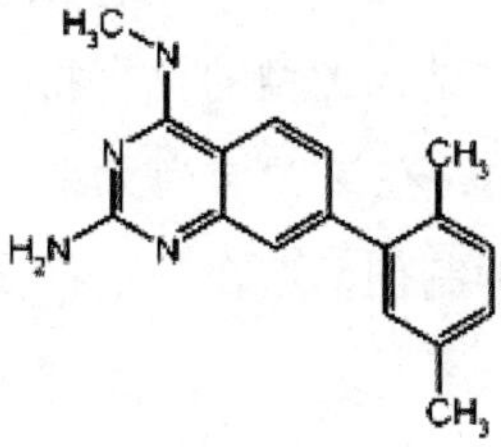

AU2005304040

诺华公司的一系列专利申请 WOUS2006046543、WOUS2007065421 涉及噻唑烷二酮类化合物，结构的共同特征是 1，2，5－噻唑烷二酮邻近位置有一个羟基或取代的羟基进行取代，通过抑制 PTP1B 和 T 细胞 PTPase（TC PTP）来治疗由 PTPase 介导的疾病，对 PTP1B 的 IC_{50} 范围为 $0.0001\sim15\mu M$。

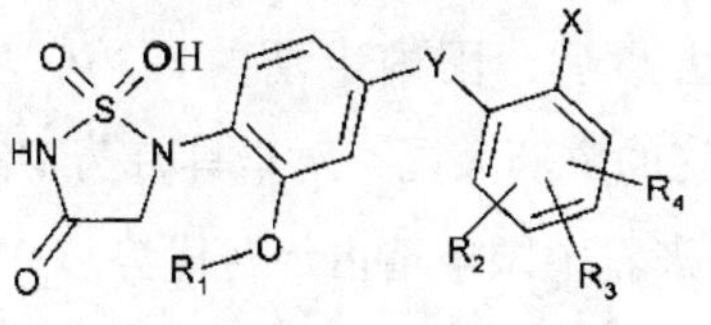

WOUS2006046543

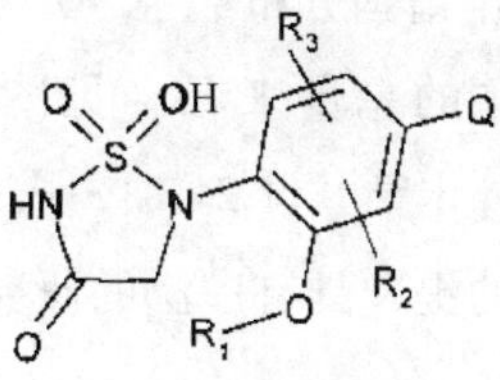

WOUS2007065421

中国科学院上海药物研究所的专利申请 CN200710037848.1、CN201410030074.X 涉及含唑类结构的小分子蛋白酪氨酸磷酸酯酶 1B 抑制剂，最优化合物抑制 PTP1B 的 IC_{50} 值分别为 $2.48\mu M$、$2.3\mu M$。

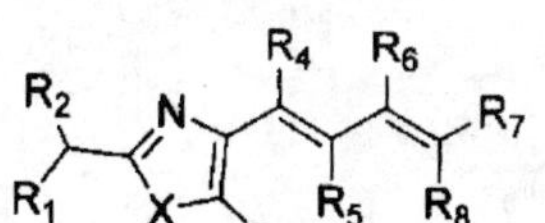

CN200710037848.1

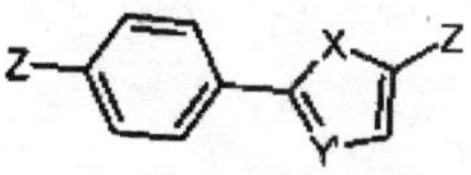

CN201410030074.X

华东师范大学、中国科学院上海药物研究所的专利申请 CN201410078744.5 涉及苯并杂环取代 1，3，4－噁二唑类化合物，通过保留现有结构中的 N－H，引入并杂环，从结构上增强了化合物的刚性，固定了化合物的构象，提升化合物与酶的结合能力，改善分子的亲水性，从而改善化合物的生物利用度，活性测试显示对 PTP1B 的 IC_{50} 为 $25.8\pm1.69\mu M$。

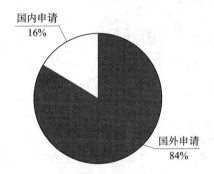

CN201410078744.5

3. 小结

鉴于 PTP1B 靶点结构本身的局限性，难以突破研发瓶颈，外国专利申请量从 2004 年以后就呈现下降趋势，逐渐进入衰退期，而中国随着知识产权意识的觉醒，从 2002 年开始申请量呈逐步上升趋势。通过国内外专利申请涉及的化合物结构进行深入分析发现，合成类 PTP1B 抑制剂涉及多种不同结构类型的化合物，说明由于目前此类抑制剂尚未有成功应用的先例，研发热点不集中，在该领域尚无系统的专利布局，国内外申请人一直在探索发现新化学结构的 PTP1B 抑制剂，这在一定程度上为国内申请人的研发和专利布局提供了机遇。

（三）天然 PTP1B 抑制剂

天然产物一直是新药先导化合物的重要来源，由天然提取物制备而成的中成药也是治疗糖尿病药物的重要组成部分。因此，基于天然产物的 PTP1B 抑制活性物质的研究开发是 PTP1B 抑制剂技术发展中的重要分支。

1. 申请量及发展趋势分析

（1）申请国分布

从申请的总量来看（见图 2 – 12），检索结果去噪后，国内申请共计 109 项，占 84%，国外申请共计 21 项，占 16%，由于我国是传统的中药大国，对于具有药物活性的天然产物的提取具有广泛的研究基础，因此从申请量来看中国申请占绝对优势。

国内申请
16%

国外申请
84%

图 2 – 12　天然 PTP1B 抑制剂国内外申请量分布

（2）申请量趋势

天然产物较合成类药物而言研究起步较晚，国外从 2001 开始，国内从 2003 年开始，申请量从 2001 年至今整体呈上升趋势（见图 2 – 13）。

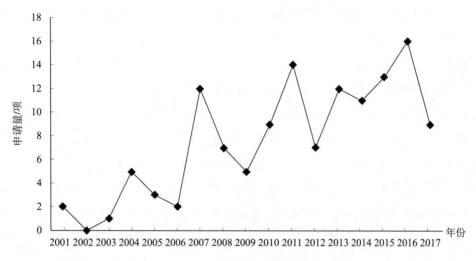

图2-13　天然PTP1B抑制剂申请量年度分布

（3）主要申请人

从表2-5中可以看出，申请量排在前六位的申请人均为我国的科研院所和高校，说明天然产物类PTP1B抑制剂目前仍然停留在基础研发阶段，科研机构与企业的合作有待进一步加强，以促进科研成果的转化。

表2-5　天然PTP1B抑制剂前十大申请人及其申请量

排名	申请人	申请量/项
1	中国科学院新疆理化技术研究所	18
2	南昌大学	14
3	中国科学院上海药物研究所	14
4	北华大学	10
5	中国人民解放军第二军医大学	4
6	复旦大学	4

2. 天然PTP1B抑制剂的代表性专利

目前天然产物提取类PTP1B抑制剂的结构主要分为萜类、联苯类、内酯类、糖苷类、生物碱类、酚类和醌类。通过人工浏览，以专利申请年份为时间轴，选取不同时期、不同母体结构的专利申请作为代表性专利来对涉及天然产物提取类PTP1B抑制剂进行详细分析。

（1）萜类

熊果酸是公认的具有PTP1B抑制活性的天然提取物，其结构为三萜酸，因此萜类提取物所有天然产物提取类的PTP1B抑制剂的申请中占有较大的比重。

中国科学院上海药物研究所的专利申请CN200410015695.7，从枇杷叶中提取得到枇杷叶总三萜酸，其由熊果酸、齐墩果酸、可乐酸和 2α−羟基齐墩果酸为主要成分，根据含量的不同，其 IC_{50} 为 2.2~3.1μg/mL。

新疆理化技术研究所的专利申请 CN200710146725.1 记载了从瘤果黑种草籽中提取得到的常春藤皂苷元，其抑制活性 IC_{50} 值为 70μM。

中国科学院上海药物研究所的专利申请 CN200910198266.0，从中国南海倔海绵属海绵中提取分离得到倍半萜蒽醌类化合物，PTP1B 抑制活性在 1.5~51μM。CN201010216719.0 涉及一种从中国毛红椿中提取分离得到的骨架新颖的三萜类化合物毛红椿醛，其可用于蛋白酪氨酸磷酸酯酶 1B 抑制剂的药物中，抑制活性为 2.81μg/ml。CN201110091671.X 涉及从豆荚软珊瑚属软珊瑚中提取的二萜类化合物豆荚甲素、乙素、丙素、丁素、戊素或己素，均对 PTP1B 显示不同程度的抑制活性，具体数值在 1.69~6.88μg/ml。

南昌大学的专利申请 CN201410608113.X 涉及一种从中国总状蕨藻中分离得到的血红素酸酯化的链状二萜类化合物，其对 PTP1B 酶抑制活性的 IC_{50} 为 2.3μM。

2017 年，南昌大学提出的 4 件专利申请 CN201710949896.1、CN201710946502.7、CN201710946501.2 和 CN201710946167.0，均为从中国波状网翼藻中分离提取得到具有降血糖作用的新甾体类化合物网翼藻素 C−F 和 J，经药理试验研究表明，该组合物对具有显著抑制活性，其活性强于阳性对照药齐墩果酸。具体的抑制活性为：网翼藻素 F IC_{50} 为 38.15±6.6μM，网翼藻素 C IC_{50} 为 35.01±3.52μM，网翼藻素 J IC_{50} 为 16.03±2.36μM，网翼藻素 D 与网翼藻素 E 的质量比为 3：4 的组合物的 IC_{50} 值为 1.88±0.12μM。

北华大学 2010 年的专利申请 CN201010131715.2 提供一种从植物豨莶草中提取分离提取的贝壳杉烷型二萜类化合物，作为 PTP1B 的抑制剂和胰岛素增敏剂，可用于治疗各种糖尿病、肥胖症及其他由此引发的并发症。实验结果显示，当化合物 1~3 的浓度分别为 12.6μM，20.0μM 和 21.3μM 时，对 PTP1B 有 50% 抑制作用（IC_{50}），其中化合物 1 和 3 的抑制 PTP1B 活性强于化合物 2。专利 CN201110190153.2 涉及从虎耳草科植物丹顶草中分离得到齐墩果烷型三萜类化合物，经 PTP1B 抑制活性试验检测，当化合物 1~4 的浓度分别为 6.6μM、7.4μM、21.3μM 和 6.8μM 时，对 PTP1B 有 50% 抑制作用。2016 年申请的专利 CN201611188265.4 和 CN201610871004.6 涉及蛹虫草的乙醇提取物和蛹虫草多肽，蛹虫草又名北冬虫夏草、北虫草，是一种虫草属真菌。在提取物中，乙酸乙酯的溶解物抑制活性较好，单体化合物为链状二萜的单糖，其抑制活性分别为 21.3μM 和 19.7μM。在蛹虫草多肽的制备中，分别涉及用胃蛋白酶、胰蛋白酶和中性蛋白酶酶解得到的 3 种多肽，其抑制活性均优于公知的 PTP1B 抑制剂熊果酸和科罗索酸。

韩国生物科学与生物技术研究所的专利申请 KR1020050120645，涉及从日本榧树中获得的甾体烯酮类化合物作为 PTP1B 抑制剂，而且可以避免抑制 PTP1B 的副作用。

韩国海洋科学技术院申请的 CN201280058871.8 涉及从南极地衣类的霍尔克拉里杰拉干燥样品中获取的地衣类代谢产物,物质结构为二砧呋喃类。

(2)联苯类

2010 年,中国科学院新疆理化技术研究所的专利申请 CN201010592705.9,再次对毛菊苣提取活性成分,提取得到亚烷基联苯类化合物,其具有一定的抑制活性。

2017 年,南昌大学提出的 4 件申请,均为天然药物米仔兰素,分别为米仔兰素 A(CN2015611094254.X)、米仔兰素 B(CN201611092637.3)、米仔兰素 C(CN201611092876.9A)、米仔兰素 D(CN201611092814.8),结构上属于联苄类化合物,其一般采用乙醇从碧绿米仔兰中提取得到,体外 PTP1B 抑制试验表明,IC_{50} 值分别为 15.51 ±1.54μM、15.51 ±1.54μM、2.58 ±0.52μM、2.44 ±0.35μM 和 45.74 ±1.79μM。南昌大学还申请了专利 CN201611092879.2,从中国碧绿米仔兰叶片中提取分离一个与米仔兰素 D 结构十分相近的化合物 3,5 - 二羟基 - 2 - [3,7 - 二甲基 - 2(反式),6 - 辛二烯基] - 联苄,其体外 PTP1B 抑制活性为 IC_{50} 值为 2.23 ±0.14μM。从这一系列申请的活性数据中可以看出,联苄结构中含有长的辛二烯链的结构,其抑制活性更佳。

(3)黄酮类

2013 ~ 2014 年,北华大学的专利申请 CN201310199383.5、CN201410156760.1、CN201410076772.3 和 CN201410287184.4 均涉及从人参或者刺五加中提取获得降糖活性化合物或提取物,其中木质素类化合物的 IC_{50} 能够达到 8.3uM,提取物的 IC_{50} 能够达到 10.6μg/mL。

韩国海洋研究院申请的专利 CN201180059184.3 涉及从高山珊瑚枝地衣提取物中分离得到化合物罗巴斯汀,为木质素类化合物,其抑制活性为 154.46nM。

(4)糖苷类

中国科学院新疆理化技术研究所的专利申请 CN200710180020.1 是从鹰嘴豆胚芽中提取有效部位,并且确定主要成分为总皂苷类、异黄酮类化合物。通过对红花加热回流提取,大孔树脂分离纯化获得红花提取物,通过灰度关联度分析,证明羟基红花黄色素 A 和 6 - 羟基山奈酚 - 3,6 - 双 - O - 葡萄糖 - 7 - O - 葡萄糖苷是其中主要的活性成分,其体外抑制活性达到了 8.38 ~ 19.95μg/mL。

2005 年中国科学院上海药物研究所的专利申请 CN200510028287.X,从中国海洋红藻粗枝软骨藻中分离得到粗枝藻甲素,其抑制活性较好,IC_{50} 为 0.51 ±0.09μM。

(5)生物碱类

中国科学院新疆理化技术研究所的专利申请 CN201310217003.6 继续对瘤果黑种草籽进行提取分离,得到 3 个具有茚并 [2,1 - b] 吡啶 - 7(8H)- 酮结构的生物碱类化合物,其抑制活性为 16.85 ~ 9.71μM。

2012 年中国科学院上海药物研究所申请的专利 CN201210564022.1，涉及从木果楝枝叶中分离得到的三萜生物碱类化合物木果楝碱甲素，其 IC_{50} 值为 10.65μg/mL。

（6）酚类

中国科学院新疆理化技术研究所申请的专利 CN201310509440.6 开展了新的植物降糖原料的开发，从罗布麻叶中提取得到罗布麻叶总多酚，IC_{50} 值为 10.65μg/mL。

2010 年与暨南大学和中国热带农业科学院热带生物技术研究所联合申请了 CN201010230436.1 和 CN201010230421.5，其涉及深海链霉菌发酵物中提取得到的苯乙烯苯酚类化合物和 2 - 乙酰氨基龙胆酸，其对于 PTP1B 抑制活性分别达到了 4.6μM 和 20.4μM。

（7）醌类

中国科学院上海药物研究所 2003 年申请的专利 CN03115417.4 中，从天然植物紫金牛和小连翘提取分离纯化中获得了对 - 苯醌化合物，其抑制活性为 3.01～19.15μM。

2014 年，南昌大学的申请 CN201410608322.4 和 CN201410608593.X 涉及从总状蕨藻中采用提取、减压浓缩、萃取、硅胶柱色谱法以及凝胶柱色谱法纯化而得到的 α - 生育醌，该化合物对 PTP1B 具有显著抑制活性，IC_{50} 值为 3.85μM。

（8）内酯类

中国科学院上海药物研究所的专利申请 CN200410016914.3 涉及从豺皮樟树皮中提取获得的 γ - 丁内酯类化合物，IC_{50} 为 2.3～12.6μM。CN200510028288.4 涉及从南海倔海绵属海绵中分离得到的那卡呋喃 - 8 内酯，其 IC_{50} 为 1.58±0.13μM。

中国科学院新疆理化技术研究所的专利申请 CN200710146726.6 记载了毛菊苣根中提取得到的山窝苣素，IC_{50} 约为 1mM。

南昌大学 2014 年申请的专利 CN201410335098.6，涉及从中国总状蕨藻中提取得到具有特异支链的甾体类化合物蕨藻烯酮，该化合物对 PTP1B 酶抑制活性的 IC_{50} 为 3.8μM。

3. 小结

通过对重点国内申请人和有代表性的外国申请人相关专利的梳理可以看出，天然产物类 PTP1B 抑制剂的原料来源主要分为：①草本植物，分布较广，大部分属菊科、蔷薇科、毛茛科、桃金娘科、刺五加科和木兰科等；②木本植物，如猴果树、栗树、木果楝、青钱柳、木榄、芒果和厚朴等；③动物如海绵、珊瑚，菌类如蛹虫草、链霉菌、金顶侧耳菌、地衣、伪弯头曲霉、红曲霉等；④藻类，如总状厥藻、海洋红藻、松节藻和中国波状网翼藻等。分离得到的活性物质的结构主要包括：二萜类、三萜类、黄酮类、酚类、糖苷类以及联苄类。随着研究的深入和广泛，天然产物的原料来源种类会更加丰富，提取得到的活性组分的生物活性也会更加优异。

（四） PTP1B 抑制剂主要功效

目前，PTP1B 主要是作为糖尿病药物、肥胖药物和肿瘤药物的靶点，也能够用于治疗其他一些疾病，诸如高血压、高血脂、高胆固醇血症、心血管疾病、骨质疏松、神经变性疾病、自身免疫性疾病、流感病毒、乙肝、代谢病、恶性水肿等。根据图 2 - 14 的统计分析可以得出，国内专利申请涉及糖尿病、肥胖症、癌症和其他用途的分别有 302 件、114 件、44 件和 32 件，国外专利申请涉及糖尿病、肥胖症、癌症和其他用途的分别有 251 件、125 件、58 件和 79 件，可以对比得出，国外研究其他相关用途的比例稍高于国内，不过整体还是以糖尿病为主要研究方向。

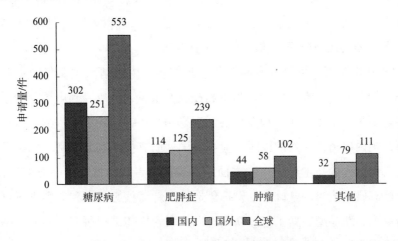

图 2 - 14　国内外 PTP1B 抑制剂主要功效分布

三、总结

本文基于目前公开的全球专利申请，简述了 PTP1B 抑制剂全球、中国专利态势，从专利申请整体发展趋势、申请人国家或地区分布、主要申请人分析等角度，对 PTP1B 抑制剂的全球专利状况进行分析。分析了合成类 PTP1B 抑制剂、天然 PTP1B 抑制剂以及 PTP1B 抑制剂主要功效。

（一） PTP1B 抑制剂专利现状

1994 年在美国出现第一件专利申请后，专利申请量呈现缓慢到显著增长的趋势。技术来源国家主要有中国、美国、丹麦、韩国和日本，美国起步最早，中国较晚。2014 年以来，在华专利申请主体则均为中国申请人。该领域排名前十位的申请人主要集中在中国，占据 6 位，主要以研究所和高校为主，国外入围前十的申请人则是著名的制药巨头。

其中，合成类 PTP1B 抑制剂的国内申请人集中在中国科学院海洋研究所、中国科学院上海药物研究所、华东师范大学、山西大学，国外申请量最多的是默克公司。合成类

PTP1B 抑制剂的化合物母体结构的必需基团主要集中在酰胺、羧酸、噻唑、磷酸、磺酰基、二苯基等方面。天然 PTP1B 抑制剂，国内申请占 84%。申请量排在前 6 位的申请人均为我国的科研院所和高校。目前，PTP1B 抑制剂主要针对糖尿病药物、肥胖药物和肿瘤药物的靶点，也能够用于治疗其他一些疾病，诸如高血压、高血脂、心血管疾病、神经变性疾病等。

（二）PTP1B 抑制剂发展建议

1. 专利布局方向

在合成 PTP1B 抑制剂方面，国外申请人起步早，大部分原研药申请人对专利进行了布局，国外申请人主要为大型制药公司，如默克公司、诺和诺德公司、ISIS 制药公司和诺华公司，上述公司在糖尿病药物领域均有上市药物，尤其 ISIS 公司目前有两个处于临床研究的 PTP1B 抑制剂，可见其专利转化度较好。国内申请人主要集中在高校/科研单位，缺乏企业的介入，从专利申请量和专利授权率来看，虽然专利申请量和授权率较高，但是专利转化不足，由于缺乏专利布局的意识，260 项专利中仅有 3 项进入其他国家。面对此种局面，国内申请人研发的同时，应当对国外已有技术以及专利布局给予充分关注，深入研究重要申请人的技术脉络，一方面注意规避其专利雷区，另一方面，在充分利用国外申请人已有研发成果的基础上，发挥创造性，针对核心技术和专利进行进一步创新，可以围绕新剂型、新晶型、新工艺、新用途以及联合用药进行研究，形成外围专利布局，通过反制约或交叉许可等方式为自身谋求利益。

2. 产业布局方向

由于药物研发周期长、投入大、涉及多学科的团队协作，我国在化学类降糖药物方面的研究实力还远不及国外大型企业，核心技术为掌握在国外专利权人手中。考虑到资金和实力的限制，很难与实力雄厚和研发能力强大的大型制药公司和科研院所抗衡。因此我国需要从人力、物力、财力等诸多方面加强对糖尿病药物领域的支持。

第一，在合成类 PTP1B 抑制剂方面，加大仿制药和原研药的研发投入，以进入临床的、具有 PTP1B 抑制活性的化合物作为先导化合物进行结构改造，积累一定方向性的研究基础，开发具有更好活性、靶向性或者药代动力学的药物，提升药物有效性或针对性。

第二，在天然 PTP1B 抑制剂方面，充分利用我国深厚的天然药物提取基础和经验，在深度挖掘我国丰富的中药理论和植物资源的基础上，维持并拓展现有优势，深入开展降糖中药的研究，提高研发的深度和广度。

第三，加强产学研合作，对于国内主要申请人，如中国科学院上海药物研究所、中国科学院海洋研究所、华东师范大学等，积极开展人才培养合作，拓宽人才引进渠道，利用医药高校及科研院所的学科优势和人才资源优势，将高校和科研单位研发团队与企业创新难点相对接，推动技术高速发展和创新成果转化。

参考文献

［1］杨铁军. 产业专利分析报告（第4册）［M］. 北京：知识产权出版社，2016.

［2］张雪莲，郑海洲，郑智慧. PTP1B作为药物靶点的研究进展［J］. 国外医药抗生素分册，2017，38（4）：173－178.

［3］袁仲，陈卓，李乾斌，等. 蛋白酪氨酸磷酸酶1B及其抑制剂的研究进展［J］. 中国药科大学学报，2018，49（1）：1－9.

［4］抗糖尿病药物［EB/OL］. ［2016－02－03］. http://www.dxy.cn/bbs/topic/32845043.

阿尔茨海默病药物专利技术综述[*]

郝小燕　秦雪^{**}　马晓婧　何奕秋　李广科

摘　要　阿尔茨海默病（AD）是在 1906 年首次由德国精神病学家和神经发病学家 Alzheimer Alois 发现并以其名字命名的老年痴呆病，是一种慢性神经退行性疾病。本综述以不同发病机制为基础，对 AD 药物研发现状进行梳理总结。重点分析乙酰胆碱酯酶抑制剂（AChEI）的研究进展以及专利申请概况，揭示了 AChEI 相关发明专利申请的当前状况和未来发展趋势。

关键词　乙酰胆碱酯酶抑制剂　阿尔茨海默　AD　专利分析

一、概述

阿尔茨海默病（AD）是在 1906 年首次由德国精神病学家和神经发病学家 Alzheimer Alois 发现并以其名字命名的老年痴呆病，是一种慢性神经退行性疾病。国际失智协会在 2016 年的《阿尔茨海默病报告》中统计 2015 年全球失智症患者（包含阿尔茨海默病和其他原因）人数为 4700 万人，且每 20 年成长近 1 倍。AD 患者的主要病理学特征是 β - 淀粉样蛋白（Aβ）聚集成老年斑，细胞内 Tau 蛋白异常聚集形成神经元纤维缠结（NFT）和神经元死亡。近年来，针对 AD 的发病机制，在早期的胆碱能神经元假说、Aβ 毒性假说和 Tau 蛋白假说等基础上，研究相对较少的炎症假说、胰岛素假说、氧化不平衡假说和基因突变假说也越来越受关注，上述各因素之间相互关联，相互促进，形成了 AD 发病机制较为复杂的状态。

目前 FDA 批准用于治疗 AD 的 5 种药物中除了美金刚属于 NMDA 受体拮抗药外，其余 4 种［他克林（Tacrine）、多奈哌齐（Donepezil）、加兰他敏（Galanthamine）和卡巴拉汀（Rivastigmine）］均属于乙酰胆碱酯酶抑制剂，因此本文重点针对现有应用较多的乙酰胆碱酯酶抑制剂的全球以及中国专利申请情况进行分析。

---

* 作者单位：国家知识产权局专利局专利审查协作北京中心。

** 等同第一作者。

二、乙酰胆碱酯酶抑制剂

脑中胆碱能系统与人的学习、记忆功能是密切相关的。早期的研究发现，阿尔茨海默病患者的脑胆碱能系统受到了损害，导致突触部位乙酰胆碱含量的下降，从而对患者的学习、记忆能力产生影响。因此，针对提高阿尔茨海默病患者脑中的乙酰胆碱含量，促进胆碱能神经功能的药物应运而生。现在该类药物的研究主要集中于胆碱酯酶抑制剂和毒蕈碱 M1 受体激动剂。

乙酰胆碱酯酶抑制剂（AChEI）是到目前临床上使用最广泛的 AD 治疗药物。主要通过抑制乙酰胆碱酯酶（AChE）的活性，组织内源性乙酰胆碱的降解而间接地提高乙酰胆碱的含量。他克林（Tacrine）、多奈哌齐（Donepezil）、加兰他敏（Galan – thamine）和卡巴拉汀（Rivastigmine）均属于 AChEI。

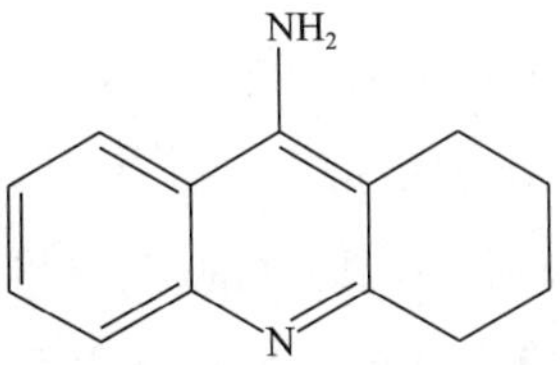

他克林

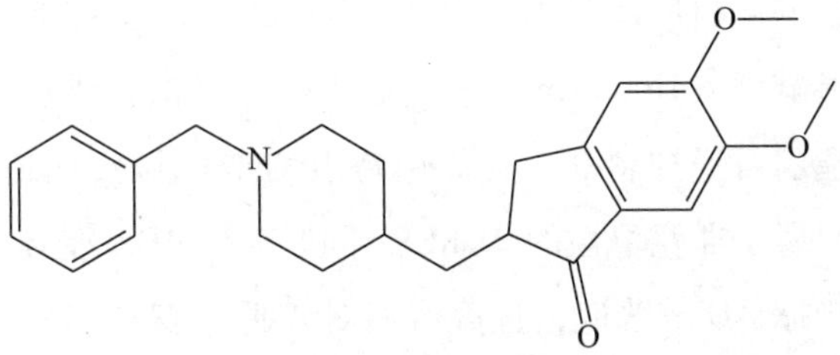

多奈哌齐

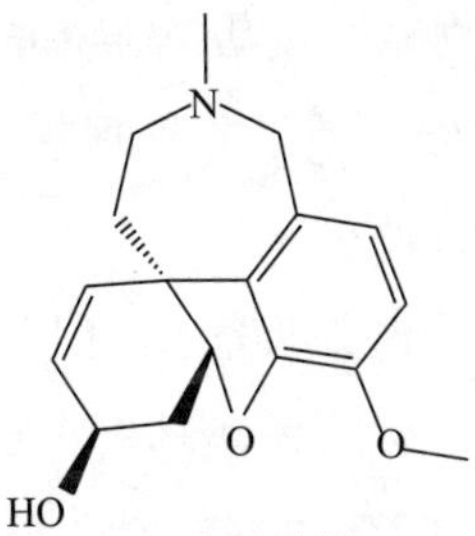

加兰他敏

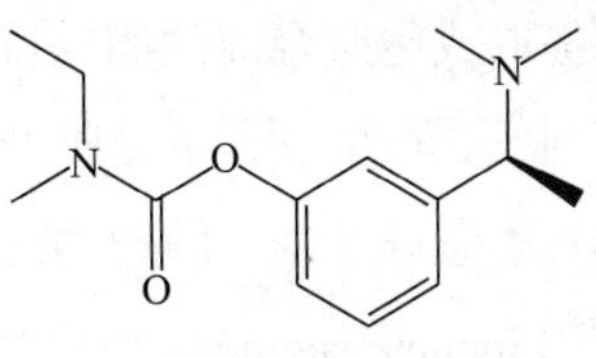

卡巴拉汀

他克林是 FDA 于 1993 年批准的第一种用于治疗轻、中度阿尔茨海默病的中枢可逆性胆碱酯酶抑制剂。他克林由于肝毒性较大，已逐渐被其他 3 种药物取代。但是最新的研究发现，他克林可抑制 AD 患者脑中分泌出来的微管蛋白和微管结合蛋白的磷酸化过程，提示他克林具有作用于除 AChE 以外的其他治疗 AD 的新靶点。[1] Minarini A 等人[2]合成的他克林衍生物中部分候选药物的肝毒性较低，且具有抑制胆碱酶活性、抗氧化、钙离子拮抗和金属螯合等作用。因此，他克林衍生物有望成为新的多靶点 AD 治疗药物。

多奈哌齐是一种可逆性的 AChEI，其活性较他克林强，且选择性高、无肝毒性，是继他克林之后的轻、中度 AD 患者的首选治疗药物。近年，使用更高剂量的多奈哌齐以用于改善患者的长时记忆是研究热点，但研究结果存在诸多争议。[3]

加兰他敏是一种胆碱酯酶的竞争性可逆抑制剂，同时能够调节神经元烟碱型受体（N 受体）的活性，且吸收较好，作用时间较长。但有研究表明，加兰他敏的治疗效果有限，对 AD 患者各项心理测试指标并非都有提高作用。[4]

卡巴拉汀的结构与乙酰胆碱类似，可作为 AChE 的结合底物，与乙酰胆碱竞争结合 AChE 形成氨基甲酰化复合物，使得乙酰胆碱在一定时间内可以不被水解，从而促进乙酰胆碱能神经的传导。卡巴拉汀与 AChE 的结合属于"假性不可逆性"抑制，可抑制酶活性达 10h 左右，且其对 AChE 的抑制具有剂量依赖性，高剂量使用（每日 6 ~ 12mg）对 AD 患者的认知功能等方面具有较好的改善作用。[5]卡巴拉汀可同时对 AChE 和丁酰胆碱酯酶（BuChE）有抑制作用。更有研究证实，AD 患者服用卡巴拉汀后，其脑脊液中 BuChE 明显减少，患者认知功能显著改善。还有证据显示，BuChE 与认知功能改善的相关程度高于 AChE。所以，目前已有研究者合成了大量的卡巴拉汀类似物[6]，以期从中选出 AChEI 活性较高、选择性更好同时具有抑制 BuChE 活性的药物，希望能够选择出具有专一活性的丁酰胆碱酯酶抑制剂（BuChEI），以拓展 AD 治疗药物的研发方向。

石杉碱甲（Huperzine A）[7]是从石杉科植物千层塔中提取出的一种生物碱，是强效的胆碱酯酶可逆抑制剂。其作用特点与卡巴拉汀相似，但作用维持时间比卡巴拉汀长。石杉碱甲属于非竞争性的 AChEI，同时对 NMDA 受体具有拮抗作用。石杉碱甲目前在国内用于治疗 AD 较普遍，且价格相对较低、安全指数大、稳定性好。但是，由于未被美国 FDA 批准用于治疗 AD，所以在国外的应用较受局限。近年来，AChEI 的研究主要集中在植物来源的胆碱酯酶抑制剂及其衍生物，包括生物碱类、萜类、莽草酸衍生物类等。但从它们中直接提取或仿照合成的胆碱酯酶抑制剂的作用效果并不理想。针对植物来源的胆碱酯酶抑制剂或其衍生物，也是胆碱酯酶抑制剂的研究方向。

除基于上述几类假说基础上的药物之外，其他类型例如抗氧化剂 VitE[8]，非甾体抗炎药［吲哚美辛（Indomethacin）、替尼达普（Tenidap）、阿司匹林（Aspirin）］[9]，雌激素[10]，神经生长因子（NGF）[11]以及中药制剂[12]等在阿尔茨海默病治疗领域均有研究。其中，盐酸美金刚是一个具有非选择性、非竞争性、电压依从性及中亲和力的 NMDA 受体拮抗剂，为美国 FDA 批准的第一个用于治疗中重度（MMSE：5 ~ 15 分）AD 的药物。[13]

三、乙酰胆碱酯酶抑制剂相关专利申请分析

（一）专利申请检索

1. 检索数据库

对于乙酰胆碱酶抑制剂的检索工作基于专利检索与服务系统中的数据库展开，中文

主要基于 CNABS 数据库，全球数据主要基于 DWPI 数据库及 INCOPAT 数据库。

2. 检索策略

检索与乙酰胆碱酯酶抑制剂相关的阿尔茨海默病相关的专利申请时，使用的关键词见表 3-1。

表 3-1　与乙酰胆碱酯酶抑制剂相关的阿尔茨海默病相关的专利申请检索要素

	中文关键词	英文关键词
阿尔茨海默	阿尔茨海默，老年痴呆，神经退行性	AD，Alzheimer?
乙酰胆碱酯酶抑制剂	乙酰胆碱酯酶，胆碱，胆碱酯酶，乙酰胆碱	acetylcholine，acetylcholinesterase，choline，AChE?
	抑制	Inhibit +

3. 检索结果

截至 2018 年 9 月 1 日，获得与乙酰胆碱酯酶抑制剂相关的阿尔茨海默病相关专利申请数据见表 3-2。

表 3-2　与乙酰胆碱酯酶抑制剂相关的阿尔茨海默病相关的专利申请检索结果

单位：件

	DWPI	CNABS
阿尔茨海默	88898	68268
乙酰胆碱酯酶抑制剂	4313	2556
筛选后	1255	1294

（二）专利申请分析

1. 全球专利申请分析

（1）全球专利申请趋势

从乙酰胆碱酯酶抑制剂全球专利申请可以看出（见图 3-1），与乙酰胆碱酯酶抑制

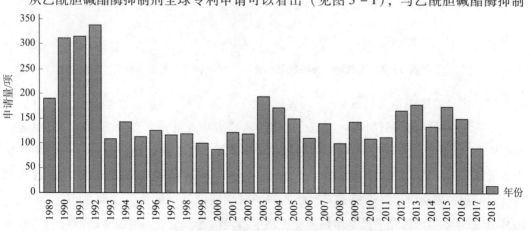

图 3-1　乙酰胆碱酯酶抑制剂全球专利申请趋势

剂技术相关的全球专利申请，在数量上显著超过国内申请量。另外，全球范围内对于乙酰胆碱酯酶抑制剂技术的研究明显早于国内，其起步于 1989 年，并且申请量在 1989 ~ 1992 年这一时间段达到相对的顶峰，1993 年出现明显回落。从 1993 年至 2002 年，申请量一直处于相比平稳的趋势，此后于 2003 年申请量有所增长，之后又呈现较平稳的态势，说明近年来对该技术的研究热度并没有出现明显的增长。总体而言，相比于国内，全球范围内外对该技术的关注明显更早，申请量更大。

（2）全球专利申请技术来源地分布

从专利申请数量上来看（见图 3 - 2），有关乙酰胆碱酯酶抑制剂的全球专利申请中占主导地位的是美国（16%）和中国（16%），美国和中国在该领域处于领先地位；其次是欧洲（12%）和日本（12%），韩国、澳大利亚及加拿大等在乙酰胆碱酯酶抑制剂方面也均占有一席之地。可见，就乙酰胆碱酯酶抑制剂的创新能力而言，集中于少数几个国家，其中美国、中国优势明显，欧洲、日本紧随其后。

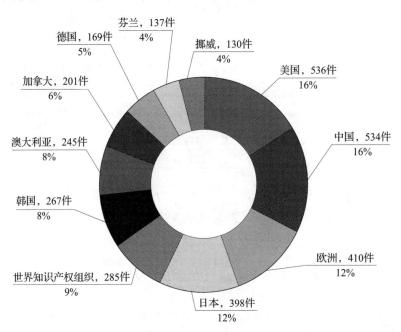

图 3 - 2　乙酰胆碱酯酶抑制剂全球专利申请技术来源地分布

（3）国外重要申请人

在乙酰胆碱酯酶抑制剂这一领域中，国外重要申请人的分布也较为分散，但申请量前十位的重要申请人拥有的专利申请数量较大，布局全面。在乙酰胆碱酯酶抑制剂专利申请量前十位申请人中，HOECHST ROUSSEL PHARMACEUTICALS（赫西斯特卢塞尔制药公司）独占鳌头，但是经检索其对于乙酰胆碱酯酶抑制剂的研究主要集中在 20 世纪 90 年代，2000 年之后几乎没有申请提交，该申请人在近年来对乙酰胆碱酯酶抑制剂的研究属于停滞状态。辉瑞和鲁平公司对乙酰胆碱酯酶抑制剂也投入大量精力（见图 3 - 3）。

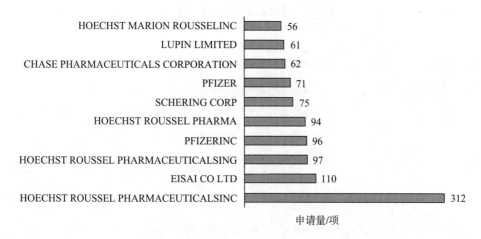

图 3-3 乙酰胆碱酯酶抑制剂全球专利申请量排名前十申请人

（4）全球专利申请技术分布

整体来看，乙酰胆碱酯酶抑制剂全球专利申请涉及的技术主题与国内申请类似，主要涉及产品主题（如 A61K、C07D、C07C 等）和应用主题（如 A61P），产品主题主要集中在含有乙酰胆碱酯酶抑制剂的药物制剂（A61K）及作为乙酰胆碱酯酶抑制剂的杂环化合物（C07D），其中，含有乙酰胆碱酯酶抑制剂的药物制剂的专利申请量占绝大多数（见图 3-4）。

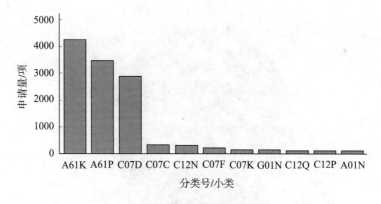

图 3-4 乙酰胆碱酯酶抑制剂全球专利申请 IPC 分类分布

（5）外国重要申请人专利申请情况分析

基于前述检索结果分析申请量最大的申请人赫西斯特卢塞尔制药公司对于乙酰胆碱酯酶抑制剂的研究主要集中在 20 世纪 90 年代，2000 年之后几乎没有申请提交，该申请人在近年来对乙酰胆碱酯酶抑制剂的研究属于停滞状态，为了解近年来该领域国际申请人的申请状况，筛选 2000 年之后的专利申请进行分析发现，申请量较大的是印度 Lupin 公司（鲁平公司），因此，以鲁平公司为样本对其专利申请状况进行分析（见表 3-3）。

表 3-3　鲁平公司胆碱酯酶抑制剂相关分类号技术含义

分类号	申请量/件	结构类型
A61K 31	83	含有机有效成分的医药配制品
A61P 25	61	治疗神经系统疾病的药物
C07D 207	53	杂环化合物，含五元环，不与其他环稠合，带 1 个氮原子作为唯一的环杂原
C07D 333	41	杂环化合物，含五元环，有 1 个硫原子作为仅有的杂环原子

　　鲁平公司拥有一系列高质量的仿制药物或品牌制剂药物以及原料药物。鲁平公司在 1968 年开始运行，因为肺结核药物的巨大成功而首次获得国际认可。目前，在全球制药市场中，鲁平公司在心血管、糖尿病、哮喘、儿科、中枢神经系统、抗感染及非甾体抗炎药领域均有较大的市场份额。

　　将检索结果按照专利申请同族的国别进行统计，可以分析鲁平公司在胆碱酯酶抑制剂领域关注的重点市场。分析发现，鲁平公司在该领域专利申请市场布局范围较广，关注海外，本土的布局量明显小于传统市场大国，其布局的国家/地区市场主要集中于美国、奥地利、墨西哥、中国、欧洲等地（见图 3-5）。

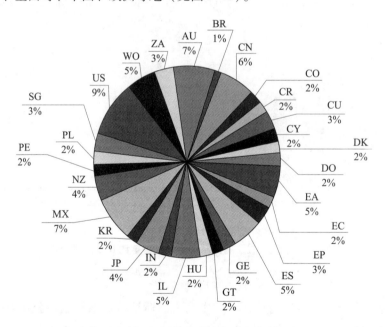

图 3-5　鲁平公司胆碱酯酶专利申请市场布局

　　经统计，鲁平公司在胆碱酯酶抑制剂领域中专利申请的重点结构主要涉及含具有抑制胆碱酯酶作用的医药配制品（A61K）、治疗神经系统疾病的药物（A61P）及杂环化合物（C07D），其中，含氮或硫的五元杂环占比最高（C07D 207、C07D 333）（见表 3-4）。

表 3-4　鲁平公司胆碱酯酶抑制剂技术构成

分类号	申请量/件	结构类型
C07D 409	32	杂环化合物，含两个或更多个杂环，至少有 1 个环有硫原子作为仅有的杂环原子
A61K 45	20	在 A61K 31/00 至 A61K 41/00 各组中不包含的含有效成分的医用配制品
C07D 277	18	杂环化合物，含有 1，3-噻唑或氢化 1，3-噻唑环
C07D 417	15	杂环化合物，含两个或更多个杂环、至少有 1 个环有氮原子和硫原子作为仅有的杂环原子，C07D 415/00 组不包含的
C07D 401	11	至 C07D 421/00 组包括含有两个或更多个相关杂环的化合物，至少其中有两个杂环包括在 C07D 203/00 至 C07D 347/00 的不同大组中，杂环本身之间不稠合，也不与一个共同的碳环或碳环系稠合
C07D 403	11	杂环化合物，含有两个或更多的杂环，以氮原子作为仅有的杂环原子，C07D 401/00 组不包含的
A61P 1	7	治疗消化道或消化系统疾病的药物

　　鲁平公司近年的专利申请集中在乙酰胆碱酯酶，尤其是 α7 变构体调节剂领域上，研究表明，烟碱乙酰胆碱受体（nAChR）属于 Ach 靶受体中的一种，由以杂聚五聚体（heteropentameric）（α4β2）或均聚五聚体（homopertameric）（α7）构型排列的 5 个亚单位（α2-α10，β2-β4）组成，α7nAChR 作为一个治疗靶，由于其在大脑、海马体和大脑皮层的学习和记忆中枢中的丰富的表达，α7nAChR 成为调节乙酰胆碱酯酶的重要靶点。α7nAChR 的正向变构调节可以加强 ACh 的内源性胆碱能的神经传递或使其可以传递，同时不会直接刺激靶受体。鲁平公司申请的化合物主要以氨基磺酰基取代的芳基杂环化合物为结构改进基础，其中杂环结构以五元杂环如噻吩、噻唑、吡咯为主（见表 3-5）。

表 3-5　鲁平公司专利申请技术领域状况

公开号	申请日	发明名称	通式结构	代表化合物
CN103402994	2012/02/22	作为 α7nAChR 调节剂的杂芳基衍生物		
WO2013005153	2012/07/02	作为 nAChR 调节剂的联芳基衍生物		

公开号	申请日	发明名称	通式结构	代表化合物
WO2013132380	2013/02/22	作为 α7nAChR 调节剂的噻唑衍生物		
WO2014072957	2013/11/11	作为 α7nAChR 调节剂的噻唑衍生物		
CN103443092	2013/12/11	作为 α7 烟碱型乙酰胆碱受体的调节剂的吡咯衍生物		
WO2014111839	2014/01/13	作为 α7nAChR 调节剂的吡咯衍生物		
CN105209019	2014/02/27	具有特定体外溶解曲线或药动学参数的多奈哌齐的药物组合物	多奈哌齐药物组合物	
CN105051024	2014/03/12	作为 α7 烟碱型乙酰胆碱受体的调节剂的吡咯衍生物		
WO2014203150	2014/06/16	作为 α7nAChR 调节剂的吡咯衍生物		
CN105263905	2016/01/20	作为 α7nAChR 调节剂的 4 - ［5 - 对氯苯基 - 2 - （2 - 环丙基乙酰基）- 1，4 - 二甲基 - 1H - 吡咯 - 3 - 基］苯磺酰胺		
CN103443075	2017/01/12	作为烟碱型乙酰胆碱受体调节剂的吡咯衍生物在治疗神经变性障碍，例如阿尔茨海默氏病和帕金森氏病中的用途		

2. 中国专利申请分析

（1）国内专利申请趋势

从乙酰胆碱酯酶抑制剂中国专利申请情况可以看出，对乙酰胆碱酯酶抑制剂的专利申请从 1999 年开始，最初的几年申请量较小，直到 2008 年每年的申请量总数不超过 20 件，可见对乙酰胆碱酯酶抑制剂的研究还未引起重视。从 2009 年开始申请量逐渐加速上升，从 2012 年开始申请量显著增长，至 2015 年达到高峰，然而 2016 年出现明显回落，显示了本领域对乙酰胆碱酯酶抑制剂的研究热度的变化过程（见图 3–6）。

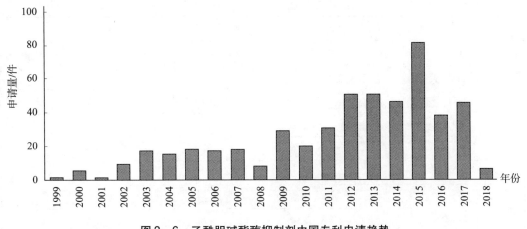

图 3–6　乙酰胆碱酯酶抑制剂中国专利申请趋势

（2）国内重要申请人

如图 3–7 所示，在乙酰胆碱酯酶抑制剂这一技术领域中，申请人的分布呈现出较为分散的状态。我国存在数量较多的关注乙酰胆碱酯酶抑制剂的高校、企业和/或研究所，但是每个申请人所拥有的专利申请数量较小。其中，仅以中山大学的申请量居于首位，达到了 15 件，新疆医科大学及石河子大学的申请量也分别达到了两位数，其他申请人的申请量均为个位数。

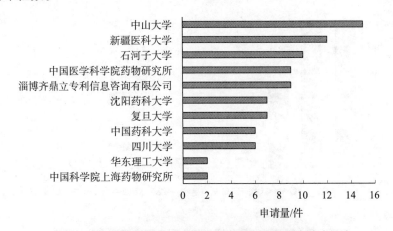

图 3–7　乙酰胆碱酯酶抑制剂中国专利申请重要申请人分布

（3）国内专利申请技术来源国分布

从专利申请数量来看，关于乙酰胆碱酯酶抑制剂的中国专利申请中，国内申请人占大多数（占82.29%），PCT申请进入国家阶段和以《巴黎公约》途径进入中国的专利申请总量仅占17.71%。除中国外，技术来源国为美国（占6.86%）、日本（占2.86%）的数量最多。可见，在中国范围内关注乙酰胆碱酯酶抑制剂或者以乙酰胆碱酯酶抑制剂为研究重点的，仍以国内申请人为主（见表3-6）。

表3-6　乙酰胆碱酯酶抑制剂中国专利申请技术来源国分布

技术来源地	专利数量/件	占比/%
中国	432	82.29
美国	36	6.86
日本	15	2.86
瑞士	8	1.52
德国	6	1.14
韩国	6	1.14
法国	5	0.95
英国	5	0.95
西班牙	4	0.76
印度	4	0.76
瑞典	4	0.76

（4）国内专利申请技术分类

结合图3-8及分类号含义可以看出，乙酰胆碱酯酶抑制剂的中国专利申请主要涉及应用主题（如A61P）和产品主题（如A61K、C07D、C07C等），其中，主要集中在作为乙酰胆碱酯酶抑制剂的治疗活性（A61P）及含有乙酰胆碱酯酶抑制剂的药物制剂

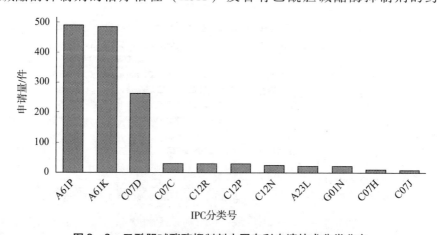

图3-8　乙酰胆碱酯酶抑制剂中国专利申请技术分类分布

（A61K）；此外，作为乙酰胆碱酯酶抑制剂的杂环化合物（C07D）的专利申请量也占有绝对优势。

（5）国内重要申请人专利申请状况分析

国内代表申请人中山大学对胆碱酯酶抑制剂的研发起步于2007年，在该领域进行了多篇专利申请布局，涉及多种结构化合物及天然产物提取，这些专利申请对于已商品化活性药物的结构衍生改进方面研究较为深入。中山大学的研发方向主要集中于对已商品化乙酰胆碱酯酶抑制剂他克林及多奈哌齐的结构衍生改进，通过将他克林或多奈哌齐与其他活性结构片段进行活性结构拼接获得了多个系列的乙酰胆碱酯酶抑制剂。另外，围绕不同结构的生物碱进行了胆碱酯酶抑制活性方面的研究（见表3-7）。在中山大学的15件专利申请中，失效专利数量为11件，占申请总量的73.3%，可见通过结构衍生化得到的他克林或多奈哌齐的衍生物在技术效果上并没有超越已商品化的活性药物，国内研究人员在开发可成功上市的乙酰胆碱酯酶抑制剂的道路上仍需进一步努力探索。

表3-7 中山大学胆碱酯酶抑制剂专利申请概况

序号	申请号	状态	申请日	化合物结构	技术效果
1	CN2007100270481	失效	2007/03/02	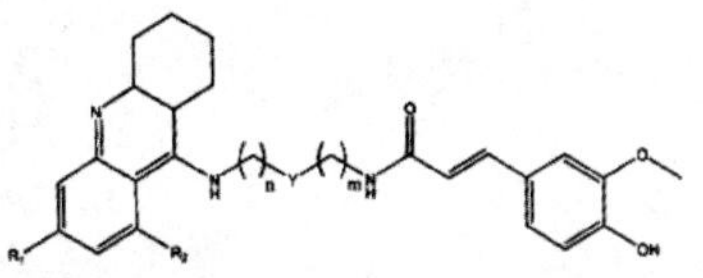 9-胺基烷酰胺基-1-氮杂苯并蒽酮衍生物	抑制乙酰胆碱酯酶
2	CN2008100285585	失效	2008/06/05	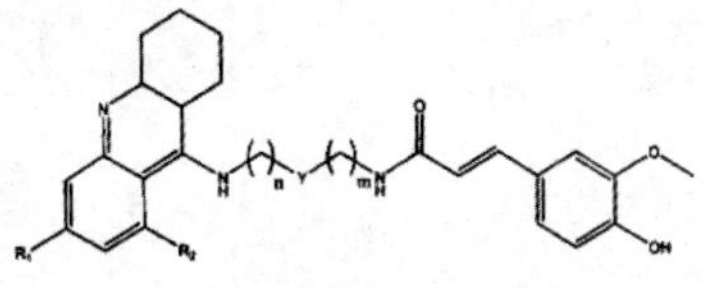 他克林与阿魏酸杂联体	抑制乙酰胆碱酯酶
3	CN2009100400395	失效	2009/06/05	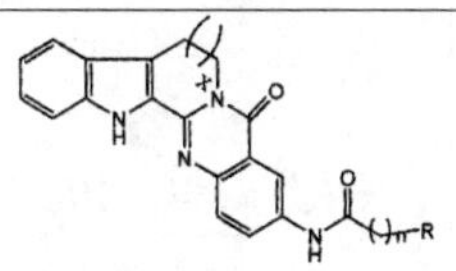 3-胺基烷酰胺基-吴茱萸次碱与3-胺基烷酰胺基-7,8-脱氢吴茱萸次碱衍生物	对乙酰胆碱酯酶具有很强的抑制性
4	CN200910192851X	失效	2009/09/30	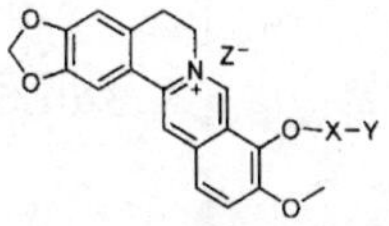 9-位取代双功能团小檗碱衍生物	对乙、丁酰胆碱酯酶具有双重抑制作用

续表

序号	申请号	状态	申请日	化合物结构	技术效果
5	CN2010105184041	失效	2010/10/22	三联苯类化合物	抑制乙酰胆碱酯酶
6	CN201110123340X	失效	2011/05/13	他克林杂合物	对乙酰胆碱酯酶（AChE）和丁酰胆碱酯酶（BuChE）均有很强的抑制活性
7	CN2011103599656	失效	2011/11/14	他克林－咖啡酸杂联体	抑制AChE活性和AChE/BuChE选择性、抗氧化活性和抑制AChE诱导的Aβ聚集作用
8	CN2012104041251	失效	2012/10/22	二倍半萜类化合物（海洋曲霉真菌提取物）	抑制乙酰胆碱酯酶
9	CN2012104044438	失效	2012/10/22	海洋真菌来源的二倍半萜类化合物	具有抑制酪氨酸磷酸酶（mPtpB）和乙酰胆碱酯酶（AchE）活性
10	CN2013100336677	失效	2013/01/29	含硒多奈哌齐类似物	乙、丁酰胆碱酯酶双重抑制活性

序号	申请号	状态	申请日	化合物结构	技术效果
11	CN2013100997557	授权	2013/03/26	 海洋来源的二倍半萜类化合物	乙酰胆碱酯酶具有抑制作用
12	CN2013102680611	授权	2013/06/28	 2-取代芳乙烯基-N-甲基化喹啉衍生物	抑制乙酰胆碱酯酶的作用
13	CN2014103021300	失效	2014/06/26	 4-取代-2-芳乙烯基喹啉类衍生物	抗Aβ聚集、抗氧化活性、抗丁酰胆碱酯酶活性
14	CN2015100832252	授权	2015/02/10	 利凡斯的明和咖啡酸、阿魏酸的二聚体	抑制乙/丁酰胆碱酯酶等多靶点
15	CN2017103428645	实质审查	2017/05/08	 硫辛酸-他克林类似基团异二联体	对胆碱酯酶和神经元具有双重抑制作用

中山大学对乙酰胆碱酯酶抑制剂的研发始于由他克林衍生物9-氨基烷酰胺基-1-氮杂苯并蒽酮类化合物（专利CN2007100270481），其具有对乙酰胆碱酯酶的选择性抑制活性，比对丁酰胆碱酯酶的抑制活性高出45~1980倍。3-胺基烷酰胺基-吴茱萸次碱与3-胺基烷酰胺基-7,8-脱氢吴茱萸次碱衍生物和9-位取代双功能团小檗碱衍生物与他克林母体结构类似（专利CN2009100400395、CN200910192851X）也具有较高的乙酰胆碱酯酶抑制选择性。在此基础上，以喹啉环为主要活性药效基团的2-取代芳乙烯

基－N－甲基化喹啉衍生物，4－取代－2－芳乙烯基喹啉类衍生物也是以他克林为先导化合物经结构改进和衍生获得的，其乙酰胆碱酯酶抑制活性与他克林相当，抗氧化能力为维生素 E 类似物的 1~3.7 倍（专利 CN2013102680611、CN2014103021300）。

他克林与其他小分子或药物耦合具有除了抑制胆碱酯酶之外的其他活性，例如他克林与阿魏酸通过适当的接头连接的杂联体（CN2008100285585）通式具有 AChE 抑制活性和抗氧化性能。他克林与杂芳香环酰胺或咖啡酸耦合具有乙酰胆碱酯酶抑制活性的通式也具有抗自由基性（专利 CN201110123340X、CN2011103599656）。硫辛酸－他克林类似基团异二联体具有选择性偶联铜离子，抑制胆碱酯酶和神经元保护的多靶点作用（专利 CN2017103428645）。除了他克林与其他小分子的耦合化合物之外，中山大学还研究了基于列凡斯的明和咖啡酸、阿魏酸二聚体，其能同时有效抑制乙酰胆碱酯酶和丁酰胆碱酯酶（专利 CN2015100832252）。

此外，中山大学在微生物来源的抗乙酰胆碱酯酶抑制剂方向也有涉猎，由海洋真菌鲜红美素发酵液中分离得到的三联苯衍生物对乙酰胆碱酯酶的抑制活性 IC_{50} 可以达到 $5.1 \pm 0.1 \mu M$（专利 CN2010105184041）。利用固体发酵海洋红树林内生真菌的新二倍半萜类化合物也具有良好的乙酰胆碱酯酶抑制活性（专利 CN2012104041251、CN2012104044438、CN2013100997557）。

以多奈哌齐为先导化合物结合依布硒林的抗氧化功能团得到的含硒多奈哌齐类似物也具有优良的乙酰胆碱酯酶抑制活性和抗氧化活性，具有硫氧环蛋白还原酶底物及神经保护作用（专利 CN2013100336677）。

美普他酚（meptazinol）为一种阿片受体激动剂，除了能够缓解疼痛外，同时左旋美普他酚具有一定的胆碱酯酶抑制活性。由表 3－8 可见，借鉴双他克林分子的结构合成策略，复旦大学的谢琼课题组将两分子的 meptazinol 通过不同长度的直链烷烃相连，他们设计合成了一类（－）－美普他酚双分子衍生物，得到了对乙酰胆碱酯酶抑制活性明显高于（－）－美普他酚的衍生物。此外，通过对（－）－美普他酚结构中氨基和/或羟基两个官能团的结构修饰，开发出了多个系列的具有胆碱酯酶抑制活性的（－）－美普他酚衍生物。

表 3－8　复旦大学胆碱酯酶抑制剂专利申请概况

序号	申请号	状态	申请日	化合物结构	技术效果
1	CN2006100253903	授权	2006/03/31	S-(-)-美普他酚	对乙酰胆碱酯酶的抑制活性

续表

序号	申请号	状态	申请日	化合物结构	技术效果
2	CN2007100382097	视撤失效	2007/03/19	 （－）－美普他酚氨基甲酸酯类衍生物	对乙酰胆碱酯酶的抑制活性
3	CN2006100294778	授权	2007/07/27	 其中：A 为 C=O，CH$_2$；n 为 0~10； （－）－美普他酚双配基衍生物	对乙酰胆碱酯酶的抑制活性高于 S－（－）－美普他酚
4	CN2011100338283	授权	2011/01/31	 （－）－美普他酚双分子衍生物	对乙酰胆碱酯酶的抑制活性
5	CN2014103738811	实质审查	2014/07/31	 （－）－美普他酚苯氨基甲酸酯（XQ528），含 XQ528 的鼻腔喷雾	对乙酰胆碱酯酶的抑制活性
6	CN201410605592X	实质审查	2014/10/30	含 XQ528 注射型原位凝胶植入剂	对乙酰胆碱酯酶的抑制活性
7	CN2014106209097	授权	2014/11/06	 左旋美普他酚茚酮衍生物	对乙酰胆碱酯酶的抑制活性

中国医学科学院药物研究所对胆碱酯酶抑制剂的研发起步于 2007 年，其在该技术领域始终专注于对乙、丁酰胆碱酯酶具有双重抑制作用的药物化合物的研发，并且其研发方向更集中于具有异黄酮结构的药物化合物的衍生化。此外，中国医学科学院药物研究

所也关注了天然产物在胆碱酯酶抑制活性方面的研究（见表3-9）。

表3-9 中国医学科学院药物研究所胆碱酯酶抑制剂专利申请概况

序号	申请号	状态	申请日	化合物结构	技术效果
1	CN2007101076046	授权	2007/05/22	双分子3-哌啶基-苯丙酮	对乙、丁酰胆碱酯酶具有双重抑制作用
2	CN2011103254504	公布后撤回	2011/10/24	伸筋草（Lycopodium japonicum Thunb.）中分离得到的3个生物碱	对乙酰胆碱酯酶具有抑制作用
3	CN2013101131509	实质审查	2013/04/02	异黄酮衍生物	对乙、丁酰胆碱酯酶具有双重抑制作用
4	CN2016112071083	实质审查	2016/12/26	金雀异黄酮衍生物	对乙、丁酰胆碱酯酶具有双重抑制作用
5	CN201611266702X	公开	2016/12/31	异黄酮类化合物	对乙、丁酰胆碱酯酶具有双重抑制作用

四、结语

纵观全球范围内对乙酰胆碱酯酶抑制剂的专利申请情况，国外对于乙酰胆碱酯酶抑制剂的研究起步明显早于国内，国外在该领域的研究主要集中在20世纪90年代，1993年便开始出现明显的回落态势，此后并未出现研究热度的再次兴起。究其主要原因，在于各研究机构在针对乙酰胆碱酯酶抑制剂的研究上始终没有在机制方面取得实质性突破，阿尔茨海默致病机制以及药物作用靶点的多样化也是制约该类药物研发的重要因素，很难发现药效更好的用于治疗阿尔兹海默病的药物，导致了研究热情的消退。然而，国内在该领域的专利申请，最初几年的申请量较小，可见当国外对乙酰胆碱酯酶抑制剂集中研究时期，国内还未引起重视。当国外研究放缓时，国内的申请量才呈现显著增长态势，但国内的专利申请更多的是针对已有药物的衍生化，以期发现药效更好、毒性更低的替代药物。另外，在专利申请数量上也是国外申请显著超过国内申请。

从全球范围内申请人排名情况看出，国外在该领域的重点申请人大多为大型制药公司，而国内申请人主要为高校和科研院所，基本没有制药公司投入乙酰胆碱酯酶抑制剂的研究中，这也反映出对 AD 疾病药物研发的巨大风险。

由于对 AD 疾病病理机制研究的不断深入，发现 AD 的发生和病变有着相当复杂的生理特征和病理机制。我国的重点申请人，特别是中山大学和复旦大学围绕多靶点的药物开展研究。通过活性结构片段拼接的方式，对已知活性药物，如他克林或多奈哌齐等进行结构改造，得到了双靶点或多靶点抑制剂。

参考文献

［1］ Knapp M J et al. A 30 - week randomized controlled trial of high - dose tacrine in patients w ith Alzheim er's disease ［J］. JAMA, 1994, 271: 985 - 991.

［2］ Minarini A et al. Multifunctional ta - crine derivatives in Alzheimer's disease ［J］. Curr Top Med Chem, 2013, 13 (15): 1771.

［3］ Yang YH et al. Concentration of do - nepezil to the cognitive response in Alzheimer disease ［J］. J Clin Psychopharmacol, 2013, 33 (3): 351.

［4］ Burns A et al. Safety and efficacy of galantamine (Reminyl) in severe Alzheimer's disease (the SERAD study): a randomised, placebo - controlled, double - blind trial ［J］. Lancet Neurol, 2009, 8 (1): 39.

［5］ Birks J, et al. Rivastigmine for Alzheimer's disease ［J］. Cochrane DB Syst Rev, 2009, 15 (2): 1191.

［6］ 徐刚, 等. 胆碱酯酶抑制剂 (S) - 卡巴拉汀及其类似物的不对称合成与活性研究 ［J］. 有机化学, 2010, 30 (8): 1185.

［7］ Kadir A et al. Effect of phen - serine treatment on brain functional activity and amyloidin Alzheimer's disease ［J］. Ann Neurol, 2008, 63 (5): 621.

［8］ Menting K et al. β - secretase inhibitor: a promising novel therapeutic drug in Alzheimer's disease ［J］. Front Aging Neurosci, 2014, 6: 165.

［9］ Peters O. Alzheimer's disease: are non - steroidal anti - inflammatory drugs effective? ［J］. Dtsch Med Wochenschr, 2012, 137 (50): 2627.

［10］ 王澎伟. 雌激素在阿尔茨海默病中神经保护作用的研究进展［J］. 医学综述，2013，19（17）：3095－3097.

［11］ 郑爽，等. 阿尔茨海默病的治疗现状［J］. 老年保健医学，2011，9（1）：42－45.

［12］ 孟烨，等. 防治阿尔茨海默病的中药活性成分研究进展［J］. 生物技术通讯，2015，26（4）：587－590.

［13］ Puangthong U et al. Critical appraisal of the long－term impact of memantine in treatment of moderate to severe Alzheimer's disease［J］. Neuropsychiatr Dis Treat，2009，5（1）：553－561.

阿哌沙班专利技术综述*

陈沛 修文

摘 要 近年来，冠心病、高血压、静脉血栓栓塞被并称为心血管疾病"三大杀手"。Xa 因子抑制剂由于其独特优势，成为治疗静脉血栓栓塞的首选药物。阿哌沙班是继第一个凝血 Xa 因子抑制剂利伐沙班后问世的药物，为抗凝治疗增添了新的选择。本文分析了阿哌沙班的专利申请情况，具体从发展趋势、地区分布、技术主题、主要申请人、原研企业专利布局等方面，对关于阿哌沙班的专利文献进行了梳理和分析，为我国制药企业专利布局、仿制药研发等提供了参考作用。

关键词 静脉血栓 Xa 因子抑制剂 阿哌沙班

一、概述

（一）研究背景

血栓性疾病严重危害人类健康，主要分为动脉血栓与静脉血栓。动脉血栓形成是从动脉血管壁动脉粥样硬化病变与血小板激活开始，严重临床表现主要为急性心肌梗死、脑卒中；静脉血栓由静脉血管中多种原因诱发形成，可导致静脉血栓栓塞（venous thromboembolism，VTE），[1]其中，最主要的是下肢深静脉及盆腔血栓栓塞，包括深静脉血栓形成（deep venous thrombosis，DVT）和肺血栓栓塞（pulmonary embolism，PE），患者的发病率仅次于冠心病和高血压，死亡率在全死亡病因中排第三位。静脉血栓形成随着年龄增长发病率增加，在年长者中年龄每增加 1 岁，发病率可提高 1%。[2]

抗凝治疗是静脉血栓治疗中使用最广泛的方法，抗凝本身并不能使已形成的血栓溶解，但它能抑制血栓的蔓延，配合机体自身的纤溶系统溶解血栓，从而达到治疗目的。传统的抗凝药物主要有肝素、低分子肝素和华法林，但存在如出血、血栓形成等不良反应，并且具有不能口服、治疗指数窄、起效慢等缺点。新型抗凝药物包括直接和间接 Xa

---

* 作者单位：国家知识产权局专利局医药生物发明审查部。

因子抑制剂、直接凝血酶抑制剂等，其抗凝作用强、不良反应少、可直接口服。[3]

2008 年上市的第一个凝血 Xa 因子直接抑制剂利伐沙班对游离或结合的 Xa 因子均具有高度抑制作用，可中断凝血瀑布的内、外源性途径，抑制凝血酶的产生和血栓的形成。此后，阿哌沙班、依度沙班、贝曲沙班、奥米沙班和雷扎沙班等相继问世，为抗凝治疗增添了新的选择。

阿哌沙班（apixaban），又称 BMS 562247、BMS562247 – 01，分子式为 $C_{25}H_{25}N_5O_4$，化学名为 1 – （4 – 甲氧基苯基）– 7 – 氧代 – 6 – ［4 – （2 – 氧代 – 1 – 哌啶基）苯基］– 4，5，6，7 – 四氢 –1H – 吡唑并［3，4 – c］吡啶 – 3 – 甲酰胺（结构式见图 1）。其是 Bristol – Myers Squibb（百时美施贵宝）和 Pfizer（辉瑞）共同研发的抗凝血剂，是凝血因子 Xa 直接抑制剂。2011 年在欧盟上市，2012 年年底在美国上市，2013 年在中国上市，商品名为"艾乐通"，用于治疗包括深静脉血栓和肺栓塞在内的静脉血栓疾病。

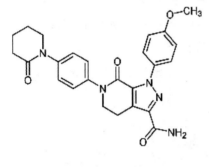

图 1　阿哌沙班结构式

从疗效和安全性方面来看，阿哌沙班与利伐沙班并没有太大差别，但在销售数据方面大有不同。近年来，阿哌沙班市场销售呈现出快速增长势头，成为抗凝药市场的新秀。2013 年，阿哌沙班全球销售额 1.46 亿美元，2014 年销售额增至 7.74 亿美元，增长幅度达到 430%，2016 年阿哌沙班突然发力，销售翻番，2017 年已经超过利伐沙班，达 73.95 亿美元。

阿哌沙班于 2013 年 1 月获得中国国家食品药品监督管理总局（CFPA）颁发的进口药品许可证，2013 年 4 月正式在中国上市，剂型为片剂，规格 2.5mg/片，用于髋关节或膝关节择期置换术的成年患者，预防静脉血栓栓塞事件。2013 年阿哌沙班在我国市场销售额为 57 万元人民币，2015 年已达 476 万元。中国国内已有 91 个相关仿制药申请受理号，涉及 30 余家医药企业正在申报阿哌沙班。[4]

（二）研究对象

本文将以阿哌沙班为发明要点的专利作为研究对象，检索统计阿哌沙班在全球和中国的专利申请情况，分析其发展趋势、申请年分布、申请区域分布、申请人分布、专利技术主题发展等，同时重点分析原研企业的专利布局以及我国制药企业的研发情况。

（三）研究方法

使用专利检索与服务系统（Patent search and service system，以下简称"S 系统"）中的 CNABS（中国专利文摘数据库）、VEN（外文数据库）和互联网资源检索平台中的国际科技信息网络数据库（STN）对阿哌沙班进行检索，利用统计分析命令对专利申请年、专利国家、申请人进行统计。

检索数据库：CNABS、VEN、STN。

检索关键词："阿哌沙班""艾匹班""阿匹沙班""Apixaban""Eliquis""Apixapan"以及（CAS）登记号"503612 – 47 – 3"、阿哌沙班的结构式。采用阿哌沙班的中文关键词在 CNABS 中检索得到 146 篇结果（检索日期截至 2018 年 8 月 30 日），在 VEN 中用中英文关键词检索得到 322 篇结果，但是通过人工浏览发现部分 CNABS 中收录的结果在 VEN 中未进行收录，所以将 CNABS 检索结果转库至 VEN，进行"OR"运算，得到 340 篇结果。因为化合物在研发初期未以药物通用名命名，所以采用 STN 中 CAS 登记号和结构式将早期仅以结构式对化合物进行表征的专利申请补充到 VEN 和 CNABS 的检索结果中，而后对所得检索结果进行统计分析。

在全面检索的基础上，统计主要专利申请人、外国企业、我国企业以及科研机构的专利分布情况，同时也分析了在华专利申请的技术主题及以后的发展趋势。

最后对原研企业的专利布局进行分析，研究原研企业的专利保护策略，为仿制药企业合理研发和规避侵权提供参考。

二、阿哌沙班全球专利申请状况分析

（一）全球专利申请量分析

对检索结果按照专利申请年进行统计，得到各年的阿哌沙班专利申请数量。以专利申请量（件）为纵坐标，以时间（年）为横坐标，得到阿哌沙班的全球专利申请量历年变化曲线（见图 2）。

图 2 阿哌沙班全球专利申请量变化趋势

如图 2 所示，阿哌沙班的全球专利申请量大致经历了 3 个发展阶段：

（1）第一阶段：2002 ~ 2007 年

2002 年百时美施贵宝公司申请了阿哌沙班的第一件专利申请，公开号为 WO2003026652A1，请求保护化合物、药物组合物及其用途。该专利首次将阿哌沙班以化合物的形式记载在专利申请文件中，并公开了阿哌沙班的制备合成方法，指出其可以作为 Xa 因子抑制剂。在随后的几年内，有关阿哌沙班的专利申请数量较少，均以个位数计（小于 5 件），甚至在 2003 年相关专利申请量为 0。这可能与尚未充分了解新化合物的药理学性质，其治疗效果和商业价值未充分展示有关。

（2）第二阶段：2008 ~ 2015 年

自 2008 年开始，阿哌沙班相关专利申请量逐年增长，到 2014 年达到顶峰，达 67 件。2012 年阿哌沙班上市以来，凭借出色的临床效果和有效的营销策略，在商业上取得巨大成功，这使得对阿哌沙班乃至沙班类衍生产品的研究形成了一个巨大的产业，相应地，阿哌沙班全球相关专利申请呈现爆发式增长。

（3）第三阶段：2016 年至今

2015 年以来，阿哌沙班的专利申请量持续下降，这可能与部分专利申请尚未公开有关，也可能与已有专利申请保护范围全面、专利申请准入门槛提高有关。这也反映出阿哌沙班市场竞争激烈，专利布局日趋严密和完善。

（二）全球专利申请的国家和地区分布

对全球范围内涉及阿哌沙班的专利申请利用公开号进行国家和地区统计，计算主要国家和地区所占百分比，结果如图 3 所示。

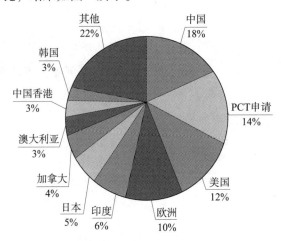

图 3　阿哌沙班全球专利申请的国家和地区分布

由图 3 可见，专利申请量前三位国家和地区是中国、美国和欧洲，分别占全球总量的 18%、12% 和 10%，这与中国、美国和欧洲作为世界上市场份额最大的医药市场有关。其他专利申请较多的国家或地区是印度、日本、加拿大、澳大利亚、中国香港、韩国等。阿哌沙班相关专利申请中，PCT 申请占了 14% 的份额，这意味着申请人在多个国家或地区寻求保护阿哌沙班，体现了专利申请和市场的国际化。

（三）申请人分布分析

通过统计申请人字段，按照申请数量排序，得到阿哌沙班全球专利申请申请人的分布情况（见图 4）。

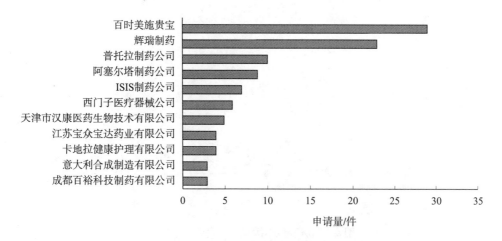

图4　阿哌沙班全球专利申请申请人分布情况

全球专利申请数量最多的是原研企业百时美施贵宝，其申请量为29件，其保护范围除了阿哌沙班化合物，还涵盖了制备方法、晶型、剂型、制药用途等主题。其次是与百时美施贵宝合作的原研企业辉瑞，申请量也高于20件，其中大多数专利申请是与百时美施贵宝作为共同申请人。随后依次是普托拉制药公司、阿塞尔塔制药公司和ISIS制药公司，其专利申请主要请求保护阿哌沙班与其他药物的联用。西门子的专利申请主要涉及试剂盒或医疗器械。国内企业申请量较大的是天津市汉康医药生物技术有限公司，其申请量为5件，主要涉及阿哌沙班片剂、阿哌沙班γ晶型和阿哌沙班的精制方法。由此可见，专利申请量最大且占有核心专利的是原研企业，其他申请人主要涉请求保护剂型、药物联用等外围专利申请。

三、阿哌沙班中国专利申请状况分析

（一）专利申请量分析

对CNABS中所得检索结果按照专利申请年进行统计，得到各年的阿哌沙班专利数量，并对每年申请人以国内申请人和外国来华分别进行统计，以专利申请量（件）为纵坐标，以时间（年）为横坐标，得到阿哌沙班中国专利申请量变化曲线（见图5）。

在中国申请的阿哌沙班专利申请量也包括3个主要发展阶段。

（1）第一阶段：2002～2011年

由于阿哌沙班尚未上市，当时国内对阿哌沙班的药理价值和商业价值没有充分认识，而国外可能也未重视中国的医药市场，因此该阶段在中国的专利申请量较小，此阶段在中国的专利申请基本均为国外申请人的专利申请。国外申请人在华专利申请的起步和发展明显早于国内申请人7～8年，说明国内申请人在此领域的专利申请基本处于陪跑状态。在这一时期原研企业百时美施贵宝和辉瑞进行了核心专利布局，其在中国申请了涉

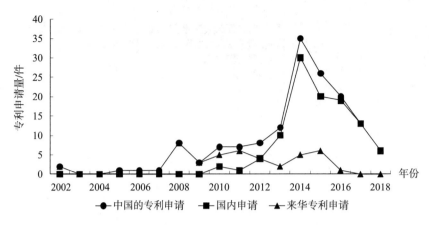

图 5　阿哌沙班中国专利申请量年度趋势

及阿哌沙班化合物及其制备工艺的专利 3 件（2002 年 2 件、2005 年 1 件），涉及阿哌沙班剂型的专利 2 件（2006 年 1 件、2010 年 1 件）。

（2）第二阶段：2012～2015 年

2013 年 4 月 18 日，阿哌沙班片在中国获得行政许可，随着其销售的成功，阿哌沙班也逐渐为国内熟知，国内企业也越来越关注对阿哌沙班制备方法、晶型、剂型、衍生物等的研究，随之而来的是，中国相关专利申请量快速增长，到 2014 年时达到顶峰。在这一阶段，由于其原研企业已完成了核心专利的布局，以阿哌沙班为主题的中国专利申请的申请人主要是国内高校、企业，着重于外围相关专利申请。

（3）第三阶段：2016 年至今

从 2016 年开始，在中国的专利申请量开始下降，这可能与部分专利申请尚未公开有关，也显示阿哌沙班的专利相关技术日渐成熟，该领域准入门槛有所提高。

（二）申请人分布分析及部分中国制药企业情况分析

通过统计申请人字段，在中国申请阿哌沙班专利申请数量最多的仍是原研企业百时美施贵宝，其申请量为 7 件，且均为阿哌沙班的核心专利。其他外国企业在中国申请量较大的是 ISIS 制药公司，主要请求保护因子 7 或 11 与阿哌沙班等抗血栓药物联用以预防或治疗抗血栓药物引起的出血；与百时美施贵宝同为原研企业的辉瑞，主要请求保护阿哌沙班的片剂、液体制剂等剂型；意大利合成制造有限公司，主要请求保护阿哌沙班合成的关键中间体和杂质及去除杂质的方法等。

国内申请人中，科研院所如上海医药工业研究院中国医药工业研究总院、河北科技大学，企业如天津市汉康医药生物技术有限公司、江苏宝众宝达药业有限公司、成都百裕科技制药有限公司、哈尔滨圣吉药业股份有限公司、杭州容立医药科技有限公司、齐鲁制药有限公司、广东东阳光药业有限公司等对阿哌沙班的专利申请数量较为平均，基本在 3～5 件，这在一定程度上也反映了对阿哌沙班研究的企业和科研院所数量较多，竞争激烈。

天津市汉康医药生物技术有限公司的专利申请主要涉及晶型、剂型和精制方法。具体地，专利CN104650074A请求保护一种阿哌沙班新晶型γ的制备方法，该发明提供的阿哌沙班晶型γ具有较高的纯度和较好的收率，纯度在99.3%以上，且制备工艺简单，操作方便，条件温和，不需要特殊的反应条件，适合工业化生产。专利CN104644593A请求保护阿哌沙班组合物及其制备方法，该发明采用干法制粒方法将晶状阿哌沙班配制成具有合理粒度（等于或小于70μm的D_{90}）的组合物，以实现和保持相对精细的颗粒以促进体内溶出的一致性。专利CN107661301A请求保护一种高稳定性的阿哌沙班药物组合物，其关键技术手段是在组合物处方中采用甘露醇和微晶纤维素作为填充剂，按重量百分比计，甘露醇为20%~30%，微晶纤维素为40%~55%。专利CN107663205A请求保护一种阿哌沙班的精制方法，方法包含将阿哌沙班粗品加入有机溶剂中，经过加热搅拌至完全溶解，活性炭脱色，自然冷却析晶，过滤干燥得到纯度达99.5%以上的阿哌沙班，精制收率不低于90%。

江苏宝众宝达药业有限公司的专利申请主要涉及重结晶方法和阿哌沙班合成过程中溶剂或杂质的检测方法。专利CN104356132A请求保护一种阿哌沙班重结晶的方法，其主要解决现有技术在活性炭脱色后过滤的过程中容易有产品析出附在活性炭上致使产品收率偏低的问题，采用提高溶解温度、改变洗涤液等技术手段使得产率由原来的60%提高至80%。专利CN104316637A和专利CN107991412A请求保护采用高效液相色谱法测定阿哌沙班清洗残留量和杂质含量的方法，有效地评价设备清洗效果和控制杂质的含量并控制阿哌沙班药品的质量。专利CN107703234A请求保护顶空进样气相色谱法测定阿哌沙班残留溶剂方法，其采用气相色谱法，建立了一种阿哌沙班原料药中残留溶剂的测定方法，操作简单、快速，测定结果可靠准确，从而能够有效地控制残留溶剂的含量并控制阿哌沙班药品的质量。

成都百裕科技制药有限公司的专利申请主要涉及检测方法和联用的组合物。专利CN104950066A、CN105044269A请求保护反相高效液相色谱检测阿哌沙班制备中间体或起始原料的方法。专利CN105561310A请求保护一种含银杏内酯B和Xa因子抑制剂的药物组合物及其制备方法和用途，银杏内酯B可以克服阿哌沙班等Xa因子抑制剂的高出血风险及其他缺陷，二者联用具有协同增效作用，抑制血小板聚集的效果优良。

哈尔滨圣吉药业股份有限公司的3项专利申请均涉及阿哌沙班的缓释制剂。其中专利CN104382874A请求保护由阿哌沙班、缓释骨架材料、润滑剂制备而成的阿哌沙班缓释片。专利CN105596309A请求保护由阿哌沙班、羟丙甲纤维素、润滑剂等制备而成的缓释制剂和微丸制剂。专利CN105663049A请求保护一种阿哌沙班缓释微丸，包括包衣层和含药微丸，包衣层包括尤特奇NE30D和滑石粉，含药微丸包括阿哌沙班、空白丸芯、填充剂、润滑剂和黏合剂。

杭州容立医药科技有限公司的专利申请均涉及将阿哌沙班制备成固体分散体以提高

阿哌沙班的溶出度。其中，专利 CN105997883A 请求保护一种固体分散体，包含作为活性剂的无定形阿哌沙班和药用肠溶载体材料，该固体分散体具有较高的溶出度且阿哌沙班分散均匀。专利 CN105832672A 和 CN105943536A 则请求保护阿哌沙班固体分散体的制备方法。

河北科技大学、齐鲁制药有限公司、上海医药工业研究院、中国医药工业研究总院的专利申请主要请求保护阿哌沙班合成中间体、合成方法、晶型制备方法等。

乐普药业股份有限公司的专利申请主要涉及制备方法。其中专利 CN105218544A 和 CN106518867A 请求保护阿哌沙班中间体的合成方法和精制方法。专利 CN106420651A 请求保护阿哌沙班片的制备方法，通过混合压制粉碎技术，使阿哌沙班在不断混合粉碎过程中与可溶性辅料相互融合，在体内溶出时有利于阿哌沙班的溶解，提高主药的快速溶出，从而增加生物利用度。

广东东阳光药业有限公司的专利申请主要涉及晶型。其中，专利 CN104797580A 请求保护阿哌沙班的晶型或无定形及其制备工艺。专利 CN106986868A 请求保护 4 种包含阿哌沙班的共晶体及其制备方法，4 种共晶体分别为阿哌沙班/草酸、阿哌沙班/异烟碱、阿哌沙班/3-氨基吡啶和阿哌沙班/尿素共晶体，这种共晶的形式能够使得阿哌沙班的溶出速率有一定程度的提高，较好地解决阿哌沙班溶解速度慢、体外溶出度低、生物利用度低的缺点。

（三）技术主题分布

图 6 反映了在中国申请的阿哌沙班专利申请技术主题的分布情况，各个技术主题分布差异较大。专利申请量最大的技术主题是制备方法，其涉及阿哌沙班的合成方法、中间体的合成方法、重结晶操作等。其次是剂型，主要涉及阿哌沙班或其不同晶型的片剂、口服液体制剂、缓释片、缓释微丸、滴丸、固体分散体等剂型。阿哌沙班药物联用申请量也较大，主要是阿哌沙班可能导致出血等副作用，普托拉制药有限公司和 ISIS 制药公司针对此现象申请较多 Xa 抑制剂的解毒剂。而后是阿哌沙班的不同晶型的专利申请，说明原研企业和仿制药企业均希望寻找到药理效果更好的新晶型，从而延长专利保护期限。

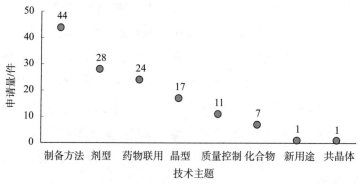

图 6　阿哌沙班中国专利申请技术主题分布情况

对阿哌沙班质量控制的专利申请主要涉及高效液相色谱法、反相高效液相色谱法、顶空进样气相色谱法等常规分析方法，也涉及阿哌沙班制备过程中常见的二聚体等杂质和制备过程中溶剂残留的控制。关于化合物的申请主要是原研企业涉及阿哌沙班的核心专利申请，其重要性无可替代。此外，相关专利申请中还包括阿哌沙班在治疗糖尿病病足中的新制药用途；以及将阿哌沙班与草酸、异烟碱、3－氨基吡啶、尿素制备成阿哌沙班/草酸、阿哌沙班/异烟碱、阿哌沙班/3－氨基吡啶、阿哌沙班/尿素共晶体等。

四、原研企业百时美施贵宝/辉瑞对阿哌沙班的专利布局

原研企业根据其研发进程会在不同阶段申请不同类型的专利。最初在发现活性化合物时，往往会申请化合物专利，即核心专利，虽然最终成药的化合物并不一定明确，但往往也在从属权利要求中加以保护。之后，为了适应工业化的要求，原研企业会研究化合物的制备方法，以更好地提高化合物的纯度和收率，此时会申请化合物的制备方法专利。而到了临床阶段，研发侧重于如何更好地选择适于临床应用的剂型，因此会申请一些剂型专利。在药品上市之后，研发进一步聚集在所述药物的第二医药用途、与其他活性药物的联合使用、给药方案、改进剂型等方面，以进一步延长专利的保护期，在该阶段，所申请的专利主题通常是上述内容。

就阿哌沙班而言，原研企业百时美施贵宝和辉瑞共布局了 29 件专利申请，其在全球范围内进行了高达 300 余件同族专利申请布局。由于 PCT 或《巴黎公约》的限制，其在塞尔维亚、匈牙利、以色列、新西兰、葡萄牙等国家进行的申请没有同族，且和其他专利申请的内容有重复之处，所以本文仅选取进入国家较多的专利申请，对其按照时间和技术主题对进行分类（见图7）。虽然专利申请件数不多，但是百时美施贵宝和辉瑞仍然从化合物、制备方法、制剂等方面对阿哌沙班进行了全面保护。

百时美施贵宝在早期（2002～2005 年）主要对化合物及其制备方法进行了专利布局，2006 年开始加强对阿哌沙班制剂的专利保护。虽然百时美施贵宝和辉瑞同为原研企业，但是涉及阿哌沙班化合物及其制备方法的专利申请的申请人均仅为百时美施贵宝，涉及阿哌沙班制剂的专利申请为共同申请人辉瑞和百时美施贵宝，这可能与二者合作研发时签署的协议有关。

（一）化合物

阿哌沙班相关的第一件化合物专利申请的公开号是 WO03026652A1，申请日为 2002 年 9 月 17 日，优先权日是 2001 年 9 月 21 日。该申请进入了包括中、美、欧、日、韩在内的 40 余个国家和地区，并且在中、美、欧、日、韩等国家均获得了授权，其中国同族专利的公开号为 CN1578660A。

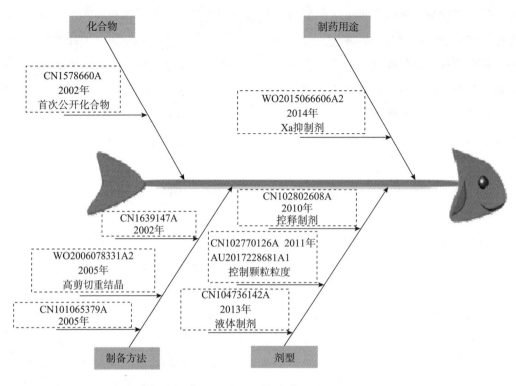

图7　百时美施贵宝关于阿哌沙班专利技术主题分布

专利 CN1578660A 请求保护含有内酰胺的化合物及其衍生物，其作为胰蛋白酶样的丝氨酸蛋白酶尤其是 Xa 因子的抑制剂的用途、药物组合物和治疗血栓栓塞病症的方法。化合物专利从根本上对阿哌沙班进行了保护，是最核心的专利，在此之后的所有专利申请均是围绕该化合物专利展开的。具体分析有关阿哌沙班的第一件专利申请的权利要求，其权利要求 1 请求保护包括 1－（4－甲氧基苯基）－7－氧代－6－［4－（2－氧代－1－哌啶基）苯基］－4，5，6，7－四氢－1H－吡唑并［3，4－c］吡啶－3－羧酰胺（即阿哌沙班）在内的具体化合物，权利要求 2 进一步请求保护权利要求 1 所述的化合物或者其药学上可接受的盐的形式。权利要求 8 请求保护所述化合物或者其药学上可接受的盐形式在制备用于治疗血栓栓塞疾病的药物中的应用，权利要求 9 进一步限定了血栓栓塞疾病是选自动脉心血管血栓栓塞性疾病、静脉心血管血栓栓塞性疾病以及心脏的腔室中的血栓栓塞疾病。

（二）制备方法

虽然专利 CN1578660A 中公开了化合物的制备方法，但是百时美施贵宝仍然对阿哌沙班制备方法的专利申请进行了布局。

第一件单独请求保护阿哌沙班制备方法的专利申请的公开号是 WO2003049681A2，其申请日是 2002 年 12 月 3 日，该申请进入中国国家阶段的专利申请公开号是 CN1639147A，其请求保护一种以适当苯肼化合物为原料制备 4，5－二氢－吡唑并［3，

4-c] 吡啶-2-酮类化合物的新方法及其中间体，并指出这些化合物可用作 Xa 因子抑制剂。合成路线主要包括亲偶极体的制备：1,3-偶极环加成→吡唑并吡啶酮的生成→环 D 转化成氨基苯并异噁唑环→环 D 转化成苄胺或氨基苯并异噁唑→甲硫基官能团氧化生成砜→去除 Boc 保护基生成相应的苄胺→从苄胺中去除 TFA 保护基→从磺酰胺中除去叔丁基保护基等步骤（见图 8）。

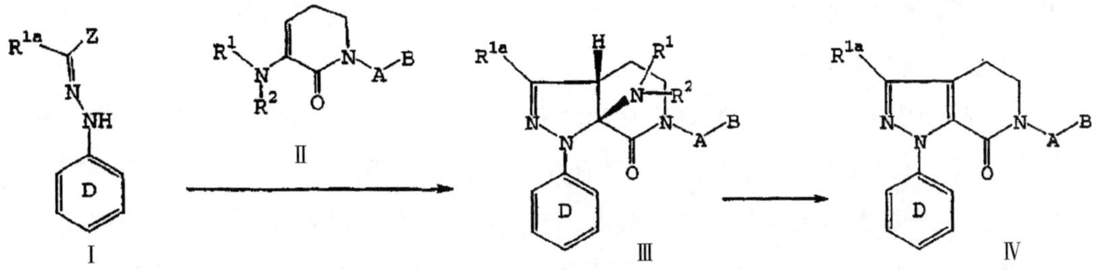

图 8　CN1639147A 中公开的主要制备流程

专利 WO2006078331A2，申请日为 2005 年 9 月 27 日，主要涉及利用高剪切对阿哌沙班进行重结晶。其使用包括连接到再循环系统的容器的设备将化学材料的第一多晶型物转化成相同化学材料的第二多晶型物的方法，所述方法包括以下步骤：将第一多晶型物在容器中形成浆液的溶液中，重新循环浆液，并从容器中除去浆液。

专利 WO2007001385A2（其中国同族专利申请公开号为 CN101065379A），申请日是 2005 年 9 月 27 日，其涉及制备 4,5-二氢-吡唑并〔3,4-c〕吡啶-2-酮的方法和用于合成 4,5-二氢-吡唑并〔3,4-c〕吡啶-2-酮的中间体。其合成路线主要包括：腙基化合物 I 的制备→亲偶极物 II 的制备→1,3-偶极环加成→酰胺的生成→内酰胺的生成→酰胺化等步骤（见图 9）。

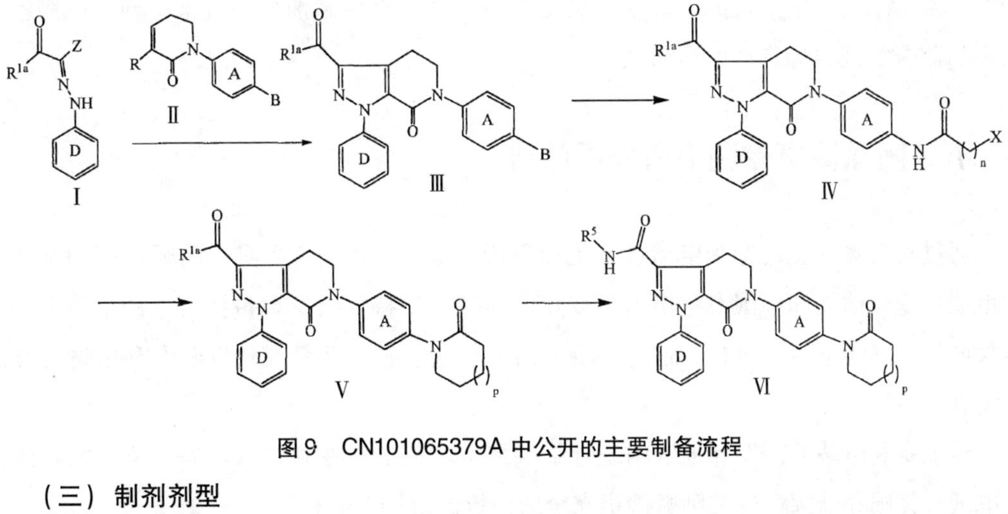

图 9　CN101065379A 中公开的主要制备流程

（三）制剂剂型

以阿哌沙班剂型为主题的第一件专利申请的公开号是 WO2010147978A1，申请日为

2010 年 6 月 15 日，进入中国国家阶段的专利申请公开号为 CN102802608A。其请求保护阿哌沙班的溶解度改善形式，具体地，提供阿哌沙班的控制释放剂型、渗透控制释放剂型和双层渗透控制释放剂型。其中溶解度改善形式选自固体无定形分散体、包含阿哌沙班的脂质媒介物、包含吸附在基底上的阿哌沙班的固态吸附物、纳米颗粒、在交联聚合物中的阿哌沙班吸附物、纳米混悬液、阿哌沙班/环糊精药物形式、软凝胶形式、自乳化形式、三相阿哌沙班形式、晶状高度可溶形式等。其中固体无定形分散体是包含阿哌沙班和聚合物的喷雾干燥分散体。

专利 WO2011106478A2，申请日为 2011 年 2 月 24 日，进入中国国家阶段的专利申请公开号为 CN102770126A。其主要涉及具有等于或小于约 89μm 的平均粒度的晶状阿哌沙班颗粒以及药物稀释剂或载体。研究表明，使用湿法制粒方法制备的制剂以及使用大颗粒的阿哌沙班药物制备的制剂产生并非最佳的暴露，这可对质量控制产生挑战。与此同时，影响阿哌沙班吸收速率的粒度为约 89μm 的 D_{90}，因此可使用干法制粒方法将阿哌沙班配制成具有合理粒度的组合物，以实现和保持相对精细的颗粒以促进体内溶出的一致性。其采用的阿哌沙班是形式 N-1（纯形式）和形式 H2-2（水合物）。

专利 WO2014052678A1，申请日为 2013 年 9 月 26 日，进入中国国家阶段的专利申请公开号为 CN104736142A。该申请请求保护含阿哌沙班的液体制剂，以解决不能吞咽固体剂型的小儿人群和成人的用药问题。制剂主要包含阿哌沙班和媒介物，阿哌沙班在该媒介物中的溶解度可为至少 0.50mg/mL。所述媒介物可包括水和非离子型表面活性剂、离子型表面活性剂、亲水性聚合物、乙醇、多元醇、聚乙二醇和碳水化合物等。

百时美施贵宝的核心专利仍然在保护期内，且其针对常见的控释剂型、液体剂型也进行了合理布局，国内仿制药企业在阿哌沙班的研发上很难对其专利进行规避，为国内仿制研发带来了一定的挑战，这或许也是国内阿哌沙班仿制剂型一直未得到中国国家食品药品监督管理总局许可的原因之一。

五、阿哌沙班专利申请分析总结

通过对阿哌沙班的专利申请进行统计分析，由图 2 和图 5 可见，阿哌沙班的全球专利申请量变化曲线和中国专利申请量变化曲线基本保持一致，均包括由专利申请量少到迅猛增长又逐步下滑的过程，这与药物的研发轨迹、销售业绩变化以及专利申请公开的规定有关。

对于专利申请的国家和地区的统计结果是全球范围内专利申请量前三位国家和地区是中国、美国和欧洲，这与阿哌沙班在全球销售的市场份额相关。

对于专利申请人分布的统计发现，无论是全球范围内还是在中国的专利申请，原研企业百时美施贵宝的专利申请数量都是最多的，并且其不仅占据了化合物核心专利，还请求保护制备方法、制剂、制药用途等多个技术主题。其他申请人只能在外围专利如制备方法、制剂等领域寻求阿哌沙班的相关专利保护。

由于阿哌沙班具有突出的药理学效果和可观的经济利润，因此原研公司力图通过各种类型的专利申请技术主题扩大保护范围，延长专利保护期，构建专利壁垒，维持垄断地位。从对阿哌沙班相关专利申请数据的统计分析可以看出，原研公司百时美施贵宝的专利布局涵盖化合物、制备方法、制剂、制药用途多个技术领域，其采用的专利布局策略主要包括，在药物研究开发的早期，除了化合物，还同时请求保护具有类似结构的化合物及其制备方法，首先占领化合物这一核心专利申请领地；随着化合物药理学价值和商业价值的展现，在研发的中后期，专利申请布局呈现弥漫性、撒网性分布特点，请求保护制剂剂型、制备方法、药物组合物等技术主题，这样可以有效延长药物的保护期，争取最大的市场利润。

原研公司百时美施贵宝在中国的专利申请量最多，但是其核心化合物专利目前处在专利诉讼过程中，且专利权到 2022 年到期，国内仿制药企业在进行仿制前应充分关注专利的有效性和期限，选择合适的仿制技术和仿制时间，避免相关损失，争取最大利益。

由于基础化合物专利往往很难突破，新晶型、制备方法和制剂的开发成为兵家必争之地，国内仿制药企业应保持行业的敏感度，随时跟踪国内外主要药企的研发方向，及早步入可能有竞争力的药物领域，从外围专利申请入手，以不同角度不同层次的技术主题寻求专利保护，打造符合自身利益的专利保护布局。国内企业应强化基础研究和原始创新，只有真正研发具有出自主知识产权的新药，才能拥有真正高价值专利。

参考文献

[1] 王维亭，郝春华，赵专友，等. 新型抗凝药物研发进展 [J]. 现代药物与临床，26 (1)：10-24.

[2] Engbers M J, van Hylckama Vlieg A, Rosendaal F R. Venous thrombosis in the elderly: incidence, risk factors, and risk groups [J]. J Thromb Haemost, 2010, 8 (10): 2105-2112.

[3] 张石革. 凝血 Xa 因子直接抑制剂的研究进展与临床应用评价 [J]. 中国医院用药评价与分析，13 (9)：782-786.

[4] 张伦. 抗凝药市场竞争加剧 [J]. 医药经济报，2017：006.

氨基磷酸酯类抗丙型肝炎药物专利技术综述*

臧乐芸　贾丹

摘　要　丙型肝炎是由丙型肝炎病毒（HCV）感染引起的病毒性肝炎，可引起急性或慢性感染，其严重程度从持续几周的轻微病症到终生严重疾病不等。氨基磷酸酯修饰是制备核苷类抗丙型肝炎前药的典型策略，治疗丙肝的重磅药"索非布韦"就属于该类结构的化合物。由于该类化合物具有优良的药物活性，全球诸多制药公司对氨基磷酸酯类抗丙型肝炎药物进行了更加深入的研究。本文通过检索、统计、分析氨基磷酸酯类抗丙型肝炎药物的相关专利，从专利申请量趋势、专利申请人的国家分布、重要申请人、技术内容等方面对专利技术状况进行了分析，并重点对氨基磷酸酯类抗丙肝药物的结构修饰、固体形式、组合物和治疗方法等技术主题进行了技术内容分析。

关键词　丙型肝炎病毒　HCV　氨基磷酸酯　核苷

一、引言

丙型肝炎是由丙型肝炎病毒（Hepatitis C Virus，HCV）感染引起的病毒性肝炎，可引起急性或慢性感染，其严重程度从持续几周的轻微病症到终生严重疾病不等。丙型肝炎没有疫苗，发病隐匿，容易慢性化。据世界卫生组织统计，全球有1.3亿～1.5亿人感染丙型肝炎，每年约有39.9万人死于丙型肝炎病毒感染，因此有效的抗病毒药物对丙型肝炎患者的抗HCV治疗非常重要，可使95%以上的丙肝感染者得到治愈，从而降低肝癌和肝硬化的死亡危险。

本文主要介绍对氨基磷酸酯类抗丙型肝炎药物的结构修饰，主要手段包括对磷酸酯、核糖、碱基等位点的修饰。

---

* 作者单位：国家知识产权局专利局专利审查协作江苏中心。

二、数据的获取

(一) 技术分析

HCV 属于黄病毒科 (Flaviviridae Family) 病毒, 是一种包膜的正链 RNA 病毒, 带有单条约 9600 个碱基的寡核苷酸基因组序列, 编码约 3010 个氨基酸的多聚蛋白前体 NH_2 – C – E1 – E2 – p7 – NS2 – NS3 – NS4A – NS4B – NS5A – NS5B – COOH。其中, NS5B 是来自多蛋白链的 RNA 依赖性 RNA 聚合酶 (NS5B RdRp), 是复制过程中的关键酶, 是从单链病毒合成双链所必需的。此外, 人类细胞中不表达与功能相近的酶, 使针对的抑制剂具有良好的选择性。因此, 以 NS5B RNA 依赖性 RNA 聚合酶 (NS5B RdRp) 为靶点的药物近年来颇受关注。NS5B RdRp 的核苷抑制剂可用作导致链终止的非天然底物, 或者用作与核苷酸竞争结合于聚合酶的竞争性抑制剂。通过全细胞分析可知, "原核苷酸" 是磷酸化级联中一个或多个激酶的不良底物, 因此它们并不能表现出优良的活性。在级联反应中, 由于第一激酶是三种激酶中最具有底物选择性的, 通过第一个激酶形成单磷酸是转化为活性形式的限速步骤。通过绕开第一个磷酸化步骤可以提高细胞内高活性三磷酸核苷的含量。然而, 核苷单磷酸会发生酶促去磷酸化反应并带有负电, 所以它们难以进入细胞并且性质不稳定。

氨基磷酸酯核苷前药是解决上述问题的有效策略。20 世纪 90 年代, McGuigan 首次公开了通过芳氧基和氨基酸来掩蔽磷酸基团, 增加核苷单磷酸的亲脂性以及对细胞的渗透性以治疗艾滋病毒感染。氨基磷酸酯的去修饰依赖于一系列酶和化学步骤: 氨基磷酸酯裂解成所需的单磷酸由羧酸酯酶或组织蛋白酶 A 去除氨基酸部分的酯; 经过一个化学环化步骤和由磷酰胺酶或组氨酸三聚体核苷结合蛋白 (HINT1) 催化氨基酸单元的去除, 使核苷单磷酸完全显露出来。由于丙型肝炎是一种肝脏疾病, 因此这种前药策略成功利用首过代谢和肝脏代谢酶实现肝脏靶向。氨基磷酸酯核苷前药有足够的化学稳定性因此可用于口服, 并在胃肠道条件下能稳定地到达吸收的部位, 还可以被有效吸收并能够完整地到达肝脏细胞, 从而使肝脏细胞内的酶将核苷单磷酸酯去修饰, 并进一步代谢为活性的三磷酸形式 (见图 1)。

氨基磷酸酯形式的核苷类前药 (见图 2) 已经被广泛运用于治疗 HCV 感染, 并解决了限制核苷的发展各种问题, 包括磷酸化能力差、缺乏效力、不良的治疗指数, 以及药物在肝脏/血浆分布比率低等。其中, "索非布韦" (见图 3) 是首个无须联合干扰素治疗丙肝的药物, 对所有基因型的丙肝均有作用, 且副作用小, 于 2013 年 12 月经美国食品药品监督管理局批准在美国上市, 是当年最受瞩目的新药。该药物初上市的售价为每片1000 美元, 一个疗程费用达 8.4 万美元, 2014 年就给吉利德科学公司带来了 100 亿美元的销售额。2017 年吉利德科学公司在京宣布，索华迪（索非布韦）正式在中国上市。此外，索非布韦与标准疗法或其他抗 HCV 在研药物联用的临床试验表现出积极效果。但是，索非布韦仍存在一些不足：首先，虽然病毒聚合酶不易变异，但在药物诱导作用下，病毒仍出现了一类 S282T 变异；更值得关注的是，在体外实验中，变异后的病毒对药物敏感程度降低 10 倍以上，在 Ⅱ 期临床试验中同样发现，连续单次给药造成患者体内 S282T 变异病毒数目增加，产生耐药。其次，该药给药剂量偏大，丙型肝炎患者需要接受长期治疗，随之带来的病毒耐药以及长期安全性问题不容忽视。最后，在部分临床试验中，接受该治疗的患者仍然复发病毒感染。因此，开发抗病毒活性强且对 S282T 耐药病毒株更为敏感的药物也是氨基磷酸酯类抗 HCV 药物的研究重点之一。

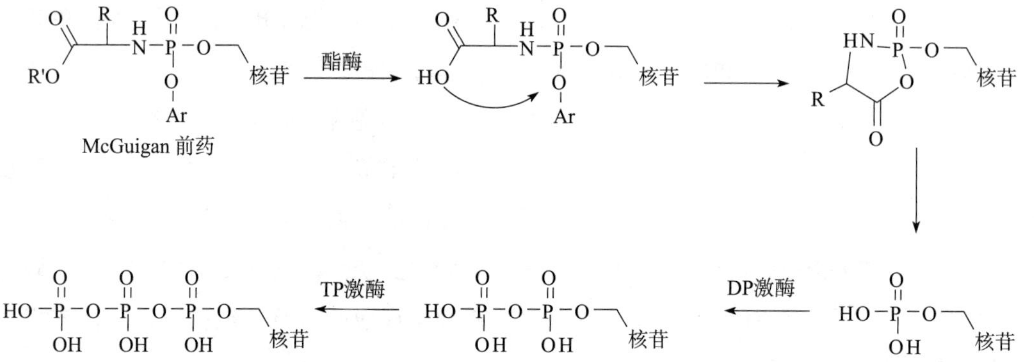

图 1　McGuigan 型核苷氨基磷酸酯代谢作用机制

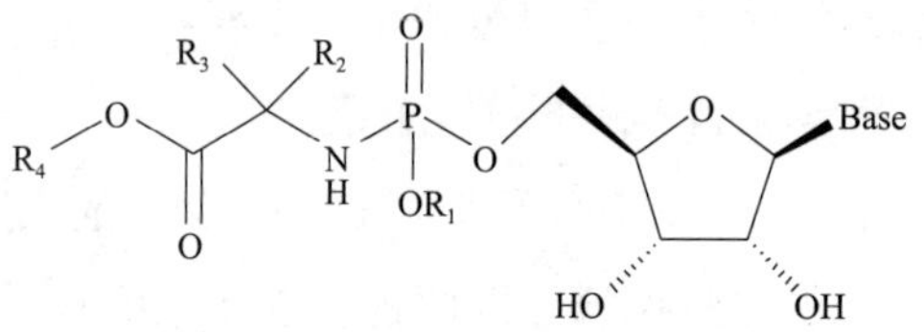

图 2　氨基磷酸酯核苷类前药的基本结构

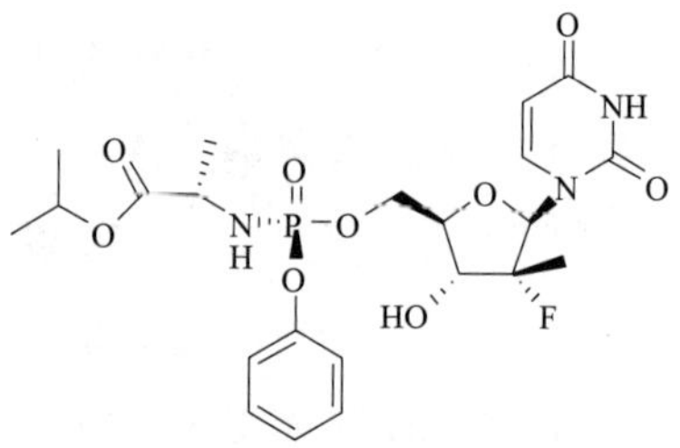

图 3　索非布韦结构式

（二）数据的检索和处理

氨基磷酸酯类抗丙型肝炎药物是通过氨基磷酸酯对 NS5B RdRp 的核苷抑制剂进行修饰所得到的前药，为了解氨基磷酸酯类抗丙型肝炎药物相关技术专利申请状况，本文通过检索 STN 中的 Registry 和 CAPLUS 数据库来获得进行统计分析的专利样本。检索主要以核苷五元呋喃环和氨基磷酸酯的基本结构在 Registry 库对化合物进行检索，再经过转库 CAPLUS 获得相关专利 1241 项，检索截止日期为 2018 年 6 月 30 日。由于发明专利申请通常在申请日后 18 个月公开，因而 2017 年后的数据不具有统计学意义，仅用于反映部分情况。每一件单独的专利（或申请）称为"一件"，同一专利（或申请）进入不同国家的一系列申请（同族申请，含分案申请）称为"一项"。本文所提及的申请日或申请年份均以最早优先权日计。经过数据整理和筛选，得到重点专利文献 313 项。

三、专利分析

（一）专利申请量趋势

截止到 2018 年 6 月 30 日，与氨基磷酸酯类抗 HCV 药物密切相关的专利申请有 313 项。从图 4 展示的相关专利申请量趋势图可以明显看出，该类化合物在 2011 年数量显著增加，至 2014 年达到顶峰，2015 年以后相关专利申请逐渐减少。形成上述趋势的原因在于：2008 年法莫塞特股份有限公司专利申请 WO2008121634A2 公开了一种治疗 HCV 的氨基磷酸酯类核苷前药，在进行 HCV 复制子试验时，部分化合物 EC_{90} 值 $<1\mu M$，具有良好的活性，在 2013 年底上市的索非布韦即被包含在上述专利申请中。但由于该专利申请中涉及大量化合物，其中究竟哪个化合物最具有成药的前景并不明了，因此，尽管该专利申请已经引起了业界的关注，在其后相关专利逐渐增多，但并未造成足够的重视。2010 年 9 月法莫塞特股份有限公司的 Michael J. Sofia 等人在《药物化学杂志》（*Journal of Medicinal Chemistry*）发表文章首次披露了 PSI－7977（索非布韦）的晶体结构、活性数据，并称其已经进入了治疗 HCV 感染的二期临床试验，至此开启了该类化合物的研究热潮。2013 年 12 月索非布韦经美国食品药品监督管理局批准在美国上市，是当年最受瞩目的新药。但随着吉利德科学公司授权印度生产索非布韦以及吉二代（索非布韦与雷迪帕韦的复合制剂）、吉三代（索非布韦与维帕他韦的复合制剂）相关产品，由于仿制药类似的活性、低廉的价格更受丙肝患者的青睐，吉利德科学公司的产品销售额日益下降，该类产品的利润空间有限，对该类化合物的研究热度逐渐下降。

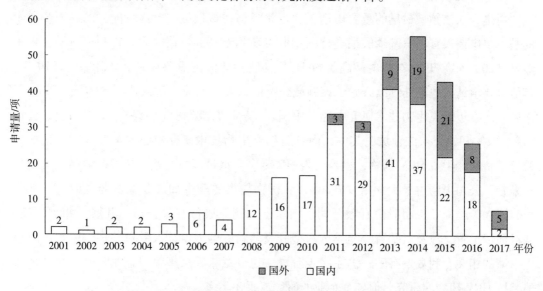

图 4　氨基磷酸酯类抗 HCV 药物相关专利申请年度分布情况

（二）专利申请产出国/地区分析

而从专利申请产出国/地区（图5至图6）分析可以了解到，2011年以前，国内在氨基磷酸酯类抗HCV药物领域并没有专利申请，2001~2010年的专利申请，除了专利WO2003015798A1来自于日本的富山化学工业株式会社，其余均来自于美国和欧洲，其中美国相关专利占绝对优势（86%）。国内首件相关专利是2011年由南京迈勒克生物技术研究中心申请的，但随后相关专利逐步增多，2011~2017年，来自中国的专利占据32%之多，中国是除美国以外，相关专利申请最多的国家，总体来说，近年来在氨基磷酸酯类抗HCV药物领域中，中国专利申请的数量已经占据了较大的份额。

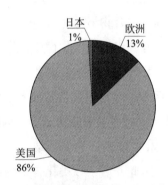

图5　氨基磷酸酯类抗HCV药物相关专利申请出产国/地区分布（2001~2010年）

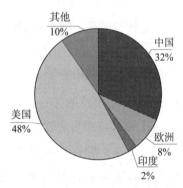

图6　氨基磷酸酯类抗HCV药物相关专利申请出产国/地区分布（2011~2017年）

（三）专利重要申请人分析

由图7可知，氨基磷酸酯类抗HCV药物专利申请的七大申请人均来自美国，且数量远远高于其他申请人，申请量最大的是收购了法莫赛特股份有限公司的吉利德科学公司。该公司是介入该领域最早的重要申请人，也是目前在该领域收益最大的公司。图8展示的是主要申请人首项氨基磷酸酯类抗丙型肝炎药物专利的申请时间。吉利德科学公司是最早（2003年）开始氨基磷酸酯类抗HCV药物的研究的重要申请人，2004~2010年，其他重要申请人也陆陆续续开始了该领域药物的研发，上述申请人均来自美国。2010年之后，南京迈勒克生物技术研究中心（中国）、美迪维尔公司（瑞典）、桑多斯股份公司（瑞士）才开始介入该领域，其中，南京迈勒克生物技术研究中心的全部专利申请均涉及氨基磷酸酯类抗HCV药物，也是国内相关专利申请最多的企业。从国内申请人类型分布来看，公司申请占最大比重（79.4%），国内较大的药企如江苏豪森药业股份有限公司、正大天晴药业集团股份有限公司、南京圣和药业股份有限公司均开展了相关研究。从目前情况看，涉及氨基磷酸酯类抗丙型肝炎药物的国内申请人数量较多，但每个申请人申请的相关专利数量有限，仍在起步阶段。这也意味着众多中国企业开始了氨基磷酸酯类抗HCV药物的研究，但各个企业的研究成果还不多。

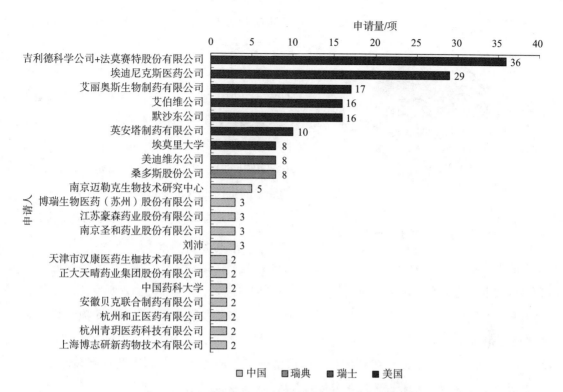

图 7   氨基磷酸酯类抗 HCV 药物国内外相关专利申请重要申请人

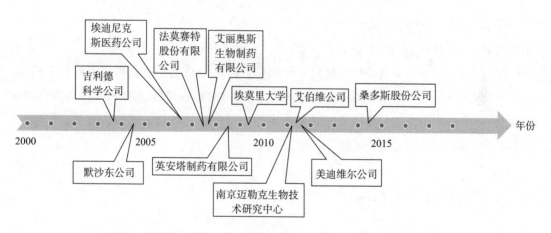

图 8   主要申请人首项氨基磷酸酯类抗 HCV 药物专利的申请时间

（四）专利申请技术主题分析

如图 9 所示，氨基磷酸酯类抗 HCV 药物的专利技术主题主要为化合物结构修饰（213项）、固体形式（20 项）、组合物（37 项）、治疗方法（24 项）和制备方法(19 项)。

氨基磷酸酯类抗丙型肝炎药物的结构修饰相关专利申请共 213 项，其中 135 项来自美国：埃迪尼克斯医药公司（27 项）、艾丽奥斯生物制药有限公司（17 项）、吉利德科学公司（15 项）、默沙东公司（15 项）是美国前四大申请人；有 44 项来自中国，南京

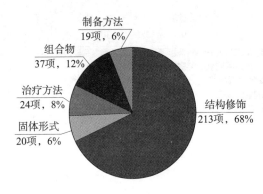

图9 氨基磷酸酯类抗 HCV 药物
专利申请技术主题分布

迈勒克生物技术研究中心（5 项）是中国最大的申请人。

氨基磷酸酯类抗丙型肝炎药物固体形式的专利申请共 20 项，其中 9 项来自中国，7 项来自美国，3 项来自欧洲，1 项来自印度，吉利德科学公司是最早申请相关专利的申请人（2009 年），Ratiopharm 公司是申请相关专利最多的申请人（3 项）。

氨基磷酸酯类抗丙型肝炎药物组合物及治疗方法的专利申请共 61 项，其中涉及联合用药的组合物或治疗方法 45 项，其余为涉及药物制剂的组合物 16 项。在该技术主题专利申请人中，艾伯维公司和吉利德科学公司申请数量最多，均申请了 12 项专利，且均主要涉及联合用药（分别为 11 项和 12 项）；其次为桑多斯股份公司，申请了 5 项专利，主要涉及药物制剂（4 项）。来自中国的专利申请总计 11 项，其中 7 项涉及药物制剂，4 项涉及联合用药，杭州青玥医药科技有限公司申请了 2 项关于索非布韦药物制剂的专利，山东省立医院申请了 2 项涉及联合用药的专利，其余申请人均仅申请了 1 项专利，其中 8 个企业申请人，1 个高校申请人。

氨基磷酸酯类抗丙型肝炎药物制备方法专利申请共 19 项，其中 7 项来自美国，6 项来自中国，吉利德科学公司申请了 4 项专利。

但总体而言，对氨基磷酸酯类抗丙肝药物相关产品的开发仍然是国内外各药企研究的重点，本文将重点介绍对氨基磷酸酯类抗丙肝药物的结构修饰、固体形式和组合物。此外，治疗方法专利申请主要涉及氨基磷酸酯类抗丙肝药物的联合使用，与部分组合物专利申请主题相同，因此将上述技术主题于同一节进行介绍。

四、专利技术状况分析

（一）化合物结构修饰

1. 核糖修饰

图 10 是核糖修饰的氨基磷酸酯类抗丙肝药物技术发展路线。对核糖部分的修饰是专利申请最早（由 2001 年开始）开始也是最多的技术分支，涉及 48 项相关专利申请，其中吉利德科学公司、法莫赛特股份有限公司、默沙东公司是该技术分支的重要申请人，2011～2012 年申请量达到顶峰，2013 年以后申请量逐渐减少。核糖的结构对核苷氨基磷酸酯类药物的活性、毒性、耐药性、吸收、代谢过程等均具有重大影响。

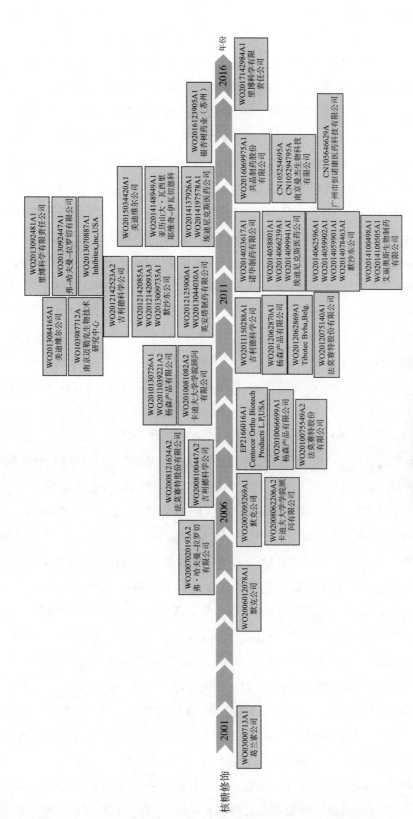

图10 核糖修饰的氨基磷酸酯类抗丙肝药物技术发展路线

（1）核糖 2′ 位取代

核糖 2′ 位取代是研究较早，也是研究较多的核苷氨基磷酸酯结构修饰方式。专利 WO2006012078A1、WO2007095269A1 分别公开了 2′ – 甲基的嘌呤和嘧啶核苷化合物，在 NS5B RdRp 聚合酶实验显示 IC_{50} 值小于 100μM。专利 WO2008062206A2 公开了 2′ – 甲基鸟嘌呤化合物，对于 Huh5 – 2 细胞的平均 EC_{50} 值为 79.2nM，Huh9 – 13 的 EC_{50} 值为 60nM，CC_{50} 值大于 50μM，具有较高的活性和低毒性。WO2008121634A2 公开了 2′ – 上 – 甲基 – 下 – 氟取代的嘧啶核苷化合物，在 HCV 复制子实验中 EC_{90} 值为 0.39μM，将其非对映异构体拆分即得到了治疗 HCV 的重磅药索非布韦。

专利 WO2010075549A2 公开了 2′ – 上 – 甲基 – 下 – 氟取代的氨基磷酸酯类嘌呤核苷化合物，在 HCV 复制子实验中 EC_{90} 值分别为 0.02μM、0.07μM、0.13μM。2′ – 上 – 甲基 – 下 – 氟取代的化合物相对于之前公开的核苷氨基磷酸酯前药抗 HCV 活性提高显著，后续公开的部分专利申请直接以 2′ – 上 – 甲基 – 下 – 氟取代核苷为基本母核进行进一步修饰。

专利 WO2010081082A2 公开了 2′ – 甲基鸟嘌呤化合物，对于 NS5B RdRp 的 IC_{50} 值为 0.001μM，CC_{50} 值为 7μM，该化合物具有提高治疗效力，对于其他黄病毒科病毒例如登革 2 型病毒、黄热病、BVDV、西尼罗病毒也具有抑制活性，37℃、30min 和 90min 时，该化合物在人血浆内是稳定的，在小鼠肝脏实验（50mg/kg）中显示了良好的药代动力学性质。

专利 WO2010066699A1 公开了 2′ – 螺环丙烷核苷，EC_{50} 值小于 5μM，专利 WO2010130726A1、WO2012062870A1、WO2012062869A1 公开了一系列 2′ – 螺氧杂环丁烷嘧啶核苷，EC_{50} 值小于 10μM，CC_{50} 值大于 100μM；WO2012075140A1 也公开了一种 2′ – 螺氧杂环丁烷嘌呤核苷，EC_{50} 值为 0.274μM，EC_{90} 值为 0.7μM，CC_{50} 值大于 20μM。

专利 WO2012125900A1、WO2013044030A1、WO2014033617A1、WO2014078463A1 均公开了 2′ – 炔基化合物，代表性化合物的 EC_{50} 值分别为 <1μM、<0.1μM、0.098μM 和 0.09μM；其中，专利 WO2012125900A1 公开的 2′ – 炔基化合物和专利 WO2013044030A1 公开的 2′ – 氯乙炔基对于 HCV 复制子基因型 1a，1b 均具有抑制活性。

专利 WO2012142093A3、WO2014062596A1、WO2014059901A1 公开了一系列 2′ – 氰基核苷化合物，EC_{50} 值在 0.425 ~ 35μM，CC_{50} 值大于 100μM。专利 WO2012142085A1、WO2013084165A1、WO2014059902A1 公开了 2′ – 氨基/胺基化合物，EC_{50} 值为 0.1 ~ 1.3μM。专利 WO2012142075A1 公开了 2′ – 叠氮化合物，EC_{50} 值为 0.3μM。

专利 WO2014148949A1、WO2015034420A1、WO2016069975A1 公开了一系列 2′ – 二卤代化合物。其中，专利 WO2014148949A1 公开的化合物对 HCV 复制子基因型 1b，1a，2a 均具有抑制活性，EC_{50} 值分别为 0.0139μM、0.1136μM、0.0572μM。

专利 WO2015034420A1 公开了 2′ – 氯 – 2′ – 氟化合物，其与索非布韦的不同之处在于 2′ – 位具有 β – 氯取代基，而索非布韦具有 β – 甲基。据文献报导在临床试验中，"索非布韦-利巴韦林组中的响应速率在具有基因型 3 感染的患者中比在具有基因型 2 感染的患者中更低（56% 相对于 97%）"；在文献中描述的基因型 3a 瞬态复制子分析中，比较了市售索非布韦与代表性化合物的抗病毒活性：索非布韦针对基因型 3a 的 EC_{50} 为 $0.230\mu M \pm 0.067$，$n=11$，相比之下代表性化合物的 EC_{50} 为 $0.072\mu M \pm 0.024$，$n=9$，即该化合物相对于索非布韦好 3 倍的效力，预期可显著提高临床的病毒响应速率。上述化合物相对于索非布韦的效力的提高还在于对 S282T 突变的基因型 3a 瞬态复制子中，其中索非布韦具有 $0.48\mu M(n=1)$ 的 EC_{50}，而代表性化合物具有 $0.13\mu M(n=1)$ 的 EC_{50}。类似地，对 L159F/L320F 双突变体，索非布韦具有 $0.190\mu M(n=1)$ 的 EC_{50} 值，而代表性化合物显示 $0.062\mu M(n=1)$ 的 EC_{50} 值。专利 WO2014058801A1 公开了 $2'$-氯化合物，代表性化合物在胃液、人体全血、肠微粒体中稳定，在 Huh-7 和肝细胞中形成活性代谢物浓度高；CES1 超表达对活性影响大，表明 CES1 在 Huh-7 细胞中超表达增强了该化合物的活性。核糖 $2'$ 位取代相关专利申请的代表性药物结构具体参见表 1。

表 1　核糖 $2'$ 位取代相关专利申请代表性药物结构

专利申请公开号及申请日	结构式	专利申请公开号及申请日	结构式
WO2006012078A1 2004.10.18		WO2007095269A1 2006.02.14	
WO2008062206A2 2006.11.24		WO2008121634A2 2007.03.30	
WO2010075549A2 2008.12.23		WO2010081082A2 2009.01.09	
WO2010066699A1 2008.12.08		WO2010130726A1 2009.05.14	
WO2012062870A1 2010.11.10		WO2012062869A1 2010.11.10	

专利申请公开号 及申请日	结构式	专利申请公开号 及申请日	结构式
WO2012075140A1 2010.11.30		WO2012125900A1 2011.03.16	
WO2013044030A1 2011.09.23		WO2014033617A1 2012.08.31	
WO2014078463A1 2012.11.19		WO2012142093A3 2011.04.13	
WO2014062596A1 2012.10.17		WO2014059901A1 2012.10.17	
WO2012142085A1 2011.04.13		WO2013084165A1 2011.12.05	
WO2014059902A1 2012.10.17		WO2014148949A1 2013.03.22	
WO2015034420A1 2013.09.04		WO2016069975A1 2014.10.31	
WO2014058801A1 2012.10.08			

（2）核糖 3′ 位取代

早在 2003 年，葛兰素公司就在专利 WO03000713A1 中公开了 3′ 位脱羟基化合物用于 HCV 治疗，代表性化合物在 HCV 复制子实验的 IC_{50} 值 <200μM。但其后，葛兰素公司并没有进一步在该领域进行专利申请。专利 WO2014137926A1、CN103987712A 也公开了 3′-脱羟基化合物，且 2′ 位为上-甲基-下-氟取代，EC_{50} 值小于 1μM。专利 WO2013070887A1 和 WO2014100498A1 分别公开了 3′-氟嘌呤和嘧啶核苷化合物，EC_{50} 值均小于 1μM。

专利 WO2011150288A1 公开了 1′-氰基-3′-酯基化合物，该类化合物 EC_{50} 值为 0.036~0.96μM，通过测定仓鼠口服药物后肝脏中核苷三磷酸酯的浓度可知，相对于母体药物，对 3′-羟基进行酰化可使对应的三磷酸酯浓度高 6~26 倍。此外，中国申请人也试图通过对核苷氨基磷酸酯 3′ 位进行氨基酸酰化或羧酸酯化，来提高溶解度和改善药代动力学：南京曼杰生物科技有限公司在专利 CN105254695A 中公开了 3′ 位被丙氨酸或缬氨酸酰化的化合物，上述化合物形成的盐酸盐在水中的溶解度和肝脏中的暴露量均高于索非布韦；银杏树药业（苏州）有限公司在专利 WO2016123905A1 中公开了 3′-酯化或酰胺化的化合物，修饰后的化合物相对于索非布韦具有更好的透膜性、水溶性，部分的化合物具有更好的抗 HCV 活性，在肝内具有更高的活性三磷酸代谢物药物暴露。核糖 3′ 位取代相关专利申请的代表性化合物结构参见表 2。

表 2　核糖 3′ 位取代相关专利申请代表性药物结构

专利申请公开号及申请日	结构式	专利申请公开号及申请日	结构式
WO03000713A1 2001.06.21		WO2014137926A1 2013.03.04	
CN103987712A 2011.07.19		WO2013070887A1 2011.11.10	
WO2014100498A1 2012.12.21		WO2011150288A1 2010.05.28	

续表

专利申请公开号及申请日	结构式	专利申请公开号及申请日	结构式
CN105254695A 2014.11.10		CN105254695A 2014.11.10	
WO2016123905A1 2015.02.06			

（3）核糖4′位取代

核糖4′位取代的主要形式是叠氮化或氟代。专利 WO2007020193A2、EP2166016A1 均公开了4′-叠氮取代的化合物，前者抑制 HCV RNA 复制的 IC_{50} 值为 $0.382\mu M$，后者在 HCV 复制子实验中 EC_{50} 值为 $0.74\mu M$；专利 WO2011039221A2 公开了4′-叠氮-2′-甲基-2′-脱氧嘧啶化合物，专利 WO2013092447A1 公开了4′-叠氮基-3′-氟嘧啶化合物，前者在 HCV 复制子实验中 EC_{50} 值为 $5.95\mu M$，后者 EC_{50} 值为 $1.53875\mu M$，上述化合物均具有较低的细胞毒活性，CC_{50} 值大于 $100\mu M$；专利 WO2017142984A1 公开了4′-叠氮尿嘧啶核苷化合物，其中化合物（I-1）不仅对 HCV GT1a 和 HCV GT1b 均具有较好的活性（EC_{50} 值分别为 $0.42\mu M$ 和 $0.33\mu M$）和较低的毒性（CC_{50} 值 $>10\mu M$），而且对近年来在美洲、东南亚等地区流行的寨卡病毒也具有较高的活性，EC_{50} 值为 $0.74\mu M$，化合物（I-3）还对基孔肯雅病毒具有抑制活性，EC_{50} 值为 $4.1\mu M$。

相对于4′-叠氮取代化合物，4′-氟代核苷氨基磷酸酯具有更高的活性，专利 WO2013092481A1 公开了4′-氟-2′，2′-甲基，氟取代嘧啶化合物，EC_{50} 值为 $0.05374\mu M$，CC_{50} 值 $>100\mu M$；专利 WO2014099941A1 公开了4′-氟化合物，其中尿嘧啶类代表化合物在 HCV 复制子活性实验中 EC_{50} 值在 $0.25\sim1\mu M$，CC_{50} 值 $>10\mu M$，而鸟嘌呤类代表化合物尽管活性相对略低，但在小鼠肝脏中形成活性三磷酸酯的曲线下面积远大于尿嘧啶类代表化合物。专利 WO2014100505A1 公开了一系列4′-氟代化合物，大多数化合物的 EC_{50} 值 $<1\mu M$，在 $100\mu M$ 的高浓度下不抑制线粒体蛋白质的合成，暗示线粒体相关的功能障碍不易发生；且与 HCV-796、TMC-435 联合用药有协同效果。核糖4′位取代相关专利申请的代表性化合物结构参见表3。

表3　核糖4′位取代相关专利申请代表性药物结构

专利申请公开号及申请日	结构式	专利申请公开号及申请日	结构式
WO2007020193A2 2005.08.15		EP2166016A1 2008.09.18	
WO2011039221A2 2009.09.29		WO2013092447A1 2011.12.20	
WO2017142984A1 2016.02.16		WO2013092481A1 2011.12.20	
WO2014099941A1 2012.12.19		WO2014100505A1 2012.12.21	

（4）核糖的其他修饰

除了上述修饰方式之外，专利 WO2008100447A2 公开了 5′-乙烯基嘌呤类化合物，专利 WO2013009735A1 公开了 5′-烷基化合物，EC_{50} 值 $<10\mu M$。专利 WO2012142523A2 公开了 1′位被氰基、乙炔基或乙烯基取代的化合物，代表性化合物的 EC_{50} 值为 $2.6\mu M$，CC_{50} 值 $>100\mu M$。专利 WO2014066239A1 公开了一种 2′，4′桥连的化合物，其中相对于野生型 1b 和突变型 S281T 1b 的 HCV 聚合酶的 IC_{50} 值均为 $0.25\sim1\mu M$。

专利 WO2014197578A1 公开了一种 1′，4′-硫代的化合物，即用四氢噻吩替换四氢呋喃环，所得的 EC_{50} 值在 $1\sim10\mu M$，CC_{50} 值 $>50\mu M$。广州市恒诺康医药科技有限公司在专利 CN105646629A 公开了 L-核苷的氨基磷酸酯，L-核苷小分子与天然核苷化合物的不同在于它的糖基是由 L-核苷构成，而不是天然的 D-核苷。由于人体内的聚合酶往往能很好识别 L-核苷衍生物三磷酸盐底物，但病毒的聚合酶却不可以较好地识别 L-核苷衍生物三磷酸盐底物。因此，L-核苷衍生物能够抑制病毒聚合酶的活性，但又不会被人体的聚合酶整合至复制的核酸链中，从而使 L-核苷衍生物表现出了较好的药物选择性，但专利中只测试了化合物对 HCV 聚合酶的抑制活性，IC_{50} 值在 $0.1 \sim 10 \mu M$ 水平。核糖其他修饰相关专利申请的代表性化合物结构参见表4。

表4　核糖其他修饰相关专利申请代表性药物结构

专利申请公开号及申请日	结构式	专利申请公开号及申请日	结构式
WO2008100447A2 2007.02.09		WO2013009735A1 2011.07.13	
WO2012142523A2 2011.04.13		WO2014066239A1 2012.10.22	
WO2014197578A1 2013.06.05		CN105646629A 2014.11.25	

2. 氨基磷酸酯部分的结构改造

图 11 是氨基磷酸酯修饰的抗丙肝药物技术发展路线。对氨基磷酸酯部分（见图 2 中 $R_1 \sim R_4$）的修饰尽管起步较晚，但涉及 26 项相关专利申请，申请量仅次于核糖修饰的化合物，其中，埃迪尼克斯医药公司是该技术分支申请量最大的申请人，$2012 \sim 2016$ 年每年都保持相对稳定的申请量，具有较大的研究前景。由图 1 可知，氨基磷酸酯修饰是为了帮助核苷类抗 HCV 药物绕过第一个磷酸化步骤，并使药物有效而完整地到达肝脏细胞而采取的一种前药策略。因而，氨基磷酸酯的结构直接影响到药物的活性、磷酸化能力、药代动力学性质，对氨基磷酸酯部分进行结构改造或修饰是该类药物的研究重点之一。

（1）R_1 基团的修饰或改造

最早的氨基磷酸酯类核苷即通过芳氧基（R_1 为芳基）来掩蔽磷酸基团增加核苷单磷酸的亲脂性以及对细胞的渗透性，因而，对 R_1 进行选择或修饰是获得更具临床价值的前药的有效途径之一。专利 WO2008085508A2 公开了 R_1 为芳基的氨基磷酸酯核苷，HCV 复制子实验中 EC_{50} 值为 $0.7 \mu M$，该化合物在人肝细胞 2 小时内的曲线下面积显示了肝细胞内较高水平的三磷酸浓度。专利 CN103421068A 公开了用 R_1 为喹啉等杂芳基的化合物，但没有公开化合物抗 HCV 的活性数据。南京圣和药业有限公司在 WO2014135107A1 中公

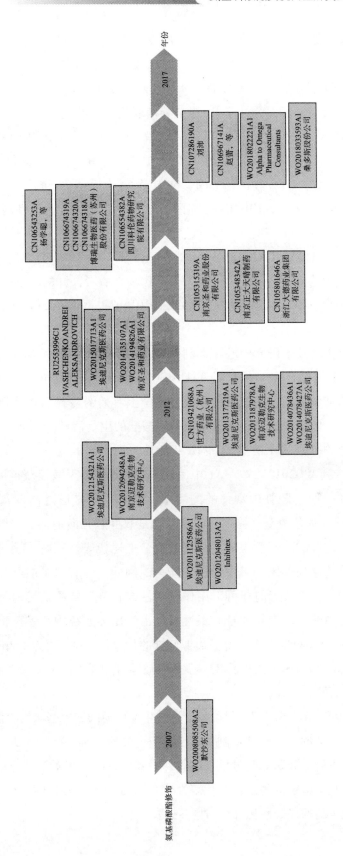

图11 氨基磷酸酯修饰的抗丙肝药物技术发展路线

开了 R_1 为联苯的氨基磷酸酯类药物，在 HCV 复制子实验中 EC_{50} 值为 $0.056\mu M$，在 HCV 细胞感染模型中 EC_{50} 值为 $0.039\mu M$，CC_{50} 值大于 $10\mu M$，在药代动力学实验中，峰浓度和曲线下面积均优于索非布韦，具有较好的体内暴露量。南京圣和药业有限公司还在专利 CN105315319A 公开了 R_1 为杂芳基取代苯基的化合物，在 HCV 1b 复制子实验中，EC_{50} 值为 19nM，在 HCV 感染模型 2a 抗病毒活性测试中 EC_{50} 值为 9.3nM，CC_{50} 值大于 $10\mu M$。在专利 WO2014194826A1 中公开了 R_1 为三环稠杂环的化合物，在 HCV 1b 复制子实验中，EC_{50} 值为 37nM，在 HCV 感染模型 2a 抗病毒活性测试中 EC_{50} 值为 0.615nM，CC_{50} 值大于 $10\mu M$。上述两件专利申请的化合物活性均优于索非布韦，并具有低毒性。

专利 CN105348342A、CN106554382A 也公开了 R_1 为稠和杂芳环的化合物。前者公开的化合物 EC_{50} 值为 $0.147\mu M$，CC_{50} 值大于 $100\mu M$；后者公开的化合物对 HCV GT 1b、1a、2a 复制子实验的 EC_{50} 值分别为 $0.078\mu M$、$0.014\mu M$、$0.109\mu M$，CC_{50} 值大于 $150\mu M$，并具有良好的耐药性。

南京迈勒克生物技术研究中心在专利 WO2012094248A1 和 WO2013187978A1 公开了 R_1 为取代苄基的化合物。在专利 WO2012094248A1 中通过抗 HCV 活性实验发现，修饰后的化合物能将非活性的核苷转化成生物学上有效的核苷药物（EC_{50} 小于 $5\mu M$），且苄基酯中苯环上的取代能显著地改变氨基磷酸酯的生物活性，例如 4 - 甲氧基和 2 - 甲基取代的化合物分别显示有效的抗 HCV 活性，而未经取代的化合物未展示任何抗 HCV 活性。在专利 WO2013187978A1 中用氨基酸酯置换苯甲胺以获得可口服的磷酸酯前药，其原理在于通过肝脏中富集的酯酶水解酯基，同时通过高度富集在肝脏中的 P450 来降解被取代的苯甲基，修饰后的化合物是双肝脏靶向前药，口服生物利用率相比于苯甲胺形式的磷酸酯药物得到了显著改良。上述代表性药物展示出在口服之后将核苷氨基磷酸盐传递到大鼠肝脏中的极佳能力，因此，含有氨基酸酯和被取代的苯甲基的这种新颖的氨基磷酸酯前药可以用作将活性核苷氨基磷酸盐传递到肝脏中用于治疗肝病的肝脏靶向前药，借此全身性毒性可以由于循环系统中活性药物的浓度降低而显著降低。专利 CN103980318A 公开了类似修饰的化合物，EC_{50} 值为 $1.2\mu M$，CC_{50} 值大于 $100\mu M$。专利 CN107286190A 公开了 R_1 为烃氧基苄基的化合物，EC_{50} 值为 $0.018\mu M$，EC_{90} 值为 $0.1\mu M$，CC_{50} 值大于 $10\mu M$。

专利 WO2016094677A2 公开了具有 R_1 上被生物可逆的二硫基取代的化合物，二硫基团在细胞内经历快速的硫 - 硫键切割，由于细胞内介质比细胞外介质更具还原性，对细胞内还原的依赖可以克服磷酸酯过早在细胞外暴露的挑战，相对于其他单核苷酸前药在血清和胃肠液内具有增强的稳定性，代表性化合物的 EC_{50} 值为 $0.04\mu M$。R_1 基团的修饰或改造相关专利申请的代表性化合物结构参见表5。

表5　R¹基团的修饰或改造相关专利申请代表性药物结构

专利申请公开号及申请日	结构式	专利申请公开号及申请日	结构式
WO2008085508A2 2007.01.05	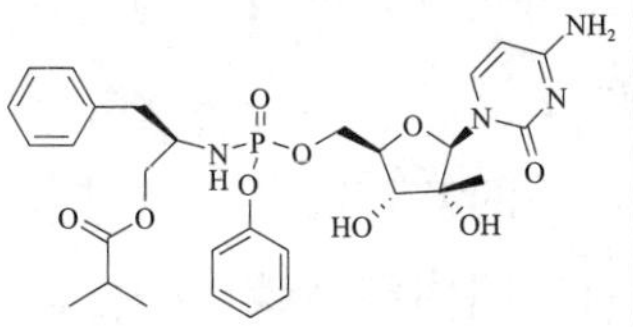	CN103421068A 2012.05.17	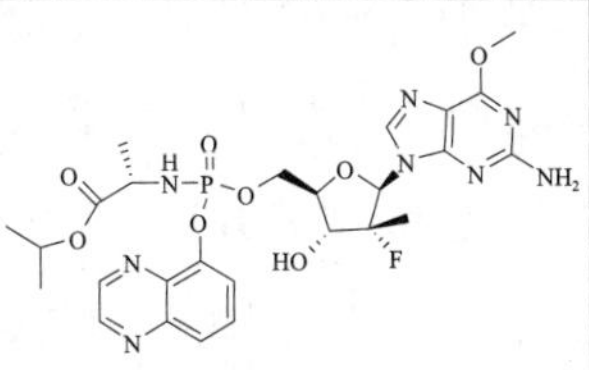
WO2014135107A1 2013.03.08	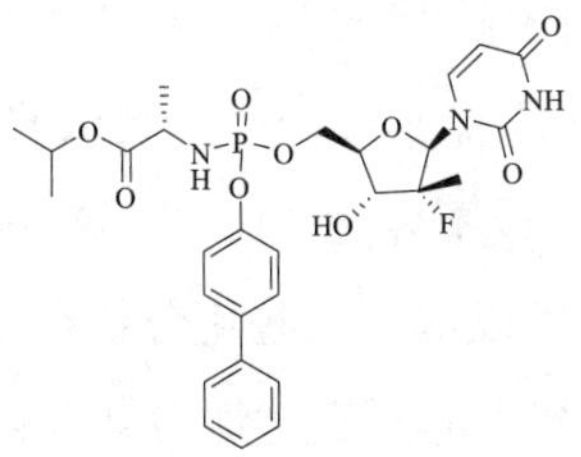	CN105315319A 2014.07.30	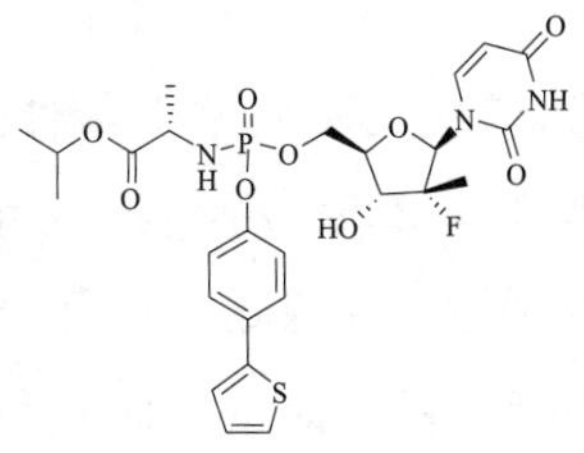
WO2014194826A1 2013.06.06	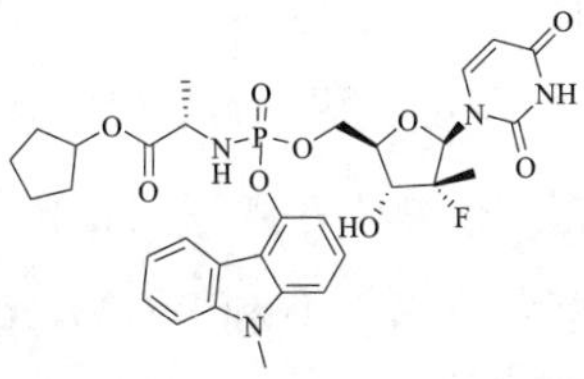	CN105348342A 2014.09.30	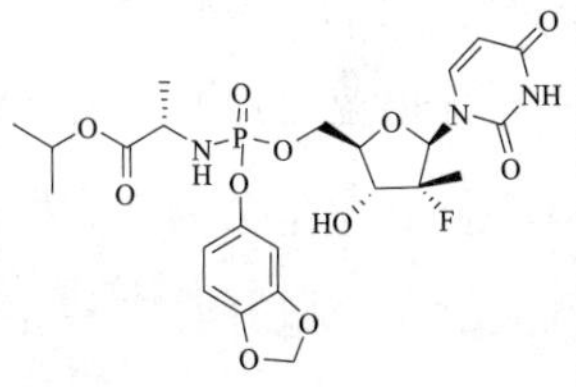
CN106554382A 2015.09.29	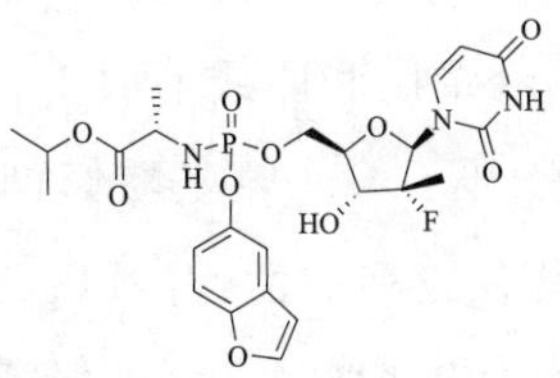	WO2012094248A1 2011.01.03	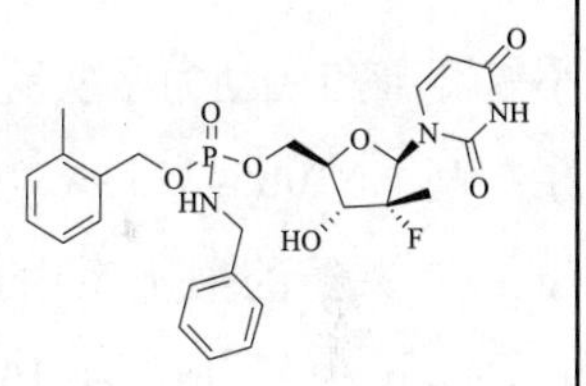
WO2013187978A1 2011.01.03	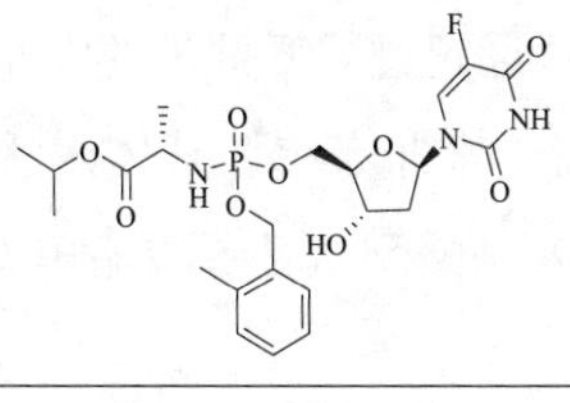	CN103980318A 2013.04.25	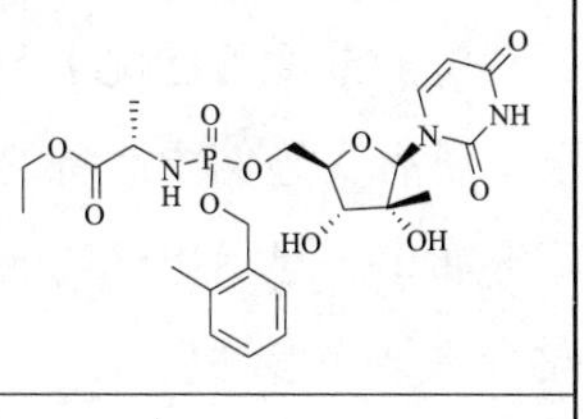
CN107286190A 2016.04.13	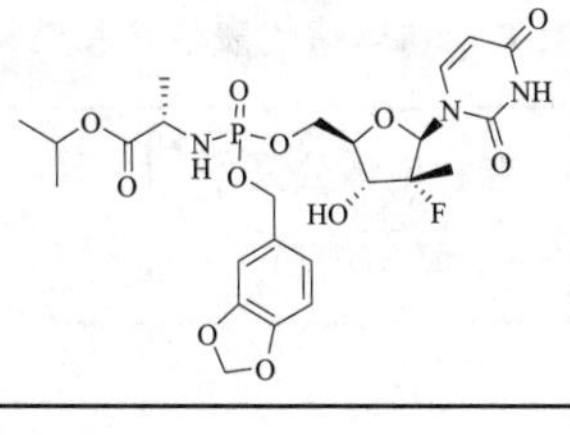	WO2016094677A2 2014.12.10	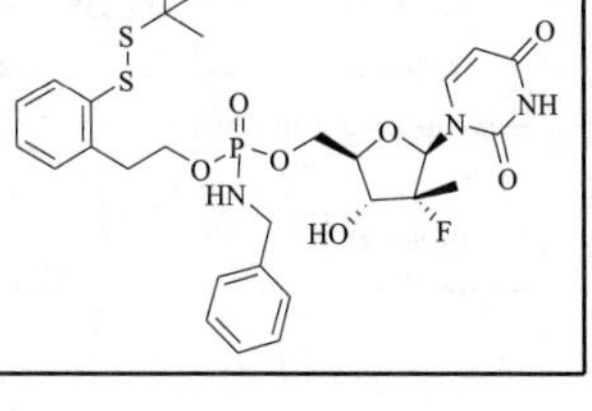

（2）D-氨基酸型氨基磷酸酯

由技术分析可知，McGuigan型前药分子中天然L-氨基酸酯通过酯酶水解反应引发了其后生成单核苷酸代谢过程，而由于酯酶广泛分布于肠胃消化道内，所以核苷氨基磷酸酯结构中的 L－氨基酸酯基常常在到达肝细胞之前就会被大量地水解代谢。对于治疗肝部病变的核苷药物而言，如果使用非天然 D－氨基酸酯替代 L－氨基酸酯参与构成其氨基磷酸酯前药，就可以大大延缓氨基酸酯的酯酶水解代谢过程，使得核苷前药在消化道内的脂酶水解损耗大大减少，进而提高了核苷前药进入肝细胞的输送效率，可以减小药物剂量，免除药物毒副作用，或者提高药效。

专利 WO2013177219A1 公开了 D－型氨基酸的核苷前药，通过酶水解实验发现，组织蛋白酶 A（CatA）和羧酸酯酶 1（CES1）对不同构型（磷原子）的 L 型氨基酸修饰前药均能进行水解。然而，CatA 裂解 S_p 构型比裂解它的 R_p 非对映异构体高效 10 倍，而 CES1 优先地水解 R_p 非对映异构体。相反 CatA 不能水解任何所测试的 D－Ala－前药，由于含有 Huh－7 复制子的细胞表达很少的 CES1 或不表达，CatA 是在这些细胞中水解前药主要的酶，因此 CatA 不能活化 D－Ala－前药可以解释这些化合物在含有 Huh－7 复制子细胞中的无活性。而在活体内，在肝脏中的 CES1 的高表达加上高催化效率和其他肝脏酶的参与使 D－型氨基酸的核苷前药有效转化成它们相应的三磷酸代谢物。专利 WO2014078427A1 和 WO2014078436A1 分别公开了 D－丙氨酸酯 R_p 型和 S_p 型氨基磷酸酯前药。上述化合物在人肝脏微粒体和肠道微粒体中均具有良好的稳定性，且 R_p 型 D－丙氨酸酯在小鼠肝脏中转化为活性三磷酸酯的能力更高。专利 WO2015017713A1 公开了将索非布韦中 L 型氨基酸替换为 D 型氨基酸的前药，改造后的化合物相对于索非布韦，在小鼠肝脏药代动力学实验中显示了将近 5 倍的峰浓度和曲线下面积。杨学聪、赵蕾等人在专利 CN106543253A、CN106967141A 中均公开了 D－氨基酸修饰的氨基磷酸酯，在 Huh－7 来源的细胞系中加入 CES1，化合物具有较高的活性，EC_{50} 值分别为 0.053μM、0.041μM，CC_{50} 值大于10μM，且实施例化合物中 R_p 型的化合物在肝细胞中的生成活性三磷酸的浓度远远优于 S_p 构型的异构体，也远远超过同样剂量的索非布韦在肝脏中的浓度。所有实施例中制备的化合物其体外活性高于索非布韦，其体内活性更显著地优越于索非布韦，显示出极高的临床应用价值。D－氨基酸型氨基磷酸酯相关专利申请的代表性化合物结构参见表6。

表6　D－氨基酸型氨基磷酸酯相关专利申请代表性药物结构

专利申请公开号及申请日	结构式	专利申请公开号及申请日	结构式
WO2013177219A1 2012.05.22		WO2014078427A1 2012.11.14	

续表

专利申请公开号及申请日	结构式	专利申请公开号及申请日	结构式
WO2014078436A1 2012.11.14		WO2015017713A1 2013.08.01	
CN106543253A 2015.11.24		CN106967141A 2016.05.16	

（3）磷酸酯的其他修饰

专利 WO2011123586A1、WO2012048013A2、WO2012154321A1 均公开了核苷磷酰二胺酯化合物。相对于母体药物，修饰后的前药活性有显著提高，EC_{50} 值均小于 $1\mu M$，部分化合物的 EC_{50} 值均小于 $0.1\mu M$。专利 WO2015158913A1 公开了一种氨基二羧酸酯，EC_{50} 值在 $0.03\sim6.31\mu M$，大部分化合物的 CC_{50} 值大于 $10\mu M$。专利 RU2553996C1 公开了氨基酸酯形成丁内酯的核苷化合物，对于 1b 型 HCV 复制子的 EC_{50} 值为 $0.0283\mu M$。CN105801646A 公开了 R_4 为炔基的化合物，对于 1b 型 HCV 复制子的 EC_{50} 值为 $0.056\mu M$。博瑞生物医药（苏州）股份有限公司在专利 CN106674320A、CN106674319A、CN106674318A 公开了 R_4 为取代或未取代苄基的化合物，EC_{50} 值小于 $0.05\mu M$，CC_{50} 值大于 $5\mu M$。专利 WO2018022221A1 公开了 R_4 为烯基、炔基、醚或含有酯基的化合物，其中代表性化合物对于不同基因型的丙型肝炎病毒均具有较高的活性（IC_{50} 值小于 200nM），且在活性和代谢效率上均优于索非布韦。专利 WO2018033593A1 公开了一种将索非布韦中的异丙基用正丙基替换的化合物，活性实验中并没有显示出与索非布韦显著的差异。磷酸酯其他修饰相关专利申请的代表性化合物结构参见表7。

表7 磷酸酯的其他修饰相关专利申请代表性药物结构

专利申请公开号及申请日	结构式	专利申请公开号及申请日	结构式
WO2011123586A1 2010.04.01		WO2012048013A2 2010.10.06	

续表

专利申请公开号及申请日	结构式	专利申请公开号及申请日	结构式
WO2012154321A1 2012.11.15	（结构式）	RU2553996C1 2013.11.27	（结构式）
CN105801646A 2014.12.31	（结构式）	CN106674320A 2015.11.06	（结构式）
CN106674319A 2015.11.06	（结构式）	CN106674318A 2015.11.06	（结构式）
WO2018022221A1 2016.07.28	（结构式）	WO2018033593A1 2016.08.19	（结构式）

3. 其他修饰

图 12 是碱基修饰、氘代修饰及其他修饰的氨基磷酸酯类抗丙肝药物技术发展路线。碱基修饰、氘代修饰和其他修饰方式研究量相对较少，除了吉利德科学公司、阿堤亚制药公司在碱基修饰方面的研究较成系统外，其余方式均只有部分公司进行较为零散的研究。上述领域可能研究风险较大，但也存在技术空白可待填补。

（1）碱基修饰

对碱基的修饰主要分为嘌呤类似结构替换和碱基上的基团取代。利用嘌呤类似结构替换碱基的相关专利均来源于吉利德科学公司，专利 WO2010093608A1 公开了噻吩并 [3，4-d] -嘧啶-7-基类化合物，EC_{50} 值为 2.9μM；专利 WO2011035231A1 公开了吡咯并 [1，2-f] [1，2，4] 三嗪基、咪唑并 [1，5-f] [1，2，4] 三嗪基、咪唑并 [1，2-f] [1，2，4] 三嗪基和 [1，2，4] 三唑并 [4，3-f] [1，2，4] 三嗪基类化合物，EC_{50} 值为 1.4~4.3μM；专利 WO2012039791A1 公开了咪唑并 [1，2-f] [1，2，4] 三嗪类化合物，EC_{50} 值为 0.67μM，前述专利 WO2011150288A1 公开的吡咯 [1，2-f] [1，2，4] 三嗪-7-基氨基磷酸酯也属于该类修饰。

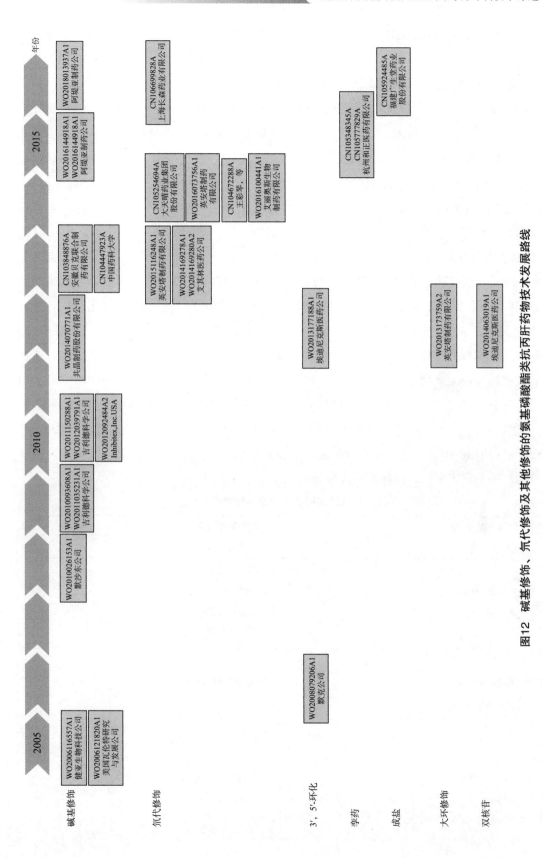

图12 碱基修饰、氮代修饰及其他修饰的氨基磷酸酯类抗丙肝药物技术发展路线

此外，专利 WO2006116557A1 公开了 5 - 乙炔嘌呤化合物，在 HCV 复制子实验中显示 12.5μM 时的抑制率为 11%；专利 WO2006121820A1 公开了 4 - N(CH₃) 或 4 - NHSO₂CH₃ 化合物，EC_{50} 值小于 0.25μM；专利 WO2010026153A1 公开了嘌呤环被杂环取代的化合物，对于 HCV 聚合酶的 IC_{50} 值小于 20μM；专利 WO2012092484A2 公开了卤代嘌呤化合物，EC_{50} 值为 0.009μM，CC_{50} 值为 8.1μM。WO2014070771A1 公开了 N^4 - 羟基嘧啶化合物，EC_{50} 值为 0.8μM，而 N^4 位未被羟基取代的原药，EC_{50} 值则大于 10μM，即活性提高了至少 12.5 倍。专利 CN103848876A 公开了 5 - 卤代嘧啶化合物，0.051μMol/ml、0.01μMol/ml 时的抑制率 99.3%。中国药科大学在专利 CN104447923A 中公开了 4 号位被烷基、环烷基、苄基、苯基、酰基或酯基取代的嘧啶类化合物，对于野生型 HCV 复制子 EC_{50} 值为 0.07μM，对于 S282T 突变型 HCV 复制子 EC_{50} 值为 0.24μM，CC_{50} 值大于 100μM，与现有药物相比，上述化合物对 HCV 耐药病毒株更为有效，有望开发成为新型抗 HCV 药物。专利 WO2016144918A1 公开了一类 2 - NH₂ - N^6 取代的嘌呤化合物，针对 HCV 复制，活性例中所有化合物都比索非布韦显著地更有效，且没有显示出对于 L159F、L159F 和 S282T 和 C316N 突变体的交叉抗性的任何证据。此外，相对于低活性的母体核苷化合物（EC_{50} 分别为 15.7μM 和 10.7μM），代表性的稳定前药在复制子试验中显示出 EC_{50} 分别为 26nM 和 12nM，其活性增加超过 870 倍和 1300 倍。专利 WO2018013937A1 公开了 N^6 - 取代 - 6 - 氨基 - 2 - 取代的化合物，在 HCV 复制子试验中 EC_{50} 值为 0.034μM，CC_{50} 值大于 10μM，相对于未进行氨基磷酸酯修饰的母体药物活性提高了 2941 倍。碱基修饰相关专利申请代表性药物结构参见表 8。

表 8　碱基修饰相关专利申请代表性药物结构

专利申请公开号及申请日	结构式	专利申请公开号及申请日	结构式
WO2010093608A1 2009.02.10		WO2011035231A1 2009.09.21	
WO2012039791A1 2009.09.21		WO2011150288A1 2010.05.28	
WO2006116557A1 2005.04.25		WO2006121820A1 2005.05.05	

续表

专利申请公开号及申请日	结构式	专利申请公开号及申请日	结构式
WO2010026153A1 2008.09.03	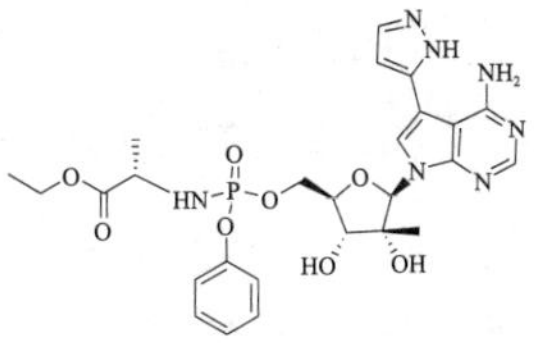	WO2012092484A2 2010.12.29	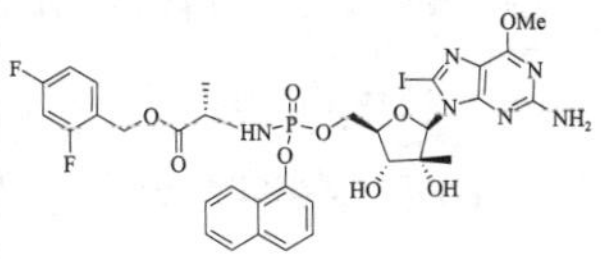
WO2014070771A1 2012.10.29	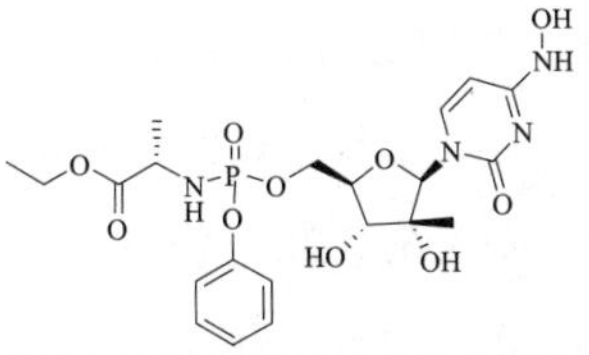	CN103848876A 2013.03.25	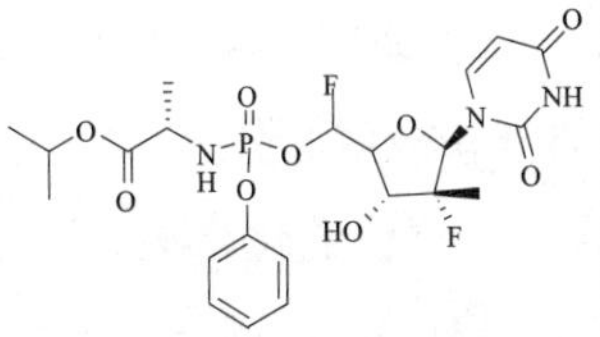
CN104447923A 2013.09.23	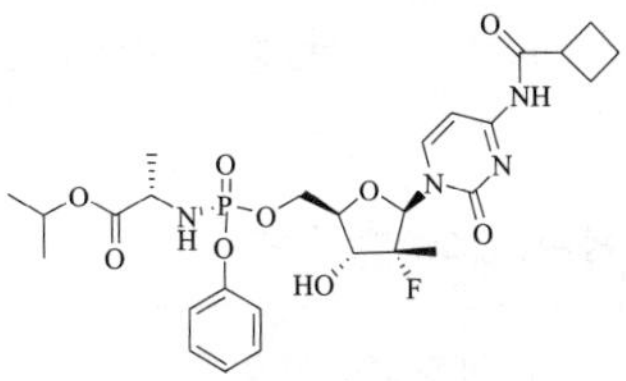	WO2016144918A1 2015.03.06	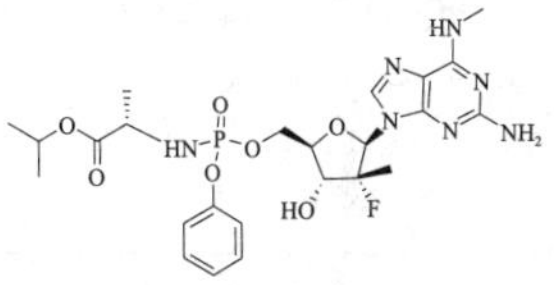
WO2016144918A1 2015.03.06	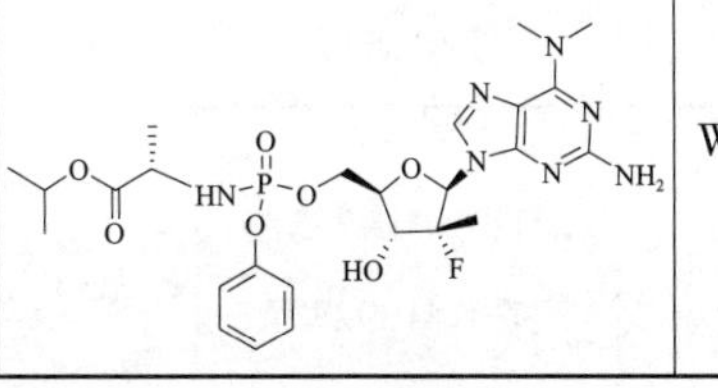	WO2018013937A1 2016.07.14	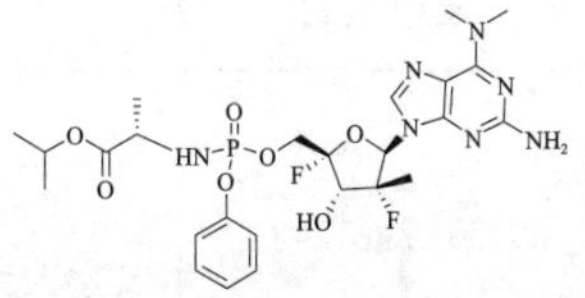

（2）氘代修饰

氘（D）是氢（H）的一种稳定形态的非放射性同位素，也被称为重氢。在自然界氢的同位素分布中，氘的丰度为 0.015%。氘具有很低的毒性，成人体内含约 10g 氘。许多药物由于存在不良的吸收、分布、代谢和（或）排泄（ADME）性质，阻碍了其广泛的应用或限制在某些适应证中的用途。除制剂技术和前药策略外，氘修饰也是改进药物ADME 性质的一种可行方法。一方面，由于氘在药物分子中的形状和体积与氢基本相同，因而如果药物分子中的氢被选择性替换为氘，氘代药物一般还会保留原来的生物活性；另一方面，由于碳氘键比碳氢键的振动零点能要低，碳氘键比碳氢键更稳定，将药物分子中的氢原子替换为氘原子，会延缓其分解过程，使氘代药物在体内作用时间更长，达到改变药物代谢速度或代谢途径的目的，以便提高药物的药动学、药效学或降低药物代谢毒性。

基于此，专利 WO2015116248A1 公开了 5，6 - 二氘代尿嘧啶化合物，对于 HCV 复制子 1a 的 EC_{50} 值为 0.1 ~ 1μM。专利 WO2014169278A1 和 WO2014169280A2 公开了 5（或6）- 氘代 - 5' - 二氘代的尿嘧啶化合物，与用 5' - 氘化化合物培养的样品相比较，在用未氘化的氨基磷酸酯培养的样品中存在更多的脱磷酸化核苷（不期望的 5′-OH 核苷），对于某些化合物而言，当 5′-位没有氘化时，肝细胞核苷酸酶活性产生约两倍的 5′-OH-核苷。此外，相对于非氘代前药，部分化合物的培养基和肝细胞提取物中具有大于 1.5 倍增加的核苷三磷酸酯浓度（活性化合物），5′-氘化氨基磷酸酯在激活为 5′-单磷酸酯成为三磷酸酯的差别可对药物的功效、剂量、毒性和/或药物动力学具有显著的影响。专利 CN105254694A 公开了对氨基磷酸酯进行氘代的核苷类药物，EC_{50} 值为 $0.1069\mu M$。专利 WO2016073756A1 公开了在核糖 3′或 4′或 5′和 4′和 5′氘代的化合物，大部分化合物对于 HCV 复制子 1a 的 EC_{50} 值均在 $0.1\sim0.5\mu M$；专利 CN104672288A 在索非布韦的氨基酸部分和核糖部分进行氘代，EC_{50} 值在 $0.1\sim0.5\mu M$；专利 WO2016100441A1 公开了 4′-F-5′-二氘代的化合物，EC_{50} 值小于 $1\mu M$；专利 CN106699828A 公开了 3′-氘代化合物，相对于 HCV 复制子 1a 的 EC_{50} 值为 $0.05629\mu M$；对于 HCV 复制子 1b 的 EC_{50} 值为 $0.04282\mu M$，且选择性指数 >1000，具有高活性、高选择性。氘代修饰相关专利申请代表性药物结构参见表 9。

表 9　氘代修饰相关专利申请代表性药物结构

专利申请公开号 及申请日	结构式	专利申请公开号 及申请日	结构式
WO2015116248A1 2014.01.31		WO2014169278A1 WO2014169280A2 2013.04.12	
CN105254694A 2014.07.14		WO2016073756A1 2014.11.06	
CN104672288A 2014.11.07		WO2016100441A1 2014.12.19	
CN106699828A 2016.01.04			

（3）其他修饰方式

专利 WO2008079206A1 公开了一种 3′,5′-羟基通过磷酸酯基环化的嘧啶化合物，在 HCV 复制子试验中 EC$_{50}$ 值小于 20μM；WO2013177188A1 公开了 3′,5′-羟基环化的嘌呤化合物，EC$_{50}$ 值小于 0.25μM，CC$_{50}$ 值 >10μM。上述专利申请均公开了化合物的药代动力学数据，实验证明 3′,5′-羟基通过磷酸酯基环化的核苷氨基磷酸酯在人肝细胞中转化成活性形式的能力强。

杭州和正医药有限公司在专利 CN105348345A 中公开了将核苷氨基磷酸酯在嘧啶碱基 3 位与硫普罗宁连接的孪药，在专利 CN105777829A 中公开了将核苷氨基磷酸酯在核糖 3′-位与治疗或辅助治疗肝病的药物连接的孪药。上述药物不仅能够用于治疗丙型肝炎，还可以保护肝细胞、肝脏组织，改善肝功能，降低氨基转移酶，实现药物的双功能。

专利 CN105924485A 公开了一种索非布韦的醋酸盐，具有良好的稳定性和溶出度，可以降低索非布韦的苦味，适合口服应用并制备成儿童或老年用的制剂。

专利 WO2013173759A2 公开了一类碱基上的取代基与氨基磷酸酯上的羧酸酯基通过连接键形成大环的核苷类药物。上述化合物对于抑制 HCV 复制子 1a 的 EC$_{50}$ 值小于 0.1μM，对于 HCV 复制子 1b 的 EC$_{50}$ 值为 0.1~1μM。

专利 WO2014063019A1 公开了一种在磷酸酯键处通过连接键将两个核苷磷酸酯相连的双核苷抗 HCV 药物，其中对于 HCV 复制子 1b 的 EC$_{50}$ 值小于 0.25μM，CC$_{50}$ 值 >100μM。其他修饰相关专利申请代表性药物结构参见表 10。

表 10　其他修饰相关专利申请代表性药物结构

专利申请公开号及申请日	结构式	专利申请公开号及申请日	结构式
WO2008079206A1 2006.12.20		WO2013177188A1 2012.05.22	
CN105348345A 2016.12.15		CN105777829A 2015.12.15	

专利申请公开号 及申请日	结构式	专利申请公开号 及申请日	结构式
CN105924485A 2016.05.20	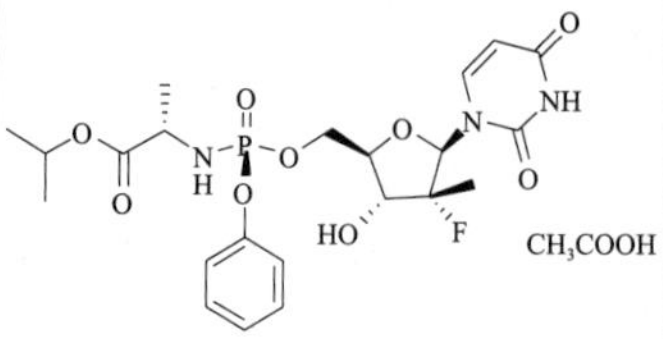	WO2013173759A2 2015.05.17	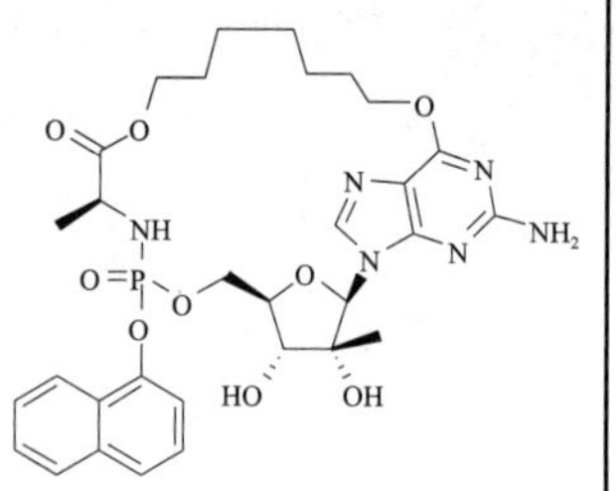
WO2014063019A1 2012.10.19	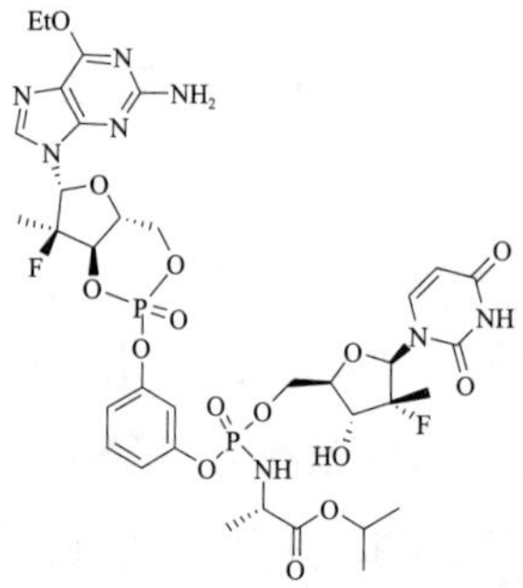		

（二）固体形式

氨基磷酸酯类抗丙型肝炎药物固体形式的专利申请共 20 项，其中 14 项涉及索非布韦或溶剂合物晶型或无定形。吉利德科学公司在专利 WO2011123645A2 中公开了索非布韦的 6 种结晶形式，形式 1、2 和 3 分别是非-溶剂化物形式、1:1 二氯甲烷溶剂化物和 1:1 氯仿溶剂化物，形式 4 和 5 分别得自索非布韦从乙腈和苯甲醚的溶液的结晶。其中，形式 4 和 5 在过滤时转化为形式 1，形式 2 和 3 在分离时也转化为形式 1。而形式 1 为引湿性强，在湿度大的环境条件下，黏性增加，过滤困难，且不利于制剂产品制备。将形式 1 悬浮于水中，可转化为形式 6。形式 6 的熔点为 124.5 ~ 126℃，在粉末 X-射线图中，具有以下衍射角度（2θ）的特征峰：6.1°、8.2°、10.4°、12.7°、17.2°、17.7°、18.0°、18.8°、19.4°、19.8°、20.1°、20.8°、21.8°和 23.3°，形式 6 相对于形式 1 引湿性降低，且由于从水中结晶还除去了极性更高的痕量杂质，纯度也得到提高，是上市药品中的优势晶型。Ratiopharm 公司在专利 WO2015191945A1 将索非布韦放置于 40℃/75% 相对湿度 8 周后得到结晶形式 7，相比于形式 6 具有更大粒径和更高的水溶性；在专利 WO2017029408A1 中公开了索非布韦分别与 L-脯氨酸和 S-脯氨酸形成的共晶，相比于形式 6 和形式 7 具有更高的水溶性，并在 25℃/60% 相对湿度、30℃/65% 相对湿度、40℃/75% 相对湿度下 12 周没有发生转晶现象。图 13 至图 19 是索非布韦固体形式 1 至形式 7 的高分辨率 XRD 衍射图。

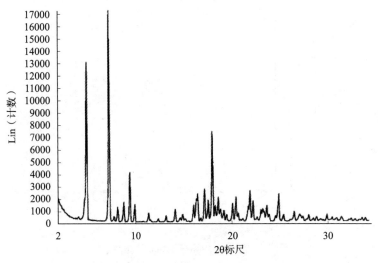

图 13　形式 1 的高分辨率 XRD 衍射图

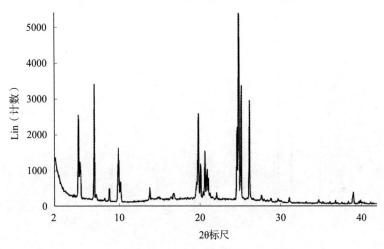

图 14　形式 2 的高分辨率 XRD 衍射图

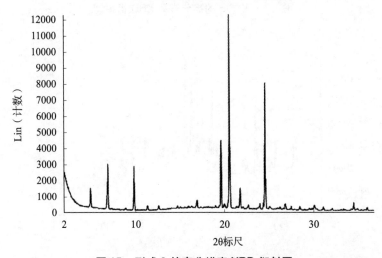

图 15　形式 3 的高分辨率 XRD 衍射图

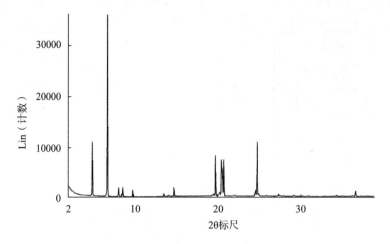

图 16　形式 4 的高分辨率 XRD 衍射图

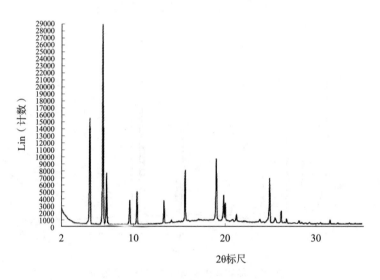

图 17　形式 5 的高分辨率 XRD 衍射图

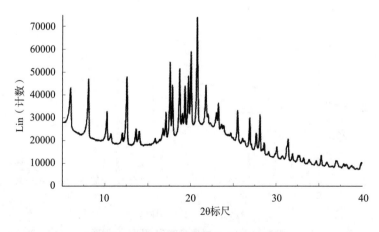

图 18　形式 6 的高分辨率 XRD 衍射图

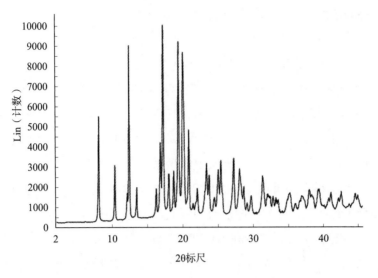

图 19　形式 7 的高分辨率 XRD 衍射图

　　桑多斯股份公司在专利 WO2016023906A1 通过在 C_{2-10} 醇溶剂中制备晶种，再在 C_{2-5} 醇溶剂和反溶剂的混合溶液中加入晶种，不搅拌得到的结晶，相对于形式 1 具有更低的吸湿性。广东东阳光药业有限公司在专利 CN104130302A 中公开了一种将索非布韦溶解于良溶剂中后再加入不良溶剂得到的新晶型，溶解度相对于形式 6 更高且具有良好的稳定性。石药集团中奇制药技术（石家庄）有限公司在专利 CN105985394A 公开了一种将索非布韦粗品溶解于 $C_1 \sim C_3$ 的低级醇中，再加入异丙醚，加热搅拌后再降温析晶得到的索非布韦晶型，热力学更稳定，无引湿性，流动性好且颗粒均匀，同时可工业化生产，生产成本更低。苏州晶云药物科技有限公司在 CN104974205A 将索非布韦的粉末溶解于溶剂体系中后，加入聚乙烯吡咯烷酮、聚乙烯醇、聚氯乙烯、聚乙酸乙烯酯、羟丙基甲基纤维素或甲基纤维素等高聚物后，在室温条件下挥发即可得到晶型，在生物介质中溶解度更高，引湿性低，不易受高湿度影响而潮解。汤律进等人在专利 CN104277088A 公开了一种从有机溶剂中加热溶解后自然冷却到室温结晶的索非布韦单晶，具有良好的稳定性。天津市汉康医药生物技术有限公司在专利 CN104650171A 公开了索非布韦倍半水合物，具有纯度高、稳定性好的优点。

　　此外，专利 WO2015134780A1、WO2013066991A1、WO2011123672A1、WO2013142124A1、CN107337702A 涉及其他结构氨基磷酸酯前药的晶型，上海博志研新药物技术有限公司在专利 CN106674321A 公开将索非布韦粗品与含水的醇类溶剂形成的溶液，再与烷烃混合，析晶，得到索非布韦结晶形式 6 的方法，不需要由形式 1 转化为形式 6，结晶工艺简单，步骤少，收率高，对特定杂质具有纯化效果；正大天晴药业集团股份有限公司在专利 CN106146589A 中公开了苯环上的氢被氘代的索非布韦晶体，能够用于制备抗基因型 1、2、3 或 4 慢性丙肝的药物，结晶纯度高，稳定性好。

（三） 氨基磷酸酯类抗 HCV 药物组合物及治疗方法

氨基磷酸酯类抗 HCV 药物组合物及治疗方法的专利申请共 61 项，其中涉及联合用药的组合物或治疗方法 45 项，其余为涉及药物制剂的组合物 16 项。

在联合用药方面，西尼克斯公司在专利 WO2010080878A1 公开了用于治疗 HCV 的环孢菌素 SCY－502635 与索非布韦的联用，具有抗病毒协同作用，不存在对抗的细胞毒性。2011 年 10 月，艾伯维公司（专利 WO2013059630A1）和吉利德科学公司（专利 WO2013066748A1）先后申请的专利涉及氨基磷酸酯类抗丙型肝炎药物和利巴韦林联合用药。此后，吉利德科学公司在专利 WO2013040492A2 中公开了将氨基磷酸酯类抗丙型肝炎药物与 NS5A 抑制剂、NS5B 非核苷抑制剂、NS3 蛋白酶抑制剂等联用，具有协同的抗病毒活性。吉利德科学公司在专利 WO2014120981A1 公开了索非布韦与雷迪帕韦的联合用药，实验表明，接受索非布韦、雷迪帕韦和病毒唑联用治疗的病人在治疗后第 4 周和第 12 周时 100% 获得了持续性病毒应答（SVR）；而接受索非布韦和病毒唑联用治疗的病人仅有 88% 的初治者和 10% 的无反应者在治疗后第 4 周时获得了 SVR，且接受索非布韦和病毒唑联用治疗的病人仅有 84% 的初治者和 10% 的无反应者在治疗后第 12 周时获得了 SVR，索非布韦与雷迪帕韦的联合制剂现已经被开发成吉二代被广泛使用。吉利德科学公司在专利 WO2014185995A1、WO2015030853A1 中公开了索非布韦与维帕他韦的联合用药，维帕他韦通过抑制 P－糖蛋白 1 转运体增强了索非布韦的体内吸收，提高了生物利用度，减少了索非布韦的剂量，缩短了治疗时间，消除或减轻的食物影响，减少了与酸抑制性疗法的药物间的相互作用，现已被开发为首个全口服、泛基因型、单一片剂的抗丙型肝炎药物。吉利德科学公司在专利 WO2017210483A1 中公开了无定形维帕他韦、伏西瑞韦和结晶型索非布韦的联合用药，2017 年 7 月 18 日已经被美国国家药品监督管理局批准上市，被称为"吉四代"，是对已接受直接抗病毒药（例如，索非布韦）或其他抑制 NS5A 蛋白酶药物但无效的患者首选治疗方案。此外，艾伯维公司在 WO2013101552A1、WO2016134058A1、WO2017007934A1、WO2018093717A1、WO2015061742A2 等专利中公开了氨基磷酸酯类抗丙型肝炎药物与奥比他韦、帕利瑞韦、Pibrentasvir、Tegobuvir、Filibuvir、Mericitabine 等药物联用，能够有效地抑制更宽范围的 HCV 基因和变体。山东省立医院在专利 CN106668055A 和 CN106727516A 中公开了 NS5B 抑制剂索非布韦与博赛泼维（NS3/4A 蛋白酶抑制剂）、Setrobuvir（NS5B 抑制剂）组成的三联复方制剂，以及与 Vaniprevir（NS3/4A 蛋白酶抑制剂）组成的复方制剂，具有协同作用，对丙型肝炎有高治愈率和好的持续性病毒应答。中国药科大学也在专利 CN106310269A 中公开了 NS3/4A 蛋白酶抑制剂与核苷类氨基磷酸酯类 NS5B 抑制剂形成的组合物，对野生型和变异型 HCV 均具有强效抑制作用，各组分之间具有明显的协同作用。

在涉及药物制剂方面，艾伯维公司在专利 WO2013101550A1 中公开了氨基磷酸酯类抗丙型肝炎药物与包含 N－乙烯基吡咯烷酮等亲水聚合物的无定形分散体中形成的固体组合物。桑多斯股份公司在专利 WO2015150561A2、WO2016055576A1 中公开了将索非布韦埋入硅基无机吸附剂等可药用基质从而形成包含大量无定形或多晶型索非布韦的稳定组合物。美迪维尔公司在专利 WO2016140616A1 公开了一种可溶于乙醇的索非布韦类似物，并将其吸附于介孔载体上从而制备成一种口服制剂。杭州青玥医药科技有限公司在专利 CN106880642A、CN107041873A 中均公开了索非布韦与二甲硅油形成的药物组合物，具有良好的稳定性和较快的溶出速度。

五、结语

本文对氨基磷酸酯类抗丙型肝炎病毒药物专利申请进行了梳理，分析了相关专利申请的申请量趋势、专利申请产出国/地区、重要申请人、技术主题分布，并对氨基磷酸酯类抗丙肝药物的结构修饰、固体形式、组合物和治疗方法等技术主题进行了技术内容分析。

目前氨基磷酸酯类抗 HCV 药物中最成功的药物无疑是索非布韦，其原研公司吉利德科学公司以化合物核心专利为基础，进行了周密的专利布局，涉及化合物产品、药物固体形式、制备方法、制药用途、制剂等。

原研药的研发需要巨额资金投入和漫长的周期，后期存在的风险也较高。国内企业想要在抗丙肝原研药上有所突破，需要人力、财力、政策等多方面的投入和支持，也可以考虑与中国药科大学等已经开展相关研究的科研院所加强合作，提高研发实力，对创新成果进行产业转化，增加科学研究的经济价值，降低企业的研发风险。与此同时，对于创新成果的专利保护也至关重要，建议相关企业及时对研究成果进行专利保护和布局，为将来产品上市和出口做好准备。

相对于国外大型制药公司，国内制药企业普遍仍存在资金不足，研发能力较弱，抗风险能力差的现状。建议国内药企及时关注相关领域的最新技术进展以及重点专利的审查状态，开展仿制药以及 me－too 或 me－better 的药物研究并申请专利，也可以考虑在必要时采取主动措施如无效诉讼以阻碍或延缓核心专利在中国获得授权，进而保护国内企业在中国市场的权益。

此外，同一药物的不同固体形式在外观、流动性、溶解度、稳定性、生物利用度等方面均有显著不同。相对于研发新药，对已上市药物的固体形式的研究成本和风险都相对较低，值得中国制药企业的关注。目前来自中国的相关专利申请数量甚至超过了美国，但最受关注的化合物固体形式还是吉利德科学公司原研的索非布韦晶体形式6。

值得一提的是，氨基磷酸酯类抗 HCV 药物与其他靶点抗病毒药物的联合使用能够克服使用单一药物病毒谱狭窄、耐药性、疗效有限等缺陷，吉二代、吉三代的成功以及吉四代被获批上市使各国申请人对抗丙型肝炎病毒药物联用的研究趋之若鹜。而联合用药的研发成本相较于开发新药低得多，该领域涉及联合用药专利申请占超过总量的 14%，是第二大技术主题，有条件的国内企业可以对于氨基磷酸酯类抗 HCV 药物的药物联用进行重点研究。

参考文献

［1］ MORADPOUR D，BRASS V，GOSERT R，et al. Hepatitis C：molecular virology and antiviral targets ［J］. Trends in Molecular Medicine，2002，8(10)：476 – 482.

［2］ BEAULIEU P L，TSANTRIZOS Y S. Inhibitors of the HCV NS5B polymerase：new hope for the treatment of hepatitis C infections ［J］. Current Opinion Investigational Drugs，2004，5(8)：838 – 850.

［3］ SOFIA MJ，CHANG，WONSUK，et al. Nucleoside，nucleotide，and non – nucleoside inhibitors of hepatitis C virus NS5B RNA – dependent RNA – polymerase ［J］. Journal of Medicinal Chemistry，2012，55 (6)：2481.

［4］ SOFIA M J，BAO D，CHANG W，et al. Discovery of a β – d – 2′ – Deoxy – 2′ – α – fluoro – 2′ – β – C – methyluridine nucleotide prodrug（PSI – 7977）for the treatment of hepatitis C virus ［J］. Journal of Medicinal Chemistry，2010，53(19)：7202 – 7218.

［5］ Sofosbuvir for previously untreated chronic hepatitis C infection ［J］. New England Journal of Medicine，2013，368(20)：1878 – 1887.

［6］ KYLEFJORD H，DANIELSSON，AXEL，et al. Transient replication of a hepatitis C virus genotype 1b replicon chimera encoding NS5A – 5B from genotype 3a ［J］. Journal of Virological Methods，2014，195 (1)：156 – 163.

［7］ MEANWELL，NICHOLAS A. Synopsis of some recent tactical application of bioisosteres in drug design ［J］. Journal of Medicinal Chemistry，2011，54(8)：2529.

甘精胰岛素专利技术综述[*]

李肖菓　　肖晶^{**}

摘 要　　胰岛素是治疗糖尿病最有效的药物，甘精胰岛素作为基础长效胰岛素类药物，是全球销售最好的胰岛素药物。本文在全球范围内对甘精胰岛素的原研药厂和仿制药企的专利技术、专利特点和专利申请状况进行了分析，揭示了甘精胰岛素药物专利申请和技术发展的演进和趋势，以期为国内医药企业提供研发思路。

关键词　　糖尿病　甘精胰岛素　赛诺菲　专利

一、概述

糖尿病是严重危害人类健康的慢性非传染性疾病，估计到 2035 年，全球将有 5.92 亿人患糖尿病，中国将会有 1.43 亿人患糖尿病。[1]胰岛素是人类发现的第一个糖尿病药物，直至今天，胰岛素类药物仍然是治疗糖尿病最有效的药物。[2]本文以甘精胰岛素为例，对其原研企业的和国内外仿制企业的技术特点进行了深度分析，以期为我国在生物药领域的技术研发提供参考。

（一）胰岛素简介

自 1921 年发现胰岛素后，胰岛素类药物经历了将近 100 年的发展，已有完整的研发体系。对于研发历史如此悠久的药物而言，还能在哪些方面实现突破，是产业界和学术界都十分关注的问题。

胰岛素是由胰脏内的胰岛 β 细胞受内源性或外源性物质如葡萄糖、乳糖、核糖、精氨酸、胰高血糖素等的刺激而分泌的一种蛋白质激素。胰岛素是机体内唯一降低血糖的激素，同时促进糖原、脂肪、蛋白质合成。胰岛素的生物合成速度受血浆葡萄糖浓度的影响，当血糖浓度升高时，β 细胞中胰岛素原含量增加，胰岛素合成加速。

胰岛素的分子量为 5700，由 A、B 两个肽链组成。人胰岛素 A 链有 11 种 21 个氨基

---

　　* 作者单位：国家知识产权局专利局医药生物发明审查部。

　　** 等同第一作者。

酸，B 链有 15 种 30 个氨基酸，共 16 种 51 个氨基酸组成。其中 A7（Cys）- B7（Cys）、A20（Cys）- B19（Cys）四个半胱氨酸中的疏基形成两个二硫键，使 A 链、B 链连接起来。此外，A 链中 A6（Cys）与 A11（Cys）之间也存在一个二硫键。

（二）甘精胰岛素简介

甘精胰岛素作为一种安全有效的基础长效胰岛素类药物，24 小时内仅需注射一次，其药物产品来得时（Lantus）一经面世就大受欢迎，目前为止依然是全球销售最好的糖尿病药物，2017 年在全球的销售额达到 44.25 亿美元，是胰岛素药物领域的"超级重磅炸弹"。对于甘精胰岛素的相关研发和仿制自然成为全球医药企业的关注热点。

甘精胰岛素的核心专利申请 HU578388A 于 1988 年 11 月 11 日被第一次向匈牙利提出，这标志着甘精胰岛素正式登上历史舞台。1994 年，赫彻斯特公司向美国专利商标局提交了同族申请，涉及在 A21 位突变的胰岛素的 B 链末端添加两个精氨酸，其结构通式如图 1 所示。

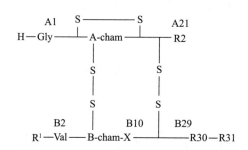

图 1　甘精胰岛素结构通式[3]

其中，A1 ~ A20 位、B1 ~ B9 位、B11 ~ B29 位是猪胰岛素、牛胰岛素，特别是人胰岛素的原始序列，R2 位（即 A21 位）是 L - 氨基酸，可选自甘氨酸（Gly）、丙氨酸（Ala）、丝氨酸（Ser）、苏氨酸（Thr）、谷氨酸（Glu）或天冬酰胺（Asp）等，R30 位可选自丙氨酸（Ala）、丝氨酸（Ser）、苏氨酸（Thr），R31 位是精氨酸（Arg）- OH 或者精氨酸 - 精氨酸 - OH，X 是天冬酰胺（Asn）或谷氨酰胺（Gln），并提供了实验证据表明，A21 - 人胰岛素 - ArgB31 - ArgB32 - OH 在动物体内具有良好的维持血糖稳定作用，并且作用效果更持久。

（三）检索策略和数据处理

本文的专利文献数据来自德温特世界专利索引数据库（DWPI）和中国专利文摘数据库（CNABS），检索截止时间为 2018 年 7 月 31 日。根据检索结果，对所得数据进行人工筛选和标引，去除不相关的专利文献。在 DWPI 中，将同一项发明创造在多个国家申请而产生的一组内容相同或基本相同的系列专利申请，称为同族专利，而一组同族专利视为一项专利申请；而单独的专利以件计数。

最终获得涉及甘精胰岛素的全球专利申请共计 241 项，中国专利申请共 102 件。在此基础上，本文从专利申请整体发展趋势、专利申请国家或地区分布、主要专利申请人等角度对甘精胰岛素专利申请进行分析。

二、研究内容

（一）甘精胰岛素全球总体发展趋势

甘精胰岛素的技术研发已经过了探索期和高速增长期，平台期已现端倪（参见图2）。与甘精胰岛素相关的最早专利申请是赛诺菲提出的分子专利申请，其最早优先权日为1987年。之后大约经过了15年的前期探索，每年申请量均在5项以下。2000年，赛诺菲的来得时被美国食品药品管理局（FDA）批准之后，药品上市的信息极大地刺激了技术研发力量的投入，对甘精胰岛素的研究呈现出整体高速发展阶段，2001~2009年，申请量基本上逐年递增，2012年达到最高峰（32项），之后申请量略有下降。由于专利申请的延迟公开制度，2017~2018年的申请量还不完整，不能直接反映出这几年申请量的情况。但是仍可看出，从2009年开始申请量已经大致进入平台期。

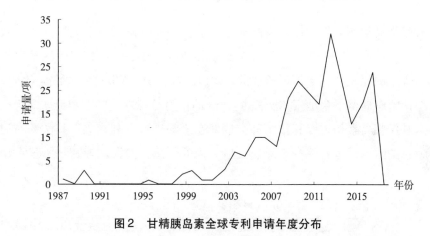

图2 甘精胰岛素全球专利申请年度分布

以优先权所在国作为技术来源国家和地区的评判标准的话，美国是甘精胰岛素技术研发领域最大的技术来源国，其专利申请量共220项，占全球申请总量的56%，具有绝对的技术优势；其次是通过欧洲途径提交的专利申请；德国排在第三位；印度则位列第四；中国、丹麦、英国、澳大利亚和法国紧随其后（参见图3）。美国在药物领域和生物技术领域都有相当的技术实力，相关领域的全球专利申请量往往有不俗的表现，而且美国的临时申请制度和继续申请制度也吸引了大批制药企业通过提交美国专利申请的途径抢占申请日。由于原研药厂赛诺菲以及胰岛素类药物领域的先驱之一诺和诺德都属于欧洲公司，因此通过欧洲专利局（EPO）提交的专利申请量也占据了相当的比例。此外，我国是世界上糖尿病患病人数最高的国家，印度仅此于我国，如此庞大的市场需求以及维护人民健康方面的社会需求，都促使了两国相关技术研发力量的投入。

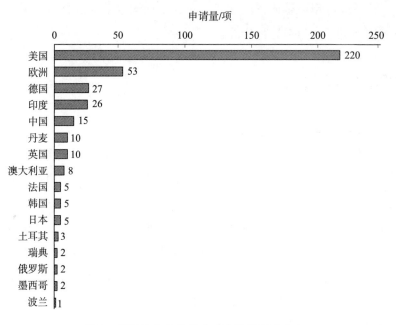

图3　甘精胰岛素相关专利申请量区域分布

由于甘精胰岛素作为与人体自身胰岛素类似物药物，其对各个人种的作用效果并无显著差异，且糖尿病普遍存在于全球各个国家和地区，在多个国家和地区都属于高发病种，因而，大量的相关专利申请都通过世界知识产权组织（WIPO）途径提交，以期为后续进入各个国家布局留下余地（参见图4）。美国作为经济发达国家和糖尿病患病人口大国，大多数甘精胰岛素相关专利技术都会选择在该国进行专利布局；其次的布局热门区域为经济发达的欧洲；再就是身为患病人口大国的中国，澳大利亚和日本虽患病人数并

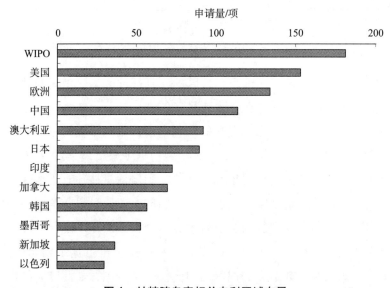

图4　甘精胰岛素相关专利区域布局

不靠前，但一方面，它们经济较为发达，对于慢性病治疗药物的市场接受度较高；另一方面，日本的生物药物技术也相对较为发达，因此相关药物企业倾向于在这两国进行专利布局。印度的仿制药企业发展较好，因此在印度进行布局的甘精胰岛素专利数量也较多。

甘精胰岛素的主要申请人呈现出原研企业一枝独秀的局面（参见图5）。作为甘精胰岛素的原研企业，赛诺菲以47项申请占据了甘精胰岛素研发的绝对优势。默克在甘精胰岛素的分子专利到期之后，在仿制领域也开始发力，申请了大量的专利。作为最老牌的胰岛素相关企业和甘精胰岛素前身的研发单位，诺和诺德仍然持续对甘精胰岛素相关技术保持研发热情。印度生物制药公司沃克哈特（WOCKHARDT）和百奥康（BIOCON）在甘精胰岛素的研发领域均十分出色，分列第四、第五位。值得一提的是，礼来和勃林格殷格翰于2011年缔结了糖尿病联盟，因此在这一药物上都有大量的研发投入，于2014年联手推出了来得时的生物类似物 Abasria（已在欧洲上市），具有很强的行业竞争力。鲁南制药是唯一上榜的中国医药企业，2014年其研创的"重组甘精胰岛素项目"入选国家战略性新兴产业专项名单。法国生物技术公司 ADOCIA 也颇为关注糖尿病药物的研发，于2014年与礼来签署了合作协议，联手开发胰岛素类药物。

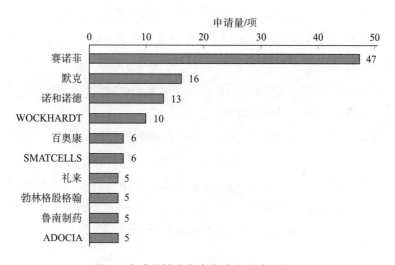

图5　全球甘精胰岛素申请人申请量排名

甘精胰岛素以其辉煌的市场战绩，吸引了众多的研发力量投入这一领域，从结构本身的改进到配套的制备方法和制剂以及联用形式，各个技术改进点都有相关专利申请（参见表1）。

作为提高胰岛素乃至甘精胰岛素竞争力的根本，有45项专利申请关注胰岛素分子结构改进。其中，25项涉及氨基酸序列突变，13项涉及与胰岛素连接的缀合物（例如增加糖链等），6项涉及 A 链、B 链之间的连接肽的改进。而通过氨基酸突变以寻求新的类似物是最主要的结构改进方式，也是胰岛素领域最常见的分子改进思路。

表1　甘精胰岛素技术改进分支申请量分布

	一级分支	二级分支
甘精胰岛素技术改进	结构改进（45）	氨基酸突变（25）
		缀合物（14）
		连接肽（6）
	制备方法（29）	特定制备方法（13）
		泛制备方法（16）
	制剂（58）	特定制剂（24）
		泛制剂（34）
	联合用药（84）	联合甘精（69）
		甘精联合（15）
	用药方案（14）	
	其他（14）	

注：表中括号内数字表示申请量，单位为项。

以甘精胰岛素为研究对象的制备方法（29项）、制剂（58项）和药物联用（84项）的专利申请量数量较多，这与甘精胰岛素分子专利到期后，仿制药企业在制备方法和制剂以及药物联用领域大量申请专利相关。此外，还涉及部分用药方案、甘精胰岛素注射笔等技术改进，共有24项。其中，用药方案主要涉及治疗方法的保护主题，该保护主题在除美国以外的其他国家和地区受专利法相关规定的限制而较难获得授权，因此申请量相对较少。

（二）甘精胰岛素中国专利申请情况

甘精胰岛素的中国专利申请总体呈现与全球基本类似的发展态势（参见图6）。1990年开始，礼来首先在中国就甘精胰岛素进行了布局，其权利要求中以马什库结构式的形式保护了多种胰岛素类似物的制备方法，其中包括了甘精胰岛素，尽管说明书中实际完成的仍主要是其麾下的赖脯胰岛素。之后，随着《专利法》的修改，化合物分子在我国受到了《专利法》的保护，于是，赛诺菲在1997年提交了申请号为CN01143664.6的专

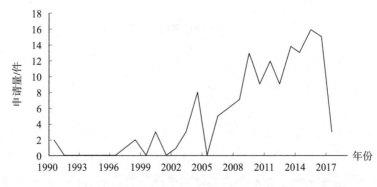

图6　甘精胰岛素中国专利申请年度分布

利申请，公开了一种新开发的以 A21G－B31H－B32H 为核心结构的胰岛素类似物，并要求其与甘精胰岛素的联用形式，但最终该申请被赛诺菲放弃了。来得时上市后，一方面国外申请人在推动结构改进、制剂改进和药物联用等技术研发的基础上，加紧了在我国的专利布局；另一方面，随着"专利悬崖"的临近，我国申请人也开始尝试通过制剂和药物联用等形式使甘精胰岛素焕发新生，双方合力使我国的相关专利申请量在 2002～2008 年基本呈现逐年上涨的趋势，并在 2008 年进入了相对平缓的稳定发展时期。

中国专利申请量中排名前三位的仍然是胰岛素领域的三巨头：赛诺菲、诺和诺德和礼来－勃林格殷格翰联盟（参见图7）。其中，赛诺菲作为原研药厂，由于在技术研发方面具有先发优势，同时非常看重中国市场，因此在中国进行了相当数量的专利布局。诺和诺德是糖尿病领域的领跑者之一，旗下有多款胰岛素类药品，尽管并非是甘精胰岛素的生产厂商，但也通过联用形式将甘精胰岛素纳入其权利范围，例如专利申请CN101778862A 等要求保护了速效胰岛素类似物和甘精胰岛素联用，由此可见，诺和诺德主要通过联用形式，以自家产品为保护核心，对甘精胰岛素进行外围布局。排名第三的礼来－勃林格殷格翰联盟在 2014 年联合研发的首个胰岛素类生物仿制药已在欧洲上市，其在我国的专利布局与诺和诺德思路相近，也是以自身产品为核心进行外围布局。

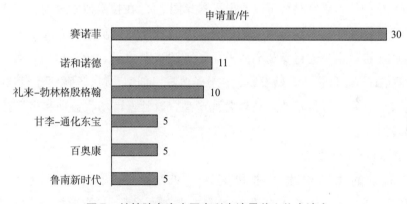

图7　甘精胰岛素中国专利申请量前六位申请人

由于受到 1993 年前专利法相关规定的限制，甘精胰岛素的分子专利未能在我国获得相关权利，因而为我国企业在甘精胰岛素生产方面留下了发展的空间，使得我国企业有机会进入甘精胰岛素的领域发展。其中，甘李药业是目前唯一一家具有甘精胰岛素上市产品的国内企业，虽然专利申请总量有限，但通过制备方法等的改进，有效避开了赛诺菲的专利保护网络，成功实现突围。之后，通化东宝和甘李药业达成专利许可，并在原有技术基础上进行了进一步的技术开发，也申请了 3 件专利。2003 年，山东鲁南制药集团自筹资金建设了山东新时代药业有限公司（以下简称"鲁南新时代"）进行生物制药研发，包括甘精胰岛素产品，其也提交了 5 件专利申请以对研发成果进行保护。其他申请人则申请数量较少（参见图8）。

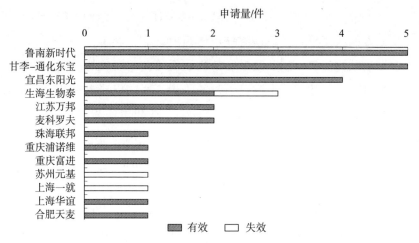

图8 中国甘精胰岛素专利国内企业申请数量

（三）原研药厂

作为甘精胰岛素的原研企业和第一个甘精胰岛素药物产品上市公司，赛诺菲在甘精胰岛素的技术研发方面占据了绝对的优势，共有47项专利申请。通过对其重点专利技术进行详细解读，可以总结出赛诺菲对于甘精胰岛素的改进思路和专利布局策略。

从原研企业的技术研发路线可以看出（参见图9），在技术研发早期，赛诺菲完成了从化合物的发现到药物的开发之后，通过分子专利和配套的制剂与方法专利使药品得到了基本的保护，再就很少进行专利申请了。直到2006年之后，距甘精胰岛素的分子专利到期前10年左右，原研企业开始发力，在分子改进、剂型改进、药物联用和制备方法各方面多点开花，试图通过技术改进获得替代产品，以延长市场收益期和市场控制力，从而稳固其霸主地位。

1. 结构改进仍在继续

甘精胰岛素的雏形诞生于诺和诺德。1987年，诺和诺德提交了PCT申请WO1988DK00033❶，公开了在A链第21位具有突变的一系列胰岛素类似物——其中包括了A21G的突变体，并公开了上述类似物具有作用时间延长的效果。但是，缓释效果也可能对患者造成一定的痛苦，故诺和诺德放弃了对这一潜在药物分子的继续研发，将之转让给了赛诺菲。赛诺菲随后在人胰岛素分子结构的B链上又进行了一系列的结构改进，最终通过在B链羧基末端增加两个精氨酸实现了长效效果，从而形成了目前上市的甘精胰岛素——来得时。原研企业于1988年11月8日申请了申请号为DE3837825的专利申请。分子结构得到专利保护后，赛诺菲并没有很快提出与甘精胰岛素相关的其他专利，而是经过了长达10年的研发期，直到1999年才申请了与分子专利配套的制剂专利（申请号为EP10178842），完成了从甘精胰岛素分子到甘精胰岛素药物的华丽蜕变。

---

❶ 本文中，全球专利申请所述年份均为最早优先权日所在年，中国专利申请所述年份为实际申请日所在年。

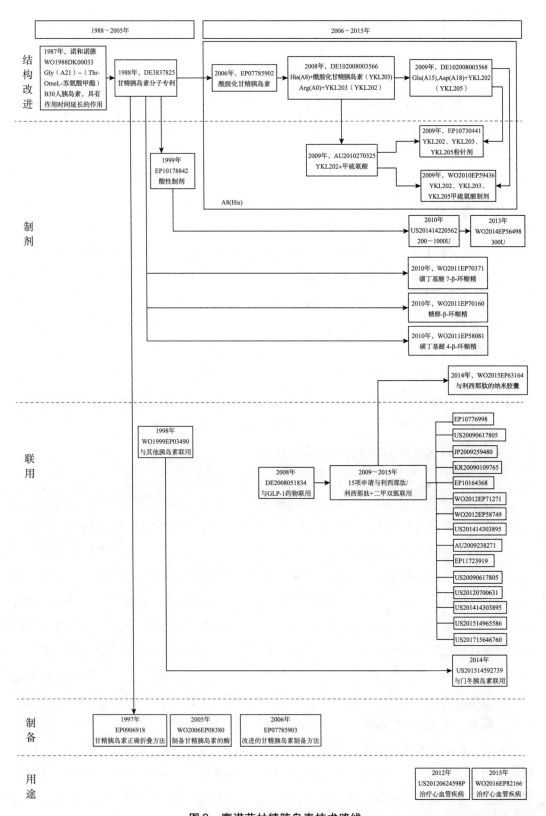

图9　赛诺菲甘精胰岛素技术路线

2006 年，距离来得时分子专利到期已不足 7 年，赛诺菲重新启动了专利布局，用产品的更新换代应对即将到来的专利悬崖。在 2006 年申请的专利 EP07785902 中对甘精胰岛素 B 链末端进行了酰胺化，即改造为 Gly（A21），Arg（B31），Arg（B32）- NH$_2$ 人胰岛素——该改进后的甘精胰岛素具有开始作用平缓且没有明显的血糖低值的特点。随后，赛诺菲进一步提出了 A8 位点的突变并完成了配套制剂的研发。DE102008003566 中公开了一方面将甘精胰岛素的 A8 位突变为组氨酸（His），从而获得了式为 His（A8），Gly（A21），Arg（B31），Arg（B32）- NH$_2$ - 人胰岛素类似物（研发代号 YKL203）的甘精胰岛素类似物，另一方面则是在 YKL203 的基础上进一步进行结构改进，在 A 链的 N 端再增加一个精氨酸的甘精胰岛素类似物，从而获得了式为 Arg（A0），His（A8），Gly（A21），Arg（B31），Arg（B32）- NH2 的人胰岛素类似物（研发代号 YKL202）。DE102008003568 中又公开了在 YKL202 的基础上，再增加 A15 和 A18 两个突变，从而获得了式为 Arg（A0），His（A8），Glu（A15），Asp（A18），Gly（A21），Arg（B31），Arg（B32）- NH$_2$人胰岛素类似物（研发代码 YKL205）。相较于甘精胰岛素，这 3 种胰岛素类似物具有作用开始延迟、作用持续时间更长且均一的特点。之后，WO2014EP56496 还公开了在甘精胰岛素的基础上，将 B32 和/或 B31 位的精氨酸突变为 D - 精氨酸，以增加胰岛素类似物的血清稳定性。除此之外，赛诺菲还就胰岛素前体的连接肽（DE102004015965）以及胰岛素制剂中衔接缀合物（WO2010EP61160）进行了技术探索和改进，以获得超长效的技术效果。

2. 制剂改进成功接力

1999 年申请的专利 EP10178842 通过加入聚山梨酯 20 或聚山梨酯 80 制成酸性胰岛素制剂，在分子专利的基础上，从制剂的角度进一步完善了对甘精胰岛素药物的专利保护。该专利进入了中国，其分案申请获得了授权。2009 年，赛诺菲对甘精胰岛素的序列改造后的甘精胰岛素类似物也申请了相应的制剂保护。赛诺菲于 2010 年和 2013 年申请的专利 US2014142205562 和 WO2014EP56498 都公开了甘精胰岛素的水性制剂及其用途，相应公开了 300U 这一使用浓度。上述两项专利产品相比较来得时而言，其核心改进点为增加了甘精胰岛素的浓度，从 100U/mL 增加到 300U/mL，并适应性地对制剂其他组分进行了调整。后期临床试验数据显示，U300 与来得时相比，在控制血糖水平方面有更好的效果，并且低血糖事件的发生率也更低。该产品已于 2015 年上半年相继得到美国、欧盟、加拿大批准。在美国和欧洲市场中，U300 以品牌名 Toujeo 销售。

赛诺菲在制剂专利中，多次采用甲硫氨酸（AU2010270325、WO2010EP59436）和环糊精类物质（WO2011EP58081、WO2011EP70160 和 WO2011EP70371）作为含水药物制剂的辅料，显示出了更好的稳定血糖的效果。此外，EP02729985 涉及无锌或低锌的甘精胰岛素制剂，US20140925472P 涉及含有锌离子和鱼精蛋白这两种常规胰岛素稳定剂的药物制剂的专利。WO2015EP63164 公开了纳米胶囊系统包括含有阳离子带电聚合物的表面层的药物制剂，其药物成分可以是利西那肽和甘精胰岛素。

3. 联合用药协同增效

因Ⅱ型糖尿病是进展性的疾病，多数患者在采用单一的口服降糖药物治疗一段时间后可能出现治疗效果的下降，因此常采用两种不同作用机制的口服降糖药物进行联合治疗。早在 1998 年，赛诺菲就提交了申请 WO1999EP03490，要求保护一种具有增强的锌结合力的胰岛素类似物与甘精胰岛素联用的技术方案。

随着对胰高血糖素样肽 - 1（glucagon - like peptide - 1，GLP - 1）受体激动剂和二肽基肽酶 - Ⅳ（dipeptidyl peptidase - Ⅳ，DPP - Ⅳ）抑制剂对糖尿病治疗机制的研究的深入，上述两种药物目前已获准用于Ⅱ型糖尿病的单药和联合治疗。Lixisenatide（利司那肽）是赛诺菲开发的 GLP - 1 激动剂类药物，欧盟委员会于 2013 年 2 月初率先批准，随后 FDA 也接受了该药的上市申请。从 2008 年开始，赛诺菲提交了 16 项涉及甘精胰岛素与利司那肽或甘精胰岛素与利司那肽和二甲双胍联合用药的专利申请，其中如 EP11723919 公开了组合物中利司那肽和甘精胰岛素的含量配比以及施用浓度——甘精胰岛素 0.25 ~ 1.5U/kg，利司那肽 0.05 ~ 0.5μg/kg；US201514965586A 公开了甘精胰岛素和利司那肽以每微克化合物利西那肽 2.6 ~ 3.4U 的化合物甘精胰岛素的比率存在于该药物组合物中，可见，赛诺菲在两药或三药联用的专利申请中，对其使用剂量进行了详细的限定。从大量的药物联用专利申请中我们不难看出，赛诺菲在联合用药方面巨大的研发投入，而事实结果对此亦有印证甘精胰岛素与利西那肽的联用药物 Soliqua 已于 2016 年底在 FDA 获批并于 2017 年 1 月在美国上市。可见，专利申请量和涉及方向能够直接预测药物研发方向和上市药品的类型。

赛诺菲于 2014 年申请的 US201514592739A 公开了含有锌和鱼精蛋白的门冬胰岛素与甘精胰岛素联用，该申请仅此一例。由于门冬胰岛素是诺和诺德的产品，该申请也许与企业间竞争合作有关。

4. 制备方法保密为主

甘精胰岛素属于重组人胰岛素类似物，常规的制备方法即重组发酵。赛诺菲就甘精胰岛素的制备方法提出的专利申请数量并不多。1997 年申请的 EP0906918 中公开了利用半胱氨酸或盐酸半胱氨酸以及尿素使胰岛素前体发生正确折叠，从而提高正确折叠的前体的产率，并减少折叠反应所需的时间。2005 年的申请 WO2006EP08380 中公开了一种新型猪胰蛋白酶变体 Ser172Ala，用于切割前 - 胰岛素原，应用于胰岛素、胰岛素类似物，特别是甘精胰岛素的制备。2006 年申请的 EP07785903 提供了甘精胰岛素的制备方法，将被酰胺化或用 Boc 保护基 C - 末端保护的精氨酸。DE102004015965 则公开了一种生产正确连接半胱氨酸桥的甘精胰岛素前体的方法。原研企业对制备方法专利申请量的不足显示了其往往通过技术秘密的形式保护其方法，这让竞争对手或仿制药企业难以洞悉赛诺菲制备甘精胰岛素的生产工艺，不但有利于成本控制，更有利于质量控制，无形中提高了仿制的技术门槛，增加了原研药的利润空间。

5. 用药方案偶有申请

从表2可见，在甘精胰岛素上市之初，为配合新药使用，赛诺菲就其有效施用剂量进行了保护，从方法角度加强对早期产品的专利保护；随着2008年以后的"联用热"，赛诺菲将关注点集中在已上市药品和将要上市药品的联用上，因此对于联用药物组合物的各组分剂量和施用浓度进行了重点关注。

表2 赛诺菲甘精胰岛素用药方案专利申请

编号	申请号	最早优先权日	主要技术内容及发明点
1	EP13155801	2003.01.14	施用有效剂量的甘精胰岛素，剂量为2~40IU/每天
2	AU2009238271	2009.11.13	利司那肽、甘精胰岛素和二甲双胍联合使用，三者每天的使用量分别是，利司那肽10~15μg/剂量，甘精胰岛素至少10个单位/天，二甲双胍至少1.5g/天
3	EP11723919	2010.05.28	利司那肽与甘精胰岛素联合用药，限定了组合物中利司那肽和甘精胰岛素的含量配比，以及施用浓度，甘精胰岛素0.25~1.5U/kg，利司那肽0.05~0.5μg/kg
4	WO2012EP74150	2011.12.01	将甘精胰岛素用作早期Ⅱ型糖尿病治疗药物，即患者虽使用过其他口服降糖药，但没有使用过其他胰岛素类药物
5	US20120624598P	2012.03.28	甘精胰岛素的给药方法，用于仅使用过口服降糖药或者未使用过药物的情况，治疗糖尿病或新发心绞痛
6	WO2016EP82166	2015.12.23	用胰岛素类似物特别是甘精胰岛素可增加Ⅰ型或Ⅱ型糖患者的心输出量或心脏搏出量，或预防、延迟和/或治疗患有或将要患有糖尿病的患者的心血管疾病

除上述四大类专利之外，赛诺菲还在2013年申请了3项关于注射笔以及注射笔连接的辅助计量装置专利。专利US20120624598P和WO2016EP82166公开了用胰岛素类似物特别是甘精胰岛素可用于治疗心血管疾病，试图开发重磅药物的新的医药用途。截至2018年，原研企业赛诺菲没有其他相关专利申请。

（四）仿制药

随着赛诺菲甘精胰岛素产品来得时的核心专利于2015年2月在美国到期，原研企业迎来了重大专利悬崖。各家仿制药企业奋起直追试图分得市场一杯羹——这一现象从专利申请中即可见一斑。

1. 礼来－勃林格殷格翰联盟（简称"勃＆礼联盟"）

礼来与勃林格殷格翰于 2011 年缔结了糖尿病联盟，并于 2014 年联手推出了来得时的生物类似物 Abasria，该药物已在欧洲上市。

礼来在 1990 年申请的涉及甘精胰岛素的专利申请 DE69025210 中，公开了一种在 B28 和 B29 位突变的胰岛素类似物，且该胰岛素类似物可以是在甘精胰岛素的基础上进行的进一步突变，但实际上，其主要的改进点在于胰岛素的 A21、B28 和 B29 位上，并没有直接给出甘精胰岛素在 B28 和 B29 位突变后的技术效果，因此其发明点不在于对甘精胰岛素的改进，而是试图获得新的胰岛素类似物。该专利在中国授权后被甘李药业提出无效宣告请求，礼来随之在授权的权利要求中删除了其中涉及甘精胰岛素的突变位点的部分，维持了部分专利权有效。

勃林格殷格翰涉及甘精胰岛素的相关技术研发和专利申请中主要涉及了药物联用方面。从 2004 年开始，其一共申请了 5 项涉及与甘精胰岛素联用的专利申请，其中 WO2006EP05980、WO2005EP13907 和 US201313855835 均涉及大环化合物与甘精胰岛素的联合用药的技术方案；US201113287216 涉及甘精胰岛素与 SGLT2 抑制剂的联合使用；WO2011EP60449 涉及 DPP－4 抑制剂利格列汀联合使用。可见，勃＆礼联盟对甘精胰岛素进行的技术研发，实质上仍然是围绕自家产品开展的研究，并非是特意针对甘精胰岛素进行的改进。同时，两家也均未对甘精胰岛素制剂等其他外围专利进行布局，据此可以推测，该联盟主要是将药品品质和价格作为挑战武器，而非着力于制剂改进等微创新。

2. 默克公司

默克公司在胰岛素领域也实施积极的布局策略。在其申请的关于甘精胰岛素的专利中，2003 年申请的 US20030476390P 涉及 NPY5 拮抗剂与胰岛素联用治疗糖尿病；2015 年申请的 WO2016US64882 和 WO2016US58008 公开了 GLP1 受体长效共激动剂多肽与胰岛素联合使用治疗糖尿病，胰岛素可以是甘精胰岛素；2015 年申请的 WO2016US66245 公开了含有淀粉样蛋白或淀粉样蛋白类似物的非凝聚生物共轭物与 GLP－1 受体抑制剂和胰岛素（包括甘精胰岛素）组成药物组合物用于治疗糖尿病。2012～2015 年，默克共申请了 7 项专利涉及胰岛素或者甘精胰岛素的制备方法，WO2013US74570、WO2015US19864、WO2015US40675、WO2016US20534 利用酸性阳离子交换物质进行色谱分离胰岛素，其中 WO2016US20534 在酶消化之后和下游纯化或色谱步骤之前提供连个串联微滤步骤以去除杂质。WO2014US67847 和 WO2014US67847 公开了胰岛素（甘精胰岛素）晶体的制备方法；WO2016US49178 公开了获得正确键合的半胱氨酸桥的胰岛素或胰岛素类似物的前体。

在结构改进方面，默克公司主要关注点在于胰岛素缀合物，2013 年申请的专利 US201414504476A 公开了胰岛素（可以是甘精胰岛素）与一个双叉连接物共价连接，一个臂连接包括第一糖类的配体，另一个臂连接海藻糖；2014～2016 年申请的专利

WO2017US28706 公开了 GLP-1 受体抑制剂与两个胰岛素二聚体缀合的技术方案，专利 WO2017US33900 和 US201514945461 公开了异源胰岛素类似物通过双功能接头或连接部分形成二聚体缀合物，特别是前者还发生了 B 链 B29 位或 B28 为 Lys 取代。此外，2016 年申请的专利 US201715594966A 公开了甘精胰岛素水溶液制剂，浓度为 100U/ml 或 300U/ml 的甘精胰岛素，20μg/ml 的 PEG 400，30mg/ml 海藻糖，50mM 脯氨酸和至少一种防腐剂组成的酸性甘精胰岛素水溶液。

3. 印度仿制企业

作为全球第二的人口大国和糖尿病发病国，印度在甘精胰岛素研发领域申请量排名前十位的申请人中占据了两席。同样是由于制度原因，甘精胰岛素的分子专利 DE3837825 也未在印度进行布局，从而为印度制药企业开发甘精胰岛素产品提供了机会。

（1）WOCKHARDT

沃克哈特（WOCHHARDT）成立于 1960 年，是印度最大的医药和生物科技企业，其研发着眼点是胰岛素制剂，于 2008~2013 年申请了多项专利申请，主要涉及甘精胰岛素制剂和胰岛素笔等。专利 IN200801056I3 公开了使用剂量为 40IU 的甘精胰岛素和注射笔；专利 WO2013IB53093 公开了包含使用剂量为 100IU 的甘精胰岛素与间甲酚、氯化钠、锌、甘氨酸、氢氧化钠、盐酸等的药物制剂，该制剂稳定性增强；专利 WO2013IB54286 公开了包含使用剂量为 100IU 的甘精胰岛素与选自氨基酸、尿素或表面活性剂的增溶剂及其他配体的水性药物制剂；专利 WO2014IB64922 公开了包含使用剂量为 100IU 的甘精胰岛素与甲基丙烯酸酯及其他溶剂组成的水溶剂，通过调节等电点和 pH，使制剂稳定，甚至可以使高浓度的甘精胰岛素（300IU）在注射后释放稳定可控；WO2011IB51247 公开了含有胰岛素或其类似物与植物油（芸苔或蓖麻）以及表面活性剂或其他药物成分的制剂，具有透皮或跨膜性好、稳定性高的特点。2014~2016 年申请的均为甘精胰岛素制剂类申请，如专利 WO2015IB54974 和 WO2017IB51584 都公开了双相药物组合物；专利 WO2017IB51069 公开了甘精胰岛素和精氨酸、异亮氨酸组成的 pH 为 3~4 的药物组合物，然后加入另一种胰岛素或其类似物，调节最终 pH 为 6~8。

由上可见，WOCHHARDT 公司在原研药厂之外开辟了新的制剂方式，无论是添加甘氨酸还是甲基丙烯酸酯，甚至植物油，其涵盖了原研企业 100U 和 300U 的使用剂量，又增加了新的研发亮点，不但妥善保护了自家仿制产品的剂型，又开辟了新产品的市场。

（2）百奥康（BIOCON）

另外一家印度企业百奥康，研制了包括世界上第一个基于毕赤酵母重组人胰岛素 IN-SUGEN、甘精胰岛素类似物 BASALOG 以及胰岛素给药装置 INSUPen。甘精胰岛素类似物 BASALOG 是世界上最便宜的甘精胰岛素产品。

百奥康选择了以宿主菌株的种类为突破口，从而构建了属于自己的甘精胰岛素制备方法，开发了全套基于毕赤酵母的发酵工艺，从而获得了真核微生物表达的甘精胰岛素。2007年申请的专利IN2008CHE000310涉及利用甲醇诱导型酵母中发酵产生重组蛋白的方法，其是以尿素作为补料添加剂从而增加甘精胰岛素的产量；同年申请的专利IN2008CHE000420涉及新的胰岛素前体多肽序列，该序列的代表式X-［甘精胰岛素B链（B1-B30）］-Y-［甘精胰岛素A链（A1-A21）］的甘精胰岛素前体，经表达纯化，最终获得纯度至少为96%且含有低于1%的糖基化杂质的纯化的甘精胰岛素；2009年申请的专利IN2009CHE001908和IN2009CHE001639涉及利用反相高效液相色谱（RP-HPLC）纯化甘精胰岛素的方法；2012年申请的专利IN2012CHE001228涉及构建的在毕赤酵母中重组表达载体；2013年申请的专利WO2014IB58171公开了在毕赤酵母中通过控制"临界养分比C/N"和加入大豆水解物粉及EDTA调控发酵过程中产物合成和降解的平衡的生产重组表达胰岛素前体的方法。

百奥康申请的专利涉及甘精胰岛素表达中胰岛素前体的序列结构、重组表达载体、发酵方法和蛋白纯化等几个方面，基本上涵盖了甘精胰岛素制备方法的几个主要环节，构建了成体系的、完整的工艺流程。

（五）中国申请人

截至2018年7月31日，我国国内申请人提出的甘精胰岛素相关中国专利申请共计33件。2004年，我国企业申请了第一件关于甘精胰岛素的中国专利申请，在随后的10余年里，一些有志于进军甘精胰岛素市场的中国本土企业开始了技术研发和专利布局工作。

1. 国内研发方向

与分子量大、结构复杂、技术研发史较短的单抗等其他大分子生物药物相比，胰岛素类药物的技术门槛并不算高，仿制难度相对较低。从2004年第一件甘精胰岛素结构改进的专利开始，多家国内企业从结构、制备方法、制剂和药物联用等主题入手，围绕甘精胰岛素产业的各方面进行了探索，共申请33件涉及甘精胰岛素的专利申请。其中，2家企业对甘精胰岛素的结构进行改造，提出了3件专利申请；13家企业提出了19件与制备方法相关的专利申请，在总申请量中占比最大；4家企业在制剂方面开展了研究并提出了5件专利申请；药物联用方面，与分子结构改进一样，相对数量较少，8家企业分别提出了1件专利申请。其中，甘李药业和山东新阳光药业在制备方法、制剂和药物联用3个领域进行了专利布局（参见图10）。

2. 结构改进面临困境

甘精胰岛素的序列结构改进是药品改进中最基础和核心的关键性突破，往往可以从根本上突破原研企业的专利壁垒，实现基础创新。但序列结构的改进也就意味着胰岛素类似物药物的疗效和性质可能大受影响，从而极大地降低了技术研发和企业发展的风险可控性，可谓是"一步天堂，一步地狱"。

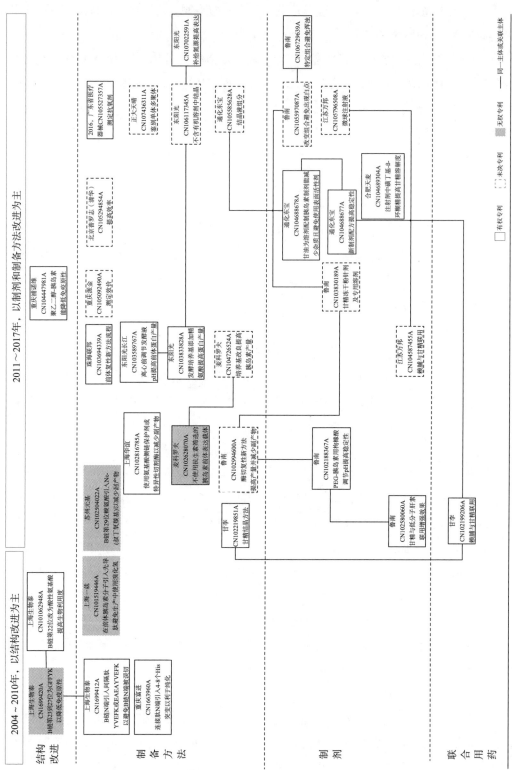

图10 甘精胰岛素国内主要申请人专利申请

尽管结构改进面临着困难和风险，但我国企业还是在这方面进行了一定的研发投入。上海生物泰首先在 2004 年提出了甘精胰岛素相关专利申请，其将胰岛素 B 链第 23～27 位替换为 GFFYK，从而得到了免疫原性低、副作用低的类似物（公开号为 CN1699420A）。3 年后，其又提出了申请 CN101062948A，是将去 B30 胰岛素 B22 位由碱性氨基酸突变为酸性氨基酸后得到了新的类似物，该类似物具有在生理 pH 且浓度较高时不聚合的效果以及良好的生物利用度。然而，恐怕正是考虑到创新的难度与风险，很少有企业愿意投身到结构改进这一方面，因此在早期提出零星申请后，直到 2014 年，重庆浦诺维才在结构改进方面提出了专利申请 CN104447981A，但该专利并非是在胰岛素序列本身上进行氨基酸突变，而是在胰岛素分子上加缀了缀合物 $\{[HO—(CH_2CH_2O)_n]_p—L\}_t—Y$，其中 Y 为胰岛素类似物，获得了聚乙二醇化的人胰岛素类似物，该缀合物显著地减低了聚乙二醇本身带来的免疫原性，进一步降低了胰岛素类似物的免疫原性，对于长期用药的安全性有益。尽管同样是结构改进，但重庆浦诺维选择了对分子结构改动较小的 PEG 化路线，这条路线也是近年来礼来正在探索的改造路线，跟随国外大企业的已有经验能够有效降低研发的风险。但追踪相关企业，目前仍未发现有新药申请，也未进行后续的研发。且由图中可以看出，近年来，国内研发重点已经从结构改进向其他方向转移，主要集中在生产方法的改良和制剂成分改进，属于在不触及分子结构的基础上，对现有药物的微创新。这可能与新结构药物开发难度和风险较大密切相关。

3. 已经突破制备难关

随着药品的上市，甘精胰岛素分子结构已完全清楚，而且其分子专利未能在我国获权，甘精胰岛素的仿制药在我国有了良好的发展契机，然而目前国内仅有一家企业实现了相关产品的上市，这也表明了我国企业在技术储备和技术创新方面仍显不足，尤其是甘精胰岛素的制备方法和制剂专利均在我国进行了专利布局，对我国企业的发展也造成了一定的阻碍。

制备方法作为国内企业专利的突破口，共有 19 件申请，是申请量最多的主题，其主要分为以下五个方面：

其一，对发酵过程进行了改进，共 5 件专利申请，其中 3 件涉及提高产率。2013 年，宜昌长江药业有限公司通过向发酵培养基或培养液中添加精氨酸，为细胞表达蛋白提供前体物质，从而使重组蛋白产量提高 36% 及以上（CN103589767A）；另外，通过将甘精胰岛素前体蛋白发酵液加酸调节 pH 为 1～4，而后离心取上清液即得甘精胰岛素前体蛋白，弥补了直接离心去除菌体导致目的蛋白损失的缺陷，提高了甘精胰岛素产率（CN103833828A）。2017 年，其申请中采用不含有机氮源的培养基，在发酵过程中调节 pH，提高氮源的利用率，通过连续或半连续补加少量微生物或植物来源的有机氮源使得发酵周期延长，在保证目标产物质量的同时，使产量提高了 30% 以上（CN107022591A）。

2013 年，麦科罗夫（南通）生物制药有限公司则提出将柠檬酸、硫酸铁、磷酸氢二铵、磷酸二氢铵等混合，得到发酵生产甘精胰岛素轻体的培养基，将菌株接种于上述培养基，实现了产量的大幅提升，达到了目前国内工业水平的 10 多倍（CN104726524A）。此外，麦科罗夫在 2012 年还另辟蹊径地开发了一种胰岛素前体的表达载体转化方法，据称在生产过程不需要抗生素，可连续培养，不需要化学诱导物（CN102628070A）。该企业的这两件申请最终未能获得授权。

其二，优化了发酵产物的处理。使用原核发酵系统（例如大肠杆菌）生产甘精胰岛素得到的初级产物形式是包涵体，只有将包涵体经过变性－复性后才能得到有活性的甘精胰岛素，如何通过改进复性方法提高复性效率是这一步骤的关键。相关专利共有 4 件，其中珠海联邦作为目前国内二代胰岛素市场上 4 个有能力生产重组胰岛素的国内企业之一，在 2013 年申请了一种甘精胰岛素前体的复性方法，将甘精胰岛素前体溶解于变性剂溶液中，加入还原剂进行还原，调节 pH 为 9.5 ~ 11.5，控制反应体系的温度为 35 ~ 45℃，反应 30 ~ 60min，获得变性后的甘精胰岛素前体溶液；将变性后的甘精胰岛素前体加入稀释缓冲液中，再加入蛋白质折叠添加剂，调节 pH 为 9.5 ~ 11.5，向溶液中持续通入空气，控制反应体系的温度 0 ~ 20℃，反应 2 ~ 40 小时，获得甘精胰岛素复性液。该申请缩短了复性反应时间，提高了正确折叠的蛋白含量，复性效率提高至 51% ~ 62%（CN103694339A）。鲁南新时代则在 2012 年申请了一种酶切复性方法，采用如下反应体系：缓冲液 pH 为 8 ~ 11，温度为 0 ~ 37℃，按胰蛋白酶与甘精胰岛素前体的质量比为 1:1000 ~ 10000 加入胰蛋白酶，反应 2 ~ 40 小时，能使产生的甘精胰岛素量显著增加，同时显著减少副产物（CN102994600A）。北京普罗吉在 2015 年申请用羟基磷灰石介质对重组表达的甘精胰岛素前体进行层析纯化，既适用于甘精胰岛素前体包涵体蛋白的纯化，也适用于甘精胰岛素前体复性蛋白的纯化，采用 Kex－2p 酶对重组表达的甘精胰岛素前体进行酶切可以制备有活性的甘精胰岛素（CN105294854A）。

其三，改进了酶切过程和后处理。甘精胰岛素前体分子需要经过酶切过程，去掉 C 肽，形成由 A、B 链组成的活性分子，如何提高酶切的特异性，减少不正常酶切杂质的量，是影响最终产品收率和纯度的重要因素。改进方向之一是避免错误的酶切，例如，苏州元基在 2011 年申请将 B 链第 29 位引入 Nε－（叔丁氧羰基）－赖氨酸，在制备过程中加入化学官能团保护，避免产生 DesB30－胰岛素（CN102504022A）。上海华谊在 2012 年申请利用氨基酸侧链保护剂使胰酶特异性识别精氨酸，在保护剂、胰酶的作用下获得带保护基团的甘精胰岛素；或者直接使用特异作用于 Arg 的梭菌蛋白酶或特异作用于 Lys 的胞内蛋白酶 Lys C 提高酶切特异性（CN102816785A）；2004 年上海生物泰的申请中在 B 链 N 端引入间隔肽 YVEFK、EAEAYVEFK，避免 B 链 N 端被误切（CN1699412A）。另一改进方向则是，将未酶切或错误酶切的杂质去除，例如，重庆富进生物医药有限公司在 2004 年提交了通过在甘精胰岛素连接肽 N 末端添加 His 标签，从而在层析过程中除去未酶切和酶切不彻底的片段的专利申请（CN1663960A）。

其四，优化了结晶过程。直接冷冻干燥耗时长、耗能高。如果用适当的方法使甘精胰岛素以固态形式从溶液中沉降出来，分离后的固态甘精胰岛素就可以方便地进行冷冻干燥。2016 年，通化东宝将甘精胰岛素溶液、有机酸、酚衍生物、锌盐和水混合，配制得到结晶液，调 pH 至 3 ~ 4，25 ~ 35℃下保温 1 ~ 8 小时，然后调 pH 至 7.0 ~ 8.0，降低温度至 2 ~ 8℃，静置 3 ~ 5 小时，分离固体和上清液，得到的甘精胰岛素沉降体积小，易于与上清液分离，洗涤次数少（CN105585628A）。同年，广东东阳光在不含有机溶剂的溶液中制备甘精胰岛素结晶，降低风险，减少污染（CN106117345A）。

其五，提出了新的检测方法。抗氧剂 2，6 - 二叔丁基 - 4 - 甲基苯酚（BHT）是现在已知的存在于胶塞中的可挥发性成分之一，研究表明 BHT 对人体的肝脾胃均有不同程度的毒害作用。研究胶塞中的 BHT 迁移到药液中的迁移量大小，对胶塞与药物的相容性研究起着重要的作用。2016 年，广东省医疗器械质量监督检验所使用了乙腈：水：磷酸盐缓冲液来作为流动相，将抗氧剂 BHT 色谱峰与甘精胰岛素和间甲酚色谱峰分离（CN105527357A）。2016 年，正大天晴使用差示扫描量热法检测含有胰岛素的溶液，并获得相应的 DSC 图谱，鉴别胰岛素单体或胰岛素多聚体（CN107436311A）。胰岛素的生物效价目标单位定义法为：家兔注射最小质量人胰岛素，血糖值达到 2.5mmol/L 为 1 单位效价。各种短、中、长效人胰岛素及制剂的生物效价均采用此定义法表示。2014 年重庆派金生物建立了一种原代前脂肪细胞诱导分化成脂肪细胞后采用非同位素标记的葡萄糖利用率的变化与一定浓度范围梯度的人胰岛素及类似物或偶联物间的线性关系，可准确计算并评价人胰岛素制品的体外生物活性效价（CN105092490A）。

此外，2009 年，上海一就生物医药有限公司在胰岛素前体的 N 端加入导肽元件 MSR，在大肠杆菌表达体系中实现高表达量的表达，在转化为胰岛素类似物时只需用胰蛋白酶和羧肽酶 B 就能释放正确折叠二硫键的胰岛素类似物分子，不使用现有技术中的有害物质溴化氰（CN101519446A）。甘李药业在 2011 年还申请了一件关于甘精胰岛素结晶的方法，用于重组甘精胰岛素纯化后的精制（CN102219851A）。

由此可以看出，我国的企业在改进制备方法时，主要关注了发酵步骤、变性 - 复性步骤和酶切步骤，核心的目标是提高活性产物的产率和收率。然而专利技术分散持有在多个不同市场主体手中，且各个技术改进点相对较为零散，未能形成如同印度仿制药企业百奥康一样的，成体系的完整解决方案，在制备方法方面虽然改进不断，但缺少突破性改进。当然，由于制备方法可以通过技术秘密的方式加以保护，单纯基于专利信息难以判断各市场主体在制备方法改进方面的真实实力。

4. 制剂时代

随着制备方法实现了技术突破之后，近年来，我国在相关制剂的开发上投入了更多的关注。剂型方面仍重点关注的是注射液，稳定性是注射剂的重要技术问题。通过对制剂组方的改进，从而提高药品的稳定性。鲁南新时代共有4件申请关于改善注射剂稳定性。在2011年采用了在制备的甘精胰岛素注射液中，除了含有锌和防腐剂，还加入了0.5%~50%PEG，并用枸橼酸调节药液的pH为3.8~4.2（CN102188367A）。2017年采用甘油、羟苯甲酯、氯化锌和焦亚硫酸钠的组合避免由于高温出现浑浊（CN106729639A）。2016年采用甘油、乙醇、间甲酚、氯化锌、苯扎氯铵的组合避免出现白点（CN105597087A）。另外，2014年制备由独立存放的重组甘精胰岛素冻干粉针和专用溶剂两部分组成新剂型也是一个途径，其中，所述的重组甘精胰岛素冻干粉针是将重组甘精胰岛素于西林瓶中冻干而得；专用溶剂分装于笔式注射器用中性硼硅玻璃套筒中；使用时，抽取专用溶剂，将主药溶解后，混合均匀，即可使用，有效地缩短了甘精胰岛素在溶液中的存放时间，最大限度地保证了主药稳定性（CN103830189A）。

通化东宝也积极研发甘精胰岛素新制剂，在2015年申请了2项相关专利：一是通过添加锌10~100μg/mL、间甲酚1.5~3.5mg/mL、苯酚0.7~1.7mg/mL、甘油15~20mg/mL、盐酸和/或氢氧化钠及注射用水增加甘精胰岛素注射液的制剂稳定性（CN104688677A）；二是将甘油溶液分为三份，分别加入甘精胰岛素、间甲酚、氯化锌，所述甘精胰岛素-甘油溶液与间甲酚-甘油溶液混合，调节pH为3.1~3.2，再加入氯化锌-甘油溶液，调节pH为4.0，缩短了制备时间，减少杂质，且不含表面活性剂（CN104688678A）。

2015年，合肥天麦则选择了在重组甘精胰岛素注射液中加入磺丁基-ß-环糊精作为增溶剂，添加量降低至常规用量的1/10时，甘精胰岛素溶解度有了显著提高，其中，重组甘精胰岛素在注射液中的浓度为50~200IU/mL，磺丁基-β-环糊精在注射液中的浓度为0.01~0.05g/mL，解决了稳定性问题（CN104689304A）。采用环糊精类辅料也是赛诺菲近年来重点关注的方向。

2016年，江苏万邦提出了新的缓释微球注射剂剂型，降低给药频率（CN105796508A）。

综合来看，国内企业在制剂方面可谓是各走各的路，彼此之间共性少，相互独立，特点明显，这也是制剂领域本身的一般特点，但相对而言，也缺少专注于制剂方面进行系统研发的创新主体，研发成果更具实用性，而非普适性。

5. 药物联用

不论是原研企业赛诺菲，还是追随者勃&礼联盟，都在药物联用方面投入大量的精力，然而通过前面的分析可以发现，其实质都是在利用联合用药的保护形式将自家的产品与甘精胰岛素相互关联。然而，国内企业在这方面少有原创型药物，因而主要是将市售不同胰岛素进行相互配合。例如，江苏万邦2013年申请了一种由甘精胰岛素溶液和赖脯胰岛素溶液混合的制剂，在无须添加过多的添加剂的情况下，仅以pH条件和酚类稳定剂就可以得到稳定的胰岛素临床应用（CN104587455A）。2011年，甘李药业也仅仅是将速效胰岛素类似物和甘精胰岛素相互组合，形成速效、长效胰岛素预混产品（CN102199206A）。但与前两者不同的是，鲁南新时代同年提供了一种含有胰岛素类似物和低分子肝素或它们的可药用盐的药物组合物。与单独给药相比，该发明的药物组合物在改善 GK 大鼠血糖、尿糖和糖化血清蛋白水平方面具有显著的优势，并具有很好的协同作用；在改善血清 CRP 水平、抑制补体 C3 激活方面也具有很好的协同作用，因此可以用于预防和/或治疗糖尿病及其并发症（CN102580060A）。

综上所述，国内企业在甘精胰岛素相关的几大主题均有涉及，但技术改进相对较为分散，研发热点先是从分子结构改造迁移到了制备方法的改进，近年来又主要关注了制剂领域，总体来看，有几家企业可能已经完成了整套药品制备技术的开发，也有部分企业仍着重于前期的制备方法的研发，后续制剂工艺的开发尚未启动，但总体而言，赛诺菲与甘李两驾马车的时代恐将结束，群雄逐鹿的时代即将来临。

三、总结

本文基于目前公开的国内外专利申请，从专利申请态势、主要申请国家和申请人、技术发展脉络等方面分析了甘精胰岛素的专利申请状况。

（一）甘精胰岛素专利现状

甘精胰岛素作为成熟的生物药物，经过 30 年的发展，全球专利申请量逐渐进入平台期。美国是甘精胰岛素技术研发领域最大的技术来源国和专利布局国家。印度和中国作为人口大国，在甘精胰岛素的研发领域都具有相当的技术实力。原研企业赛诺菲在申请量上一枝独秀，核心专利到期后，以默克为首的仿制药企业后来发力，在制备方法、药物联用等领域进行了大量的专利布局。药物联用是甘精胰岛素技术分支中的研发热点，赛诺菲通过将甘精胰岛素和自己开发的 GLP－1 激动剂类药物利司那肽联合使用开发的联用药物 Soliqua 已于 2016 年底在 FDA 获批并在美国上市。而制剂研发则是原研企业到仿制药企业都非常关注的领域，赛诺菲成功推出了使用浓度为 300IU 的来得时替代品 Toujeo。原研企业倾向于采用保密的方式保护制备方法，而仿制药企业，特别是默克以及印度的制药企业，更倾向于从制备方法入手进行研发。国内企业和科研力量从结构、制备方法、制剂和药物联用等主题入手，围绕甘精胰岛素产业的各方面技术均进行了探索，其中甘李药业的重组甘精胰岛素长秀霖是中国第一支超长效人胰岛素类似物，已经打入国际市场。

（二）甘精胰岛素发展建议

总体而言，对于我国甘精胰岛素生产厂家而言，机遇与威胁并存（参见图 11）。一方面，赛诺菲的核心专利失效，制剂专利相对易于规避，国内市场已经接受了国产仿制药，旺盛的市场需求需要国内产品加以满足，且国内企业在制剂改进和制备方法优化两个技术方向上已经具备了一定的研发实力和技术积累。另一方面，赛诺菲推出了甘精胰岛素的升级版和药物联用，其他国际巨头也已推出或可能推出仿制药，国内企业对结构改进的研发较弱，靠品质和价格恐难以与国际巨头抗衡。

图 11　甘精胰岛素领域态势分析（SWOT 分析）

因此，结合我国实际，甘精胰岛素领域的发展可以采取"三步走"发展思路。第一步，在现有的制剂和制备方法技术积累的基础上，以技术门槛较低的制剂改进为核心进行研发，以提高仿制药的药效和质量为目标，实施"制剂先行"的微创新；第二步，对于已经具有一定技术和经济基础的企业，在第一步的基础上还应及时加大结构改进方向的研发力度，以便从根本上提高竞争力，实施"结构突围"；第三步，对于在其他糖尿病药物方面有新药研发的企业，还可以考虑开展自身产品与甘精胰岛素联合用药的研究，利用药物组合物的形式，将甘精胰岛素纳入专利控制的范围，实现"交叉保护"。

参考文献

［1］国际糖尿病联盟. 国际糖尿病联盟（IDF）糖尿病地图［M］. 第 6 版. 纪立农，周翔海，张秀英，译. 国际糖尿病联盟，2013.

［2］饶建华，陈廷胜，禹腾波. 糖尿病治疗药物：胰岛素研究进展［J］. 中国实用医药，2009，4（29）：220－222.

［3］Hoechst AG. A²¹，B³⁰－mod；fied insulin dervatives having an altered action profile：US5656722［P］. 1997－08－12.

葛根素衍生物及其制剂专利技术综述[*]

崔义文　范鑫萌　李濯冰　王青　万光

摘　要　葛根素是从豆科植物野葛的干燥根中提取得到的异黄酮类成分，具有改善微循环、扩张心脑血管、保护血管内皮与神经组织、改善血脂水平、抗氧化等多种药理作用，因此受到临床医生和患者的广泛认可。但葛根素的水溶性和脂溶性均较差，生物利用度较低，制约了其临床应用。对于葛根素的化合物结构进行改造和修饰以及开发新型葛根素制剂，是改进其生物利用度的有效方法。本文介绍了葛根素结构衍生物和剂型专利技术总体情况，分析了该领域的专利技术分布情况，基于专利申请，梳理了葛根素结构衍生物和制剂技术的发展脉络和研究热点，希望能为国内研究机构和制药企业提供决策参考与事实依据。

关键词　葛根素　结构衍生物　制剂　水溶性　脂溶性　生物利用度

一、概论

葛根素（Puerarin）是从豆科植物野葛（Puerarin Lobata）或甘葛藤（Puerarin Thomsonii）的干燥根中提取出的一种异黄酮苷，化学名称为7，4-二羟基-8-C-β-D-吡喃葡萄糖异黄酮（7，4-dihydroxy-8-C-β-D-Glucopyranosyl isoflavone），是葛根重要的活性物质之一（葛根素的化学结构见图1-1）。在临床上，葛根素广泛地应用于治疗心血管系统的疾病，例如冠心病、心绞痛、心肌梗死、视网膜动脉和静脉阻塞、突发性耳聋等。药理研究表明，它具有β肾上腺素受体阻滞作用，可以降低血管阻力，扩大冠状动脉，改善心肌收缩功能，降低心肌耗氧量，减少急

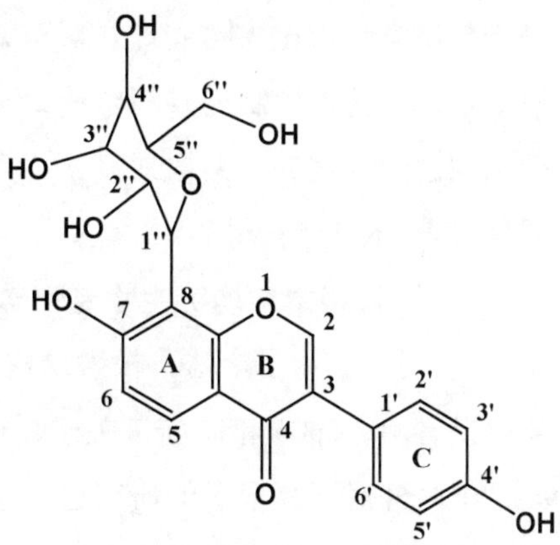

图1-1　葛根素化学结构

---

* 作者单位：国家知识产权局专利局专利审查协作北京中心。

性心梗面积，对心肌缺血再灌注损伤具有保护作用。最近研究还表明，葛根素能够有效清除氧自由基和抗氧化性损伤，预防性地治疗 H_2O_2 和超氧阴离子引起的氧化性损伤；对肾素、血管紧张素系统有抑制作用，通过调节血管活性达到降压作用；能抑制 β - 葡萄糖苷酸酶和雌激素的作用，对抗星形胶质细胞肿胀及脑水肿；具有调节一氧化氮合酶（NOs）活性，升高体内 NO 水平的作用；葛根素在肾病、眼疾、耳疾的治疗及抗肿瘤等方面的临床作用也有报道。[1]但是葛根素脂溶性和水溶性均较差，吸收差，消除快，影响其生物活性及药效发挥，从而制约了其在临床上的广泛应用。临床使用的注射剂由于其水溶解度小，配方中常加入丙二醇、乙二醇或聚乙烯吡咯烷酮（PVP）等作为助溶溶媒，而由助溶剂引起的血管刺激、发热、过敏、红细胞溶解等相关不良反应的报道也逐年增多。如何通过改变葛根素的结构或者改进制剂的组成来改善葛根素的溶解性能，优化葛根素类化合物的药动学性质，提高其生物利用度，形成安全、有效和持久的药效的这一研发方向越来越受到重视。

本文综述了葛根素结构衍生物及其剂型的专利技术研究进展，以期为葛根素类药物的专利技术开发提供参考，并为相关专利的审查提供技术理论支撑。

二、专利申请分布情况

（一）检索方法

本文对相关内容的国内外专利进行了检索，即在中国专利文摘数据库（CNABS）、中国专利数据库（CPRSABS）、中国专利全文文本代码化数据库（CNTXT）、德温特世界专利索引数据库（DWPI）、世界专利文摘库（SIPOABS）和美国化学文摘社国际科技信息网（STN）数据库中，对与葛根素结构衍生物和制剂相关且已经收录公开的专利文献进行了检索和数据去噪处理。截至 2018 年 8 月 1 日，共检索到葛根素结构衍生物专利申请 136 件，葛根素制剂专利申请 268 件。葛根素结构衍生物专利申请是通过在 STN 中进行结构检索获得的。葛根素制剂专利申请是通过检索关键词（葛根素 or puerarin）和分类号（A61K 9）获得的。

（二）葛根素结构衍生物专利申请趋势分析

图 2 - 1 显示了全球葛根素结构衍生物的申请量趋势变化。通过分析申请量的总体态势可以看出，2005 年以前，关于葛根素化学结构改造和修饰的专利申请量较少，在此阶段，国内外对于葛根素的研究还处于初期阶段，专利申请以提取方法以及传统制剂为主，对于其结构衍生物的研发热度较低。2005 ~ 2012 年，研究者普遍意识到葛根素结构本身造成了其特别的理化性质不佳，葛根素结构衍生物逐渐引起人们的重视，相关专利申请量首先在 2006 年出现了飞跃式增长，但之后出现明显波动。2013 年起，专利申请量出现

波动下降的态势，表明葛根素衍生物领域研究者进行专利申请的态度较为谨慎。2017年之后申请量的低位可能与申请尚未公开有关。预计在未来一段时间，葛根素的专利申请量仍会保持在稳定的状态。

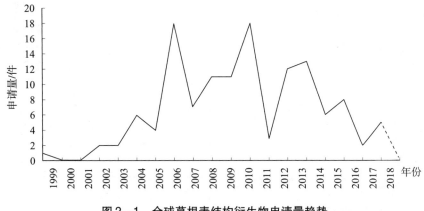

图2-1　全球葛根素结构衍生物申请量趋势

图2-2显示了全球葛根素结构衍生物专利申请目标市场分布。可见，在中国进行专利申请的数量明显高于其他国家，虽然日本和韩国的排名紧随中国，但是其申请数量与中国相差甚远。

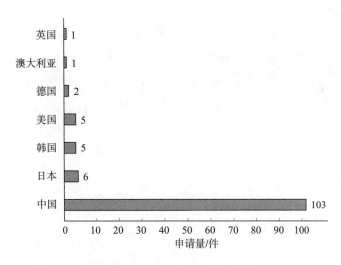

图2-2　全球葛根素结构衍生物专利申请目标市场分布

图2-3显示了全球葛根素结构衍生物专利申请量按原研国的分布。可以看出，中国创新主体对于葛根素结构改造和修饰的研究热度远远高于其他国家。中国申请人提交的专利申请主要涉及对于葛根素母核结构以及取代基团的改造和修饰，并且大部分取得了良好的技术效果。而国外申请人的此类专利申请主要涉及葛根素结构取代基的简单变换，并且大部分是应用于多组分组合物中，没有对于葛根素的结构衍生物所产生的效果作专门评价。因此，在全球范围内，我国申请人是该领域主要的研发主体。

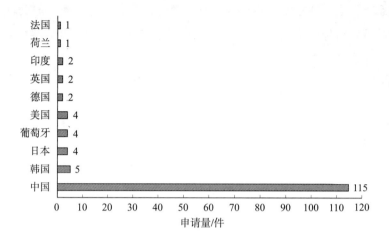

图2-3　全球葛根素结构衍生物专利申请量按原研国分布

（三）葛根素制剂专利申请趋势分析

图2-4显示了全球葛根素制剂的申请量趋势变化。可见，该领域的专利申请量大致经过如下几个阶段：初始期（2005年之前），这一阶段以葛根素的传统制剂专利申请为主，包括汤剂、注射剂、片剂等，相关申请量稳步增长，直到2005年达到申请量峰值；调整期（2005~2011年），由于传统的制剂类型存在生物利用度低的缺陷，并且相关溶血毒副作用报道也逐年增多，使得葛根素传统制剂的研究进入瓶颈期，专利申请数量波动下降；发展期（2011年至今），由于葛根素治疗心脑血管疾病的良好效果，研究人员并没有放弃对于其剂型的进一步研究，为了克服传统制剂的缺陷，对于传统剂型的制备工艺和辅料进行优化并且开发口服利用度高和安全性好的创新剂型成为该阶段的研究热点，该时期专利申请量逐年快速增长。

图2-4　全球葛根素制剂申请量趋势

图2-5显示了全球葛根素制剂专利申请量按市场的分布。此类专利申请几乎都是在中国进行的。

图 2-6 显示了全球葛根素制剂专利申请量按原研国的分布。与葛根素结构衍生专利申请的情况相同，在全球范围内我国申请人是该领域主要的专利研发主体。

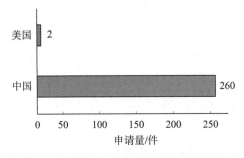

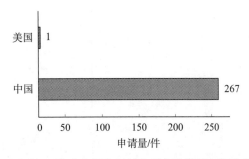

图 2-5　全球葛根素制剂专利申请量按市场分布　图 2-6　全球葛根素制剂专利申请量原研国分布

三、技术功效分布

（一）葛根素结构衍生物技术功效分布

图 3-1 显示了专利技术中对于葛根素结构进行改造和修饰的主要位点。葛根素具有异黄酮类物质化学结构的特点，B 环受吡喃环羰基的立体阻碍影响在空间上只能形成大的共轭体系而成为近似平面结构，晶格排列紧密，刚性较强，且 7，4′ 位上的两个酚羟基可形成分子间氢键，使葛根素分子间作用力增大，熔点较高，脂溶性和水溶性均较差，吸收差，消除快，影响其生物活性及药效发挥，从而制约了其在临床上的广泛应用。[2]从分子结构式可知，葛根素的 8 位上连有一个吡喃葡萄糖碳苷，7，4′位上各有一个酚羟基，为葛根素的活性基团，比较容易进行结构修饰，是重点进行修饰的部位，其中 7 位羟基因受 8 位糖基的位阻影响，活性较 4′位羟基弱。B 环的 3′位、5′位受到 4′位酚羟基

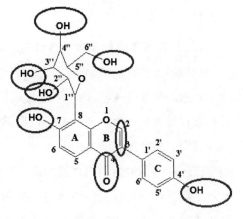

图 3-1　葛根素结构变化主要位点

的活化作用，容易引入其他基团；葡萄糖基的 6″ 位羟基较其他醇羟基易修饰可引入其他基团，从而得到一系列葛根素衍生物。

从图 3-2 的技术功效分布来看，对于目前专利技术中葛根素结构修饰的有效位点主要有：①糖基羟基；②7 位和/或 4′位羟基；③7 位和 2″位成环；④2-3 位双键；⑤4 位羰基；⑥2 位取代。从技术功效的角度来看，通过结构改造和修饰所产生的技术效果主要有：①增加脂溶性；②增加水溶性；③提高受体选择性；④降低毒性；⑤协同增效。

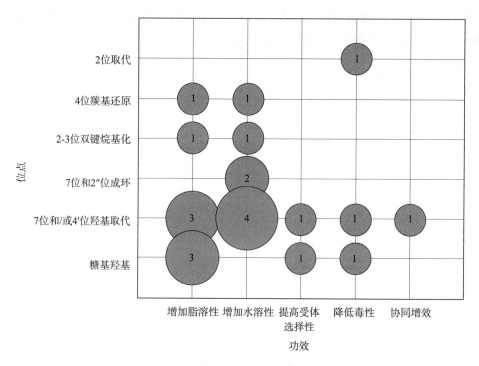

图3-2 葛根素结构变化位点-功效分布

注：图中数字表示申请量，单位为件。

（二）葛根素制剂技术功效分布

目前国家食品药品监督管理总局批准上市的葛根素制剂主要是葛根素注射液和葛根素滴眼液。批准进入临床研究的其他剂型有葛根素胶囊、葛根素颗粒、葛根素软胶囊、葛根素片等常规口服制剂。由于口服葛根素的生物利用度较差，并且现有的葛根素注射剂能够引起急性血管溶血的发生，因此开发生物利用度高、安全性好的常规制剂和创新剂型已经成为葛根素制剂领域的研究热点。如图3-3所示，目前葛根素制剂的专利申请有近半数是针对常规剂型的改进，包括对于注射液、冻干粉针剂和滴丸制剂的辅料以及制备工艺的改进，所产生的技术效果主要涉及增加稳定性和降低毒副作用等方面。近几年，研究者逐渐开展了对于葛根素的创新型剂型的研究。在该方面的专利申请主要涉及磷脂复合物、固体分散体、脂质体、微乳、水凝胶以及纳米粒类的剂型，创新剂型的专利申请更注重于对于提高生物利用度和降低毒副作用方面的效果。

四、技术演进

（一）葛根素结构衍生物的技术演进

全球范围内，对于葛根素的结构进行有效的改造主要是由我国的研发主体完成的。图4-1展示了葛根素结构衍生物领域专利技术的演进趋势。

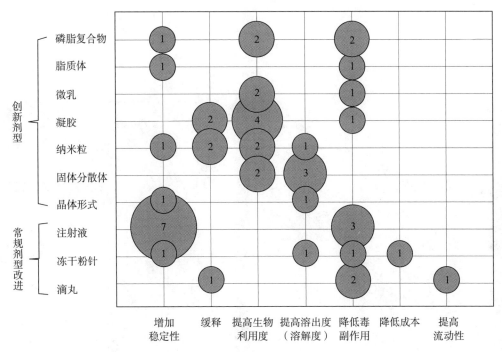

图3-3 葛根素制剂技术功效分布

注：图中数字表示申请量，单位为件。

下面对于该领域的重点专利技术进行简要介绍。

葛根素的7，4′位上的两个酚羟基可形成分子间氢键，使葛根素分子间作用力增大，导致熔点较高，脂溶性和水溶性均较差。2002年，陕西镇坪制药厂基于增加葛根素脂溶性以便提高葛根素对血脑屏障通过率的目的，将葛根素的7位和4′位两个酚羟基改变为两个酚羟乙基，并提交专利公开号为CN1394603A的专利申请。结果表明，羟乙葛根素的毒性甚低，对小鼠口服和腹腔注射的LD_{50}值>5g/kg。通过大鼠大脑缺血再灌注动物模型，也证实羟乙葛根素具有降低血浆内皮素水平、减少脑组织丙二醛含量、提高脑组织超氧化歧化酶水平、显著改善脑组织的缺血和坏死的作用。事实证明，在葛根素基础上通过羟乙基化在7位和4′位引入侧链，能够把葛根素改造成具有生理活性的羟乙葛根素。经实验证实这种化合物增加了脂溶性，可以提高其血药浓度，并可提高其血脑屏障通过率，使其对脑血管病的治疗效果明显好于葛根素。

2004年，山东大学根据药物设计的拼合原理，使阿司匹林与葛根素通过酰化结合成酯反应合成一系列乙酰水杨酰基葛根素衍生物，并提交公开号为CN1634912A的专利申请。实验结果证实，在药效实验浓度范围内，7-乙酰水杨酰基葛根素对人体外血小板聚集反应具有非常显著的剂量依赖性的抑制作用。7-乙酰水杨酰基葛根素、阿司匹林及葛根素对体外人血小板聚集反应的半数抑制聚集浓度IC_{50}分别是0.91mmol/L、3.99mmol/L和3.18mmol/L。与相同摩尔浓度的葛根素和阿司匹林混合溶液的抗血小板聚集作用比

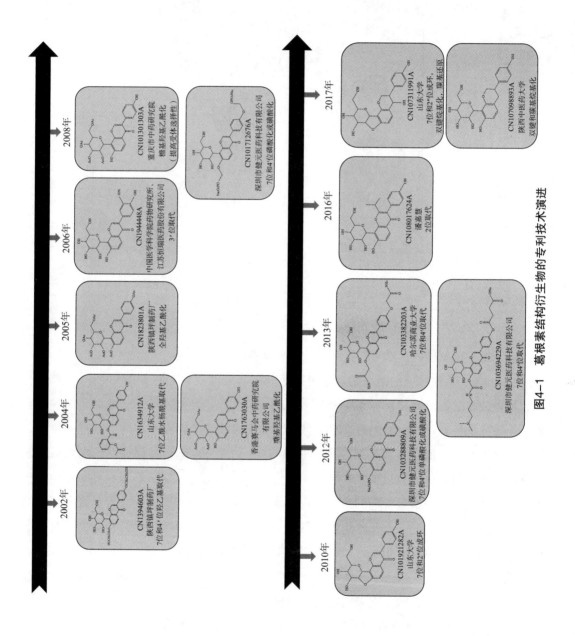

图4—1 葛根素结构衍生物的专利技术演进

较，衍生物的抗聚集作用强于物理混合溶液，两者存在显著性差异。因此，在相同浓度条件下，7－乙酰水杨酰基葛根素抑制血小板聚集的作用显著地强于单用临床抗血栓药物阿司匹林和葛根素，体现了显著的协同增效作用。该专利于2009年被转让于瑞阳制药有限公司。

葛根素的低生物利用度主要归咎于葡萄糖基，因为葡萄糖基使葛根素难溶于油脂，从而难于被人体吸收。因此，低生物利用度使上述葛根素在医疗方面的用途大受限制，也正因为如此，葛根素的临床应用范围很小，只用于注射治疗。2004年，为了提高葛根素生物利用度，香港赛马会中药研究院有限公司合成了一系列乙酰化葛根素衍生物。并在国内提交了专利公开号为CN1763030A的专利申请，针对相同的技术方案同时提交了国际申请（公开号WO2006042454A1）和美国申请（公开号为US20060084615A）。该申请用乙酰化葛根素生成含4－、5－、6－乙酰基葛根素混合物的方法，从混合物中去掉溶解于有机溶剂的物质，并用柱色谱法分离4－、5－、6－乙酰基葛根素。动物模型实验证实，葛根素的乙酰化衍生物比葛根素具有更高的生物利用度，比只用葛根素表现出更好的效果。此外，数据显示葡萄糖基的4乙酰化衍生物的生物利用度比5－、6－乙酰基葛根素衍生物的都大，说明4－乙酰化衍生物可以是较好的口服形式的葛根素，也说明生物利用度与乙酰化程度不相关，高乙酰化程度并不一定意味着葛根素较高的生物利用度。该专利于2012年被转让于香港理工大学。

2005年，陕西镇坪制药厂将葛根素的所有羟基进行乙酰化制成全乙酰葛根素用于治疗缺血性脑血管病，并提交公开号为CN1823801A的专利申请。实验结果表明，全乙酰葛根素的水溶性大大低于羟乙基葛根素和葛根素，脂溶性升高，同时其毒性也大大低于葛根素与羟乙葛根素，这对于开发新的治疗脑血管病药物是十分重要的，可以保障药物的安全有效。

2006年，中国医学科学院药物研究所为了改善葛根素药代动力学性质和提高口服生物利用度，通过对葛根素分子的7位和3′位引入取代基团，获得了葛根素结构衍生物7－O－新戊酰基葛根素和3′－氨基葛根素，并提交公开号为CN1944448A的专利申请。但是实验证明，在治疗心肌缺血效果方面，所获得衍生物与葛根素相比较没有显著性差异。

2008年，重庆市中药研究院对葛根素及其衍生物发掘了新的医药用途，将2″，3″，4″，6″－4－乙酰基葛根素用于治疗炎症，并提交公开号为CN101301303A的专利申请。该专利申请公开了4乙酰基葛根素衍生物对COX－2具有选择性抑制作用，具有很好的应用前景，克服了已有的COX－2选择性抑制剂毒副反应大，不能满足临床需要的缺陷。

同年，深圳市健元医药科技有限公司（健元医药）为解决葛根素水溶性差及所引起的制剂不稳定性问题，设计和合成高水溶性葛根素衍生物前药，主要是在葛根素的7位和4′位羟基进行改造制成葛根素二磷酸盐、二磺酸盐等衍生物。这些水溶性葛根素衍生物前药在血液中或体内通过内在的酶快速转化成葛根素。健元医药针对该技术方案提交了公开号为 CN101712676A 的专利申请。葛根素前药衍生物都表现出水溶性大于 100mg/mL 的溶解度，增强了它们的药物性质。为了在增加水溶性的同时，保留葛根素的 7 位或 4′位活性基团酚羟基，健元医药进一步合成了葛根素的单磷酸盐 7－葛根素磷酸酯盐和 4′－葛根素磷酸酯盐，并于 2012 年提交公开号为 CN103288809A 的专利申请。7－葛根素磷酸酯盐和 4′－葛根素磷酸酯盐水溶性好，适合作为注射剂；在血液或体内能在 1.1h 内转化为葛根素，发挥药效；制备过程简单，目的产物收率高。

据文献报道，许多黄酮碳苷类化合物的酚羟基可与其糖基部分的羟基发生分子内脱水反应生成具有较强的生物学活性的脱水衍生物。基于葛根素同样为异黄酮碳苷化合物的特点，山东大学于 2010 年选择了通过改变葛根素空间结构的 8 位吡喃葡萄糖基团进行结构改造，将 2″位羟基与 7 位羟基发生分子内 Mitsunobu 反应，合成 7，2″－脱水葛根素，并提交公开号为 CN101921282A 的专利申请。该专利申请公开了 7，2″－脱水葛根素衍生物，可显著缩短心律失常持续时间，水溶性良好，生物利用度高。

2013 年，哈尔滨商业大学在葛根素分子结构上的 7，4′位羟基上连接氰基、亚氰基、乙酸乙酯基或乙酰胺基侧链，合成了一系列葛根素衍生物，并提交公开号为 CN103382203A 的专利申请。该专利申请在葛根素的 7，4′位引入官能团，能有效抑制血管性痴呆发病过程中的关键酶类，在改善葛根素脂溶性的同时，提高其对受体的选择性。同年，健元医药基于改善水溶性或脂溶性，在葛根素的 7，4′位引入长链酰胺官能团，并提交公开号为 CN103694229A 的专利申请。

有文献报道葛根素糖苷化后，水溶性得到显著提高，糖苷化修饰后分子结构的变化不影响葛根素的药效，而是提供了一种高浓度给药的葛根素糖苷化合物。2013 年，南京工业大学制备了一种果糖基化葛根素（CN102443027A），采用具有果糖基化酶活力的发酵液或发酵液上清或纯化的果糖基化酶或其重组表达蛋白，对含有葛根素的转化液进行生物转化反应，使葛根素糖基 6″连接果糖基侧链转化为果糖基化葛根素。经试验，果糖基葛根素对急性心肌缺血具有治疗作用，在体外能显著抑制人乳腺癌细胞株 MDA－MB－23 和人慢粒白血病细胞株 K562 的增殖，并且该类寡糖基化葛根素低毒性，在制备治疗心脑血管疾病和/或肿瘤疾病的药物方面具有良好应用前景。

2016 年，基于提高葛根素的生物利用度以及降低急性血管内溶血不良反应的目的，潘嘉慧通过对葛根素的吡喃酮 2 位引入官能团进行结构修饰，并提交公开号为 CN108017624 的专利申请。但是该专利申请中并未公开所获得的结构衍生物的药理实验数据，因此并不能从专利公开文本所记载的内容获知其改善生物利用度以及降溶血不良反应的作用效果。该专利申请目前正处于实质审查状态。

2017 年，山东大学为了克服葛根素水溶性差的缺点和不足，以葛根素为原料，首先对其骨架进行了两处改造：①7，2″－脱水成环，提高水溶性。②还原 C 环 α，β 不饱和双键，破坏分子刚性结构，提高其溶解性；其次，通过进一步还原酮羰基为羟基，提高分子极性和水溶性。山东大学针对以上技术方案提交公开号为 CN107311991 的专利申请。该申请得到了若干个水溶性良好的葛根素衍生物。该专利申请通过动物模型实验证实，所述的结构衍生物能增加豚鼠的冠脉血流量、对去甲肾上腺素所致的动脉收缩有舒张作用、对大鼠局灶性脑缺血再灌注损伤具有保护作用，在提高葛根素生物利用性的同时，有效地保持或提高了葛根素生理活性。该专利申请目前正处于实质审查状态。

同样是基于通过提高分子柔性以改善水溶性和脂溶性的目的，陕西中医药大学于 2017 年将葛根素 C4 位羰基改造为亚甲基，将 C2 和 C3 之间为碳碳双键氢化为单键，针对该技术方案提交公开号为 CN107098893A 的专利申请。但是该专利申请同样存在缺乏药理实验数据的严重缺陷，并不能从专利公开文本所记载的内容获知其改善水溶性和脂溶性的作用效果。该专利申请目前正处于实质审查状态。

（二）葛根素制剂技术演进

全球范围内，对于葛根素制剂的研究主要是由我国的研发主体完成的。图 4-2 展示了葛根素制剂领域的专利技术的演进趋势。

下面对于该领域的重点专利技术进行简要介绍。

1. 葛根素常规剂型的改进

葛根素的常规制剂有口服片剂、注射液和冻干粉针剂等。由于葛根素水溶性与脂溶性均较小，口服吸收差，因此现有的口服片剂存在生物利用度低的问题。临床使用的注射剂由于其水中溶解度小，配方中常加入丙二醇、乙二醇或聚乙烯吡咯烷酮（PVP）等作为助溶剂，而由助溶剂引起的血管刺激、发热、过敏、红细胞溶解等相关不良反应的报道也逐年增多。传统的冻干制剂也存在稳定差的问题。因此，对于常规剂型的辅料组成以及制备工艺的改进是改善现有制剂缺陷的重要途径。

2003 年，北京正大绿洲医药科技有限公司（正大绿洲）对于传统的滴丸制剂进行了改进，以葛根素为原料，加入表面活性剂聚乙二醇 4000～10000，再经过特定的工艺、设备加工制备而成。正大绿洲针对该技术方案提交公开号为 CN1513467A 的专利申请。该专利申请所制备的滴丸药物含量提高到 33.3%，而且在制备过程中去掉了现有技术中的加入助溶剂乙醇的步骤，这样不仅简化了制备工艺，减少了辅料用量，降低了生产成本，而且提高了药物含量。

2008 年，上海华源药业（宁夏）沙赛制药有限公司针对现有的注射剂处方中含有大量的引起不良反应的增溶剂丙二醇以及杂质多的问题，对于注射液的辅料和制备工艺进行了改进，并提交公开号为 CN101416939A 的专利申请。该专利葛根素注射液制备方法中，先溶解葛根素，再溶解等渗调节剂，有利于葛根素的溶解，克服了葛根素微溶于水的缺陷。将溶解后的溶液进行过滤前，先将溶液的温度调节在 45℃以下，使葛根素中的

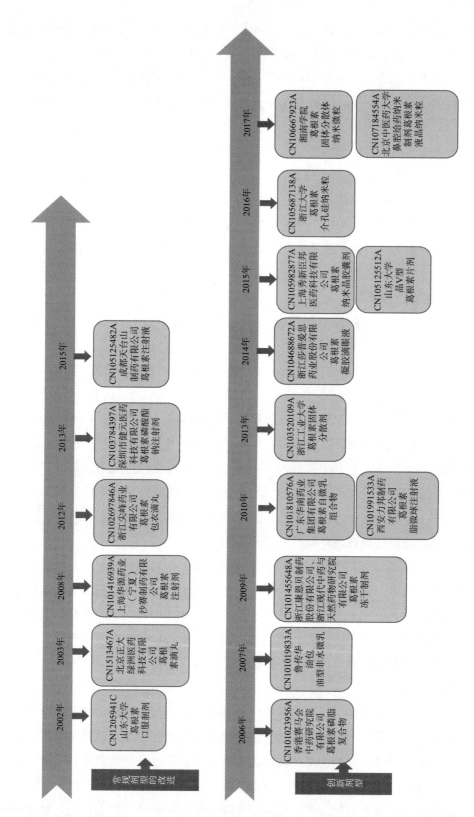

图4-2 葛根素制剂专利技术演进

某些大分子物质或杂质通过温度的降低而析出，在接下来的过滤操作中易被滤掉；过滤过程中，使用 0.22μm 滤器循环过滤，去除了细菌和颗粒以及不溶性杂质，减轻超滤膜的负荷；制备方法中没有引入活性炭，避免了使用活性炭后造成将活性炭微粒引入制剂中从而对人体产生伤害的危险。

2013 年，深圳市健元医药科技有限公司制备了一种葛根素磷酸酯钠注射剂（CN103784397A），其包括葛根素磷酸酯钠、等渗调节剂、pH 调节剂、抗氧剂、局部止痛剂和注射用水。体外试验表明该注射液无明显的刺激性、过敏性，也不会引起溶血反应；表明所制备的葛根素磷酸酯钠注射剂安全性好，可供临床静脉注射与肌肉注射应用。

2. 葛根素创新剂型

创新剂型（例如磷脂复合物、脂质体、微球、纳米粒、固体分散体等）可以显著改善现有制剂的生物利用度低的缺点，正成为葛根素制剂的研究热点。为了规避现有注射剂导致溶血的毒副作用，以上创新剂型通常是应用于提高口服制剂的生物利用度。磷脂复合物是一类将药物与天然或合成磷脂在非质子性传递溶剂中经复合反应而得到的物质，其理化性质和生物活性与原药物明显不同，可明显改善药物的体内吸收而更利于药物作用的发挥。[3] 2006 年，香港赛马会中药研究院有限公司在公开号为 CN101023956A 的专利申请中公开了一种口服葛根素磷脂复合物，在适当的工艺条件下反应而形成的一种类似于油包水型乳剂的固型物可大大改善葛根素的溶解性能。实验研究结果表明，该制剂可大幅提高葛根素的生物利用度。

2007 年，鲁传华开发了一种用作药物载体的药用油包油型非水微乳及其药物制剂，提供一种无水环境且为生物相容性的无毒药用载体，提高了葛根素的生物利用度。鲁传华针对该技术方案提交了公开号为 CN101019833A 的专利申请。

脂质体是一种缓释、延缓药物代谢的新型药物载体。2009 年，针对现有注射剂具有的导致急性血管内溶血的副作用，浙江康恩贝制药股份有限公司在公开号为 CN101455648A 的专利申请中公开了由葛根素的脂质体和药物可接受的载体组成的葛根素冻干制剂。脂质体的优选比例为：葛根素 1 份，双肉豆蔻卵磷脂 20 份，胆固醇 2 份，聚山梨酯 80 1 份，甘露醇 0.3 份。试验表明，与普通葛根素注射液相比，该发明制备的葛根素冻干制剂极大地减轻了溶血不良反应，具有更大的安全性，使得葛根素更为安全有效。

微乳是由油相、水相、表面活性剂和助表面活性剂按适当比例形成的各向同性、纳米级、热力学和动力学都稳定的胶体分散体系，粒径一般在 10～100nm。自微乳是一种不含水的微乳浓缩液，在胃肠道蠕动下可形成微乳。自微乳给药系统能通过提高水难溶性或脂溶性药物的溶解度，改善药物透膜性，达到显著提高药物生物利用度的效果。[4] 2010 年，广东华南药业集团有限公司制备了一种葛根素自微乳组合物（CN101810576A），由葛根素、混合油、乳化剂、助乳化剂组成。所制备的葛根素自微乳组合物一方面可以解决传统乳剂粒径较大、由于水相存在导致的乳剂稳定性差、贮存体积大等问题，另一方面提高了葛根素的溶解度及分散度，增大药物的体内吸收，提高生物利用度。

微球是指药物溶解或者分散在高分子材料基质中形成的微小球状结构，粒径一般在 $1 \sim 250 \mu m$，其用于药物载体，对特定器官和组织具有靶向性，使药物释放具有缓释性，已经成为缓控释剂型研究的热点。2010 年，西安力邦制药有限公司制备了一种葛根素脂微球注射液（CN101991533A），该注射液在不使用丙二醇助溶剂及不添加碱性物质的情况下，可增加葛根素的含量。该发明所述的葛根素脂微球注射液可避免药物直接与体液接触，而且药物稳定性更好，明显减少毒副反应。

固体分散体是指将药物高度分散于固体载体中形成的一种以固体形式存在的分散系统。此剂型可提高药物溶出和生物利用度，能将水溶性或难溶性药物制成缓控释制剂。2013 年，浙江工业大学制备了一种葛根素固体分散剂（CN103520109A），利用机械化学效应，使原药以超微细晶体均匀分散于固相载体中，并与其以氢键、范德华力等互相作用，提高了药物的溶解度、溶出速率和口服生物利用度。

有专利申请公开葛根素 V 型晶型给药后具有吸收迅速、最大血药浓度高、保持平台期时间长等优势特性，是一种优势晶型。2015 年山东大学将葛根素 V 型晶型与其他片剂辅料制备一种晶 V 型葛根素片剂（CN105125512A），所制片剂质量稳定性好、溶出度高。

纳米粒给药系统是新一代亚微粒给药系统，以固态天然或合成类脂为载体，将药物吸附或包裹于脂质膜中制成，具有控制药物释放、靶向性良好、药物溶解度增加及生物利用度提高等特点。2016 年，浙江大学制备了一种口服葛根素阳离子介孔硅纳米粒（CN105687138A），所述介孔硅纳米粒为氨基修饰的阳离子介孔硅纳米粒。具有粒径均一、载药量高、良好的缓控释特性和生物相容性等特点，并且显著提高了葛根素的跨膜转运率。

五、总结

通过以上对于葛根素结构衍生物和制剂专利技术的梳理可以发现，通过对葛根素结构的改造和修饰可以改善其水溶性和脂溶性，改变其在体内的脂水分布系数，延长药效，提高其生物利用度，增强其药理活性，是葛根素类药物的重点研究方向之一；通过对于葛根素制剂的改进（对于常规剂型辅料进行调整、对于制备工艺进行改进以及创新型剂型的应用等）可以明显改善葛根素的药物理化性质，甚至可以大幅度降低其导致溶血的毒副作用。随着葛根素新衍生物和新剂型研究的不断深入，该领域的专利技术不断进步与发展，葛根素在临床疾病治疗中的重要性也将会大幅提升。目前国内申请人在葛根素结构衍生物和制剂领域的专利技术在国际上占有明显优势，这对于国内申请人来说是巨大的机遇。一方面，国内申请人可以依托已有的专利技术优势开发更多和更有效的拥有自主知识产权的葛根素新化学实体和新剂型；另一方面，此领域的国内申请人也应该增强"走出去"的专利意识，加强国外的专利布局，为我国葛根素产品的海外市场奠定专利基础。

参考文献

［1］翟美芳，于莲. 葛根制剂研究进展［J］. 天津中医药大学学报，2017，36（3）：232－236.

［2］LV Y Q，TAN T W. Modeling and prediction of the mixed－moderetention mechanisms for puerarin and its analogues on N－octylamine modified poly（glycidylmethacrylate－co－ethylene glycoldimethacrylate）monoliths［J］. Process Biochemistry，2009，44：1225－1230.

［3］孙燕，高尔，王汝琴. 中药活性成分磷脂复合物研究进展［J］. 医学综述，2007，13（11）：875.

［4］于爱华，翟光喜，崔晶，等. 葛根素固体自微乳的研制［J］. 中药材，2006，29（8）：834－837.

基于沙利度胺的异吲哚酮类抗肿瘤化合物专利技术综述*

刘健颖　黄清昌**

摘要　沙利度胺类异吲哚酮化合物具有多种治疗作用，已有多种基于该类结构的药物上市——来那度胺、泊马度胺等。我们以沙利度胺及其衍生物为研究对象，对整体专利发展态势等进行宏观分析；并对专利技术进行系统的梳理分析；同时，还对部分药物的重点专利申请进行汇总分析，以期客观展现基于沙利度胺的异吲哚酮类抗肿瘤化合物的专利申请和技术发展状况，为企业的科研创新与合作提供参考。

关键词　沙利度胺　来那度胺　泊马度胺　异吲哚酮

一、概述

（一）基于沙利度胺的异吲哚酮类药物研究情况

沙利度胺（Thalidomide）是 1957 年德国 GRUNENTHAL 研制的催眠、镇静和止吐药物，但由于严重的致畸作用，于 1961 年撤市。但后来研究发现沙利度胺对许多疾病具有免疫调节和抗炎作用。在此基础上，CELGENE 以沙利度胺为先导物，研制了多种药物（表 1 - 1）：来那度胺、泊马度胺、阿普斯特、Avadomide、Iberdomide 等。其中，来那度胺是全球治疗多发性骨髓瘤的 TOP1 药物，根据 EvaluatePharma 的报告，[1] 其 2016 年的销售额近 70 亿美元，预测 2022 年将达到 140 亿美元，是抗肿瘤领域的超级重磅炸弹药物。

表 1 - 1　已经批准上市或处于临床阶段的代表性药物

药品	适应证	状态	研发公司
沙利度胺	麻风结节性红斑，多发性骨髓瘤	1998 年上市	Celgene
来那度胺	多发性骨髓瘤和骨髓增生异常综合征	2005 年上市	CELGENE

---

* 作者单位：国家知识产权局专利局专利审查协作江苏中心。

** 等同第一作者。

药品	适应证	状态	研发公司
泊马度胺	多发性骨髓瘤	2013 年上市	CELGENE
阿普斯特	银屑病型关节炎、斑块型银屑病	2014 年上市	CELGENE
Avadomide	肝癌、慢性淋巴白血病、淋巴瘤	临床Ⅲ期	CELGENE
Iberdomide	系统性红斑狼疮、多发性骨髓瘤	临床Ⅱ期	CELGENE

沙利度胺或其衍生物主要通过免疫调节作用、抑制血管新生、作用于骨髓瘤微环境、与 CRBN 作用等发挥疾病治疗作用。例如，沙利度胺可通过作用于单核细胞，促进 TNF-αmRNA 降解并抑制 TNF-α 的释放，最终降低 TNF-α 在的血液中的含量从而发挥治疗作用。[2] 来那度胺抗骨髓瘤作用的显著不同之处在于其还能够改变骨髓瘤的微环境。[3] 近几年，越来越多的研究表明，沙利度胺及其衍生物在临床上治疗骨髓瘤的作用与 CRBN 密切相关，沙利度胺和来那度胺均与 CRBN 蛋白结合，而 CRBN 是 E3 泛素连接酶复合物的底物识别亚单位。[4]

（二）研究对象

本综述以沙利度胺及其衍生物为研究对象，对基于沙利度胺的异吲哚酮类抗肿瘤化合物的整体专利发展态势等进行宏观分析；并对基于沙利度胺的异吲哚酮类抗肿瘤化合物的专利技术进行系统的梳理分析；同时，对部分药物的重点专利申请进行汇总分析，以期客观展现基于沙利度胺的异吲哚酮类抗肿瘤化合物的专利申请和技术发展状况，为企业的科研创新与合作提供参考。

（三）研究方法

1. 专利文献检索

利用专利检索与服务系统（Patent Search and Service System，下称"S 系统"）和国际联机检索系统（STN），在中国专利文摘数据库（CNABS），德温特世界专利索引数据库（DWPI）以及 STN-CAPLUS、STN-REGISTRY 数据库检索获取专利申请样本，并利用 Patentics 批量导出由 S 系统和 STN 平台检索获取得到的专利申请的著录项目，包括申请号、公开号、申请日、发明名称、摘要、优先权国家等信息，检索日期截至 2018 年 8 月 11 日。经人工筛选降噪，筛选出相关的专利申请 916 项，作为最终的分析样本。

2. 相关简写形式

针对部分申请人，本文将使用表 1-2 所示的简写形式。

表 1-2　部分申请人简写形式

申请人全称	简写形式
FL THERAPEUTICS LLC.	FLTH-N

申请人全称	简写形式
KOREA RES INST CHEM TECHNOLOGY	KRIC
SCARAMUZZINO G	SCAR – I
US DEPT HEALTH & HUMAN SERVICES	USSH
TAIHO PHARM CO. LTD.	TAIH
IKUTOKU GAKUEN GH	IKUT – N
UNIV FUNDACION SAN PABLO CEU	UYSA – N
CONTINO – PEPIN C	CONT – I
MOFFITT CANCER CENT & RES INST INC H LEE	MOFF – N
SYNTA PHARM CORP.	SYPH
MASSACHUSETTS INST TECHNOLOGY	MASI
ICAHN SCHOOL MEDICINE	ICAH – N
GLAXOSMITHKLINE	GSK
IP GES MANAGEMENT MBH	IPMA – N
FIS FAB ITAL SINTETICI SPA	FAIS

二、专利申请分析

（一）全球专利申请分析

1. 专利申请趋势

图 2 – 1 反映了自 1995 年以来沙利度胺类异吲哚酮抗肿瘤化合物相关专利申请量的趋势。可以看出，虽然沙利度胺很早就已经上市，但由于"反应停事件"，该类化合物的致畸风险降低了各制药公司、医药研究机构对该类化合物的研究，在 2003 年以前一直处于较低迷的状态。从 2003 年开始，该类化合物的相关专利申请量整体上处于稳定增长状态，特别是在 2013 年，出现了大幅增长，此后申请量总体维持在较高水平。另外，2017 年的申请量相对于 2016 年再次呈现出较大增幅。这主要是由于 CELGENE 开发来那度胺、泊马度胺的成功，特别是抗肿瘤超级重磅炸弹药物来那度胺，大大增加了研发人员对该类化合物的信心和兴趣，大量制药公司投入该类药物的研发中。

2. 专利申请分布情况

图 2 – 2 反映了沙利度胺类异吲哚酮化合物相关专利申请来源国家/地区分布。美国总申请量最多，达到了 491 项，占 54%；中国该类化合物相关专利申请量达到了 218 项，

占 24%，位居第二。随着 CELGENE 产品来那度胺、泊马度胺等在市场上获得巨大成功，国内医药公司对该类化合物的研发开始重视，也在该领域进行了研究，为相关药物专利到期后进行仿制作准备或开发新药。申请量位居第三的是欧洲，其次是印度、日本、韩国。

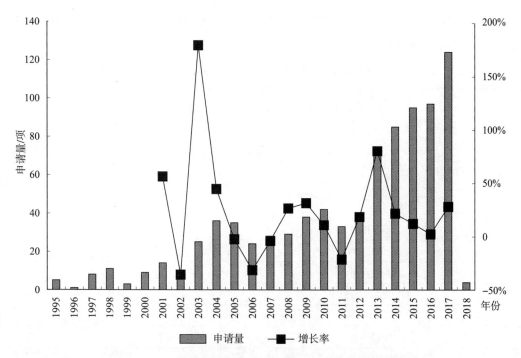

图 2-1　沙利度胺类异吲哚酮抗肿瘤化合物全球专利申请趋势

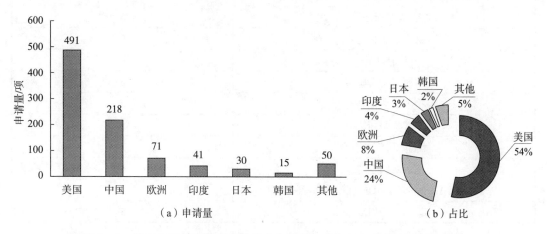

图 2-2　沙利度胺类异吲哚酮抗肿瘤化合物全球专利申请来源国/地区分布

3. 专利申请人分析

表 2-1 反映了全球基于沙利度胺的异吲哚酮类抗肿瘤化合物相关专利申请人情况。可以看出，相关专利的申请人呈现高度集中和高度分散两种形势，即全球沙利度胺类异

吲哚酮相关专利申请主要集中在 CELGENE，拥有近 255 项，排在首位。除了该公司申请量较大外，其他申请人较为分散，排在第 2 位的达纳－法伯申请量仅为 19 项，第 3 位的康塞特申请量为 14 项，排名第 2~20 的申请量总和为 151 项，大约为 CELGENE 申请量的 59%。可见，CELGENE 在该领域具有绝对的优势。在申请量排名前 20 位的申请人中，来自国内的申请人主要包括南京卡文迪许、天津和美、重庆医工所、佛山市弘泰药物、康朴生物、中山奕安泰、常州制药厂。

表 2－1 沙利度胺类异吲哚酮抗肿瘤化合物全球专利申请人排名情况

申请人	申请量/项
CELGENE	255
达纳－法伯	19
康塞特	14
ARVINAS	10
南京卡文迪许	9
天津和美	9
密歇根大学	8
迈兰公司	8
GRUNENTHAL	8
重庆医工所	7
MOFF－N	7
SYNTHON B. V	7
ANDRULIS PHARMACEUTICALS	6
太阳医药	6
佛山市弘泰药物	6
康朴生物	6
雷迪博士实验室	6
中山奕安泰	5
常州制药厂	5
熙德隆研究基金会	5
上海医工院	5
NAGOYA INSTITUTE OF TECHNOLOGY	5
DEUTERX	5

（二）国内专利申请分析

1. 专利申请趋势

图 2－3 反映了国内有关沙利度胺的异吲哚酮类抗肿瘤化合物专利申请趋势。可以看出，其总体趋势与全球的基本相似。另外，从该图可以看出，国内在该领域的专利申请

量在 2012 年之前都相对较少，直到 2013 年才开始出现较明显的增长。

2. 国内专利申请技术主题分析

图 2 - 4 反映了我国在该领域的专利技术主题分布情况。不难发现，国内关于沙利度胺类异吲哚酮化合物的专利申请主要集中在制备方法、晶体、制剂上，制备方法主题的申请量占比分别为 38%，晶体 17%，制剂 12%，涉及化合物主题的为 11% 左右。

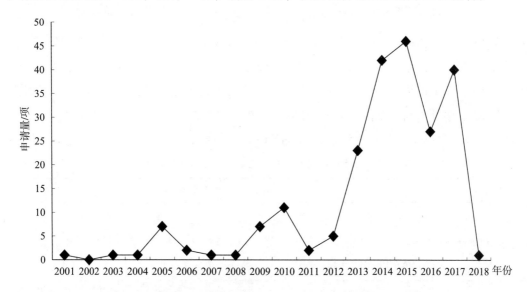

图 2 - 3　沙利度胺类异吲哚酮抗肿瘤化合物国内相关专利申请趋势

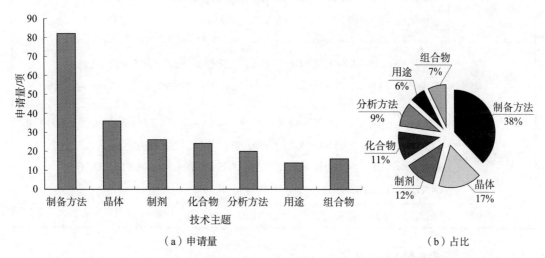

（a）申请量　　　　　　　　　　　　（b）占比

图 2 - 4　沙利度胺类异吲哚酮抗肿瘤化合物国内相关专利申请技术主题分布

三、专利技术内容分析

（一）基于沙利度胺结构衍生设计的主要方式及申请人

沙利度胺是一个结构简单的化合物，对其结构修饰主要针对异吲哚酮环和哌啶二酮环，如图 3 - 1 所示。

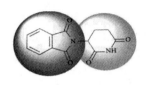

图 3 - 1　沙利度胺结构式

关于沙利度胺结构衍生设计方式主要有五种：苯环取代基修饰、哌啶二酮环修饰、异吲哚酮环变形、缀合物衍生物、氘代衍生物。表 3 - 1 汇总了一些主要的基于沙利度胺结构改造的专利申请人。可以看出，在苯环取代基修饰中主要涉及申请人 CELGENE、华盛顿大学、江西润泽等；在哌啶二酮环修饰中主要涉及申请人 CELGENE、GRUENENTHAL、USSH 等；在异吲哚酮环变形中主要涉及申请人 CELGENE、GRUENENTHAL；在缀合物衍生物中，达纳 - 法伯、ARVINAS、密歇根大学是主要的申请人；在氘代衍生物中主要涉及 CELGENE、康塞特、DEUTERX、康朴生物。总体来看，CELGENE 在大部分结构修饰中占据主导地位，但是在缀合物衍生物方面，达纳 - 法伯、ARVINAS 是最主要的申请人。

表 3 - 1　基于沙利度胺结构衍生设计的主要方式及申请人

修饰方式	申请人（申请项数）
苯环取代基修饰	CELGENE（14）、华盛顿大学（1）、江西润泽（1）、军事医学科学（1） 中国药科大（1）、山东大学（1）、康朴生物（2）、FLTH - N（1） OTSUKA PHARM（1）、KRIC（1）、华东师范大学（1）
哌啶二酮环修饰	CELGENE（6）、GRUENENTHAL（4）、SCAR - I（1）、USSH（3）、天津和美（3） 苏州波锐（1）、TAIH（2）、长春应用化学研究所（1）、北京恩华（1）
异吲哚酮环变形	CELGENE（7）、GRUENENTHAL（2）、天津和美（2）、康朴生物（1） 上海交大（1）、IKUT - N（1）、USSH（1）、BIO TheryX（1）、MOFF - N（1）
缀合物衍生物	达纳 - 法伯（17）、ARVINAS（10）、KANDULA M（1）、密歇根大学（6）MASI（2）、SYPH（3）、UYSA - N（1）、CONT - I（1）、吉林大学（1） 耶鲁大学（1）、中国药科大学（2）、BIOVENTURES（1）、DEUTERX（1） C4 THERAPEUTICS（3）、大连大学（1）、GSK（1）
氘代衍生物	CELGENE（2）、康塞特（4）、DEUTERX（2）、康朴生物（3）

（二）基于沙利度胺的结构衍生设计分析

我们选择表 3 - 1 其中代表性的申请人及其专利申请，按结构修饰方式分类，绘制了图 3 - 2 所示的基于沙利度胺结构衍生设计的专利技术路线。该图在一定程度上反映了对沙利度胺结构改造的 5 种方式的技术发展脉络。在本部分中，我们将对每种结构改造方式的具体发展情况进行简要分析。

氨代衍生物	缀合物衍生物	异吲哚酮环变形	哌啶二酮环修饰	苯环取代基修饰
WO2010056344A1 (2009)	WO2002070480A1 (2002) UYSA-N	WO9420085A1 (1994) WO9501348A1 (1994) CELGENE	US3705162A (1968) WO9218496A1 (1992) EP0688771A1 (1995) GRUENENTHAL	WO9803502A1 (1997) 来那度胺及泊马度胺
WO2012079075A1 (2011) WO2012079022A1 (2011) 康塞特	FR2846969A1 (2002) CONT-I	WO2003053956A1 (2002) GRUENENTHAL	US5874448A (1997) WO9854170A1 (1998) CELGENE	WO2002059106A1 (2001) US20070049618A1 (2007) WO2008033567A1 (2007) WO2008115516A2 (2008) CELGENE
WO2010093605A1 (2010) WO2012177678A2 (2012) CELGENE	WO2013158644A1 (2013) SYPH	WO2005028437A1 (2004) USSSH	WO2002068414A2 (2002) UHHS	CN101948507A (2010) NGR(NO$_2$)内靶向载体 江西润泽
WO2014110558A1 (2014) WO2014152833A1 (2012) DEUTERX	WO2014147531A2 (2014) KANDULA M	WO2005116008A1 (2005) GRUENENTHAL	WO2004085422A1 (2004) 天津和美	WO2011100380A1 (2011) IBERDOMIDE CELGENE
WO2016065980A1 (2015)	WO2016094688A1 (2015) MASI	WO2007036138A1 (2006) WO2008058449A1 (2007) 天津和美	WO2005016326A2 (2004) UHHS	WO2011130674A1 (2011) 华盛顿大学
WO2017054739A1 (2016) WO2017067530A2 (2017) 康朴生物	US2016176916A1 (2015) 达纳-法伯	WO2008039489A2 (2007) AVADOMIDE	CN1961876A (2005) 北京恩华	CN103421061A (2013) 糖基修饰 中国药科大学
	WO2015160845A2 (2015) ARVINAS	WO2009042177A1 (2008) CELGENE	WO2006105697A1 (2005) 天津和美	WO2016007848A1 (2015) CELGENE
	WO2017079267A1 (2016) 那鲁大学	JP2010275229A (2009) IKUT-N	CN104744434A (2009) CELGENE	WO2016065139A1 (2015) 提高水溶性 FLTH-N
	CN106543185A (2016) 吉林大学	WO2017121388A1 (2017) 康朴生物	WO2017059062A1 (2016) UHHS	WO2016065980A1 (2015) WO2018108147A1 (2017) 康朴生物
	CN107056772A (2017) 中国药科大学	WO2017161119A1 (2017) MOFF-N	WO2017120422A1 (2017) CELGENE	
	CN107382862A (2017)	WO2018118947A1 (2017) BIO THERYX		
	US2018011875 8A1 (2017) WO2017119056A1 (2017) WO2018119357A1 (2017) WO2018118598A1 (2017) ARVINAS			
	WO2017185031A1 (2017) 达纳-法伯			
	WO2017176957A1 (2017) 密歇根大学			

图3-2 基于沙利度胺结构衍生设计的专利技术路线

1. 苯环取代基修饰分析

苯环取代基修饰是沙利度胺结构衍生最重要的方向。CELGENE 采用对苯环取代基修饰获得了来那度胺和泊马度胺，以及正在临床Ⅱ期研究的 Iberdomide。在此对一些代表性的专利申请进行举例说明（表3-2）。

表3-2　苯环取代基修饰的代表性专利申请

相关专利申请	申请人	通式化合物	示例性化合物
WO9803502A1	CELGENE		
WO2002059106A1	CELGENE		
US20070049618A1	CELGENE		
WO2008033567A1	CELGENE		
WO2008115516A2	CELGENE		
WO2011100380A1	CELGENE		
WO2011130674A1	华盛顿大学		

相关专利申请	申请人	通式化合物	示例性化合物
CN101948507A	江西润泽		
CN103421061A	中国药科大学		
WO2016007848A1	CELGENE		
WO2016065139A1	FLTH-N		
WO2016065980A1	康朴生物		
WO2018108147A1	康朴生物		

　　1997 年，CELGENE 在 WO9803502A1 中披露了在苯环引入氨基，得到泊马度胺，当去掉一个羰基后得到来那度胺。从此，CELGENE 开启了对沙利度胺的结构衍生之路。2001 年，在 WO2002059106A1 中，以来那度胺为基础，对氨基进行修饰，包括对氨基进行酰基化、硫代酰基化、成脲基、烷基化等修饰得到了一系列用于调节 TNF-a、IL-1b、IL-10 的化合物。2006～2009 年，CELGENE 又在 US20070049618A1、WO2008033567A1、WO2008027542A2、WO2009145899A1、WO2010053732A1 中公开了在氨基上引入脲基、酰基等的衍生物。2008 年，CELGENE 在 WO2008115516A2 中公开了一系列在沙利度胺苯环上引入

（杂）芳甲氧基的化合物，用于调节 TNF－a、IL－2。2011 年，CELGENE 在 WO2011100380A1 中披露了在苯环上引入苄氧基，并且苄基进一步被吗啉基甲基、哌啶甲基等取代，该专利是临床药物 Iberdomide 的原研专利。2015 年，CELGENE 提交了一项涉及在侧链成酰胺结构的专利 WO2016007848A1，不同的是此类化合物在侧链中必须有两个 F 原子取代。

此外，2010 年我国药企江西润泽在 CN101948507A 公开了以天冬酰胺－甘氨酸－硝基精氨酸甲酯三肽（NGR（NO$_2$））为靶向载体的抗肿瘤药物，制备了一种来那度胺靶向前体药物；2011 年，华盛顿大学在 WO2011130674A1 中披露了将来那度胺与含有磷酸酯基的长链基团结合，形成一种来那度胺前药；2013 年，中国药科大学在 CN103421061A 中公开了用糖基修饰来那度胺的氨基，获得了活性良好的衍生物。FLTH－N 在 2016 年提交的 WO2016065139A1 中将来那度胺的氨基通过二硫键连接带有羧基的基团，从而提高其水溶性。我国药企康朴生物在 2016 年、2018 年提交的 WO2016065980A1、WO2018108147A1 中公开了一类针对 Iberdomide 进行修饰的化合物，例如在侧链苄基上引入 F 原子等取代基。

2. 哌啶二酮环修饰分析

哌啶二酮环的修饰是对沙利度胺结构衍生的另一个重要方向。CELGENE、GRUENENTHAL、SCAR－I、USSH、天津和美等均在该方向进行了相关专利的申请（表3－3）。

表3－3　哌啶二酮环修饰的代表性专利申请

相关专利申请	申请人	通式化合物	示例性化合物
US3705162A	GRUENENTHAL		
WO9218496A1	GRUENENTHAL		
EP0688771A1	GRUENENTHAL		
WO2002068414A2	UHHS		

续表

相关专利申请	申请人	通式化合物	示例性化合物
US5874448A	CELGENE		
WO9854170A1	CELGENE		
WO2005016326A2	USSH		
CN1961876A	北京恩华		
CN1696127A	长春应用化学研究所		
WO2004085422A1	天津和美		
WO2006105697A1	天津和美		
CN104744434A	CELGENE		

续表

相关专利申请	申请人	通式化合物	示例性化合物
WO2017059062A1	USSH		
WO2017120422A1	CELGENE		

早在 1968 年，GRUENENTHAL 在 US3705162A 中公开了一种对哌啶二酮环的氮原子进行修饰，例如引入吗啉甲基。该公司于 1992 年提交了专利 WO9218496A1，公开了一类在沙利度胺基础上，将其哌啶环氮原子引入对位取代氨甲基苯甲酸酯甲基。1995 年，其提交的 EP688771A1 公开了一种在哌啶二酮与异吲哚酮相连的碳原子引入取代基（如甲基、乙基等烷基）。

1997 年，CELGENE 在 US5874448A 中公开了在哌啶二酮环的连接碳上引入氟原子，得到一系列可降低 TNFa 水平的衍生物。1998 年，在 WO9854170A1 中披露了哌啶二酮环氮原子上引入带有取代氨基和酯基的长链的衍生物。2009 年，CELGENE 在 CN104744434A 中公开了哌啶二酮环氮原子上引入氨基甲酸酯基或磷酸基。2017 年又在 WO2017120422A1 中披露了类似的取代基修饰。

2002 年，UHHS 提交的 WO2002068414A2 公开了一类对哌啶二酮进行变形的化合物，例如变形为嘧啶三酮，同时在氮原子引入芳基。2005 年，UHHS 在 WO2005016326A2 中设计了一类氮原子经氨基甲酸酯烷基取代的沙利度胺衍生物。2016 年，UHHS 在 WO2017059062A1 中披露了大量对哌啶二酮进行变形和修饰的衍生物，例如将哌啶二酮变形为金刚烷基等稠合环烷基、吡啶酮基等，或者在氮原子引入苯并硫代二甲酰胺基，硫代酰胺基等，获得一系列具有抗血管生成的沙利度胺衍生物。

此外，2005 年我国药企北京恩华在 CN1961876A 中设计了一类在哌啶二酮氮原子上引入取代氨烷基，例如乙基哌嗪基丙基，得到一系列抗新血管生成的抗肿瘤化合物。长春应用化学研究所在 2005 年提交的 CN1696127A 中披露了一类在氮原子上引入芳基的衍生物。天津和美在 2004 年提交的 WO2004085422A1 中披露了哌啶二酮氮原子引入取代的甲酸酯甲基，得到水溶性较好的、口服生物利用度高的沙利度胺衍生物；后又在 2005 年提交的 WO2006105697A1 中公开了哌啶二酮氮原子引入被烷氧基、氨基、氨甲酰基等取代的烷基得到的一类抑制细胞释放肿瘤坏死因子的衍生物。

3. 异吲哚酮环变形分析

在沙利度胺的结构衍生设计中，异吲哚酮环变形也是一个非常重要的方向（表3-4），CELGENE 在该方向申请了多项专利，并且在该方向上获了目前处于临床Ⅲ期的药物 Avadomide。

表3-4 异吲哚酮环变形的代表性专利申请

相关专利申请	申请人	通式化合物	示例性化合物
WO9420085A1	CELGENE	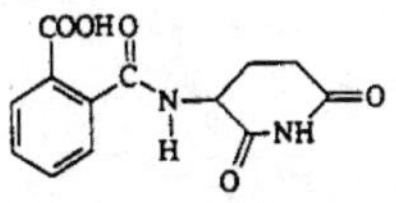	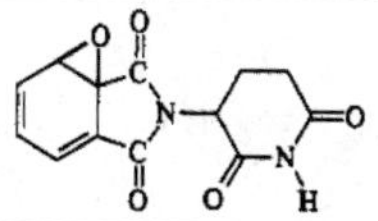
WO9501348A2	CELGENE	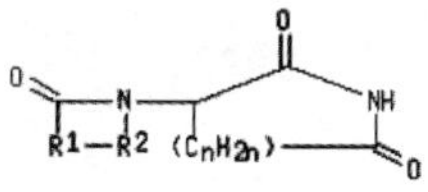	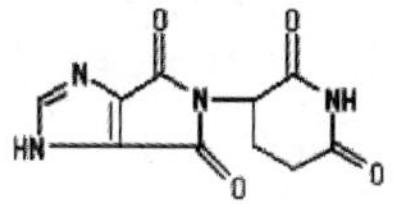
WO2005028436A2	USSSH	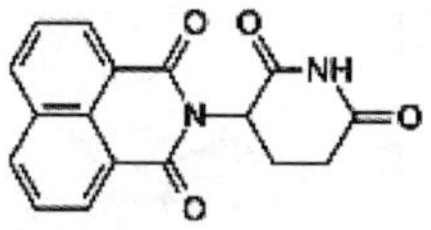 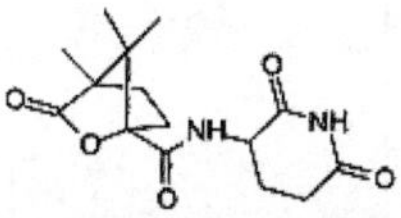	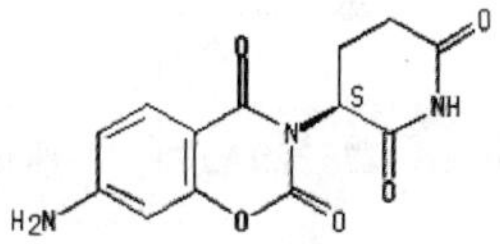 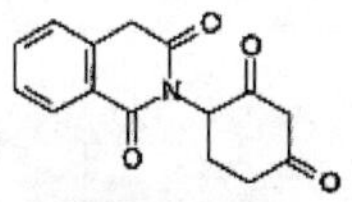
WO2003053956A1	GRUENENTHAL	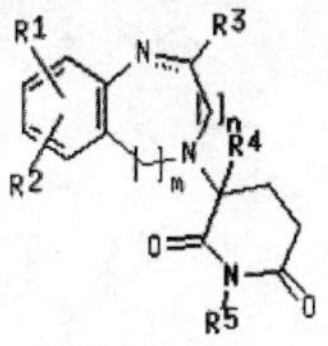	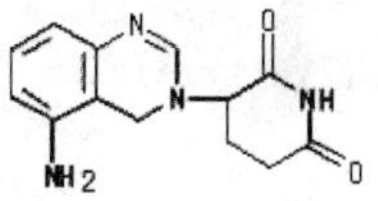
WO2005116008A1	GRUENENTHAL	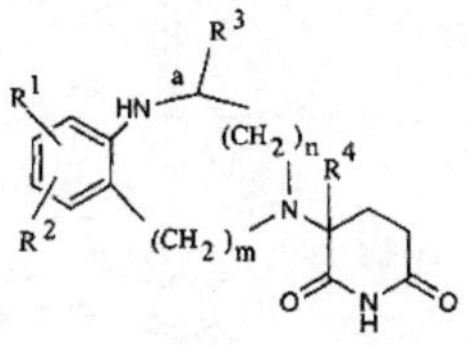	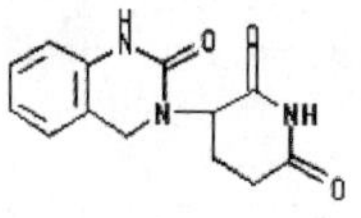
WO2007036138A1	天津和美	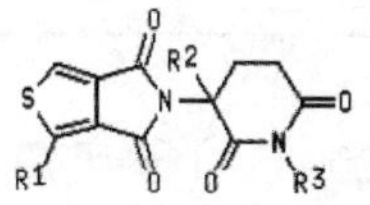	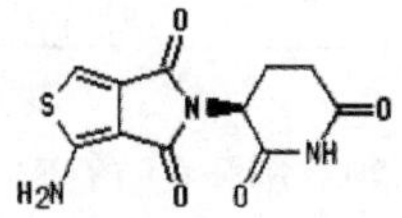
WO2008058449A1	天津和美	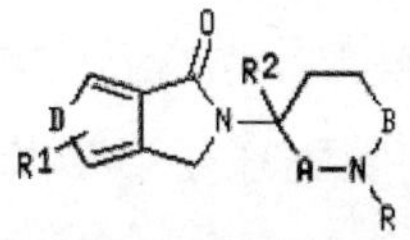	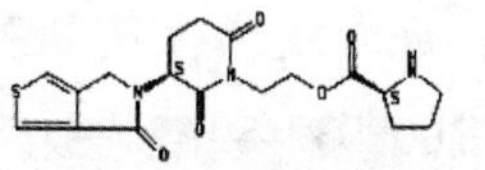

相关专利申请	申请人	通式化合物	示例性化合物
WO2008039489A2	CELGENE		
WO2009042177A1	CELGENE		
WO2009139880A1	CELGENE		
WO2017121388A1	康朴生物		
JP2010275229A	IKUT–N		
WO2017161119A1	MOFF–N		
WO2018118947A1	BIO THERYX		

　　1994 年，CELGENE 在 WO9420085A1 中披露了一类将异吲哚酮开环，或者将其中的苯环稠合上一个环氧丙烷；同年，其在 WO9501348A1 中设计了一系列将异吲哚酮环中的苯基进行变形（例如替换为咪唑环）的衍生物。2007 年，其提交了一项重要专利 WO2008039489A2，披露了将异吲哚酮环变形为苯并嘧啶酮环，是临床Ⅲ期药物 Avadomide 的最早专利。2009 年，其又在 WO2009042177A1 中披露了对 Avadomide 进一步衍生

的系列化合物；同年，CELGENE 在 WO2009139880A1 中设计了一系列将异吲哚酮替换为硫代苯二酰亚胺的衍生物。

2002 年，GRUENENTHAL 在 WO2003053956A1 中披露了将二酰亚胺环替换为含两个氮原子的杂环（例如变为二氢嘧啶环）的衍生物；后又在 WO2005116008A1 中进一步将二酰亚胺替换为氢化嘧啶酮结构。

此外，2004 年，USSH 在 WO2005028436A2 中设计了一系列异吲哚酮变形物，例如将异吲哚酮变为萘二酰亚胺、成内酯、扩环等。2006 ~ 2007 年，天津和美在 WO2007036138A1、WO2008058449A1 中设计了一系列将异吲哚酮中的苯环替换为噻吩环的变形物。2009 年，IKUT – N 在 JP2010275229A 中披露了一类将异吲哚酮环替换为芳烷基或杂芳烷基取代的咪唑二酮环。2017 年，康朴生物在 WO2017121388A1 中公开了一系列 Avadomide 的衍生物。MOFF – N 在 2017 年提交的 WO2017161119A1 中公开了一类保留哌啶二酮环的情况下，将异吲哚酮替换为包括苯并哌啶环、芳基磺氨在内的各类结构。BIO THERYX 在 2017 年提交的 WO2018118947A1 中披露了一类将异吲哚酮中的苯环替换为噻吩环等杂环形式的衍生物，并且在替换后的杂环引入各类不同的取代基。

4. 缀合物衍生物分析

在沙利度胺的衍生设计中，还涉及缀合物衍生物。特别是近几年，达纳 – 法伯、ARVINAS 在该方向上申请了多项专利。这类化合物的结构特点是蛋白靶向配体基团通过连接基与来那度胺、沙利度胺、泊马度胺及其衍生物连接（表 3 – 5）。

表 3 – 5　缀合物衍生物的代表性专利申请

相关专利申请	申请人	示例性化合物
WO2002070480A1	UYSA – N	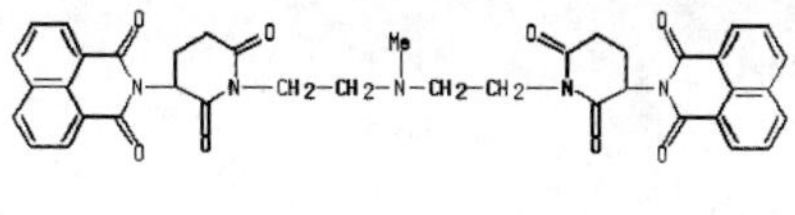 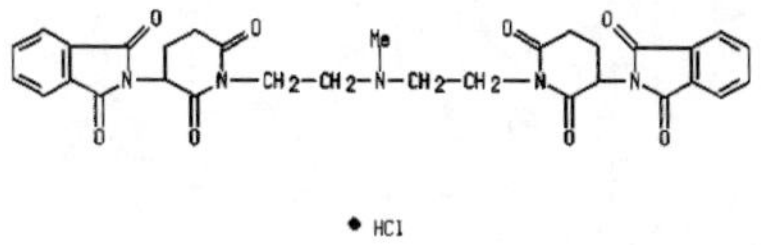 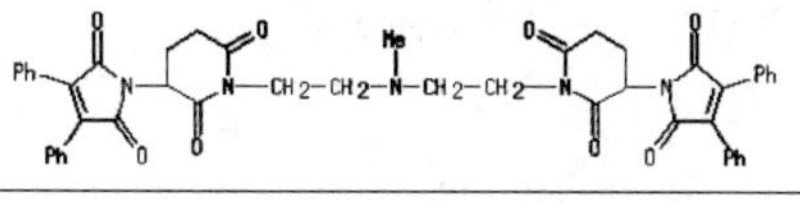
FR2846969A1	CONT – I	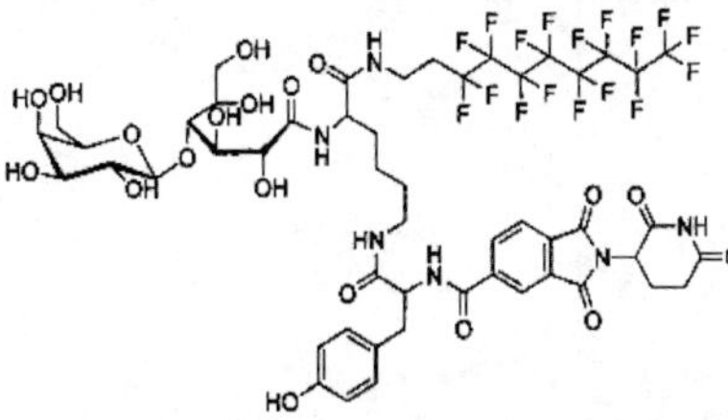

续表

相关专利申请	申请人	示例性化合物
WO2013158644A1	SYPH	
WO2015038649A1	SYPH	
WO2015143004A1	SYPH	
WO2016094688A1	MASI	
WO2014147531A2	Kandula M	
WO2015160845A2	ARVINAS	

相关专利申请	申请人	示例性化合物
WO2018102725A1	ARVINAS	
WO2018119448A1	ARVINAS	
WO2018119357A1	ARVINAS	
WO2018118598A1	ARVINAS	
WO2018119441A1	ARVINAS	

续表

相关专利申请	申请人	示例性化合物
US20160176916A1	达纳－法伯	dBET1
WO2017117473A1	达纳－法伯	
WO2017117474A1	达纳－法伯	
WO2017185031A1	达纳－法伯	
WO2017185034A1	达纳－法伯	

续表

相关专利申请	申请人	示例性化合物
WO2017185036A1	达纳－法伯	
WO2017185023A1	达纳－法伯	
WO2017143059A1	MASI	
WO2017176957A1	密歇根大学	
WO2017176958A1	密歇根大学	

续表

相关专利申请	申请人	示例性化合物
WO2017180417A1	密歇根大学	
CN106543185A	吉林大学	
WO2017079267A1	耶鲁大学	
CN107056772A	中国药科大学	
CN107698575A	中国药科大学	
CN107382862A	大连大学	
WO2017184995A1	BIOVENTURES	

续表

相关专利申请	申请人	示例性化合物
US20180118758A1	DEUTERX	
WO2017197056A1	C4 THERAPEUTICS	
WO2017197051A1	C4 THERAPEUTICS	
WO2017197055A1	C4 THERAPEUTICS	

2002 年，UYSA－N 在 WO2002070480A1 中设计了一类双分子形式的异吲哚酮衍生物。2003 年，CONT－I 在 FR2846969A1 中披露了在沙利度胺的苯环引入含有两个糖基和多氟代长链烷基的基团，从而得到抗肿瘤活性良好的化合物。2013～2015 年，SYPH 在 WO2013158644A1、WO2015038649A1、WO2015143004A1 中披露了一系列将来那度胺等药物通过连接基与相连的靶向药物，例如靶向 Hsp90 蛋白，发挥抗癌作用的方法。2014 年，KANDULA M 在 WO2014147531A2 中设计了一类来那度胺与喹啉相连的缀合物。

2015 年，ARVINAS 在 WO2015160845A2 中设计了一系列具有 PTM－L－CLM 形式的蛋白靶向缀合物，其中 PTM 是能够靶向蛋白的基团，L 是连接基，CLM 是 CEREBLON

E3 Ubiquintin 配体，主要是来那度胺、沙利度胺、泊马度胺、Avadomide 等化合物及其衍生物；而 PTM 主要是 Hsp90 蛋白抑制剂的残基，其中 L 为长链醚链等基团，该类化合物具有良好的抗肿瘤活性。此后，2016～2018 年，ARVINAS 在 WO2016197032A1、WO2017176708A1、WO2018119448A1、WO2018119357A1、WO2018118598A1、WO201811944 中公开了大量以来那度胺、沙利度胺、泊马度胺、Avadomide 等化合物为 CEREBLON 配体与蛋白靶向基团的缀合物。

2015 年，达纳-法伯在 US20160176916A1 中披露了一类以来那度胺、沙利度胺、泊马度胺等化合物为 CEREBLON 配体与蛋白靶向基团的缀合物。2016～2017 年，达纳-法伯在 WO2017059319A1、WO2017024318A1、WO2017117473A1、WO2017117474A1、WO2017185023A1、WO2017185031A1、WO2017185034A1、WO2017185036A1、WO2017223452A1、WO2017223415A1、WO2018064589A1 中设计了类似结构的缀合物，公开了沙利度胺、来那度胺、泊马度胺等 CEREBLON 配体，以及多种结构不同的蛋白靶向基团。

密歇根大学在 2017 年提交了专利申请 WO2017176957A1、WO2017176958A1、WO2017180417A1、WO2018052945A1、WO2018052949A1，设计了一系列含有蛋白靶向基团的缀合物。MASI 在 2017 年提交的 WO2017143059A1 中披露了多种蛋白靶向基团的缀合物。吉林大学在 2016 年提交的 CN106543185A 中公开了一类靶向泛素化降解 PLK1 和 BRD4 蛋白的缀合物。此外，耶鲁大学、中国药科大学、BIOVENTURES、DEUTERX、C4 THERAPEUTICS、大连大学、GSK 等也有涉及该类衍生物的专利申请。

5. 氘代衍生物分析

除了上述主要的四种结构衍生设计方式外，还有少量专利申请针对沙利度胺类异吲哚酮化合物进行同位素衍生化，主要是氘代衍生物（表 3-6）。例如，2010～2012 年，康塞特提交的 WO2010056344A1 和 WO2012015986A2 公开了一系列针对来那度胺的氘代衍生物；在 WO2012079075A1 和 WO2012079022A1 中又分别针对沙利度胺和泊马度胺进行了氘代衍生设计。2010～2012 年，CELGENE 提交的 WO2010093605A1、WO2012177678A2 分别公开了沙利度胺和泊马度胺的氘代衍生物。2014 年，DEUTERX 提交的 WO2014110558A1、WO2014152833A1 公开了一系列 Avadomide 或其衍生物的氘代物。2016～2017 年，国内药企康朴生物在 WO2016065980A1，WO2017067530A2，WO2017054739A1 中公开了大量针对来那度胺、泊马度胺、Avadomide、Iberdomide 及其衍生物的氘代物。

表 3-6　氘代衍生物的代表性专利申请

相关专利申请	申请人	通式化合物	示例性化合物
WO2010056344A1	康塞特		

续表

相关专利申请	申请人	通式化合物	示例性化合物
WO2010093605A1	CELGENE		
WO2012079075A1	康塞特		
WO2012079022A1	康塞特		
WO2012177678A2	CELGENE		
WO2014110558A1	DEUTERX		
WO2014152833A1	DEUTERX LLC		
WO2016065980A1	康朴生物		
WO2017067530A2	康朴生物		
WO2017054739A1	康朴生物		

四、典型药物的重点专利申请分析

在对沙利度胺的结构衍生设计中产生了一些重要的上市药物、处于临床研究阶段或临床前研究的重要化合物——来那度胺、泊马度胺、Avadomide、Iberdomide 等。我们对这些药物涉及的化合物、制备方法、晶型、用途等的重点专利申请进行简要的汇总分析。

（一）来那度胺相关重点专利申请

来那度胺是 CELGENE 开发的用于治疗多发性骨髓瘤和骨髓增生异常综合征的超级重磅炸弹药物，2005 年经 FDA 批准上市。1997 年，提交的原研基础专利 CN1239959A（WO9803502A1）在中国从 2011 年开始，经三次无效挑战，前两次维持有效，第三次全部无效，2017 年 3 月 15 日终审结案，专利权无效决定生效，而此时距离其专利到期也仅有 4 个多月。虽然该基础专利已经到期无效，但 CELGENE 对其进行了严密专利布局，申请了多项相关专利：2004 年，CELGENE 在 CN1871003A 中披露了来那度胺 A、B、C、D、E、F、G、H 共 8 种晶型；在 WO2006028964A1 中披露了来那度胺的新合成方法。2014 年，Celgene 在 WO2014160686A1 中公开了来那度胺与苯甲酸、没食子酸、乙醇酸、溴化镁、丙二酸、麦芽醇、氯化锌、香草醛、没食子酸丙酯等形成的共晶。2018 年，CELGENE 又在 WO2018013693A1 中披露了一种来那度胺新剂型——来那度胺的固体分散剂，该制剂包含聚合物，例如纤维素脂、聚氧烷、聚丙烯酸酯、PEG6000 等。随着来那度胺在抗肿瘤药物市场上的巨大成功，大量制药企业和药物研发机构等纷纷投入来那度胺的研究，出现了大量有关来那度胺的新晶型（包括共晶、水合物）、无定形或其制备方法的专利。

如表 4－1 所示，在晶型和无定形方面，2009 年，SYNTHON B. V. 在 US8686153B2 中披露了来那度胺的盐酸盐、氢溴酸盐、甲磺酸盐、乙磺酸盐、苯磺酸盐、对甲苯磺酸盐及其晶型。印度雷迪博士实验室在 2010 年提交的 WO2010056384A1 中公开了一种来那度胺水合物的制备方法；在 2009 年提交的 WO2009114601A2 中披露了一种来那度胺无定形。印度太阳医药在 2011 年提交的 WO2011033468A1 中公开了一种晶型 A 的制备方法。2010～2012 年，梯瓦制药在 WO2011050962A1 中披露了来那度胺盐酸盐、硫酸盐等盐及其晶型；南京卡文迪许在 CN101817813A 中公开了新晶型 Ⅳ；江苏先声药业在 CN102643266A 中公开了来那度胺晶型 B 的制备方法。AMPLIO PHARMA 在 2013 年提交的 WO2013012485A2 中公开了来那度胺与尿素、没食子酸、没食子酸丙酯、草酸、丙二酸等的共晶。2014 年，深圳翰宇药业在 CN105218515A 中公开了来那度胺半水合物的制备方法；上海迈柏医药在 CN104447689A 中制备了一种来那度胺半水合物新晶型 Ⅴ；江苏豪森在 CN105085473A 中也公开了一种来那度胺新晶型。2015 年，上海创诺制药在 WO2015113314A1 中披露了新晶型 Ⅹ、Ⅺ、Ⅻ、ⅩⅢ，储存稳定，流动性好，静电小。2015～2017 年，中山大学在 CN105367549A 中制备了一种来那度胺与没食子酸的共晶，其是由来那度胺与没食子酸及水按 1∶1∶1 的摩尔比通过氢键结合而成；上海工程技术大学在 CN105837556A 中披露了一种来那度胺与烟酰胺共晶物及其制备方法；正大天晴在 CN107400115A 中披露了一种结晶度高、稳定性好、粒径变化小的来那度胺的新晶型。浙江海正药业在 2018 年提交的 WO2018036557A2 中披露了来那度胺的新晶型 J。

表 4-1　来那度胺相关重点专利申请

申请主题	申请人（申请项数）	相关专利申请
化合物	CELGENE（1）	WO9803502A1
晶型和无定形	CELGENE（2）	CN1871003A、WO2014160686A1
	正大天晴（1）	CN107400115A
	江苏先声药业（1）	CN102643266A
	浙江海正药业（1）	WO2018036557A2
	深圳翰宇药业（1）	CN105218515A
	上海迈柏医药（1）	CN104447689A
	江苏豪森（1）	CN105085473A
	上海创诺制药（1）	WO2015113314A1
	中山大学（1）	CN105367549A
	印度雷迪博士实验室（3）	WO2010056384A1、WO2009114601A2
	印度太阳医药（1）	WO2011033468A1
	南京卡文迪许（1）	CN101817813A
	上海工程技术大学（1）	CN105837556A
	AMPLIO PHARMA（1）	WO2013012485A2
	SYNTHON B. V.（1）	US8686153B2
	梯瓦制药（1）	WO2011050962A1
制备方法	CELGENE（1）	WO2006028964A1
	江苏豪森（1）	CN104710405A
	南京欧信医药（1）	CN103554082A
	人福医药（1）	CN103497175A
	上海皓元生物医药（1）	CN101665484A
	南京卡文迪许（1）	CN101580501A
	迈兰公司（1）	WO2010100476A2
剂型或组合物	CELGENE（1）	WO2018013693A1
	SYNTHON B. V.（1）	WO2017109041A1

在制备方法方面，2009～2010 年，上海皓元生物医药科技、南京卡文迪许以及迈兰公司分别在 CN101665484A、CN101580501A、WO2010100476A2 中披露了来那度胺的新制备方法。在 2013 年，江苏豪森、南京欧信医药、人福医药也提交了相关制备方法的专利申请 CN104710405A、CN103554082A、CN103497175A。

在剂型或组合物方面，2016 年，Synthon B. V. 在 WO2017109041A1 中公开了一种来

那度胺组合物，其包括无定形的来那度胺和抗氧化剂。

（二）泊马度胺相关重点专利申请

泊马度胺是 CELGENE 开发的用于治疗多发性骨髓瘤的药物，于 2013 年经 FDA 批准上市。其最早的化合物专利为 WO9803502A1。此后，如表 4 – 2 所示，CELGENE 申请了多项相关专利：US7629360B2 中请求保护该化合物用于治疗恶病质的用途；WO2013126326A1 公开了该药物的晶型 A；而在其 2014 年提交的 WO2014160690A1 中，披露了将泊马度胺与五倍子酸、香草醛、环己基磺酸、D – 葡萄糖、没食子酸丙酯、糖精、月桂醇硫酸酯、氯化锌、羟苯甲酸甲酯、麦芽醇等形成的共晶；2013 年其提交了关于泊马度胺制备方法的专利 WO2014018866A1，该专利披露了一种采用 3 – 氨基邻苯二甲酸与 3 – 氨基哌啶 – 2，6 – 二酮反应生成泊马度胺。

表 4 – 2　泊马度胺重点专利申请

申请主题	申请人（申请项数）	相关专利申请
化合物	CELGENE	WO9803502A1
晶型	CELGENE（2）	WO2013126326A1、WO2014160690A1
	FAIS（1）	WO2017121530A1
	IPMA – N（1）	EP2815749A1
	重庆泰濠制药（1）	CN103626738A
	江苏豪森（1）	CN104072476A
	天津和美（1）	CN104140413A
	上海迪赛诺（1）	CN104447684A
	浙江海正药业（1）	WO2017219953A1
用途	CELGENE（1）	US7629360B2
制备方法	CELGENE（1）	WO2014018866A1
	APICORE US（1）	US20170260157A1
	正大天晴（1）	CN107325075A
	杭州新博思生物医药（1）	CN104402863A
	天津市炜杰科技（1）	CN103804350A
	上海医工院（1）	CN103724323A

此外，国内外其他制药企业也申请了多项关于泊马度胺的专利。在晶型方面，2013年，重庆泰濠制药、天津和美、上海迪赛诺分别申请了 CN103626738A、CN104140413A、CN104447684A 关于泊马度胺新晶型的专利。2014 年，江苏豪森、IPMA – N 分别在专利 CN104072476A 和 EP2815749A1 中披露了泊马度胺新晶型；2016 年，FAIS 在 WO2017121530A1 中披露了泊马度胺的晶型 B、晶型 M 以及泊马度胺与龙胆酸的共晶。2017 年，浙江海正药业在 WO2017219953A1 中披露了泊马度胺的新结晶工艺和新晶型，其是采用丙酮与水混

合作溶剂，或者采用丙酮与醇混合作溶剂进行结晶获得的。

在制备方法方面，2014 年，杭州新博思生物医药在专利 CN104402863A 中披露了一种一锅法制备泊马度胺的方法；上海医工院在 CN103724323A 中披露了一种采用新的中间体经氨解成环合成泊马度胺；2016 年，APICORE US 在 US20170260157A1 中公开了以硝基取代的邻苯二甲酸酯与 3 - 氨基哌啶 - 2，6 - 二酮盐酸盐氨解，然后进行还原得泊马度胺；正大天晴在 CN107325075A 中披露了一种采用 3 - 氨基哌啶 - 2，6 - 二酮盐酸盐与 3 - 氨基邻苯二甲酸钠反应制备泊马度胺的方法。

（三）Avadomide 相关重点专利申请

Avadomide 是 CELGENE 开发的用于治疗肝癌、慢性淋巴白血病、弥散性淋巴瘤的药物，目前处于临床Ⅲ期阶段。如表 4 - 3 所示，该药物的原研专利申请为 WO2008039489A2。2012 年，CELGENE 在 WO2012125438A1 中披露了该药物的多种晶型（A - F）以及无定形；同年，又在 WO2012125459A1 中公开该药物用于治疗各类癌症的用途。2014 年，其在 WO2014179416A1 中披露了该药物的制备方法。2015 年，其在 WO2016164336A1 中披露了该药物与其他药物（如索拉非尼）联合治疗肝癌的用途。另外，还提交了两项剂型专利申请 WO2015108889A1 和 WO2017035443A1，公开了该药物的口服胶囊剂型。

表 4 - 3　Avadomide 重点专利申请

申请主题	申请人	相关专利申请
化合物	CELGENE	WO2008039489A2
晶型	CELGENE	WO2012125438A1
用途	CELGENE	WO2012125459A1
		WO2016164336A1
制备方法	CELGENE	WO2014179416A1
剂型	CELGENE	WO2015108889A1
		WO2017035443A1

（四）Iberdomide 相关重点专利申请

Iberdomide 是由 CELGENE 开发的用于治疗系统性红斑狼疮、复发性难治性多发性骨髓瘤的另一个药物，目前处于临床Ⅱ期研究阶段。如表 4 - 4 所示，该化合物的原研专利为 WO2011100380A1。2013 年，CELGENE 在 CN104703978A 中披露了 Iberdomide 的 11 种晶型：A、B、C、D、E、F、G、H、I、J、K，可谓对该药物的晶型进行了较为全面的研究。同年，其在 US9309220B2 中公开了该药物的制备方法。此后，2013 ～ 2015 年，CELGENE 申请了多项关于该药物的用途或剂型组合物专利：US20140343058A1、WO2015179276A1 中公开了将该药物用于治疗系统性红斑狼疮；CN104837491A 请求保护该药物治疗多种癌症的用途；WO2015179279A1 请求保护该药物治疗免疫相关疾病和炎性疾病的用途；CN105899196A 披露了该药物的口服胶囊剂型，公开了使用的剂量。

表4-4 Iberdomide 重点专利申请

申请主题	申请人	相关专利申请
化合物	CELGENE	WO2011100380A1
晶型	CELGENE	CN104703978A
用途	CELGENE	US20140343058A1
		CN104837491A
		WO2015179276A1
		WO2015179279A1
剂型	CELGENE	CN105899196A
制备方法	CELGENE	US9309220B2

（五）其他重要化合物及相关专利申请

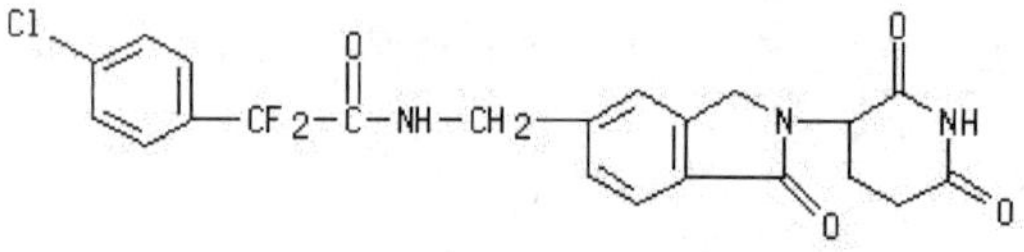

图4-1 化合物A

图4-1 所示的化合物 A 是 Celgene 合成的重要衍生物，最早出现在其 2015 年提交的专利 WO2016007848A1（见表4-5）中。该化合物是在异吲哚酮苯环上引入酰胺结构，并且侧链有两个氟原子取代。

CELGENE 针对该化合物在 2017 年申请了多项专利：WO2017120415A1 中披露了化合物 A 的五种晶型：A、B、C、D、E，并对各晶型的性质进行了研究；WO2017120437A1 请求保护含有化合物 A 的冻干剂型；WO2017120446A1 公开了包括化合物 A 在内的一系列化合物的抗癌用途；WO2017214014A1 则单独请求保护化合物 A 在治疗血液相关癌症中的用途（参见表4-5）。

表4-5 化合物 A 相关重点专利申请

申请主题	申请人	相关专利申请
化合物	CELGENE	WO2016007848A1
晶型	CELGENE	WO2017120415A1
剂型	CELGENE	WO2017120437A1
用途	CELGENE	WO2017120446A1
		WO2017214014A1

可见，CELGENE 公司在短时间内对化合物 A 进行了深入研究，并申请了包括化合物、晶型、剂型、用途等在内的专利，可以说在短时间内针对该化合物进行了较为完善的专利布局。因此，化合物 A 极有可能是 CELGENE 公司在该领域的又一重要候选化合物，有必要针对此类化合物进行跟踪研究。

五、总结

从沙利度胺最初以用于治疗孕妇妊娠反应上市，后因严重的致畸作用而撤市，再到作为治疗麻风结节性红斑和多发性骨髓瘤而重新上市，该药物充满了神奇色彩。而 CEL-GENE 以其为先导物设计的来那度胺、泊马度胺等药物的巨大成功，更是让该类化合物成为抗肿瘤药物研发的热点。

从全球申请量来看，随着 CELGENE 的成功，众多制药企业和药物研发机构纷纷加入该类抗肿瘤化合物的研究中，近年来相关专利申请量增长迅速。从相关专利申请来源国来看，主要来自美国和中国，特别是美国申请量占了 54%。从申请人来看，CELGENE无疑是该领域的绝对领先者，而来自中国的主要申请人包括南京卡文迪许、天津和美、重庆医工所、康朴生物、上海医工院等。

从结构衍生设计来看，主要在以下五个方向进行结构修饰：苯环取代基修饰、哌啶二酮环修饰、异吲哚酮环变形、缀合物衍生物、氘代衍生物。其中，苯环取代基修饰是最重要的方向，已上市药物来那度胺、泊马度胺以及处于临床 II 期研究的 Iberdomide 均是在这个方向上获得的，而且 CELGENE 仍在该方向上持续不断地申请专利。异吲哚酮环变形是另一个重要方向，CELGENE 开发的处于临床 III 期研究的 Avadomide 便是通过异吲哚酮环变形而获得的。此外，值得注意的是缀合物衍生物方向：2015 年之前，只有少量相关专利申请，但从 2015 年开始，特别是 2017 年以来出现了大量相关专利申请。其中，达纳－法伯在近几年申请了近 17 项专利，生物医药公司 ARVINAS 申请了近 10 项专利。此外，美国的密歇根大学申请了 6 项专利，麻省理工大学申请了 2 项专利，耶鲁大学申请了 1 项专利，国内中国药科大学、吉林大学、大连大学也进行了相关专利申请。如此，几乎在同一时期内，大量申请人投入该方向研究中，因此很可能是未来的研究热点。

从典型药物的专利申请来看，首先，对于上市药物来那度胺、泊马度胺，CELGENE公司进行了完善的专利布局，大量的制药企业也对这两种药物的晶型和制备方法进行了专利申请，为仿制作准备。特别是出现了大量晶型专利申请，国内制药企业应当注意规避风险。另外，值得关注的是 CELGENE 公司近年申请了这两种药物与没食子酸丙酯、糖精、月桂醇硫酸酯、氯化锌、羟苯甲酸甲酯、麦芽醇、苯甲酸、没食子酸、乙醇酸、马尿酸、溴化镁、丙二酸等形成共晶的专利。对于 Avadomide、Iberdomide，主要是 CEL-GENE 进行了相关专利布局，尚无其他申请人。此外，值得关注的是 CELGENE 在 2015~2017 年针对化合物 A 进行了较为完善的专利布局，该化合物极可能是其又一重要候选化合物。

　　CELGENE 在沙利度胺类异吲哚酮抗肿瘤化合物领域已经坚持了 20 多年，现在依然在不断地投入研究，曾经的医药禁地成就了今天的巨头 CELGENE。这不得不让人重新审视该领域抗肿瘤药物开发的潜力，国内制药企业可结合自身情况，参与到该领域的新药或仿制药开发中。

参考文献

［1］ Evaluate Pharma. World Preview 2017, Outlook to 2022 ［R/OL］. https：//www. docin. com/p-1971933357. html.

［2］ Leamon C P, REDDY, JOSEPHA, et al. Preclinical antitumor activity of a novel folate – targeted dual drug conjugate ［J］. Molecular Pharmaceutics, 2007（4）：659 – 697.

［3］ Gigant B, WANG CG RAVELLI, et al. Structure basis for the regulation of tutulin by vinblastine ［J］. Nature, 2005（435）：519 – 522.

［4］ TAKUMIITO, HIROSHI H. Another action of a thalidomide derivative ［J］. Nature, 2015（523）：167 – 168.

急性淋巴细胞白血病单克隆抗体药物专利技术综述*

黄炎　孙雅圣娴**　张建英**

摘　要　本文主要介绍了急性淋巴细胞白血病单克隆抗体药物的发展状况，基于对相关专利申请的分析对急性淋巴细胞白血病（ALL）单克隆抗体药物进行了梳理，以关注产业和科研的发展为主，结合当今治疗 ALL 免疫疗法的发展趋势，确定了主要的研究方向以及治疗 ALL 单克隆抗体药物的类型和其未来发展方向前景预测。通过专利的统计分析来研究 ALL 抗体药物的发展趋势和发展特点，并分析了 ALL 细胞表面表达各种特异性抗原 CD19、CD20、CD22 和 CD52 等以及以这些靶点为目标的新型药物的研发趋势，还结合当前研究热点分析了抗体偶联药物（ADCs）以及嵌合抗原受体 T 细胞免疫疗法（CAR‐T）技术的发展脉络。

关键词　急性淋巴细胞白血病（ALL）　单克隆抗体　CD19　CD20　CD22　CD52　抗体偶联药物（ADCs）　嵌合抗原受体　CAR‐T　专利

一、概述

急性淋巴细胞白血病（ALL）是一种起源于淋巴细胞的 B 系细胞或 T 系细胞在骨髓内异常增生的恶性肿瘤性疾病。异常增生的原始细胞可在骨髓聚集并抑制正常造血功能，同时也可侵及骨髓外的组织，如脑膜、淋巴结、性腺、肝脏等。我国曾进行过白血病发病情况调查，ALL 发病率约为 0.67/10 万人。油田、污染区发病率明显高于全国发病率。ALL 在儿童期（0~9 岁）为发病高峰，可占儿童白血病的 70% 以上。ALL 在成人中占成人白血病的 20% 左右。目前依据 ALL 不同的生物学特性制定相应的治疗方案已取得较好疗效，大约 80% 的儿童和 30% 的成人能够长期无病生存，并且有治愈的可能。目前，对于 ALL 的病因及发病机制尚未完全清楚，但其与一些危险因素有关，主要是遗传及家族因素、环境影响及基因改变。

---

* 作者单位：国家知识产权局专利局专利审查协作湖北中心。

** 等同第一作者。

近些年来，肿瘤细胞的单克隆抗体靶向杀伤已成为肿瘤治疗的发展趋势之一。譬如 ALL 细胞表面表达各种特异性抗原 CD19、CD20、CD22 和 CD52 等，引发了以这些靶点为目标的新型药物研发。目前已经获得美国食品药品管理局（FDA）批准的治疗 ALL 单克隆抗体药物有如 Blinatumomab（2014 年 12 月）、利妥昔单抗（Rituximab）（1997 年）、依帕珠单抗（Epratuzumab）（2008 年）、Inotuzumab ozogamicin（2016 年）、阿伦单抗（Alemtuzumab）（2001 年）等。在一项研究中，Blinatumomab 使复发/难治 ALL 患者达到微小残留疾病（MRD），随后接受干细胞移植，然后进行 Blinatumomab 免疫疗法，显示生存期达到 2 年以上。单抗靶向药物用于 ALL 具有一定的市场前景。除此之外，针对 ALL 单克隆抗体靶向位点，还分析了最近热点研究对象抗体偶联药物（ADCs）以及嵌合抗原受体 T 细胞免疫疗法（CAR - T）技术，APCs 能够改善小分子化学药物的代谢动力学，提高药物的特异性，减少副作用。迄今为止，仅有 4 种 ADCs 曾获 FDA 批准上市。近些年来，关于由单克隆抗体药物改进的免疫疗法得到广泛的关注。2017 年 8 月，美国 FDA 正式批准诺华 CAR - T 基因疗法药物上市，商品名为 Kymriah（Tisagenlecleucel），用于儿童及青年人（25 岁以下）复发或难治性的 ALL 的治疗。FDA 专员 Scott Gottlieb 称，该疗法的上市标志着"我们已经进入医疗创新的新时代"。CAR 是一种特殊的 T 细胞抗原受体，其胞外段是针对癌细胞特殊表面抗原（CD19）的单克隆抗体的轻链和重链连接形成的单链，再通过跨膜部分和胞内信号域相连，能够增强 T 细胞对癌细胞的反应活性；将基因修饰 T 细胞回输到患者体内，通过增强患者自身免疫反应来对抗癌症。这种疗法治疗 ALL 的成功率达到 90%。最近在国内外均掀起了一股研究 CAR - T 技术的浪潮。

据不完全统计，全球单克隆抗体药物专利申请多达近 2 万件，大部分为国外申请；国内企业或者高校的专利申请数量较少，且申请时间晚于国外企业，因此亟须掌握科学的专利分析方法，以便及时地跟踪国内外技术的发展状况，提高专利信息应用能力，合理进行专利布局。

二、检索策略和数据处理

本文的检索主题是 ALL 单克隆抗体药物，本文使用中国专利检索与服务系统进行专利检索，数据来源于中国专利文献摘要数据库（CNABS）和德温特世界专利索引数据库（DWPI），所检索专利申请时间截至 2018 年 6 月底，经去噪处理后最终得到国内相关专利申请 395 件，全球相关专利申请 564 件。本文将在此数据基础上进行统计分析，从申请趋势、技术来源、技术主题、主题重要申请、技术发展脉络等进行专利信息分析，总结我国 ALL 单克隆抗体药物的发展状况，发掘其中的不足与优势。

三、国内外专利申请趋势分析

（一）专利申请量趋势分析

图1给出了 ALL 单克隆抗体药物技术全球和中国专利申请量趋势。

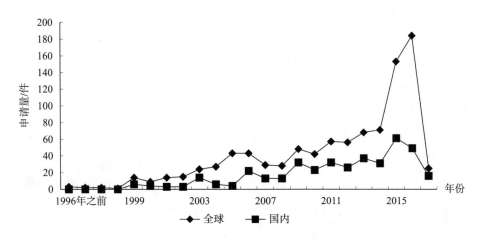

图1　ALL 单克隆抗体药物专利申请量趋势

根据图1显示，1996 年之前，国内外关于 ALL 单克隆抗体药物技术的专利申请很少。1999～2013 年，该领域的申请量开始增多，基本处于温和上涨的趋势，反映出业界对单克隆抗体药物治疗 ALL 逐渐产生浓厚兴趣，而由这种浓厚兴趣所衍生的创新热情，促使申请量在 2014～2016 年呈现出爆发式增长——在 2015 年关于 ALL 单克隆抗体药物技术的全球专利申请量达到了 153 件，而 2016 年全球专利申请量达到了 184 件，这反映出该技术领域开始呈现出高歌猛进的发展趋势。2017～2018 年的专利申请因未完全公开的缘故，无法获得准确的申请量统计数据，但可以预测，本领域关键技术的发展将继续呈现上升的趋势。综合判断，关于 ALL 单克隆抗体药物技术的专利申请领域依然是全球专利申请的热点，其中涉及 ALL 单克隆抗体药物技术改进的全球专利申请更是重中之重。

在国内，ALL 单克隆抗体药物相关领域的专利申请总量整体来说一直呈上升发展趋势。2009 年之前申请量均维持在 30 件以内；2009 年专利申请量达到了 32 件，之后，专利申请量的增长速度开始逐渐加快，这表明中国 ALL 单克隆抗体药物相关技术领域已经逐渐得到重视与关注，也反映出从 2009 年开始国内重点关注 ALL 单克隆抗体药物相关领域。我国企业初始阶段主要依靠借鉴国外企业核心技术，目前国内抗体药物研发能力较为薄弱，创新研发能力还有待进一步加强。

除此之外，在 DWPI 数据库和 CNABS 数据库中，ALL 单克隆抗体药物技术的专利申请趋势保持一致。这是由于在国内关于 ALL 单克隆抗体药物技术的专利申请大部分是国外公司在华申请，国内的企业或者高校的专利数量较少，且申请时间晚于国外企业。因此国内企业及高校亟须掌握科学的专利分析方法，以便及时地跟踪国内外技术的发展状况，提高专利信息应用能力，合理进行专利布局。

（二）区域分布分析

1. 全球专利申请量区域分布分析

以 DWPI 数据库统计全球专利申请技术来源的国家、地区和区域性组织，发现在 DWPI 数据库中的 ALL 单克隆抗体药物的全球专利申请共涉及 16 个国家、地区以及区域性组织。本节选取专利申请量排名前十位的国家、地区及区域性组织的专利申请数据，通过申请量排名情况以及专利总申请量趋势对 ALL 单克隆抗体药物的全球专利国家/地区/区域性组织分布特点进行分析。

从全球 ALL 单克隆抗体药物专利申请的布局上看，如图 2 所示，美国市场 46%，紧随其后的是中国市场 43%，而欧洲、英国以及日本的申请占全球专利申请总量的比例均不到 5%。上述数据表明 ALL 单克隆抗体药物领域的全球市场，尤其是美国市场和中国市场十分活跃。同时我国的专利布局总体上与国外保持高度一致。由于篇幅所限，本文主要针对国内 ALL 单克隆抗体药物的专利申请布局进行分析。

2. 国内申请分布分析

在中国 ALL 单克隆抗体药物技术领域的申请总量中，国内专利申请为 56 件，占总申请量的 14%，国外来华专利申请为 340 件，占总申请量的 86%，因此国内专利大部分为国外申请。为了进一步分析国外申请在中国的专利布局情况，笔者用中国申请中国外申请的优先权国别来分析国外申请的申请量区域分布，发现 ALL 单克隆抗体药物技术领域的来华申请中占据申请量第一位的是美国，占国外来华申请量的 70%，这说明美国十分重视中国抗体药物市场，也体现出美国在该领域的霸主地位；处于第二位的欧洲占国外来华申请量的 11%；其他占较大份额的国家还有日本、德国、法国、澳大利亚等，如图 3 所示。

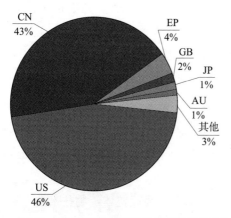

图 2　ALL 专利申请量主要国家/地区分布

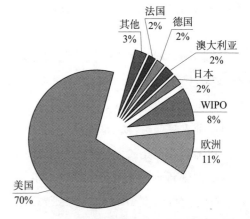

图 3　ALL 国外来华申请区域分布

上述图表区域分布可以表明，美国和欧洲在 ALL 单克隆抗体药物技术领域对中国市场的重视程度最高，也表明我国企业的重点竞争对象也必然是来自美国和欧洲的企业。我国企业应重视在该领域的研发创新动力源，学习国外公司企业的核心技术，并进一步重视专利布局，重视在创新与布局过程中规避外国企业的专利壁垒限制，促进国内 ALL 单克隆抗体药物技术的发展，提高核心专利的申请量，抢占市场份额，以防止抗体药物被国外企业全面垄断。

3. 主要申请人分析

如图 4 所示，在我国 ALL 单克隆抗体药物技术领域专利申请中，主要申请人是企业，其 41 件申请占总申请量的 73%；其次是高校和科研院所的 11 件申请，占总申请量的 20%；个人专利申请 4 件，占 7%。这表明，高校和科研院所对于 ALL 单克隆抗体药物技术领域的基础研究还远远不够，在产业上的创新和研发均比较匮乏。而为了提高抗体药物的技术竞争力，部分公司开始加大 ALL 单

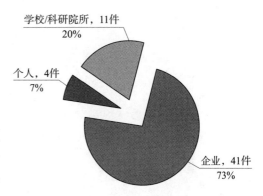

图 4　ALL 国内申请人类别分布

克隆抗体药物的研发力度。如何整合科研院所以及企业的技术实力来对抗国外公司在该领域强有力的技术竞争和专利壁垒，也是下一阶段我国企业和高校需要深入思考的。

ALL 单克隆抗体药物技术领域的专利申请中，我国国内原创的专利申请量分布情况如图 5 所示，从中可以看出，中国单个科研院所或企业的申请量都不算大。主要申请人中，国内高校和科研院所仍然在专利申请量上占据优势地位。北京大学人民医院以申请量 4 件排在第一位；上海优卡迪生物医药科技有限公司、浙江大学均以申请量 3 件并列第二位。这在一定程度上体现了高校的技术研发实力和知识产权保护意识的增强。

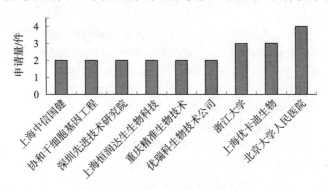

图 5　ALL 国内专利申请机构分布

与此同时，也反映出我国其他一些重要的企业需要投入更大的成本与精力在 ALL 单克隆抗体药物技术领域，不能让我国在该领域的技术专利申请过多停留在高校与科研院

所的理论研究阶段。

为了分析国外公司对中国市场的关注度，进一步分析了 ALL 单克隆抗体药物技术领域的专利申请中国外来华的专利申请量分布情况，如图 6 所示，该图反映出了我国对外主要竞争对手。免疫医疗公司申请量处于第一位，随后依次为健泰科生物技术公司、IBC 药品公司、诺华股份有限公司。国外来华专利申请前五位均是抗肿瘤抗体药物研发热门企业，显示出其领域专利布局的积极性。

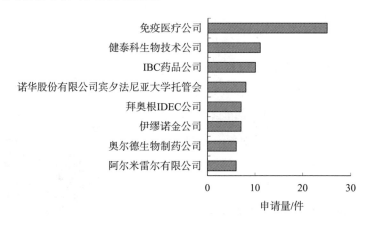

图 6　ALL 国外来华专利申请机构分布

四、技术领域分析

（一）IPC 技术构成

按 IPC 分类，如图 7 所示，涉及 ALL 单克隆抗体药物的专利主要集中在 C07K 16：免疫球蛋白（单抗/多抗）（105 件）；A61K 39：含有抗原或抗体的医药配制品（84 件）；A61P 35：抗肿瘤药（69 件）；A61K 31：含有机有效成分的医药配制品（60 件）；C12N 5：未分化的人类细胞系（28 件）；以及 C07K 14：肽（18 件）。

图 7　ALL 单克隆抗体药物主要 IPC 分类情况

（二）主要技术主题分析

通过对国内外专利的技术主题进行分析，涉及 ALL 单克隆抗体药物的技术主题主要包括以下两个方面。

1. 治疗 ALL 的单克隆抗体

ALL 细胞表面有不同的抗原表达可作为单克隆抗体作用的靶位。理想的抗原靶位应具备以下条件：在绝大多数的幼稚细胞表面有足够密度的表达，而在正常细胞表面较少表达。目前已知可用于 ALL 治疗的单克隆抗体的靶点包括 CD19、CD20、CD22、CD52 等。

（1）细胞表面分化抗原 CD20 和 CD20 单抗

CD20 分子量为 33000～37000，是 B 淋巴细胞特异的、完整的非糖基化膜磷蛋白，其确切的功能尚不清楚，可能参与调控细胞膜钙离子的通透性。CD20 是在 B 系淋巴细胞发育中表达，存在于 25% 的前 B－ALL 和几乎所有的成熟 B－ALL 中。早期研究发现，CD20 表达同时伴高白细胞计数 ALL 患者有较高的复发率。近年来，靶向 CD20 的单克隆抗体如利妥昔单抗、Ofatumumab 和 Obinutuzumab 也被应用到 ALL 治疗中。

（2）细胞表面分化抗原 CD19 和 CD19 单抗

相关研究发现，几乎所有前体 B－ALL 都表达 CD19。B 淋巴细胞分化的早期即表达 CD19 并持续存在，因此 CD19 已成为引人注目的靶抗原，已有一系列 CD19 单抗问世，相关临床试验显示某些 CD19 单抗对 ALL 有疗效。Blinatumomab 是 BiTE（双特异性 T 细胞衔接器）单克隆抗体药物，同时针对肿瘤细胞表面的 CD19 抗原和 T 细胞表面的 CD3 抗原。美国 FDA 于 2014 年批准该药治疗复发/难治性（R/R）Ph－ALL。截至目前，一系列探讨 Blinatumomab 治疗 ALL 的试验相继开展。

（3）细胞表面分化抗原 CD22 和 CD22 单抗

CD22 分子量为 135000，为 I 型穿膜唾液糖蛋白，特异性表达于 B 淋巴细胞，在 B 淋巴细胞分化过程中低水平表达于祖 B（Pro－B）和前 B（Pre－B）淋巴细胞胞质中，与 IgM 和 IgD 共同表达于成熟 B 淋巴细胞表面。99% 以上的前体 B－ALL 表达 CD22，造血干细胞不表达 CD22。CD22 的功能尚未完全明了，可能参与调控 B 淋巴细胞的功能和生存。

（4）细胞表面分化抗原 CD52 和 CD52 单抗

CD52 是一种细胞表面糖蛋白，分子量为 21000～28000，存在于 T 细胞和 B 细胞，比较成熟的 T 细胞或 B－ALL 细胞高水平表达 CD52，造血干细胞不表达 CD52。CD52 单抗（Alemtuzumab，阿伦单抗）是基因重组人 IgG1，特异性结合 CD52，最早用于异基因造血干细胞移植时体外清除 T－淋巴细胞，以预防 GVDH。对慢性淋巴细胞性白血病、T－幼淋白血病和其他的 T－NHL 也有抗肿瘤活性。但对复发的成人 ALL，单用 Alemtuzumab 疗效甚微。

2. 治疗 ALL 的单克隆抗体药物改进免疫疗法

针对治疗 ALL 的单克隆抗体药物改进免疫疗法主要分为抗体结构的改进以及免疫疗法的改进，下面分别对其技术分支作进一步分析。

（1）抗体结构的改进

抗体结构的改进可以分为单克隆抗体、双特异性抗体（以下简称"双抗"）、基因工程抗体以及抗体偶联药物（Antibody Drug Conjugates，ADCs）。本文重点分析了 ADCs 方面，ADCs 由三部分构成：抗体、小分子药物和连接臂。抗体要有高度的靶向特异性，识别细胞表面抗原后，还能诱导细胞内吞，将整个复合物内吞到溶酶体内，复合物在溶酶体内被分解后，将小分子药物释放出来发挥作用。这种药物运输体系能够改善小分子化学药物的代谢动力学，提高药物的特异性，减少副作用。但 ADCs 的开发有一定的技术困难，特别是连接臂的构建——它需要在血液中才能保持高度稳定，以避免细胞毒素提前释放损伤正常的组织或细胞，但在进入细胞后能被溶酶体分解从而释放出小分子化学药物。这一问题制约了 ADCs 的发展。辉瑞曾因连接臂在血液中的稳定性问题，于 2010 年撤回旗下抗体偶联药物 Mylotarg。迄今为止，仅有 4 种 ADCs 曾获 FDA 批准上市，其中就有针对 ALL 的抗体偶联药物 Besponsa——早在 2015 年 10 月，Bespons 已被 FDA 授予治疗 ALL 的突破性疗法资格，其上市申请也被 FDA 授予优先审评资格，美国处方药申报者付费法案（PDUFA）规定审批期限为 2017 年 8 月，Bespons 的获批将可为美国 ALL 成人患者提供新的治疗选择。

（2）针对 ALL 的 CAR－T 技术

CAR－T 细胞疗法，全称为嵌合抗原受体 T 细胞免疫疗法，可以特异性地识别肿瘤相关抗原，使效应 T 细胞更具有靶向性、活性和持久性。CAR－T 细胞疗法是指将经过设计的 CAR－T 细胞在实验室培养生长达到数十亿之多，将扩增后的 CAR－T 细胞注入患者体内，注入之后的 T 细胞也会在患者体内增殖并杀死具有相应特异性抗原的肿瘤细胞。CAR 是一种蛋白质受体，可使 T 细胞识别肿瘤细胞表面的特定蛋白质（抗原）。表达 CAR 的 T 细胞可识别并结合肿瘤抗原，进而攻击肿瘤细胞。这种表达 CAR 的 T 细胞被称为 CAR－T 细胞。

2017 年 8 月，美国 FDA 正式批准诺华 CAR－T 基因疗法上市，商品名为 Kymriah（Tisagenlecleucel），用于儿童及青年人（25 岁以下）复发或难治性的 ALL 的治疗。FDA 专员 Scott Gottlieb 称，该疗法的上市标志着"我们已经进入了医疗创新的新时代"。这种"药物"是一种代号为 CTL019 的细胞，它是一种名为"CAR－T"的疗法中最有代表性的一个。如果完成审批流程，这将是全球首个被批准用于临床的 CAR－T 治疗产品，是第一个进入市场的基因改良疗法。

（三）技术分支发展趋势

经过多年的发展，随着免疫治疗技术的不断发展，单克隆抗体药物研发技术的不断进步，针对 ALL 单克隆抗体药物的技术也不断发展进步。

ALL 细胞表面表达各种特异性抗原 CD19、CD20、CD22 和 CD52 等，而 ALL 单克隆抗体药物的研发主要针对 ALL 细胞表面表达各种特异性抗原引发以这些靶点为目标产生的单克隆抗体。以下将这些靶点作为技术分支来分析 ALL 单克隆抗体药物技术发展趋势，并进一步分析针对 ALL 单克隆抗体药物改进技术（ADCs 和 CAR - T）的发展脉络。

1. 全球技术分支发展趋势

首先，对全球 ALL 单克隆抗体药物不同靶点分支发展趋势进行分析。如图 8 所示，可以得知，基于靶点 CD19 和 CD20 专利申请比例最大，符合现阶段市场的实际状况。同时，CD22 和其他靶点的比例也都在逐渐增大。值得关注的是，在中国申请的代表技术发展趋势的基于 CD19 和 CD20 急性淋巴细胞白血病单克隆抗体药物专利无论是数量还是各技术分支的比重都接近全球专利申请，这意味着世界各国企业非常重视在 ALL 单克隆抗体药物领域对中国市场的投入。

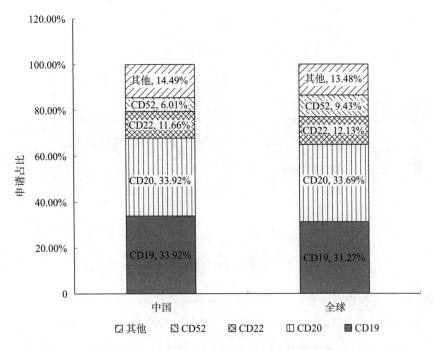

图 8 ALL 单克隆抗体药物各技术分支发展趋势

2. 国内单抗技术分支发展趋势

由于针对 ADCs 单克隆抗体药物的发展在国内和国外发展趋势相近，且中国专利申请主要是国外来华申请，因此笔者仅在 CNABS 数据库中进一步分析国内针对 ADCs 单克隆抗体药物不同靶点的发展趋势。国内 ADCs 单克隆抗体药物各技术分支发展趋势如图 9

所示。在 1998～2008 年，专利申请的主流趋势为基于 CD20 和 CD19 抗原靶点的针对
ALL 单克隆抗体药物的研发，其中 CD20 是研究重点，专利申请量达到 26 件（占所有靶
点的比例达到 50.98%）。而此时基于 CD52 的针对 ALL 单克隆抗体药物刚刚起步，专利
申请量为 3 件。2009～2014 年，基于 CD19 的针对 ALL 单克隆抗体药物高速发展，申请
数量达 38 件，与此同时，关于 CD20 的针对 ALL 单克隆抗体药物也在理论和技术上逐渐
成熟，研究依旧火热，申请量上升为 36 件（占所有靶点的比例达到 38.78%），并且基
于其他靶点的针对 ALL 单克隆抗体药物也逐步出现。2015～2017 年，基于 CD19 的针对
ALL 单克隆抗体药物在专利申请数量上已经超过了 CD22，并且基于其他靶点的针对 ALL
单克隆抗体药物迎来快速发展，三年内申请量就达到 22 件（占所有靶点的比例达到
26.51%），这极有可能是未来针对 ALL 单克隆抗体药物的重要发展方向。

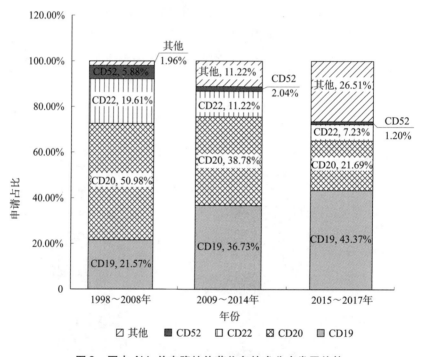

图 9　国内 ALL 单克隆抗体药物各技术分支发展趋势

　　除此之外，笔者进一步分析了不同靶点国内主要申请人专利申请量及其专利申请涉
及的靶点和申请量（参见表 1）。整体而言，针对这些靶点的抗体专利申请比较集中，大
部分研究的靶点为 CD19 和 CD20，排名前两位的健泰科生物技术公司和拜奥根 IDEC 公
司研究靶点均集中于此，且申请量分别为 10 件和 7 件。国内针对不同靶点的 ALL 单克隆
抗体药物开发并不活跃，仅有 5 件申请，申请人主要为浙江大学以及协和干细胞基因工
程有限公司。绝大部分申请人的申请都低于 10 件，表明目前该领域不同靶点的药物开发
处于发展阶段。

表 1　国内 ALL 单克隆抗体药物主要申请人研究靶点分析

申请人	靶点	申请量/件
健泰科生物技术公司	CD20、CD22	10
拜奥根 IDEC 公司	CD20	7
弗·哈夫曼－拉罗切有限公司	CD20	4
米克罗麦特股份公司	CD19	3
西雅图基因公司	CD19	3
浙江大学	CD19	3
协和干细胞基因工程有限公司	CD52	2

　　中国专利申请中针对不同靶点的 ALL 单克隆抗体药物专利申请情况如表 2 所示，国内对上述靶点 CD19、CD20、CD22、CD52 以及其他靶点的抗体药物开发并不活跃，仅有浙江大学、协和干细胞基因工程有限公司、北京普瑞金科技有限公司以及上海抗体药物国家工程研究中心有限公司等，而国外多家大型药企针对不同靶点则开始在中国进行专利布局，其中包括了免疫医疗公司、诺华有限公司和杜克大学等国外知名企业及院校。对此，笔者认为国内制药企业联合科研院所在该领域可以尝试不同靶点的初步研究，或者开发相应的抗体并尽早申请专利，争取在未来针对不同靶点的急性 ALL 单克隆抗体药物开发中占有一席之地。

表 2　中国 ALL 专利申请针对不同靶点的专利申请

公开号	公开日	申请人	靶点	法律状态
CN107603995A	2018.01.19	北京普瑞金科技有限公司	CD19	未决
CN106170300A	2016.11.30	西雅图基因公司	CD19	未决
CN107827991A	2018.03.23	英普乐孚生物技术（上海）有限公司	CD19	未决
CN107921129A	2018.04.17	莫佛塞斯公司	CD19	未决
CN102209729A	2011.10.05	米克罗麦特股份公司	CD19	驳回
CN101218351A	2008.07.09	杜克大学	CD19	驳回
CN102250250A	2011.11.23	浙江大学	CD19	驳回
CN102711822A	2012.10.03	米克罗麦特股份公司	CD19	驳回
CN107073122A	2017.08.18	细胞基因公司	CD20	未决
CN102030826A	2011.04.27	上海抗体药物国家工程研究中心有限公司	CD20	授权
CN107847600A	2018.03.27	豪夫迈·罗氏有限公司	CD20	未决
CN107660214A	2018.02.02	根马布股份公司	CD20	未决
CN102933231A	2013.02.13	伊缪诺金公司	CD20	未缴年费终止失效

续表

公开号	公开日	申请人	靶点	法律状态
CN106029098A	2016.10.12	免疫医疗公司	CD22	未决
CN103030696A	2013.04.10	健泰科生物技术公司	CD22	授权
CN106661123A	2017.05.10	荷商台医（有限合伙）公司台医国际股份有限公司	CD22	未决
CN106794266A	2017.05.31	安普希韦纳治疗公司	CD33	未决
CN103003309A	2013.03.27	贝林格尔·英格海姆国际有限公司	CD37	驳回
CN101970003A	2011.02.09	诺华有限公司爱克索马技术有限公司	CD40	驳回
CN101619305A	2010.01.06	协和干细胞基因工程有限公司	CD52	授权
CN1898267A	2007.01.17	生物维新有限公司	CD52	授权
CN101678101A	2010.03.24	分子免疫中心	CD6	授权

3. 国内单抗及其改进技术分支发展分析

国内单抗及其改进技术分支发展分析如图10所示，首先对抗体结构的改进可以分为单克隆抗体、双特异性抗体以及基因工程抗体。从图中可以看出，国内关于单抗改进技术大多数为基因工程抗体，为68件，占抗体结构类型的48%；关于多特异性的抗体申请仅有15件，占抗体结构类型的11%，说明多特异性抗体的技术障碍比较大，而基因工程抗体的研究相对火热。除此之外，还有很大一部分为单克隆抗体，进一步说明单克隆抗体技术以及基因工程抗体技术在理论和技术上逐渐成熟。

关于免疫技术的改进可以分为抗体偶联技术、CAR－T技术以及其他免疫技术。从图中看出，国内关于免疫改进技术主要为CAR－T技术，相关申请占比45%，遥遥领先其他免疫改进技术，而国内抗体偶联技术和其他改进技术占比相当，分别为29%和26%。

从图10可以看出，针对ALL单克隆抗体药物呈现出多元化发展，不仅要关注针对ALL单克隆抗体药物的发展，更应该关注单抗改进技术的发展趋势。

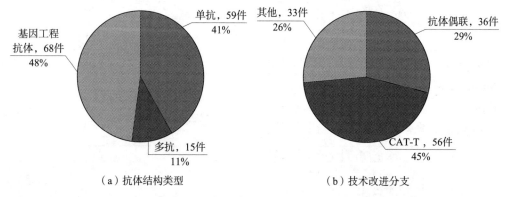

（a）抗体结构类型　　　　　　　　　　（b）技术改进分支

图10　国内单抗改进技术分支专利申请分布

五、技术发展脉络和CAR‐T主要竞争者分析

（一）单克隆抗体技术发展脉络

针对治疗 ALL 单克隆抗体不同靶位技术发展脉络，如图 11 所示，从图中可以看出，在 1996～2000 年，以针对 B 淋巴细胞造血干细胞群和杂交瘤细胞的专利申请为主。1999年，美国杜克大学申请了公开号为 WO9927963A1 的专利，提供了一种生产单克隆抗体和来自免疫小鼠（特别是表达 CD19 的转基因小鼠）的单克隆抗体的方法，所述免疫动物具有产生抗体的细胞，并通过融合所述细胞为杂交瘤细胞，其具有破坏的外周耐受性，用于体外和体内临床诊断和治疗，由此提出了产生抗 CD19 单克隆抗体的方法。2003 年，美国 CITY OF HOPE 申请了公开号为 WO02077029A3 的专利，公开了遗传工程化的 CD19 特异性重定向免疫细胞，其表达具有细胞外结构域的细胞表面蛋白，所述细胞外结构域包含对 CD19 特异的受体，细胞内信号传导结构域和跨膜结构域，这些细胞用于 CD19＋恶性肿瘤的细胞免疫治疗和消除任何不良 B 细胞功能的用途。在此之后，CD19 单克隆抗体得到了飞速的发展，在 2004～2008 年，多件（WO2005012493A2、WO2006089133A2、WO2007002223A2）针对 CD19 单克隆抗体的专利陆续出现。在之后的技术发展中，主要针对抗体技术的改进进行了大量研究，如 CD19 抗体的优化（WO2010053716A1）、CD19×CD3 双特异性抗体（WO2011051307A1），这也体现了针对 CD19 靶位的单克隆抗体药物发展趋势。中国专利起步相对较晚，2006 年，浙江大学申请了公开号为 CN1884535A 的专利，公开了一种抗人 CD19 鼠免疫球蛋白，并进行了体外杀伤实验，证明该抗体对急性 B 细胞性白血病细胞具有良好的选择性杀伤作用。

针对其他靶位，如 CD20、CD22 和 CD52，在 1996～2000 年，专利申请主要针对 CD20 抗体 B 细胞淋巴瘤以及放射性标记 CD20 抗体的保护，同样在 2004～2008 年，出现了大量针对急性淋巴细胞白血病的单克隆抗体的专利。如针对 CD20 靶位的专利申请 EP1573313A3、WO2006064121A、WO2006106959A1；针对 CD52 靶位的 WO2005042581A1 等。同时开始出现研究针对急性淋巴细胞白血病的单克隆抗体技术改进的挖掘，如抗 CD22 抗体‐偶联物（WO2005117986A1）、抗 CD20 四价抗体（CN101205255A）。从侧面反映了针对急性淋巴细胞白血病的单克隆抗体的技术更新。最近的研究热门主要体现在增强 ADCC 活性以及增强其靶向性与杀伤性单克隆单体的链的优化上，同时针对不同靶点的免疫缀合物在此基础上得到了飞速发展（WO2017004144A1 同时针对 CD22 和 CD52 靶位的免疫缀合物）。

另外，针对其他靶点如 CD89、CD74、CD40、CD47、CD38 也陆续申请了相关专利，虽然其数量远不及 CD19、CD20、CD22 和 CD52，但反映了人们在针对治疗急性淋巴细胞白血病靶向药物进行了大量的探索。

	1996年	2000年	2004年	2008年	2012年	2016年
CD19	WO9927963A1 造血干细胞群 WO0923205A1 造血干细胞群 WO0924554A2 杂交瘤细胞	WO02077029A3 CD19特异性免疫细胞	EP1853718A2 WO2005012493A2 WO2006089133A2 WO2007002223A2 CN1884535A CD19单克隆抗体	US2009220501A2 人源化CD19抗体 CN101612126A CD19单抗免疫脂质体 WO2011051307A1 CD19×CD3双抗 WO2010053716A CD19抗体（链优化）	US2014286934A1 人源化CD19抗体 WO2016033570A1 CD19药物组合物	WO2017066136A2 CN106554414A CN107531793A CD19抗体（链优化）
CD20	WO0023573A2 CD20（靶位点） CA2340091A1 WO0009160A1 CD20抗体B细胞淋巴瘤	WO0110462A1 放射性标记CD20抗体	EP1573313A3 WO2006064121A CD20单克隆抗体 WO2006106959A1 CD20鼠源单抗 CN101205255A 抗CD20四价抗体 WO2008063771A2 抗CD20（链优化）	WO2009031230A1 CN102190728A 人源化CD20抗体 WO2010058097A1 截断CD20蛋白 WO2009080541A1 抗CD22抗体制剂	WO2013004806A1 抗CD20+抗GM-CDF	WO2018041067A1 抗CD20（链优化） CN107384932A 增强ADCC活性 CN107033244A 抗CD20（链优化）
CD22	WO0039580A1 配偶体的检测	WO03093320A1 鼠源CD22抗体 WO00174388A1 CD22 IL-10联合治疗	WO2005117986A1 抗CD22抗体/偶联物	WO2009124109A1 抗CD22抗体/偶联物	WO2014011518A1 抗CD20免疫缀合物 WO2015130416A1 人源化CD22抗体 WO2015196089A1 抗CD22抗体缀合物	WO2017004144A1 免疫缀合物
CD52	WO0039580A1 配偶体的检测	WO03024993A2 治疗性抗体的检测 2001阿伦单抗上市	WO2005042581A1 修饰抗CD52抗体	CN102079787A 抗CD52工程抗体/试剂盒	US2014341910A1 抗CD52免疫球蛋白	WO2017004144A1 免疫缀合物
其他	FDA批准苦 妥单抗	WO2006463A1 抗CD89单克隆抗体 EP04810510A 抗CD40单克隆抗体 WO2003074567A1 抗CD74抗体融合蛋白	WO2005044854A1 抗CD89单克隆抗体	WO2012075111A1 抗CD40单克隆抗体	WO2015044854A1 抗CD89单克隆抗体	WO2017081407A2 抗CD47抗体 AU201720 0354A1 抗CD38抗体

图11　全球治疗ALL单克隆抗体技术专利发展路线

近些年的基础研究显示，针对 ALL 抗原的特异性单克隆抗体如利妥昔单抗、CD19/CD20 单抗等有明显的抗白血病活性，但尚不能成为循证医学的证据，也不能据此制订常规的治疗方案。还需开展较大规模的随机临床研究，以明确关于单抗靶向治疗的细节问题，如某种单克隆抗体所针对的靶抗原表达的表达水平至少要达到多少才能产生疗效；靶向药物的最佳剂量是多少；靶向药物单药或与哪种化疗药物联合效果更好；何时开始治疗效果更好；是否需要维持/巩固治疗；何时停药。诸多问题尚需进一步研究。

（二）单克隆抗体药物改进免疫疗法发展脉络

以上针对不同靶点的 ALL 的单克隆抗体技术发展脉络，从中我们可以看出，治疗 ALL 的单克隆抗体药物改进免疫疗法也陆续受到人们的关注。笔者对于治疗 ALL 的单克隆抗体药物改进免疫疗法发展脉络进行了梳理，主要分为抗体结构的改进以及治疗方法的改进，前者可以分为单克隆抗体、双特异性抗体以及基因工程抗体、ADCs。图 12 中显示治疗 ALL 的单克隆抗体药物改进免疫疗法的发展脉络。从图中可以看出，1996 ~ 2000 年，人们开始尝试采用联合治疗以及抗体偶联物。2000 年美国拜奥根 IDEC 公司申请了 WO0009160A1 的专利公开了一种施用抗 – CD20 抗体的 B 细胞淋巴瘤的联合治疗方案，并报道了用嵌合的和经反射性标记的抗 CD20 抗体治疗复发的或难治的 B 细胞淋巴瘤的优点。同年，美国研究发展基金会的专利 WO0040265A1 公开了抗 CD38 – 白树毒素组合物，该药剂能诱导高水平的细胞表面分子，向针对同一细胞表面分子的免疫毒素提供目标。而在此后的 8 年里，联合治疗和 ADCs 得到飞速的发展，包括 CD20 + BlyS 拮抗剂的联合治疗方法（WO2005000351A1）；抗体聚合物治疗剂（WO2005072479A1）；41 – BB 重组抗体和放射性核素标记分子联合治疗方法（WO2006088464A1）。

与此同时，针对 ALL 的 CAR – T 技术开始起步。2007 年美国 CITY OF HOPE 的专利申请 US2007036773A1，公开了新的基因工程 T 细胞在其基因组中稳定地掺入编码嵌合抗原受体（CAR）的核酸，用于治疗 B 系急性淋巴细胞白血病，开创了针对 CD19 靶向治疗 ALL 的 CAR – T 技术。在 2012 年之后，CAR – T 技术得到了广泛的关注，2016 年，上海优卡迪生物医药科技有限公司的专利 CN105950662A 公开了一种靶向 CD22 的复制缺陷型重组慢病毒 CAR – T 转基因载体及其构建方法和应用。该技术基于第二代和第三代 CAR – T 技术，针对 CAR – T 的载体进行进一步优化，显著提高细胞因子的分泌以及其体外杀伤作用，临床治疗前体 B 细胞急性淋巴细胞白血病效果突出。由于国内技术起步较晚，我们应该关注国外关于免疫新疗法的专利布局，从而有机会实现弯道超车。

（三）未来研究热门 CAR – T 主要竞争者分析

在上文中，笔者分析了针对急性淋巴细胞白血病的单克隆抗体技术发展脉络以及其改良疗法的技术发展趋势，不难看出，未来的研究热门为 CAR – T 技术，多家企业开始陆续对其进行专利布局。

图12 治疗ALL的单克隆抗体改进免疫疗法技术专利发展路线

	1996年	2000年	2004年	2008年	2012年	2016年
多抗			WO2005044857A1 结合CD47双抗	WO2009007124A1 CD19×CD16双抗 WO2011051307A1 CD19×CD3双抗 WO2012158818A2 独特异性融合蛋白	WO2015109131A1 CD19×CD3抗原构建体 WO2016141303A1 CD20多聚体抗体 WO2016004108A1 CD33×CD3双抗 2014FDA批准卡妥佐	WO2017008169A1 CD3+抗原结合构建体
联合治疗	WO0009160A1 CD20+B细胞淋巴瘤联合治疗	WO0017388A1 CD22 IL-10联合治疗	WO2005000351A1 CD20+BlyS拮抗剂 WO2005072479A1 抗体聚合物治疗剂 WO2006008464A1 41-BB重组抗体+放射性核素标记分子	WO2010074724A1 CD20+AuroraA激酶 WO2009062054A1 CD40+环磷酰胺+多柔比星+CHOP WO2009053038A1 CD20+蛋白酶体抑制剂 WO2012067981A1 CD19+CD20抗体	WO2015130728A1 CD38+环磷酰胺+多柔比星+CHOP WO2016130902A1 CD19ADC+长春新碱	WO2018119314A1 抗ROR1+缀合物
ADCs	WO0040265A1 抗CD38-白树毒素	WO2004067038A1 蒽环霉素-抗体偶联	WO2008005266A1 PS53活性联代哌啶	WO2009073546A1 PTK7-分子伴侣 WO2012156455A1 抗CD19类美登素免疫缀合物 WO2012145112A3 美登木素衍生生物	WO2016036801A1 苯丙二氮衍生生物缀合物	WO2018103739A1 二羟基-六氢-并四苯并-5,12-二酮化合物+单抗
CAR-T		US2007036773A1 CD19+载体优化		WO2009091826A1 CD19 CAR-T	WO2012058135A1 CD70 CAR-T WO2015055771A1 CD19和CD13双特异性，FRα CN105950662A CD22 CAR-T WO2016028896A1 CD123 CAR-T	CN107179402A CD19/CD20/CD33 CN107964549A\ CD22 CAR-T WO2018136606A 载体优化

2017年8月，美国FDA正式批准诺华CAR-T基因疗法上市，商品名为Kymriah（Tisagenlecleucel），用于儿童及青年人（25岁以下）复发或难治性的急性B细胞淋巴细胞白血病的治疗。因此我国申请人最大的竞争对手为诺华。笔者研究了诺华CAR-T免疫治疗在华专利布局，如图13所示，诺华公司针对CAR-T技术从2016年开始在华开始申请专利，专利CN105358576A提供了用于治疗EGFRvⅢ表达相关疾病的组合物和方法，并在其后针对不同靶点CD19、BCMACAR、CLL、CD123、CD20、CD22进行全方位的布局。因此，我国申请人在以后的专利申请中注意及时规避这些靶点与其相近的CAR-T技术，不仅可以尝试从靶点的选择上进行突破，还可以对其进行链的优化、联合治疗、降低细胞毒性、载体优化和多受体等方面进行创新。

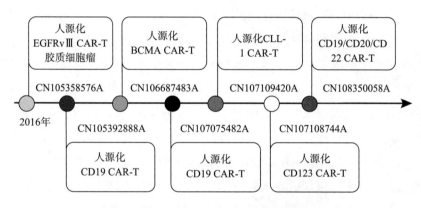

图13　诺华CAR-T免疫疗法在华专利布局

六、小结

（一）发展现状

全球ALL单克隆抗体药物的发展经历了近30年，目前已经进入成熟期。针对ALL的全球专利申请量近10年呈直线上升态势，表明该领域的各方研发投入很大，技术持续迅猛发展。美国在ALL单克隆抗体药物上处于研发的领先地位，并在中国对ALL单克隆抗体药物领域积极地进行了专利布局。免疫医疗公司、健泰科生物技术公司、IBC药品公司以及针对ALL单克隆抗体药物改良技术——CAR-T技术的诺华是目前最主要的研发公司，同时它们也是在华ALL单克隆抗体药物专利的主要申请人。美国、中国、欧洲等国家/地区是抗体药物的主要目标市场，中国市场日益受到其他国家广泛的重视，结合靶向药物的巨大市场收益和需求以及现有的技术突破，能够合理预测，ALL单克隆抗体药物在未来相当长的时间内，还将显示蓬勃向上的发展势头。

在中国ALL单克隆抗体药物技术领域的申请总量中，76%为国外来华专利，说明我国在ALL单克隆抗体药物领域的研究还是处于基础研究阶段。除此之外，在我国ALL单克隆抗体药物技术领域专利申请中，主要申请人还是公司，这表明，ALL 单克隆抗体药物技术领域的基础研究还远远不够，因此在产业上的创新和研发比较匮乏。另外，该领域的研发周期长，研发投入大，我国还没有出现自主研发的产品，真正能够通过临床检验并上市 ALL 单克隆抗体药物同美国等发达国家相比存在差距。随着专利保护对市场影响的加深，我国在该领域的市场将面临较大的风险和挑战。

（二）未来展望以及建议

在 ALL 单克隆抗体药物领域，国外公司尤其是美国公司以其绝对的技术优势在中国市场上占据垄断性地位，通过精心的专利布局限制竞争对手在中国的市场空间。我国要想在未来激烈的竞争中占有一定的市场份额，必须规避或者攻破竞争对手的专利壁垒，寻找机会形成自身的专利防御体系。因此笔者建议：

从 ALL 单克隆抗体药物的发展来看，针对其他靶点，如 CD89、CD74、CD40、CD47、CD38 也陆续申请了相关专利，其数量远不及主要研究靶点 CD19、CD20、CD22 和 CD52，可见在针对治疗 ALL 靶向药物不同靶点进行了大量的探索。与此同时，针对 ALL 单克隆抗体药物的发展来看，更倾向于单抗改进技术的发展。更进一步，传统的技术改进如抗体链的优化、增强 ADCC 活性以及效价的提高逐步向免疫疗法方向改进，如多特异性抗体、联合疗法以及 ADCs 和较为热门的 CAR－T 技术。在现有技术上也可以采取多元化路线，全面对该领域的技术进行创新。从国内的申请来看，我国对 CAR－T 技术比较关注，并勇于探索新技术。由于国内技术起步较晚，我们应该关注国外关于免疫新疗法的专利布局，从而有机会实现弯道超车。

从技术路线的发展来看，未来针对 ALL 单克隆抗体药物的研发更倾向于 CAR－T 技术。我国在以后的专利申请中注意及时规避现有技术靶点与其相近的 CAR－T 技术，不仅可以尝试从靶点的选择上进行突破，还可以对现阶段热门靶点（CD19、CD20、CD22 和 CD52）进行 CAR－T 结构域的优化、联合治疗、降低细胞毒性、载体优化和多受体等方面进行技术创新。对于 CAR－T 新兴技术，国内应当加强科研单位和企业间的合作，推动临床试验的开展，简化审批流程，推动产业化进程，力争抢占市场，特别抢占是中国市场。

除此之外，在政策上给予国内企业更大的扶持力度，引导国内资本进入 ALL 单克隆抗体药物市场。应当加大知识产权宣传力度，示范企业应积极在中国和全球重要市场进行相关专利布局。

总体来看，ALL 单克隆抗体药物在 21 世纪发展势头迅猛，中国在该领域起步较晚，产业化程度较低。应当加大科研投入和增强全球重要市场的专利布局，积极尝试新药创制；应当积极进行专利布局，构建专利池。

参考文献

［1］萧杏贤，等. 成人急性淋巴细胞白血病单克隆抗体治疗的研究进展［J］. 国际医药卫生导报，2013，19（11）：1721－1722.

［2］李家国，等. 治疗急性淋巴细胞白血病的抗体偶联药物——BESPONSA［J］. 临床药物治疗杂志，2017，15（11）：9－14.

［3］MP Chao. Therapeutic antibody targeting of CD47 eliminates human acute lymphoblastic leukemia［J］. Cancer Research，2011，71（4）：1374－1384.

［4］Kantarjian H. Results ofInotuzumab Ozogamicin，a CD22 Monoclonal Antibody in Refractory and Relapsed Acute Lymphocytic Leukemia［J］. Cancer，2013，119（15）：27.

降血脂药阿托伐他汀钙制剂专利技术综述*

杨玉婷　　屈小又**　　马冰**　　蒋嘉瑜**　　陈昊**

摘　要　阿托伐他汀钙属于他汀类降脂药，是一种选择性、竞争性 HMG – CoA 还原酶抑制剂，截至目前，该药在全球的总销售额已突破 1500 亿美元，是医药史上首个总销售额突破千亿美元大关的重磅药物。由于该药物的市场需求以及所占份额巨大，改进其剂型以满足众多患者的用药需求也成为国内外的研究热点。本文通过对阿托伐他汀钙剂型相关全球专利申请进行统计和分析，梳理了阿托伐他汀钙有关剂型的技术发展脉络，并对核心专利申请以及重点申请人进行了重点分析，以期为国内相关企业提供一定的参考。

关键词　阿托伐他汀钙　用药方式　剂型　专利申请

一、引言

阿托伐他汀钙的具体化学信息如下：

化学名为（R –（R＊，R＊））– 2 –（4 – 氟苯基）– β，δ – 二羟基 – 5 –（1 – 甲基乙基）– 3 – 苯基 –（（苯基氨基）羰基）– 1H – 吡咯 – 1 – 庚酸半钙盐

英文名称：Atorvastatin Calcium

分子式：$C_{66}H_{68}CaF_2N_4O_{10}$

分子量：1155.34

化学结构如图 1 – 1 所示。

阿托伐他汀钙是一种选择性、竞争性 HMG – CoA 还原酶抑制剂，能够降低纯合子和杂合子家族高胆固醇血症、非家族性高胆固醇血症以及混合型脂类代谢障碍患者的血浆总胆固醇、LDL – C 和 Apo – B（载脂蛋白）水平，还能降低 VLDL – C 和 TG 的水平，并能不同程度地升高血浆 HDL – C 和载脂蛋白 A – 1 的水平。[1] 阿托伐他汀钙除了直接降脂、

＊ 作者单位：国家知识产权局专利局专利审查协作四川中心。

＊＊ 等同第一作者。

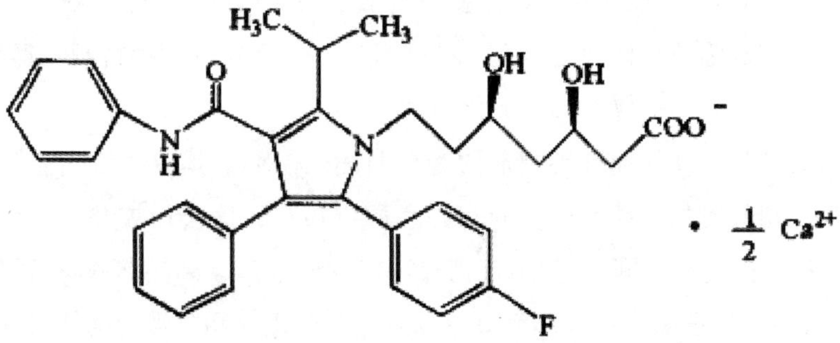

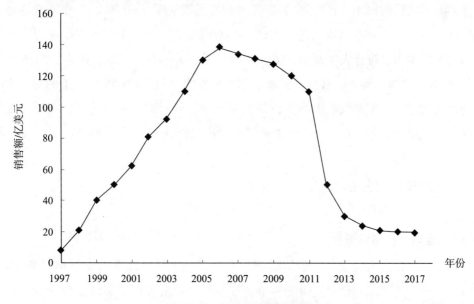

图 1-1　阿托伐他汀钙的化学结构式

减少 LDL、对抗动脉粥样硬化外，还能通过改善内皮功能、对抗炎性因子、对抗脂质氧化及改变斑块组成来改善冠状动脉粥样硬化患者的临床治疗及预后效果。目前研究报道显示，阿托伐他汀钙抗动脉粥样硬化的其他机制包括：通过减少内皮细胞氧自由基产生及增加一氧化氮（NO）合成改善内皮功能；通过减少炎症反应、稳定粥样硬化斑块抑制血管平滑肌细胞增殖；通过提高 NO 合成酶活性对抗血小板聚集；对抗Ⅶ因子的凝血活性；提高整体纤溶蛋白活性；对抗氧化；减少巨噬细胞内胆固醇聚积；降低 CRP 水平[2]。

除了医学上的成功，阿托伐他汀钙在商业上亦取得了极大的成功，它成为历史上首个年销售额超百亿美元的药物品种。阿托伐他汀钙片（商品名"立普妥"，Lipitor）于1997 年在美国获批上市，原研为华纳 - 兰伯特公司，其与美国辉瑞制药有限公司（以下简称"辉瑞制药"）合作推广。2000 年，辉瑞制药以 900 亿美元收购了华纳 - 兰伯特公

图 1-2　立普妥销售额趋势

司，获得重磅产品立普妥。2004 年立普妥销售额超过 100 亿美元，2006 年达销售峰值，此后连续多年销售额维持百亿美元以上。截至目前，立普妥累计销售额已经超过 1500 亿美元，成为史上最重磅的药物，被誉为化药"药王"。

目前上市所售的阿托伐他汀钙制剂均为口服固体制剂，其中阿托伐他汀钙片是美国华纳–兰伯特公司开发的品种，1996 年底在美国上市后，该公司被并入辉瑞制药。我国于 2003 年 6 月批准该公司的阿托伐他汀钙片进口注册申请，商品名为"立普妥"（Lipitor），剂型为片剂。据国家食品药品管理总局发布的数据显示，涉及阿托伐他汀钙申报的信息达 531 条。国内阿托伐他汀钙制剂市场主要有辉瑞制药的片剂"立普妥"、北京嘉林药业股份有限公司（以下简称"嘉林药业"）的片剂"阿乐"、河南天方药业股份有限公司的胶囊"尤佳"、斯洛文尼亚莱柯公司的"山乐汀"、广东百科制药有限公司的分散片"京舒"和浙江新东港药业股份有限公司（以下简称"新东港药业"）的片剂"优力平"6 个产品，其中，嘉林药业和新东港药业的阿托伐他汀钙片已分别于 2018 年 5 月和 2018 年 7 月通过质量和疗效一致性评价。

本文以国家知识产权局的专利检索系统和美国化学文摘社（CAS）的国际联机检索系统（STN）作为数据采集系统，以阿托伐他汀钙和阿托伐他汀的 CAS 号（134523 – 03 – 8、134523 – 00 – 5）以及阿托伐他汀钙、（R –（R ∗，R ∗））– 2 –（4 – 氟苯基）– β，δ – 二羟基 – 5 –（1 – 甲基乙基）– 3 – 苯基 –（（苯基氨基）羰基）– 1H – 吡咯 – 1 – 庚酸半钙盐、Atorvastatin、立普妥、Lipitor 等阿托伐他汀钙的各种表达，结合药物制剂的 IPC 分类号 A61K9、关键词制剂、药剂以及片剂、注射剂等各种表达作为主要检索要素，在 STN、中国专利文摘数据库（CNABS）、中国专利全文文本代码化数据库（CNTXT）、德温特世界专利索引数据库（DWPI）和世界专利文摘数据库（SIPOABS）中对全球涉及阿托伐他汀钙的制剂发明专利申请进行统计，并对申请人类型、申请的发明构思、解决的技术问题等技术信息进行人工标引，以筛除明显不相关的专利申请，检索日期截至 2018 年 7 月 30 日，共检索到阿托伐他汀钙制剂相关的发明专利申请 358 项。下面对这 358 项涉及阿托伐他汀钙剂型相关的专利申请作技术综述，同时对阿托伐他汀钙制剂的专利技术现状、重点申请人及其技术演进路线等进行全面的统计和分析。

二、全球专利分析

（一）全球专利申请分析

通过检索及数据人工去噪，最终得到涉及阿托伐他汀钙制剂的专利申请共 358 项，其中国内申请 163 项。对检索到的专利申请按年份分别统计申请量以及公开量，并绘制其趋势图。为了客观反映其申请趋势并确保图表的延续性，该统计将 1999 年前的专利申请以及公开量均合并于 1999 年，具体为 1993 年专利申请 1 项、1997 年专利申请 1 项以及 1998 年专利申请 2 项。如图 2 - 1 所示，自 1999 年之后，全球每年均有一定数量的专利申请，且该数量逐年攀升，其中 2005 年的申请量达到峰值 70 项，随后直至 2010 年，全球年平均申请量为 60 项。最近一次的专利申请高峰出现在 2015 年，其年申请量为 58 项，随后相关专利申请量逐渐减少。基于全球相关专利申请的大趋势，进一步分析中国相关专利申请，可见中国相关专利申请的起步时间略晚于国外，于 1999 年有了首件申请，在随后的 5 年内并没有出现类似全球申请趋势中井喷式的暴增，而是逐年缓缓上升，其中年专利申请量最高时为 18 项，出现在 2013 年和 2015 年。

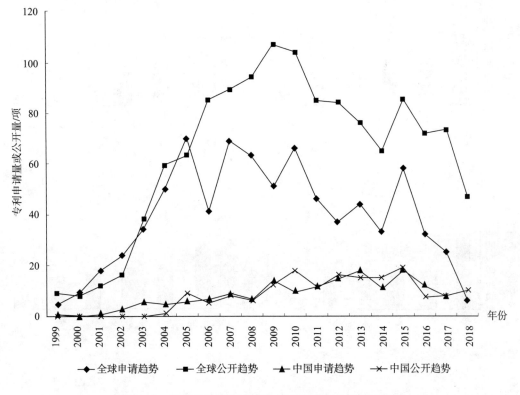

图 2 - 1　阿托伐他汀钙全球及中国申请量或公开量趋势

（二）全球技术分布分析

阿托伐他汀钙主要是固体制剂形式，这与其难溶于水的性质有着密切的关系。主要国家和地区的相关专利申请所涉及的剂型种类相同，且片剂均是最主要的剂型，而其他剂型的排名则有所差异，例如在中国涉及粉末剂型的专利申请量低于胶囊剂、颗粒剂等剂型，而在美国、日本以及欧洲，涉及粉末剂型的专利申请量排在第二位，仅次于片剂（见图 2 - 2）。

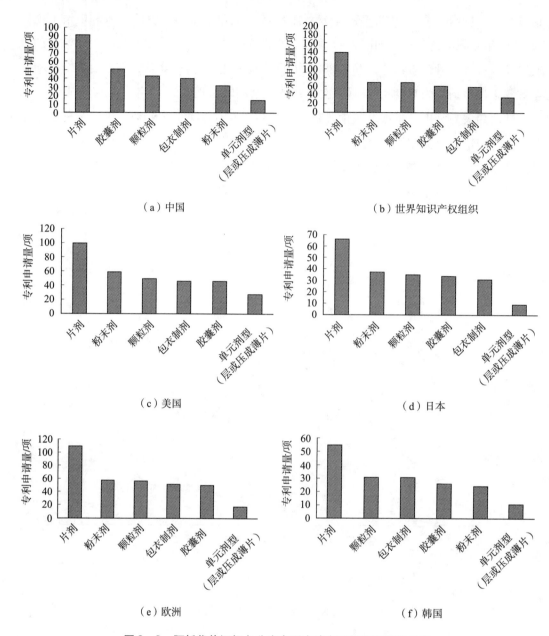

（a）中国

（b）世界知识产权组织

（c）美国

（d）日本

（e）欧洲

（f）韩国

图2-2　阿托伐他汀钙各分支专利申请主要国家和地区分布

三、专利申请人分析

（一）申请人类型分析

对涉及阿托伐他汀钙制剂的全球相关专利申请以及国内相关专利申请的申请人分别进行了统计和分析，主要关注点在于其申请人的类型分布，结果如图3-1所示。从图中数据可知，在全球范围内，企业是相关专利申请最主要的申请人类型，约占总申请人数量的80%，然后依次是个人、大专院校以及科研单位，而这一趋势在国内也十分显著。从国内申请人的统计情况可知，企业同样为相关专利申请的主要申请人类型，约占国内总申请人数量的78%。众所周知，阿托伐他汀钙是疗效显著的重磅药物，其临床需求十分突出，在这样的市场需求背景下，相关专利申请主要集中在企业，涉及对其剂型进行的应用性研究，而大专院校和科研单位对其剂型进行的基础性研究相对偏少。

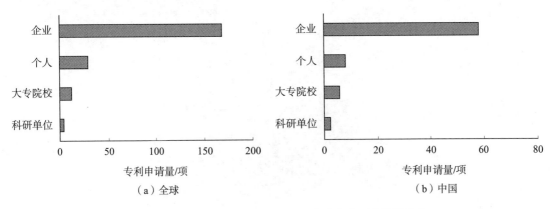

（a）全球　　　　　　　　　　（b）中国

图3-1　阿托伐他汀钙全球及中国申请人类型申请量分布

（二）申请人排名

对检索到的相关专利申请的申请人进行人工整合，以申请量为准对申请人进行排序，同时针对申请量超过3项的申请人进行了国别和申请量的分析，结果如图3-2所示。从图3-2所示数据可知，全球专利申请量最多的申请人为美国的辉瑞制药，其总申请量为10项；其后包括瑞士的诺华公司、印度的兰贝克赛实验室公司、以色列的泰华制药，上述3家企业的申请量均为8项。国内申请人中申请量最多的是石家庄制药集团有限公司（以下简称"石药集团"），其申请量为6项，其后为绿叶制药集团有限公司（以下简称"绿叶制药"），其总申请量为5项。值得一提的是，全球申请量最多的辉瑞制药为阿托伐他汀钙片剂的原研公司，而中国申请量第二的绿叶制药已完成对嘉林药业多数股权的收购，而嘉林药业正是国内阿托伐他汀钙片首仿药的生产企业。

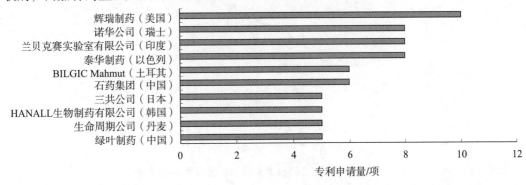

图3-2　阿托伐他汀钙全球主要申请人申请量排名

进一步对申请量超过 3 项的申请人按照国别进行了申请量的统计，结果如图 3－3 所示。从图 3－3 可知，阿托伐他汀钙制剂的相关专利申请以中国、美国以及印度居多，其中，中国的申请量最多。这一分布情况与中印两国为仿制药大国的国情是一致的。

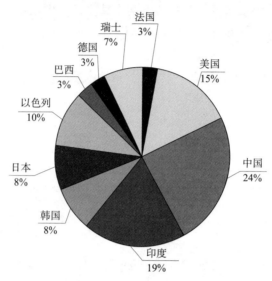

图 3－3　阿托伐他汀钙申请人申请量国别分布

四、技术发展路线分析

（一）技术来源地以及技术目标地

为了有效地梳理阿托伐他汀钙制剂的发展路线，本节针对检索得到全球相关专利申请主要的技术来源地以及目标市场地进行分析，结果如图 4－1 所示，从图中数据可知，首次申请地主要是美国、中国，此外，日本、韩国以及欧洲也有一定数量的首次申请，

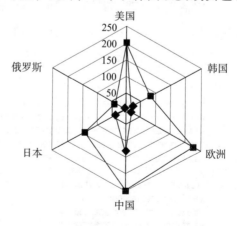

图 4－1　阿托伐他汀钙技术来源地以及技术目标地分析

注：图中数字表示申请量，单位为项。

它们是主要的技术来源地；另外，美国、中国、欧洲是主要的技术目标地，其专利公开量相当，均在 200 项以上，其后还有日本、韩国以及俄罗斯等国，其专利公开量分别为 136 项、80 项以及 35 项。可见，上述主要技术来源地以及目标市场地均是目前全球最重要的医药产品市场，其具有庞大的临床需求量以及先进的研发实力和平台，进而能够推动阿托伐他汀钙制剂的改进和开发。

（二）技术改进方向

通过对检索得到的 358 项涉及阿托伐他汀钙制剂的专利申请进行分析，尤其关注其中所涉及的对阿托伐他汀钙制剂的改进方式，本节梳理出所得专利申请中主要涉及的 4 条技术改进路线，包括对辅料的改进、对药物固体形式的改进、对制备工艺和剂型的改进以及联合用药，以下针对这 4 条技术路线进行具体分析。

1. 对辅料的改进

阿托伐他汀钙在制剂中的稳定性是多年来研究的一个热点。阿托伐他汀钙主要存在两种降解途径，分别是内酯化和氧化，其中阿托伐他汀内酯是阿托伐他汀钙制剂在制备过程中以及形成片剂后的主要降解产物，是由醇和羧酸的内部缩合所生成的六元环。在此基础上，为了防止阿托伐他汀钙的降解，减少阿托伐他汀内酯的形成，全球创新主体都将调整制剂中的辅料成分作为重要的改进方向。本文梳理了检索得到的涉及辅料改进的专利申请，并依照申请日时间线绘制出技术路线图，结果如图 4-2 所示。

从图 4-2 所示内容可知，虽然明确通过调整辅料成分实现阿托伐他汀钙制剂稳定性改善的专利申请数量并不多，但 1993～2016 年一直陆续有相关专利申请的出现，这也进一步说明对辅料的调整是不可忽略的重要改进方向。总体而言，辅料调整的手段主要集中于碱性辅料的添加，例如辉瑞制药 1993 年的专利申请 WO9416693A1 指出使用碳酸钙作为辅料能够提高阿托伐他汀钙的稳定性。辉瑞制药 2002 年的专利申请 CN1617717A 使用碱性添加剂改善了阿托伐他汀钙的稳定性。太阳药业 2006 年的专利申请 WO2006123358A2 使用氨丁三醇作为阿托伐他汀钙制剂的稳定剂。石药集团 2007 年的专利申请 CN101224205A 使用碱土金属盐作为阿托伐他汀制剂的稳定剂等。除了上述列举的专利申请以外，同样涉及类似改进思路的还包括 2009 年默克公司的专利申请 WO2010036600A1、2010 年 TOWA 制药公司的专利申请 JP2011144120A、2010 年兴和公司的专利申请 WO2012056509A1，直至 2016 年绿叶制药的专利申请 CN106389370A 仍然围绕碱性辅料的加入对阿托伐他汀钙制剂的稳定性的影响进行了改进。除了使用碱性辅料改善阿托伐他汀钙的稳定性之外，辅料改进手段还包括：通过添加络合物以及表面活性剂增强阿托伐他汀钙的稳定性，例如 ORBUS 制药公司 2006 年的专利申请 WO2007071012A1；使用聚乙二醇改善阿托伐他汀钙制剂的稳定性，例如 2008 年的专利申请 WO2008117154A2。值得注意的是，辅料的改进不仅是解决稳定性问题的重要途径，还可以解决其他相关的技术问题，例如2002年的专利申请EP1287821A1通过调整碳酸钙的加入量控制阿托伐他汀钙的释放速率；在2008年的专利申请US20090226515A1中通过添加氨基烷基甲基丙烯酸酯改善阿托伐他汀钙的溶解性；在2011年的专利申请WO2012042951A1中通过添加甘草次酸改善阿托伐他汀钙口崩片的口感。由此可知，辅料的改进对于阿托伐他汀钙制剂的改进具有重要的意义，但通常筛选出具有特殊作用的辅料需要大量的对比实验才能获得理想结果，因此，涉及该方面的专利申请并不多。2016年后涉及辅料改进的阿托伐他汀钙制剂的专利申请陷入瓶颈，很难出现突破或暴增的现象。

2. 对原料药固体形式的改进

为了改进阿托伐他汀钙的稳定性以及溶解性，使之更适用于形成稳定的制剂，对阿托伐他汀钙原料药的固体形式进行改进也是重要的方向。具体而言，将阿托伐他汀钙制备为新晶型或是无定型的形式，以改善其可压性、流动性、稳定性以及溶解性等。本文梳理了所得相关专利申请中将阿托伐他汀钙制备为无定型形式的专利申请，并按照申请日的时间线绘制出技术路线图，结果如图4-3所示。

从图4-3所示内容可知，通过对阿托伐他汀钙固体形式的改进以获得更好制剂的专利申请并不热门，2001～2002年有一定量的申请，其后便处于停滞，2003年甚至还出现过"断档"现象，相关专利申请出现最密集的时间段为2004～2008年，每年均有一定申请量，且阿托伐他汀钙的原研公司辉瑞制药也在该时间段中加入了该行列，其在2005年和2006年各提交了1项相关专利申请，分别是2005年的WO2006059224A1和2006年的WO2007034316A1，内容分别是使用固体分散体制备方法能够在不使用有机溶媒的情况下制备无定型阿托伐他汀钙以及经过退火过程的非晶态阿托伐他汀钙的稳定性相较于未经过退火过程的阿托伐他汀钙更为稳定。事实上，这并不是辉瑞制药首次提到无定型的阿托伐他汀钙，在2004年，辉瑞制药在专利申请CN1805732A中对此有所提及，公开了一种包含阿托伐他汀钙的干法制粒药物组合物，并在说明书中提到无定型的阿托伐他汀钙相较于结晶型更有利，但并未对无定型阿托伐他汀钙的制备进行详细的描述，而是参照了其化合物专利。然而，直至2011年赛诺菲-安万特公司的专利申请WO2011088806A2中涉及无定型阿托伐他汀的制备方法后，相关专利申请就进入了停滞状态。总体而言，对阿对托伐他汀钙的存在形式进行改进以获得性质更优的制剂存在一定的技术难度，且其产生的效果难以预测，这可能是全球范围内相关专利申请偏少的原因。

3. 对制备工艺或剂型的改进

通过制备工艺的改良或者选择性质更优的剂型以实现制剂的改进是本领域最常见的研发途径，这在阿托伐他汀钙制剂的改进路线中也尤为突出。本文梳理了检索得到的相关专利申请中涉及制备工艺改良以及剂型改进的专利申请，并依照申请日的时间线绘制出技术路线图，结果如图4-4所示。

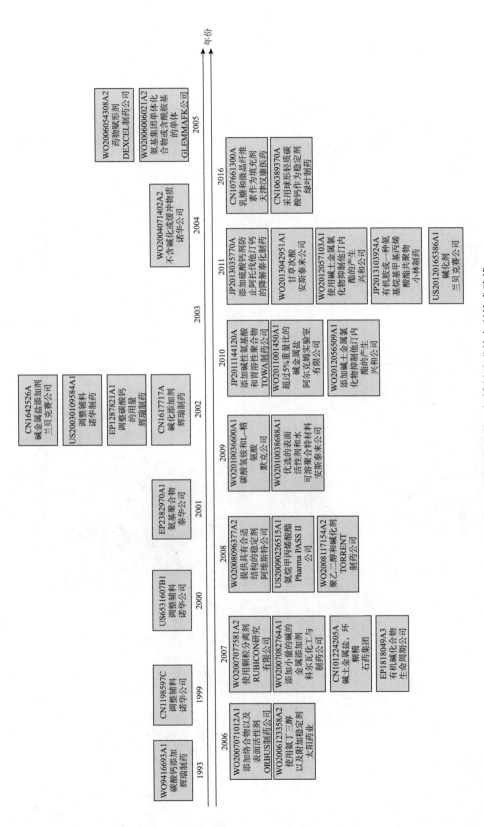

图4-2　涉及阿托伐他汀钙辅料改进的专利技术路线

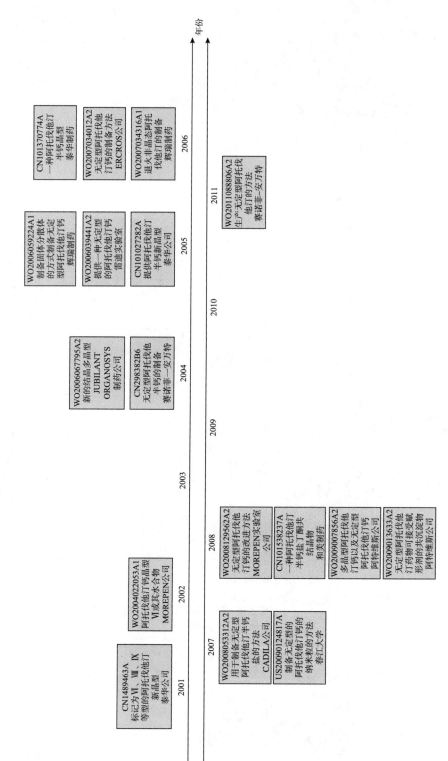

图4-3 涉及阿托伐他汀钙药物固体形式改进的专利技术路线

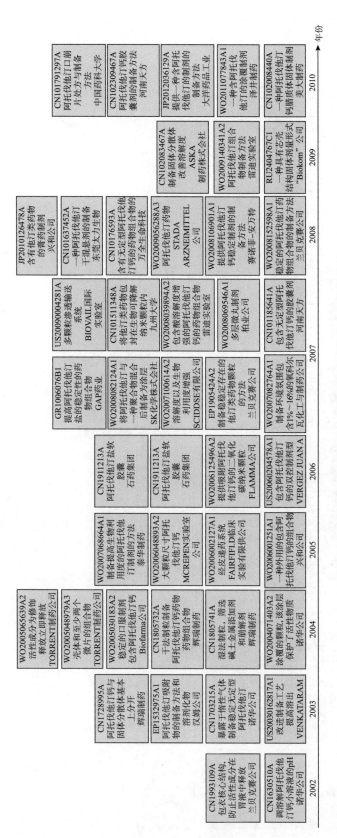

图4-4 涉及阿托伐他汀钙制备工艺及剂型改进的专利技术路线

年份

2011

- CN102259375A 一种含阿托伐他汀钙的脂溶药物口腔崩解片 量子高科集团
- CN102139115A 阿托伐他汀环糊精包合物 红日药业
- CN102138910A 一种阿托伐他汀钙片剂及其制备方法 鲁南制药
- WO2011154755A1 将阿托伐他汀制备为纳米颗粒 NANOFORM心血管治疗公司

2012

- CN102274224A 采用羟丙纤维素与高浓度乙醇溶液干低温干燥 绿叶制药集团
- CN102309462A 一种阿托伐他汀钙片剂的制备 南京正大天晴药业
- WO2012032415A2 阿托伐他汀类药物的静电纺丝纤维膜制剂及其制备方法 上海交通大学
- WO2012032417A2 阿托伐他汀药物速溶系统 PRONOVA 生物制药
- CN102525942A 一种阿托伐他汀钙肠溶丸 金陵药业
- JP2013231011A 一种阿托伐他汀钙片剂的口腔崩解片剂 泽井药业
- CN102670483A 阿托伐他汀类药物的静电纺丝纤维膜制剂及其制备方法 上海交通大学
- CN102908333A 阿托伐他汀钙自微乳化软胶囊及其制备方法 中国药科大学
- CN102920675A 阿托伐他汀钙片及其制备方法 河南润弘制药
- CN103845301A 一种可延长阿托伐他汀溶出时间的药物组合物 天津又康医药

2013

- CN103006602A 一种快速溶出的阿托伐他汀钙片及其制备方法 青岛大学
- CN103110594A 阿托伐他汀钙的冻干粉 台州职业技术学院
- WO2014030132A2 如牙膏、漱口剂、片剂、用于口内的涂布剂 他汀类药物 洛斯安第斯大学
- CN104688708A 一种阿托伐他汀钙制剂的舌下制剂的制备方法 北京万生药业
- CN103690485A 含阿托伐他汀钙的口服前剂润质体及制备方法 润泽制药
- CN103690513A 阿托伐他汀钙米脂质载体及备方法 酒泽制药

2014

- CN103705484A 稳定的阿托伐他汀钙片芯、包括片芯的薄膜衣层 华北制药
- CN103800279A 阿托伐他汀钙的固体药物配方 北京罗诺强施医药
- CN104306343A 采用溶剂沉积技术制备固体分散体 正大天晴
- CN105878196A 一种阿托伐他汀钙的片剂及其制备方法 郑州泰丰制药

2015

- CN104544600A 片芯以及芯表面的衣层 北京罗诺强施医药
- CN104546775A 一种阿托伐他汀钙片剂及其制备方法 鲁南制药
- KR1016081788I 用于口服给药的微乳液药物传递系统 韩国中央大学
- CN105168162A 一种阿托伐他汀钙口崩片及其制备方法 合肥华方医药
- CN105343024A 一种阿托伐他汀钙片剂及其制备方法 石家庄市华新药业
- EP3184103A1 一种含阿托伐他汀或其盐的固体药物组合物 赫素公司

2016

- CN105434391A 片芯及单向粘附式及单层组成 上海安博生物医药
- CN107019694A 完聚糖导管冈部施用他汀类水凝胶 北京大学
- CN107303281A 一种阿托伐他汀钙口腔崩片及其制备方法 南京清乐生物
- WO2017011679A1 口服剂量形式的阿托伐他汀钙 DEXCEL制药公司
- CN106176658A 一种阿托伐他汀钙片 扬子江药业
- CN107625735A 一种含阿托伐他汀钙的药物组合物 长春海悦药业
- CN106420645A 一种含阿托伐他汀钙的片剂及制备方法 乐普制药
- CN106491554A 一种阿托伐他汀钙片剂及其制备方法 乐普制药
- CN106692979A 阿托伐他汀钙磷脂复合物 广东药科大学

2017

- CN107159929A 一种阿托伐他汀钙亚微乳剂及其制备方法 广东科技大学
- WO2018015374A1 d90小于100μm STADA ARZNEIMITTEI公司
- WO2018033706A1 阿托伐他汀钙混悬液 ROSEMONT制药有限公司
- CN107744507A 阿托伐他汀钙药物组合物及其制备方法 西藏九瑞制药
- CN107982223A 一种阿托伐他汀钙片剂（天津）诺维德制药
- CN107998085A 一种含阿托伐他汀钙碱性固体的分散片剂 乐普制药
- CN107854464A 一种阿托伐他汀钙片及其制备方法 安徽华益药业

图4-4 涉及阿托伐他汀钙制备工艺及剂型改进的专利技术路线（续）

从图 4 - 4 所示的内容可知，2002～2017 年对阿托伐他汀钙制剂的工艺改良从没间断过，每年均有一定量的专利申请出现，申请人地域分布广泛，且类型丰富。由于原研阿托伐他汀钙制剂为片剂，且其临床应用途径多为口服，因此，在上述专利申请中，涉及最多的是对阿托伐他汀钙口服固体制剂的工艺改良，例如其原研公司辉瑞制药在 2004 年提出的 2 项专利申请 CN1805741A 和 CN1805732A 分别针对湿法制粒工艺以及干法制粒工艺提出了具体的改进方案，还有 2005 年泰华制药的专利申请 WO2007058664A1，2007 年兰贝克赛公司的专利申请 EP1905424A2 和 SCIDOSE 公司的专利申请 WO2007100614A2，2008 年赛诺菲 - 安万特的专利申请 WO2008106901A1，2011 年鲁南制药集团股份有限公司（以下简称"鲁南制药"）的专利申请 CN102138910A，2012 年河南润弘制药股份有限公司的专利申请 CN102920675A 等，均涉及阿托伐他汀钙固体口服制剂的制备工艺的改良，其改进主要围绕阿托伐他汀钙的溶解性、生物利用度以及稳定性等问题。另外，针对阿托伐他汀钙制剂的剂型改良同样也是值得关注的改进方向，在原研阿托伐他汀钙片剂的基础上，开发出更多合理的剂型也成为各申请人规避原研专利的途径之一，例如 2004 年 TORRENT 制药公司的专利申请 WO2005048979A3 提供了一种具有壳体和至少两个微片的组合物，其具有改性释放的效果；2006 年石药集团的专利申请 CN1911213A 提供了一种阿托伐他汀盐的软胶囊；2008 年兴和公司的专利申请 JP2010126478A 提供了一种含有他汀类药物的膏药制剂；2009 年 ASKA 制药株式会社的专利申请 CN102083467A 提供了一种包含阿托伐他汀钙的固体分散体；2012 年金陵药业股份有限公司的专利申请 CN102525942A 提供了一种阿托伐他汀钙肠溶微丸制剂。近年来，随着新型递药系统，尤其是纳米递药系统的兴起，涉及阿托伐他汀钙的新型递药系统的专利申请也开始出现，例如 2010 年美大制药的专利申请 CN102008440A 提供了一种阿托伐他汀钙脂质体固体制剂；2011 年 NANOFORM 心血管治疗公司的专利申请 WO2011154755A1 提供了将阿托伐他汀钙制备为纳米颗粒形式的方法；2012 年中国药科大学的专利申请 CN102908333A 提供了一种阿托伐他汀钙的纳米自乳化软胶囊及其制备方法；2013 年润泽制药有限公司的专利申请 CN103690485A 提供了一种含阿托伐他汀钙的口服前体脂质体及制备方法；2014 年正大天晴药业的专利申请 CN104306343A 提供了采用溶剂沉积法制备阿托伐他汀钙固体分散体的方法；2015 年鲁南制药的专利申请 CN104546775A 提供了一种阿托伐他汀钙片剂及其制备方法；2016 年 DEXCEL 制药公司的专利申请 WO2017017679A1 中提供了口服剂量形式的阿托伐他汀钙；2017 年 ROSEMONT 制药有限公司的专利申请 WO2018033706A1 中提供一种包含阿托伐他汀的悬浮液。整体而言，针对阿托伐他汀钙制剂的制备工艺以及剂型改良的专利申请始终热度不减，预示着制备工艺以及剂型改良始终是阿托伐他汀钙制剂重要的改进方向，并且在未来很长一段时间中，在该方向上的改进仍然会是该领域的技术重心。

4. 联合用药

虽然联合用药并不是对阿托伐他汀钙制剂本身的改进，但这是阿托伐他汀钙的重要发展方向。阿托伐他汀钙作为重磅降血脂药物，一经上市就获得空前成功，对其治疗效果的进一步提升也就成为本领域的重要议题，联合用药是最直接且有效的改进方向。为了验证这一点，本文梳理了检索得到的涉及联合用药的专利申请，并按照申请日的时间线绘制出技术路线图，结果如图4-5所示。

从图4-5所示内容可知，涉及联合用药的专利申请量超过了前述改进路线的专利申请量，是自阿托伐他汀钙上市以来最受关注的改进方向，在检索得到的相关专利申请中，最早关于联合用药的专利申请是1997年三共公司的专利申请JP10081633A，其将阿托伐他汀钙与血管紧张素抑制剂进行联用；随后在1998年，阿托伐他汀钙的原研公司辉瑞制药针对联合用药提交了2项专利申请WO9930706A1和WO9930704A1，其分别联用了载脂蛋白抑制剂和羧基烷基醚，均具有降脂活性，与阿托伐他汀钙具有相同的临床适应证，因而在联合用药过程中能够获得更优的降血脂作用。类似的联合用药策略在后期的许多专利申请中同样得以沿用，例如2004年鲁南制药的专利申请CN1692906A联用了药物阿西莫司，2004年生命周期公司的专利申请WO2005034908A2联用了药物非诺贝特，2005年HETERO药物有限公司的专利申请WO2006134604A1联用了药物依泽替米贝，等等。其中，阿西莫司、非诺贝特以及依泽替米贝分别是烟酸类降脂药、贝特类降脂药以及胆固醇吸收抑制剂，在临床中均是用于高胆固醇血症以及高脂血症等疾病。此外，2008年奥萨制药的专利申请CN101695575A将双胍类药物以及烟酸类药物与阿托伐他汀钙进行联用，2011年科尔瓦化工与制药公司的专利申请WO2011116973A1和美纳里尼制药公司的专利申请WO2011141387A1则分别将依泽替米贝和黄嘌呤氧化酶抑制剂与阿托伐他汀钙进行了联用，这类将适应证相同的药物进行联用的手段经过临床疗效的确认后，在近年的专利申请中仍然得以沿用，例如2016年普洛股份的专利申请CN105832723A中将依折麦布与阿托伐他汀钙进行了联用，2017年绿叶制药的专利申请CN107875129A中亦将依折麦布与阿托伐他汀该进行了联用。

第二类联用药物是与阿托伐他汀钙具有相关临床适应证的药物，其在联合用药过程中能够对相关的心血管疾病产生综合的疗效，例如2002年辉瑞制药的专利申请CN1617717A将阿托伐他汀钙与氨氯地平进行了联用，其中，氨氯地平属于长效钙通道阻断剂，虽然二者并不是作用于相同的病理过程，但其联用后能够对具有综合症状的心血管疾病患者产生更全面的治疗作用。值得一提的是，辉瑞制药的氨氯地平/阿托伐他汀钙片已在2004年获得FDA的批准，作为处方药在美国上市，目前也已在中国上市，商品名为"多达一"。具有类似联用思路的专利申请还包括2004年武田公司的专利申请WO2004108161A1将阿托伐他汀钙与盐酸吡格列酮进行联用，2006年北京华安佛医药的

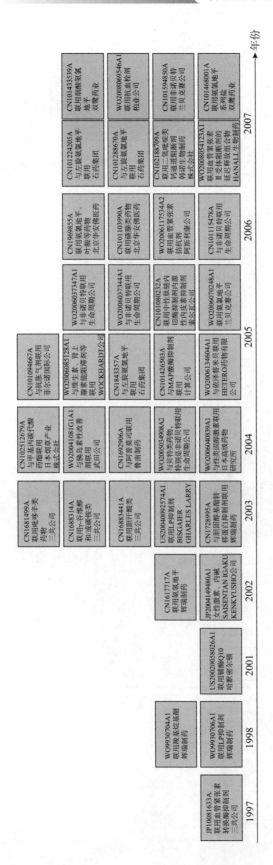

图4-5　涉及阿托伐他汀钙联合用药的专利技术路线

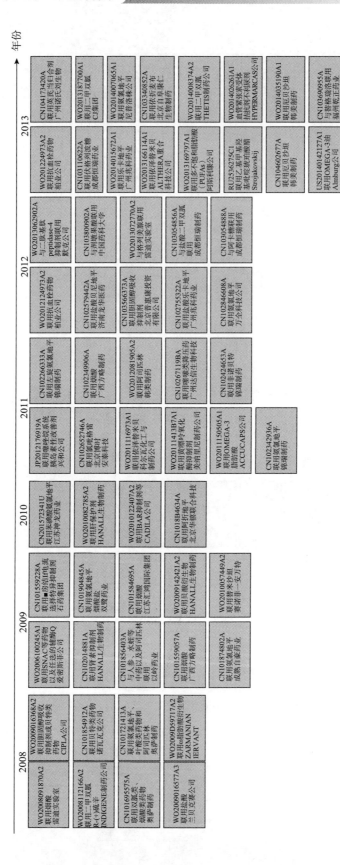

图4-5　涉及阿托伐他汀钙联合用药的专利技术路线（续1）

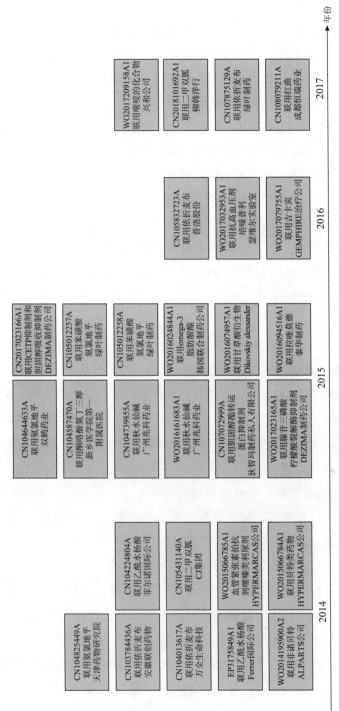

图4-5 涉及阿托伐他汀钙联合用药的专利技术路线（续2）

专利申请 CN101103990A 将阿托伐他汀钙与磺胺类药物进行联用。盐酸吡格列酮与磺胺类药物均是针对 II 型糖尿病的药物，由于糖尿病患者往往伴随着血脂偏高的情况，因而将上述药物与阿托伐他汀钙进行联用能够对糖尿病患者产生更全面的治疗效果。类似的联用思路在近年的多篇专利申请中仍有体现，包括 2008 年奥萨制药的专利申请 CN101695575A 将双胍类药物以及烟酸类药物与阿托伐他汀钙进行联用，2012 年恒瑞制药的专利申请 CN103054856A 将盐酸二甲双胍与阿托伐他汀钙进行联用，2013 年 THETIS 制药公司的专利申请 WO2014008374A2 将二甲双胍与阿托伐他汀钙进行了联用，2014 年 CJ 集团的专利申请 CN105431140A 将二甲双胍与阿托伐他汀钙进行联用，2017 年柳韩洋行的专利申请 WO2018101692A1 将二甲双胍与阿托伐他汀钙进行了联用。综上可见，随着人们对于疾病的认知愈发深入全面，明确了多数疾病的发生发展均涉及机体多方面功能的失调，联合用药势必会成为重要研究热点，这在阿托伐他汀钙的联合用药专利申请中也有充分的体现，可以预见，在未来涉及该改进方向的专利申请还会保持在可观的水平上。

（三）重要申请人专利分析

1. 辉瑞制药

阿托伐他汀钙片，商品名为"立普妥"，于 1996 年末在美国获批上市，原研企业为华纳 – 兰伯特公司，2000 年辉瑞制药收购了华纳 – 兰伯特公司，获得重磅药物"立普妥"。作为全球最赚钱的药物之一，围绕该药物的争夺战也是极为激烈，为了市场独占地位，辉瑞制药围绕该药先后申请了多项专利。本文统计了辉瑞制药针对阿托伐他汀钙制剂的专利申请，依照申请日顺序进行了梳理，进而从中总结出辉瑞制药围绕阿托伐他汀钙制剂的技术改进路线，结果如图 4 – 6 所示。

从图 4 – 6 所示内容可知，1990 年辉瑞制药基于其合成的阿托伐他汀化合物向美国、欧洲、日本等多个国家和地区申请了专利，但在中国没有相关同族专利申请。辉瑞制药的第一项涉及阿托伐他汀钙制剂的专利申请出现在 1993 年，其公开号为 WO9416693A1，申请日为 1993 年 12 月 20 日，其提供了一种活性成分为 ci – 981 半钙的口服药物组合物，用于治疗高胆固醇血症或高脂血症，其中 ci – 981 正是阿托伐他汀钙，同时该专利还指出在所述口服药物组合物中加入有效量的碳酸钙有利于阿托伐他汀钙的稳定，并明确指出所述口服药物组合物可制备为口服固体制剂，包括粉末、颗粒、片剂以及胶囊。

此后 4 年时间，辉瑞制药并没有就阿托伐他汀钙的剂型申请其他的专利，直至 1998 年，辉瑞制药基于阿托伐他汀钙与其他活性成分的联用提交了 2 项专利申请 WO9930706A1 和 WO9930704A1。在专利申请 WO9930706A1 中，辉瑞制药将阿托伐他汀钙与类维生素 A 进行了联用，用于治疗高胆固醇血症、高脂血症以及心血管疾病，其中类维生素 A 为脂蛋白 a 抑制剂。在专利申请 WO9930704A1 中，辉瑞制药将阿托伐他汀钙与羧基烷基醚进行了联用，用于治疗心血管疾病，其中羧基烷基醚具有降低甘油三酯和

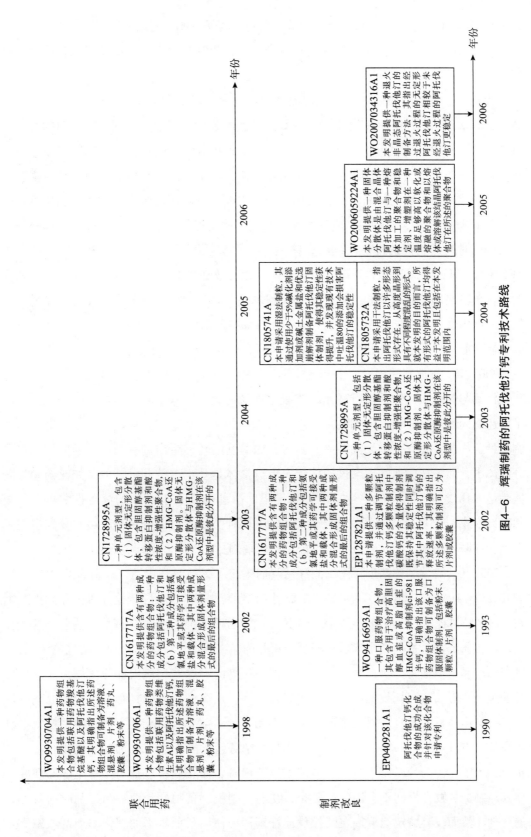

图4-6　辉瑞制药的阿托伐他汀钙专利技术路线

升高 HDL 的作用。1993～1998 年，辉瑞制药对于阿托伐他汀钙制剂的改进思路集中在将治疗类似疾病药物与阿托伐他汀钙进行联合使用以提高疗效，而暂缓了对阿托伐他汀钙制剂本身的改进研究。

2002 年，辉瑞制药再次就阿托伐他汀钙制剂提交了专利申请 CN1617717A，在该申请中，辉瑞制药不仅将阿托伐他汀钙与其他活性成分进行了联用，同时对制剂的性质进行了改进，其中，其他活性成分为氨氯地平，是本领域常用的降血压药物。该申请将阿托伐他汀钙与氨氯地平进行联用，用于治疗心血管疾病，并在制备工艺中选择在阿托伐他汀钙颗粒中加入碱化试剂，所述碱化试剂被用以调节制剂的溶解性和生物利用度。可见，继 1998 年之后，辉瑞制药将联合用药与制剂改良进行了平衡，选择在联用药物提高疗效的同时改进制剂的性能。同年，辉瑞制药再次就阿托伐他汀钙制剂提出专利申请 EP1287821A1，在该申请中，辉瑞制药将研究重心放在了制剂的改良中，选择将阿托伐他汀钙单独使用，并通过调节阿托伐他汀钙多颗粒制剂中碳酸钙的含量使所得制剂既能保持其稳定性，同时能调节其中阿托伐他汀钙的释放速率。从上述专利申请不难看出，辉瑞制药对阿托伐他汀钙制剂的研究逐渐从联合用药过渡到制剂改良。

2003 年，辉瑞制药提交专利申请 CN1728995A，在该申请中，辉瑞制药再次将阿托伐他汀钙与其他活性物质进行联用，该联用药物为胆固醇基酯转移蛋白抑制剂，并给出了所述胆固醇基酯转移蛋白抑制剂一系列可选择的化合物结构，同时，该专利申请中强调两种药物制备在一个单元剂型中，其中胆固醇基酯转移蛋白抑制剂包含于固体无定形分散体中，而阿托伐他汀钙与该固体无定形分散体是基本上彼此分开的，如此的设计既能满足阿托伐他汀钙的稳定性，也能满足胆固醇基酯蛋白抑制剂的溶解性。可见，至 2003 年，辉瑞制药已将阿托伐他汀钙与 4 种不同种类的活性成分进行联用并分别申请了专利，在联用药物的同时改进制剂性能也是辉瑞制药在该期间的研究重心。

2004 年，辉瑞制药基于阿托伐他汀钙制剂提交了 2 项专利申请，分别为 CN1805732A 和 CN1805741A。专利申请 CN1805732A 采用干法制粒制备包含阿托伐他汀钙的药物组合物，在干法制粒过程中，一般将药物和赋形剂中的至少部分共同压制成条或块，然后将这些压紧的物质研磨至合适的大小以防止药物分离并确保在生产单位剂型过程中良好的流动性，其指出，尽管前期将药物自身压制成块，但在研磨时，这些物质大部分恢复为流动性极差的细粉，然而，阿托伐他汀钙以许多形式存在，从高度晶形到具有不同程度混乱的形式，就该申请目的而言，以无定形或主要为无定形的部分或完全无序形式的阿托伐他汀钙最佳。专利申请 CN1805741A 使用湿法制粒制备包含阿托伐他汀钙的药物组合物，并指出，为了保证药片暴露于胃肠道体液即迅速崩解，而在制备过程中又有足够的硬度以便其在制造、贮存期间不会破碎或破裂，在湿法制粒制备阿托伐他汀钙片剂时需要加入崩解剂，然而仅有特定崩解剂在阿托伐他汀钙片中使用最低水平的碱化添加剂或碱土金属盐添加剂时不会影响其稳定性；该申请将筛选出优选的崩解剂与少于5%的碱化添加剂共同制备出稳定性良好的阿托伐他汀钙制剂。可见，发展至当前，辉瑞制药针对阿托伐他汀钙制剂的研究重心完全转移至对制剂的改良中，其改进方向包括两方面，分别是阿托伐他汀钙的固体形式以及制剂辅料的优化。

2005～2006年，辉瑞制药再次提交两篇涉及阿托伐他汀钙制剂的专利申请，分别是WO2006059224A1和WO2007034316A1。值得关注的是，这两篇专利申请均是围绕无定形阿托伐他汀钙展开，其中专利申请WO2006059224A1公开了一种固体分散体的无定形的阿托伐他汀钙，该固体分散体是通过混合晶体阿托伐他汀钙与一种熔体加工的聚合物和一种任选的稳定剂以及一种任选的增塑剂在温度足够高的情况下获得软化或熔融的聚合物，以溶解该结晶阿托伐他汀钙，从而形成一种分散的无定形的阿托伐他汀钙；该申请还指出，通过固体分散体的制备过程能够在不使用有机溶媒的条件下获得无定形的阿托伐他汀钙。专利申请WO2007034316A1公开了无定形阿托伐他汀钙的退火方法，并指出经过退火过程的无定形阿托伐他汀钙相较于未经过该过程的阿托伐他汀钙更加稳定。从上述2项专利不难看出，自辉瑞制药2004年在专利申请中指出无定形阿托伐他汀钙有利于相应制剂的稳定性后，其围绕无定形阿托伐他汀钙进行了深入的研究，目的主要在于尽可能提高阿托伐他汀钙制剂的稳定性。

由上述分析可知，辉瑞制药在一开始的改进路线集中于联合用药的研发，尤其是在1998年，其提交的2项专利申请均涉及联合用药，并没有制剂本身的性质改进，随后从2002年开始，辉瑞制药逐渐将研究重点从联合用药向制剂改良过渡，这一时期有2项涉及联合用药和制剂改良的专利申请，在其研发后期，辉瑞制药未开发更多的联合用药策略，而是从多角度进行制剂本身的改良研究，主要涉及辅料和主药两方面，辅料方面包括通过碳酸钙的含量调节控制阿托伐他汀钙的溶出速率等，主药方面则主要是通过使用无定形的阿托伐他汀钙提高相应制剂的稳定性。然而，2006年后，辉瑞制药针对阿托伐他汀钙制剂的研究逐渐停滞，也未以专利申请的方式提供更多的改进技术方案。

2. 石药集团

石药集团是国内涉及阿托伐他汀钙制剂专利申请量最多的申请人，本文将其专利申请依照申请日的时间顺序进行了梳理，分析其中技术演变过程，并绘制了技术路线图，如图4-7所示。

首先，在2005年，石药集团提交了第一项关于阿托伐他汀钙制剂的专利申请CN1843357A，其公开了一种联用阿托伐他汀钙和左旋氨氯地平的药物组合物，用于治疗混合型高血压和高脂血症，并且该申请中明确引用了辉瑞制药有关联用阿托伐他汀钙与氨氯地平的专利。由此可见，石药集团是将辉瑞制药的专利作为技术基础进行了改进，其最初的研究重心为联合用药。

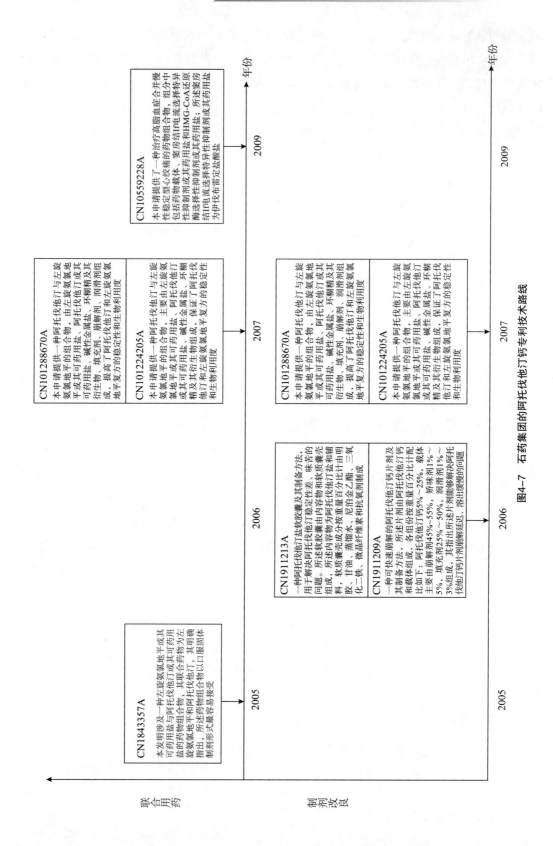

图4-7 石药集团的阿托伐他汀钙专利技术路线

　　随后的 2006 年，石药集团提交了专利申请 CN1911209A，公开了一种可快速崩解的阿托伐他汀钙片剂，指出由于阿托伐他汀钙味苦，在水中极微溶解，它对热、潮湿、低 pH 环境和光都高度敏感，特别是在酸环境下，阿托伐他汀钙会降解成相应的内酯，其普通片剂存在崩解延迟、溶出缓慢等问题，直接影响的临床药效，为了解决上述技术问题而研发了所述可快速崩解的阿托伐他汀钙片剂。另一项专利申请 CN1911213A，其中公开了一种阿托伐他汀盐软胶囊，用于解决阿托伐他汀钙稳定性差、味苦的问题，使用软胶囊剂型可防止因密封条件不好或保存不当所造成的有效成分的分解、氧化和流失，且其崩解时间短、溶出迅速、生物利用度高、剂量准确、易吸收、保存时间长。可见，石药集团除了在前期基于辉瑞制药的专利进行了改进研究以外，也逐渐针对阿托伐他汀钙的性质进行制剂本身的改良。

　　2007 年，石药集团再次提交 2 项专利申请，分别为 CN101224205A 和 CN101288670A，其申请日仅相差 3 个月，分别为 2007 年 1 月 20 日和 2007 年 4 月 20 日。其中，专利申请 CN101224205A 提供了一种阿托伐他汀钙与左旋氨氯地平的组合物，并使用了碱性金属盐提高阿托伐他汀钙的稳定性，使用环糊精衍生物改善氨氯地平溶出度。随后在专利申请 CN101288670A 中，石药集团对其在前申请中的制备工艺进行了改进，进一步筛选其辅料以获得简化的工艺流程。

　　2009 年，石药集团再次提交 1 项专利申请 CN101559228A，其中将阿托伐他汀钙与窦房结 If 电流选择特异性抑制剂进行了联用，目的在于对高脂血症合并慢性稳定型心绞痛产生综合的疗效。这与前文所提到的联合用药思路相契合，其指出上述药物的联用在治疗伴随高脂血症的稳定性心绞痛时具有良好的协同效应，对高脂血症具有良好的降血脂作用。

　　由以上分析可知，石药集团在针对阿托伐他汀钙制剂进行改进时，一方面以原研公司辉瑞制药的在先研究作为基础做进一步的改进，例如使用左旋氨氯地平与阿托伐他汀钙进行联用；另一方面，石药集团也针对阿托伐他汀钙本身的性质以及应用需要进行了独立的发明，例如开发快速崩解的阿托伐他汀钙片剂，以及阿托伐他汀钙软胶囊的制备。值得关注的是，目前上述石药集团所申请的相关专利均获得了授权，目前仍在有效期内。当然，将阿托伐他汀钙制剂的研究热度并未得到持续——2009 年后石药集团并未再围绕该制剂提交更多相关的专利申请。

　　3. 嘉林药业

　　如前所述，嘉林药业是国内阿托伐他汀钙片的首仿企业，因此，对于其所申请的专利以及技术路线也需要格外的关注，本文将嘉林药业涉及阿托伐他汀钙制剂的相关专利申请如前进行了梳理，并绘制出技术路线图，结果如图 4 - 8 所示。

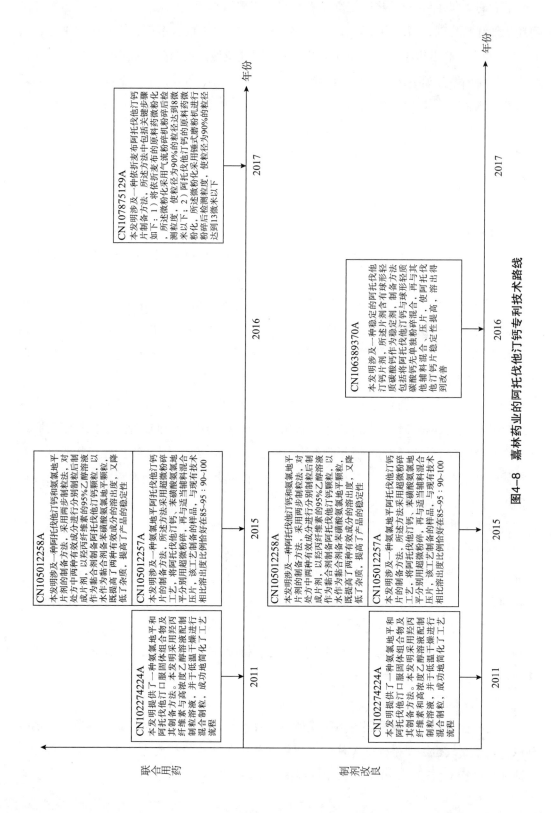

图4-8 嘉林药业的阿托伐他汀钙专利技术路线

从图4-8所示内容可知，嘉林药业涉及阿托伐他汀钙制剂的专利申请均是近几年提出的，最早的一项出现在2011年，且在所梳理的5项专利申请中，有4项是同时涉及联合用药和制剂改良。2011年，嘉林药业提交了专利申请CN102274224A，其将阿托伐他汀钙与氨氯地平进行了联用，并对制备工艺进行了改进，采用羟丙纤维素与高浓度乙醇溶液配制制粒溶液，并于低温干燥进行混合制粒，进而简化了工艺流程。

随后时隔4年，嘉林药业于2015年8月6日提交了2项相关专利申请CN105012257A和CN105012258A，在这2项申请中，其仍然将阿托伐他汀钙与氨氯地平进行了联用，并对制备工艺进行了进一步的改进，涉及超微粉碎技术以及两步制粒法等。

2016年，嘉林药业提交了专利申请CN106389370A，在该申请中，其并没有进行联合用药，而是选择对阿托伐他汀钙的稳定剂进行优化，其使用球形轻质碳酸钙作为稳定剂，制备方法包括将阿托伐他汀钙与球形轻质碳酸钙先单独粉碎混合，再与其他辅料混合、压片，使阿托伐他汀钙片稳定性提高，溶出效果得到改善。

2017年，嘉林药业针对阿托伐他汀钙制剂再次提出专利申请CN107875129A，在该申请中嘉林药业继续选择联合用药，将依折麦布与阿托伐他汀钙该进行了联用，并提供了具体的制备该片剂的工艺流程，其中依折麦布为胆固醇吸收抑制剂，二者联用之后，能够获得更理想的治疗效果。

从以上分析可知，嘉林药业的技术路线几乎兼顾了联合用药和制备工艺的优化。然而，截至目前，上述5项专利申请中仅有1项获得授权，即CN105012258A，而申请CN102274224A已失效，其余3项申请则停留在实质审查阶段。

五、总结

对于阿托伐他汀钙制剂而言，由于原料药本身的难溶性，几乎所有相关专利申请均选择将其制备为固体制剂，主要包括片剂、胶囊剂、粉末剂以及颗粒剂等。同时，为了改善其溶解性，提高阿托伐他汀钙在体内的生物利用度和提高其稳定性，国内外相关研究重点和专利布局主要集中在药物固体形式的改进以及制备工艺的改进。

目前而言，辉瑞制药已有"立普妥"（阿托伐他汀钙片）和"多达一"（氨氯地平阿托伐他汀钙片）在国内外上市，其所占市场份额仍然相当庞大。对于我国相关企业而言，不仅需要关注销售市场，更需要关注技术市场，尤其是专利技术市场，并注重提高自身在专利技术上的敏锐性，要学习发达国家企业的专利布局策略，为今后研制出自己的基础产品并构建合理的专利网络蓄积力量[4]。另外，对于许多已上市的药物来说，虽然原研公司大多会对其进行全面的专利布局，但是所谓"百密一疏"，有时候通过深入挖掘原研公司的专利盲点，对其重点药物进行二次开发并进行相应的专利布局也是打破原研公司专利壁垒的有效策略，比如在剂型开发上，可在进行全面调研的基础上有针对性地选择目前存在明显不足的制剂品种进行研发，或者将本公司的拳头产品与阿托伐他汀钙进行组合开发以布局相应的防守型专利等。从这个方面出发，可能只需通过较少的投入就能获得较大的收益。

　　阿托伐他汀钙作为史上最重磅的化学药物，随着国家仿制药质量和疗效一致性评价工作的推进，预计他汀类仿制药市场将呈现持续增长的态势，进而使得相关专利申请也会呈现继续增长的趋势。可以预期的是，无论是在国内还是国外，基于阿托伐他汀钙制剂的专利申请还会不断涌现，技术改进方向也会不断丰富，对于国内外相关的企业和机构而言，仍然充满了极大的机遇和可能性。总之，随着国内各企业和相关机构的研发实力及平台的提升和拓展，医药企业对国外专利到期药在剂型上的创新性改进愈发重视，必将有更多的阿托伐他汀钙的新制剂走出实验室研究，逐渐走向市场服务于临床，进而为更多的患者带来福音。

参考文献

[1] 黄峻，黄祖瑚．临床药物手册[M].5版．上海：上海科学技术出版社，2015.

[2] 刘英，刘惠亮．阿托伐他汀多效性研究进展[J]．中国全科医学，2013，(6)：601－604.

[3] Shen Jiayong．阿托伐他汀钙片剂制剂及质量控制[D]．郑州：河南大学，2013.

[4] 卞志家，等．阿托伐他汀的专利保护现状分析[J]．中国发明与专利，2011，(10)：44－49.

精神疾病药物阿立哌唑制剂专利技术综述[*]

屈小又 马冰[**] 杨玉婷[**] 蒋嘉瑜[**] 陈昊[**]

摘 要 非典型抗精神病药物阿立哌唑在精神科的临床使用日趋广泛，不仅应用于精神分裂症的治疗，作为心境稳定剂治疗感情障碍，而且应用于抑郁症、强迫症、阿尔茨海默症、儿童抽动症等的治疗，在精神类疾病的治疗中发挥了较好的作用，已成为精神科药物治疗的关键药物。本文利用国内外专利数据库，通过检索、统计和分析阿立哌唑制剂相关的专利申请，对其申请趋势、申请人分布、核心技术和技术进展、专利布局进行了分析，并以重要申请人为主线梳理了阿立哌唑剂型的技术发展路线，为国内相关企业提供一定的参考。

关键词 阿立哌唑 制剂 剂型 专利申请

一、阿立哌唑概况

阿立哌唑（Aripiprazole）系喹啉酮类衍生物，为首个第三代非典型抗精神类疾病新药。[1]其化学名为7 - ［4 - ［4 -（2，3 - 二氯苯基）- 1 - 哌嗪基］丁氧基］ - 3，4 - 二氢喹啉酮，其结构式如图 1 所示。

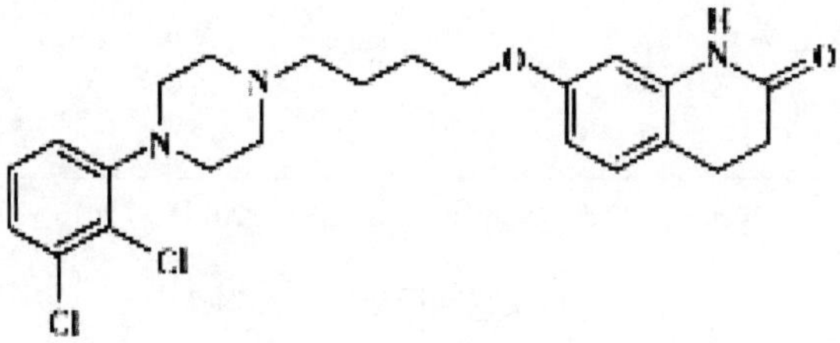

图 1 阿立哌唑结构式

阿立哌唑由日本大冢（Otsuka）制药公司（以下简称"大冢制药"）于 1988 年开发

---

  * 作者单位：国家知识产权局专利局专利审查协作四川中心。

  ** 等同第一作者。

的化合物，后与美国百时美－施贵宝（Bristo－Myeres Squibb）制药有限公司（以下简称
"百时美－施贵宝制药"）联合开发，于2002年经美国食品药品监督管理局（FDA）批
准获得上市，2004年在我国用于临床。阿立哌唑的作用机制与其他抗精神病药不同，它
是D2受体部分激动剂、D1受体激动剂。阿立哌唑与D2、D3、5－HT$_{1A}$、5－HT$_{2A}$受体具
有高亲和力，与D4、5－HT$_{2c}$、5－HT7、αl、H1受体及5－HT重吸收位点具有中度亲和
力，其通过对D2和5－HT$_{1A}$受体的部分激动作用及对5－HT$_{2A}$受体的拮抗作用来产生抗
精神分裂症作用。同时，阿立哌唑也是第一个被称作"多巴胺系统稳定剂"的药物。多
巴胺系统稳定剂是指它能够在DA神经传递水平降低时增强神经传递，而在亢进时降低
神经传递功能，其特点不是阻断而是稳定多巴胺系统。[2]其独特的作用机制带来了诸多临
床上的优势，如极少产生EPS，不增加血浆催乳素水平，嗜睡影响很小等。因此，对精
神分裂症和双相情感障碍患者来说，阿立哌唑是一种有价值的治疗选择。

阿立哌唑曾经登顶美国药品销售额排行榜，是美国精神类疾病领域最受欢迎的药品
之一。从图2所示的阿立哌唑历年销售额数据可以看出，阿立哌唑全球年销售额最高曾
达到80亿美元以上。但是随着2015年化合物专利到期，美国FDA批准了5种片剂仿制
药上市，给大冢制药带来巨大冲击，使阿立派唑当年的全球销售额跌落到40多亿美元，
几乎腰斩。虽然长效注射剂销售开始有起色，但短期内不足以抵消片剂仿制药造成的
损失。

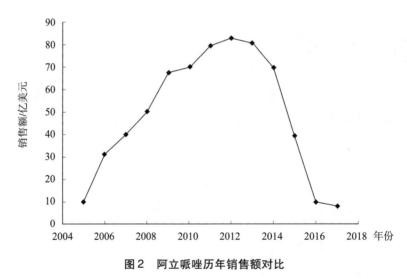

图2　阿立哌唑历年销售额对比

近年来，阿立哌唑在精神科的疾病治疗中发挥了越来越广泛的作用，对于其制剂的
研究也长期火热，以适应于特殊患者的使用，进而提高患者顺应性，降低不良反应。在
国家药品监督管理局网站上查询到的有关阿立哌唑的注册信息达136条，涉及阿立哌唑
的普通片、口腔崩解片、胶囊、口服溶液、长效肌肉注射剂、口溶膜等多种剂型，其中
获得批文16件，分别涉及浙江大冢、成都康弘、上海中西、江苏恩华、江苏豪森、成都

弘达、重庆医药工业研究院等企业。

本文以国家知识产权局的专利检索系统和美国化学文摘社（CAS）的 STN 检索平台为数据采集系统，以阿立哌唑的 CAS 号（129722 – 12 – 9）以及阿立哌唑、Aripiprazole、7 – [4 – [4 –（2，3 – 二氯苯基）– 1 – 哌嗪基］丁氧基］– 3，4 – 二氢喹啉酮、OPC – 14597、阿比利非、Abilify、安律凡等阿立哌唑的各种表达，结合药物制剂的 IPC 分类号 A61K 9、关键词制剂、药剂以及片剂、注射剂等各种表达作为主要检索要素，在 STN、中国专利文摘数据库（CNABS）、中国专利全文文本代码化数据库（CNTXT）、德温特世界专利索引数据库（DWPI）和世界专利文摘数据库（SIPOABS）中对全球涉及阿立哌唑制剂的发明专利申请进行统计，并对申请人类型、申请的发明构思、解决的技术问题等技术信息进行人工标引，以筛除明显不相关的专利申请。截至 2018 年 7 月 31 日，共检索到阿立哌唑制剂相关的发明专利申请 162 项。本文对这 162 项阿立哌唑制剂相关的专利申请作技术综述，同时对阿立哌唑制剂的专利技术现状、重点申请人及其技术演进路线等进行分析。

二、全球专利申请状况分析

（一）专利申请量趋势分析

通过对前述检索得到的涉及阿立哌唑制剂的 162 项专利申请按照申请年份分别统计申请量，全球申请量随时间的变化如图 3 所示。

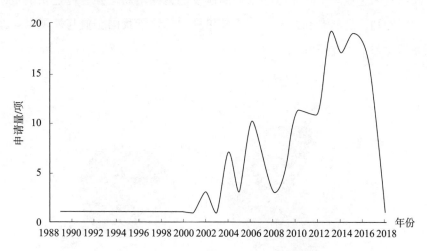

图 3　阿立哌唑制剂全球专利申请量趋势

阿立哌唑的专利申请始于 1989 年 10 月 20 日，由大冢制药首次申请化合物专利，并于 1991 年 4 月 9 日获得授权。在此之后，大冢制药和其他企业分别对其进行剂型改进。1989 ~ 2000 年，阿立哌唑制剂的专利申请量较少，从 2002 年开始申请量总体呈上升趋势，2013～2015 年申请量达到顶峰。究其原因，可能是阿立哌唑于 2002 年在美国上市，上市后获得了巨大关注，因此专利申请量出现逐步增加的趋势，而在化合物专利到期的 2015 年前后，相关专利申请密集布局，出现了一个申请量的高峰。由于专利申请自申请日起满 18 个月予以公开，因此，截至 2018 年 7 月 31 日，关于 2018 年专利申请量的统计可能不够完整全面。

（二）专利申请人分析

对全球阿立哌唑制剂相关专利申请的申请人类型进行了统计分析，如图 4 所示。

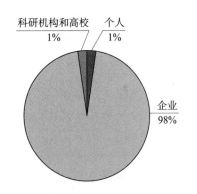

图 4　阿立哌唑全球申请人类型分析

在全球阿立哌唑制剂相关专利申请中，企业的申请量占绝大多数，为总申请量的 98%，高校及科研院所、个人申请的申请量分别占总申请量的 1%。从这点可以看出，对于阿立哌唑制剂的研发和专利保护是以市场为导向，以企业为主体的。

对阿立哌唑制剂相关专利申请按申请人国别统计，结果如图 5 所示。

阿立哌唑制剂的专利申请以中国、日本、美国居多，其加和占申请总量的 68%。中国专利申请量占总申请量的 36%，位居第一，且多为企业申请；第二位为原研国日本的专利申请，占总量的 24%。中国申请人的申请量最多，反映出我国企业对于阿立哌唑制剂的研发能力在不断增强，但是我国申请人大多只申请了中国专利，且其专利技术类型比较单一，反映了我国企业与外国企业在技术实力和专利布局能力上还存在较大差距。

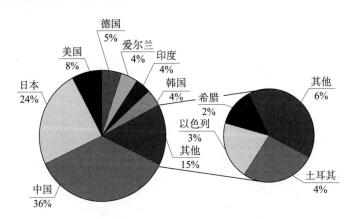

图 5　阿立哌唑全球申请人国别分布

对全球专利申请人的申请量进行统计，将不同公司名称（中英文）进行人工整合后，以申请量进行排名，如图 6 所示。

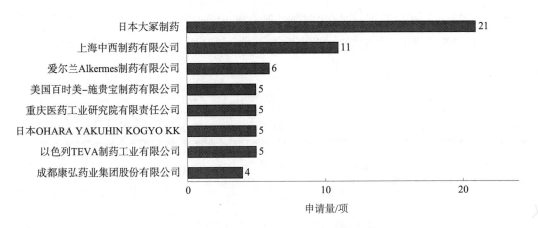

图6　阿立哌唑全球专利申请人申请量排名

可见，阿立哌唑制剂专利申请最多的分别为原研公司大冢制药、上海中西制药有限公司（以下简称"中西制药"）、爱尔兰 Alkermes 制药有限公司（以下简称"Alkermes 制药"）。值得一提的是，大冢制药的阿立哌唑制剂于 2006 年才获得 CFDA（国家食品药品监督管理总局）批准，而原研药在中国上市之前，来自成都康弘药业集团股份有限公司（以下简称"康弘药业"）和上海中西制药的两种国产阿立哌唑药品早在 2004 年就已提前上市。

（三）专利布局分析

专利来源地是指发明首次申请专利的国家/地区，它可以反映出专利技术的来源；而目标市场地是指专利进入的国家/地区，它可以反映出世界范围内哪些国家/地区是阿立哌唑制剂的主要应用市场。如图 7 所示，中国的专利申请量排在首位，阿立哌唑制剂的研究热度最高，而作为日益重要的医药市场，中国也是专利公开量最大的目标市场地。美国和日本的申请量紧随其后——事实上，大冢制药也与百时美 – 施贵宝制药进行了阿立哌唑的联合开发。此外，欧洲和印度的申请量远小于在这两地的专利公开量，其专利公开量主要来源于外国企业，说明这两地的相关产品主要

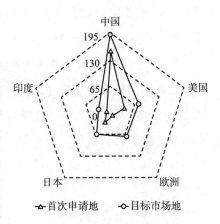

图7　阿立哌唑制剂专利申请的
首次申请地和目标市场地

注：图中数字表示申请量，单位为项。

依赖于进口。由此可以看出，随着我国在阿立哌唑制剂领域的研发能力不断增强，国内申请量巨大，同时我国也是国外企业重要的目标市场，它们也在我国进行了大量的专利布局。

三、重点申请人专利发展技术路线

（一）阿立哌唑各类剂型产品技术发展路线

在新药研发的最初阶段通常选择常见的剂型，阿立哌唑也是如此。随后，通过更细致

的研究，特别是应用于临床后可以针对性改善药物的依从性，各企业开发了新的剂型供医生灵活应用。图8列出了阿立哌唑各类剂型产品的批准历史（以美国FDA批准时间为例）：

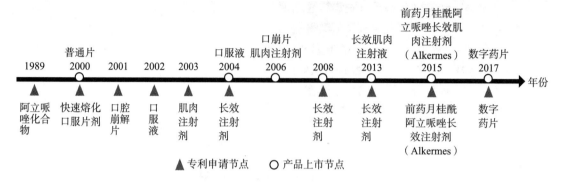

图8　阿立哌唑制剂产品时间轴

除了上述产品外，在日本还有散剂，规格10mg/g，其于2006年被批准上市，又于2017年7月申请复方制剂，规格是3mg、6mg、9mg和12mg分别搭配100mg舍曲林。另外，在已上市的阿立哌唑产品中，口服制剂使用的是无水阿立哌唑，而注射剂使用的是阿立哌唑一水合物。可见，为了适应临床的需要，阿立哌唑制剂的剂型不断发展，从普通片、口服制剂、注射剂，发展为口腔崩解片、长效注射制剂，甚至含有芯片的数字药片，可以跟踪药片的体内行为，另配有感应器和手机APP，科技感十足。[3]

（二）大冢制药阿立哌唑制剂的专利技术路线

大冢制药作为阿立哌唑的原研企业，其围绕阿立哌唑的制剂做了一系列的专利布局。从20世纪80年代化合物阿立哌唑被发现至今，大冢制药对阿立哌唑进行了全方位的专利布局。除了化合物和制剂专利，大冢制药还建立了包括生产工艺、适应证、贴片、传感器等专利网来对阿立哌唑进行保护，以逐渐延长药物的生命周期，其技术演进路线如图9所示。

1989年，大冢制药申请了阿立哌唑的化合物专利（US5006528C1），其实施例制备了两种阿立哌唑制剂，分别为阿立哌唑片剂（普通片剂，辅料为淀粉、硬脂酸镁和乳糖）和注射剂，由于阿立哌唑水溶性较差，其注射剂中使用聚乙二醇和聚氧乙烯脱水山梨醇单油酸酯进行增溶。

2000年，百时美－施贵宝申请了首个阿立哌唑快速熔融口服剂型（CN1317309A），其赋形剂为超级崩解剂（如聚乙烯聚吡咯烷酮）、分散剂、分配剂和黏合剂，口服后可在25秒内崩解。

2002年，大冢制药将阿立哌唑制备成不容易转化为水合物或减损其最初溶解度的阿立哌唑酐结晶，以利于包含阿立哌唑酐的药物组合物长期保存，并将其制备为快速熔融片剂（CN1463191A），可在10秒内崩解在5ml水中。

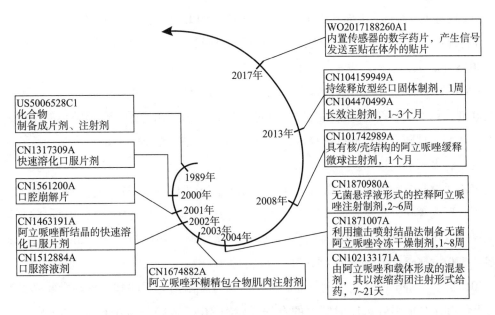

图9 原研企业大冢制药阿立哌唑制剂的技术演进路线

2001～2003年，大冢制药与百时美－施贵宝对阿立哌唑制剂进行联合开发，研发出了口腔崩解片（CN1561200A）和口服溶液剂型（CN1512884A），还通过环糊精包合技术制备阿立哌唑注射剂（CN1674882A），减轻注射时阿立哌唑对肌肉部位的刺激性。

2004年，阿立哌唑长效缓控释注射剂诞生。大冢制药研发的无菌悬浮液形式的控释阿立哌唑注射制剂（CN1870980A）由平均粒度为1～10μm的阿立哌唑、载体和注射用水组成，其中载体包括助悬剂（如羧甲基纤维素）、填充剂、缓冲剂等。其注射后，在至少1周的时间内持续释放阿立哌唑。冻干阿立哌唑的平均粒度越小，延长释放的时间越短，因此可以通过改变冻干制剂中阿立哌唑的粒度来改变阿立哌唑释放的持续时间，当阿立哌唑平均粒度大于约1微米时，阿立哌唑将在最长达6周的时间内持续释放。

同年，大冢制药与百时美－施贵宝联合开发了利用撞击喷射结晶法制备无菌阿立哌唑冷冻干燥制剂（CN1871007A）的方法，撞击喷射结晶法利用两股彼此迎面相撞的喷射液流，一股液流运送富含阿立哌唑的溶液，另一股液流运送抗溶剂（例如水），两股液流互相碰撞可以实现快速均匀混合和过饱和，可快速成核，从而得到具有所需的细小粒度和狭窄的粒度分布的阿立哌唑单水合物结晶，再将阿立哌唑结晶与其他辅料制备成初始无菌混悬液并冷冻干燥。该制剂用水再制后经肌内注射使用，可以在至少约1周甚至长达约8周的时间内持续释放出阿立哌唑。大冢制药还与Alkermes制药联合开发了阿立哌唑延缓释放可注射组合物（CN102133171A），其为阿立哌唑和载体（如羧甲基纤维素）形成的混悬剂，以浓缩药团注射形式给药，获得的延缓释放分布与PLGA微球制剂的释放分布相似，缓释效果为7～21天。

2008年，大冢制药研发了具有核/壳结构的阿立哌唑缓释微球注射剂（CN101742989A），含有阿立哌唑的核全部或大部分表面被由可生物降解的聚合物制成的壳所包被，并制备成可注射水悬浮剂，具有良好的再分散性。其注射后在至少 1 个月的时间内持续释放阿立哌唑。

2013 年，大冢制药研发了第一种阿立哌唑长效口服制剂——持续释放型经口固体制剂（CN104159949A），其含有胶凝剂、稀释剂（如单糖类、二糖类、多元醇类）和阳离子交联剂，其中交联剂与胶凝剂交联，并能在经口固体制剂暴露于环境液体时增强凝胶强度，从而实现阿立哌唑的持续释放，并可用作为 1 周一次的经口制剂。

同年，大冢制药还研发了更为长效的阿立哌唑注射剂（CN104470499A），其含有助悬剂聚乙烯吡咯烷酮或聚乙二醇和羧甲基纤维素，于肌内或皮下施用；该组合物在静置时以凝胶形式存在，当受到冲击时改变为溶胶。其中，阿立哌唑具有 $1 \sim 10 \mu m$ 的平均初级粒径及 $200 \sim 400 mg/mL$ 的浓度时，每月给药一次；阿立哌唑具有 $4 \sim 30 \mu m$ 的平均初级粒径及 $300 \sim 600 mg/mL$ 的浓度时，每 $2 \sim 3$ 月施用一次。

2015 年，Alkermes 申请了阿立哌唑前药——月桂酰阿立哌唑和乙酰阿立哌唑的制备方法及将其制备成缓释可注射制剂的专利（CN107106556A）。该缓释制剂按每月、每 2 月或每 3 月一次的注射方式施用。

2017 年，大冢制药研发了内置传感器的数字药片（WO2017188260A1），嵌入药片的传感器只有盐粒大小，含有微量的镁、铜和硅等元素，不仅可以安全地通过身体，还能在接触胃酸时被激活并产生信号发送至贴在体外的贴片，从而记录服药时间及相关生理数据。这种可跟踪病人服药情况的发明有效解决了精神疾病患者因健忘等原因不规律服药而影响治疗的问题。

四、阿立哌唑专利技术演进路线

在阿立哌唑制剂相关的 162 项专利申请中，按照给药方式可分为两类：口服制剂和非口服制剂。口服制剂主要包括普通常释片剂、胶囊剂、口服液、口腔崩解片、口腔膜剂、滴丸剂、舌下片，而非口服制剂中主要包括注射剂、经皮给药剂型。其中研究较多的剂型为口腔崩解片和长效注射制剂。阿立哌唑制剂的技术演进路线如图 10 所示。

（一）口服制剂的专利技术发展路线

阿立哌唑的原研企业大冢制药于 1989 年申请了化合物专利 US5006528C1，其实施例制备了阿立哌唑片剂，辅料为淀粉、硬脂酸镁和乳糖。在这之后，为了适应生产和临床需要，各创新主体从阿立哌唑溶解性、晶型、给药便利性等方面对阿立哌唑制剂进行了一系列改进。

1. 药物晶型、制备工艺的改进

大冢制药在专利申请 CN1463191A 中指出，阿立哌唑酐晶体以 I 型晶和 II 型晶存在。

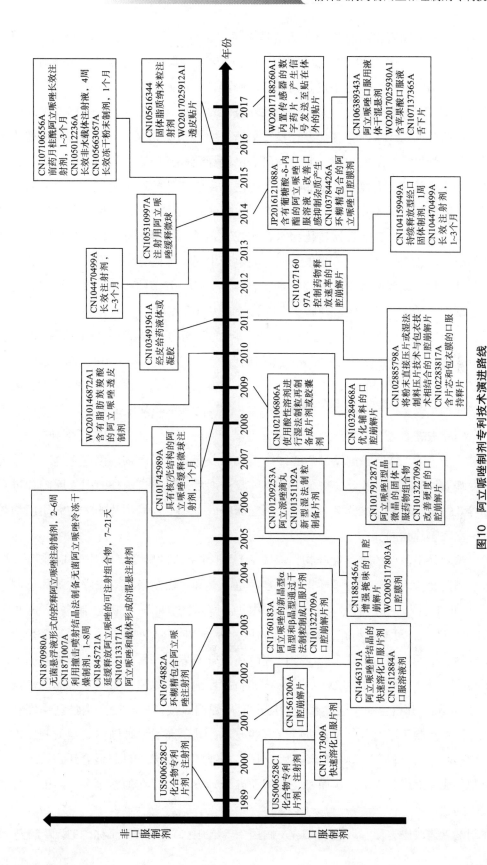

图10 阿立哌唑制剂专利技术演进路线

Ⅰ型晶可以通过使用阿立哌唑乙醇溶液结晶或通过在80℃下加热阿立哌唑水合物制得；Ⅱ型晶可以通过在130～140℃下加热阿立哌唑酐15小时得到。在80℃下加热阿立哌唑水合物制得的阿立哌唑晶体的缺点是其明显的吸湿性，由此会带来以下缺点：其易湿性导致难以加工，如与湿气接触，无水阿立哌唑吸水转化成含水形式，含水阿立哌唑的生物利用度和溶解度比无水阿立哌唑差，且每批药品中含水与无水阿立哌唑比例的变化不能满足药品监管机构设定的规范；此外，研磨可能导致药品吸附在设备上，从而导致成本增加、产率降低等。而按照Ⅱ型晶的制备方法，由于工艺的可重复性比较差，因此很难制得高纯度的阿立哌唑Ⅱ型晶。有鉴于此，大冢制药在该专利申请中制备了一种低吸湿性阿立哌唑酐晶体，其不容易转化为水合物或减损其最初溶解度，利于包含阿立哌唑酐的药物组合物长期保存；进一步地，该专利申请中还将该阿立哌唑酐晶体与淀粉、硬脂酸镁、乳糖制备成普通片剂，或与木糖醇、Avicel PH 102、硅酸钙、聚乙烯聚吡咯烷酮、无定型二氧化硅、酒石酸、硬脂酸镁等制备成快速融片剂。

重庆医药工业研究院有限责任公司研究了阿立派唑的新晶型——α晶型和β晶型（CN1760183A），所提供的阿立哌唑α晶型的优点在于制备工艺操作简单，晶型稳定，重现性好，成本低廉，无须制备成Ⅰ型晶，只需利用无水乙醇或无水乙醇与另一非醇类有机溶剂形成均相体系的混合溶剂经重结晶后，于35～80℃下经常压干燥3～100小时后即得。制备阿立哌唑β型晶是将阿立哌唑的α型晶于60～80℃、减压或常压下加热3～10天，使其分子中的1/2分子的结晶乙醇缓缓失去后获得无结晶溶剂的阿立哌唑。将获得的阿立哌唑α、β晶型采用干法制粒法制成口服片剂后，与购自国外的阿立哌唑片进行了生物等效性试验研究，试验结果显示：阿立哌唑α晶型、β晶型片的生物利用度均与国外的阿立哌唑片相同。

阿立哌唑是多晶型的难溶性药物，美国FDA批准上市的阿立哌唑片为Ⅰ晶型产品。对于多晶型药物，因晶格结构不同，其稳定性也有差异，而制备阿立哌唑常规固体制剂的过程中可能引起阿立哌唑晶型转化。中西制药通过将阿立哌唑制备成滴丸剂（CN101209253A），可避免粉碎、颗粒制作和压片等步骤对其晶型的影响，保证了药物晶型的稳定性。中西制药与重庆医药工业研究院还联合研发了一种含有阿立哌唑微晶的固体口服药物组合物（CN101791287A），并将其制成片剂，其中阿立哌唑Ⅰ型晶的平均粒径不超过50μm，其组合物中阿立哌唑的溶出度得到明显提高，可提高生物利用度和疗效。此外，中西制药还对制备工艺进行了一些改进，其研究了一种固体制剂的制备方法（CN102106806A），将阿立哌唑溶于酸性溶剂中，将含药酸性液和辅料混合后进行湿法制粒，再制备成片剂或胶囊剂，从而避免机械粉碎处理方法中存在的粉尘多、污染环境和损耗大等问题。

在制剂工艺改进方面，以色列TEVA制药工业有限公司（以下简称"TEVA制药"）

研究了一种通过湿式制粒法制备阿立哌唑药用组合物的方法（CN101351192A），为了减少水合作用和不需要的多晶形转换，将阿立哌唑与稀释剂、黏合剂及水的混合物制成湿颗粒，在低于70℃下干燥湿颗粒获得干颗粒，并研磨干颗粒，前提是湿颗粒在干燥前不经研磨；优选在约60℃或低于60℃的温度下干燥所述湿颗粒；可进一步包括在研碎的干颗粒中加入至少一种片剂润滑剂，并且将磨细的干颗粒压制成片剂；湿式制粒法制备的片剂具有在约30分钟后溶出不低于约85%起始重量的阿立哌唑的溶出率。TEVA制药还研究了一种制备阿立哌唑干压药物组合物的方法（CN101351193A），其中不涉及水合或多晶型相互转变，将阿立哌唑和稀释剂、黏合剂、崩解剂共混以获得均匀混合物，向均匀混合物中加入润滑剂，再将均匀混合物干压成制剂；制剂可为片、块状物或压缩物；还可将块状物或压缩物碾磨成颗粒，向颗粒中加入片剂润滑剂，将颗粒干压成片剂；例如，可将阿立哌唑 I 型晶、乳糖一水合物、淀粉、红色着色剂、羟丙基纤维素和硬脂酸镁共混成混合物，将混合物干法制粒并将粒状混合物压缩成块状物，再将块状物碾磨并将碾碎的块状物与微晶纤维素和硬脂酸镁共混成第二混合物，最后将第二混合物压成片剂。

在使用难溶性药物阿立哌唑粗晶或微晶制备阿立哌唑固体制剂时，用传统的湿法制粒制备所得的阿立哌唑固体制剂，在制剂过程中需要将湿颗粒进行干燥，此过程极易产生有关物质并降低固体制剂的稳定性，从而导致有关物质含量较高。专利申请 CN106943405A 公开了一种阿立哌唑制剂，其不经过制粒和干燥而是直接制剂，故不含有诸如水、乙醇、聚维酮、羟丙纤维素及其他有机溶剂等的黏合剂，大大降低了阿立哌唑水合物的产生以及随后相关联的多晶型转变，有关物质的量显著降低，溶出特性和稳定性好，生物利用度高，个体差异小。其制备方法为：将阿立哌唑（或和微粉硅胶混合）过筛，随后将填充剂等量递加并混合均匀，而后加入崩解剂和增溶剂并混合均匀，最后将润滑剂加入并混合均匀，压片或装填胶囊以获得阿立哌唑制剂。

2. 制剂形式的改进

（1）口服溶液剂

由于精神分裂症患者在吞咽固体口服剂型时通常存在困难，因此阿立哌唑口服溶液可满足该类患者的特殊需要。此外，口服溶液还可以使医生在为患者设计剂量方案时有更大的灵活性。制备阿立哌唑口服溶液的困难在于要使用适于长期给药并适于给药于少儿和老年患者的溶剂来溶解该微溶的药物，同时要能掩盖阿立哌唑的苦味并保持适当的稳定性。2002 年，大冢制药与百时美－施贵宝联合开发了第一种阿立哌唑口服溶液（CN1512884A），其包括：由一种或多种选自水、表面活性剂、水可混溶的溶剂和增溶剂的物质所组成的适宜的药用溶剂系统、一种或多种味道增强剂/掩蔽剂（例如乳酸、醋酸、酒石酸或枸橼酸），溶液具有 2.5～4.5 的 pH；其实施例所提供的口服溶液成分组成为：阿立哌唑、PEG、乳酸、氢氧化钠、苯甲酸、蔗糖、果糖、橙汁调味香料以及净化水。

专利申请 JP2016121088A 公开了一种含有葡糖酸 - δ - 内酯的阿立哌唑口服溶液，通过调整葡糖酸 - δ - 内酯与阿立哌唑的质量比，可以得到稳定性和口感均优良的阿立哌唑口服溶液，还可以抑制阿立哌唑中杂质的产生。专利申请 WO2017025930A1 公开了一种含苹果酸和其他赋形剂的稳定的阿立哌唑口服液，其 pH 为 3 ~ 3.5，使用苹果酸的主要原因在于其吸湿性低、易溶、增味性强、流动性好，比其他酸更为顺滑，还可以用来调节 pH。

口服溶液剂虽然能够解决吞咽能力较弱患者服用困难的问题，但是其在服用期间稳定性较差，且作为液体制剂携带不方便。口服干混悬剂，以固体形式储存，而以混悬液形式供口服，性质稳定、质量好、有效成分含量高，因此其具有便于携带、服用、可以保证药物稳定性及疗效好的特点。专利申请 CN106389343A 公开了一种阿立哌唑口服液体干混悬剂的制备方法，其将阿立哌唑、填充剂过筛后与助悬剂混合均匀，再加入黏合剂搅拌制粒，50℃干燥，整粒，分级得颗粒，将颗粒与矫味剂、崩解剂混合即得，可随身携带，随冲随服，服用方便、溶出合格。

（2）口腔崩解片

人们很早就认识到当患者需要立即用药而又缺水时，需要一种能在口腔中快速溶解或崩解的口服剂型药物。快速熔融剂型对吞服困难的小孩、老年人、依从性差的患者和有生理障碍的患者服用药物也是有利的。快速熔融剂型还可在无饮用水或不宜饮用时服用。大冢制药与百时美 - 施贵宝联合提交的专利申请 CN1317309A 中制备了阿立哌唑快速熔融口服剂型，其赋形剂组合物包含超级崩解剂、分散剂、分配剂及黏合剂组成的结合物，制备工艺分为两步，首先制备内颗粒，将阿立哌唑、木糖醇、Avicel PH102、硅酸钙、聚乙烯吡咯烷酮、无定型二氧化硅、酒石酸、调味剂、硬脂酸镁搅拌均匀，过筛，制粒；再将内颗粒、Avicel PH200、聚乙烯吡咯烷酮、硬脂酸镁搅拌均匀，最终制成混合物，再进行压片；所得片剂在 5ml 水中于 10 秒内崩解。

康弘药业制备了一种阿立哌唑的口腔崩解片制剂（CN1709256A），该制剂的优选配方为：阿立哌唑、交联聚维酮微晶纤维素、甘露醇、阿司帕坦、微粉硅胶、硬脂酸镁，其制备方法为：取阿立哌唑粉碎，过筛，称取配方量交联聚维酮、微晶纤维素、甘露醇、阿司帕坦、微粉硅胶、硬脂酸镁混合均匀，得辅料混合物；称取配方量阿立哌唑，以等量递加法与辅料混合物混合均匀，直接压片，即得；其采用直接压片的工艺制备，筛选的辅料主要是崩解作用强、水溶性好、可压性好的辅料，制备方法更为简便，崩解速度、口感、粉末可压性、粉末流动性和片剂外观、硬度均符合要求。然而，由于口腔崩解片需在口腔中 30 秒内迅速崩解成细颗粒，往往压制的口崩片硬度都较低，包装需要特殊设备和包装材料。在后续生产研究过程中，康弘药业发现上述利用粉末直接压片方法放大生产阿立哌唑口崩片还存在流动性差、片重差异大、成品率低、生产成本高的问题，难以实现工业化的大生产。因此，该公司又研发了采用普通的片剂生产设备制备的阿立哌唑口腔崩解片的方法（CN101322709A），在保证崩解时限符合口腔崩解片质量要求的情况下，可使片剂硬度达到8～10kg，其对辅料配方进行了改进，辅料为：交联聚维酮、微晶纤维素、甘露醇，还可含有适量矫味剂、润滑剂、助流剂；制备方法为：取阿立哌唑粉碎，过筛；称取配方量辅料混合均匀；称取配方量阿立哌唑，以等量递加法与辅料混合物混合均匀；直接压片即得。此外，康弘药业还研究了一种将粉末直接压片或湿法制粒压片技术与包衣技术相结合的阿立哌唑口腔崩解片的制备方法（CN102885798A），通过将活性成分阿立哌唑置于包衣液中进行包衣，利用片芯溶胀和/或崩解产生的外力促使含有药物活性成分的包衣层迅速崩解；该崩解片不但崩解时限同普通崩解片崩解时限相当，药物溶出度高，溶出迅速，并且制备工艺简单，易于工业化大生产。

然而，康弘药业的专利申请CN1709256A的口腔崩解片中采用了大量的微晶纤维素和微粉硅胶，不溶性辅料的使用导致其崩解后在口腔中产生不适感；同时，因阿立哌唑属难溶性药物，专利申请CN1709256A中所得的口腔崩解片溶出度较原研药物阿立哌唑普通片偏低，不能体现口腔崩解片溶出快的优势。专利申请CN103284968A公开了一种阿立哌唑组合物微晶的口腔崩解片，主要由阿立哌唑乳糖组合物的微晶、填充剂、崩解剂、矫味剂和润滑剂组成，其中阿立哌唑乳糖组合物的微晶的粒度小于30μm；制备方法是将阿立哌唑口腔崩解片的各组分混合均匀后直接压片或湿法制粒压片；阿立哌唑乳糖组合物共同微晶化所得的微晶较阿立哌唑单独微粉化的溶出度更高，同时组合物微晶中阿立哌唑晶型未转变，口腔崩解片的含量均匀度更高；口腔崩解片硬度在5～8kg，崩解时限均小于30s，既避免运输中药片的破碎，又方便服药。

专利申请CN1883456A公开了一种掩味能力更好的口腔崩解片，其利用高分子共混法制备掩味药物颗粒，再用于制备口腔崩解片，制备过程如下：阿立哌唑与药用高分子辅料（甲基丙烯酸共聚物、聚乙烯吡咯烷酮、聚乙二醇）粉碎过筛，干混，再加入润湿剂，得到高分子共混物湿颗粒，将湿软材在双轴辊中进行压延，得到不完整的片材，将该不完整的片材分成两份，叠成双层，再在双轴辊上进行第二次压延，得到较为完整的片材，将该较为完整的片材分成两份，叠成双层，在双轴辊上进行第三次压延，得到更为完整的片材，如此重复5～20次或更多次，得到表面光滑，混合均匀，具有很好柔性的完整片材；在一定温度下，烘干湿片材；将片材敲成小块后粉碎，过筛；在所得颗粒中加入适量的助流剂微粉硅胶，在离心滚圆机中滚圆；最后过筛除细粉，得掩味药物颗粒。该掩味药物颗粒具有良好的可压性和流动性，与适当的辅料混合后压得很好的口腔崩解片，其崩解时间不到45秒，在120秒内均尝不到药物的苦味或异味。

通常情况下，口腔崩解片加快溶出速率、提高生物利用度的特点是人们所需要的，但在某些情况下，这一特点反而会带来不利的影响，例如在仿制药开发或者改剂型研究时，与对照药的生物等效性是至关重要的，只有与对照药生物等效的产品才可能通过审批，获得上市许可，由于口腔崩解片快速溶出的特性，当对照药具有较慢的溶出速率时，往往很难达到生物等效；新药的临床研究中也可能需要控制药物的释放和吸收速率，以达到理想的安全性和有效性。这都需要在药剂的处方研究中控制药物的释放速率。专利申请 CN102716097A 公开了一种控制口腔崩解片药物释放速率的方法，将活性成分阿立哌唑与填充剂、崩解剂混合均匀；加入水不溶性成膜材料（选自乙基纤维素、聚甲基丙烯酸酯）的水分散体（或有机溶剂溶液）制粒并干燥得到干颗粒；干颗粒加入润滑剂，混合均匀后压制成片。

（3）其他口服制剂

口腔膜剂：口腔膜剂的患者顺应性较高，在施用后不易吐出，对于吞咽困难的患者来说使用更为方便。专利申请 WO2005117803A1 公开了一种阿立哌唑口腔膜剂的制备方法：将吐温 80 与水和丙酮混合均匀，加入阿立哌唑继续搅拌，并缓慢加入甘油和麦芽糖糊精，再缓慢加入 Emcocel SP15 和 Metolose 60 SH-50，搅拌得到涂层物质；将涂层物质浇筑于 PET 箔片上，于 50℃下干燥，将其切成所需形状，除去箔片并包装薄膜。专利申请 WO2014025206A1 公开了一种含阿立哌唑和有机酸的口腔膜剂，通过添加有机酸将包含阿立哌唑的口服制剂的 pH 调节至预定水平时，可以提高阿立哌唑的溶出速率而不会损害口腔组织；此外，该膜剂可以掩盖阿立哌唑的苦味，当将有机酸、三氯蔗糖和乙酰磺胺酸钾组合使用时，可以有效地掩盖阿立哌唑令人不快的味道。专利申请 CN103784426A 还公开了一种含有环糊精包合的阿立哌唑口腔膜剂，通过环糊精的包合作用来增加药物溶解度、增强稳定性及掩味，通过平衡环糊精和高分子成膜材料的用量以获得满足要求的药物溶解性能和膜的物理性能。

持续释放型经口固体制剂：大冢制药研发了一种持续释放型经口固体制剂（CN104159949A），其持续释放赋形剂包含凝胶剂（黄原胶和刺槐豆胶）、惰性药用稀释剂（单糖类、二糖类、多元醇类）和阳离子交联剂，交联剂能与胶凝剂交联，并能在该固体制剂暴露于环境液体时增强凝胶强度，从而可提供阿立哌唑或其盐的持续释放，并且特别可用作一周一次的经口制剂。此外，专利申请 CN102283817A 也公开了一种可持续释放药物的组合物，其包括片芯和包衣膜两部分，其中片芯由含药层和助推层构成；其制备方法为：将含药层、助推层原辅料过筛混合湿法制粒，采用两次压片技术将含药层和助推层压制成双层片芯；将醋酸纤维素丙酮溶液和聚乙二醇 4000 水溶液混合，搅拌至澄清；将制得的双层片芯用上述包衣液包衣；用激光打孔机在包衣膜含药层一侧打两个约 0.5mm 的小孔；包衣结束后，于 40℃条件下放置 24 小时；该经口服可持续释放药物达 18 小时以上。

舌下片：天津市汉康医药生物技术有限公司研发了一种阿立哌唑舌下片（CN107137365A），辅料为乳糖、羧甲淀粉钠、低取代羟丙基纤维素、阿斯巴甜、黏合剂聚乙烯醇；其制备方法为：将原料药阿立哌唑与 55%处方量崩解剂低取代羟丙基纤维素混合均匀，采用等量递加法加入填充剂乳糖和微晶纤维素，混合均匀，加入黏合剂聚乙烯醇制得软材，过筛，将所得的湿颗粒干燥，整粒后，加入剩下的 45%崩解剂，压片即得；其辅料种类少，无须特殊处理工艺，在增加患者依从性的同时，还能够避免首过效应。

综上所述，口服制剂的发展过程主要基于阿立哌唑的物理化学性质及适应证和适应人群。口服制剂的制备工艺研究主要集中于获得稳定的阿立哌唑晶型、筛选合适的辅料以及生产工艺的优化；同时，为了提高服药的便利性和患者顺应性，开发出了口腔崩解片、口腔膜剂、舌下片等剂型，其中，研究较多的是口腔崩解片及其改进剂型。

（二）非口服制剂的发展技术路线

1. 注射剂

阿立哌唑的水溶性较差（室温下溶解度 <1μg/mL），当其与可与水混溶的共溶剂系统制备成肌内注射剂时，阿立哌唑对肌肉部位会产生中度至重度的组织刺激。2003 年，大冢制药与百时美－施贵宝联合开发了一种减小阿立哌唑对肌内注射部位刺激的环糊精－阿立哌唑包合复合物注射剂（CN1674882A）。使用环糊精包合技术提高难溶药物的水溶性是本领域的常用方法，而将磺基丁基醚－β－环糊精与阿立哌唑制成包合物注射剂注射至肌肉部位时，与含未包合的阿立哌唑的注射剂相比，极大地减少了刺激。

在精神分裂症的治疗中，长效制剂具有重要的价值，可以增加患者依从性，从而降低复发率。在长效制剂的开发方面，以原研企业大冢制药及与其联合开发的企业为主力军，发现了冻干阿立哌唑粒度和释放时间之间的关系，并基于此进行技术改进，得到更为长效的缓释制剂。其具体演进过程参见图 10。

此外，深圳市泛谷药业股份有限公司研发了一种阿立哌唑长效非水载体注射液（CN105012236A），其制备方法为：用气流粉碎机将月桂酰阿立哌唑粉碎至 D90 为 50μm 以下，然后加入大豆油、卵磷脂、甘油，用固/液分散混合系统进行初级分散，然后将样品加入到高压对射流均质机中，保持入口温度约 30℃，在 600μm 下高压均质循环 5 次，得到初级混悬液，将入口温度调至 10℃，在 900μm 下均质初级混悬液 6 次，得到最终脂肪乳混悬液；其可以在至少 4 周内持续稳定地释放药物。

重庆医药工业研究院研发了一种阿立哌唑缓释微球（CN105310997A），包含阿立哌唑和生物可降解的药用高分子材料 PLGA，采用乳化－溶剂挥发法制备载药微球，其中阿立哌唑可持续释放 30 天，而且释放过程中药物释放比较平稳，无突释现象，保证了 1 个月给药一次的有效治疗方案。

中国药科大学研究了一种用水复配时易分散成均匀混悬液的阿立哌唑长效冻干粉末制剂（CN105663057A），以克服现有的冻干无菌注射剂临用前用水复配时药物分散性差的缺点，其制备方法为：用气流粉碎降低阿立哌唑原料药粒径，达到 D50 1～15μm，将药物和表面活性剂投入卧式研磨机，加适量水，研磨后再加入助悬剂、冻干赋形剂、pH调节剂和剩余水，研磨，调节 pH 至 7，得初步混悬液；将初步混悬液转移至胶体磨中，研磨后得最终混悬液，冷冻干燥即得；该制剂在 1 个月内缓慢释放，缓释效果良好，稳定。

万全万特制药江苏有限公司制备了一种将阿立哌唑包载于固体脂质纳米粒的注射剂（CN105616344A），将阿立哌唑溶于液体脂质材料中，再加入固体脂质材料，80℃加热熔融，得油相；将乳化剂、附加剂溶于水中，搅拌均匀，加热至80℃，得水相；将水相迅速倒入油相中，搅拌均匀，趁热用超声探头超声后，再用冰水快速冷却，冷却后的溶液经高压乳匀机乳匀即得。该阿立哌唑静脉注射液可以降低药物的刺激性，提高药物的生物利用度。

2. 经皮给药剂型

精神类疾病治疗药物（特别是具有长时间持续作用的药物）的经皮给药对于增加患者服药依从性，特别是对于老年人，具有重要意义。经皮给药药物研究实验室有限公司研究了一种经皮给药的阿立哌唑组合物（CN103491961A），其主要包括增强剂（月桂酸和肉豆蔻酸）、胶凝剂以及递送系统（由 N－甲基－2－吡咯烷酮、醇和水组成），剂型为凝胶形式。专利申请 WO2017025912A1 公开了一种透皮递送的阿立哌唑制剂，并通过对人工膜和人尸体皮肤渗透实验优选出组方中胶凝剂含有卡波姆、增强剂含有月桂酸和肉豆蔻酸的制剂、合适的 pH 范围应为 6～7 时其渗透效果较好。专利申请 WO2010146872A1 公开了一种含有脂肪族羧酸的阿立哌唑透皮制剂，加入脂肪族羧酸后可以有效提高阿立哌唑的透皮吸收能力。专利申请 CN107920989 也公开了一种用于透皮递送阿立哌唑的制剂，其包含由甘油、二元醇、月桂醇乳酸酯、乳酸、水或表面活性剂以及聚合物（选自聚乙烯吡咯烷酮、羟烷基纤维素以及聚丙烯酸酯共聚物）组成的载体，可以被直接应用至皮肤或可以被结合到包含背衬层或所需的其他材料的透皮贴剂中，诸如多孔膜、黏合剂。

五、小结

由于精神科给药的特殊性，患者依从度普遍较低，此类药物存在普遍的剂型改进需求。相对于普通片剂而言，口腔崩解片或快速熔融口服剂型在精神科更具实用性，可避免患者将药物含在口中隐蔽后吐出的假服药现象。从大冢制药对阿立哌唑的专利和产品布局可以看出，公司对于该产品有着明确的制剂研发目标和布局策略。为了适应临床的需要，其剂型进行了一步步改进，从普通片剂到易于服用的口腔崩解片、口服液，再到长效注射制剂，不间断开发新剂型并申请专利对其进行保护。大冢制药通过对阿立哌唑新剂型的研发和专利布局，有力延缓了化合物专利到期导致的专利悬崖的到来。同时，在阿立哌唑上市之后，各创新主体围绕其剂型改进的专利申请不断涌现，分别从阿立哌唑的溶解性、晶型、给药便利性等方面对阿立哌唑制剂进行了一系列改进。其中，易于服用的口崩片的改良以及注射剂向长效缓释方向发展是主要的研究方向，尤其是长效缓释注射剂的发展极大地造福了患者。从每天给药，到数周给药，再到数月给药，极大地提高了便利性和患者依从性，还可以使血药浓度维持在平稳范围，避免血药浓度"峰谷现象"所带来的毒副作用。因此，阿立哌唑口腔崩解片或快速熔融口服剂型和长效剂型的诞生均具有重要意义。而新型数字药片的问世有助于医生准确跟踪患者服药情况，也开辟了医生和患者交流的新途径。这种可跟踪病人服药情况的发明有效解决了精神类疾病患者因健忘等原因不规律服药而影响治疗的问题。未来，数字药片还有望扩散到其他慢性病领域。可以预期的是，随着科学技术的进步发展，"智能药物"将推动包括精神类疾病在内的更多慢性疾病的治疗方式进入新时代。

参考文献

［1］周珍. 阿立哌唑的最新研究进展［J］. 齐齐哈尔医学院学报，2011，32（12）：1979－1981.

［2］段桂花，等. 阿立哌唑的临床应用研究进展［J］. 中国药物评价，2013，30（1）：24－26.

［3］华义文. 从《圣斗士星矢》看阿立哌唑：一个重磅炸弹药物的生命周期延续之路［EB/OL］（2017－11－30）［2019－05－20］. m. sohu. com/a/207488994_ 464396.

抗急性脑缺血药物专利技术综述*

王馨悦　张英妹**　李虎强**　李伟**　严华**

摘　要　急性脑缺血是一种具有高发病率、高致残率、高复发率和高死亡率的急性疾病，是世界上最重要的致死性疾病之一。急性脑缺血的发生和发展是一个多因素过程，其病理生理机制极为复杂，一直以来全球范围内缺乏有效根治的治疗药物。本文拟通过从时间、空间、申请人和重点药物技术发展等多角度对抗脑缺血药物的专利申请情况进行分析，有助于制药企业系统掌握其发展脉络和趋势，为新药研发提供方向。

关键词　急性脑缺血　药物　专利分析　综述

一、急性脑缺血疾病及其药物概述

脑卒中俗称"中风"，是由向大脑输送血液的血管引起的一种急性疾病，具有高发病率、高致残率、高复发率和高死亡率的特点，是世界上最主要的致死性疾病之一。脑卒中主要分为缺血性脑卒中和出血性脑卒中两大类，其中缺血性脑卒中患者约占脑卒中患者总数的75%~85%。缺血性脑卒中也被称为急性脑缺血，系由各种原因所致的局部脑组织区域血液供应障碍，可导致脑组织缺血缺氧性病变坏死，进而产生临床上对应的神经功能缺失表现，严重影响着患者的生存质量。[1]急性脑缺血后引起一系列的病理生理损伤，包括局部血管病变、缺血区神经元病变。导致机体危害的是神经元功能的变化，其主要表现为神经元蛋白质合成停止、去极化、钙离子内流增加、兴奋性氨基酸大量释放等，导致细胞内钙超载，氧自由基生成增多，线粒体功能改变，诱发神经元凋亡等。[2]

在脑血管疾病中，急性缺血性疾病的发病率居于首位，全球因脑卒中病死逾150万例/年，并随着老年人口的增加呈逐年增长的趋势，因此，研究治疗急性脑缺血的药物具有巨大的社会需求和重要的社会意义。

目前，在治疗急性脑缺血药物研究方面，主要基于两种策略，一是以保护神经细胞

---

* 作者单位：国家知识产权局专利局专利审查协作北京中心。
** 等同第一作者。

功能为目的进行的神经保护剂的开发，旨在通过药物阻断神经细胞死亡的级联反应以保护和恢复缺血区神经功能；二是以改善供血为目的进行的针对血管功能的研究，希望通过溶栓、扩张血管或血管重构以恢复脑缺血区血液供应，其中改善脑血循环的措施主要是抗血栓治疗，抗血栓类药物主要分为溶栓药、抗血小板聚集药和抗凝血药。本文拟从目前治疗急性脑缺血药物中最具代表性的抗血栓药物和神经保护药物两方面进行相关的专利技术分析和综述。

（一）抗血栓药物

1. 溶栓药

溶栓药的作用在于溶解已形成的血栓，使闭塞动脉再通。溶栓治疗是临床治疗急性脑缺血的关键环节。根据溶栓治疗的研究进展可将目前临床使用的溶栓药物分为三代。

第一代溶栓药物主要是尿激酶（urokinasl，UK）、链激酶（streptokinase，SK）等非特异性纤维蛋白溶解剂，能够有效溶解血栓，也能耗竭全身纤维蛋白原，作用时间较长，易引起全身高纤溶血症。

第二代溶栓药是通过基因工程重组技术生产的一种组织型纤维蛋白溶解酶原激活物（t－PA）。t－PA溶栓效果良好，是第一个也是迄今为止唯一被美国 FDA 批准用于治疗急性脑缺血的溶栓药物。

t－PA 的出现被认为是急性脑缺血治疗的突破性进展，但在临床使用中仍存在一定的问题。临床溶栓推荐 t－PA 的时间窗为 3 小时，但是大部分缺血性脑卒中患者在接受治疗时已经超过了静脉溶栓治疗时间窗，影响溶栓治疗效果，甚至出现脑出血等副作用。

第三代溶栓药是 t－PA 结构改造获得的活性更优的重组人组织型纤溶酶原激活物（rt－PA），代表药物如瑞替普酶、TNKase（teneplase，TNK－t－PA）、孟替普酶（Monteplase）、拉诺替普酶（Lanoteplase，nateplase，n－PA）等。

2. 血小板聚集药物

血小板活化后黏附聚集形成血栓，可阻塞血管形成缺血。目前已有或正在开发的抗血小板药物主要包括环氧合酶抑制剂、ADP 受体阻滞剂、凝血酶受体拮抗剂、5－羟色胺（5－HT）受体抑制剂。主要抗血小板药物的结构如图 1 所示。

3. 抗凝药物

抗凝药物被广泛用于血管内栓塞或血栓形成的预防和治疗。目前，临床上最常使用的抗凝药物有普通肝素、低分子肝素和华法林等传统抗凝药物，而一系列新型抗凝药物包括比伐卢定、利伐沙班等已在欧美国家应用于动静脉系统血栓的防治。新型抗凝药物利伐沙班是第一个口服的直接 FXa 抑制剂，主要通过抑制因子 Xa 来中断内源性和外源性凝血途径，抑制凝血酶的产生和血栓的形成。研究表明利伐沙班与食物和药物几乎不发生相互作用。作为新型口服抗凝药，利伐沙班在预防缺血性事件发生中具有重要意义。

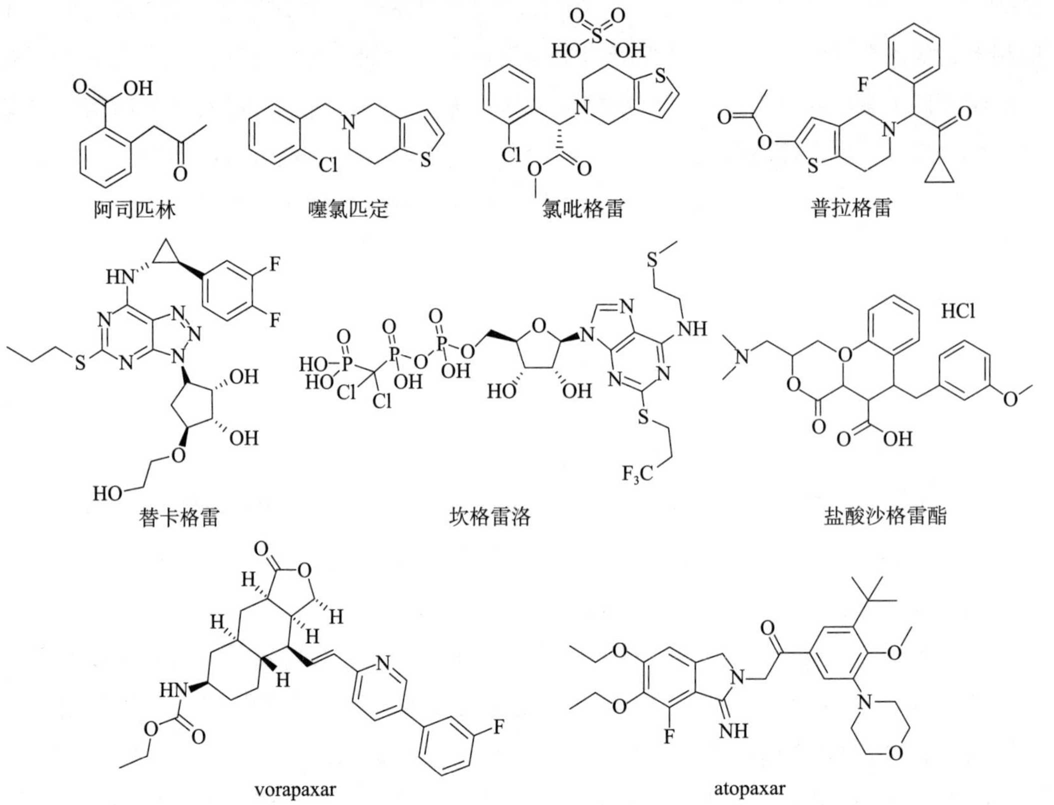

阿司匹林　　　噻氯匹定　　　氯吡格雷　　　普拉格雷

替卡格雷　　　　　坎格雷洛　　　　　盐酸沙格雷酯

vorapaxar　　　　　　　atopaxar

图1　主要抗血小板药物

（二）神经保护剂

神经保护是治疗急性脑缺血的一种重要手段。缺血后颅内的神经细胞将发生"级联反应"的瀑布现象，这为神经保护剂的临床应用提供了理论基础。[3] 目前主要的神经保护剂有：谷氨酸盐拮抗剂、抗炎因子、钙离子通道阻断剂、钠离子通道阻断剂、钾离子通道激活剂、自由基清除剂、r－氨基丁酸受体拮抗剂、5－羟色胺拮抗剂、半胱天冬酶抑制剂、N－甲基－D－天冬氨酸受体拮抗剂等。[4]

长期以来，全球在神经保护剂的研发中投入了大量的人力和物力，然而，数以千计的神经保护剂止步于临床阶段，神经保护剂类药物的研发形势非常严峻。尽管如此，仍有极个别药物的神经保护疗效得到随机试验的证实，其中具有代表性的药物是作为抗氧化剂和自由基清除剂的依达拉奉——其已经在日本上市，是日本治疗急性脑缺血的一线药物。

（三）中药和天然药物

近年来，随着科技的发展，中药制剂在抗脑缺血药物治疗领域取得了许多可喜的成绩。中药及天然药物主要作用机理是抗血栓、扩张脑血管以及改善脑血循环，其中具有代表性的药物有丁苯酞和丹参多酚等。丁苯酞是一种从芹菜籽中提取得到的挥发性成分。

2005 年，丁苯酞软胶囊（商品名恩必普）获批应用于临床治疗缺血性脑卒中，是国际上第一个作用于急性脑缺血中多个病理环节的创新药物[5]。丹参多酚酸冻干粉针剂于 2011 年获批上市。注射用丹酚酸中含有多种丹酚酸，作用明显、安全性高、临床疗效显著，是通过多途径发挥作用的中药注射剂。

二、急性脑缺血药物的全球专利技术分析

（一）数据检索

本文以 Incopat 数据库为数据来源，以关键词"急性脑缺血""急性脑卒中""急性缺血性脑损伤"等及其英文关键词进行检索，并对所检索的数据进行筛选，检索时间截至 2018 年 9 月 5 日。因各国专利申请满 18 个月才公开，2017 年和 2018 年部分专利申请未公开而导致相应年份的数据不准确。通过以上检索方式，获得全球专利申请 10611 项。

（二）急性脑缺血药物的全球专利申请趋势

1. 全球专利申请趋势分析

抗急性脑缺血药物自 1979 年出现专利以来，其发展历程大致可以分为以下三个阶段，具体如图 2 所示。

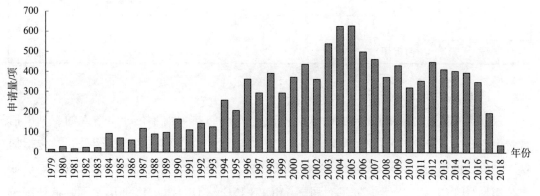

图 2　抗急性脑缺血药物全球专利申请态势

第一阶段（1979～1983 年）为技术萌芽期。从 1979 年出现抗急性脑缺血药物专利申请以来，该阶段全球范围内每年专利申请数量维持在 10～30 项，呈现缓慢增长的趋势。这表明在此一阶段，各国科研人员和制药企业对于该领域的关注度不高，研发处于相对不活跃的状态。

第二阶段（1984～2006 年）为技术发展期。1984 年的专利申请数量激增至 92 项，之后总体的申请量呈现显著的增长趋势，至 2006 年达到峰值。

第三阶段（2007 年至今）为技术稳定期。2007 年专利申请量较 2006 年有小幅下降。从 2007 年至今，抗急性脑缺血药物进入平台期，年专利申请数量保持在 350～400 项。

尽管研究人员对抗急性脑缺血药物的致病机理有了较深入的研究，但是全球范围内药物研发的形势并不乐观，大量神经保护剂候选药物研发的失败以及溶栓药物时间窗等问题放缓了药物研发的脚步，这也是抗急性脑缺血药物专利申请数量有所回落的主要原因。

2. 技术目标国家/地区分布

从各个国家/地区申请量的比较来看，申请量较为集中（见表1）。中国专利申请数量居首位，共申请1845项，其中绝大多数涉及中药、中药组合物及天然提取药物。

表1　抗急性脑缺血药物全球专利申请分布情况

国家/地区/组织	专利申请数量/项
中国	1845
欧洲	1221
日本	908
世界知识产权组织（WIPO）	876
美国	758
韩国	683
澳大利亚	601
加拿大	585
俄罗斯	305
德国	223
西班牙	189

3. 全球主要申请人分析

目前，在抗急性脑缺血药物领域方面的专利申请，排名前十位的申请人的专利申请数量占比较大，专利技术的集中程度较高。主要申请人为世界知名的医药公司，包括华纳－兰伯特制药公司（WARNER LAMBERT CO）、瑞士诺华公司（NOVARTIS AG）、默克公司（MERCK CO INC）、安进公司（AMGEN INC）、ORTHO MCNEIL公司、武田制药有限公司（TAKEDA CHEMICAL INDUSTRAL LTD）等（见图3）。虽然中国专利申请量居首位，但是申请人比较分散。

4. 国内专利申请趋势分析

国内研究治疗脑缺血的药物历史悠久，主要集中在中药和天然提取药物。从图4可以看出，1989～1995年，专利申请数量基本上为个位数，主要是由于我国专利制度起步较晚，企业和科研机构知识产权意识尚欠缺。从2000年开始，专利申请数量有所上升，到2005年专利申请数量达到一个峰值，在此期间，国民经济迅速发展带动了制药行业的发展，制药企业和科研机构的专利保护意识也日渐增强。2005年以后，专利申请数量又迅速回落，此后呈现增长的趋势。

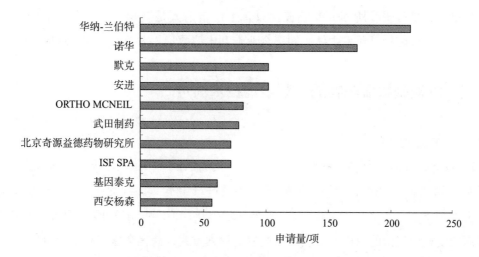

图3　抗急性脑缺血药物排名前十位的申请人专利申请量

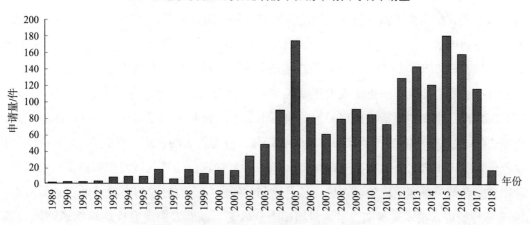

图4　抗急性脑缺血药物国内专利申请态势

5. 国内专利申请人分析

图5展示了抗急性脑缺血药物中国专利申请排名前十位的申请人，可以看出，其中

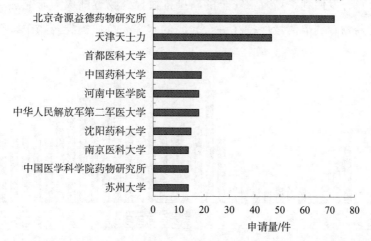

图5　抗急性脑缺血药物国内排名前十位的申请人的专利申请量

有9位申请人是科研院所和大专院校，只有1位申请人是制药企业。在该制药领域中，科研院所和大专院校是研发主体，制药企业专利申请数量相对较少且没有形成规模。

三、急性脑缺血药物的专利申请技术演进

（一）抗血栓药物

以 Incopat 数据库为数据来源，以"抗凝""抗血栓""抗血小板聚集""抗血小板凝聚"和"脑缺血""脑卒中""脑梗死"相与进行中英文关键词检索，检索时间截至2018年9月5日。因各国专利申请满18个月才公开，2017年和2018年部分专利申请未公开而致使相应年份的数据不准确。通过以上检索方式，获得全球专利申请1696件。

1. 申请趋势分析

为了研究抗血栓药物的技术发展阶段发展趋势，对所采集的1979~2018年全球范围内发明专利申请数据按时间进行统计，按同族专利的最早申请日计算（见图6）。具体来看，1979~1983年，抗血栓药物处于技术萌芽期，全球范围内专利申请共27项，主要是以具有抗血凝、溶栓、抗血小板聚集活性的药用化合物为主题的专利申请。1984~1986年，抗血栓药物专利申请量出现短暂的快速增长期，期间主要是以1，5－苯并噻杂平衍生物、4－烷氧基－吡啶并［2，3－D］嘧啶衍生物为代表的药用活性化合物出现在了抗血栓药物的历史舞台上。1986~1994年，抗急性脑缺血药物进入缓慢的脑损伤机理研究、动物实验和部分临床研究阶段，抗血栓药物和神经保护药物的专利申请量处于较低水平。1995年开始进入技术发展期，申请量增幅十分显著，随着人们患血栓疾病的风险增大以及对产生血栓的机理不断深入研究，抗血栓药物专利申请数量快速增加，在2004年达到峰值。2005年至今，抗血栓药物处于技术稳定期，专利申请量趋于平缓，在传统抗血栓药物的基础上，开发便利、高效、安全的新型抗血栓药物逐渐成为研究热点，这也使得近年来抗血栓药物专利申请量保持在一个较高的水平。抗血栓类药物中，具有代表性的

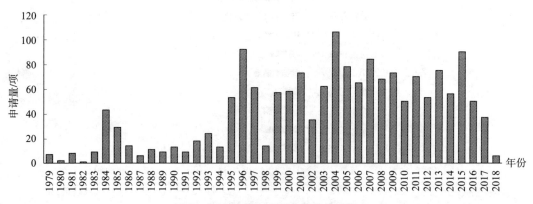

图6　抗血栓药物全球专利申请态势

新型抗凝药物利伐沙班是第一个口服的直接 FXα 抑制剂，其在预防缺血性事件发生中具有重要意义；另一种新型抗凝药物是达比加群酯，该药物可提供有效的、稳定的抗凝效果。

2. 技术全球分布

为了研究抗血栓药物各主要技术分支在各国家或地区的数量分布情况，对采集的抗血栓药物专利申请数据按申请的优先权国家/地区进行统计，以分析各国家/地区/组织在抗血栓药物各主要技术方向的技术实力和研发活跃程度。图 7 显示了各国家/地区/组织在主要技术方向的发明申请数量。可以看出，中国专利申请数量居首——这与中国人口基数大、患者数量多以及国内制药企业的快速发展有关，说明我国在抗血栓药物领域，研发实力相对较强。

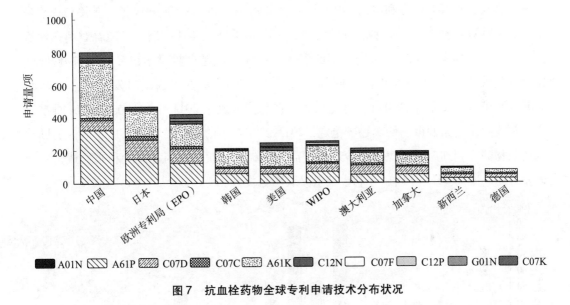

图 7　抗血栓药物全球专利申请技术分布状况

3. 重点药物利伐沙班

利伐沙班（Rivaroxaban）化学名称为 5 - 氯 - N - (（（5S）- 2 - 氧代 - 3 - (4 - (3 - 氧代吗啉 - 4 - 基）苯基）- 1, 3 - 噁唑啉 - 5 - 基）甲基）噻吩 - 2 - 甲酰胺，分子式：$C_{19}H_{18}C_1N_3O_5S$，分子量：435.8813，CAS：366789 - 02 - 8，商品名为拜瑞妥（Xarelto），结构式如下：

利伐沙班是全球首个口服的直接 Xa 因子抑制剂，由拜耳/强生公司研制开发，具有生物利用度高、治疗疾病谱广、量效关系稳定、口服方便、出血风险低的特点。其治疗窗宽且无须常规凝血功能监测的优点成为急切的临床需求。2008 年 10 月，其在加拿大和欧盟获得批准上市；2011 年通过美国 FDA 批准上市；2009 年 6 月在中国上市。目前，利伐沙班已经在全球 50 多个国家上市。国内血栓患者数量庞大，对新型口服的直接 Xa 因子抑制剂药物的需求迫切且较大。原研药物 2016 年销售额达 55 亿美元，开发此产品的市场前景非常可观。

（1）申请趋势分析

以德温特世界专利索引数据库（DWPI）和世界专利文摘数据库（SIPOABS）为数据来源，以"利伐沙班"等关键词和"抗凝""抗脑缺血""抗脑卒中""抗脑梗死"等关键词相与进行检索，检索时间截至 2018 年 9 月 5 日。因各国专利申请满 18 个月才公开，2017 年和 2018 年的数据因为部分专利申请未公开而不准确。通过以上检索方式，经过人工筛选去噪，获得全球专利申请 629 项。由图 8 可见，在 1999~2003 年，有关利伐沙班的专利申请数量整体上并不多，而且大部分是由原研公司拜耳申请的；随着对利伐沙班药理活性、动物实验及临床研究的不断深入，利伐沙班越来越显示出良好的抗凝效果，围绕利伐沙班进行结构优化以及制剂、联合用药的研究成为各国研发的热点，因而2004~2010 年的专利申请量有明显提高。随着利伐沙班于 2011 年通过美国 FDA 批准上市，利伐沙班占据的市场份额趋于稳定，2011~2012 年的专利申请量有所下降。但随着原研药物的专利到期，围绕利伐沙班进行晶型、制剂、联合用药等的专利布局成为主要研发方向，因而 2013 年以后专利申请量又有明显提升。

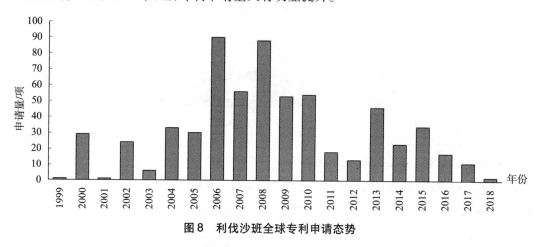

图 8　利伐沙班全球专利申请态势

（2）全球专利技术区域分布

专利的技术方向区域分布能够宏观反映出各国家/地区的技术水平以及专利分布情况，对于企业了解海外市场以及寻求区域合作有着重要的意义。对采集的利伐沙班专利数据按申请的优先权国家/地区进行统计，以分析各国家/地区在利伐沙班的主要技术方向以及技术实力和研发活跃程度（见图 9）。从图中可见，欧洲在利伐沙班相关专利技术领域占优势，而中国紧随其后。

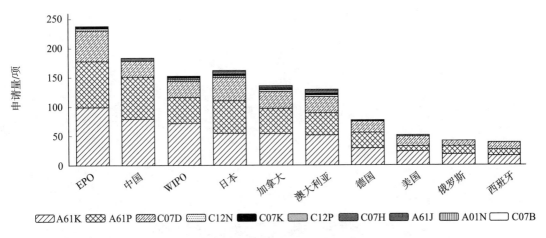

图9　利伐沙班全球专利技术区域分布状况

（3）申请人分析

由图10可见，拜耳作为原研公司，其专利申请量占绝对优势。利伐沙班作为拜耳的明星产品，得到了极大的重视——拜耳围绕利伐沙班在化合物、制备方法、药物组合物、制剂、晶型、联合用药等方面进行专利布局，以期在目前以及未来的抗血栓药物市场中能够占据绝对优势。

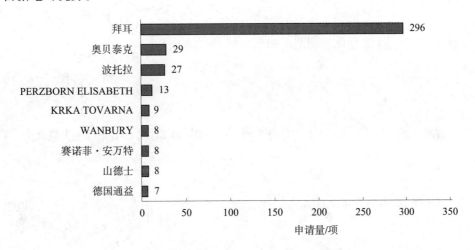

图10　利伐沙班全球主要申请人的专利申请分布

（4）技术演进

从专利技术所属领域的分布来看，利伐沙班的专利申请主要涉及化合物、晶型、联合用药、制备方法、组合物（包括剂型）和用途这六个方面。从图11中可以看出，化合物专利申请量最多，占比44.89%，基于利伐沙班基本结构的改进是目前研究的热点。以下将分别对六种技术主题的专利申请进行详细分析，以期从中梳理出利伐沙班专利申请的技术演进。

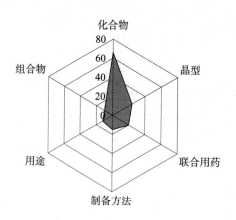

图 11　利伐沙班全球专利申请技术主题分布状况

注：图中数字表示申请量，单位为项。

1）化合物

利伐沙班的基础专利为拜耳公司的专利申请 WO01047919A1（中国同族为 CN1434822A），该专利公开了取代的噁唑烷酮和其在血液凝固领域中的应用，具体公开了用于血液凝固因子 Xa 选择性抑制剂的通式（I）化合物：，其中 R^1 为苯并稠合的噻吩基，R^2 为任意有机基团，$R^3 \sim R^8$ 为相同或不同并且各为氢或为（$C_{1\sim6}$）烷基。在实施例 44 中公开了利伐沙班的化合物，说明书中记载了该化合物的活性数据［在动静脉分流模型（大鼠）中口服或静脉给药后的抗血栓活性］ED_{50} 口服为 3mg/kg。其 Xa 选择性抑制剂作用能够用于预防或治疗血栓栓塞性疾病、动脉粥样硬化、关节炎、阿尔茨海默征和癌症。

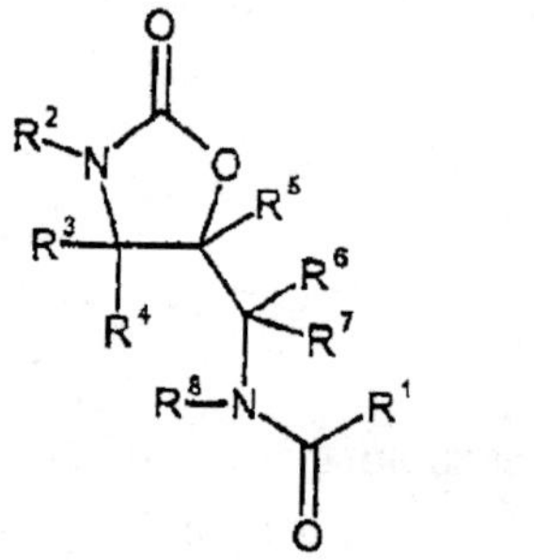

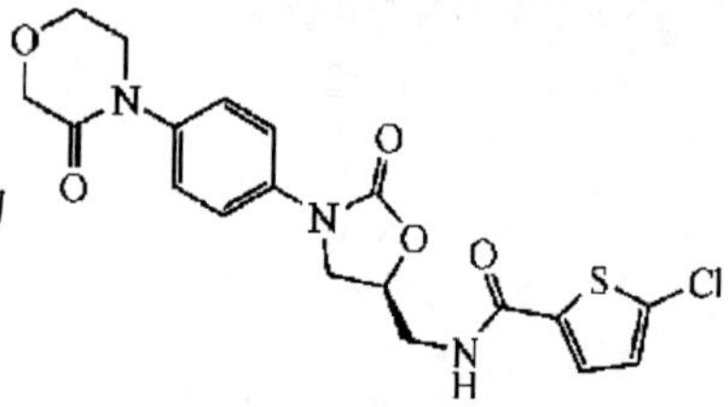

为了得到更优疗效、更小不良作用的活性分子或者药物，研究人员根据上述所述构效关系对利伐沙班的结构进行改进。近年来对于利伐沙班的结构改造的专利申请主要集中于如下几个方面，如图 12 所示。

图 12 将利伐沙班的结构分为四个部分，从左到右依次为 A（氧代吗啉环）、B（苯

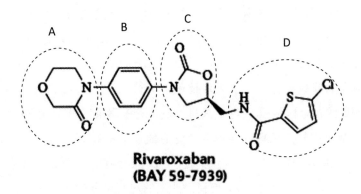

Rivaroxaban
(BAY 59-7939)

图12 利伐沙班结构优化区域图

环)、C（噁唑烷酮环）和 D（氯代噻唑甲酰胺结构）区域，下面将对各个区域的改进情况进行主要介绍。

①对于 A 区域（氧代吗啉环）的结构改造

拜耳公司在 WO2007036306A1 中公开了结构式（Ⅰ）噁唑烷酮化合物，，其中将氧代吗啉环开环，得到

2－氨基乙氧基乙酸衍生物，用于治疗或预防血栓类疾病。

康赛特医药品有限公司在 CN101821260A 中公开了噁唑烷酮类化合物为利伐沙班亚

甲基至少一个氢被氘取代的氘代衍生物，该申请

还提供了在大鼠中经口共同给药后，实施例化合物 101 和利伐沙班的药代动力学值比较数值——相比于利伐沙班，化合物 101 显示 AUC 增加超过 16%，和 C_{max} 增加超过 14%。

②对于 B 区域（苯环）的结构改造

中国科学院上海药物研究所和南京长澳医药科技有限公司联合申请的 CN103936763A

公开了通式（Ⅰ）的化合物：，其中 R_1 为—CH_2NHCOR_2、—CON-

(I)

HR$_2$、—CH$_2$NHCONHR$_2$ 或—CH$_2$NHCOCONHR$_2$，R$_2$ 为取代或未取代的 C$_1$—C$_6$烷基、取代或未取代的—(CH$_2$)$_n$—X—C$_m$H$_{2m+1}$、取代或未取代的苯基、取代或未取代的五元或六元杂环基或取代或未取代的苯并五元或六元杂环基等；R$_3$ 为取代或未取代的 C$_1$~C$_3$酰胺基、取代或未取代的苯基或者取代或未取代的五元或六元芳香或非芳香杂环基等。该专利申请对利伐沙班的各个区域都进行了改进，其中显著不同于其他申请的是将中间苯环上 B 区域上的羟基取代基与噁唑烷酮稠合成含有氮、氧的杂环，从而制备得到大量的利伐沙班衍生物。说明书记载了多个化合物对应 FXa 的抑制活性数据，提供了大鼠体内药代动力学试验，并给出了化合物 1、2 与利伐沙班的对照试验数据。所得到的化合物具有很强的抗凝活性，而且其不影响凝血酶的活性，有可能降低出血的风险。药代实验证明，上述化合物还具有理想的代谢特征，口服生物利用度远远优于阳性对照药物利伐沙班。

③对于 C 区域（噁唑烷酮环）的结构改造

拜耳公司在 WO2006111285A2 中公开了通式（Ⅰ）化合物

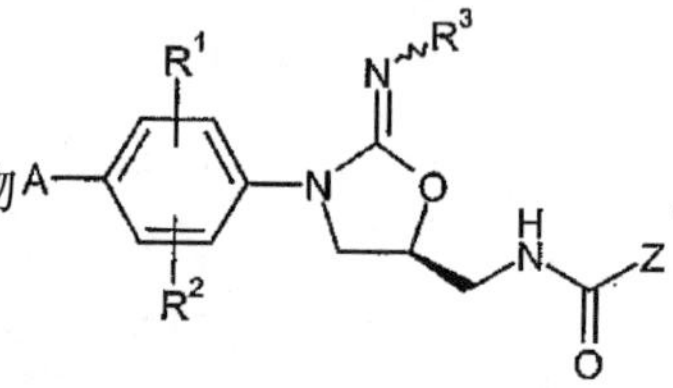

其中将噁唑烷酮中氧代替换为碳氮双键，对氧代吗啉环替换为各种杂环或杂芳环酮，Z 环可选择各种芳基或杂芳基。提供了实施例 1 中的结构

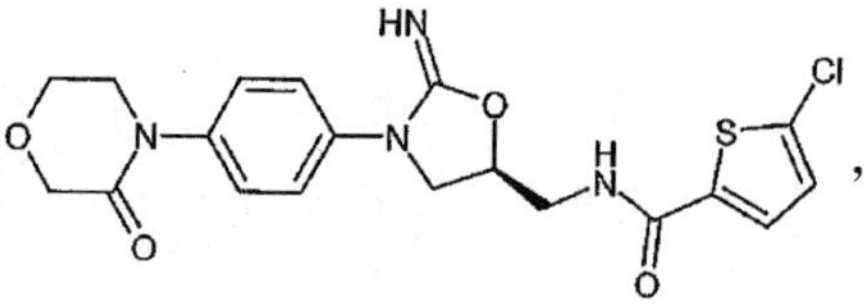

其抗血栓的 IC$_{50}$值为 5.4nm。

④对 D 区域（氯代噻唑甲酰胺结构）的结构改造

上海启发实验试剂有限公司（SCHEBO BIOTECH）在 WO2009018807A1 中公开了用于抗凝的如下通式的噁唑烷酮类衍生物，

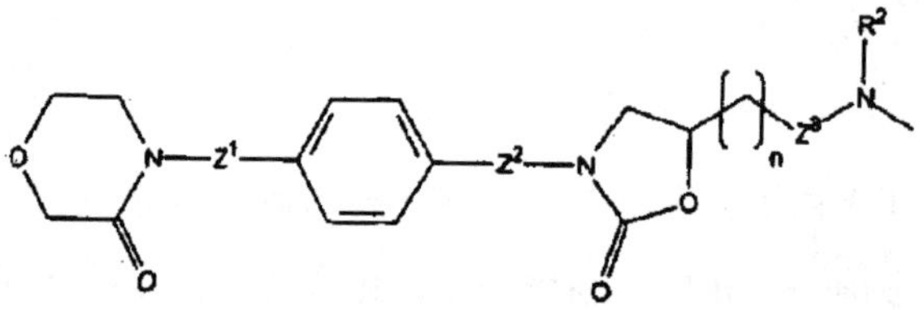

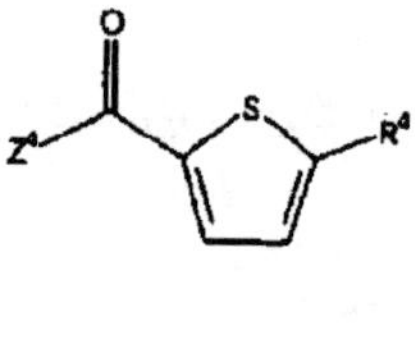

其中氧代吗啉环、苯环、噁唑烷酮、酰胺键以及噻吩环之间插入了不

同的连接基团 Z^1~Z^4，Z^1~Z^{4}中至少一个为氧或化学键的多种化合物，R^4 为氯、氟、溴、三氟甲基、氧代三氟甲基、硝基或甲氧基，n 为 0，1，2，3，4。说明书还公开了此类化

合物提高了 Xa 因子抑制剂的选择性。

拜耳公司在 WO2008022786A1 中公开了一种利伐沙班的前药化合物，结构如下：

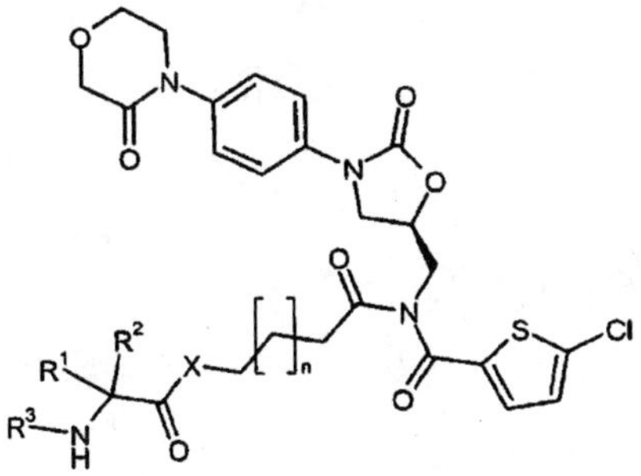

，对酰胺键中 N 进行取代，先通过利伐沙班与

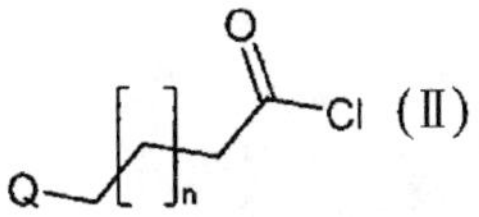

（Ⅱ）化合物反应，Q 为离去基团，再与 α-氨基羧酸或者 α-氨基硫代羧

酸的铯盐

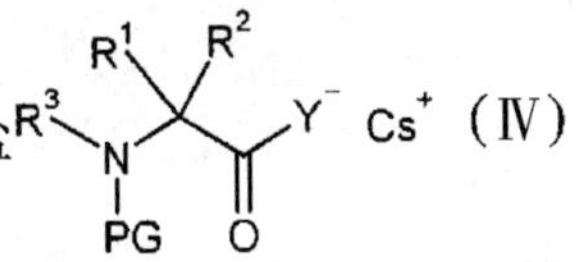

（Ⅳ）反应得到目标化合物。说明书还提供了多个具体化合物

的生物学测试数据，测试了该化合物在大鼠和人血浆中的体外稳定性和生物利用度。

拜耳先灵制药公司在 WO2009007027A1 中公开了如下的衍生物，

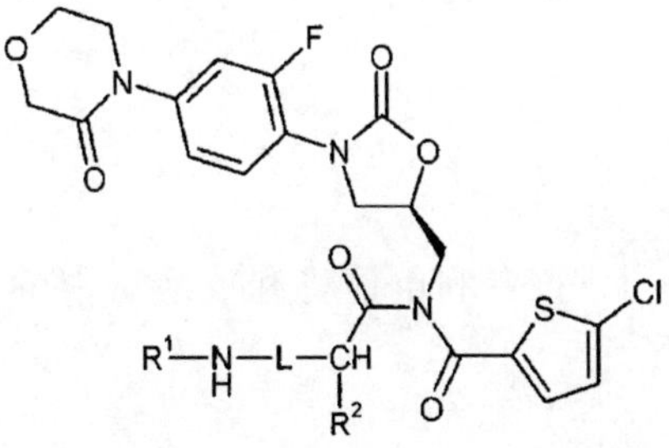

（Ⅰ），进行了溶解度、稳定性和释放行为的测试，其

中在 pH 为 4 的溶液中，实施例 22 的化合物稳定 16 小时以上。

印度 WANBURY 有限公司在 WO2014102822A1 中公开了取代的噁唑烷酮类的醛衍
生物：

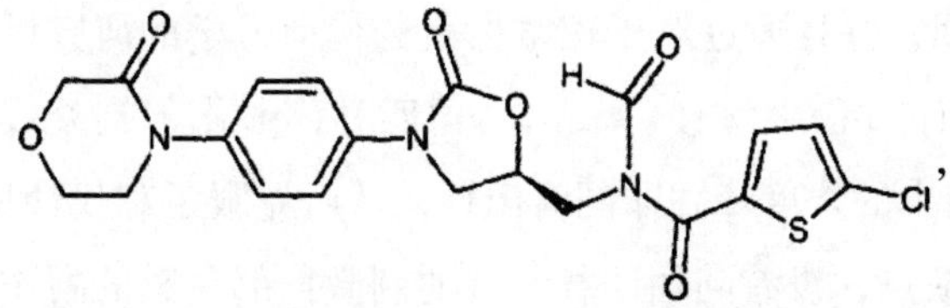

，其中在酰胺的氮上引入了甲醛基团，

可以作为利伐沙班的前药，用于抗凝血剂，具有良好的物理化学性质，有利于治疗如血
栓栓塞紊乱及其并发症等。生物学实验为在大鼠、小鼠和人类的血浆基质中的稳定性试
验，对全部三个物种进行的实验中观察到快速转化为利伐沙班，并且在使用血浆样品的
体外条件下从试验物种观察到快速转化为利伐沙班。

SCIFLUOR 生命科学公司在 WO2013151719A2 中公开了氟代的噁唑烷酮类化合物：

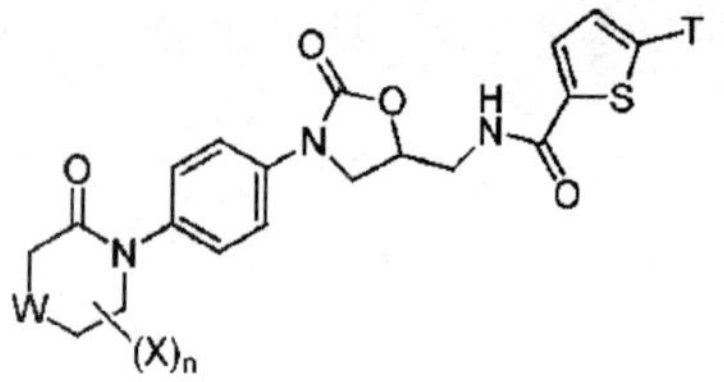

，公开了将噻吩环上的氯替换为氟的化合物利伐沙班衍

生物，说明书提供了生物学实验数据，并提供了详细的抗凝效果数据。

中国药科大学在 CN102199150A 中公开了光学活性的噁唑烷酮类化合物是将利伐沙班中的氯代噻吩环替换为取代的噻唑环：

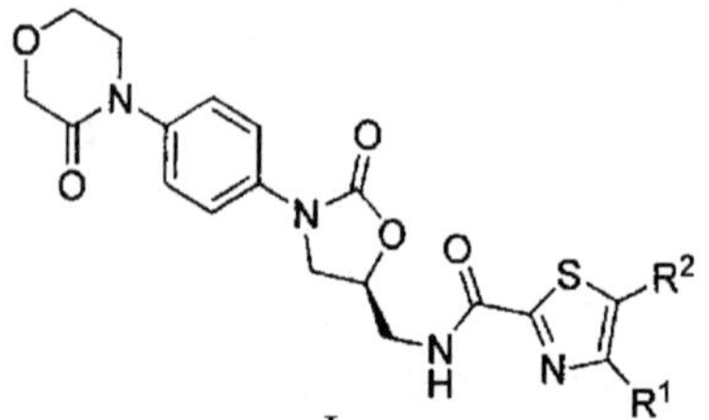

上述化合物同样具备 Xa 因子抑制剂活性，可用于深部静脉血栓、房颤、急性冠脉综合征等血栓栓塞性疾病。

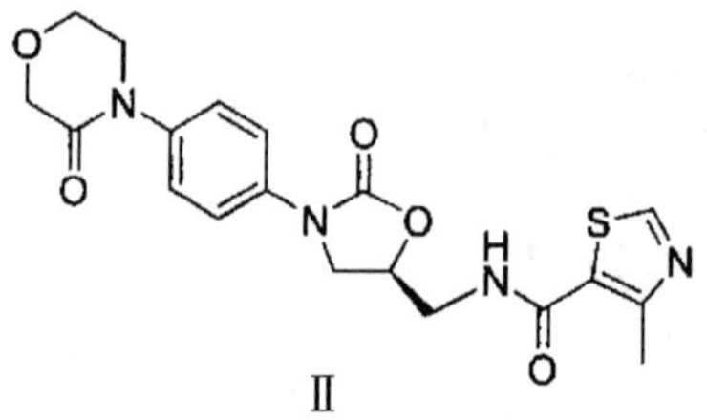

浙江永太药业在 CN107827882A 中公开了结构（Ⅰ）的化合物：

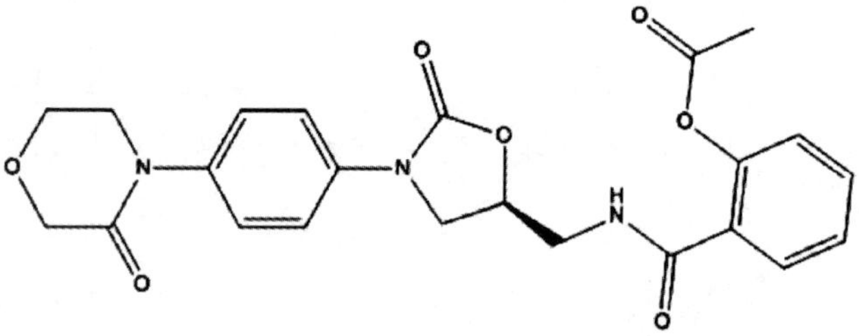

(I)

，该专利申请将利伐沙班中的

氯代噻吩甲酸替换为乙酰水杨酸（阿司匹林），该化合物显示了优异的 FXa 抑制活性，通过对正常小鼠 APTT 的影响的药效试验，该化合物在给药 60min 后均能极显著地增加小鼠的 APTT 值，显示了良好的抗凝作用，并且通过对于正常大鼠药代动力学的研究试验，显示出了优异的药动学特征，并在代谢过程中缓慢释放出阿司匹林，强化了抗凝效果，由于阿司匹林和式（Ⅰ）化合物在血液中的浓度峰并非同时出现，从而克服了利伐沙班与阿司匹林联合使用时增加出血风险的缺点，没有阿司匹林常有的刺激胃部黏膜的副作用。该专利目前已经公开，正处于等待实质审查阶段。

2）晶体

晶体的研究一般通过晶型筛选技术、晶型生物活性评价技术，在药物的有效成分原料层面上寻找、发现晶型固体物质存在种类与状态特征，将晶型物质与药效学研究相结合，为寻找、发现、开发具有最佳临床疗效的晶型固体物质提供基础科学数据。利伐沙班属于多晶态的化合物，开发水溶性好、稳定性优良并能实现工业化大生产的优势药用晶型，可为利伐沙班的应用提供更为广阔的空间。

目前，利伐沙班的晶体研究主要有以下专利申请：拜耳公司在CN101282968A中公开了利伐沙班的晶体Ⅰ、Ⅱ、Ⅲ、无定形、利伐沙班一水合物、NMP溶剂合物、THF包合物及其制备方法；WO2013041651A1公开了B1、B2、E三种晶型；EP2404920A公开了利伐沙班的二水合物晶体；CN102292332A公开了利伐沙班晶APO－A型；WO2012004245A1公开了利伐沙班二水合物，涉及了利伐沙班的甲酸合物、二水合物及其制备方法；WO2009149851A1公开了利伐沙班和丙二酸的新的共晶体化合物；WO2013054146A1（CN102056923A）公开了利伐沙班分别与草酸及γ－环糊精形成的共晶体及其制备方法；EP2573084A1公开了利伐沙班的B1、B2和E晶型及彼此之间相互转化的制备方法，还能将B1、B2和E晶型转化为Ⅱ、Ⅲ晶型。

天津市汉康医药生物技术有限公司在CN104650058A中公开了利伐沙班的一水合物晶体及其数据，优点为纯度高、稳定性好，即使在高湿度条件下吸湿增重也不明显。南京生命能科技开发有限公司和南京恒生制药有限公司的专利申请CN106008490A公开了利伐沙班的新晶型SMN－F及其制备方法。说明书中记载了该晶型的溶解度数据以及稳定性数据，其中稳定性良好，常温密封放置6个月未发现变化。中国医学科学院药物研究所在CN105367563A中公开了利伐沙班晶Ⅳ型，并将该晶型制备成药物组合物，每日用药剂量控制在1~60mg。

3）联合用药

联合用药是指为了达到治疗目的而采用的两种或两种以上药物同时或先后应用，其主要是为了增加药物的疗效或为了减轻药物的不良作用。合理的联合用药应以提高疗效和（或）降低不良反应为基本原则。

拜耳公司在CN1523986A中公开了A）噁唑烷酮类和B）其他活性成分的联合用药，A）优选利伐沙班，B）选择血小板聚集抑制剂、抗凝剂、血纤蛋白溶解剂、降脂药、冠状动脉治疗剂和/或血管舒张药。说明书提到了该联合体系特别适合于预防和/或治疗动脉血栓形成和与栓塞有关的冠心病、脑血管血流降低和周围动脉血流降低。波托拉医药品公司的专利申请CN101686959A公开了在哺乳动物中治疗特征在于不受欢迎的血栓形成的疾病的方法，包括组分A和组分B，组分A为［4－（6－氟－7－甲基氨基－2，4－二氧代－1，4－二氢－2H－喹唑啉－3－基）－苯基］－5－氯代－噻吩－2－基－磺酰基脲，组分B为抗凝剂，可选择利伐沙班。说明书实施例11和12中分别测试了化合物A和因子Xa抑制剂在凝血酶生成分析中的联合应用，能够在更大程度上抑制凝血酶的产生。

拜耳公司在CN101321533A中公开了联合用药的方案，组合为A具有式（Ⅰ）的噁唑烷酮与 B 抗心律不齐药的组合，具有更好的抗血栓形成性能并且适合具有心脏节律紊乱的患者预防中风。上述组合不仅包含所有成分的服用剂型和含有相互分开的成分的组合包装，还可为同时或者按时间施用的成分，也可将两种或多种活性成分相互组合。噁唑烷酮可选择作为凝血因子 Xa 的选择性抑制剂：

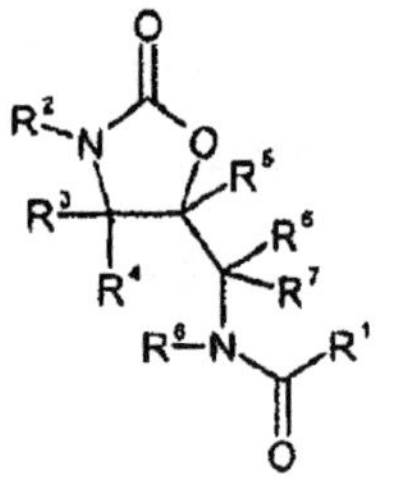

（Ⅰ），可优选为利伐沙班。组分 B 可优选腺苷 A1 激动剂：

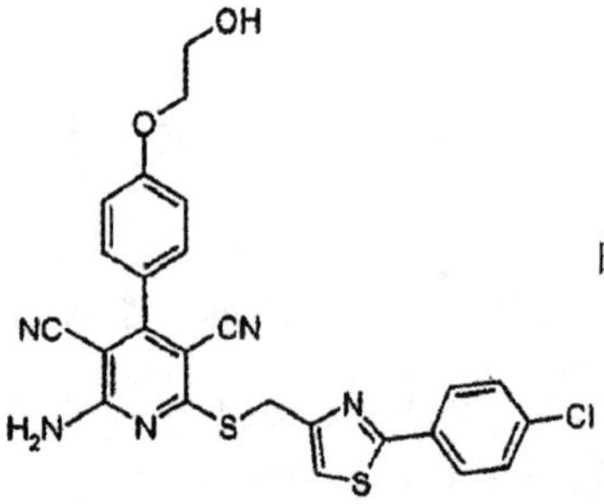

的盐、溶剂化物等。拜耳公司在 CN101472589A 中公开了包

含至少一种凝血酶受体拮抗剂和至少一种心血管药剂的药物组合物。其中，凝血酶受体

拮抗剂可选择 ，心血管药

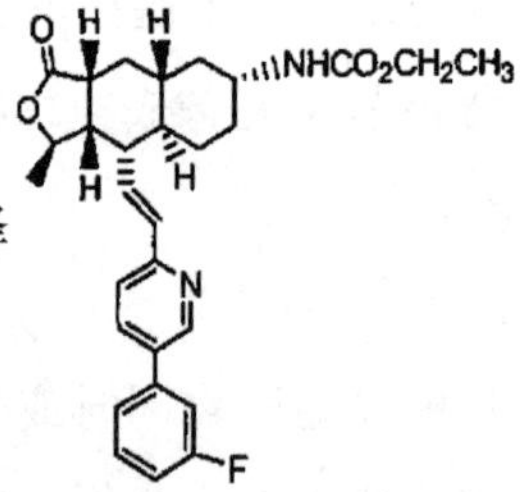

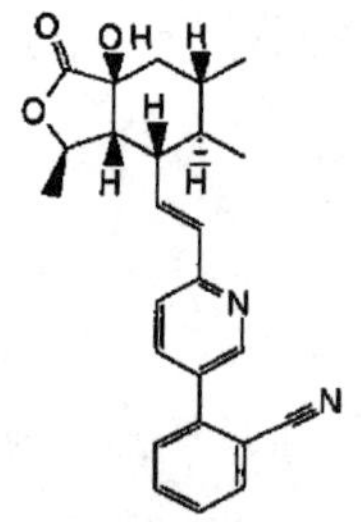

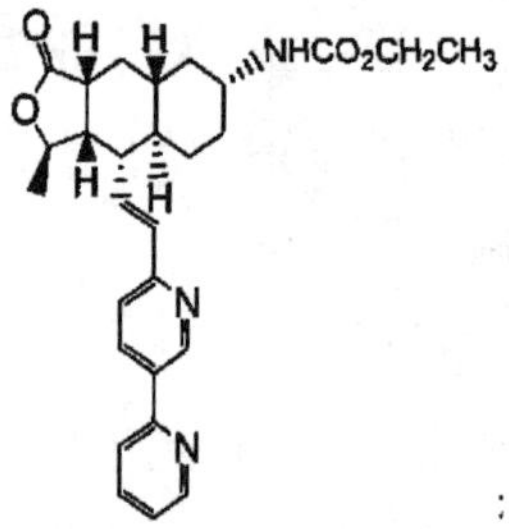

物选择利伐沙班。拜耳公司在 CN101610767A 中公开了一种组合疗法，包括 A）为式（Ⅰ）的噁唑烷酮化合物，B）乙酰基水杨酸（阿司匹林）和 C）ADP 受体拮抗剂特别是 P2Y12 嘌呤受体阻滞剂的组合，噁唑烷酮化合物优选利伐沙班，P2Y12 嘌呤受体阻滞剂优选噻吩并吡啶，例如氯吡格雷或普拉格雷或腺嘌呤核苷酸类似物，如坎格雷洛。说明书还提供了所述组合物的协同的抗血栓形成的效果数据，可以用于制备预防和/或治疗伴随有 ST 段抬高和没有 ST 段抬高的心肌梗死、稳定性心绞痛、暂时性缺血发作以及血栓性和血栓栓塞性中风的药物的用途。SANOVEL ILAC SANAYI VE TICARET 公司在 WO2015169957A1 中公开了利伐沙班和 H2－受体拮抗剂组合制剂，说明书公开了 H2－

受体拮抗剂为法莫替丁： ，尼沙替丁：

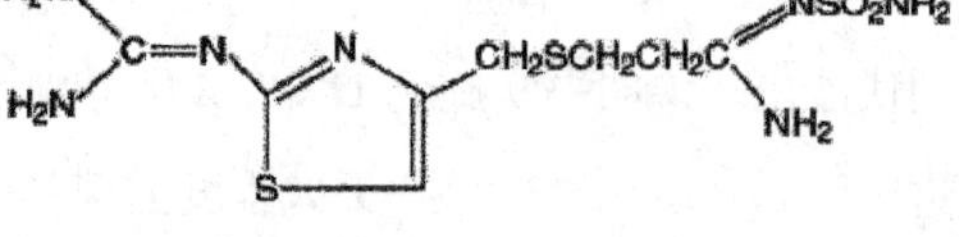

Formula Ⅱ：Famotidine

Formula Ⅲ: Nizatidine ，雷尼替丁： **Formula Ⅳ**: Ranitidine ，说

明书公开了上述组合制剂可用于预防和/或治疗抗凝和胃肠道病症中的用途。

4）制备方法、组合物和用途

在申请化合物类的专利时，往往伴随着相关的制备方法、组合物或用途。下面将对上述主题进行简要介绍。涉及利伐沙班及其衍生物的制备方法[7]的专利申请主要有：WO01047919A1、WO2005068456A1、WO2006055951A1、WO2009023233A1、CN103896933A、CN104974149A 等。

组合物（制剂）方面的专利申请主要有：WO2008052671A1、WO2007039134A1、WO03000256A1、WO2012080184A1、WO2009049820A1、WO2008022786A1、WO2007093328A1、WO2007039132A1、WO2007039122A1、WO2006079474A1、WO2006072367A1、WO2005060940A1 等。

用途方面的专利申请主要集中在 Xa 因子抑制剂在抗凝血及其相关领域的用途，包括了化合物及其衍生物的用途、化合物与其他活性组分联合制药、化合物各种剂型以及治疗方法等用途，如 WO2004060887A1、WO2010000404A1、US977589B2、EP2427053A1、WO2006079474A1、EP2485715A1、WO2009074249A1、JP2012097106A、WO2008128653A1、WO2007042146A1 等。

（二）神经保护药物

以 Incopat 数据库为数据来源，以"神经保护""脑保护""自由基清除"和"脑缺血""脑卒中""脑梗死"相与进行中英文关键词检索，检索时间截至 2018 年 9 月 5 日。因各国专利申请满 18 个月才公开，2017 年和 2018 年的数据因为部分专利申请未公开而不准确。通过以上检索方式，获得全球专利申请 2811 项。

1. 申请趋势分析

为了研究神经保护药物的技术发展趋势，对所采集的 1984～2018 年全球范围内发明专利申请数据按时间进行统计，按同族专利的最早申请日计算（见图 13）。具体来看，1984～1988 年神经药物处于技术萌芽期，全球范围内专利申请共 28 项。20 世纪八九十年代，科研人员研究发现，谷氨酸刺激造成的神经元钙超载主要是由 NMDA 受体过度开放引起的，NMDA 受体随即成为脑缺血研究的明星分子，具体表现为针对 NMDA 受体抑制剂的开发一直没有间断，在此期间，其他引起缺血钙超载的途径也陆续被发现。众多受体抑制剂的发现和研究，使神经保护药物的专利申请进入技术发展期（1989～2002年）。进入 21 世纪以来，至少有超过 50 种药物在动物实验中被证实具有神经保护作用，进而被推荐进入临床试验阶段。然而，来自脑卒中动物模型的阳性结果和来自人体实验的阴性结果的巨大偏差曾一度引起人们对神经保护治疗的怀疑，真正通过动物实验和临

床实验，作为神经保护类药物用于急性脑缺血治疗的药物几乎没有，直到抗氧化自由基清除剂依达拉奉的出现。依达拉奉是一种作用较强的自由基清除剂，主要应用于脑梗死急性发作阶段。2003年至今，神经保护药物虽然每年基本保持100项以上的专利申请量，但是早期临床实验的失败对制药企业和研究机构造成巨大影响，这使得神经保护药物相关的专利申请一直没有明显的提升。

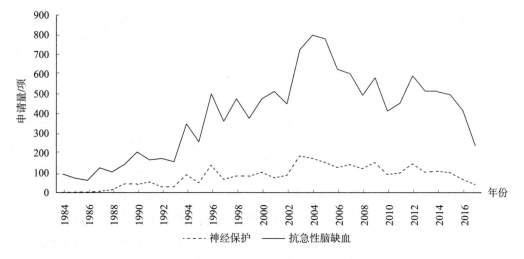

图13　神经保护和抗急性脑缺血药物的全球专利申请态势

2. 技术全球分布

表2反映了神经保护药物的全球专利申请区域分布，其中申请量最多的是欧洲，中国、美国、韩国、日本紧随其后。通过该分析可以了解在不同国家/地区/组织技术创新主体的活跃情况，从而可以发现主要的技术创新来源地和重要的目标市场。

表2　神经保护药物的全球专利申请分布情况

国家/地区/组织	专利申请数量/项
欧洲	385
中国	285
美国	255
WIPO	245
韩国	206
日本	201
澳大利亚	180
加拿大	174
俄罗斯	103
德国	69
西班牙	61

3. 主要申请人分析

图 14 显示的是神经保护药物全球专利申请人排名，其中占比最高的是华纳－兰伯特公司和小野制药株式会社（ONO PHARMACEUTICAL），其他申请人主要是全球知名药企，例如辉瑞（PFIZER INC）、诺华等。通过该分析可以发现创新成果积累较多的专利申请人，并可以据此进一步分析其专利竞争实力。

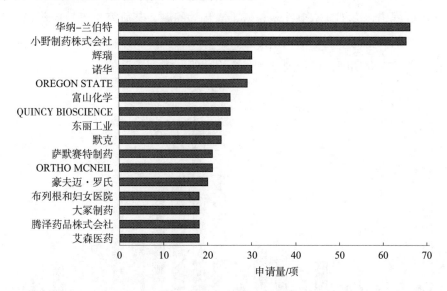

图 14　神经保护药物全球专利申请人分布

4. 重点药物依达拉奉

依达拉奉为吡唑啉酮衍生物中的一种，化学名为 3－甲基－1－苯基－2－吡唑啉－5－酮，分子式为 $C_{10}H_{10}N_2O$，分子量为 174.19，CAS 登记号为 89－25－8，结构式为它是由日本三菱制药株式会社（MITSUBISHI PHARMA）研制开发的自由基清除剂，于 2001 年 4 月首次在日本上市，商品名为 Radicut。2002 年 5 月我国陆续批准依达拉奉制剂进行临床研究。南京先声东元制药有限公司于 2003 年 12 月成为国内首家获批该产品生产上市的企业。该产品的主要特点是药理作用明显，不良反应较少，药动学及药效学可控，禁忌证少，适合不同人群，是目前世界上极力推荐的神经保护剂。

（1）申请趋势分析

以德温特世界专利索引数据库（DWPI）和世界专利文摘数据库（SIPOABS）为数据来源，以"依达拉奉"等关键词和"神经保护""脑保护""自由基清除"等关键词相与进行检索，检索时间截至 2018 年 9 月 5 日。因各国专利申请满 18 个月才公开，2017 年和 2018 年的数据因为部分专利申请未公开而不准确。通过以上检索方式，经过人工筛选去噪，获得全球专利申请 205 项。由图 15 可见，2007 年以前，依达拉奉的相关专利申请量很少，年申请量不足 10 项，增长缓慢；2008 ~ 2011 年，随着依达拉奉作为自由基清除剂用于治疗抗急性脑缺血药物研究的不断深入，相关专利申请量迅速增加，依达拉奉在推广使用过程中，由于其水溶性差、易于氧化等问题，其研究重点转向药物制剂领域，在此期间，制剂类型的专利申请大幅提升；2012 年至今，依达拉奉的相关专利申请量处于技术稳定期，在此期间，药物剂型、联合用药等是专利申请的主要方向。

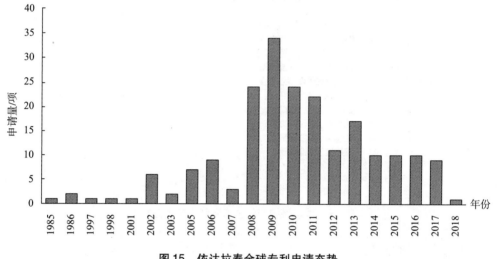

图 15　依达拉奉全球专利申请态势

（2）主要申请人分析

图 16 中反映了依达拉奉相关专利申请主要申请人的分布情况。依达拉奉专利申请量排名前十位的申请人分别为帝国制药美国公司（TEIKOKU PHARMA USA INC，25 项），

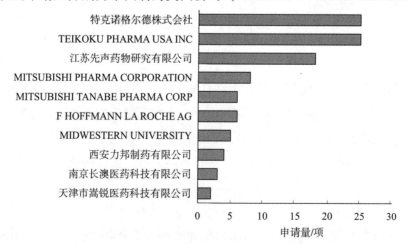

图 16　依达拉奉专全球排名前十位的申请人专利申请量

特克诺格尔德株式会社（NOVS，25 项），江苏先声药物研究有限公司（JIANGSU SIM-CERE PHARMACEUTICAL R D CO LTD，18 项），三菱制药株式会社（MITSUBISHI PHARMA CORPORATION，8 项），豪夫迈·罗氏有限公司（F HOFFMANN LA ROCHE AG，6 项），田边三菱制药株式会社（MITSUBISHI TANABE PHARMA CORP，6 项），美国中西部大学（MIDWESTERN UNIVERSITY，5 项），西安力邦制药有限公司（4 项），南京长澳医药科技有限公司（3 项），天津市嵩锐医药科技有限公司（2 项）。其中三菱制药株式会社是该药物的原研公司。

（3）技术领域分析

图 17 中展示的是分析对象在各技术方向的数量分布情况。通过该分析可以了解分析对象覆盖的技术类别以及各技术分支的创新热度。依达拉奉的主要申请技术 IPC 分类涉及 A61K、A61P 和 C07D。A61K（医用、牙科用或梳妆用的配制品）和 A61P（化合物或药物制剂的特定治疗活性）是涉及依达拉奉的专利申请主要分布区域，二者占总申请量的 76.16%。由此可见，涉及依达拉奉的创新点，目前主要集中于医用配置品如组合物、制剂、用途等以及化合物本身如晶体、中间体和制备方法等方面。

（4）技术演进

1）技术主题分布

从专利技术的属性来看，依达拉奉专利申请主题主要分为化合物、制剂、组合物、联合用药、用途、晶体等六大类，其中化合物主题包括化合物、盐、水合物、溶剂合物、异构体及衍生物，制备方法包括化合物和中间体的合成方法、分离纯化方法、提取方法和检测方法。从图 18 中可以看出，制剂和组合物方面的占比较高，其次是化合物。

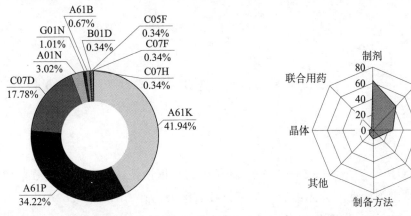

图 17　依达拉奉全球专利申请技术领域 IPC 分类分布　　图 18　依达拉奉全球专利申请技术主题分布

注：图中数字表示申请量，单位为项。

2）化合物和制剂技术演进

依达拉奉是一种神经保护类药物，临床研究提示 N－乙酰门冬氨酸（NAA）是特异性的存活神经细胞的标志，脑梗死发病初期含量急剧减少。脑梗死急性期患者给予依达拉奉，可抑制梗死周围局部脑血流量的减少，使发病后第 28 天脑中 NAA 含量较甘油对照组明显升高。临床前研究提示，大鼠在缺血/缺血再灌注后静脉给予依达拉奉，可阻止脑水肿和脑梗死的进展，并缓解所伴随的神经症状，抑制迟发性神经元死亡。机理研究提示，依达拉奉可清除自由基，抑制脂质过氧化，从而抑制脑细胞、血管内皮细胞、神经细胞的氧化损伤（CN103319409A）。

依达拉奉在推广使用过程中，由于其水溶性差、易于氧化等问题，以及将其做成制剂添加的赋形剂产生的系列问题一直困扰着医药工作者。为了解决这些问题，研究人员主要从以下几个方面进行了研究。

第一，从药剂学上改进依达拉奉剂型的水溶性。

药剂学家在不改变依达拉奉化学结构的基础上，通过物理化学技术改变剂型，以此来提高依达拉奉剂型的水溶性，如在依达拉奉溶液中加入碱性物质三羟甲基氨基甲烷、碳酸钠或精氨酸、赖氨酸等；抗氧剂硫代硫酸钠、维生素 C、亚硫酸氢钠、乙二胺四乙酸二钠等，支架剂甘露醇、氯化钠等，然后制备成冻干制剂；或者在依达拉奉溶液中加入甘露醇、山梨醇、乳糖、麦芽糖等水溶性填充剂及抗氧剂，再制备成冻干制剂；或者将依达拉奉制备成脂微球来提高依达拉奉的水溶性和稳定性。但是总的来说，这些从药剂学上改进依达拉奉的水溶性和稳定性，方法研究难度和成本都较高，而且改善效果不太显著，另外这些制剂中或多或少地加入了赋形剂，给人体自身带来了潜在的危害，因此此类方法并未能从根本上解决依达拉奉的水溶性和稳定性问题。

第二，进行化学结构改造。

依达拉奉是在美国专利申请 US4857542 中被首次描述，在其结构改造方面，公开文献报道的研究相对较少，例如，周意在 CN108314652A 中公开了一种依达拉奉衍生物

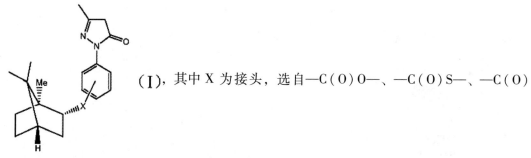

（I），其中 X 为接头，选自—C（O）O—、—C（O）S—、—C（O）NH—、—C（O）—、—NH—或—CH$_2$—。该衍生物与依达拉奉相比具有增强的治疗效果和显著降低的细胞毒性。天津市嵩锐医药科技有限公司在 CN103483262A 中公开了一种稳定的依达拉奉三水化合物以及供注射用的依达拉奉药物组合物，化合物的结构为采用该制剂配方及制剂工艺制得的供注射用的依达拉奉药物组合物质量

稳定，易于产业化实施。沈阳药科大学在 CN102432540A 中公开了一种双依达拉奉：

，为增加双依达拉奉的溶解度，还提供双依达拉奉的可溶性药

用盐，如：单钠盐、双钠盐、单钾盐、双钾盐、单锂盐、双锂盐；该盐能够发挥自由基
清除剂的作用，临床可用于预防和治疗脑梗死。李勤耕在 CN102190622A 中公开了依达

拉奉的水溶性衍生物：，其中 R 为 H、甲基、乙基、丙基、异丙

基、丁基或苄基；HB 表示能与含氮有机基团成盐的酸，指可作为药用的无机酸，即盐
酸、磷酸、硫酸或碳酸；或可作为药用的有机酸，即乙酸、乳酸、甲磺酸、丁二酸、马
来酸、枸橼酸或苹果酸。该类依达拉奉衍生物与依达拉奉相比，药效无明显差异，但前
者具有良好的水溶性，可制成水溶性注射液，既避免了依达拉奉注射液制备时需碱性溶
解易变质的缺陷，又避免了为防止依达拉奉注射液氧化必须加入抗氧剂而对病人造成的
不必要的副作用；对病人更为有益的是，所述化合物还可以通过灌胃给药，且与注射用
药的脑保护作用无显著性差异。因此该类衍生物可与一种或多种药学上更易接受的载体
一起组成注射或口服制剂，这种注射或口服制剂含有治疗有效量的上述化合物。辽宁中
海康生物药业有限公司在 CN102321121A 中公开了一种 3 - 甲基 -1 - 苯基 -2 - 吡唑啉 -

5 - 酮衍生物，，其中 X、Y 分别是 O 或 S，并且 X 和 Y 可以相

同或不同；V、Z 分别是 H、Na、K、Cs、Li、NH_4、Ca 或 Mg，并且 V、Z 可以相同或不
同。所得 3 - 甲基 -1 - 苯基 -2 - 吡唑啉 -5 - 酮衍生物在水中的溶解度显著增加。

　　三菱制药株式会社在 CN101001627A 中公开了一种用于治疗与脑循环不足（例如缺
血性脑卒中）相关的脑血管疾病的药物，该药物含有治疗有效量的结构式（I）所表示的

吡唑啉酮化合物、其可药用的盐或其假多晶型物，其中所述结构式（I），以

控制剂量施用该药物，从而使其原形的血浆浓度在预定的时间段内保持恒定并且使该化
合物可以表现出更好的效果。

　　第三，制备成晶体形式。

常温下依达拉奉及其制剂的水溶液在偏酸性（pH 为 3.0 ~ 4.5）的条件下较为稳定。依达拉奉注射剂产品质量、稳定性和晶体有一定关系。在依达拉奉原料药做成制剂的过程中，由于其水溶性不好，在配料溶解过程中需要较高温度和较长时间，而易产生杂质，影响终产品质量。为了增加依达拉奉原料药在水中的溶解性，减少制剂过程中的不稳定因素，优先考虑使用其晶体形式。南京长澳医药科技有限公司在 CN102060771A 中公开了一种晶型，该晶型能明显提高依达拉奉的水溶性，更有利于注射剂的制备，有关物质得到进一步的降低，制剂的安全性得到了提高。天津市嵩锐医药科技有限公司在 CN102351795A 中公开了一种稳定晶型的依达拉奉化合物，有效解决了依达拉奉在水中较难溶解等问题。浙江大学在 CN102643234A 中公开了两种稳定的依达拉奉的新晶型，其依达拉奉新晶型为Ⅱ和Ⅲ晶型。Ⅱ晶型的热重谱图显示每份依达拉奉分子中含 2 份结晶水。Ⅲ晶型的热重谱图显示依达拉奉分子中不含结晶水（溶剂）。所述新晶型稳定性好、溶解性好、便于贮存。江苏正大丰海制药有限公司在 CN102766097A 中公开了一种依达拉奉 A 型晶体——该晶型的产品稳定性增强，特别是在高温高湿的条件下易于贮存，其较好的化学性质和稳定的晶体排布赋予了其优良的溶解性，在制备药物时，可以达到满意的剂量准确度，增加了产品的安全性，减少对病人的危险性，因此适合用于制备稳定的药物制剂。

上海医药工业研究院在 CN103833640A 中公开了一种依达拉奉晶体，该晶体溶解性和稳定性好、杂质少、产品质量高，有利于制剂的制备。浙江中医药大学在 CN103351342A 中公开了一种新型依达拉奉药物共晶，所述药物共晶是以依达拉奉为药物活性成分，以 β - 环糊精为共晶形成物；一个依达拉奉分子，一个 β - 环糊精分子和 10.5 个水分子组成依达拉奉药物共晶的基本结构单元；其中依达拉奉分子中的羰基氧原子和胺基氮原子作为氢键受体，β - 环糊精分子中的羟基作为氢键供体形成两种不同的分子间氢键；所述共晶保留了依达拉奉本身的药理活性，并对其溶解性、稳定性和生物利用度方面均有明显的改善；溶解度测定结果显示，该药物共晶的溶解度为依达拉奉溶解度的 6 倍多。洪军在 CN104163801A 中公开了一种依达拉奉的新晶型，所述晶型具有良好的稳定性；其还涉及包含该晶型药物组合物以及药物制剂，特别是其注射剂。海南合瑞制药股份有限公司在 CN105753785A 中公开了一种依达拉奉的晶体，所述新晶型具有良好的溶解度，有利于针剂制备，同时具有较高的生物利用度。四川省惠达药业有限公司 CN103319409A 中公开了一种依达拉奉的晶体，所述依达拉奉化合物具有更大的溶解度，溶解速率快，其药物组合物具有更好的溶解性能，易于溶解和配伍，生物利用度高。

四、总结

通过上述统计和分析可以看出，随着对急性脑缺陷病理机制的研究越来越深入，各国家和地区都加快了对抗急性脑缺药物研发的投入并积极开发出了一系列具有一定影响的药物，比如利伐沙班、依达拉奉、丁苯酞等，当然，在研发、专利布局以及药品的产出等方面，各国家和地区均存在一定的失衡。现基于以上的统计分析结果，大致总结以下几点体会，期望对国内企业、科研机构等在抗急性脑缺血药物研发方面有一定的帮助。

（1）从全球专利申请趋势中可以看到，抗急性脑缺血药物的历史符合药物研究发展历程，经历了技术萌芽期和技术发展期，但随着对脑缺血药理和生理认识的不断加深以及许多候选药物宣告失败带来的负面影响，抗急性脑缺血药物研发并没有持续升温，专利申请量在经历最高点后有一定幅度的下降，近十年来申请量始终保持在一个水平阶段（技术稳定期）。从专利申请人排名中可以看到，国内专利申请量虽然居于首位，但是排名前十位的申请人几乎被国际制药巨头如诺华、默克、辉瑞等所占据。国外制药企业在资金、研发团队、资源等方面都具有先天优势，且在抗脑缺血药物研究领域起步较早，因此，目前国际上较为认可的抗急性脑缺血药物核心专利均掌握在这些企业手中。

相对而言，国内在抗急性脑缺血药物研发方面起步较晚，且研发主体是科研机构和高校，这可以从中国专利申请人分布中得到印证。创新药的研发周期长且前期投入巨大，国内研发主体分散且制药企业对于创新药物的研发缺乏动力，导致中国创新药研发寥寥无几，成功的药物更是凤毛麟角。目前，中国在抗急性脑缺血药物领域首个创新药丁苯酞的研发也是历经波折才最终上市并应用于临床。中国具有悠久的抗急性脑缺血中药研究历史——在提取的1845件中国专利申请中，中药、中药组合物、天然提取药物占绝大多数。丹参多酚酸、银杏提取物等被证实具有很好的抗急性脑缺血治疗效果。研发更多的抗急性脑缺血中药应是国内制药企业的主要发展方向之一。

（2）抗血栓和神经保护的代表性药物方面，通过对新型抗凝药物利伐沙班的专利申请的分析中可以看出，化合物改造仍是重点的研究领域。在化合物改造的分支中，不同申请人之间的竞争比较激烈，但是拜耳公司的研发实力还是远远超过其他申请人，并且在多个技术分支中都申请了专利，在上市之前完成了该药物的专利布局，这种专利保护策略是值得我国研究机构借鉴的。此外，随着专利保护期限的临近，可以预计在将来的几年内关于该药物的应用研究会再次成为专利申请的热点。依达拉奉是目前全球范围内唯一用于神经保护的明星药物，但是由于该药物在推广使用过程中存在水溶性差、易于氧化等问题，目前研发的主要方向是基于改善生物利用度的药物剂型。对于化合物结构的改造专利申请文献较少，通过结构修饰改善化合物的水溶性等问题也是目前研究的方向之一。

（3）化学药物专利的保护对象主要包括产品、制备方法和制药用途等，其中化合物产品专利是核心专利。国外大型制药公司通常以核心药物产品技术专利为基础，构建完整的多角度、多层次的专利保护壁垒。拥有一件药物的基础专利往往有可能独占市场，同时，通过外围专利和后续专利的布局可获得市场利益的最大化。专利保护策略运用成功与否，直接影响企业的生存和发展，国外制药企业成功的专利保护策略值得国内企业借鉴和学习。

（4）由于国内企业的创新药物研发基础薄弱，因此，国内企业需要结合自身条件寻求更多角度的专利保护策略，提升企业的市场竞争力。大体而言，国内企业主要可以利用过期专利和现有技术作为研发起点，开发仿制药；同时，应当密切关注行业内的国外大型制药公司重点药物的相关专利技术，追踪前沿技术，及时跟进，形成企业自己的核心技术和专利；规避现有的专利技术壁垒并从中寻找机会，对专利产品进行改进，及时申请外围专利和后续专利；必要时采用防御性专利申请策略，使一些技术进入公共领域。

参考文献

[1] 孟文婷，等．缺血性脑卒中的治疗研究进展 [J]．中国新药杂志，2016，25（10）：1114－1120．

[2] 张雯，等．急性脑缺血治疗药物研究进展 [J]．神经药理学报，2014，4（4）：50－58．

[3] 傅瑜，等．神经保护剂治疗缺血性脑卒中的研究进 [J]．中国新药杂志，2011，20（11）：973－977．

[4] 赵澎，等．神经保护剂的应用与评价 [J]．中华神经外科疾病研究杂志，2015，14（2）：188－189．

[5] 金丰杰．一类新药恩必普强劲上市 [N]．医药经济报，2004－11－12（1）．

[6] Elisabeth Perzborn et al. The discovery and development of rivaroxaban, an oral, direct factor Xa inhibitor. Nature Review [J]，2011，10：61－75．

[7] 郭军霞．抗凝药物利伐沙班合成技术的专利综述与分析 [J]．化工管理，2017，13：37－38．

抗凝血药氯吡格雷制剂专利技术综述[*]

马冰　屈小又[**]　杨玉婷[**]　蒋嘉瑜[**]　陈昊[**]

摘　要　氯吡格雷作为全球最畅销药物之一，其制剂研究受到广泛关注。本文从专利申请量趋势、专利技术来源与专利布局、专利申请人和专利技术发展路线等四个角度，对氯吡格雷制剂相关专利申请状况进行了分析，以期为相关企业进一步开展氯吡格雷的制剂研究以及专利布局提供有益的参考和建议。

关键词　氯吡格雷　制剂　专利申请　专利技术

一、引言

近年来，心血管疾病的全球发病率呈上升趋势，已严重危害人类健康，是当前致残和致死的首要因素。在我国，心脑血管疾病也已成为因疾病死亡的重要原因。心脑血管疾病中很多都是血栓相关疾病，如脑血栓、心肌梗死等。现代医学证明，血小板在动脉硬化及血栓形成过程中起着重要作用，因此抗血小板药物的研究尤为重要。[1]

目前，在临床上使用最为广泛的抗血小板药物之一为氯吡格雷，化学名称为（S）-a-（2-氯苯基）-6,7-二氢噻吩并［3,2-c］吡啶-5(4H)乙酸甲酯，临床上使用的是其硫酸氢盐。硫酸氢氯吡格雷是由百时美施贵宝和赛诺菲公司共同开发上市的药物，商品名为"Plavix"（波立维）。1998年3月，波立维率先在美国上市，随后进入欧洲、澳大利亚等多个国家和地区的市场，并于2001年8月在中国上市。2011年，波立维成为当年全球最畅销药物，年度全球销售额接近100亿美元。在2012年专利到期之前，波立维多年排在立普妥之后，为全球第二大畅销药。截至目前，波立维已为赛诺菲带来890亿美元的销售收入。就国内市场而言，由于我国是注射剂大国，在每年医院药品销售排名前十名的品种中，绝大多数都是注射剂，而唯一一个以口服药的形式始终保持在前五名之内的"真神药"即为氯吡格雷。据统计，2017年国内样本医院用

---

　* 作者单位：国家知识产权局专利局专利审查协作四川中心。

　** 等同第一作者。

药销售额超过10亿元的品种共 46 个，按销售额递减的顺序前三名依次为氯化钠、人血白蛋白和氯吡格雷。虽然氯吡格雷按销售额排名位列第三，但是由于氯化钠的特殊性、人血白蛋白的大分子属性，故氯吡格雷可谓 2017 年国内样本医院真正意义上的小分子化药销售冠军。

基于氯吡格雷所具有的巨大用药市场与可能产生的经济利益，关于氯吡格雷的专利保护竞争非常激烈。氯吡格雷的右旋异构体为其活性形式，具有已知的抗血小板聚集的作用，然而不稳定，容易转化生成没有活性的左旋异构体；同时，氯吡格雷也容易水解生成氯吡格雷酸。这些因素都使得氯吡格雷制剂的研究成为热点。本文通过对氯吡格雷制剂的专利申请情况进行统计，多角度进行分析和总结，以期为氯吡格雷制剂的研究开发、专利申请、专利布局、专利侵权风险规避提供参考。

以国家知识产权局的专利检索与服务系统和美国化学文摘社（CAS）的国际联机检索系统（the Scientific and Technical Information Network，STN）作为数据采集系统，以氯吡格雷的 CAS 号（113665 - 84 - 2）以及氯吡格雷、(S) - a - (2 - 氯苯基) - 6, 7 - 二氢噻吩并［3，2 - c］吡啶 - 5(4H) 乙酸甲酯、波立维、Plavix 等氯吡格雷的各种表达形式，结合药物制剂的国际专利分类（IPC）号 A61K 9、关键词（制剂、药剂以及片剂、注射剂）等作为主要检索要素，在 STN、中国专利文摘数据库（CNABS）、中国专利全文文本代码化数据库（CNTXT）、德温特世界专利索引数据库（DWPI）和世界专利文摘数据库（SIPOABS）中对全球涉及氯吡格雷的制剂发明专利申请进行统计，并对申请人类型、申请的发明构思、解决的技术问题等技术信息进行人工标引，以筛除明显不相关的专利申请。检索日期截止到 2018 年 7 月 31 日，共检索到氯吡格雷制剂相关的发明专利申请 253 项。

二、专利申请量趋势分析

图 1 反映了氯吡格雷制剂相关专利申请量趋势。总的来说，氯吡格雷制剂相关专利申请的中国申请量趋势与全球申请量趋势基本吻合。在 2002 年以前，氯吡格雷制剂相关专利申请量较少；2002～2003 年，申请量缓慢增长，并呈现波动态势；2004～2006 年，申请量出现大幅上升；2007～2014 年维持较高水平。该现象与氯吡格雷在全球抗血小板药物市场的表现密切相关，从图 2 波立维在全球销售情况来看，上市以后，销售额逐步攀升，2004 年销售额突破 50 亿美元，巨大的市场价值吸引众多创新主体投入其仿制生产中。随后，在波立维销售额处于最高峰的 2007～2011 年，氯吡格雷制剂相关的专利申请量也相应处在高峰，2014 年后相关专利申请量呈下降趋势。这可能是因为在 2006～2014 年，相关创新主体在氯吡格雷制剂方面进行了严密的专利布局，构成了较为森严的专利

壁垒，创新主体在该领域的创新成本升高，创新受到较大阻碍，且该领域的研究趋于成熟，难以再产生大量创新成果。

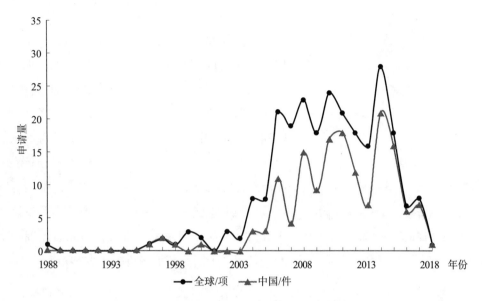

图 1　氯吡格雷制剂相关专利申请的申请量趋势

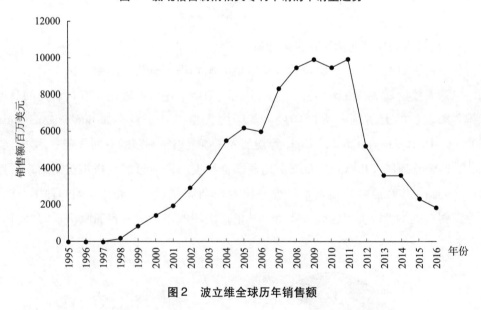

图 2　波立维全球历年销售额

三、主要专利技术来源与专利布局分析

技术来源的分析很大程度上能够反映出不同国家的专利技术发展水平，而对专利布局的分析则可以体现相应产品的市场分布情况。对氯吡格雷制剂相关专利申请的 PR 字段进行提取统计分析，得到其技术来源地；提取 PN 字段进行分析，得到其专利布局地。从

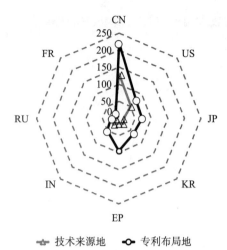

图 3　氯吡格雷制剂相关专利申请的
技术来源地与专利布局地

注：图中数量数字表示申请量，单位为项。

图 3 中所呈现的排名前八的技术来源地可见，排在第一位的是中国，而后依次是美国、印度、韩国、日本、法国等。可见，在氯吡格雷制剂的研究中，中国、美国和印度在该领域研发热情高。而从图 3 中所呈现的排名前八的专利布局地可见，排在第一位的仍然是中国，而后依次是欧洲、美国、日本、韩国，印度跌出前五的位置，由其可以窥见中国、欧洲、美国、日本、韩国的氯吡格雷医药市场的重要性。此外，在进行专利布局地统计分析时还发现，在涉及氯吡格雷制剂的 253 项专利申请中，国际申请量达到 122 项，占比 48%，体现了创新主体对于氯吡格雷制剂专利保护的重视，因此通过国际申请的方式在多个国家和地区进行了专利布局。

四、专利申请人分析

（一）全球专利申请人国别及类型分析

对氯吡格雷制剂相关专利申请的全球申请人国别进行分析，结果如图 4 显示。来自中国的申请人数量最多，占比 51%，反映出我国创新主体对氯吡格雷制剂研究的高度重视。排名第二位的为仿制药大国印度，其国内大型制药企业，如 Sun Pharmaceutical、Wockhardt、Dr Reddy's、Cadila、Cipla 等均加入了氯吡格雷制剂的专利争夺中，并且美国食品药品监督管理局（FDA）已批准上述多家企业生产硫酸氢氯吡格雷仿制药，这也反映出印度创新主体在氯吡格雷制剂研究中已走在全球前列。此外，美国、韩国、法国、日本等国创新主体对该领域也有所涉猎，其中，法国的申请多来自氯吡格雷的原研公司

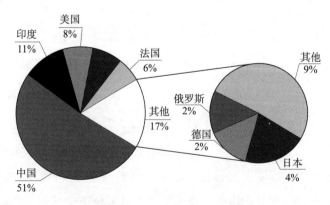

图 4　氯吡格雷制剂相关专利申请人的国别

赛诺菲，美国申请人和日本申请人分别在氯吡格雷胃肠道外给药剂型和口腔崩解片的研制多有成果。

从图5的申请人类型分析来看，企业申请占比高达86%，显著高于个人、高校及研究机构申请。这清晰地展示了企业对于氯吡格雷制剂研究的热衷程度，与氯吡格雷在全球医药市场所产生的巨大经济效益密不可分，庞大的销售额吸引众多企业投入其研发当中，以求在氯吡格雷的巨额市场中分得一杯羹。

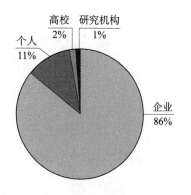

图5　氯吡格雷制剂相关专利申请人的类型

（二）全球主要专利申请人分析

图6反映了氯吡格雷制剂相关专利申请人的排名情况。在氯吡格雷制剂相关的253项专利申请中，申请人数量达168个。赛诺菲作为原研公司，拥有氯吡格雷制剂相关的专利申请数量最多，达到14项。在国内申请人当中，排名第一位的是北京阜康仁生物制药科技有限公司（以下简称"北京阜康仁生物制药"），其在2010～2011年提交了多件涉及氯吡格雷与阿司匹林、三氟柳等药物联用制剂的专利申请。全球排名第三位同时也是国内申请人排名第二位的是深圳信立泰药业，是氯吡格雷在国内的首仿公司，生产的硫酸氢氯吡格雷片（商品名："泰嘉"）在2000年就已上市。此外，排名靠前的申请人还有印度制药企业Sun Pharmaceutical和Wockhardt，国内企业成都新柯力化工科技有限公司（以下简称"成都新柯力化工科技"）和鲁南制药。从氯吡格雷制剂相关专利申请人的排名可以看出，排名靠前的申请人均为企业申请人，因此，对于氯吡格雷制剂的研发和专利保护是以市场为导向，以企业为主体的。

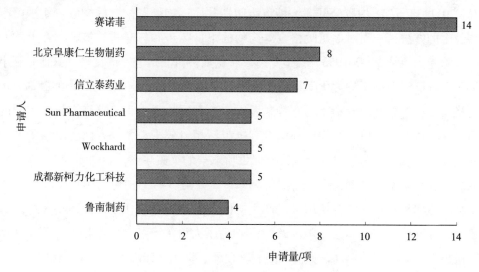

图6　氯吡格雷制剂相关专利申请人排名

（三）原研公司专利布局

从 1988 年至今，硫酸氢氯吡格雷的原研公司赛诺菲针对氯吡格雷在世界范围内提出了至少 35 项专利申请，涉及氯吡格雷的化合物、衍生物、用途、晶体、中间体、药物组合物等。其中，涉及氯吡格雷制剂的专利申请的技术路线如图 7 所示。

从图 7 可以看出，赛诺菲在 1988 年提出的专利申请 US4847265A 就申请保护了氯吡格雷的右旋异构体或其盐，并提出保护该化合物的药物组合物。该专利是赛诺菲关于氯吡格雷的化合物核心专利，已于 2012 年 5 月 17 日到期。随后，赛诺菲在 1988～1996 年提出的专利申请主要是关于衍生物、用途等的外围专利，而在氯吡格雷制剂相关方面鲜有涉及。直至 1998 年波立维上市前后，赛诺菲才开始对氯吡格雷制剂进行密集的专利布局，其中对氯吡格雷单方制剂与复方制剂的改进是主要的研发和专利布局方向。

从单方制剂角度来看，申请过程较为分散，专利申请的时间间隔较长。其在 1996 年提出的专利申请 WO9717064A1 中提出以甘露醇和丙氨酸的组合作为冻干保护剂能够有效保证氯吡格雷等药物冻干制剂的稳定性。在 1999 年提出的专利申请 WO0010534A1 中提供了一种硫酸氢氯吡格雷现配现用的注射剂配方，分为含药冻干粉和复溶溶剂。多年后，基于氯吡格雷酸溶解的性质，于 2005 年提出的专利申请 WO2006010640A1 提供了一种用于高度 pH 依赖性溶解度的活性成分的控释药物多层片剂，通过在含药层外压制含有 pH 维持赋形剂，如琥珀酸、酒石酸等的外层来防止碱性药物，如氯吡格雷的片剂通过胃排空进入肠道后释放减慢。于 2006 年提出的专利申请 WO2007003746A1 进一步对溶解度与 pH 相关的活性组分，如氯吡格雷等的控释制剂进行了调整，将片剂制成双层片剂，包括第一即释层和第二缓释层，其中仍然在第二缓释层中加入 pH 维持赋形剂使缓释层中药物的溶解度与 pH 无关，并保证制剂的稳定性。在 2011 年提出的专利申请 WO2011132167A1 中则公开了一种将脂肪性基质，如硬脂酸、棕榈酸等熔融喷雾至含药颗粒上的方法，从而对如氯吡格雷等药物的不良味道和气味进行掩蔽。在上述专利申请中，除专利申请 WO0010534A1 是专门针对氯吡格雷制剂进行改良外，其他专利申请均提供了可以广泛适用于物理化学不稳定或溶解度具有高度 pH 依赖的药物的制剂，可用于氯吡格雷。从赛诺菲的专利布局态势来看，一方面反映了由于氯吡格雷核心专利的稳固，因此其在氯吡格雷单方制剂的外围专利上申请相对较少；另一方面也反映了波立维片剂处方非常成熟，再单独对其制剂进行研发所取得的突破较少。

从复方制剂来看，其布局相对集中。在 1997 年提出的专利申请 WO9729753A1 中，公开氯吡格雷和阿司匹林联合使用可以产生协同抗血小板凝集作用，并请求保护二者联用的药物组合物后，赛诺菲在 1997～2000 年申请了大量关于氯吡格雷与其他药物联用以治疗与血小板凝集相关的疾病，如高血压、脑梗死、动脉粥样硬化等心脑血管疾病的复方制剂。如专利申请 WO9804259A1 公开了氯吡格雷与西伐他汀联用的双层片剂；专利申请

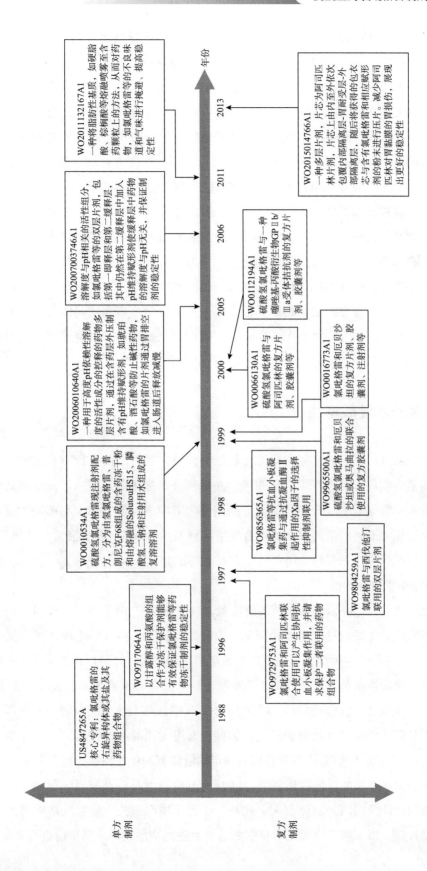

图7 赛诺菲关于氯吡格雷制剂专利申请的技术路线

WO9856365A1 公开了氯吡格雷等抗血小板凝集药与通过抗凝血酶Ⅱ起作用的 Xa 因子的选择性抑制剂联用；随后在 1999 年提出的专利申请 WO9965500A1 中提供了硫酸氢氯吡格雷和厄贝沙坦或奥马曲拉联合使用的复方胶囊剂；专利申请 WO0016773A1 中提供了氯吡格雷和厄贝沙坦的复方片剂、胶囊剂、注射剂等；于 2000 年提出的专利申请 WO0066130A1 和 WO0112194A1 中则分别公开了硫酸氢氯吡格雷与阿司匹林和噻唑基 - 丙酸衍生物 GPⅡb/Ⅲa 受体拮抗剂（血小板凝集抑制剂）的复方片剂、胶囊剂等；专利申请 WO2015014766A1 在专利申请 WO0066130A1 的基础上进一步对氯吡格雷与阿司匹林的复方片剂作了改进，其提供了一种多层片剂，片芯为阿司匹林片剂，片芯上由内至外依次包覆内部隔离层 - 胃耐受层 - 外部隔离层，随后将获得的包衣芯与含有氯吡格雷和相应赋形剂的粉末进行压片，该片剂的优势在于一方面可以减少阿司匹林对胃粘膜的损伤，另一方面还展现出更好的稳定性。虽然在上述专利申请中，赛诺菲提出了多种可以与氯吡格雷联合用药的复方制剂，然而目前上市的只有氯吡格雷和阿司匹林的复方制剂（2011 年在欧洲上市，商品名为"DuoPlavin"），因此，也就不难理解赛诺菲为何在时隔13 年后，直至 2013 年还进一步对该复方制剂进行了改进。

五、专利技术发展路线

正如在上一部分所提到的，赛诺菲除在氯吡格雷单方制剂方面进行专利申请外，还在氯吡格雷的复方制剂方面进行了大量布局。在原研公司赛诺菲的引领下，全球其他创新主体也侧重在单方制剂和联合用药的复方制剂两个方向进行研发和专利布局。通过统计氯吡格雷制剂相关专利申请，发现单方氯吡格雷制剂约占 2/3，氯吡格雷与其他药物，如阿司匹林、阿托伐他汀钙等联合用药的复方制剂约占 1/3。

（一）氯吡格雷单方制剂

由于氯吡格雷及其盐在水溶液中的溶解度低，具有很强的 pH 依赖性，而且氯吡格雷在水溶液中不稳定，主要通过水解途径降解，由酯形式转化为羧酸衍生物形式，其水解稳定性也具有 pH 依赖性，因此，目前上市的氯吡格雷制剂只有片剂形式。从图 8 中也可以发现，在关于氯吡格雷单方制剂的 168 项专利申请中，有 143 项均关于氯吡格雷片剂。此外，胶囊剂、颗粒剂/丸剂分别为 25 项和 13 项。其中，在上述专利申请中，有部分是基于氯吡格雷盐形式或晶体性状等的调整，因此，其可能同时涉及将其制备为片剂、胶囊剂和/或颗粒剂等。虽然氯吡格雷制备成为稳定的液体制剂存在困难，但是仍有 6 项专利申请涉及制备氯吡格雷的口服液体制剂，13 项专利申请涉及将其制成注射剂，其中有部分专利申请同时涉及这两种液体制剂。此外，还有 4 项申请关于将氯吡格雷制成纳米粒子、口腔贴片等。以下将着重对氯吡格雷的片剂及注射剂形式的专利申请进行介绍。

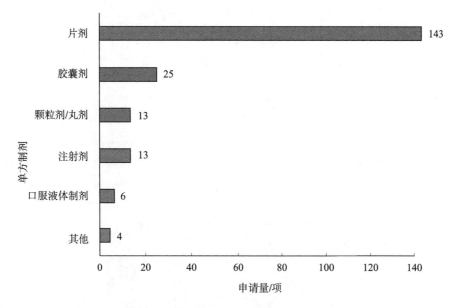

图 8　氯吡格雷单方制剂的专利申请情况

图 9 展示了氯吡格雷制剂片剂及注射剂的专利技术发展路线。可以看出，从氯吡格雷诞生之初到现在，关于氯吡格雷片剂的研究占绝大多数，各创新主体从多个方面进行了研发和改进。而对于氯吡格雷注射剂，最初主要是由原研公司赛诺菲进行专利布局，直到 2006 年后，随着氯吡格雷制剂申请量的增加，陆续有创新主体加入氯吡格雷注射用制剂的专利争夺中。以下将从中筛选出有代表性的专利申请对氯吡格雷片剂和注射剂的发展分别进行详细的介绍。

1. 片剂

基于氯吡格雷稳定性等原因，片剂是氯吡格雷目前上市的唯一剂型。然而硫酸氢氯吡格雷盐有很强的静电和黏性，流动性较差，压片过程中极易出现粘冲问题；且其稳定性较差，对水、酸、碱和热均敏感，与许多辅料相容性差，导致制剂存储中有关物质明显升高。同时，氯吡格雷盐在水中溶解度较小，并且与多种崩解剂的相容性不好，因而制剂溶出速度的提高受限。因此，各创新主体围绕氯吡格雷片剂制备主要从制剂的辅料筛选、氯吡格雷原料药的盐形式和晶体性状的改进、片剂的制备工艺以及制剂形式这四个方面进行了全方位的研发和改进，以解决氯吡格雷片剂制备过程中的上述各项问题。

（1）辅料筛选方面

赛诺菲于 1988 年提出的专利申请 US4847265A 中公开了氯吡格雷的右旋异构体及其盐，并同时公开了其片剂配方为：活性成分 0.010g、乳糖、糖粉、大米淀粉、海藻酸、硬脂酸镁。而 SHHEMAN 在 2002 年提出的专利申请 EP1310245A1 中提及，虽然赛诺菲在专利申请 US4847265A 中所公开的氯吡格雷片剂中使用的润滑剂为硬脂酸镁，然而，其上市的产品波立维中却不含硬脂酸镁，而是使用氢化蓖麻油、聚乙二醇作为润滑剂，其

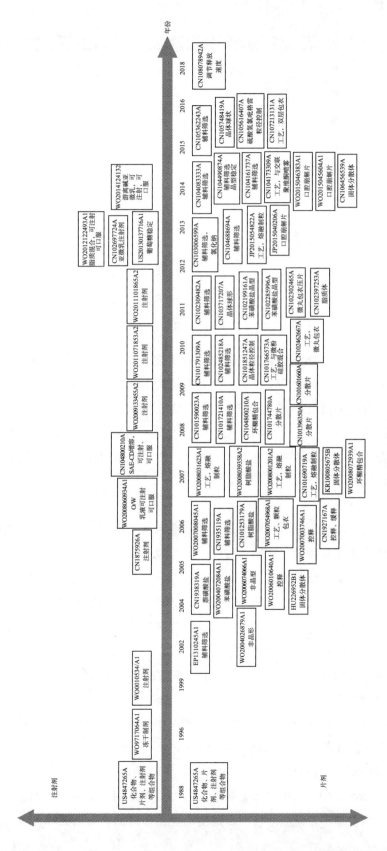

图9 氯吡格雷片剂及注射剂的技术发展路线

原因是硫酸氢氯吡格雷与硬脂酸镁之间会产生某种反应，导致硫酸氢氯吡格雷的降解。但是氢化蓖麻油、聚乙二醇的润滑效果有限，因此，其进一步探究了其他常用润滑剂，如硬脂酸钙、硬脂酸锌、硬酯酰富马酸钠、硬脂酸对硫酸氢氯吡格雷片剂稳定性的影响，最终发现在60℃下储存2周后，以硬脂酸锌、硬酯酰富马酸钠、硬脂酸为润滑剂的片剂降解产物相对更少。专利申请WO2007008045A1公开了在主药为硫酸氢氯吡格雷的晶型Ⅰ时，以微晶纤维素和淀粉1500为填充剂的片剂相较于只以微晶纤维素或以微晶纤维素和甘露醇为填充剂的片剂在60℃/80%RH下降解速度更慢。专利申请CN1935119A公开了，使用甘油棕榈酸酯硬脂酸脂与微粉硅胶可以很好地抑制氯吡格雷片剂中氯吡格雷右旋异构体的转化。专利申请CN101590023A公开了，在硫酸氢氯吡格雷片剂中加入维生素C和/或丁羟基茴香醚后，产品中的杂质氯吡格雷酸及氯吡格雷左旋异构体的含量几乎没有明显的增加。专利申请CN101721410A发现，当以硫酸氢氯吡格雷晶型Ⅰ为活性成分时，同时使用聚乙二醇和微粉硅胶可以获得稳定的片剂。专利申请CN101791309A发现，采用滑石粉与轻质液体石蜡组成的混合物作为润滑剂制备硫酸氢氯吡格雷片剂能保证片剂的稳定性和溶出度，可在室温下保存。专利申请CN103006599A公开了在采用熔融制粒法制备氯吡格雷片剂时，使用氯化钠作为填充剂可以有效解决粘冲、制剂溶出速度慢等问题。专利申请CN104490874A则在硫酸氢氯吡格雷晶型Ⅰ片剂的制备过程中加入晶型稳定剂聚乙烯吡咯烷酮、共聚维酮或聚乙二醇来防止硫酸氢氯吡格雷从溶出度和生物利用度更好但稳定性较差的晶型Ⅰ向溶出度较差但稳定性更好的晶型Ⅱ转化。

经统计发现，辅料筛选是目前创新主体对氯吡格雷片剂进行研发和改进的主要方向，专利申请CN102309482A、CN102485218A、CN104161737A、CN104688694A、CN104083333A、CN105362243A等也从各个角度对氯吡格雷片剂的处方进行筛选调整，以期获得同原研药波立维接近或更好的溶出曲线、稳定性等。

（2）氯吡格雷的盐形式和晶体性状方面

Helm AG公司于2004年提出的专利申请WO2004072084A1中比较了氯吡格雷的三种盐形式，即氯吡格雷硫酸氢盐、苯磺酸盐以及盐酸盐的高温储存稳定性，结果显示氯吡格雷苯磺酸盐在60℃下储存15天后含量变化最小，在80℃碱性条件下储存20小时后，无定形的氯吡格雷苯磺酸盐杂质含量相对更低，而在常温条件下，结晶形式的氯吡格雷苯磺酸盐则相对于无定形形式稳定性更好，随后其进一步通过直接压片法制备氯吡格雷苯磺酸盐片剂。韩美药品株式会社在专利申请CN1938319A中公开了一种结晶氯吡格雷2－萘磺酸盐，该盐形式相对于硫酸氢盐形式吸湿性更低且对湿热更加稳定，经长时间储存后，光学纯的氯吡格雷的量无明显下降，水解杂质含量远低于硫酸氢盐；进一步地，该萘磺酸盐形式的氯吡格雷对由ADP、胶原蛋白或凝血酶引起的血小板聚集具有更好的抑制效果，且明显延长流血时间；还公开了将其与各药学上可接受的辅料混合制备片剂等。韩国株式会社钟根堂提出的专利申请 CN101253179A 则利用氯吡格雷的树脂酸盐复合物制备片剂、胶囊剂等，该氯吡格雷的树脂酸盐复合物是利用（＋）－氯吡格雷异构体与含有磺酸基的水溶性阳离子交换树脂结合所得，其可以提高氯吡格雷在80℃下的稳定性，且有利于掩盖氯吡格雷的苦味。

在晶型方面，专利申请 WO2004026879A1 公开了利用无定形形式的硫酸氢氯吡格雷制备片剂，旨在提高硫酸氢氯吡格雷的溶解度、生物利用度。天津红日药业提出的专利申请 CN102199161A 和 CN102285996A 分别公开了由氯吡格雷苯磺酸盐晶型 I 和 II 所制备的片剂，该特定的晶型相较于现有的苯磺酸盐晶型在40℃、高温及光照下均具有更优的稳定性。浙江华海药业提出的专利申请 CN101851247A 中则通过控制硫酸氢氯吡格雷晶体颗粒的中值粒径 D50 为 150～500μm 来制备得到储存稳定性优于波立维的片剂，其受温度和湿度影响更小。日本三进制药在专利申请 CN103717207A（WO2013008981A1）中公开了含以在中心籽晶核粒子上凝聚固定的方法制备的氯吡格雷硫酸氢盐（晶型 I）球形粒子的片剂，储存2周后没有外形上的变化，不纯物增加及含量减少的趋势显著变缓，物理化学稳定性显著改善。氯吡格雷的国内首仿公司深圳信立泰药业提出的专利申请 CN105748419A 则进一步公开了使用粒径为 60μm≤D50≤90μm、100μm≤D90≤120μm、堆密度为 0.72～0.82g/mL、振实密度为 0.8～0.92g/mL 的球形硫酸氢氯吡格雷 I 晶型可以解决压片过程中粘冲的问题。

（3）片剂的制备工艺方面

专利申请 WO2008031623A1 公开了利用热熔制粒法制备氯吡格雷苯磺酸盐片剂，其制备过程为在氯吡格雷苯磺酸盐中加入熔融的 PEG6000 搅拌，再加入干冰搅拌，随后过筛制粒并压片，其中，其他片剂辅料可以在熔融制粒时加入，也可在制粒完成后与粒子混合加入。专利申请 WO2008001201A2 则将熔融制粒法分成了两步，先将氯吡格雷硫酸氢盐和一部分 PEG6000 筛分、混合，并从50℃加热至80℃并进行流化，从而使 PEG6000 熔融并使之包覆在氯吡格雷颗粒上；随后将所得颗粒与剩余量的 PEG6000 混合，得到均匀的混合物；再次加热该混合物，使 PEG6000 熔融，并使之与氯吡格雷硫酸氢盐制粒；将颗粒干燥、筛分并与微晶纤维素、乳糖、交聚维酮、甘露醇、滑石粉和胶体二氧化硅混合，并用氢化蓖麻油和山梨酸甘油酯润滑，最后进行压片并包衣，最终获得溶出曲线与波立维接近的片剂。专利申请 CN101690719A 利用类似方法将硫酸氢氯吡格雷与纤维素类辅料和熔点为 50～86℃的黏合剂混合并进行熔融制粒，随后即便使用容易导致氯吡格雷降解的辅料交联聚维酮和硬脂酸镁也几乎不会造成氯吡格雷的降解。

专利申请 WO2007054958A2 公开了一种氯吡格雷苯磺酸盐片剂，其首先制备得到一种结构为甘露醇－乙基纤维素隔离层－载药层－羟丙基纤维素隔离层的微丸，再利用该微丸与相应辅料混合压片、包衣，隔离层的防潮作用使该片剂具有良好的稳定性。使用类似对氯吡格雷微丸进行包衣方法的还有鲁南制药集团下属的山东新时代药业提出的专利申请 CN102462667A、南京正宽医药科技提出的专利申请 CN102302465A。上海安必生制药技术有限公司则在专利申请 CN101766573A 中调整了抗黏剂/遮盖剂微粉硅胶的加入步骤，首先将硫酸氢氯吡格雷与微粉硅胶混合形成预混颗粒，再加入其他辅料进行制剂压片，该方法可防止粘冲发生且所得片剂稳定性良好。专利申请 CN104173309A 中发现当把交联聚维酮与硫酸氢氯吡格雷通过喷雾干燥制成复合物后，硫酸氢氯吡格雷的不稳定基团羧酸酯可能与交联聚维酮复合，所得片剂中药物的稳定性大大提高，且溶出迅速。深圳信立泰药业则在专利申请 CN107213131A 中公开了，采用双层包衣工艺对硫酸氢氯吡格雷片剂进行包衣可提高其在极端条件下的储存质量。

（4）制剂形式的改变

药物分子与包合材料通过范德华力形成包合物后，溶解度增大，稳定性提高，可提高药物生物利用度，降低毒副作用等。因此，先将氯吡格雷与环糊精等包合材料形成包合物制剂，再进行片剂制备是对氯吡格雷制剂进行改进的方向之一。如专利申请 WO2008072939A1 公开了，利用环糊精－氯吡格雷游离碱包合物所制得的片剂即使在硬质酸镁的存在下稳定性也高于波立维，且环糊精－氯吡格雷游离碱包合物的生物利用度明显高于硫酸氢氯吡格雷。专利申请 CN10168668A 则基于 SBE－β－CD 实现了氯吡格雷硫酸氢盐的包合，其片剂溶解后硫酸氢氯吡格雷的含量明显高于波立维。

基于固体分散体具有提高药物溶出速率，从而提高药物的口服吸收与生物利用度的特点，制备氯吡格雷的固体分散体片剂是氯吡格雷制剂的又一改进方向。如专利申请 HU226952B1 公开了在微晶纤维素和胶体二氧化硅存在下制备硫酸氢氯吡格雷的固体分散体，并以之制备得到片剂，该片剂在高温高湿下储存 3 个月后溶出度几乎不变，稳定性优于波立维。专利申请 KR100805675B 则公开了以聚乙二醇、交联聚维酮作为载体的苯磺酸氯吡格雷固体分散体片剂。专利申请 CN106456539A 进一步调整固体分散体的载体，通过同时使用水溶性载体与肠溶性载体来提高氯吡格雷游离碱的溶解度并且相对降低其 pH 依赖性，从而稳定药物通过胃肠道的释放过程，该固体分散体可进一步制成口服制剂。

口腔崩解片能够在无水（或仅有少量水存在）的条件下于口腔中快速崩解，随吞咽动作进入消化道，在口腔内无黏膜吸收，适于吞咽困难的患者。专利申请 JP2015040206A、WO2015046383A1 和 WO2015045604A1 分别提供了三种不同的含有氯吡格雷口腔崩解片。同时，分散片崩解时间短、分散状态佳，药物溶出迅速，服用方便，因此是吞咽困难患者的又一选择，专利申请 CN101396350A、CN101601660A 和 CN101744780A 等还提供了关于氯吡格雷分散片的配方及制备工艺。

此外，专利申请 CN102397253A 公开了稳定性好、溶出度高的硫酸氢氯吡格雷的脂质体片剂；关于氯吡格雷的缓释、控释片剂在专利申请 WO2007003746A1、WO2006010640A1 等中也有所涉及。

2. 注射剂

赛诺菲于 1988 年提出的专利申请 US4847265A 除公开了氯吡格雷的右旋异构体及其盐以及其片剂配方外，还提及通过使用等渗溶液可以制备氯吡格雷的注射剂。而后在 1996 年提出的专利申请 WO9717064A1 改进了氯吡格雷的冻干制剂处方，通过以甘露醇和丙氨酸组合作为冻干保护剂能够有效保证氯吡格雷等药物冻干制剂的稳定性，使之可用于注射或口服液体给药。于 1999 年提出的专利申请 WO0010534A 公开了制备氯吡格雷注射液的方法，其将硫酸氢氯吡格雷、普朗尼克 F68 加入注射用水中溶解、过滤、冻干并包装，在进行注射前重新配制复溶，复溶溶剂是由熔融的 Solutou HS 15（一种聚乙二醇十二羟基硬脂酸锂）、磷酸氢二钠和注射用水配制所得，pH 调节至 4.0 以上；该注射剂配方解决了专利申请 US4847265A 和 WO9717064A1 存在的注射剂仅在低 pH 下稳定及原料团聚的问题。专利申请 WO2009133455A2 涉及将氯吡格雷苯磺酸盐加入含有 Solutou HS 15/Tween 80 的溶液中混合，直至形成乳状纳米分散体，依靠表面活性剂形成的胶束体系实现氯吡格雷的溶解和传递，随后使用缓冲液调节 pH 至 3 ~ 8，从而稳定所得纳米分散体；经 2 ~ 8℃储存试验、40℃/75% RH 和 50℃/80% RH 储存试验以及灭菌稳定性考察，所得注射液在上述条件下均具有良好的稳定性。专利申请 WO2011071853A2 涉及以 PEG - 300、丙二醇为共溶剂，通过 N，N - 二甲基乙酰胺稳定氯吡格雷，从而获得溶解性好且稳定的通过胃肠道外给药的氯吡格雷制剂。专利申请 WO2011101865A2 则公开了含有氯吡格雷苯磺酸盐、乙醇、聚乙二醇硬脂酸酯、丙二醇的药物溶液，在临床使用前，将其与含有表面活性剂、pH 调节剂的注射用水混合，再进行胃肠道外给药；由于药物溶液为无水体系，其在 40℃/75% RH、25℃/60% RH 条件下储存 3 个月后杂质含量仍较低。沈阳药科大学潘卫三等的专利申请 CN102697724A 中则制备了氯吡格雷及其盐的亚微乳注射液，其将配方量的蛋黄卵磷脂溶解于注射用中链脂肪酸甘油三酯和注射用大豆油中，然后加入配方量的硫酸氢氯吡格雷，水浴加热至 60 ~ 80℃，并搅拌使其完全溶解，制得油相；再将配方量的注射用甘油、泊洛沙姆 F - 68、Tween - 80 溶解于注射用水中，水浴加热至 60 ~ 80℃，并搅拌使其完全溶解，制得水相；在高剪切分散机搅拌下，以转速 16000rpm，将油相和水相混合，搅拌 3 次，每次 3min，制得初乳；将初乳转移至高压均质机中，均质温度在 30 ~ 50℃，以 700bar 均质压力均质 5 次后，用 0.1mol/L 氢氧化钠水溶液调节 pH 至 8.0，过 0.45μm 微孔滤膜，灌装，充氮气，121℃ 旋转水浴灭菌 15min，即制得硫酸氢氯吡格雷亚微乳注射液；该方法使药物分布在油相或水油界面膜中，避免其与水直接接触，不仅可以提高其溶解度，还可以有效提高其稳定性，且具有良好的生物相容性、低毒、低刺激性。专利申请 WO2014124132A1（中国同族

CN105188671A）则通过比较硫酸氢氯吡格雷和氯吡咯雷游离碱在油相和水相之间的药物分配比例，发现游离的氯吡格雷在油相中分配更多，其更适于作为乳剂的原料药，基于此开发了一种适用于氯吡格雷游离碱的胃肠道外给药的 O/W 乳液状药物组合物，该氯吡咯雷游离碱的乳液相较于硫酸氢氯吡格雷的乳液在储存时 S 对映异构体到 R 对映异构体的转化百分率更低。

（二）氯吡格雷的复方制剂

自赛诺菲在 1996 年提出的专利申请 FR2744918（中国同族 CN1211922A）公开了氯吡格雷与阿司匹林联用具有显著的协同作用，联用后的抗血栓活性远远高于氯吡格雷或阿司匹林的单独使用后，各创新主体开始从氯吡格雷与其他药物组成的复方制剂角度对氯吡格雷制剂进行开发。目前，已经披露的与氯吡格雷组成复方制剂的药物包括：阿司匹林、西伐他汀、普伐他汀、阿托伐他汀钙、厄贝沙坦、单硝酸异山梨酯、羟基苯磺酸钙、三氟柳、曲克芦丁等。其中，关于氯吡格雷与阿司匹林组成的复方制剂研究最为广泛，尤其是赛诺菲研发并生产的双重抗血小板药物氯吡格雷和阿司匹林复合制剂已于 2010 年在欧盟被批准上市，其商品名为"DuoPlavin"。以下着重分析氯吡格雷与阿司匹林的复方制剂专利技术情况。

专利申请 WO0066130A1（中国同族 CN1359294A）公开了一种氯吡格雷与阿司匹林的复方片剂，先将氯吡格雷与部分填充剂等通过压片或热熔制粒，再将含有氯吡格雷的药物粒子与其余辅料和阿司匹林混合，再进行压片从而制备得到所述的复方片剂。专利申请 WO2009104932A2 对氯吡格雷与阿司匹林复方制剂中二者的释放时间进行了调整，其先制备得到含有阿司匹林的在先释放颗粒，再通过对硫酸氢氯吡格雷颗粒进行乙基纤维素包衣获得氯吡格雷的延迟释放颗粒，最后将两种颗粒进行内外层压片，获得外层含阿司匹林，内层含氯吡格雷的片剂，由于乙基纤维素为水不溶性聚合物，故其释放速度相应减慢，造成阿司匹林与氯吡格雷的释放时间差异。专利申请 CN103957895A 提及为了预防因阿司匹林刺激胃壁而造成损伤，用肠溶层对阿司匹林颗粒进行包衣，使用速释保护层对硫酸氢氯吡格雷颗粒进行包衣，两种颗粒混合装入胶囊壳获得阿司匹林在肠中溶出，氯吡格雷在胃中溶出的复方胶囊剂。专利申请 CN103920158A 通过使用壳聚糖功能化金属有机骨架来负载阿司匹林和氯吡格雷，其优势在于阿司匹林被包裹在壳聚糖分子中，可降低阿司匹林对胃肠道黏膜刺激。专利申请 CN104095861A 公开了一种阿司匹林与氯吡格雷的复方渗透泵控释片，该控释片的内部为片芯，片芯外包以半透膜，片芯由中间的助推层和上下的硫酸氢氯吡格雷层和阿司匹林层构成，上下药物层位置处的半透膜上分别有释药小孔，该结构可以同时实现氯吡格雷与阿司匹林的零级释放，获得平稳的血药浓度。此外，专利申请 CN105407877A、CN104523710A、WO2017037741A1、CN107308157A 等也从各角度对氯吡格雷与阿司匹林的复方制剂进行了研究。

六、结论和建议

首先，从氯吡格雷制剂的专利技术发展脉络来看，氯吡格雷的技术发展以及专利申请与其市场表现密切相关。受全球销售额变化的影响，氯吡格雷制剂相关专利申请在2007～2014年达到高峰，众多创新主体从各角度，特别是从氯吡格雷单方片剂的辅料筛选、盐形式及晶体性状、制备工艺、制剂形式以及氯吡格雷复方制剂等方面对氯吡格雷制剂进行了研发和改进。因此，这些专利布局一方面为氯吡格雷制剂的继续创新构成了一定的专利壁垒，另一方面也使氯吡格雷制剂相关技术趋于成熟。上述情况也导致从2015年开始，氯吡格雷相关专利申请量出现回落趋势，技术发展进入调整期，创新主体想要进一步创新研发受到限制。

其次，从医药市场来看，氯吡格雷的临床剂型非常单一，口服片剂是目前唯一上市的给药形式，并且目前相关专利申请也大多集中于片剂的改良，关于注射用氯吡格雷的研发十分匮乏。创新主体如果想要进一步开发氯吡格雷制剂并获得知识产权保护，可考虑将研发重点转向注射剂等其他剂型，以突破现有的专利壁垒。

根据前述分析来看，从药物的首件专利申请到制剂相关专利申请的爆发式增长往往需要经过数年的平静期。这一时期往往是原研公司进行密集布局的时期，在此期间，其他创新主体应重点关注原研公司的专利申请和布局情况，有重点地围绕该药物的制剂处方，包括原辅料、制剂工艺等方面进行相关专利布局，从而突破原研公司的专利保护网，并为自己的仿制药产品形成有力保护，以在后期竞争中掌握主动权。

另外值得注意的是，将一种热点药物与其他已有药物联用是现今对热点药物进行二次开发的一个重要方向。我国企业也可以从这方面入手，充分发挥我国在传统中药研发上得天独厚的资源和技术优势，深入挖掘和利用传统中药中与该热点药物具有相同治疗用途的药物，尝试将两者联用，在疗效、副作用、药代动力学性质等方面寻找突破口，借此在专利到期的热点药物的二次开发及其专利布局中占据一席之地，为中西药结合治疗各类疾病开辟新的途径，进而提升国内企业在相应药品市场的竞争优势。[2] 总之，对于我国制药企业来说，为了及时抢占原研药物专利到期形成的巨大市场，除了在技术上要加强投入外，也不能忽视知识产权的占有，注重运用专利布局对创新成果进行有效保护。

参考文献

[1] 孙文倩，龙巧云，李强，等. 噻吩吡啶类抗血栓药物的结构改进专利分析和发展趋势 [J]. 食品与药品，2013，15（3）：180－183.

[2] 陈昊. 抗肿瘤药物吉非替尼专利技术分析 [J]. 中国新药杂志，2015，24（12）：1326－1333.

抗抑郁药物专利技术综述[*]

戴年珍　姜雪[**]　范鑫鑫[**]　孙一　张茹
吴相国　李磊　李敏　吴宏霞

摘　要　通过对抗抑郁药领域的全球和在华专利申请进行检索和统计，从专利申请量的总体趋势、申请人和区域分布、技术主题等方面进行对比和分析；再选取该领域的四种一线临床用药艾司西酞普兰、舍曲林、米氮平和文拉法辛，重点研究原研厂家对其专利布局情况，以期"点面"结合，为国内研发机构和相关企业针对抗抑郁药的后期开发、专利保护策略提供一定的参考。

关键词　抑郁　忧郁　艾司西酞普兰　舍曲林　米氮平　文拉法辛　专利分析

一、概述

抑郁症又称为忧郁症，以显著而持久的情绪低落为主要临床特征，是一种常见的精神疾病，在西方又被称为"蓝色忧郁"。抑郁症的病因尚不确切，通常认为由生物、心理及社会环境等诸多方面的因素导致，与遗传、性别、社会环境影响、创伤经历、疾病和药物等方面有关。主要表现为情绪低落、兴趣减低、思维迟缓、缺乏主动性、悲观、厌食、睡眠差、担心自己有疾病，严重者甚至可能出现自杀行为。

（一）研究背景

随着现代生活节奏的加快和社会竞争的加剧，精神疾病的患病率呈逐年上升趋势。据世界卫生组织统计，全世界抑郁症的发生率为3.1%，在发达国家接近6%，全球有抑郁病患者3.4亿左右；我国抑郁症发病率为3%~5%，超过2600万人患有抑郁症。抑郁症已成为世界第四大疾患，而且，抑郁症患者的复发率高达80%，预计到2020年，抑郁症将成为仅次于心脑血管疾病的第二大疾病。在自杀的危险因素中，抑郁症与自杀密切相关，40%的自杀死亡者在自杀时患有抑郁症，根据流行病学调查数据显示抑郁症患者

---

* 作者单位：国家知识产权局专利局专利审查协作北京中心。

** 等同第一作者。

中不到 10% 的患者得到专业的救助和治疗。❶

目前对抑郁症的治疗方案包括心理治疗、物理治疗和药物治疗，其中药物治疗是抑郁症治疗的主要手段，效果也最显著。

20 世纪 50 年代初，偶尔发现抗结核药物单胺氧化酶抑制药（MAOI）具有提高患者情绪的作用，于是诞生了第一个抗抑郁药物"异丙肼"，随后研究发现单胺氧化酶抑制药（MAOI）除异丙肼之外，苯乙肼、沙夫肼等都均能起到抗抑郁的作用，但这类药物容易与其他药物及含酪胺的食物产生严重的不良反应。20 世纪 60 年代发现三环类抗抑郁药物（TCA），如丙咪嗪、阿米替林，具有良好的抗抑郁效果，但由于存在诸如抗胆碱能副作用，因此，该类药物也不再是临床的一线用药。到 20 世纪 70 年代，研究人员又发现一种能抑制 5－羟色胺再吸收而对其他神经组织没有作用的新药，即选择性 5－羟色胺再摄取抑制剂（SSRI 类药物），并诞生了第一个 SSRI 类药物"氟西汀"，从此抑郁症的治疗进入了一个全新的时代。

近年来，又相继成功开发了选择性 5－羟色胺和去甲肾上腺素双重再摄取抑制剂（SNRI 类药物）、去甲肾上腺素和 5－羟色胺特异性拮抗剂（NaSSA 类药物）、5－羟色胺受体拮抗和再摄取抑制剂（SARI 类药物）、选择性 5－羟色胺受体激动剂等，和其他类如植物药和中药类等。但目前全球广泛使用的主要有 SSRI 类和 SNRI 类药物，SNRI 类药物的不良反应比 SSRI 类更轻，其中，氟西汀（百优解）、帕罗西汀（赛乐特）、舍曲林（左洛夏）、氟伏沙明（兰释）以及西酞普兰（喜普妙）和艾司西酞普兰（来士普）被称为 SSRI 类抗抑郁药物的"六朵金花"，SNRI 类药物主要有文拉法辛（怡诺思）、度洛西汀（欣百达）等，而 NaSSA 类药物如米氮平的疗效显著，尤其是能够快速改善睡眠，且耐受性良好，将逐渐成为抗抑郁药物的主流产品。❷❸

（二）研究对象

本文以抗抑郁药领域的全球和在华专利申请为研究对象，从专利申请量的总体趋势、申请人和区域分布、技术主题等方面进行全球和在华专利布局的对比和分析，再选取有代表性的四种一线临床用药艾司西酞普兰、舍曲林、米氮平和文拉法辛为研究对象，重点研究原研厂家对其专利布局情况。

（三）研究方法

本文以中国专利文摘数据库（CNABS）和德温特世界专利索引数据库（DWPI）为数据来源，对公开日截至 2018 年 6 月 30 日的发明专利申请进行统计，以关键词"抑郁""抑郁症""anti？depressant""depression"和分类号"A61P 25/24"等在 CNABS 和 DWPI 中进

❶ 张建中，柯樱，沈佳琳. 抗抑郁药的研发进展及市场情况［J］. 上海医药，2014，35(21)，66－70.
❷ 李朋云，董文心. 抗抑郁药物的研究概况［J］. 中国医药工业杂志，2006，37(11)，779－783.
❸ 李玥，贺敏，张磊阳. 抗抑郁药物的研究进展［J］. 临床药物治疗杂志，2017，15(1)，8－13.

行检索，并对所检索得到的数据进行筛选，得到涉及抑郁症药物领域的专利申请。

经统计，截至 2018 年 6 月 30 日，抗抑郁药物的全球专利申请总量达 12635 件，国内专利申请总量达 6522 件。

二、研究内容

（一）专利技术发展总体趋势分析

图 1 显示了抗抑郁药物在全球和在华专利申请的趋势。自 1967 年提交首件申请（US3344026A，1967 – 09 – 26）至 1997 年，全球专利申请处于缓慢增长期，全球年申请量不超过 200 件。1986 年，礼来公司生产的氟西汀（百忧解）首先在瑞典上市，1988年该药的年销售额就突破 1 亿美元。氟西汀是第一个上市的选择性 5 – 羟色胺再摄取抑制剂（SSRI 类药物），相比三环类抗抑郁药物疗效更确切，副反应更轻，它的问世标志着抗抑郁药物的研发进入一个全新的时代。文拉法辛是第一个被批准的选择性 5 – 羟色胺和去甲肾上腺素双重再摄取抑制剂（SNRI 类药物），文拉法辛用于治疗抑郁症的速释剂型于 1994 年在美国上市，1997 年美国 FDA 批准了该化合物的缓释剂型用于抑郁症的治疗。

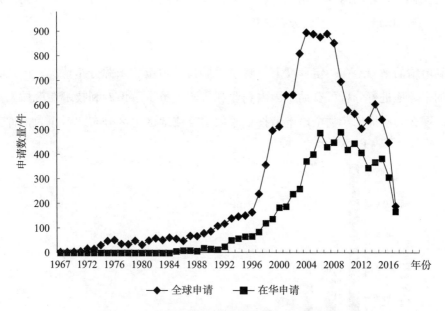

图 1　抗抑郁药物在全球和在华专利申请年代分布

随着抑郁疾病患者数量的增多，人们对抑郁疾病的认识、各国政府以及企业对研发的投入，从 1998 年到 2008 年，全球专利申请进入快速增长期。全球申请量在 2007 年达到顶峰，年申请量为 890 件；国内申请在 2009 年达到顶峰。年申请量为 493 件。在此期间，陆续上市了大量的 SSRI 类和 SNRI 类抗抑郁药物，比如艾司西酞普兰、度洛西汀、阿立哌唑、去甲文拉法辛，以及 NaSSA 类如米氮平等。

2010 年以后，申请量虽然有所放缓，但也维持在 400 件以上。众多新型抗抑郁药物在此期间陆续上市，如，2011 年美国 FDA 批转维拉佐酮上市，该化合物属于 5 – HT1A 部分激动剂和选择性 5 – 羟色胺再摄取抑制剂双重活性药物；2013 年沃替西汀被美国 FDA 批准上市，该化合物是一种多作用机制抗抑郁用药，在选择性抑制 5 – HT 再摄取的同时，该药还可完全激动 5 – HT1A 受体、部分激动 5 – HT1B 受体、拮抗 5 – HT3 受体及抑制 5 – HT7 和 5 – HT1D 受体；2009 年在欧盟批准上市的阿戈美拉汀，该化合物是一种全新的褪黑素 MT1 和 MT2 受体激动剂和 5 – 羟色胺 2C（5 – HT2C）受体拮抗剂。不同于 SSRI 以及 SNRI 的作用机制——通过增加 5 – 羟色胺浓度来实现抗抑郁疗效，阿戈美拉汀的药物分子直接与神经突触后膜的 5 – 羟色胺 2C（5 – HT2C）受体结合，从而发挥其抗抑郁疗效，且不增加突触间隙的 5 – 羟色胺浓度。

在华专利申请的发展趋势与全球专利申请基本一致，但在华专利申请的起步要晚，而且在抗抑郁药物领域一直处于跟仿状态。

由此可见，专利申请量是否能持续增长与市场的需求、科研的投入以及市场上是否有相应产品的涌出有密切的关系。国内企业以及科研人员，不妨通过关注相应领域专利申请量的变化来跟踪国内外在相应领域近期的研发热点方向，进而跟上科研发展的趋势。

（二）专利申请人及其区域分布分析

1. 区域分布分析

专利申请的来源地在一定程度上反映了主要技术力量的来源分布情况，因此，对专利申请的来源地进行分析可有助于国内企业和科研人员了解该专利技术在区域发展的剧烈程度。图 2 为抗抑郁药物全球申请技术原创国家或地区地区分布，图 3 为抗抑郁药物

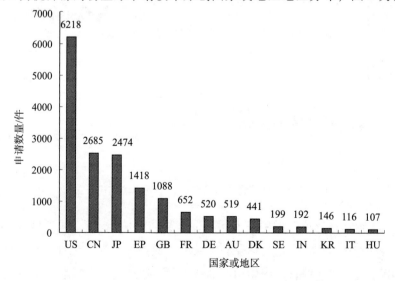

图 2　抗抑郁药物全球申请技术原创国家/地区分布

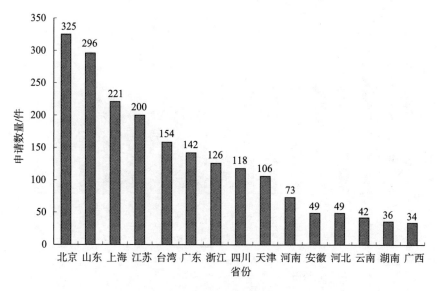

图3 抗抑郁药物国内申请区域分布

国内申请区域分布。技术原创国排名前三位的国家为美国（US）、中国（CN）和日本（JP），其或为科研强国，或为市场需求量大国，这充分反映出知识产权离不开科研实力，更与市场需求密切相关。英国（GB）、法国（FR）、德国（DE）、澳大利亚（AU）、丹麦（DK）等国家/地区的申请量也较高，主要来源于上述国家/地区的大型药企。而我国的国内申请人以北京、上海领先，且在地域分布上不太集中。

2. 专利申请人分析

图4为抗抑郁药物领域的全球主要申请人及其申请量。图5为抗抑郁药物领域的国

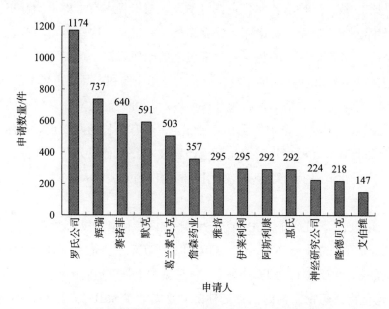

图4 抗抑郁药物领域的全球主要申请人及其申请量

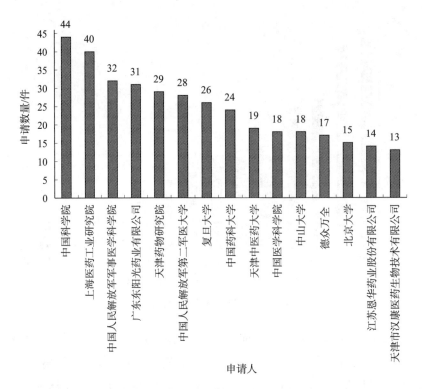

图5　抗抑郁药物领域的国内主要申请人及其申请量

内主要申请人及其申请量。专利申请人的主体类型以及主要申请人的分布在一定程度上体现出相应国家或地区在该领域技术的发展水平以及相应专利产品在市场上的投放程度。

从申请人来看，全球申请排名前列的均为公司申请，且申请量与目前抗抑郁药物的市场占有率基本一致，反映出各大药企在研发投入与市场占有上的平衡状态。排名前五位的公司为罗氏公司、辉瑞、赛诺菲、默克、葛兰素史克，这些公司均有自己的抗抑郁药物上市产品，比如辉瑞的舍曲林、葛兰素史克的帕罗西汀。可以看出，国外企业在该领域的研发主要聚焦在相应产品的市场投放，以及相应专利产品在市场上的布局。

而国内申请排名靠前的基本是高校和科研院所，可见，国内在该领域的研究主要体现在"学研"阶段，而从"学研"到"产业化"，还有很长的路要走。当然，国内药企如广东东阳光药业有限公司、北京德众万全药物技术开发有限公司、江苏恩华药业股份有限公司等在产业化道路上已经起步，并引领国内市场发展壮大。

3. 专利技术分析

如图6与图7所示，抗抑郁药物领域的全球和国内专利申请技术领域分布情况整体均较为集中，主要分布在分类号A61K、A61P、C07D以及C07C中。其中A61K为医药配置品，在该领域申请量最多，也反映了抗抑郁药物专利申请基本上是以走向市场为主导方向进行研发的。A61P为化合物或药物制剂的治疗活性，主要集中在A61P 25/24内，即抗抑郁药物。C07D和C07C为化合物领域，即抗抑郁药物的有效成分大多数为小分子有机化合物。

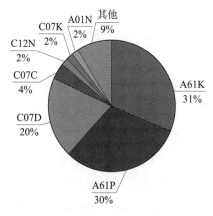

图6 抗抑郁药物技术领域
全球申请分布情况

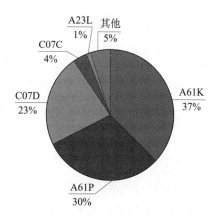

图7 抗抑郁药物技术领域
国内申请分布情况

（三）重点药物

根据前瞻产业研究院整理的数据显示，2017 年在抗抑郁药物前十品种中，艾司西酞普兰销售占比最大，约为 22%；舍曲林其次，销售占比为 13.41%；文拉法辛、帕罗西汀、杜洛西汀的比重也在 10% 以上。从前十品种的市场份额占比来看，抗抑郁药物的市场集中度很高（参见图 8）。

本部分根据抗抑郁药物的种类，并结合一线临床用药的数据，从中选出有代表性的 SSRI类药物艾司西酞普兰、舍曲林，SNRI 类药物"文拉法辛"，以及 NaSSA 类药物"米氮平"等四种重点药物进行专利分析。

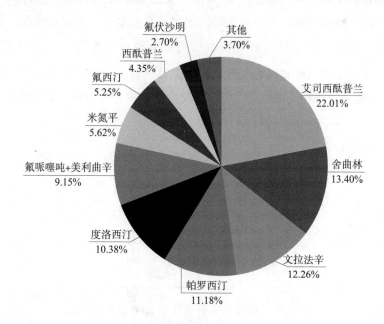

图8 2017 年抗抑郁药物前十品种销售占比

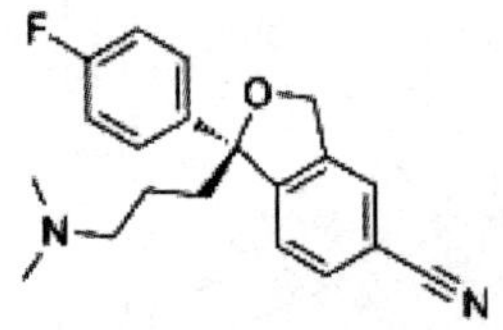

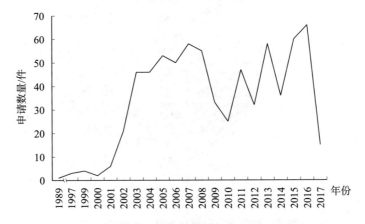

图9 艾司西酞普兰结构式

1. 艾司西酞普兰

如图9所示，艾司西酞普兰是丹麦 LUNDBECK 开发的西酞普兰的（S）-立体异构体（左-对映体）。它对5-羟色胺的再摄取抑制能力几乎是西酞普兰右旋异构体的30倍或更多，有效性和耐受性也非常好，并且其抗药方式可使患者能够做到一天一片，因此成为治疗抑郁症药物的"金标准"。该药于2001年在瑞典首次上市，2002年在美国上市，2012年美国专利到期。据统计，在欧洲和北美这两个主要的抗抑郁药市场，艾司西酞普兰已经成为精神科大夫的首选用药。2006年进入我国市场，商品名为"来士普"。2008年，我国批准山东京卫制药和四川科伦药业的产品上市，近几年又批准浙江金华康恩贝生物制药、湖南洞庭药业股份和吉林省西点药业的艾司西酞普兰片上市。

本部分采用关键词"艾司西酞普兰""思特芬姆""异西酞普兰""依他普伦""依他普仑""依地普仑""艾司西酞普"在 CNABS 中检索，并将检索结果转库到 DWPI 中，再在 DWPI 中采用关键词"escitalopram"检索，将两者的检索结果合并去重获得全球分析的数据样本。经统计，截至2018年6月30日，涉及艾司西酞普兰的全球专利申请量达到714件。

（1）全球专利分析

图10为艾司西酞普兰在全球范围内专利申请量的时间分布情况，其反映了1989年以来艾司西酞普兰专利申请状况的整体发展脉络。可看出，自从1989年提交首件申请至2001年，申请量处于缓慢增长期，从2002年开始进入快速增长期，而到2011年前后申请量进入低谷期，2014~2016年申请量又快速增长。事实上，艾司西酞普兰于2002年在美国上市，由于该药具有明显优异的抗抑郁效果而很快成为临床一线用药，因此，在2002之后引发了申请量的迅猛增长。而艾司西酞普兰的化合物核心专利于2012年在美国到期，由于专利悬崖的到来，因此在2012年前后申请量有所下降，之后由于仿制药企的

图10 艾司西酞普兰在全球范围内专利申请量时间分布

纷纷加入，专利申请量进入第二个快速增长期，近年来申请量增长趋势才放缓。由此可见，专利申请量的增长趋势与市场需求密切相关。

图 11 显示了排名前十的技术原创国家或地区分别为美国（US）、中国（CN）、欧洲（EP）、印度（IN）、丹麦（DK）、澳大利亚（AU）、俄罗斯（RU）、法国（FR）、英国（GB）、德国（DE）、韩国（KR）和日本（JP）。从中可以看出，虽然艾司西酞普兰的原研厂家是丹麦的 LUNGBECK，但是，申请量最靠前的技术原创国却是美国，其次是中国、欧洲和印度，这可能与艾司西酞普兰首先在美国上市有关。图 12 显示了艾司西酞普主要技术原创国家或地区历年申请量变化趋势，进一步反映出美国对艾司西酞普兰的研发从 2002 年以来保持强劲的热度，而中国在 2012 年以后才跟进，并逐步赶超美国。

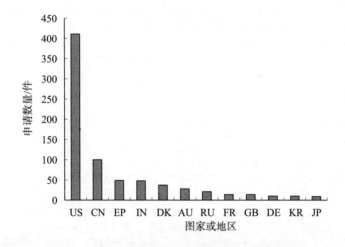

图 11　艾司西酞普主要技术原创国家或地区分布

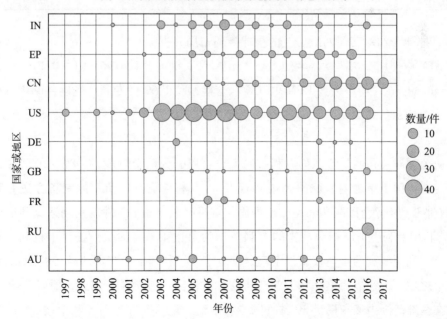

图 12　艾司西酞普主要技术原创国家或地区历年申请量分布

（2）原研公司对艾司西酞普兰的化合物专利布局

通过使用艾司西酞普兰的 CAS 登记号 128196 – 01 – 0 在 CAPLUS（STN）数据库中检索，进一步采用公开日 PD < 19950101 限制条件进行限定，找到原研公司 LUNDBECK 最早于 1989 年 6 月 1 日申请的化合物专利 EP0347066A1 及其所有同族专利申请。实际上，早在 1985 年 LUNDBECK 分别向欧洲、美国和日本提交了西酞普兰的化合物专利申请，时隔 4 年之后，又分别向欧洲、美国和日本提交了艾司西酞普兰及其用途的专利申请，所有申请在 1988 ~ 2000 年在所述国家和地区相继获得授权（参见表 1）。由此可见，LUNDBECK 对于艾司西酞普兰的化合物核心专利集中布局在欧美和日本，而在中国没有申请化合物核心专利，主要原因是我国在 1992 年以前《专利法》不对化合物授予专利权。

表 1　原研公司申请的化合物专利的布局

技术主题	专利号	申请日	专利公开日/授权日
外销旋西酞普兰	EP0171943B1	1985.07.19	1988.11.17
艾司西酞普兰的拆分方法及其用途	EP0347066B1	1989.06.01	1995.03.15
艾司西酞普兰的拆分方法	US4943590A	1989.06.08	1990.07.24
外销旋西酞普兰	US4650884A	1985.08.02	1987.03.17
艾司西酞普兰的用途	USRE34712E	1993.09.14	1994.08.30
艾司西酞普兰的拆分方法及其用途	JP3038204B2	1989.06.14	1999.10.26
西酞普兰的制备方法	JPH0625099B2	1985.08.06	1994.04.06
艾司西酞普兰的拆分方法及其用途	JP3044253B2	1989.06.14	2000.03.17

（3）原研公司对艾司西酞普兰的全球专利布局分析

在 STN 中使用艾司西酞普兰的 CAS 登记号和关键词 "128196 – 01 – 0/RN or escitalopram or citalopram" 与申请人 LUNDBECK 联合检索获得 52 件专利。经逐件阅读分析，其技术主题包括制备和纯化方法、剂型、晶型、用途以及联合用药等，具体分布如图 13 所示。

原研公司对艾司西酞普兰的专利布局大致可以分为两个阶段。1989 ~ 2002 年，艾司西酞普兰在美国上市之前，原研公司共有 13 件专利申请，包括 8 件制备方法专利申请（包括首件专利申请 EP0347066A）、2 件固体剂型专利申请、2 件制药用途专利申请以及 1 件药物联用专利申请。相对严密的专利保护为阻止竞争者的跟仿提供了权利保障，也为原研公司利用专利的排他权获得巨额财富奠定了权利基础。艾司西酞普兰于 2002 年在美国上市之后，很快成为抗抑郁的首选药物，销售额快速增长，因此，原研公司于 2003 年之后在全球范围内又布局了 39 件外围专利申请，包括 5 件晶型专利申请、9 件制备方法及中间体专利申请、1 件剂型专利申请、5 件制药用途专利申请、17 件药物联用专利申请、2件盐专利申请。在此期间，研发重点除了开发新的制备中间体和制备路线之外，研究最多的是艾司西酞普兰与其他药物联用的复方制剂，其他药物包括 5 - 羟色胺类、加波沙朵、1 型甘氨酸转运蛋白、H3 受体等，其次就是开发艾司西酞普兰的新用途，比如促进人的认知功能、治疗中枢神经系统疾病如抗焦虑等，从而奠定了 LUNDBECK 对艾司西酞普兰在全球范围内的绝对排他权。

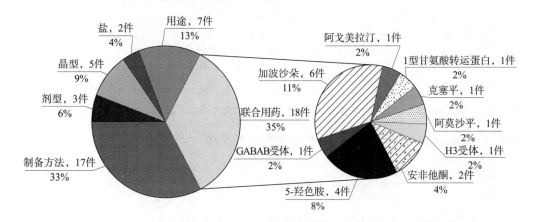

图 13　原研公司对艾司西酞普兰的全球申请布局

（4）原研公司对艾司西酞普兰在中国的专利布局分析

图 14 是 LUNDBECK 在中国布局的 32 件专利申请（分案和母案合计为 1 件专利申请），目前其拥有有效专利 9 件（包括分案申请被授权），分别为 CN1198610C、CN100429208C、CN101440079B、CN100457746C、CN1311819C、CN100430063C、CN100548939C、CN101045664B、CN100334071C，授权专利的主题有 1 件涉及制药用途、7 件涉及中间体及其制备方法、1 件涉及晶体药物组合物。尽管原研公司的核心化合物专利没有进入中国，但是，其在中国市场的布局策略基本能体现其对该药的整体布局情况。在 STN 中检索发现，有关艾司西酞普兰的最早在华专利申请和/或被授权专利仍属于原研公司 LUNDBECK，因此，原研公司在中国市场具有绝对的垄断权。此外，原研公司还提交了 13 件有关联合用药的外围专利申请，这意味着原研公司将研发重心转移至药物联用或开发新用途，但目前均未获得授权。2008 年之后，原研公司没有在华专利申请，这或许可以作为国内企业跟进的一个突破点。

（5）国内申请人对艾司西酞普兰的申请概括

经检索发现，我国申请人对艾司西酞普兰的研发起步较晚，从 2004 年提交的首件申请（CN200410044335，申请人杭州民生药业集团有限公司）至 2017 年共有 70 来件申请，创新主体和申请总量均较少，其中 2012 年、2016 年、2017 年的年申请量为 10 件以上，其余年份均为个位数。申请量排名靠前的申请人有德众万全药物技术开发公司、山东京卫、湖南天合生物技术有限公司。德众万全共提交了 8 件专利申请，主要研发艾司西酞普兰的口崩片和口服液制剂，并拥有一项制备方法的授权专利（CN2008101041499A，CN101560199B）。山东京卫有艾司西酞普兰的上市产品，同时也提交了5件专利申请，主要研究草酸艾司西酞普兰的片剂和泡腾片。

图14　原研公司对于艾司西酞普在华专利布局

综上分析，艾司西酞普兰是临床一线抗抑郁药物，其技术原创国主要来自欧美。原研公司 LUNDBECK 的专利布局覆盖化合物核心专利、制备方法和制药用途、制剂、晶型等，专利悬崖到来之际，主要围绕其联合用药的复方制剂、新的适应证进行研发。我国创新主体和申请量总量均比较少，且技术主题比较单一，主要是一些剂型和制备方法。

2. 舍曲林

如图15所示，舍曲林（Sertraline），CAS 登记号为 79617 – 96 – 2，化学名称为顺（1S，4S）–4–（3'，4'–二氯苯基）–1，2，3，4–四氢–N–甲基–1–萘胺。

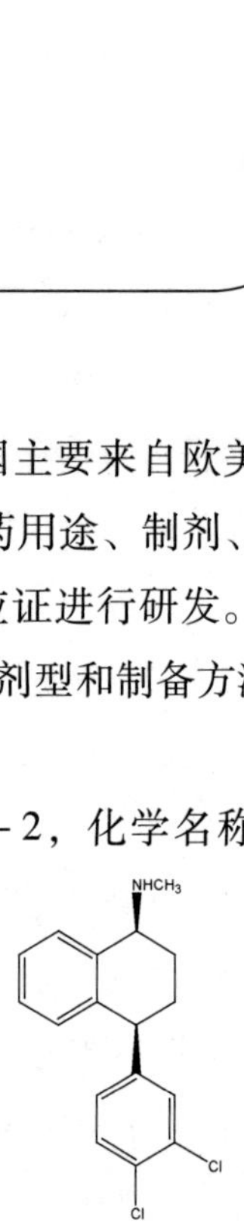

该药是由辉瑞公司开发的一种选择性 5 – 羟色胺再摄取抑制剂（SSRI），其作用机理是抑制神经元从突触间隙中摄取 5 – 羟色胺，增加间隙中可供实际利用的神经递质，从而改善情感状态，治疗抑郁性精神障碍。舍曲林是美国处方量较大的抗抑

图15　舍曲林结构式

郁品牌药，能有效地减轻病人的抑郁症状，包括烦躁情绪，并能减轻持续性疲劳状态以及焦虑状态，在治疗抑郁症和焦虑障碍方面，疗效显著，安全性好，耐受性强，是当前治疗抑郁、焦虑障碍时首选药物之一。此外，舍曲林还是第一个获准用于治疗儿童青少年情感障碍的 SSRI。[1] 1990 年舍曲林首先在英国上市，1991 年 12 月获得美国 FDA 批准，1992 年在美国上市，至今已在世界 96 个国家/地区上市，2005 年专利保护期结束。舍曲林与 1996 年 12 月获得我国药品行政保护，并于当年在我国以片剂的形式上市，用于治疗抑郁症。[2] 我国临床用的舍曲林制剂主要以美国辉瑞公司的"左洛复"为主，占到了近九成的市场份额；国产产品近年来销量也有较大增幅，主要为四川成都利尔药业有限公司的"快无忧"、天津华津制药有限公司的"西同静"和浙江京新药业股份有限公司的"唯他停"。

（1）原研公司对舍曲林的全球专利布局分析

通过使用关键词"舍曲林""左洛夏""郁乐复""珊特拉林"在 CNABS 中检索，然后使用关键词"Sertraline"在 DWPI 中进行检索，再将 CNABS 中的检索结果转库至 DWPI 中，再用申请人 PFIZ/pa 进一步限定获得原研公司辉瑞的专利申请。考虑到最初的研发阶段可能不会采用化合物通用名，而是使用化合物结构命名，因此，进一步采用关键词"phenyl and tetrahydro and naphthalene"进行补充检索，并通过手工筛选共获得 127 篇相关专利文献，检索时间截至 2018 年 9 月 5 日。

图 16 为辉瑞公司针对舍曲林在全球范围内专利申请量的时间分布情况。辉瑞公司于 1985 年在专利 US4536518 中首次提出舍曲林化合物，在随后的 20 多年时间里不断对该药进行深入研究。可以看出，1985～2000 年，舍曲林相关申请量维持为每年 1～2 件，涉

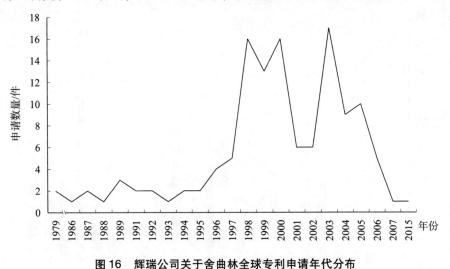

图 16　辉瑞公司关于舍曲林全球专利申请年代分布

❶ 李俊丽. 基于专利分析的抗抑郁药物发展研究［D］. 郑州：河南大学，2014.
❷ 文熙，胡惟孝，杨忠愚. 抗抑郁药舍曲林的合成进展［J］. 合成化学，2003，11（5）：391 - 398.

及化合物制备、用途、晶体、剂型、联合用药等技术内容。在前期开发的基础上，2000年之后，化合物申请 US4536518 和首个晶体申请 US5248699 的保护期限到期，辉瑞公司则主要围绕该药物的剂型和联合用药进行深入研发，对外围专利进行保护，申请量也在 2003～2006 年大幅提高。

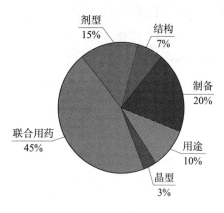

图 17　辉瑞公司关于舍曲林专利技术主题分布

图 17 为辉瑞公司针对舍曲林专利申请的技术主题分布。有关舍曲林联合用药专利占比 45%，制备方法类申请占比 20%，药物制剂占比 15%，以上三项加和占总申请量的 80%。其他申请内容还包括化合物结构、用途和晶体。可以看出，涉及舍曲林的专利内容非常广泛，涵盖了舍曲林研究的各个方面。可见，辉瑞公司围绕舍曲林药物的研发很全面，形成了较为紧密的专利网络，有利于抑制竞争者的仿制，同时也为保护该公司的经济利益奠定了基础。

（2）全球和在华专利申请分析

舍曲林的在华专利申请具体年代分布见图 18。首次申请时间在 1989 年，此后的近10 年间，所有后续专利申请均为原研企业辉瑞公司的专利申请，申请数量较少，多为治疗用途专利。从 2003 年开始，我国国内申请人陆续申请相关专利，并且随着舍曲林化合物专利和首个晶型专利保护期限到期，中国企业申请量有所提高，其中广东东阳光药业有限公司在 2014～2018 年，陆续提出其他药物与舍曲林联合用药的专利申请达到 27 件。

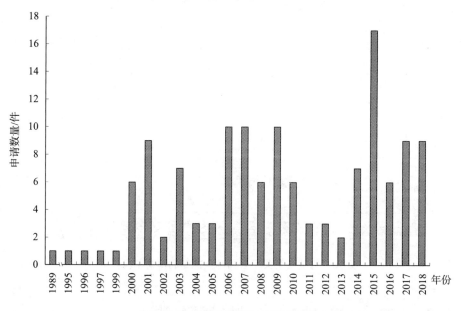

图 18　舍曲林在华历年专利申请量

3. 文拉法辛

如图 19 所示，文拉法辛（Venlafaxine）是美国家用产品公司（American Home Products Corp.，AMHP，惠氏有限责任公司是其子公司）开发的苯乙胺类衍生物，通过显著抑制 5 - 羟色胺和去甲肾上腺素的重摄取而发挥抗抑郁作用的药物。美国家用产品公司于 1983 年申请多国专利❶，并

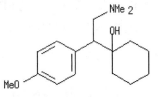

图 19　文拉法辛结构式

且 1994 年 4 月首次在美国上市❷。1997 年美国 FDA 批准了文拉法辛的缓释剂型用于抑郁症的治疗。2011 年文拉法辛在美国的处方量为 1500 万次，在抗抑郁药中，处方量相当可观。

（1）全球专利申请分析

图 20 为文拉法辛在全球范围内专利申请量的时间分布情况，专利申请量共达 1409 件。从 1983 年第一件申请开始，到 1993 年仅有 11 件申请，处于缓慢增长期。在 1994 年文拉法辛速释剂在美国获批之后，申请量从 1995 年开始增长，仅 2003 年一年申请量高达 108 件，这是由于原研药化合物专利到期。之后 2006 年申请量高达 145 件，这是由于文拉法辛缓释剂的专利到期。随着技术进步，国内企业和科研机构开始进行专利布局，年专利申请量维持在较高水平，2013 年、2016 年两年的申请量都高于 80 件。

图 21 为文拉法辛药物专利技术领域分布情况。就文拉法辛的专利申请量而言，A61K 占比 37%，A61P 占比 26%，这说明文拉法辛的专利文献中涉及医药领域和明确作为抗抑郁药物的数量较多。由于联合用药、生物制剂、检测技术等专利文献数量可观，C07D 和 C07C 等分类号也占有一定比例。总体而言，文拉法辛的专利文献中明确涉及医药和抗抑郁药物的文献占较高比例。

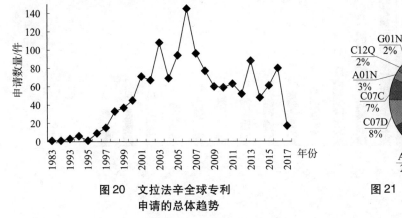

图 20　文拉法辛全球专利
申请的总体趋势

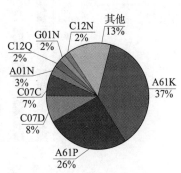

图 21　文拉法辛药物专利
技术领域分布情况

图 22 为文拉法辛药物专利申请技术原创国家/地区分布。其中，美国的专利申请量高达 812 件，占据总数的一半。紧随其后的是中国，专利申请量为 226 件，WO 文献为

❶　US 4535186A　19850813
❷　兰根银．抗抑郁药文拉法辛 [J]．国外医药——合成药、生化药、制剂分册，1990，17（4）：237 - 239.

123 件。这与文拉法辛药物的原研企业惠氏公司在美国有很大关系，也跟文拉法辛速释剂和缓释剂先后在美国上市，并获得高市场份额有很大关系。中国药企对文拉法辛的仿制技术迅速成熟，中国成为文拉法辛药物专利申请技术原创的第二大主体。

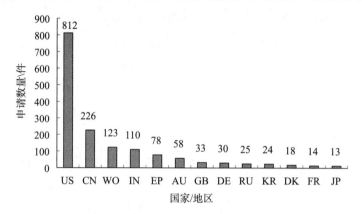

图22　文拉法辛药物专利申请技术原创国家/地区分布

图 23 为文拉法辛药物重要申请人分布。原研公司惠氏有限责任公司的申请量最多，高达 66 件。紧随其后的是特瓦制药工业有限公司、广东东阳光药业有限公司、辉瑞有限公司、伊莱利利公司、纽尔亚商股份有限公司、山东省药学科学院、特瑞斯制药股份有限公司等。原研公司从申请量而言仍具有绝对领先的地位。其他全球知名药企和中国的创新主体也紧随惠氏公司作了大量的专利布局。

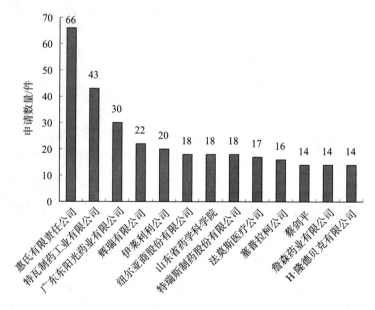

图23　文拉法辛药物专利重要申请人排名

（2）惠氏公司对文拉法辛的化合物专利布局

对文拉法辛的专利进行全部检索（DWPI 中检索加上 STN 中早期的专利文献），共获得 59 篇专利文献。专利 US4535186A 为惠氏公司针对文拉法辛于 1983 年 10 月 26 日以美国家用产品公司为申请人提交的第一件专利申请，并于 1985 年 8 月 13 日在美国获得授权，之后在欧洲、丹麦、日本、英国等多个国家和地区均获得专利权。可见，惠氏公司不仅原创了文拉法辛化合物制备方法和用途，还布局了文拉法辛的旋光异构体、盐酸盐、琥珀酸盐、甲酸盐、对映体、盐酸盐单水化合物、剂型、用药方法、联合用药，文拉法辛的去甲基衍生物、醚、中间体及其制备方法等。这种布局方式既充分保护了原研化合物的稳定性，也延长了药物保护的生命周期。

惠氏公司在中国获得专利权并不多，仅有以下 6 件：专利 CN1319934C、专利 CN100480231C、专利 CN100436448C、专利 CN1198793C、专利 CN100567253C、专利 CN1090018C。目前，仅授权公告号为 CN100567253C（申请号 CN02808112.9，申请日 2009 年 12 月 9 日）的涉及 O－去甲基－文拉法辛的琥珀酸盐的专利处于专利权维持状态，其他 5 件专利均已过期或由于未交费失效，导致专利权丧失。

（3）国内申请人在中国布局概要

在早期的专利申请中，主要以外国企业布局为主。例如，惠氏公司率先在中国获得甲基文拉法辛的醚、O－去甲基－文拉法辛的琥珀酸盐、O－去甲文拉法辛的制备方法的专利权；山道士有限公司在中国获得了盐酸文拉法辛的晶形的专利权。随后，随着国内企业的仿制能力提升，也不断出现国内企业获得专利权。例如，鲁南制药集团股份有限公司获得文拉法辛的制备方法的专利权（授权公告号：CN1266116C；申请日：2004 年 1 月 19 日，授权日：2006 年 7 月 26 日）；中国人民解放军军事医学科学院放射医学研究所获得含长链脂肪酰基取代的文拉法辛前体药物及其制备方法和用途的专利权（授权公告号：CN100455560C；申请日：2004 年 6 月 9 日，授权日：2009 年 1 月 28 日）；沈阳药科大学获得盐酸文拉法辛液体缓释制剂及其制备方法的专利权（授权公告号：CN100518725C；申请日：2004 年 11 月 11 日，授权日：2009 年 7 月 29 日）；成都康弘药业集团股份有限公司获得盐酸文拉法辛控释片制剂及其制备方法的专利权（授权公告号：CN100463676C；申请日：2004 年 11 月 11 日，授权日：2009 年 2 月 25 日）；江苏豪森医药集团有限公司获得 O－去甲基－文拉法辛的谷氨酸盐的晶型、水合物晶型、其制备方法及其在医药上的应用的专利权（授权公告号：CN102212014B；申请日：2010 年 4 月 9 日，授权日：2013 年 12 月 25 日）。山东绿叶制药有限公司获得含有去甲基文拉法辛苯甲酸酯类化合物的缓释药物组合物的专利权（授权公告号：CN102871997B；申请日：2012 年 7 月 11 日，授权日：2013 年 11 月 13 日）；（授权公告号：CN102249936B；申请日：2011 年 11 月 23 日，授权日：2014 年 9 月 17 日）；（授权公告号：CN105348119B；申请日：2015 年 11 月 4 日，授权日：2017 年 9 月 15 日）。其中，成都康弘药业集团股份有限公司还获得了文拉法辛的批号，在国内市场占据一定的市场份额，并且还获得了博乐欣包装盒的外观设计专利权（授权公告号：CN3516479S；申请日：2005 年 7 月 1 日，授权日：2006 年 4 月 5 日）。成都恒瑞制药有限公司获得了药品包装盒（盐酸文拉法辛胶囊）的外观设计专利权（授权公告号：CN301921650S；申请日：2011 年 9 月 29 日，授权日：2012 年 5 月 23 日）。

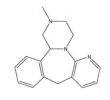

图 24　米氮平结构式

4. 米氮平

如图 24 所示，米氮平，又名瑞美隆，1，2，3，4，10，14b – 六氢 – 2 – 甲基吡嗪基 – [2，1 – a] – 吡啶并 – [2，3 – C] – 氮卓。作为新一代抗抑郁药，米氮平在疗效、起效、毒副作用等方面有全新的特点，其药理作用机制被称为 NaSSA（Noradrenergic and Specific Serotonergic Anti – idepressant，去甲肾上腺素能和特异的 5 – 羟色胺能抗抑郁药），特点是双重作用及特异性阻断五羟色胺 – 2 和五羟色胺 – 3 受体。

米氮平由欧加农（Organon）公司研发，1994 年首先在荷兰上市，商品名为瑞美隆。1997 年通过美国 FDA 批准后，2013 ~ 2014 年在欧洲、美国、亚洲等 70 多个国家或地区主要市场销售额达到了 6.6 亿美元。❶ 近年来，中国的企业和研究所也针对该药物进行了一系列研究并申请了专利。本文主要以原研药厂欧加农公司以及国内申请人的专利申请数据为分析样本，对米氮平相关专利申请进行分析，总结该领域的专利申请现状以及研究进展，以期为该领域相关研究人员提供参考。

（1）专利申请的时间分布

图 25 为米氮平相关全球专利申请的时间分布。在米氮平上市初期，关于米氮平的申请量很少，原研药厂欧加农公司由于首次申请了化合物 1，2，3，4，10，14b – 六氢 –

图 25　米氮平全球相关专利申请量变化趋势

---

❶ 张建忠，柯樱，沈佳琳. 抗抑郁药的研发进展及市场情况 [J]，上海医药，2014，35（21），66 – 70.

2－甲基吡嗪基－［2，1－a］－吡啶并－［2，3－C］－氮卓的制备方法和抗抑郁的作用的专利，处于绝对领先地位。直到欧加农公司2001年申请了米氮平口腔崩解片专利，关于米氮平的制剂成为热点掀起了一场研究米氮平的小高潮；近年来的热点主要转向了米氮平的新用途和对映体制备。

（2）原研公司专利布局分析

原研公司共布局了26件专利申请，其中13件进入中国。图26显示欧加农公司早期申请主要涉及化合物及其制备方法，集中在20世纪七八十年代，均早已过期，随后围绕剂型、联合用药、对映体以及化合物的新用途进行了多方位专利布局。目前占市场主流的米氮平口腔崩解片源于欧加农公司于2002年进入国内的PCT申请CN00814204，该申请于2004年在国内获得授权，并于2011年8月在国内获得注册许可，目前该专利仍处于专利权维持状态，将于2019年10月到期。早在1997年欧加农公司就申请米氮平和5－羟基色胺在摄取抑制剂的联合用药，并继续扩展至与精神类药物的联用。在开展联合用药的同时，欧加农公司还致力于米氮平对映体的拆分、制备以及新用途的开发，其中在睡眠障碍、治疗神经性头痛、女性更年期等方面取得较好进展。在相关专业睡眠学会（Associated Professional Sleep Societies，APSS）第17届年会上，芝加哥伊利诺伊大学（UIC）的一项临床试验证实，抗抑郁药米氮平有希望成为第一个用于治疗睡眠呼吸暂停的药物。❶

图26 欧加农公司关于欧加农专利申请布局

（3）在华专利布局

图27为米氮平在华相关专利申请的时间分布。图28为米氮平专利国内申请人的技术主题，主要涉及化合物制备方法、剂型以及化合物的新用途。

早在2001年中国科学院上海药物研究所在国内率先申请了关于米氮平制备方法的专利申请，其后常州华生制药、山东鲁药、哈尔滨三联等相继就米氮平制备方法进行了专

❶ 修文华. 米氮平及其中间体的合成研究［D］. 湘潭：湘潭大学，2004.

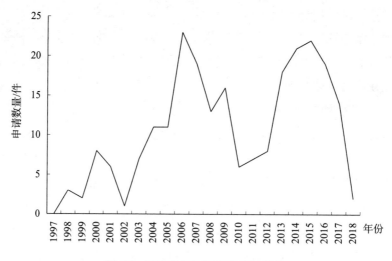

图27 国内米氮平相关申请量变化

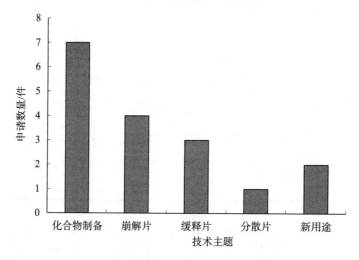

图28 米氮平国内专利申请技术主题情况

利申请。关于制剂，主要涉及崩解片和缓释片。上海医药工业研究院和华益药业分别申请了关于米氮平口内崩解组合物，但改进点主要侧重于崩解剂等组分的调整；成都康弘药业、山东鲁药以及华益药业申请的米氮平崩解片将压片技术与包衣技术相结合，利用片芯溶胀和/或崩解产生的外力促使包衣层迅速崩解。上海信谊万象药业申请了一种米氮平缓释片，采用米氮平片芯、缓释层和米氮平速释层的结构，既保证部分药物迅速释放、快速起效，又保证片芯线性释放且在24小时释放完成。华益药业申请的缓释片将缓释材料与米氮平混合作为片芯同样取得了较好的缓释作用，具体参见表1。

关于米氮平的新用途，国内仅涉及科研院所。中国医学科学院药物研究所将米氮平用于治疗应激性胃溃疡，对胃黏膜有明显保护作用；中国药科大学发现米氮平、氟西汀作为非选择性及选择性 5－HT 再摄取抑制剂代表药物，对高脂饲料引起的大鼠 NAFLD

有明显治疗作用，也能明显减轻血脂紊乱状态，可用于治疗非酒精性脂肪肝或非酒精性脂肪肝合并有高脂血症。

进一步查询上述国内专利申请的法律状态不难发现，虽然国内申请涵盖了化合物制备、剂型以及用途，但是除去未进入或未完成实质审查之外，最终授权并保持专利权有效状态的申请仅有 5 件。可喜的是，国内主要生产厂家如常州华生、上海信谊万象药业、山东鲁药均有授权专利，具体参见表2。

表2　国内申请人关于米氮平专利申请情况

申请号	技术主题	申请人	申请日	法律状态
CN01145561.6	米氮平制备方法	中国科学院上海药物研究所	2001.12.29	失效
CN200510105688.0	米氮平制备方法	北京德众万全医药科技有限公司	2005.09.30	失效
CN200610030292.9	崩解组合物	上海医药工业研究院	2006.08.22	失效
CN200910088659.6	治疗胃溃疡用途	中国医学科学院药物研究所	2009.07.07	失效
CN200910181404.4	米氮平及中间体制备	常州华生制药有限公司	2009.06.26	有效
CN201110024611.6	分散片	王定豪	2011.06.01	失效
CN201110205047.8	崩解片	成都康弘药业集团股份有限公司	2011.07.21	有效
CN201210175694.3	治疗脂肪肝或高血脂	中国药科大学	2012.05.30	失效
CN201310122287.0	缓释片	上海信谊万象药业股份有限公司	2013.04.09	有效
CN201310494070.2	米氮平合成方法	山东鲁药制药有限公司	2013.10.21	失效
CN201310509567.7	米氮平片	山东鲁药制药有限公司	2013.10.25	有效
CN201410679896.0	米氮平制备方法	南京工业大学	2014.11.25	失效
CN201510857521.3	米氮平合成方法	北京哈三联科技有限责任公司	2015.11.30	有效
CN201710118523.X	米氮平片	华益药业科技（安徽）有限公司	2017.03.01	待实质审查
CN201710188989.7	米氮平片	华益药业科技（安徽）有限公司	2017.03.27	待实质审查
CN201710189452.2	崩解组合物	华益药业科技（安徽）有限公司	2017.03.27	待实质审查
CN201710445719.X	米氮平制备方法	江西永通科技股份有限公司	2017.06.14	待实质审查

从 1997 年美国 FDA 批准米氮平在美国上市以来，国外申请量居多，主要申请人集中在梯瓦制药、欧加农公司（并入默克）等，研究热点主要在制备方法和米氮平片剂的改进。作为米氮平的原研药厂欧加农公司仍然占据领先地位，研究主要集中在联合用药、对映体、制剂和新用途，且其开发的米氮平口腔崩解片始终占据市场主导地位；用于睡眠障碍的新用途也具有广阔的应用前景。国内关于米氮平的研究最早是在 2001 年，申请人大多为相关医药企业，研究方向相对单一，对制备方法和片剂研究相对比较深入，已开发出了多种米氮平片剂，目前有多家国内公司获得上市许可；对米氮平新用途以及对映体少有研究，所以相关研发单位可以着重开发米氮平高纯对映体制剂，以期提高米氮平的生物利用度，提高药效，同时开发新用途扩展其应用范围。

三、结论与建议

（一）抗抑郁药物的研发处于高速发展期

随着抑郁症发病率的增加，临床对抗抑郁药物的研发提出了更高的要求。抗抑郁药市场也持续增长，因此全球专利申请和在华专利申请总体上保持增长趋势，来自科研机构的专利申请还处于快速发展期，其中美国的技术创新实力优势明显。申请人主要为制药大公司，且全球专利申请主要来源于美国，中国近年来申请量取得快速增长。国内企业对抗抑郁药抢仿积极，但国内抗抑郁药市场仍主要以原研产品为主，离"走出去"还有很长的路要走。这主要与国内企业起步较晚、原研企业率先准入中国市场以及其强有力的市场推广密不可分。

（二）国外垄断企业专利布局细致缜密

原研药企在推出核心专利之后，通过外围专利构建庞大的专利组合，对仿制药企来说，外围专利增加了判断相关专利到期的难度，在进入相关市场时对于潜在的侵权行为有所顾忌，因此，在核心专利到期后成功拖延竞争对手的进入。

（三）抓住机遇，增强企业与科研院所的技术创新合作

目前我国的申请人主要为科研院所，其掌握的前沿技术大多停留在研发阶段，未能产业化，造成技术创新不能很好地为产业利用。因此，我国应当促进企业与科研院所进行"产学研"结合，充分利用互补资源，加强科研能力转化为技术创新成果。

（四）持续创新，促进产品不断改进

纵观全球抗抑郁药的研究状况，从中得到一些研发启示。首先，开发药物的新适应证和联合用药的复方制剂，如 LUNDBECK 公司专利布局中包括将艾司西酞普兰用于促进人的认知、治疗中枢神经系统疾病包括焦虑症，以及外围专利中包括大量的联合用药申请。其次，改变现有药物的剂型、新晶型等。最后，抗抑郁药物的种类繁多，进一步开发新靶点新机理的产品也是未来发展的方向。

（五）建立企业的专利申请策略及保护策略

随着我国抑郁患者的增多以及人们对抑郁疾病的认识，抗抑郁药物在我国具有巨大的市场潜力。因此，我国企业应首先立足本国，及时申请专利，为产品进入市场提前做好准备；其次也应积极扩展海外市场，特别是在企业的产品销售地，做到专利申请先行，制定完善的知识产权保护策略。

此外，许多抗抑郁药物将面临专利悬崖的到来，给我国仿制药企业带来巨大的商机。Bolar 例外是指为获得和提供药品或医疗器械行政审批所需要的信息以特定方式实施专利时，不构成侵权。我国制药企业应利用 Bolar 例外尽早了解市场和技术信息，确定合适仿制的目标药品，在药物仿制的后期应注重提升药品质量，仿创结合，努力打造有自主知识产品的药品。

抗肿瘤铂配合物设计专利技术综述[*]

抗肿瘤铂配合物设计专利技术综述[*]

姜平元　　梁清刚[**]　　解肖鹏[**]

摘　要　本综述首先介绍了抗肿瘤铂配合物设计相关的专利申请情况，统计分析了相关专利申请的申请趋势、国内外主要申请人、主要技术手段和功效分布等；其次，选择抗肿瘤铂配合物领域具有一定代表性的专利申请，分别介绍了经典铂配合物、四价铂配合物、多核铂配合物的技术演进情况；最后根据抗肿瘤铂配合物设计的专利申请情况、技术演进情况对该领域未来的发展情况进行了简单展望。

关键词　铂　肿瘤　配合物

一、铂类抗肿瘤药物概述

癌症，又称为恶性肿瘤，是一类严重威胁人类生命健康的疾病。据世界卫生组织发布的《2018 年世界卫生统计报告》显示，2016 年有 900 万人死于癌症，是仅次于心血管疾病的第二大死因。在恶性肿瘤的治疗过程中，通过使用化学治疗药物杀灭肿瘤细胞达到治疗目的的化疗，是目前治疗癌症最有效的手段之一，而铂类抗肿瘤药物是化疗药物的重要部分，在肿瘤治疗中发挥了重要作用。

顺铂（Cisplatin），最早于 1844 年制得，但直到 20 世纪 70 年代，美国密执安州大学教授 Rosenberg 等人才偶然发现顺铂有抗癌作用，并于 1978 年在美国上市，成为第一个上市的铂类药物。

随着顺铂的成功上市，铂类抗肿瘤药物的开发得到了快速的发展，包括顺铂在内先后共有 8 种铂类抗肿瘤药物获得了不同国家/地区的批准（参见图 1）。

由 Clear 等人发现了第二代铂类抗癌药物卡铂（Carboplatin），经由美国施贵宝、英国癌症研究所和庄信万丰（JOHNSON MATTHEY）公司合作开发于 1986 年首先在英国上市，美国 FDA 于 1989 年批准上市；随后由日本盐野义株式会社研发的第二代铂类抗肿

---

* 作者单位：国家知识产权局专利局专利审查协作江苏中心。

** 等同第一作者。

瘤药物奈达铂（Nedaplatin），于 1995 年在日本上市；由瑞士 Debiopharm 公司研究开发，法国 Sanofi 公司生产销售的第三代铂类抗肿瘤药物奥沙利铂（Oxaliplatin），于 1996 年首次在法国上市；由韩国 Sunkyong 工业研究中心开发的庚铂（Heptaplatin），于 1999 年在韩国上市；由德国 ASAT 公司开发的洛铂（Lobaplatin），于 2005 年在中国作为国家 1 类新药上市；由日本住友制药株式会社开发的脂溶性铂复合物药物米铂（Miriplatin），2009 年在日本上市；双环铂于 2012 年获得中国新药证书。

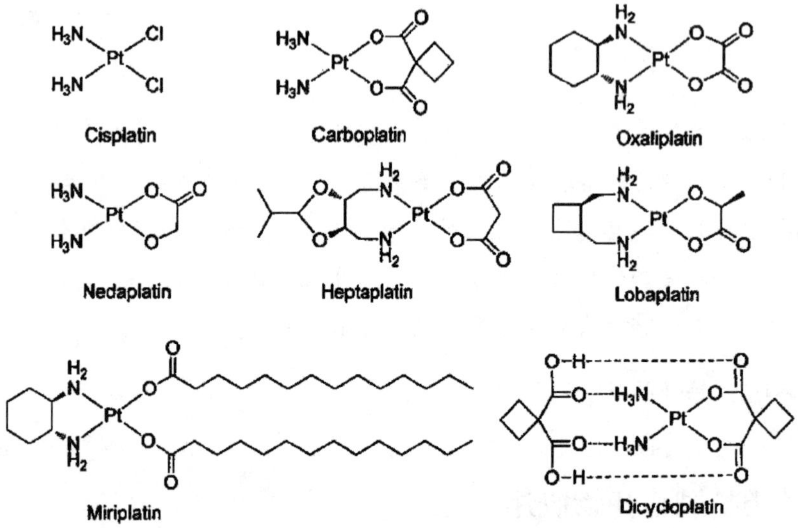

图 1　获得批准的 8 种铂抗肿瘤药物结构式

铂类抗肿瘤药物作为细胞毒药物的一种，普遍认为其作用的靶点是 DNA，进入人体后一般的作用过程是：药物跨膜进入肿瘤细胞，在细胞内发生水解形成水合物，之后与 DNA 结合，导致 DNA 损伤，诱导细胞凋亡。

虽然铂类抗肿瘤药物在化疗中起到十分重要的作用，但是临床上也发现铂类抗肿瘤药物有较多的缺陷，例如毒副作用严重，包括神经毒性、肾毒性、骨髓抑制等，此外还有水溶性差、易产生耐药性、选择性差等缺陷，这在一定程度上限制了其应用。因而，市场上迫切需要开发出具有高效、低毒、水溶性好等特点的铂类抗肿瘤药物。

在药物相关的专利中，化合物专利处于核心地位，相对于制备方法、剂型等专利，抗肿瘤铂配合物设计专利显得更为重要。本文对世界范围内有关抗肿瘤铂配合物的化合物专利进行了归纳总结，主要介绍该领域专利申请的基本情况、技术功效分布、技术演进等，并对抗肿瘤铂配合物未来的发展趋势进行简单的展望。

二、抗肿瘤铂配合物设计专利申请基本情况分析

用 IPC 分类号、关键词在德温特世界专利索引数据库（DWPI）中对国内外涉及抗肿

瘤铂配合物设计专利申请进行了检索（检索截止日期：2018 年 7 月 4 日），检索中使用的 IPC 分类号、关键词详见表 1。

表 1　抗肿瘤铂配合物设计专利申请基本检索要素表

基本检索要素表达形式	配合物	用途
分类号 IPC	C07F 15/00	A61P 35
关键词	Platinum、Pt、platina、complex、coordination	Tumour、tumor、cancer、neoplasm、carcinoma

在德温特世界专利索引数据库中分别对配合物、用途使用关键词、分类号进行表达，并使用布尔算符、同在算符等运算后得到 1971 条检索结果。

检索完成后对检索结果进行人工筛选，去除制备方法、剂型等不涉及抗肿瘤铂配合物设计的专利申请，共计筛选出已公开的相关发明专利申请 820 件（同族申请计为 1 件，按优先权提出国统计）。

（一）抗肿瘤铂配合物专利申请趋势分析

对抗肿瘤铂配合物设计的专利申请量随申请时间的变化进行了研究，图 2 反映了抗肿瘤铂配合物设计专利的申请量趋势。可以看出，抗肿瘤铂配合物设计专利的申请量在 1962～1976 年并不多（1969 年前仅有 1 件申请），属于孕育期，卡铂、奥沙利铂的专利申请出现在此阶段中；受成功开发顺铂等的影响，从 1977～1988 年呈现迅速上升趋势，属于快速成长期，奈达铂、米铂、洛铂的专利申请在快速成长期内提交；但在成长期之后的 1992～2002 年立即就出现了约 10 年的低谷期，申请量较少。2002 年之后申请量开始发生波动，在 2010 年之后申请量开始回升，并一直维持在较高的申请量水平（2017 年申请量出现下降，可能是因为部分专利尚未公开）。这反映了虽然该领域前期出现了低谷期，但是目前抗肿瘤铂配合物设计的专利研发仍然具有一定的活跃度。

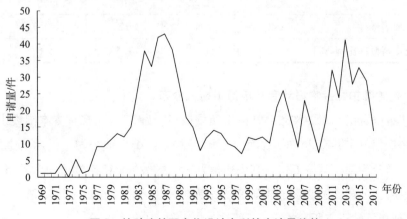

图 2　抗肿瘤铂配合物设计专利的申请量趋势

（二）抗肿瘤铂配合物设计专利申请区域分析

图 3 反映了不同国家/地区的申请人关于抗肿瘤铂配合物设计专利申请量的分布情况（按优先权提出国统计）。其中美国申请人的申请量为 227 件，日本申请人的申请量为 196 件，中国申请人的申请量为 159 件，排名前三，这三个国家的申请量占了总量的 70.1%，可见来自美国、日本、中国的申请人提出的申请较多。此外，英国和德国也有较多的申请量，分列第四位、第五位。

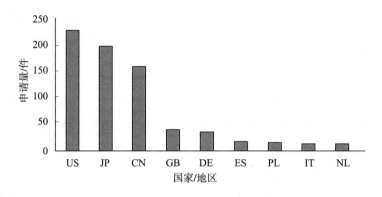

图3　抗肿瘤铂配合物设计专利申请国家/地区分布

继续对排名前五位的国家的申请人进行对外申请量（即对除本国以外的国家申请量，仅申请 PCT，但并未进入任一国家的不计入）分析，从表 2 可以看出，美国、日本的对外申请量较高，其次为英国、德国。而中国申请人虽然提出了 159 件专利申请，但是仅有 12 件进入了其他国家，占比仅为 7.5%，远低于其他四国，也从侧面反映出中国申请人的申请量虽然较高，但是专利申请的质量还有待提高。

表2　抗肿瘤铂配合物设计美日中英德五国对外申请量分析

类型	国别				
	美国	日本	中国	英国	德国
对外申请量/件	139	64	12	31	28
占本国提出申请量的比例/%	61.2	32.7	7.5	75.6	75.7

（三）抗肿瘤铂配合物设计专利申请申请人分布

从图 4 可以看出，东丽株式会社的申请量最多，为 32 件，在日本本国提出的申请较多。其后是庄信万丰共有 26 件，居第二位，恩格尔哈德矿业公司、昆明贵金属研究所、美国氰胺公司分列第三至第五位。其中庄信万丰、恩格尔哈德矿业公司为从事贵金属/催化剂相关的跨国公司，昆明贵金属研究所作为唯一进入前十位的中国申请人，为从事贵金属/催化剂相关的研究所。

排名前十的申请人还包括麻省理工学院、得克萨斯大学等高校，盐野义制药公司、

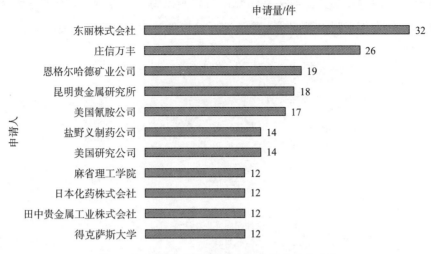

图4 抗肿瘤铂配合物设计专利申请申请人分布

日本化药株式会社等制药企业，可见，在该领域并没有绝对巨头的申请人，对该领域研究感兴趣的申请人主要为从事贵金属相关工作的公司/研究单位以及一些制药企业。

进一步分析抗肿瘤铂配合物设计专利国内申请人的分布情况，从图5可以看出，昆明贵金属研究所以18件申请排在第一位，东南大学、广西师范大学均为10件，并列第二，其后为玉林师范学院和中山大学。在抗肿瘤铂配合物设计领域，国内的主要申请人为高校或研究所，而从事顺铂、卡铂、奥沙利铂等生产销售的国内企业的申请量整体较少，表现出该领域的创新主体为主要为相关的高校和科研院所，而企业在该领域作为创新主体的情形较少。

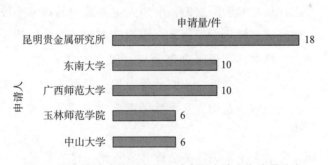

图5 国内抗肿瘤铂配合物设计专利申请人申请量分布

三、抗肿瘤铂配合物设计技术功效分布分析

目前抗肿瘤铂配合物构效关系有较多的研究，较为普遍认可是麻省理工学院Lippard教授提出的构效关系（参见图6）。铂配合物中通常含有非离去基团配体和离去基团配体，若为四价铂，则还含有轴向配体，非离去基团配体与Pt – DNA加合物性质、耐药

性、脂溶性、水溶性等相关，离去基团配体与反应动力学、毒性、脂溶性、水溶性等相关，而轴向配体常用于附加靶向或生物活性，也与脂溶性、水溶性相关。

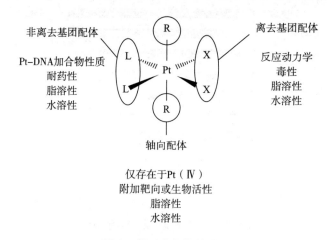

图6　铂配合物构效关系

当然上述构效关系主要针对经典的 Pt（Ⅱ）配合物和 Pt（Ⅳ）配合物，对于多核铂、反式铂等其他类型的抗肿瘤铂配合物并未进行总结。

现对目前公开的抗肿瘤铂配合物设计专利从关键技术手段和主要技术效果两方面进行分解：将关键技术手段分解为：非离去基团改造、离去基团改造、单离去基团、四价铂、多核铂、反式铂、拼接技术、长链修饰等八类；将技术效果分解为：高活性、水溶性、低毒副、耐药性、靶向性、稳定性、光活性、亲酯性、口服给药等九个方面，形成了图7所示的抗肿瘤铂配合物设计专利申请技术 – 效果矩阵。

从图7中可以看出，从技术手段层面，申请人主要采用的技术手段为非离去基团和离去基团的改造，主要得到高活性、低毒性、水溶性高等效果；申请量次之的是拼接技术，其主要解决高活性、靶向性、低毒副等效果；四价铂和多核铂也有较多的申请量，其主要解决高活性、低毒副、靶向性、水溶性等效果；而反式铂、单离去基团等技术相关的申请量则较少；但长链修饰在形成亲酯性的配合物方面效果显著，反式铂设计主要获得高活性的铂配合物。

在技术效果层面，申请人主要关注高活性和低毒副，这主要是由于铂类抗肿瘤药物在临床上具有较为严重的毒副作用，降低毒副作用提高活性成为申请人追求的主要目标，相关申请量最多，解决高活性、低毒性问题的主要手段为非离去基团改造、离去基团改造和拼接技术；申请量次之的分别为水溶性、靶向性、耐药性的效果，分别解决临床上铂类药物水溶性差、易产生耐药性等问题，其中解决水溶性问题的主要手段是离去基团改造，解决靶向性问题的主要手段是拼接技术；而对于稳定性、光活性、亲酯性、口服给药效果，目前公开的专利申请量相对较少。

结合技术手段和技术效果，可以看出，在该领域一种技术手段通常对应着多种技术

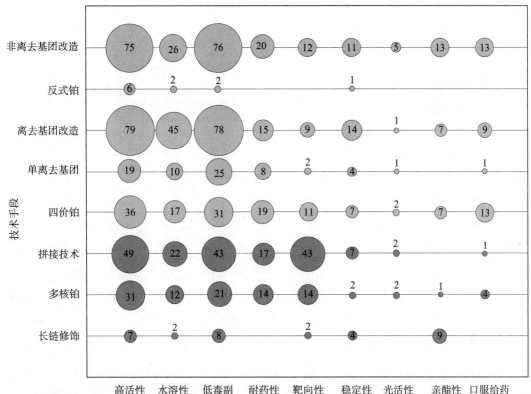

图7　抗肿瘤铂配合物设计专利申请技术–效果矩阵

注：图中数字表示申请量，单位为件。

效果，即调整其中的一个基团通常会对多种效果产生影响，因而在铂配合物设计时应考虑多种因素的影响。图7中的研究热点有高活性、低毒性和水溶性，对于水溶性，由于米铂等亲酯性药物顺利上市，且随着制剂技术的发展，对配合物水溶性的要求将逐渐减弱；而同时具有高活性和低毒性与靶向性之间存在一定的关联，且靶向性相关的申请量也较高，因而靶向性将逐渐成为该领域的研究热点。

四、抗肿瘤铂配合物设计的技术演进和发展

抗肿瘤铂配合物按照结构分类，分为经典铂配合物（含有两个非离去基团配位点、两个离去基团配位点的顺式铂配合物）、四价铂配合物、多核铂配合物、反式铂配合物、单齿铂配合物等。目前上市的铂类抗肿瘤药物基本均为经典铂配合物，其处于核心地位，而目前四价铂配合物、多核铂配合物也均有相应的配合物进入或进入过临床阶段，均属于研究热点，有一定的申请量，而反式铂配合物等其他类型的铂配合物申请量较少。故在此通过选取特定的专利申请，主要来介绍经典铂配合物、四价铂配合物、多核铂配合

物的技术演进情况（以下涉及的申请时间为申请日/优先权日）。

（一）经典铂配合物的技术演进

20世纪70年代美国密歇根州立大学教授Rosenberg等人偶然发现顺铂有抗癌作用，并成功开发上市，而顺铂本身属于已知化合物（最早于1844年制得），故未申请相应的化合物专利。但是Rosenberg等人的发现开辟了抗肿瘤铂配合物领域，具有十分重要的意义。

如图8所示，受顺铂的影响，1972年美国研究公司（Research Corporation）的Cleare等人提交的专利申请US4140707A公开了卡铂的结构，其使用环丁烷二羧酸作为离去基团替换顺铂中的两个Cl；在卡铂的基础上，1981年日本盐野义株式会社提交的专利申请US4575550A公开了奈达铂的结构，其中使用乙醇酸作为二齿离去基团，其与顺铂相比更低的肾毒性、更高的水溶性；1983年日本盐野义株式会社在奈达铂的基础上进行修饰，提交的专利申请JPS59222498A中使用乳酸替代奈达铂中的乙醇酸，所得到的铂配合物并未成功上市，但是发现了乳酸作为离去基团有较好的效果。2003年日本名古屋大学的小谷明提交的专利申请WO2005000858A2公开了以氨等为非离去基团，以二磷酸作为离去基团的配合物，由于二磷酸常用来治疗骨髓相关的疾病，因而将二磷酸作为离去基团与铂结合以达到治疗骨癌的作用。2012年东南大学的苟少华教授等人提交的专利申请CN103224533A中设计了一类以氨等为非离去基团，以能够释放一氧化碳的含硝酸酯的羧酸为离去基团的铂配合物，活性测试表明，其中的几个配合物具有与顺铂、奥沙利铂类似的效果。

1988年日本盐野义株式会社提交了专利申请JPH01250391A，其在奈达铂的基础上保留乙醇酸作为离去基团，将1，4-丁二胺衍生物作为衍生物，制备了一系列铂配合物，具有较好的抗肿瘤活性。1988年德国ASAT公司提交的专利申请US502335A在日本盐野义株式会社使用乳酸作为离去基团的基础上，保持乳酸离去基团不变，将两个非离去基团氨替换为1，2-二（氨甲基）环丁烷，得到洛铂，并最终上市。

以卡铂为核心，相关申请人也有较多的专利申请。1986年日本盐野义株式会社提交的专利申请US4902797A在卡铂的基础上保持离去基团环丁烷二羧酸不变，将非离去基团中的一个氨替换为环戊胺等环烷胺，得到混胺的铂配合物；1996年日本SS制药株式会社提交了专利申请JPH10168091A中保留环丁二酸离去基团使用烷氧基取代的丙二胺作为非离去基团，得到的一系列铂配合物具有较高的抗癌活性和安全性，且对顺铂耐药的细胞株具有一定的活性。2005年昆明贵金属研究所提交的专利申请CN1634946A在卡铂的基础上对离去基团环丁烷二羧酸进行修饰，即在环丁烷的3-位引入羟基得到3-羟基-1，1-环丁烷二羧酸离去基团，所制备得到的铂配合物抗癌活性高于卡铂，毒副作用小

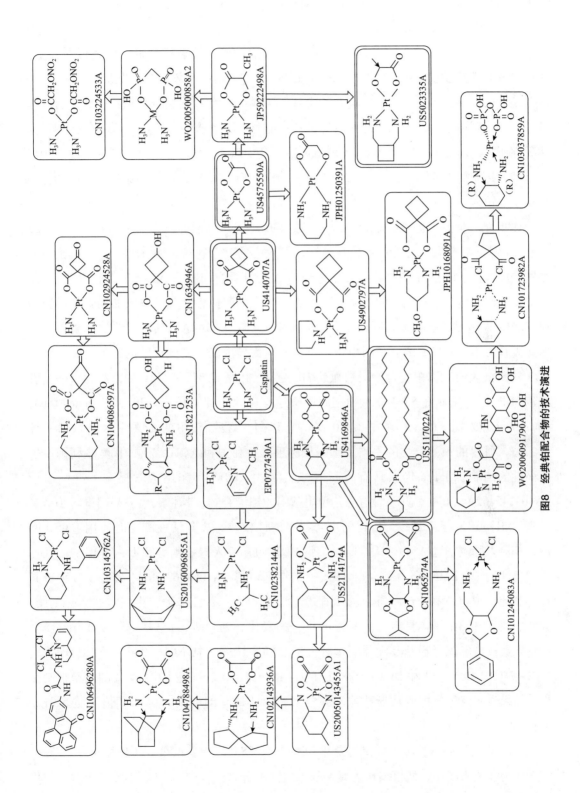

图8 经典铂配合物的技术演进

于卡铂；2006 年继续提交了专利申请 CN1821253A 中继续使用 3 - 羟基 - 1，1 - 环丁烷二羧酸离去基团，将非离去基团的二氨替换为 2 - 取代基 - （4R，5R） - 4，5 - 双（氨甲基） - 1，3 - 二氧环戊烷，得到的配合物具有水溶性好、抗癌活性高、毒性低等特点。2012 年东南大学提交了专利申请 CN102924528A，将卡铂中的环丁烷二羧酸修饰为 3 - 酮环丁烷 - 1，1 - 二羧酸，得到的配合物毒性小于顺铂、奥沙利铂、卡铂，抗肿瘤活性与顺铂、奥沙利铂相当，具有较好的水溶性和一定的克服耐药性的特点。2014 年昆明贵金属研究所等也提交了专利申请 CN104086597A，其中以 3 - 酮环丁烷 - 1，1 - 二羧酸为离去基团，将非离去基团扩展至 1，2 - 二（氨甲基）环丁烷等，得到的铂配合物的活性明显优于卡铂。

1995 年庄信万丰提交的专利申请 EP0727430A1 保持顺铂的离去基团不变，设计了以氨和 2 - 甲基吡啶为非离去基团具有空间位阻效应的配合物（简称 ZD0473），其也属于混胺铂配合物。活性研究表明其对顺铂耐药的人卵巢癌细胞株 A2780R 有较好的活性，可能是其作用模式与顺铂不同，因而可以克服顺铂的耐药性，其已进入 II 期临床研究阶段。2011 年昆明贵金属研究所提交了专利申请 CN102382144A，其中顺铂的基础上保持氯离去基团不变，将非离去基团中的一个氨替换为异丙胺，得到混胺的铂配合物，经过 MTT 法测试表明，该铂配合物对白血病 HL - 60：肝癌 SMMC - 7721、肺癌 A - 549、乳腺癌 MCF - 7、结肠癌 SW480 肿瘤细胞增殖均有显著的抑制作用。2013 年 James David Hoeschele 等人提交的专利申请 US20160096855A1 中将顺铂中的二氨替换为 1，4 - 环己二胺，所得的铂配合物的平均活性明显优于奥沙利铂和顺铂，对顺铂/奥沙利铂产生耐药性的细胞株 LoVo 仍然具有较高的抑制活性。2013 年东南大学提交了专利申请 CN103145762A，其中公开了含有芳基位阻基团的铂配合物，其将非离去基团设计为 N - 苄基 - 1R，2R - 环己二胺，所得的配合物水溶性较差，故其活性测定时使用 DMSO 溶液，其对人肺癌细胞 A549、人结肠癌细胞 HCT - 116、人胃癌细胞 SGC - 7901 的活性均优于奥沙利铂。2016 年广西师范大学提交的专利申请 CN106496280A 中公开了一种特异性抑制肺癌细胞增殖的铂（II）金属配合物，其以 2 - 氨乙基吡啶为基本非离去基团，并在非离去基团中拼接具有天然活性的化合物氧化异阿朴啡，得到一类全新的配合物，申请人通过考察配合物及其配体对多种人肿瘤细胞株（包括 NCI - H460、SK - OV - 3、BEL - 7402、Hep - G2 和 HCT - 8 肿瘤细胞）和一株正常肝细胞 HL - 7702 的增殖抑制活性，结果表明该配合物能特异性抑制肺癌细胞 NCIH460 的增殖，其 IC50 值高达 5.01 ± 0.54μM。

1976 年由喜谷喜德等人提交的专利申请 US4169846A 中首次公开了使用 1，2 - 环己二胺作为非离去基团，使草酸作为离去基团的铂配合物，其中 1，2 - 环己二胺为多种相对构型，但该专利并未明确限定 1，2 - 环己二胺的绝对构型，而之后在瑞士 Debiopharm

公司等的开发下，以1R，2R－环己二胺为非离去基团、草酸为离去基团的配合物为奥沙利铂，成为第三代铂类抗肿瘤药物，但奥沙利铂并无具体的化合物专利申请。

围绕奥沙利铂离去基团的修饰有较多的申请。例如1985年得克萨斯大学提交了专利申请US5117022A等，其在奥沙利铂的基础上使用两个长链的单酸（十四碳烷酸）替代草酸作为离去基团，得到的铂配合物为米铂，由于其长链的引入，水溶性变差，脂溶性增强，其需要以脂质体的形式给药。美国XENOPORT INC.公司提交的专利申请WO2006091790A1公开了使用丙二酸作为离去基团，并在离去基团中引入糖分子，得到含糖分子的铂配合物，其具有好的水溶性，治疗指数优于目前临床上的药物。2008年齐鲁制药有限公司提交的专利申请CN101723982A，在奥沙利铂的基础上使用1，1－环戊烷二羧酸为离去基团，所制备得到的铂配合物抗肿瘤活性与奥沙利铂和卡铂相当，但其毒副作用低于奥沙利铂。2010年美国俄亥俄大学提交的专利申请CN103037859A中公开了以环己二胺为非离去基团、以二磷酸为离去基团的配合物，具有较高的稳定性和较低的毒性，与传统药物相比具有更高的药效。

当然，也有部分专利是在奥沙利铂的基础上对非离去基团进行修饰。例如1989年日本津村株式会社提交的专利申请US5214174A中使用了环辛二胺作为非离去基团，所设计的配合物较低的毒性和较高的抗肿瘤活性。2002年德国FAUSTUS FORSCHUNGS CIE提交的专利申请US20050143455A1中，通过对奥沙利铂中环己二胺上的H原子使用烷基等进行替换得到一系列铂配合物，其与奥沙利铂相比具有更低的毒性、更好的耐受性以及至少相当的抗癌活性。2008年优尼泰克株式会社提交的专利申请CN102143936A中使用了螺［4，4］壬烷－1，6－二胺作为配体，其配合物具有较强的抗肿瘤活性，与目前的铂配合物药物相比，其以更小的剂量给药即可见效，因此可相对减轻副作用。2015年东南大学提交的专利申请CN104788498A公开了以具有光学活性的双环［2，2，2］辛烷－7R，8R－二胺为非离去基团的铂配合物，其体外抗癌活性与顺铂和奥沙利铂相当，其中代表性的铂配合物具有一定的克服顺铂耐药性的特点。

（二）四价铂配合物的技术演进

四价铂配合物是在二价铂配合物的基础上引入了轴向基团，其物理化学性质与二价铂配合物有一定的差异，并且由于引入了轴向基团，其改造设计的位点相对于二价铂配合物更多，设计的空间更大。但四价铂配合物仍属于二价铂配合物的前药，在体内可以释放出二价铂配合物的形式发挥药效。

如图9所示，1976年南非鲁斯堡铂矿有限公司提交了专利申请US4119654A，其中公开了配合物Ⅳ－1，该配合物的非离去基团为两个异丙胺，离去基团为两个氯，轴向基团为两个羟基，可用于治疗实体瘤，属于较早四价铂配合物的专利申请。1986年喜谷喜德等人提交了专利申请EP0237450A2，公开了以二氯为轴向基团的铂配合物Ⅳ－2，后期该配合物曾进入了临床阶段的研究，用于治疗乳腺癌、卵巢癌、骨髓瘤等，但由于严重的神经毒性而被放弃。1988 年庄信万丰继续提交了专利申请 EP0328274A1，其中公开了配合物Ⅳ－3，其以环己胺、氨组合形成混胺配体，以乙酸根为轴向基团，形成的配合物简称 JM216，是第一个以口服方式进入临床研究的抗肿瘤铂配合物，遗憾的是虽然其完成了Ⅲ期临床，但最终并未获得 FDA 的批准。1999 年 ANORMED 公司提交了专利申请 WO0176569A2，其中公开了铂配合物Ⅳ－4，是在吡啶铂 ZD0473 的基础上引入轴向基团羟基，同时将一个离去基团氯替换为羟基，其水溶性是顺铂的 80 倍，且对顺铂耐药性的细胞株有好的抑制活性。

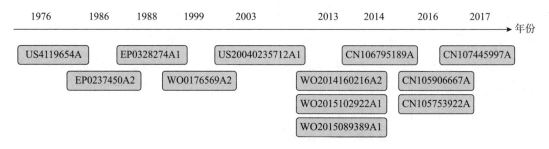

图 9　四价铂配合物的技术演进

2003 年麻省理工学院的 Lippard 教授提交了专利申请 US20040235712A1，其在轴向基团中引入雌激素，设计了配合物Ⅳ－5，通过在到达靶向区域前减少释放来降低副作用，在治疗肿瘤时优选为表达雌激素受体的肿瘤；2013 年麻省理工学院的 Lippard 教授继续提交了专利申请 WO2014160216A2，其中轴向基团中引入维生素 E 衍生物，得到了配合物Ⅳ－6，增强了细胞摄取、细胞毒活性以及细胞选择性。2013 年 BLEND 治疗公司提交了专利申请 WO2015102922A1，其在配合物Ⅳ－2 等的基础上将轴向基团改造为含马来酸亚胺（Michael 受体）的基团，得到配合物Ⅳ－7，其可用于口服给药，且可减少长期的毒副作用。2013 年佐治亚大学研究基金会提交的专利申请 WO2015089389A1 中公开了轴向基团含有乙酰水杨酸的四价铂配合物Ⅳ－8，该四价铂配合物前药能够产生顺铂和阿司匹林，比直接将顺铂和阿司匹林联用具有更好的效果，体现出显著的抗肿瘤和抗炎效果，并且由于阿司匹林的抗炎性质对顺铂引起的肾毒性也有所改善。

2014 年 VUAB 制药股份有限公司提交了专利申请 CN106795189A，其中公开了四价铂配合物Ⅳ－9，其以氨、金刚烷基胺为混胺配体，以金刚烷基羧酸为轴向基团，对 MCF－7、CaCo－2 细胞株的 IC50 值封闭为 4.1μmol 和 1.9μmol。2016 年中国科学院长春应用化学研究所提交了专利申请 CN105906667A，其中公开了铂配合物Ⅳ－10，在轴向基团中引入青蒿琥酯配体，降低了铂（Ⅳ）化合物的细胞毒性，又提高了铂（Ⅳ）化合物的抗肿瘤活性，且耐药性低。2016 年南开大学提交的专利申请 CN105753922A 公开了用于肿瘤治疗四价铂糖基配合物Ⅳ－11，其抗肿瘤活性比顺铂、奥沙利铂均较好，与顺铂、卡铂、奥沙利铂等二价铂类相比更稳定性；此外由于糖基化修饰的四价铂对肿瘤细胞具有较好的靶向性；提高了对肿瘤细胞的高选择性；另外，糖基化配合物脂溶性以及水溶性也均较好；四价铂糖基衍生物不仅可以提高体内利用度，增强疗效，还可以降低以往二价铂类药物对肾脏等的毒副作用。2017年上海交通大学提交的专利申请CN107445997A公开了一种光化疗铂类前药，其中典型的结构即为配合物Ⅳ-12，此类配合物在轴向基团中引入光活性基团，在光照的情况下，光降解释放出顺铂化疗药，且还释放产生的活性氧物种，用于光动力治疗，集光动力治疗和化疗于一体，协同治疗以提高整个癌症治疗的疗效。以上专利申请相关的配合物及其结构式详见表3。

表3　四价铂配合物技术演进中配合物编号及其结构式

专利申请公开号	配合物编号	结构式
US4119654A	Ⅳ-1	
EP0237450A2	Ⅳ-2	
EP0328274A1	Ⅳ-3	
WO0176569A2	Ⅳ-4	
US20040235712A1	Ⅳ-5	
WO2014160216A2	Ⅳ-6	
WO2015102922A1	Ⅳ-7	

专利申请公开号	配合物编号	结构式
WO2015089389A1	Ⅳ-8	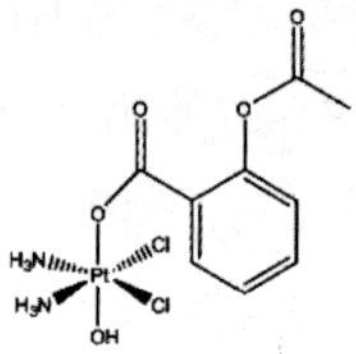
CN106795189A	Ⅳ-9	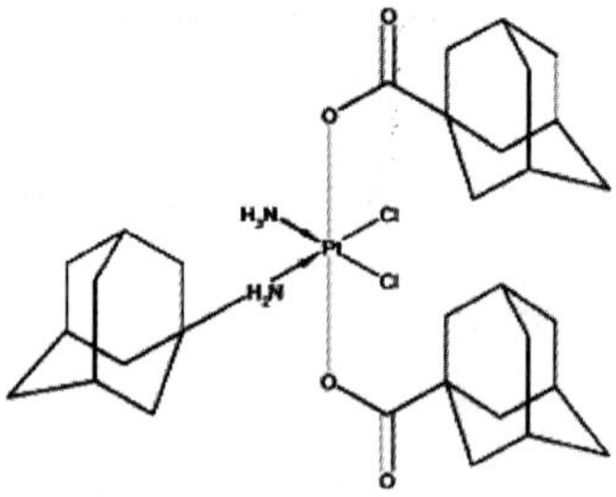
CN105906667A	Ⅳ-10	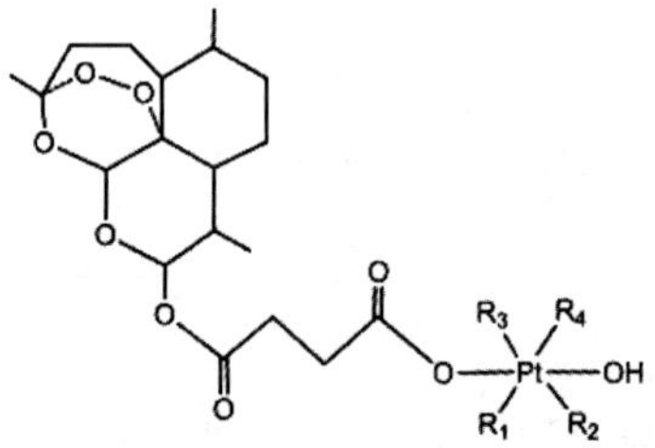
CN105753922A	Ⅳ-11	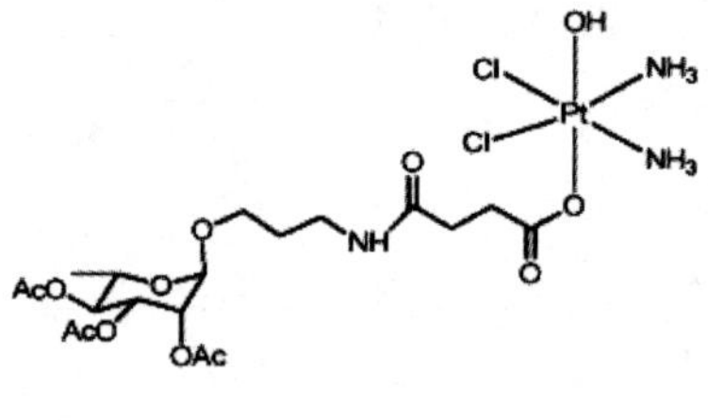
CN107445997A	Ⅳ-12	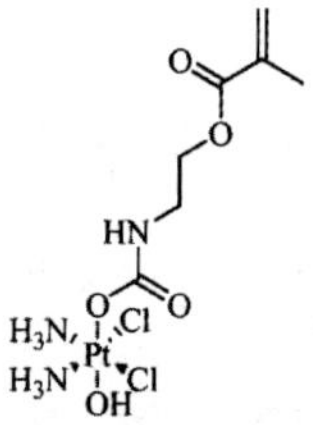

（三）多核铂配合物的技术演进

多核铂为含有多个铂原子的配合物，属于非经典铂配合物，构效关系与经典铂/四价铂之间有较大的不同。此外，多核铂与 DNA 作用方式与顺铂不同，因而在克服顺铂耐药性等方面有较好的前景。

如图 10 所示，早在 1982 年美国研究公司就提交了专利申请 US4560782A，其中公开了以萘衍生物连接的双核铂配合物 MUL – 1，具有抗肿瘤活性。1994 年意大利柏林格曼海姆股份公司的 Farrell（法里尔）等人提交的专利申请 CN1145624A 公开了以烷基二胺作为连接基团的三核铂配合物 MUL – 2（简称"BBR3464"），其中中心铂原子配位四个中性配位体，而两个外周铂原子都配位三个中性配位体和一个 – 1 价的配位体；该配合物不仅具有显著的抗肿瘤活性，而且具有较低的毒性，故对治疗指数来说相当有利，且该三核铂配合物具有高水溶性，且后期三核铂配合物 BBR3464 曾针对肺癌等进入临床 Ⅱ 期的研究。1999 年 UNITECH 制药公司提交了专利申请 WO0063219A1，其中公开了双核铂配合物 MUL – 3，针对人肝癌细胞 Hep 3B、人克隆结肠腺癌细胞 Caco – 2 等均有与卡铂类似的活性。1999 年弗吉尼亚联邦大学的 Farrell 等人提交了专利申请 WO0113914A1，其中公开了三核铂配合物 MUL – 4，该配合物是将 BBR3464 两个外周铂原子上的 Cl 替换为 NH_3 得到的，由于该三核铂配合物具有更高的正电荷，其在细胞内的含量高于 BBR3464。

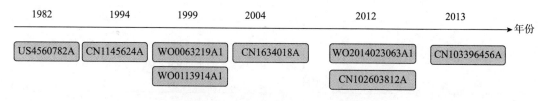

图 10　多核铂配合物的技术演进

　　2004 年河北大学的张金超等人提交了专利申请 CN1634018A，其中公开了以碘作为桥联的双核铂配合物 MUL – 5（结构式中 A 为氨、胺或取代胺等），体外研究发现，此类配合物的活性与顺铂相当或明显好于顺铂，而且与顺铂有较小的交叉耐药性，其与肿瘤细胞 DNA 的键合量明显高于顺铂。2012 年中山大学提交了专利申请 WO2014023063A1，其中公开了一种具有高效抑制端粒酶活性的三核铂配合物 MUL – 6，其对正常细胞的毒性低，降低了对其他器官或系统的毒副作用。2012 年江苏原子医学研究所提交了专利申请 CN102603812A，其中公开了用高亲骨性的唑来磷酸连接的双核铂配合物 MUL – 7，其具有水溶性好、毒副作用和耐药性低、骨靶向功能和抗癌活性优异的特点。

　　2013 年中国科学院长春应用化学研究所提交了专利申请 CN103396456A，公开了双核铂配合物 MUL – 8，该配合物以二亚乙基三胺五乙酸（DTPA）为配体，通过 DTPA 的两对对称的羧基与顺铂配位形成，具有稳定的双中心八元环结构；该结构的二价双核铂配合物在生理条件下以羧酸盐形式存在，极易溶解，同时可以抵抗体内蛋白吸附，从而改善铂类在血液中循环的时间，促进其在肿瘤组织部位的富集；在肿瘤组织低 pH 的环境下，羧酸二价双核铂配合物可以缓慢释放出具有抗癌活性的化合物，从而达到降低顺铂原药的机体毒性和保持其抗癌活性的目的。以上专利申请相关的配合物及其结构式详见表 4。

表4　多核铂配合物技术演进中配合物编号及其结构式

专利申请公开号	配合物编号	结构式
US4560782A	MUL－1	
CN1145624A	MUL－2	
WO0063219A1	MUL－3	
WO01113914A1	MUL－4	
CN1634018 A	MUL－5	
WO2014023063A1	MUL－6	
CN102603812A	MUL－7	
CN103396456A	MUL－8	

五、小结与展望

抗肿瘤铂配合物在临床上已使用超过 40 年，其在化疗药物中有十分重要的地位。由于存在或多或少的毒副作用，其研究热度相对有所降低，从事铂类药物生产的企业在此类药物开发上的投入较少，布局的专利申请量也有限，但是目前铂类药物仍然有较大的市场份额，体现出临床上对铂类药物，尤其是高效低毒的铂类药物依旧有需求。

随着医药产业的发展，靶向药物渐渐成为未来药物发展的重要方向之一。而具体到抗肿瘤铂配合物领域，高效低毒与靶向存在一定的关联，发展高效低毒的靶向抗肿瘤铂配合物成为未来发展的趋势。

基于现有的铂配合物类型，由于四价铂配合物为前药，发挥活性的时间稍长，可减少在血液等运输系统中因水解等产生的毒副作用，且由于其具有两个轴向基团，可以进行相关的靶向标记等修饰，故四价铂配合物在高效低毒靶向抗肿瘤铂配合物方面可能成为研究的重点。当然，对于经典铂配合物等，可以通过制剂技术等来改善其运输环境，降低毒副作用，实现精准送达；还可以借鉴生物药物的设计方式等，研究设计新的抗肿瘤铂配合物，以实现靶向治疗。对于抗肿瘤铂配合物设计来说，最终目标就是铂类药物在较低毒副作用的情况下，实现高活性，在治愈患者疾病的同时减少对患者的损伤。

参考文献

[1] WORLD HEALTH ORGANIZATION. World health statistics 2018：monitoring health for the SDGs, sustainable development goals[R/OL]．[2019 – 03 – 07]http：//apps. who. int/iris/bitstream/handle/10665/272596/9789241565585 – eng. pdf? ua = 1.

[2] ROSENBERG B，VANCAMPL，KRLGAST. Inhibition of cell division in escherichia coli by electrolysis products from a platinum electrode[J]，Nature，1965，705(4972)：698 – 699.

[3] ROSENBERG B，VANCAMPL，TROSKO JE，et al. Platinum Compounds：a new class of potent antitumour agents[J]，Nature，1969，222(5191)：385 – 386.

[4] T C JOHNSTONE，SUNTHARALINGAM K，LIPPARD SJ. The next generation of platinum drugs：targeted Pt(Ⅱ) agents，nanoparticle delivery，and Pt(Ⅳ) prodrugs [J]，Chemical Reviews，2016，116(5)：3436 – 3486.

[5] 徐刚，姜平元，苟少华. 抗肿瘤多核铂配合物的研究 [J]，化学进展，2012，24(9)，1707 – 1719.

纳米抗体专利技术综述[*]

薛旸

摘要 纳米抗体是一种新型的基因工程抗体，是目前已知的可结合目标抗原的最小单位，与传统抗体相比具有免疫原性低、稳定性高、组织穿透性高等优势，能够被广泛地应用于药物开发、诊断和免疫检测、亲和纯化等领域。本文以纳米抗体为主题，使用关键词和分类号对全球专利数据库中的发明专利申请进行了检索，数据检索截止时间为2018年8月1日。在此基础上，本文对全球纳米抗体技术申请概况进行了简要分析，并重点围绕纳米抗体领域领先企业埃博灵克斯公司的相关专利申请，从全球布局和技术路线两方面进行了系统性分析，以了解纳米抗体领域的发展脉络和趋势。此外，本文还对中国纳米抗体申请概况和部分重要申请人的相关专利申请进行了分析，揭示了中国在纳米抗体技术领域的发展趋势和特点。

关键词 纳米抗体 重链抗体 埃博灵克斯 专利

一、概述

纳米抗体（Nanobody，Nb），又称为单域抗体（Single – Domian Antibody，sdAb），是指由重链抗体的重链可变区结构域（Variable Domain of Heavy – chain of Heavy – Chain Antibody，VHH）组成的或其经过基因工程改造形成的抗体。纳米抗体可以由一个或多个重链可变区结构域组成，其中每个重链可变区结构域都是一个抗原结合单元。所述抗原结合单元可以结合同一抗原的同一表位、同一抗原的不同表位或不同抗原。纳米抗体还可以通过多种方式修饰，如与其他化学基团缀合或与多肽序列融合等。

（一）纳米抗体的来源

1. 骆驼重链抗体

1993年，R. Hamers等人报道在骆驼科动物的血清中发现了一种天然存在、仅有重链

---

[*] 作者单位：国家知识产权局专利局医药生物发明审查部。

的新型抗体（Heavy – chain Antibody，HcAb）。这种抗体为重链二聚体，且其重链缺失 CH1 结构域 ［图 1(b)］。进一步研究发现，骆驼血清中存在三种 IgG 抗体：IgG1 与传统抗体构型类似，由两条重链和两条轻链构成，而 IgG2、IgG3 为重链抗体。IgG3 的铰链区与人 IgG1、IgG2 和 IgG4 大小相当，然而由于缺少 CH1 结构域，两个抗原结合位点彼此十分接近。IgG2 的铰链区则更长，由重复的 Pro – X（X = Glu，Gln 或 Lys）氨基酸基序构成，形成了更刚性的结构，代替 CH1 使得 IgG2 的两个抗原结合表位保持在正常位置上。

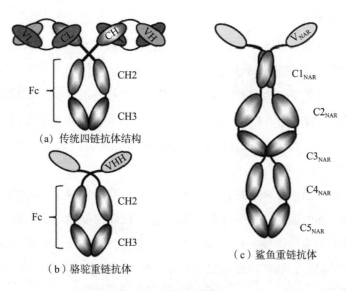

图 1 重链抗体的结构

经重复实验证实，将 VHH 的基因克隆并在细菌中体外表达，得到的 VHH 重组蛋白以严格的单结构域形式存在，并且完全具有抗原结合的能力，其分子量仅为 15KD 左右，结构为直径 2.5mm，长 4mm 的椭球形。纳米技术的发展以及 VHH 纳米级的结构启发了致力于研究骆驼抗体的埃博灵克斯公司，将 VHH 命名为纳米抗体。

2. 鲨鱼重链抗体

1995 年，Greenberg 等人报道在护士鲨血清中发现了一种与骆驼科重链抗体类似的新型抗体，其是由一个重链可变区和五个恒定区组成的同源二聚体。研究人员将这种抗体命名为免疫球蛋白新型抗原受体（Immunoglobulin New Antigen Receptor，IgNAR）。鲨鱼免疫球蛋白新型抗原受体的抗原结合部位也是由单个重链可变区结构域组成的，然而由于 FR2 – CDR2 的缺失，重链可变区只包含两个互补决定区——CDR1 和 CDR3，这也使得鲨鱼免疫球蛋白新型抗原受体的重链可变区结构域（Variable Domain of IgNAR，VNAR）成为自然界已知的最小抗体样抗原结合单元，分子量仅为 12KD 左右 ［图 1(c)］。

通过噬菌体展示技术能够克隆并制备经抗原免疫的鲨鱼 VNAR，从而制备针对不同分子的靶向药物。虽然对于鲨鱼 VNAR 来源的抗体药物的大量研究仍处于临床前阶段，发展势头不如骆驼来源的 VHH 迅猛，但近年来也取得了较大的进展。多家公司致力于 VNAR 技术的研发与商业化，例如 Ossianix、AdAlta、Elasmogen 等。

（二）纳米抗体的特点

1. 稳定性高

与传统抗体相比，纳米抗体生理生化稳定性更高。通过一定合适的筛选方法，能够筛选到在特殊温度、存在蛋白酶或高温等极端条件下具有高度稳定性的纳米抗体。一些研究表明纳米抗体在胃肠道中仍然具有活性，这使得纳米抗体的给药方式更加多样。

2. 能够结合特殊抗原表位

由于缺少可溶性的、暴露于表面的 CDR 环，传统抗体难以结合抗原表面的凹陷或空腔。与之相反，纳米抗体能够结合到裂缝和空腔中，这类结构域在很多生理过程中起到重要作用，如酶和底物的相互作用，这使得纳米抗体具有潜在的治疗价值。另外，传统抗体难以有效结合 G 蛋白偶联受体或离子通道，而纳米抗体能够实现这一点，因此对于 G 蛋白偶联受体或离子通道类的治疗靶点，纳米抗体表现出巨大的潜力。

3. 组织穿透性高

抗体的低组织穿透性是基于抗体的治疗方法，尤其是针对实体肿瘤的免疫治疗面临的一项巨大挑战。在肿瘤中，大分子的运输是靠扩散作用驱动的，运输速率与分子量成反比，因而单价的纳米抗体预期比传统全长抗体渗透肿瘤的速度高 10 倍。另外，纳米抗体能够穿透血脑屏障，因而在治疗神经系统相关疾病方面具有广阔的发展前景。

4. 免疫原性低

骆驼 VHH 基因与人 VH3 家族基因高度同源，使得纳米抗体的免疫原性较低，并且研究人员通过对纳米抗体进行人源化改造使其更适于临床应用。Vincke 课题组建立了一种将特异性纳米抗体的 CDR 移植到人源化支架的方法，纳米抗体的人源化如今已成为常规操作。

5. 半衰期短

纳米抗体的分子量小，能够快速通过肾脏代谢，因而半衰期较短。这一点使得纳米抗体比传统抗体更适于与放射性核素连接用于医学诊断，因为纳米抗体能够迅速穿透组织，提高组织成像的敏感性，然后迅速被肾脏代谢清除，降低了对人体的毒害作用。然而，作为治疗药物，纳米抗体较短的半衰期则成为一种劣势。因此，研究人员开发出多种能够延长纳米抗体半衰期的策略，如聚乙二醇化修饰、与 Fc 序列或人血白蛋白偶联等。

6. 易于制备成多种形式

纳米抗体仅由单一结构域构成，这种高度模块化的结构使得研究人员可以将其作为基本结构单元进行操作。例如，将多个纳米抗体连接制备多价抗体或将针对不同抗原的纳米抗体连接制备双特异性抗体或多特异性抗体。传统抗体的抗原结合结构域在制备多特异性抗体时往往会遇到 VH 和 VL 结构域错配的问题，而仅由单一结构域构成的纳米抗体则不存在这种问题，因而在接头序列的选择上更为灵活。另外，纳米抗体可以与药物或其他效应分子连接，作为载体将其运送到靶标部位，提高药物作用的特异性和安全性。

（三）研究对象和方法

1. 数据检索

本文的专利文献数据来自中国专利检索与服务系统，数据检索截止时间为 2018 年 8 月 1 日。其中，全球数据来源于德温特世界专利索引数据库（DWPI），中文数据来源于中国专利文摘数据库（CNABS）。相关检索结果如表 1 所示。

表 1　纳米抗体相关检索结果

研究对象	数据库	命中数
全球纳米抗体相关专利申请	DWPI	2132 项
中国纳米抗体相关专利申请	CNABS	902 件
埃博灵克斯公司专利申请	DWPI	150 件

2. 相关事项和约定

本文中全球专利数据来源于 DWPI 数据库。在 DWPI 数据库中，将同一项发明创造在多个国家或地区申请而产生的一组内容相同或基本相同的系列专利申请称为同族专利，一组同族专利视为一项专利申请；而中文专利数据来源于 CNABS 数据库，通常在 CNABS 数据库中专利以件计数，若因分案而导致一件母案申请有一件或多于一件分案申请，则该母案申请与其所有分案申请计为一项申请。

在 DWPI 数据库中，以最早优先权日作为一项专利的申请日；而在 CNABS 数据库中，以该件专利的实际申请日作为申请日。

二、研究内容

（一）全球纳米抗体专利申请概况

截至 2018 年 8 月 1 日，全球涉及纳米抗体技术的专利申请共 2132 项。1993 年，来自比利时布鲁塞尔自由大学的 R. Hamers 课题组在《自然》上首次发表在骆驼科动物中发现了天然存在的仅具有重链的抗体，并以之为基础提交了 PCT 申请 WO9404678，请求保护骆驼重链抗体的结构和制备抗原特异性可变区的方法。此后，基于重链抗体的研究随之展开，由重链抗体重链可变区结构域单一结构域组成的纳米抗体应运而生。如图 2 所示，1997～2000 年，纳米抗体技术处于萌芽期，每年专利申请量不足 10 项。从 2000

年开始，纳米抗体技术进入增长期，年申请量呈现稳步上升趋势，尤其是自 2013 年起，相关专利申请量迅速增长，至 2015 年达到顶峰，年申请量超过 300 项。至此，纳米抗体技术的发展已有 20 年左右，早期重要专利相继失效，这可能是造成 2013 年前后申请量迅速增长的一个原因。由于专利申请公开的滞后性，2016 以后年提交的专利申请仍未全部公开，不能反映实际申请量情况。但就纳米抗体技术的发展趋势来看，申请量仍未达到平台期。由于抗体小型化一直以来就是抗体各应用领域的不断追求，未来纳米抗体这一新型抗体工具一定会得到更为广泛的研究与应用，因此相关申请量仍有很大的上升空间。

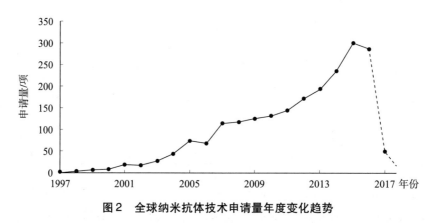

图 2   全球纳米抗体技术申请量年度变化趋势

图 3 显示了全球纳米抗体技术申请量前十位的申请人（未涉及企业间的合作关系）。其中，来自比利时的埃博灵克斯有限责任公司（Ablynx NV，以下简称 Ablynx）申请量稳居第一位，其申请量是排在第二位的 Domantis 公司的两倍以上，是当之无愧的行业翘楚。最早发现骆驼科重链抗体并建立 Ablynx 的比利时布鲁塞尔自由大学以及比利时弗拉芒区生物技术研究所也榜上有名。此外，大型跨国药企葛兰素史克、诺华、雅培等也不甘示弱，积极投入纳米抗体的研发中来。

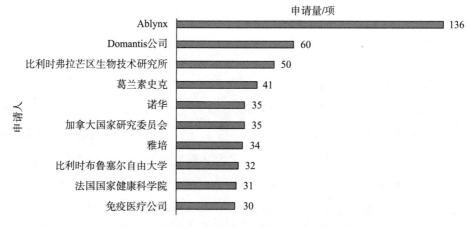

图 3   全球纳米抗体技术重要申请人及其申请量

图 4 显示了纳米抗体技术专利申请在全球主要国家和地区的分布情况。其中美国以 1366 件专利申请高居榜首，其次分别是欧洲（包括向欧洲专利局和欧洲各国家提出的申请）和中国。五局中的日本和韩国分别位列第五名和第八名。

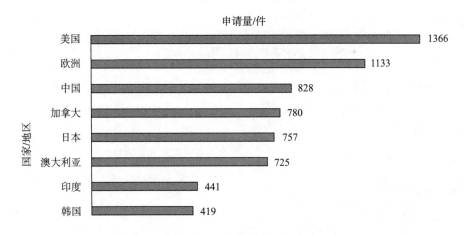

图 4　全球纳米抗体技术专利申请分布

（二）中国纳米抗体专利申请概况

如图 5 所示，最早在中国的纳米抗体专利申请可追溯至 1999 年，中国申请量的趋势与全球申请量趋势基本一致，但稍有滞后。1999～2003 年为中国纳米抗体技术的萌芽期，年申请量不足 10 件。2003～2013 年申请量稳步增长，2013 年后则出现爆发式增长。这种爆发式增长与早期重要专利的到期不无关系。随着越来越多来自中国的创新主体加入纳米抗体的研发，中国纳米抗体技术相关的申请量一定会保持这种上升趋势。

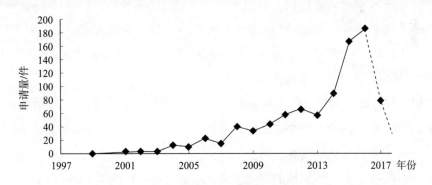

图 5　中国纳米抗体技术申请量年度变化趋势

图 6 显示了在纳米抗体技术中国申请量排在前十位的申请人。其中，南昌大学排名第一位，纳米抗体领域翘楚 Ablynx 位居其后。除南昌大学外，还有 5 所国内高校或研究所上榜，按申请量排名依次是东南大学、广西医科大学、中山大学、北京大学和中国农业科学院兰州兽医研究所。可见，高校组成了国内纳米抗体研发的先锋和主体。

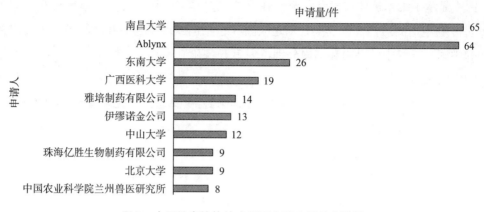

图6 中国纳米抗体技术重要申请人及其申请量

（三）Ablynx 纳米抗体专利分析

1. Ablynx 简介

1993 年，来自比利时布鲁塞尔自由大学的 R. Hamers 课题组在《自然》上首次发表在骆驼科动物中发现了天然存在的仅具有重链的抗体。2001 年 7 月 4 日，依托于布鲁塞尔自由大学重链抗体技术的 Ablynx 成立，致力于纳米抗体的研究和商业开发。如今，Ablynx 已经在包括炎症、血液学、免疫肿瘤学、肿瘤学和呼吸系统疾病的各种治疗领域开发了大约 45 项自主和合作项目。合作企业包括艾伯维、默克、赛诺菲、大正制药、诺和诺德、勃林格殷格翰等多家跨国制药企业，并授权国内制药公司亿腾医药负责 ALX－0141（抗－RANKL）和 Ozorailzulimab（抗－TNFα）在中国的开发。公司旗下 8 款纳米抗体药物已经进入临床试验阶段，其中靶向血管性血友病因子（von Willebrand Factor, vWF）的纳米抗体 Caplacizumab 已经完成临床三期试验，是全球首个专门用于治疗获得性血栓性血小板减少性紫癜（Acquired Thrombotic Thrombocytopenic Purpura, aTTP）的药物，于 2018 年 9 月 3 日已在欧洲上市。

在知识产权方面，Ablynx 的 100 多项同族专利申请涵盖了纳米抗体的生产、优化、制剂、临床应用等各个方面，建立了强大的专利壁垒。同时，Ablynx 也是 Nanobody® 或 Nanoclone® 在全球范围内的商标持有人。

鉴于 Ablynx 在纳米抗体领域的领先地位，本部分将重点围绕 Ablynx 的专利申请进行系统性分析。截至 2018 年 8 月 1 日，DWPI 数据库中收录了以 Ablynx 为申请人的专利申请，共计 150 项，其中 145 项涉及已经公布的 PCT 申请，通过人工阅读确定与纳米抗体主题相关的 PCT 申请共计 143 件。以下数据分析均基于这 143 件 PCT 申请。

2. Ablynx 纳米抗体技术的全球布局

对于关键的产品或技术，申请人往往会通过《专利合作条约》（PCT）途径提交国际专利申请，之后再分别向多个指定国申请专利，PCT 申请量在一定程度上体现了一家企业的创新能力、技术价值和市场价值。Ablynx专利申请的绝大多数涉及纳米抗体领域，并且几乎全部通过PCT途径提交了国际专利申请，其在纳米抗体领域的实力和野心可见一斑。

如图7所示，Ablynx于2003年提交了第一件涉及纳米抗体的PCT申请WO2004041862，接下来的3年，Ablynx在纳米抗体领域缓慢发展，每年申请量不超过5件。自2007年起Ablynx专利申请量有较大幅度的增长，虽然这种增长态势在2008年有所回落，但也保持在年申请量10件以上。2009年Ablynx的年申请量突破20件，达到顶峰，同年，Ablynx治疗罕见血液病获得性血栓性血小板减少性紫癜（aTTP）的药物Caplacizumab被美国和欧盟批准为孤儿药，并进入临床试验阶段。2010~2014年，随着前期研发的多个针对不同靶点的纳米抗体陆续进入临床试验阶段，Ablynx在临床前研发的脚步有所放缓，年申请量持续减少，2014年申请量仅为2件。2015~2016年，由于存在对在研纳米抗体药物序列、构型、给药方案等方面进一步改进的需要，Ablynx的申请量又有所回升。由于2017年提交的申请至今仍未全部公开，因此该年度申请量不具有分析意义。纵观Ablynx针对不同类型靶点的纳米抗体的布局，仍有大量具有治疗价值而尚未实现成果转化。同时，作为全球第一种针对aTTP的药物和第一种纳米抗体药物，Caplacizumab已经完成了Ⅲ期临床试验，于2018年9月3日在欧洲上市。Caplacizumab的成功势必会巩固Ablynx在纳米抗体领域的龙头地位，并进一步激发其加大科研创新的力度，因而预计Ablynx在2017年后的申请量仍有上升的空间和趋势。

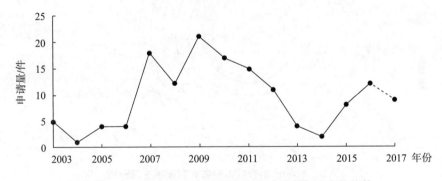

图7　Ablynx公司纳米抗体技术PCT申请量年度变化趋势

如图8所示，Ablynx的143件PCT申请目前进入了26个国家或地区，其中，欧洲是Ablynx国际申请的最主要目标区域，总量为108件，美国以101件的申请量紧随其后。此外，向五局中其他三个成员——中国、日本、韩国提交的申请量均在前十名内，分别为60件、69件、27件。

3. Ablynx技术路线分析

Ablynx涉及纳米抗体专利申请的技术主题可以分为抗体产品、制备方法、药物制剂或给药方法、检测用途、药物检测方法和给药器械几个方面。其中，涉及针对具体靶点的纳米抗体产品的申请共91件，约占总申请量的2/3，涉及通用纳米抗体制备方法或其改进的申请共37件，约占总申请量的1/4，这两类主题是 Ablynx 的专利申请最主要的方向（参见图9）。

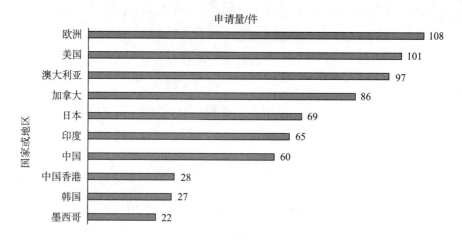

图8　Ablynx 纳米抗体技术专利申请分布

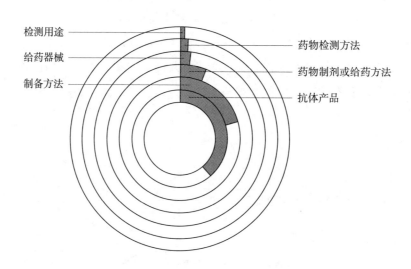

图9　Ablynx 纳米抗体相关专利技术主题分类

（1）纳米抗体产品

根据 Ablynx 纳米抗体的靶点在结构或功能上的相似性，可以将其分为以下几种类型：肿瘤坏死因子、生长因子或其受体、白介素或其受体、其他细胞因子或其受体、免疫球蛋白或其受体、血小板凝聚相关蛋白、T 细胞活化相关蛋白、G 蛋白偶联受体或离子通道、细菌或病毒抗原以及其他信号通路或病理过程中涉及的靶点（参见图10）。

1）靶向细胞因子或其受体的纳米抗体

细胞因子是一大类能在细胞间传递信息、具有免疫调节和效应功能的蛋白质或小分子多肽，通过结合相应的受体调节参与各种细胞的增殖、分化和凋亡，调控机体的免疫应答。根据细胞因子的主要功能，可将其分为六类：白细胞介素、干扰素、肿瘤坏死因子、集落刺激因子、趋化因子和生长因子。以细胞因子或其相应受体为靶点的纳米抗体是 Ablynx 最早也是最重点投入的研发方向之一，主要涉及肿瘤坏死因子、生长因子和白介素几大家族。

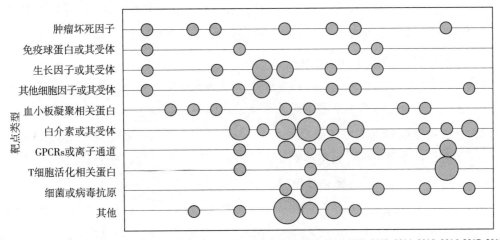

图 10　Ablynx 纳米抗体产品的靶点类型

注：图中气泡大小表示申请量多少。

专利申请 WO2004041862 是 Ablynx 最早提出的涉及纳米抗体的 PCT 申请，申请日为 2003 年 11 月 7 日，记载了靶向肿瘤坏死因子 α（TNFα）的纳米抗体。2005～2012 年，Ablynx 围绕 TNFα 陆续提出了 5 件申请，并随之诞生了治疗类风湿性关节炎的双特异性纳米抗体药物 Ozoralizumab（ATN-103），其由两个靶向 TNFα 的纳米抗体与一个靶向血清白蛋白的纳米抗体连接而成。Ozoralizumab 在日本的研发和商业化授权给大正制药，现已进入了临床试验阶段，在中国的研发和商业化则授权给亿腾医药，进入临床试验指日可待。2017 年，Ablynx 在专利申请 WO2017081320 中对靶向 TNFα 的纳米抗体进行进一步优化，使其适于通过口服治疗炎性肠病等消化道相关的疾病，减少了注射用药带来的副作用，是对纳米抗体多样化给药方式的探索。

在生长因子方面，Ablynx 开发了一系列针对多种生长因子或其受体的纳米抗体。其靶点包括 EGFR、HER2、HER3、VEGF、HGF、多种促血管生成素及其配体和多种 Eph 受体和 Ephrin 配体等，这类纳米抗体的临床适应证主要为肿瘤。

在白介素方面，阻断 IL-6/IL-6R 相互作用的纳米抗体是 Ablynx 的研发重点。IL-6 的失调与多种严重自身免疫病和慢性炎性增殖疾病相关，治疗此类疾病的一个重要方面是阻断 IL-6 与 IL-6R 的相互作用，从而避免 IL-6 下游信号通路的激活。2008～2018 这 11

年，Ablynx 提交了 11 件涉及靶向 IL-6 或 IL-6R 纳米抗体的申请，并诞生了靶向 IL-6R 的纳米抗体药物 Vobarilizumab。目前，该药物在评估作为系统性红斑狼疮炎治疗的安全性和有效性的Ⅱ期临床试验中未能达到预期，在适应证类风湿性关节炎上的前景仍有待观望。此外，Ablynx 的申请中还涉及多种白介素或其受体靶点，包括 IL-23、IL-18/IL-18R、IL-17A/IL-17F、IL-17R、IL-15/IL-15 和 IL-13 等，其中靶向 IL-17A 和 IL-17F 的双特异性纳米抗体 ALX-0761 也已经进入临床试验阶段。由此可见，Ablynx 在细胞因子这类分子中进行了大量前期投入和严密布局，同时也取得了丰硕的成果。

2）靶向血小板聚集相关蛋白的纳米抗体

靶向血小板聚集过程相关蛋白的纳米抗体也是 Ablynx 最早投入研发的方向之一。研究表明，血管损伤时内皮结构暴露，血管性血友病因子 vWF 通过 A3 结构域与纤维状胶原蛋白相互作用导致 vWF 发生构象变化，vWF 再通过 A1 结构域与血小板 gpIb 受体相互作用，激活血小板使得血小板聚集形成止血栓，从而促进损伤血管壁的愈合。然而在病理情况下，过量血小板则会导致血栓生成。

2004 年，Ablynx 提交了第一件靶向血小板聚集过程涉及的多种分子的纳米抗体专利申请 WO2004062551，靶点包括 vWF、vWF 的 A1 结构域、vWF 的 A3 结构域、活化形式 vWF 的 A1 结构域、gpIb 和胶原蛋白，所述纳米抗体可以用于治疗需要调节血小板聚集过程的疾病。后续专利申请 WO2006074947 涉及靶向活化形式 vWF A1 结构域的纳米抗体，该抗体能够识别和定量检测生物样本中的活化 vWF，从而诊断 2B 型血管性假性血友病、血栓性血小板减少性紫癜、HELLP 综合征等以活化 vWF 特征的疾病。专利申请 WO2006122825 涉及对靶向 vWF 的 A1 结构域的纳米抗体的优化，得到了一种二价人源化纳米抗体 ALX-0081 及一系列变体。基于该申请，Ablynx 于 2009 年、2010 年、2014 年、2015 年围绕 ALX-0081 及其变体在适应证、药物制剂、联合用药等方面陆续提出专利申请，使得该类纳米抗体产品从生产到使用的各个方面得到全面保护，同时也为其进入临床试验阶段做好铺垫。2009 年，基于 ALX-0081 变体 ALX-0681 的治疗获得性血栓性血小板减少性紫癜的药物 Caplacizumab 进入临床试验阶段，目前现已完成了Ⅲ期临床试验，于 2018 年 9 月 3 日在欧洲上市。Caplacizumab 是全球首个上市的纳米抗体药物，同时也是全球首个治疗 aTTP 的药物。

3）靶向 G 蛋白偶联受体或离子通道的纳米抗体

G 蛋白偶联受体是一大类细胞表面受体（G Protein-Coupled Receptors，GPCRs），具有高度保守的 7 个跨膜结构域，它们受到细胞所处环境中多样化的信号分子刺激而激活，参与大量细胞信号转导过程，广泛参与各种生理活动和代谢过程，并与多种重要疾病的发生、发展及治疗密切相关。基于 GPCRs 在生理病理过程中的重要生物作用，这一蛋白家族也是目前最重要的药物作用靶标库，现有药物中几乎一半都通过 GPCRs 作用。然而现有药物多为小分子药物，其中一个重要原因是大量 GPCRs 成员的配体结合位点位于跨膜结构域的裂缝中，很难制备针对此类靶点的单克隆抗体。与之类似，离子通道蛋白也包含多个跨膜结构域，现有药物具有缺乏特异性的缺陷。而纳米抗体突出的 CDR 环能够结合到裂缝中，从而特异性地结合靶分子，阻断其与配体的相互作用，作为靶向 GPCRs 或离子通道的抗体具有结构和性能上的天然优势。

专利申请 WO2008074839 首次公开了靶向一系列 GPCRs 的纳米抗体。由于 GPCRs 和离子通道都包含多次跨膜结构域，因而难以以天然的构象分离此类蛋白作为抗原，现有技术通常使用表达此类蛋白的全细胞作为抗原多次免疫动物，但结果会产生大量噪音，并为后续筛选带来困难。为了解决这一技术问题，专利申请 WO2010070145 记载了通过 DNA 疫苗免疫骆驼从而制备纳米抗体的方法。2009～2012 年，多项后续申请聚焦于 G 蛋白偶联受体家族中的趋化因子受体 CXCR4 和 CXCR7。专利申请 WO2016156570 记载了靶向 CXCR4 和 CD4 的双特异性抗体，用于防止 HIV 进入 CD4 + T 细胞。2013～2017 年提交的专利申请 WO2013178783、WO2015193452 和 WO2017081265 则主要涉及靶向离子通道的纳米抗体，其靶点主要集中于 ATP 门控离子通道 PX27 和钾离子通道 Kv1.3。

4）靶向细胞或病毒抗原的纳米抗体

2009 年，Ablynx 首次提出靶向病毒包膜蛋白的纳米抗体专利申请 WO2009147248，该申请涵盖了针对呼吸道合胞病毒（RSV）F 蛋白、流感病毒血凝素 H5 包膜蛋白、狂犬病毒 G 包膜蛋白等多种病毒包膜蛋白不同表位、不同构型的纳米抗体。2010～2017 年，Ablynx 陆续针对 RSV 病毒提出 5 件申请，涉及对序列、构型、药物制剂、给药方案方面的改进。目前，针对儿童 RSV 感染的纳米抗体药物 ALX-0171 已经进入 II 期临床试验阶段。Ablynx 在 ALX-0171 的专利策略上与 Caplacizumab 如出一辙：以一个疾病相关通路上的多个分子或同类型分子的多个成员为靶点的一系列纳米抗体作为第一件申请打头阵，后续申请则专注于众多靶点中的一个，首先从序列和构型的角度进行优化，提高抗体的特异性、亲和性和稳定性，而后进一步针对特定的适应证，对药物配方、剂型和给药方案等方面进行优化，为药物的临床试验奠定基础。

5）靶向 T 细胞活化过程相关分子的纳米抗体

T 细胞的活化依赖于双重信号的作用，第一信号来自 T 细胞受体/CD3 复合体对抗原呈递细胞上的抗原肽 - MHC 分子复合物的特异性识别；第二信号来自抗原呈递细胞表达的共刺激分子与 T 细胞表面的相应受体或配体相互作用介导的信号，其中 B7/CD28 超家族组成了重要的共刺激信号系统。阻断共刺激分子与 T 细胞上相应受体的相互作用能够抑制 T 细胞的活化，因而抑制共刺激信号能够避免在自身免疫、移植排异或过敏反应过程中不需要的 T 细胞反应，而刺激该通路能够促进肿瘤过程、疫苗免疫等过程中的 T 细胞效应。基于以上机制，Ablynx 开发了多种靶向 B7/CD28 超家族的成员的纳米抗体，例如，专利申请 WO2008071447 记载的纳米抗体靶点涉及 B7 – 1、B7 – 2、PD – L1、PD – L2 等位于抗原呈递细胞上的共刺激/抑制分子，以及 CD28、CTLA – 4、ICOS、PD – 1 等位于 T 细胞上的受体。此外，专利申请 WO2011073180、WO201708961 和 WO2017068186 分别记载了靶向共刺激分子 OX40L、CD40L 和 GITR 的纳米抗体。

另一方面，Ablynx 基于纳米抗体技术开发了新型的 T 细胞招募多肽，这种 T 细胞招募多肽能够同时结合靶细胞的抗原和 T 细胞，从而将 T 细胞招募到靶细胞处发挥其杀伤作用。2016 年同日提交的两件专利申请 WO2016180982 和 WO2016180969 分别记载了靶向 CD3 和肿瘤抗原，以及靶向 T 细胞受体恒定区和肿瘤抗原的 T 细胞招募多肽。2017 年提交的专利申请 WO2018091606 记载了靶向 T 细胞受体恒定区和白血病干细胞中高表达分子 CD123 的 T 细胞招募多肽。基于纳米抗体的 T 细胞招募多肽是近年来 Ablynx 开发的新方向，未来势必会有更多专利申请聚焦于此，为肿瘤治疗带来更多可能性。

（2）纳米抗体的制备方法

抗体工程在经过第一代多克隆抗体及第二代单克隆抗体后，现已进入第三代的基因工程抗体。基因工程抗体是指人们用基因工程手段对抗体进行改造，使其人源化、小型化以及多功能化。但是在各种基因工程抗体的研发过程中，面临着一些共同的问题：如何有效地获得抗体的可变区基因，如何有效地使抗体在宿主细胞中表达出来，如何快速有效地筛选出针对某种抗原的特异性抗体。1985 年 Smith 等人报道了噬菌体展示技术，为基因工程抗体的研究带来了革命性的影响。噬菌体展示技术属于生物文库技术，所谓分子文库是指一个大量分子的集合体，它可以是多肽库、抗体库、蛋白质库等，不同的分子文库可以通过不同策略构建，然后将这些外源分子通过与噬菌体衣壳蛋白融合而表达于噬菌体颗粒的表面，再经过吸附 – 洗脱 – 扩增的亲和筛选过程，高通量、高效率、快速地从浩瀚的分子文库中筛选出与某一特定分子相互作用的分子。因此，噬菌体展示技术被广泛应用于包括纳米抗体在内的基因工程抗体的制备过程中。

Ablynx 第一件涉及纳米抗体的专利申请 WO2004041862 中记载了制备靶向 TNFα 纳米抗体的制备方法，主要包括以下步骤：利用人 TNFα 作为抗原免疫大羊驼、收集外周血淋巴细胞提取总 RNA、反转录合成 cDNA、以总 cDNA 为模板 PCR 扩增 VHH 序列制备 VHH 文库、将 VHH 片段连接到噬菌体质粒载体、将载体质粒转入大肠杆菌宿主细胞表达得到重组噬菌体颗粒、利用生物素标记的 TNFα 筛选特异性结合的克隆、进行序列优化和后续验证。Ablynx 在上述方法的基础上，不断探索和优化各个步骤，逐步形成了从早期筛选到工业生产再到临床应用的完整研发体系（参见表 2）。

表2 Ablynx 纳米抗体制备技术路线

申请年份	VHH文库制备	序列优化	延长半衰期	多价/多特异性形式制备	激活免疫反应	优化宿主菌表达	分离纯化
2003			WO2004041865				
2005	WO2006079372						
2006			WO2006122787				
2007	WO2007118670		WO2007112940 WO2008028977 WO2008043821 WO2008043822 WO2008068280	WO2009030285			
2008		WO2009004065 WO2009004066		WO2009068631	WO2009068628 WO2009068630		
2009	WO2009109572	WO2009095235	WO2009127691	WO2009109635			
2010				WO2010100135		WO2010125187	WO2010056550
2011			WO2011095545			WO2011003622	
2012		WO2012175741	WO2012175400			WO2012056000 WO2012152823	
2014				WO2015044386			
2015		WO2015173325		WO2016097313			
2016		WO2016150845	WO2017080850 WO2017085172	WO2016124781			
2017			WO2018104444			WO2017137579	

1）重链抗体的重链可变区文库制备

噬菌体展示技术是 Ablynx 制备驼源重链抗体的重链可变区文库的最主要手段。早期研究发现，驼源重链抗体的重链可变区 V 基因片段与人 VH3 基因家族高度同源。后来，研究人员又发现一类驼源（尤其是大羊驼）重链可变区与人 VH4 重链可变区序列，尤其是生殖细胞系 DP – 78 序列高度同源。基于这一发现，Ablynx 于 2007 年提出的专利申请 WO2007118670 记载了利用噬菌体展示技术筛选、制备这类重链抗体 VHH 的方法。2009年提出的专利申请 WO2009109572 记载了对噬菌体展示技术的改进方法，通过优化噬菌体载体，每个噬菌体颗粒更倾向于表达单个拷贝的 VHH，从而有效筛选到对抗原具有高亲和力的 VHH。尽管利用噬菌体展示技术筛选抗原特异性纳米抗体是 Ablynx 主要的技术平台，然而噬菌体文库存噪声大、产生的抗体以非体内天然构象存在、易于污染等缺陷，因而 Ablynx 也在尝试使用其他方式克隆 VHH，如 2005 年提出的专利申请 WO2006079372记载了一种不同于噬菌体展示的 VHH 制备方法：在获得免疫动物的血清后，对外周血免疫细胞进行分选，分离得到表达与抗原特异性结合的重链抗体的细胞，刺激该细胞分泌抗体进行后续验证和克隆改造。

2）序列优化

尽管纳米抗体本身相对于传统抗体以及来源于传统抗体的抗原结合部分表现出诸多优势，研发人员仍致力于对纳米抗体的序列进一步优化，以期得到更好的特异性、亲和性、稳定性和低免疫原性等。例如，2008 年提出的专利申请 WO2009004065 和WO2009004066 记载了利用组装 PCR 方法在已有纳米抗体序列的基础上引入特定氨基酸突变，从而筛选性质优化的纳米抗体。专利申请 WO2009095235 记载了通过引入特定的氨基酸突变提高纳米抗体的稳定性。2012 ~ 2016 年提出的后续专利申请 WO2012175741、WO2015173325、WO2016150845 则记载了通过对纳米抗体的序列进行改造或修饰，从而减少机体内已有抗体对纳米抗体的结合，进一步降低纳米抗体的免疫原性。

3）延长纳米抗体的半衰期

纳米抗体的分子量小、半衰期短，能够快速被肾脏代谢，这一性质成为纳米抗体作为药物应用的阻碍。Ablynx 自开发纳米抗体以来就在不断探索延长纳米抗体半衰期的方法，直至 2017 年仍有涉及延长半衰期相关的申请。Ablynx 延长纳米抗体半衰期主要采用两种策略：第一种策略是靶向抗原的纳米抗体与靶向人血白蛋白的纳米抗体连接构成双特异性或多特异性纳米抗体，这种方法首次记载于 2003 年提出的专利申请WO2004041865，后续相关申请不断对抗人血白蛋白纳米抗体的结构和性质进行优化；第二种策略是如专利申请 WO200711290 所记载的，将靶向抗原的纳米抗体与人血白蛋白的结构域Ⅲ共价连接形成融合蛋白。两种方法均能有效延长纳米抗体的半衰期，然而Ablynx 的绝大多数申请采取第一种策略。另外，Ablynx 的部分申请中也涉及采用将纳米抗体与 Fc 片段融合或对纳米抗体进行聚乙二醇修饰的方法延长纳米抗体半衰期。

4）多价/多特异性纳米抗体的制备

在 Ablynx 已有的纳米抗体产品中，涉及多种多价或多特异性的纳米抗体，如 Ozoralizumab（anti－TNFα/anti－HSA/anti－TNFα）、ALX－0861（anti－IL－17A/anti－IL－17F）、BI836880（anti－VEGF/anti－Ang2）等，其在制备多价/多特异性纳米抗体的制备方法上也作出了大量探索，开发出多样的连接方式或不同的靶点组合方式。例如，在连接方式上，2009～2010 年提出的专利申请 WO2009109635 和 WO2010100135 记载了非共价二聚体的制备方法；而近些年，如 2015～2016 年提出的专利申请 WO2016097313 和 WO2016124781 则记载了以二硫键连接的共价二聚体的制备方法。在靶点组合方式上，2014 年提出的专利申请 WO2015044386 记载了一种靶向癌症抗原的双特异性纳米抗体的制备方法，其中第一结合结构域以较低的亲和力靶向癌症细胞表面抗原起到锚定作用，第二结合结构域以高亲和力靶向该细胞上的其他抗原发挥效应功能，这种方式能够提高针对癌症细胞的特异性，降低药物对机体的毒性和副作用。

5）优化宿主菌的表达

纳米抗体能够在大肠杆菌和酵母宿主菌中正确折叠以及高效表达，然而研究人员意外发现，当在酵母菌中表达时，会产生部分至少缺少一个二硫键的结构变异体。2010 年提出的专利申请 WO2010125187 记载了通过改进酵母宿主菌培养条件，降低这类结构变异体产生概率，从而提高功能性抗体产率。2011 年提出的专利申请 WO2011003622 记载了对包含半胱氨酸的 C 末端延伸序列的改进，使得该序列上的半胱氨酸能够在宿主，尤其是毕赤酵母中正确表达，以便于后续的聚乙二醇化修饰。2012 年提出的专利申请 WO2012056000、WO2012152823 进一步涉及对毕赤酵母宿主表达纳米抗体方法或条件的优化，以减少或去除不同种类副产品。2017 年提出的专利申请 WO2017137579 记载了通过提高毕赤酵母菌种辅助蛋白的表达提高纳米抗体产率。通过这一系列的优化措施，Ablynx 逐渐建立了成熟的毕赤酵母纳米抗体表达系统。

（四）中国重要申请人纳米抗体专利分析

高校和科研院所是我国纳米抗体研发的先锋和主体。截至 2018 年 8 月 1 日，国内纳米抗体申请量排在前十位的申请人中，6 位为来自中国的高校和研究所。本部分主要介绍我国申请量排名前三位的高校——南昌大学、东南大学和广西医科大学在纳米抗体领域的相关申请，以初步了解纳米抗体在国内的研发现状。

1. 南昌大学

在南昌大学 65 件纳米抗体相关专利申请中，有 11 件为在先申请的分案申请，因而算作 54 件申请，申请日集中于 2014～2017 年。发明人主要有许杨、何庆华、涂追和付金衡等。其中，53 件申请以纳米抗体产品为主题，靶点主要分为三类：第一类是疾病相关抗原，具体靶点为前列腺特异性膜抗原 PMSA，共有 4 件申请。第二类是重组蛋白或融合蛋的标签序列，包括组氨酸标签、IgG 的 Fc 片段和 c - Myc 标签蛋白，共有 29 件申请。第三类是食品中的毒素或其抗体，共有 20 件申请，其中，11 件靶点为黄曲霉毒素，5 件靶点为抗不同毒素的单克隆抗体，目的是模拟毒素抗原，代替价格昂贵且毒性强的毒素作为标准品用于免疫学检测，另外 4 件靶点为抗呕吐毒素抗原 - 抗体免疫复合物，目的是利用纳米抗体建立针对呕吐毒素抗原的非竞争型免疫分析方法。这些纳米抗体的制备采用最常规的制备方法，包括免疫羊驼、扩增 VHH 序列、制备噬菌体展示文库、筛选阳性克隆、大肠杆菌转化表达等步骤。此外，另外 1 件申请为利用纳米抗体的基于能量转移的赭曲霉素 A 的检测方法。

2. 东南大学

东南大学 26 件纳米抗体相关专利申请的申请日集中于 2013 ~ 2017 年。发明人团队主要为万亚坤课题组，共有申请 19 件，其中 17 件涉及纳米抗体产品，靶点主要为两类：一类是各种生理状态或疾病诊断中的标志物，如前白蛋白、载脂蛋白、视黄醇结合蛋白等；另一类是食品检测中的重要指标，包括黄曲霉素 B1、转基因植物标志物分子 CP4 - EPSPS、Cry1B 和 Cry1Ab。这些纳米抗体的制备采用最常规的制备方法，包括免疫骆驼、扩增 VHH 序列、制备噬菌体展示文库、筛选阳性克隆、大肠杆菌转化表达等步骤。另外 2 件申请涉及不同的噬菌体纳米抗体展示文库的构建方法：专利申请 CN104233474A 记载了构建人工合成噬菌体展示文库的方法，该方法基于纳米抗体保守框架，在保持 FR1 区至 FR3 区固定不变的情况下，使 CDR3 区的 16 个氨基酸随机自由排列组合，同时排除半胱氨酸，最终得到的库容为 3×10^9；专利申请 CN104404630A 记载了采用未经免疫的双峰驼血样和脾脏克隆 VHH 序列从而构建文库构建天然双峰驼噬菌体展示纳米抗体文库的方法。以上两种噬菌体展示文库构建方法均能够用于具有特定抗原特异性的纳米抗体的筛选，解决由于抗原因素无法免疫骆驼从而制备相应噬菌体展示文库的问题，为医学研究和诊断提供了新的资源。

此外，李淑锋课题组的 3 件申请分别涉及针对 Wasabi 绿色荧光蛋白、TNF - α 和 HPV16E7 的纳米抗体；沈艳飞课题组的 2 件申请分别涉及基于纳米抗体的检测 CP4 - EP-SPS 和黄曲霉素 B1 的电化学免疫传感器。在谢维课题组的 2 件申请中，1 件记载了针对人源抗体 Fc 片段的纳米抗体；另外 1 件（CN106929513A）则披露了以 mRNA 编码纳米抗体进而调控胞内蛋白的新方法，该方法是以常规方式获得纳米抗体后通过测序获得其基因序列，在体外以 DNA 为模板合成 mRNA，经过适当修饰增加 mRNA 稳定性后通过转运载体将其运送至靶细胞，最终 mRNA 在细胞内被识别、翻译、表达出可以与靶蛋白结合的纳米抗体。该方法与以 DNA 或病毒为载体在细胞内表达纳米抗体的常用策略不同，避免了外源 DNA 对宿主细胞基因组序列造成改变的风险，更适应临床用药的安全需求。

3. 广西医科大学

广西医科大学的 19 件纳米抗体相关专利申请的申请日集中于 2015～2017 年，发明人均为卢小玲课题组成员。这 19 件申请全部以抗体产品为主题，靶点为肿瘤诊断和治疗中的重要标志物，包括 CD105、FAP、CTLA－4 和 PD－1。其中，CD105 在增殖的内皮细胞和肿瘤组织的新生血管内皮细胞中过表达，是一种可靠的肿瘤新生血管标志物；成纤维细胞激活蛋白 FAP 是肿瘤相关成纤维细胞特异性表达的一种表面抗原，具有促进肿瘤细胞生长、侵袭以及免疫抑制的作用；CTLA－4 和 PD－1 均为 T 细胞表面的跨膜糖蛋白分子，对 T 细胞增殖起负调控作用，是重要的免疫抑制分子，也是肿瘤免疫治疗的重要靶点。

以上申请中相关纳米抗体的制备采用最常规的制备方法，包括免疫骆驼、扩增 VHH 序列、制备噬菌体展示文库、筛选阳性克隆、大肠杆菌转化表达等步骤，最终得到的纳米抗体具有较好的抗原结合能力。但是，对于上述纳米抗体体外或体内的诊断及治疗效果，申请文件并没有进一步披露，还须研究团队的进一步探究和验证，才能有望最终实现产品的转化。

高校是中国纳米抗体创新研发的主力军，通过以上三所高校在纳米抗体方面的专利布局可以看出，纳米抗体在食品检测、蛋白检测与纯化、疾病诊断和治疗领域有广泛的应用，不同创新主体的研发侧重点不同。例如，南昌大学重点关注纳米抗体在食品检测中的应用，东南大学重点关注生理标志物的检测，而广西医科大学则主攻肿瘤的诊断和治疗。值得注意的是，尽管在国内申请人的相关专利申请量名列前茅，但实际上国内申请人通常以一个抗体作为一件申请提交，而国外申请人，尤其是大型跨国制药公司，倾向于针对同一靶点的多个抗体作为一项申请提交，因而仅从申请量的角度不能直接反应出国内纳米抗体领域的发展水平。并且，国内纳米抗体的研发起步较晚，在纳米抗体制备方法上的创新不足，主要沿用早期的专利技术。纳米抗体产品主要以检测型为主，缺乏治疗性抗体。对于已有的针对疾病相关靶点的抗体，亟待进一步挖掘其在临床治疗中的价值。或许 Ablynx 的经验值得中国的高校和企业借鉴，高校和企业应联合起来，通过校企合作加快产学研成果转化，让纳米抗体领域高价值的"中国制造"早日问世。

三、总结

近年来，抗体技术已被广泛地应用于疾病的诊断和治疗领域，新型基因工程抗体层出不穷，其中抗体小型化是抗体基因工程的主要研究方向之一。抗体小型化主要是通过 DNA 重组技术，按人类设计重新组装新型抗体分子，去除或减少无关结构，仅保留具有抗原结合功能的小分子片段，在保留或增加天然抗体的特异性和生物学活性的基础上降低其分子量。这类抗体包括 Fab、F（ab)₂、单链抗体（scFv）、双特异性抗体（bsAb）等，然而这些小型化抗体的抗原结合部分均是由重链和轻链的可变区共同组成的。重链抗体的发现为抗体的基因工程改造开辟了新的方向——单一的重链可变区结构域就具有高度的结构稳定性和抗原亲和性，这些令人欣喜的发现推进了纳米抗体的研发和应用。

Ablynx 依托布鲁塞尔自由大学的重链抗体技术，从纳米抗体早期研发到临床应用方面均走在了世界前列，其纳米抗体产品覆盖了肿瘤坏死因子、生长因子或其受体、白介素或其受体、其他细胞因子或受体、免疫球蛋白或其受体、血小板凝聚相关蛋白、T 细胞活化相关蛋白、G 蛋白偶联受体或离子通道、细菌或病毒抗原等多种类型的大量靶点，并且其对纳米抗体制备的各个环节进行优化，逐步形成了从早期筛选到工业生产再到临床应用的完整研发体系。与此同时，越来越多的中国高校和企业也加入研究队伍，和全球领先的研发团队同台竞技。中国的创新主体在纳米抗体领域各有所长，但在制备方法上的创新不足，其产品也主要以检测型纳米抗体为主，缺乏具有高价值的治疗性抗体。然而，随着越来越多的中国创新主体加入纳米抗体的研发行列，这种新的竞争格局必然会催生出新技术、新产品、新市场。

2018 年对于纳米抗体技术是至关重要的一年，药企巨头赛诺菲达成了以总价 39 亿欧元收购 Ablynx 的协议，全球第一个纳米抗体药物 Caplacizumab 也于 2018 年 9 月 3 日在欧洲上市。这充分预示了以 Ablynx 为代表的纳米抗体技术在未来的广阔发展前景。纳米抗体的未来如何，我们拭目以待。

参考文献

[1] HAMERSCASTERMAN C, ATARHOUCH T, MUYLDERMANS S, et al. Naturally occurring antibodies devoid of light chains [J]. Nature, 1993, 363(6428): 446.

[2] MUYLDERMANS S, BARAL T N, RETAMOZZO V C, et al. Camelid immunoglobulins and nanobody technology [J]. Veterinary Immunology Immunopathology, 2009, 128(1): 178 – 183.

[3] GREENBERG A S, AVILA D, HUGHES M, et al. A new antigen receptor gene family that undergoes rearrangement and extensive somatic diversification in sharks [J]. Nature, 1995, 374(6518): 168 – 173.

[4] DOOLEY H, FLAJNIK M F, PORTER A J. Selection and characterization of naturally occurring single – domain (IgNAR) antibody fragments from immunized sharks by phage display [J]. Molecular Immunology, 2004, 40(1): 25 – 33.

[5] KöNNING D, ZIELONKA S, GRZESCHIK J, et al. Camelid and shark single domain antibodies: structural features and therapeutic potential [J]. Current Opinion in Structural Biology, 2017, 45: 10 – 16.

[6] ABEDELNASSER A, SPRONG H, EN HENEGOUWEN P V B, et al. The blood – brain barrier transmi-

grating single domain antibody: mechanisms of transport and antigenic epitopes in human brain endothelial cells [J]. Journal of Neurochemistry, 2005, 95(4): 201 – 1214.

[7] VINCKE C, LORIS R, SAERENS D, et al. General strategy to humanize a camelid single – domain antibody and identification of a universal humanized nanobody scaffold [J]. Journal of Biological Chemistry, 2009, 284(5): 3273.

[8] MEYER T D, MUYLDERMANS S, DEPICKER A. Nanobody – based products as research and diagnostic tools [J]. Trends in Biotechnology, 2014, 32(5): 263 – 270.

[9] STEELAND S, VANDENBROUCKE R E, LIBERT C. Nanobodies as therapeutics: big opportunities for small antibodies [J]. Drug Discovery Today, 2016, 21(7): 1076 – 1113.

[10] SAERENS D, GHASSABEH G H, MUYLDERMANS S. Single – domain antibodies as building blocks for novel therapeutics [J]. Current Opinion in Pharmacology, 2008, 8(5): 600 – 608.

肉苁蓉天然药物相关专利技术综述[*]

刘艳芳　　左丽[**]　　张娜[**]　　杨倩[**]　　吕茂平[**]

摘要　　肉苁蓉是一种我国著名的补益中药，至今已有两千多年使用历史。肉苁蓉为寄生植物，主要分布在我国西北沙漠、荒漠地区，其寄主梭梭、柽柳等均为可防沙固沙的优良树种。本文综述了与肉苁蓉天然药物学研究相关的专利文献，重点介绍了提取分离工艺的技术演进、技术脉络以及研究热点和前沿技术，为肉苁蓉的专利保护及对我国产学研合理开展中药研发和专利布局提供了参考和建议。

关键词　　肉苁蓉天然药物　　提取分离　　专利

一、引言

肉苁蓉，亦名大芸、肉松蓉、盐大芸、纵蓉、马芝、苁蓉、查干告亚、淡苁蓉，在《神农本草经》中被列为上品，具有益精血、补肾阳、润肠通便等功效，是我国西部地区名贵中药材之一，被誉为"沙漠人参"和"药中珍品"。2000 年版以前各版《中华人民共和国药典》收载的肉苁蓉为列当科植物肉苁蓉（*Cistanche deserticola* Y. C. Ma）❶ 干燥带鳞叶的肉质茎。2005 年版《中华人民共和国药典》中，其来源又增加了管花肉苁蓉（*Cistanche tubulosa*（Schrenk）Wight）。现行《中华人民共和国药典》（2010 年版一部）收载的肉苁蓉为列当科植物荒漠肉苁蓉（*Cistanche deserticola* Y. C. Ma）和管花肉苁蓉（*Cistanche tubulosa*（Schrenk）Wight）干燥带鳞叶的肉质茎。肉苁蓉是典型的根寄生性植物，其寄主梭梭、柽柳属植物、盐爪爪等均为具有防沙固沙作用的优良树种。

天然药物学是一门研究天然药物的科学，是应用本草学、植物学、动物学、矿物学、化学、药理学、中医学等知识和现代科学技术来研究天然药物的名称、来源、采收加工、

---

　　* 作者单位：国家知识产权局专利局专利审查协作北京中心。
　　** 等同第一作者。
　　❶　肉苁蓉具有广义和狭义之分。荒漠肉苁蓉（*Cistanche deserticola* Y. C. Ma）在《中国植物志》和《中国药典》中被直接称为肉苁蓉，即狭义的肉苁蓉。本文中肉苁蓉均指广义的肉苁蓉，即包含了荒漠肉苁蓉（*Cistanche deserticola* Y. C. Ma）、管花肉苁蓉（*Cistanche tubulosa*（Schrenk）Wight）等品种的肉苁蓉。

鉴定、化学成分、品质评价、功效应用、资源开发等内容的一门综合性学科。

目前，肉苁蓉的天然药物学研究主要集中在中国、韩国、日本等少数国家。本文综述了肉苁蓉天然药物学研究的种植、栽培、加工炮制、功效等专利文献，重点介绍了提取分离工艺的技术演进、技术脉络以及研究热点和前沿技术。

二、专利技术概述

（一）研究方法

笔者在英文摘要库德温特世界专利索引数据库（DWPI）及英文全文库 EP 全文文本库（EPTXT）、US 全文文本库（USTXT）、WO 全文文本库（WOTXT）中检索 cistanche??，排除中国专利申请文献，检索截至 2018 年 7 月 25 日，获得 93 件他国申请，以日韩为主。经人工筛查，共计 32 件与天然药物学内容相关。在中国专利全文文本代码化数据库（CNTXT）、中国专利文摘数据库（CNABS）数据库中以"肉苁蓉""肉松蓉""大芸""寸芸""纵蓉""苁蓉""肉从蓉""肉苁容""肉从容""金笋"等为关键词进行检索，经分类号排除中药、食品等其中不以肉苁蓉为主要成分的大组方，并对检索结果进行人工筛选标引，检索截至 2018 年 7 月 25 日，获得 1040 件肉苁蓉天然药物研究相关中国申请。由于国外文献占比过小（小于 3%），不具备统计分析意义，为深入了解国内的研究趋势，下文主要以 1040 件中国申请作为详细分析的基础。

（二）概况分析

1. 申请量趋势

将目前国内肉苁蓉相关的天然药物专利技术进行归纳，利用申请日字段对所获得的专利文献进行统计分析，申请量趋势如图 2-1 所示。

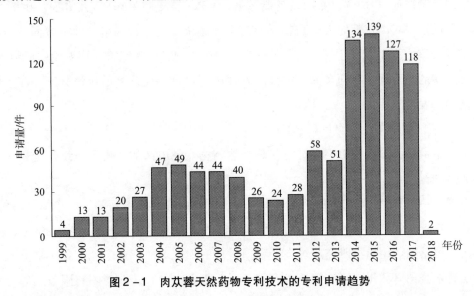

图 2-1　肉苁蓉天然药物专利技术的专利申请趋势

由图2-1可知，肉苁蓉的研究始于21世纪初，2004~2008年专利申请量达到一个小峰值，2009~2013年研究热度有所下降，2014年以后申请量出现激增。结合后期的技术分析，该申请趋势一方面反映出2008年左右已基本完成来源、栽培、采收加工、鉴定、化学成分及功效应用的基本脉络发展，另一方面反映出在2014年后肉苁蓉的天然药物学发展日益受到重视，出现了新的研究热潮。

2. 技术分布

对肉苁蓉天然药物专利申请的国民经济行业构成及分类号技术分支构成进行分析，如图2-2、图2-3所示。

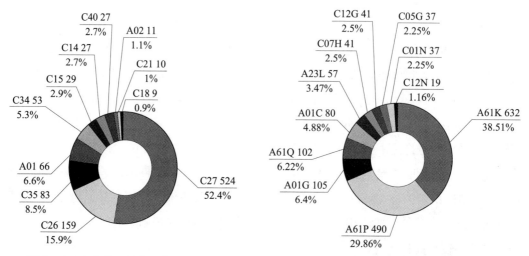

图2-2　肉苁蓉天然药物专利技术的专利申请国民经济行业构成　　　　图2-3　肉苁蓉天然药物专利技术的专利申请技术分支构成

图2-2表明目前国内肉苁蓉的专利申请主要集中在医药制造业（C27）、化学原料和化学制品制造业（C26）、专用设备制造业（C35）、农业（A01）几方面；由图2-3可知，目前国内对肉苁蓉的天然药物学研究主要集中在药用、栽培、种植方面，与国民经济构成一致。图2-2和图2-3表明肉苁蓉的产业发展较为完善，从初始的原料种植、加工至后期的成药都有专利布局，也提示其他中药可借鉴肉苁蓉的申请分布，注重整个产业链的研发专利保护。

3. 申请区域分布

利用申请日、申请省份字段对肉苁蓉天然药物专利申请的省份进行统计分析，结果如图2-4所示。

由图2-4可知，肉苁蓉的专利申请省份主要集中在北京、新疆、广东、江苏等地。据笔者分析，新疆是肉苁蓉的生长、培育基地；北京等地集聚了北京大学屠鹏飞课题组、中国医学科学院药用植物研究所等高校科研院所；而江苏、广东等地汇聚了江苏康缘药业股份有限公司、苏州合研生物技术有限公司、中山市中智药业集团有限公司等医药企业。以上地区均对肉苁蓉具有较高的研发热情，因此相应的申请量也较多。

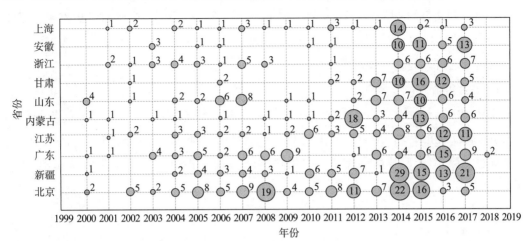

图 2-4　肉苁蓉天然药物专利申请主要省份分布

注：图中数字表示申请量，单位为件。

三、提取分离工艺的技术演进

（一）提取分离工艺概况分析

1. 申请量趋势

对涉及肉苁蓉提取分离工艺的专利文献进行标引汇总，利用申请日字段对所汇总的专利文献进行统计分析，其申请趋势见图 3-1。

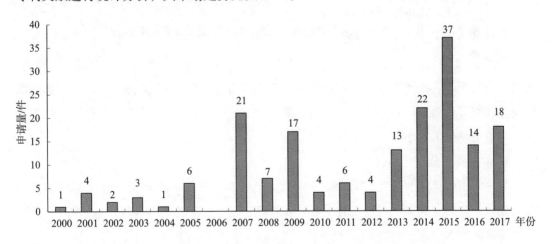

图 3-1　肉苁蓉提取分离工艺的专利申请趋势

由图 3-1 可以看出，从 2000 年的 1 件申请开始，我国关于肉苁蓉分离提取的发明专利申请经历了两个高峰时期，第一高峰时期为 2007 年和 2009 年，第二高峰时期为 2014～2015 年，随后保持相对较高的申请态势。其中 2015 年申请量为 37 件，2014 年申请量为 22 件，2007 年申请量为 21 件，这三年共计 80 件，占 2000～2017 年所有肉苁蓉提取分离专利文献的 44.4%。2016 年申请了 14 件，2017 年申请了 18 件，虽然申请量较 2015 年有所回落，但是与第一高峰时期（2007 年、2009 年）的申请量相当，表明肉苁蓉相关研究已进入高速发展时期。

2. 主要申请人

为获知肉苁蓉提取分离技术的主要研发团队和申请者，笔者选用申请人字段对肉苁蓉提取分离工艺的专利文献进行统计分析，申请量排名前三位的申请人依次为中山大学、广州绿色盈康生物工程有限公司、中国科学院过程工程研究所，相关信息如图 3－2 所示。

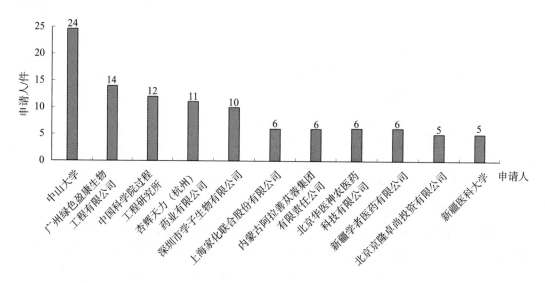

图 3－2　肉苁蓉提取分离工艺的专利申请主要申请人分布

由图 3－2 可以看出，申请人排名前五位的申请量均已超过 10 件，且主要为研究所、医药公司和大学。据悉，北京华医神农医药科技有限公司、新疆医科大学、北京大学屠鹏飞课题组等均属于同一个肉苁蓉研究与技术推广协作组，其申请人较为分散，计算不便，但申请总量不容小觑。

3. 主要技术分支

为深入了解具体的研究方向和技术内容，笔者选用分类号字段对上述汇总的肉苁蓉提取分离工艺的专利文献进行统计分析，如图 3－3 所示；表 3－1 概括了所涉及分类号对应的具体技术内容。

由图 3－3 及表 3－1 可知，肉苁蓉的提取分离工艺主要集中在 A61K 部分，即提取分离技术、从肉苁蓉中获得活性提取物或分离单体及其生物活性研究等方面，占申请总量的一半以上，这与近年来鼓励的天然药物学研究的重点相一致。

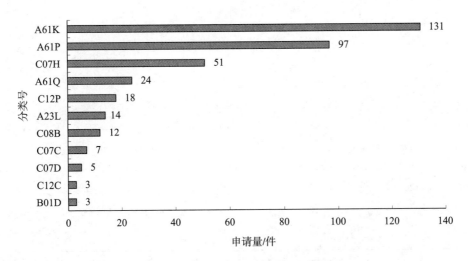

图 3-3　肉苁蓉提取分离工艺的专利申请技术领域分布

表 3-1　肉苁蓉提取分离工艺的专利申请技术领域分布

排名	IPC 分类号	专利申请数量/件
1	A61K（肉苁蓉属植物的提取分离、从肉苁蓉属植物分离得到的活性提取物或分离单体的药效研究、生物活性研究等）	131
2	A61P（肉苁蓉提取物或分离单体的治疗用途发明）	97
3	C07H（肉苁蓉寡糖、肉苁蓉多糖、松果菊苷等）	51
4	A61Q（肉苁蓉属植物，或从该属植物中分离得到的活性提取物、分离单体用于化妆品）	24
5	C12P（发酵或使用酶的方法合成目标化合物或组合物，或发酵或使用酶分离提取）	18
6	A23L（肉苁蓉属植物，或从该属植物中分离得到的活性提取物、分离单体用于食品或保健品）	14
7	C08B（多糖类；其衍生物）	12
8	C07C（无环或碳环化合物）	7
9	C07D（含杂环的化合物）	5
10	B01D（分离（用湿法从固体中分离固体，用风力跳汰机或摇床，固体物料从固体物料或流体中的磁或静电分离）	3
11	C12C（啤酒中添加肉苁蓉提取液）	3

4. 申请省份技术领域分析

为了探究不同研发地区都致力于肉苁蓉的哪些技术研究和创新，笔者选用分类号和申请省份字段对汇总的肉苁蓉提取分离工艺专利文献进行统计分析，如图 3-4 所示。

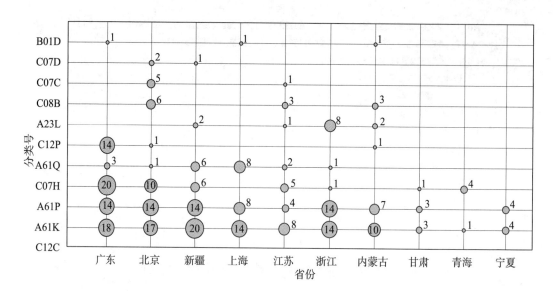

图3-4 肉苁蓉提取分离工艺专利申请省份分析

注：图中数字表示申请量，单位为件。

由图3-4可知，广东、北京作为申请量最大的两个区域，主要研究内容包括提取分离技术、从肉苁蓉中分离得到的活性提取物或分离单体及其生物活性研究，尤其是涉及肉苁蓉寡糖、肉苁蓉多糖、松果菊苷等具体活性成分的开发。据笔者分析，这是由于广东、北京地区汇集了关注肉苁蓉研发的药学相关科研机构及企业，科研实力较强。此外，新疆是另一个申请量大省，研究方向主要集中在肉苁蓉的活性成分结构、活性部位组成及其药理研究，但对于肉苁蓉寡糖、肉苁蓉多糖、松果菊苷等具体化合物及其化合物结构改造的研究并不常见。据笔者分析，这是由于新疆是肉苁蓉植物的生长、培育基地，因而其研发关注点多集中于此，但由于缺乏单体化合物纯化、结构分析及结构改造的现代化设备和技术，因此以C07C、C07D等为主要分类号的反映单体活性成分的专利申请较少。

5. 申请省份申请量分析

利用申请日和申请省份字段对上述汇总的肉苁蓉提取分离工艺专利文献进行统计分析，可看出不同区域随着时代发展对肉苁蓉研究、申请的趋势，如图3-5所示。

由图3-5可知，广东研究肉苁蓉并提请专利保护的时间较早，其大量集中申请时间与2007年、2009年出现的第一申请高峰时间一致；而北京、新疆大量申请肉苁蓉相关专利的时期较晚，集中在2014~2017年第二申请高峰期。据悉，北京、新疆等地以北京大学屠鹏飞课题组为代表的肉苁蓉研究与技术推广协作组开展相关研究的时间并不晚，但是早期专利意识较为薄弱，故早年的专利申请量不多。其他省份如江苏、浙江申请则比较均匀，多年来的申请持续且平均。

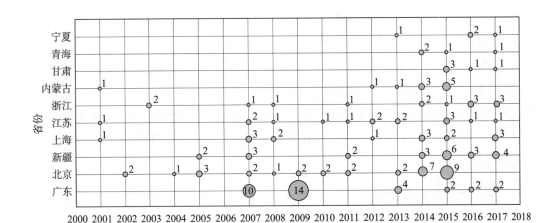

图3-5　主要省份肉苁蓉提取分离工艺专利申请趋势

注：图中数字表示申请量，单位为件。

（二）肉苁蓉的化学成分及其分离提取方法

1. 肉苁蓉的化学成分

我国有肉苁蓉属植物4种和1变种，分别为荒漠肉苁蓉（*C. deserticola* Y. C. Ma）、盐生肉苁蓉（*C. salsa*（C. A. Mey.）G. Beck）、白花盐苁蓉（*C. salsa* var. albiflora P. F. Tu et Z. C. Lou）、管花肉苁蓉（*C. tubulosa*（Schrenk）Wight）及沙苁蓉（*C. sinensis* G. Beck）。我国专利申请主要以荒漠肉苁蓉、管花肉苁蓉和盐生肉苁蓉为原料来源。根据近现代肉苁蓉的化学研究发现，4种植物的化学成分基本相同，但含量有较大差异。肉苁蓉属植物所含的化学成分主要分为：（1）苯乙醇苷类（参见图3-6结构通式Ⅰ，例如专利CN101313913A、CN101322750A），典型单体化合物为松果菊苷（参见图3-6结构式Ⅱ，例如专利CN101775047A、CN101313912A），毛蕊花糖苷（类叶升麻苷），2'-乙酰基类叶升麻苷，肉苁蓉苷A、B、C、D，管花苷A、B、C、E等；（2）肉苁蓉糖类，包括单糖、寡糖（例如专利CN107875070A）和多糖（例如专利CN105079801A、CN105232640A）；（3）环

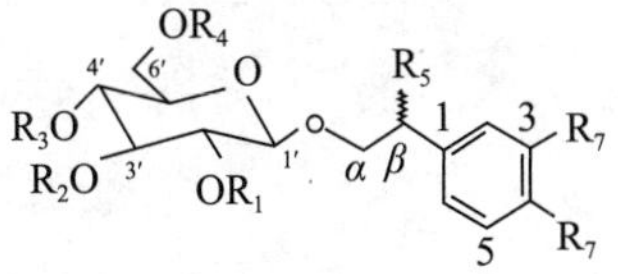

Ⅰ

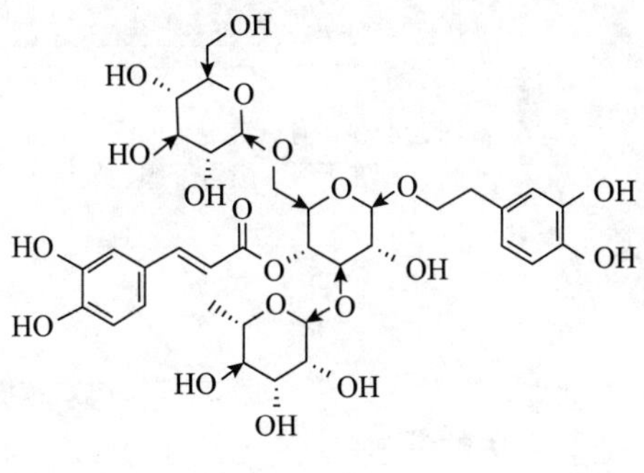

Ⅱ

图3-6　苯乙醇苷类及松果菊苷化合物通式结构图

烯醚萜苷类（例如专利CN101214283A），如8-表马钱子酸、6-去氧梓醇；（4）木脂素及其苷类，如盐生肉苁蓉苷A、B、C；（5）其他类：如挥发油（例如专利CN104523531A）、多肽（例如专利CN104263790A）、生物碱、尿囊素（例如专利CN1861581A）、甜菜碱、半乳糖醇等。上述物质分别具有不同的生物活性，其中苯乙醇苷类为该属植物的主要化学成分，按含量高低排序依次为管花肉苁蓉＞盐生肉苁蓉＞荒漠肉苁蓉。沙苁蓉也含有苯乙醇苷类，但其结构多为中心葡萄糖残基的2位乙酰化或苷元上的酚羟基甲基化，与其他几种植物有较大差别。

2. 肉苁蓉提取分离方法

（1）肉苁蓉的提取、分离、纯化流程

从肉苁蓉植物中获得有效部位或单体化合物的制备工艺一般可分为如下四步：第一步为药材的预处理，以利于下一步提取工艺中有效成分的溶出；第二步为总提取物的制备，通过该步骤得到总浸膏；第三步从总浸膏中分离出所需要的活性有效部位或单体化合物，此步骤也是多数研发工作者改进、创新的技术点；第四步为后续处理阶段，主要涉及如何获得满意的产品形态和纯度。上述步骤在肉苁蓉专利文献中具体涉及的技术内容参见图3-7，其中，提取溶剂、提取方法以及分离纯化方法是专利技术的发明重点，具体涉及的创新内容和关键专利文献在后续进行了系统介绍。

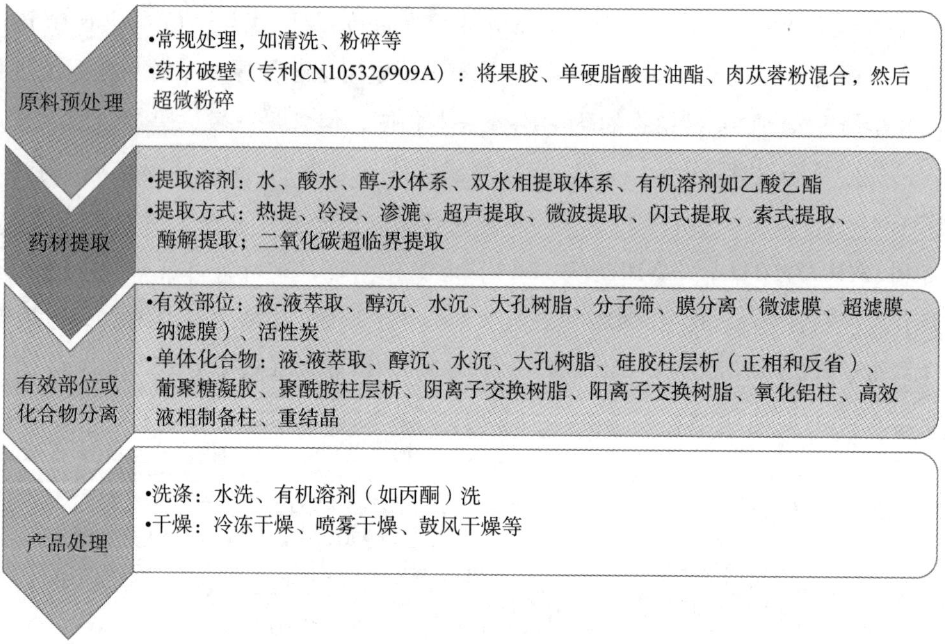

原料预处理	• 常规处理，如清洗、粉碎等 • 药材破壁（专利CN105326909A）：将果胶、单硬脂酸甘油酯、肉苁蓉粉混合，然后超微粉碎
药材提取	• 提取溶剂：水、酸水、醇-水体系、双水相提取体系、有机溶剂如乙酸乙酯 • 提取方式：热提、冷浸、渗漉、超声提取、微波提取、闪式提取、索式提取、酶解提取；二氧化碳超临界提取
有效部位或化合物分离	• 有效部位：液-液萃取、醇沉、水沉、大孔树脂、分子筛、膜分离（微滤膜、超滤膜、纳滤膜）、活性炭 • 单体化合物：液-液萃取、醇沉、水沉、大孔树脂、硅胶柱层析（正相和反省）、葡聚糖凝胶、聚酰胺柱层析、阴离子交换树脂、阳离子交换树脂、氧化铝柱、高效液相制备柱、重结晶
产品处理	• 洗涤：水洗、有机溶剂（如丙酮）洗 • 干燥：冷冻干燥、喷雾干燥、鼓风干燥等

图3-7　肉苁蓉提取步骤分析

（2）提取方法的演进

提取方法一般属于总工艺流程的第二步，在整个工艺中尤为重要。此步骤是决定所需目标成分从肉苁蓉植物体内溶出并收集得到的关键步骤。图3-8根据专利申请的时间

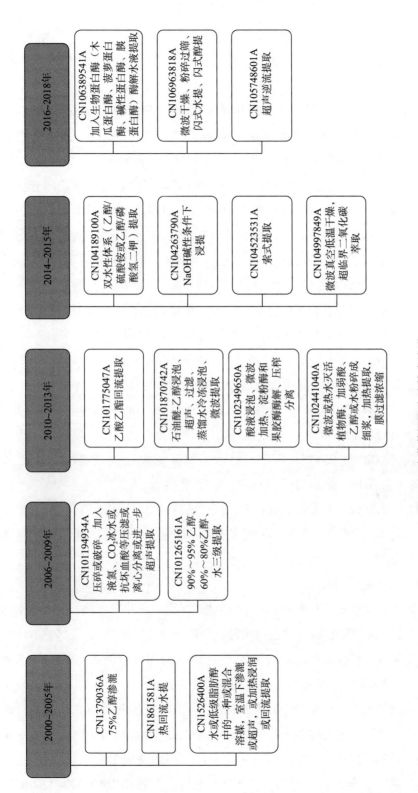

图3-8 肉苁蓉提取方法技术演进

2000~2005年

CN1379036A
75%乙醇渗漉

CN1861581A
热回流水提

CN1526400A
水或低级脂肪醇中的一种或混合溶媒，室温下渗漉或超声，或加热浸润或回流提取

2006~2009年

CN101194934A
压碎或破碎，加入液氮、CO₂冰水或抗坏血酸等压滤或离心分离进一步超声提取

CN101265161A
90%~95%乙醇，60%~80%乙醇，水三级提取

2010~2013年

CN101775047A
乙酸乙酯回流提取

CN101870742A
石油醚-乙醇浸泡、超声、过滤，蒸馏水冷冻浸泡、微波提取

CN102349650A
酸液浸泡、微波加热、淀粉酶解和果胶酶酶解、压榨分离

CN102441040A
微波或湿热灭活植物酶、加弱酸、乙醇或水粉碎成细匀、加热提取、膜过滤浓缩

2014~2015年

CN104189100A
双水性体系（乙醇/硫酸铵或乙醇/磷酸氢二钾）提取

CN104263790A
NaOH碱性条件下浸提

CN104523531A
索式提取

CN104997849A
微波真空低温干燥，超临界界二氧化碳萃取

2016~2018年

CN106389541A
加入生物蛋白酶（木瓜蛋白酶、波萝蛋白酶、碱性蛋白酶、膜蛋白酶）酶解水液提取

CN106963818A
微波干燥、粉碎过筛，闪式水提、闪式醇提

CN105748601A
超声逆流提取

顺序，对具有普遍性、代表性和改进点的肉苁蓉提取方法进行了总结。

1）提取溶剂的选择与适用

一般而言，溶剂提取法是肉苁蓉最常规的提取方法。常用溶剂包括水、酸水、甲醇、乙醇、丙酮、乙酸乙酯以及各有机溶剂的水溶液。

在肉苁蓉化学成分及其药理活性的前期研究中，研究对象主要为苯乙醇苷类成分，因而提取溶剂一般选择为不同浓度的醇－水溶液。如专利CN1379036A中选用75%乙醇渗漉提取，通过后续分离技术获得64个单体化合物，结构鉴定结果显示包含27个苯乙醇苷类，其中7个为新的化合物。由此可见，75%乙醇是适合提取苯乙醇苷类物质的溶媒介质。同样地，专利CN1335321A选择70%乙醇回流提取肉苁蓉苷类物质，结合纯化工艺最终从100kg的肉苁蓉原料中提取得到含量95%以上的苷类物质7kg。后来，为了简化操作工艺，替代耗能大的加热回流工艺，专利CN104189100A选用了双水相体系，具体可选择乙醇/硫酸铵或乙醇/磷酸氢二钾溶剂体系，其原理为两种水溶性不同的化合物的水溶液混合后，当化合物浓度达到一定值，体系就会自然分成互不相溶的两相。该方法具有活性成分损失小、分离步骤少、操作条件温和且没有有机溶剂残留等优点。专利CN101775047A选用乙酸乙酯回流提取松果菊苷，并指出乙酸乙酯提取效率高，杂质少。

随着人们发现肉苁蓉中其他类型化合物，也逐渐开始选用其他不同极性的溶剂或配比进行提取，如专利CN1861581A选择热水或20%左右的醇－水溶液回流提取尿囊素；专利CN101265161A使用90%~95%乙醇热回流提取D－甘露醇，使用蒸馏水加热提取多糖物质；专利CN103405508A选用乙醇溶液热回流提取雌激素样活性成分；专利CN104263790A在NaOH碱性条件下加水浸提肉苁蓉多肽。

一般而言，肉苁蓉提取方法的选择和改进主要考虑以下因素：目标化合物或提取物的结构特点和物理化学性质、提取溶剂的溶解性和穿透力、产率、成本、环保（溶剂回收、循环使用）等。

2）提取方法的改进和发展

早期提取方法主要选用普通的热回流、煎煮、冷浸、渗漉等方式，后来逐渐引入微波提取、超声提取、闪式提取和高剪切均质乳化机快速提取。具体地，专利CN102329346A选用微波提取装置对活性成分松果菊苷提取，提取功率300~600W，萃取1~3次，每次6~12分钟，合并萃取液；该提取方式有利于工业化大生产。专利CN106963818A采用闪式提取技术快速从荒漠肉苁蓉中提取水溶性成分和醇溶性活性成分，该工艺可将提取时间缩短至2~12分钟，大大提高了提取效率，同时采用常温提取，保证了活性成分的稳定性。专利CN107082791A选用超声提取罐于65℃超声提取1.5小时，重复提取3次，合并3次提取液，分离纯化得到苯乙醇苷类化合物。专利CN108003204A选用高剪切均质乳化机在高剪切提取转速下提取，提取转速为10000~28000rp，提取2分钟，提取1

次，该方法提取时间明显缩短，溶剂用量较少，而且选用设备简单，易与其他设备串联使用，容易实现自动化生产。

除上述工艺外，针对肉苁蓉原料的提取方法还出现了酶解法、二氧化碳超临界萃取以及多种提取方法相互结合等方式。其中，专利 CN106389541A 和 CN107233391A 是杏辉天力（杭州）药业有限公司就肉苁蓉提取物、工业化制备方法及其制药用途提交的专利发明申请，2 份申请均采用酶解法制备得到肉苁蓉提取物，具体包括肉苁蓉肉质茎部分晾干后、粉碎、过筛、加水搅拌、调节温度和 pH，加入生物蛋白酶进行酶解提取，提取完成后，煮沸灭酶、离心、过滤分离。所述生物蛋白酶可选择中性蛋白酶、木瓜蛋白酶、菠萝蛋白酶、碱性蛋白酶、胰酶中的一种或几种。一般认为，酶解反应既可温和地分解植物组织，使活性成分易于溶出进而大幅度提高产率，同时还不会破坏非蛋白结构的活性成分。

专利 CN104997849A 公开了一种经超临界二氧化碳萃取得到肉苁蓉活性成分的生产工艺，其中超临界二氧化碳萃取的压力是 20～40MPa，温度为 20～40℃，萃取时间 1～3 小时，二氧化碳的流量为 40～80L/h。申请人指出该方法避免了高温和有氧环境，所以阻止了肉苁蓉在高温和长时间有氧环境下容易氧化、破坏功效成分的缺点。产品具有良好的口感，有效保留肉苁蓉新鲜品质，达到高效利用、避免资源浪费的目的。

3）分离纯化方法的发展和改进

分离纯化方法根据分离技术的原理或其特点主要分为柱层析、膜分离和其他方式三大类，但在实际应用中，三类方法常常结合使用，而且每一种方法也可反复使用。对记载有分离纯化方法的专利申请文件进行人工标引和摘录，得到肉苁蓉的分离纯化技术图（参见图 3-9）。

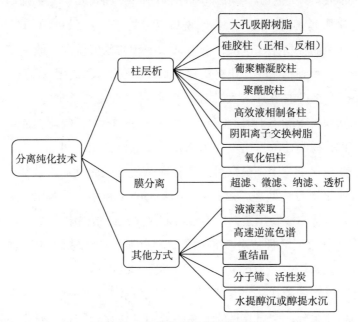

图 3-9　肉苁蓉分离纯化技术分解

其中柱层析主要利用柱子中固体填料的吸附、氢键结合或分子筛过滤等方式对原料中不同结构类型的组分进行吸附、键合或过滤进而达到区分效果，属于比较经典的分离技术。膜分离主要通过膜上不同大小的孔隙过滤不同大小的分子。而其他方式中的液液萃取、高速逆流色谱、水提醇沉或醇提水沉均利用不同原料分子在溶剂中不同的溶解度达到分离目的。

分离方法的演进：分离方法的选择与应用直接决定了产物的结构类型和产率，因而针对不同结构的目标产物，申请人一般选择不同的分离方法或不同的分离方法组合。由于分离材料的不断更新，工艺流程的优化，智能操作、新检测手段等技术的出现，肉苁蓉的分离纯化技术也在不断演变。图3-10依据时间顺序，对各个时间段具有代表性分离、纯化技术的专利申请作了简要概括和比较，了解在专利技术文件中为了获得肉苁蓉活性成分或单体化合物所涉及的分离、纯化方法及其发展脉络。

对于具体的中药材肉苁蓉，一般的中药材分离纯化手段均可使用。在不同的专利申请中，发明人根据目的产物的结构特征和纯度要求，基于每种分离纯化方法的优缺点选择适宜的分离手段或分离纯化工艺的组合。现已公开的分离纯化工艺主要以大孔树脂柱层析为主，同时还存在膜分离、液液萃取、有机溶剂或水沉淀、重结晶等多种技术。

①层析柱的类型和改进

大孔吸附树脂柱：被广泛用于多种结构类型活性成分的分离纯化，如苯乙醇苷类、多糖、寡糖、尿囊素、松果菊苷等。专利CN1526400A选用大孔树脂分离提取浸膏的水溶液，收集20%乙醇洗脱液，合并浓缩得到含有苯乙醇苷类组分，该组分含10%~70%松果菊苷（Echinacoside）及1%~40%类叶升麻苷（Acteoside）。专利CN186158A选用大孔吸附树脂纯化尿囊素提取液，收集水洗脱部分即得。专利CN101143165A将管花肉苁蓉粗提物用大孔树脂柱精制，水洗，再用30%~50%乙醇洗脱，收集30%~50%乙醇洗脱液，浓缩干燥，得到精制的管花肉苁蓉提取物；该提取物中松果菊苷含量至少50%。专利CN101353360A将提取液加入大孔吸附树脂柱中，去离子水洗脱，收集水洗脱液，浓缩得肉苁蓉总寡糖；专利CN101870742A用预处理过的大孔吸附树脂吸附多糖提取液中的其他成分，大孔树脂柱的流出液即为肉苁蓉多糖液。由上可知，大孔树脂被广泛用于各种组分的分离纯化工艺中，根据目的产物或杂质的吸附性质，选择不同的洗脱液收集，然后再进行纯化等后续处理。专利CN103405508A利用大孔吸附树脂提取肉苁蓉中雌激素活性成分，将提取浸膏用蒸馏水溶解后加入大孔树脂柱中，收集80%乙醇洗脱液，浓缩干燥进而得到雌激素活性成分。常用的大孔树脂型号包括D101、AB-8、HPD-100、HP20、ME-2、SP207、ADS-7、HPD-600、X-5等。

正相硅胶柱、反相硅胶柱、葡聚糖凝胶、高效液相半制备柱主要用于精细分离，可获得纯度很高的单体组分，因而其目的产物一般为具体化合物，而且常采用多种分离手

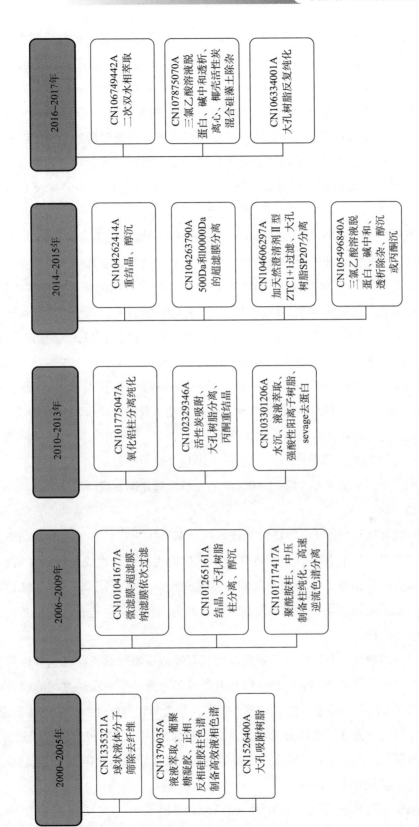

图3-10 肉苁蓉分离纯化方法技术演进

段相互结合的方式。如专利CN1379035A、CN1379036A选用正相硅胶柱色谱对乙酸乙酯部位进行分离，洗脱体系为氯仿－甲醇，收集流出组分，然后利用反相硅胶柱色谱以10%～50%甲醇梯度洗脱，收集活性成分馏分，以葡聚糖凝胶Sephaex LH－20柱色谱分离，20%甲醇作洗脱剂，得20个馏分，馏分8经高效液相半制备色谱分离得到单体化合物。由于上述四种分离方法（历经正相、反相硅胶色谱，葡聚糖凝胶色谱，高效液相半制备色谱）操作较复杂，填料昂贵且有的填料会形成死吸附，因而一般适用于小量原料分离，多应用于分离后期样品量较少的情况，以获得符合结构分析纯度要求的单体化合物。

除上述层析柱外，专利CN103301206A选用强酸性阳离子树脂柱（001X7）分离大孔树脂洗脱馏分，并收集水洗脱液和盐酸洗脱液，其中盐酸洗脱液真空浓缩后用于制作肉苁蓉生物碱浸膏产品。专利CN104804106A公开了一种高纯度肉苁蓉多糖的纯化方法，先将提取液经大孔树脂脱色除杂，流出液再通过阳离子树脂或阴离子树脂，离子树脂型号可选择为732、JK008、717、D900中的任意一种。该纯化方法得到的多糖产品颜色好、得率和纯度高。专利CN101717417A采用聚酰胺柱层析分离肉苁蓉水提取液，水－乙醇洗脱，收集20%～40%乙醇洗脱液，减压浓缩以备后续纯化分离松果菊苷；专利CN101775047A公开了一种制备高纯度松果菊苷的方法，药材提取后，分别经过活性炭脱色、大孔树脂纯化，收集洗脱液，然后加入氧化铝柱进一步纯化去杂，减压浓缩流出液得到纯度95%以上的松果菊苷产物，氧化铝为100～200目中性氧化铝，短粗柱，氧化铝的用量为原料（药材）重量的1:5～1:10，申请人指出氧化铝处理产品纯度高。

②膜分离

专利CN101041677A公开应用膜分离技术从肉苁蓉中生产含有苯乙醇苷的方法。该方法使得肉苁蓉提取物中有效成分的转移率有了较大提高，活性成分得到了有效富集，提高了有效成分的提出率，节约成本并缩短工艺周期。具体采用0.1～1μm的微滤膜、0.01～0.2μm的超滤膜以及1～10nm纳滤膜依次对肉苁蓉提取液进行纯化截留，干燥得到苯乙醇苷类提取物。

专利CN101194934A公开了将灭酶后的肉苁蓉提取液通过纳滤膜孔选择性筛分及截留除去多糖、蛋白质等大分子杂质及微粒和亚微粒等杂质，进一步通过纳滤膜选择性筛分及截留除去多元醇等小分子杂质，分离得到富含苯乙醇苷类化合物等活性物质提取液，选用的工业膜分离工艺选择性筛分及截留大分子物质的陶瓷膜的相对分子质量为1500，选用的选择性筛分及截留小分子物质的纳滤膜的相对分子质量为250，以帮助截获富含松果菊苷及毛蕊花糖苷的活性物质。

专利CN104263790A选用500Da和10000Da的超滤膜对肉苁蓉蛋白肽中500～10000Da分子量的肉苁蓉多肽进行分离，获得分离液，60℃下浓缩即得肉苁蓉多肽提取物。该方法使该分子量范围内的多肽纯度高达99%，且工艺稳定，重现性高。

③其他分离纯化方式

专利CN1379035A、CN1379036A将提取浸膏以适量水混悬，依次用石油醚、乙酸乙酯和正丁醇萃取，回收溶媒。将乙酸乙酯萃取物进一步纯化得到苯甲醇苷类和苯乙醇苷类化合物。

专利CN101717417A将中压制备色谱纯化所得的松果菊苷样品应用高速逆流色谱进行分离，将由正丁醇－乙酸乙酯－乙醇－水组成的溶剂系统配置于分液漏斗中充分振摇后静置12小时，分层，上相作为固定相，下相作为流动相分离，得到纯度大于98%的松果菊苷。该方法利用样品在两相中分配系数的不同实现分离，完全排除了支撑体对样品的不可逆吸附、污染、变性、失活等影响。另外，它的上样量与高效液相色谱相比较大，最多可达几克，是高效液相色谱的104～105倍；与常压和低压色谱相比，上样量虽少，但分离能力更佳，有的样品经过一次分离就能得到一个甚至多个单体，且分离时间较短，一般几个小时即可完成一次分离。它与一般色谱的分离方式不同，特别适用于制备级的分离。

专利CN1335321A选用球状液体分子筛分离获得肉苁蓉苷类物质；专利CN1861581A在后续纯化工艺中选用活性炭纯化脱色得到尿囊素产品。

专利CN102329346A在最后步骤选用丙酮冷藏重结晶制备松果菊苷晶体；专利CN104262414A选择重结晶方法分离得到甘露醇晶体。

其他方法还包括水提醇沉或醇提水沉工艺，如专利CN104262414A、CN101870742A以及CN101265161A等分别选择水提醇沉工艺收集肉苁蓉多糖组分；专利CN103301206A将肉苁蓉药材醇提后浓缩加水至乙醇含量降至5%～15%，离心，所得上清液用石油醚脱脂后，余液为富含甘露醇和单糖等的乙醇溶液，可用于制作甘露醇浸膏。

3. 肉苁蓉功效成分及主要功效

肉苁蓉药材为著名的补益中药，具有补肾阳、益精血、润肠通便的功效，传统用于肾阳不足、精虚血亏、阳痿、不孕、腰膝酸软、肠燥便秘等症，是使用频率最高的一种补肾壮阳药。对肉苁蓉药材中分离得到的多种活性提取物或单体化合物进行药理学研究，发现这些活性物质可以提高性功能，治疗糖尿病肾病（如专利CN107661343A、CN107375308A），改善学习记忆障碍对自主活动和运动的协调性改善，保护神经元（如专利CN105412014A、CN102441040A、CN102861041A、CN106176778A、CN104974199A）；治疗老年痴呆、帕金森、缺血性脑卒中，抗抑郁（如专利CN101313912A、CN1649608A、CN107397798A）；治疗癌症，如专利CN106309568A、CN108210505A、CN108210505A等分别公开了肉苁蓉提取物或活性成分具有治疗癌症的功效，具体包括肠癌、食管癌、肝癌、黑色素瘤、骨髓间充质干细胞癌变；保肝，防治肝纤维化，如专利CN101433595A、CN101766694A、CN105380998A分别公开了肉苁蓉提取物或苯乙醇苷类成分具有保肝护肝、防治肝炎、肝癌的功效；治疗骨质疏松（如专利 CN103622980A、CN101143165A），保护眼睛，预防眼部疾病及延缓眼部疾病恶化（如专利 CN105232640A、CN104974199A）；调节血糖，治疗糖尿病视网膜病，治疗类风湿性关节炎，治疗围绝经期综合征和肺炎等。这些活性物质还可以用于化妆品领域，发挥一定的皮肤保健功效，如专利 CN105534732A、CN104840372A、CN101313913A、CN101322750A 等所披露的抗皮肤老化、抗炎剂、抑制皮肤色素沉着、皮肤美白、治疗高原缺氧及防晒、增强皮肤弹性。相关的主要专利文献及其公开的活性成分、药理活性内容如表 3-2 所示。

表 3-2　肉苁蓉活性成分及功效专利文献分析

生物活性		活性物质
神经、脑	改善学习记忆功能、神经保护、治疗老年痴呆、帕金森	苯乙醇苷类（CN105412014A、CN102441040A）、多糖（CN102861041A）、异类叶升麻苷（CN106176778A、CN104974199A）、松果菊苷（CN1810252A、CN1649608A、CN102861041A、CN101313912A、CN101313912A）、肉苁蓉提取物（CN1649608A）
	抗抑郁	苯乙醇苷类（CN107397798A），包括松果菊苷、毛蕊花糖苷和异毛蕊花糖苷
	缺血性脑卒中	多糖（CN107233355A）、肉苁蓉提取物（CN1649608A）
癌症	血管生成抑制剂：肿瘤等	苯乙醇苷类（CN106309568A）
	肝癌、食管癌	苯乙醇苷类和松果菊苷（CN108210505A）
	肠癌	肉苁蓉提取物（CN102114079A）
	保护骨髓间充质干细胞的增殖和遗传稳定性	肉苁蓉提取物（CN105385653A）
	癌症以及化疗引起的腹泻	多肽类（CN104263790A）
皮肤、外用	美白、抑制皮肤色素沉着	苯乙醇苷类（CN1977795A、CN105287272A、CN105534898A）
	防晒	苯乙醇苷类（CN105534732A、CN105534898A、CN105287272A）、松果菊苷（CN104840372A）
	透明质酸酶抑制剂、抗老化、抗炎	苯乙醇苷（CN101313913A、CN105534732A）
	促进皮肤弹力微纤维生成	含有麦角甾苷和松果菊苷的肉苁蓉提取物（CN101322750A）
	改善皮肤透皮吸收、抗老化	肉苁蓉寡糖（CN107875070A）
	滋润皮肤、促进创伤愈合、用于皮肤干燥皲裂、皮炎等	尿囊素（CN1861581A）
	改善皮肤保湿功效	肉苁蓉挥发油类（CN104523531A）；新异长叶烯、γ-榄香烯、香橙烯等

续表

	生物活性	活性物质
眼科	保护眼睛、预防眼部疾病及延缓眼部疾病恶化	包含松果菊苷、类叶升麻苷、异类叶升麻苷、管花苷A或其组合的肉苁蓉提取物（CN105232640A、CN104974199A）
抗氧化	抗衰老、疲劳	肉苁蓉多糖（CN105232640A）、肉苁蓉总苷（CN101331906A）
	抗氧化应激，治疗高原缺氧	苯乙醇苷（CN104189099A、CN107648345A）
内科	肝：保肝、防治肝纤维化、肝癌	肉苁蓉乙醇提取物（CN101433595A）、肉苁蓉总苷（CN101766694A）、肉苁蓉苯乙醇苷（CN105380998A）
	肾病、糖尿病肾病	松果菊苷（CN107661343A）、毛蕊花糖苷（CN107375308A）
	肠：润肠通便、肠炎、肠癌	肉苁蓉提取物（CN102114079A）
	肺炎	毛蕊花糖苷（CN105412131A）
其他	围绝经期综合征	肉苁蓉苯乙醇苷（CN106420945A）
	调节血糖	松果菊苷（CN107661343A）、麦角甾苷（CN102283854A）
	骨质疏松	肉苁蓉苯乙醇苷类（CN103622980A）、药材粉末、水和/或醇提取物（CN101143165A）
	疫苗佐剂、猪伪狂犬活疫苗用稀释液	肉苁蓉多糖（CN105079801A）

四、结语

通过对肉苁蓉天然药物专利文献的研究可知，我国的肉苁蓉天然药物专利申请占全球申请总量的97%以上，内容涉及肉苁蓉的寄主植物种植、人工种植、加工炮制、功效开发的方方面面，为肉苁蓉生态产业可持续发展提供了坚实的技术支持。从专利文献的申请人构成及地域分布可以看出，中国的科研院校、医药企业都积极参与到肉苁蓉的天然药物学研发中。根据专利分析可知，该药具有改善学习记忆功能、神经保护，治疗老年痴呆、帕金森等作用，疗效确切，有非专利文献报道已开发出了肉苁蓉酒、肉苁蓉片、肉苁蓉胶囊等系列保健产品，而专利也为肉苁蓉的大健康产业获利提供了坚实保障。我国应大力鼓励这种产学研结合的研发方式，提高专利的创新性、实用性和转化率，加强研发机构之间的整合。此外，在大量申请本国专利，提高专利授权量的同时，建议增强向国外提出专利申请的力度以及向国外进行专利布局的意识，为肉苁蓉产业的国际化奠定基础。

参考文献

［1］刘绍贵，欧阳荣，廖建萍，等．临床常用中草药鉴别与应用［M］．湖南：湖南科学技术出版社，2015：516－517.

［2］国家药典委员会．中华人民共和国药典：2010 年版．一部［M］．北京：中国医药科技出版社，2010：126.

［3］屠鹏飞，姜勇，郭玉海，等．发展肉苁蓉生态产业推进西部荒漠地区生态文明［J］．中国现代中药，2015，17（4）：297－301.

［4］樊代明．医学发展考［M］．西安：第四军医大学出版社，2014：1125.

瑞舒伐他汀专利技术综述[*]

修文　石剑[**]

摘　要　高脂血症易诱发心脑血管疾病、肝脏肾脏疾病，严重影响人类身体健康。瑞舒伐他汀作为治疗高脂血症首选药物他汀类的代表性品种，在所有他汀类药物中全球市场销售排名第二，占据重要地位。本文依据专利申请数据，检索统计瑞舒伐他汀在全球和中国的专利申请状况，分析其发展整体趋势、申请年分布、申请区域分布、申请人分布、专利技术主题发展等，同时重点分析原研企业在我国的专利布局以及我国制药企业的研发情况。

关键词　高脂血症　瑞舒伐他汀　Rosuvastatin　专利申请

一、概述

（一）研究背景

高脂血症是指，体内脂肪代谢异常使体液循环中某种脂质过高而产生的代谢异常综合征。高脂血症的主要危害是可能导致或者加速动脉粥样硬化，进而诱发心脑血管疾病、肝脏肾脏疾病等。心脑血管疾病是中老年人致死的主要病因，据世界卫生组织统计，每年大约有1700万人死于心脑血管疾病，占全球死亡总人数的30%左右。[1]

目前常用治疗高脂血症的化学类药物包括他汀类药物、贝特类药物、烟酸类药物及胆酸螯合剂等。其中他汀类药物是3－羟基－3－甲基戊二酰辅酶A（HMG－CoA）还原酶抑制剂，是高脂血症患者的首选治疗药物，已占降脂药物近九成的份额。他汀类药物可分类为天然化合物和完全人工合成化合物两类：天然化合物包括洛伐他汀（第一代）、辛伐他汀（第一代）、普伐他汀（第二代），完全人工合成化合物包括氟伐他汀（第二代）、阿托伐他汀（第三代）、匹伐他汀（第三代）、瑞舒伐他汀（第三代）。

瑞舒伐他汀（Rosuvastatin），分子式 $C_{22}H_{28}FN_3O_6S$，是一种氨基嘧啶衍生物，结构式

---

　*　作者单位：国家知识产权局专利局医药生物发明审查部。

　**　等同第一作者。

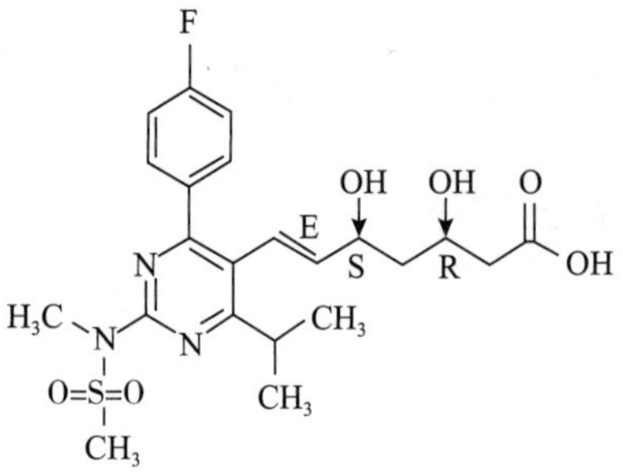

图 1　瑞舒伐他汀结构式

见图 1。该化合物于 20 世纪 80 年代末由日本盐野义公司研发，并于 1998 年 4 月将在日本之外的专利权转让给英国的曾尼卡公司，后曾尼卡公司与瑞典阿斯特拉公司合并成立阿斯利康制药公司。该药物首先于 2002 年 11 月 6 日在荷兰批准上市，之后于 2003 年 8 月 12 日获美国食品药品管理局（FDA）批准上市，于 2005 年 1 月 19 日获日本医药品医疗器械综合机构（PMDA）批准上市，于 2007 年 4 月获得中国国家食品药品监督管理局（CFDA）批准上市。阿斯利康将其商品名命名为 Crestor（可定）。[2] 与其他他汀类药物相比，瑞舒伐他汀亲水性较强，与 HMG – CoA 还原酶活性位点结合程度高，对肝脏选择性高，临床试验显示，瑞舒伐他汀可明显降低低密度脂蛋白（Low Density Lipoprotein，LDL）与甘油三酯（Triglyceride，TG）水平，同时能提高高密度脂蛋白（High Density Lipoprotein，HDL）水平。[3]

瑞舒伐他汀绝对生物利用度约为 20%。在现有的他汀类药物中，瑞舒伐他汀的消除半衰期最长（18 ~ 20 h），[4] 对 HMG – CoA 还原酶的抑制作用时间最长，使肝脏 LDL 受体上调。[5]

瑞舒伐他汀作为他汀类药物的代表品种，在所有他汀类药物中全球市场销售排名第二，最高年销售额达到 75 亿美元。自 2007 年在中国上市以来，销售额连年上升，2015 年中国瑞舒伐他汀的销售额达到 23.37 亿元，2017 年中国瑞舒伐他汀钙片的市场规模已突破 60 亿元。

为了更加系统地展现瑞舒伐他汀的技术发展脉络和趋势，梳理瑞舒伐他汀的专利保护布局，本文拟对瑞舒伐他汀的相关专利申请数据进行统计，分析其国内外专利申请状况以及主要的专利技术发展方向。

（二）研究对象

本文将以瑞舒伐他汀为发明要点的专利作为研究对象，检索统计瑞舒伐他汀在全球和中国的专利申请，分析其发展整体趋势、申请年分布、申请区域分布、申请人分布、专利技术主题发展等，同时重点分析原研企业在我国的专利布局以及我国制药企业的研发情况。

（三）研究方法

使用专利检索与服务系统（Patent Search and Service System，以下简称"S 系统"）中的 DWPI（德温特世界专利索引数据库）、CNABS（中国专利文摘数据库）对瑞舒伐他汀进行检索，利用检索命令对专利申请年、专利国家、国际专利分类号、申请人进行统计。

S 系统检索过程

检索词：瑞舒伐他汀、rosuvastatin、rosuvastatins；

检索数据库：DWPI + CNABS；

数据统计时间截至 2018 年 07 月 31 日。

在 DWPI 和 CNABS 数据库中以发明名称和关键词检索瑞舒伐他汀、rosuvastatin、ro-suvastatins（"或"关系），共检索到 760 个结果。经查看，发现有很多重复的数据，主要原因是同一件专利分别显示了在 DWPI 和 CNABS 中的检索结果。为了去重，将 CNABS 中的检索结果转库至 DWPI 进行检索，然后和 DWPI 中原有的检索结果相加（去重），得到 513 个检索结果。经查看，无重复数据且检索到的专利基本上都是以瑞舒伐他汀作为发明要点。采用同样的检索思路在 DWPI 和 CNABS 中以摘要检索瑞舒伐他汀、rosuvasta-tin、rosuvastatins（"或"关系），共检索到 2754 个结果，去重后得到 1976 个检索结果。在这 1976 个检索结果中去掉上述 513 个检索结果，得到 1463 个检索结果。经浏览性查看，此 1463 个结果基本上是虽然涉及瑞舒伐他汀，但不将其作为发明要点，例如列举性描述如"所述他汀类可选自辛伐他汀、普伐他汀、瑞舒伐他汀……等"，或者比较性描述如"本发明药物具有比瑞舒伐他汀更好的治疗高血脂的效果"。为了更加准确地反映瑞舒伐他汀的专利技术状况，本文以技术主题与瑞舒伐他汀更加相关的 513 个检索结果为研究对象，统计分析相关数据。

二、研究内容

（一）瑞舒伐他汀的专利分析

1. 全球专利申请数据分析

（1）全球专利申请数量的年度分布

对上文所说的 513 个结果按照专利申请年度进行统计，得到历年的瑞舒伐他汀专利申请数量，然后以专利申请数量为纵坐标，以时间（年）为横坐标得到瑞舒伐他汀专利申请年度变化曲线，见图 2。

图 2 表明瑞舒伐他汀的全球专利申请主要包括三个阶段。

第一个阶段是 1992～2003 年，为发展初始期。日本的盐野义公司于 1992 年提出了瑞舒伐他汀的第一件专利申请。该申请涉及瑞舒伐他汀的化合物、制备方法以及其作为 HMG – CoA 还原酶抑制剂的用途。由于当时对他汀类药物的研究处于初始阶段，对瑞舒伐他汀的药理价值和商业价值没有充分的认识，研发动力不足，因此 1993～1998 年，全球范围内再没有与瑞舒伐他汀相关的专利申请出现。随着对瑞舒伐他汀研究的深入，其药理作用得到证实后，阿斯特拉曾尼卡/阿斯利康有限公司在 1999 年底提出了第二件与瑞舒伐他汀相关的专利申请，请求保护瑞舒伐他汀的钙盐晶体，该申请同时进入了中国、美国和欧洲等主要国家和地区。随后 2000～2003 年，全球范围内共提出 21 件涉及瑞舒

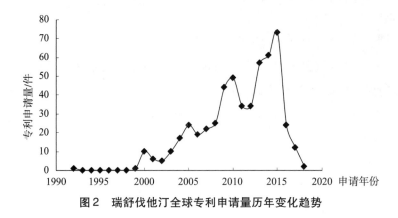

图2　瑞舒伐他汀全球专利申请量历年变化趋势

伐他汀的专利申请，虽然数量不多，但是已涵盖了晶型、剂型、联用、新用途等方面，在几年内原研药企进行了全方位的布局。

第二个阶段是2004～2015年，为快速发展期。随着瑞舒伐他汀上市后显示出的良好的药效和销售成果，更多的制药企业和研究机构涉足瑞舒伐他汀的相关研究，相关专利申请也相应增多。2015年，瑞舒伐他汀相关专利申请量达到高峰，为79件。这一阶段的瑞舒伐他汀专利申请主要涉及其外围研究，包括中间体制备方法、剂型改造等。

第三个阶段是2016年至今，为技术成熟期。从2016年开始，瑞舒伐他汀相关的专利申请量开始逐年下降。这可能与部分专利申请尚未公开有关，也可能是瑞舒伐他汀核心专利已到期或即将到期，制药企业专注于仿制药的工艺改良和生产导致的。

（2）全球专利申请的国家或地区分布

对上述结果利用专利公开号进行国家或地区统计，得到的结果表明在某个国家或地区的专利申请量，统计结果如图3所示。

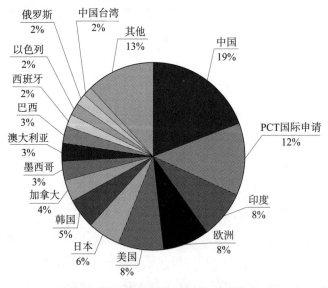

图3　瑞舒伐他汀专利国家/地区分布

按照国家和地区排序，排在前四位的是在中国、印度、欧洲和美国的专利申请，其中在中国的专利申请量占全球总量的19%，在印度、欧洲和美国的专利申请里均占全球总量的8%，这表明中国在瑞舒伐他汀的全球市场中占据很重要的份额。印度、欧洲和美国由于人口基数大、市场份额大，相关专利申请的数量也很可观。其他专利申请量较高的国家还有日本、韩国、加拿大、澳大利亚等。在所有的专利申请中，PCT国际申请占12%，这意味着研究瑞舒伐他汀的制药企业和研究机构寻求在多个国家或地区得到保护，体现了瑞舒伐他汀的专利申请和市场的国际化，也符合对于临床效果好、经济效益高的药物，制药公司基本上都在抢滩全球市场的趋势。

（3）申请人分布

通过统计申请人字段，得到各申请人的专利申请数量统计结果。以瑞舒伐他汀全球专利申请数量前13位的申请人为纵坐标，以专利申请数量为横坐标，得到图4。

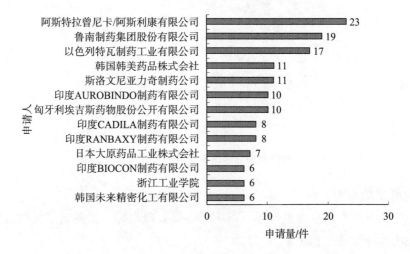

图4　瑞舒伐他汀全球专利申请重要申请人申请量

从图4可以看出，拥有化合物核心专利的阿斯特拉曾尼卡/阿斯利康有限公司的专利申请数量最多，中国的鲁南制药集团股份有限公司排名第二位，这应当与中国市场份额大有关，而原研药厂商日本盐野义公司在后期对相关研究的投入有限，相关专利申请不足6件。

图5是全球瑞舒伐他汀专利申请量排名前13的申请人在全球总申请量中所占的份额分布。

从图5可以看出，排名前13的申请人的专利申请量之和仅占全球总申请量的26%，表明从事瑞舒伐他汀研究的申请人数量很多，相关专利技术分散性大，专利技术掌握在众多申请人手中。这也充分说明了针对瑞舒伐他汀研发的竞争十分激烈。

2. 中国专利申请数据分析

在上述检索的基础上采用国际科技信息网络（Scientific and Technical Network，STN）

补充检索申请日较早的专利申请，筛选获得以瑞舒伐他汀为主要发明点的专利申请共计271 件，在此基础上从专利申请量年分布、专利申请技术主题分布、专利申请人分布等方面对瑞舒伐他汀专利申请进行统计分析。

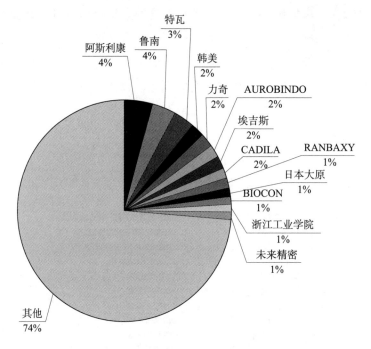

图5　瑞舒伐他汀全球专利申请人申请量份额

（1）专利申请量年分布

以在中国的专利申请量为纵坐标，以申请年份为横坐标，得到瑞舒伐他汀在中国的专利申请年度变化曲线，见图6。

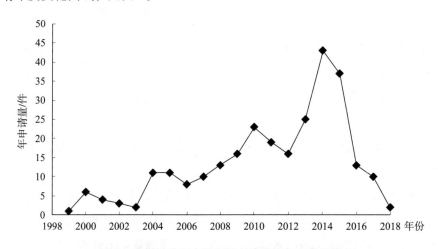

图6　瑞舒伐他汀中国专利申请量历年变化趋势

与全球专利申请分布相似，在中国的瑞舒伐他汀专利申请量大致也经历了三个发展阶段。

第一个阶段是 1999～2003 年，此阶段总体专利申请数量不多，主要由阿斯特拉曾尼卡/阿斯利康有限公司提出。瑞典的阿斯特拉曾尼卡/阿斯利康有限公司在 1999 年首次将瑞舒伐他汀的国际专利申请进入中国国家阶段，并在 2000～2002 年连续提出 12 件相关专利申请，围绕核心专利进行布局，其中包括瑞舒伐他汀钙化合物、制备合成方法、与其他活性成分配伍联用、剂型以及包括治疗痴呆和糖尿病等新用途等多个方面。而我国的医药企业在瑞舒伐他汀在荷兰上市后才逐渐对其药理价值和商业价值有一定了解和认识，鲁南制药集团股份有限公司在 2003 年提出了第一件国内申请，不过由于核心专利已被占领，该申请涉及的是瑞舒伐他汀与其他活性成分配伍联用。

第二个阶段是 2004～2014 年，此时期内专利申请量呈快速增长趋势，并于 2014 年达到顶点。逐年增加的专利申请量与瑞舒伐他汀在中国的市场销售业绩相关，申请人以国内企业为主，但申请的主要是针对瑞舒伐他汀的制备方法、中间体、剂型和与其他活性成分配伍联用等外围专利。

第三个阶段是 2015 年至今，专利申请数量呈下降趋势。这可能与部分专利申请尚未公开有关，也可能与已有专利申请保护范围全面、专利申请准入门槛提高有关。这同时也反映出瑞舒伐他汀市场竞争激烈，专利布局日趋严密和完善。

（2）专利申请的技术主题分布

采用分类号、关键词、发明名称等字段进行二次检索，统计在中国的瑞舒伐他汀专利申请的技术主题分布，结果见图 7，主要涉及八个方面。

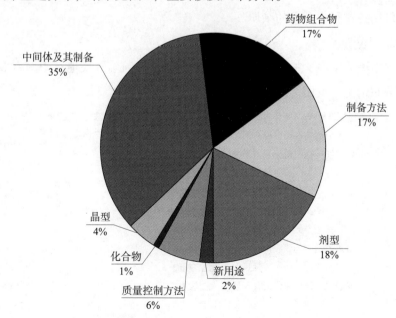

图 7　瑞舒伐他汀中国专利申请技术主题分布情况

化合物专利申请保护的是瑞舒伐他汀本身，因为化合物结构是固定的，可延伸范围小，所以虽然是基础性的核心专利申请，但是数量比较少，只占全部专利申请的1%。以化合物为基础，对瑞舒伐他汀进行的外延性专利申请包括多个技术主题，如中间体及其制备、剂型、制备方法、药物组合物等。各个技术主题分布差异较大，这其中专利申请量最大的技术主题是中间体及其制备，这是由于现有技术在制备瑞舒伐他汀时，其中使用的中间体存在价格昂贵、污染环境、有毒性等缺点，尚有较大的改进空间，因此与中间体相关专利申请数量比较多。同样，药物剂型的种类多样，所能够采用的辅料和技术数量也非常多，技术改进余地大，因此相关专利申请数量多。涉及剂型的专利申请包括各类型口服制剂如多层片剂、复方片剂、分散片、胶囊、滴丸、口腔崩解片等，缓释控释制剂如肠溶微丸、缓释片、渗透泵控释片等。

涉及药物组合物的专利申请包括瑞舒伐他汀与蚓激酶、肾上腺皮质激素类药物、多不饱和脂肪酸、普拉格雷、非马沙坦、阿利吉仑、扎鲁司特、氨氯地平等药物组成药物组合物，该类专利申请通常具有新的制药用途或者能够产生协同作用等提高的治疗效果。

涉及制备方法的专利申请包括制备已有瑞舒伐他汀盐的形式，制备已有瑞舒伐他汀的衍生物等。

涉及新用途的专利申请包括将瑞舒伐他汀或其衍生物单独或与其他药物组合用于治疗冠心病等心血管疾病、干眼症、乙肝、糖尿病、肥胖症、肾病、支气管哮喘、炎症、痴呆等疾病。

涉及质量控制方法的专利申请包括应用高效液相色谱法等常规分析方法，也涉及控制瑞舒伐他汀制备过程中常见的杂质。

（3）申请人分布

通过统计申请人字段，按照申请数量降序排序，得到瑞舒伐他汀中国专利申请前十位申请人的分布情况，见图8。

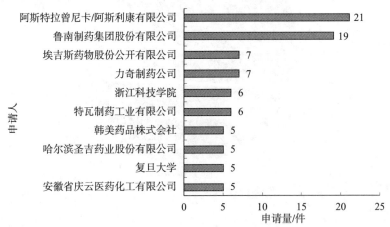

图8　瑞舒伐他汀中国专利申请重要申请人分布情况

在排名前十的申请人中，中外申请人各占50%，且全部是制药企业或科研院校，无个人申请。原研企业阿斯特拉曾尼卡/阿斯利康有限公司以21件专利申请排名第一位；排名第二位的是鲁南制药集团股份有限公司，申请量为19件；其余申请人的专利申请数量均不超过8件。

其他在中国专利申请量较大的申请人，基本上都是以请求保护制备方法、中间体及其制备、药物组合物为主，围绕化合物进行外围专利申请。

中国申请人数量众多反映出瑞舒伐他汀在展示出其药理作用和商业价值后，中国申请人加大了研发力度。

以在中国申请瑞舒伐他汀专利的排名前11位的中国申请人为纵坐标，以专利申请量为横坐标，得到图9。

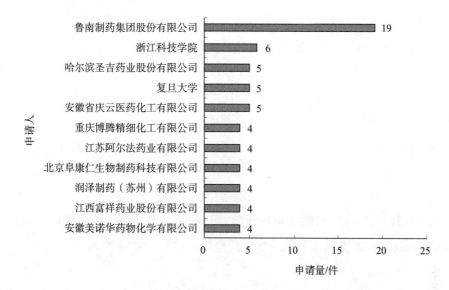

图9　瑞舒伐他汀中国专利申请重要中国申请人申请量

图9是在中国申请的瑞舒伐他汀专利申请的中国申请人的排名。排名前11位的申请人中，有9位是企业，另外2位是科研院所，而且企业申请人的申请数量更多，这说明目前我国研究瑞舒伐他汀相关技术的主要科技力量集中在企业。另外，对科研院所的专利进行了市场化分析，发现这些专利基本没有进行权利转让或实施许可，还没有取得市场化进程。这一方面说明企业自身重视专利保护，对相关产品和方法已有完善布局，无须购买相关专利；另一方面也说明相关的科研院所缺乏专利转化和市场化的动力和途径，仍有较大的发展空间。

（二）原研企业阿斯特拉曾尼卡/阿斯利康有限公司对瑞舒伐他汀的专利布局

瑞舒伐他汀最初由日本的盐野义公司于20世纪80年代进行研发，并于1992年筛选得到氨基嘧啶衍生物（（E）－7－[4－（4－氟苯基）－6－异丙基－2－[甲基（甲基磺酰基）氨基] 嘧啶－5－基]－(3R，5S)－3，5－二羟基庚－6－烯酸），随后在日本

（JP05178841A）、美国（US5260440A）、欧洲（EP0521471A1）等国家和地区申请了化合物专利，但是没有在中国申请专利。1998年4月盐野义公司将在日本之外的专利权转让给英国的曾尼卡公司（后更名为阿斯特拉曾尼卡/阿斯利康有限公司）。随后阿斯特拉曾尼卡/阿斯利康有限公司将该化合物命名为瑞舒伐他汀，并围绕其共布局了30件专利申请，从制备方法、制剂等方面对瑞舒伐他汀进行了全面保护。其中涉及化合物和化合物的制备方法的申请人为阿斯特拉曾尼卡/阿斯利康有限公司和盐野义公司，涉及中间体及其制备和剂型的申请人只有阿斯特拉曾尼卡/阿斯利康有限公司，这可能与两公司间的合约有关。

1. 化合物

阿斯特拉曾尼卡/阿斯利康有限公司对瑞舒伐他汀申请的第一件相关专利申请的公开号是WO0042024A1，申请日是1999年12月23日，优先权日是1999年01月09日。该申请进入了包括中、美、欧、日、韩等国家或地区，并且均获得了授权。其中国同族专利公开号为CN1333756A。该申请请求保护二［（E）－7－［4－（4－氟苯基）－6－异丙基－2－［甲基（甲基磺酰基）氨基］嘧啶－5－基］（3R，5S）－3，5－二羧基庚－6－烯酸］钙盐（瑞舒伐他汀钙）的晶体、药物组合物及其在制备治疗能受益于抑制HMG CoA还原酶的病症的药物中的应用，用于治疗高胆固醇血症、高脂血症或动脉硬化。

随后阿斯特拉曾尼卡/阿斯利康有限公司在2001年02月12日申请了第二件专利WO00160804A1，其中国同族专利公开号为CN1418198A。该发明请求保护化合物（E）－7－［4－（4－氟苯基）－6－异丙基－2－［甲基（甲基磺酰基）氨基］嘧啶－5－基］（3R，5S）－3，5－二羧基庚－6－烯酸（瑞舒伐他汀）的结晶盐、制备方法及其在制备治疗与HMG CoA还原酶有关的医学疾病的药物中的应用。

2. 制备方法

虽然专利申请CN1333756A中公开了化合物的制备方法，但是阿斯特拉曾尼卡/阿斯利康有限公司仍然对瑞舒伐他汀制备方法的专利申请进行了布局。第一件专利申请的公开号是WO0049014A1，申请日是2000年02月15日，其中国同族的专利公开号是CN1340052A，请求保护制备（E）－（6－｛2－［4－（4－氟苯基）－6－异丙基－2－［甲基（甲磺酰基）氨基］嘧啶－5－基］乙烯基）（4R，6S）－2，2－二甲基［1，3］二氧杂－4－基）乙酸叔丁酯的方法，主要包括：①在强碱存在下，氧化二苯基［4－（4－氟苯基）－6－异丙基－2－［甲基（甲磺酰基）氨基］嘧啶－5－基甲基］膦与2－［（4R，6S）－6－甲酰基－2，2－二甲基－1，3－二氧杂－4－基］乙酸叔丁酯反应，得到通式I的（E）－（6－｛2－［4－（4－氟苯基）－6－异丙基－2－［甲基（甲磺酰基）氨基］嘧啶－5－基］乙烯基｝（4R，6S）－2，2－二甲基［1，3］二氧杂－4－基）乙酸叔丁酯；②断开步骤①产物的二羟基保护基；③在碱性条件下，断开步骤②产物的叔丁酯基团，形成所述化合物。

阿斯特拉曾尼卡/阿斯利康有限公司在 2004 年 10 月 22 日申请了另一件瑞舒伐他汀制备方法的专利申请 WO2005042522A1，其中国同族专利公开号为 CN1898233A。制备方

法包括酸解化合物 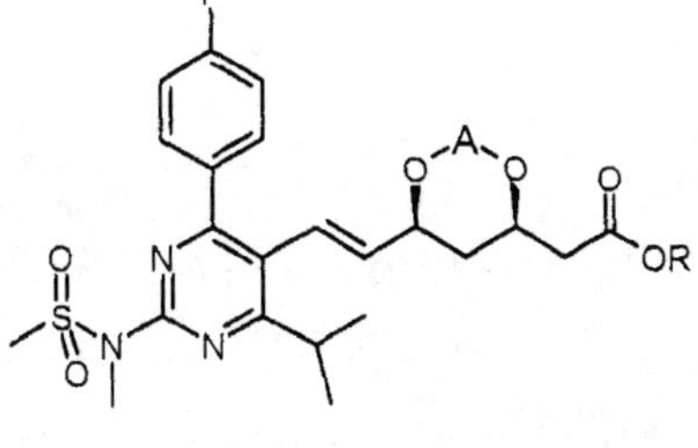 中的缩醛保护剂以得到化合物

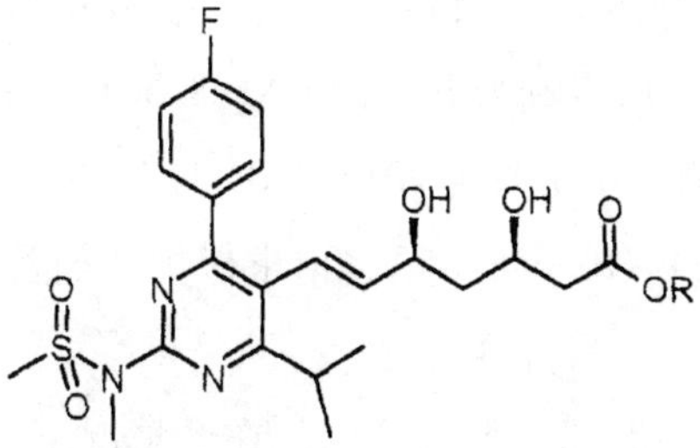

，对所得到的化合物进行重结晶，并水解其酯基团，得到

二羟基羧酸酯衍生物 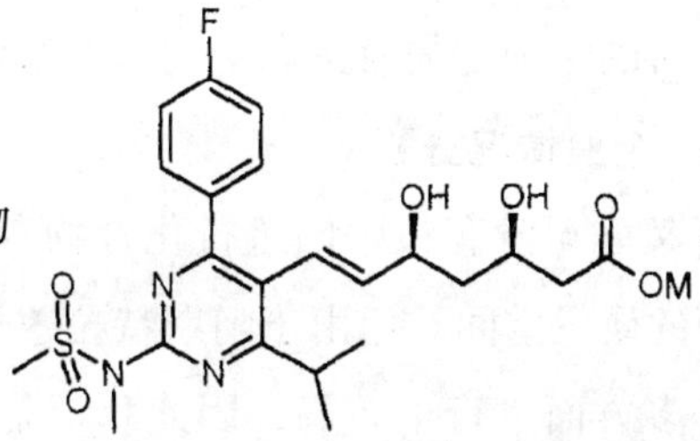 ，进一步对其转化可得到瑞舒伐他汀。

除此之外，阿斯特拉曾尼卡/阿斯利康有限公司还申请了两件涉及关键中间体制备方法的专利申请，分别为：申请日是 2002 年 07 月 12 日的专利申请 WO2003006439A1，其中国同族专利公开号为 CN1527821A，请求保护 2 –（N – 甲基 – N – 甲磺酰基氨基）嘧啶的制备方法；以及申请日是 2006 年 07 月 03 日的专利申请 WO2007007119A1，其中国同族专利公

开号为 CN101218210A，请求保护瑞舒伐他汀中间体 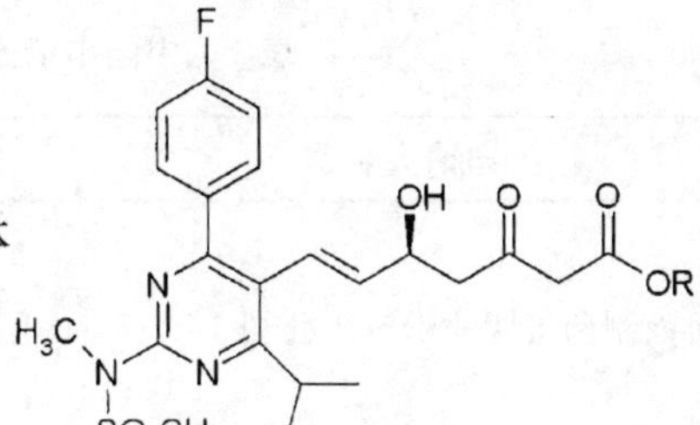 的

制备方法，将化合物 II 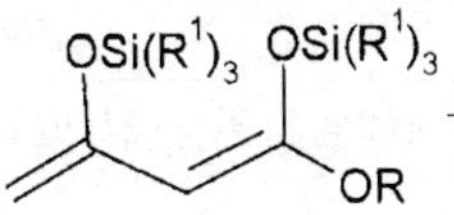 与化合物 III 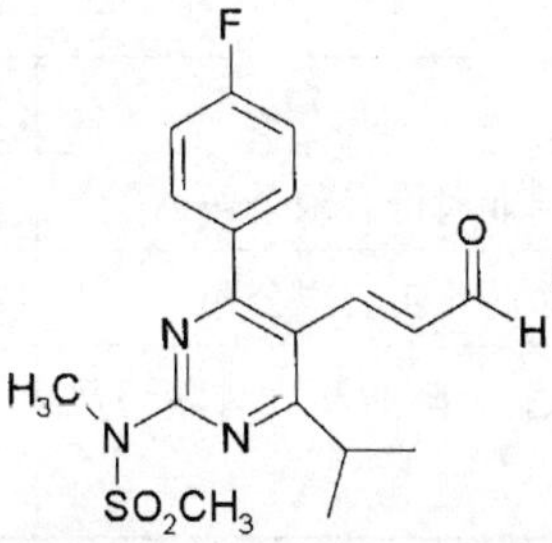 在钛催化剂

、碱金属卤化物盐和胺存在下，在惰性溶剂中反应得到中间体。

3. 药物组合物和剂型

阿斯特拉曾尼卡/阿斯利康有限公司早期申请了 3 件涉及瑞舒伐他汀药物组合物和剂型的专利。申请日为 2000 年 02 月 01 日的专利申请 WO0045819A1，其中国同族专利公开号为 CN1347320A，请求保护瑞舒伐他汀的药物组合物及口服制剂。申请日为 2000 年 08 月 04 日的专利申请 WO0154668A1，其中国同族专利公开号为 CN1282581A 和 CN1319396A，请求保护瑞舒伐他汀的药物组合物及片剂。申请日为 2012 年 05 月 17 日的专利申请 WO2012160352A1，其中国同族专利公开号为 CN103648485A，请求保护片剂及制备方法。

阿斯特拉曾尼卡/阿斯利康有限公司已授权的专利目前都在保护期内，在此情况下，国内企业对瑞舒伐他汀的研发主要针对的是剂型的改进和中间体的制备方法。

（三）研发瑞舒伐他汀的中国制药企业情况分析

最早研发瑞舒伐他汀的日本盐野义公司没有在中国进行化合物专利申请，给我国的制药企业和科研院所提供了较为广阔的研发空间。但由于阿斯特拉曾尼卡/阿斯利康有限公司已从盐、晶型、剂型和新用途等多方面进行了布局，因此我国制药企业和科研院所的专利申请的重点集中于瑞舒伐他汀的外围专利如制剂、药物组合物、中间体及其制备、制备方法等。

统计分析图 8 显示的专利申请量较高的中国申请人和原研企业的专利申请技术内容，得到表 1。

表 1　中国申请人与原研企业专利申请技术内容对比

申请人名称	专利申请内容
鲁南制药集团股份有限公司	新剂型、化合物中间体的制备、药物组合物如晶型和关键中间体的制备合成如专利申请 CN104434826B、CN102755324B、CN102485228B 等
浙江科技学院	关键中间体的制备合成如专利申请 CN103102256A 等
复旦大学	关键中间体的制备合成如专利申请 CN103497212A 等
哈尔滨圣吉药业股份有限公司	药物组合物如专利申请 CN105232566A 等
安徽省庆云医药化工有限公司	晶型和关键中间体的制备合成如专利申请 CN101100459A 等
阿斯特拉曾尼卡/阿斯利康有限公司（原研企业）	化合物、制备方法、用途

对比可见，原研企业阿斯特拉曾尼卡/阿斯利康有限公司占领了瑞舒伐他汀的核心专利，中国申请人虽然数量多，但主要集中于外围专利。虽然与阿斯特拉曾尼卡/阿斯利康有限公司相比核心力不足，但通过多角度多层次发展相关技术，对瑞舒伐他汀进行全面专利保护，中国申请人也能够实现自身知识产权保护，从更为细致的技术分类中分得一杯羹。下面对各申请人进行详细的专利申请分析。

1. 鲁南制药集团股份有限公司

鲁南制药集团股份有限公司申请的以瑞舒伐他汀为技术主题的专利申请共20件，其中授权18件，授权率达90%。获得授权的专利的技术主题包括新剂型、药物组合物、新的制药用途、中间体及其制备和制备方法等。具体为：

（1）新剂型（3件）

专利申请CN104434826B请求保护一种瑞舒伐他汀钙固体分散片。

专利申请CN101766578B请求保护一种瑞舒伐他汀钙的片剂及其制备工艺。

专利申请CN101385731B请求保护一种含有阿昔莫司和瑞舒伐他汀及其他药用辅料的渗透泵制剂。

（2）药物组合物（9件）

专利申请CN102755324B请求保护一种治疗心脑血管疾病的药物组合物，含有普拉格雷或其可药用盐和瑞舒伐他汀或其可药用盐。

专利申请CN102652747B请求保护一种治疗高血压的药物组合物，含有阿利吉仑或其可药用盐、吡咯列酮或其可药用盐和瑞舒伐他汀或其可药用盐。

专利申请CN102526739B请求保护一种治疗糖尿病的药物组合物，含有瑞舒伐他汀或其可药用盐、糖胺聚糖和胰岛素增敏剂。

专利申请CN102485228B请求保护一种药物组合物，包含非马沙坦和瑞舒伐他汀或其可药用盐。

专利申请CN102475705B请求保护一种治疗高血压的药物组合物，含有阿利吉仑和瑞舒伐他汀钙。

专利申请CN101756990B请求保护一种治疗肥胖并高脂血症的药物组合物，含有奥利司他或赛利司他与瑞舒伐他汀钙。

专利申请CN101632672B请求保护一种治疗高血压的药物组合物，含有氨氯地平或其可药用盐、盐酸吡咯列酮和瑞舒伐他汀钙。

专利申请CN101632673B请求保护一种治疗高血压的药物组合物，含有氯沙坦、吡咯列酮和瑞舒伐他汀。

专利申请CN1194691C请求保护一种治疗高血脂的药物组合物，含有烟酸或其衍生物与瑞舒伐他汀。

（3）新的制药用途（2 件）

专利申请 CN101991596B 请求保护药物组合物在制备预防或治疗冠心病的药物中的用途。所述药物组合物包含瑞舒伐他汀或其可药用盐和肝素、低分子肝素或其可药用盐。

专利申请 CN101991597B 请求保护药物组合物在制备预防或治疗肾脏疾病的药物中的用途。所述药物组合物包含瑞舒伐他汀或其可药用盐和肝素、低分子肝素或其可药用盐。

（4）中间体及制备方法（4 件）

专利申请 CN101624390B 请求保护一种瑞舒伐他汀钙侧链关键中间体的制备方法。

专利申请 CN101613341B 请求保护一种瑞舒伐他汀钙侧链关键中间体的制备方法。

专利申请 CN100436428C 请求保护一种制备瑞舒伐他汀及其盐的制备方法。

专利申请 CN100352821C 请求保护一种制备瑞舒伐他汀钙关键中间体的方法。

纵观鲁南制药集团股份有限公司获得的有关瑞舒伐他汀的专利，以"瑞舒伐他汀＋其他活性药物"组成新的药物组合物为主，在此基础上，还可以将药物组合物进一步制备成新的剂型或者开发出新的制药用途。在医药领域，两种或多种活性药物联用是常规做法，鲁南制药集团股份有限公司申请包含瑞舒伐他汀和其他活性药物的药物组合物的专利，既保护了在实际应用中可能会组合使用的药物产品，又能够占领更多的专利保护空间，具有很强的实用性。此外，该公司还申请了有关中间体和制备方法的专利，从化合物制备工艺的角度形成了专利保护的合拢。整体来说，该公司在不具有瑞舒伐他汀化合物核心专利的情况下，以瑞舒伐他汀为主体，既保护瑞舒伐他汀的新剂型、中间体和制备方法，也同时辅以其他活性成分，从药物组合物、药物组合物的再开发等多个层次对瑞舒伐他汀进行全方位专利保护，形成自身的瑞舒伐他汀专利保护圈。

2. 浙江科技学院

浙江科技学院以瑞舒伐他汀为技术主题的专利申请共 7 件，审查未完结 1 件，授权 6 件，目前授权率达 100%。获得授权的专利的技术主题均为中间体及制备方法等。具体为：

专利申请 CN105399770B 请求保护一种瑞舒伐他汀钙中间体的制备方法。

专利申请 CN105037331B 请求保护一种瑞舒伐他汀中间体的制备方法。

专利申请 CN104292252B 请求保护一种瑞舒伐他汀中间体的制备方法。

专利申请 CN103497212B 请求保护一种瑞舒伐他汀中间体的制备方法。

专利申请 CN103421037B 请求保护一种瑞舒伐他汀中间体的制备方法。

专利申请 CN103172656B 请求保护一种瑞舒伐他汀中间体的制备方法。

浙江科技学院对于瑞舒伐他汀的研究主要在于中间体的制备方法，虽然研究路线较为单一，但多件专利申请均获得了授权。

3. 复旦大学

复旦大学以瑞舒伐他汀为技术主题的专利申请共 5 件，授权 2 件，授权率为 40%。获得授权的专利的技术主题均为中间体及制备方法等。具体为：

专利申请 CN103570762B 请求保护瑞舒伐他汀中间体的制备方法。

专利申请 CN103145540B 请求保护瑞舒伐他汀中间体的制备方法。

复旦大学对于瑞舒伐他汀的研究主要在于中间体的制备方法，授权率较低。根据发明人推断应是同一个技术团队作出的发明，技术主题比较单一。

4. 哈尔滨圣吉药业股份有限公司

哈尔滨圣吉药业股份有限公司以瑞舒伐他汀为技术主题的专利申请共 5 件，审查未完结 2 件，视撤 3 件，授权 0 件。

5. 安徽省庆云医药化工有限公司

安徽省庆云医药化工有限公司以瑞舒伐他汀为技术主题的专利申请共 5 件，授权 5 件，授权率达 100%。获得授权的专利的技术主题均为中间体及制备方法等。具体为：

专利申请 CN103848790B 请求保护瑞舒伐他汀酯的新晶型及制备方法。

专利申请 CN103709107B 请求保护瑞舒伐他汀甲酯的新晶型及制备方法。

专利申请 CN101323597B 请求保护瑞舒伐他汀中间体的制备方法。

专利申请 CN101100459B 请求保护瑞舒伐他汀中间体的制备方法。

专利申请 CN100351240C 请求保护瑞舒伐他汀钙的合成方法。

安徽省庆云医药化工有限公司的研究不仅着眼于瑞舒伐他汀化合物新晶型，还涉及化合物及中间体的制备方法。

对比以上 5 家中国申请人，鲁南制药集团股份有限公司的专利布局显然是最好的，专利保护内容涉及多个方面，并且在层次上有递进。安徽省庆云医药化工有限公司虽然专利申请的数量不多，但授权率很高，而且依附于实际生产需要，推断具有高实用性。相比之下，科研院校的专利申请内容较为单一，授权范围较小，这可能与发明团队的研发方向有关。哈尔滨圣吉药业股份有限公司的专利申请技术内容与现有技术相似，目前尚未授权，反映出企业的创新能力还需进一步提高。

三、总结

鉴于瑞舒伐他汀在降血脂药物中占有的巨大份额以及带来的巨额利润，各制药企业都竭力从各个技术角度对瑞舒伐他汀进行专利申请和保护。无论是全球范围内还是在中国，专利申请量在 2003 年之前均较少，之后则逐年递增且增长迅速。自 2016 年之后的专利申请数量有所下降，则可能与部分专利申请未公开和制药企业转而着重于仿制药的生产销售有关。在人口数量多、市场份额大的中国、印度、欧洲和美国等国家或地区，专利申请数量均相对较高。

从全球范围来看，瑞舒伐他汀相关专利申请量大，专利申请人数量多，专利技术内容广泛，较为分散。虽然核心专利基本掌握在阿斯特拉曾尼卡/阿斯利康有限公司手中，但其他申请人从化合物晶型、衍生物、剂型、新用途、药物组合物、制备方法、中间体及其制备、质量控制方法等各个方面对瑞舒伐他汀进行了全面的专利保护。在中国申请人中鲁南制药集团股份有限公司一家独大，该公司不仅专利申请数量多，授权率高，而且专利申请的技术内容全面且有层次，能够形成良好的专利布局。科研院校的专利申请与制药企业相比技术内容单一。

原研制药企业阿斯特拉曾尼卡/阿斯利康有限公司掌握了瑞舒伐他汀化合物和晶型的核心专利，同时请求保护化合物晶型、药用盐、药物组合物、剂型、制备方法和用途等，对瑞舒伐他汀进行全面专利布局，扩大保护范围，比如开发出瑞舒伐他汀治疗痴呆和糖尿病的新用途，包含沙坦类药物与瑞舒伐他汀的药物组合物及制剂。在此情况下，其他申请人只得请求保护瑞舒伐他汀外围专利，从更为细致的角度对瑞舒伐他汀进行专利保护。以鲁南制药集团股份有限公司为首的国内制药企业和科研院校在晶型、药物组合物、剂型、中间体制备方法等方面申请了多件相关专利，依据企业自身生产发展规划，建立了符合自身条件的专利保护圈。并且鲁南制药集团股份有限公司以已获得授权的瑞舒伐他汀钙合成方法的专利为基础生产的仿制药及相关制备体系获得了国家科技进步奖，形成科技研发与专利保护相互促进的良性循环。

分析瑞舒伐他汀相关专利申请的年度变化曲线，可知，自首件瑞舒伐他汀专利申请到其申请量呈爆发式增长，经历了近 10 年的平静期。这或许与新药上市门槛高、临床试验时间长，以及市场培育有关，但同时也是一个突围核心专利、形成有效包围的有利时机。通过对瑞舒伐他汀的专利申请进行分析，中国申请人应当重点关注大型制药公司的基本化合物专利，把握时机，尽早针对活性化合物的衍生物、药物组合物、剂型、制备方法等申请相关专利，形成外围专利包围圈。这样不仅可以有效阻止原研公司的肆意扩张，防止垄断，而且可以为其后可能的市场竞争争取更多的权利和研发时间。

此外，基于目前我国制药企业和科研院校研发和专利申请的现状，国内制药企业可加强与科研院校的合作，走产学研相结合的道路，利用科研院校对技术深入研究、了解科技前沿的优势并结合制药企业对我国医药市场和医疗需求的了解，联合开发新药物、新方法，形成互相促进、有效转换专利成果的良性创新机制。

参考文献

［1］ WENG TC，YANG YH，LIN SJ，et al. A systematic review and meta – analysis on the therapeutic equivalence of statins ［J］. Journal of Clinical Pharmacy and Therapeutics，2010，35(2)：139 – 151.

［2］ 李玉霞，江珊. 瑞舒伐他汀的研究进展 ［J］. 心血管病学进展，2010，31(4)：585 – 588.

［3］ 温金华，袁钊，熊玉卿. 瑞舒伐他汀药代动力学及与其他药物的相互作用研究进展 ［J］. 中国临床药理学与治疗学，2011，16(11)：1309 – 1314.

［4］ WARWICK MJ，DANE AL，RAZA A，et al. Single and multiple dose pharmacokinetics and safety of the new HMG – CoA reductase inhibitor ZD4522 ［J］. Atherosclerosis，2000，151(1)：39.

［5］ Mctaggart F. Comparative pharmacology of rosuvastatin ［J］. Atheroscler Suppl，2003，4(1)：9 – 14.

糖尿病药物 DPP-Ⅳ 抑制剂专利技术综述*

郭洁　王荧**

摘　要　本文从专利分布和布局的角度出发，选择以糖尿病药物二肽基肽酶-Ⅳ（Dipeptidyl Peptidase-Ⅳ，DPP-Ⅳ）抑制剂作为主题，使用关键词对全球专利数据库进行检索得到相关发明专利申请，并对上述数据进行人工筛选分类。本文还重点分析了 DPP-Ⅳ 抑制剂的专利现状，以全球上市的首款超长效 DPP-Ⅳ 抑制剂——曲格列汀为例，对其专利现状、原研企业策略以及技术发展等方面进行了针对性研究；揭示了糖尿病药物 DPP-Ⅳ 抑制剂相关发明专利申请的当前状况和未来发展趋势。

关键词　糖尿病　二肽基肽酶-Ⅳ　DPP-Ⅳ　曲格列汀　专利

一、糖尿病药物 DPP-Ⅳ 抑制剂概述

随着全球经济的快速发展，工业化、城市化进程的不断推进，人们的饮食呈现出高热量和高钠化的趋势，与之相对的是人们的体力活动越来越少，这种生活方式的改变导致糖尿病人群日益增大，使得糖尿病成为严重危害人类健康的慢性非传染性疾病。国际糖尿病联盟（IDF）于 2017 年发布第八版"IDF 糖尿病地图"中的最新统计显示，目前全球有 4.25 亿糖尿病患者，比 2015 年增加了 1000 万；此外，还有 3.52 亿人患有糖耐量受损。预计到 2045 年，全球将会有近 6.29 亿糖尿病患者。在所有国家中，中国糖尿病的患病人数为 1.15 亿，居全球首位。2017 年，全球糖尿病药物市场规模达到 461 亿美元，到 2024 年预计将达到 565 亿美元。

目前，治疗糖尿病的药物种类众多。按照作用机理和针对靶点的不同，治疗糖尿病的药物主要包括胰岛素类；双胍类；α-糖苷酶抑制剂；胰岛素促泌剂，例如磺脲类药物、格列奈类药物；胰岛素增敏剂，例如噻唑烷二酮类药物；胰高血糖素样肽，例如 GLP-1 受体激动剂；二肽基肽酶-Ⅳ（Dipeptidyl Peptidase-Ⅳ，DPP-Ⅳ）抑制剂；

---

* 作者单位：国家知识产权局专利局医药生物发明审查部。

** 等同第一作者。

钠-葡萄糖共转运蛋白（SGLT-2）抑制剂；以及将不同机理药物联合使用的复方类药物。从表1可以看出，2017年糖尿病药物全球销售额排名前十位的药物主要涉及三种类型，胰岛素及胰岛素类似物、DPP-Ⅳ抑制剂和GLP-1受体激动剂。

表1　2017年糖尿病药物全球销售额排名前十位的药物

排名	商品名	通用名	公司	药理学分类	2017年全球销售额/亿美元
1	Januvia（捷诺维）	西格列汀	默沙东公司	DPP-Ⅳ	59
2	Lantus（来得时）	甘精胰岛素	赛诺菲公司	胰岛素及胰岛素类似物	56.5
3	Victoza（诺和力）	利拉鲁肽	诺和诺德制药	GLP-1	37.4
4	NovoRapid（诺和锐）	门冬胰岛素	诺和诺德制药	胰岛素及胰岛素类似物	32.3
5	Humalog（优泌乐）	赖脯胰岛素	礼来公司	胰岛素及胰岛素类似物	28.7
6	Levemir（诺和平）	地特胰岛素	诺和诺德制药	胰岛素及胰岛素类似物	22.8
7	Trulicity	度拉鲁肽	礼来公司	GLP-1	20.3
8	NovoMix 30（诺和锐30）	门冬胰岛素30	诺和诺德制药	胰岛素及胰岛素类似物	16.5
9	Humulin（优泌林）	重组人胰岛素	礼来公司	胰岛素及胰岛素类似物	13.4
10	Galvus	维格列汀	诺华制药	DPP-Ⅳ	12.3

其中DPP-Ⅳ作为治疗Ⅱ型糖尿病的新靶点，在此基础上开发出的DPP-Ⅳ抑制剂具有良好的降血糖效果，不良反应轻微，不会引起体重增加及水肿，而且导致低血糖的风险也非常小，以独特的作用机制及良好的耐受性成为近年来医药界研发的热点和重点，并被广泛应用于临床治疗。近年来，DPP-Ⅳ抑制剂家族又涌现出一周口服一次的超长效药物，极大地改善了用药依从性，给需要长期用药的糖尿病患者带来了福音。同时，DPP-Ⅳ抑制剂也越来越受到国内外制药企业重视，成为糖尿病治疗药物领域冉冉升起的新星。

自2009年至今，我国相继批准引进了全球新一代DPP-Ⅳ抑制剂类药物，目前已有西格列汀、维格列汀、沙格列汀、利格列汀、阿格列汀和西格列汀/二甲双胍6种药品在我国上市。2015年3月26日，曲格列汀琥珀酸盐（商品名Zafatek®）获日本卫生劳动福利部（MHLW）批准上市，在我国曲格列汀还没有上市。在这些DPP-Ⅳ抑制剂中，除曲格列汀可以1周内仅服用1次外，其他药物大多为每日1次或2次用药。这些小分子抑制剂对DPP-Ⅳ具有高度的亲和力，其半数抑制浓度（IC_{50}）为纳摩尔级。其中，阿格列汀、利格列汀和西格列汀通过非共价键与DPP-Ⅳ酶催化区域结合。相反，沙格列汀则通过共价键形成酶-抑制剂复合物，而利格列汀的生成和分解速度均非常缓慢，故即使是原药已从循环系统清除后仍对DPP-Ⅳ具有抑制作用。这类口服降糖药物具有

良好的耐受性、安全性及临床疗效，特别适于轻、中度空腹高血糖症老年患者的治疗。❶

本文介绍了糖尿病药物 DPP – Ⅳ 抑制剂及其代表性药物的概况，重点分析了 DPP –Ⅳ 抑制剂的专利现状，以全球上市的首款超长效 DPP – Ⅳ 抑制剂——曲格列汀为例，对其专利现状、原研企业策略以及技术发展等方面进行了针对性研究。

二、糖尿病药物 DPP – Ⅳ 抑制剂全球专利分析

（一）检索策略和数据处理

本文检索截止日期为 2018 年 6 月，本节检索主题是 DPP – Ⅳ 抑制剂。本文采用的数据库是中国专利文摘数据库（CNABS）、德温特世界专利索引数据库（DWPI）。

本文初步选择关键词和分类号对该技术主题进行检索，对检索到的专利文献关键词和分类号进行统计分析，并抽样对相关专利文献进行人工阅读。截至 2018 年 6 月 30 日，涉及 DPP – Ⅳ 抑制剂的全球专利申请共计 4118 项，在此基础上从专利整体发展趋势、专利申请国家或地区分布、主要申请人分析等方面对 DPP – Ⅳ 抑制剂专利申请进行分析。

本文的全球专利数据主要是在 DWPI 数据库中检索得到。在 DWPI 数据库中，将同一项发明创造在多个国家申请而产生的一组内容相同或基本相同的系列专利申请，称为同族专利，一组同族专利视为"一项"专利申请；而单独的专利以"件"计数。

（二）发展趋势分析

图 1 显示了与 DPP – Ⅳ 抑制剂相关专利在全球的申请概况。DPP – Ⅳ 抑制剂全球专利申请大致经历了以下四个主要发展阶段。

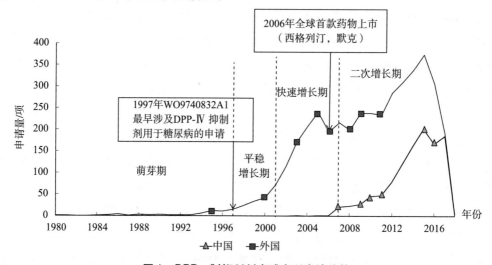

图 1　DPP – Ⅳ 抑制剂全球专利申请趋势

❶ 贾雪冬，张俊. 五种上市 DPP – 4 抑制剂的临床药动学比较 [J]. 国外医药抗生素分册，2014（1）：23 – 27.

1. 第一阶段：萌芽期（1980~1997 年）

1980 年，第一次出现了涉及 DPP-Ⅳ抑制剂的专利申请，此后直到 1997 年，涉及 DPP-Ⅳ抑制剂的专利申请主要关注于 DPP-Ⅳ抑制剂的抗病毒活性，以及对免疫系统和造血细胞等的作用，均未涉及糖尿病治疗领域。当时的研究水平并没有认识到 DPP-Ⅳ抑制剂在糖尿病领域的价值，因此该阶段全球申请量较小，每年申请量一直为个位数，发展速度维持在较低水平，属于专利技术发展的萌芽期。

最早涉及 DPP-Ⅳ抑制剂用于糖尿病的申请出现在 1997 年，国际公开号为 WO97/40832A1，是申请人为普罗西迪恩有限公司（Prosidion Ltd.）、生物药品股份公司（Biological Drug ReagentsPharm Res Co.）和皇家医药投资公司（Royalty Pharma Collection Trust）等的联合申请。该申请指出 DPP-Ⅳ抑制剂异亮氨酰-四氢噻唑化合物可以用于降低哺乳动物血糖。

DPP-Ⅳ抑制剂领域的首件中国专利申请是国际公开号为 WO9310127A1 并进入中国国家阶段的专利申请，其中国专利申请公开号为 CN1073946A，申请日为 1992 年 11 月 23 日，申请人为勃林格殷格翰药业。该申请中公开了制备脯氨酸硼酸酯的方法，以获得需要的脯氨酸硼酸酯。这些硼酸肽类似物可用于抑制 DPP-Ⅳ，目前该申请已视撤失效。

2. 第二阶段：平稳增长期（1998~2001 年）

1998~2001 年，DPP-Ⅳ抑制剂的专利申请量平稳增长。这一时期，医药领域研发人员逐步认识到 DPP-Ⅳ抑制剂在糖尿病治疗领域的广阔应用前景，医药企业开始加紧在 DPP-Ⅳ抑制剂领域的研发工作。1999 年，诺华制药申请了 4 项 DPP-Ⅳ抑制剂化合物专利，在 US19990339503A1 中公开了 DPP-Ⅳ抑制剂 N 取代 3-甘氨酰-4-氰基-噻唑烷衍生物，其中包含诺华制药的重磅药物维格列汀。2000 年，百时美施贵宝公司与默沙东公司先后提出了涉及 DPP-Ⅳ抑制剂的专利申请，2001 年勃林格殷格翰药业和武田药品工业株式会社（以下简称"武田制药"）也加紧了在 DPP-Ⅳ抑制剂方面的专利布局。

3. 第三阶段：快速增长期（2002~2006 年）

从 2002 年起，DPP-Ⅳ抑制剂的申请量进入快速增长期，并于 2006 年达到第一个峰值。也是在这一年，默沙东公司研发的全球首个治疗糖尿病的 DPP-Ⅳ抑制剂——西格列汀在墨西哥和美国先后被批准上市。这一阶段的专利申请，不但涉及各种新的 DPP-Ⅳ抑制剂的开发，还包括各大医药企业围绕化合物的晶体、医药用途、制剂等多种保护主题开展的全面布局，以保障其在糖尿病领域的市场份额，这一阶段的专利申请量呈现快速上升的趋势。在这一阶段，中国申请人开始提出涉及 DPP-Ⅳ抑制剂的专利申请，但是数量仅有 3 项，其中 2 项涉及具有 DPP-Ⅳ抑制活性的化合物及其盐，1 项涉及其他药物与 DPP-Ⅳ抑制剂的联用。

4. 第四阶段：二次增长期（2007年至今）

2007～2011年，DPP-Ⅳ抑制剂的专利申请量一直维持在较高水平，但增长趋势放缓。在此期间，诺华制药、武田制药、百时美施贵宝公司等大型原研医药企业的在研DPP-Ⅳ抑制剂产品陆续完成Ⅱ期/Ⅲ期临床试验，并陆续获批上市。在短暂的平稳过后，DPP-Ⅳ抑制剂的专利申请量自2012年起呈现二次增长，此阶段的申请量增长是由中国申请的大幅增长所推动的，国外申请人在该领域的申请量始终保持在一个较为平稳的状态。一方面，说明中国的DDP-Ⅳ抑制剂研究与欧美国家相比还存在一定的滞后性，另一方面，也说明随着国内外多种DPP-Ⅳ抑制剂类糖尿病药物陆续被开发或上市，国内申请人开始对DPP-Ⅳ抑制剂药物的研发产生了浓厚的兴趣。2017～2018年的申请量呈下降趋势，主要是与2017年后的申请尚未公开有关。

（三）专利申请国家或地区分布

对检索到的DPP-Ⅳ抑制剂专利申请按照申请国家或地区分别统计申请量。专利的优先权国别和最早申请国别一般是该专利技术的研发产地，统计这项数据可以看出主要国家或地区的科研实力与专利保护意识。欧洲数据是指首次申请是通过欧洲专利局递交，这部分申请主要来自欧盟国家。

如图2所示，美国、中国、欧洲、日本、印度的专利申请量分别位列全球前五，这5个国家或地区的专利申请量之和占全球总申请量的87%。这也说明全球DPP-Ⅳ抑制剂的专利申请集中度相当高，DPP-Ⅳ抑制剂技术主要集中在上述5个国家或地区。美国在DPP-Ⅳ抑制剂领域的申请量全球排名第一位，占全球申请量的39%，美国不仅是全球最主要的DPP-Ⅳ抑制剂药物研究基地，也是全球最大的糖尿病药物消费市场，可见强大的市场需求是研发的不竭动力。2005年，中国首次出现了DPP-Ⅳ抑制剂的专利申请。而从2012年开始，来自中国的专利申请量出现快速增长，总申请量跃居全球第二位，占全球申请量的27%，并遥遥领先于欧洲专利局、日本、印度等国家或地区。

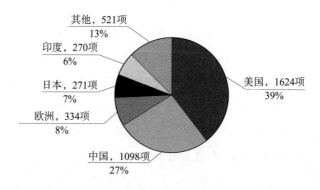

图2　DPP-Ⅳ抑制剂主要国家或地区专利申请量构成

（四）目标市场分析

专利输入地排名高低体现了专利申请人对该国家或地区的重视程度。一方面，可能在输入地存在专利申请人的竞争对手或潜在的竞争对手，在该地域进行专利申请是对地域内可能的竞争对手技术研发的限制和干扰；另一方面专利输入地是该专利技术的重要市场或潜在重要市场，专利申请可以为未来产品或服务的竞争力提供保障。

图3展示了DPP-Ⅳ抑制剂领域排名前15位的输入国家或地区，前四位输入地包括美国、中国、欧洲和日本。中国不仅是DPP-Ⅳ抑制剂的第二大技术产出地，也是第二大技术输入地，说明中国庞大的糖尿病患病人口使得中国市场越来越受到国内外申请人的重视。

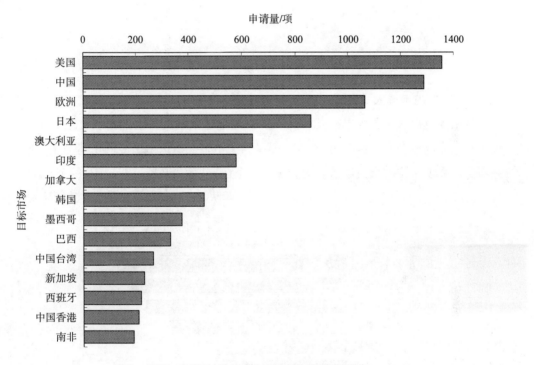

图3　DPP-Ⅳ抑制剂全球专利申请目标市场排名

（五）主要申请人分析

DPP-Ⅳ抵制剂领域全球申请量排名前十位的申请人如图4所示。从中可见，重要申请人多为欧美申请人，此外仅有日本公司武田制药以及三家中国公司——上海壹志医药和上海华堇生物及山东轩竹。已上市列汀类药物的原研企业，默沙东公司、勃林格殷格翰药业、百时美施贵宝公司、诺华制药和武田制药均排名前列。第八位及第九位的两家中国公司于2017～2018年向中国国家知识产权局提交了一系列植物来源化合物用作二肽基肽酶-Ⅳ抑制剂的药物用途专利申请，两位申请人共93项相关申请所设计的内容均为利用酶标仪对化合物及对DPP-Ⅳ酶抑制活性进行测试。

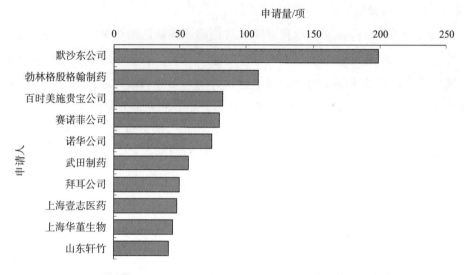

图 4　DPP – Ⅳ抑制剂全球专利申请人排名前十名

（六）国内申请人排名

从图 5 可以看出国内申请人的前三位也是全球申请人排名的第八位至第十位，第四位的东阳光药业在全球排名第 14 位，但是相关申请还是以中国专利申请为主，国外申请并不多。在前十位的国内申请人中有 9 家为企业，1 家为高校。排名前列的企业及院校大多为我国知名的企业及院校，可见我国的主力研发团队已开始在 DPP – Ⅳ抑制剂方面的研究。

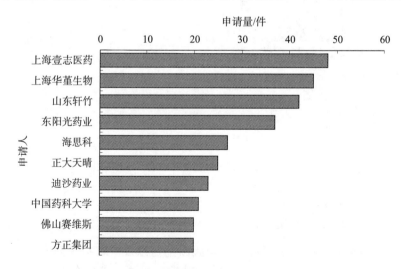

图 5　DPP – Ⅳ抑制剂领域国内申请人排名

三、超长效 DPP – Ⅳ抑制剂——曲格列汀

（一）曲格列汀概述

曲格列汀（Trelagliptin）是由武田制药和 Furiex 公司联合研发的 DPP – Ⅳ抑制剂。

2015年3月26日，曲格列汀琥珀酸盐（商品名Zafatek®）获日本卫生劳动福利部批准上市，是武田制药上市的第二种DPP-Ⅳ抑制剂，同时也是全球第一种超长效DPP-Ⅳ抑制剂的口服降糖药，可通过每周1次口服治疗Ⅱ型糖尿病。而在曲格列汀之前上市的其他列汀类药物——西格列汀、维格列汀、沙格列汀、阿格列汀、利格列汀，都是需每日口服1次或2次的短效产品。

曲格列汀的化学式名为2-[6-（3-氨基-哌啶-1-基）-3-甲基-2，4-二氧代-3，4-二氢-2H-嘧啶-1-基甲基]-4-氟-苄腈，结构式见图6，美国化学协会下属的化学文摘社（CAS）登录号为865759-25-7，研发代号SYR-472。

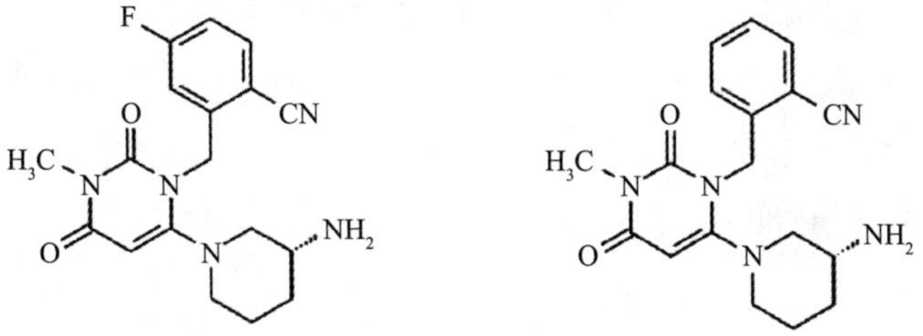

（a）曲格列汀结构式　　　　　　　（b）阿格列汀结构式

图6　曲格列汀和阿格列汀结构式

曲格列汀是超长效DPP-Ⅳ抑制剂——每周1次口服治疗Ⅱ型糖尿病，在临床医生设法通过减少用药次数，改善用药依从性时可以作为一种治疗选择。2013年初，该药有3项Ⅲ期临床试验开始招募患者。此前，日本东京大学医学院的Nobuya Inagaki教授及其团队在进行曲格列汀治疗Ⅱ型糖尿病的有效性和安全性评估研究时发现，每周服用一次曲格列汀治疗Ⅱ型糖尿病，在血糖控制的临床和统计学上有显著改善。该研究结果在线发表在2013年11月的《柳叶刀糖尿病和内分泌学》杂志上。❶

曲格列汀属于非拟肽类DPP-Ⅳ抑制剂，为嘧啶二酮类化合物。嘧啶二酮类化合物是由黄嘌呤类衍生物经结构改造而得到的一类非拟肽类抑制剂，其结构中一般包括嘧啶酮骨架以及杂环上连接N-取代的氰基苄基和氨基哌啶。❷ 曲格列汀是通过高通量筛选得到先导化合物再优化而得来的，主要通过氨基哌啶和氰基与DPP-Ⅳ活性位点发生相互作用。

N. Inagaki等的相关药效学数据证实，曲格列汀的血药浓度呈剂量依从性，消除半衰期长（38.44~54.26h），且药效可与西格列汀、阿格列汀等DPP-Ⅳ抑制剂相媲美。同时，药效可持续长达1周，当剂量为50~200mg时，在给药后7天平均抑制率均维持在70%以上，这大大增加了患者的依从性；在与其他降糖药的联用中也表现出显著的优势，

---

❶ 李勇. DPP-4抑制剂：新药开发竞争激烈［N］. 中国医药报，2014-01-23（7）.
❷ 史长丽，葛蔚颖，刘新泳. 二肽基肽酶-4抑制剂研究进展［J］. 药学进展，2012（8）：337-346.

有望在激烈竞争中冲出重围，具有较高的市场价值。

与武田制药于 2010 年 6 月首次上市的 DPP–Ⅳ抑制剂阿格列汀一样，曲格列汀也属于嘧啶二酮类化合物，如图 6 所示两者在结构式的差别仅是一个氨基对位的氟基取代基团。曲格列汀和阿格列汀的化合物专利在同一 PCT 申请中公开（WO2005095381A1），该申请在美国、欧洲均获得了授权，但是其进入中国国家阶段的专利申请（CN200480042457.3，涉及曲格列汀和阿格列汀化合物的结构通式、制备方法、制剂以及制药用途）在实质审查中被驳回，涉及阿格列汀和曲格列汀化合物的分案申请尚处于实审未决的状态。

DPP–Ⅳ抑制剂开发是众多企业争夺的项目。已上市的 DPP–Ⅳ抑制剂中大多在中国取得了化合物专利的保护，从而限制了国内企业对该类药物的仿制。而曲格列汀化合物专利申请尚未获得授权，对中国企业来说是一个机会，这也使得自曲格列汀 2015 年 3月 26 日在日本被批准上市起至 2017 年 4 月，国家食品药品监督管理总局已受理来自 28家企业的注册申请，已批准临床批件 26 个。

（二）专利分析

1. 检索和数据处理

本节检索具体涉及曲格列汀，检索截止日期为 2018 年 6 月。采用的数据库是中国专利文摘数据库（CNABS）、德温特世界专利索引数据库（DWPI）以及 STN 数据库。本节以曲格列汀结构式在 STN 中检索，并以曲格列汀为基础扩展结构式，同时利用关键词对该技术主题进行检索。根据对初步检索结果的统计和分析，对各技术主题检索式进行总结、人工筛选并对获得的专利文献进行标引，得到检索结果共计 135 项。在此基础上进行分析。

2. 发展趋势分析

图 7 显示了与曲格列汀相关专利在全球的申请概况。曲格列汀全球专利申请量大致经历了以下三个主要发展阶段。

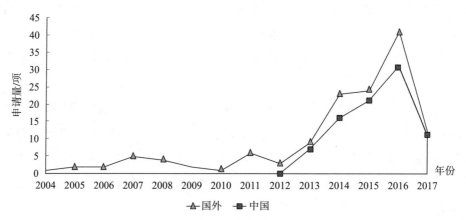

图 7　曲格列汀全球专利申请趋势

（1）第一阶段：起步期（2004～2008年）

2004年，国际公开号为WO2005095381A1的专利申请首次公开了曲格列汀的化学结构，申请人为武田制药。此项专利申请中还要求保护化合物的结构、制备方法、制剂以及制药用途。此阶段的专利申请主要是武田制药围绕曲格列汀进行的专利布局。这一时期的专利申请量出现了一个小高峰，可见武田制药针对曲格列汀的专利布局还是较为全面的。

（2）第二阶段：低潮期（2009～2010年）

到2009年，武田制药的专利布局已基本完成，申请步伐放缓。此时，有关曲格列汀的研究仍处于临床阶段，曲格列汀的药理学特性以及潜在的商业价值并没有显现。除武田制药以外，只有艾尼纳制药公司、勃林格殷格翰药业看到了曲格列汀的商业价值，但鉴于武田制药已确立的专利布局，这些医药企业提交的专利申请主要为曲格列汀与其他药物的联合用药方面的专利申请，此阶段的申请量呈现低谷的态势。

（3）第三阶段：发展期（2011年至今）

自2011年起，全球申请量又开始回升。2012年起，中国申请人开始提出了曲格列汀相关专利申请，自此以后全球增加的申请量主要来自中国申请。曲格列汀由于其超长周期给药的特性受到了业界的关注，由于DPP－Ⅳ抑制剂的良好药效，国内企业一直期望抢占市场，在武田制药的曲格列汀核心专利申请在国内并未获得专利权的情况下，国内企业看到了抢仿的机会。围绕曲格列汀的研究也在不断深入，这一阶段申请量逐年显著增加。

3. 专利产出与输入分布

曲格列汀主要国家或地区专利申请量排名如图8所示，前四位依次为中国、美国、欧洲、日本。近几年中国市场高度关注曲格列汀，专利申请量排名第一位占总量的65%。而中国以外的国家或地区，由于武田制药曲格列汀的核心专利申请已经获得授权，除原研药厂外还是以联合用药等外围专利申请为主，数量也并不突出。美国申请量排名第二位，申请量高于原研药厂所在地的日本，由此看出曲格列汀的研发中心所在地还是美国。欧洲作为糖尿病药物的重要市场，

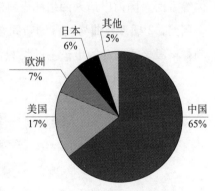

图8 曲格列汀主要国家或地区专利申请量构成

也吸引了较多专利申请。作为原研药厂所在地的日本申请量则排到了第四位。

图9展示了涉及曲格列汀专利申请排名前15位的输入国家或地区，中国作为第一大技术输入地遥遥领先，与中国作为第一大技术产出地申请量明显高于其他国家或地区是一致的。

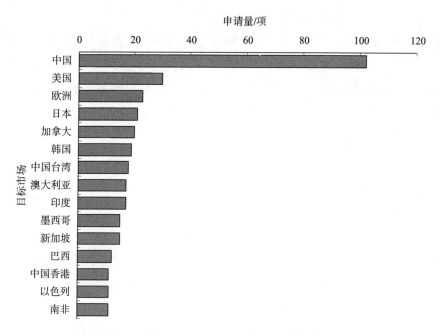

图9　曲格列汀全球专利申请目标市场排名

4. 主要申请人分析

如图10所示，曲格列汀全球申请人排名前四位的申请人为武田制药、四川海思科制药、艾尼纳制药公司、勃林格殷格翰药业。其中武田制药的申请总量最高，其申请主题涵盖了结构通式、制备方法、制剂、制药用途、联合用药、晶体、化合物盐、制备中间体等方面。国内申请人四川海思科制药10项申请中有6项涉及其他药物与曲格列汀的联合用药，2项涉及曲格列汀的新固态形式及其制备方法和制药用途；而艾尼纳制药公司、勃林格殷格翰药业的申请主题均只涉及其他药物与曲格列汀的联合用药。原研药厂武田

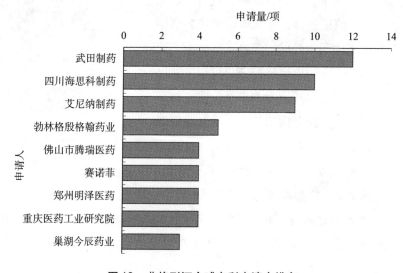

图10　曲格列汀全球专利申请人排名

制药不仅申请数量领先，在专利布局上也占有绝对领先的优势。在曲格列汀全球申请人排名前十的中国申请人中，目前只有重庆医药工业研究院提出了琥珀酸曲格列汀片的化药3.1类新药申请。

5. 技术构成分析

根据专利申请的内容不同，将曲格列汀专利分成8个技术主题：化合物、晶体、化合物盐、制备方法、制剂、制药用途、检测方法和联合用药。

总体上看，图11所示制药用途、制备方法、联合用药所占比重最大。这与除武田制药外的外国申请人研究重点为其他新药物和曲格列汀联用、制药用途相一致，中国申请人的申请涉及所有8个技术类别，比重最大的为制备方法。

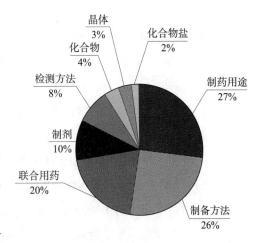

图11　曲格列汀全球专利申请的主题构成

从技术主题来看，图12所示，2004～2006年各技术分支分布均匀，并且此阶段的5项申请均为武田制药或被其收购的SYRRX公司提出，申请主题涉及结构通式、制备方法、制剂、制药用途、联合用药、晶体、化合物盐，说明此阶段武田制药进行了全面专利布局。

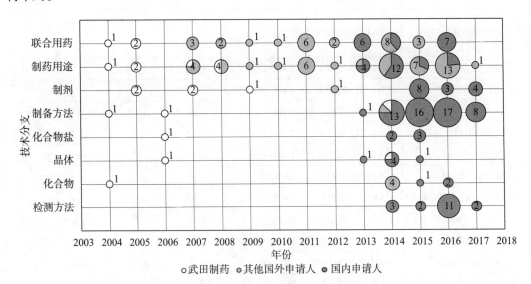

图12　曲格列汀全球专利申请技术主题分布趋势

注：图中数字表示申请量，单位为项。

2007～2012年的技术主题以联合用药与制药用途为主，仅有的4项涉及制剂主题的专利申请均来自武田制药。此期间其余的申请人包括勃林格殷格翰药业、艾尼纳制药公司以及赛诺菲公司，申请的技术主题均集中于联合用药与制药用途。直到 2012 年，武田制药以外的申请人主要围绕曲格列汀的改进提出改进型专利申请，对于其核心结构并没有获得疗效更好化合物的研究成果。

2013 年起开始有中国申请人提出申请，并且申请数量逐年上升，占据了此阶段全球申请量的 79%，18 项涉及检测方法的申请全部由中国申请人提出。国外申请人申请的技术主题主要集中于联合用药与制药用途，只有武田制药提出了一项国际公开号为 WO2015137496A1 的申请，涉及制备光学活性的 6 － (3 － 氨基哌啶 － 1 － 基) － 2，4 － 二氧代 － 1，2，3，4 － 四氢嘧啶衍生物的方法，其使用的各种中间体以及它们的制备方法，可用于制备曲格列汀和阿格列汀；印度太阳药业也提出了一项国际公开号为 WO2016024224A1 的申请，涉及一种制备曲格列汀的方法。

（三）原研企业武田制药专利策略

中国的糖尿病药物市场巨大，武田制药对我国市场非常重视，针对曲格列汀在我国申请了一系列专利，本部分针对武田制药在中国的曲格列汀申请及保护策略进行了研究。

截至 2018 年 6 月 30 日，在 CNABS 系统中查询到武田制药在中国就曲格列汀提出的专利申请共计 19 件，其相关情况如表 2 所示。从表 2 可以看出 2013 年武田制药已基本完成曲格列汀在中国的专利布局。

表 2　武田制药在中国的曲格列汀专利申请

申请号	公开/公告号	申请日	法律状态	有效性	技术主题
CN200480042457.3	CN1926128A	2004.12.15	驳回	无权	化合物/制剂/制备方法/用途
CN201110005289.2[1]	CN102127057A	2004.12.15	驳回	无权	化合物
CN201110006009.X[1]	CN102134230A	2004.12.15	驳回	审中	化合物
CN201110004223[1]	CN102079743A	2004.12.15	实审	审中	阿格列汀化合物
CN201110005267[1]	CN102127053A	2004.12.15	视撤	无权	化合物
CN201110006939[1]	CN102134231A	2004.12.15	实审	审中	化合物
CN201110009884[1]	CN102140090A	2004.12.15	视撤	无权	化合物
CN201110005788.1[1]	CN102134229A	2004.12.15	实审	审中	化合物
CN200680042380.9	CN101374523B	2006.09.13	授权	有权	制剂/联合用药
CN200680042863.9	CN101360723A	2006.09.15	驳回	无权	制备方法
CN201210130426.X[2]	CN102675221A	2006.09.15	视撤	无权	中间体/制备方法
CN200680053547.1	CN101389339B	2006.12.27	授权	终止	制剂/适应证
CN200780039574.8	CN101616673A	2007.09.11	驳回	无权	制剂
CN201310142194.4[3]	CN103211819A	2007.09.11	驳回	无权	用途
CN200780049086.5	CN101573351B	2007.11.29	授权	有权	晶体/制备方法
CN200880013087.9	CN101778633A	2008.03.12	驳回	无权	制剂

申请号	公开/公告号	申请日	法律状态	有效性	技术主题
CN201310004235.3[4]	CN103142600A	2008.03.12	驳回	无权	制剂/适应证
CN201080043162.3	CN102548556A	2010.07.27	视撤	无权	制剂
CN201380041306.5	CN104519874B	2013.06.04	授权	有权	制剂

注：1 为 200480042457.3 的分案申请；2 为 200680042863.9 的分案申请；3 为 200780039574.8 的分案申请；4 为 200880013087.9 的分案申请。

曲格列汀的核心专利申请 WO2005095381A1（进入中国国家阶段的申请号为 CN200480042457.3）由 SYRRX 公司作为最早的申请人于 2004 年 12 月 15 日提出。2005 年前后，有关 DPP-IV抑制剂的专利申请开始逐渐进入了第一个高峰期。此时，武田制药敏锐地抓住了投资的时机，于 2005 年 7 月从 Furiex 和 SYRRX 两家公司获得了开发包括阿格列汀和曲格列汀在内的 DPP-IV抑制剂的权利。

CN200480042457.3 是武田制药在中国提交的曲格列汀的核心专利申请，其中要求保护包含曲格列汀在内的通式化合物、制备方法、药物组合物以及制药用途，并且明确要求保护曲格列汀的化合物。在其被驳回后，武田制药以该专利申请为母案提交了 7 件分案申请，涉及主题包括阿格列汀和曲格列汀及其制备方法，通过分案仍在争取获得授权。其中 4 件仍在审中，并且主题均涉及阿格列汀和曲格列汀的化合物。从目前在审的曲格列汀核心专利申请的内容来看，曲格列汀的具体化合物或其药用盐以及制备方法的专利申请仍都处于悬而未决的状态，这些都是武田制药垄断中国国内曲格列汀市场必须依赖的重点专利技术，并已经通过在后专利申请获得了对曲格列汀药物组合物的专利保护。具体来说如表3，已经获得授权的 4 件专利申请中：CN101374523B 保护了曲格列汀或其可药用盐的制剂，权利要求中仅限定了活性成分的含量范围，且含量基本覆盖了常见的给药剂量，该专利权有效地弥补了核心专利申请被驳回所带来的不利影响。CN101573351B 是曲格列汀琥珀酸盐多晶型 A 及其制备方法，由于效果良好的晶型数量相当有限，因此晶型专利常常能够达到近似于核心专利的保护强度。CN104519874B 是剂型改进发明，保护了更易于崩解的固体制剂，该专利申请日为 2013 年，可通过性能更优的新制剂药物对抗仿制药。上述专利权，均为我国仿制药厂带来了风险。因此武田制药通过制剂和晶型也实现了对该化合物的独占。

表3 武田制药已经获得授权的曲格列汀相关专利

申请号	授权公告号	申请日	技术主题
CN200680042380.9	CN101374523B	2006.09.13	1~250mg/天制剂/联合用药
CN200680053547.1	CN101389339B	2006.12.27	曲格列汀 & 吡格列酮
CN200780049086.5	CN101573351B	2007.11.29	晶型 A
CN201380041306.5	CN104519874B	2013.06.04	制剂

除了上述 4 件核心专利申请的分案申请以外，武田制药还有 3 件未决专利申请：CN102675221A 通过要求保护化合物的中间体，以谋求更大的化合物相关保护范围；CN103211819A 和 CN103142600A 基本囊括了所有可能的药物制剂，同时也将适应证扩大到癌症、自身免疫障碍和 HIV 感染。

可见，即便曲格列汀核心专利申请尚未获得专利权，但国内企业参与曲格列汀市场竞争的空间因其外围专利也变得十分有限。

（四）曲格列汀结构确立过程

2004 年，武田制药提交了国际公开号为 WO2005095381A1 的 PCT 国际专利申请。该申请记载了通过对 DPP－Ⅳ晶体结构的解析和认识，指导了新的 DPP－Ⅳ抑制剂化合物结构的设计。该申请最早提出了曲格列汀的结构，化学名为 2－［6－（3－氨基－哌啶－1－基）－3－甲基－2，4－二氧代－3，4－二氢－2H－嘧啶－1－基甲基］－4－氟－苄腈。与西格列汀、维格列汀等其他 DPP－Ⅳ抑制剂的列汀类药物相比，曲格列汀的结构显著不同，是一种全新结构的 DPP－Ⅳ抑制剂化合物。与曲格列汀一同被提出的还有阿格列汀。二者在结构上高度近似，不同点仅在于苯环上氰基的对位是否被氟原子取代。

根据检索到的嘧啶酮和嘧啶二酮类 DPP－Ⅳ抑制剂的相关专利申请，笔者循着其化合物结构演变过程，对阿格列汀和曲格列汀的结构确立过程进行梳理如下：

武田制药通过高通量晶体学解析了人 DPP－Ⅳ蛋白结构，并从大约 80 个共晶结构中得到了黄嘌呤化合物 1❶，该化合物抑制 DPP－Ⅳ的 IC_{50} 为 $2\mu M$。

2001 年 07 月 04 日，诺和诺德制药提交的 PCT 专利申请 WO0202560A1 中披露了大量与上述研究中化合物 1 结构相近的化合物。如图 13 所示，这些化合物作为 DPP－Ⅳ抑制剂，被用于治疗Ⅱ型糖尿病。2002 年 02 月 21 日，在勃林格殷格翰药业提交的 PCT 专利申请 WO02068420A1 中，披露了作为 DPP－Ⅳ抑制剂的化合物 2，其抑制 DPP－Ⅳ的 IC_{50} 约为 $5nM$。诺和诺德制药于 2002 年 06 月 27 日提交的 PCT 专利申请 WO03004496A1 中也披露了该化合物。不同于黄嘌呤化合物 1 的结构，苯环上的氯原子被氰基替换，哌

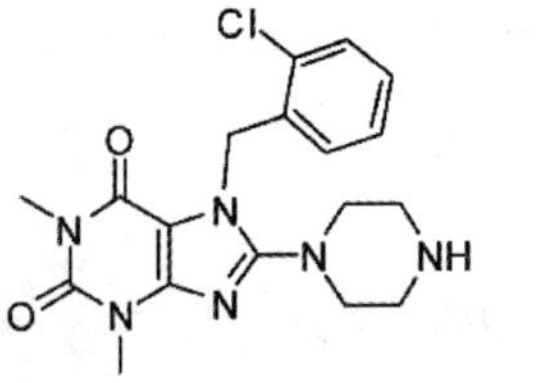

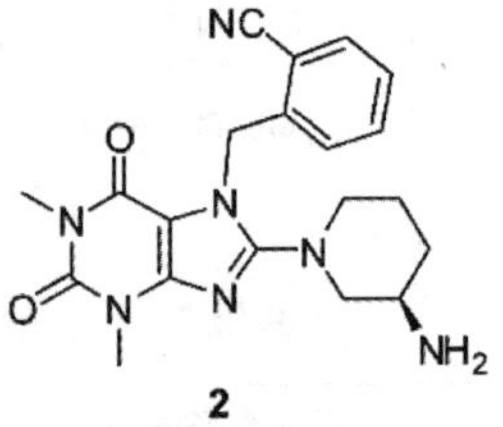

图 13 化合物 1 和化合物 2 结构式

---

❶ ZHANG Z, MB WALLACE, JUNF, et al. Design and Synthesis of Pyrimidinone and Pyrimidinedione Inhibitors of Dipeptidyl PePtidase Ⅳ [J]. Journal of Medicinal Chemistry, 2011 (54): 510－524.

嗪环也变成了 3 - 氨基吡啶结构。通过研究化合物 2 在 DPP - Ⅳ 活性位点的共晶结构发现，氰基通过氢键与 Arg125 结合，哌啶 3 位的伯氨基与 Glu205/Glu206 形成了二齿离子键，这些改变导致化合物 2 的活性提高近 400 倍。

利用这些以及来自其他共晶结构的信息，研究人员进一步推测喹啉酮骨架可以有效地显示 DPP - Ⅳ 药效团，其中 C2 位的氨基哌啶可以提供与 Glu205/Glu206 之间关键的离子键，N3 位的氰基苄基有效地占据 S1 结合袋，并同时与 Arg125 相互作用，C4 位的羰基提供与 Tyr631 NH 的重要氢键，双环杂环与 Tyr547 形成 π 堆积作用（参见图 14）。

上述推测得到了喹啉酮化合物 3 的证实，其对 DPP - Ⅳ 的 IC_{50} 为 10nm。该化合物在 SYRRX 公司 2004 年 3 月 24 日提交的 PCT 专利申请 WO2004087053A1 中。虽然化合物 3 是 DPP - Ⅳ 的有效和选择性抑制剂，但它会导致细胞色素 P450 抑制和 hERG 阻断。为了寻找具有更有利性质的化合物，进一步制备了嘧啶酮和嘧啶二酮化合物。

实验证实，除去喹啉酮的稠合苯环得到的嘧啶酮骨架化合物仍然是 DDP - Ⅳ 的有效抑制剂。SYRRX 公司于 2004 年 8 月 12 日提交的 PCT 专利申请 WO2005016911A1 中公开化合物 4，其对 DPP - Ⅳ 的 IC_{50} 为 5nm。通过化合物 4 在 DPP - Ⅳ 活性位点的共晶结构可以看到，羰基与 Tyr631 的 NH 之间的氢键作用，氰基苄基有效地占据 S1 结合袋，并同时与 Arg125 相互作用，哌啶环上氨基与 Glu205/Glu206 之间形成离子键（参见图 15）。

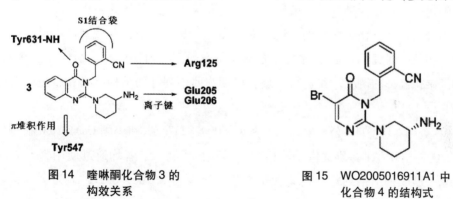

图 14　喹啉酮化合物 3 的　　　　图 15　WO2005016911A1 中
　　　构效关系　　　　　　　　　　　化合物 4 的结构式

研究进一步测试了嘧啶二酮类似物的活性，R1 为 H 或甲基时具有抑制活性，乙基取代则会导致活性降低 10 倍。苄基上的 R2 可以是多种取代基，2 - 氰基 - 5 - 氟取代的化合物 5 具有最优的活性。2 - 氰基苄基和 3 - 氨基哌啶是必需的药效基团。化合物 6 与 DPP - Ⅳ 活性位点的结合模式与嘧啶酮类似物相同。在临床前研究中，测试化合物 5 和 6 对细胞色素 P450 酶的抑制能力，其 IC_{50} 均不低于 10μM，并且在 30μM 浓度以下不会阻断 hERG 通道。此外，这些化合物的安全性实验也得到了有利的结果，因此可以用于临床研究。2004 年 12 月 15 日，SYRRX 公司提交了 PCT 国际专利申请 WO2005095381A1，要求保护了包括化合物 5（曲格列汀）和化合物 6（阿格列汀）在内的通式化合物（参见图 16）。

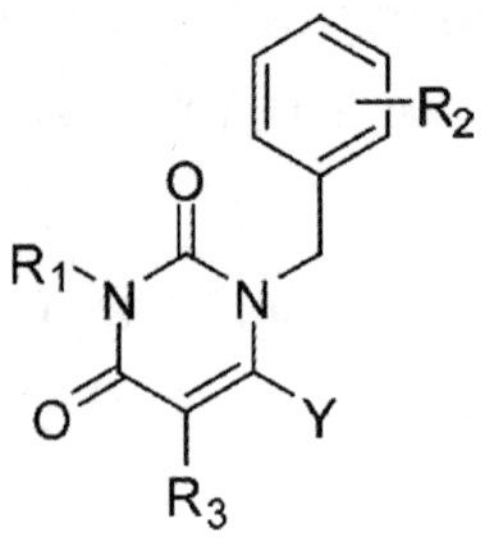

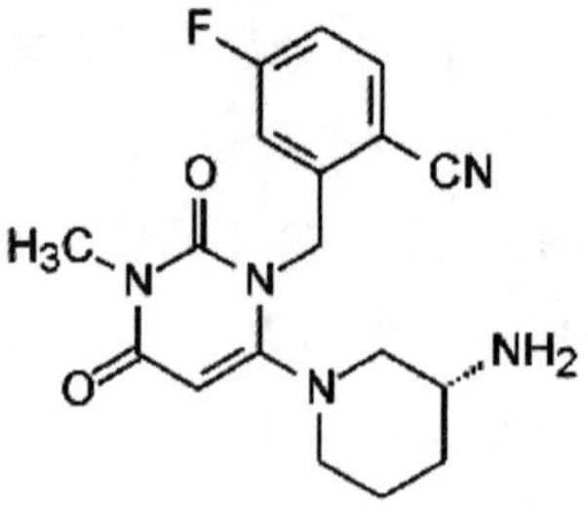

化合物5 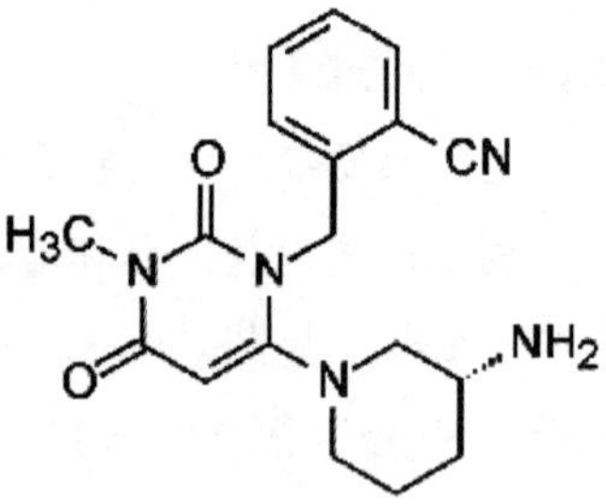   化合物6

图 16   WO2005095381A1 中披露的化合物 5 和化合物 6 结构式

从曲格列汀和阿格列汀结构确立的整个研究过程来看，对 DPP－Ⅳ 晶体结构和化合物与 DPP－Ⅳ 之间的相互作用的认识，促进了 DPP－Ⅳ 抑制剂的构效关系研究，很好地指导了新的 DPP－Ⅳ 抑制剂化合物的结构设计，从初期发现具有活性的化合物，对化合物的骨架结构进行优化，直至确定临床实验的候选化合物，结构生物学设计贯穿全程，最终获得了具有全新结构的 DPP－Ⅳ 抑制剂曲格列汀和阿格列汀。

（五）　曲格列汀和阿格列汀的衍生物

由于阿格列汀上市较早，对其结构修饰的研究较多，并且从其衍生物和类似物的角度入手，围绕阿格列汀核心化合物进行了专利布局。相比之下，曲格列汀上市较晚，对其结构修饰相关的研究仍在起步阶段。考虑到曲格列汀与阿格列汀在结构上的相似性，对阿格列汀结构修饰的情况一并进行梳理，以期为曲格列汀的结构修饰和新药研发提供思路（参见图 17）。

2008 年，美国 PROTIA 公司申请的专利 US2009082376A1 和美国 CoNCERT 制药公司申请的 US2009137457A1 分别提供了阿格列汀的新衍生物，二者均通过使用氘元素取代结构中氢原子形成了阿格列汀的富氘代衍生物。以专利 US2009082376A1 为例，其通式化合物结构中的 R1－R21 独立地选自 H 或 D，且 R1－R21 中氘的丰度至少为 5%。

2010 年上海复尚慧创医药研究有限公司申请的专利 CN102791071A 对曲格列汀结构中的嘧啶二酮的环状结构进行了改变，将 －N（CH3）－C（O）－CH＝替换为 －C（CH3）＝ N－N＝结构，形成 1，2，4－三嗪－5－酮结构，得到化合物（R）－2－（（3－氨基－哌啶－1－基）－6－甲基－5－氧代－1，2，4－三嗪－4（5H）－基）甲基）－4－氟苄腈。该化合物在 DPP－Ⅳ 体外活性检测试验中 IC_{50} 值为 3nm，在 DPP－Ⅳ 体内活性检测试验中表现出比阿格列汀更好的活性。

2012 年南京华威医药科技开发有限公司申请的专利 CN103788070A 提供了新型的二肽基肽酶Ⅳ抑制剂类多聚物，通过将阿格列汀结构中的氨基与二或三元羧酸类化合物、二或三酰氯类化合物、二酸酐类化合物反应，形成了阿格列汀的多聚体。相比于阿格列

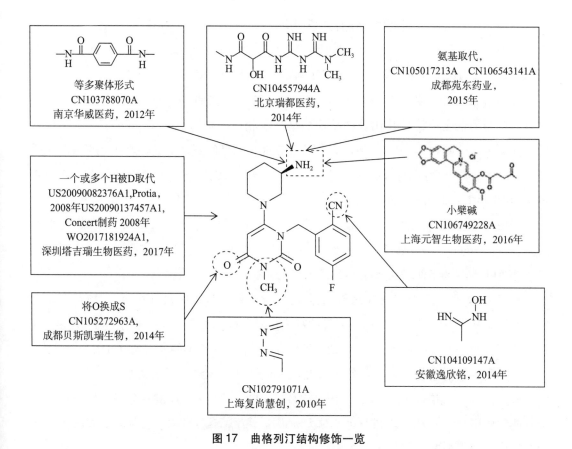

图 17　曲格列汀结构修饰一览

汀对照组，阿格列汀与对苯二甲酸、吡啶二甲酸、丁二酸分别形成的二聚体化合物都显示出提高的活性。

2014 年安徽逸欣铭医药科技有限公司申请的专利 CN104109147A 对阿格列汀或曲格列汀结构中的氰基进行了结构修饰，通过将其与盐酸羟氨反应，形成了阿格列汀或曲格列汀的羟基脒基衍生物。由于羟基脒基碱性弱，在生理 pH 条件下以非质子化的形式存在，因此可增强药物在胃肠道的吸收，口服给药后具有高于原形药物至少 5 倍的生物利用度，同时增强了与 DPP－Ⅳ氢键结合力。与原形药物相比，修饰后化合物的活性得到了显著的提高。

2014 年北京瑞都医药科技有限公司申请的专利 CN104557944A 利用丙醇二酸的两个羧基分别与阿格列汀和二甲双胍结构中氨基进行反应，所得到的化合物与阿格列汀和二甲双胍的复方药物相比，对正常小鼠的血糖几乎无影响，而对于糖尿病模型小鼠的降糖效果更显著，并且有效剂量更低，对于肥胖合并糖尿病小鼠的治疗效果更明显。这样不但控制了血糖，体重也有所下降，同时由于该化合物为单一成分，便于制剂加工和成型，避免了复方成分可能出现的有效成分混合不均匀造成的剂量偏差等问题，通过改造也降低了双胍的强碱性，有利于降低其胃肠道刺激。

同年，成都贝斯凯瑞生物科技有限公司申请的专利 CN105272963A，在曲格列汀母环上将 O 换成 S，得到 2－氧代－4－硫代－3，4－二氢嘧啶衍生物，DPP－Ⅳ酶抑制活性测试显示对 DPP－Ⅳ酶抑制活性显著优于阿格列汀和曲格列汀。

2015 年成都苑东药业申请的专利 CN105017213A，在曲格列汀的氨基上进行取代，小鼠口服糖耐量实验显示其化合物相比曲格列汀相比糖负荷 30min、60min 后血糖值更低。同年申请的专利 CN106543141A，同样是在曲格列汀的氨基上进行取代，与阳性对照组阿格列汀、曲格列汀对比的 OGTT 试验显示，表现出优异的、长效降糖效果。该企业也于 2015 年 7 月提出了琥珀酸曲格列汀片的化药 3.1 类新药申请。

2016 年上海元智生物医药科技有限公司申请的专利 CN106749228A，化合物由小檗红碱（berberrubine；9－脱甲基小檗碱；9－脱甲基黄连素）和曲格列汀制备而成。该化合物是 ALPHA－淀粉酶抑制剂，可用于治疗糖尿病。

2017 年深圳市塔吉瑞生物医药有限公司申请的专利 WO2017181924A1，氘元素取代曲格列汀结构中氢原子形成了曲格列汀的富氘代衍生物，使其具有更好的生物利用度。

从现有的上述研究来看，对曲格列汀类化合物进行结构修饰的方式大致可以分为三类：

一是使用氘衍生化。氘是自然界存在的氢同位素，无毒、无放射性，对人体安全，C－D 键比 C－H 键稳定 6~9 倍，使用氘代替氢，能够减缓 C－H 键的分解，延长药物的半衰期和作用时间，同时 H 和 D 的立体差异很小，通常不会影响化合物的药理活性，氘代药物也逐渐成为近年来研究的热点。

二是改变嘧啶二酮骨架的组成，以结构类似的环状基团进行替代。DPP－Ⅳ的晶体结构已经解析，研究人员能够通过模拟药物分子与酶活性部位之间的相互作用更好地分析药物的构效关系，提供具有降糖活性的化合物。

三是通过与曲格列汀结构中活性官能团反应引入修饰基团，反应位点主要集中在氨基和氰基上。氨基自身具有很好的反应活性，研究表明通过与对苯二甲酸、丁二酸等反应形成的二聚体化合物能够提高原形化合物的活性。氨基已经成为曲格列汀的结构修饰中最受关注的位点。与氨基不同，氰基具有较强的吸电子性质，其体积仅为甲基的 1/8，能够深入靶蛋白内部与活性部位的关键氨基酸残基形成氢键相互作用，许多上市和在研的 DPP－Ⅳ抑制剂中都含有氰基基团，包括维格列汀、沙格列汀、美罗列汀等。曲格列汀结构中的氰基在被修饰为羟基脒基后，进一步增加了与 DPP－Ⅳ的氢键结合力，使化合物的活性得到了显著的提高。

三种方式比较来看，第三种方式容易实施，引入的修饰基团也更多样化，因此更容易受到研究者的青睐。

（六）曲格列汀的制备方法

在曲格列汀相关专利申请中，涉及制备方法技术主题的共 57 项。其中，技术主题为曲格列汀制备方法的专利申请共23项，占总量的40%；其次是涉及制剂制备方法或晶体制备方法的专利申请，分别有13项；还有少量涉及衍生物制备方法和杂质制备方法的专利申请。从图18可以看出，2004~2006年，涉及制备方法的专利申请仅有2项，其申请人均为武田制药，分别涉及化合物及晶体的制备方法。2007~2012年，专利申请经历了相当长一段时间的空白。自2013年至今，随着中国申请人在曲格列汀领域的活跃，涉及制备方法的专利申请大量涌现，此阶段除2件申请人分别为武田制药和印度太阳药业的专利申请外，其余申请人均为中国企业。

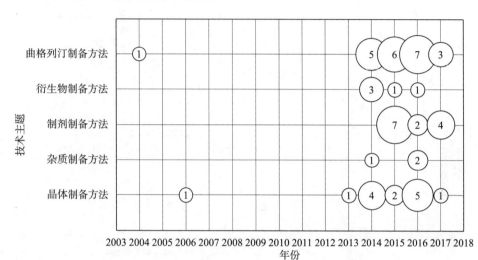

图18 曲格列汀制备方法专利申请技术主题分布趋势

注：图中数字表示申请量，单位为项。

在不同技术主题中，制剂制备方法、晶体制备方法、衍生物制备方法相关专利申请，发明点多在新的制剂、晶体、衍生物，并同时要求保护相应的制备方法。而曲格列汀制备方法改进的专利申请与曲格列汀生产密切相关，因此本文对涉及曲格列汀制备方法的22项专利申请进行了进一步梳理，如图19所示。

在武田制药2004年12月15日申请的核心专利申请WO2005095381A1中，曲格列汀的制备路线如下：将2-溴-5-氟甲苯（3.5g，18.5mmol）与CuCN（2g，22mmol）在DMF（100mL）中的混合物回流24小时。将反应用水稀释，用己烷萃取。有机层经 $MgSO_4$ 干燥，除去溶剂，得到产物4-氟-2-甲基苄腈（收率60%）。将4-氟-2-甲基苄腈（2g，14.8mmol）、NBS（2.64g，15mmol）与AIBN（100mg）在 CCl_4 中的混合物在氮下回流2小时。将反应冷却至室温，过滤除去固体。浓缩有机溶液，得到粗产物2-溴甲基-4-氟苄腈，无须进一步纯化即可用于下一步。将粗的3-甲基-6-氯尿嘧啶（0.6g，3.8mmol）、2-溴甲基-4-氟苄腈（0.86g，4mmol）与 K_2CO_3（0.5g，4mmol）在DMSO（10mL）中的混合物在60℃下搅拌2小时。将反应用水稀释，用EtOAc萃取。

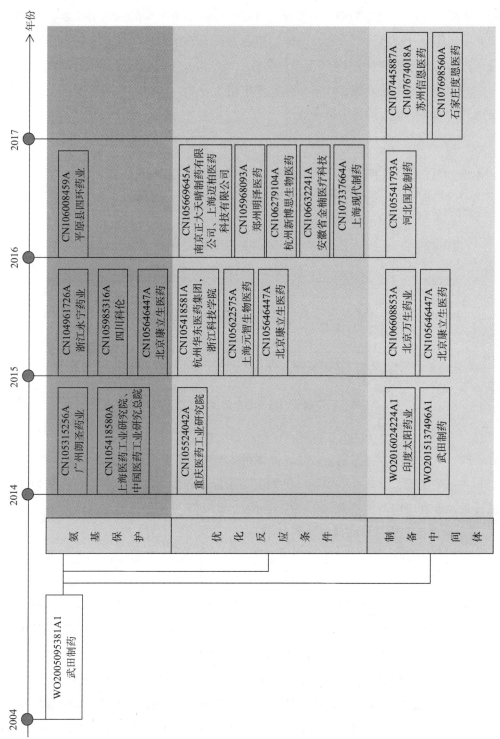

图19　曲格列汀制备方法专利申请技术路线

有机层经 $MgSO_4$ 干燥，除去溶剂。残余物经过柱色谱纯化。得到 0.66g 产物 2-（6-氯-3-甲基-2,4-二氧代-3,4-二氢-2H-嘧啶-1-基甲基)-4-氟-苄腈（收率 60%）。在密封的试管中，将 2-（6-氯-3-甲基-2,4-二氧代-3,4-二氢-2H-嘧啶-1-基甲基)-4-氟-苄腈（300mg，1.0mmol)、(R)-3-氨基-哌啶二盐酸盐（266mg，1.5mmol）和碳酸氢钠（500mg，5.4mmol）在 EtOH（3mL）中，在 100℃下搅拌 2 小时。HPLC 纯化后得到最终的化合物 2-[6-(3-氨基-哌啶-1-基)-3-甲基-2,4-二氧代-3,4-二氢-2H-嘧啶-1-基甲基]-4-氟-苄腈（曲格列汀），为 TFA 盐。通过该合成工艺制备得到曲格列汀收率较低。在该路线的最后一步亲核取代反应中，由于（R)-3-氨基-哌啶二盐酸盐，反应中可生成两种不同位置的亲核取代的产物，从而导致目标产物-曲格列汀纯度不高，需要进一步纯化处理才能得到高纯度的适合药用的曲格列汀。因此，对于该路线，迫切需要找到收率更高以及过程更安全，更适合工业生产的制备曲格列汀或其盐的工艺。为了实现该目的，申请人主要从（R)-3-氨基-哌啶的氨基保护、优化反应条件、中间体制备工艺三方面入手。

第一方面：（R)-3-氨基-哌啶的氨基保护

2014 年广州朗圣药业的专利申请 CN105315256A，涉及一种高纯度新的琥珀酸曲格列汀的制备方法，将叔丁氧羰基（-Boc）作为氨基保护基团。该专利申请已获得授权。

2014 年上海医药工业研究院和中国医药工业研究总院的专利申请 CN105418580A，涉及一种曲格列汀的制备工艺，将氨基用叔丁氧羰基保护，提高了亲核取代反应的选择性，避免了伯胺发生取代而产生杂质，进而提高了亲核取代的收率，也提高了曲格列汀的纯度。

2015 年四川科伦药物研究院有限公司的专利申请 CN105985316A，涉及一种曲格列汀及其盐的制备方法包括以下步骤：在氮气保护下，将 2-（6-氯-3-甲基-2,4-二氧代-3,4-二氢-2H-嘧啶-1-基甲基)-4-氟-苄腈、Pd(OAc)$_2$、配位体、K$_3$PO$_4$、3-叔丁氧羰基-氨基哌啶放入有机溶剂中，搅拌反应，得到反应液，再经过纯化等步骤得到曲格列汀。该方法减少了副反应以及杂质化合物的生成并简化了分离纯化方法。

第二方面：优化反应条件

2014 年重庆医药工业研究院有限责任公司的专利申请 CN105524042A，在亲核取代步骤滴加 DBU，反应溶剂为非质子极性溶剂，反应温度为 10~40℃。

2016 年南京正大天晴制药有限公司和上海迈柏医药科技有限公司的专利申请 CN105669645A，涉及在有机溶剂中，磷酸盐和相转移催化剂存在的条件下，进行亲核取代反应得到曲格列汀。

2016 年上海现代制药股份有限公司的专利申请 CN107337664A，以 2-溴甲基-4-氟苯腈为原料，与 3-甲基-6-氯尿嘧啶发生 N-烷基化反应生成 2-（6-氯-3-甲基-

2，4 - 二氧代 - 3，4 - 二氢 - 2H - 嘧啶 - 1 - 基甲基) - 4 - 氟 - 苄腈。该化合物和（R）- 3 - 氨基 - 哌啶二盐酸盐发生取代反应生成曲格列汀，在 N - 烷基化反应中避免了高沸点、极性大溶剂 DMSO 的使用；取代反应中添加吸水剂后，常压回流即可得到曲格列汀，避免了密闭反应器的使用。

第三方面：中间体制备工艺

武田制药于 2014 年提出的专利申请 WO2015137496A1，涉及制备光学活性的 6 - (3 - 氨基哌啶 - 1 - 基) - 2，4 - 二氧代 - 1，2，3，4 - 四氢嘧啶衍生物的方法。在催化剂的存在下，将 1，4，5，6 - 四氢吡啶 - 3 - 甲酰胺或其衍生物进行非对称还原，获得光学活性的哌啶 - 3 - 甲酰胺或其衍生物，可用作制备曲格列汀的中间体。该专利申请已于 2016 年 11 月 11 日进入中国国家阶段，尚在实质审查中。

2014 年印度太阳药业的专利申请 WO2016024224A1，提供了一种制备反应中间体 4 - 氟 - 2 - 甲基苄腈的制备方法，避免了原核心专利中所使用的有毒和危险试剂。

此外，2015 年北京康立生医药技术开发有限公司的专利申请 CN105646447A，对曲格列汀的制备方法进行了重新设计，以（R）- 3 - Boc - 氨基哌啶和 6 - 氯 - 3 - 甲基尿嘧啶为起始原料，发生取代反应，得到（R）- 3 - Boc - 1 - (3 - 甲基尿嘧啶基) 氨基哌啶，在 2 - 氰基 - 5 - 氟溴苄的作用下，发生 N - 烷基化反应，得到 2 - [[6 - [(3R) - 3 - Boc - 氨基 - 1 - 哌啶基] - 3 - 甲基 - 2，4 - 二氧代 - 3，4 - 二氢 - 1 (2H) - 嘧啶基] 甲基] - 4 - 氟苄腈；在盐酸作用下脱叔丁氧羰基得到曲格列汀，曲格列汀与琥珀酸成盐，得到最终化合物琥珀酸曲格列汀，并对反应步骤中 pH 调节剂、溶剂等进行了优选。该方法不仅引入了氨基保护基团，而且对于中间体的合成顺序、反应条件均进行了改进。

从图 19 还可以看出，除核心专利申请外，自 2014 年起其他涉及曲格列汀的制备方法陆续出现，技术改进的切入点和申请人都相对分散。

四、总结与展望

糖尿病药物的市场巨大，DPP - Ⅳ 抑制剂作为目前抗糖尿病药物的研发热点，受到国内外制药企业的广泛追捧，其市场增长势头强劲。

对于中国这个巨大的市场，国外公司表现出了足够的重视。已上市的 DPP - Ⅳ 抑制剂大多在中国取得了化合物专利的保护，并且相关企业围绕核心专利进行了全面的布局，建立了牢固的专利壁垒。而我国医药企业绝大多数都是仿制药企业，要想立足长远，摆脱低端重复、恶性竞争的局面，就必须走"仿创结合"之路。"仿创结合"的专利战略对于我国目前的医药企业而言也是一个很好的选择。这样可以在仿制和创新之间寻找到一个平衡点，避免投资的单一性和风险性，能让企业在保证盈利的基础上稳步发展。对于糖尿病药物 DPP – Ⅳ抑制剂，重点应在已知化合物结构的基础上进行改进和优选，力求获得效果更加优越的新化合物。

一方面以江苏恒瑞的瑞格列汀为例，化学结构与默沙东研发的西格列汀相近似，然而在临床前研究中表现出了抑制活性强、选择性高、动物体内药效维持时间长、安全性好的特点。所得到的新化合物不仅可以突破原化合物的专利壁垒，而且能够通过构筑自己的核心专利，并逐步通过构建外围专利完善专利布局来获得强有力的专利保护。因此，国内有一定研发实力的仿制药企业可以根据自身优势，从仿制药的技术领域着眼，集中培养优势领域和技术，为企业不断积累研发经验，提升自身的研发实力，逐渐从低端仿制走向高端仿制，方能走向世界。

另一方面以曲格列汀为例，市场上出现的一拥而上的局面也使得国内制药企业之间对于 DPP – Ⅳ抑制剂的市场竞争日趋激烈。由于该化合物专利申请在中国国家阶段的实质审查中被驳回，国内企业看到了一线希望的曙光，短期内蜂拥而至进行仿制。诚然，核心化合物专利申请的失利确实给国内的仿制药厂带来了机遇，但是企业在项目上马前也需要对原研厂家的专利布局情况进行全面的研究，对重点专利的可能走向作出合理预判并密切关注审查进展。我们可喜地看到，中国企业已加紧在 DPP – Ⅳ抑制剂方面的研发和投入，目前围绕制药用途、联合用药、化合物衍生物、晶型、制剂、制备方法、检测方法等领域均有所布局。

DPP – Ⅳ抑制剂是近年来新崛起的明星系列药物，以稳健的临床和市场表现迅速占据糖尿病药物市场。DPP – Ⅳ抑制剂已经被提高到二线治疗药物，甚至在某些推荐的治疗流程中可以考虑作为与二甲双胍并驾齐驱的一线治疗药物。DPP – Ⅳ抑制剂与二甲双胍早期联合治疗，两者机制互补，有望成为Ⅱ型糖尿病治疗的重要选择。可以说，目前的 DPP – Ⅳ药物领域还有广阔的发挥空间，国内研发机构或科研人员可以一展拳脚，迎头赶上。

糖尿病药物——艾塞那肽专利技术综述[*]

张珮明　雷耀龙^{**}

摘　要　艾塞那肽（Exenatide，商品名 Byetta®）为毒蜥外泌肽 – 4（Exendin – 4）的人工合成品，能够在体内模拟 GLP – 1 的作用，可明显改善Ⅱ型糖尿病患者的血糖控制并伴有体重减轻。然而，作为一种多肽类药物，艾塞那肽具有较为明显的化学与物理不稳定性，并且药物顺应性差。因此，对于艾塞那肽药物制剂的研究热点主要聚焦于提高药物活性成分的稳定性和开发长效缓控释制剂。本文概述了艾塞那肽的发展历程及专利态势，并在检索、整理、分析和归纳相关专利的基础上，主要围绕艾塞那肽活性成分的优化和缓释剂型的选择两大主题详细阐述了艾塞那肽制剂专利技术发展情况，并且预测进一步改造艾塞那肽的结构突破其天然结构的限制、利用新型材料筛选优良的修饰剂、利用协同增效作用开发药物联合制剂等都极有可能成为未来艾塞那肽制剂研发的焦点。

关键词　艾塞那肽　融合蛋白　模拟肽　化学修饰　缓释制剂

一、艾塞那肽发展历程及专利态势

（一）艾塞那肽发展历程

糖尿病是一种临床常见慢性疾病，特征表现为高血糖，并伴随因胰岛素分泌或作用缺陷所引起的糖、脂肪和蛋白质代谢紊乱。[1]据统计，全球目前约有 4.2 亿糖尿病患者，预计到 2040 年，患病人数将达到 6.42 亿。糖尿病人群日益扩大，不仅严重危害人类健康，也给整个社会的发展造成了巨大的阻碍。

糖尿病主要可以分为Ⅰ型糖尿病和Ⅱ型糖尿病，其中Ⅱ型糖尿病为发病的主要类型，患者数占糖尿病总人群的 90% 以上。Ⅱ型糖尿病是一种以胰岛素抵抗和胰岛素分泌不足为特征的慢性疾病，其发病机制是由于胰岛 B 细胞功能下降和胰岛素抵抗而引发的进行

---

　* 作者单位：国家知识产权局专利局医药生物发明审查部。

　** 等同第一作者。

性疾病。[2]胰高血糖素样肽 – 1（Glucagon like Peptide – 1，GLP – 1）是肠道在食物尤其是碳水化合物刺激下分泌入血的一种肠促胰岛素，进入循环后通过特异性激动 GLP – 1 受体发挥作用，抑制餐后血糖的上升。研究表明，在Ⅱ型糖尿病患者中，GLP – 1 的分泌明显受损，而天然 GLP – 1 入血后迅速被二肽基肽酶 – Ⅳ（Dipeptidyl Peptidase – Ⅳ，DPP – Ⅳ）降解，不具有临床应用价值。[3]

艾塞那肽（Exenatide，商品名 Byetta®）为毒蜥外泌肽 – 4（Exendin – 4）的人工合成品，其由 39 个氨基酸组成，氨基酸序列单字母表示为：HGEGTFTSDL SKQMEEEAVR LFIEWLKNGG PSSGAPPPS – NH$_2$；三字母表示为：H – His – Gly – Glu – Gly – Thr – Phe – Thr – Ser – Asp – Leu – Ser – Lys – Gln – Met – Glu – Glu – Glu – Ala – Val – Arg – Leu – Phe – Ile – Glu – Trp – Leu – Lys – Asn – Gly – Gly – Pro – Ser – Ser – Gly – Ala – Pro – Pro – Pro – Ser – NH$_2$。Exendin – 4 是一种从毒蜥唾液中分离出的 GLP – 1 受体激动剂，其与 GLP – 1 有 53% 的序列同源性，能够激动人类 GLP – 1 受体，在体内模拟 GLP – 1 的作用，可明显改善Ⅱ型糖尿病患者的血糖控制并伴有体重减轻。[3]同时，艾塞那肽 N 端第二位由 Gly 代替了 GLP – 1 中 Ala，不易被 DPP – Ⅳ 降解，而在非 N – 末端区域的其他取代也有助于改善中性肽链内切酶（NEP）抗性，使其进一步增强体内降血糖活性，因而其相对于天然 GLP – 1 具有较长的半衰期和较强的生物活性。

艾塞那肽由艾米林公司（Amylin）和礼来公司（Eli Lilly）于 1995 年开始联合研发，于 2005 年 4 月获美国食品药品监督管理局（FDA）批准在美国上市，商品名为百泌达（Byetta®），是首个通过 FDA 审批的 GLP – 1 受体激动剂。随后于 2006 年 11 月获得欧盟医药管理局（EMA）批准上市，于 2009 年 5 月在中国获得批准上市。该药物半衰期约为 2.4h，单次皮下注射后，血浆中艾塞那肽浓度将持续升高 4 ~ 8h，在每日 2 次，每次 10μg 的注射剂量下，艾塞那肽可使糖化血红蛋白（HbA1c）浓度降低 0.8% ~ 1.5%，可观察到患者平均体重减少 2 ~ 3kg，最常见的不良反应为恶心和呕吐。[2]

其后，礼来公司、艾米林公司与奥克美思公司（Alkermes）进一步开展了艾塞那肽缓释剂注射用混悬液的研发，并于 2011 年 6 月获得欧盟医药管理局批准上市，于 2012 年 1 月获得 FDA 批准上市，其商品名为 Bydureon®。临床研究表明，每周给药一次 Bydureon®，5 ~ 10 周后仍可稳定地检测到血浆中艾塞那肽的存在，治疗组 HbA1c 水平平均降低了 1.6%，而每天注射两次 Byetta® 治疗组 HbA1c 水平平均降低了 0.9%。Bydureon® 与 Beytta® 相比，可以在很大程度上提高用药的便利性，并且降低艾塞那肽的主要不良反应如恶心和呕吐的发生率，从而提高患者用药的顺应性。

伴随着阿斯利康公司（AstraZeneca）于 2014 年 1 月完成了对百时美施贵宝公司（Bristol Myers Squibb，BMS）在全球糖尿病联盟中全部股份的收购，阿斯利康公司彻底拥有了全球 Byetta® 和 Bydureon® 的全部知识产权和开发、生产和销售的权益。2016

年，阿斯利康公司与中国香港三生医药有限公司进行战略合作，中国香港三生医药有限公司拥有了 Bydureon® 与 Beytta® 的中国独家商业权，并于 2018 年 1 月获得国家食品药品监督管理总局（NMPA）批准，Bydureon® 将在中国上市。

（二）艾塞那肽专利态势

为了能够准确、全面地反映艾塞那肽制剂领域的专利技术现状及其发展趋势，在对现有专利数据库进行分析比较的基础上，选择了中国专利文摘数据库（CNABS）和德温特世界专利索引数据库（DWPI）对相关专利进行了检索。关键词主要为艾塞那肽和 Exendin – 4，同时结合了代表技术手段的关键词如模拟肽、融合蛋白等以及代表剂型的关键词如微球、脂质体、纳米粒等。艾塞那肽相关专利文献的分类号较为广泛，主要分入 A61K 38、A61K 9、C07K 7、C07K 14 大组中。所选择的检索样本主要由上述关键词、分类号及其下位组检索得到的全部专利文献构成，检索截止日期为 2018 年 7 月 31 日。

1. 全球专利申请发展趋势

截至 2018 年 7 月 31 日，艾塞那肽及其衍生物全球专利技术发展大致经历了以下三个主要发展阶段，如图 1 – 1 所示。

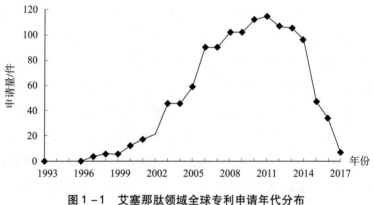

图 1 – 1　艾塞那肽领域全球专利申请年代分布

第一阶段（1993 ~ 2002 年）为萌芽期。1993 年美国专利 US19930066480 首先披露 Exendin – 4 或其合成品可以用于治疗 I 或 II 型糖尿病的技术方案，在自此之后长达 10 年的时间内，相关专利的申请数量增长极为缓慢，数量均小于 25 件/年，其中在 1994 – 1996 年没有艾塞那肽的专利申请出现。

第二阶段（2003 ~ 2010 年）为快速增长期。随着艾塞那肽研究的顺利开展，艾米林公司研发的艾塞那肽药物完成了临床前研究，并最终在 2005 年 4 月获得 FDA 批准上市，成为全球首个上市的 GLP – 1 受体激动剂类药物，商品名称为百泌达©（Byetta©）。自此，艾塞那肽抗糖尿病研究获得了突破性的进展，这极大地激发了其他国际制药公司和研究机构的研究热情，因此众多国内外制药公司、研究机构（尤其是国外）纷纷投入人力物力进行相关产品的研发，从而使得艾塞那肽相关专利的申请量得以迅速提高。2003

年，艾塞那肽及其衍生物领域的专利申请数量较 2002 年翻了一番，达到 46 件。2003～2005 年的年平均申请量为 50 件。从 2006 年开始，平均申请量又较 2003～2005 年的水平增加了一倍有余，达到 102 件。为提高患者用药顺应性，艾塞那肽的长效制剂成为此阶段的热门研究内容。

第三阶段（2011 年至今）为发展成熟期。2011 年艾塞那肽及其衍生物领域的专利申请达到了顶峰（115 件），随后到 2014 年，申请数量保持稳定，维持在 100 件/年左右水平。此阶段的申请主要围绕提高艾塞那肽稳定性和顺应性开展，并出现了多种艾塞那肽缓释制剂。从 2015 年开始，申请量锐减，相较于 2014 年以前，绝对申请量下降了一半左右，表明艾塞那肽的研究又遇到了新的瓶颈，较为常见的技术手段如构建融合蛋白、聚乙二醇（PEG）修饰等已被开发得较为充分，亟待引入新的材料和技术突破艾塞那肽天然结构的制约和改进现有的制剂剂型。

2. 全球主要申请人

图 1-2 描述了艾塞那肽领域申请量排名前 11 位的全球申请人及其申请量情况。从该图中可以看出：在前 11 位的申请人中，赛诺菲和艾米林居第一和第二，其申请量遥遥领先于其他申请人，表明其在艾塞那肽的研发投入较多，实力雄厚，专利涉及领域也更为广泛，提出了多件构建艾塞那肽模拟肽、融合蛋白和化学修饰等技术方案，旨在提高艾塞那肽活性成分的稳定性和作用时间。尤为可喜的是，中国药科大学和上海华谊生物进入了前十名，分别位列第八名和第十名。这说明我国的科研单位和制药企业也较早地关注到艾塞那肽这一抗糖尿病药物并进行了较为深入的研究，主要研究方向包括制剂辅料和剂型的改善以及采用 PEG 等高分子材料对艾塞那肽进行修饰等。

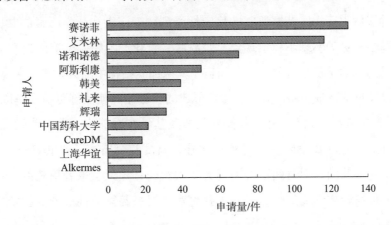

图 1-2　艾塞那肽领域申请量排名前 11 位的全球申请人及其申请量情况

3. 国内主要申请人

图 1-3 描述了艾塞那肽领域国内申请量排名前 11 位的申请人及其申请量情况。与全球申请人排名相同的是，在前 11 位的申请人中，赛诺菲、诺和诺德、艾米林仍然位列

三甲，其申请量大大领先于其他的企业，表明跨国制药公司非常重视中国市场，在中国均申请了其核心的艾塞那肽相关专利。与全球主要申请人排名不同的是，在前11名国内主要申请人中，有4家中国企业和研究机构上榜，分别是中国药科大学、上海华谊生物技术有限公司、精达制药公司和深圳翰宇药业股份有限公司。这表明越来越多的国内企业对艾塞那肽及其抗糖尿病的功能进行了比较深入的研究，并将成熟的研究成果申请了专利。

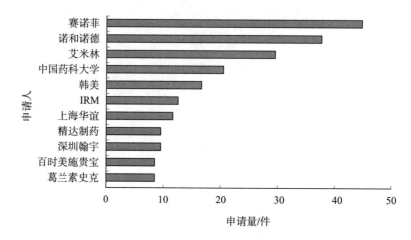

图1-3　艾塞那肽领域国内申请量排名前11位的申请人及其申请量情况

二、艾塞那肽药物研究进展

作为一种多肽类药物，艾塞那肽的稳定性受到物理因素和化学因素的共同影响，其中凝聚沉淀是最常见的物理不稳定现象，脱酰胺、氧化、水解、外消旋化和β消除等反应是较为常见的化学不稳定现象。具体而言，艾塞那肽结构中的Asn残基在高pH和高温下易发生脱酰胺反应形成Asp；由Asp参与形成的肽键比其他肽键更易水解断裂；His和Trp残基较易发生氧化；除Gly外，其他氨基酸残基易在碱催化下发生消旋反应；Thr残基在碱性条件下可通过β消除发生降解；此外，温度和金属离子对β消除也有影响。[4]另外，由于艾塞那肽的代谢时间短，需每天2次给药，导致了患者用药的顺应性差。因此，对于艾塞那肽药物制剂的研究热点主要聚焦于提高药物活性成分的稳定性和开发长效缓控释制剂。

（一）活性成分的优化

改善蛋白质类活性成分稳定性的方法，主要可以分为三类：一是添加附加剂，如盐类可通过与蛋白质的非特异性或特异性结合减缓蛋白质的可逆性变性，多元醇类物质可通过形成溶剂化物使蛋白质成分稳定；二是定位修饰，即有目的地使氨基酸取代原序列的特定部位，替换易受影响的官能团，从而增加活性成分的化学稳定性；三是化学修饰，如常用 PEG 或聚氧乙烯与肽或蛋白结合，增加其稳定性，但这种方式对于结构和活性的影响较为显著，甚至造成不利影响。通过整理艾塞那肽药物制剂的相关专利申请，发现现有技术中对于活性成分艾塞那肽的优化主要通过下述方式展开：一是构建融合蛋白，延长多肽类活性成分的半衰期；二是通过化合物偶联修饰的方式得到艾塞那肽缀合物，增强活性成分的稳定性；三是改造氨基酸序列形成艾塞那肽的模拟肽，以达到相似或更优的治疗效果；四是利用艾塞那肽与其他药物活性成分的协同作用制成新的药物制剂。通过专利统计形成图 2 - 1 所示技术路线，下面将对其涉及的技术内容逐一进行解读。

1. 构建融合蛋白

融合蛋白药物是利用基因工程技术将不同的基因或基因片段融合在一起，表达后可以得到由不同的功能蛋白拼合在一起而形成的新型多结构域的人工蛋白。该技术在构建突变体时不需要插入连接序列，而直接在 C - 端或 N - 端融合，具有设计简单、操作灵活的特性[5]。融合蛋白药物与传统蛋白药物相比具有双功能性，目前常用于构建融合蛋白的载体主要有 Fc 片段、人血清白蛋白、转铁蛋白等。

礼来公司于 2001 年提交的专利申请 CN01820232.2 公开了一种异源融合蛋白，其中多肽为 GLP - 1，GLP - 1 的 C 末端通过肽接头可与人白蛋白片段、其类似物或片段的 N 末端融合，也可与免疫球蛋白的 Fc 部分融合，所述肽接头选自：（1）富含甘氨酸的肽；（2）具有序列［Gly - Gly - Gly - Gly - Ser］$_n$ 的肽，n 是 1 ~ 6。该申请所公开的 GLP - 1 融合蛋白具有延长胰高血糖素样肽的体内半衰期的作用，这些融合蛋白可以用于治疗非胰岛素依赖型糖尿病，为长效药物的开发奠定了基础。

随后，诺和诺德公司于 2004 年提交了一件涉及 GLP - 1 激动剂通过氨基酸侧链与延迟蛋白连接的化合物的专利申请 CN200480037741.1，具体公开了通式（I）化合物：GLP - 1 激动剂 - L - RR - 延迟蛋白（I），其中 GLP - 1 激动剂为人 GLP - 1 受体激动剂的多肽，L 是连接 GLP - 1 激动剂的氨基酸侧链或 GLP - 1 激动剂的 C 末端氨基酸残基与 RR 的接头，RR 是已经与延迟蛋白的氨基酸残基形成共价键的反应性残基的剩余部分，并且延迟蛋白是一种具有至少 5kDa 摩尔重量，在人血浆中具有至少 24 小时血浆半衰期的蛋白，延迟蛋白通过非哺乳动物生物体合成或合成性合成。延迟蛋白可为重组人血清白蛋白（SEQ ID NO1）或者血清白蛋白变体；GLP - 1 激动剂与 GLP - 1(7 - 37)(SEQ ID NO2）或 Exendin - 4(1 - 39)(SEQ ID NO3) 有至少 50% 的氨基酸同源性。所述技术方案可以提供一种半衰期延长的融合蛋白，适用于一周一次给药，同时可使 GLP - 1 肽较小倾向聚集。

康久化学生物技术公司于 2008 年提交的专利申请 CN200880126594.3 提供了包含促胰岛素肽缀合物，特别是白蛋白与艾塞那肽 - 4 或其衍生物的缀合物的药物制剂及其施用

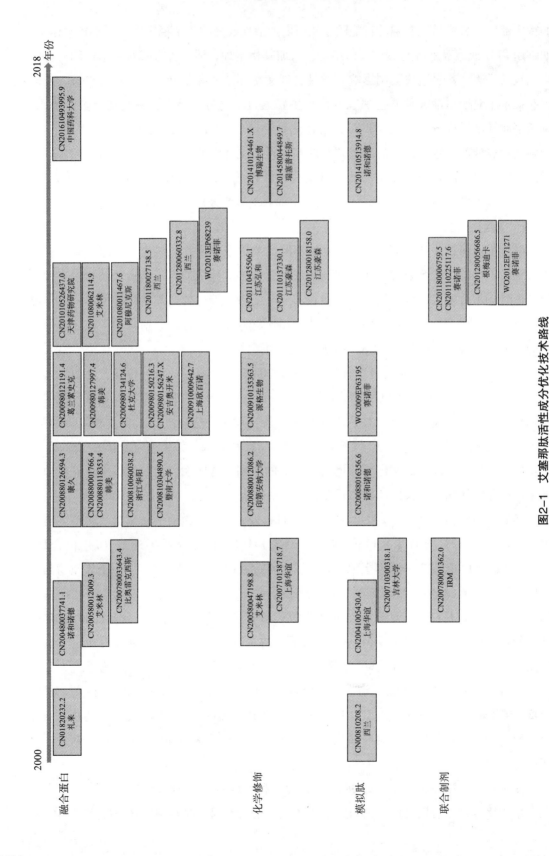

图2-1 艾塞那肽活性成分优化技术路线

方法。所述药物制剂包含白蛋白、促胰岛素肽的缀合物、缓冲液、张力调节剂、稳定剂、表面活性剂，促胰岛素肽含有相对于天然艾塞那肽－4序列不超过3个氨基酸取代、缺失或插入的序列，缀合物浓度为1～100mg/ml，张力调节剂浓度至少为1mM，制剂的pH为4～8，缀合物结构示例如图2－2所示。该技术方案既可以维持肽类的生物活性，又可以提高制剂的稳定性。

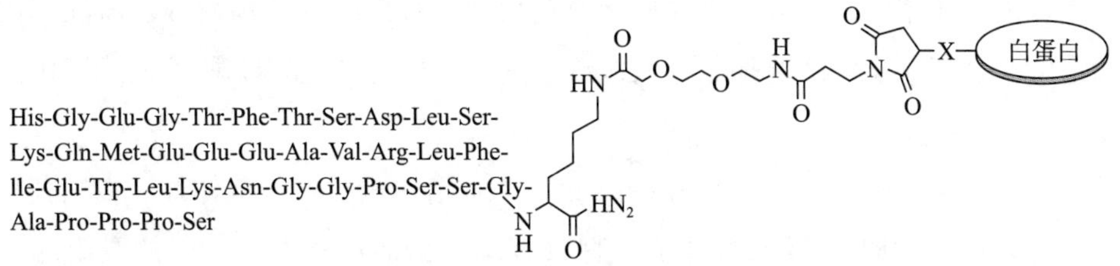

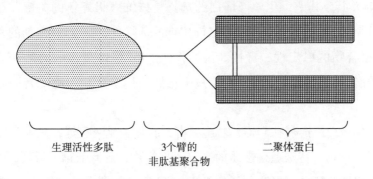

His-Gly-Glu-Gly-Thr-Phe-Thr-Ser-Asp-Leu-Ser-Lys-Gln-Met-Glu-Glu-Glu-Ala-Val-Arg-Leu-Phe-Ile-Glu-Trp-Leu-Lys-Asn-Gly-Gly-Pro-Ser-Ser-Gly-Ala-Pro-Pro-Pro-Ser

图2－2　艾塞那肽－白蛋白缀合物结构示例

作为融合蛋白制剂的延伸拓展，韩美控股株式会社的专利申请CN200980127997.4提供了一种多肽复合物，结构如图2－3所示。其包含生理活性多肽、二聚体蛋白和具有三个官能性末端的非肽基聚合物，生理活性多肽和二聚体蛋白通过各自的共价键与非肽基聚合物连接，生理活性多肽包括艾塞那肽。二聚体蛋白为免疫球蛋白Fc结构域；免疫球蛋白Fc结构域为非糖基化的；非肽基聚合物选自：聚乙二醇、聚丙二醇、乙二醇和丙二醇的共聚物、聚氧乙烯多元醇、聚乙烯醇、聚糖、葡聚糖、聚乙烯基乙醚等可生物降解的聚合物、脂聚合物、壳多糖、透明质酸及以上的组合。所述蛋白复合物具有高度保持生理活性多肽或肽的生物活性，以及显著改善所述多肽或肽的血清半衰期的能力，因此可将所述蛋白复合物用于开发各种生理活性多肽药物的缓释制剂。

生理活性多肽　　　3个臂的　　　　二聚体蛋白
　　　　　　　非肽基聚合物

图2－3　CN200980127997.4中多肽复合物结构示例

国内方面，2008年后开始有较多的国内申请人投入艾塞那肽融合蛋白制剂的研究中，并申请了相关专利。

浙江华阳药业有限公司的专利申请CN200810060038.2 Exendin－4串联多肽与人血清白蛋白的融合蛋白，其结构可以表示成下列结构中的任何一种：E－L1－E－L2－HSA；

E－L1－E－L2－E－L3－HAS；E－L1－E－L2－E－L3－E－L4－HAS；E－L1－E－L2－
E－L3－E－L4－E－L5－HSA；E－L1－E－L2－E－L3－E－L4－E－L5－E－L6－HSA；
其中，E 表示 Exendin－4，L1－6 表示肽接头，HSA 表示人血清白蛋白，且采用酵母偏
爱的密码子，人工合成了 Exendin－4 串联多肽的基因片段，表达系统为毕赤酵母表达系
统。与 Exendin－4 相比，其作用时间较单个 Exendin－4 多肽与人血清白蛋白的融合蛋白
至少长 1.5 倍，在体内显示出长效的控制血糖活性，可以减少给药次数。浙江华阳药业
有限公司的"注射用重组艾塞那肽－人血清白蛋白融合蛋白（酵母菌）"已于 2016 年 11
月获批临床。

除了采用较为常见的免疫球蛋白 Fc 片段、人血清白蛋白作为载体外，中国药科大学
的专利申请 CN201610493995.9 公开了一种具有降血糖活性和透皮能力的重组融合蛋白
TAT－Exendin－4。其是通过 Linker 将艾塞那肽和 TAT 穿膜肽连接得到，能在有效降低
血糖的基础上，提高艾塞那肽透皮吸收能力，有利于改变艾塞那肽的给药途径。

通过上述技术路线的分析不难发现：现有技术中已存在大量利用免疫球蛋白 Fc 片
段、人血清白蛋白作为载体的融合蛋白技术方案。所述方案的技术效果基本上均是延长
艾塞那肽的半衰期，减少给药次数，因此，关于类似方向的研究前景不容乐观。为了进
一步拓展艾塞那肽融合蛋白制剂的研究方向，应以技术问题为导向，除了解决半衰期的
问题外，还应考虑丰富融合载体的选择、增强药物的功能性以及降低免疫原性等技术效
果的实现。

2. 化学修饰

多肽类药物分子的化学修饰主要包括选择化学修饰剂、调节反应条件、表征修饰
度与均一性等方面。其中，化学修饰剂的选择是修饰效果好坏的关键，在选择修饰剂
时主要考虑下列问题：（1）修饰剂对修饰位点的选择性；（2）修饰剂的稳定性和反应
活性；（3）缀合物的稳定性、毒性、抗原性；（4）修饰后多肽的活性等[6]。一般认
为，通过化学修饰可以降低免疫原性，减少毒副作用，延长药物半衰期和增强理化稳
定性等。

目前常用的蛋白修饰剂有 PEG、右旋糖酐、肝素、唾液酸等，尤以 PEG 的应用最为
广泛。PEG 是一类具有特殊理化性质的高分子聚合物，具有低毒、低抗原性、良好的水
溶性和生物相容性等特点，多肽分子侧链上与 PEG 进行偶联的基团主要有氨基、羧基、
巯基等。PEG 化的多肽类药物通常具有下列优势：增强药物的可溶性和理化稳定性，避
免蛋白质的水解；改善药物的药代动力学性质，如清除率下降、半衰期延长；降低药物
的毒性和免疫原性等。然而，PEG 修饰后往往造成蛋白质和多肽类成分生物活性的降低，
因此需要根据不同的药物优化 PEG 修饰的条件与方法。

早在艾米林制药公司于 2005 年提交的专利申请 CN200580047198.8 中就涉及了，应

用聚合物如 PEG 或脂肪酸分子作为水溶性聚合物与毒蜥外泌肽或毒蜥外泌肽类似物激动剂连接的技术方案。所述聚合物连接多肽的 N–或 C–端或多肽序列内赖氨酸或丝氨酸氨基酸残基的侧链。

印第安纳大学研究与科技公司的专利申请 CN200880012086.2 公开了通过 PEG 共价连接筛选过的氨基酸位点或 C–末端氨基酸的侧链，非天然的胰高血糖素肽表现出相对天然胰高血糖素样肽–1 对 GLP–1 受体较高的活性和生物物理稳定性。

国内申请人关于 PEG 修饰的艾塞那肽投入了大量研究精力，如派格生物医药有限公司于 2009 年提交的专利申请 CN200910135363.5 中公开了 Exendin 变体，所述变体优选具有与 Exendin–4 序列：His–Gly–Glu–Gly–Thr–Phe–Thr–Ser–Asp–Leu–Ser–Lys–Gln–Met–Glu–Glu–Glu–Ala–Val–Arg–Leu–Phe–Ile–Glu–Trp–Leu–Lys–Asn–Gly–Gly–Pro–Ser–Ser–Gly–Ala–Pro–Pro–Pro–Ser 或者其相似序列相比有一个或多个残基被半胱氨酸置换的氨基酸序列，进一步地所述变体与一个或多个 PEG 或其衍生物缀合形成缀合物，所述缀合物延长了 Exendin 变体的半衰期，保持了高的生物活性。又如江苏弘和药物研发有限公司的专利申请 CN201110435506.1 涉及一种 PEG 缀合的艾塞那肽的合成及应用，通过选用具体类型的 PEG，如丙酸甲氧基聚乙二醇琥珀酰亚胺酯 1000、丙酸甲氧基聚乙二醇琥珀酰亚胺酯 2000、丙酸甲氧基聚乙二醇琥珀酰亚胺酯 5000 等与艾塞那肽在一定的条件下制备得到缀合物，从而延长艾塞那肽的半衰期，提高其在体内的稳定性和降糖效果。

除了 PEG 修饰外，许多具有生物活性的化合物也被选作修饰剂用于艾塞那肽制剂的优化。博瑞生物医药技术有限公司的专利申请 CN201410124461.X 提供了一种经结构修饰的艾塞那肽衍生物及其制备方法。所述艾塞那肽衍生物是在艾塞那肽 C 末端进行结构修饰，制备得到化合物能显著提供细胞内 cAMP 含量，并且，动物实验表明，发明提供的艾塞那肽衍生物具有与艾塞那肽相当甚至更优的生物活性。

瑞塞普托斯有限责任公司于 2014 年提交的专利申请 CN201480044849.7 公开了一类调节 GLP–1 受体的化合物。这类化合物自身可以用作 GLP–1 受体的调节剂或增效剂，或者对于诸如 GLP–1（7–36）和 GLP–1（9–36）的肠促胰岛素肽发挥作用，或对于基于艾塞那肽的治疗发挥作用，因此将其与艾塞那肽等缀合后可以起到调控药物活性的作用，提高药物的治疗效果。

综上所述，虽然 PEG 作为修饰剂已取得了不错的效果，但该领域的研究进步空间相对较小，未来多肽类药物的化学修饰发展方向可能为：（1）新型修饰剂的研发，包括修饰剂种类、活性和修饰位点的筛选；（2）修饰条件的优化，提高偶联反应的可控性和修饰程度的均一性；（3）缀合物体内作用机制的探究，提升药物设计的针对性和临床应用的安全性，为新药的研发拓宽前景。

3. 模拟肽

虽然天然的生物活性多肽可与受体相互作用进而调节生理机能，但其固有性质的缺陷严重限制了此类药物的临床应用，其中比较突出的缺陷为：天然多肽易被降解从而代谢迅速，利用度低，多肽分子的柔性导致其被多种受体所识别进而引发不良反应等。为此，研究人员从肽的结构入手寻求突破，通过采用多种途径对多肽结构进行改造，即构建模拟肽达到改善其药代动力学性质的目的。改造多肽结构的方法分为两大类，一类是在原有肽主链骨架的基础上采用环化技术或引入约束氨基酸进行改造，另一类是保留多肽的药效基团和三维排布将多肽结构整体替换为非肽分子。目前的研究主要以第一类改造为主。

利司那肽（Lixisenatide，商品名 Lyxumia®），是一种含有 44 个氨基酸残基的线性多肽，分子式为 $C_{215}H_{347}N_{61}O_{65}S$，分子量为 4858.55，CAS 号为 320367 - 13 - 3，序列结构如下所示：H - His - Gly - Glu - Gly - Thr - Phe - Thr - Ser - Asp - Leu - Ser - Lys - Gln - Met - Glu - Glu - Glu - Ala - Val - Arg - Leu - Phe - Ile - Glu - Trp - Leu - Lys - Asn - Gly - Gly - Pro - Ser - Ser - Gly - Ala - Pro - Pro - Ser - Lys - Lys - Lys - Lys - Lys - Lys - NH2，其为西兰公司（Zealand Pharma）与赛诺菲公司（Sanofi）共同研发的艾塞那肽模拟肽，于 2013 年获欧盟和日本批准上市，2016 年获 FDA 批准上市。在西兰公司的专利申请 CN00810208.2 中记载了一种 Exendin - 4 变体的肽偶联物，该 Exendin - 4 变体在 36 ~ 38 位有 1 ~ 3 个氨基酸缺失，在 1 ~ 39 位最多有 5 个氨基酸不同，所述变体的 C 端与由 4 ~ 10 个赖氨酸残基组成的氨基酸序列偶联，并且在申请中进一步公开了经过结构改造得到的肽偶联物脱 Pro^{36} - Exendin - 4(1 - 39) - Lys_6 - NH_2，即利司那肽。实验结果表明，其半衰期约为未偶联 $(Lys)_6$ 化合物的 3 倍，最低有效口服剂量低至少 40 倍，降糖效果与未偶联 $(Lys)_6$ 化合物的效果相同。

吉林大学于 2007 年提交的专利申请 CN200710300318.1 涉及艾塞那肽模拟肽，其中公开了一种结构为 X - Met - Lys - Pro - Ser - Pro - Y；X 是 Gln - Pro - Ser - Val - Gly，或 Gln 替换为 Ser，或 Pro 替换为 Val，或 Ser 替换为 Phe，或 Val 替换为 Gly，或 Gly 替换为 His；Y 可以是 Arg - His，或 Arg 替换为 Ser，或 His 替换为 Pro 或 Leu。通过结构改造，该模拟肽在活性和体外的抗二肽基肽酶稳定性与艾塞那肽相当，为开发结构更为简单的抗 II 型糖尿病的肽类药物提供了一定依据。

除艾塞那肽模拟肽外，天然 GLP - 1 模拟肽的构建也为糖尿病药物研发领域的热点，并且模拟肽的构建不仅仅是简单的氨基酸替换，而是常常伴随着结构修饰。例如，诺和诺德公司（Novo Nordisk）研发的利拉鲁肽（Liraglutide）与天然 GLP - 1 具有 97% 的同源性，其第 34 位点的精氨酸由赖氨酸取代，并通过谷氨酸间隔子在第 26 位赖氨酸上增加了一条 16 - 碳棕榈酰脂肪酸侧链，[2]经过改造后的多肽其与白蛋白的结合作用增强，并且抑制了 DPP - IV 的降解作用，从而延长了利拉鲁肽的半衰期，使得药物更适用于每天一次的给药方案。利拉鲁肽已成功在欧盟、日本、美国上市，并于2011年获批准进入中国市场，商品名为诺和力®。此外，诺和诺德公司开发的长效降糖新药索马鲁肽（Semaglutide，中文译名索马鲁肽、司美鲁肽、塞马鲁肽等）也是通过改造天然GLP－1得到的多肽类药物，通过亲水性连接物的修饰和对第26位的赖氨酸进行硬脂酸的二酸酰化得到索马鲁肽，所述技术方案在专利申请CN201410513914.8中有详细记载。临床数据表明，索马鲁肽与艾塞那肽相比，提供了更好的血糖控制及体重减轻；与利拉鲁肽相比，尽管索马鲁肽的脂肪链更长，但由于其还具有短链PEG的修饰，因而亲水性大大增强。索马鲁肽不但可以与白蛋白紧密结合，掩盖DPP－4酶水解位点，还可延长生物半衰期，达到长循环的效果，仅需每周给药一次。2017年12月FDA批准口服剂型的降糖新药索马鲁肽上市，其也是第一个获批上市的口服长效GLP－1类似物，改变了市售GLP－1类似物类降糖药只能通过皮下注射方式给药的局面。

由此可见，模拟肽的构建是优化生物活性成分的重要技术手段，通过结构的设计与改造获得更为稳定长效、高生物利用度和优良顺应性的多肽类分子是较长时间内的研究趋势。可以说，模拟肽的研发是分子设计理论和药物合成技术的集大成者，合理的设计与实验的验证缺一不可。

4. 联合制剂

糖尿病往往伴随多种并发症，单一用药的效果受到影响。为此，药物联用在糖尿病的治疗中发挥了重要的作用。

赛诺菲公司在2011年就代谢综合症联合治疗药物提出了专利申请CN201180006759.5，公开了一种包含成纤维细胞生长因子21（FGF－21）化合物、GLP－1受体激动剂和任选至少一种抗糖尿病药物和/或至少一种二肽基肽酶－4（DPP－4）抑制剂的药物组合物；其中，FGF－21能够显著地降低血糖和甘油三酯，减低空腹胰岛素水平，并且在口服葡萄糖耐量实验中提高葡萄糖清除率，GLP－1起到刺激葡萄糖依赖性胰岛素分泌的作用，FGF－21和GLP－1受体激动剂的组合以协同方式显著地使血糖水平降至正常血糖水平。因此，所述组合物通过更快和更有效地利用葡萄糖而增加能量消耗，可用于治疗至少一种代谢综合症和/或动脉粥样硬化，尤其是II型糖尿病。

除此之外，赛诺菲公司就甘精胰岛素与GLP－1受体激动剂家族药物联合制剂申请了多件专利。如专利申请CN201110225117.6涉及甘精胰岛素和毒蜥外泌肽－4类似物如艾塞那肽等的联合制剂，并且具体公开了一种包含上述活性成分的含水药物制剂，其中甘精胰岛素的含量为200~1000U/mL，所述制剂通过皮下注射给药，是一种长效胰岛素药物，在受试者中没有明显安全性和耐受性问题。

研究表明，多种药物活性成分均可与艾塞那肽联合使用，例如在根梅迪卡治疗公司的专利申请CN201280056686.5中公开的一种用于治疗代谢障碍的药物组合，其中包含：

（a）抗炎剂/抗氧化剂缀合物；（b）胰岛素促分泌素、胰岛素增敏剂、α－葡萄糖苷酶抑制剂、肽类似物或其组合，抗炎剂/抗氧化剂缀合物可以为（R）－2－乙酰胺基－3－（2'，4'－二氟－4－羟基联苯基羰基硫代）丙酸（GMC－252）或其药学上可接受的盐，（b）中的肽类似物可以为艾塞那肽等；所述联用药物在治疗糖尿病及其并发症方面有良好的效果。又如，IRM公司的专利申请CN200780001362.0公开了一种用来治疗或预防与过氧化物酶体增殖物激活受体（PPAR）家族活性有关的疾病或紊乱药物组合物，包含一类具有马库什结构的PPAR调节因子和包含艾塞那肽在内的至少一种抗糖尿病剂、降血脂剂、食欲调节剂和抗高血压剂等，通过采用上述联用方案可以针对相关病因治疗配体紊乱所引发的的病症。总体来说，在开发含有艾塞那肽活性成分的药物联合制剂时，不仅需要考虑药物成分的协同增效作用，也需避免药物相互作用导致的不良反应，不能仅仅是将不同类成分简单混合，而应从药物的安全性、有效性和顺应性等多方面评价药物联合制剂。

（二）缓释剂型的选择

除活性成分的优化外，制剂技术和剂型的改进同样可以起到提高艾塞那肽稳定性、延长作用时间和提高药物顺应性等作用。通过对制剂相关专利申请的技术分析发现，艾塞那肽缓释制剂的研发长期以来一直受到科研人员的广泛重视。目前研究的艾塞那肽缓释制剂主要为注射型缓释制剂，口服型缓释制剂相对较少，2017年12月获FDA批准的口服剂型降糖药——索马鲁肽是第一个获批上市的口服长效GLP－1类似物。

缓释制剂与普通制剂相比，具有下列优势：（1）可长时间维持药物的活性，缓释制剂在给药后可延长药物在体内的滞留时间，延长药物作用时间，提高生物利用度；（2）提供平稳的有效血药浓度，缓慢释药，避免峰谷现象，降低药物的毒副作用，提高其安全性和有效性；（3）减少给药次数，提高患者的顺应性等。其中，注射型缓释制剂主要是通过局部注射途径给药，能在较长时间内持续释放药物，延长药效的制剂，可用于机体局部、靶向或植入注射，直接向病变部位给药，降低系统毒性，增强治疗效果。[7]常用的注射型缓释制剂可以分为非水性溶液和混悬剂、微球、微乳、脂质体、纳米粒、原位凝胶等几类。通过专利统计形成图2－4所示技术路线，并着重对艾塞那肽制剂中常见的几种缓释剂型进行解读。

1. 微球

微球给药系统是一种将药物溶解或分散于由高分子材料制成的基质骨架型的球形或类球形实体中所制得的缓控释制剂。艾米林公司在2005年提交的专利申请CN200580019229.9中，采用丙交酯/乙交酯共聚物作为主要辅料用于包覆艾塞那肽活性成分，特别是聚乳酸－羟基乙酸共聚物（PLGA）具有良好的生物相容性，可在体内降解，用其作为缓释材料得到的多肽缓释组合物微球可以进一步制成注射制剂，所述制剂具有明显的延长释放效果。

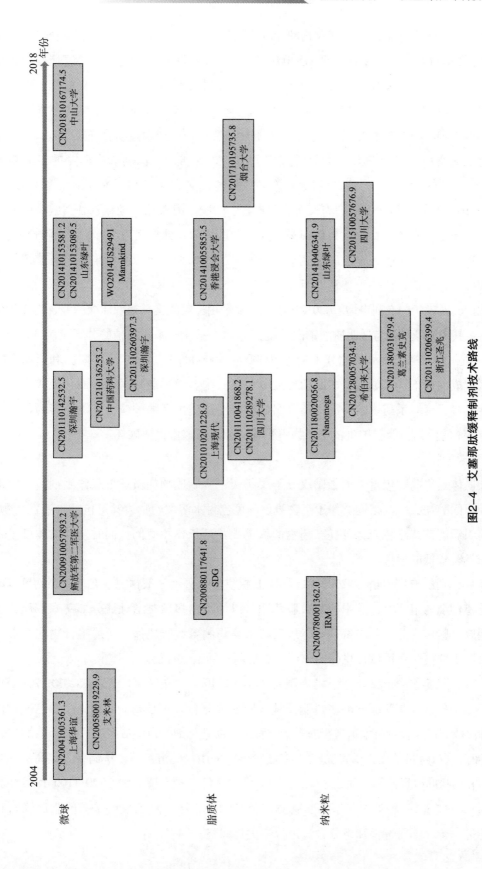

图2-4 艾塞那肽缓释制剂技术路线

国内企业涉及艾塞那肽微球制剂的专利申请较多。解放军第二军医大学同样采用 PL-GA 作为缓释材料申请了专利申请 CN200910057893.2，具体公开了一种艾塞那肽缓释微球制剂。除了含有艾塞那肽活性成分和 PLGA 缓释材料外，还包含选自碳酸锌、人血清白蛋白、明胶、海藻糖、蔗糖或甘露醇的保护剂，采用 W1/O/W2（水包油包水）法或采用 W/O1/O2（油包油包水）法制成艾塞那肽缓释微球，或通过喷雾冻凝的方式制成油包固型的艾塞那肽缓释微球。类似的应用 PLGA 的专利还有深圳翰宇药业的专利申请 CN201110142532.5，所述艾塞那肽缓释微球制剂包含艾塞那肽和乙交酯丙交酯共聚物、0.1%～10% 的保护剂，保护剂为人血清白蛋白、明胶、海藻糖、蔗糖、甘露醇中的一种或多种，还可含有质量百分比为 0.01%～10% 的助悬剂，助悬剂为西黄蓍胶、阿拉伯胶、海藻酸钠、明胶、果胶、脱乙酰甲壳素、羟丙甲基纤维素、羟丙基纤维素、卡波姆等的一种或多种，制剂在体外的缓释周期可达到 7～35 天。

中国药科大学的专利申请 CN201210136253.2 采用海藻酸钠 – 透明质酸钠混合物作为包载材料。其中海藻酸钠与透明质酸钠的用量比为 1:3～3:1，海藻酸钠的分子量为 32000～250000 道尔顿，透明质酸钠的分子量为 500000～5000000 道尔顿；海藻酸钠和透明质酸钠交联形成的网络状微球，将多肽活性成分包覆其中。所得载药微球表面孔径较小，溶解速度较慢，延缓了药物的释放；还可明显改善糖尿病患者的顺应性；缓释药物可适应胃肠道 pH 的变化，能保护蛋白类药物不受胃酸和胃肠道蛋白酶破坏。

2. 脂质体

脂质体是将药物包封于类脂质双分子层薄膜中所制成的超微球形载体制剂，一般由磷脂和胆固醇构成。其结构类似于生物膜，既可包封水溶性药物，又可包封脂溶性药物，到达组织后能够持续释药，可提高药物的稳定性并延长作用时间。同时，脂质体可生物降解，具有较低的毒性。

SDG 公司的专利申请 CN200880117641.8 提供了一种使一般情况下非口服药物可以耐受消化道环境的组合物，其中的非口服药物可以为蛋白多肽类活性成分如艾塞那肽，还包括明胶、脂质成分和靶向试剂等，最后将组合物制备成脂质体，所述组合物在实现药物口服利用的同时还可以提供靶向作用，提高药物的治疗性能。

上海现代药物制剂工程研究中心有限公司在其 2010 年提交的专利申请 CN201010201228.9 中公开了一种含有艾塞那肽的多囊脂质体，脂质成分包括中性磷脂、胆固醇和三酸甘油酯，脂质成分中还含有负电荷磷脂或者脂肪胺，辅助乳化剂选自赖氨酸、甘氨酸、组氨酸、聚乙烯醇、右旋糖酐、羟甲基淀粉等，多囊脂质体采用复乳溶剂蒸发法制备，提高了原料利用率和药物的缓释性能。除此之外，四川大学的多件专利申请（如 CN201110041868.2 和 CN201110289278.1）均涉及艾塞那肽脂质体及其制备方法，除了采用常用的脂质膜材料外，还进一步对辅料选择和组分含量进行了优化调整。

3. 纳米粒

药物溶解或包裹于高分子材料中形成载体纳米粒，其粒径范围为 10～100nm，一般分为骨架实体型纳米球和膜壳药库型纳米囊。纳米粒具有被动靶向性，其作为口服制剂可防止多肽、疫苗类药物在消化道失活，还可延长药效，提高生物利用度。纳米粒常用的载体材料有聚酯类、双亲性嵌段共聚物以及聚氰基丙烯酸烷酯类等。

Nanomega 医药有限公司申请的专利 CN201180020056.8 公开了一种用于口服递送的由壳聚糖、耐酶 PGA－氨羧络合剂以及一种生物活性剂组成的生物活性纳米颗粒药物组合物，生物活性成分选自包含艾塞那肽在内的 GLP－1 激动剂等。这种用于口服给药基于壳聚糖的纳米颗粒具有表面正电荷、增强的渗透性以及耐酶性，适用于提高活性成分的口服稳定性。

葛兰素史克公司的专利申请 CN201380031679.4 采用聚（辛基氰基丙烯酸酯）（POCA）作为高分子载体材料包裹代谢性肽（如艾塞那肽），通过乳化聚合法制得纳米颗粒，并将产品用于口服给药。在已知聚烷基氰基丙烯酸酯（PACA）纳米颗粒是可生物相容、生物降解且在模拟的胃液和肠液中稳定存在的基础上，通过使用不同长度的烷基链和调整颗粒尺寸大小，PACA 纳米颗粒还可用于调控包封的分子的释放。申请人通过研究表明，生物活性多肽的 POCA 纳米颗粒在口服施用时能够提供期望的系统性药理学响应，同时维持多肽稳定性和活性。

种类繁多的载体材料为纳米粒制剂的开发提供了技术支撑，例如四川大学的专利申请 CN201510057676.9 应用 N－(2－羟丙基) 甲基丙烯酰胺 (HPMA) 聚合物制备得到可以包裹艾塞那肽等活性成分的核壳型纳米粒，内核为生物相容性载体材料与活性成分所形成的纳米复合物，外壳则为 HPMA 聚合物及其衍生物。在 HPMA 外壳的作用下，纳米粒能够快速穿透粘液层，同时结构更易于修饰，提高了药物活性成分的稳定性和安全性。

除此之外，还有艾塞那肽混悬剂、凝胶剂等多种制剂形式，不再一一列举。总体而言，研发艾塞那肽新剂型是艾塞那肽药物发展的一个重要方向。然而要想取得突破性进展却实属不易，如何解决长期滞留体内导致的毒性、注射部位的突释或弥散、制备过程中有机溶剂的残留等问题都值得深入研究。同时，我们也应该看到新型载体材料的开发为传统剂型的发展注入了新的活力，通过选择合适的新型载体材料辅以优化的制备方法与设备工艺，药物的剂型与性能势必得到大幅提升。

三、总结展望

艾塞那肽作为最早应用的 GLP－1 受体激动剂类药物之一，在糖尿病治疗中所起的作用不言自明。经历了超过 20 年的发展历程，不论是活性成分本身还是辅料剂型的选择都取得了长足的进步，研究人员已成功开发出了一系列艾塞那肽长效药物制剂。

就专利技术发展而言，国内申请主要集中于对艾塞那肽缓释药物制剂的研究，通过辅料的选择和用量的优化提高艾塞那肽制剂的稳定性和顺应性。相较于国内申请的技术分布，艾塞那肽国际申请涉及的技术领域更为广泛，技术内容也更为丰富，主要包括对艾塞那肽多肽结构的改造和对艾塞那肽联合用药效果的发掘等方面，通过构建模拟肽、采用化学修饰、模拟药物相互作用等技术手段，延长药物作用时间，提升药物作用效果。

伴随着生物技术和高分子材料的发展，仅仅依靠剂型改进已经不再能满足药物制剂的发展需求，进一步改造艾塞那肽的结构突破其天然结构的限制、利用协同增效作用开发药物联合制剂等都极有可能成为未来艾塞那肽制剂研发的焦点。此外，化学和生物修饰剂的使用在艾塞那肽结构改造中发挥着举足轻重的作用，而对于传统的化学修饰剂如PEG、生物修饰剂如免疫球蛋白 Fc 片段、人血清白蛋白等的研究已近乎饱和。如何选择具有生物相容性的新一代修饰剂也是艾塞那肽制剂领域的重要研究方向之一。新型高分子材料的发展可以为其提供更多优质的选择。

在糖尿病患者人数日益增多的当下，人们对于长效且低毒副作用的糖尿病治疗药物需求十分迫切。这恰恰是研究艾塞那肽相关制剂的本质与宗旨，即通过采用新技术、新材料进一步提高药物的利用度与稳定性，增强患者的顺应性，不断开发药物潜能，使艾塞那肽的技术发展具有更加积极的临床意义，为保障人类健康作出更多贡献。

参考文献

[1] TRUJILLO JM，NUFFER W，ELLIS SL. GLP－1 receptor ago－nists：a review of head－to－head clinical studies［J］. Ther Adv Endocrinol，2015，6(1)：19－28.

[2] 王晶，曲本龙，祁亦男，等. 胰高血糖素样肽－1 受体激动剂的研究进展［J］. 中南药学，2017，15(5)：553－560.

[3] 曾梅芳，叶红英，李益明. 降糖新药艾塞那肽临床研究进展［J］. 上海医药，2010，31(12)：535－538.

[4] 杨名，栾瀚森，王浩. 艾塞那肽溶液的稳定性考察［J］. 中国医药工业杂志，2016，47(6)：711－716.

[5] 李磊，许冰洁，宣尧仙. 融合蛋白药物的研究进展［J］. 中国新药杂志，2015，24(3)：266－270.

[6] 姜忠义，高蓉，许松伟，等. 蛋白质和多肽类药物分子化学修饰的研究进展［J］. 中国生化药物杂志，2002，23(2)：102－104.

[7] 郝朵，谷福根. 注射型缓释制剂的研究进展［J］. 中南药学，2012，10(5)：373－376.

小分子 IDO1 抑制剂专利技术综述 *

王茜　吕世华 **

摘　要　本文从专利分析和布局的角度出发，选择以小分子 IDO1 抑制剂为主题，使用关键词对 PATENTICS 数据库中的发明专利申请进行检索，对检索结果进行人工筛选分类，并对 IDO1 抑制剂的专利申请趋势、IDO1 抑制剂的代表性专利申请、典型小分子 IDO1 抑制剂 Epacadostat 的专利申请概况等作研究分析，揭示了 IDO1 抑制剂相关发明专利申请的当前状况和未来的发展趋势。

关键词　IDO1 抑制剂　Epacadostat　Incyte 公司　专利

一、概述

（一）研究背景

IDO1 中文名为吲哚胺 2，3 - 双加氧化酶，是肝脏外的 45KDa 大小的含亚铁血红素的双加氧酶。在犬尿氨酸通路中，L - 色氨酸分子的吲哚环被氧化裂解，一步步分解成 L - 犬尿氨酸、吡咯甲酸和喹啉酸等多种代谢产物，参见图 1。

IDO1 作为内源性的免疫抑制酶，早在 1998 年就被发现与免疫调节有关，在正常情况下表达水平较低，在很多肿瘤细胞中能够发现 IDO1 的高表达。恶性肿瘤作为威胁人类健康的杀手，具有免疫逃逸的特征，由于免疫逃逸宿主的免疫系统无法对肿瘤的相关抗原产生免疫应答，对肿瘤的治疗造成了极大的困难。肿瘤的免疫逃逸成为目前的研究热点抑制，近年来与免疫调节相关的 IDO1 被证明与肿瘤的免疫逃逸有密切的联系。许多体外及体内实验的结果也证实了，IDO1 活性的抑制对于免疫疫苗及化学治疗的效果均有一定的促进作用，这使得 IDO1 成为一种很有前景的抑制剂靶标。

目前 IDO1 抑制剂的研发尚处于初级阶段，涉及的治疗领域包括肿瘤、神经系统疾病、肌肉骨骼和结缔组织疾病，共计 11 种在研的药物，参见表 1。其中包括两种国内的

---

* 作者单位：国家知识产权局专利局专利审查协作江苏中心。

** 等同第一作者。

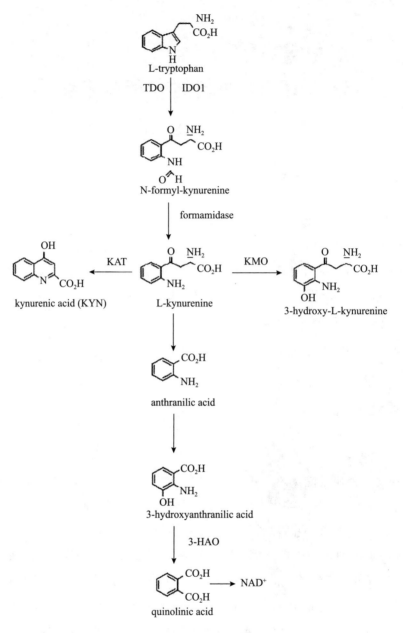

图 1　色氨酸沿犬尿氨酸的代谢通路

1 类新药，一种是上海迪诺医药科技和江西青峰药业共同研发的 DN1406131，适应证为实体瘤，处于临床申请阶段，另一种是江苏恒瑞研发的 SHR9146，适应证为恶性肿瘤，处于临床一期阶段。11 种在研药物中最令人期待是目前唯一一种进入三期临床的抗肿瘤药物 Epacadostat（INCB24360）。目前为止，肿瘤免疫疗法都是大分子或细胞疗法的天下，这些疗法都是针对细胞表面受体，而无法直接调控庞大复杂的免疫细胞内免疫应答体系。这个涉及数百种蛋白的调控体系有一些节点可能与 PD - 1 抗体具有类似功能或有协同作用，而这些靶点最适合用小分子药物调控，因此联合用药可以发挥更强的疗效。Epacadostat 的三期临床正是 PD-1/IDO1 的组合注册试验，由默沙东和该化合物的原研公司 Incyte 共同完成。这个实验将是小分子肿瘤免疫疗法的一个重要里程碑，试验目的是比较默沙东的 PD-1 抗体 Keytruda（pembrolizumab）与 Epacadostat 联用和单方 Keytruda 在一线晚期黑色素瘤的疗效和安全性，一级终点是无进展生存期和总生存期。如果显示一定疗效，会给现在正在早期研究的其他小分子药物带来希望和鼓励。

表 1 在研阶段的 IDO1 抑制剂药物

编号	名称	适应证	公司	研发阶段
1	DN1406131	实体瘤	上海迪诺医药科技、江西青峰药业	临床申请
2	NLG802	实体瘤	LankenauInstitute、NewLink Genetics	临床一期
3	Navoximod	实体瘤	罗氏、Lankenau Institute、NewLink Genetics	临床一期
4	KHK-2455	实体瘤	协和发酵麒麟	临床一期
5	Indoximod	前列腺癌、乳腺癌、黑色素瘤、胰腺癌、恶性脑瘤	NewLink Genetics	临床二期
6	LY-3381916	实体瘤	礼来	临床一期
7	SHR-9146	恶性肿瘤	江苏恒瑞	临床一期
8	(-) Epigallocatechin gallate	杜氏肌营养不良症、多发性硬化症、阿尔兹海默病	柏林夏里特	临床三期
9	BMS-986205	实体瘤	百时美施贵宝、小野制药	临床二期
10	Epacadostat	黑色素瘤	Incyte	临床三期
11	PF-06840003	恶性胶质瘤	辉瑞、iTeos	临床一期

（二）研究对象

本综述将对小分子 IDO1 抑制剂相关专利的申请情况进行梳理，重点分析代表性抑制剂 Epacadostat 及其原研公司 Incyte 的相关专利布局情况。

（三）研究方法

本综述的研究方法主要为文献研究，基于专利文献的检索结果，对本领域的专利申请进行梳理分析。采用 Patentics 检索平台进行检索，检索的数据库有：美国专利数据库、中国申请数据库、全球摘要数据库、美国申请数据库、中国专利数据库、欧洲申请数据库、中国台湾专利数据库、欧洲专利数据库、中国台湾申请数据库、PCT 申请数据库、日本申请数据库、日本专利数据库、中国英文数据库、韩国专利数据库、美国专利中文数据库、韩国申请数据库、美国申请中文数据库、德国申请数据库。检索范围为：中国、美国、欧洲专利局、日本、韩国、德国。检索截止时间为 2018 年 6 月 10 日。

以下为检索的具体过程：

1. 中国专利数据库和中国申请数据库：A/（ido or "吲哚胺 2，3 – 双加氧化酶" or "吲哚胺 adj/4 双加氧酶"）AND B/（抑制剂 or 拮抗剂 or 调节剂），得到 185 条记录。

2. 在上述所有数据库中检索：A/（ido or "indoleamine 2，3 – dioxygenase" or "indoleamine adj/4 dioxygenase"）and B/（抑制剂 or 拮抗剂 or 调节剂 or inhibit＊ or antagon＊ or modulat＊），得到 2859 条记录。

从 Patentics 中导出所有的检索结果，并进行人工筛选和标引，除去不相关文献后，中国专利数据库和中国申请数据库中共 130 条记录，所有数据库中共 2350 条记录。

二、小分子 IDO1 抑制剂的专利申请分析

（一）专利申请趋势分析

1. 全球专利申请趋势分析

（1）申请量分析

20 世纪 90 年代，IDO1 被发现与肿瘤免疫应答有关，IDO1 抑制剂相关的首件专利申请出现在 1998 年，由 MEDICAL COLLEGE GEORGIA RES INST 申请。在 IDO1 与肿瘤免疫应答的相关机制被发现的早期，全球申请量较低，并且一直呈现缓慢增长。在这一阶段，IDO1 抑制剂领域的相关研发开展得较少，IDO1 抑制剂也没有被当作抗肿瘤药物的热点，受到广泛的关注，因此相应的专利申请也没有完全展开。

直到 2000~2008 年，全球专利申请量呈现迅速的增长，随后进入平台期。这一数据显示，随着研究的不断深入，IDO1 被发现在肿瘤组织内高度表达，一度成为研发的新靶点和热门靶点，相应的申请量也随之逐年上升，并保持稳定水平。需要说明的是，由于从专利的申请到公开需要一定时间，申请日在 2017 年的专利申请尚有部分没有公开，且无法检索获得，因此申请量呈下降趋势。图 2 展示了 1998 年以来，全球在 IDO1 抑制剂领域的专利申请量变化趋势。

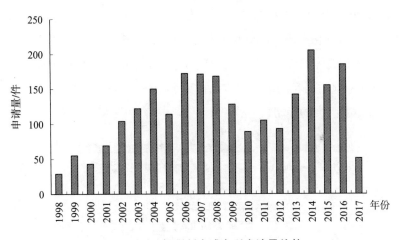

图2　IDO1 抑制剂全球专利申请量趋势

（2）国家/地区分布分析

以 Patentics 中检索到的所有记录统计全球专利申请的国家/地区分布，结果如图 3 所示。申请量排名第一位的是美国，占据了全球 IDO1 抑制剂领域的半壁江山，表明了美国在 IDO1 抑制剂领域的研发水平之高，也反映出申请人对美国市场的重视程度之高。美国不仅在专利申请量上占据绝对优势，而且在 IDO1 抑制剂领域的起步也相对较早，首件 IDO1 抑制剂的专利申请就是来自美国。申请量紧随其后的是欧洲、韩国、日本等发达国家或地区。我国的专利申请量排名第五位，表明我国在该领域的研究也具备一定的实力。

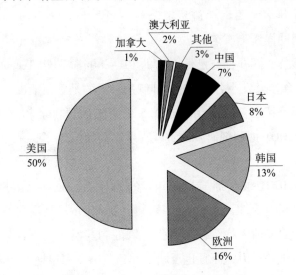

图3　IDO1 抑制剂全球专利国家/地区申请分布

（3）主要申请人分析

在 Patentics 中对检索到的所有记录进行申请人分析，分析结果为全球 IDO1 抑制剂相关专利的申请人排名情况，如图 4 所示。布里斯托尔－迈尔斯斯奎布公司（又名"百时美施贵宝公司"）在全球申请人中排名第一位，应当是为其正在进行二期临床的药物BMS－986205进行的专利布局，尽管该药物还未正式上市，但该公司显然已经迈开了专利布局的脚步。百时美施贵宝公司同样拥有已经上市的PD－1抗体Opdivo，一旦PD－1抗体与小分子IDO1抑制剂联用的治疗方法被证明有效，能够同时拥有这两种药物的百时美施贵宝公司将迎来巨大的商机。

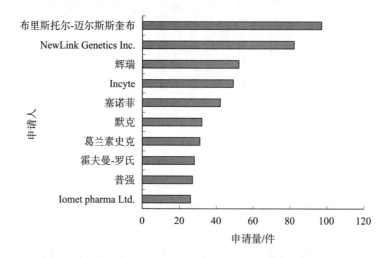

图4　全球 IDO1 抑制剂相关专利申请人排名

作为同时开展3个在研药物临床试验的IDO1抑制剂大户，NewLink Genetics（新联基因公司）的申请量排名与百时美施贵宝公司不相上下。与NewLink Genetics存在合作开发关系的罗氏公司同样榜上有名。

无独有偶，罗氏公司同样拥有已经上市的PD－1抗体药物Tecentriq，可见罗氏公司与NewLink Genetics合作开发小分子IDO1抑制剂的目的是希望能够与自家的PD－1抗体联合使用，并且罗氏公司已经支付了高达1.5亿美元的预付金和10亿美元的里程碑费用[5,6]。罗氏公司对IDO1抑制剂研发的重视程度也间接反映了这一领域良好的研发前景和蕴含的巨大商机。

作为最有希望的IDO1抑制剂Epacadostat的拥有者，Incyte公司在全球共申请了48件专利，其中中国专利为6件，后续将对该公司的专利布局情况进行详细的分析。全球专利申请量排名前十的申请人均为国外各大老牌的制药巨头，不仅体现出这些企业浓厚的研发热情和雄厚的研发实力，而且也反映出其超前的专利申请和知识产权保护意识。

2. 中国专利申请趋势分析

（1）申请量分析

图5显示出IDO1抑制剂的中国专利申请量趋势。相对于美国申请起步较早的优势，中国专利的首件申请则出现在2004年，并且申请人为兰肯瑙医学研究所，为一家美国的科研机构，是一件PCT国际申请进入中国国家阶段的专利申请。从首件申请开始直到

2008年，都没有国内申请人提出IDO1抑制剂领域的专利申请。首次申请IDO1抑制剂的国内申请人为同济大学，在2009年才提出申请。2009～2015年，随着国内制药企业逐步开展IDO1抑制剂的研发和临床试验，相关专利的申请量也呈良好的上升态势，直到2016年国内申请人的申请量实现了反超，体现出国内申请人知识产权保护意识的增强。

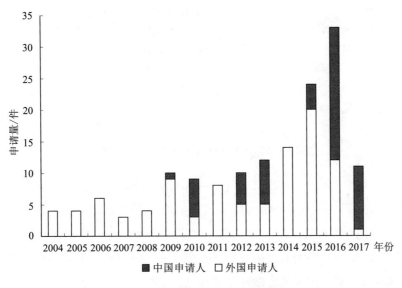

图5　IDO1抑制剂中国专利申请量趋势

面对国内市场蕴含的巨大商机，还有更多的国外申请人将目标投向中国市场，开展在中国的专利布局。尽管国内相关研发和专利申请起步较晚，但随着国内申请人科研实力和专利保护意识的提高，仍然可以采取及时的应对措施，可以在首个小分子IDO1抑制剂上市之前抓紧开展战略储备性的专利布局，争取能够在IDO1抑制剂领域分一杯羹。

（2）主要申请人分析

本课题进行中国IDO1抑制剂专利的申请人分析，结果如图6所示。排名靠前的依然是国外大型制药公司，体现了国外企业在这一领域的研究水平和超前的专利布局意识。在IDO1抑制剂领域的国内申请人中，拥有最多专利的申请人为复旦大学，共计8件申请。尽管申请量不多，但在2016年3月15日，复旦大学生命科学学院杨青教授团队利用自主研发的IDO1抑制剂的专利在与美国沪亚公司的专利交易中，通过专利有偿许可获得了最高6500万美元的收益，可以看作我国高校跨国界产学研合作、专利输出的典范和利用自主知识产权专利进行交易的里程碑式事件。复旦大学团队基本完成了临床前实验室研究工作，这一次专利许可就是将实验室研究推动到临床试验的阶段，是前沿基础研究走向应用的全新尝试。

除此之外，西华大学、同济大学、辽宁思百得医药科技有限公司和拥有一项进入临床一期实验在研药物的江苏恒瑞医药股份有限公司同样在国内申请人榜上，展现出我国

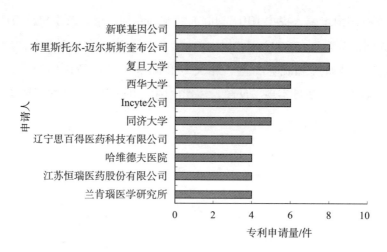

图 6　中国 IDO1 抑制剂相关专利申请人排名

国内制药企业和研究机构对知识产权保护意识的逐步提高。尽管我国国内药企的专利申请数量和质量目前都无法与国外制药巨头相提并论，但随着研发投入不断增大，研发实力不断增强，我国企业的知识产权保护的意识也在不断提高，我国国内制药公司也逐渐将重点投入了 IDO1 抑制剂的新药研发和申报中，并同时布局了相应的专利申请策略，为今后占据 IDO1 抑制剂的国内市场做好了专利储备。

（3）法律状态分析

对 IDO1 抑制剂领域的中国专利申请进行法律状态分析，结果如图 7 所示。授权专利比例过半，高达 58%，其中有效专利为 25%。另外，9% 的专利申请被撤回，4% 的专利申请被驳回，29% 的专利申请还在实质审查过程之中。IDO1 抑制剂领域的授权专利比例较高，显示出这一领域的专利质量较高。

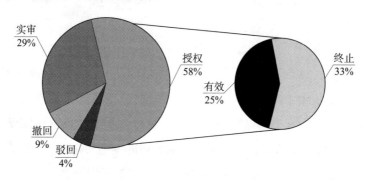

图 7　IDO1 抑制剂领域中国专利法律状态分布

（二）IDO1 抑制剂的代表性专利

1. 4 – PI 及其衍生物

1989 年，研究发现 4 – PI（4 – 苯基咪唑）可以与 IDO1 结合，是 IDO1 的一种弱的非竞争性抑制剂，IC_{50} 值为 48 μmol/L，参见图 8。4 – PI 的抑制活性从结构上来说主要利用

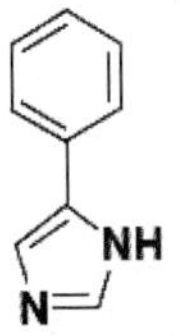

4-PI

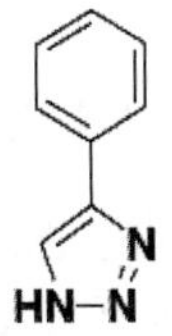

CN101967129A

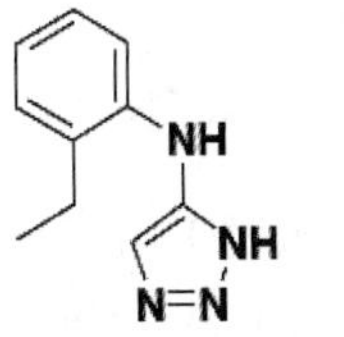

IN2014081689A1

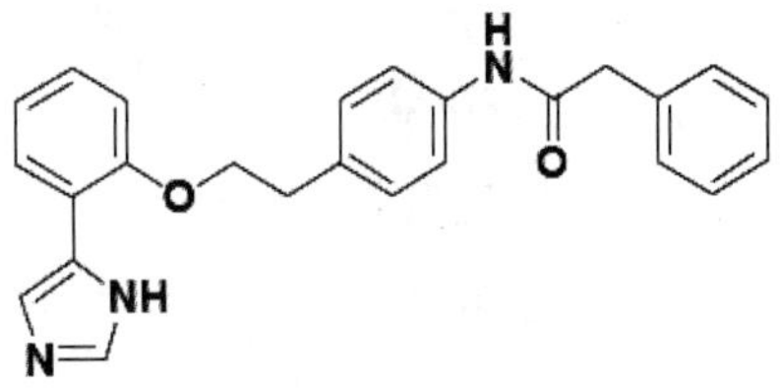

IN2011056652A1

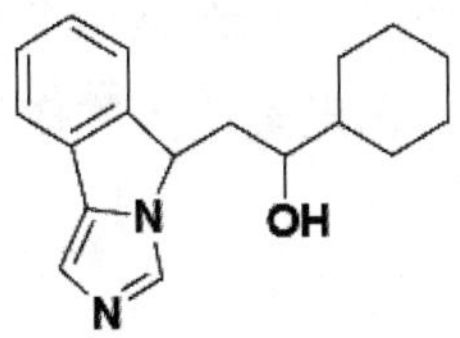

WO2012142237A1

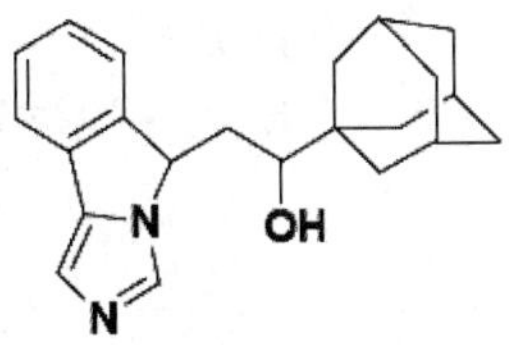

WO2016131380A1

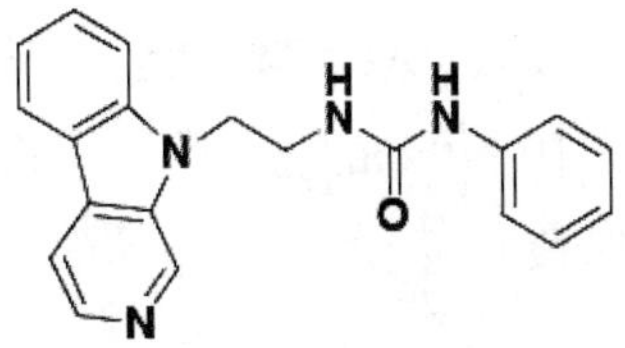

CN107118209A

图 8　4 – PI 及其衍生物类代表专利及其代表化合物

了 IDO1 的 S1 口袋，苯环与口袋中一些氨基酸残基形成了疏水相互作用，而咪唑环的亚氨基氮原子则与血红素中铁形成了配位键。

同济大学的专利申请 CN101967129A 在 4 – PI 的基础上将咪唑环改造为三唑环，同时将苯环改造为卤代苯环或吡啶，优选化合物的 IC_{50} 值仅 61μmol/L。

Vertex 公司的专利申请 IN2014081689A1 在 4 – PI 的基础上将咪唑环改造为三唑环，并且对苯基上的取代基、苯基和三唑环的连接基团进行了改造，得到的优选化合物活性得到了提高（IC_{50} < 1μmol/L）。

新联基因公司的专利申请 WO2009132238A2 对苯环上侧链进行进一步的改造，引入了羟基、卤素等小分子取代基，但优选化合物的活性仅 0.1 ~ 0.5mmol/L。之后该公司又提交了专利申请 IN2011056652A1，苯环上引入了醚键侧链，优选的化合物活性得到进一步提高（IC_{50} < 1μmol/L）。在此基础上，新联基因公司对苯基咪唑的母环进行改造，在 2012 年提交的专利申请 WO2012142237A1 中公开了一系列具备稠合三环骨架结构的化合物，其中活性较好的化合物 Navoximod IC_{50} 为 75nmo/L，目前已经进入一期临床试验阶段。

上海迪诺医药科技有限公司也开发了具备稠合三环骨架结构的 IDO1 抑制剂，提交的专利申请 WO2016131380A1 中对三环骨架结构上的杂原子种类进行了扩展，并且在侧链上引入了金刚烷基，其优选的化合物 IC_{50} < 1μmol/L。

西华大学的专利申请 CN107118209A 开发了吡啶骈［3，4 – b］吲哚母环的 IDO1 抑制剂，并且在侧链上引入了取代的脲基，其优选的化合物在 $100\mu M$ 的浓度下对 IDO1 的抑制率大于 80%。

2. 色氨酸及其衍生物

L-色氨酸是 IDO1 的天然底物，在高浓度下可以抑制 IDO1 的活性。由于 IDO1 发挥催化活性，需要首先结合氧分子，之后再与 L-色氨酸结合，而高浓度的 L-色氨酸导致氧分子不能和 IDO1 结合，因而产生了抑制效应，这暗示了色氨酸某些类似物也可能具有抑制 IDO1 的活性。

新联基因公司的专利申请 WO2009073620A2 中披露了一系列具备吲哚母环的色氨酸衍生物，具备 IDO1 抑制活性，对吲哚环上 3-位取代基进行了一系列的结构改造，参见图 9。其中最优选的化合物为 Indoximod，为一个甲基化的色氨酸，目前已经进入临床 II 期实验阶段。

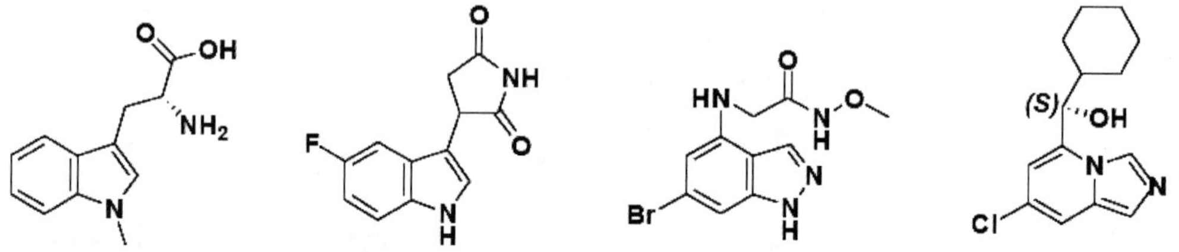

| WO2009073620A2 | WO2015173764A1 | CN108689936A | WO2016161960A1 |

图 9　色氨酸及其衍生物类代表专利及其代表化合物

ITEOS THERAPEUTICS 公司的专利申请 WO2015173764A1 中公开了一类在 3-位具备吡咯烷-2，5-二酮取代基的吲哚化合物，以及 α 位上具备吡咯烷-2，5-二酮取代基的萘衍生物，具备 IDO1 抑制活性，优选化合物 PF-06840003 的 IC_{50} 值为 $0.15\mu mol/L$。该化合物作为 ITEOS THERAPEUTICS 和辉瑞公司合作开发的候选药物，已经进入一期临床试验阶段。ITEOS THERAPEUTICS 和辉瑞公司又共同提交了专利申请 WO2016181275A1，请求保护了该化合物的一种新晶型。

西华大学的专利申请 CN108689936A 中公开了一类 IDO1 抑制剂，对吲哚母环进行了结构改造，替换成为苯并吲唑母环，优选的化合物在 $10\mu M$ 浓度下对 IDO1 的抑制率大于 60%。

百济神州有限公司的专利申请 WO2016161960A1 进一步将母环扩展到吡啶并咪唑环，并且在母环上引入了含有羟基的环烷基取代基，优选的化合物 IC_{50} 值可达 29nmol/L。

3. N-羟基脒类化合物

N-羟基脒类化合物是 Incyte 公司早在 2006 年的专利申请 WO2006122150A1 中公开的一类 IDO1 抑制剂，其具备噁二唑母环以及 4 位含氮侧链、5 位 N-羟基脒取代基，优

选化合物 IC_{50} 值 67nmol/L（参见图 10）。随后 Incyte 公司对此类化合物进行了一系列的结构优化，通过高通量筛选获得了更优化合物，其核心专利申请 WO2010005958A2 中公开了其临床候选化合物 Epacadostat，IC_{50} 值 72nmol/L，是目前唯一一种进入三期临床试验的 IDO1 抑制剂。

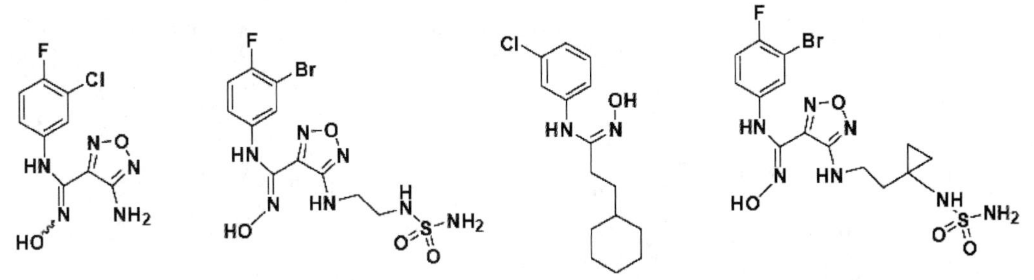

WO2006122150A1   WO2010005958A2   IN2015188085A1   WO2016155545A1

图 10   N－羟基脒类化合物代表专利及其代表化合物

此外，2015 年，Bristol－Myers Squibb 公司收购了美国私人生物技术公司 Flexus Biosciences（以下简称"Flexus 公司"），获得了 Flexus 公司临床前小分子 IDO1 抑制剂 F001287 的全部权利。近期 Flexus 公司公开了关于 IDO 抑制剂的专利申请 IN2015188085A1，抑制剂同样具备 N－羟基脒的结构，优选化合物的 $IC_{50}<50$nmol/L。

江苏恒瑞医药有限公司在 Incyte 公司开发的 Epacadostat 基础上，进一步对 5 位侧链进行了结构优化，专利申请 WO2016155545A1 公开的 IDO1 抑制剂化合物在胺基与磺酰胺基之间的碳链上引入了环烷基取代，优选化合物的 IC_{50} 值达到 18nmol/L。

4. 其他类型 IDO 抑制剂

除上述几种 IDO1 抑制剂以外，还有其他结构类型的化合物也具备 IDO1 抑制活性。如图 11 所示，复旦大学申请的专利申请 WO2015070766A1 中采用 N－苄基色胺酮作为化合物的母环，并引入了含氮基团作为侧链取代基，优选的化合物 IC_{50} 值达 0.31μmol/L。

百时美施贵宝公司公开了一类具备苯基脲母环的 IDO 抑制剂，其申请的系列专利申请 WO2014150646A1、WO2015002918A1 中对苯基上的取代基、脲基 N 原子上取代基等均进行了优化和改造，优选化合物的 IC_{50} 值达 0.06μmol/L。

不列颠哥伦比亚大学申请的专利申请 WO2006005185A 中，选择牛磺酸取代的萘醌作为母环，并且在母环上引入了稠合杂环，优选的化合物 IC_{50} 值达 86nmol/L。

中山大学将天然产物用作 IDO1 抑制剂的用途进行了研究，专利申请 CN106074584A 中将番泻苷 B 用作 IDO1 抑制剂，IC_{50} 值为 2430μmol/L。专利申请 CN107698652A 中将丹参酮类化合物用作 IDO1 抑制剂，优选化合物 IC_{50} 值为 1.3μmol/L。

5. 小结

本部分对 IDO1 抑制剂的代表性专利进行了梳理。IDO1 抑制剂的代表性结构类型主

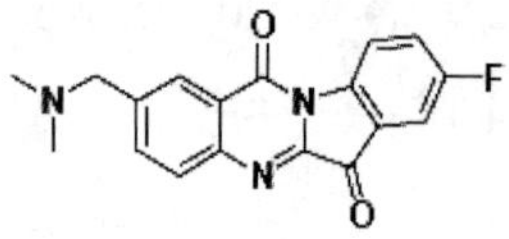

WO2015070766A1 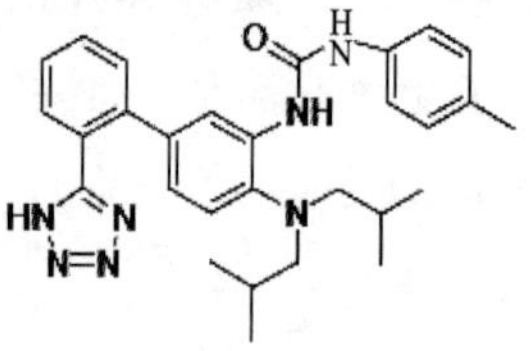   WO2014150646A1 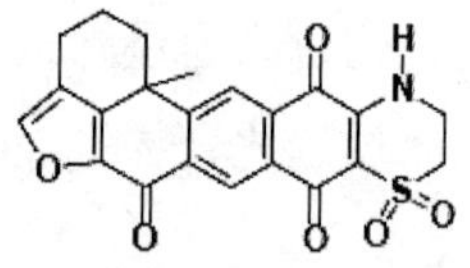   WO2006005185A

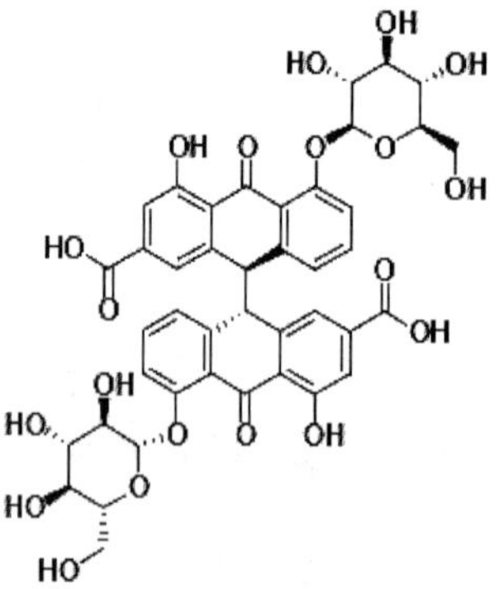

CN106074584A 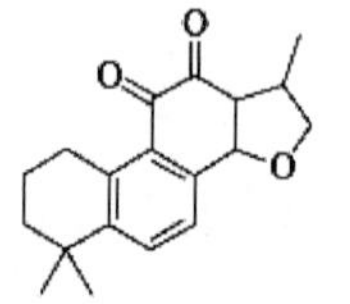   CN107698652A

图 11　其他代表专利及其代表化合物

要分为三类——4-PI 衍生物、色氨酸衍生物和 N-羟基脒类衍生物，国内外主要申请人的研发热点基本上都集中在这三大结构类型上，相应的专利申请和专利布局也都是围绕这三类结构类型展开。除此之外，国内外申请人也尝试探索发现具备新母环结构的 IDO1 抑制剂，或者选择天然产物用于抑制 IDO1 的活性，这也可能成为今后国内外申请人研究的方向。

（三）典型小分子 IDO1 抑制剂 Epacadostat 专利分析

本部分主要对最早进入三期临床试验的 IDO1 抑制剂 Epacadostat 的专利申请状况进行分析，梳理了其原研公司的技术发展路线，分析了其专利申请策略，并对其他相关申请人的申请进行了总结。

1. Incyte 公司主要专利申请分析

（1）Incyte 公司主要专利申请

Incyte 公司作为 Epacadostat 的原研公司，很早就开始通过该化合物的专利申请进行了战略性布局，在提出核心专利申请 WO2010005958A2 之前，对前期的研究成果也进行了一定程度专利保护。

在 2006 年 5 月 9 日提出的 PCT 专利申请 WO2006122150A1 是 Incyte 公司提出的首件 IDO1 抑制剂化合物专利，共计公开了 290 种对 IDO1 靶点具有抑制活性的化合物，并以此为基础请求保护一种通式化合物，该通式化合物母环和环上侧链取代基都定义了较多的变量。这一专利共计有 70 件同族，进入了包括中国、日本、欧洲、韩国、美国在内的多个国家或地区。其中共有 2 件中国同族，分别是专利申请 CN101212967A 和分案申请 CN103130735A，CN101212967A 因说明书公开不充分而被驳回，但分案申请 CN103130735A 于 2016 年 4 月 13 日获得授权，授权了范围限定后的通式化合物、183 个具体化合物，调节 IDO1 活性的制药用途，以及与抗 PD－1 抗体、抗 CTLA－4 抗体联用的用途，原则上专利有效期截止日为 2025 年 5 月 10 日。

这一专利申请可以看作 Incyte 公司研发的 IDO1 抑制剂的雏形。Incyte 公司在早期就对 IDO1 抑制剂的结构改造进行了诸多尝试，获得了大量不同结构类型的先导化合物，后期的所有研究都可以看作在这一专利的基础上进行的构效关系研究和结构修饰改造。专利的同族数量众多，证明了 Incyte 公司对全球市场都具有较大的野心，并且在研发之初就意识到尽早进行广泛的专利布局的必要性。Incyte 公司在研发最初就特意对 IDO1 抑制剂与抗 PD－1 抗体、抗 CTLA－4 抗体联用的用途进行了保护，说明药物联用的疗法在早期就已经成为该公司研发的重点方向。

随后，Incyte 公司又对众多 IDO1 抑制剂进行了高通量筛选，并进一步提出了一系列化合物专利。在 2006 年 12 月 19 日紧接着提出了 PCT 专利申请 WO2007075598A2。这一专利申请对首次申请 WO2006122150A1 的母环 A 和环上的侧链进行了优选，母环 A 确定为噁二唑环，环上 4－位侧链也基本固定为卤代苯胺基取代的脒基，该专利申请主要对环上 5－位侧链的可选范围进行了诸多不同类型取代基的尝试。其中的实施例 256 化合物与 Epacadostat 的结构十分接近，区别仅在于 Epacadostat 的氨基磺酰胺基烷基侧链通过－NH－连接于噁二唑母环，而该化合物则是通过单键连接，因此，该化合物可以看作 Incyte 公司研发的 IDO1 抑制剂的雏形。

与以上 2 件专利申请化合物中的脒甲基均是直接连接于含氮杂环（例如噁二唑环）上不同，Incyte 公司于 2007 年 2 月 8 日提出的 PCT 专利申请 WO2007095050A2 中，首次提出了脒基进一步连接另一个 N 原子，该 N 原子可进一步形成饱和或不饱和的五－六元环或杂环，亦可进一步连接环烷基、杂芳基和杂环烷基。

在 2007 年 9 月 18 日提交的 PCT 专利申请族 WO2008036653A2、WO2008036652A2、WO2008036643A2、WO2008036642A2 中，Incyte 公司提出了对一系列的通式化合物的保护。上述专利申请均限定了结构类似的 4－位侧链为苯胺基取代的脒基，并在苯环上具有卤素取代，分别尝试了不同的五元或六元杂环作为母环，主要的结构改造位点集中在母环及母环的 5－位侧链改造上。Incyte 公司从多个不同的角度进行了专利申请，为后续的专利布局奠定了基础。

在 2007 年 11 月 7 日提出的 PCT 专利申请 WO2008058178A1 中，Incyte 公司提出了一种作为 IDO1 抑制剂的通式化合物，并公开了 4 种具体化合物及其对 IDO1 抑制剂酶的

IC$_{50}$值，此时 Incyte 公司已经将母环优选为噁二唑环，并未再进行过多的改变，并且在该专利申请中固定了 5 - 位侧链的结构羟甲基，而对 4 - 位侧链苯环上的取代基进行了替换，但并未获得活性非常好的优选化合物。以上均为 Incyte 对前期研发成果的专利布局，上述专利同族数量均较少，并且均未进入中国国家阶段。

Incyte 公司的核心专利申请为 2009 年 7 月 7 日提出的 PCT 专利申请 WO2010005958A2，请求保护以 Epacadostat 为基础的通式化合物、具体化合物、晶型、用途以及制备方法和中间体。该 PCT 申请共计 65 件同族专利，进入了包括中国、美国、欧洲和日本在内的 17 个国家或地区。其中国同族 CN102164902A 已于 2014 年 7 月 23 日获得授权，授权了通式化合物、具体化合物、一种特定晶型、制备方法以及制药用途，原则上专利有效期截止日为 2029 年 7 月 7 日。Incyte 公司于 2014 年 6 月 4 日针对核心专利申请的中国同族申请 CN102164902A 又提出了分案申请 CN104042611A，请求保护以 Epacadostat 为基础的通式化合物与 PD - 1 抗体联用治疗癌症的用途，目前还在实质审查阶段。可以看出 Incyte 公司对 PD - 1/IDO1 联用的疗法十分重视，在三期临床试验开展的同时，已经积极对 PD - 1/IDO1 联用的技术方案进行了相应的专利储备。

2015 年 2 月 3 日，原研公司 Incyte 公司和合作公司默沙东共同申请了 PCT 专利申请 WO2015119944A1，共计 10 件同族专利，进入了欧洲、韩国、中国等 8 个国家或地区，请求保护采用 PD - 1 拮抗剂和 IDO1 抑制剂治疗癌症的组合疗法，并对 Epacadostat 的结构提出了改进，将苯基扩展到取代苯基或取代呋喃基甲基。其中国同族 CN106456753A 目前还未开始审查。表 2 展示了 Incyte 公司在 Epacadostat 开发过程涉及的主要专利。

表 2　Incyte 公司在 Epacadostat 开发过程涉及的主要专利申请

公开号	通式结构	示例化合物	主要改造位点
WO2006122150A1			母环、两侧侧链
WO2007075598A2			5 - 位侧链
WO2007095050A2			肟基另一侧连接 N 原子

续表

公开号	通式结构	示例化合物	主要改造位点
WO2008036653A2			母环、5-位侧链
WO2008036652A2			母环
WO2008036643A2			母环、5-位侧链
WO2008036642A2			母环、5-位侧链
WO2008058178A1			5-位侧链
WO2010005958A2		（Epacadostat）	5-位侧链
WO2015119944A1		无	4-位侧链

（2）Incyte 公司专利申请策略

Epacadostat 的重要相关专利主要掌握在 Incyte 公司的手上。该公司在发现了小分子 IDO1 抑制剂在治疗实体瘤方面的潜在前景后，立即启动了以通式化合物结构为核心的专利保护布局工作。Incyte 公司的专利以对通式化合物结构的保护为主，一方面基于化合物本身，对化合物的结构进行了诸多改造；另一方面着重从小分子 IDO1 抑制剂与其他药物联合用药的方面进行研究，对其可能存在的药物联用的用途进行专利挖掘和保护。同时也一并开发了晶型，并在每个研发阶段都申请了专利保护，并且每件专利都为 PCT 申请。

在发现 Epacadostat 对 IDO1 的抑制活性具有突出的优势以前，Incyte 公司的研发还处于基础阶段，可能是出于专利维护成本的考虑，申请的 PCT 专利并没有大规模地进入各个国家阶段，主要集中在欧洲和美国。在对先导化合物进行高通量筛选和逐步的结构改造，获得了最具有前途的 IDO1 抑制剂 Epacadostat 后，Incyte 公司马上以该化合物为基础申请了核心专利 WO2010005958A2，并进入了包括中国、美国、欧洲和日本在内的 17 个国家和地区，随后与合作公司默沙东共同申请的 PCT 专利 WO2015119944A1 也进入了欧洲、韩国、中国等 8 个国家和地区，显示出 Incyte 公司对 Epacadostat 在全球市场的极大信心，并且在新药上市之前就开展了相关的专利储备，专利布局意识很足。

可以预期，随着 Epacadostat 的临床试验的持续进行，Incyte 公司今后可能的研发方向和专利申请方向还会涉及新的晶型、与不同的药物联用的用途、新的剂型、对基础药物的化学结构改造等。Incyte 公司采用以点带面的方式对其活性成分药物进行专利布局，不仅切实地保护了公司的市场利益，也很好地推动了其科研方面的研究进展，为其他企业提供了良好的范本。

2. 其他申请人主要专利申请分析

除了 Incyte 公司以外，还有其他相关申请人针对 Epacadostat 也进行了专利申请，申请主要集中在 Epacadostat 与其他药物联用的用途上。2013 年 10 月 25 日，申请人 THE U-NIVERSITY OF CHICAGO 提出了 PCT 专利申请 WO2014066834A1，对 Epacadostat 的联合用药疗法进行了扩充，证明了 IDO1 抑制剂 Epacadostat 与抗 PD－L1 剂联用、与抗 CTLA－4 剂联用对肿瘤显示出协同作用，减小了肿瘤的体积，提升了 T 细胞的比例和功能。此外，还有其他申请人对联合疗法进行了补充，申请人阿斯泰克斯制药公司于 2014 年 2 月 27 日提交了 PCT 专利申请 WO2014134355A1，提到了 IDO1 抑制剂 Epacadostat 或 NLG919 与 DNA 低甲基化剂地西他滨衍生物的联合疗法，用作免疫调节剂，增加对肿瘤细胞的免疫识别。申请人 RIGEL PHARMACEUTICALS, INC. 于 2016 年 6 月 29 日提交的专利申请 WO2017007658A1 中，请求保护了 JAK 抑制剂和免疫调节剂 IDO1 抑制剂 Epacadostat 对肿瘤的联合疗法。申请人 CELGENE CORPORATION 于 2016 年 9 月 27 日提交的专利申请 WO2017058754A1，请求保护对白血病的联合疗法，包括将免疫调节活性化合物与 IDO1

抑制剂 Epacadostat 联用。

三、结论和展望

在 IDO1 抑制剂领域，国外申请人起步较早，原研公司 Incyte 已经开展了一定程度的专利布局，并且 Incyte 公司的 IDO1 抑制剂 Epacadostat 已经进入三期临床试验阶段，可见其专利转化度较好。面对这一情况，我国企业可以尽早加入相关专利的申请或转化中，针对原研公司已经形成以及接下来可能的专利申请方向，合理调整自身的战略布局，采取针对性的手段抢占市场。例如 Incyte 公司目前仅开发出一种晶型，我国企业可以考虑尝试开发理化性质更好、更适合成药的新晶型，既可以规避专利侵权，也可以进一步获得更好的疗效，并且通过晶型等外围专利以及后续的相关专利为仿制药的生产拓展空间，也为药品的注册申报打好专利的基础。又如，可以将 Epacadostat 作为先导化合物，进一步对其进行结构改造，以期获得新一代的小分子 IDO1 抑制剂，通过这种方式成功获利的例子也不胜枚举。开展结构改造研究的国内申请人通常更多地集中在高校、科研院所，我国企业可以通过加强与科研机构之间的合作，将基础研究及时转化到实际应用，加快产学研合作的进程，同时提高专利保护意识，在注重市场经济的同时也应当更加注重自主知识产权的研发创新以及保护。

参考文献

[1] DOUNAY AB，TUTTLE，JAMISON B，et al. Challenges and opportunities in the discovery of new thera-peutics targeting the kynurenine pathway [J]. Journal of Medicinal Chemistry，2015，58(22)：8762 – 82.

[2] MULLER AJ，MALACHOWSKI WP，PRENDERGAST GC. Indoleamine 2，3 – dioxygenase in cancer：targeting pathological immune tolerance with small – molecule inhibitors [J]. Expert Opinion on Therapeu-tic Targets，2005，9(4)：831 – 849.

[3] PRENDERGAST GC，MULLER AJ. Indoleamine 2，3 – dioxygenase in immune suppression and cancer [J]. Current Cancer Drug Targets，2007，7(1)：31 – 40.

[4] GANGADHAR TC，HAMID，OMID，et al. Preliminary results from a Phase I/II study of epacadostat (incb024360) in combination with pembrolizumab in patients with selected advanced cancers [J]. Journal for Immunotherapy of Cancer，2015，3(S2)：1 – 2.

[5] Newlink 签订癌症免疫疗法合作协议 [EB/OL]. [2014 – 10 – 23]. http://news. bioon com/article/6660572. html.

[6] 张萌欣. 从复旦大学药物专利授权看生物医药产业的产学研合作，中国科技产业，2016(4)：76 – 77.

胰岛素口服制剂专利技术综述[*]

陶冶　邓丽娟^{**}　胡敬东　杨倩　吕茂平

摘　要　胰岛素作为经典高效的降糖药，在糖尿病的治疗中占据了重要地位。口服给药是其较理想的给药方式，具有巨大的临床需求和广阔的市场前景。本文利用中国专利文摘数据库（CNABS）、德温特世界专利索引数据库（DWPI）等，对涉及口服胰岛素制剂的全球发明专利申请进行检索，从申请量的年度分布、技术类型分布、主要申请人排名等多个方面进行了整体数据分析，以了解该领域技术发展的趋势、热点和重点。同时，对代表性申请人 EMISPHERE、诺和诺德和 ORAMED 公司的专利布局进行了重点解析，为制药行业开展相关研究提供参考。

关键词　胰岛素　口服　专利分析　诺和诺德　ORAMED

一、引言

糖尿病是一种常见的内分泌代谢疾病，是由于人体完全不能分泌、不能分泌足够的胰岛素或无法有效使用胰岛素而导致血液中的葡萄糖水平升高时发生的一种慢性疾病。长期血糖水平升高，会损伤人体各种器官，发生致残或致死并发症，如心血管疾病、神经病变、眼部病变、肾脏病变、糖尿病足等。随着人口老龄化及人们生活习惯的改变，糖尿病人口快速上升。据国际糖尿病联盟（IDF）统计，2017 年全球糖尿病成人患者达 4.25 亿，预期 2045 年将达到 6.29 亿，而截至 2017 年我国成年糖尿病患者人数已达到 1.14 亿。[1]

胰岛素是糖尿病治疗的支柱性药物，胰岛素的不间断供应对于 I 型糖尿病患者的生存是必不可少的，其他降血糖药物和生活方式干预未能成功达到血糖治疗目标的 II 型糖尿病、妊娠期高血糖症，均需要胰岛素治疗。自 1921 年被发现并于 1922 年开始用于治疗糖尿病以来，随着科技发展，胰岛素已由最早经过动物提取的生化药，发展为大规模

＊ 作者单位：国家知识产权局专利局专利审查协作北京中心。

＊＊ 等同第一作者。

的重组蛋白类药物，科研人员已经研发出各种类型胰岛素、胰岛素类似物、胰岛素制剂，在生产、纯化、时效性和给药途径方面有了很大进展。[2]

目前，已上市的胰岛素制剂包括注射给药的控制餐后血糖的速效胰岛素、控制长期血糖的中效和长效胰岛素，如赛诺菲的甘精胰岛素和诺和诺德的德古胰岛素等，以及吸入给药的人胰岛素制剂，例如 Mannkind 公司的 Afrezza。[3]其中皮下注射是经典的胰岛素的给药途径，可快速达到预期的降血糖效果，但存在注射次数多、带来一定的不便和痛苦，导致病人依从性差的缺点。[4]吸入给药虽然相比皮下注射减少了患者的痛苦，然而生物利用度低，对气管和肺部组织的安全性以及胰岛素抗体水平升高对人体的远期影响尚需进一步评估。[5]这些原因也间接导致了辉瑞吸入型胰岛素制剂 Exubera 的撤市。

口服给药途径具有经济方便、完全无痛、顺应性好等诸多优势，是较理想的胰岛素给药方式，得到研究者的广泛关注。然而由于以下几个方面的原因，胰岛素直接口服生物利用度❶低：（1）胰岛素作为多肽类药物，可被胃肠道中的消化酶降解失活；（2）胰岛素分子量大，不易通过肠黏膜，吸收差；（3）存在肝脏首过效应。[6]针对上述影响胰岛素口服给药的因素，人们对胰岛素口服给药制剂工艺进行了广泛研究，主要集中在采用微粒给药系统减少胃肠道对胰岛素的降解和破坏，胰岛素与吸收促进剂、酶抑制剂的联用，肠溶包衣或结肠给药等，并且已经有不少产品已经进入了临床研究阶段。[7]

目前，尚无针对口服胰岛素药物制剂相关专利技术综述。本文期望通过对口服胰岛素药物制剂专利申请进行检索、分析、总结，阐明口服胰岛素制剂的研发热点和发展趋势，为研究口服胰岛素的药物制剂技术提供参考资料，为我国药企合理开展研发和专利申请布局提供借鉴。

二、研究方法

（一）数据库的选择

国家知识产权局专利检索与服务系统中的中国专利文摘数据库（CNABS）整合了中国专利初加工的摘要信息、中国专利深加工的摘要信息、中国专利的英文文摘数据以及收录到 SIPOABS 和德温特世界专利索引数据库（DWPI）中的中国专利数据等。[8]其数据覆盖全面，检索字段丰富。

国家知识产权局专利检索与服务系统中的 DWPI 收录了约 45 个国家或组织的专利文献，文献的标题和文摘都经过了专业的编辑和改写，用词规范。[9]DWPI 文摘还重点突出了专利的发明点、新颖性、实用性及其优势等信息，便于浏览。

笔者分别采用 CNABS 和 DWPI 进行了中国专利文献和全球专利文献检索，同时还在

---

❶ 生物利用度是指制剂中药物被吸入人体循环的速度与程度。

中国全文文本库（CNTXT）、EP 全文文本库（EPTXT）、US 全文文本库（USTXT）、WO 全文文本库（WOTXT）和 CA 全文文本库（CATXT）等全文数据库中进行了检索，以全面、准确地了解和反映口服胰岛素制剂的专利申请现状。

（二）检索策略

本文研究的基本检索思路为：检索—验证—原因分析—再检索—再验证，直到达到预期目的。具体检索方法为：胰岛素本身具有相应的 IPC 国际专利分类号 A61K 38/28，以制剂"以特殊物理形状为特征的医药配制品""以所用的非有效成分为特征的医用配制品"分类号 A61K 9 +、A61K 47 + 检索；口服制剂没有相应的分类号，以"口服""经口""胃肠""肠溶"等关键词对中国专利数据库进行检索，以"oral""swallowable""intestinal""enteric""gastrointestinal"等关键词对全球专利数据库进行检索。为了保证数据统计分析上的全面性并有效降低噪声，还选取关键词"胰岛素"或"insulin"进行检索。通过对上述分类号和关键词的配合使用，确定了口服胰岛素制剂的专利技术分析样本。

（三）检索结果和数据处理

检索结果包括一定量的噪声。去噪时，采用人工逐篇浏览、筛选的策略，正确率较高。按照上述检索策略进行检索并且对检索结果进行去噪之后，获取 616 件口服胰岛素制剂技术领域的样本发明专利文献。随后进一步使用 incoPat 科技创新情报平台和 Excel 软件进行数据的处理和分析。

三、专利技术总体现状

（一）全球发明专利申请量的年度分布

由图 1 可知，口服胰岛素制剂发明专利申请首次出现在 1981 年，为美国 Sandoz 公司申请的脂质体递药系统。从全球申请量来看，1981 ~ 1991 年为萌芽期，年申请量最高仅

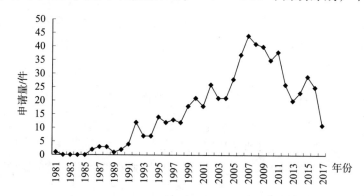

图 1　口服胰岛素制剂全球发明专利申请量的年度分布

为 4 件。尽管胰岛素早在 1921 年已经被发现，然而直到 20 世纪 80 年代左右，人们才利用生物合成技术和基因工程获得了人胰岛素及其类似物，[10]从而逐渐开启了胰岛素相关制剂的研究。但是由于早期技术发展迟缓，研发水平低下，申请量普遍较低。

自 1992 年开始，专利申请量出现小幅度增长。1992～2005 年为缓慢发展期。尽管在此期间申请量波动略微频繁，但整体而言呈现震荡升高的趋势。该阶段申请中首次出现了微囊、纳米载体、微乳等多种技术手段以及用于运输大分子药物的化合物等，这可能是因为进入新世纪前后，生物医药、载体材料、制剂工艺等技术的快速发展，推动了口服胰岛素制剂的研发。同时，2000 年，口服胰岛素首次参与临床试验，2001 年，美国食品药品监督管理局（FDA）首次批准口服胰岛素临床试验，[11]鼓舞了该技术领域的研发人员。

2006～2011 年为高速发展期。其中 2008 年高达 53 件。2009～2011 年的申请量虽有所下降但也基本在 40 件以上。随着人们物质生活水平的提高，糖尿病的发病率也随之增长，大众对口服糖尿病制剂的需求更加迫切，促使企业、高校等加快了该技术领域的研究步伐。

2012～2015 年为稳定期，申请量有所回落。继 2010 年利拉鲁肽获得 FDA 批准在美国上市用于治疗糖尿病后，2012～2016 年 FDA 又批准了艾塞那肽、阿必鲁肽、度拉鲁肽和利西那肽等其他能够有效控制血糖的胰高血糖素样肽 - 1（GLP - 1）类似物，这些均为长效制剂，依从性较好且坚持治疗的时间更长。2013 年，美国 FDA 审批通过了 II 型糖尿病治疗药物 Invokana（Canagliflozin），是一种选择性钠 - 葡萄糖共转运体 2（Sodium Glucose Co - transporter 2，SGLT - 2）抑制剂。2014 年 FDA 又批准了其他 2 种 SGLT - 2抑制剂即 Dapagliflozin（Farxiga）和 Jardiance（Empagliflozin）用于 II 型糖尿病成人患者的治疗。同时，FDA 还于 2014 年批准了吸入胰岛素粉末制剂——Afrezza 用于改善成人糖尿病患者的血糖控制，采用的新给药途径可以避免注射带来的缺陷。此外，胰岛素给药装置（例如胰岛素笔）也在更新换代，甚至智能胰岛素笔也即将上市。上述药物和装置的研究与上市一方面占用了糖尿病治疗药物研发的人力和物力；另一方面，也给糖尿病患者提供了多种新的治疗手段，缓解了部分需求。另外，2014 年，FDA 首次批准口服胰岛素进入临床 III 期试验，[11]一定程度上会使得不少研发者出于成本考虑而暂时观望。上述原因可能导致了该阶段申请量的回落。

根据中国《专利法》的相关规定，发明专利自申请日起 18 个月公布，PCT 国际专利申请则可能自申请日起 30 个月才能进入国家阶段。其他国家的专利法也有相关规定。上述原因导致专利数据的公开日相对于其申请日有所滞后，因而 2016 年至今的数据并不完整。

然而，相信口服胰岛素制剂巨大市场的存在，以及随着国家对技术创新的支持和研发能力的提高，未来几年口服胰岛素领域的专利申请量还会有所提高。

（二）主要申请人排名

表1显示了口服胰岛素制剂全球申请量排在前列的申请人。可以看出，在排名在前的13位申请人中，国外申请人占据了10位，特别是EMISPHERE技术公司和诺和诺德公司的专利申请量遥遥领先。其中EMISPHERE技术公司拥有Eligen®技术，该技术可以用于大分子药物的口服传递，其专利申请的主题也多与吸收促进剂有关。诺和诺德公司则是糖尿病药物领域的霸主，胰岛素产品占据了2016年全球糖尿病药物市场的半壁江山，也贡献了公司2017财年糖尿病业务收入的70%。[12]可见诺和诺德公司在胰岛素领域有扎实的科研基础，并且也一直注重在口服胰岛素制剂领域进行专利布局。

表1　口服胰岛素制剂全球发明主要申请人排名

申请人	发明专利申请量/件
EMISPHERE 技术公司	40
诺和诺德公司	32
清华大学	18
ORAMED 公司	11
麻省理工学院	11
耶路撒冷希伯来大学伊森姆研究发展有限公司	11
ALFATEC PHARMA GMBH	10
中国药科大学	7
武田药品工业株式会社	7
复旦大学	6
SMITHKLINE BEECHAM CORP	6
MODI PANKAJ	6
ALZA CORPORATION	6

麻省理工学院与来自以色列的两家公司即ORAMED公司和耶路撒冷希伯来大学伊森姆研究发展有限公司并列第三。其中ORAMED公司作为研究注射药物口服给药解决方案领域的技术先驱，其口服胰岛素胶囊已经通过了Ⅱ期临床试验。

清华大学作为国内的一流高校以18件的申请量排名第三位。其申请的技术领域以纳米给药系统为主，同时也包括了少量的涉及口服胰岛素油相制剂的申请。值得注意的是，排名在前的国内申请人均来自高校，表明在我国高校研发水平高，可以作为成果转化宝库进一步挖掘。

（三）技术领域分布

由表2可知，口服胰岛素制剂采用的主要技术包括微粒给药系统、与吸收促进剂和酶抑制剂等的合用、其他制剂手段等。需要说明的是，微粒给药属于制剂工艺手段，肠溶制剂、凝胶制剂等属于具体制剂类型，有的专利文献中首先制备了微球，又进一步将其制备成了肠溶制剂，本文同时将该专利文献分入上述两种类型；同样地，有的专利文献同时涉及了例如纳米粒、脂质体等多种类型，或者同时使用了酶抑制剂和促进吸收剂等，则也将此类文献同时分入上述多个技术领域。

表2　口服胰岛素制剂专利申请的技术领域分布

一级技术分支	二级技术分支	发明专利申请量/件
微粒给药系统	微球	41
	微囊	26
	乳剂	23
	混悬剂	34
	胶束	28
	微乳	25
	脂质体	33
	纳米粒	87
	纳米囊	8
	纳米球	8
	其他纳米载药系统	38
	其他归类不明确的微粒	25
吸收促进剂和酶抑制剂等的加入	吸收促进剂的加入	104
	酶抑制剂的加入	37
	稳定剂、增溶剂等的加入	18
其他制剂手段	肠溶制剂或结肠给药	36
	凝胶	31
	上述不包括的制剂形式	98

微粒给药系统又称微粒分散体系，微球、微囊、微乳、混悬剂等属于其中的粗分散体系，其粒径在500nm～100μm范围内；纳米微乳、脂质体、纳米粒、纳米囊、胶束等属于其中的胶体分散体系，其粒径一般都小于1000nm。两者的粒径范围有一定交叉[13]。微粒给药系统可以将多肽、蛋白类药物包载其中，在一定程度上避免了上述药物直接受到物理、化学和酶的降解作用而破坏，提高药物的稳定性，达到缓释给药、靶向给药的目的[14]。正因为具有上述优势，微粒给药系统成为了多肽、蛋白类药物口服传输系统的关键手段，在口服胰岛素领域亦然，其申请量占据了总申请量的一半左右。

纳米给药系统可以包载胰岛素，隔绝胃肠道中的降解酶，从而起到保护作用。而且纳米粒子所具有的小尺寸，有利于同时克服胰岛素口服吸收的多重屏障，是成功实现胰岛素口服递送的理想载体，[15]因此也成为目前口服胰岛素给药研究的热点和重点，其申请量占据了绝对的优势。其中不仅包括了例如纳米乳剂、纳米胶束、纳米乳等纳米载体，更多的申请涉及了聚合物纳米粒，例如壳聚糖及其衍生物、聚乳酸-羟基乙酸共聚物（PLGA）、醋酸羟丙基甲基纤维琥珀酸酯（HPMCAS）等高分子聚合物纳米粒、细胞穿膜肽修饰的纳米粒以及二氧化硅、金属离子等无机材料纳米粒等。

如前所述，胰岛素具有分子量大、溶解度低，不易吸收，容易被消化酶降解，不稳定等缺陷，因此将胰岛素与吸收促进剂、酶抑制剂、增溶剂和稳定剂等联合制备成制剂是针对胰岛素存在的上述问题而采用的技术手段，特别是胰岛素与吸收促进剂的合用，该技术领域申请量是所有二级技术分支中申请量最高的。这些申请涉及的吸收促进剂类型主要包括胆盐类、表面活性剂类、脂肪酸类、影响细胞膜通透性的肽类等。

肠溶制剂主要采用肠溶性包衣材料或肠溶性胶囊来实现。该领域技术储备充足，已有上市的蛋白、多肽类药物肠溶制剂，例如胸腺肽肠溶片。结肠部位 pH 条件温和，代谢酶少，此部位释药可以减少胃肠道消化酶对药物的破坏作用，尤其适用于在胃肠道上段易被降解的蛋白和肽类药物的口服给药，[16]而胰岛素正属于上述类型。凝胶剂如水凝胶也是目前被广泛研究的药物控释系统之一，其主要通过采用温度敏感或 pH 敏感性材料来实现，作为胰岛素口服给药系统表现出良好的保护作用和释药性能。[17]上述原因使得肠溶制剂或结肠给药以及凝胶相对于其他的制剂形式或手段（例如滴丸、脂质复合物、片剂等）在申请数量上形成了一定规模。

四、重点申请人专利技术分析

（一）美国 EMISPHERE 技术公司

EMISPHERE 技术公司一直致力于口服药物递送系统的研究。自 1994 年开始申请专利，1994~1996 年申请专利以改性蛋白、改性氨基酸形成微球包封活性剂为主。1995 年至今，以提供更为简单且廉价的递送系统为目标，陆续申请以改性氨基酸、羧酸或羧酸盐、碳取代的二酮哌嗪等作为载体递送生物活性剂的专利，并从中筛选更优递送剂，申请保护其钠盐、水合物、溶剂化物、晶型专利，包含递送剂、活性药物的组合物，活性药物包括生长激素、干扰素、白介素、胰岛素、胰岛素样生长激素、肝素等。

其中较为重要的专利 US5773647、WO9630036 公开了适于递送活性剂的化合物，化合物是修饰氨基酸 1~193、1~223，包括 N-（5-氯化柳酸基）-8-氨基辛酸（5-CNAC）、N-［10-（2-羟基苯甲酰基）氨基］癸酸（SNAD）、N-［8-（2-羟基苯甲基）氨基］辛酸（SNAC）等，US20130303444、WO2005107462 等保护5-CNAC、SNAC

钠盐、多晶型等。由此，EMISPHERE 技术公司开发了 Eligen® 技术，Eligen® 技术是基于促吸收剂 SNAC 8 - (2 - 羟基苯甲酰胺基) 辛酸钠的大分子递送技术，SNAC 能够与大分子药物通过弱分子间相互作用相互结合，大分子药物被多个 SNAC 分子"包裹"，外部极性小、内部极性大，形成脂质体结构，膜通透性具有一定程度的提高，能够递送 0.5 ~ 150kd 的大分子。并且 SNAC 具有高安全性，不影响大分子的高级结构、药物释放、胃肠黏膜结构。EMISPHERE 技术公司借助 Eligen® 技术与包括罗氏、GSK、诺和诺德在内的很多公司进行商业合作，例如，与诺和诺德公司签订合作协议，开发 GLP - 1 类似物口服制剂，申请相关专利 US20150150811A1 等。

（二）丹麦诺和诺德公司

诺和诺德公司历史悠久，1923 年、1925 年，两家小型丹麦公司——"诺德胰岛素实验室"（Nordisk Insulinlaboratorium）和"诺和治疗实验室"（Novo Terapeutisk Laboratorium）分别成立，开始生产加拿大科学家刚刚发现的革命性新药——胰岛素。在此后竞争相长、并驾齐驱的发展过程中，两家公司成为这一领域优秀的企业。1989 年，两家公司决定合并重组，成立诺和诺德公司。自此，诺和诺德公司在糖尿病治疗、血友病治疗、生长激素疗法及激素替代疗法领域的业务规模迅速扩大，并于 2005 年首次占据美国胰岛素市场的领导地位。

对于口服胰岛素，诺和诺德公司自 2005 年开始申请口服胰岛素相关专利，平均每年 1 ~ 3 件，直至 2015 年；自 2016 年起口服胰岛素相关申请量为零，应该是与 2016 年 10 月诺和诺德公司宣布终止口服胰岛素的研发相关。在 2005 ~ 2015 年专利申请中，涉及微粒给药系统 3 件，稳定剂、促渗透剂等 7 件，干燥蛋白溶液或制备高浓度胰岛素 3 件，降低非水液体药物组合物中降解物酮、醛 1 件，生物黏附层、涂层、包衣 3 件。研究方向覆盖面广，专利申请多点开花。诺和诺德公司重点专利及其发明内容、发明点、技术发展脉络见表 3、图 2。

表 3 口服胰岛素领域诺和诺德公司重点专利

公开号	申请日	发明内容及发明点
WO2005084637A2	2005.02.11	颗粒，其包括：磷酸钙纳米颗粒的核心，被包封在所述核心颗粒中的胰岛素，和被包封在所述核心颗粒中的包含胆汁酸的表面改性剂。 发明点：加载胰岛素的磷酸钙纳米粒
WO2007135118A1	2007.05.21	药物制剂，其是包含酸稳定的胰岛素和鱼精蛋白的盐的溶液。 发明点：鱼精蛋白的盐使胰岛素具备物理化学稳定性，并作用延长

公开号	申请日	发明内容及发明点
EP2036572A1	2007.09.04	制备蛋白质颗粒的方法，包括：a）提供蛋白质悬浮液；和 b）干燥悬浮液，其中蛋白质悬浮液未均质化。 发明点：通过干燥较小颗粒的悬浮液而不在干燥前使颗粒均匀化
WO2008132224A2	2008.04.30	干燥蛋白溶液的方法，包括：a）如下获得蛋白溶液：将胰岛素与水混合，用挥发碱、不挥发的碱和任选不挥发的酸调节 pH，使其成为碱性，b）将蛋白溶液干燥。 发明点：通过调整蛋白溶液 pH 值至碱性，获得干燥蛋白粉末
WO2008145730A1	2008.05.30	药物非含水组合物，其包含下列的混合物：包含脱水多肽，和至少一种半极性质子有机溶剂，多肽已经在靶 pH 下脱水，靶 pH 距多肽在水溶液中的 pH 至少 1 个 pH 单位，靶 pH 为 6.0～9.0。 发明点：使用丙二醇作为半极性质子有机溶剂，具备物理化学稳定性，显著改善生物利用度
WO2008132229A2	2008.04.30	包含胰岛素、每个胰岛素六聚体少于 2 个锌离子和 60mM 或更少的苯酚和/或间甲酚的水溶液，其中胰岛素浓度高于 12mM。 发明点：高度浓缩的中性不含锌和苯酚的胰岛素组合物降血糖效果更佳
WO2010060667A1	2009.09.18	无水的液体或半固体药物组合物，包含酰化胰岛素、极性有机溶剂、亲脂性成分和表面活性剂。 发明点：组合物形成 SEDDS，增强摄取效率和稳定性
WO2009137078A1	2009.05.07	药物组合物，其包含治疗有效量的肽、蛋白其类似物或衍生物，和稳定剂，稳定剂选自辛酸钠、癸酸钠和月桂酸钠。 发明点：稳定剂改善胰岛素的稳定性
WO2011033019A1	2010.09.16	包含脂质的非水液体药物组合物，其含有脂质、胰岛素、净化剂和表面活性剂，净化剂是含氮的亲核化合物乙二胺。 发明点：净化剂降低胰岛素的降解

公开号	申请日	发明内容及发明点
WO2011086093A2	2011.01.12	液体非水药物组合物，其包含胰岛素肽，至少一种半极性质子有机溶剂丙二醇和至少两种 HLB 高于 10 的非离子表面活性剂。 发明点：SMEDDS 和/或 SNEDDS 提高口服生物利用度
WO2011094531A1	2011.01.28	药物组合物，包括：治疗有效量的治疗活性成分、水溶性增强剂癸酸钠和山梨糖醇。 发明点：山梨糖醇促使活性成分与增强剂同步快速释放
WO2011084618A2	2011.07.14	药物组合物，包含：固体剂型，其包含有效量的治疗剂，渗透增强剂癸酸钠和药学上可接受的赋形剂，包含生物黏附聚合物的生物黏附层。 发明点：生物黏附层的存在明显降低癸酸钠的需求量，提高吸收效果、生物利用度
WO2012140155A1	2012.04.12	口服药物组合物，其包含脂肪酸酰化的氨基酸和亲水肽或蛋白。 发明点：脂肪酸 N－酰化的氨基酸增加吸收，优于通常使用的促渗透剂
WO2014060447A1	2013.10.16	口服药物组合物，其包含脂肪酸酰化的 D－氨基酸和亲水肽或蛋白。 发明点：脂肪酸酰化的 D－氨基酸促渗透作用优于 L－异构体
WO2014191545A1	2014.05.30	固体口服药用组合物，其包含胰岛素肽或 GLP－1 肽、癸酸钠、Bowman－Birk 抑制剂和增溶剂山梨醇。 发明点：BBI 和癸酸钠的组合
WO2015010927A1	2014.07.11	药学组合物，包含片剂核和阴离子共聚物涂层，核包含癸酸盐和蛋白酶稳定的胰岛素，阴离子共聚物涂层至少部分与片剂核的外表面直接接触。 发明点：片剂核和阴离子共聚物涂层之间省略用作分隔层的聚乙烯醇聚合物涂层，改变阴离子共聚物涂层的溶解特性，显著提高胰岛素的生物利用度
WO2016119854A1	2015.01.29	固体口服胰岛素组合物，包含片芯和聚乙烯醇包衣，片芯包含酰化胰岛素和癸酸盐。 发明点：聚乙烯醇包衣提高酰化胰岛素的生物利用度

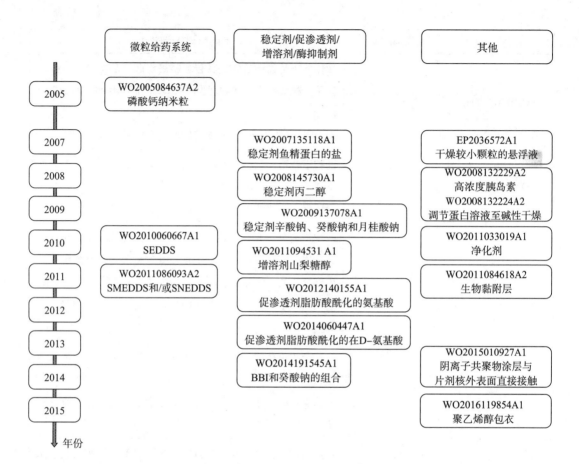

图2 诺和诺德公司的技术发展脉络

诺和诺德公司的口服胰岛素项目 OI338GT（原代号：NN1953），采用梅林制药公司的 GIPET®（Gastro – Intestinal Permeation Enhancement Technology）蛋白口服递送技术（US7658938B2）。在 2016 年第 1 季度，诺和诺德公司完成了 OI338GT 的 Ⅱa 期临床试验，投资者报告中简要公布了试验设计和结果，并表示将评估该项目的临床数据和投资回报。[18] 然而到 2016 年 10 月，诺和诺德公司考虑到挑战性日益增长的支付环境，根据产品概况和所需的总投资，评估 OI338GT 为不具有商业可行性，决定中止口服胰岛素的开发。[19] 消息一经发布，国内外对口服胰岛素的期望降至低谷。但随后，在 2017 年的美国糖尿病学会、欧洲糖尿病研究学会期间，诺和诺德公司公布了更详尽的 Ⅱa 临床试验数据，数据证实 OI338GT 与甘精胰岛素注射液具有相似的改善血糖控制和安全性，[20-22] 这又让业界重燃些许信心。尽管诺和诺德公司宣布中止口服胰岛素项目，但长效 GLP – 1 受体激动剂索马鲁肽的口服剂型的开发在持续大力推进。[23]

（三）以色列 Oramed 制药公司

Oramed 公司成立于 2006 年，基于蛋白质口服给药技术，研发了两款产品——口服胰岛素（ORMD－0801）和 GLP－1 类似物（ORMD－0901），利用蛋白口服给药系统 POD™（Protein Oral Delivery），保护蛋白质不受胃肠道中消化酶的分解，并通过吸收促进剂提高蛋白质在肠道壁的吸收率，使用肠衣胶囊包裹常规人胰岛素来安全过胃、在小肠释放胰岛素，另有一些辅助材料帮助防止蛋白质的降解及增强在肠壁的吸收。

对于蛋白质口服给药技术，Oramed 公司已在包括中国在内的 27 个国家或地区获得专利保护。在 2006～2014 年专利申请中，首件专利涉及 ω－3 脂肪酸油基胰岛素组合物，在此基础上，后续申请不断筛选油基胰岛素组合物中的酶抑制剂、吸收促进剂，寻找能够发挥协同作用的酶抑制剂和吸收促进剂，最大程度增加胰岛素生物利用，研究方向明确，专利申请针对性强。Oramed 公司重点专利及其发明内容、发明点、技术发展脉络见表 4、图 3。

表 4　口服胰岛素领域 Oramed 公司重点专利

公开号	申请日	发明内容及发明点
WO2007029238A2	2006.08.31	口服给药胰岛素的方法和组合物，组合物包括胰岛素和 ω－3 脂肪酸，还包括蛋白酶抑制剂——大豆胰蛋白酶抑制剂 SBTI，增强肠黏膜吸收的物质——EDTA 或胆汁酸、碱金属盐，肠溶衣或明胶包衣。 发明点：ω－3 脂肪酸保护胰岛素活性
WO2008132731A2	2008.04.27	直肠给药胰岛素的方法和组合物，组合物包括胰岛素和吸收促进剂，促吸收剂是 EDTA 或 SNAC。 发明点：吸收促进剂促进直肠吸收，增加胰岛素生物利用度
WO2009118722A2	2009.02.26	口服给药的方法和组合物，组合物包括胰岛素和第一、第二蛋白酶抑制剂，第一、第二蛋白酶抑制剂是 SBTI、抑酶肽，还包括 ω－3 脂肪酸、EDTA、肠溶包衣。 发明点：抑肽酶与 SBTI 在稳定胰岛素水平方面有协同作用
WO2010020978A1	2009.08.11	口服给药的方法和组合物，组合物包括胰岛素、蛋白酶抑制剂和吸收促进剂，选自 SNAC、SNAD 或其盐。 发明点：SNAC 或 SNAD 与 SBTI 或抑肽酶显著提高胰岛素生物利用度
WO2013102899A1	2013.01.03	口服给药的方法和组合物，组合物包含油基液体制剂，包含胰岛素、GLP－1 类似物、胰蛋白酶抑制剂和二价阳离子螯合剂，油基液体制剂被抗胃中降解的包衣所包裹。 发明点：口服胰岛素制剂与口服 GLP－1 类似物的组合

公开号	申请日	发明内容及发明点
WO2013114369A1	2013.01.31	含有蛋白酶抑制剂的组合物及其施用方法，组合物是油基的液态口服制剂，包括胰岛素、二价阳离子的螯合剂和改善的蛋白酶抑制剂。 发明点：改进 SBTI 纯化方法，以改善药物组合物的活性
WO2014106846A2	2014.01.02	治疗非酒精性脂肪肝病、肝性脂肪变性及其后遗症和降低其发生率的口服组合物，包括 GLP－1 或胰岛素、蛋白酶抑制物、二价阳离子螯合物。 发明点：利用含有 GLP－1 和/或胰岛素的口服药物组合物治疗和预防上述疾病

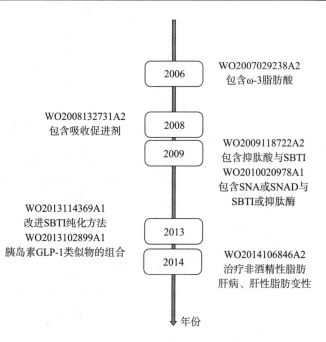

图 3　Oramed 公司技术发展脉络

　　值得关注的是，我国合肥天麦生物科技发展有限公司（以下简称"天麦生物"）"借道"Oramed 公司，实现口服胰岛素梦想。自 2010 年开始，天麦生物与以色列技术团队进行合作，引进胰岛素种子和生产工艺，建立了胰岛素研发中心。2015 年，天麦生物旗下子公司合肥天汇公司战略投资 Oramed 公司，并达成口服胰岛素产品线的合作。合作的主要内容是构建蛋白质口服给药技术研发平台，研发口服胰岛素、口服 GLP－1 类似物、胰岛素和 GLP－1 类似物联合制剂等一系列口服生物药物。[24]

　　另外，由合肥天汇孵化科技有限公司和 Oramed 制药公司共同进行的口服胰岛素胶囊

ORMD－0801 Ⅱb 期临床研究已完成，数据证实 ORMD－0801 研究主要终点（夜间血糖）及次要终点（24 小时血糖、空腹及白天血糖）均优于安慰剂组，且药物未出现显著的不良反应。ORMD－0801 即将开展包括中国在内的多中心临床试验，预计会有 50～100 家研究中心参与，如果三期临床试验数据理想，有望在美国和中国同时上市[25]。在 2017 年 9 月的南艳湖大健康产业高峰论坛上，Oramed 公司首席科学家 Miriam 也表示，FDA 确认可以在三期临床试验中使用来自合肥天麦生物科技发展有限公司供应商的胰岛素，今后 Oramed 公司将用合肥天麦的胰岛素原料来生产口服胰岛素胶囊，并用于全球销售[26]。

五、小结与建议

胰岛素是糖尿病治疗的支柱性药物，经典给药途径——皮下注射存在依从性差等缺点，较理想的口服给药方式具有巨大的临床需求和广阔的市场前景。本文利用 CNABS、DWPI 等数据库，对涉及口服胰岛素制剂的全球发明专利申请进行检索分析。发现口服胰岛素专利申请经历了萌芽期（1981～1991 年）、缓慢发展期（1992～2005 年）、高速发展期（2006～2011 年）和稳定期（2012～2015 年）。从技术领域来看，申请量最多的是胰岛素微粒给药系统，约占总申请量的一半，其次是胰岛素与吸收促进剂、酶抑制剂、增溶剂、稳定剂的联合制剂。关于申请人排名，EMISPHERE 技术公司、诺和诺德公司的专利申请量遥遥领先，在申请量排名前 13 位的申请人中，国外申请人占据了 10 位，国内申请人占 3 位。本文进一步对重点申请人专利技术分析，EMISPHERE 技术公司致力于口服药物递送系统更优递送剂的筛选，并由此开发 Eligen® 技术，实现与众多医药公司的商业合作；诺和诺德公司相关专利申请涉及技术领域较广，包括口服胰岛素的微粒给药系统、稳定剂等联合制剂、生物黏附层、涂层、包衣等；Oramed 公司相关专利申请针对性强，在发现 ω－3 脂肪酸保护胰岛素活性基础上，对酶抑制剂、吸收促进剂不断筛选优化。

基于以上专利分析，现针对我国口服胰岛素制剂的发展提出如下建议：

（1）在申请量排名前 13 位的申请人中，国外申请人占据了 10 位，包括高校和制药公司，剩余的 3 位国内申请人均为高校。可以看出清华大学、中国药科大学和复旦大学掌握了我国主要的口服胰岛素技术，然而在技术转化能力上还有待提高。企业应当积极开展与上述高校的研发合作和技术转让，将高校的科研优势和企业的资金、市场优势等相结合，从而加强技术开发和转化的能力。政府有关部门应加大对企业的扶持力度，推动高校与企业的合作，为口服胰岛素制剂的发展保驾护航。

（2）目前已上市的蛋白质多肽类口服制剂有胸腺肽肠溶片、醋酸去氨加压素片、环孢素 A 软胶囊，利那洛肽胶囊等。特别是诺华公司生产的环孢素 A 口服制剂，采用了自乳化体系，可以同时解决载药颗粒粒径和药物制剂稳定性，该体系成为国际上第一个真正实现的蛋白质多肽口服给药系统。[27] 上述蛋白质多肽类口服制剂的成功上市对口服胰岛素制剂的研发具有一定的借鉴意义。国内研发者应积极追踪、借鉴上述技术，密切关注并及时跟进国外大型制药企业例如诺和诺德公司、Oramed 公司、EMISPHERE 技术公司等在该领域的专利申请情况，规避现有的专利技术壁垒，寻找产品发展的突破口。

参考文献

[1] International Diabetes Federation. IDF Diabetes Atlas：8th Edition ［EB/OL］. (2017 – 12 – 01) ［2017 – 12 – 31］. http://diabetesatlas. org/resources/2017 – atlas. html.

[2] 龚楸，段明尾，郑昌学. 胰岛素非注射制剂研究现状及展望 ［J］. 中国糖尿病杂志，2007，15 (6)：375 – 379.

[3] 汤森路透，肖青青，杨臻峰. 聚焦糖尿病治疗药物 ［J］. 药学进展，2014，38 (9)：686 – 698.

[4] 黄欢琣，孙子林. 胰岛素给药途径的研究进展 ［J］. 江苏医药，2010，36 (7)：831 – 834.

[5] 梁瑶，谢铮铮，孙路路等. 新型抗糖尿病药物吸入式胰岛素制剂 Afrezza ［J］. 中国新药杂志，2015，24 (12)：1321 – 1325.

[6] 席延卫，王娟，翟光喜. 胰岛素口服制剂的研究现状 ［J］. 中国生化药物杂志，2006，27 (1)：58 – 60.

[7] 李娟，赵维钢. 口服胰岛素制剂研发进展 ［J］. 中国新药杂志，2011，20 (21)：2095 – 2099.

[8] 李爱民，琫英，金晓，等. 燃煤锅炉领域中国专利申请现状分析 ［J］. 工业锅炉，2013，(6)：47 – 51.

[9] 李玲娟，李龙飞. 聚丙烯酸类高吸水性树脂专利技术发展 ［J］. 广州化学，2015，40 (2)：71 – 79.

[10] 王玉霞，杨文英，郭丽. 临床胰岛素制剂的发展及应用特点 ［J］. 临床荟萃，2007，22 (10)：750 – 752.

[11] BIOTALKER. 折腾了近100年的口服胰岛素，究竟什么时候才能上市 ［EB/OL］. ［2015 – 09 – 10］. http://www. geekheal. com/zhe_teng_le_jin_100_nian.

[12] 雪球. 糖尿病市场霸主 – 诺和诺德 ［EB/OL］. ［2018 – 02 – 21］. http://www. myzaker. com/article/5a8cfbb91bc8e01618000011.

[13] 阚全程. 医院药学高等教程 ［M］. 北京：人民军医出版社，2015：136.

[14] 刘建平. 生物药剂学与药物动力学 ［M］. 北京：人民卫生出版社，2011：127.

[15] 盛剑勇，杨晓宇，陈传棠，等. 胰岛素口服纳米给药系统研究进展 ［J］. 医药导报，2018，37 (6)：703 – 707.

[16] 元英进. 现代制药工艺学. 上册 ［M］. 北京：化学工业出版社，2004：324.

[17] 张艺卓，等. 口服胰岛素制剂的研究进展 ［J］. 中国新药杂志，2015，24 (22)：2560 – 2566、2571.

[18] NOVO NORDISK. Investor presentation first half of 2016 ［EB/OL］. ［2016 – 08 – 05］. https://www. novonordisk. com/content/dam/Denmark/HQ/investors/irmaterial/investor_presentations/2016/20160805_Q216_Roadshow%20presentation_FINAL. pdf.

[19] NOVO NORDISK. Financial report for the period 1 January 2016 to 30 September 2016［EB/OL］.［2016 – 10 – 28］. https：//www. novonordisk. com/bin/getPDF. 2052368. pdf.

[20] KARSTEN WASSERMANN. Efficacy and Safety of Oral Basal Insulin：Eight Week Feasibility Study in People with Type 2 Diabetes［EB/OL］.［2017 – 06 – 13］. https：//professional. diabetes. org/sites/professional. diabetes. org/files/media/2017_press_program_ppt_wasserman – final. pdf.

[21] 诺和诺德医学资讯.【2017 ADA】口服胰岛素的有效性和安全性［EB/OL］.［2017 – 06 – 14］. https：// mp. weixin. qq. com/s/BaVCTTPHDhcm2efwro9veQ.

[22] 诺和诺德医学资讯.【2017 EASD】口服基础胰岛素的疗效和安全性：为期 8 周在 2 型糖尿病患者中的可行性研究［EB/OL］.［2017 – 09 – 22］. https：//mp. weixin. qq. com/s/h3AhXHhuPAazkLg-BuEdbWw.

[23] 重磅! 天麦生物异军突起，口服胰岛素即将进入三期临床［EB/OL］.［2018 – 06 – 12］. http：//finance. 591hx. com/article/2018 – 06 – 12/0000046132s. shtml.

[24] 高康平. 口服胰岛素百年探索，众多医药巨头折戟，天麦生物为何有信心让其梦想成真？［EB/OL］.［2018 – 06 – 29］. http：//vcbeat. net/MDIwNzhkOGRlZDY2YzMzYTAxM2Q5NjU3YTI3ODNjNzE =.

[25] 口服胰岛素技术取得新突破三期临床试验将在中美同步启动［EB/OL］.［2017 – 09 – 08］. http：// www. sohu. com/a/190767445_99903678.

[26] 慢性病管理开启新模式，口服胰岛素时代即将来临：南艳湖·大健康产业高峰论坛在合肥成功举办［EB/OL］.［2017 – 09 – 06］, http：//health. qq. com/a/20170906/053106. htm.

[27] 段明星，郑昌学，刘征. 蛋白质多肽药物非注射剂型研究进展［C］//中国海洋生化学术会议论文荟萃集. 2004：25 – 31.

以 B-Raf 为靶点的抗肿瘤药物专利技术综述[*]

以 B-Raf 为靶点的抗肿瘤药物专利技术综述*

王芳菲　刘鑫^{**}　谢京晶^{**}

摘　要　原癌基因 B-Raf 存在于多种肿瘤细胞中，尤其在黑色素瘤和甲状腺癌中高表达，是目前抗肿瘤药物研究的重要靶标之一。但是，获得耐药性是这一领域靶向抗肿瘤药物发展的主要障碍。本文从专利技术角度，利用 Incopat 数据分析功能，对 B-Raf 激酶抑制剂的全球专利申请概况和中国专利申请概况进行分析；并使用 STN 数据库获得 4 种已经上市的 B-Raf 激酶抑制剂类药物索拉非尼、瑞戈非尼、威罗非尼和达拉非尼的专利申请数据；以此为基础，深入探讨了索拉非尼、瑞戈非尼、威罗非尼和达拉非尼的专利布局情况，总结出该领域克服 B-Raf 激酶抑制剂获得耐药性的主要策略——药物联用，同时分析了该 4 种药物联用专利申请情况，以期对国内制药企业的知识产权保护和该领域的研发趋势提供参考和借鉴。

关键词　B-Raf 激酶　抗肿瘤　药物　专利

一、概述

（一）研究背景

抗肿瘤治疗的常规方法为手术切除后，采用放疗和化疗的方式进行治疗，但由于常规的放化疗治疗全身副作用较大，因此，开发针对肿瘤部位的靶向治疗方法和药物是目前药物领域的研究重点和热点。并且随着细胞分子生物学的发展，肿瘤的分子靶向治疗已成为目前抗肿瘤药物研究的重要领域之一。

在靶向药物的研发方面，由于促分裂素原活化蛋白激酶/细胞外信号调节激酶信号通路（MAPK/ERK pathway，也称为 Ras-Raf-MEK-ERK pathway）是真核生物信号传递网络中的重要途径之一，在基因表达调控和细胞功能活动中发挥关键作用，同时也与人类肿瘤的发生密切相关，因而是靶向药物研发关注的重点通路。该通路由促分裂素原活

---

* 作者单位：国家知识产权局专利局专利审查协作北京中心。

** 等同第一作者。

化蛋白激酶、鸟嘌呤核苷酸结合蛋白（Ras）、丝氨酸/苏氨酸特异性蛋白（Raf）、有丝分裂原活化蛋白激酶（MEK）以及细胞外信号调节激酶（ERK）一系列蛋白激酶所组成，该通路通过 Ras、Raf、MEK 及 ERK 的特异性级联磷酸化将信号由细胞外传入细胞核内，该通路中蛋白成员的过度表达或者突变会导致肿瘤的发生。2002 年，Davies 等揭示了突变型的 Raf 激酶在肿瘤发生中的重要作用，激起了人们对该信号通路中 Raf 激酶的研究兴趣。

Raf 家族由 3 个亚基构成：A – Raf、B – Raf 和 C – Raf。其中，B – Raf 在人类肿瘤细胞中起着重要作用，在多种人类肿瘤细胞中均发现了突变的 B – Raf，其在黑色素瘤中的突变率约为 66%，甲状腺癌中约为 36%，卵巢癌中约为 20%，结直肠癌中约为 10%。B – Raf 绝大部分突变形式为 B – Raf^{V600E}，即该酶激活片段 600 位的缬氨酸被谷氨酸所取代，这种突变可致酶活性提高约 500 倍，可持续激活下游的信号级联效应器 MEK 和 ERK，导致这条信号通路的持续激活，对肿瘤的发生、生长增殖和侵袭转移至关重要，现已成为抗黑色素瘤等突变肿瘤的有效作用靶标之一。由此，众多国际知名医药公司相继开发了多种 B – Raf 激酶抑制剂。已上市的如索拉非尼、瑞戈非尼、威罗非尼、达拉非尼等，在临床上显示出突破性疗效，也产生了巨大的经济效益。根据与 B – Raf 激酶结合模式的不同，B – Raf 激酶抑制剂分为Ⅰ型和Ⅱ型两类。尽管这两类抑制剂在结构上和选择性方面有所不同，但是，目前这些 B – Raf 抑制剂均具有容易引发肿瘤产生耐药性的显著缺点。因此，第二代 B – Raf 抑制剂、联合用药、间歇性给药、个体化治疗等新的治疗策略和研发思路已经成为这一领域新的研究热点。

专利申请能够在某些方面反映目前某一技术领域的研究重点和发展方向。因此，本部分拟以 B – Raf 为靶点的抗肿瘤药为研究对象，从专利申请的角度，基于大数据和典型药物的专利申请情况，对该领域技术发展进行分析。

（二）研究对象

通过对现有技术的整理，表 1 中列出了目前已经上市和处于临床前、临床研究阶段的具有发展前景的几种以 B – Raf 为靶点的抗种瘤药物（B – Raf 激酶抑制剂）。本部分将以 B – Raf 为靶点的抗肿瘤药物，以及针对该靶点特点而开发联合用药的技术方案为研究对象，并且针对已上市的 4 种典型代表药物的专利布局进行分析。

表 1　B – Raf 激酶抑制剂产品列表

编号	名称	公司	现状
1	索拉非尼	拜耳/Onyx	已上市
2	瑞戈非尼	拜耳	已上市
3	威罗非尼	罗氏/Plexxikon	已上市
4	达拉非尼	葛兰素史克	已上市

续表

编号	名称	公司	现状
5	EncoRafeinb（LGX818）	诺华	Ⅲ期临床
6	PLX8394	Plexxikon	Ⅰ/Ⅱ期临床
7	CEP－32496	梯瓦制药	Ⅰ/Ⅱ期临床
8	RAF265	诺华	Ⅱ期临床
9	MLN－2480	Sunesis/Biogen	Ⅰ期临床
10	LY3009120	礼来	Ⅰ期临床
11	BGB－283	百济神州	Ⅰ期临床
12	HM95573	韩美	Ⅰ期临床
13	XL－281	Exelixis	Ⅰ期临床
14	ARQ－736	ArQule	Ⅰ期临床
15	BI882370	勃林格殷格翰制药	临床前
16	CCT196969	英国癌症研究院	临床前
17	CCT241161	英国癌症研究院	临床前
18	SB－590885	葛兰素史克	临床前

（三）研究方法

利用 Incopat 科技创新情报平台（Incopat）的数据分析技术，对该技术领域的全球以及中国的专利申请概况进行分析，并利用 STN 数据库，以典型药物的 CAS 登记号和主题词 Protein kinase B 进行检索，对典型药物的专利申请情况进行分析。

二、研究内容

（一）全球专利申请概况

在 Incopat 的默认数据库中以 TIABC =（Raf kinase inhibitor）or（Raf inhibitor）or（Raf antagonist）or soRafenib or regoRafenib or vemuRafenib or dabRafenib or encoRafenib 作为检索式检索，经简单同族合并后得到 4043 个专利族。通过对上述数据进行分析，从专利申请趋势、申请国家或地区分布、技术构成、申请人信息等方面，获得以 B－Raf 为靶点的抗肿瘤药物专利全球申请概况，具体如下。

1. 专利申请趋势分析

图 1 中按照专利申请的年代给出了涉及以 B－Raf 激酶抑制剂药物逐年申请量的变化趋势。

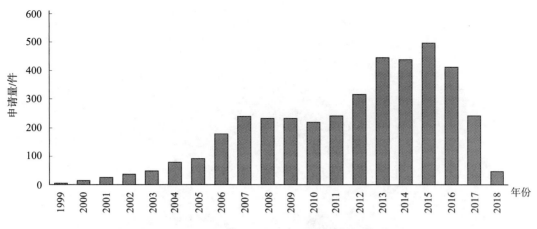

图1　B－Raf激酶抑制剂药物领域专利申请量趋势

从图1可以看出，自1999年德国拜耳对其原研药索拉非尼（Sorafenib，商品名：Nexavar，多吉美）申请保护以来，到2005年一直有B－Raf激酶抑制剂药物的申请。自2006年开始，申请量开始快速增加，这与2005年12月索拉非尼被美国食品药品监督管理局（FDA）批准用于治疗晚期肾细胞癌有关。可见，申请量爆发增长的时间和FDA批准上市的时间存在一定的关联，这可能是因为只有批准上市的药物才能带来经济效益，专利的保护才有意义。同时，较为严格的药物审批标准以及存在可能的毒副作用，往往会增加审批结果的不确定性。因此，大多数申请人选择了较为谨慎的策略，在临近或是审批后，才申请相关的专利加以保护。

此后，伴随着2011年8月罗氏制药公司研发的威罗非尼（Vemurafenib，商品名：Zelboraf，佐博伏）获FDA批准上市治疗不可手术或转移性黑色素瘤，2012年9月拜耳公司后续研发的瑞戈非尼（Regorafenib，商品名：Stivarga，拜万戈）获得FDA批准用于治疗转移性结直肠癌，2013年5月葛兰素史克公司研发的达拉非尼（Dabrafenib，商品名：Tafinlar）获FDA批准上市用于不可手术或转移性黑色素瘤，B－Raf激酶抑制剂药物的申请呈现出整体上升的趋势，2013～2016年申请量均为350件以上。此外，2017～2018年的申请量呈现下降趋势，这是由于专利申请到公开都有一段时间，数据还不能完全统计，但是根据图1的趋势可以预测，未来几年B－Raf激酶抑制剂药物依然会是抗肿瘤药物领域的研发热点。

2. 申请人国家或地区分布分析

图2对申请人所在国家或地区进行分析，获得涉及以B－Raf激酶抑制剂药物的专利申请量在各国或地区分布的数据。

从图2中可以看出，美国的专利申请量占据了接近一半，其次为中国、日本、欧洲和印度。从图中可以反映出美国对于Raf激酶抑制剂药物的研发实力以及市场需求是最大的。

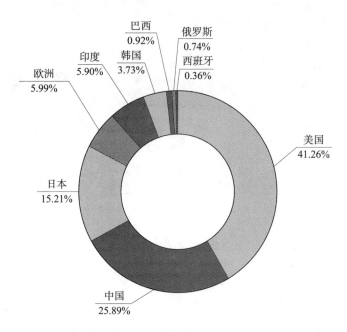

图 2   B－Raf 激酶抑制剂药物领域申请人国家或地区分布

3. 技术构成分析

图 3 是按国际分类号，对涉及以 B－Raf 激酶抑制剂药物的专利申请涉及的技术领域进行了分析。

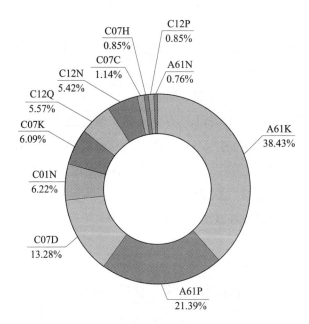

图 3   B－Raf 激酶抑制剂药物领域技术构成分析

从图 3 中可以看出，B－Raf 激酶抑制剂药物的专利技术领域集中在 A61K（医用配制品、化学制剂）、A61P（化合物或药物制剂的治疗活性）和 C07D（杂环化合物），其次为 C01N（借助于测定材料的化学或物理性质来测试或分析材料），再次是 C07K（肽）和 C12Q（酶或微生物的测量或试验）。可见，全球针对 B－Raf 激酶抑制剂药物的研发热点集中在小分子化合物及其治疗用途（其中绝大多数专利申请涉及 B－Raf 激酶抑制剂药物与其他药物的联用，因此将在之后的篇幅中着重分析这部分有关药物联用的专利），其次是针对 B－Raf 激酶靶点的抗原和抗体的研究，再次是针对药效检测方面的研究。

4. 相关专利申请人分析

图4是从申请人的角度给出了 B－Raf 激酶抑制剂药物领域相关专利申请量排名前十的申请人情况。

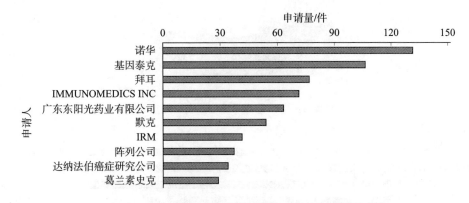

图4　B－Raf 激酶抑制剂药物领域专利申请排名前十的申请人

从图4中可以看出，在排名前十的申请人中，包含了诺华、基因泰克（罗氏）、拜耳、默克、葛兰素史克这样的著名跨国药企，它们以及阵列公司的专利申请涉及 Raf 激酶抑制剂的各个方面，如化合物、制备方法、晶型、制剂、用途、药物组合等。而 Immunomedics、广东东阳光药业有限公司、IRM、达纳法伯癌症研究公司申请的专利绝大多数涉及 Raf 激酶抑制剂药物与其他药物的联用。

（二）中国相关专利申请概况

1. 中国专利申请的申请人国别

图5分析了向中国国家知识产权局递交了 B－Raf 激酶抑制剂药物领域专利申请的申请人的国家分布情况。

从图5中可以看出，在所有关于 Raf 激酶抑制剂的专利申请中，国内申请人仍然占了大多数，但外国如美国、瑞士、德国、英国的申请人也在中国提交了很大一部分专利申请，可见中国市场对这些国家的跨国药企的重要性。

2. 中国专利申请的申请人分析

图6通过 B－Raf 激酶抑制剂药物领域对中国专利申请分析，按申请量的多少给出了中国专利申请量排名前十的申请人。

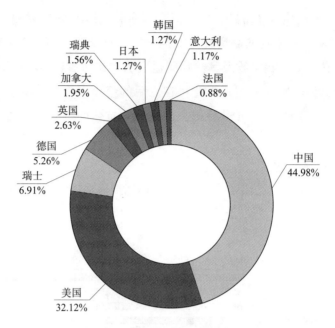

图5 B－Raf 激酶抑制剂药物领域中国专利的申请国分布分析

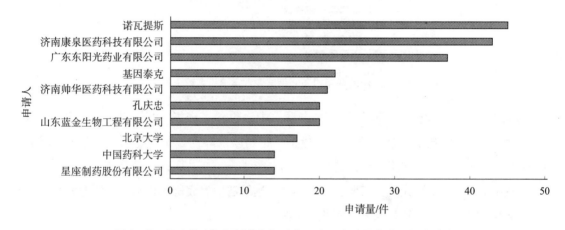

图6 B－Raf 激酶抑制剂药物领域中国专利申请排名前十的申请人

　　从图6中可以看出，在排名前十的申请人中，有3家外国企业，分别是诺瓦提斯（诺华公司）、基因泰克、星座制药股份有限公司；还有7家中国企业、高校或个人，分别是济南康泉医药科技有限公司、广东东阳光药业有限公司、济南帅华医药科技有限公司、孔庆忠、山东蓝金生物工程有限公司、北京大学、中国药科大学。

　　值得注意的是，在排名前十的申请人中，有3家山东企业（济南康泉医药科技有限公司、济南帅华科技有限医药公司、山东蓝金生物工程有限公司）及1位个人（孔庆忠）榜上有名。后通过检索发现，这3家企业的法人代表均为孔庆忠，它们在2006～2007年申请了大量的关于缓释制剂的专利，但很遗憾，这样的专利申请只是在数量上占得先机，其中绝大多数视撤失效，少数被驳回后失效，并未能起到有效专利布局的作用。

（三） 典型案例分析

通过对 B－Raf 激酶抑制剂在全球和中国专利申请概况的分析可知，Raf 激酶抑制剂在抗肿瘤药物的专利申请量近几年高涨，且大量集中在美国。尽管中国专利申请量也占据不小份额，但由于部分国内专利申请的技术含量不高，因而从技术层面，我国在该领域的研究还不足以跟美国相比。因而对典型药物的技术发展脉络以及专利布局情况进行分析，有助于我国在该领域进行研发和专利布局时予以借鉴。

下面就以 4 种已上市的 B－Raf 抑制剂药物，索拉非尼、瑞戈非尼、威罗非尼和达拉非尼为例，对以 B－Raf 为靶点的抗肿瘤药物的专利布局进行分析，并以此梳理该领域的技术研究脉络和发展趋势。同时，对国内相关典型案例进行分析，以期厘清国内在该领域的技术研发进展和专利申请情况。

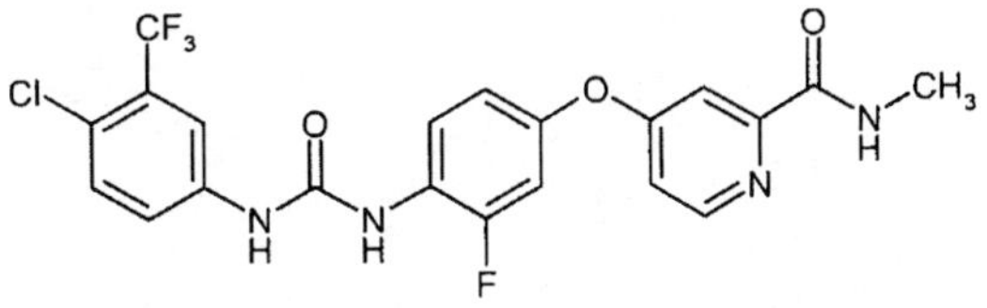

1. 索拉非尼的原研专利布局

索拉非尼 （Sorafenib；商品名：Nexavar，多吉美；结构式如图 7 所示） 是由拜耳公司 （下称 "拜耳"） 和 Onyx 公司联合开

图 7 索拉非尼结构式

发，是世界上首个获准的口服多靶点抗肿瘤药物。其能抑制包括 B－Raf、VEGFR－1，2，3、PDGFR－β、KIT 和 FLT－3 在内的多种激酶活性，于 2005 年获美国食品药品监督管理局 （FDA） 批准成为世界上首个治疗晚期肾癌的 B－Raf 靶向药物。此后，该药于 2007 年被 FDA 批准用于治疗无法切除性肝细胞癌，于 2013 年被 FDA 批准用于治疗晚期 （转移性） 分化型甲状腺癌。2009 年 8 月，中国国家食品药品监督管理总局 （CFDA） 批准索拉非尼用于不能手术的晚期肝癌患者的治疗。

作为首个获批上市的口服多靶点抗肿瘤药物，原研企业拜耳在全球范围对其进行了广泛的专利布局，表 2 中按照时间顺序简要列出了索拉非尼的专利申请情况 （均为专利申请公开号）。从中能够清楚地看出涉及该药物的技术发展脉络，围绕索拉非尼的化合物这一核心专利，进一步开发了前药、不同晶型及盐的形式，同时结合药物临床应用实际，研发主要涉及检查方法、药物制剂、组合物以及用途方面。

下面按照技术发展进程，从化合物、药物制剂、药物用途、药物联用等方面，分类对其专利布局进行详细分析。

（1） 化合物及其制备方法

2000 年，拜耳在专利公开号为 WO0041698A1 的专利申请中首次公开了索拉非尼的结构和其作为 p38 激酶抑制剂的活性，该专利申请在美国、欧洲、加拿大、澳大利亚等多国或地区都获得了授权，但没有进入中国。而后，拜耳又于 2004 年提交了公开号为 WO2004078746A2 的专利申请，其保护的是索拉非尼的前药，该专利申请在欧洲和日本均获得授权，但同样没有进入中国。

表2 索拉非尼的全球专利申请布局

申请年	化合物/制备方法	药物制剂	方法/用途	第二用途	药物联用	检测方法
1999	WO0041690A1 化合物	—	—	—	—	—
2004	WO2004078746A2 前药	—	—	—	—	WO2004113274A2 检测Raf，VEGFR表达
2005	WO2006034797A1 多晶型物	—	WO2005000284A2 与PDGFR相关的疾病	—	—	—
2006	WO2006034796A1 甲苯磺酸盐的制备方法	WO2006026501A1 固体分散体 WO2006094626A1 片剂	—	—	WO2006125539A2 索拉非尼＋PI3K/AKT抑制剂	—
2007	—	—	WO2007053573A2 癌症 WO2007059154A2 对KIT抑制剂获得耐药性的癌症 WO2007059155A1 对酪氨酸激酶抑制剂获得耐药性的癌症	WO2007054215A1 肺动脉高压 WO2007054302A1 糖尿病性神经病 WO2007068381A1 炎症性皮肤、眼、耳疾病	WO2007053574A2 索拉非尼＋干扰素 WO2007139930A2 索拉非尼＋紫杉醇＋铂	WO2007123722A2 检测MMP，IL等表达
2009	—	—	—	WO2009156089A1 心力衰竭	—	—
2010	—	—	WO2010048304A2 肝细胞癌	—	—	—
2013	—	WO2013000909A1 眼用组合物	—	—	—	—

2006 年，拜耳分别提交了专利公开号为 WO2006034797A1 和 WO2006034796A1 的专利申请，请求保护"索拉非尼甲苯磺酸盐热力学稳定形式的多晶型物 I"及"索拉非尼甲苯磺酸盐的制备方法"，其在美、日、欧和中国都获得了授权，中国同族目前都仍在专利保护期内。

（2）药物制剂

专利公开号为 WO2006026501A1 的专利申请是首个进入中国并获得授权的索拉非尼专利申请，其保护的是索拉非尼以及聚乙烯吡咯烷酮基质组成的固体分散体组合物。该专利于 2013 年 6 月 19 日在中国授权公告，但于 2014 年 5 月 6 日就已经因未缴年费而终止失效。

专利公开号为 WO2006094626A1 的专利申请请求保护以索拉非尼作为活性成分的片剂药物组合物，该专利申请在美、日、欧和中国都获得了授权，其中国同族仍在专利保护期内，中国分案申请目前尚在审查过程中。

专利公开号为 WO2013000909A1 的专利申请请求保护一种局部眼用药物组合物，其包含索拉非尼和至少一种药学上可接受的载体，但该专利未能在任何国家获得授权。

（3）治疗用途或方法

为了扩大适应证和延长保护期限，拜耳还针对用途或方法提交了一系列专利申请，包括专利公开号为 WO2007053573A2、WO2007053574A2、WO2007059154A2 和 WO2010048304A2 的专利申请，分别请求保护单独或与其他药物组合用于治疗哺乳动物癌症的方法、治疗对 KIT 酪氨酸激酶抑制剂伊马替尼、PP1、MLN518、PD180970 等获得耐药性的癌症方法、诊断索拉非尼治疗肝细胞癌的治疗效果的方法，但上述专利申请均未进入中国，且也均未能在任何国家获得授权。

（4）第二用途

针对索拉非尼的第二用途，拜耳也进行了专利布局。但同样基本均未能获得授权，仅涉及索拉非尼治疗和/或预防血小板衍生的生长因子受体（PDGFR）介导的疾病或病况用途的专利申请（专利公开号为 WO2005000284A2）在美、日、欧均获得授权，治疗用途涵盖了肿瘤、慢性粒细胞白血病、炎症、肾病、糖尿病眼病等诸多与 PDGFR 相关的疾病，但没有中国同族。

涉及索拉非尼在制备治疗肺动脉高血压、糖尿病性神经病变，在治疗酪氨酸激酶抑制剂获得耐药性的癌症，治疗炎症性皮肤、眼、耳疾病、病毒感染和/或由病毒感染引起的疾病以及治疗心力衰竭的药物中的用途的专利申请均未能获得权利。

（5）药物联用

鉴于 B-Raf 抑制剂的耐药性，拜耳也提出了涉及索拉非尼的药物联用的申请，包括索拉非尼和 PI3K/AKT 信号通路激酶抑制剂的组合，以及包括索拉非尼、紫杉醇和铂复合物的治疗癌症的组合，但目前均未能在任何国家获得授权保护。

（6）检测方法

公开号为 WO2004113274A2 的专利申请请求保护评估索拉非尼治疗有效性的方法，给予患者索拉非尼后，检测获得样品中 Raf、VEGFR－2、VEGFR－3、p38、PDGFR－beta，和/或 Flt－3 的活性或表达，判断索拉非尼对所述表达的效果。该专利申请中首次提到了索拉非尼的 Raf 抑制剂活性，但目前仅在欧洲获得授权，且无中国同族。专利公开号为 WO2007123722A2 的专利申请请求保护一种检测索拉非尼在患者中治疗疾病或失调的有效性的方法，给予患者索拉非尼后，检测样品中 MMP－1、MMP－10、IL－6、IL－8、IL－10、CSF－2、SLCO4A1，和/或 FOS 抗体多肽或核苷酸的表达，但该专利申请未能任何国家获得授权。

以上就是从不同技术内容出发总结的索拉非尼专利申请情况。从中可以看出，索拉非尼在全球范围内的专利布局涵盖了化合物、前药、多晶型物、制备方法、药物制剂、治疗方法、药物联用、第二用途、检测方法等各个方面，并获得了化合物、前药、多晶型物、制备方法、固体分散体组合物、片剂药物组合物、治疗 PDGFR 介导的疾病或病况的用途以及索拉非尼治疗有效性的检测方法等多项专利权。其中，片剂药物组合物、制备方法、多晶型物的专利申请均在中国获得授权，并且仍在专利保护期内。

2. 瑞戈非尼的原研专利布局

瑞戈非尼（Regorafenib；商品名：Stivarga，拜万戈）是由拜耳独立开发的多靶点蛋白抑制剂类药物，其能够抑制 B－Raf、C－KIT、VEGFR－2 等多种激酶，属于Ⅱ型 B－Raf 抑制剂。其于 2012 年被 FDA 批准用于治疗结肠直肠癌，2013 年 FDA 又批准其新适应证——胃肠道间质瘤，这两种适应证均在 2017 年获得 CFDA 的批准。2017 年 4 月 27 日瑞戈非尼获 FDA 批准用于既往曾用索拉非尼治疗过的肝细胞癌。由于有限审批和加速审批，该适应证于 2017 年 12 月 12 日获得 CFDA 的批准，距在美国获得 FDA 批准上市仅 7 个多月。

表 3 同样按照时间顺序给出了瑞戈非尼的专利申请情况，从表 3 中可以获知其技术发展趋势与索拉非尼类似。

下面同样根据技术类型，对其专利申请的具体情况进行分析。

（1）化合物及其制备方法

瑞戈非尼与索拉非尼的结构极为相似，差别仅在于其中一个苯环的 3－位被氟取代。作为继索拉非尼之后的第二种Ⅱ型 B－Raf 激酶抑制剂，该化合物首次出现在公开号为 WO2004078746A2 的专利申请中。该专利申请保护了索拉非尼和瑞戈非尼的前药，其中权利要求 17 请求保护当给予患者后，能够释放 N－（4－氯－3－（三氟甲基）苯基）－N′－2－氟－（4－（2－（N－甲基氨甲酰基）－4－吡啶氧基）苯基）脲（瑞戈非尼）的前药化合物。该申请在欧洲和日本获得授权，但没有中国同族。

表3　瑞戈非尼的专利申请布局

申请年	化合物/制备方法	药物制剂	方法/用途	第二用途	药物联用	检测方法
2004	WO2004078746A2 前药	—	—		—	WO2004113274A2 检测 Raf，VEGFR 等表达
2005	WO2005009961A2 化合物、氮氧化物	—	WO2005000284A2 与 PDGFR 相关的疾病	—	—	—
2006	—	WO2006026500A1 固体分散体	—	—	WO2006125540A1 瑞戈非尼 + PI3K/AKT 抑制剂	—
2007				WO2007054216A1 肺动脉高压 WO2007054303A2 糖尿病神经病 WO2007068380A1 病毒感染 WO2007068382A1 皮肤、眼、耳的炎症	—	—
2008	WO2008043446A1 水合物 WO2008055629A1 多晶型II WO2008058644A1 多晶型III	—	WO2008089388A2 对酪氨酸激酶抑制剂获得 耐药性的癌症 WO2008089389A2 对 KIT 抑制剂获得 耐药性的癌症	—	—	—
2009	—	—	—	WO2009156070A1 心力衰竭	—	—

491

续表

申请年	化合物/制备方法	药物制剂	方法/用途	第二用途	药物联用	检测方法
2011	WO2011130728A1 氮氧化物 WO2011128261A1 水合物制备方法	—	—	—	—	WO2011146725A1 PLGF，等多肽标志物 检测患者 对瑞戈非尼治疗反应
2012	—	—		—	WO2012012404A1 瑞戈非尼+抗叶酸剂 WO2012041987A1 瑞戈非尼+瑞法美替	—
2013	—	WO2013000917A1 眼用组合物	—	—	—	—
2014	—	WO2014039677A1 片剂 WO2014100797A1 眼用组合物	—	—	WO2014048881A1 瑞戈非尼+乙酰水杨酸	—
2015	—	—	—	—	WO2015071231A1 瑞戈非尼+Verbindung A+长春瑞滨	—
2016	—	—	WO2016173959A1 表达 C4 或 C6 亚组的结肠癌	—	—	—

专利公开号为 WO2005009961A2 的申请是首个进入中国的瑞戈非尼专利申请，请求保护瑞戈非尼化合物，其中国同族仍在专利保护期内。其分案申请保护瑞戈非尼的吡啶环上的氮被氧化后获得的氮氧化物，于 2015 年 5 月 13 日授权公告，同样在专利保护期内。

专利公开号为 WO2008043446A1 的申请保护的是瑞戈非尼的一水合物，也就是作为商品拜万戈有效成分的瑞戈非尼化合物。该专利在美、日、欧和中国都获得授权，其中国同族尚在专利保护期内。而后，拜耳又申请了 WO2011128261A1，请求保护瑞戈非尼一水合物的制备方法，该专利同样在美、日、欧和中国都获得了授权，其中国同族也仍在专利保护期内。

然而，拜耳提交的涉及瑞戈非尼的氧化代谢产物、瑞戈非尼的多晶型物 Ⅱ 和多晶型物 Ⅲ 的专利申请，都未能在任何国家获得授权。

（2）药物制剂

在药物制剂方面，拜耳提交了涉及瑞戈非尼的固体分散体组合物（WO2006026500A1），该专利申请在美国和日本都获得了授权，但其中国同族及其分案申请都未能获得授权。

瑞戈非尼的片剂组合物的专利申请（WO2014039677A1）在欧洲获得授权，中国同族已经被驳回，等待复审请求。

以瑞戈非尼为活性成分的局部眼用组合物有两件专利申请，其中 WO2013000917A1 在日本获得授权，但中国同族已逾期视撤失效。而 WO2014100797A1 未在任何国家获得授权。

（3）治疗用途或方法

在治疗用途方面，涉及一种治疗或预防血小板衍生生长因子 β（PDGFRβ）介导的疾病的方法（WO2005000284A2）、涉及使用瑞戈非尼治疗对酪氨酸激酶抑制剂获得耐药性的癌症的方法（WO2008089389A2）的专利申请在美、日、欧都获得了授权，但没有中国同族。而涉及对 KIT 酪氨酸激酶抑制剂获得耐药性的癌症的方法（WO2008089388A2）未能在任何国家获得授权。

另外最新的涉及治疗通过体外检测肿瘤细胞基因表达途径满足 C4 或 C6 亚组的患者的结肠癌的用途的专利申请（WO2016173959A1），尚未进入任何国家阶段。

（4）第二用途

第二用途方面，拜耳分别提交了涉及瑞戈非尼治疗肺动脉高压（WO2007054216A1）、糖尿病性神经病变（WO2007054303A2）、病毒感染（WO2007068380A1）或由病毒感染引起的疾病、皮肤、眼、耳的炎症性疾病（WO2007068382A1）以及治疗心力衰竭（WO2009156070A1）的第二用途的专利申请，但上述专利都未在任何国家获得授权。

（5）联合用药

在联合用药方面，拜耳针对瑞戈非尼提交其与各种 PI3K/AKT 抑制剂的组合

（WO2006125540A1）、与抗叶酸剂（WO2012012404A1）、瑞法美替（WO2012041987A1）和乙酰水杨酸（WO2014048881A1）的治疗癌症的组合，但上述专利申请都未在任何国家获得授权。

最新申请涉及化合物 Verbindung A 和瑞戈非尼、长春瑞滨的组合（WO2015071231A1），该专利申请目前尚未进入任何国家阶段。

（6）检测方法

WO2011146725A1 请求保护测定和监测癌症患者对瑞戈非尼治疗反应的方法，包括测定患者样本的 PLGF、CAIX、FASL、CYTC、CK18M30、VEGFA、VEGFD、ANG2、SVEGFR2、sKIT、sTIEl、bFGF、TIMP2、TIMP4、SCF 中至少一种多肽标志物的水平或活性。该 PCT 申请没有进入任何国家阶段。

由以上内容可知，拜耳对瑞戈非尼的专利布局与其对索拉非尼的专利布局大体相似，从化合物、晶型、衍生物、制备方法、制剂、治疗方法和用途、联合用药、检测方法等多方面全方位覆盖。但是，与索拉非尼在 2013 年以后就没有专利申请的情况不同，瑞戈非尼直到 2016 年仍在继续布局。这应该与瑞戈非尼临床适应证的进一步开发有关。至今为止，瑞戈非尼在中国已经获得了瑞戈非尼化合物、一水合物以及制备方法、氮氧化物及其制备方法的专利授权，并且都在专利保护期内。

3. 威罗非尼的原研专利布局

威罗非尼（Vemurafenib；商品名：Zelboraf，佐博伏；结构式如图 8 所示）是由罗氏制药公司（Roche，下称"罗氏"）和 Plexxikon 制药公司联合开发的一种 I 型 B‐Raf 激酶抑制剂，区别于拜耳公司的 II 型 B‐Raf 抑制剂，具有更好的选择性。该药于 2011 年 8 月 17 日获 FDA 批准上市，用于治疗选择性 B‐Raf$^{V600E/V600K}$ 不可切除性转移性黑色素瘤。FDA 又于 2015 年 11 月 10 日批准了 MEK 抑制剂考比替尼（Cobimetinib；商品名：Cotellic）与威罗非尼的复方制剂，用于治疗选择性 B‐Raf$^{V600E/V600K}$ 不可切除性转移性黑色素瘤。2017 年 11 月 7 日，FDA 又批准了威罗非尼增加的适应证，作为孤儿药，用于治疗具有 B‐Raf^{V600E} 突变的罕见血癌 Erdheim‐Chester 病（ECD）。2017 年 7 月 29 日该药获得 CFDA 批准上市，用于治疗 B‐Raf$^{V600E/V600K}$ 不可切除性转移性黑色素瘤。此外，近年来，威罗非尼对具有 V600E 突变的肺腺癌的疗效也受到广泛关注，是相当有前景的 B‐Raf 靶向制剂。

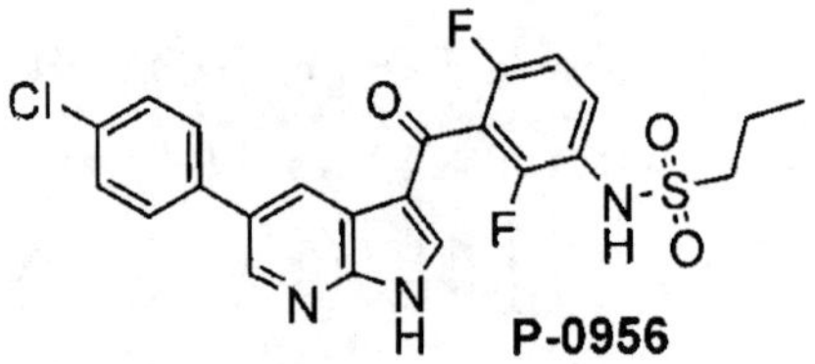

P-0956

图 8 威罗非尼结构式

表4中按照时间顺序列出了威罗非尼的专利申请情况。

表4　威罗非尼的专利申请布局

申请年	化合物及其制备方法	剂型	药物联用
2007	WO2007002325A1 化合物 WO2007002433A1 化合物	—	—
2010	—	WO2010114928A2 固体分散体1和多晶型物 WO2010129570A1 固体分散体1	—
2011	WO2011015522A2 化合物和中间体的制备方法	WO2011057974A1 固体分散体1的制备方法	—
2012	WO2012010538A2 制备方法	—	WO2012022677A2 威罗非尼+伊立替康 WO2012022724A1 威罗非尼+厄洛替尼或西妥昔单抗 WO2012080151A1 威罗非尼+干扰素
2013	WO2013181415A1 中间体及其制备方法	WO2013087546A1 固体分散体2	WO2013043715A1 威罗非尼+c-met拮抗剂 WO2013063001A1 威罗非尼+ETBR抗体 WO2013139724A1 威罗非尼+RG7388
2014	—	—	WO2014027056A1 威罗非尼+考比替尼 WO2014128235A1 威罗非尼+ALDH抑制剂
2015	—	—	WO2015191986A1 威罗非尼+BGJ398+cobimetinib WO2015191996A1 威罗非尼+PD 173074
2017	—	—	WO2017087851A1 威罗非尼+阿特珠单抗

下面按照技术类型，分别对其专利情况进行分析。

（1）化合物及其制备方法

专利公开号为 WO2007002325A1 的专利申请中首次披露了威罗非尼的结构。该专利申请在美、日、欧和中国都获得了授权，其中国同族仍然在保护期内，该专利申请在中国的另外两个分案申请同样获得了授权，其保护了不同范围的涵盖威罗非尼的马库什通式化合物。另一同日申请（WO2007002433A1），同样保护威罗非尼的化合物结构，但该 PCT 申请仅进入了欧洲和澳大利亚的地区/国家阶段，并获得授权。

威罗非尼的制备方法（WO2011015522A2），在美、日、欧和中国都获得了授权，中国同族尚在专利保护期内，且其保护威罗非尼中间体的制备方法和中间体的两个分案申请也都在中国获得了授权，且均在专利保护期内。

WO2012010538A2 保护了威罗非尼的另一种制备方法，其同样在美、日、欧和中国都获得了授权，中国同族仍在专利保护期内。

WO2013181415A1 请求保护威罗非尼的中间体及其制备方法，该申请在美、日、欧都获得了授权，但其中国同族被驳回且复审维持了驳回决定，尚在等待诉讼阶段。

（2）药物制剂

涉及威罗非尼和醋酸羟丙基甲基纤维素琥珀酸酯（HPMCAS）的固体分散体组合物的专利申请（WO2010114928A2），在美、日、欧和中国都获得了授权，其中国同族在专利保护期内。但该申请在中国的分案（请求保护威罗非尼的多晶型物专利申请公开号为 CN105237530A）已被驳回。此外，请求保护用于制备威罗非尼和 HPMCAS 的固体分散体的方法（WO2011057974A1）、威罗非尼的固体分散体（WO2010129570A1）的专利申请均未能在任何国家获得授权。

涉及威罗非尼与聚乙烯吡咯烷酮或共聚维酮的固体分散体组合物的专利申请（WO2013087546A1）在欧洲、日本和中国都获得授权，中国同族在专利保护期内。

（3）药物联用

用于治疗具有 V600E 突变的 B-Raf 的结肠直肠癌、黑色素瘤和甲状腺癌的药物产品：威罗非尼和 EGFR 抑制剂厄洛替尼或西妥昔单抗组合（WO2012022724A1）以及威罗非尼和干扰素类药物的组合（WO2012080151A1），在美、日、欧和中国都获得了授权。WO2013063001A1 请求保护一种在罹患黑色素瘤的受试者中进行肿瘤生长抑制的方法，其包括给予受试者有效量的 B-raf 激酶抑制剂和抗内皮缩血管肽 B 受体（ETBR）抗体组合。其从属权利要求 17、18 中限定了 B-raf 激酶抑制剂是威罗非尼。该专利申请在日本和中国都获得了授权。

WO2014027056A1 请求保护包含考比替尼（Cobimetinib）和威罗非尼的药品，用于治疗 BRAF^{V600E} 突变阳性的不可切除性黑色素瘤。该组合也就是 2015 年被 FDA 批准上市的威罗非尼复方制剂。该专利申请仅在日本和澳大利亚获得授权。其中国同族CN104640545 A 并未获得授权，现处于驳回后等待复审的阶段。

而请求保护用于治疗具有 V600E 突变的 B–Raf 的结肠直肠癌、黑色素瘤和甲状腺癌的威罗非尼、拓扑酶抑制剂伊立替康以及任选的 EGFR 抑制剂西妥昔单抗组合的申请（WO2012022677A2），请求保护通过给予威罗非尼和 c–met 拮抗剂治疗患者癌症的方法的专利申请（WO2013043715A1），请求保护通过给予 ALDH 抑制剂和威罗非尼的组合治疗患者癌症的方法的专利申请（WO2014128235A1），均未在任何国家获得授权。

较新的专利申请，如请求保护用于治疗具有 B–Raf^{V600E} 突变的肿瘤的威罗非尼和 MDM2 抑制剂（RG7388）的组合药物产品的专利申请（WO2013139724A1），涉及威罗非尼与 FGFR 信号转导拮抗剂联用治疗癌症的专利申请（WO2015191986A1 和 WO2015191996A1），以及涉及 B–raf 激酶抑制剂和有效量的免疫检查点抑制剂的组合用于治疗癌症的申请（WO2017087851A1），目前各国都尚在审查过程中。

由以上内容可知，罗氏在 2006 ~ 2013 年完成对威罗非尼化合物、制备方法和剂型的基本专利布局后，主要研发精力都放在药物联用上，涵盖了与其他细胞通路抑制剂、抗体、多肽的联用等各种类型。且伴随着 2015 年威罗非尼与考比替尼的复方制剂的上市，对威罗非尼药物联用的专利申请方兴未艾。值得注意的是，已获批上市的考比替尼与威罗非尼复方制剂的专利申请，在中国、美国和欧洲都处于悬而未决的状态，这对于国内的仿制药企业而言机遇和风险并存。其在中国已经获得授权且尚在保护期的专利包括化合物和中间体专利、两件制备方法专利、两件固体分散体专利、两件联合用药专利，也需要引起中国相关企业的重视。此外，2015 年以来，关于威罗非尼对 B–Raf^{V600E} 突变的非小细胞肺癌（NSCLC）治疗有效性的报道层出不穷，结合罗氏在 2015 年和 2017 年的专利申请，治疗 B–Raf^{V600E} 突变的非小细胞肺癌的新适应证可能是威罗非尼的下一个突破点。而公开号为 CN10703121A、CN106659788A、CN108136022A 的三件中国同族专利申请均涉及 B–Raf^{V600E} 突变的非小细胞肺癌相关适应证，因此其在中国的审查状况值得关注。

4. 达拉非尼的原研专利布局

达拉非尼（DabRafenib；商品名：Tafinlar）是葛兰素史克公司（下称"葛兰素史克"）开发的 B–Raf 激酶抑制剂，与威罗非尼一样属于 I 型 B–Raf 激酶抑制剂。于 2013 年 5 月 28 日获 FDA 批准，用于治疗具有 B–Raf$^{V600E/V600K}$ 不可切除性转移性黑色素瘤。临床数据表明，黑色素瘤患者对达拉非尼获得耐药性的平均出现时间在 6 ~ 7 个月。为了克服达拉非尼的耐药性，2014 年 1 月 8 日，FDA 批准了达拉非尼和 MEK 抑制剂曲美替尼（Trametinib）联用的药物组合，用于治疗 B–Raf$^{V600E/V600K}$ 突变的不可手术或转移性黑色素瘤。2018 年 5 月 1 日，基于对 COMBI–AD 研究的一项入组了 870 名接受完全手术切除后的 B – Raf$^{V600E/\,V600\,K}$ 突变阳性的Ⅲ期黑色素瘤患者的临床 3 期试验结果，FDA 又批准了达拉非尼和曲美替尼联用的药物组合物，用于接受了手术完全切除的 B – Raf$^{V600E/\,V600K}$ 突变的Ⅲ期黑色素瘤辅助治疗。此外，2017 年 4 月，欧盟批准了葛兰素史克的达拉非尼和曲美替尼联合用于治疗 B – Raf^{V600} 阳性的晚期或转移性非小细胞肺癌。但曲美替尼至今没有在中国上市。因此，对该联合用药在中国的上市也有一定影响。

在对时间脉络有了大概了解后，下面同样针对不同技术类型，对其专利申请情况进行分析。

（1）化合物及其制备方法

WO2009137391A2 中首次披露了达拉非尼的结构和其 B – Raf 激酶抑制剂活性，以及用于治疗与 B – Raf 激酶有关的敏感性瘤的药物中的用途。该专利申请在美、日、欧和中国都获得了授权，中国同族尚在专利保护期内。WO2012148588A2 请求保护达拉非尼的多晶型物，该申请未进入任何国家阶段。至此，葛兰素史克没有再对达拉非尼进行任何化合物、制备方法、制剂方面的专利申请。

（2）联合用药

从 FDA 批准上市的达拉非尼药物可以看出，达拉非尼的研发重点在于联合用药，葛兰素史克的专利布局也体现了这一点。

表 5 按照时间顺序给出了葛兰素史克对达拉非尼的专利申请情况。

表 5　达拉非尼的专利申请

申请年	药物组合	联合疗法
2011	WO2011044414A1 达拉非尼 + uprosertib 卵巢癌、乳腺癌、前列腺癌 WO2011044415A1 达拉非尼 + Afuresertib 结肠癌、乳腺癌 WO2011046894A1 达拉非尼 + 欧米帕立西 BRaf 突变型黑素瘤、结肠癌 WO2011047238A1 达拉非尼 + 曲美替尼癌	—
2012	WO2012036919A2 达拉非尼 + 帕佐帕尼癌	WO2012061683A2 治疗具有 Ras 突变的癌症患者的方法，曲美替尼 + 达拉非尼 WO2012068468A1 治疗 V600 突变的黑色素瘤的方法，曲美替尼 + 达拉非尼
2013	—	WO2013019620A2 治疗癌症的方法，达拉非尼 + 抗 CTLA – 4 抗体 WO2013096430A1 治疗癌症的方法，MAGE – A3 免疫治疗剂 + 达拉非尼 + 曲美替尼

续表

申请年	药物组合	联合疗法
2014	WO2014066606A2 曲美替尼 + 西妥昔单抗 + 任选的达拉非尼 WO2014158467A1 达拉非尼 + GSK - 2636771 WO2014193898A1MK - 3475 + 曲美替尼 + 达拉非尼 WO2014195852A1 曲美替尼 + 达拉非尼 + 抗PD - 1 抗体	WO2014039375A1 向之前诊断为黑色素瘤的但已切除的患者提供辅助治疗的方法，达拉非尼 + 曲美替尼的 WO2014193589A1 曲美替尼 + 达拉非尼
2015	WO2015087279A1 曲美替尼 + 帕尼单抗 + 达拉非尼	WO2015059677A1 治疗具有升高的 TRAIL 癌症的方法，曲美替尼 + 达拉非尼
2016	—	WO2016059602A2 一种治疗 HER3 + 癌症的方法，第一种抗体结合蛋白 + 第二抗体结合蛋白 ipilimumab + 达拉非尼 + encoRafenib + 第二抗体结合蛋白 pembrolizumab

WO2011047238A1 保护的是达拉非尼和 MEK 抑制剂曲美替尼的组合，治疗各种癌症。该专利申请在美国、日本和中国都获得了授权。其中国同族目前处于专利权维持状态。该专利为 FDA 批准的达拉非尼和曲美替尼联合用于治疗 B - Raf$^{V600E/K}$ 突变的不可手术或转移性黑色素瘤相关的专利申请。

在该专利申请的基础上，葛兰素史克又对达拉非尼和曲美替尼的组合进行了一系列的专利布局。WO2012061683A2 请求保护治疗具有 Ras 突变的癌症患者的方法，包括给予所述患者给予 MEK 抑制剂曲美替尼和 B - Raf 激酶抑制剂达拉非尼。涉及B - Raf 抑制剂和 MEK 抑制剂的组合用于治疗 V600 突变的黑色素瘤的方法专利申请 WO2012061683A2 没有在任何国家获得授权。WO2014039375A1 涉及向之前诊断为黑色素瘤的患者提供辅助治疗的方法，所述黑色素瘤已切除，包括给所述患者施用治疗有效量的达拉非尼和曲美替尼的步骤，所述施用持续足以增加无复发生存（RFS）的一段时间。该申请为与 FDA 最新批准的达拉非尼和曲美替尼联合用于接受了手术完全切除的 B - Raf$^{V600E/K}$ 突变的Ⅲ期黑色素瘤辅助治疗的相关专利。但是，目前为止，该申请仅在澳大利亚获得授权。其在中国的同族已经驳回失效，而最新的在中国的分案申请尚未进行实质审查。WO2015059677A1、WO2015105822A1 和 WO2014193589A1 是 3 件涉及用于治疗癌症的包括 MEK 抑制剂曲美替尼和 B - Raf 激酶抑制剂达拉非尼的药物组合物的较新专利申请，都尚未进入任何国家阶段。

此外，葛兰素史克关于达拉非尼的药物联用专利申请还包括：WO2012036919A2，涉及达拉非尼＋VEGF抑制剂帕佐帕尼，用于治疗各种癌症。该申请没有中国同族，也未在任何国家获得授权。WO2011044414A1涉及达拉非尼和AKT抑制剂（Uprosertib）的组合，用于治疗卵巢癌、乳腺癌、前列腺癌。该申请在美、日、欧和中国都获得了授权，但其中国同族目前已经未缴年费而终止失效。WO2011044415A1涉及达拉非尼和AKT抑制剂Afuresertib的组合，用于治疗结肠癌、乳腺癌。该申请在美、日、欧和中国都获得了授权，其中国同族目前处于专利有效期内。WO2011046894A1涉及达拉非尼和PI3K抑制剂欧米帕立西的组合，用于治疗B-Raf突变型黑色素瘤、结肠癌。但该专利申请未能在各国获得授权。WO2013019620A2请求保护治疗癌症的方法，所述方法包括给予治疗有效量的达拉非尼和抗CTLA-4抗体，进一步包括给予治疗有效量的曲美替尼。该专利申请未进入任何国家阶段。

另外，涉及达拉非尼、曲美替尼和其他药物多药联用的专利申请包括：WO2013096430A1，请求保护在有需要的患者中治疗癌症的方法，所述方法包括施用治疗有效量的MAGE-A3免疫治疗剂、达拉非尼和曲美替尼的组合；WO2014066606A2请求保护用于治疗癌症的曲美替尼、西妥昔单抗和达拉非尼的药物组合物；WO2014158467A1请求保护用于治疗癌症的达拉非尼、曲美替尼和GSK-2636771药物组合物；WO2014193898A1请求保护用于治疗癌症的包括PD-1拮抗剂、曲美替尼和达拉非尼的药物组合物。上述专利申请均未在任何国家获得授权。WO2014195852A1请求保护用于治疗癌症的包括曲美替尼、达拉非尼和抗PD-1抗体的药物组合物。该申请已在澳大利亚获得授权，其中国同族目前尚在审查过程中。

WO2016059602A2请求保护一种治疗HER3$^+$癌症的方法，包括：（a）鉴定所述对象患有癌症，（b）给予治疗有效量的第一种抗体结合蛋白和第二抗体结合蛋白Ipilimumab，（c）给予治疗有效量的B-Raf激酶抑制剂威罗非尼、索拉非尼、达拉非尼和EncoRafenib，（d）给予治疗有效量的第二抗体结合蛋白Pembrolizumab。该申请尚未进入任何国家阶段。

从以上内容可知，葛兰素史克对于达拉非尼的专利布局的主要精力集中于对药物联用的保护，这也是B-Raf抑制剂领域普遍的发展趋势。目前为止，达拉非尼在中国获授权的4件专利中，除1件原始化合物专利外，其他3件都是关于药物联用的专利。药物联用专利尚在有效保护期内的为达拉非尼和曲美替尼的组合药物（专利授权公布号：CN102655753B）以及达拉非尼和Afuresertib的组合药物（专利授权公布号：CN102647908B）。

5. B-Raf激酶抑制剂的专利发展趋势

从以上四种已经临床应用的B-Raf激酶抑制剂的原研专利布局不难看出，原研企业在对化合物及其制备方法、制剂等基础专利进行布局后，后续的专利申请和保护策略都集中在联合用药方面，这一现象与B－Raf激酶抑制剂在临床应用中的耐药机制有关。作为Ⅱ型B－Raf激酶抑制剂的代表性药物，索拉非尼用于肾癌患者，总生存期仅延长2~3个月，客观缓解率（OOR）低于10%，肝癌患者使用索拉非尼后的中位总生存期（OS）也仅为10.7个月。虽然索拉非尼能适当延长症状恶化的时间，但长时间使用极易产生耐药性，严重影响疗效。Ⅰ型B－Raf激酶抑制剂威罗非尼和达拉非尼在黑色素瘤的治疗上虽然取得了可喜的成绩，但依然存在局限性。首先，使用这两种药物的患者起初肿瘤缩小，但多在1年内因获得耐药性而复发；其次，10%~15%具有B－Raf^{V600E}突变的肿瘤患者对威罗非尼和达拉非尼不敏感，部分患者肿瘤缩小程度不能达到实体瘤疗效评价（RECIST）标准（固有耐药性）；最后，约1/3的患者因皮肤鳞状细胞癌等不良反应而停药或减少剂量。而联合用药是目前公认的改善B－Raf激酶抑制剂耐药性和安全性的策略。随着对耐药机制研究的不断深入，新的联合用药方式也不断发展，目前有100多种关于B－Raf激酶抑制剂的联合用药方案在进行临床实验。2014年1月10日FDA批准了MEK抑制剂曲美替尼和B－Raf激酶抑制剂达拉替尼联用，治疗B－Raf^{V600E}突变的不可切除和转移性黑色素瘤。2015年11月10日FDA又批准了MEK抑制剂考比替尼与威罗非尼联用，治疗选择性B－Raf$^{V600E/V600K}$突变的不可切除性和转移性黑色素瘤，进一步激发了相关领域的研发热度。

以下，进一步从专利的角度深入分析四种已上市的B－Raf激酶抑制剂索拉非尼、瑞戈非尼、威罗非尼和达拉非尼的联合用药发展趋势。

（1）专利申请趋势分析

经统计，涉及上述四种B－Raf激酶抑制剂的药物联用（包括组合产品和联合疗法）的专利申请共129件，其中，中国国内申请仅1件，其他都是通过世界知识产权组织提交的PCT专利申请。这一现象表明，由于没有原研药物的专利权，并且索拉非尼、瑞戈非尼、威罗非尼、达拉非尼四种B－Raf激酶抑制剂都在专利保护期内，中国制药企业对B－Raf激酶抑制剂类靶向药物的研究相对落后，并未聚焦于该领域。

从图9可以看出，药物联用的发展趋势与首个B－Raf激酶抑制剂索拉非尼的上市时间一致，但2010年以前，相关专利申请的申请量并不大；随着2011年以后两个Ⅱ型B－Raf抑制剂威罗非尼和达拉非尼的相继上市，关于药物联用的专利申请也逐年增多，尤其是2014年1月8日，FDA批准了达拉非尼和MEK抑制剂曲美替尼联用治疗B－Raf$^{V600E/K}$突变的不可手术或转移性黑色素瘤后，药物联用的申请呈井喷式上涨。

（2）专利申请人分析

通过对申请人进行统计分析（仅统计第一申请人）发现（参见图10），在排名前十位的申请人中，除3家原研药企业拜耳、罗氏和葛兰素史克以外，诺华、基因泰克和得克萨斯大学系统董事会也有较高的申请量，接近全部药物联用专利申请量的50%。可见，对药物联用的开发，也大多掌握在原研化合物企业和少数大型制药企业手中。

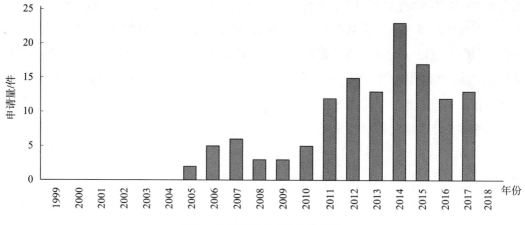

图9 药物联用专利申请量趋势

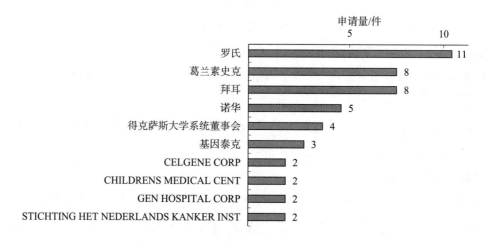

图10 联合用药排名前十的专利申请人分析

（3）药物联用的类型分析

B – Raf 激酶抑制剂的联合用药主要目的是用于治疗具有 B – $Raf^{V600E/K}$ 突变和已经对单药 B – Raf 激酶抑制剂获得耐药性的癌症，包括黑色素瘤、非小细胞肺癌、甲状腺癌、结直肠癌、乳腺癌、胰腺癌、卵巢癌等表达 B – Raf 基因的癌症。B – Raf 激酶抑制剂的药物联用类型主要分为四类：①与其他治疗靶点的小分子靶向药物联用；②与单克隆抗体类靶向药物联用；③与细胞毒类药物联用；④免疫治疗剂联用。

1）与其他治疗靶点的小分子靶向药物联用

在这一类型中，申请量最大的是 B – Raf 激酶抑制剂与细胞外信号调节激酶（MEK）抑制剂的联用。目前，FAD 批准的两种 B – Raf 激酶抑制剂联用的上市药物都属于这种类型。其他较常规的联用还包括与 PI3K 抑制剂、AKT 抑制剂、c – MET 抑制剂、MDM2 激酶抑制剂、EGFR 激酶抑制剂、ERK 抑制剂、FGFR 抑制剂和 JAK/Stat 激酶抑制剂联用，具体联用涉及的专利申请信息详见表6，另有约20件专利申请分别涉及其他小分子靶向抑制剂。

表6　B-RAF抑制剂与其他小分子靶向抑制剂联用相关专利申请

MEK	PI3K	c-MET	ERK	AKT
WO2011047238A1	WO2014031856A1	WO2012178038A1	WO2015095819A2	WO2012135750A1
WO2012041987A1	WO2006125539A2	WO2013043715A1	WO2016025648A1	WO2011044414A1
WO2012061683A2	WO2006125540A1	WO2013043715A1	—	WO2011044415A1
WO2012068468A1	WO2010006225A1	—	—	—
WO2012145503A1	WO2011046894A1	—	—	—
WO2014027056A1	WO2014158467A1	—	—	—
WO2014039375A1	WO2017037573A1	—	—	—
WO2014193589A1	—	—	—	—
WO2015059677A1	—	—	—	—
WO2015105822A1	—	—	—	—
WO2017127282A1	—	—	—	—
WO2018107146A1	—	—	—	—
MDM2	**EGFR**	**FGFR**	**JAK/STAT**	**HSP90**
WO2013139724A1	WO2007091622A1	WO2015191986A1	WO2012117396A1	WO2014107718A2
WO2015070224A2	WO2012022724A1	WO2015191996A1	WO2016123378A1	WO2013074594A1
WO2015084804A1	—	—	—	—

2）与单克隆抗体类生物靶向药物联用

在与B-Raf激酶抑制剂联用的单克隆抗体类靶向药物的专利申请中，并没有出现针对某种或某几种靶点大量申请的情况，其所针对的靶点比较分散，目前这一联用类别还没有已经获得授权的专利申请。

3）与细胞毒抗癌药物联用

细胞毒类药物主要是指直接作用于肿瘤细胞，通过影响肿瘤细胞DNA化学结构、核酸合成、转录、影响DNA复制等过程杀灭肿瘤细胞的药物，属于传统抗癌药物。这类药物也是与B-Raf激酶抑制剂联用的主要类别，详见表7。

表7　B-Raf抑制剂与细胞毒药物联用相关专利申请

公开号	联用组合	癌症类型
WO2007139930A2	索拉非尼+紫杉醇+铂复合物	多种癌症
WO2008071968A1	索拉非尼+葫芦素	肝癌

续表

公开号	联用组合	癌症类型
WO2009047505A2	索拉非尼＋地塞米诺	黑色素瘤
WO2012109329A2	索拉非尼、威罗非尼或达拉非尼＋DHODH 抑制剂	黑色素瘤
WO2014138279A1	威罗非尼、达拉非尼＋抗微管蛋白的化合物	多种癌症
WO2014138338A2	威罗非尼、达拉非尼或瑞戈非尼＋线粒体氧化磷酸化抑制剂	黑色素瘤
WO2015142867A1	瑞戈非尼＋FDU＋5－UF	多种癌症
WO2015200329A1	威罗非尼＋G9a 拮抗剂	多种癌症
WO2016200778A1	索拉非尼、达拉非尼或威罗非尼＋DHODH 抑制剂	黑色素瘤
WO2017095826A1	威罗非尼或达拉非尼＋吲哚－3－甲醇	黑色素瘤
WO2017136741A1	威罗非尼、达拉非尼或索拉非尼＋DNA 失活剂	多种癌症
WO2018011351A2	威罗非尼或达拉非尼＋Deltarasin 或法尼基硫代水杨酸	黑色素瘤或肝细胞癌
WO2012012404A1	瑞戈非尼＋抗叶酸剂	多种癌症
WO2014048881A1	瑞戈非尼＋乙酰水杨酸	多种癌症
WO2015071231A1	瑞戈非尼＋VerbindungA＋长春瑞滨	乳腺癌、非小细胞肺癌
WO2012022677A2	威罗非尼＋伊立替康	结肠直肠癌、黑色素瘤和甲状腺癌

4）与免疫治疗剂联用

这类专利申请包括：索拉非尼和 γδT 细胞激活剂联用治疗癌症；威罗非尼和干扰素联用治疗结肠直肠癌、黑色素瘤和甲状腺癌；达拉非尼和 MAGE－A3 免疫治疗剂联用治疗癌症以及威罗非尼或瑞戈非尼和免疫调节剂多匹莫德联用治疗结肠癌。

5）其他

除以上四种类别以外，B－Raf 激酶抑制剂的药物联用申请还包括：溶瘤细胞病毒联用的申请，与抗癌细菌联用的申请，与其他非癌症治疗剂联用的申请以及一些联合小分子靶向抑制剂、生物靶向抑制剂和细胞毒药物的多途径联用申请。

6. 国内企业中 B－Raf 激酶抑制剂的典型案例

百济神州（北京）生物科技有限公司（下称"百济神州"）开发的新型 Raf 二聚体抑制剂 BGB－283（化学结构式参见图 11），是我国唯一一个自主研发的 B－Raf 激酶抑制剂，具有独特的 Raf 二聚体和 EGFR 抑制活性。体外实验显示，其能有效地抑制

B – Raf^{V600E} 激活的细胞的 ERK 磷酸化和增殖，在 B – Raf^{V600E} 突变结肠癌细胞中，BGB – 283 有效地抑制了 EGFR 重新激活和 EGFR 介导的细胞增殖。在人结肠癌裸鼠移植瘤实验发现其表现出剂量依赖性肿瘤部分或完全消退。BGB – 283 在各种临床前动物模型中均表现出明显的抗肿瘤活性，且适应证也不再局限于 B – Raf^{V600E} 突变阳性黑色素瘤，对于非 V600E 型的 B – Raf 突变以及 K – Ras/N – Ras 突变阳性的各种肿瘤也均有疗效。2013 年，百济神州以总价 4.65 亿美元将 BGB – 283 和该公司另一在研药物的海外开发和商业化权益卖给默克。

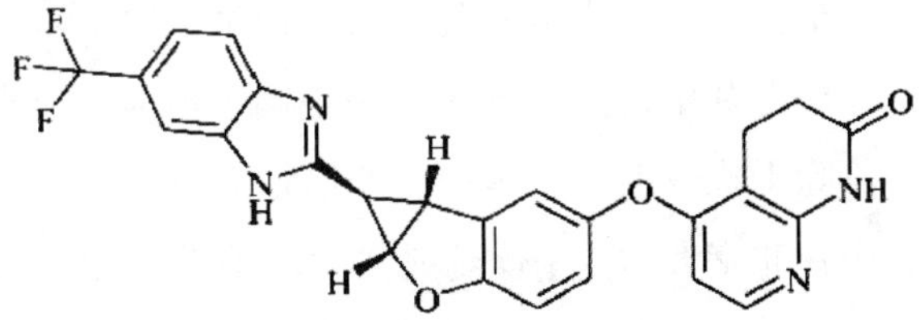

图 11　BGB – 283 结构式

　　百济神州于 2011 年 12 月 31 日在全球范围内关于 BGB – 283 的化合物及其用途进行了广泛的专利布局，在公开号为 WO2013097224A1 的专利申请中首次公开了 BGB – 283 的结构和其作为抑制 Raf 激酶抑制剂的活性。该专利申请在中国、美国、欧洲、日本、韩国、加拿大、澳大利亚等多国或地区都获得了授权。此后，百济神州于 2014 年申请了公开号为 WO2014206343A1 和 WO2014206344A1 的专利申请，分别保护的是 BGB – 283 的脲类和酰胺类的结构类似物。这两件专利申请在中国、美国、欧洲、澳大利亚等多国或地区已获得授权。百济神州又于 2016 年申请了公开号为 WO2016165626A1 的专利申请，其保护的是 BGB – 283 的马来酸盐、其结晶形式、制备方法和用途。2018 年 1 月，申请了公开号为 WO2018007885A1 的专利申请，涉及 BGB – 283 与 PD – 1 抑制剂的联用。

　　可见，百济神州作为国内有研发实力的药企，对原研创新药 BGB – 283 进行了较为周密的专利布局，涉及化合物、结构类似物、盐、晶型、制备方法、用途、复方联用等各个方面，预测以后还会有涉及制剂、中间体等其他方面的专利申请。BGB – 283 目前正在二期临床阶段，且受到国际跨国制药企业的认可，有望成为我国 1.1 类新药 [《药品注册管理办法》（2007）指出，化学药品一类指未在国内外上市销售的药品，化药 1.1 类为通过合成或者半合成的方法制得的原料药及其制剂]，并成为在国际市场上销售的专利药。

三、总结

　　本文基于目前公开的全球专利申请，简述了以 B – Raf 激酶抑制剂全球、中国专利态势，从专利申请整体发展趋势、申请人国家或地区分布、技术构成、主要申请人分析等角度，对以 B‑Raf 激酶抑制剂的全球专利状况进行分析。同时，通过典型药物的专利申请情况，分析了已上市药物的专利布局以及我国企业的研发和专利申请情况。

（一） 以 B‑Raf 激酶抑制剂的专利现状

自 1999 年出现第一件专利申请后，专利申请量呈现缓慢到显著增长的趋势。技术来源国家和地区主要有美国、中国、日本和欧洲，美国起步最早，中国较晚。该领域排名前十位的申请人主要集中在美国，均为著名的制药巨头，如拜耳、罗氏、葛兰素史克等。上述公司在该领域均有上市药物，其中拜耳处于行业前端，葛兰素史克通过药物联用有后来居上的趋势。目前在华专利申请主体则主要为中国申请人，但申请量最大的仍然为国外制药巨头。同时，排除干扰数据后，国内主要申请人除了广东东阳光药业有限公司有较多申请外，主要集中在北京大学、中国药科大学这样的高校和科研院所。

从技术构成来看，B‑Raf 激酶抑制剂作为生物靶向治疗药物，由于本身存在的易发生耐药性的缺陷，因而技术构成除了集中在小分子化合物本身，也有大量专利申请涉及与其他靶向药物的联用，以及大量治疗用途的专利申请，但目前针对第二药用的授权案件仍然较少。

（二） 以 B‑Raf 激酶抑制剂的发展建议

B‑Raf 作为抗肿瘤药物的研发靶点，尽管其具有治疗效果好、副作用低的优势，但极易产生耐药性影响了其应用。通过对其专利申请情况的分析可知，目前为了克服其缺陷，主要有两大研究方向：一是进一步改进结构，开发第二代 B‑Raf 激酶抑制剂；二是与其他靶点的药物进行联用，开发多靶点药物也是克服耐药性的有效手段。因此该领域的发展建议主要在以下三个方面。

（1）在 B‑Raf 激酶抑制剂方面，由于对该通路以及该抑制剂的研究，国外申请人起步早，大部分原研药申请人对化合物本身、盐、晶型都进行了专利布局，但从我国百济神州的案例来看，仍然存在进一步开发新化合物的可能。同时，高校/科研单位在新药研发上也有所建树，中国药科大学就该靶点提交了新化合物的专利申请，但高校和科研单位的申请，存在缺乏企业参与，转化率较低，存在影响研发动力的问题，企业可考虑多与科研机构联合开发新药。并且由于用途授权案件较少，而这些生物信号通路一般均可能涉及多种疾病，因而在新用途的开发方面值得进一步投入。

（2）在药物联用方面，尽管罗氏和葛兰素史克已经远远走在前面，已有 FDA 获批上市的联合用药产品，但是我国高校如北京大学、中国药科大学也都提出了药物联用的专利申请，在这一方面也在追赶，但同样存在缺乏企业参与的问题。由于生物靶向制剂尤其是多靶点联用的技术研发时间还不长，如果我国企业予以重视，也有一定机会。

（3）由于药物研发周期长，投入大，需要涉及多学科的团队协作，我国在生物靶向抗肿瘤药物方面的研究实力还远不及国外大型企业，核心技术大都掌握在国外专利权人手中。考虑到资金和实力的限制，我国申请人很难与实力雄厚和研发能力强大的大型制药公司和科研院所抗衡，因此我国需要从人力、物力、财力等诸多方面加强对生物靶向抗肿瘤领域的支持。积极与国内外医药院校开展合作，通过加强新兴生物制药企业和高校/科研单位的技术合作，以企业为主体、市场为导向，将资金与技术相结合，推动技术高速发展和创新成果转化。同时重视知识产权，注意及时进行专利布局，以掌握自己的核心技术。

参考文献

[1] 董高超，周湘，唐伟方，等. B-Raf激酶抑制剂的研究进展 [J]. 中国药科大学学报，2014, 45 (1)：1-9.

[2] DAVIES H, BIGNELLGR, COXc, et al. Mutations of the BRaf gene in human cancer [J]. Nature, 2002, 417 (6892)：949-954.

[3] 张帆，陆涛，唐伟方，等. B-Raf激酶抑制剂及其耐药机制的研究进展 [J]. 药学进展，2014, 38 (1)：31-35.

[4] 张朝磊，欧阳雪宇，刘桂英，等. 索拉非尼专利分析 [J]. 中国新药杂志，2015, 24 (11)：1207-1210.

[5] MAZIERES J, et al. VemuRafenib in patients with non-small cell lung cancer (NSCLC) harboring BRAF mutation：Preliminary Results of the AcSe Trial [J]. Thoracic Oncology, 2017, 12 (15)：S1182-S1183.

[6] ROBINSON S D, O'SHAUGHNESSY JA, COWEY CL, et al. BRAF V600E-mutated lung adenocarcinoma with metastases to the brain responding to treatment with vemuRafenib [J]. Lung Cancer, 2014, 85：326-330.

[7] 张惠杰，郭卫东. 索拉非尼在肿瘤治疗中的研究进展 [J]. 中华临床医师杂志，2013, 7 (1)：258-260.

[8] 韩伟，王路，张智敏. Raf激酶抑制剂及其耐药机制研究进展 [J]. 药学进展，2016, 40 (10)：756-764.

用于治疗 HBV 的核衣壳抑制剂专利技术综述[*]

唐建刚　　徐建国[**]　　吴永英[**]　　宋时雨[**]　　高履桐[**]　　孙燕

摘　要　本文通过检索、统计、分析用于治疗 HBV 核衣壳抑制剂的全球专利申请文献，从中获取了专利申请量趋势、专利申请区域分布情况、重要申请人、技术主题分布和专利强度等信息，对二氢嘧啶类、间酰胺基苯磺酰胺类、丙烯酰胺类及其他类的化合物的专利技术演进脉络进行了归纳分析；并研究了罗氏、拜耳、广东东阳光、Novira 公司等重要申请人的相关技术布局情况，揭示了治疗 HBV 的核衣壳抑制剂的当前状况和未来发展趋势，对今后相关领域的专利申请及审查等工作具有一定的裨益。

关键词　HBV　核衣壳抑制剂　专利　化合物　综述

一、概述

乙型肝炎是乙肝病毒（Hepatitis B Virus，HBV）引起的、以肝脏炎性病变为主的一种传染性疾病。据世界卫生组织统计，全球有 20 亿人曾感染过 HBV，其中约 4 亿人发展成为慢性乙型肝炎，而中国约占 1/3。HBV 感染是导致肝癌和肝硬化的主要原因，每年死于相关疾病者达 30 万人之多。因此，HBV 的流行严重危害人类健康，对社会经济发展具有不容忽视的制约作用。目前，治疗慢性乙型肝炎的化学药物主要有免疫调节剂 α -干扰素和核苷类逆转录酶抑制剂如恩替卡韦、替比夫定、阿德福韦等，但干扰素的低应答率和副作用，核苷类药物的耐药性、停药后反弹及昂贵的价格限制了它们的广泛应用。因此需要寻找具有全新作用机制的抗 HBV 药物。

核衣壳是病毒 DNA 合成的场所，在病毒的复制和装配过程中起到保护病毒基因组免于降解的作用，同时在感染过程中又介导病毒遗传物质的释放，这种双重功能在病毒的传播过程中起关键作用。随着对核衣壳在 HBV 增殖周期中重要作用的认识及新研究方法的建立，以核衣壳为靶标的药物研究越来越受到人们的重视。Vogel 等利用荧光共振能量

---

* 作者单位：国家知识产权局专利局专利审查协作广东中心。
** 等同第一作者。

转换技术建立了体外定量测定核衣壳装配和分解的实验方法，成为筛选以核衣壳为靶标的抗病毒化合物的有效工具。具有代表性的相关化合物如图1所示。

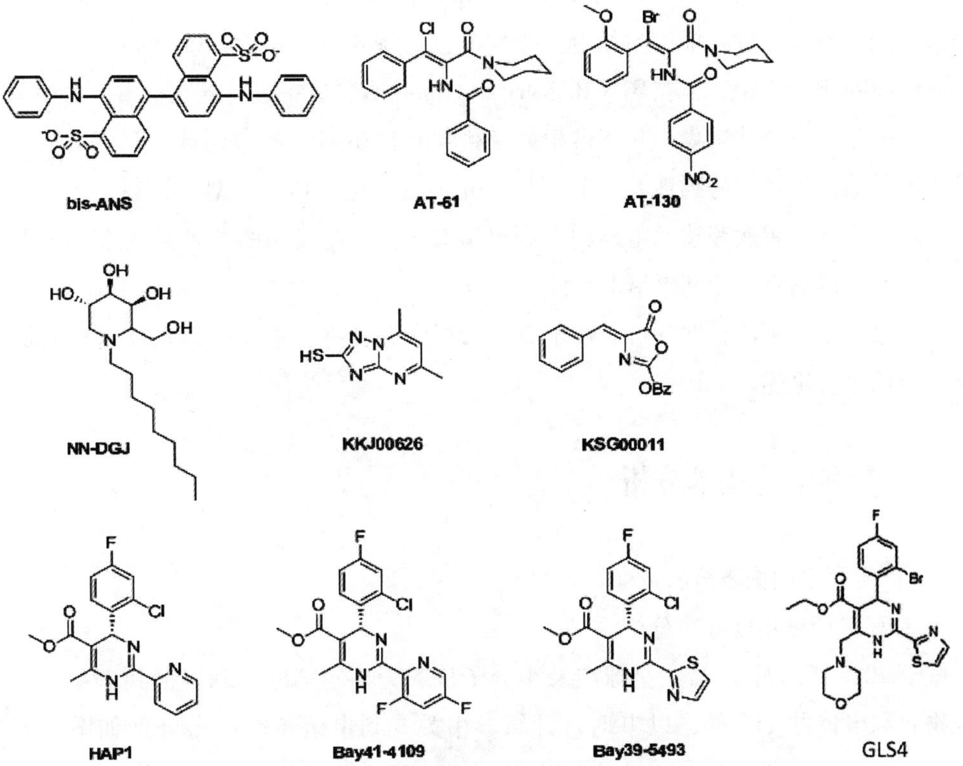

图1 以核衣壳为靶标的代表性抗乙肝病毒化合物

目前可供临床应用的抗乙型肝炎病毒药物种类与实际市场需求相比还较少，并且存在如耐受性差、应答率低、疗程长、易产生耐药性及停药后易反弹等缺点。核衣壳的装配是病毒生命周期中的关键环节，在病毒复制装配过程中具有极其重要的作用，误导或破坏这一病毒所特有的生命过程，能抑制病毒复制，进而起到抗病毒的作用。以核衣壳的装配过程为药物作用的靶标，开发新型高效的抗病毒药物，对于防止病毒产生耐药性、彻底清除患者体内的病毒等问题，具有极其重要的意义。

本文主要分析用于治疗 HBV 的小分子核衣壳抑制剂，不包含抗体等大分子抑制剂。采用衣壳和 HBV 的关键词（Capsid、Nucleocapsid、Encapsid、Hepatitis B、HBV）结合相关结构及用途分类号（C07C、C07D、C07F、C08G、A61K、A61P）对全球相关专利申请进行检索，辅以结构式检索进行查漏补缺。检索数据库有专利检索与服务系统（Patent Search and Service System，以下简称"S 系统"）、Innography 数据库和 STN 数据库，不限检索的专利申请国别，检索的专利申请公开时间为数据库最早收录起至 2018 年 7 月 31 日。

在 S 系统和 Innography 数据库，采用"（Capsid + or Nucleocapsid + or Encapsid +）and（Hepatitis B or HBV）and（/ic/cpc C07C or C07D or C07F or C08G or A61K or A61P）"等检索式进行检索，分别命中 1021 个和 965 个结果；采用结构式（二氢嘧啶、间酰胺基苯磺酰胺、丙烯酰胺等骨架结构）结合关键词"（Capsid + or Nucleocapsid + or Encapsid +）and（Hepatitis B or HBV）"在 STN Registry 和 Caplus 数据库中进行补充检索，命中 263 个结果；合并上述三个结果集，共获得相关专利申请 1288 件。经过同族专利申请去重、标引及去噪等数据处理，得到涉及小分子核衣壳抑制剂化合物、晶型、制备方法、药物组合物、联合用药、用途等技术主题的专利申请 234 件，将发明的技术主题进一步限定为化合物产品，得到有效专利申请 116 件。

接下来，本文将从数据分析、技术分支发展演进脉络、重要申请人技术布局及全文总结等方面进行论述。

二、专利申请技术分析

（一）专利申请图表分析

1. 专利申请量年度分布分析

截至 2018 年 7 月 31 日，全球涉及小分子核衣壳抑制剂的专利申请共 234 件，其中化合物专利申请共 116 件，以申请日计算，相关专利申请年度分布分别如图 2 和图 3 所示。

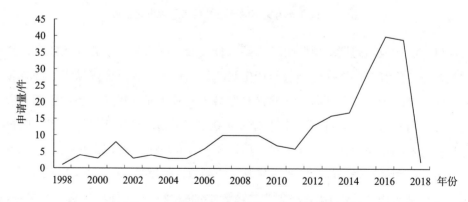

图2　核衣壳抑制剂领域相关全球专利申请量趋势

从图 2 可以看出，小分子核衣壳抑制剂的研发始于 1998 年，2000 年左右进入技术活跃期；2001～2006 年全球范围内年均申请量在 5 件左右，申请量较低，但平稳。2007 年起全球年平均申请量达到 10 件以上，2013～2017 年均申请量更是达到 20 件左右。这一时期专利申请量的快速增长可能与 GLS4 等化合物取得了较好的临床试验结果有关，激发了相关创新主体的投资与研发热情。从图 3 可以看出，核衣壳抑制剂化合物专利申请具有与上述类似的发展历程。需要说明的是，由于发明专利申请通常自申请日起 18 个月才能公开，因而 2017～2018 年的数据仅供参考，不能完全代表趋势变化。

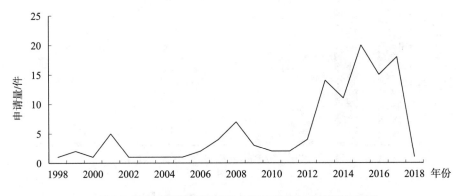

图3　核衣壳抑制剂领域化合物全球专利申请量趋势

2. 专利申请技术区域分布分析

为了研究小分子核衣壳抑制剂全球发明专利申请的区域分布情况，利用 Innography 数据库中的发明人所在地（Inventor Location）字段，近似表示专利申请技术掌控国，以分析各个国家/地区在小分子核衣壳抑制剂领域的技术实力和研发活跃程度（参见图 4 和图 5）。

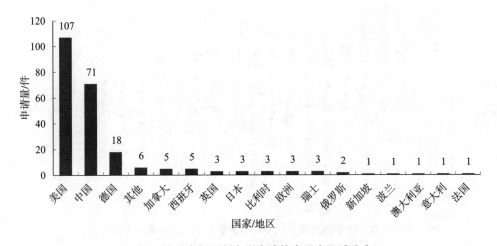

图4　核衣壳抑制剂专利申请的发明人区域分布

图 4 和图 5 显示了核衣壳抑制剂领域相关专利及其化合物专利申请发明人的区域分布及其发明申请数量。可以看出，小分子核衣壳抑制剂的大多创新技术研发主要集中在中国、美国、德国等国家，这三国具有绝对的技术掌控优势。其中，美国、德国拥有罗氏、拜耳等跨国制药巨头或其研发中心，也拥有 Novira 等这样发展迅猛的新兴制药企业，这两国的制药资本和人才实力向来雄厚；中国则拥有规模巨大的乙肝药物市场，市场的需求吸引了众多研发人员，但相关专利申请仍以改进型发明或联合用药等外围专利为主，与美国、德国依然有差距。

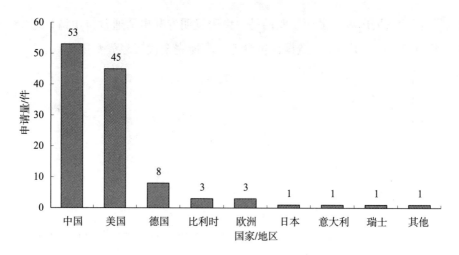

图 5 核衣壳抑制剂领域化合物专利申请的发明人区域分布

3. 申请人分析

对核衣壳抑制剂领域申请人分别进行统计，按照申请数量降序排列，得到前 20 位申请人及其专利申请数量情况，如图 6 和图 7 所示。

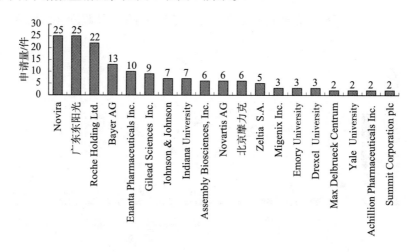

图 6 核衣壳抑制剂领域相关专利主要申请人的申请量比例统计

可见，在小分子核衣壳抑制剂领域，专利申请技术的集中程度较高，排名前四位的申请人的专利申请数量占总申请量的近 60%。申请量较多的申请人绝大多数是大型制药公司，如广东东阳光、罗氏、拜耳、Johnson & Johnson（强生）等，也有 Novira 这种新兴的制药企业。需要指出的是，广东东阳光的专利申请数量包括其密切关联个人张中能作为申请人的相关专利申请。上述申请人排名依然体现了强者恒强的规律，大型制药公司依靠强劲的资本和研发能力，在抗乙肝药物的细分领域持续布局。但是，也涌现出了 Novira 这样专注于某一领域的后起之秀，其多款核衣壳抑制剂药物陆续推向了临床试验并取得了较好的阶段性成果，这也导致强生于 2015 年将 Novira 收购到自己麾下。

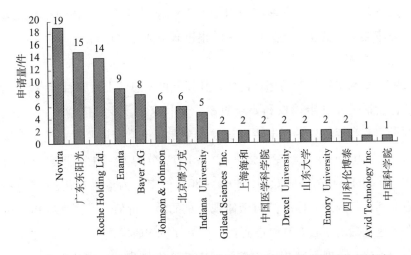

图7　核衣壳抑制剂领域化合物专利申请主要申请人的申请量比例统计

4. 专利申请技术主题分析

图8是核衣壳抑制剂领域的专利申请技术主题分布情况。可以看出，目前的研发主要以寻找新的活性化合物为主，占比49%，辅以联合用药、药物组合物等外围专利申请。兵马未动，粮草先行，寻找活性化合物是新药研发的基础和支柱，并且活性化合物的筛选范围通常较为广泛，这样的研发规律造成了目前核衣壳抑制剂领域的技术主题布局以化合物专利为主。

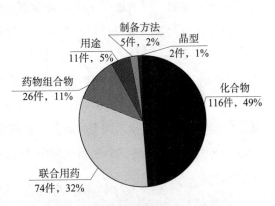

图8　核衣壳抑制剂领域的专利申请
技术主题分布情况

5. 化合物技术类型分析

图9是核衣壳抑制剂领域的化合物专利申请技术类型分布情况，依据相关专利申请中化合物结构的典型骨架进行归纳总结，进而划分出不同的技术类型。可以看出，二氢嘧啶类化合物专利申请占据了近半壁江山，说明该类型的化合物具有较好的成药前景，目前核衣壳抑制剂药物的临床试验结果也证明了这一点。另外，两类主要的化合物类型是间酰胺基苯磺酰胺类和丙烯酰胺类，分别占了22%和14%。其中，尽管间酰胺基苯磺酰胺类化合物的占

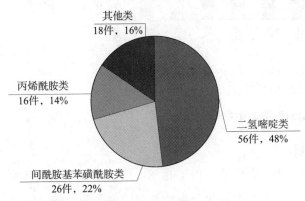

图9　核衣壳抑制剂领域的化合物专利申请
技术类型分布情况

比不高，但是在核衣壳抑制剂领域表现出色的 Novira 对该类化合物的布局较多，这提示其他创新主体应当对该类化合物进行更多的跟进研发或防御性布局。

6. 专利强度分析

专利强度是专利价值判断的综合指标，其高低可从总体上反映目标专利的价值大小。专利强度指标囊括了专利申请权利要求数量、专利家族、专利申请引用与被引用频次、专利诉讼数量、专利年龄、专利申请时长等多个专利价值衡量要素，是一个综合性的专利价值判断指标。Innography 将专利强度从 0~100% 分为 10 个档次并依次增强，其中专利强度在 0~30% 的专利为一般专利，30%~80% 的专利为重要专利，80%~100% 的专利则为核心专利，其判别的标准倾向于体现专利的综合价值。专利强度指标可以从海量专利数据中快速挖掘出核心专利，进而找出目标领域的研发重点。

关于小分子核衣壳抑制剂相关技术领域中核心专利申请，采用 Innography 强大的核心专利挖掘功能，对前述 234 件相关专利申请及所含的 116 件化合物专利申请分别进行专利强度分析。如图 10 和图 11 所示，一般专利申请（专利强度 0~30%）分别有 86 件、39 件，占比 37%、33%；重要专利申请（专利强度 30%~80%）分别有 138 件、72 件，占比 59%、62%；核心专利申请（专利强度 80%~100%）分别有 10 件、5 件，占比 4%、5%。专利强度大于 70% 的高价值专利申请分别有 19 件、10 件，占比 8%、9%，其主要申请人或专利权人为 Novira、广东东阳光、Indiana University Research & Technology Corporation 等，说明这三个创新主体的专利质量较高，保护范围稳固或者已取得了某些实际效益。

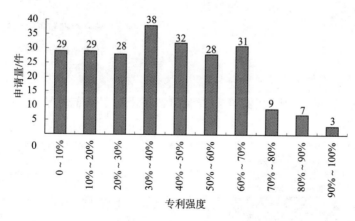

图 10　核衣壳抑制剂领域相关专利强度分布

（二）重要类别化合物专利申请分析

本文根据文献中化合物的结构，将所述化合物分为以下几类：二氢嘧啶类、间酰胺基苯酰胺类、丙烯酰胺类、其他类。对涉及上述类别化合物的典型代表专利申请进行统计，形成图 12 的技术发展路线。

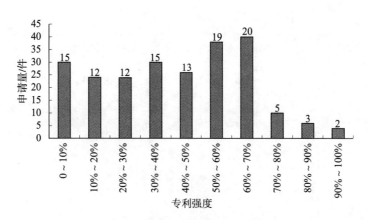

图 11　核衣壳抑制剂领域化合物专利强度分布

1. 二氢嘧啶类

文中涉及的二氢嘧啶类化合物的结构如表 1 所示。

表 1　二氢嘧啶类化合物的结构

1 – 1	1 – 2	1 – 3	1 – 4
1 – 5	1 – 6	1 – 7	1 – 8
1 – 9	1 – 10	1 – 11	1 – 12
1 – 13	1 – 14	1 – 15	1 – 16

1-17	1-18	1-19	1-20
1-21	1-22	1-23	1-24
1-25	1-26	1-27	1-28
1-29	1-30	1-31	1-32
1-33	1-34	1-35	1-36

续表

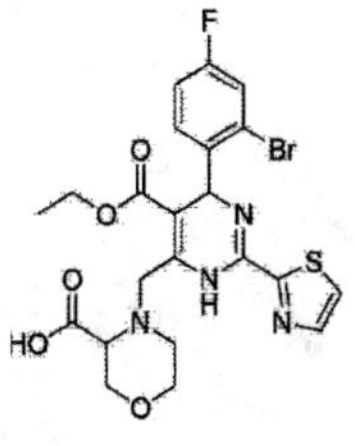

1 - 37

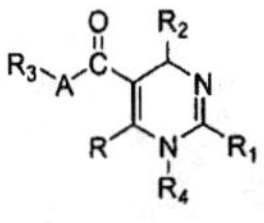

1 - 38

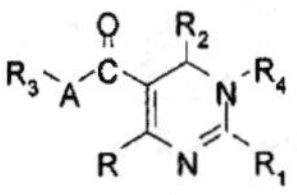

1 - 39

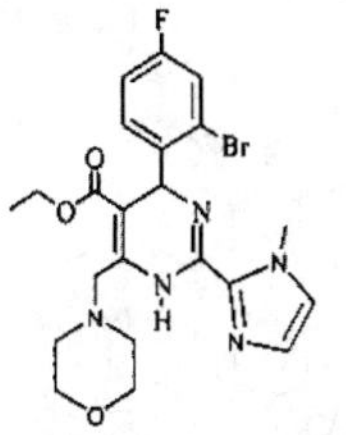

1 - 40

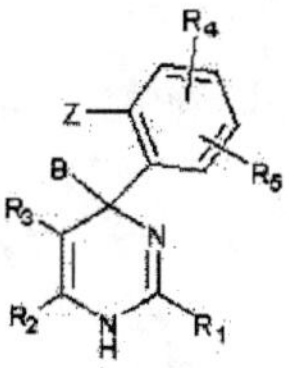

1 - 41

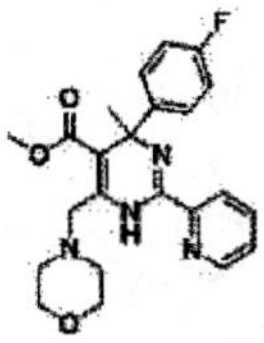

1 - 42

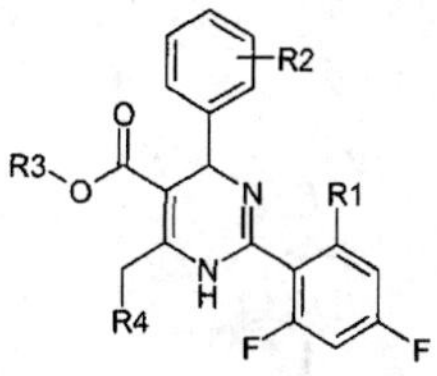

1 - 43

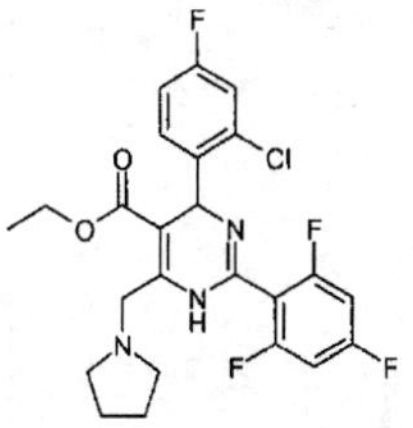

1 - 44

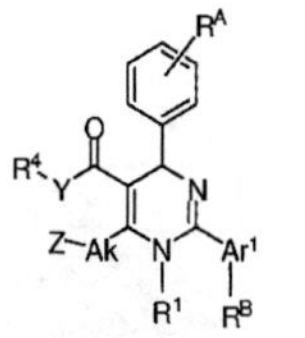

1 - 45

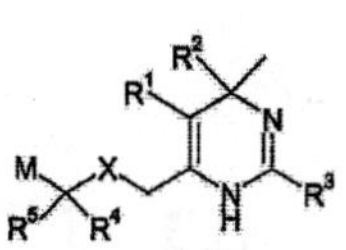

1 - 46

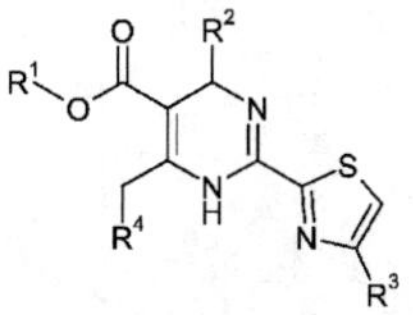

1 - 47

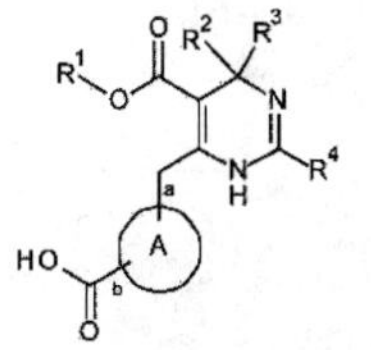

1 - 48

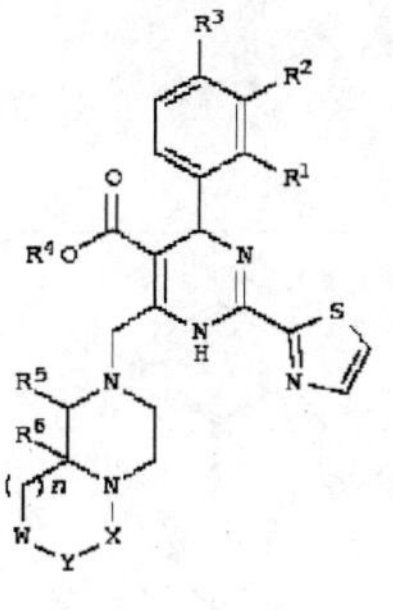

1 - 49

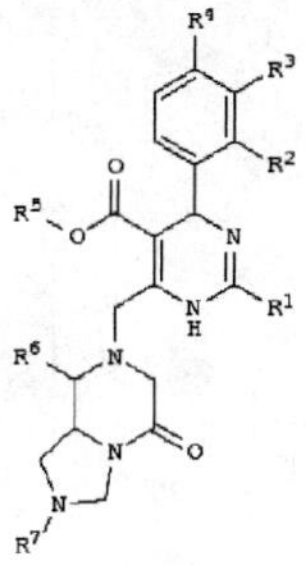

1 - 50

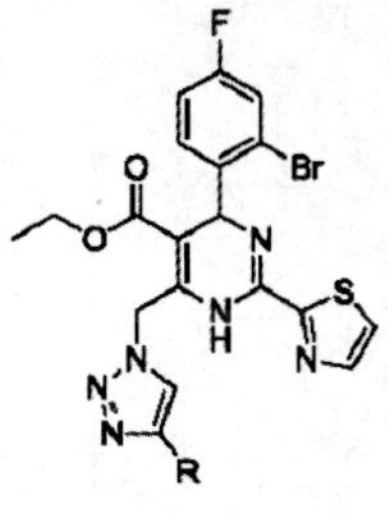

1 - 51

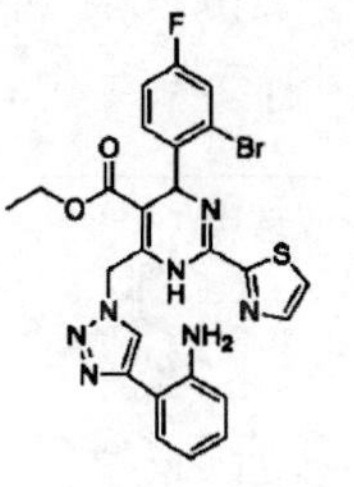

1 - 52

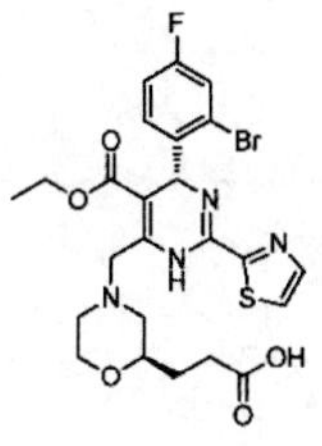

1 - 53

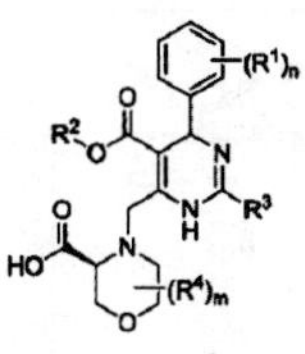

1 - 54

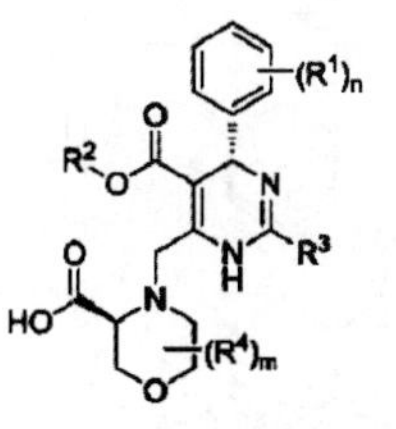

1 - 55

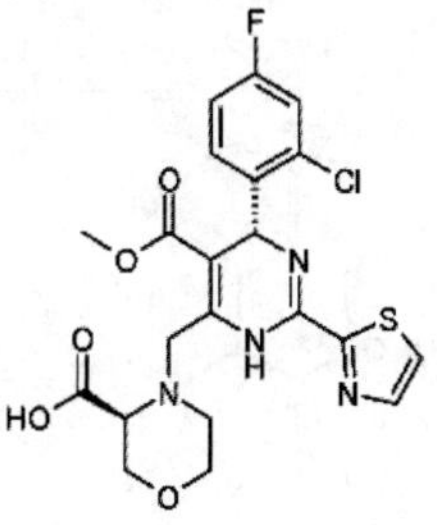

1 - 56

1－57	1－58	1－59	1－60
1－61	1－62	1－63	1－64
1－65	1－66	1－67	1－68
1－69	1－70	1－71	1－72
1－73	1－74	1－75	1－76

	1998～2005年	2006～2010年	2011～2015年	2016～2018年
二氢嘧啶类化合物	WO1999EP02344 WO1999EP02345 WO1999EP02346 拜耳 WO2000EP02327 WO2000EP12570 拜耳 WO2001EP01825 WO2001EP02441 WO2001EP02442 WO2001EP02443 WO2001EP02444 WO2001EP02445 拜耳	WO2007CN02098 WO2007CN02099 北京摩力克 WO2008CN00022 北京摩力克 WO2008CN01187 WO2008CN01188 WO2008CN01189 WO2008CN01190 张中能（广东东阳光） CN200910148630.2 解放军毒物药物研究所 WO2009CN01489 广东东阳光	WO2012US48363 SCRIPPS研究所 WO2013EP50095 爱尔兰詹森 WO2013EP56371 WO2013EP68429 罗氏 CN201310373003.3 CN201310391314.4 CN201310404875.3 CN201310410130.8 广东东阳光 WO2014EP60034 罗氏 CN201410240665.X 南京明德新药 CN201410657898.X CN201410660151.X CN201410680055.I 广东东阳光 WO2015EP54454 罗氏 CN201510141969.5 广东东阳光	WO2016EP074526 罗氏 CN201710354248.1 CN201710637253.3 CN201710783447.4 广东东阳光 CN201710705616.2 山东大学 WO2017EP709984 罗氏 WO2017CN100103 浙江海正药业 WO2017CN108016 WO2017CN110123 四川科伦博泰
间酰胺基苯磺胺类			WO2013US077940 德雷克塞尔大学 WO2014EP053858 爱尔兰詹森 WO2014US024509 US14670001 NOVIRA WO2014US011663 US14670001 US14597814 US14957020 US14931173 WO2015US63417 NOVIRA	WO2016US023066 WO2016US54424 Novira US15416222 WO2017US015972 WO2017US020853 ENANTA WO2017US021551 EMORY大学 AU2018203354 Novira
丙烯酰胺类	WO1998US00986 AVID公司 WO2003US38233 TRIANGLE公司	CN200810052812.5 南开大学	CN2013380068805.3 INDIANA大学 WO2015US63417 NOVIRA	WO2017US12614 PROTIVA公司
其他类			WO2013US73319 巴鲁克斯布隆伯格研究所等 WO2014US65614 NOVIRA	WO2017US21551 EMORY大学 WO2017US32910 GILEAD公司 WO2017US40130 WO2017US40132 NOVIRA WO2017CN102054 正大天晴药业

图12　重要类别化合物的技术发展路线

拜耳早在 1999 年就提交了关于二氢嘧啶类抗 HBV 的化合物专利申请，其中 WO1999EP02344、WO1999EP02345 和 WO1999EP02346 涉及了二氢嘧啶类通式化合物 1－1 和 1－2，发现所述化合物具有抗 HBV 病毒的活性。

2000 年，拜耳的专利申请 WO2000EP02327 涉及了一类二氢嘧啶类化合物 1－3，其可用于治疗 HBV。

随后，在 2001 年，拜耳提交的专利申请 WO2001EP02445 涉及了一系列二氢嘧啶类化合物，主要针对二氢嘧啶环的 5－位和 6－位进行了结构改造，其中 1－4 和 1－5 在二氢嘧啶环 6－位引入取代苯基，该化合物可用于治疗 HBV，同时可与其他抗病毒剂联合用药；WO2001EP02444 涉及的化合物 1－6 和 1－7 在二氢嘧啶环的 5－位引入酯基，可用于治疗 HBV；WO2001EP02443 涉及的化合物 1－8 和 1－9 在嘧啶环 5－位引入羧酸酯基，可用于治疗 HBV，同时可与其他抗病毒剂联合用药；WO2001EP02441 涉及的化合物 1－10 和 1－11 在嘧啶环 5－位引入羧酸酯基，可用于治疗 HBV，同时可与其他抗病毒剂联合。

2007～2008 年，北京摩力克提交了抗 HBV 的二氢嘧啶类化合物的专利申请 WO2007CN02098、WO2007CN02099 和 WO2008CN00022，主要改进位点在于二氢嘧啶环的 2－位进行芳香环修饰，以及提供了一系列具有特定手性构型的化合物。典型的化合物有 1－12、1－13 和 1－14。

2008 年，张中能（广东东阳光）提交了一系列具有抑制 HBV 感染的二氢嘧啶类化合物 1－15，其中 R^3 是 $C_1 \sim C_4$ 烷基，R^6 是噻唑－2－基，X 是亚甲基。WO2008CN01187 中 R^1 是邻溴，R^2 是对氟，并且 Z 是吗啉基，如化合物 1－16；WO2008CN01188 中 R^1 是邻氯，R^2 是对氟，并且 Z 是吗啉基，如化合物 1－17，将取代基 R^1 变为邻氯和 R^2 为对氟，活性提高了 6 倍；WO2008CN01189 中 R^1 是邻氯，R^2 是对氟，并且 Z 是吗啉基，如化合物 1－18，2－位为噻唑－2－基的乙酯结构的化合物活性提高 3 倍，IC_{50} 值低于 1nM；WO2008CN01190 中 R^1 和 R^2 独立地为氢或卤素，Z 是硫代吗啉－S－氧化物或硫代吗啉－S－二氧化物，如化合物 1－19 在二氢嘧啶 6－位引入硫代吗啉氧化物。

南京明德新药研发股份有限公司（以下简称"南京明德新药"）的专利申请 CN201410240665.X 涉及了一类稠合二氢嘧啶类通式化合物 1－20，该化合物具有抗 HBV 活性，如化合物 1－21。

广东东阳光提交了一系列涉及二氢嘧啶化合物：专利申请 CN201510141969.5 涉及通式化合物 1－22，主要改进点在于二氢嘧啶环的 6－位用含 N 和 O（或 S）的六元杂环修饰，典型化合物如 1－23。专利申请 CN201410680055.1 涉及通式化合物 1－24，主要改进位点在于二氢嘧啶环 6－位用含氮杂环修饰，典型化合物如 1－25。专利申请 CN201410660151.X 涉及通式化合物 1－26，主要改进位点在于二氢嘧啶环 6－位用含氮杂环修饰，并在 4 - 位引入甲基的修饰，典型化合物如 1 - 27。专利申请 CN201410657898.X 涉及通式化合物 1 - 28，主要改进位点在于二氢嘧啶环 6 - 位用不同杂环修饰，典型化合物如 1 - 29。专利申请 CN201310404875.3 涉及通式化合物 1 - 30，主要改进位点在于二氢嘧啶环的 6 - 位引入杂芳基或杂环以及对 2 - 位取代基的扩展，典型化合物如 1 - 31。专利申请 CN201310391314.4 涉及通式化合物 1 - 32，主要改进位点在于二氢嘧啶环的 6 - 位引入杂环以及对 2 - 位取代基的扩展，典型化合物如 1 - 33。专利申请 CN201310410130.8 涉及通式化合物 1 - 34，主要改进位点在于二氢嘧啶环的 6 - 位引入环状氨基以及对 2 - 位取代基的扩展，典型化合物如 1 - 35。专利申请 CN201310373003.3 涉及通式化合物 1 - 36，主要改进位点在于二氢嘧啶环的 6 - 位引入杂环，典型化合物如 1 - 37。专利申请 WO2009CN01489 涉及通式化合物 1 - 38 和 1 - 39，其可用于治疗和预防乙型肝炎病毒，其中化合物 1 - 40 对于乙肝病毒的 IC_{50} 值为 1nm。

爱尔兰詹森研发公司（以下简称"爱尔兰詹森"）的专利申请 WO2013EP50095 涉及一类二氢嘧啶类化合物 1 - 41，主要改进位点在二氢嘧啶的 4 - 位增加一个取代基，典型化合物如 1 - 42。

中国人民解放军军事医学科学院毒物研究所的专利申请 CN200910148630.2 涉及一类二氢嘧啶类化合物 1 - 43，主要改进位点在二氢嘧啶的 6 - 位进行不同亚甲基的修饰，典型化合物如 1 - 44。

Scripps Research Institute（以下简称"Scripps 研究所"）的专利申请 WO2012US49363 涉及了一类衣壳抑制剂 1 - 45，可用于治疗和预防 HBV。其中化合物 B - 089（EC_{50} 值为 98.84μM，CC_{50} 值为 >100μM）和 B - 108 具有较低的细胞毒性（EC_{50} 值为 96.35μM，CC_{50} 值为 >100μM）（未给出上述两个化合物的具体结构）。

罗氏提交了一系列涉及二氢嘧啶化合物的专利申请。专利申请 WO2013EP56371 涉及了一类二氢嘧啶类化合物 1 - 46，其在二氢嘧啶的 6 - 位引入杂芳基或杂环 - 亚甲基结构。专利申请 WO2014EP60034 涉及了一类可用于治疗和预防 HBV 的二氢嘧啶类化合物 1 - 47 嘧啶环 6 - 位桥连含氮杂环修饰。专利申请 WO2013EP68429 涉及了一类可用于治疗和预防乙型肝炎病毒感染的 6 - 氨基酸杂芳基二氢嘧啶 1 - 48，其中 A 是一系列取代或未取代的含氮五元或六元饱和单杂环，如四氢吡咯环、哌啶环、吗啉环、硫代吗啉环、1，3 - 噻嗪环。专利申请 WO2015EP54454 涉及了一类可用于治疗和预防 HBV 的二氢嘧啶类化合物 1 - 49，在嘧啶环 6 - 位采用稠合环改造的杂芳基二氢嘧啶。专利申请 WO2016EP074526 涉及了一类二氢嘧啶化合物 1 - 50，在 6 - 位采用稠合含氮杂环烷酮修饰，可用于治疗 HBV。

山东大学的专利申请 CN201710705616.2 以 GLS4 为先导化合物，合成了一类二氢嘧啶 - 三氮唑类衍生物 1 - 51，其中 R 为氢，取代或未取代的烷基、苯基或杂环。其中化合物

1 –52 表现了较小的细胞毒性，其 CC_{50} 值大于 50μM，优于先导化合物 GLS4（22.4±2.1μM）。另外，还表现了较好的抑制 HBV 的 DNA 复制活性，其 IC_{50} 值为 0.35±0.04μM，优于上市药物拉米夫定（0.54±0.18μM），弱低于 GLS4（0.13±0.05μM）；5a 抑制 HBV DNA 复制的选择性系数（SI）大于 143，优于先导化合物 GLS4（22.4±2.1μM）和上市药物拉米夫定（>93），但是未表现抑制 HBsAg 和 HBeAg 分泌活性。

广东东阳光的专利申请 CN201710354248.1 涉及了化合物 1 –53 晶型 A，其柠檬酸络合物晶型 I（A）和 I（B），甲磺酸络合物晶型 II 和 III，并对相应的晶型进行了稳定性测试、药代动力学评价和吸湿性测试。结果显示，相对于原料药而言，晶型 I（A）、晶型 II 和晶型 A 具有更好的稳定性；同时动物实验表明，该发明中公开的晶型更易于被吸收，且具有更长的半衰期。此外，晶型 A 几乎不具备吸湿性。

广东东阳光的专利申请 CN201710637253.3 涉及了一种对化合物 1 –54 进行手性拆分制备得到非对应异构体 1 –55 的方法。发现在合适的溶剂中直接实现光学异构体的拆分，或者通过与不同的酸形成酸加成物实现光学异构体的拆分。

罗氏的专利申请 WO2017EP70984 涉及了一种 HBV 衣壳组装抑制剂和核苷类似物联合用药的方法。活性测试结果显示，二氢嘧啶类化合物 1 –56 至 1 –60 与核苷类似物恩替卡韦联合用药具有协同增效的作用。

广东东阳光的专利申请 CN201710783447.4 涉及了一类二氢嘧啶类化合物 1 –61，其中，R 为 – X – Z，X 为亚烷基或羰基，Z 为六元饱和（杂）环结构（如图 13 所示），R^5 为 –$(CR^9R^{9a})_m$–R^8，R^8 为 5 –6 元杂芳基或杂环基。其中化合物 1 –62 和 1 –63 对 HBV 具有较好的抑制活性（EC_{50} 值分别为 365.65nM、250.45nM）、较低的细胞毒性（CC_{50} 值 > 150μM）。

浙江海正药业的专利申请 WO2017CN100103 涉及了一种可用于治疗和预防乙型肝炎病毒感染疾病中的二氢嘧啶类化合物 1 –64，其中 R 为一系列螺环结构（如图 13 所示）。其中部分化合物具有较强的抗 HBV 病毒的活性；细胞毒性检测和药代动力学检测结果显示，化合物 1 –65 具有较小的毒性和较好的生物利用度。

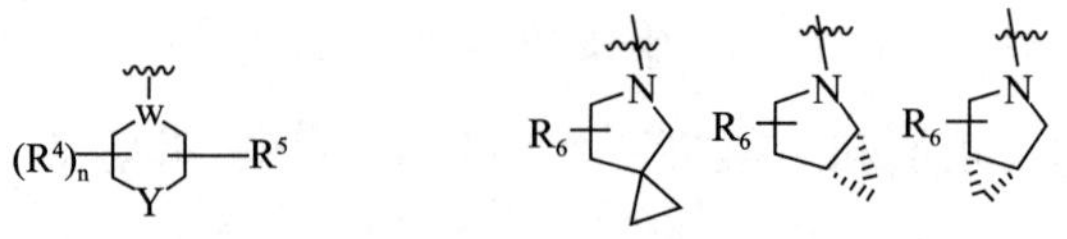

CN201710783447.4中基团Z的结构　　　　WO2017CN100103中基团R的结构

图 13　部分取代基结构

四川科伦博泰的专利申请 WO2017CN108016 涉及了一类通式化合物 1 –66，其可通过对逆转录酶和或衣壳蛋白装配的抑制来发挥抗病毒作用。其中化合物 1 –67 和 1 –68 的 EC_{50} 值 <10nM，具有优异的抑制活性。

四川科伦博泰的专利申请WO2017CN110123涉及了一类通式化合物1－69，这类化合物能够有效地抑制HBV的DNA复制，相对于现有技术中公开的二氢嘧啶化合物（如GLS4）无明显心脏毒性，并且所述化合物具有显著降低的对CYP450酶3A4亚型的诱导作用。此外，所述化合物还具有肝脏富集能力，有利于靶向治疗。

通过上述技术主题的分析可以明显看出，化合物的结构改造是研发人员研究的热点。继拜耳研发出具有较好药效的二氢嘧啶类核衣壳抑制剂BAY41－4109、BAY39－5493之后，各大医药公司开始在此基础上，对二氢嘧啶类核衣壳抑制剂的构效关系进行研究，并对其结构进行改造，以期望得到药效更好的二氢嘧啶类核衣壳抑制剂（例如广东东阳光提供的GLS4）。

在早期的结构改造中，主要是在原有化合物BAY41－4109、BAY39－5493、GLS4的基础上，对2－位和/或4－位进行简单的生物电子等排体之间的替换以及对苯环或酯基取代基的简单修饰。例如，申请人为北京摩力克的专利申请CN200610098646.3，要求保护通式为1－70的化合物，其中R为噻唑、2，6－二氟代苯基、咪唑；申请人在现有技术的基础上，将二氢嘧啶的2－位由原来的吡啶替换为上述基团，并随后对所得化合物的抗病毒活性（IC_{50}值）和细胞毒性（TD_{50}值）进行了测定，其中化合物1－71的IC_{50}值和TD_{50}值分别可达0.87μM和7.17μM。而申请人为张中能（后续转让给广东东阳光）的专利申请WO2008CN01188，要求保护通式为1－72和1－73和的化合物，其中明确限定了R^1－R^2为邻－氯和对－氟；申请人发现当R^6为噻唑－2基时，4－位苯环的取代基为邻－氯和对－氟时，所得化合物的活性可以提高6倍，IC_{50}值低于1nM，其中化合物1－17的IC_{50}值为0.3nM，并且具有减少的肝细胞毒性。

通过上述的分析可以看出，早期改造后的化合物结构并没有发生太大的变化，大多是在保持二氢嘧啶为母核、4－位苯基、5－位酯基的基础上，进行生物电子等排体以及同族元素之间的替换或者是对酯基取代基进行更多的选择，而替换后的化合物一般会具有更小的肝毒性，IC_{50}值最低可至nM级别。

而在随后的一些结构改造中，主要改进点集中在对6－位的修饰，在原有吗啉基团的基础上，将其替换为含氮的杂环或杂芳环，甚至是含氮的桥环。例如，申请人为张中能（后续转让给广东东阳光）的专利申请WO2008CN01189，要求保护通式为1－74和1－75的化合物，其中X是亚甲基，Z是硫代吗啉－S－氧化物或硫代吗啉－S－二氧化物；其在现有技术的基础上将相应的Z基团由吗啉替换为硫代吗啉－S－氧化物或硫代吗啉－S－二氧化物，提高了化合物的稳定性，增强了代谢活性，减少了肝毒性。而在申请人为罗氏的专利申请WO2014EP60034中，要求保护通式为1－47的化合物，其中R^4为一系列桥环结构（如图14所示），其在现有技术的基础上，将6－位的吗啉环替换为含氮桥环，这是首个含有桥环结构的二氢嘧啶类核衣壳抑制剂，所得化合物1－76的EC_{50}

值可达7nM，并且具有较好的人微粒体清除率和溶解度。在此期间，对二氢嘧啶6－位进行结构修饰是研发的热点，改造后的化合物结构变化较大，由原来的吗啉基团替换为不同环原子数、性质差别较大的杂环、杂芳环或者含氮桥环，不过一般在改造的过程中，依然会保留吗啉结构中原有的氮原子，可见氮原子的存在对化合物的药效有很大影响。

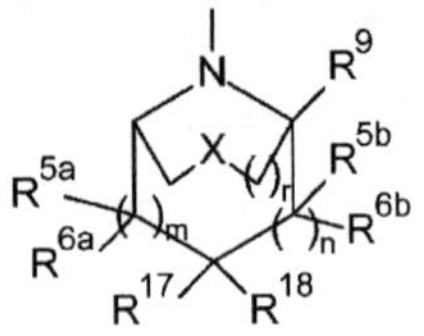

图 14　WO2014EP60034 中基团 R^4 的结构

另外，还有一部分研发人员在二氢嘧啶的4－位增加烷基（特别是甲基）取代基的修饰，公开了一种4，4－二取代的二氢嘧啶类核衣壳抑制剂。例如申请人为爱尔兰詹森研发公司的专利申请 WO2013EP50095，要求保护通式结构为1－41 的化合物，其中 B 为一个或多个氟原子取代的 $C_{1\sim3}$烷基。在现有技术的基础上，在二氢嘧啶的4－位增加一个烷基取代基，所得具体化合物1－42 的 IC_{50}值为0.669μM，CC_{50}值大于100μM。

2. 间酰胺基苯磺酰胺类

文中涉及的间酰胺基苯磺酰胺类化合物的结构如表2 所示。

表2　间酰胺基苯磺酰胺类化合物结构

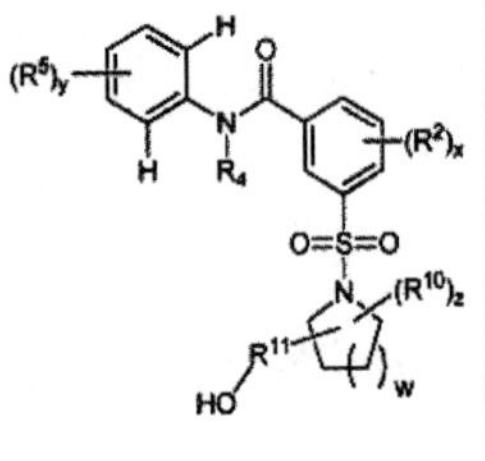 2－1	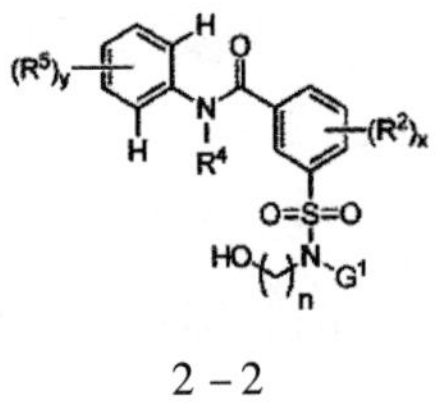 2－2	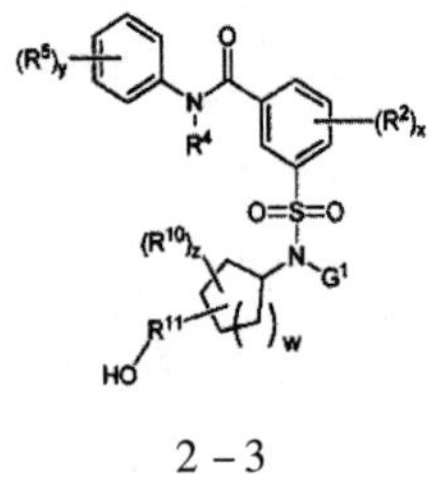 2－3	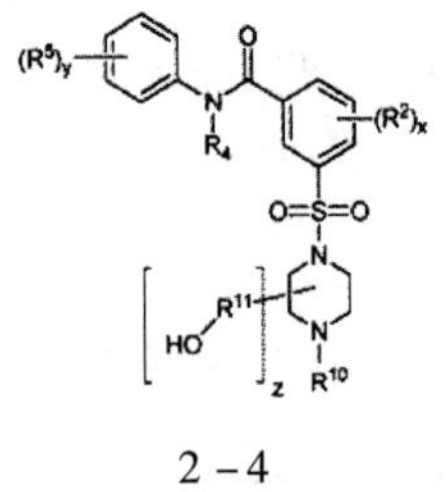 2－4
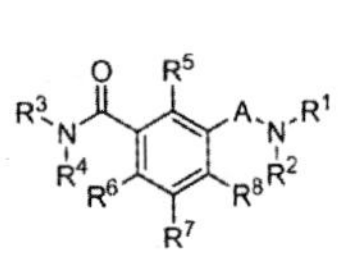 2－5	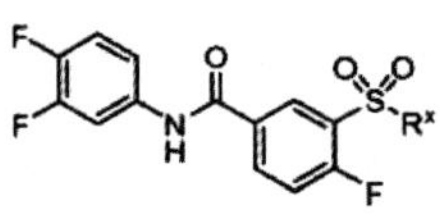 2－6	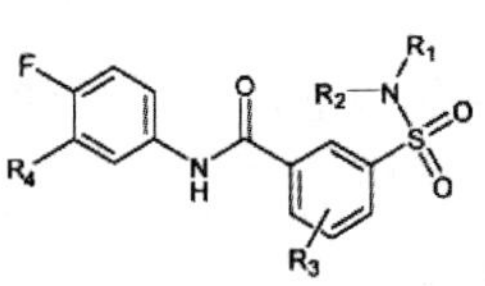 2－7	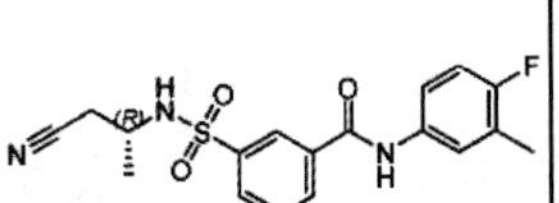 2－8
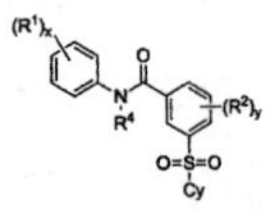 2－9	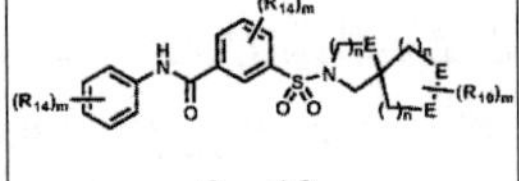 2－10	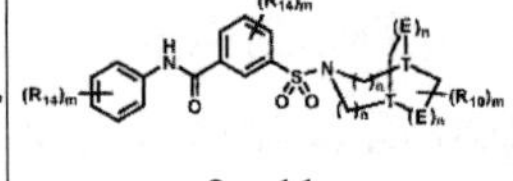 2－11	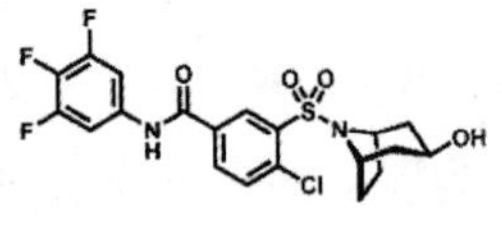 2－12

续表

2 – 13	2 – 14	2 – 15	2 – 16
2 – 17	2 – 18		

2012 年，Novira 的专利申请 WO2012US071195 首次报道了一类具有间酰胺基苯磺酰胺结构的化合物 2 – 1 或 2 – 2、2 – 3、2 – 4，所述化合物均具有间酰胺基苯磺酰胺结构，其中酰胺端连接苯基，磺酰基端与 N 相连。为了测定其对衣壳组装的影响，Novira 在 4 种不同浓度（$10\mu M$、$3\mu M$、$1\mu M$ 和 $0.3\mu M$）下筛选各测试化合物，筛选得到在 $10\mu M$ 下的组装分析中显示 >50% 活性的化合物。随后在 HBV 复制的两种不同细胞培养物模型中，评估了所述化合物抑制细胞外和细胞内 HBV DNA 产生的能力。所述分析揭示，所述化合物防止前基因组 RNA 包装到病毒衣壳中，而对细胞内核颗粒含量无显著影响。所述效应与其生物化学活性一致，所述化合物充当误导体外组装导致形成异常、无功能颗粒的变构效应物，有效抗病毒效应是由于病毒 DNA 合成需要 pgRNA 衣壳化。

2013 年，Drexel 等的专利申请 WO2013US077940 涉及了具有通式 2 – 5 结构的化合物，其中 A 可为 SO_2 或 CO，所述化合物可作为用于处理病毒的核衣壳装配抑制剂。活性实验证明，所述化合物抑制永生化鼠类肝细胞（AML12）源性稳定细胞系（AML12HBV10）中的 HBV 复制而无可测量细胞毒性，所述细胞系支持以四环素诱导性方式达成强力 HBV 复制。此外，实验还证明所述化合物针对人肝细胞源性细胞 Hep-DES19 细胞（支持以四环素诱导性方式达成 HBV 复制的人肝细胞瘤细胞系）具有 HBV 的抗病毒活性。以化合物 2 – 6（其中 R_x 为 1 – 氮杂环丁烷）为例，其针对 AML12HBV10 和 HepDES19 细胞的 EC_{50} 值均 <1μM，且通过改变酰胺基和磺酰胺基部分所修饰基团，可对抗病毒活性有较大的影响。

2014 年，爱尔兰詹森的专利申请 WO2014EP053858 涉及了具有通式 2 – 7 结构的化合物，其显示对细胞系 HepG2.2.15 和 HepG2.117 具有抗 HBV 活性。以化合物 2 – 8 为例，其对细胞系 HepG2.2.15 和 HepG2.117 进行测试的 EC_{50} 值分别低至 $0.10\mu M$ 和 $0.14\mu M$，用 HepG2 的细胞进行测试，将细胞在化合物存在下孵育 4 天，测定得到 CC_{50} 值为 >25μM。

2014～2016 年，Novira 的专利申请（WO2014US024509、US14597814、US14670001、WO2015US011663、WO2016US023066）涉及了一系列核衣壳抑制剂，其具有典型结构 2－9，其中 Cy 为含氮杂环。通过对所述化合物进行 HBV 组装测定，筛选出在组装测定中在约 10μM 下显示 >50% 活性的化合物。此外，通过对 HBV 复制斑点印迹测定的抑制实验，评估所述化合物抑制 HBV 复制在 HBV－产生肝癌细胞系中的能力，将已知的 HBV CA 组装调节剂，诸如 HAP－1 和 BAY 41－4109，用作这些实验中的对照化合物。

2017 年，Enanta 的专利申请 WO2017US015972 涉及了一类可能作为核衣壳抑制剂的化合物，所述化合物具有间酰胺基苯磺酰胺结构，如：2－10 或 2－11，具体的可为 2－12 等，所述化合物可显示出对 HepAD38 细胞系 EC_{50} 值 <1μM 的活性。

2017 年，Enanta 的专利申请 WO2017US020853 涉及了一类可能作为核衣壳抑制剂的化合物，其可具有 2－13 或 2－14 的结构，具体可为 2－15、2－16 等，部分化合物显示出对 HepAD38 细胞系 EC_{50} 值 <0.1μM 的活性。

2017 年，Emory University 的专利申请 WO2017US021551 涉及了一类可能作为核衣壳抑制剂的化合物，其可具有苯磺酰胺结构，如化合物 2－17。其针对 HBV 的抑制活性 EC_{50} 值和 EC_{90} 值为 0.1～0.9μM，抗 HBeAg 活性为 EC_{50} 值 <10μM，且对 PBM、CEM、VERO 等细胞的毒性较低。此外，Emory University 还发现了优选化合物 2－18，其对 HBV 和 HBeAg 的抑制活性较好，且对 PBM、CEM、VERO 等细胞的毒性较低。

通过对上述文献的分析可知，目前可修饰和替换的位点分为三类：（1）对苯环 A 的替换：Novira 的专利申请 WO2014US024509 尝试将苯环替换为吲哚环或苯并咪唑环，证实替换后的化合物仍然能够作为核衣壳的抑制剂；（2）对磺酰胺基 B 的修饰和替换：Novira 的专利申请（WO2012US071195、US14597814、US14670001、WO2015US011663、WO2016US023066）证实将磺酰胺基的氨基部分修饰成各种含氮的单杂环均可保留核衣壳抑制活性；Enanta 的专利申请（WO2017US015972、WO2017US020853）提出将磺酰胺基的氨基部分修饰成含氮桥环后，或者将磺酰胺基仅保留磺酰基，均可保留抗 HBV 活性；德雷克塞尔大学等的专利申请（WO2013US077940）发现将磺酰胺基替换为氨基磺酰基或酰胺基后，可用作核衣壳抑制剂；Emory University 的专利申请（WO2017US021551）证实将磺酰胺基替换为羰基酰胺基后，显示出 HBV 较好的抑制活性；（3）对酰胺基 C 的修饰：通常酰胺基端连接苯基，用卤素、芳基、杂芳基、环烷基等取代基进行修饰，德雷克塞尔大学等的专利申请（WO2013US077940）还发现将酰胺基上的取代基与相连的苯基连接形成稠合环后，所得化合物仍然可用作核衣壳抑制剂，具备 HBV 抑制活性。

3. 丙烯酰胺类

文中涉及的丙烯酰胺类化合物的结构如表 3 所示。

表3 丙烯酰胺类化合物的结构

1998 年，Avid 公司的专利申请 WO1998US00986 涉及了通式化合物 3 - 1，并且测试了部分化合物抑制乙肝病毒 DNA 复制的活性数据，如化合物 3 - 2、3 - 3 的 EC_{50} 值（μM）为 0.13、1.2。由此可见，化合物 3 - 2 表现出了更强的抗 HBV 活性。

2003 年，Triangle 公司的专利申请 WO2003US38233 涉及了丙烯酰胺类抗乙肝病毒活性的化合物 3 - 4，并且在实施例部分记载了 2 - 取代的丙烯酰胺衍生物，如化合物 3 - 5、3 - 6、3 - 7 的抗乙型肝炎病毒活性的 EC_{50} 值（nM），分别为 100、85、100，显示出该类化合物具有良好的抗乙肝病毒活性。并且在其说明书中记载了乙型肝炎病毒是嗜肝 DNA 病毒家族中的一员，其特征是长约 3000 碱基对的环状部分双链 DNA 基因组、包膜衣壳，以及具有感染肝细胞的能力。

2008 年，南开大学的专利申请 CN200810052812.5 涉及了一类含 1，2，3 - 噻二唑环并具有抗乙肝病毒活性的丙烯酰胺类化合物，其请求保护的通式为 3-8，并且在其实施例中测定了部分化合物的抗乙型肝炎病毒活性，其中化合物 3-9 的 IC_{50} 值为 12.26μg/ml，具有较好的抗乙肝病毒活性。

2013 年，Indiana University 的专利申请 CN201380068805.3 涉及了丙烯酰胺类化合物 3-10，并且保护一种用于鉴定对于治疗（HBV）感染有用的化合物的方法，即通过实验验证化合物对 HBV 衣壳蛋白的影响，从而确定其是否能够用于治疗乙型肝炎病毒的感染。

2015 年，Novira 的专利申请 WO2015US63417 涉及了用于 HBV 治疗的硫化烷基化合物和吡啶类反式磺酰胺化合物，其通式为 3-11。另外，还公开了一种使用治疗有效量的该发明化合物与衣壳装配调节剂联合应用，用于治疗个体中 HBV 感染的方法。

2017 年，Protiva 公司的专利申请 WO2017US12614 涉及了用于治疗乙型肝炎的药物组合物，其中至少包括一种核衣壳抑制剂，其选自 3-12、3-13、3-14 和 3-15。

综上，具有抗乙肝病毒活性的丙烯酰胺类化合物，在对结构进行改造时，通常在保持丙烯酰胺结构不变的基础上，对通式 3-16 中的 R_1、R_2、R_3、R_4 进行改进。

对于 R_1 和 R_4 位点的改进，如 R_1 为苯环或者其他取代或非取代的芳香环如噻唑，R_4 为取代或未取代的酰胺基，代表性的化合物如 3-5，其 EC_{50} 值为 100nM。或者 R_1 和 R_4 与其连接的烯键构成芳环，如化合物 3-14 和 3-15，同样能够保持良好的抗乙肝病毒活性。

对于 R_2 和 R_3 位点的改进，例如 R_2 为 H，或者 R_2 与 R_3 同其连接的 N 构成杂环基如吗啉、哌啶、吡咯等；如化合物 3-6、3-7 的抗乙型肝炎病毒活性的 EC_{50} 值（nM）分别为 85、100，上述化合物对应的 R_2 和 R_3 与其连接的 N 原子所形成的杂环基类型对其抗乙肝病毒活性影响并不显著。

4. 其他类

文中涉及的其他类化合物的结构如表 4 所示。

表4　其他类化合物的结构

| 4-1 | 4-2 | 4-3 | 4-4 |
| 4-5 | 4-6 | 4-7a | 4-7b |

续表

 4－7c	 4－7d	 4－7e	 4－7f
 4－8a	 4－8b	 4－9a	 4－9b
 4－9c	 4－10	 4－11	 4－12
 7a X＝F 7b X＝CN 4－13	 4－14	 4－15	 4－16

2014 年，Novira 的专利申请 WO2014US65614 涉及了治疗乙肝的氮杂环庚烷衍生物化合物 4－1。该类化合物对衣壳组装有抑制作用，化合物 4－2 等化合物在 10μM 下生物活性大于 50%。

2015 年，巴鲁克斯布隆伯格研究所等的专利申请 WO2013US73319 涉及了苯甲酰胺衍生物 4－3，公开了化合物 4－4 和化合物 4－5 并不影响病毒 mRNA 的量，但剂量依赖性降低衣壳 pg－RNA 的水平。类似于 AT－61，化合物 4－4 和 4－5 并没有显著影响衣壳的形成，但以剂量依赖的方式降低了壳体化 pg－RNA 和与衣壳相关的 HBV DNA。

2016 年，Indiana University 的专利申请 WO2016US27780 涉及了抗乙肝化合物 4－6，该类化合物可显著抑制乙肝病毒在 AD38 细胞上生存。

2016 年，Enanta 的专利申请（WO2016US25530、WO2016US31974、WO2016US43324）涉及了治疗乙肝化合物 4－7a、4－7b、4－7c、4－7d、4－7e、4－7f；化合物 4－8a、4－8b；以及化合物 4－9a、4－9b、4－9c。该类化合物具有很好的抗 HBV 活性，其大部分化合物抗乙肝病毒的 EC_{50} 值小于 10μM。

2017 年，Gilead 公司的专利申请 WO2017US32910 涉及了治疗乙肝的化合物 4－10，并公开了化合物 2 针对 HBsAG EC_{50} 值为 3.0μM，具有很好的抗 HBV 活性。

2017 年，Assembly Biosciences 的专利申请 WO2016US51934 涉及了抗乙肝化合物 4 - 11，生物测定结果表明，该类化合物可显著抑制乙肝病毒在 AD38 细胞上生存。

2017 年，Emory 大学的专利申请 WO2017US21551 涉及了抗乙肝化合物 4 - 12，并公开了化合物 4 - 13 等具有较强抗 HBV 活性。

2018 年，Novira 的专利申请 WO2017US40130 涉及了治疗乙肝的化合物 4 - 14，该类大多数化合物对乙肝病毒 DNA 复制的抑制 EC_{50} 值在 1 ~ 100nM。

2018 年，Novira 的专利申请 WO2017US40132 涉及了治疗乙肝的化合物 4 - 15，该类大多数化合物对乙肝病毒 DNA 复制的抑制 EC_{50} 值在 1 ~ 100nM。

2018 年，正大天晴药业的专利申请 WO2017CN102054 涉及了新型衣壳蛋白装配抑制剂，化合物 4 - 16 等部分化合物对核衣壳蛋白装配抑制 EC_{50} 值在 1 ~ 10μM。

（三）重要申请人的化合物专利分析

二氢嘧啶类抗 HBV 药物最早是由拜耳发现，后续罗氏等大型药企也进行了相关的研发。就国内发展现状来看，广东东阳光在此类抗 HBV 药物上有较多的贡献，而间酰胺苯磺酰胺类抗 HBV 药物则主要由 Novira 研发。有必要对国内外的重要申请人的专利进行分析，了解其相关专利技术的发展、布局，这对我们相关企业在这方面的专利布局将有所裨益。

1. 拜耳相关专利分析

拜耳早在 1999 年就申请了关于二氢嘧啶类抗 HBV 的化合物专利申请（WO9954329A1），后续针对这一类化合物的结构改造和联合用药方面作了一系列的工作。拜耳共申请了二氢嘧啶类抗 HBV 药物相关专利 13 件。

在拜耳公开的 13 件专利申请中，9 件涉及具有抗 HBV 病毒活性的二氢嘧啶类原始化合物；3 件涉及化合物的联合用药，通过化合物与二氢嘧啶化合物联合用药，进而降低肝毒性或提高抑制活性。

根据上述分析，我们了解到拜耳作为率先开发以核衣壳为靶标的二氢嘧啶类抗 HBV 药物领域的原研公司，专利申请量名列前茅。但是这些专利申请的技术内容仅涉及原始化合物及其部分联合用药，关于化合物的立体异构体形式和氘代形式、晶体、共晶体、制剂形式、治疗（给药）方案以及化合物的制备方法等并未涉及。从专利技术的发展来看，拜耳的专利申请主要集中在 1999 ~ 2001 年；2002 年仅申请了 1 件专利，而且该专利是提供一种能与二氢嘧啶化合物联合给药的色酮衍生物，并不涉及二氢嘧啶类化合物本身的结构改造；2002 年以后拜耳并未申请相关专利，这可能与其化合物 Bay41 - 4109 和 Bay39 - 5439 的开发失败有关。

就化合物结构的设计思路而言，拜耳公开了一类以二氢嘧啶环为母核的抗 HBV 化合物，其母核的 5 - 位主要为羰基或酯基，2 - 位和 4 - 位主要为芳基或杂芳基，6 - 位可选择性更多，通常是可以进行结构改造的位点。

就进入中国阶段的专利而言，拜耳仅 3 件进入中国。其中 WO9954326A1（专利公开号 CN1305471A，专利授权号 CN1159311C），涉及化合物基础专利，目前处于专利权维持状态；WO9954329A1（专利公开号 CN1297449A，专利授权号 CN1134434C），涉及化合物基础专利，已转让给广东东阳光，目前处于未缴年费终止失效的状态；WO0164755A2（专利公开号 CN1406233A）涉及与二氢嘧啶类联合用药的异噁唑类化合物，已视撤失效。

2. 罗氏相关专利分析

相对于拜耳而言，罗氏关于二氢嘧啶类抗 HBV 的化合物专利较晚，2013 年，罗氏提交其第一件关于二氢嘧啶类化合物专利申请。此后的时间内罗氏针对这一类结构的化合物的结构改造、联合用药、晶型等方面作了一系列的工作。罗氏共申请了 22 件二氢嘧啶类抗 HBV 药物相关专利。

在罗氏的上述 22 件专利申请中，有 8 件涉及具有抗 HBV 病毒活性的二氢嘧啶类原始化合物；5 件是针对化合物的联合用药，其通过 TLR7 激动剂、HBsAg 抑制剂和/或干扰素与二氢嘧啶类核衣壳抑制剂联用；1 件涉及化合物的晶体，通过得到化合物的特定晶型，以增加稳定性，便于成药；1 件涉及化合物的药用盐，通过药用盐的形式，增强化合物的水溶性，改善吸湿性。

根据上述分析，我们了解到罗氏在二氢嘧啶类抗 HBV 药物领域的研发极为活跃，专利申请量名列前茅，罗氏制药还开发了试验性药物 RO7049389 及其片剂，已在国内申报临床，受理号 CXHL1700064、CXHL1700065。罗氏对二氢嘧啶类化合物的专利保护和专利布局意识也较为强烈，2013～2017 年围绕二氢嘧啶在各国家/地区共申请了 18 件专利，这些专利申请的技术内容涉及多个方面，包括原始化合物及其立体异构体形式、药物晶型、联合用药、药用盐、治疗（给药）方案以及化合物的制备方法等。罗氏制药通过这些专利申请为其相应的二氢嘧啶类化合物提供了完整、有效的保护圈，充分保障了公司权益。

就化合物结构的设计思路而言，罗氏主要是针对二氢嘧啶环的 6 - 位进行结构设计和改造的，保留二氢嘧啶环的 5 - 位芳基或杂芳基结构，在 6 - 位引入杂芳基、杂环 - 亚甲基、含氮（稠合）杂环，或通过含氮、氧桥结构将杂环与二氢嘧啶环 6 - 位相连。

就进入中国阶段的专利而言，罗氏仅 5 件进入中国，均为化合物基础专利。其中 WO2013144129A1（专利公开号 CN104144924A，专利授权号 CN104144924B），在二氢嘧啶的 6 - 位引入杂芳基或杂环 - 亚甲基，目前处于专利权维持状态，该专利的到期日期为 2033 年 3 月 26 日；WO2014184328A1（专利公开号 CN105209470A，专利授权号 CN105209470B），在二氢嘧啶的 6 - 位引入桥连的杂芳基，目前处于专利权维持状态，该专利的到期日期为 2034 年 5 月 16 日；WO2015132276A1（专利公开号 CN106061978A，专利授权号 CN106061978B），在二氢嘧啶的 6 - 位引入稠合的杂芳基，目前处于专利权维持状态，该专利的到期日期为 2035 年 3 月 4 日；另外 1 件专利申请处于驳回等复审阶段，1 件处于等待实审提案阶段。

3. 广东东阳光相关专利分析

广东东阳光在拜耳转让的一系列关于二氢嘧啶类专利的基础上，经过自主开发，针对这一类结构的化合物的结构改造、晶型、制备方法等方面作了一系列的工作。

在广东东阳光公开的 25 件专利申请中，有 15 件涉及具有抗 HBV 病毒活性的二氢嘧啶类基础化合物；6 件涉及化合物及其盐的晶体，通过得到化合物的特定晶型，以增加稳定性，便于成药；3 件涉及化合物的制备方法和/或手性拆分方法；1 件涉及药物制剂。

根据上述分析，我们了解到广东东阳光在二氢嘧啶抗 HBV 药物领域的研发极为活跃，专利申请量名列前茅，并在拜耳转让的二氢嘧啶类专利的基础上，还开发了试验性药物 GLS4（莫非赛定），并已进入 Ⅱ/Ⅲ 期临床试验阶段。广东东阳光对二氢嘧啶类化合物的专利保护和专利布局意识也较为强烈，所申请的专利包括原始化合物及其立体异构体形式、药物晶型、药用盐，以及化合物的制备方法等。广东东阳光通过这些专利申请为其相应的二氢嘧啶类化合物提供了完整、有效的保护圈，充分保障了公司权益。

4. Novira 相关专利分析

与拜耳和罗氏不同，Novira 对核衣壳抑制剂的研究主要涉及间酰胺基苯磺酰胺类化合物。2012 年，Novira 提交了第一件核衣壳抑制剂化合物的专利申请。此后，Novira 先后针对磺酰胺基位点、苯基位点、酰胺基位点进行了修饰和替换，并在联合用药方面予以了关注。Novira 在用于治疗 HBV 的核衣壳抑制剂方面共涉及专利申请 25 件。

在 Novira 的上述 25 件专利申请中，有 20 件涉及间酰胺基苯磺酰胺类化合物，3 件涉及噁二氮杂卓酮化合物。在 20 件涉及间酰胺基苯磺酰胺类化合物的申请中，除了 3 件涉及联合用药，1 件涉及药物晶型外，其余均涉及化合物的改进，这可能是由于此类作用机制的化合物尚不够成熟。因此，研发者主要将精力放在新化合物的结构开发中，以期找到活性更好、毒性更低的化合物。2017 年，Novira 还申请了 3 件涉及噁二氮杂卓酮化合物的专利申请，试图从中找到更优的化合物。

就化合物结构的设计思路而言，Novira 主要针对间酰胺基苯磺酰胺的磺酰胺基位点进行结构的设计和改造。随着研发的深入，改造思路还包括可将苯基替换为稠合杂环，且酰胺基端所连基团可包含芳基、杂芳基、烷基等各基团。

就进入中国国家阶段的专利申请而言，Novira 仅 6 件进入中国。其中（专利公开号 CN104144913A），涉及化合物基础专利，目前处于专利权维持状态，该专利的到期日期为 2032 年 12 月 21 日。

三、总结和建议

本文基于目前公开的全球专利申请，从专利申请、专利布局、技术来源、化合物类别等角度对用于治疗 HBV 的核衣壳抑制剂相关专利技术领域的发展态势进行了分析探讨，并在挖掘核衣壳抑制剂核心专利的基础上，进一步分析了专利强度、核心专利的专利权人、技术主题等状况。经过前面的统计分析，本课题得出以下主要结论，并借此为国内申请人在用于治疗 HBV 的核衣壳抑制剂药物研发和专利保护方面提供一些建议。

（一）核衣壳抑制剂专利现状

目前虽然有多种用于治疗 HBV 的核衣壳抑制剂已进入临床试验，但是全球尚未有成功上市的此类药物，核衣壳抑制剂尚处于发展阶段。从发展趋势看，早在 1990 年即有第一件有关核衣壳抑制剂的专利申请出现，专利申请量呈现缓慢到显著增长的趋势。早期申请量不大的原因是当时基本上尚处于核衣壳抑制剂研发的研究阶段以及开发的早期阶段，人们对该类药物的成药性以及市场前景的预期并不十分明朗。之后 GLS4、NVR3 – 778、JNJ – 56136379 等一系列化合物进入临床试验，极大地激发了研发人员的热情，从 2013 年起专利申请量迅速增长。可以预期的是，未来几年内针对治疗 HBV 的核衣壳抑制剂药物的研发仍将是热点之一。

就申请人的地域分布来看，主要集中在中国、美国和德国，德国起步最早，中国起步较晚。从申请人情况看，核衣壳抑制剂专利技术集中程度较高，大多是国内外大型的制药公司，并且少数申请人占据了大部分申请。国内申请人以广东东阳光为代表，其开发的 GLS4 目前正处于临床试验阶段。国外申请人以拜耳、罗氏、Novira、强生）等为主。

目前，具有良好发展前景的核衣壳抑制剂主要集中在二氢嘧啶类、间酰胺基苯磺酰胺类和丙烯酰胺类。其中二氢嘧啶类化合物专利申请约占化合物专利申请总量的 48%，是研发的热点之一，其中代表性药物有拜耳研发的 Bay41 – 4109 和 Bay39 – 5439，广东东阳光开发的 GLS4 以及罗氏开发的 RO7049389。间酰胺基苯磺酰胺类典型化合物包括由 Novira 开发、目前已被强生收购的 AL – 3778（以前的 NVR3 – 778）。丙烯酰胺类典型化合物包括艾维德治疗公司开发的 AT – 61 和 AT – 130。

（二）核衣壳抑制剂结构改造热点

1. 二氢嘧啶类化合物（如图 15 所示）在早期的结构改造中，大多是在保持二氢嘧啶为母核、4 – 位苯基、5 – 位酯基的基础上，进行生物电子等排体以及同族元素之间的替换，或者是对酯基取代基进行更多的选择。而在随后的一些结构改造中，主要改进点集中在对二氢嘧啶环 6 – 位的修饰，如

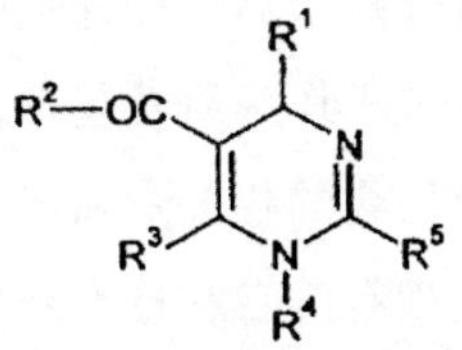

图15　二氢嘧啶类化合物

含氮的杂环或杂芳环，或是含氮的桥环作为 6 – 位的取代基。不过一般在改造的过程中，依然会保留 6 – 位杂环上的氮原子，可见氮原子的存在对化合物的药效有很大影响。另外，还有一部分研发人员在二氢嘧啶的 4 – 位增加烷基（特别是甲基）取代基进行修饰。

2. 间酰胺基苯磺酰胺类（如图 16 所示）修饰和替换的位点可分为三类：（1）将苯环 A 的替换为吲哚环或苯并咪唑环；（2）将磺酰胺基 B 进行结构改造，例如将氨基部分修饰成各种含氮的单杂环或含氮桥环，或者磺酰胺基替换为氨基磺酰基或酰胺基；（3）对酰胺基 C 的修饰：通常酰胺基端连接苯基，用卤素、芳基、杂芳基、环烷基等取代基进行修饰，或者将酰胺基上的取代基与相连的苯基连接形成稠合环。

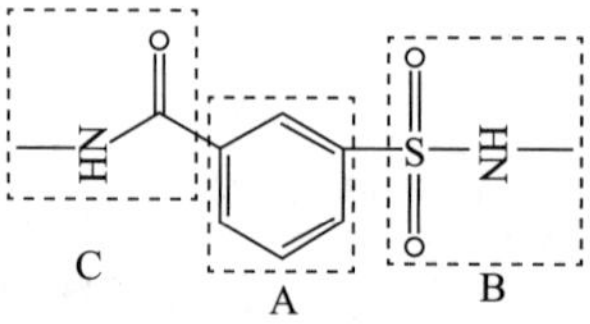

图 16　间酰胺基苯磺酰胺类化合物

3. 在对丙烯酰胺类（如图 17 所示）结构进行改造时，对于 R_1 和 R_4 位点的改进主要包括：R_1 为苯环或者其他取代或非取代的芳香环如噻唑，R_4 为取代或未取代的酰胺基；或者 R_1 和 R_4 与其连接的烯键构成芳环。对于 R_2 和 R_3 位点的改进：R_2 为 H，或者 R_2 与 R_3 同其连接的 N 构成杂环基如吗啉、哌啶、吡咯等；上述化合物对应的 R_2 和 R_3 与其连接的 N 原子所形成的杂环基类型对其抗乙肝病毒活性影响并不显著。

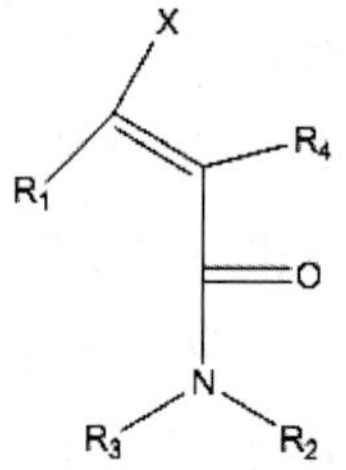

图 17　丙烯酰胺类化合物

（三）建议

由于国内企业的创新药物研发基础薄弱，因此，需要结合自身条件寻求更多角度的专利保护策略，提升企业的市场竞争力。大体而言，国内企业主要可以利用过期专利和现有技术作为研发起点，开发仿制药；同时，应当密切关注行业内的国外大型制药公司重点药物的相关专利技术，追踪前沿技术，及时跟进，形成企业自己的核心技术和专利；规避现有的专利技术壁垒，并从中寻找机会，对专利产品进行改进，及时申请外围专利和后续专利；必要时采用防御性专利申请策略，使一些技术进入公共领域。

本文从以下几个方面为国内申请人对用于治疗 HBV 的核衣壳抑制剂的研发和专利申

请提供一些建议。

1. 制定适应的专利保护策略，建立适当的专利保护布局

在新药研发过程中，国外公司通常具备极高的技术敏感性和专利保护意识，例如建立适当的专利保护布局，或是抢占他人核心专利的外围专利。中国医药企业在不断提升自身研发实力，拥有自主的核心技术和核心专利的同时，还应当在专利申请过程中借鉴国外大型制药公司成功的专利保护策略，学习建立一个适当的专利保护布局。对于拥有自主的高价值核心专利的国内申请人，应当以高价值专利为基础，对其进行充分的专利挖掘和专利布局，以高价值专利为核心，以相关外围专利构筑合理的专利围墙。

广东东阳光是目前国内在核衣壳抑制剂领域较为成功的企业，自主研发的 GLS4（莫非赛定）正处于临床试验阶段，具备良好的成药前景。然而其公开的关于 GLS4 的专利仅有 3 件，涉及化合物基础专利、化合物甲磺酸盐的晶型和药物制剂。建议企业在前期的研发过程中可以就其制备方法、关键中间体等外围专利进行适当的布局，后期企业也可以根据临床试验的进展，注意针对联合用药、第二适应证、不同的剂型等及早进行完善的专利布局。这样一方面可以延长保护期，另一方面可以堵截竞争者抢占相关的外围专利。

2. 利用现有技术进行研发，适当采取防御性专利申请

核衣壳抑制剂的种类和可修饰位点较多，对此类化合物进行结构修饰和优化仍有较大的发展空间。且目前尚未有上市的核衣壳抑制剂，市场潜力巨大。国内企业应当抓住这个机会，关注相关专利技术，寻找技术空白点，特别是有选择性地重点关注已经公开的活性较好的具体化合物，及时开发改进新的小分子化合物及其制备方法、药物联用、前体药物、衍生物、新晶型或立体异构体。此外，由于国内企业存在资金和技术方面的制约，从国外申请人公开的宽泛通式中最终锁定某个具体类似物作为候选药物并将其产业化的可能性不大，因而国内企业可以借鉴国外制药公司的做法，采用防御性公开的专利申请策略，尽可能公开已进行临床阶段的化合物的类似物及其制备方法、中间体、新晶型、共晶或氘代化合物等，从而对竞争对手构成一定的专利技术障碍。

3. 跟踪专利法律状态，主动挑战专利权有效性

建议国内申请人及时关注国外公司的重点药物核心专利的法律状态和审批过程，必要时可以采取一定的主动措施，如在实质审查阶段以第三方公众意见的形式提交能够影响新颖性和/或创造性的现有技术，或者在相关专利授权后进行无效诉讼等，用以阻碍或延缓竞争对手核心专利在中国获得授权；再者还可以对失效的化合物基础专利进行研发或改进，例如拜耳早期公开的 WO9954329A1（专利公开号 CN1297449A，专利授权号 CN1134434C，已转让给广东东阳光）中涉及化合物基础专利，由于未缴年费，处于终止失效状态，国内申请人可以在此类专利的基础上开展仿制药以及 me – too 或 me – better 的

药物研究并申请专利。

专利审批部门还应加大社会宣传力度，引起国内申请人的危机感并使其充分重视，并从根本上提升国内企业专利管理能力，有效鼓励创新主体的研发热情，引导其专利申请朝着质量高、结构优的方向发展；同时为企业培育高价值专利提供一定的知识产权相关技术支持。

参考文献

[1] 杨秀岩，赵国明，李松. 以乙肝病毒核衣壳为靶标的二氢嘧啶类化合物及其作用机制研究进展 [J]. 中国药物化学杂志，2013，23（6）：493 – 497.

[2] 赵国明，夏广强，朱学军，等. 以核衣壳为靶点的抗乙型肝炎病毒药物研究进展 [J]. 国外医学药学分册，2006，33（6）：432 – 435.

[3] VOGEL M, DIEZ M, EIS FELD J, et al. In vitro assembly of mosaic hepatitis B virus capsid – like particles（CLPs）: rescue into CLPs of assembly – deficient core protein fusions and FRET – suited CLPs [J]. FEBS Letters, 2005, 579（23）: 5211 – 5216.

[4] ZLOTNICK A, CERES P, SINGH S, et al. A small molecule inhibits and misdirects assembly of hepatitis B virus capsids [J]. Journal of Virology, 2002, 76（10）: 4848 – 4854.

[5] DELANEY, W. E. t., EDWARDS R, COLLEDGE D, et al. Phenylpropenamide derivatives AT – 61 and AT – 130 inhibit replication of wild – type and lamivudine – resistant strains of hepatitis B virus in vitro [J]. Antimicrob Agents Chemother, 2002, 46（9）: 3057 – 3060.

[6] MEHTA A, OUZOUNOV S, JORDAN R, et al. Imino sugars that are less toxic but more potent as antivirals, in vitro, compared with N – n – nonyl DNJ [J]. Antivir Chem Chemother, 2002, 13（5）: 299 – 304.

[7] LU X, TRAN T, SIMSEK E, et al. The alkylated imino sugar, n –（n – Nonyl）– deoxygalacto – nojirimycin, reduces the amount of hepatitis B virus nucleocapsid in tissue culture [J]. Journal of Virology, 2003, 77（22）: 11933 – 11940.

[8] ASIF – ULLAH M, CHOI K J, ChOI K I, et al. Identification of compounds that inhibit the interaction between core and surface protein of hepatitis B virus [J]. Antiviral Research, 2006, 70（2）: 85 – 90.

[9] DERES K, SCHRODER C H, PAESSENS A, et al. Inhibition of hepatitis B virus replication by drug – induced depletion of nucleocapsids [J]. Science, 2003, 299（5608）: 893 – 896.

[10] HACHER H J, DERES K, MILDENBERGER M, et al. Antivirals interacting with hepatitis B virus core protein and core mutations may misdirect capsid assembly in asimilar fashion [J]. Biochem Pharmacol, 2003, 66（12）: 2273 – 2279.

[11] WU GY, LIU B, ZHANG YJ, et al. Preclinical characterization of GLS4, an inhibitor of hepatitis B Virus core particle assembly [J]. Antimicrobial Agents and Chemotherapy, 2013, 57（11）: 5344 – 5354.

预防性 HPV 疫苗专利技术综述[*]

朱兵　贺巧巧[**]　赵永江[**]

摘　要　宫颈癌是全球范围内女性第二大常见的恶性肿瘤，人乳头状瘤病毒（Human Papillomavirus，HPV）感染是宫颈癌及其癌前病变（CIN）发生和发展的主要病因，其中 HPV 16/18 可导致70%的宫颈癌病例。接种 HPV 疫苗是目前最有效的预防方法。本文从专利分布和布局的角度出发，结合现有市场信息，通过检索、统计分析等，对国内预防性 HPV 疫苗专利申请进行梳理，对专利申请趋势、技术来源、技术主题、主要竞争者、主要公司和其发展脉络等进行分析，总结出我国预防性 HPV 疫苗领域的现状，发掘其中的不足与优势。

关键词　HPV　预防　疫苗　专利

一、概述

宫颈癌是全球范围内女性第二大常见的恶性肿瘤。每年，全球宫颈癌新发病例约60万，并有近30万名妇女死于宫颈癌。[1]这其中，有80%以上的病例来自发展中国家。我国每年新发病例约13.5万，约占世界宫颈癌新发病例的22.5%，每年约有5万多妇女死于宫颈癌，占全世界的1/6。

人乳头状瘤病毒（Human Papillomavirus，HPV）感染是宫颈癌及其癌前病变（CIN）发生和发展的主要病因。[2]已得到分子生物学、流行病学和临床资料的证实，HPV 可分为高危险型和低危险型两种，大于99.7%宫颈癌患者被检出伴有高危型 HPV 感染。HPV16 型和18 型与宫颈癌的发生关系密切，分别可导致54%和16%的宫颈癌病例，[3]因此，目前预防性 HPV 疫苗的研究主要是针对高危型 HPV（HR‑HPV）。

HPV 是一种属于乳多空病毒科的乳头瘤空泡病毒 A 属，是球形 DNA 病毒，外壳直径50~55nm，为20 面对称体，是一种嗜上皮性病毒，有高度的特异性。其 DNA 包括3

　＊　作者单位：国家知识产权局专利局专利审查协作湖北中心。

＊＊　等同第一作者。

个部分：早期基因区（E）、晚期基因区（L）及长控制区（LCR）。[4] 其中，早期基因区可以编码 E1、E2、E4、E5、E6、E7 等早期蛋白，E6、E7 是主要的致癌基因；晚期基因区编码的后期蛋白质（L1 和 L2）病毒衣壳是结构性的组成部分。长控制区因其含有 HPV 基因组 DNA 的复制起始点及基因表达所需的控制元件，成为调控病毒基因转录复制的重要部分。[4] 尽管宫颈癌晚期会出现基因缺失突变，但 E6 和 E7 一直会在宫颈癌发展中起重要作用。根据基因组 DNA 序列的差异，HPV 病毒被分为 170 种类型。其中约 20 ~ 40 种与癌症相关。根据 HPV 病毒与癌症发生的危险性高低，科学家将 HPV 病毒分为高危型（12 个）：16、18、31、33、35、39、45、51、52、56、58、59，高危型持续感染是宫颈癌的主要病因；疑似高危型（8 个）：26、53、66、67、68、70、73、82；低危型（11 个）：6、11、40、42、43、44、54、61、72、81、89，[5] 主要导致湿疣类病变，引发宫颈癌率不到 5%。其中 HPV16 和 18 亚型与恶性肿瘤的发生最为密切，导致了 70% 以上的宫颈癌、80% 的肛门癌、60% 的阴道癌、40% 的外阴癌。

接种 HPV 疫苗是目前最有效的预防方法，也是全球第一种用于预防肿瘤的疫苗。从 2006 年首个 HPV 预防性疫苗获得上市批准到现今，国内外不断加大对 HPV 疫苗的研发与投入，取得了技术突破。预防性 HPV 疫苗相关专利呈现飞速发展的态势，目前已经形成一定规模的技术储备。研究发现 HPV 病毒的主要外壳蛋白 L1 体外表达后可组装成 L1 病毒样颗粒（Virus – Like Particle，VLP），L1 VLP 的结构及形态与病毒颗粒的天然结构类似，具有很强的免疫原性。目前国外上市的三种 HPV 预防性疫苗均为 HPV L1 VLP 疫苗，HPV 预防性疫苗能诱发机体产生高滴度的血清中和性抗体，以中和病毒，并协助肿瘤特异性杀伤 T 淋巴细胞清除病毒感染，包括葛兰素史克的 HPV16/18 二价疫苗希瑞适（Cervarix）：有效预防 HPV16、18 型号（高危致癌型），可预防 70% 宫颈癌；默沙东的 HPV16/18/6/11 四价疫苗加卫苗（Gardasil 4）：有效预防 HPV16、18 型号（高危致癌型），尽管 HPV6 和 HPV11 不属于宫颈癌高危型 HPV 病毒，但它们可以引起外阴尖锐湿疣；默沙东的 HPV16/18/58/52/31/33/45/6/11 九价疫苗佳达修（Gardasil 9）：有效预防 HPV16、18、31、33、45、52 及 58 型号病毒（高危致癌型），HPV6、11 型号病毒（低危致癌型），可预防 90% 的宫颈癌。不同的疫苗接种人群和程序也不同。2 价适用于 9 ~ 25 岁的女性，4 价适用于 20 ~ 45 岁的女性，9 价适用于 16 ~ 26 岁的女性。此外，全球多家公司针对 HPV 疫苗的研发正处于临床阶段，表 1 列出了目前国内外在研的各种 HPV 疫苗的概况。[6]

表 1　国内外在研 HPV 疫苗概况

名称	抗原	表达系统	佐剂	状态	公司
希瑞适 Cervarix	HPV – 16/18 的 L1 VLP	昆虫杆状病毒 BEVS	氢氧化铝和 MPL	上市	葛兰素史克 （GSK）

续表

名称	抗原	表达系统	佐剂	状态	公司
加卫苗 Gardasil	HPV – 6/11/16/18 的 L1 VLP	酵母	AHSS	上市	默沙东
佳达修 Gardasil 9	HPV – 6/11/16/18/31/33/45/52/58 的 L1 VLP	酵母	AHSS	上市	默沙东
Cecolin	HPV – 16/18 的 L1 VLP	大肠杆菌	氢氧化铝	三期	厦门万泰沧海
Gecolin	HPV – 6/11 的 L1 VLP	大肠杆菌	氢氧化铝	二期	厦门万泰沧海
L1 衣壳	HPV – 16 的 L1 衣壳	大肠杆菌	未知	cGMP 生产	R. Garcea 科罗拉多大学 博尔德分校
RG1 – VLP	HPV – 16 L1 – L2（17 – 36）VLP	昆虫杆状病毒 BEVS	氢氧化铝	cGMP 生产	R. Kirnbauer, NCI, Pathovax LLC
L2 – AAV	在 AAV VLP 上展示的 HPV – 16/31 的 L2 肽	昆虫杆状病毒 BEVS 或 293T 细胞	未知	cGMP 生产	2A Pharma
L2 多聚体	HPV – 6/16/18/31/39 的 L2~11 – 88 融合蛋白	大肠杆菌	明矾	cGMP 生产	赛诺菲 BravoVax
L2 – 硫氧还蛋白	在硫氧还蛋白上显示 L2 肽	大肠杆菌	未知	cGMP 生产	M. Muller、DKFZ
AX03	在噬菌体上展示的 L2 肽	大肠杆菌	未知	cGMP 生产	Agilvax、NIAID
L1 – E7 VLP	HPV – 16 L1 – E7 VLP	BEVS	没有	一期	Medigene AG
TA – CIN	HPV – 16 L2E7E6 融合蛋白	大肠杆菌	没有	二期	剑桥大学制药、Xenova
TA – GW	HPV – 6 L2E7 融合蛋白	大肠杆菌	氢氧化铝或 AS03	二期	Cantab 制药公司、GSK

二、检索策略和数据处理

本报告的检索主题是预防性 HPV 疫苗，本文使用中国专利检索与服务系统进行专利检索。数据来源于中国专利文献摘要数据库（CNABS）和德温特世界专利索引数据库

（DWPI），所检索专利申请时间截至 2018 年 6 月 25 日。

　　本报告初步使用关键词对技术主题进行检索，并抽样对相关专利文献进行人工阅读，提炼关键词和分类号。核心关键词作为主要检索要素，对其进行充分扩展，对分类号进行统计分析，对非相关的技术主题采取排除式限定等尝试，并合理采用检索策略及其搭配，充分利用截词符，同时利用不同数据库的优势进行适时转库检索，对该技术主题在外文和中文数据库进行全面而准确的检索。

　　根据对初步检索结果的统计和分析，总结得到检索需要的检索要素，并按照检索的需求，对各技术主题检索式进行总结，导出全部检索到的文献，进一步人工筛选去除明显不相关的专利文献。经去噪处理后最终得到 392 件国内相关专利申请、794 件国际相关专利申请。本文将在此数据基础上进行统计分析，从申请趋势、技术来源、技术主题、主题要竞争者、主要公司发展脉络等进行专利信息分析，总结出我国预防性 HPV 疫苗领域的现状，发掘其中的不足与优势。尽管 2015 年已有对于 HPV 疫苗中国专利申请状况的分析，[7] 考虑到预防性 HPV 疫苗刚刚在国内上市，因此我们侧重对预防性 HPV 疫苗的最新技术趋势进行分析，并试图从不同技术角度和不同申请人进行更为翔实的挖掘。

三、国内外专利申请趋势分析

（一）专利申请量趋势分析

　　图 1 给出了预防性 HPV 疫苗全球专利申请和中国专利申请的趋势。我国预防性 HPV 疫苗的专利申请趋势以及相关专利的申请量均与全球相关专利申请保持同步。从图 1 中可以看到，全球相关专利申请从 1990 年开始，我国相关专利申请从 1991 年开始，随后国内外相关专利申请量经历了一个缓慢的增长期，直到在 1998 年，国内外关于预防性 HPV 疫苗的专利申请量仍然较少；1998~2007 年国内外相关专利申请量经历了一个增速

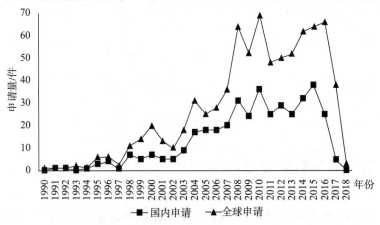

图 1　预防性 HPV 疫苗全球与中国相关专利申请趋势

较快的波动增长过程，在此阶段，人类第一支 HPV 疫苗被成功地研制出来，并经美国 FDA 的批准获得上市；从 2008 年开始，预防性 HPV 疫苗的专利申请量出现大幅度的增加，同时相关专利申请数量一直在较高申请量位置波动。可见，从 2008 年至今，国内外 HPV 预防性疫苗领域的研究一直处于热点状态。

图 2 给出了预防性 HPV 疫苗专利申请全球分布情况。

从全球预防性 HPV 疫苗专利申请的布局来看，美国市场占据主导，为 20.2%，其次为欧洲市场，占据 16.5%，紧随其后的分别为中国（11.0%）、澳大利亚（10.5%）、日本（10.0%）、加拿大（6.0%）、韩国（5.4%）等（参见图 2）。

上述数据表明预防性 HPV 疫苗全球市场活跃，需求旺盛，产业前景广阔，国内外均处于研究的热点，同时在我国的专利布局总体上与国外保持高度的一致。由于篇幅所限，本文仅针对国内预防性 HPV 疫苗的专利申请布局进行分析。

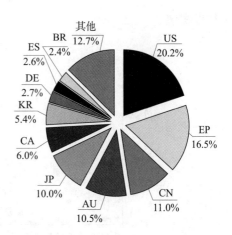

图 2　预防性 HPV 疫苗专利申请全球布局

（二）国内专利申请类型、技术来源、区域分布分析

图 3 给出了我国预防性 HPV 疫苗专利申请类型，即国内外申请人的申请量的分布。其中，国内申请指国内发明专利申请，国外申请指进入中国国家阶段的 PCT 发明专利申请。

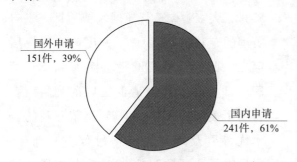

图 3　中国预防性 HPV 疫苗国内外相关专利申请类型

我国 HPV 疫苗专利申请中 PCT 申请专利数量总量占比 39%，国内发明专利申请量占比 61%。上述数据表明了，关于国内预防性 HPV 疫苗专利申请我国申请人占主导，国内申请人在预防性 HPV 疫苗的参与度高，也显示了我国对预防性 HPV 疫苗市场的投入与重视。

虽然国内申请人在国内预防性 HPV 疫苗专利申请的数量上领先于国外申请人，但是却并不意味着我国在预防性 HPV 疫苗技术上具备主导的优势。通过对国内专利申请的技术来源，即其优先权文件进行分析，以了解国内申请的技术来源和发展趋势。

图 4 给出了预防性 HPV 疫苗中国专利申请技术来源随时间变化的趋势。

我国国内预防性 HPV 疫苗专利申请起步于 1991 年，但是直到 1997 年，相关专利的技术来源均属于国外。从1998年开始才有国内技术来源的专利申请，随后国内技术来源的专利申请经历了一个增长期，虽然在2007年国内技术来源的专利申请量短暂超过国外技术来源申请量，但是最终到2012年超过了国外技术来源的专利申请量。从图4给出的数据和趋势可以看到国内相关技术起步较晚，并处于学习阶段，直到最近几年上述现状才得以缓解。

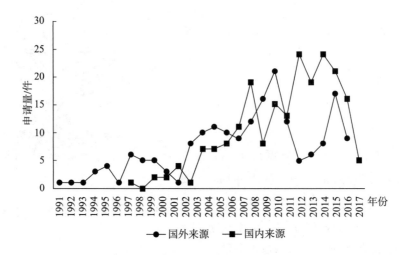

图4　预防性HPV疫苗中国专利申请技术来源趋势

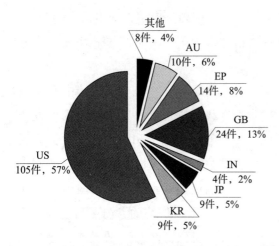

**图5　预防性HPV疫苗国内专利申请
技术来源地分布**

图5给出了预防性HPV疫苗国内专利申请技术来源地的分布情况。来自美国的专利申请105件，占国外来华申请总量的57%，大幅领先于其他国家或地区。来自英国的专利申请24件，占比13%，位居第二。此外，来自欧洲、澳大利亚、韩国、日本的专利申请也位居前列。该图表明了美国在预防性HPV疫苗专利的技术优势以及其对我国专利布局的重视，也反映了我国预防性HPV疫苗市场的广阔前景。

图6给出了预防性HPV疫苗国内专利

申请的地域分布。我国关于预防性HPV疫苗相关专利申请的申请人主要集中在经济发达的地区。从图6的数据中可以看出，来自北京地区的申请人位居第一，其次为福建、上海、浙江、广州。同时，可见来自北京地区的申请人大幅领先其他区域，这与北京地区集中了许多大量的企业、研究所、高校、国家重点科研机构等密切相关。

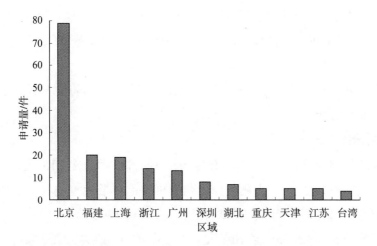

图6　预防性 HPV 疫苗国内专利申请区域分布

图 7 给出了我国预防性 HPV 疫苗专利申请机构的总体分布情况。在我国预防性 HPV 疫苗专利申请机构中，企业申请位居第一，占比 66%，其次为高校申请和研究所申请，分别占比 15% 和 11%（参见图 7）。从该数据中可以看到，国内预防性 HPV 疫苗的研究处于较为成熟的阶段，不再是以高校或研究机构为主导的基础研发，而是转向以企业为主导的技术创新成果的转化。

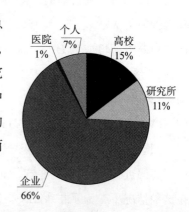

图7　预防性 HPV 疫苗国内专利申请机构分布

四、技术领域分析

（一）IPC 技术构成

图 8 给出了我国预防性 HPV 疫苗专利申请主要 IPC 分类情况。通过统计分析，如图 8 所示，涉及预防性 HPV 疫苗技术的专利主要集中在 A61K 39：含有抗原或抗体的医

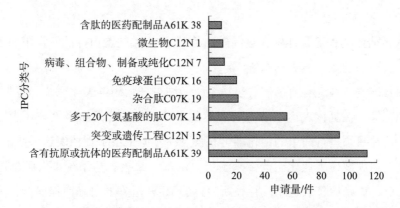

图8　预防性 HPV 疫苗专利申请主要 IPC 分类情况

药配制品（113件）；C12N 15：突变或遗传工程（93件）；C07K 14：多于20个氨基酸的肽（56件）；C07K 19：杂合肽（21件）和C07K 16：免疫球蛋白（20件）。

（二）主要技术主题分析

通过对国内外专利的技术主题进行分析统计分类，涉及预防性HPV疫苗的技术主题主要包括以下几个方面。

1. 抗原的选择与改进

其目的在于发掘出更有效、安全、稳定的目标抗原。预防性HPV疫苗通常以主要衣壳蛋白L1和次要衣壳蛋白L2为靶抗原，刺激机体的体液免疫应答产生中和抗体，在HPV进入机体前抗体即可与病毒抗原结合，从而预防HPV感染。HPV L1蛋白为主要衣壳蛋白，分子量为55～60kDa，是HPV疫苗主要靶蛋白。在多种表达系统中表达的HPV L1蛋白无需L2蛋白辅助，即可形成形态结构与天然病毒颗粒相似的VLP，且它保留了病毒颗粒的天然表位，具有较强的免疫原性，可诱导针对同型HPV病毒的中和抗体。因此，VLP疫苗已成为HPV疫苗发展的主要方向，目前上市的预防性HPV疫苗均是基于L1衣壳蛋白，存在大量的专利布局于L1衣壳蛋白本身以及对L1蛋白的改进。如申请号为CN201611095710的专利公开了一种突变的HPV6 L1蛋白，能够诱发抗至少两种型别的HPV（例如，HPV6和HPV11）的中和抗体。

同时，由于L1肽段的变异性较高，仅在一些同源性高的型别之间存在低的交叉保护作用，因此L1-VIP只能有效地抑制部分HR-HPV，无法预防其他HPV亚型的感染。在这种情况下，为了扩大HPV疫苗的保护范围，许多专利布局于在疫苗中增加更多型别的HPV VLP，但是这种方案必定导致HPV疫苗制备的难度增加，从而带来生产成本的大幅提高，同时多价疫苗之间可能存在相互间的免疫干扰，或可能因为免疫剂量的增加而导致潜在的安全性问题。因此，许多专利同样布局于其他抗原如低效价但是针对HPV型范围更广的L2肽段，或其他的蛋白质、多肽、嵌合蛋白、融合蛋白、重组蛋白等。如申请号为CN201310088091的专利公开了包含乳头瘤病毒的L2表位的融合蛋白。

2. 抗原的表达纯化

HPV疫苗研制的关键是能够大量高效制备HPV相关的蛋白样品，常用的表达系统可以分为真核表达系统及原核表达系统。

常见的真核表达系统有痘苗病毒表达系统、昆虫杆状病毒表达系统、酵母表达系统、哺乳动物细胞等，在真核表达系统中所表达的HPV L1蛋白天然构象破坏少，能自发地形成VLP，往往只须进行简单的纯化即可获得VLP。但是由于真核表达系统的表达量低，培养成本高，给大规模工业化生产带来了极大困难。原核表达系统中大肠杆菌表达系统应用最为广泛，但是原核表达系统存在所表达的HPV相关蛋白修饰程度低，无法自行正确折叠，大多失去其天然构象，不能产生针对HPV的保护抗体等问题。

此外，蛋白表达往往涉及载体的选择、标签的选择与切除、纯化、复性等步骤，每一步均可能对最终的蛋白造成影响，如复性过程又存在蛋白损失量大、得率低等问题。因此，成本低、纯度高、产量高、效果好的 HPV 相关蛋白生产技术也是目前亟须解决的问题，目前常用的表达系统有大肠杆菌、酵母、植物、昆虫细胞、哺乳动物细胞等，在此基础上申请人一般通过密码子优化、截短表达等手段达到大量表达或易于纯化等目的。该过程也涉及对抗原本身的优化。如申请号为 CN201310696233 的专利公开了一种新的编码重组的 HPV16L1 蛋白的多核苷酸基因片段，包含该基因片段的载体、包括载体的宿主细胞。

3. 疫苗类型的选择与改进

其包括活载体疫苗，如细菌载体、病毒载体，核酸疫苗，细胞疫苗等。不同的疫苗类型存在各自的特性，并且在安全、稳定、易于生产、耐受性上存在不同，如基因减毒的李斯特菌疫苗菌株载体具备容易通过抗生素消除、遗传物质不整合进宿主基因组的优势；DC 疫苗能诱导产生大量效应 T 细胞迁移至病毒感染部位，还能保持效应 T 细胞在易感染部位的长期存在，起到免疫监视的作用；核酸疫苗制备简单，贮存、运输方便等。如申请号为 CN201710187380 的专利公开了一种加强型人乳头瘤病毒 HPV16/18 的二价DC 疫苗，属于防治结合型疫苗。

4. 疫苗佐剂

佐剂是非特异性的免疫调节剂。在疫苗中添加佐剂，可起到提高免疫反应强度、改变免疫反应类型、延长免疫反应持续时间等多种作用，如改变抗原的物理形状，延长抗原在机体内保留时间；刺激单核吞噬细胞对抗原的提呈能力；刺激淋巴细胞分化，增加扩大免疫应答能力等。佐剂以很多不同形式出现，例如铝盐（如氢氧化铝、磷酸铝等）、乳剂（包括水包油乳剂、油包水乳剂等）、细菌或其他病原体的无菌成分、各种细胞因子和淋巴因子等。如申请号为 CN201710152761 的专利公开了一种可用于人乳头瘤病毒疫苗的复合疫苗佐剂，由水包油乳剂、TLR 刺激剂及稳定剂组成。

5. 疫苗组合物以及疫苗递送方式等其他方面的改进

涉及疫苗的联用。目前存在许多不同方式（例如，注射、口服等）将疫苗施用到许多不同的组织中。然而，并非所有的递送方法都是等效的。一些递送方法允许在个体群体内的更大顺从性，而其他递送方法可影响疫苗的免疫原性或安全性。如申请号为 CN201210253376 的专利公开了一种用于同源重组的自转运载体及其构建的经黏膜免疫疫苗，其将外源 HPV 的抗原蛋白整合入肠道菌自转运蛋白中实现抗原基因在载体基因组中的稳定存在和抗原的表面递呈。

国内外申请人针对上述不同技术领域涉及的专利申请主要集中在抗原的选择与改进，其包含 111 件，其次涉及抗原的表达纯化与佐剂的添加，分别为 81 件和 62 件（参见

图9）。同时，可以看到我国专利申请在抗原的表达纯化上较多，而对佐剂、疫苗组合物与递送的专利申请相对较少。

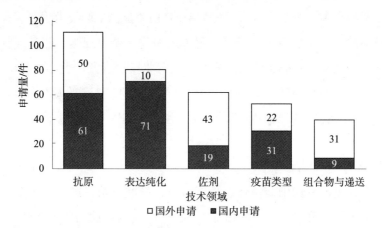

图9　预防性 HPV 疫苗国内外专利申请量技术领域分布

图10 显示了申请量数量较多的抗原的选择与改进、抗原的表达纯化、佐剂的添加3类主题的发展脉络，其中涉及抗原与佐剂的专利在专利布局早期同步进行，而对相关抗原蛋白的表达纯化的布局相对较晚。

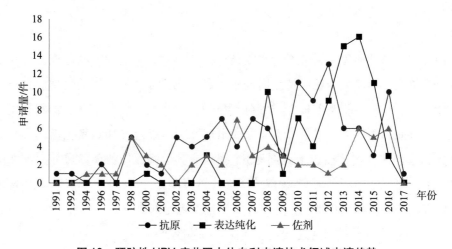

图10　预防性 HPV 疫苗国内外专利申请技术领域申请趋势

抗原本身的专利属于疫苗的基础专利，也是核心专利，同时也是距离产业化遥不可期的专利。虽然如此，由图9和图10也可知我国对基础研究和基础专利布局的重视。抗原的表达纯化属于疫苗专利布局的下游，往往涉及疫苗生产的成本控制，我国申请人相对于国外申请人有大量的专利集中子抗原的表达纯化，表明了我们对产业化、对普及预防性 HPV 疫苗的努力，同时也透露了我们在高价值核心专利的布局上可能存在的不足。

五、主要竞争者分析

（一）主要申请人构成

图 11 和图 12 分别给出了国内和国外在我国预防性 HPV 疫苗领域专利申请量排名前十一及前十三的申请机构。

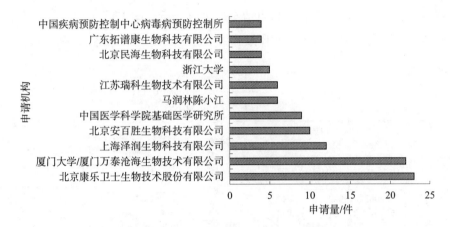

图 11　预防性 HPV 疫苗领域国内专利申请量前十一位机构

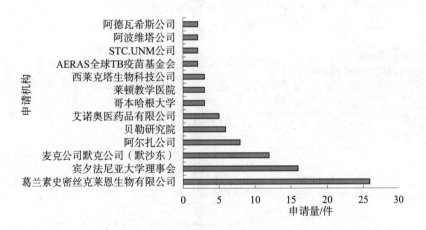

图 12　预防性 HPV 疫苗领域国外来华专利申请量前十三位机构

在预防性 HPV 疫苗领域专利申请前十位申请机构中，国内外均以企业为主导，也表明了预防性 HPV 疫苗领域发展较为成熟，目前产业化十分活跃。其中国内专利申请量领先的机构为北京康乐卫士生物技术股份有限公司（23 件）、厦门大学和厦门万泰沧海生物技术有限公司的联合申请（22 件）、上海泽润生物科技有限公司（12 件）（参见图 11）。国外来华申请量领先的机构为葛兰素史密丝克莱恩生物有限公司（26 件）、宾夕法尼亚大学理事会（16 件）、麦克公司默克公司（默沙东）（12 件）（参见图 12）。

（二）主要申请人国内专利布局分析

2017 年 7 月 31 日，葛兰素史克宣布了国内首种获批的宫颈癌疫苗 Cervarix 正式上市，随后在 2017 年 11 月 9 日，默沙东 4 价 HPV 疫苗 Gardasil 4 正式取得我国国家食品药品监督管理总局签发的"生物制品批签发合格证"。而随着两家产品的陆续上市，一大批国产企业同样跃跃欲试，国内 HPV 疫苗研发及产业化的竞争同样十分激烈。其中厦门万泰沧海生物技术有限公司研发的 HPV 疫苗 Cecolin 和 Gecolin 也已分别处于 III 期和 II 期临床。现对这三家公司在国内的专利申请布局进行分析。图 13 至图 15 分别显示了三个代表性申请人在国内专利申请布局的详细脉络。

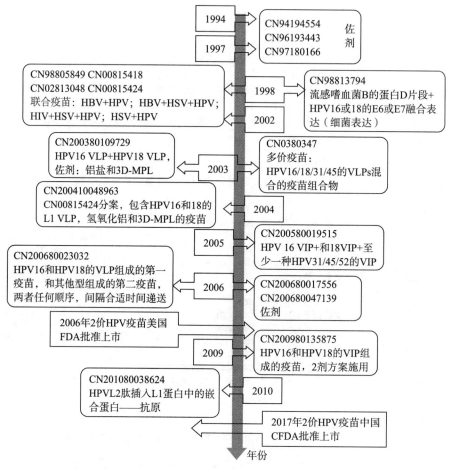

图 13　葛兰素史克国内专利申请情况

葛兰素史克和默沙东对于 HPV 疫苗的研制几乎同时起步于 20 世纪 90 年代中期。

其中葛兰素史克以 2 价 HPV＋佐剂的疫苗为核心，布局于联合疫苗、多种亚型 HPV 蛋白和新型佐剂。葛兰素史克的首种 2 价 HPV 疫苗的中国专利申请于 1998 年，针对 HPV16 和 18 融合蛋白，并加入了佐剂。随后葛兰素史克在联合疫苗上作了尝试，包括与 HBV、人类免疫缺陷病毒（HIV）、单纯疱疹病毒（HSV）的联合疫苗。

2003 年葛兰素史克申请了 HPV16/18 的 2 价疫苗专利（申请号：CN200380109729），并加入了全新的佐剂：以氢氧化铝和 3D‒MPL 结合的佐剂，可以在引流淋巴结时诱导产生大量的细胞因子，进而招募大量 DC 细胞、单核细胞，提高抗原提呈细胞的数量，具备很强的佐剂效应。值得注意的是，葛兰素史克在该专利中虽然未限定 HPV16 和 18 的 VLP 相关序列和来源，但仅保护了包含 HPV16 VLP 和 HPV18 VLP 的组合物在不包括 16 和 18 型在内的致癌 HPV 型组引起的感染和/或疾病的药物中的用途。这意味着将 HPV16 和 18 VLP 2 价疫苗用于 16 和 18 型致癌 HPV 型的引起的感染或疾病并不落入上述保护范围。同时葛兰素史克于同年还申请了包含疫苗 HPV16/18/31/45 的疫苗组合物专利（申请号：CN03806347），并于 2009 年获得授权，该专利权利要求 1 请求保护一种包含 VLPs 的疫苗组合物，其中 VLPs 包含来源于 HPV16、HPV18、HPV31 和 HPV45 基因型的 L1 蛋白或功能性的 L1 蛋白衍生物，其中由疫苗产生的免疫应答处于仍然能观察到每一 VLP 类型的保护性效果的水平上。该权利要求并未限定四种亚型 HPV 的 L1 序列或来源，因此，凡是包括这四种亚型的 VLPs 的疫苗均落入该专利的保护范围，从而涉及了默沙东公司的 9 价疫苗 Gardasil 9。2004 年，葛兰素史克对其在先的申请 CN00815424 进行分案，在 CN200410048963 中对包含 HPV 16 L1 VLP、HPV 18 L1 VLP、氢氧化铝和 3D‒MPL 的疫苗申请保护，并于 2007 年获得授权（已上市的 Cervarix 的核心专利），至此牢牢把握住了 HPV16 和 18 2 价疫苗的主动权。

默沙东从 HPV 相关蛋白的重组表达、纯化及疫苗的保存方面进行了专利布局，其以多价 HPV 疫苗为核心，布局于疫苗的保存、HPV 蛋白的纯化、新型佐剂的加入。默沙东的 HPV 疫苗专利布局早于葛兰素史克，其首先于 1996 年对 HPV11 和 18 型的 L1 蛋白的在酵母表达系统中的表达纯化（已失效）进行了专利申请，随后于 2004～2005 年对于 HPV31/45/52/58 四种亚型的 L1 蛋白的酵母表达纯化进行了专利申请（申请号：CN200480007725、CN200480028106、CN200580009595、CN200480033235），并在"HPV31L1 在酵母中的优化表达"中保护了包含 HPV31 VLP 的多价疫苗。上述专利构成了其 4 价和 9 价疫苗产品的基础专利。其后默沙东对蛋白的表达、分离纯化、贮藏技术、疫苗稳定性等进行了专利申请，在 2008 年提交了 HPV 疫苗和由铝 + ISCOM 组成的新型佐剂（申请号：CN200880006855）。2014 年 9 价 HPV 疫苗在美国 FDA 批准上市，其在 4 价疫苗（HPV6/11/16/18 L1 VLPs）的基础上增加了 31/33/45/52/58 型 VPLs，覆盖了可导致 90% 宫颈癌的高危型 HPV。

厦门大学和厦门万泰沧海生物技术有限公司对于 HPV 疫苗的研发起步较晚，主要侧重于对 HPV 相关蛋白的截短体抗原、杂合 HPV 抗原的发掘，以及相关蛋白重组表达和纯化。其相关专利以多价 HPV 疫苗为目标，进行杂合 HPV 抗原改造的 VLP 为核心，布局于生产成本更低廉的大肠杆菌进行的抗原优化和表达纯化，形成了以免疫分子为核心专利，辅以疫苗制备工艺专利组成的专利布局。

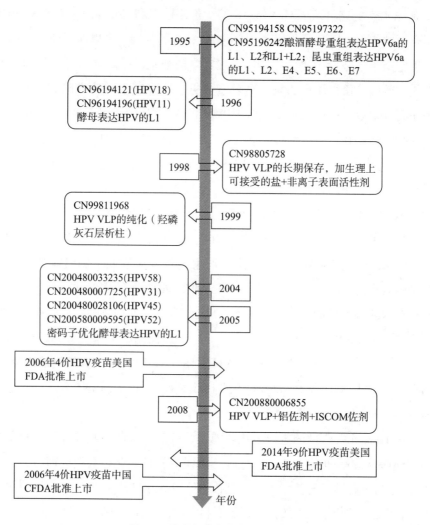

图 14　默沙东国内专利申请情况

　　厦门万泰沧海生物技术有限公司于 2006 年对截短的 HPV 16 亚型的 L1 蛋白变体在原核表达系统大肠杆菌中表达纯化的方法进行了申请（申请号：CN200610140613），随后分别对 HPV16/18/11/6/33/52/58/45 型 L1 蛋白的截短突变体抗原和优化的 HPV31 型 L1 蛋白核酸，以及上述蛋白在大肠杆菌中的表达纯化，包含上述不同亚型的 HPV VLPs 疫苗组合物进行了申请（申请号：CN200810093816、CN200810093817、CN200810111390、CN200810111389、CN201110136560、CN201110182799、CN201110198625、CN201310217863、CN201310217596），构成了其处于临床阶段的 HPV 疫苗 Cecolin 和 Gecolin 的核心专利。该公司于 2012 年申请了人乳头瘤病毒型别杂合病毒样颗粒及其制备方法（申请号：CN201210047125），该方法是基于"利用大肠杆菌表达系统表达两个或两个以上不同型别的 175 位与 428 位半胱氨酸突变或缺失的 HPV L1 蛋白，按照一定的混合方式及一定的浓度比例混合后去除还原剂，可得到一种新的杂合 VLP，可诱导针对两种或两种以上 HPV 的高滴度中和抗体"的发现。于

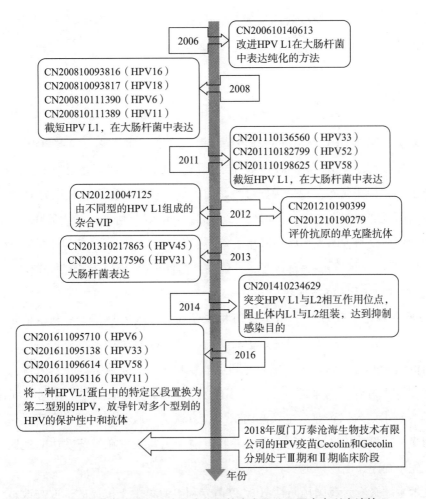

图15　厦门大学和厦门万泰沧海生物技术有限公司国内专利申请情况

2014年申请了关于人乳头瘤病毒L1L2衣壳蛋白相互作用位点及其应用的申请（申请号：CN201410234629）。其最新的HPV相关专利申请同样为杂合抗原的发现，基于"发现将人乳头瘤病毒（HPV）11型L1蛋白中的特定区段置换为第二型别的HPV（例如HPV6）L1蛋白的相应区段后，所获得的突变的HPV11 L1蛋白能够诱导机体产生针对HPV11和第二型别的HPV（例如HPV6）的高滴度中和抗体，其保护效果与混合的HPV11 VLP和第二型别的HPV VLP相当，并且针对HPV11的保护效果与单独的HPV11 VLP相当，且针对第二型别的HPV（例如HPV6）的保护效果与单独的第二型别的HPV VLP相当"进行了多件专利的布局（申请号：CN201611095710、CN201611095138、CN201611096614、CN201611095116）。杂合HPV VLP能够规避在葛兰素史克于2003年申请的包含HPV16/18/31/45的疫苗组合物专利，不失为多价疫苗的一条出路。

目前，厦门万泰沧海生物技术有限公司联合厦门国家传染病诊断试剂与疫苗工程技术研究中心自主研发的HPV疫苗Cecolin™的Ⅲ期试验已结束。该原研疫苗绕开了国外真核表达系统，而是采用了原核表达系统大肠杆菌（E. Coli），这意味着更可能实现量产同时达到更低的价格。

六、小结

总体来看，我国 HPV 疫苗的专利申请活跃，产业前景广阔。随着 2016~2017 年葛兰素史克与默沙东的 2 价、4 价 HPV 疫苗的陆续获批上市，我国将面临 2 价、4 价、9 价疫苗同步上市的特殊局面，竞争激烈可想而知。葛兰素史克和默沙东作为 HPV 疫苗领域巨头企业，两者之间存在竞争，同时双方也对 HPV 疫苗专利进行了交叉许可，避免了两者之间的专利战，两者的强强联合基本上垄断了 HPV 疫苗市场，其他竞争对手除了需要避开专利侵权外，同时需要另辟蹊径，才能在预防性 HPV 疫苗市场有所建树。

（一）预防性 HPV 疫苗现状

从 1990 年开始出现第一件 HPV 疫苗相关专利后，国内外相关专利申请量同步由缓慢到大幅增长，并始终在较高申请量位置进行波动，并且全球市场分布广阔。我国专利申请国内申请人占比 61%，虽然核心专利申请较晚，但后来居上，技术来源由早期的国外来源逐步转变为以国内来源为主，自主研发 HPV 疫苗势头明显。同时，我国预防性 HPV 疫苗专利申请人以企业为主导占比 66%，其次为高校和研究所，表明了研究与产业化结合明显，成果转化迅速。其中我国专利申请人主要集中在经济发达的地区，并且北京大幅领先于福建、上海等地。

从技术主题来看，我国预防性 HPV 疫苗专利申请集中于抗原的选取与改造、抗原蛋白的表达纯化方法与佐剂的选择。国内申请人在上述主要技术领域均有布局，侧重点更加偏向于抗原蛋白的表达纯化，而对佐剂的选择添加相关的专利申请较少。从技术主题的发展脉络上看，其中涉及抗原与佐剂的专利布局早期同步进行，而对相关抗原蛋白的表达纯化的布局相对较晚。

我国国内申请机构的代表有厦门万泰沧海生物技术有限公司，上海泽润生物科技有限公司，北京康乐卫士生物技术股份有限公司等。目前万泰沧海生物技术有限公司的 HPV16/18 双价疫苗处于申请上市阶段，该公司的九价疫苗以及多家国内公司的多价疫苗获批临床或处于申请临床阶段。同时，通过对 HPV 疫苗巨头公司葛兰素史克和默沙东在国内专利布局分析，发现两者均没有关于 HPV 疫苗较新的专利申请。

（二）预防性 HPV 疫苗发展建议

从卫生经济学的角度考虑，由于多价疫苗的交叉保护效应，其显然将统领市场。同时，从企业现今的研发与专利布局来看，多价疫苗仍然是研发方向，但是多价疫苗的研发不可避免导致生产工艺难度的增加，进而带来生产成本提升，从而影响 HPV 疫苗的普及。因此，多价、降低成本、通用性是 HPV 预防性疫苗的未来技术发展方向。我国申请人大量专利布局于抗原蛋白的表达纯化系统，既避免了专利侵权的风险，也显示了国内申请人在成本控制上的努力。然而多价疫苗的核心仍然取决于抗原的选取与改造，同时结合抗原与佐剂专利同步布局的经验，国内申请人应该加大对上述技术主题的研究力度，其中厦门万泰沧海生物技术有限公司的多价杂合 HPV 抗原作出了很好的示例。此外，现今已上市或处于临床阶段的预防性 HPV 抗原集中在 HPV L1 衣壳蛋白，对效价低但是针对 HPV 型范围更广的 HPV L2 衣壳蛋白以及其他 HPV 相关蛋白的专利布局较少，可以作为研发突破口。

同时，依据一项 2013 年收集的 2000~2012 年关于我国宫颈癌高危型 HPV 分布的研究数据，以及多项相关研究表明，HPV16/18 是我国宫颈癌最主要的感染类型，占到整体感染率的 86.1%。上述数据表明 2 价 HPV 疫苗在我国就能起到良好的保护作用。同时，结合二价疫苗在生产成本和生产工艺上相对更多价疫苗的优势，国产 HPV 疫苗相比于现有的疫苗可以更为针对我国人群 HPV 感染现状进行研发，确定既经济又符合 HPV 流行病学规律的疫苗。

HPV 疫苗是全球销售额第二大的疫苗产品，我国 HPV 疫苗市场潜力巨大。目前国内的 HPV 疫苗完全依赖于国外进口，因此我国需要从人力、物力、财力等诸多方面加强预防性 HPV 疫苗的支持与重视，充分发挥政府引领作用，对于相关重要专利以及相关企业给予一定的经济扶持和帮助。借助长期技术储备与良好发展态势，期待国产 HPV 疫苗早日上市，打破当前进口疫苗垄断的局面。

参考文献

[1] FERLAY J, SOERJOMATARAM I, DIKSHITET R, et al. Cancer incidence and mortality worldwide: sources, methods and major patterns in GLOBOCAN 2012 [J]. International Journal of Cancer, 2015, 136 (5): E359 – E386.

[2] ZUR HAUSEN H. Papillomaviruses and cancer: from basic studies to clinical application [J]. Nature Reviews Cancer, 2002, 2 (5): 342 – 350.

[3] VINZÓN S E, RÖSL F. HPV vaccination for prevention of skin cancer [J]. Human Vaccines & Immunotherapeutics, 2015, 11 (2): 353 – 357.

[4] EGAWA N, EGAWA K, GRIFFIN H, et al. Human papillomaviruses: epithelial tropisms, and the development of neoplasia [J]. Viruses, 2015, 7: 3863 – 3890.

[5] DE VILLIERS E M. Cross – roads in the classification of papillomaviruses [J]. Virology, 2013, 445 (1): 2 – 10.

[6] RODEN R B S, Stern P L. Opportunities and challenges for human papillomavirus vaccination in cancer [J]. Nature Reviews Cancer, 2018, 18 (4): 240 – 254.

[7] 王溯铭，高巍. HPV 疫苗中国专利申请状况分析 [M]//甘绍宁. 专利文献研究（2015）. 北京：知识产权出版社，2016：162 – 173.

质子泵抑制剂——拉唑类药物专利技术综述[*]

张旋

摘要 拉唑类药物埃索美拉唑是第二代质子泵抑制剂，在临床作为一线抑酸药物被广泛应用。本综述介绍了拉唑类药物的概况和具体分类，分析专利申请趋势，通过综述代表性药物埃索美拉唑的制备方法、技术重心分布，基于专利申请公开的方案，梳理了立体氧化法、拆分法、微生物法、半合成、提纯以及多晶型的技术发展脉络。

关键词 质子泵抑制剂 埃索美拉唑 立体氧化 拆分 多晶型

一、概述

（一）技术定义

酸相关性疾病是消化道由于胃酸作用而诱发或导致的疾病，包括胃和十二指肠溃疡、胃食管反流病、手术吻合口溃疡和卓–艾综合征等。人体胃黏膜壁细胞分泌小管膜上的 H^+/K^+ – ATP 酶又称质子泵或酸泵，它是控制胃酸分泌的最终途径，对其进行抑制可明显降低胃酸的分泌。能够选择性地抑制 H^+/K^+ – ATP 酶的药物被称为质子泵抑制剂（Proton Pump Inhibitors，PPIs）。

根据作用机理，可以将已知的 PPIs 分为两类：非可逆型 PPIs 和可逆型 PPIs（Reversible PPI，RPPIs）。

非可逆型 PPIs 主要为苯并咪唑衍生物，能迅速穿过壁细胞胞膜而蓄积在强酸性的分泌小管中，然后质子化转化为次磺酰胺类化合物，后者可与 H^+/K^+ – ATP 酶 α 亚基中的半胱氨酸残基上的巯基形成共价结合的二硫键，由此使 H^+/K^+ – ATP 酶不可逆地失活、抑制其泌酸活性。目前已经上市的此类代表药物有：奥美拉唑（Omeprazole）、兰索拉唑（Lansoprazole）、泮托拉唑（Pantoprazole）、埃索美拉唑（Esomeprazole）、右兰索拉唑（Delansoprazole）、雷贝拉唑（Rabeprazole）等；其结构参见图1。

---

[*] 作者单位：国家知识产权局专利局专利审查协作江苏中心。

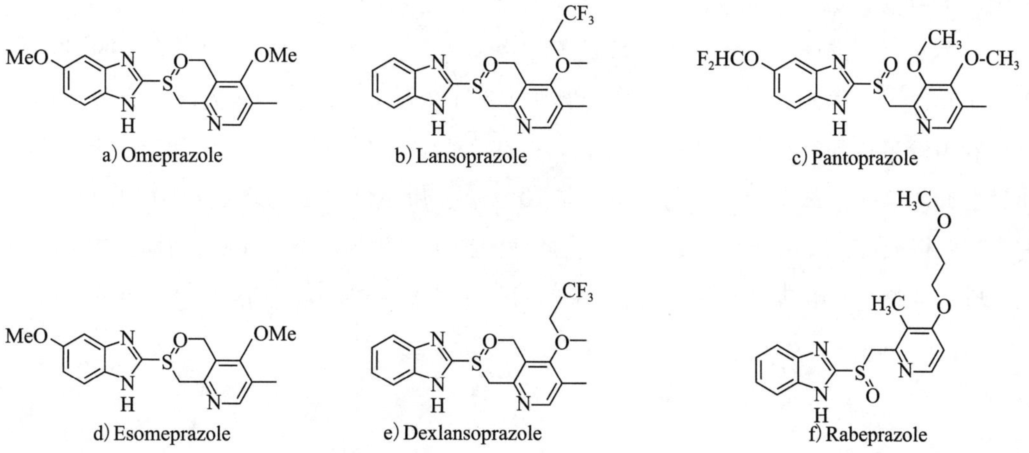

图 1　6 种主要非可逆型 PPIs 化合物的结构式

RPPIs 也称为酸泵拮抗剂（acid pump antagonists，APAs）或钾离子竞争性酸阻滞剂（potassium competitive acid blockers，P－CABs），可竞争性抑制胃壁细胞上质子泵中高亲和部位的钾离子结合位点，抑制细胞浆中的 H^+ 与胃分泌管中的 K^+ 间的相互交换，从而达到抗胃酸分泌的作用。目前已经上市的此类代表药物有：瑞伐拉赞（Revaprazan）和沃诺拉赞（Vonoprazan）。除了上述两个成功上市的此类药物外，已经研究的 RPPIs 种类较为繁杂，根据其化学结构主要可分为咪唑并吡啶类、嘧啶类和胺基喹啉类衍生物，如 SCH28080、BY841、AZD－0865、SK&F96067、SK&F97574 等，这些药物虽然都进入临床阶段，但是由于某些原因最终都没有获得上市。表 1 总结了目前全球已经上市的 PPIs 药物及其上市时间等信息。

表 1　全球已经上市的 PPIs 药物

药名	商品名	原研公司	首次上市国家	首次上市时间
奥美拉唑（omepramzole）	洛塞克、Losec	瑞典 Astra Hassie	瑞典	1988 年
兰索拉唑（lansoprazole）	达克普隆、Takepron	日本 Takeda	法国	1991 年
泮托拉唑（pantoprazole）	泰美尼克、Pantotoc	德国 Byk Gulden	德国	1994 年
雷贝拉唑（rabeprazole）	波利特、Pariet	日本 Eisai	日本	1997 年
埃索美拉唑（esomprazole）	耐信、Nexium	瑞典 Astra Zeneca	瑞典	2000 年
瑞伐拉赞（revaprazan）	Rebanex	韩国 Yuhan	韩国	2007 年
艾普拉唑（ilaprazole）	壹丽安、Aldenon	韩国 Il－Yong	中国	2008 年
右兰索拉唑（dexlansoprazole）	Kapidex	日本 Takeda	美国	2009 年
沃诺拉赞（vonoprazan）	Takecab	日本 Takeda	日本	2014 年底

（二）研究背景

图 2 示出 PPIs 药物的申请量趋势（统计截止日期为 2018 年 7 月 31 日，下同；根据

中国《专利法》第三十四条的规定，2016 年 11 月之后的专利申请存在没有被公开的情况，尚不能进行统计，因此该部分数据不作为参考）。从图中可以看出，自 1988 年首个 PPIs 上市之后，全球对于 PPIs 药物的专利申请就进入了飞速发展的阶段，直至 2004 年后专利申请量达到峰值。从表 1 也能看出，在 2004 年之前平均三年一个新 PPIs 药物上市，在此之后每年都有一个新药上市，至 2010 年前后虽然多个药物进入临床阶段，但是并没有获得成功，PPIs 药物的专利申请在此期间经历短暂的低谷，在此之后的 2010～2016 年，PPIs 药物专利申请量虽然呈整体下滑的趋势，但是埃索美拉唑仍然保持稳健的增长。

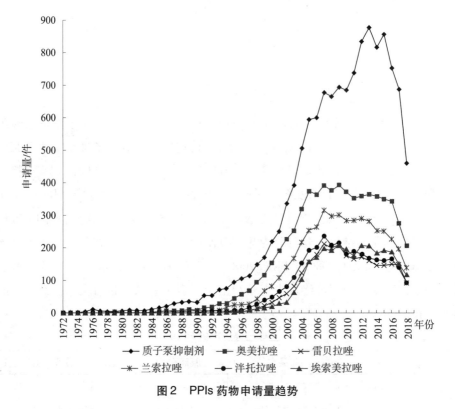

图 2　PPIs 药物申请量趋势

　　虽然 2007 年之后上市的新 RPPIs 药物声称具有更好的抑酸效果以及克服了传统 PPIs 的多个缺陷，但是由于药物专利的保护期限还存在较长年限以及药物的优劣仍需要市场的检验等方面因素，其相关专利申请量占据 2.55%；因此，拉唑类 PPIs 仍然是目前以及未来相当长一段时间内抑酸药物的主角，对于拉唑类 PPIs 的研究仍将持续。

　　自第一个 PPI（奥美拉唑）问世以来，该药就成为世界同类药物中最畅销药物。随着专利到期，阿斯利康公司在奥美拉唑的基础上进一步研究，拆分出一种临床效果良好的异构体 S－索美拉唑（埃索美拉唑，耐信），完美地延续了奥美拉唑的专利寿命，销售额方面埃索美拉唑也完美接力奥美拉唑继续领跑全球 PPIs 类药物，尤其是在 2009 年，耐信销售额达到 82 亿多美元。该案例被作为药物研发最成功的典型广为流传，使得药物公司竞相模仿，例如日本 Takeda 在其原研药物兰索拉唑的基础上拆分出效果更好的右兰索拉唑。从图 2 中可以看出 1998 年之前奥美拉唑的申请量趋势几乎代表了全球该类药物的趋势；虽然埃索美拉唑起步较晚，但是其申请量增长迅速，一路赶超同类药物，尤其是近几年在兰索拉唑、雷贝拉唑、泮托拉唑等申请量有降低趋势的时候，埃索美拉唑仍保持稳步地增长。

当然，以奥美拉唑、埃索美拉唑为代表的传统 PPIs 并非神话，存在例如起效慢、抑酸不稳定、药效个体差异性（个体 CYP2C19 基因突变的代谢类型差异）、夜间酸突破现象等缺陷。也正因为如此，世界上各大药物研发公司仍在 PPIs 领域不断地探索。可以说奥美拉唑是 PPIs 的起点，但是绝不能说埃索美拉唑就是 PPIs 的终点。虽然其他类型的 PPIs 尚未可知，但是雷贝拉唑、泮托拉唑的光学异构体的药物已经在研发的日程上。

（三）研究对象

据统计，2013 年、2014 年、2015 年埃索美拉唑原料药全球需求量分别为 198.51 吨、218.88 吨、241.02 吨，2014 年和 2015 年的增长率分别为 10.26% 和 10.11%，预计未来埃索美拉唑原料药全球需求量仍将保持较快增长（数据来源：IMSHealth）。同样可以预期的是，其他拉唑类药物的异构体需求量也将持续增长。从图 1 可以看出，该类药物的共同结构特点即具有相同的苯并咪唑 – (S = O) – CH$_2$ – 吡啶结构，只具有一个手性中心，相同构型的异构体合成方法具有可借鉴性，而且异构体的制备中提纯步骤通常伴随晶型制备的方案，化合物的新晶型也同样是仿制药物的主要手段之一。因此，以下章节以代表性药物埃索美拉唑为例，综述其光学制备方法以及相关的晶型，明晰其发展历史和趋势。

（四）研究方法

通过在 STN – CAPLUS 数据库中，检索埃索美拉唑分类号并限定其为产物，限定文献类型为专利（S119141 – 88 – 7P/RN AND PATENT/DT），对文献标引；通过分析命令（ANALYZE）分析申请趋势（PY）、申请人（PA）等，从而对相关主题的专利申请进行统计分析。数据截至 2018 年 7 月 31 日，质子泵抑制剂总体专利数据量为 4618 件，选择埃索美拉唑（967 件）详细分析。

二、专利技术分析

图 3 显示申请人的国别分布以及专利最早优先权日分布的时间区间。可以看出，中国在研究埃索美拉唑的制备方面热度最高，自 1998 年至今就在进行相关专利申请。作为原研药厂阿斯利康所属国家的瑞典申请量仅为 11 件。

图 4 显示研究埃索美拉唑制备的技术方法与各方法关注的功效分布。本节将所有相关的专利申请中公开的技术方法分为"立体氧化""微生物法""拆分法""半合成"和

"提纯"，从图4可以看出对于奥美拉唑的光学异构体埃索美拉唑而言，所有制备方法将主要的关注指向了光学纯度和收率。

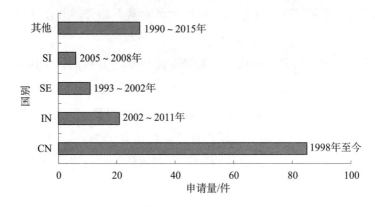

图3 埃索美拉唑制备相关专利申请分布

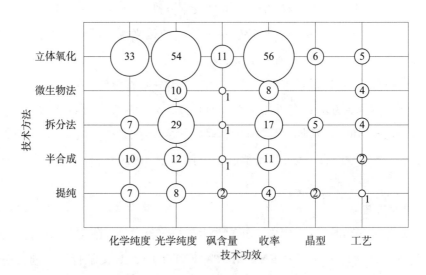

图4 埃索美拉唑制备技术–功效分布

注：图中数字表示申请量，单位为件。

三、技术演进

图5显示的是制备拉唑类PPIs的反应过程，核心步骤为前体硫醚转化为（R，S）构型的亚砜，通常提到的奥美拉唑、兰索拉唑、泮托拉唑等都是（R，S）亚砜的混合物，后来阿斯利康发现S构型的奥美拉唑具有更好性能之后，拉唑类的单一手构型的就受到关注，目前已经上市了埃索美拉唑、右兰索拉唑，而泮托拉唑、雷贝拉唑的单一手性构型化合物也已经在研发路上。

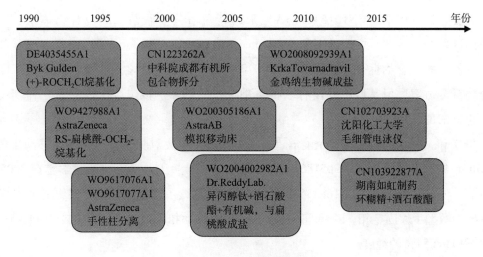

图5 制备拉唑类 PPIs 的反应方程式

（一）拆分法

拆分法是获得单一手性构型化合物最基础的技术，图6 显示的是拆分法的技术演进过程。制备埃索美拉唑的最早技术并非其原研公司阿斯利康提出，而是由德国一家制药公司 Byk Gulden Lomberg Chemische Fabrik GmbH 在 1990 年（此处是指最早优先权日的年份，下同）提出的（DE4035455 A1，同族 WO9208716 A1，此处提到的号码为专利申请的公开号，下同）专利申请中公开，其以（+）- ROCH$_2$Cl 对苯并咪唑的 - NH 烷基化，通过溶剂结晶拆分，酸解、碱中和即可将 R，S 构型拆分，例如使用（+）- 莰氧基氯甲烷、乙酸乙酯/异丙醚体系结晶经 90% 硫酸酸解和 NaOH 中和即可得到 S - 奥美拉唑（埃索美拉唑）和 R - 奥美拉唑。

| 1990 | 1995 | 2000 | 2005 | 2010 | 2015 | 年份 |

DE4035455A1
Byk Gulden
(+)-ROCH$_2$Cl烷基化

CN1223262A
中科院成都有机所
包合物拆分

WO2008092939A1
KrkaTovarnadravil
金鸡纳生物碱成盐

WO9427988A1
AstraZeneca
RS-扁桃酰-OCH$_2$-
烷基化

WO200305186A1
AstraAB
模拟移动床

CN102703923A
沈阳化工大学
毛细管电泳仪

WO9617076A1
WO9617077A1
AstraZeneca
手性柱分离

WO2004002982A1
Dr.ReddyLab.
异丙醇钛+酒石酸
酯+有机碱，与扁
桃酸成盐

CN103922877A
湖南如虹制药
环糊精+酒石酸酯

图6 拆分法技术演进路线

随后，1993 年阿斯利康（前身为阿斯特拉，与捷利康合并后为阿斯利康，此处统称为"阿斯利康"，下同）公开采用类似手段的拆分方法（WO9427988A1），采用 R/S - 扁桃酰氧基亚甲基烷基化苯并咪唑的 - NH，柱分离混合物的乙腈溶液，0.1M 乙酸铵水溶液和乙腈（70/30）洗脱即可拆分对映体，氢氧化钠碱解即可得到埃索美拉唑。基于类似原理，印度 Hetero Drug 在 2004 年申请了 1 - R - 樟脑磺酰氯烷基化苯并咪唑 - NH 的方案（WO2005105786A1、WO2005116011A1）。

1994 年阿斯利康首次提出手性柱（Chiralpack AD 250 * 4.6mm）分离奥美拉唑对映体的方法（WO9617076A1，WO9617077A1），环己烷:乙醇:甲醇（40:55:5 V/V）为展开剂。Lek Pharmaceuticals 在其专利申请（EP1947099A1）中公开了手性柱 Chiralpack AD 采用多聚糖涂覆的硅胶手性柱，采用醇洗脱分离对映体。

1998 年，中科院成都有机所提出中国首个拉唑类药物的拆分专利申请（CN1223262A），采用联二萘酚、联二菲酚或酒石酸衍生物与拉唑类药物消旋体形成单一构型的包合物，由于包合物的主体和客体之间是通过分子间作用力而非化学键形式结合，因此，二者拆分之后仅需要简单的层析方法即可将主客体分离，具有极高的创新性和开创性。在此基础上，众多药物公司对于该方案进行了细致的研究，例如 2005 年，西班牙 Esteve Quimica、韩国 Hanmi Pharm 均申请联二萘酚包合物拆分方案优化条件的相关专利申请（WO2006094904A1、WO2007013743A1），后者在较高温度下有机溶剂－水混合液中冷却结晶包合物，能够将收率提高至 85%；印度 Aurobindo Pharma 在 2007 年也提出联萘二酚专利申请（WO2008149204A1），通过在体系中加入额外的酚类物质提高拆分产物的光学纯度至 98% 以上。杭州盛美医药在 2008 年的专利申请（CN101391993A）中采用加入联萘二酚晶种的方法，提高了该包合物拆分法的收率至 90% 以上。南京工业大学提交的专利申请（CN101648943A）采用转盘塔分离联萘二酚包合物体系，实现产品的高效快速分离。西班牙 Union Quimico Farmaceutica 申请 S－1，1，2－三苯基－1，2－乙二醇包合物拆分的方案（WO2007074099A1）。在此之后仍有大量联萘二酚的包合物拆分方案，但是似乎并没有取得更进一步的创新。该包合配体甚至延伸到了立体氧化方法的领域。

2001 年，阿斯利康提出首个能够进行大量处理拉唑类对映体拆分的模拟移动床色谱（SMBC）专利申请（WO2003051867A1）。此后，中国浙江大学宁波理工学院在 2005 年也申请一项 SMBC 专利（CN1683368A），对于填料进行了改进，选择纤维素三苯基氨基甲酸酯涂敷型手性固定相，乙醇/正己烷/二乙胺为流动相可以达到埃索美拉唑 99.45% 的回收率和 98.84% 的纯度。

2002 年，印度 Dr. Reddy's Laboratories Limited（WO2004002982A1）将奥美拉唑制备成钠盐之后与异丙醇钛、D－酒石酸二乙酯、有机碱在丙酮中形成络合物，用 L－扁桃酸与之成盐，5% 碳酸氢钠水解即可得到 e.e. 值 99.85% 的埃索美拉唑。该体系普遍能够以较高光学纯度得到埃索美拉唑（KR2008093308A、KR2009027483A、WO2009145368A1）。湖南方盛制药（CN102993184A）以 Kg 级别投料量实现该工艺的工业级别生产，经过成钠盐仍然能够获得光学纯度 99.99% 的产品。

2007 年斯洛文尼亚 Krka Tovarna Zdravil（WO2008092939A1）通过金鸡纳生物碱为手性试剂与奥美拉唑成盐后进行拆分。

2012 年沈阳化工大学（CN102703923A）以 β - 环糊精为分离介质，磷酸二氢钠为缓冲溶液，运用配体交换法使 Cu（Ⅱ）、L - 组氨酸和拉唑类药物 R、S 构型分别形成的三元配合物通过毛细管电泳仪拆分，进一步拓展了拆分手段。

2013 年湖南如虹制药（CN103922877A）通过磺丁基 β - 环糊精与酒石酸二异丙酯体系拆分得到埃索美拉唑。

（二）立体氧化法

拆分方法虽然成熟，但是不得不接受其浪费了大量对映异构体的事实，造成大量原料化合物的浪费，因此人们寻求更直接的、几乎不产生不需要异构体的方法，此时就产生了立体氧化法。该方法是氧化剂在手性导向剂条件下直接将硫醚氧化为 S 或 R 构型亚砜，目的主要在于直接富集产物中的 S 或 R 构型，获得尽可能多的对映体过量的亚砜，结合纯化手段获得单一构型产品。图 7 显示了立体氧化法的技术演进过程。

1994 年埃索美拉唑原研公司阿斯利康申请首个立体氧化的专利申请（WO9602535A1），将异丙醇钛和水与 L -（+）- 酒石酸二乙酯反应混合物中加入硫醚前体和二异丙基乙基胺，30℃加入氢过氧化枯烯，得到 86.8 对映体过量的 74% 亚砜，但是产物体系含有8.8% 的砜类氧化副产物和 2.1% 原料硫醚。

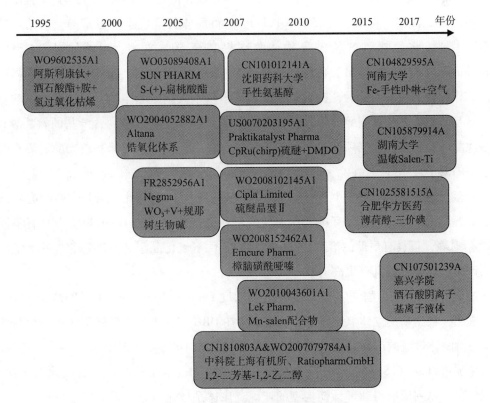

图 7　立体氧化法技术演进路线

在此之后阿斯利康没有申请任何立体氧化的相关专利申请，但是全世界范围内的药企却似乎对此非常感兴趣，75 件专利申请从不同方面对该体系进行改进，例如金属、配体、氧化剂等改进。

2002 年，印度 SUN PHARM IND LTD（WO03089408A1）将 L－（＋）－酒石酸酯替换成 S－（＋）－扁桃酸酯，成钠盐之后光学纯度＞98％。德国 Altana（WO2004052882A1）将异丙醇钛替换为锆系氧化剂，将埃索美拉唑的转化率提高至 50％，化学纯度提高至 85％，光学纯度＞95％。

2003 年法国 Negma（FR2852956A1）使用 WO_3 与含钒配合在规那树生物碱族（Quinquina alcaloids，如奎宁、奎尼定等）、过氧化物条件下得到 70％ 收率和对映体过量 90％ 的埃索美拉唑。

2005 年 12 月和 2006 年 2 月发明人姜标等分别以中科院上海有机所和德国 Ratiopharm GmbH 名义申请了两份相同方案的专利申请（CN1810803A、WO2007079784A1），以（R，R）或（S，S）－1，2－二芳基－1，2－乙二醇为配体将埃索美拉唑最高转化率和 e.e. 值分别提高至 90％ 和 94％。

2006 年美国 Praktikatalyst Pharma（US20070203195A1）以钌（Ru）与硫醚形成配合物 CpRu（chirp）硫醚，DMDO 氧化，得到 S 过量的产物，但是并没有公开具体过量程度。

2007 年，沈阳药科大学（CN101012141A）将配体替换成手性氨基醇，以锆或钛作为金属中心，将拉唑类 S 构型异构体收率提高至 50％ 左右，对映体过量达 98％。Novosibirskii（RU2339631C1）将配体替换为 N，N－二甲基－R－1－苯基乙胺同样可以提高 S 异构体的收率。此后，针对手性配体还出现了大量专利申请，例如手性乳酸衍生物、氨基茚满醇、手性四醇配体、酒石酸衍生物、2－氨基环己醇、含苯基的氨基醇、大环手性配体、联萘二酚、环己二胺、二氧化硅负载手性配体、三苯基乙二醇、酒石酸为阴离子的离子液体等。

同年，印度 Cipla Limited（WO2008102145A1）申请专利提出硫醚具有两种构型 Form Ⅰ 和 Ⅱ，其中 Form Ⅰ 为现有技术存在的类型，而其新发现的 Form Ⅱ 较 Ⅰ 具有不同的 XRD 衍射峰，且具有更低的溶解性，因此相同条件下氧化晶型 Ⅱ 可以避免一些砜等副产物的产生，使得产品具有更高的收率（80.6％）。

2007 年成都福瑞生物（CN101323609A）与印度 Emcure Pharmaceuticals（WO2008152462A1）同日提出一种全新的立体氧化体系，硫醚直接在 DBU 存在下被樟脑磺酰哑嗪氧化为 S 或 R 构型对映体过量的产品体系，例如奥美拉唑硫醚在 DBU 存在下使用 1R－（－）－樟脑磺酰哑嗪可以以 46.8％ 的收率 99.64％ 光学纯度得到埃索美拉唑。调节氧化剂的构型，可以氧化一系列硫醚得到可预期构型的亚砜。该体系较钒体系组分简单，反应高效。之后也有国内企业申请类似氧化体系的专利，但是并未取得突破性的创新。

2008 年 Lek Pharmaceuticals（WO2010043601A1）首次提出 Mn－salen 配体可以与双氧

水立体氧化硫醚制备埃索美拉唑，但是其反应结果并不理想，S－异构体的 e.e. 值为60%左右，转化率50%左右，而且其中砜含量较高。2013 年，青岛正大海尔（CN103224489A）改进 salen 配体的结构，使得转化率和 e.e. 值均达到90%以上。同年，中科院大连化物所（CN104447692A、CN104447440A）对 Mn 的 salen 配体进一步替换为 NNNN 四齿配体，也获得较好的效果。2015 年 FGBU Nauki Institut Kataliza（RU2574734C1）提出一种新的钛－ONNO－salen 配合物，在双氧水体系下能够获得95%收率和94%光学纯度。

2011 年苏州二叶制药（CN102351845A）仅通过 β－环糊精与硫醚形成包合物后在过氧乙酸条件下即可得到90%收率、99.5%化学纯度、99.4%光学纯度的埃索美拉唑，反应过程并未使用手性干预试剂，仍然能够高立体选择性氧化得到 S－异构体。

2012 年合肥华方医药（CN102558151A）提出一种新氧化体系，该体系以手性薄荷醇－三价碘形成的配合物为氧化剂，在甲苯中直接氧化一系列硫醚化合物，通过选择薄荷醇的构型，能够选择性将硫醚氧化为 S 或 R 构型，且产品纯度高。

2015 年，河南大学（CN104829595A）通过改进催化体系获得极大的创新和工业上的进步，该方法采用 Fe－手性侧链卟啉配合物为催化剂，在甲苯中仅通过空气即可将硫醚转化为 S－亚砜，且收率达到62%。而且该专利申请公开的是首次以 Kg 级别进行试验的方案，对于大量合成埃索美拉唑具有重要的意义。同年，寿光富康制药（CN105669649A）采用（1S，2S）－（+）－苄氧基环己胺与负载 Mn 的夹心型锑钨酸盐为催化剂，过氧化物氧化能够以90%以上收率得到极高纯度埃索美拉唑。

2016 年，湖南大学（CN105879914A、CN106045804A）将温敏型基团连接在 salen 配体上，与钛形成温敏型配合物催化剂，温敏型离子液体手性 Salen Ti 配合物催化剂充分利用其温敏材料单元具有的疏水－亲水转化性能，在相对较低温度下具有亲水性，在较高温度下具有疏水性，只需通过控制温度，即可实现温敏型离子液体手性 Salen Ti 配合物催化剂的回收，克服了现有技术中手性 Salen Ti 配合物催化剂难以回收的缺陷，大大降低催化剂的使用成本。

2017 年嘉兴学院（CN107501239A）在传统的钒氧化体系基础上将酒石酸做成酒石酸阴离子的离子液体，较常规的酒石酸酯在产率、纯度方面都有较大的提升。

（三）微生物法

微生物法转化硫醚制备亚砜是利用特定微生物的加氧、脱氢功能。由于其过程温和、选择性高、过度氧化副产物含量低、环保绿色等优点而受到关注。图8 显示了微生物法的技术演进过程。

1996 年埃索美拉唑原研公司阿斯利康即申请了首个微生物氧化硫醚制备奥美拉唑的解决方案（WO9617076A1），其使用青霉菌和不动杆菌均表现出较好的转化能力和立体选择性，一方面得到产品选择性倾向 R 构型，另一方面反应产物仅为 ppm 级别，因此并不算成功的解决方案，但是其开创了微生物法的先河。阿斯利康的同日申请（WO9617077A1）通过 Proteus vulgaris 选择性还原消旋的奥美拉唑中 R - 奥美拉唑为硫醚，而能够得到对映体过量 99% 的埃索美拉唑，但是该方案也同时存在产物浓度低的问题。

1999 年日本 Eisai（JP2000125895A）公开真菌刺孢小克银汉霉（Cunninghamella echinulata）能够将硫醚选择性氧化为 S 对映体过量的亚砜。

直到 2009 年，美国 Codexis（WO2011071982A2）提出环己酮单加氧酶（CHMA）在氧气条件下能够将硫醚选择性氧化为 S 对映体过量的亚砜，其对一系列硫醚均能得到较好的活性，其中埃索美拉唑能够达到 87% 的收率和 99% 的化学纯度；南京博优康远生物医药 2015 年（CN105695425A）的专利申请公开在环己酮单加氧酶基础上加入葡萄糖脱氢酶、过氧化氢酶使得该体系的转化率提升至 98%。

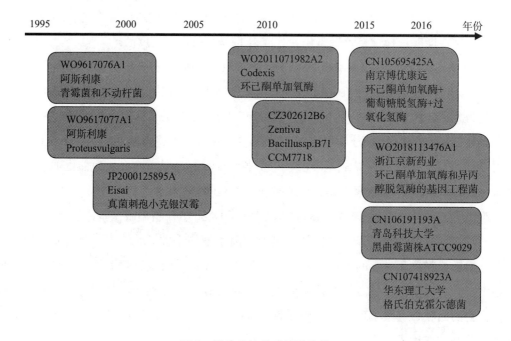

图 8　微生物法技术演进路线

2010 年捷克 Zentiva（CZ302612B6）发现 Bacillus sp. B71 CCM 7718 能够以 100% 光学选择性得到 S 异构体。

2016 年，青岛科技大学（CN106191193A）对马棒状杆菌、土地戈登氏菌、红球菌、灰霉菌、黑曲霉、米曲霉等众多微生物菌种的不同菌株进行筛选研究，发现马棒状杆菌，红球菌 IEGM 66 等虽然可将奥美拉唑硫醚转化成 S - 奥美拉唑，但 e.e. 值（<90%）远不能满足手性药物的对映体纯度要求，而黑曲霉菌株 ATCC 9029 可将奥美拉唑硫醚转化成 S - 奥美拉唑，且几乎不生成 R - 奥美拉唑和砜产物，实验产率达到 96%，光学纯度高达 99.7%。

2017 年，华东理工大学（CN107418923A）采用格氏伯克霍尔德菌（Burkholderia glathei）将埃索美拉唑收率提高至 92.32%，并且产物 e.e. 值大于 99%。

2016 年，浙江京新药业提交国际申请（WO2018113476A1）保护一种环己酮单加氧酶和异丙醇脱氢酶的基因工程菌，使得埃索美拉唑收率在 80% 以上，光学纯度在 99% 以上。由于其实现环己酮单加氧酶和异丙醇脱氢酶在一个菌株内的高水平共表达，因此两个酶的单独发酵可以在一个过程中完成，减少了发酵步骤，降低成本，全细胞催化避免了细胞的破碎和离心操作，具有较好的工业应用前景。该企业同时申请了两个国内的环己酮单加氧酶＋辅酶＋氧气的专利申请（CN108251465A、CN108251466A）。

（四）半合成法

半合成法是通过在 S 构型亚砜片段上引入吡啶片段形成埃索美拉唑。该方法由于不涉及硫醚键的氧化，因此避免了过氧化产生的砜类杂质和 N－氧化物亚砜的产生，而且可以高收率得到拉唑类化合物。

2007 年，法国 Sidem Pharma SA（WO2009106745A2）将 2－巯基－5－甲氧基苯并咪唑与磺酰氯、乙酸反应得到亚磺酰氯中间体与（＋）－薄荷醇反应制备 R－5－甲氧基苯并咪唑亚磺酸－（＋）－薄荷酯，然后与 4－甲氧基－2，3，5－三甲基吡啶的有机锂化物反应得到埃索美拉唑，光学纯度 94%。

2013 年，北大方正集团申请一系列共 4 件专利（CN104098515A、CN104098516A、CN104098545A、CN104098546A）保护类似的方案，将（＋）－薄荷醇替换成 S－1－苯基乙醇，苯并咪唑亚磺酰氯与 S－1－苯基乙醇制备 S－5－甲氧基苯并咪唑亚磺酸－S－1－苯基乙酯，再在 LiBr 条件下与 4－甲氧基－2，3，5－三甲基吡啶的格氏试剂反应制备埃索美拉唑，粗品即具有 87.8% 的收率、98.4% 的化学纯度和 99.92% 的光学纯度；而且该反应投料量接近 Kg 级别，具有一定的大规模生产前景。

（五）提纯

1993 年阿斯利康申请的埃索美拉唑钠盐提纯专利最先进入加拿大（CA2337581A1），其公开将 R－奥美拉唑（含有 3%S－异构体）于氢氧化钠水溶液在甲苯中成盐之后，加入 2－丁酮即可得到埃索美拉唑的白色结晶，光学纯度 99.8%。之后国内相关专利申请（CN1467207A、CN102850323A）也都验证了 2－丁酮对于埃索美拉唑的特殊选择性结晶性能。

阿斯利康于 1996 年提出通过溶剂结晶提纯埃索美拉唑镁盐的技术方案（WO9601623A1），该专利申请公开的方案中将 S－奥美拉唑对映体过量 80%（90%S－异构体和 10%R－异构体）的混合物与甲醇镁在二氯甲烷中成盐后，加入少量水使镁盐沉淀，滤除镁盐的母液浓缩后得到浓甲醇溶液，加入丙酮稀释得到白色沉淀光学纯度为 98.8%，过滤后将母液进一步搅拌室温结晶，过滤得到第二批埃索美拉唑光学纯度为 99.5%。即通过简单的甲醇－丙酮体系即可将奥美拉唑镁盐的 S 构型以 99.5% 的光学纯度分出。对于埃索美拉唑游离碱的纯化，阿斯利康在 1997 年提出（WO9702261A1）乙酸乙酯、乙醇、甲苯都能够大幅度将 S－对映体过量的混合物中的消旋体结晶除去。

2015 年意大利 Fabbrica Italiana Sintetici（EP3064495A1）通过向 R，S 混合物的二氯甲烷溶液中加入醚类溶剂而使消旋体优先结晶，得到的埃索美拉唑纯度超过 99.8%。

（六）晶型

同一种元素或化合物在不同条件下生成结构、形态、物性完全不同的晶体的现象称为多晶现象。晶癖是生长着的结晶因结晶条件（溶媒、杂质等）的影响，使分子不能均匀地达到各结晶面，从而产生不同的外形。同一晶系的结晶，外观可呈现不同的形状（晶态），而多晶型则是由于结晶内部构造的分子排列不同而产生，因此，多晶型与晶癖有着本质的区别。

多晶型现象在有机药物中广泛存在。据统计，美国药典（2000 版）片剂样品中约有 40% 的药物存在多晶型现象。不同晶型的同一药物在溶解度、溶出速率、熔点、密度、硬度、外观以及生物有效性等方面有显著差异，从而影响药物的稳定性、生物利用度及疗效的发挥。药物多晶型现象的研究已经成为日常控制药品生产及新药剂型确定前设计所不可缺少的重要组成部分。

图 9 显示了埃索美拉唑多晶型的技术演进过程。

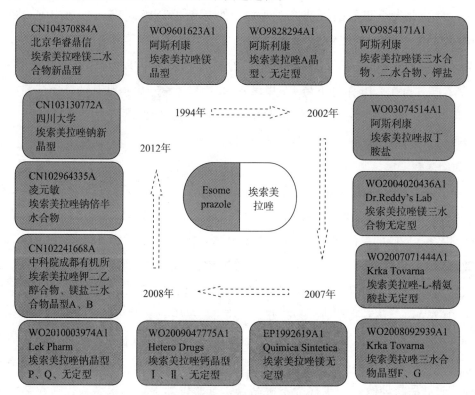

图9　埃索美拉唑多晶型技术演进路线

如图 9 所示，目前已经公开的埃索美拉唑多晶型主要类型包括：

（1994 年）埃索美拉唑镁晶型；

（1996 年）埃索美拉唑 A 晶型、埃索美拉唑无定型固体、埃索美拉唑镁三水合物（晶型 I）、二水合物（晶型 I 和 II）、钾盐晶型；

（2002 年）埃索美拉唑 – 叔丁胺盐晶型；

（2003 年）埃索美拉唑镁三水合物无定型固体；

（2005 年）埃索美拉唑 – L – 精氨酸盐晶体；

（2007 年）埃索美拉唑镁三水合物（晶型 F 和 G）、埃索美拉唑镁无定型固体、埃索美拉唑钙盐（晶型 I、II、无定型）；

（2008 年）埃索美拉唑钠晶型 P、Q、无定型；

（2009 年）埃索美拉唑钾盐二乙醇合物、埃索美拉唑镁三水合物（晶型 A、B）；

（2011 年）埃索美拉唑钠新晶型；

（2012 年）埃索美拉唑钠倍半水合物、埃索美拉唑镁二水合物新晶型。

四、总结与展望

PPIs 已经由第一代的奥美拉唑、拉索拉唑、泮托拉唑发展到第二代的埃索美拉唑、雷贝拉唑等，越来越多的种类仍然撼动不了阿斯利康公司的埃索美拉唑的绝对市场地位。虽然埃索美拉唑并非神药，但是其超强的抑酸性能是其成为同类药物首选的主要原因。目前各大药厂也正致力于寻找更高或相当抑酸能力且具有更低毒性、起效更快、药效更持久的替代品。埃索美拉唑的成功不可复制，但对于研发给出重要的启示。中国在质子泵抑制剂领域起步晚于原研甚至是日本、印度，虽然发展速度较快，但仍然需要更大的努力追赶；无论是化合物的制备还是多晶型的专利申请，都应当指向市场和生产，制备注重质量控制，多晶型注重生物利用度、药效一致性等，使专利更加有效地助力行业的发展。

通过对于埃索美拉唑的制备、晶型的相关技术梳理综述，期望可以把拉唑类药物的关键技术、发展历史、各阶段关注的重点系统呈现出来，对相关领域人员具有一定借鉴意义和启发。

参考文献

［1］高小坤. 可逆型质子泵抑制剂的研究进展［J］. 中国新药杂志，2012，21（6）：638 – 643.

［2］JAI M S, NAYOUNG K. Pharmacokinetics and pharmacodynamics of the proton pump inhibitors［J］. Journal of Neurogastroenterology and Motility, 2013, 19（1）: 25 – 35.

［3］毛煌，佘佳红，袁伯俊. 苯并咪唑类质子泵抑制剂的药理和临床研究进展［J］. 中国新药杂志，2006，15（1）：17 – 21.

治疗流感中药专利技术综述[*]

陈闵辉　李瑶　李玉婷　林海生　王晶晶　白盼　皇甫洁琼

摘　要　流感是流感病毒引起的急性传染性上呼吸道病毒感染性疾病，流感病毒具有较高致病性和高致死率，对人类的健康和生命安全构成了极大的威胁。目前西医治疗抗病毒药物临床疗效不佳。中医学认为本病属于中医"时行感冒"范畴，是由于感受风邪，兼夹四时疫疠之邪，乘人体御邪能力不足时，侵袭人体肺卫皮毛而致。本文综述了中医学对流感的认识、辨证论治、常用理法方药和经典方剂，统计出治疗流感的常用中药，并针对涉及上述中药的该技术领域重点产品清开灵、莲花清瘟、热毒宁、抗病毒颗粒和抗病毒口服液进行分析，从主要申请人信息、技术分支路线、核心技术、专利布局等方面进行了深入研究，为科研人员、企业以及专利领域相关行业了解治疗流感中药的发展概况提供参考和借鉴。

关键词　流感　病毒性感冒　中药　专利申请　分析

一、前言

流行性感冒（以下简称"流感"）是流感病毒引起的急性呼吸道感染，其传染性强、传播速度快，几乎每年都会局部或大规模发生。流感病毒主要通过空气中的飞沫、人与人之间的接触或与被污染物品的接触传播，潜伏期一般为 1～7 天，多数为 2～4 天。典型的临床症状是：急起高热、全身疼痛、显著乏力和轻度呼吸道症状。秋冬季是高发期，婴幼儿、老年人和存在心肺基础疾病的患者容易并发肺炎等严重并发症而导致死亡。流感由流感病毒引起，流感病毒可分为甲（A）、乙（B）、丙（C）三型，甲型病毒经常发生抗原变异，传染性大，传播迅速，极易发生大范围流行。[1]

由于流感病毒的高变异性，经过几百年的努力，人类尚没有找到药到病除的办法。虽然目前疫苗接种可以预防流感，但是，前次流感发病期间所用的疫苗往往对下次流感

---

* 作者单位：国家知识产权局专利局专利审查协作广东中心。

暴发会失去预防作用。西医主要是用解热镇痛药与防治继发性细菌性感染等对症治疗，但尚无特效抗病毒药物，且多数抗病毒药物不具广谱作用，还带来一系列不良反应。

传统中医学中虽无流感的病名，但在中医学文献中，有许多类似本病起因、发病特点、临床证候的记载和颇有疗效的方药，如治疗"伤寒"之桂枝汤、麻黄汤；治疗"外感风寒"之正柴胡饮等。中医自古用中草药防治流感已表现出卓越优势，既针对病因，又整体调节，治法多样，无明显不良反应。近年来，国内外学者也研究证实许多中草药有显著抗流感病毒作用，使一些抗流感经典方剂有了科学依据。本文以 1986 ~ 2018 年治疗流感药物的中药发明专利申请为切入点，对已公开的治疗流感中药专利申请进行分析，比较国内重要的流感相关产品及企业在专利布局方面的差异，以期为国内制药企业在治疗流感中药的研发和专利布局等方面提供借鉴和参考。

二、中医防治流感

传统医学认为感冒是感受风邪，出现鼻塞、流涕、喷嚏、咳嗽、头痛、恶寒发热、全身不适等症状的一种常见外感病，如见广泛流行，症状较重，则称"时行感冒"。明清时期医家已认识到普通感冒与时疫有别，形成温病学派，使流感的理、法、方、药体系日趋完善。根据流感的流行特点和临床特征，本病可归属于中医温病中风温、春温、暑温、秋燥的范畴。主要治疗方法有：解表法、清气法、和解法、通下法、祛湿法、清营法、凉血法等。[2]

（一）病因病机

（1）外感疫疠之邪："五疫之至，皆因染易，无问大小，病状相似"（《素问·补遗·刺激论》）。"时行病者，是春时应温而反寒，夏时应热而反冷，秋时应凉而反热，冬时应寒而反温，非其时而有其气，是故一岁之中，病无少长，率相似者，此则时行之气也"（《诸病源候论》）。寒热异常，温凉失节，岁时不和是时行感冒的主要病因。疫疠之邪亦先入肺卫，邪入卫表，卫气与之抗争，卫阳被遏，不能达于外，故见恶寒发热。太阳经走表，邪阻不疏，则头项疼痛身重，关节酸痛。外邪犯肺，气道受阻，故鼻塞；肺气上逆则咳嗽；鼓邪外出则喷嚏；邪逼液出则流涕。咽喉属于肺系，受风寒则痒，热郁则痛。[3]

（2）体虚邪凑："邪之所凑，其气必虚"。时行感冒最根本的病因是正气不足，素体元气虚弱，表疏腠松，略有不谨，即感风邪疫毒。亦有饮食劳倦伤及脾胃，致脾肺气虚；中虚卫弱，不能输精于肺，肺气虚则不能输精于皮毛，致表卫不固，腠理疏松，易感风邪疫毒而发病。亦有素体阳虚、阴虚或病后、产后调摄不慎，阴血亏损，复感外邪而发病。[3]

（二）辨证论治

辨证论治是中医认识和治疗疾病的基本原则，中医对流感的治疗，不但注重对病因病机的辨别，还强调人体由于体制不同，外邪入侵后的不同转归，从整体出发，辨证论治，在治疗时认清主证、兼证，在六经辨证，三焦辨证，卫气营血辨证等理论的指导下，将流感辨证分型，对不同的证型采用不同的方药治疗。[4] 具体辩证分型论治见表 1，下文将选取代表方药中的君药作为分析对象，统计君药在抗流感专利中的使用情况。

表 1　中医辩证分型与治疗

类别	症型	治法	方药	君药
实证	风寒束表，肺气失宣	辛温解表，宣肺散寒	荆防败毒散加减	荆芥、防风
	风邪犯表，热郁肺卫	辛凉解表，祛风清热	银翘散加减	金银花、连翘
	热蕴于里，寒客于表	疏风宣肺，散寒清热	麻杏石甘汤加味	麻黄
	暑湿伤表，表卫不和	解表清暑	新加香薷饮	香薷
虚证	表卫不固	益气解表，调和营卫	参苏饮加减	苏叶、葛根
	阳虚感冒	温阳解表	桂枝加附子汤	桂枝、附子
	血虚感冒	养血解表	葱白七味饮加减	葱白、豆豉
	阴虚感冒	滋阴解表	加减葳蕤汤	玉竹

三、抗流感中药专利申请情况分析

（一）抗流感中药相关专利申请分析

本文主要采用中国国家知识产权局专利检索与服务系统（Patent Search and Service System，以下简称"S 系统"）中的中国专利文摘数据库（CNABS）、中国专利全文文本代码化数据库（CNTXT）和外文数据库（VEN）进行检索，检索截止时间为 2018 年 8 月。检索关键词为：流感，流行性感冒，外感热病，时行感冒，病毒性感冒，（病毒 s 感冒），疫病，瘟疫；涉及分类号：A61K 36（含有藻类、苔藓、真菌或植物或其派生物，例如传统草药的未确定结构的药物制剂）、A61K 35（含有其有不明结构的原材料或其反应产物的医用配制品）、A61P 31/16（用于流行性感冒或鼻病毒的抗病毒剂。在数据库中将关键词与分类号相结合进行检索，经过数据整理，得到专利申请共 3174 件。1986 ～ 2018 近 20 年来国内相关专利申请趋势如图 1 所示。

由图可知，2002 年以前抗流感中药专利申请的年申请量均在 100 件以下，2003 年出现了申请量的第一次飞跃，此后，抗流感类中药专利申请呈现飞速发展趋势。由于部分专利申请在申请日满 18 个月才公开，2017 ～ 2018 年的数据不能完全代表该年度的整体申请量。

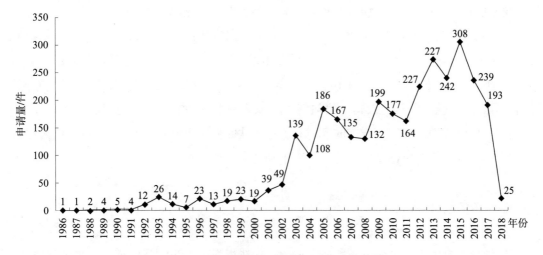

图1　国内抗流感中药相关专利申请趋势

（二）常用抗流感中药频次统计分析

选取表1中中医治疗流感各症型中代表方剂的君药：荆芥、防风、金银花、连翘、麻黄、香薷、苏叶、葛根、桂枝、附子、葱白、豆豉、玉竹，以及流感治疗中常使用的其他中药板蓝根、黄芩、桔梗、石膏、杏仁、柴胡、牛蒡子、芦根、大青叶、藿香、知母、大黄、半夏、青蒿、麦冬、菊花、竹叶作为考察对象，分析上述中药在治疗流感专利申请中的应用情况，具体统计情况如图2所示。

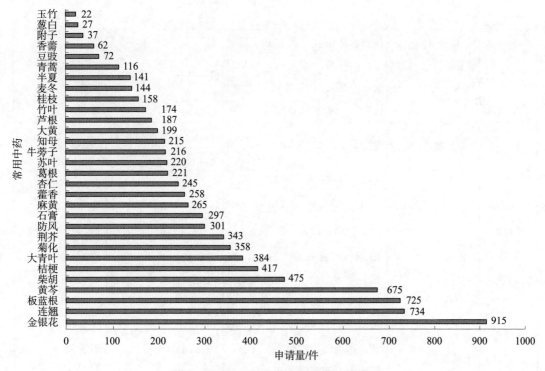

图2　常用抗流感中药专利申请统计情况

经过对抗流感中药进行梳理统计，我们发现金银花、连翘、板蓝根为用药频次前三位的中药。其中，金银花、连翘常作为中药药对配伍使用，二者最早出自清代吴鞠通《温病条辨》银翘散，银花质体轻扬，可清气分之热，血分之毒；连翘轻清上浮，可泻心火，破血结，散气聚，二药配伍，相须为用，并走于上，轻清升浮宣散，清气凉血，清热解毒之力增强。[5]板蓝根具有清热解毒、凉血利咽的功效，具有良好的抗病毒疗效，在临床上广泛应用于病毒性流感的预防和治疗，从非典到甲流再到H7N9，每次引人注目的传染病出现，板蓝根都会作为防治药物走到前台。

四、重点产品

我们通过对国内市场含有金银花、连翘、板蓝根作为主要成分的重点产品进行梳理，产品汇总情况如表2所示。上述产品在中药配伍方面存在不同之处，本节内容主要针对上述产品进行专利申请分析。

表2 国内市场治疗流感重点产品汇总

产品名称	治法	组成	主要生产企业	主要剂型
清开灵	清热解毒、化痰通络、醒神开窍	水牛角、黄芩苷、金银花、栀子、板蓝根、珍珠母、胆酸、猪去氧胆酸	神威药业、贵州益佰制药股份有限公司、明兴制药	注射剂、口服液、粉针剂、栓剂、喷雾剂、软胶囊、崩解片、滴丸等
连花清瘟	清瘟解毒、宣肺泄热	连翘、金银花、炙麻黄、炒苦杏仁、石膏、板蓝根、绵马贯众、鱼腥草、广藿香、大黄、红景天、薄荷脑、甘草	以岭药业	胶囊剂、颗粒剂、片剂
热毒宁	清热、疏风、解毒	青蒿、金银花、栀子	江苏康缘药业股份有限公司	注射液
抗病毒颗粒	清热解毒	川方：板蓝根、忍冬藤、山豆根、川射干、鱼腥草、重楼、贯众、白芷、青蒿	丽珠医药	颗粒、片剂、糖浆
		国标方：板蓝根、石膏、芦根、生地黄、郁金、知母、石菖蒲、广藿香、连翘		
抗病毒口服液	清热祛湿、凉血解毒	板蓝根、石膏、芦根、生地黄、郁金、知母、石菖蒲、广藿香、连翘	香雪制药	口服液

（一）清开灵

1. 背景介绍

清开灵由北京中医药大学在传统中成药"安宫牛黄丸"基础上改进研制而成，[6]组方中以胆酸、猪去氧胆酸为君，清热解毒开窍；水牛角为臣，咸寒清心，解热安神；黄芩苷和栀子、板蓝根、金银花为佐，清热解毒；珍珠母定惊安神为使，全方以苦寒、甘寒、咸寒并用达到清热解毒，化痰通络，醒神开窍等功效，既保存了原方的精髓，又大大方便了临床使用，广泛应用于清热解毒、抗病毒等多个治疗领域，是现代中药制剂的代表之一。[7]

2. 专利申请人分析

为了解清开灵制剂相关专利申请状况，在 CNABS 中获得统计样本，检索式为：清开灵 or（and 胆酸，珍珠母，脱氧胆酸，栀子，牛角，板蓝根，黄芩苷，金银花），得到专利申请共 174 篇，主要申请人排序如表 3 所示。其中神威药业申请量最多，其次为贵州益佰制药股份有限公司（以下简称"贵州益佰制药"）、明兴制药、北京中医药大学等。

表3　主要申请人排序

排序	申请人	申请量/件
1	神威药业	17
2	明兴制药	9
3	贵州益佰制药股份有限公司	9
4	北京中医药大学	6

由表 3 可见，清开灵相关发明专利申请量排名靠前的是医药企业、高校等科研单位。其中，神威药业、明兴制药、贵州益佰制药是清开灵领域重要的申请人，下面对这三家药企关于清开灵的专利申请技术脉络进行分析、对比和梳理。

（1）神威药业

神威药业筛选和鉴定了清开灵的整体化学物质组中的 9 类 57 种物质成分，建立的指纹图谱已收载于《中国药典》，其自原料药材至成品中有 30 项企业内控标准高于国家标准。2014 年底，由神威药业与清华大学共同完成的"中药注射剂全面质量控制及在清开灵、舒血宁、参麦注射液中的应用"项目获国家科技进步二等奖，神威药业清开灵注射液入选国家卫生计生委发布的《中东呼吸综合症病例诊疗方案（2015 年版）》推荐治疗药物。从 2006 年开始，神威药业有关清开灵的发明专利申请达到 17 件，具体专利申请脉络如图 3 所示。

（2）明兴制药

明兴制药对清开灵产品进行了一系列的中药现代化研发工作，其早在 1992 年就申请了针对清开灵口服液辅料组方的专利申请；2003 年和 2007 年分别申请了针对清开灵注射剂、栓剂及制备方法的发明专利；2014 年申请了清开灵注射液中间体指标成分含量快速测定的方法。具体专利申请脉络如图 4 所示。

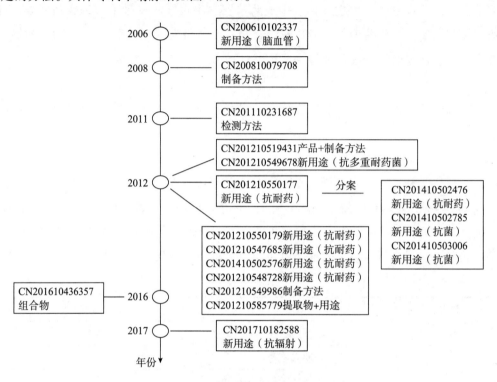

图3　神威药业清开灵相关专利申请脉络

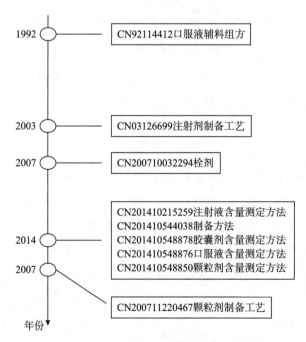

图4　明兴制药清开灵相关专利申请脉络

（3）贵州益佰制药

贵州益佰制药致力于投资研发清开灵冻干粉针剂，以克服传统清开灵注射液副反应大的缺陷，并于2004年投资4855万元开展清开灵粉针剂生产线科技项目，在生产工艺中采用大孔吸附树脂分离技术、膜分离技术及动感技术等国际领先技术，除去了易引起过敏反应的大分子蛋白质，保留活性药效成分。2003～2008年，贵州益佰制药有关清开灵的发明专利申请达到9件，而近年来该公司未申请有关清开灵产品的发明专利，具体专利申请发展脉络如图5所示。

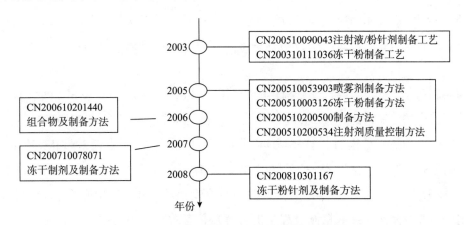

图5　贵州益佰制药清开灵相关专利申请脉络

3. 主要技术分支

对上述重点企业的清开灵制剂相关专利申请分析发现，其技术分支主要分为如下几类：（1）组合物产品；（2）剂型改进及制备工艺；（3）用途/适应证；（4）检测/质量控制方法；（5）中药提取物。具体技术分支如图6所示。

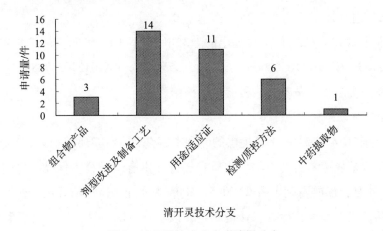

图6　清开灵技术分支申请量分布

（1）组合物产品

关于组合物的发明专利申请较少，其中明兴制药于1992年12月8日提出的专利申请 CN92114412 为关于清开灵产品最早的发明专利申请，技术方案涉及清开灵口服液，以特定辅料及配比为技术特征。

（2）剂型改进及制备工艺

清开灵产品剂型改进及制备工艺技术分支的相关专利申请最多，占全部申请总量的40%。剂型涉及注射剂、口服液、粉针剂、栓剂、喷雾剂、软胶囊、崩解片、滴丸等。

神威药业于 2008 年 11 月 5 日提出的专利申请 CN200810079708 涉及一种可提高清开灵氨基酸含量的制备方法，使清开灵药物制剂中氨基酸含量提高 10%～15%。于 2012 年 12 月 6 日提出的专利申请 CN201210519431 在清开灵注射液原料的基础上，对原料配比及制备方法进行调整，较现有清开灵注射液具有更显著的抑菌、抗病毒、抗炎、解热等作用。

明兴制药于 2003 年 5 月 29 日提出的专利申请 CN03126699 涉及清开灵注射剂制备工艺中过滤工序的方法改进；于 2007 年 12 月 7 日提出的专利申请 CN200710032294 涉及可用于直肠给药的清开灵栓剂；于 2017 年 11 月 28 日提出的专利申请 CN201711220467 采用一种新型颗粒制备方法实现一步制粒，节约成本，增加药物稳定性。贵州益佰制药于 2003 年 11 月 27 日提出的专利申请 CN200310111036 涉及一种注射用清开灵冻干粉针的制备工艺，通过控制药材提取精制过程中的含醇量，有效除去中药中的易沉淀物质，解决了中药注射液中常常出现的混浊、沉淀等现象，减少药物副作用；于 2005 年 7 月 4 日提出的专利申请 CN200510003126 将药物提取物改为制备成提取液，提高半成品检验准确度，降低生产成本；于 2005 年 8 月 29 日提出的专利申请 CN200510200500 采用醇提水沉树脂除杂法提取金银花，采用酸碱混合水解法水解水牛角，可有效去除杂质，降低不良反应，提高有效成分含量。

（3）用途/适应证

神威药业于 2012 年 12 月 17 日提出的专利申请 CN201210550177、CN201410502476、CN201410502785、CN201410503006、CN201210550179、CN201210547685 主要涉及清开灵活性组分栀子提取物、黄芩苷、板蓝根的抑菌作用。

（4）检测/质量控制方法

明兴制药于 2014 年 5 月 21 日提出的专利申请 CN201410215259 涉及清开灵注射液中间体指标成分含量快速测定的方法，为质量提升提供有力的技术保障。贵州益佰制药于 2005 年 9 月 14 日提出的专利申请 CN200510200534 公开了一种清开灵注射制剂的质量控制方法，包括性状、鉴别、检查、含量测定，该鉴别方法专属性强，含量测定方法重现性好，检查方法全面，避免药物不良反应产生，确保药物疗效，有效控制药物质量。

（5）中药提取物

神威药业于 2012 年 12 月 27 日提出的专利申请 CN201210585779 公开了从清开灵中

分离获得的黄酮类化合物、提取方法及其在制备抗炎药物制剂中的应用。

4. 小结

从上述专利申请分析可知，清开灵相关产品的研究主要集中在药物剂型及制备工艺改进、药物新用途等方面。剂型及制备工艺改进的专利申请主要集中在 2003～2008 年，各企业针对清开灵注射剂、冻干粉剂、口服液、喷雾剂等传统剂型进行了大量研究，解决了药效成分稳定性差、生物利用度低、不良反应多、生产成本高等问题。2008 年以后的专利申请则侧重于产品的新用途开发，主要集中在抗菌、抗耐药菌等方面。

作为清开灵相关专利申请的主要申请人，神威药业、贵州益佰制药、明兴制药的发明专利申请在技术主题方面有相似之处，但各有侧重点，如明兴制药最早申请清开灵相关专利，其申请涉及辅料成分、注射剂、栓剂及制备工艺、注射液指标成分测定等多个技术分支；贵州益佰制药主要针对清开灵进行剂型改进，并对清开灵冻干粉剂进行了大量研究；神威药业主要针对药物的新用途进行拓展研究。神威药业提交的 17 件关于清开灵产品的发明专利申请中，获得授权的申请有 9 件，且大多集中于产品新用途方面，而仅有的关于含量测定和质量控制的 2 件于 2011 年 8 月 10 日提出的专利申请 CN201110231687 和于 2012 年 12 月 18 日提出的专利申请 CN201210549986 视撤，可见神威药业在含量测定、质量控制等技术分支进行专利挖掘和布局的能力仍有改进空间。

（二）连花清瘟

1. 背景介绍

连花清瘟以络病理论为指导，探讨流感中医发病规律与治疗，提出"积极干预"的治疗策略，其配方是将《伤寒论》麻杏石甘汤、《瘟疫论》升降散、《温病条辨》银翘散三个经典名方荟萃为一方所得，具有清瘟解毒、宣肺泄热的功效，用于治疗流感属热毒袭肺症，症见：发热或高热，恶寒，肌肉酸痛，鼻塞流涕，咳嗽，头痛，咽干咽痛，舌偏红，苔黄或黄腻等。[8]

2. 专利申请人分析——以岭药业

连花清瘟为以岭药业的专利产品，所以相关专利申请的申请人均为以岭药业的下属公司。大量研究表明，连花清瘟具有广谱抗病毒、天然抗生素作用，10 多年来先后 15 次被列入国家级治疗甲型流感、乙型流感、禽流感诊疗方案等，被列入国家基本药物目录、国家医保甲类品种、国家级重点新产品，并于 2011 年荣获国家科技进步二等奖，荣获由中国非处方药物协会统计的"2017 年度中国非处方药产品综合统计排名"榜单感冒咳嗽类第二名。目前连花清瘟胶囊已正式进入美国 FDA 二期临床，成为全球首个进入美国 FDA 临床研究的抗流感中药，得到了国际医学界的好评。钟南山院士也指出：在临床医生公认最为严格的双盲循证医学研究中，连花清瘟显示出有效减轻流感患者症状的治疗效果，特别是出现高热症状的患者在发病早期使用效果更好。

为了解连花清瘟相关专利布局状况，通过检索 CNABS、CNTXT 和 VEN 来获得统计分析样本。检索式主要为：（and 连翘，金银花，板蓝根，大黄，藿香，绵马贯众，红景天，薄荷脑，麻黄，杏仁，鱼腥草，甘草，石膏）。经检索共获得 48 件专利申请。近 20 年国内连花清瘟相关专利申请年度分布情况如图 7 所示。

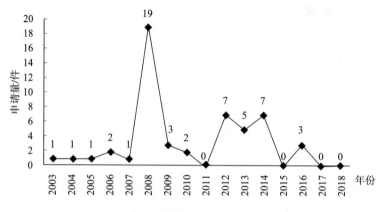

图 7　连花清瘟相关专利申请年度分布

从图 7 可以看出，2008 年之前相关专利申请量较少，2008 年申请量最多，随后申请量减少。具体连花清瘟的相关专利申请脉络如图 8 所示。由于部分专利申请在申请日满 18 个月才公开，2017～2018 年的数据不能完全代表该年度的整体申请量。

3. 主要技术分支

连花清瘟专利申请技术分支主要分为如下几类：（1）组合物产品；（2）剂型改进及制备工艺；（3）用途/适应证；（4）检测/质量控制方法。技术分支申请量如图 9 所示，研究热点主要集中在制药用途方面。

（1）组合物产品

于 2003 年 7 月 1 日提出的专利申请 CN03143211 公开了一种抗病毒中药组合物及制备方法，该抗病毒组合物即为连花清瘟，作为非典型性肺炎的治疗和预防用药。该专利为连花清瘟相关专利的核心母专利，于 2005 年 3 月 30 日获得授权。

（2）制备工艺

连花清瘟制备方法相关研究方向主要在于如何提高有效成分的含量、产品稳定性以及降低生产成本、利于大生产等方面。例如，于 2003 年 7 月 1 日提出的专利申请 CN03143211 采用水提取挥发油、水煎煮提取、乙醇提取相结合的制备方法制备所需制剂，但存在不易喷雾干燥，不适合连续化大生产等问题；于 2007 年 11 月 30 日提出的专利申请 CN200710195828 对此进行改进，采用真空干燥工艺，利于连续化大生产；于 2009 年 2 月 5 日提出的专利申请 CN200910077955 采用无机陶瓷膜分离技术对中药组合物提取液进行精制，解决传统中药精制方法生产周期长、有效成分损失或受热破坏，药效降低等问题；于 2012 年 11 月 13 日提出的专利申请 CN201210450660 利用连续超声逆流提取技术对醇提工艺进行优化，降低溶媒量和生产成本；于 2013 年 10 月 25 日提出的专利申请 CN201310508483 通过使用 β－环糊精包合易挥发物—薄荷脑，提高易挥发物稳定性。

（3）用途/适应证

在 CN03143211 获得授权的基础上，以岭药业开始以组合物为基础进行研究，并申请了涉及多种疾病新用途的专利申请，如呼吸道感染、人禽流感、抗流感病毒等，具体用途如图 10 所示。

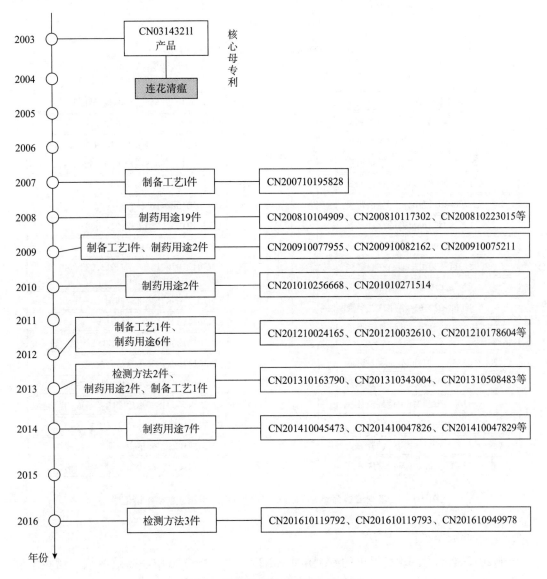

图 8　连花清瘟相关专利申请脉络

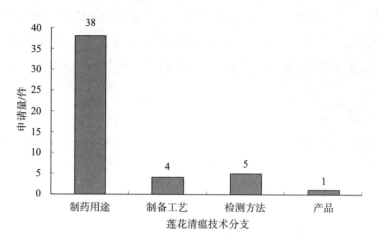

图9　连花清瘟技术分支申请量分布

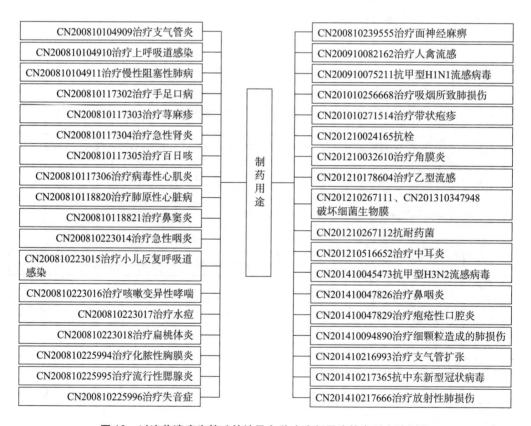

图10　以连花清瘟为基础的涉及多种疾病新用途的专利申请汇总

（4）检测/质量控制方法

于2012年11月13日提出的专利申请CN201210450660采用超高效液相色谱技术测定抗病毒药品制剂的指纹图谱以控制药品质量。于2013年8月8日提出的专利申请CN201310343004涉及多成分含量的测定方法，采用UPLC技术在比较短的周期内同时测定药品中多种成分的含量以控制药物的质量。于 2016 年 3 月 3 日提出的专利申请 CN201610119793 进一步标定了新绿原酸，绿原酸，隐绿原酸，异连翘酯苷 A，连翘酯苷 A，连翘苷，槲皮苷，4，5 - 二 - O - 咖啡酰奎宁酸，甘草酸等 9 个主要色谱峰。于 2016 年 3 月 3 日提出的发明专利申请 CN201610119792 则测定了上述成分的含量，上述检测方法的制订为《中国药典》等权威标准提供了更多简便、准确、可重复性高的检测方法，推动了技术的进步。

4. 小结

综上，以岭药业对连花清瘟相关研究的主要目的在于扩大其治疗范围，进而提高该药物的利用率、市场占有率等。

（三）热毒宁

1. 背景介绍

热毒宁注射液［国药准字 Z20050217］为江苏康缘药业股份有限公司（以下简称"江苏康缘"）自主研发的国家中药二类新药，属中药复方注射剂，成为 2005 年版《药品注册管理办法》实施后获批的第 1 个中药注射剂新药。2010 年被列入卫生部颁布的《手足口病诊疗指南（2010 年版)》《甲型 H1N1 流感诊疗方案（2010 年版)》和《人感染 H7N9 禽流感诊疗方案（2010 年版)》。2014 年被列入《登革热诊疗指南（2014 年第 2 版)》和《人感染 H7N9 禽流感诊疗方案（2014 年版)》。2013 年，热毒宁注射液荣获第 15 届中国专利奖金奖。[9]

热毒宁注射液具有清热、疏风、解毒的功效，临床主要用于治疗外感风热所致的感冒、流感等。方中青蒿为君药，具有清热凉血、透散肌表的作用；金银花为臣药，擅清热解毒、透散表邪，协助增强青蒿清热透散；栀子为佐药，具有解毒、清热、凉血、清泄心肺胃的功效。上述诸药不仅在药物动力学上无相互影响，而且在药效上可相互协同。[10]

2. 专利申请人分析——江苏康缘

鉴于中成药主要以国内申请为主，故本文只对国内专利申请进行分析。在 CNABS 中检索，检索式主要为：热毒宁；（s 青蒿，金银花，栀子）and（康缘/pa）。检索得到江苏康缘热毒宁领域专利申请数量及变化趋势，如图 11 所示。由于部分专利申请在申请日满 18 个月才公开，2017 ~ 2018 年的数据不能完全代表该年度的整体申请量。

由图 11 可知，2004 ~ 2012 年热毒宁相关专利申请量并不多，每年申请量处于 5 件以下，而自 2013 年起出现大幅度增长。经分析，其核心专利申请为 CN200410000134，该专利于 2004 年 8 月提交申请，2006 年 10 月获得授权。自此，该公司共计 30 余件有关热毒宁的专利申请。具体的热毒宁相关专利申请脉络如图 12 所示，其中，申请脉络图中不包含外观专利申请和实用新型专利申请。

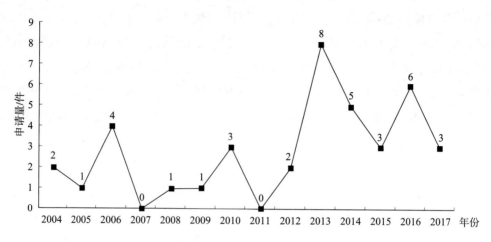

图 11　热毒宁相关专利申请数量变化趋势

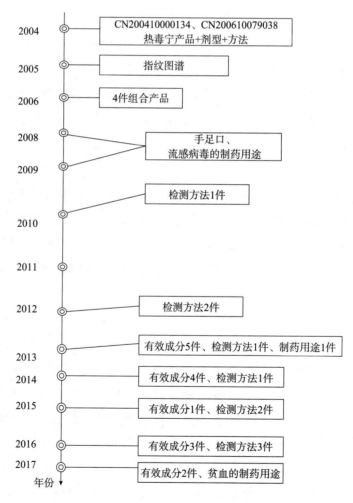

图 12　热毒宁相关专利申请脉络

3. 主要技术分支

对热毒宁相关专利申请分析发现，其技术分支主要分为如下几类：（1）组合物产品；（2）剂型改进及制备工艺；（3）用途/适应证；（4）检测/质量控制方法；（5）提取物及单体化合物。具体技术分支如图13所示。

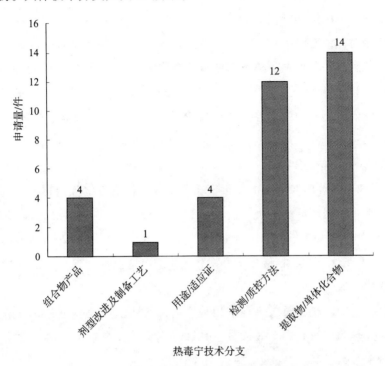

图13 热毒宁技术分支申请量分布

（1）组合物产品

江苏康缘于2004年1月6日提出了热毒宁的核心专利申请CN200410000134，记载了热毒宁的基础方。在针对具体病症时，江苏康缘对基础方进行了改进，其中，于2006年3月27日提出的专利申请CN200610065854在基础方基础上增加了黄芩、鱼腥草以治疗肺热咳嗽、高热；于2006年3月27日提出的专利申请CN200610065855在基础方基础上添加了牛黄用于治疗高热引起的抽搐；于2006年3月27日提出的专利申请CN200610065856在基础方基础上添加了牛黄、麝香以治疗高热昏迷。

（2）剂型改进及制备工艺

于2004年1月6日提出的专利申请CN200410000134与CN200610079038均涉及了注射剂的制备方法。由于热毒宁剂型主要为注射剂，目前还无专利申请涉及其他剂型。

（3）用途/适应证

热毒宁的治疗适应证比较广泛，于2008年10月28日提出的专利申请CN200810175184、于2009年8月20日提出的CN200910168443、于2003年11月20日提出的专利申请

CN201310613585、于 2017 年 12 月 14 日提出的 CN201711340186 分别涉及手足口病、流感病毒、急慢性肝损伤、贫血四种疾病的制药用途。

（4）检测/质量控制方法

于 2005 年 12 月 16 日提出的专利申请 CN200510134299 涉及热毒宁注射液的指纹图谱，方法包括液相色谱法测定以栀子苷峰为参照物峰记录得指纹图谱和/或气相色谱法测定以与樟脑峰相对保留时间为 0.74~0.75 的色谱峰为参照物峰记录得供试品指纹图谱的检测方法，该专利进一步加强了热毒宁注射剂的质量控制。于 2012 年 11 月 28 日提出的专利申请 CN201210584857 是热毒宁注射液检测方法，进一步对热毒宁的单味药材、有效部位等进行了深入研究，为中药注射液的安全性评价、质量控制提供借鉴，保证了热毒宁产品的临床用药安全性，从检测方法角度进行专利布局。

（5）提取物及单体化合物

由图 13 可知，江苏康缘申请的热毒宁相关提取物和单体化合物的申请占比最大，内容包括木质素类、二聚环烯醚萜类化合物、裂环杜松烷型倍半萜类化合物、愈创木烷型倍半萜类化合物、环烯醚萜苷化合物等，如于 2014 年 5 月 2 日提出的专利申请 CN201410195134 涉及二聚烯醚萜苷化合物。具体的申请技术分支脉络如图 14 所示。

4. 小结

由以上分析可知，江苏康缘热毒宁相关申请，前期主要是产品专利申请，后期主要研究检测方法及热毒宁产品中有效成分，其针对剂型的研究较少，而在检测及单体成分方面进行了较深入的研究。

（四）抗病毒颗粒和抗病毒口服液

1. 背景介绍

抗病毒颗粒来源于四川省人民医院儿科主任胡上庸医师临床应用 10 多年的经验方，[11] 具有清热解毒之效，临床用于病毒性感冒治疗。目前已有颗粒剂、片剂、糖浆剂等剂型。抗病毒颗粒川方中，板蓝根味苦气寒，清热解毒，凉血利咽；山豆根性味苦寒，清热解毒，利咽消肿；白芷味辛性温，与苦寒药配伍，既能散风解表，辛香通窍，又不助热邪，共为君药。忍冬藤性寒，清热解毒，兼祛风通络；贯众、重楼、鱼腥草清热解毒，消肿止痛，共为臣药。川射干、青蒿清热凉血滋阴，为佐药。诸药合用，共奏散风解表，清热解毒之效。[12] 1984 年开始大规模生产。后来由于处方中的重楼被列为云南省 30 种稀缺濒危天然药物之一，资源日渐枯竭，丽珠医药集团股份有限公司（以下简称"丽珠集团"）不断探索研究，将抗病毒颗粒由原来的川方演变成现在的国标方。

抗病毒口服液是广州市香雪制药股份有限公司（以下简称"香雪制药"）的龙头产品。其组方以东汉名医张仲景所著《伤寒论》中的经典方"白虎汤"为基础，由我国 100 多位中医、中药、药理、病毒、传染病等专家历时五年研制而成。方中板蓝根清热

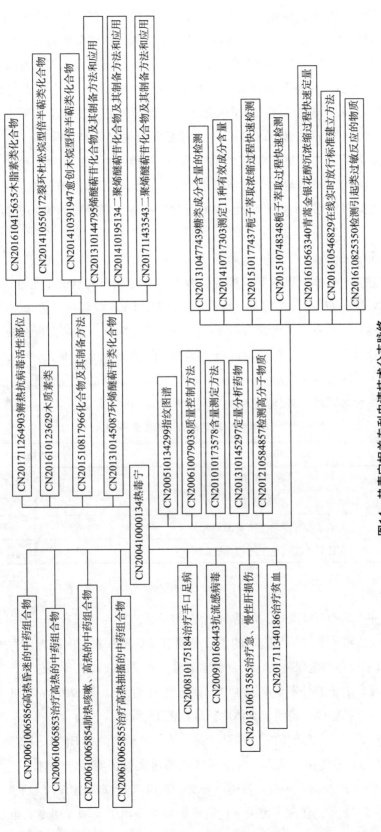

图14　热毒宁相关专利申请技术分支脉络

解毒、凉血生津，为君药。石膏、知母清热泻火，清肺胃实热，生地黄养阴清肺热，凉血解毒；连翘清热解毒，散风透邪，均为臣药。君臣相配，清热解毒力增强，又可养阴润燥，凉血解毒，同时防热邪伤阴及药物苦寒伤阴。佐以石菖蒲、广藿香芳香开窍，理气化湿浊。芦根为引，并能泻肺胃实热，生津止渴，为佐使。诸药相配，使热去湿清，共奏清热祛湿、凉血解毒之效。[13]用于风热感冒、温病发热，以及上呼吸道感染，流感等病毒感染疾患，对流感 A 型 WS 株、A3 型流感病毒有显著抑制作用。1975 年研究发现，香雪抗病毒口服液对流感病毒等 11 种病毒具有很好的疗效，中科院抗菌素研究所、解放军兽医大学和哈尔滨医科大学对病毒进行分离，证明其对乙脑病毒、流感病毒等 8 种病毒有 100% 抑制作用。1985 年，由沈阳药学院和香雪制药对该方剂进行联合改进，并批量生产。

2. 专利申请人分析

为了解流感相关抗病毒颗粒和抗病毒口服液相关专利布局状况，通过检索 CNABS、CNTXT 和 VEN 来获得统计分析样本。检索式主要为：（and 板蓝根，知母，郁金，石膏，菖蒲，芦根，连翘，藿香，（地黄 or 生地））；（and 鱼腥草，忍冬，板蓝根，贯众，白芷，青蒿，山豆根，射干）；（（/pa/in or 丽珠医药，丽珠集团，珠海制药，珠海丽珠，丽珠医疗）and 抗病毒）；（（香雪制药/pa）and 抗病毒）。经过数据整理，截至 2018 年 8 月，我国关于抗病毒颗粒/口服液的相关专利申请共 43 件，主要申请人排序如表 4 所示。

表 4　抗病毒颗粒和抗病毒口服液主要申请人排序

排序	申请人	申请量/件
1	丽珠集团	8
2	香雪制药	4
3	北京因科瑞斯生物制品研究所	3
4	国家中药现代化工程技术研究中心	3

（1）丽珠集团

丽珠集团在产品种 300 余个，包括 18 个专利产品，21 个独家产品，类别涉及化学药品、生化药品、中成药等，药物制剂的主要品牌有抗病毒颗粒、丽珠得乐系列等。该集团自 2003 年以来每年均能保持一定的专利申请量，并呈曲线式上升的趋势，发明专利整体技术水平较高。由于部分专利申请在申请日满 18 个月才公开，2017～2018 年的数据不能完全代表该年度的整体申请量，具体申请量如图 15 所示。

抗病毒颗粒属于丽珠集团的重点中药产品，成功抵御禽流感 H5N1、H1N1、H7N9 和手足口病 EV71 等新发传染性病毒，并全球首次通过实验证明该产品对治疗人感染禽流感有效，于 2013 年度获得广东省科技奖三等奖，2014 年度获得中华中医药学会科学技术一等奖。2006～2011 年，丽珠集团关于抗病毒颗粒共提出了 6 项发明专利申请，具体专利申请发展脉络如图16所示，其中3项通过PCT途径向美国专利商标局、日本特许厅、欧洲专利局等申请专利保护。发明内容分别涉及禽流感、猪流感、肠道病毒感染、抗病毒用药物组合物等领域，均已获得国家知识产权局授权，其中2项专利申请在日本特许厅获得授权，1项专利申请在欧洲专利局获得授权。

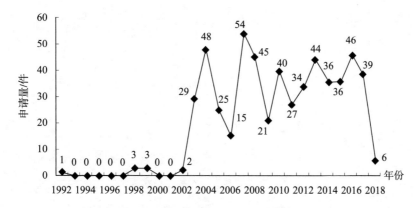

图15 丽珠集团发明专利申请量变化

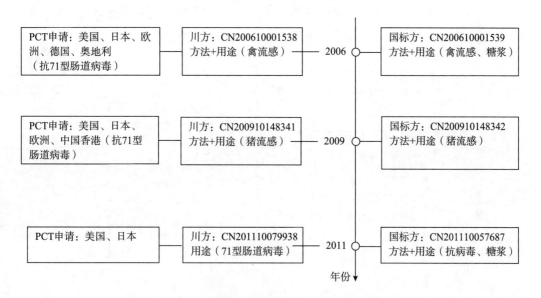

图16 丽珠集团抗病毒颗粒相关专利申请分布脉络

（2）香雪制药

香雪制药是全国口服剂型复方中成药首个应用指纹图谱质控技术的厂家。1998年香雪抗病毒口服液荣获广州市名牌产品称号并于同年通过美国FDA认证；2000年抗病毒口服液被批准为"国家中药保护品种"。2001年，香雪抗病毒口服液和藏青果含片的指纹图谱质控被纳入广州名优中成药品种指纹图谱质量控制示范研究项目。2010年香雪抗病毒口服液被写进国家药典。香雪制药在知识产权保护方面涉足较早，自1998年以来每年基本能保持一定的专利申请量，如图17所示。由于部分专利申请在申请日满18个月才公开，2017～2018 年的数据不能完全代表该年度的整体申请量。

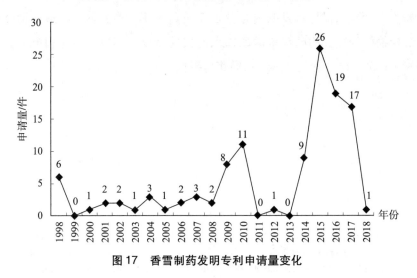

图 17　香雪制药发明专利申请量变化

2003～2016 年，香雪制药关于抗病毒口服液向国家知识产权局专利局提出了 7 项发明专利申请，具体专利申请发展脉络如图 18 所示，发明内容分别涉及抗病毒口服液的指纹图谱检测技术、新工艺、质量检测方法、成分检测、新用途等。

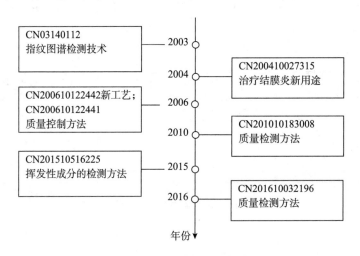

图 18　香雪制药抗病毒口服液相关专利申请分布脉络

3. 主要技术分支

对抗病毒相关专利申请的技术分支进行分析，发现其主要分为以下几类：（1）组合物产品；（2）剂型改进及制备工艺；（3）用途/适应证；（4）检测/质量控制方法。具体技术分支如图 19 所示：

（1）组合物产品

丽珠集团于 2006 年 1 月 20 日提出的专利申请 CN200610001539（国标方）、于 2009 年 6 月 16 日提出的专利申请 CN200910148342（国标方）涉及具有预防和治疗禽流感效果的药物组合物。

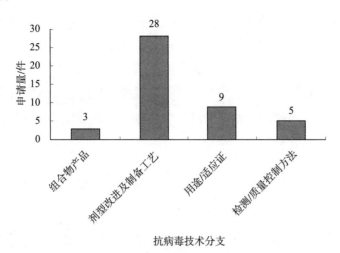

图 19　抗病毒技术分支申请量分布

（2）剂型改进及制备工艺

丽珠集团于 2006 年 1 月 20 日提出的专利申请 CN200610001538（川方）、于 2009 年 6 月 16 日提出的专利申请 CN200910148341（川方）提供了制备工艺的改进方法。于 2011 年 3 月 11 日提出的专利申请 CN201110057687 提供一种制备抗病毒糖浆的方法，采用离心操作，可显著提高糖浆的澄清度，具有工艺流程短、成本低、有效成分损失少及药液回收利用完全的特点。

香雪制药于 2006 年 9 月 27 日提出的专利申请 CN200610122442 提出了制备抗病毒口服液的新工艺，增加了包合物制备工序。

（3）用途/适应证

丽珠集团于 2006 年 1 月 20 日提出的专利申请 CN200610001538（川方）、于 2009 年 6 月 16 日提出的专利申请 CN200910148341（川方）涉及抗病毒颗粒在制备预防或治疗猪流感的药物和保健品中的应用；于 2011 年 3 月 31 日提出的专利申请 CN201110079938（川方）提供一种中药组合物在制备抗 71 型肠道病毒的药物中的用途。

香雪制药于 2004 年 5 月 26 日提出的专利申请 CN200410027315 涉及抗病毒口服液在制备急性结膜炎（红眼病）药物中的应用。

（4）检测/质量控制方法

香雪制药于 2003 年 8 月 7 日提出的专利申请 CN03140112 涉及中药复方制剂抗病毒口服液的指纹图谱检测技术，通过测试提取物的气相和液相色谱指纹图谱，与相应对照品的指纹图谱比较，从而鉴别药品的药性；于 2015 年 8 月 20 日提出的专利申请 CN201510516225 涉及一种抗病毒口服液挥发性成分的检测方法，通过气相色谱同时测定 10 种挥发性成分，更为全面的反映药材信息。

4. 小结

通过分析抗病毒相关专利申请可知，主要申请人对抗病毒口服液/颗粒的专利布局主要集中在剂型及其制备方法的改进上，将抗病毒组方制备成多种新的剂型，如滴丸、分散片、凝胶剂、含片、泡腾片等。新的制药用途/适应证则涉及抗71型肠道病毒、猪流感、手足口病、眼科结膜炎等方面。至于指纹图谱等质量控制技术，则由指纹图谱检测技术逐步发展到对具体指纹峰的指认，对其中具体活性成分作了进一步的研究，并通过活性成分的研究达到质量控制的目的。

五、讨论

本文通过对流感中药领域的专利申请进行统计、分析发现，制药工艺往往直接影响着中药的疗效，剂型及制备工艺的改进，特别是药物定点、定向传输，缓释制剂或病灶部位释放技术等，常常可以产生意想不到的有益效果。中药药效物质复杂导致作用机理不清，不能简单套用化药剂型的理论和方法，中药制剂的改进更多依赖于常规技术，这对制剂工艺相对落后的我国中药行业来说意味着一个平等竞争的机会，国内开发者的竞争也必然日趋激烈。近年来，我国药物研发机构正在对我国传统中药资源进行充分的开发利用，中医药现代化进程不断深入，最新的生产设备及制备工艺在中药生产中被采用。一个传统经典方的疗效已经被长期实践所证实，患者的接受程度较高，如果经过现代工艺改进剂型及工艺，能够提高药效、稳定性，便于患者服用等，该制剂则容易产生良好的市场效果，其专利申请也更容易获得授权。反之，如果仅仅是为了符合中药新药报批的需求而毫无技术进步的剂型、工艺改变在专利上是没有意义的，并不能真正起到提高市场占有率的作用。能够利用专利进行保护的中药新制剂、工艺，必须要有专利法意义上的创新和进步，高价值的专利应以市场导向为主进行高质量的创造。

对中药有效成分展开研究有利于明确药物作用的物质基础，阐明药物的作用机制。近几年来对中药有效成分的研究与开发成为了一个热点，部分有效成分来源于单味药材，部分来源于复方配伍。在对中药有效成分研究的过程中，有许多研究成果可用于专利的申请，从而有利于中药自主知识产权的获得，如热毒宁相关的知识产权保护已有这方面的考虑，呈现出从宏观到微观，从复方到有效成分的申请态势。一味药材即是一个复方，对单味药材或复方制剂中有效成分的研究是中药发展的重要方向，从有效成分的提取分离以及筛选也是中药专利布局中的重要一环。

在保证合适剂型、制备工艺与有效成分基础上，中药质量控制技术对于提高中药药效和安全性、推动产业发展和推进中药国际化也具有重大意义，是中药现代化发展的助推力。各种现代科学技术如高效分离、表征技术、指纹图谱、色谱/质谱联用技术、超高效液相色谱技术等都充当着重要角色。中药的质量控制技术已由指纹图谱检测技术逐步发展到对具体指纹峰的指认，并对其中具体活性成分作进一步的研究，通过活性成分的含量测定达到质量控制的目的。这种从药材、饮片、中间产品和产品等各个层次的质量控制和质量标准的建立，保证了药效物质基础的稳定性，建立有毒和有害物质控制标准从根本上提高中药的安全性。

中医对证治疗，把人作为一个整体来看，这就引申出高价值专利的另一个挖掘点——药物的新用途。随着科研的不断发展，药物新的治疗用途一方面可以使药物的市场占有率、适应证、疗效得到一定提高，使药物保持强大的生命力和特殊的价值；另一方面又可推动医学基础理论研究的发展。审因论治，辩证求本，抓住疾病的本质进行治疗是中医治病的根本大法，对各种不同疾病发展过程中出现的相同病理表现或证候均可以采用同一治法治则或方药治疗，中药、中成药的新用途和开发研究也大多是以此为依据进行引申运用的。另外，有些药物新用途则是在临床实践中偶然发现，或医生用特殊治疗方法发现，通过对这些新发现进行不断验证和实践从而获得证实和肯定，也可作为中药知识产权战略的一种延伸与布局。

综上，专利作为一种重要的科技情报资源，包含大量的技术信息，而且现代技术在中药发展的道路上起着至关重要的作用。即使现代技术还不能完全阐明中医药的本质，但也绝不能因此否定中药的疗效。知识经济时代，世界医药研发模式正在发生一场深刻变革，以专利为代表的无形资产将成为医药企业重要的资产组成部分，对专利资源的利用水平将成为影响医药研发创新水平的一个重要因素。我国制药企业应该收集技术情报，整理、归纳、综合，把专利文献中记载的专利技术"为我所用"，在系统研究专利文献的基础上，着重学习、消化和吸收具体药物专利技术资料，了解其中最新工艺技术、发明构思，开拓自己的研究思路。"千淘万漉虽辛苦，吹尽黄狂始到金"，中药专利这一巨大的知识宝库有待我们开启，发掘其中无尽的宝藏。

参考文献

[1] 彭冰，高增平. 抗流感病毒植物药的研究进展 [C] // 中药化学研究与药物创新——中华中医药学会中药化学分会 2006 年度学术研讨会论文集，2006.

[2] 孙静. 中医辨证治疗感冒/时行感冒发热临床疗效的观察 [D]. 北京：中国中医科学院，2015.

[3] 景姗，顾立刚. 流行性感冒中医治疗概况 [J]. 中国中医药信息杂志，2008 (15)：77 – 79.

[4] 韩涛. 实用中西医内科诊疗 [M]. 兰州：兰州大学出版社，2009：323 – 328.

[5] 周幸来. 外科疾病临症药对 [M]. 北京：人民军医出版社，2014：34 – 35.

[6] 刘忠义. 心脑血管疾病良方精选 [M]. 郑州：河南科学技术出版社，2001：304 – 305.

[7] 王竹鑫. 袖珍中药安全速查手册 [M]. 长沙：湖南科学技术出版社，2008：669 – 670.

［8］Tiheye. 连花清瘟胶囊组方分析［EB/OL］.［2016－6－17］. http://www.360doc.com/content/16/0607/17/6113220_565841524.shtml.

［9］葛雯，李海波，于洋. 热毒宁注射液化学成分、药理作用及临床应用研究进展［J］. 中草药，2017，48（5）：1027－1036.

［10］雷辉，卢宏柱. 热毒宁注射液在儿科的临床应用［J］. 医学综述，2013，19（6）：1081－1083.

［11］杨丹图. 抗病毒颗粒独领风骚24年的传奇（组图）［EB/OL］.［2009－10－01］. news.163.com/09/1001/08/5KHARVPA000120GR_mobile.html.

［12］《江苏省基本药物增补药物处方集》编写组. 江苏省基本药物增补药物处方集［M］. 南京：东南大学出版社，2012：349－350.

［13］杨雄志. 中医药基础［M］. 郑州：河南科学技术出版社，2012：295.

治疗痛风的药物专利技术综述[*]

吴相国　戴年珍^{**}　李磊^{**}　李敏　吴宏霞
姜雪　孙一　范鑫鑫　张茹　彭晓琦

摘　要　痛风是体内嘌呤代谢紊乱所引起的一种疾病，近年来发病率逐渐升高，已成为第二大代谢类疾病。痛风的治疗主要从抗高尿酸，以及促排尿酸两方面入手。本文从专利文献的角度分析了抗痛风药物的研发进展情况，以及重点痛风药物的技术现状，以期为行业研究人员提供可靠技术信息。

关键词　痛风　嘌呤代谢紊乱　尿酸　专利

一、概述

（一）抗痛风药物现状

痛风是嘌呤类物质代谢紊乱、血尿酸浓度持续增高导致尿酸盐结晶沉积软组织所致的一组代谢类疾病。随着国人生活水平的提高，人们摄入高嘌呤食物日益增多，痛风的发病率呈现逐年递增的趋势，已经成为我国仅次于糖尿病的第二大代谢类疾病，且呈年轻化趋势，但有效且不良反应少的药物很少。本文期望通过对现有痛风治疗药物的专利信息进行梳理与分析，为国内相关药企进行痛风治疗药物的开发、专利申请及布局策略、专利信息利用等提供参考依据。

痛风在临床上表现为高尿酸血症（hyperuricemia）、痛风性急性关节炎、痛风石沉积、特征性慢性关节炎和关节炎畸形，常累及肾，引发慢性间质性肾炎和肾尿酸结石，痛风性关节炎常为该综合症的首发表现，其生化标志是高尿酸血症，与高血压、高血脂、动脉粥样硬化、肥胖、胰岛素抵抗的发生密切相关。近年来，全球痛风发病率明显增加，尤其在发达地区，我国富裕城区的痛风发病率明显高于农村，痛风已逐渐成为一种富贵病。然而，目前治疗高尿酸血症的药物有限，且毒副作用大，患者常常不能耐受。因此，随着高尿酸血症发病机制的研究不断深入，抗痛风药物的研究也日益受到关注。

---

* 作者单位：国家知识产权局专利局专利审查协作北京中心。
** 等同第一作者。

痛风常分为无症状期、急性关节炎期、间歇期和慢性关节炎期。痛风急性期治疗的传统西药主要以非甾体消炎药、秋水仙碱、糖皮质激素为主。间歇期和慢性期的治疗目的是使尿酸持续达到标准水平，需使用降尿酸药控制血尿酸水平，降尿酸药物按作用机制可分为抑制尿酸生成药、促尿酸排泄药及分解尿酸的尿酸酶三类。❶

（二）痛风治疗药物分支

1. 抑制粒细胞提润药

秋水仙碱是治疗急性痛风性关节炎的特效药物，秋水仙碱最早于1961年出现在FDA批准信息，是与丙磺舒组成的复方。在我国，秋水仙碱片有景德制药和云南植物药业等十几家企业拥有批文，此外还有贴剂。

2. 抑制尿酸生成药

抑制尿酸生成的药物有 PNP – 嘌呤核苷磷酸化酶抑制剂 Ulodesine，该药尚处于 Ⅱ 期临床试验阶段，未上市。XO – 黄嘌呤氧化酶抑制剂有别嘌醇、非布司他、托品司他。别嘌醇1966年被美国FDA批准，商品名"ZYLOPRIM"，国产药品别嘌醇有十几家片剂生产企业，缓释片剂、缓释胶囊以及与苯溴马隆组成的复方制剂各1家生产企业，无进口药品。非布司他由日本帝人公司原研2004年年初在日本申请上市，同年年底在美国申请上市，欧盟已于2008年5月份批准其上市，FDA于2009年2月批准上市，也是近40年FDA批准的第一个用于治疗痛风的药物；自2013年在我国获准上市以来，共有5家公司的片剂获批生产，处于申报审评中的尚有几十家。托匹司他几乎100%经过肝代谢和胆汁排泄，不会经过肾排泄，比非布司他更加适合肾功能不全的痛风患者。2013年6月28日在日本批准上市，美国和欧盟未上市。目前在我国没有该产品上市，但是据检索，目前原料和片剂注册申请共计80条记录，多家企业已经开始进行该药的仿制。

3. 促进尿酸排泄药

促尿酸排泄药物有苯溴马隆、丙磺舒、Lesinurad。苯溴马隆由法国 Labaz 公司原研（现属赛诺菲 – 安万特），1971年首先在德国上市，后陆续在多个国家上市，美国未上市。由于严重的肝细胞毒性，2003年法国已撤市。目前主要在德国和日本、新加坡等一些亚洲国家使用。我国上市的苯溴马隆为片剂和胶囊剂，规格为50mg。2000年进入中国，国产片剂厂家有常州康普、宜昌东阳光长江药业、胶囊厂家为华神制药厂和昆山龙灯瑞迪，进口药品是德国 Sano Arzneimittelfabrik 的"立加利仙"片剂（生产厂商德国 Excella）。丙磺舒目前国内有多家生产企业，有片剂、氨苄西林丙磺舒分散片及胶囊。Lesinurad 的原研公司 Arade Biosciences，2012年被阿斯利康收购，于2015年12月获得FDA批准，2016年2月欧盟批准上市，尚未在中国上市。

---

❶ 杜格，蒋雨彤，古洁若. 降尿酸药学研究进展 [J]. 新医学，2017，48（6）：369 – 374.

（三）专利分析方法

1. 数据来源和范围

本综述的全球专利数据和中国专利数据主要利用国家知识产权局专利检索与服务系统（Patent search and service system，以下简称"S 系统"）、德温特世界专利索引数据库（DWPI）以及中国专利文摘数据库（CNABS）为信息来源进行检索。

全球和中文专利数据的检索截至 2018 年 6 月 30 日。

2. 检索策略的制定

本文以专利文献检索与服务系统（CNABS 以及 DWPI）中收录的专利数据为分析对象，对公开日截至 2018 年 6 月 30 日的发明专利申请进行统计。CNABS 是专利技术分析的常用数据库，其涵盖了自 1985 年至今的所有中国专利文摘数据，能够反映我国专利发展的状况。DWPI 对各国专利进行了全面收录，是主要用于技术预警与分析，竞争性情报、现有技术和可专利性的检索的数据库。痛风药物领域比较准确的中英文关键词有：痛风、gout、尿酸、uric acid、高尿酸血症、hyperuricemia 等。但由于 CNABS 以及 DWPI 是摘要数据库，测试检索中发现不少痛风药物相关的申请在摘要中未必会出现上述中英文关键词。同时，还有相当数量的专利文献尽管摘要中出现了上述中英文关键词，但相关主题仅仅泛泛提及痛风治疗，且只是涉及由于体内尿酸过高引发的相关炎症，并不涉及尿酸水平降低。经过对比分析，我们发现小组类名为"抗痛风剂，例如高尿酸血症或促尿酸尿药"的 IPC 分类号 A61P 19/06 对痛风药物领域专利文献的标引是准确且全面的。于是确定以 A61P 19/06 为检索入口在 CNABS 和 DWPI 中进行检索，得到涉及痛风药物的专利数据。

二、抗痛风药物专利现状

（一）专利申请量

1. 全球专利申请趋势

图 1 显示了痛风药物在全球的专利申请趋势。自 1965 年 1 月 1 日至 2018 年 6 月 30 日（在 1965 年之前的申请量非常低，为了更好作图显示近年来的变化，选取 1965 年之后的文献为研究对象），全球范围内提交的痛风药物相关专利申请共计 6220 篇。从图 1 中可以看出，自 1965～1995 年，平均申请量增长较为缓慢，全球年均申请量不足 30 件。随着人们生活水平的提高，痛风发病率逐年增加，各国政府以及企业对痛风药物的研发投入逐渐加大。1996～2000 年，申请量增长变快，5 年年均申请量由不足 30 件增至 155 件，翻了约 7 倍。2000 年后专利申请量稳步增加，在 2015～2016 年分别达到了 546 件和 515 件，其中 2015 年的申请量为历史顶峰值。2017 年回落至 388 件，回落的原因可能在于 2017 年提交的一些申请在本文的分析日尚未全部公开或者尚未来得及收录。2018 年数

据的大幅回落并不意味着申请量的大幅下降，因为大多数2018年的相关专利申请还没有公开，无法被统计到。

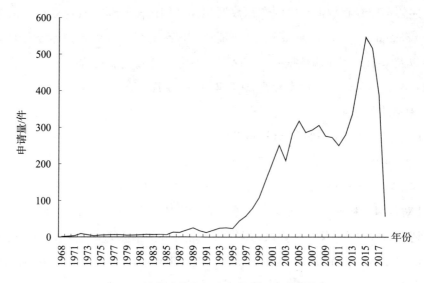

图1　抗痛风药物领域全球专利申请趋势

2. 在华专利申请趋势

图2显示了痛风药物在华专利申请趋势。在华专利申请量在2015年达到历史顶峰，年申请量为494件。2016年为480件，历史第二峰值。2017年降为386件，2018年则为56件，趋势与全球申请量的趋势基本一致。2017年、2018年两年申请量下降的原因，与上文全球专利申请趋势相同。

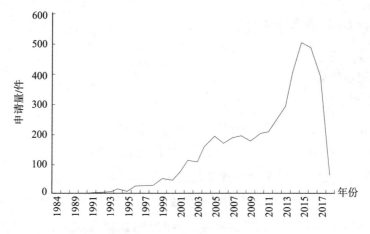

图2　抗痛风药物领域在华专利申请量趋势

（二）专利区域分布

1. 技术原创国申请量分布

图3为抗痛风药物领域技术原创国家/地区申请量分布情况。专利申请的来源地反映了

主要技术力量的地域分布情况。从图3可知，申请量靠前的国家/地区排序依次为中国（CN）、美国（US）、日本（JP）、欧洲（EP）、英国（GB）、澳大利亚（AU）、德国（DE），将排名在第9～37位的国家/地区合并成"其他"项。日本为科研强国，美国既是科研强国，也是市场需求量大国。中国拥有全世界最多的人口，随着中国人生活水平的提高，中国也是痛风病人最多的国家之一，拥有巨大的药物需求。但美国、日本的申请量主要集中于少数大型药企，药物研

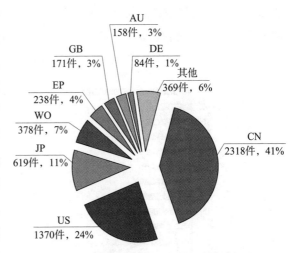

图3　抗痛风药物领域技术原创国家/地区申请量分布

发以西药为主。而中国申请人众多，研发和生产机构分散，相关申请大多为中药专利申请，因此申请量排名靠前并不必然意味着本国申请人在痛风药物研发水平方面处于世界前列。

2. 专利申请目标国家/地区分布

图4为专利申请目标国家/地区分布情况。专利申请的目标国家/地区大体上反映了一国市场在该专利技术上的市场规模。从图4中可见，目标国家/地区的排序依次为中国（CN）、日本（JP）、美国（US）；欧洲（EP）、澳大利亚（AU）、加拿大（CA）、韩国（KR）、墨西哥（MX）、印度（IN）、巴西（BR）、西班牙（ES）、中国台湾（TW，CN）、南非（ZA）、德国（DE）、新加坡（SG）和新西兰（NZ），将排名在第18～49位的国家合并成"其他"项。可见中美日三国不仅是技术原创前三的国家，而且也是市场规模前三的国家。美国、日本均是人口过亿的发达国家，生活水平高，人们营养摄入量大，而痛风的发病率已被证实与较高生活水平下的过量营养摄入正相关。中国虽然还是发展中国家，但经过几十年的高速经济增长，人们的生活水平如今也大大提高，尤其是城市居民，相应地痛风的发病率在中国也逐年增高。且由于中国人口基数最大，因此中国成了痛风治疗药物需求最大的国家。然而，我们在检索中也发现，分布于中国的专利申请中相当部分是中国国内申请人提出的专利申请，这些申请人明显比较分散，且多数是自然人而非企业或科研院所等机构。涉及的主题多数是中药或中药提取物。因此，尽管中国在专利申请目标国分布中处于首位，但真正有价值的专利申请分布数量方面，中国、美国、日本应该基本相当。

（三）主要申请人

1. 全球主要申请人

专利申请人的排名大体上反映了该领域主要的技术开发和运营实体。图5为抗痛风药物领域全球主要申请人申请量排名。从图5看，位于全球申请排名前列的均为美国、

欧洲及日本的公司申请，排名与目前抗痛风药物的市场占有率基本一致，有市场价值的痛风药物基本为欧洲、美国和日本的药企所垄断。痛风药物的全球专利申请人总数达3900多个，图5仅列出排名在第1~15位的申请人。

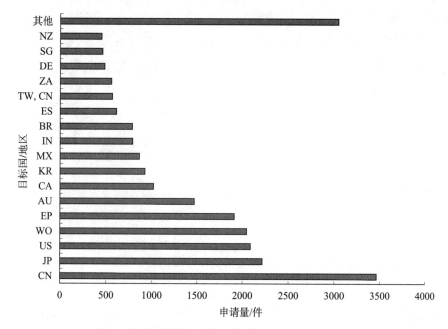

图4 抗痛风药物领域专利申请目标国家/地区分布

注：TW，CN表示中国台湾。

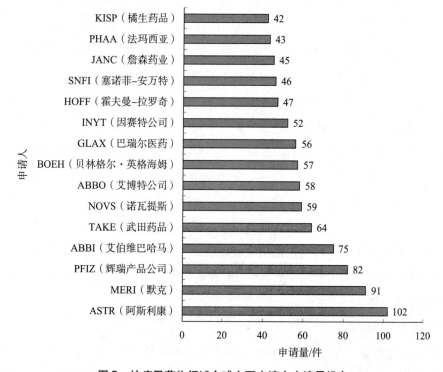

图5 抗痛风药物领域全球主要申请人申请量排名

2. 中国主要申请人

图 6 为抗痛风药物领域中国主要申请人申请量排名。从图中可见，中国排名前列的主要申请人中科研院所占了相当比例。此外，中国的申请人相当分散，国内申请人共计达 2093 位，涉及的申请总量只有 3044 件，绝大多数是个人申请，专利的技术含量不高。总体看，痛风药物领域，中国的研发力量相对于发达国家来说差距很大。

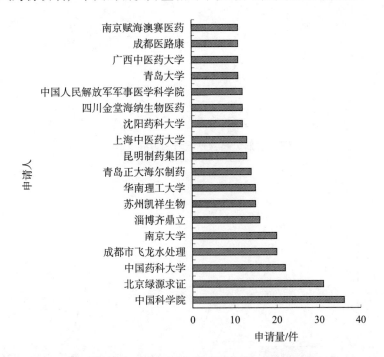

图6　抗痛风药物领域中国主要申请人申请量排名

（四）主要申请人申请趋势

1. 全球主要申请人

图 7～图 9 依次为抗痛风药物领域全球申请量排名第 1～3 位的 ASTR（阿斯利康）、MERI（默克）和 PFIZ（辉瑞产品公司）的申请趋势。从各图可见，3 家公司的申请量高峰均大概在 2000～2008 年。2010 年后，申请量均有明显的回落。图 7～图 9 反映出近些年来痛风药的研究进展比较缓慢。

2. 中国主要申请人

图 10～图 12 依次为抗痛风药物领中国申请量排名第 1～3 位的中国科学院（包括中科院下属各研究单位的所有申请量）、北京绿源求证科技发展有限公司、中国药科大学的历年申请趋势。前 3 名里有两家为科研院所，中国科学院和中国药科大学的申请涉及西药、天然产物、提取物和中药，且自 2015 年开始申请量上涨迅速。北京绿源求证科技发展有限公司的发明申请内容均为糖尿病性痛风的中药，申请量高峰期在 2010 年，之后逐年降低。从图中看出，中国的申请人在痛风药物的研发方面起步较晚，且起点也比较低。

而且，国内比较有规模的药企在痛风药物研究方面参与度并不高。

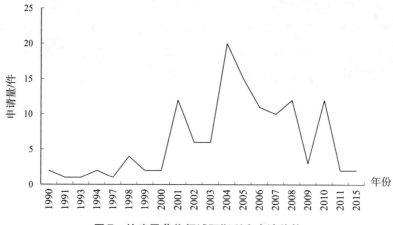

图7 抗痛风药物领域阿斯利康申请趋势

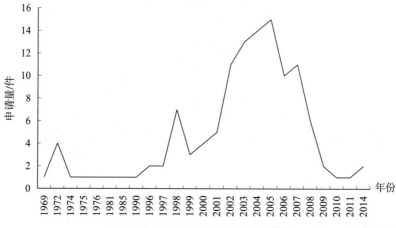

图8 抗痛风药物领域默克申请趋势

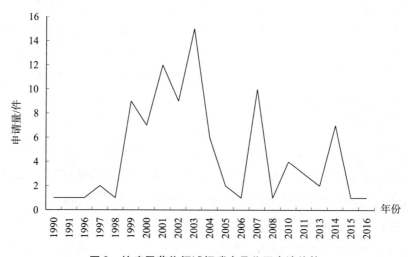

图9 抗痛风药物领域辉瑞产品公司申请趋势

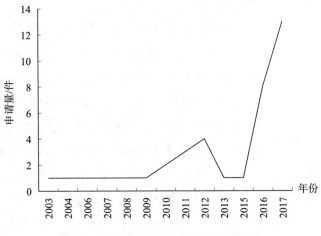

图 10　抗痛风领域中国科学院申请趋势

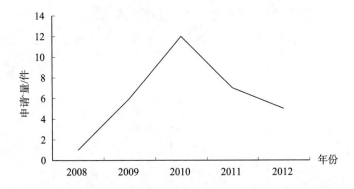

图 11　抗痛风药物领域北京绿源求证科技发展有限公司申请趋势

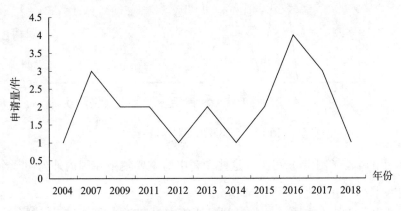

图 12　抗痛风药物领域中国药科大学申请趋势

（五）重点药物和研发现状

1. 别嘌醇

别嘌醇（allopurinol）是竞争性黄嘌呤氧化酶抑制剂（XOI），别名为别嘌呤醇、别嘌呤、赛洛力、痛风平等，是目前临床通过降尿酸治疗痛风的一线药物。其结构式如

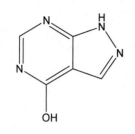

图13 别嘌醇的化学结构

图13所示。

别嘌醇的原研制药公司是英国惠尔康公司（现葛兰素史克），1961年被研制成功，1962年首次被应用于临床，最初用于高尿酸血症的治疗，剂型为片剂，1966年获美国FDA批准，目前在世界一百多个国家均有销售。我国于1988年首次进口别嘌醇片剂，临床上将其用于原发性和继发性高尿酸血症（尤其是尿酸生成过多而引起的高尿酸血症）、反复发作或慢性痛风、痛风石、尿酸性肾结石和（或）尿酸性肾病、有肾功能不全的高尿酸血症等。别嘌醇由于其相对低廉的价格以及可观的有效性，在临床上常作为降尿酸的首选药物。❶

从1913年至今，国内外众多制药企业对别嘌醇从药理药效、用药安全、药物制剂等方面进行了较完善的研究。检索涉及别嘌醇的专利申请（截至2018年8月31日），共有173件，手工筛选出64件特别相关的专利申请，时间和申请量分布如图14所示。

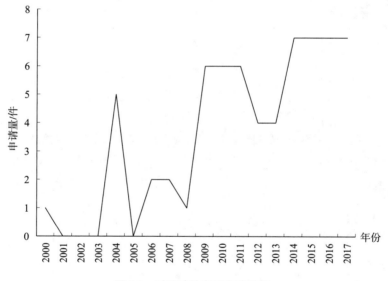

图14 别嘌醇的专利申请趋势

分析专利申请人（图15）可见，这些专利申请主要集中在国内外公司、个人、科研单位，国外的个人申请较少。

分析专利申请的技术主题，这些专利申请集中为四类主题：制剂、制备方法、衍生物、组合物及用途，各技术主题占比如图16所示。

已有的专利申请中，涉及别嘌醇的剂型改进主要有注射剂、缓控释剂、分散片等。目前我国生产别嘌醇的企业有24家，且只有别嘌醇的口服片剂，复方片和缓释片还存在

❶ 涂彩霞，刘旭，李玲，等. 痛风治疗新药研究进展［J］. 国际药学研究杂志，2016，43（5）：858－862.

继续改进的潜能，注射剂尚属空白。

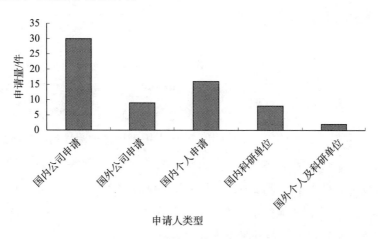

图 15　别嘌醇的专利申请人分布

在制备方法方面，由于别嘌醇面世较早，制备方法已经比较完善，后续研发相对较少。在衍生物改进方面，主要集中在对别嘌醇母环进行的结构修饰，以改善或避免别嘌醇的毒副作用。

从专利分析可知，对于别嘌醇，尽管国内外多家药企都在涉足，但是申请量都不大，因此，对于别嘌醇的技术改进仍存在较大空间。

2. 丙磺舒

排除尿酸药物丙磺舒的化学名称为对 – 羧基 –

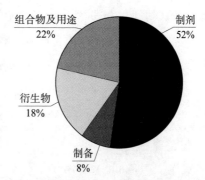

图 16　别嘌醇的专利技术主题分布

N，N – 二正丙基苯磺酰胺，其结构式如图 17 所示。丙磺舒以 URAT1 为作用靶点，能阻

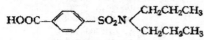

图 17　丙磺舒的化学结构

止肾小管对尿酸盐的重吸收，增加尿酸排出，降低血中尿酸的浓度，适用于肾功能良好的患者。❶❷

研究丙磺舒最早的专利申请是默沙东于 1950 年申请的 GB674298，其在 GB 没有获得授权，也没有中国同族专利申请。检索获得 36 篇专利申请，主要研究涉及兽用药、剂型、药物组合物和制备方法。丙磺舒在中国的生产企业有 19 家，大部分涉及氨苄西林和丙磺舒的组合物。丙磺舒还可以在联合用药上继续研发，以降低其毒副作用。在制备方法上，目前国内外工业化生产丙磺舒普遍采用的方法是以对羧基苯磺酰氯与二丙胺为原料，采用此法，丙磺舒纯度只有 89% 左右，所以必须经过提纯才能使产品达到合格标准。❸ 在制备

❶　李萍，宋志斌，陈苗苗，等．高尿酸血症治疗药物及其作用靶点研究进展［J］．中国当代医药，2018，25（21）：16 – 19.
❷　赵志刚．抗痛风药的合理应用［J］．中国医刊，2008，43（7）：17 – 18.
❸　山东省化工研究院．丙磺舒纯化方法［P］．CN102976980A.

及纯化方法上还有继续研发的必要。在剂型方面，还没有缓释剂型及针剂面市；因此，在剂型改进方面还有很大的研发空间，在晶型研发方面尚属空白。

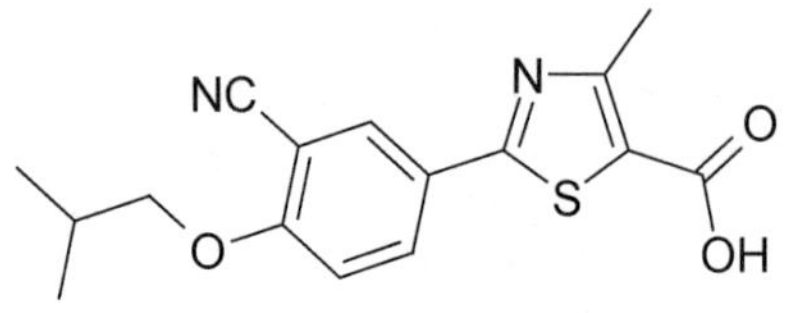

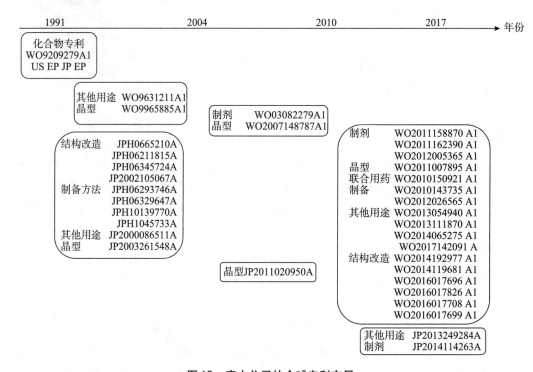

3. 非布司他

非布司他（Febuxostat），又名非布索坦，化学结构式如图18所示，是一种高效的非嘌呤类黄嘌呤氧化还原酶选择性抑制剂，通过降低血尿酸盐浓度发挥作用，临床上用于预防和治疗高尿酸血症及其引发的

图18　非布司他的化学结构

痛风，具有良好的疗效及安全性。● 最早由日本帝人公司于2004年初在日本申请上市，2008年5月在欧盟获批上市，商品名为Adenuric，2009年2月在美国获批上市，商品名为Uloric。自上市以来，非布司他的销售额一直呈现上升趋势，并在临床上获得广泛认可。●在中国，非布司他于2013年2月获批上市。

非布司他最早的化合物专利申请WO9209279A1在JPO、EPO、KIPO都获得授权，但被USPTO驳回，未进入中国。之后，原研公司陆续申请了结构类似物、制剂、制备方法、晶型和用途专利，大部分都获得授权。原研公司的全球专利布局见图19。只有为数不多的晶型、制剂、结构类似物的相关专利申请进入中国。

图19　帝人公司的全球专利布局

● 刘玉艳，李阅东，唐建飞. 抗痛风新药非布司他的临床研究进展［J］. 中国新药杂志，2014，23（10）：1103 – 1106，1114.

● 刘永贵，赵丽嘉，崔艳丽. 抗高尿酸血症药物的研究进展［J］. 现代药物与临床，2015，30（3）：345 – 350.

检索涉及非布司他的中国专利申请（截止日期为 2018 年 8 月 31 日），共有 197 件专利申请，其中 170 件为国内申请，27 件为 PCT 申请，申请趋势如图 20 所示。

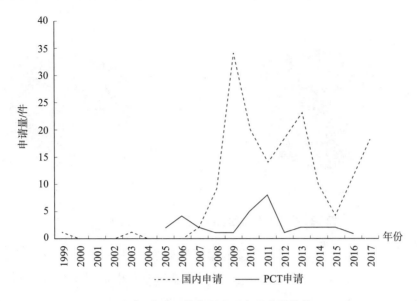

图20　非布司他中国发明专利申请趋势

从专利申请人来看，涉及非布司他的中国发明专利申请国内申请人居多，具体情况如图 21 所示，主要申请人是制药企业。其中，重庆医药工业研究院有限责任公司、天津泰普药品科技有限公司、佛山市腾瑞医药科技有限公司的申请量靠前，但是绝对数量还只是个位数。

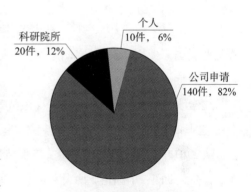

图21　非布司他国内申请人类型分布

从申请主题来看，国内申请中，涉及制备方法、晶型、制剂的专利申请占比达 80%，其余申请涉及联合用药、结构改造或衍生以及分析方法、医药用途，具体情况如图 22（a）所示。PCT 申请中，涉及联合用药的申请量稍多，医药用途、晶型、制剂其次，结构改造、制备方法的申请也占有一定的比例，具体情况如图 22（b）所示。

作为近 40 年 FDA 批准的第一个用于治疗痛风的药物，非布司他在该领域的地位毋庸置疑。尽管国内关于非布司他的研究一直比较活跃，但是提交的 PCT 申请数量很少，核心的化合物申请很少，医药用途专利几乎没有，说明研发力度还很不够。

4. 苯溴马隆

苯溴马隆（benzbromarone），化学结构式如图 23 所示，该药物具有强力去尿酸作用，

并可抑制尿酸的生成，❶ 通常用于痛风稳定期的治疗。❷

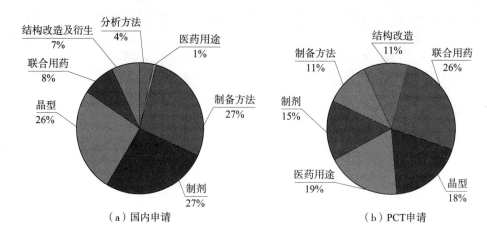

图22　非布司他中国发明专利申请技术主题分布

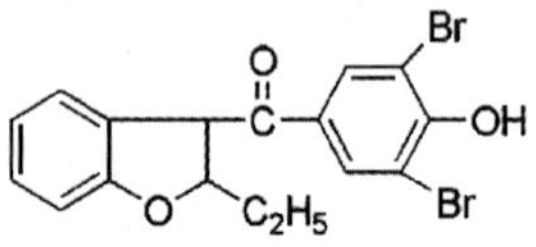

图23　苯溴马隆的化学结构

苯溴马隆的原研制药公司是法国 Labaz 公司（现属赛诺菲－安万特公司），最早的专利申请于1956年提交，申请号为 BE553621，最早于1971年在德国上市，之后陆续在多个国家上市，但一直未获得美国上市批准。由于严重的肝细胞毒性，2003年在法国撤市。目前主要在德国、新加坡和日本等一些亚洲国家使用。在我国苯溴马隆在临床上应用广泛，特别是在联合用药治疗痛风及高尿酸血症方面。

检索涉及苯溴马隆的专利申请（截至2018年8月31日），共有124件，专利申请人多集中在美国和中国，具体的专利申请趋势如图24所示。从苯溴马隆全球年度专利申请量态势而言，从2010年之前，专利申请量一直保持稳定水平。2011～2015年之间增长迅速，分析原因在于，在此期间，中国企业加大了对苯溴马隆的研发力度，从而导致申请量急剧增加。

分析专利申请人的申请情况，拜耳的申请量最多，共10件，我国东北制药有限公司的专利申请量也居于全球前列。主要申请人的专利申请量如图25所示。

法国 Labaz 公司1956年在 BE553621 中首次公开了苯溴马隆化合物后，直到2008年中国才出现苯溴马隆的专利申请。从专利申请的技术主题来看，目前主要的专利申请量集中在苯溴马隆新的制备方法，以及联合用药方面。

5. 雷西那德

雷西纳德（Lesinurad）是全球首个上市的尿酸盐转运蛋白抑制剂，临床上主要与黄嘌呤氧化酶抑制剂（如别嘌醇、非布司他）联用，用于治疗痛风相关的高尿酸血症，其

❶ 李家明，查大俊，何广卫. 苯溴马隆的合成 [J]. 中国医药工业杂志，2000，31（7）：289－290.
❷ 陈阳，李玉芳. 苯溴马隆治疗高尿酸血症和痛风的疗效分析 [J]. 中国现代药物应用，2018，12（1）：114－115.

结构式如图 26 所示。该药物的原研制药公司是阿斯利康，2015 年底在美国获批上市，2016 年初在欧盟获批上市❶。

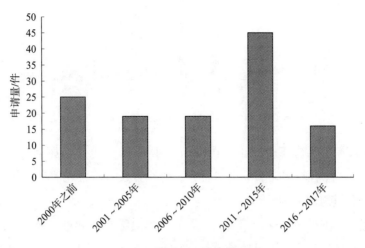

图24　苯溴马隆历年申请量

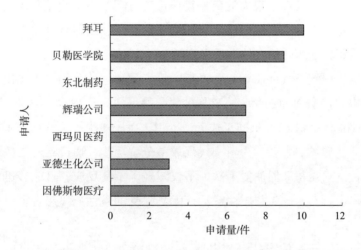

图25　苯溴马隆主要申请人近年的申请量排名

雷西纳德的药物化合物专利申请最早由阿迪亚生命科学公司提交，并在多个国家获得专利权，之后该公司围绕化合物、结构类似物、盐、晶型、制备方法和治疗方法等主题对药物进行专利布局。

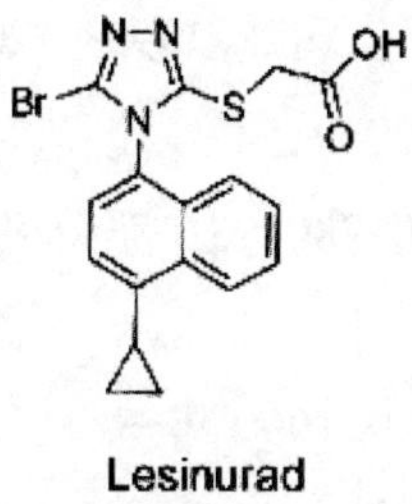

检索涉及雷西纳德的专利申请（截止到 2018 年 8 月 31 日），共有 70 件，申请量趋势参见图 27。除原研公司的专利申请外，其他申请人大部分是中国国内的公司或个人。

图26　雷西那德的化学结构

---

❶ 邹磊，刘育，姚凯，等. 雷西纳德的合成［J］. 中国医药工业杂志，2017，48（4）：488－490.

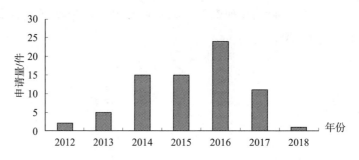

图27　2012～2018年雷西纳德历年申请量

目前国内只有雷西纳德的原研公司阿斯利康向CDE申报临床实验，未有国内仿制药，由于国内痛风患者较多，市场潜力巨大，仿制开发有着可观的市场前景。

6. 聚乙二醇重组尿酸酶

尿酸氧化酶（Urate Oxidase，UOX）是生物体内嘌呤代谢的关键酶，催化尿酸氧化形成尿囊酸。目前，大量被使用的是重组尿酸氧化酶，对于人体来说，重组尿酸氧化酶是外来物体，人体会对其产生很大的免疫排斥反应，聚乙二醇化尿酸氧化酶通过将水溶性大分子聚合物聚乙二醇与重组尿酸氧化酶共价结合成新的修饰药物，降低了其免疫原性，并延长了重组尿酸氧化酶在体内的半衰期。

聚乙二醇重组尿酸酶（pegloticase，Krystexxa）原研制药公司是美国山景药品公司和杜克大学，是由PEG修饰重组猪－狒狒尿酸氧化酶得到，于1999年被研制成功。该药已于2010年9月14日得到FDA批准正式上市。用于血尿酸水平不达标或不能耐受口服降尿酸治疗、顽固性痛风的患者，为新一代促尿酸分解药物，通过聚乙二醇化延长了半衰期，降低抗原性，只需每2周注射1次，不仅减轻了不良反应，且能够迅速降低血清尿酸水平，溶解痛风石，为成人顽固性或治疗无法耐受的慢性痛风患者提供一种重要的新选择。❶❷❸

聚乙二醇重组尿酸酶的产品专利申请是WO00/07629，其同族申请有127件，在中国、美国、日本、欧洲都获得授权，中国授权专利公告号为CN1264575C。关于尿酸酶，原研公司于1999～2003年还申请了3件PCT，且都进入中国并获得授权，分别是CN100491532C涉及用于制备非免疫原性聚合物性缀合物的无聚集体尿酸氧化酶、CN101280293B涉及尿酸氧化酶、CN1997661B抗原性减弱的聚合物缀合物，其制备方法和应用。

从1999年至今，关于聚乙二醇重组尿酸酶的专利研究较少，检索涉及聚乙二醇重组尿酸酶的中国专利申请（截止日期为2018年8月31日），共有43件专利申请，手工筛

❶ 修正生物医药（杭州）研究院有限公司. 一种聚乙二醇化尿酸氧化酶冻干粉剂及其制备方法 ［P］. CN108379561 A.
❷ 重庆富进生物医药有限公司. 聚乙二醇化犬源尿酸氧化酶类似物及其制备方法和应用 ［P］. CN102634492A.
❸ 韩莹, 等. 聚乙二醇重组尿酸酶的药理和临床评价 ［J］. Chinese Journal of New Drugs, 2012, 21 (5)：498－501.

选出 26 篇特别相关的专利申请，时间和申请量分布如图 28 所示。

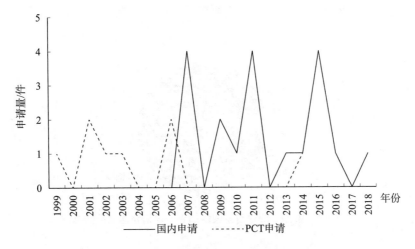

图28　聚乙二醇重组尿酸酶的专利申请趋势

由图 28 可知，国内申请紧跟原研公司，而且数量上也较国外申请有所增长。由于专利仍处于保护期，因此，目前在国内没有企业生产聚乙二醇重组尿酸酶。但是，国内申请人已开始着手布局专利申请。

分析专利申请人（图 29）可见，这些专利申请主要集中在国内外公司、个人、科研单位。国内申请人中重庆医科大学研究较多。

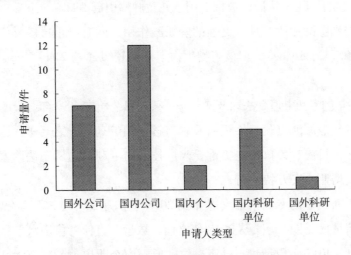

图29　聚乙二醇重组尿酸酶的专利申请人分布

分析专利申请的技术主题，这些专利申请集中为四类主题：制剂、酶修饰、结合物改进、其他（组合物及制备），各技术主题占比如图 30 所示。

已有的专利申请中，涉及聚乙二醇重组尿酸酶的剂型改进为肠溶剂和冻干剂等。对于结合物的改进，主要集中在对酶的修饰和选择，以及 PEG 的变化上。从专利分析可知，对于聚乙二醇重组尿酸酶，国内药企还未生产，可见其技术改进还非常广阔，如何降低聚乙二醇重组尿酸酶的抗原性，以及是否能同其他治疗痛风的药物合用，长效治疗，剂型改变等等方面，仍待进一步研究，专利布局有待深挖掘。

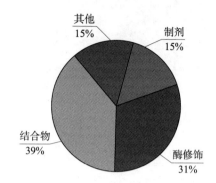

图30　聚乙二醇重组尿酸酶的专利申请技术主题分布

7. 拉布立酶

拉布立酶（rasburicase），商品名 Fasturtec，一种尿酸氧化酶类药物，是近年来降尿酸治疗的新型药物，它能够快速降解人血清中的尿酸、加速痛风石的溶解，从而有效地控制痛风的发作，可用于治疗其他降尿酸治疗无效或禁忌的难治性痛风患者。❶

拉布立酶由法国第二大制药公司塞诺菲圣－德拉堡（Sanofi－Synthelabo）公司开发，2001 年在英国和德国首次上市，被批准用于治疗恶性肿瘤化疗后 ATLS 引起的高尿酸血症。2002 年通过美国 FDA 认证，被批准用于儿童肿瘤引起 ATLS 的患者的治疗。❷

拉布立酶与别嘌醇相比，具有更强的降尿酸作用，同时严重过敏反应发生率明显低于非重组尿酸酶（Uricozyme），但该药物生物半衰期较短（约 21h），降尿酸作用维持时间不够长。

拉布立酶最早的专利申请是法国塞诺菲圣－德拉堡公司在 1990 年提交的 WO9100909A1，其中公开了一种新的尿酸氧化活性蛋白及含有该蛋白的药物，之后进入欧洲、美国、日本等国家和地区。目前有关拉布立酶重要改进技术的专利权均属于法国塞诺菲圣－德拉堡公司和法国塞诺菲－安万特公司。

检索涉及雷西纳德的专利申请（截止到 2018 年 8 月 31 日），共有 99 篇，分析其全球年度专利申请量（见图31），从 2010 年之前，数量一直保持稳定水平。2016~2010 年增长迅速，2011~2017 年申请量也处于高位，但国内企业申请量寥寥无几，其原研公司依然为主要的专利申请人。

根据目前的临床应用经验，多项研究证明促尿酸分解药物具有确切的降尿酸作用，但由于目前应用的尿酸酶均为低等生物的尿酸酶，较强的免疫原性及相对高昂的价格限

---

❶ 傅毅. 高尿酸血症治疗药拉布立酶（rasburicase）[J]. 国外医药（合成药、生化药、制剂分册），2002，23（6）：383－384.
❷ 黄东临. 2002 年美国批准的新活性物质（二）[J]. 世界临床药物，2003，24（4）：253－256.

制了其在临床中的广泛应用，研发人尿酸酶或者与人亲缘关系更近的高活性尿酸酶是今后尿酸酶研发的重要方向。

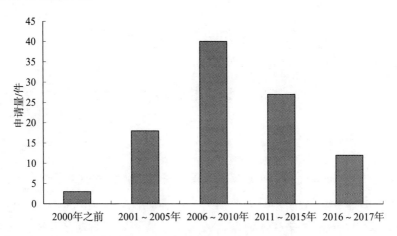

图31　拉布立酶历年申请量变化趋势

三、总结

痛风发病以关节炎症为表象，发病时伴有剧烈的疼痛、导致生活质量降低、日常生活能力下降，尽管痛风的发病机制已经得到共识，但对痛风疾病的治愈效果仍然不理想，药物的不良反应也较多。随着人们生活水平的提高，痛风的发病率逐年上升，且呈年轻化趋势。随着痛风发病机制在分子与细胞水平上的研究有所突破，为研发新的治疗药物提供了靶点。期望通过对痛风治疗药物专利文献的分析，为制药企业和研究机构提供信息，为痛风新型药物的研制提供思路。通过以上对抗痛风药物的专利统计分析和重点药物的分析可以得出，我国抗痛风药物具有广阔的前景，国内企业也具有一定的仿创能力，我国制药企业应抓住机遇，争取赢得更多的市场份额，具体可以从以下两个方面着手。

（一）抗通风药物还处于快速增长期，国内企业应加强产业转化

近年来，围绕抗痛风药物的研发越来越多，我国申请量也呈现逐年快速增长的趋势。这些申请中以国内公司申请居多，因此，国内企业应加快产业化进程，为赢得市场份额显得尤为重要。当然，还应加强与个人以及科研院所的合作，对具有潜力的申请，企业也可以考虑购买或合作，进一步提高产业转化。

（二）仿创结合，促进产品更新

通过以上统计分析，我们的到的启发有：首先，目前市场上主流的很多抗痛风药物已经专利过期，国内仿制药企业可以利用这些无效专利的技术信息加快仿制，且在仿制的同时争取自主创新；其次，可以改变现有药物的剂型、研制新晶型等；最后，抗痛风药物的种类繁多，进一步开发新靶点新机理的产品也是未来发展的方向。

中药注射剂专利技术综述[*]

辛雪 黄大智^{**} 赵静^{**} 陈昊^{**}

摘 要 中药注射剂曾被誉为"我国中药现代化发展的里程碑",作为我国中药领域市场份额最大的剂型和中国医药产业的支柱品种,中药注射剂属于新剂型,最近一段时间以来,因为疗效、安全性等问题,国家药品监督管理局连续责令多款明星中药注射剂产品修改说明书,其中就包括拥有 70 余年临床用药史的中药注射剂"鼻祖"柴胡注射液以及丹参注射剂等市场热销的"王牌"品种。本文对中药注射剂的专利申请情况进行了总体分析,并对用药史最悠久且市场占比较大的品种柴胡注射剂、银杏注射剂、丹参注射剂以及《中国药典(2015 版)》收录的中药注射剂的质量标准相关专利申请作为代表进行分析,着重了解国内企业在中药注射剂上的专利布局,并通过重点品种了解我国中药注射剂的专利申请状况,进而全面了解相关重点中药注射剂的研发重点、发展前景以及质量标准研究状况,以期为国内中药企业提供一定的参考。

关键词 中药注射剂 柴胡 银杏 丹参 中国药典 专利技术

一、前言

中药在我国有着悠久的历史,是与中华民族共同成长和发展起来的宝贵历史遗产,并且在现代也依然焕发着勃勃生机,继续造福人类。中药的发展和应用以及中药学的产生、发展都经历了极其漫长的实践过程。中药起源于我国原始时代祖先长期的生活实践和医疗实践,从"神农尝百草"的记载可以反映出这种艰苦的实践过程。随着社会的进步、生产力的发展,人们对药物的认识和需求也与日俱增,药物的来源从野生药材、自然生长逐步发展到部分人工栽培和驯养,并由动植物扩展到天然矿物及人工制品。中药注射剂曾被誉为"我国中药现代化发展里程碑",作为我国中药领域市场份额最大的剂型和中国医药产业的支柱品种,中药注射剂属于新剂型,技术含量高,研发难度大,多

---

* 作者单位:国家知识产权局专利局专利审查协作四川中心。

** 等同第一作者。

数品种为国家中药保护品种，符合国家保护中药发展，鼓励中药现代化创新的政策方向，受药品降价的影响相对于普药品种较小，企业能够获得一般利润率水平以上的利润；终端对此类新剂型中药保护品种销售热情较高，医生接受和使用频率也较高，这些因素共同促成了中药注射剂行业发展的良好沃土。但最近一段时间以来，因为疗效、安全性等问题，根据药品不良反应评估结果，为进一步保障公众用药安全，国家药品监督管理局连续责令多款明星中药注射剂产品修改说明书，其中就包括拥有 70 余年临床用药史的中药注射剂"鼻祖"柴胡注射剂以及丹参注射剂等市场热销的"王牌"品种。

本文对中药注射剂的专利申请情况进行了总体分析，并选择市场占比较大的中药注射剂品种柴胡注射剂、银杏注射剂、丹参注射剂以及《中国药典（2015 版）》收录的中药注射剂作为代表进行分析，通过重点品种梳理我国中药注射剂的专利申请状况、中药注射剂的专利技术现状以及质量标准状况，进而全面了解相关重点中药注射剂的研发重点、发展前景以及质量标准研究状况，以期为国内中药企业提供一定的参考。

二、中药注射剂整体专利申请态势分析

以国家知识产权局的专利检索与服务系统和 incopat 数据库作为数据采集系统，以中药分类号 A61K36、A61K35 以及关键词（注射 or 粉针 or 输液 or 水针 or injecta or injecti or infusion）等进行检索并通过人工筛选降噪，检索日期截止到 2018 年 7 月 31 日，共检索到 14362 项专利申请，❶ 采用人工标引及软件辅助分析的方法对涉及中药注射剂的全球以及中国专利申请以多角度（包括申请趋势、申请主体、区域分布等）进行分析，以期掌握全球中药注射剂专利申请的整体发展态势。

（一）申请趋势分析❷

从图 2-1 的全球中药注射剂专利申请量/授权量趋势可以看出，在 2000 年之前，专利申请量增长较为平缓，全球专利年申请量❸均低于 200 项，这一时期是中药注射剂专利申请的"萌芽期"，虽然数量没有大的变化，但一直保持缓慢增长的趋势。20 世纪 90 年代后，国家对中药注射剂的监管逐步加强，原国家药品监督管理局于 1999 年 11 月发布了《中药注射剂研究的技术要求》，于 2000 年颁布了《加强中药注射剂质量管理》和《中药注射剂指纹图谱研究技术指导原则（试行）》。由于中药领域全球专利申请量受中国申请量的影响较大，因而在政策的推动下，中药注射剂专利申请在 2001~2005 年期间

---

    ❶ 在本文中，incopat 数据库中将一个专利申请族（具有相同优先权的一系列专利申请）作为一条记录，包括在不同国家或地区公开的多件同族专利申请，每一条记录代表了一项专利技术，因此全球专利申请的数量单位使用"项"（除涉及在各个国家或地区的申请量分布的各类分析外）。

    ❷ 因为从申请专利到公开存在 18 个月的延迟（要求提前公开的除外），再加上数据库收录还有延迟（尤其是国外专利文献的收录），近两年的专利申请数量一般偏低，故不在图中横坐标体现。

    ❸ 本文中，专利年申请量指在当年提交申请并且最终得以公开的专利申请总量。

进入了一个显著增长期，五年间增长到每年 1000 项左右，这一时期可视为中药领域专利申请的"生长期"。2006 年，由于中药注射剂"鱼腥草事件"的发生，导致整个行业的发展遇到了一定的挫折，中药注射剂市场进入了一个平稳低速增长期，中药注射剂专利申请量在 2006~2007 年相应地出现了短促的滑落，在 1 年的时间内从每年 1000 项降至 600 项。直到 2012 年，中药注射剂专利申请量稳定保持在每年 650 项左右，维持了 6 年左右的"平台期"。

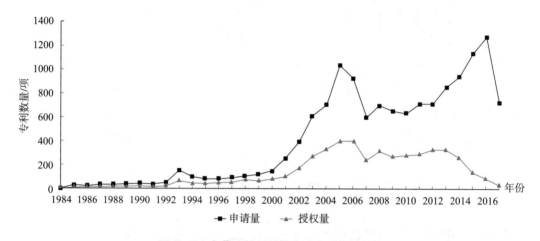

图 2-1　中药注射剂领域全球专利申请趋势

随着 2009 年我国新一轮医药卫生体制改革的推进以及相应五年计划的实行，2011 年之后中药注射剂全球专利申请再一次进入了"快速发展期"，申请量开始急剧增加。然而，在"鱼腥草事件"之后，中国提高了对于中药注射剂安全性问题的关注，2012 年全国药品不良反应监测网共收到 14 个大类中药注射剂报告 10.3 万次，其中严重报告 5500 余次，占比 5.3%。2012 年所收到的不良反应报告同比增长 58.2%。因此从图 2-1、图 2-2 可见，虽然 2011 年之后中药注射剂全球专利申请量逐年增长，但授权量和授权率却在逐年下降。

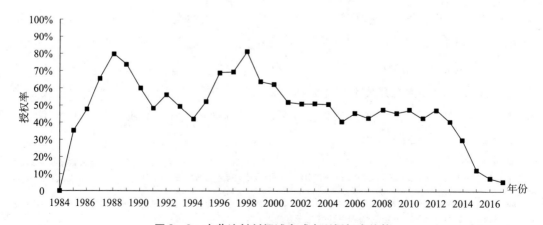

图 2-2　中药注射剂领域全球专利授权率趋势

（二）申请主体分析

从图2-3所示的申请人的排名情况可以看出，全球申请人排名前20的均为中国申请人。排名前20的申请人中，企业申请人有15个、高校申请人4个、个人申请人1个，分别占75%、20%和5%。

排名第一的天士力控股集团有限公司（以下简称"天士力集团"）以及排名第三的石家庄以岭药业股份有限公司（以下简称"以岭药业"）为我国知名的中药制药企业，两者涉及中药注射剂的专利申请中授权率分别为78%和51%；排名第二的北京奇源益德药物研究所（以下简称"奇源益德"），专利申请量大但专利授权率仅为8%，专利申请质量并不高；排名第四的中悦民安（北京）科技发展有限公司（以下简称"中悦民安"）涉及兽药、饲料等领域，所申请专利均没有被授予专利权；排名第五的山东轩竹医药科技有限公司（以下简称"轩竹医药"）是四环医药控股集团有限公司旗下的全资子公司和创新药物研究院，其所申请的63项专利全部获得了授权，专利申请质量较高。可见，相比排名第二和第四的奇源益德、中悦民安而言，排名第一、第三、第五的申请人天士力集团、以岭药业以及轩竹医药的技术创新能力更强。

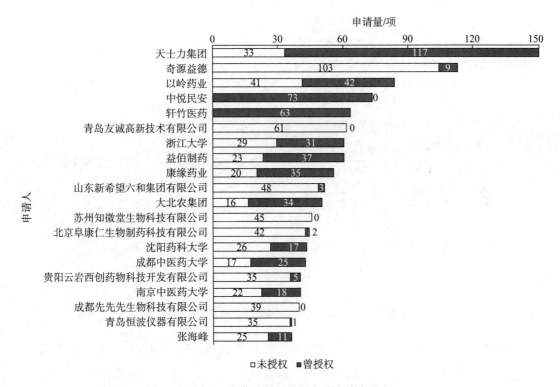

图2-3　中药注射剂领域全球申请人排名

除了上述企业之外，排名前十的申请人中还有贵州益佰制药股份有限公司（以下简称"益佰制药"）、江苏康缘药业股份有限公司（以下简称"康缘药业"）两家知名中药制药企业，分别排在第八、第九位，专利授权率分别为62%和64%；另外，浙江大学、沈阳药科大学、成都中医药大学、南京中医药大学等四所高校均进入前20名，其中浙江大学申请量较为突出，其授权率为44%；成都中医药大学虽然申请量不高，但其授权率达到60%，在四所高校中最高。

从图2-4所示的专利权人的排名情况可以看出，全球排名前21的专利权人均来自中国，其中，企业申请人有12个、高校申请人7个、个人申请人2个，分别占57%、33%和10%。

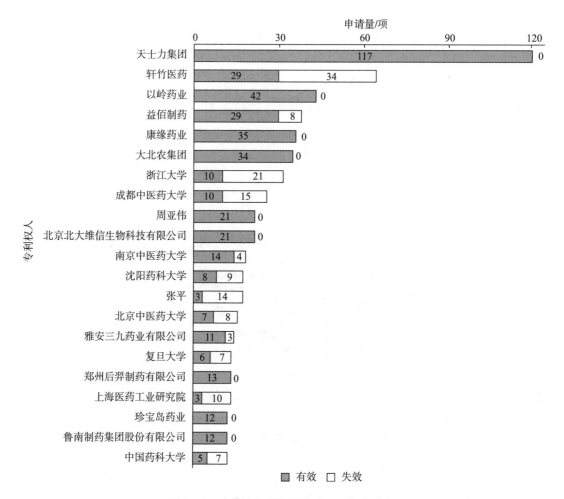

图2-4 中药注射剂领域全球专利权人排名

全球排名前六的专利权人均为企业申请人，其中包括了在申请人排名前五中的天士力集团、以岭药业和轩竹医药，还包括了专利授权率较高的益佰制药和康缘药业。另外，涉及兽药、饲料、种植等领域的大北农集团紧随康缘药业之后，两者仅相差1项专利申请。除轩竹医药、益佰制药以外，上述六位专利权人的已授权专利均处于有效状态。相比之下，排名前21中的高校申请人有浙江大学、成都中医药大学、南京中医药大学、北京中医药大学、复旦大学、中国药科大学等6所高校，除成都中医药大学授权专利有效率为67%以外，其余高校授权专利有效率均不足50%。可见，在中药注射剂领域，院校科研成果转化率不高，有效专利多数集中在企业手中。

排名前五的企业专利权人中，天士力集团拥有自主研发的注射用中药扶正剂——注射用益气复脉（冻干）和注射用丹参多酚酸。排名第四的益佰制药的明星中药注射剂产品"艾迪注射液"曾是年销售过亿的七大中药注射剂品种之一；排名第五的康缘药业的独家品种"热毒宁注射液"曾在2015年销售超过5000万支，销售收入超过10亿元。相比而言，以岭药业、轩竹医药虽然拥有多件涉及中药注射剂的专利，但在市场上并没有相应的产品。

从图2-5所示的全球申请人类型情况可以看出，中药注射剂的申请主体多为企业、个人和大专院校，其专利申请的授权率分别为37%、26%和36%，均存在申请数量大但授权量较低的问题。

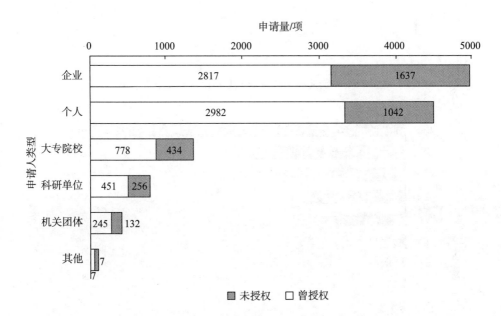

图2-5 中药注射剂领域全球申请人类型申请情况

从图2-6所示的全球专利权人类型情况可以看出，中药注射剂的专利权人类型分布与申请人类型分布相同，多为企业、个人和大专院校。相比而言，企业所持有的专利的有效率为83%，远远高于其他类型的专利权人；个人持有的专利的有效率相比其他类型的专利权人而言更低，仅为44%；而大专院校、科研单位、机关团体的专利有效率分别为53%、60%、55%。

（三）区域分布分析

从图2-7所示的全球专利申请公开区域排名情况可以看出，在中国公开的相关专利申请数量遥遥领先，这与中国作为全球中药大国的地位是相适应的。同时，按国家和地区排名，美国、韩国、日本、俄罗斯公开的专利申请数量仅次于中国，这反映了这些国家和地区中药注射剂的创新能力相对较强，具备一定技术实力。

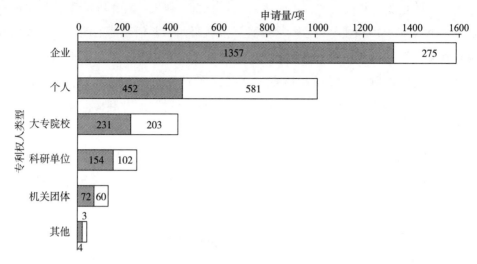

图 2-6　中药注射剂领域全球专利权人类型申请情况

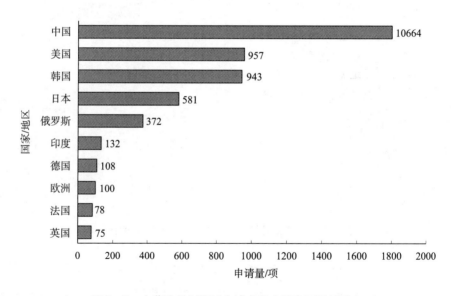

图 2-7　中药注射剂领域全球专利申请公开区域排名

（四）治疗领域分析

从图 2-8 所示的全球专利申请治疗领域排名情况可以看出，全球中药注射剂专利申请的治疗领域主要涉及心血管系统疾病、消化道或消化系统疾病、病原体感染三大类适应证。这与中药注射剂对于心脑血管疾病、消化疾病的治疗以及清热解毒等方面起效快、与西药联用应用广泛等因素密切相关。

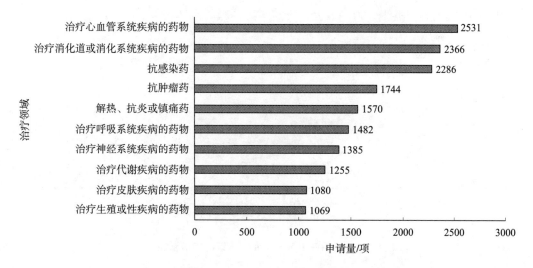

图 2 - 8　中药注射剂领域全球专利申请治疗领域排名

三、柴胡注射剂相关专利分析

（一）柴胡注射剂的基本信息

柴胡为伞形科植物 Bupleurum chinens DC 或狭叶柴胡 Bupleurum scorzonerifolium Wild 的干燥根，功效为疏散退热，疏肝解郁，升举阳气[1]。柴胡注射剂出现于 20 世纪 30 年代末，由大别山区八路军"野战卫生部卫生材料厂"开发，1954 年武汉制药厂对柴胡注射剂重新鉴定并批量生产，使其成为中国工业化生产的第一个中药注射剂品种，也是世界上首个中药注射剂品种，对流行性感冒治疗效果较好，临床应用已有 70 余年。目前，国家食品药品监督管理总局（CFDA）已经批准的柴胡注射剂上市品种共 77 种，其中河南省康华药业股份有限公司、河南润弘制药股份有限公司、信合援生制药股份有限公司、河南福森药业有限公司生产的柴胡注射液约占该品种全国销售额的九成。

（二）柴胡注射剂相关专利申请量趋势分析

以注射剂关键词结合中药领域分类号 A61K36、A31K35 以及柴胡的各种表达（柴胡 or 地熏 or Bupleuri Radix）作为检索要素在 incopat 数据库中检索涉及柴胡注射剂（包括单方和复方）的中国发明专利申请，以柴胡英文名、扩展名、注射剂英文结合中药领域具体分类号在专利检索与服务系统（S 系统）的德温特世界专利索引数据库（DWPI）中检索国外发明专利申请，通过合并同族、人工筛选去噪，共检索得到中国专利申请 88 项，他国专利申请 10 项。

经检索，从 1985 年至 2018 年 7 月 31 日的柴胡注射剂相关的中国专利申请共 88 项。图 3 - 1 反映了柴胡注射液（包括单方和复方）的专利申请量趋势，在涉及柴胡注射剂的专利申请中，复方注射剂占60%以上，决定了该领域的整体趋势。

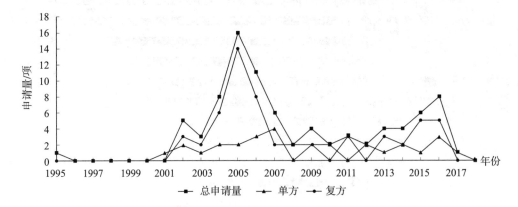

图3－1　柴胡注射剂相关专利申请的申请量趋势

由图3－1可知，虽然第一支柴胡注射液诞生于抗日战争时期，但由于我国对药品的专利保护开始较晚，导致原创柴胡注射液未能及时得到专利保护，直到1995年江苏省弘景中草药科技开发经营公司（以下简称"弘景中草药"）的含柴胡总黄酮60%～90%的柴酮粉针剂申请了发明专利（CN1139564A），其用作治疗上呼吸道感染和小儿肺炎。之后的5年，柴胡注射剂主要作为医院制剂使用，随后江苏正大天晴药业股份有限公司（以下简称"正大天晴药业"）、江苏吴中中药研发有限公司等企业也开始申请柴胡注射剂相关专利，包括对柴胡有效成分例如总黄酮、挥发油提取方法的改进，以及对包含了柴胡的复方组方结构的改进等。随着现代制剂质量分析技术的发展，以及先进生产设备及洁净技术的普及，在2003年之后柴胡注射剂相关专利申请进入成长期，专利申请量呈递增趋势，增长主体主要为以柴胡作为原料药的复方注射剂，且出现了不同分散体系的注射剂类型，包括溶液型注射剂（水溶液型和油溶液型）、混悬液型注射剂、乳浊液型注射剂、注射用无菌粉剂等，并于2005年达顶峰（16项）。然而，从2006年开始柴胡注射剂的申请量大幅度回落。究其原因，可能是因2006年发生的中药注射剂"鱼腥草事件"导致整个中药注射剂行业整顿，各类中药注射剂的生产研发均受到影响。2007年，柴胡注射液被CFDA列入"部分有严重不良反应报告的注射剂品种名单"，使柴胡注射剂的发展进一步受到了限制。2012年8月，《抗菌药物临床应用管理办法》正式实施，规定了抗菌药物被分为非限制使用级、限制使用级和特殊使用级三个级别，应严格掌握使用抗菌药物预防感染的指征，此阶段在国家"限抗令"的大环境下，诸多清热解毒类中药注射剂开始取代化药抗生素的原有市场，迎来高增长。因此，2013～2016年，柴胡注射液的相关专利申请量出现了第二次增长。但好景不长，2017年的国家药品不良反应监测报告显示，中药注射不良反应仍占了中药不良反应的54.6%，并发生了包括死亡在内的多起严重不良反应事件。2018年，CFDA发文，对市售柴胡注射液的说明书进行修订，要求在该类注射液的项目中注明"儿童禁用"，并增加警示语、不良反应和注意事项，柴胡注射剂的发展又开始面临瓶颈。

（三）技术主题分析

由于复方柴胡注射剂相关专利申请的发明点一般不在于柴胡原料制备工艺或剂型改进，而多在于组方结构的增减替换，故仅对单方柴胡注射剂进行技术主题分析。综合考虑权利要求涉及的技术主题与单方柴胡注射剂的相关性，从柴胡单方注射剂相关专利申请中筛选出重点专利申请，并依据申请时间阶段做表，得到单方柴胡注射剂的专利技术发展路线，参见图3-2。

从图3-2所示的柴胡单方注射剂的专利技术发展路线可以看出，自针对柴胡口服剂型改进的首项专利申请中成药柴酮粉针剂公开后，人们围绕该类药物进行了一系列研究，主要包括通过改变辅料对针剂的稳定性进行改进以及对柴胡中的有效成分提取纯化工艺改进两方面，而对于柴胡注射剂的质量检测方法也有少量研究。现从剂型改进、有效成分的提取纯化工艺改进（包括总黄酮、皂苷、挥发油的工艺改进）、质量检测方法的改进三个方面详细介绍。

1. 剂型改进

首件涉及单方柴胡注射剂的专利申请（CN1139564A）由弘景中草药于1995年提出，该申请要求保护柴胡中成药柴酮粉制剂及针剂，是由单味柴胡经水煎煮提取，吸附柱分离、浓缩，以高浓度乙醇和水对分离洗脱物反复重结晶，干燥、分装后制得柴胡总黄酮成份的粉针剂，是对传统口服柴胡制剂的剂型改进。2004年，天士力集团申请了一种柴胡粉针剂（CN1785221A），其将柴胡药材经提取制成柴胡提取物，再加水使柴胡提取物溶解，加入骨架材料，过滤干燥后制成粉针剂；通过骨架材料的加入，使得粉针剂的稳定性增强。2005年华瑞制药有限公司的专利申请（CN1686265A）为克服现有技术中柴胡注射液刺激性强，加入吐温-80后不能用于静脉注射的缺点，将柴胡挥发油制成注射用乳剂，增加了柴胡挥发油的稳定性，同时降低了刺激性，使其能够用于静脉注射和肌肉注射，较柴胡注射液提高了患者的顺应性，且该发明将挥发油与水分离，得到纯的挥发油，除掉了水溶性杂质，降低了过敏反应。2013年，成都力思特制药提供了一种安全性更高的柴胡药物注射制剂（CN104116768A），其主要由柴胡提取物和作为增溶剂的聚乙二醇十二羟基硬脂酸酯共溶于注射用水制成；该发明所使用的聚乙二醇十二羟基硬脂酸酯具有远优于聚山梨酯-80的安全性。由上可知，单方柴胡注射剂的剂型改进主要着眼于注射剂辅料，例如加入骨架材料增加稳定性，加入聚乙二醇十二羟基硬脂酸酯作为增溶剂。随着研究的深入，单方柴胡注射剂的种类从最初的粉针剂逐渐发展为乳剂、注射液、粉剂等多种类型。

2. 有效成分提取纯化工艺优化

柴胡黄酮具有较强的抗流感病毒作用，而且具有较好的抗炎、降温作用和对多种细

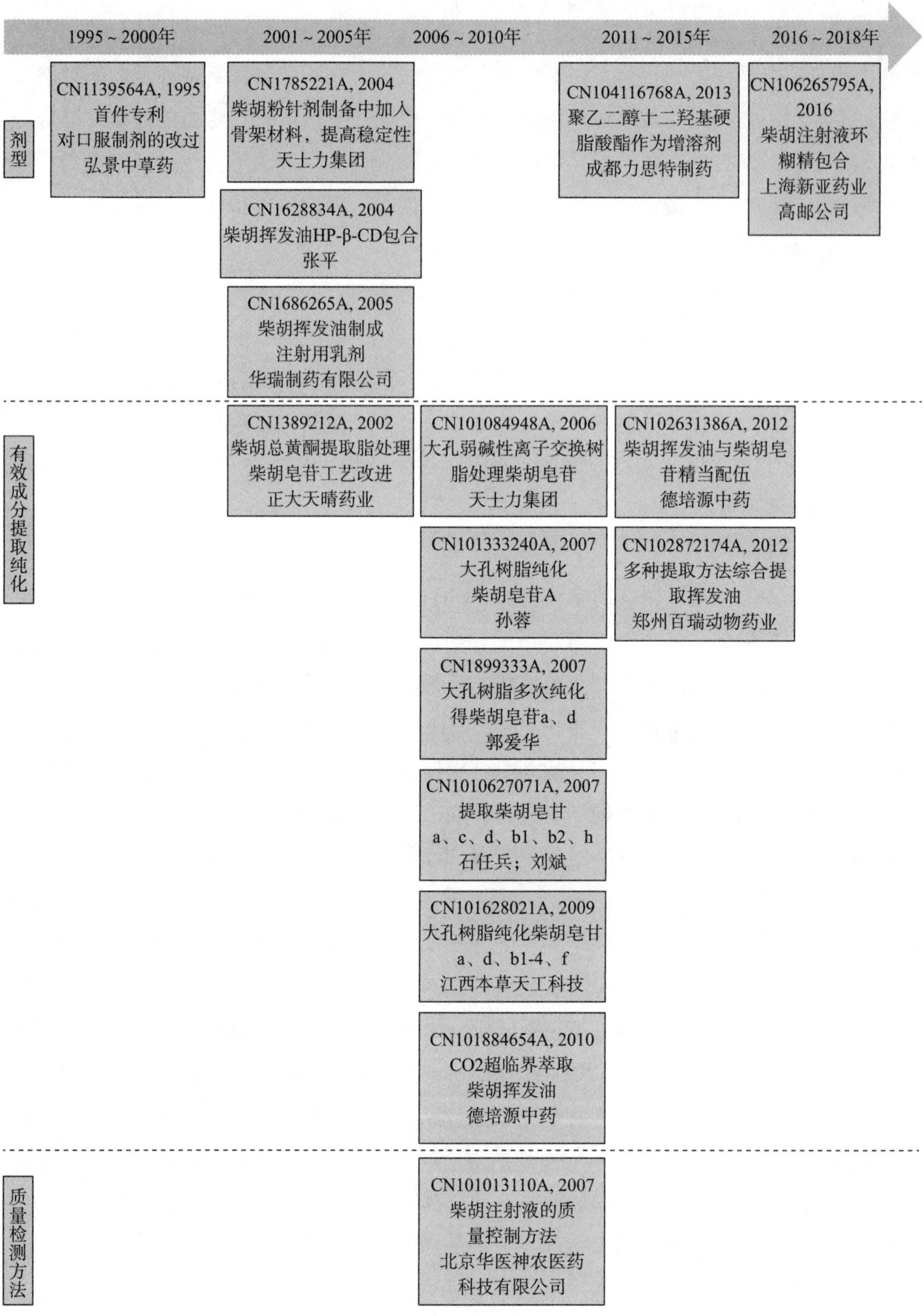

	1995～2000年	2001～2005年	2006～2010年	2011～2015年	2016～2018年
剂型	CN1139564A, 1995 首件专利 对口服制剂的改过 弘景中草药	CN1785221A, 2004 柴胡粉针剂制备中加入骨架材料，提高稳定性 天士力集团 CN1628834A, 2004 柴胡挥发油HP-β-CD包合 张平 CN1686265A, 2005 柴胡挥发油制成 注射用乳剂 华瑞制药有限公司		CN104116768A, 2013 聚乙二醇十二羟基硬脂酸酯作为增溶剂 成都力思特制药	CN106265795A, 2016 柴胡注射液环糊精包合 上海新亚药业高邮公司
有效成分提取纯化		CN1389212A, 2002 柴胡总黄酮提取脂处理柴胡皂苷工艺改进 正大天晴药业	CN101084948A, 2006 大孔弱碱性离子交换树脂处理柴胡皂苷 天士力集团 CN101333240A, 2007 大孔树脂纯化柴胡皂苷A 孙蓉 CN1899333A, 2007 大孔树脂多次纯化得柴胡皂苷a、d 郭爱华 CN1010627071A, 2007 提取柴胡皂甘 a、c、d、b1、b2、h 石任兵；刘斌 CN101628021A, 2009 大孔树脂纯化柴胡皂甘 a、d、b1-4、f 江西本草天工科技 CN101884654A, 2010 CO2超临界萃取柴胡挥发油 德培源中药	CN102631386A, 2012 柴胡挥发油与柴胡皂苷精当配伍 德培源中药 CN102872174A, 2012 多种提取方法综合提取挥发油 郑州百瑞动物药业	
质量检测方法			CN101013110A, 2007 柴胡注射液的质量控制方法 北京华医神农医药科技有限公司		

图3-2 柴胡单方注射剂专利技术发展路线

菌较强的抑制或杀灭作用。为有效提取柴胡中的黄酮类物质，国内研发主体进行了许多研究。1995 年，首项柴胡单方注射剂专利申请（CN1139564A）即要求保护柴胡中的黄酮类成分提取制成的柴酮粉针剂。之后，2002 年，正大天晴药业的专利申请（CN1389212A）公开了将柴胡水提后调 pH 过大孔树脂柱，含水醇洗脱，正丁醇萃取、浓缩，使得其中的总黄酮抗流感病毒活性提高，副作用减少，吸湿性降低，更适宜制成粉针或大、小针剂等各种剂型，该申请是在的前述专利申请（CN1139564A）的基础上对柴胡中总黄酮提取工艺的进一步改进。

挥发油也是柴胡的有效部位之一，按一般的蒸馏法制备柴胡注射液，常因挥发油不能提尽而影响其疗效，为此，一些学者对柴胡挥发油的提取工艺做了进一步研究。2004 年，张平的专利申请 CN1628834A 公开了一种柴胡冻干粉针剂，其将 HP - β - CD 包合技术应用于柴胡挥发油的制剂过程中，能够提高柴胡挥发油所制成的注射剂的稳定性。2010 年，德培源中药的专利申请 CN101884654A 公开了采用 CO_2 超临界萃取技术提取柴胡挥发油为主的超临界产物，用蒸馏法进行纯化，得到的蒸馏液加 HP - β - CD 包合后，加入相应药用辅料制成柴胡注射剂；该方法在不改变药用物质的基础上，可准确地定性定量药品所含挥发油，克服现有技术中柴胡注射剂的工艺落后、柴胡挥发油含量低、产品稳定性较差、所用辅料聚山梨酯 -80 有一定的毒副作用的不足。2012 年，德培源中药进一步对柴胡中有效部位的比例进行研究，在专利申请 CN102631386A 中通过对柴胡挥发油与柴胡皂苷的精确配伍 [柴胡挥发油与柴胡皂苷的体积重量比为 1:1 ~ 6（ml/g）]，使所得柴胡制剂的有效性（解热镇痛效果）、安全性和可控性有显著提高，用药途径更加广泛。2012 年，郑州百瑞动物药业有限公司的专利申请 CN102872174A 采用中药提取与浓缩工艺相结合的提取方法，综合煎煮提取、渗漉提取、逆流提取与回流抽取四种提取手段，在提取过程中使药材与溶剂在浸出容器中沿相反方向运动，连续充分地接触，同时抽取部分提取液经减压浓缩、冷凝后作为新溶剂回流，溶剂由上而下通过药材层，可充分溶解药材中的有效成分，当溶解药材的可溶性物质到达底部后再次抽取进入浓缩精馏工序，如此反复，使工业生产过程中柴胡挥发油得到了充分提取，所制得的柴胡注射液可节省成本 30% ~ 50%，增大投料量 30% ~ 60%，挥发油得率提高 10% 以上。2016 年上海新亚药业高邮公司的专利申请 CN106265795A 采用环糊精包合技术将难溶于水的挥发油包合成微滴，其能较好地溶解于水中，使注射液稳定性、澄明度等都得到极大改善，其中澄明度合格率达到 95% 以上。

三萜皂苷是柴胡的特异性标志成分，作为柴胡的主要生物活性部位，很早就被人们认识和开发。至今，从柴胡中分离出的皂苷成分均为五环三萜齐墩果烷型衍生物，一般只含葡萄糖、呋喃糖、鼠李糖和木糖等。根据其化学结构的不同，可以分为柴胡皂苷 a、b、c、d 等，其中，柴胡皂苷 a 和柴胡皂苷 d 含量较高，是柴胡重要的质量评价指标，具有广泛的生物学活性。[2]对于该活性成分的提取纯化，目前多采用大孔树脂法。2006年，天士力集团的专利申请CN101084948A采用大孔型碱性阴离子交换柱对柴胡中的柴胡皂苷进行了纯化富集，树脂型号为D392、D380、D382、D371或D201，得到了一种工艺合理、质量可控的柴胡皂苷制备方法，并将得到的柴胡皂苷与羟丙基－β－环糊精包合的柴胡挥发油作为主药，制成柴胡有效部位粉针剂。2007年，专利申请CN101333240A对柴胡皂苷a的提取工艺进行优化，通过将柴胡药材粉碎，加入适量溶剂提取，滤过、浓缩后，浓缩液先后采用大孔树脂柱色谱及高速逆流色谱进行分离制备高浓度的柴胡皂苷a。同年，专利申请CN1899333A公开了采用D101大孔树脂柱对柴胡醇提液进行纯化，洗脱液D280脱色柱脱色，得到柴胡皂苷a、d的有效部位，并加入辅料甘露醇、氯化钠等制成柴胡冻干粉针剂、小水针或静脉注射剂。此外，专利申请CN101062071A涉及从中药柴胡中提取原型皂苷柴胡皂苷a、c、d，还包括次生皂苷柴胡皂苷b1、b2、h及其类似物，扩大了柴胡皂苷有效类型的涵盖种类；该提取物可由溶剂提取法、溶剂萃取法、大孔吸附树脂法、柱色谱法、超临界流体色谱法、液－液逆流分配色谱法制得，加入辅料制成注射剂。2009年，江西本草天工科技的专利申请（CN101628021A）涉及柴胡有效部位的制备方法及其用途，具体公开了采用大孔树脂纯化，乙醚、石油醚脱酯，乙酸乙酯、正丁醇、氯仿梯度洗脱，分离萃取液，回收溶剂，浓缩，再将浓缩后药液加入至装有已预处理的大孔树脂层析柱层析，得到精致的柴胡皂苷a、d、b1－4、f；该发明在柴胡皂苷a的基础上丰富了柴胡总皂苷中有效皂苷的类型，性能稳定、质量可控。

3. 质量检测方法

在柴胡的质量检测方法方面，相关专利申请量非常匮乏，仅在2007年，由北京华医神农医药科技有限公司提交了1件涉及柴胡注射液的质量控制方法的发明专利申请（CN101013110P642A）。该申请通过建立柴胡注射液的指纹图谱，应用指纹图谱来控制柴胡注射液的质量，具有重复性好、稳定性高等优点，可有效监控柴胡注射液的质量，能确保柴胡注射液临床疗效的稳定、一致，具有重要的应用价值；但需要指出的是，柴胡注射剂并非该公司的重点产品。此外，目前柴胡注射剂的质量标准研究总体匮乏，在拥有柴胡上市产品的77家国内生产单位中，并无关于柴胡注射剂的质量检测方法研究的专利申请，柴胡注射剂也未在中国药典中收录。目前，关于柴胡注射剂的质量检测方法，仅在CFDA部颁标准（WS3－B－3297－98）中规定了采用气相色谱法以正己醛为对照品测定其特征峰以控制有效成分，并进行注射剂的常规检查，包括pH、蛋白质、糠醛测定。

四、银杏注射剂相关专利分析

（一）银杏注射剂的基本信息

银杏是全球常见的药用植物，也是我国常用的中药品种，其药用部位主要是叶和果实。2008~2017 年，以银杏作为活性成分原料的中药注射液制剂在我国中药注射剂市场上已占有重要席位，其中"银杏叶注射剂""银杏达莫注射液""舒血宁注射液"等以银杏为主要原料的中药注射剂，无论在市场份额、销售金额，还是医疗机构使用情况、医保目录收录情况等方面，均能够占据前十的位置。从国际角度分析，以"金纳多"（Ginaton）"达纳康"（Tanakan）和"梯保宁"（Tebonin）为代表的银杏制剂在国际医药市场上享有盛誉，各类制品在国际市场上的销售额在 2008 年就超过了 50 亿美元。由此可见，银杏不仅在中国注射剂领域是热门品种，其还是具有国际化特点的植物药品种之一。

（二）银杏注射剂相关专利申请趋势分析

以国家知识产权局的专利检索与服务系统和 incopat 数据库作为数据采集系统，以申请日（有优先权的计优先权日）为时间节点，以 1985 年 1 月 1 日至 2018 年 7 月 31 日提交的涉及银杏的中药注射剂专利申请为检索目标，采用关键词结合分类号以及人工阅读筛选的方式，共检索到 338 项专利申请。

从图 4-1 可以看出，在 2001 年之前，涉及银杏注射剂专利申请量数量很少，全球专利年申请量不足 3 项，总申请量仅有 26 项。在 1993 年之前，涉及银杏注射剂专利的申请人主要来自德国、韩国和澳大利亚，直到 1993 年之后才陆续出现中国申请人。这一时期是银杏注射剂专利申请的"萌芽期"。20 世纪 90 年代后，全球范围内的中国申请所占比重开始逐渐增加，并占据了主导地位。由于 90 年代之前国内中药注射剂的市场、生产、研发等方面较为混乱，90 年代后中国逐步加强了对中药注射剂的监管并颁布了多项政策规定，因而在政策的推动下，银杏注射剂相关的专利申请在 2001~2005 年进入了一个显著增长期。2006 年，中药注射剂"鱼腥草事件"的发生对整个重要注射剂行业产生了较大影响，使得银杏注射剂专利申请量在 2006~2007 年期间急剧下滑，从 40 项跌落至 10 项。在 2012 年之前，银杏注射剂专利申请量虽有一定的震荡，但年平均申请量保持在 10 项左右，维持了 6 年左右的"平台期"。随着 2009 年我国新一轮医药卫生体制改

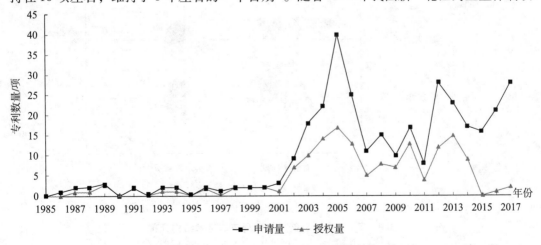

图 4-1　银杏注射剂相关专利申请的申请趋势

革的推进以及相应五年计划的实行，2011 年之后银杏注射剂全球专利申请量再一次有所回升。但是从图 4-1、图 4-2 可见，虽然 2011 年之后中药注射剂全球专利申请量逐年增长，但授权量和授权率却在逐年下降。

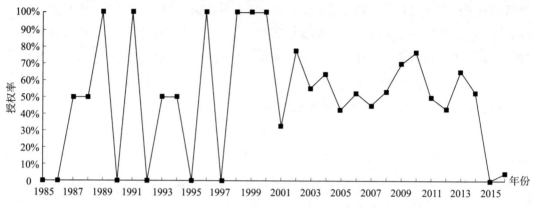

图 4-2　银杏注射剂相关专利授权率趋势

（三）技术结构分析

在涉及银杏注射剂的专利申请中，所采用的银杏的有效活性成分多为黄酮类成分、萜类酯成分，少部分专利申请涉及到酚类成分；同时，银杏的有效活性成分多为银杏内酯 A－K 以及白果内酯，少部分专利申请涉及银杏素。本节以银杏注射剂的组方形式以及原料形态作为技术结构分支，对银杏注射剂的专利申请进行分析。

从图 4-3 可以看出，在涉及银杏注射剂的专利申请中，以银杏作为单方或单一提取物的专利申请有 183 项，占申请总量的 54.1%。其中，将银杏有效活性部位作为原料的专利申请有 123 项，其授权专利为 40 项，占比 32.5%；将有效活性成分作为原料的专利申请有 60 项，其授权专利为 23 项，占比 38.3%。同时，含有银杏的复方或组合物的专

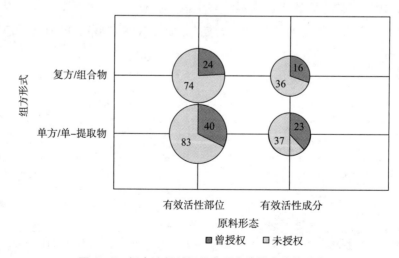

图 4-3　银杏注射剂相关专利申请技术结构分布

注：圈中数字表示申请量，单位为项。

利申请有 150 项，占申请总量的 44.4%。其中，将银杏有效活性部位作为原料的专利申请有 98 项，其授权专利为 24 项，占比 24.5%；将有效活性成分作为原料的专利申请有 52 项，其授权专利为 16 项，占比 30.8%。

相比复方/组合物专利申请而言，以银杏作为单方或单一提取物的注射剂专利申请数量更多；而相比以有效活性成分作为原料而言，以有效活性部位作为原料的注射剂专利申请数量较多。另外，根据分析还可以发现，以银杏作为单方或单一提取物且将有效活性成分作为原料的注射剂专利授权占比最高。可见，银杏注射剂的专利申请中，技术方案涉及单一提取原料且活性成分为结构明确、质量可控的化合物的专利申请更容易被授予专利权；同时，相比复方或组合物而言，单方或单一提取物的专利申请授权量较高。

（四）技术路线分析

1. 银杏注射剂治疗领域技术发展路线

图 4 - 4 展示了银杏注射剂专利申请治疗领域技术发展路线。如图所示，1987 年，德国专利申请 DE3707532A1 以银杏内酯结合抗炎剂辅助治疗烧伤、晒伤、烫伤和辐射损伤以及联合外伤、冻伤、休克、脓毒病、胰腺炎等炎症反应，其拉开了银杏注射剂治疗领域发展的序幕。1996 年，法国申请人科学研究及申请顾问公司在中国台湾提交了专利申请 TW513305B，该申请涉及银杏内酯组合物抑制糖皮质激素的释放。2001 年，韩国申请 KR1020020071674A 公开了银杏叶提取物可通过抑制基质金属蛋白酶治疗类风湿性关节炎，骨关节炎，脓毒性关节炎，癌症转移，动脉硬化等疾病，该申请首次公开了以植物提取物为注射剂活性原料。2003 年，美国专利申请 US20040076698A1 进一步拓展了治疗领域，其公开了银杏叶提取物可通过抑制淀粉样蛋白形成从而治疗阿尔茨海默病。可见，1987～2003 年，全球范围内以治疗领域或用途为发明点的银杏注射剂专利申请中并没有中国申请人的身影。

2005 年，中国申请人首次出现在银杏注射剂治疗用途拓展队伍中。沈阳药科大学的专利申请 CN1686317A 公开了银杏内酯 A - C 和白果内酯的银杏总内酯组合物具有神经保护作用，可用于中风性脑损伤、老年痴呆和多种硬化症等的治疗；天士力集团的专利申请 CN1872098A 公开了以银杏叶提取物为原料的注射剂可用于提高阿司匹林抵抗性心血管病患者的生命质量，其另一份专利申请 CN1872100A 公开了以银杏叶提取物为原料的注射剂可用于治疗慢性脑供血不足；浙江海正药业与上海医药工业研究院合作的专利申请 CN1977840A 和 CN1977868A 公开了含有银杏内酯和白果内酯的组合物具有抗抑郁的治疗效果。同年，韩国申请 KR1020060130148A 公开了将银杏提取物与磷脂酰丝氨酸的络合物用于增强认知功能、缓解精神疲劳从而治疗痴呆、阿尔茨海默病，该专利申请在全球拥有 20 多个同族，其申请人为意大利著名银杏叶制剂企业 INDENA SPA 公司。

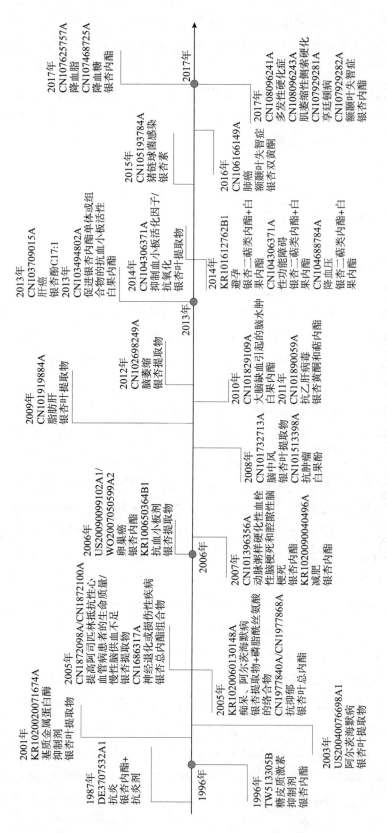

图4-4 银杏注射剂治疗领域相关专利技术发展路线

2006～2007 年，全球银杏注射剂治疗用途的二次开发主要来自韩国和美国：公开号为 KR100650364B1 的韩国专利申请公开了以银杏提取物为活性部位的注射剂可用于抑制血小板凝集，公开号为 KR1020090040496A 的韩国专利申请公开了以银杏内酯为活性成分的注射剂可用减肥；公开号为 US20090099102A1、WO2007050599A2 的专利申请公开了以银杏内酯为原料的注射剂用于治疗卵巢癌。在此期间，全球范围内仅有 1 件公开号为 CN101396356A 的中国申请，为康缘药业申请的以银杏内酯为原料的治疗动脉粥样硬化性血栓性脑梗死和腔隙性脑梗死的注射剂。

2008 年之后，中国成为了全球银杏注射剂治疗用途的二次开发的主力。2008 年，公开号为 CN101732713A 的专利申请公开了以银杏叶提取物为活性部位的注射剂可用于治疗脑中风；同时，公开号为 CN101513398A 的专利申请公开了以白果酚为活性成分的注射剂可用于抗肿瘤，该申请是全球范围内第一个以非银杏萜类酯（银杏内酯类）作为活性成分用于疾病治疗的专利申请，该专利申请的申请人为江苏大学，其在 2013 年进一步拓展了银杏活性成分的治疗用途，其专利申请 CN103709015A 公开了以"银杏酚 C17：1"作为活性成分的注射剂可用于治疗肝癌。2009 年，公开号为 CN101919884A 的专利申请公开了将银杏叶提取物作为活性部位的注射剂用于治疗脂肪肝。2012 年，公开号为 CN102698249A 的专利申请公开了银杏达莫注射剂联合脑蛋白水解物、谷胱甘肽可用于治疗脑萎缩。

2013～2014 年，成都百裕成为了银杏注射剂治疗用途二次开发的主要申请主体：公开号为 CN104306371A 的专利申请公开了白果内酯作为银杏内酯单体或组合物的抗血小板活性促进剂的应用；公开号为 CN104688784A 的专利申请公开了银杏二萜类内酯＋白果内酯为原料的注射剂具有降血压的作用；公开号为 CN104306371A 的专利申请公开了白果内酯＋银杏内酯 A＋银杏内酯 B＋银杏内酯 C＋银杏内酯 J 的银杏内酯组合物具有治疗性功能障碍的作用。

2015～2016 年，科研院所和高校主要承担了银杏注射剂治疗用途的二次开发研究：吉林大学公开号为 CN105193784A 的专利申请公开了以银杏素作为活性成分的注射剂能够治疗猪链球菌感染；山东省农业科学院农产品研究所公开号为 CN105213482A 的专利申请公开了以银杏叶黄酮、桑叶黄铜、枸杞多糖组合物作为原料的注射剂能够治疗糖尿病肾病；香港科技大学公开号为 CN106166149A 的专利申请公开了以银杏双黄酮作为原料的注射剂能够治疗肺癌。

2017 年涉及银杏注射剂适应证开发的申请人主要为朗致集团和康缘药业。朗致集团的专利申请为 CN107625757A 和 CN107468725A，分别公开了银杏内酯作为原料的注射剂具有降血脂、降血糖的作用；康缘药业的专利申请为 CN108096241A、CN108096243A、CN107929281A、CN107929282A。分别公开了银杏内酯作为原料的注射剂用于治疗多发性硬化症、肌萎缩性侧索硬化、亨廷顿病、额颞叶失智症。

2. 银杏注射剂检测方法技术发展路线

图4-5展示了银杏注射剂检测方法相关专利技术发展路线。20世纪90年代之前国内中药注射剂的市场、生产、研发缺乏相应的标准予以规范，因而在90年代后中国逐步加强了对中药注射剂的监管，原国家药品监督管理局于2000年颁布了《加强中药注射剂质量管理》《中药注射剂指纹图谱研究技术指导原则（试行）》。由于世界范围内中药领域专利申请的量受中国申请量的影响较大，笔者推测上述两份涉及中药注射剂质量控制的指导文件可能是2000年之后涉及全球银杏注射剂检测方法的专利申请才开始陆续出现的原因。

2004~2008年，全球银杏注射剂检测方法主要涉及活性部位或活性成分的定性和定量。2004年，安徽中医学院教授余世春的专利申请CN1772008A公开了银杏叶提取物的质量控制方法；同年，康缘药业就银杏内酯冻干粉针剂的液相指纹图谱标准为主题提交了专利申请（CN1800845A）；2005年，益佰制药就对银杏提取物进行有效成分的薄层鉴别和萜类内酯的含量测定方法提交了专利申请（CN1772013A）；2006年，公开号为CN1853674A的专利申请通过指纹图谱测试、提取物成分鉴别以及活性成分含量测试制定了银杏注射剂的系统检测方法；2008年，康缘药业在前期研究的基础上进一步优化了检测方法，其公开号为CN101647829A、CN101647830A的专利申请采用含量测定或游离银杏内酯限量检查或色谱指纹图谱三种方法中的任意一种或几种来控制银杏内酯注射液的质量。

2012~2017年，由于中药注射剂不良反应报道的增多，全球银杏注射剂检测方法从活性部位或活性成分的定性和定量检测逐渐转变为注射剂残留成分、致敏物质的检测。同时，为了进一步提高含量测定的效率，高效、快速检测注射剂有效活性成分的专利申请也逐渐增多。2012年，成都百裕公开号为CN103091412A的专利申请涉及了对银杏内酯4种组分的指纹图谱进行控制检测以及对可能残留的大分子、蛋白质进行检测的方法，该申请授权后质押于贵阳银行股份有限公司成都分行；2013年，中国科学院上海药物研究所与上海杏灵科技药业股份有限公司合作，以采用高效液相色谱分离、电喷雾离子源高分辨串联飞行时间质谱同时测定银杏叶提取物以及制剂中多种烷基酚类化合物的含量为技术方案提交了专利申请（CN103175912A），该申请通过对注射剂致敏物质（烷基酚类化合物）进行检测从而对注射剂等制剂进行质量控制；2015年，康缘药业公开号为CN105486792A的专利申请记载了采用体积排阻色谱法对银杏二萜内酯葡胺注射液及其制备原料中大分子化合物进行检测的方法，上海信谊百路达药业公开号为CN105181842A的专利申请记载了银杏内酯B残留溶剂的检测方法，上海杏灵科技药业公开号为CN105259268A的专利申请记载了银杏酮酯中黄酮类和有机酸类成分指纹图谱的检测方

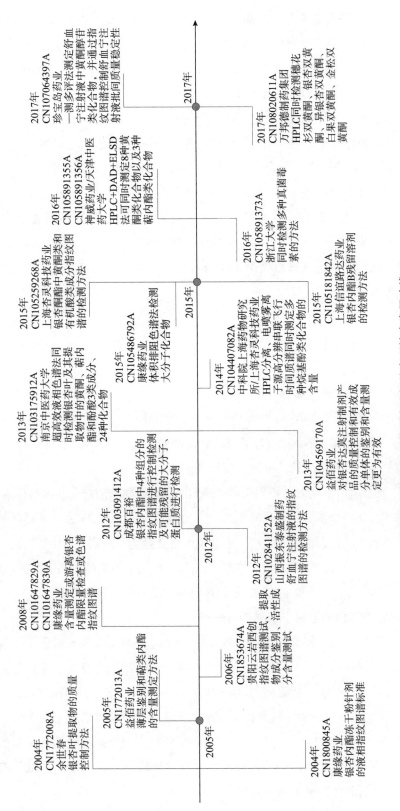

图4—5 银杏注射剂检测方法相关专利技术发展路线

法；2016 年，天津中医药大学与神威药业集团合作，研究开发了以双检测器的高效液相色谱法同时对银杏叶（或其提取物）以及舒血宁注射剂中 8 种黄酮类化合物以及 3 种萜内酯类化合物进行测定的方法，并提交了专利申请（CN105891355A、CN105891356A）；同年，浙江大学公开号为 CN105891373A 的专利申请公开了同时检测中药注射剂中多种真菌毒素的方法；2017 年，珍宝岛药业针对其银杏注射剂产品"舒血宁"开发了一测多评检测法（CN107064397A），该申请记载了以芦丁为对照品通过一测多评法定量测定"舒血宁注射液"中黄酮醇苷类化合物山奈酚－3－0－芸香糖苷、异鼠李素－3－0－芸香糖苷、山奈酚－3－0－鼠李糖－2－葡萄糖苷、槲皮素－3－0－鼠李糖－2－0－（6－0－对羟基反式桂皮酰）葡萄糖苷，并通过指纹图谱控制舒血宁注射液批间质量的稳定性；同年，万邦德制药集团提交的专利申请（CN108020611A）公开了一种通过高效液相色谱法同时检测银杏叶制剂中穗花杉双黄酮、银杏双黄酮、异银杏双黄酮、白果双黄酮、金松双黄酮的检测方法。

五、丹参注射剂相关专利分析

（一）丹参注射剂的基本信息

丹参为唇形科植物丹参 Salviamiltiorrhiza Bge. 的干燥根和根茎，是一味常用的中药材。具有活血祛瘀，通经止痛，清心除烦，凉血消痈之功效。用于胸痹心痛，脘腹胁痛，癥瘕积聚，热痹疼痛，心烦不眠，月经不调，痛经经闭，疮疡肿痛[1]。由丹参制备的注射液，具有活血化瘀，通脉养心的功效，可用于冠心病胸闷，心绞痛的治疗，其执行标准 WS 3－B－3766－98－2011。经检索，我国含丹参的注射液生产厂家共有 23 家，而具体的生产批文有 99 个，在所有中药注射剂中其生产厂家及生产批文量均在前列。从中国医药工业信息中心发布的 2017 年全国公立医院的统计数据看，2017 年中药使用 TOP20 品种中，含有丹参的注射液高达 7 种。其中，丹参注射剂、注射用丹参多酚酸分别位居销售冠亚军。

（二）丹参注射剂相关专利申请量趋势分析

以国家知识产权局的专利检索与服务系统和 incopat 数据库作为数据采集系统，以中药分类号 A61K36、A61K35 以及关键词（丹参、注射、粉针、输液、水针）等进行检索并通过人工筛选降噪，检索日期截止到 2018 年 7 月 31 日，共检索到 376 项专利申请。

从图 5－1 可以看出，丹参注射剂相关的专利申请量趋势整体呈现三次变化。

第一阶段，在 2002 年以前，丹参注射剂申请量较低，每年申请量均在个位数。这是丹参注射剂也是中药注射剂的初步萌芽时期，在这一阶段，申请人较为零散，多涉及较为简单的丹参注射剂组合物及其制备方法。

第二阶段，从 2002 年起，申请量开始激增，之后又缓慢下降，到 2009 年，申请量

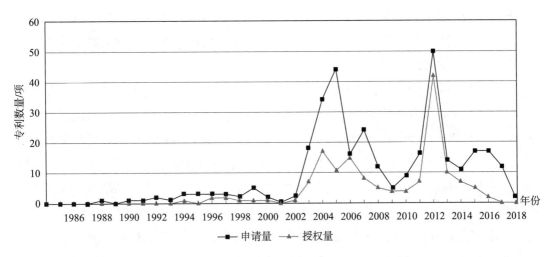

图 5 - 1　丹参注射剂相关专利申请的申请/授权趋势

又降至个位数。从申请趋势看，由于中国国内申请占主要地位，而中国申请受政策等影响明显。1999 年底到 2005 年初，国家药监局颁布了一系列中药注射剂的研制、审批原则，提出了注射剂研究的技术要求，以净药材为组分配制的注射剂，所测定成分的总含量应不低于总固体量的 20%（静脉用不少于 25%）；以有效部位为组分配制的注射剂，所测定有效部位的含量应不少于总固体量的 70%（静脉用不少于 80%），并建立药材和制剂的指纹图谱标准，建立中药注射剂指纹图谱的检测标准，促进了中药注射剂的研发热潮和管理水平的提升。由于专利申请与研发和政策往往有 1～2 年的滞后性，因此该阶段由于受政策影响，促进了大量的研发和专利申请，为注射剂的繁荣发展时期，且出现了大量的丹参注射剂指纹图谱标准研究，同时从这一时期开始，出现了大量针对具体成分和复方的专利申请：如丹参中的具体成分丹参酚酸 A、丹参多酚酸盐的相关制剂研究和双参注射剂、杏丹注射剂等复方注射液的申请。

　　第三阶段，2010～2014 年，含丹参注射剂的申请量又经历了一次激增和迅速下降的过程，其中，2012 年申请量得到年度最高为 50 项，之后呈平缓趋势，约年均申请量 20 项以内。首先，对于 2012 年突然的增长，主要是因为在这一年江西青峰药业有限公司提交了 29 项丹参酚酸 A 冻干粉针剂及其应用的申请。其次，对于在这一时期所受到的政策影响，主要体现在 2007～2009 年，鱼腥草注射液事件使得 SFDA、卫生部均提出了对中药、天然药物注射液基本技术要求，为中药注射液研发提高了门槛，监控和二度评价的需求的不断提升，促进了整治不良反应的相关政策和规范。因而使得这一时期更多的申请对于安全性评价更为侧重，如何更好地检测也成为研发热点。在该阶段，大量的丹参注射剂申请围绕如何使产品质量可控，安全优质而进行，例如通过 pH 梯度沉淀法联合超滤技术制备丹参注射剂的工艺，通过添加聚乙二醇十二羟基硬脂酸酯解决沉淀、浑浊问题，并出现了大量的质量检测控制的方法改进的申请。

而从授权趋势看，其与申请趋势基本保持一致，表明从申请质量而言，没有出现相对较大的差异变化，同时涉及丹参注射剂的专利申请的授权率整体在40%左右。

（三）技术结构分析

丹参注射剂从组分来区分，可以分为包括有含丹参药材及其他中药组分的复方注射剂，如丹红注射液、肾康注射液、丹参川芎嗪注射液等；仅含有丹参药材的注射剂，如丹参冻干粉针等；以及含有丹参药材中某一种或多种有效成分的注射剂如丹参多酚注射液，丹参酚酸A注射液等。其中，前两类一般在注册中类型为中药，而对于从丹参中提取的一种或多种成分，往往会在产品注册中归为西药类，如丹参酮ⅡA磺酸钠注射液、丹参酚酸A注射液等。为了对丹参注射剂的整体发展情况进行系统的描述，结合从国家食品药品监督管理局网站上查询到的药品生产批准信息，综合考虑权利要求涉及的技术主题与丹参注射剂的相关性，从丹参注射剂相关专利申请中筛选出重点专利申请，并依据申请时间阶段做表，得到丹参注射剂的专利技术发展路线，参见图5-2。从整体而言，在2002年以前，涉及丹参注射剂相关的专利申请多数为组合物注射剂，如肾康注射液、川芎梗死净注射液、川参通注射液、麝香注射液、通脉疏络注射液、脑脉通注射液、消栓川芎注射液、鼻通灵合剂注射液、乳腺康注射液等，且从国家药监局网站查询来看，多种注射液均已获得了批准文号，在目前市场上有生产，批准文号均为2013年之后，且多数为2015~2016年。而在近10年的专利申请中，多数为检测、含量测定、指纹图谱、代谢产物等质量控制方法以及应用方法的专利申请，其目的都在于加强质量安全性。

质量控制是中药注射液的主要研发和重点研发方面，通过对丹参注射剂的专利技术的分析我们可以看出，目前对于质量控制的相关技术主要分为三大类：（1）在制备方法中，通过调节、改进方法以实现杂质的减少、可控或提高纯度或进行在线的实时检测。例如运用酸碱不同的pH联合超滤技术降低杂质；利用鞣质与丹参水溶性有效成分分子量的差异，用葡聚糖凝胶SephadexG-10进行分离；通过丹参注射剂醇沉上清液中水含量的测定，来提高工艺的质量控制水平；在用水加热提取时，加入了水溶性抗氧化剂，防止了有效成分的氧化分解；调整辅料如加入一定浓度的聚乙二醇十二羟基硬脂酸酯提高澄明度，通过近红外在线检测装置进行浓缩过程的在线检测，等等。（2）对于产品的一种或多种有效成分或杂质成分进行含量测定。例如通过高效液相色谱甚至超高液相色谱对多成分测定；建立标准指纹图谱使得构建几十种特征指纹峰以实现整体的多组分的质量控制；基于组分结构对丹参注射剂内表征整体性质的酚酸组分和糖类组分来判定质量的优劣的质量控制检测，等等。（3）对于成品的代谢产物鉴定分析或生物活性评价。例如基于超高效液相串联四级杆质谱联用技术的靶向成分分析以及基于人脐静脉内皮细胞氧化性损伤的生物活性评价，检测其成分和丹红注射液与临床常用溶媒配伍后放置不同时间的稳定性；通过注射给大鼠后的代谢物鉴定软件来分析代谢产物，建立丹红注射

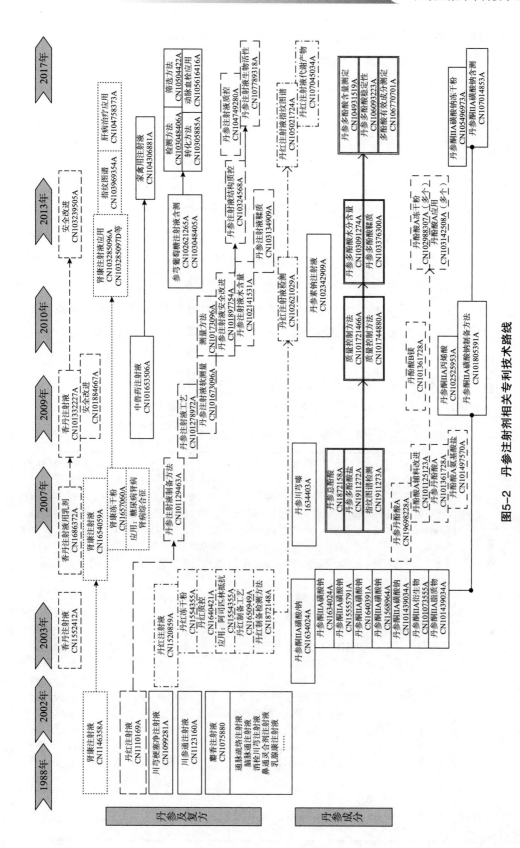

图5-2 丹参注射剂相关专利技术路线

液体内代谢产物鉴定检测方法，等等。整体而言，丹参注射剂的质量控制方法的专利技术，均与目前医药领域较为先进的质量检测仪器设备紧密结合，体现了中药注射剂目前的研究方向和企业对于注射剂的安全性、稳定性所作出的不断改进和努力。

六、《中国药典（2015 版）》收录中药注射剂产品质量标准相关专利申请分析

中药注射剂在 1977 版中国药典中首次收录，品种达 23 种。1985 年我国实施《药品管理法》，规范了中药注射剂的管理，1985 版药典、1995 版药典收录的中药注射剂均仅1 种，分别为盐酸氨麻黄碱注射液、止喘灵注射液。1999 年国家制定《中药注射剂研究的技术要求》，2000 年出台了《中药注射剂指纹图谱研究的技术要求》，进一步规范了中药注射剂的研究。2000 版药典收录中药注射剂 2 种，并首次收录冻干注射剂（注射用双黄连）。2010 版药典和最新的 2015 版药典中收录的中药注射剂品种共 5 种，分别是止喘灵注射剂（共 1 项专利申请），灯盏细辛注射液（7 件专利申请），注射用灯盏花素（43件专利申请），注射用双黄连（26 件专利申请）和清开灵注射液（23 件专利申请）。表 6－1 为上述品种在 2015 版药典的质量控制标准及相关专利申请情况。

表 6－1　《中国药典（2015 版）》收录的中药注射剂质量标准与相关专利申请情况

收录品种	止喘灵注射液	灯盏细辛注射液	注射用灯盏花素	注射用双黄连（冻干）	清开灵注射液
药典标准	1. 一般化学反应鉴别（三氯化铁反应）。 2. 盐酸麻黄碱为对照薄层鉴别。 3. pH、注射剂有关物质、异常毒性检查。 4. HPLC 测定洋金花中东莨菪碱含量	1. 野黄芩苷、3-0-二咖啡酰宁酸和咖啡酸为对照品薄层鉴别。 2. pH、蛋白质、鞣质、树脂、草酸盐、钾离子、异常毒性、溶血与凝聚、热源检查。 3. HPLC 测定野黄芩苷含量、紫外-可见分光光度法测总咖啡酸酯含量	1. 野黄芩苷为对照品，HPLC 鉴别。 2. 酸碱度、溶液的澄清度与颜色、干燥失重、炽灼残渣、相关物质、有关物质、树脂、热原、过敏试验、降压物质、异常毒性、溶血与凝聚、无菌检查。 3. 野黄芩苷为对照 HPLC 测定含量	1. 黄芩苷、绿原酸为对照品，连翘为对照药材薄层鉴别。 2. 绿原酸为对照，HPLC 建立 7 个特征峰指纹图谱。 3. pH、水分、蛋白质、鞣质、树脂、草酸盐、钾离子、重金属、砷盐、无菌、溶血与凝聚、热源检查。 4. HPLC 测定金银花中绿原酸含量；黄芩中黄芩苷含量；连翘中连翘苷含量	1. 栀子苷胆酸、猪去氧胆酸、灰毡毛忍冬皂苷为对照薄层鉴别。 2. 栀子苷为对照，HPLC 建立 10 个共有峰指纹图谱。 3. pH、炽灼残渣、总固体、有关物质、蛋白质、树脂、草酸盐、重金属、异常毒性、过敏反应、热源、溶血与凝聚检查。 4. HPLC 测定胆酸猪去氧胆酸、黄芩苷含量
质量标准相关专利数量/件	0	0	0	3	7

从上表可知，目前药典收录的中药注射剂的质量控制方法以薄层色谱法定性鉴别，HPLC法定量测定有效成分结合对注射剂中的杂质检查为主。其中，部分注射剂如注射用双黄连和清开灵注射液已要求建立指纹图谱，通过检测多个共有峰或特征峰对样品的质量进行全面控制，以弥补单一成分检测的局限性，是中药注射剂质量控制标准的一大进步。但从相关专利申请来看，涉及药典中药注射剂质量标准方面的专利申请较少，仅注射用双黄连和清开灵注射液有质量控制技术方面的专利申请，这一方面说明现有研究机构对于药典收录的中药注射剂的质量标准相关专利保护意识不强，另一方面也间接说明我国在这方面研究较欠缺。图6-1为《中国药典（2015版）》收录的中药注射剂品种的质量标准技术相关专利申请概况。

由图6-1可知，在药典收录的5个中药注射剂品种中，清开灵注射液涉及质量标准相关专利申请最多。2003年，申请人于文勇（北京市斯格利达天然医药研究所负责人）提交的专利申请CN1724025A以及CN1440773A均公开了清开灵注射液或粉针剂中黄芩苷、胆酸和猪去氧胆酸、栀子苷、绿原酸的HPLC含量测定质量检测方法以及粉针剂中有效成分的薄层鉴别方法。上述2项申请均获得授权且现已转让给益佰制药股份有限公司，该公司于2006年提交了清开灵注射制剂的质量检测方法专利申请（CN1739655A），采用糠醛反应、栀子苷为对照品薄层鉴别、以及以栀子苷、黄芩苷、绿原酸、胆酸、猪去氧胆酸作为对照HPLC含量测定清开灵注射制剂中有效成分的含量。贵州益佰一直致力于清开灵注射剂的研发，除清开灵质量控制专利申请外，还提交了涉及清开灵冻干粉剂制备方法的4项专利申请（CN101259181B、CN101214301A、CN1724023A、CN1544033A）、涉及清开灵制剂有效成分提取工艺优化的1项专利申请（CN1781520A）。2007年，北京中医药大学的专利申请CN1012312708B公开了清开灵注射液生产过程中间体及成品中指标成分含量的快速测定方法，具体涉及银黄液中绿原酸和黄芩苷含量的紫外光谱测定方法，四混液中栀子苷和总氮的含量的紫外光谱测定方法，以及对清开灵注射液生产过程中间体——银黄液中的绿原酸及黄芩苷的在线检测方法和对四混液中栀子苷和总氮的含量的在线检测方法。2011年，河北神威药业有限公司的专利申请CN102288704A采用高效液相色谱法测定清开灵注射液中的氨基酸的含量。同年，广东省药品检验所的专利申请CN102175779A采用凝胶色谱测定方法对清开灵注射液产品中的高分子量物质进行检测，该法可对带入的高分子量物质进行有效地监控。2014年广州白云山明兴制药有限公司的专利申请CN103940775B提供了一种清开灵注射液中间体指标成分含量快速测定的方法，通过分步在线测定清开灵注射液的中间品，解决了清开灵注射液生产过程的混配阶段传统离线测定耗时长、效率低、检测滞后等问题。

关于双黄连注射剂，珍宝制药于2007年和2009年分别提交了专利申请CN101040915A和CN101474260A，前者涉及采用不同色谱条件对黄芩、金银花、连翘的含量测定，而后

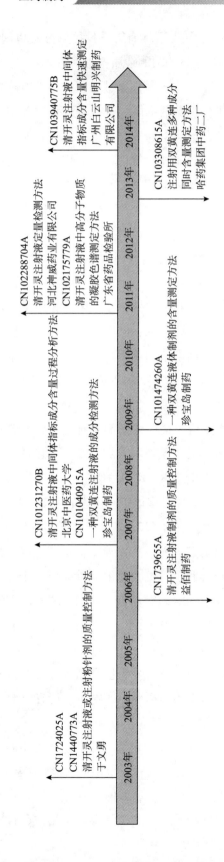

图6-1 《中国药典（2015版）》收录的中药注射剂品种质量标准相关专利申请概况

者则进一步改进，采用同一色谱条件同时检测双黄连注射剂中黄芩苷、连翘苷、绿原酸、木犀草苷和汉黄芩素五种有效成分的含量，提高了检测效率，有效地降低了检测成本。哈药集团中药二厂于2013年提交的专利申请CN103308615A也涉及同时测定注射用双黄连中10种以上成分含量，并同时监视指纹图谱的检测方法，该方法仅采用一种检测系统，一次性完成上述检测，能够更加准确、稳定、全面、快捷地控制注射用双黄连的质量。

七、结论与建议

从中药注射剂专利申请的整体态势来看，在全球范围内，申请人排名前20的均为中国申请人，由此可知我国是该领域的主要创新来源地。从授权率趋势来看，近年来中药注射剂相关专利授权率出现回落，这与2006年的鱼腥草注射液事件、2008年刺五加注射液和茵栀黄注射液造成患者死亡的不良反应事件、2010～2017年中药注射剂连续占据中药不良反应排行的首位、儿童不良反应病例增加等多种因素导致国家出台了一系列的限制政策有关。申请主体中，院校科研成果转化率不高，有效专利多数集中在企业，其中以天士力集团、以岭药业、轩竹医药、益佰制药和康源药业为代表。中药注射剂的治疗领域主要涉及心血管系统疾病、消化道或消化系统疾病、病原体感染。中药注射剂是中医药发展过程中的有益探索，尽管在使用中出现了诸多不良反应，但它特有的临床作用和地位应得到肯定，具有一定的发展潜力，是实现中药现代化的重要途径。因此，应进一步加强对疗效明确、安全性好的中药注射剂独家产品的研发、临床、生产、质控、营销、上市后再评价等方面的全生命周期维护，同时也要做好专利布局，对创新成果进行有效保护的同时为产品营造良好的外部成长环境和市场环境。

在重点品种中，柴胡注射剂作为中药注射剂的鼻祖，为中药传统剂型的补充与完善、扩大中药应用范围开辟了新思路。但从其专利申请整体情况来看，目前国内对其专利保护较分散，缺乏核心专利和重点申请人。出现这一情况的原因可能是柴胡及其他复方原料成分复杂，其提取物中往往多种成分并存，杂质较多，制成注射剂的澄清度、稳定性较差，不良反应多，加之缺乏严格可靠的质量检测方法及标准，对其持续稳步的发展及国际化推广形成了较大阻碍。从其专利技术路线发展脉络来看，国内申请主体主要将研究重点放在了对柴胡有效部位提取纯化工艺的优化上，利用现代制剂过程中的新技术如大孔树脂纯化技术、环糊精包合技术、超临界流体萃取技术等改善其有效部位的纯度，减少杂质，从而降低其制剂难度，改善注射剂的澄明度、稳定性，减少刺激性，但却普遍缺乏对其质量控制标准的系统研究和专利保护。相对而言，我国对丹参注射剂的质量检测相关技术研究和专利布局较为完善。在2002年以前，涉及丹参注射剂的专利申请多为组合物注射剂，而在近10年的专利申请中，多数为含量测定、指纹图谱、代谢产物等质量控制方法以及应用方法的专利申请，其目的都在于加强质量安全性。从对其相关专利申请的技术结构分析可以看出，丹参注射剂的质量检测技术发展途径主要体现在对其制备方法的改进以降低杂质含量、对产品的一种或多种有效成分或杂质进行含量测定，对产品的代谢产物鉴定分析或生物活性评价三大方面，且其检测技术的发展与医药领域质量检测仪器设备的发展也密不可分，对其他中药注射剂的技术研究和专利布局具有一定的借鉴意义。关于具有国际化特点的银杏注射剂，德国、韩国和澳大利亚等国家也有一定量的专利申请，主要集中在对其有效成分的治疗用途拓展方面，但从整体趋势来看，我国对银杏注射剂的专利申请虽然起步晚，但经发展后目前仍占国际主导地位。其中，以银杏作为单方或单一提取物的注射剂专利申请相对于复方注射剂占比更大，也更容易获得授权，提示目前对该品种注射剂的研究仍着眼于成分相对简单的单方或单一提取物。其质量控制方法的发展也经历了循序渐进的过程：从活性部位或活性成分的定性和定量检测逐渐转变为注射剂残留成分、致敏物质的检测；此外，高效、快速检测银杏注射剂有效活性成分的专利申请也逐年增多。

质量可控是中药注射剂安全有效的基础和保障，科学合理的质量控制标准是药品质量保证体系的重要组成部分。目前，中药注射剂除收录于《中国药典（2015 版）》中的5 个品种外，收录于部颁标准的品种53 个，地标升国标品种29 个，新药标准20 个（包括新药转正标准9 个，新药试行标准11 个），局颁修订标准29 个。但从上述分析可知，中药注射剂的质量控制无论是药典标准或是其相关专利保护都有待加强。中药注射剂的安全问题临床表现多为变态反应，而诱发变态反应的直接抗原多为大分子物质。因此，去除中药注射剂中的大分子物质并建立准确、稳定、快捷的质量控制标准是研究方向之一，例如专利申请 CN102175779A 利用凝胶色谱法对清开灵注射剂中的大分子物质进行检测控制就是一个有益的尝试。此外，由于中药注射剂中的药材来源广泛，品种繁多，应从源头上着手，尽可能优化原料药的质量检测方法，确保投料的药材质量稳定，缩小批次之间的差异，并对原料药－中间体－成品的制备方法、质量检测方法进行全面研究和专利布局。最后，指纹图谱作为目前控制和评价中药及其复方质量的科学有效方式，已逐步成为中药注射剂质量控制标准必不可少的项目。中药注射剂中含有的大类成分，一般都能在指纹图谱中得到体现，因此应加强对中药注射剂指纹图谱的研究并做好相关专利布局，更全面地加强对中药注射剂的安全性研究及创新成果保护。

参考文献

[1] 中华人民共和国国家药典委员会. 中国药典 2015 版一部［M］. 北京：中国医药科技出版社，2015：76，253.

[2] 吕晓慧，孙宗喜，苏瑞强，等. 柴胡及其活性成分药理研究进展［J］. 中国中医药信息杂志，2012，19（12）：105.

肿瘤细胞免疫治疗热点专利技术综述[*]

贾麒 孔维纳[**] 全弘扬[**] 余璨[**] 吴涛[**]

摘 要 细胞免疫治疗技术是肿瘤治疗领域新兴的热门技术，其研究进程及成果受到广泛的关注。本文以 TCR – T、CAR – T 两项热点肿瘤细胞免疫治疗技术为切入点，从专利申请量趋势、专利技术来源地与专利布局地、专利申请人和重点技术等角度，对肿瘤细胞免疫治疗领域相关专利申请状况进行了分析，以期为进一步开展肿瘤细胞免疫治疗研究以及相关专利申请提供有益的参考和建议。

关键词 肿瘤 细胞免疫 TCR – T CAR – T 专利技术

一、肿瘤细胞免疫治疗产业概述

（一）肿瘤细胞免疫治疗产业概述

恶性肿瘤已然成为危害人类健康的重要疾病之一，根据 WHO 公开的数据推断，到 2030 年，癌症年死亡人数将达到 1180 万人。随着医学的不断发展，新兴的细胞免疫治疗技术因其毒副作用小、用途广泛等特点，被视为肿瘤治疗的新希望。2016 年 9 月，Markets and Markets 咨询公司发布报告，预测全球肿瘤免疫治疗市场的规模将从 2016 年的 619 亿美元增长到 2021 年的 1193.9 亿美元，年均复合增长率达到 14.0%。[1]近年来，资本市场对于细胞免疫治疗产业也十分关注，对该领域的投资热度持续升温。2018 年 H1 数据显示，上半年国内有 7 家细胞免疫治疗企业获得了 VC/PE 投资，其中有 4 家企业融资规模超过亿元。可见，无论是科技创新热度、市场期望度还是资本充足程度都预示着，肿瘤细胞免疫治疗技术及其相关产业已经进入了一个炙手可热的阶段。

（二）细胞免疫技术产品概况

1. 全球细胞免疫技术产品概况

细胞免疫治疗的机制是通过激活已知的免疫细胞，使得其能够杀死病变细胞，如肿

---

* 作者单位：国家知识产权局专利局专利审查协作四川中心。

** 等同第一作者。

瘤细胞等。目前，科学界将细胞免疫治疗技术主要分为非特异性细胞免疫治疗技术 LAK、CIK、DC、NK 和特异性细胞免疫治疗技术 TIL、TCR－T、CAR－T、CAR－NK 等。从图1～图2所示数据可以看出，尽管 CAR－T 细胞免疫治疗技术尽管起步较晚，但其获批临床试验数量已经高达 500 多项，超过了部分在先发展的疗法，属于目前的热点技术之一。TCR－T 免疫疗法自 2006 年首次进入了临床试验阶段，虽然因其安全性问题使得该技术临床试验项目发展较为缓慢，但由于其在治疗效果上有优势，截止到 2017 年仍然保持稳定的增长趋势。

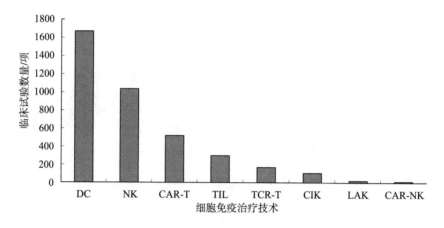

图1　全球细胞免疫治疗技术临床试验项目数量分布

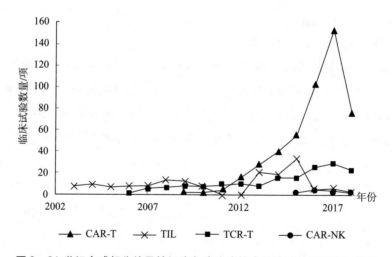

图2　21世纪全球部分特异性细胞免疫治疗技术临床试验数据发展趋势

2. 国内细胞免疫技术产品概况

我国的细胞免疫治疗技术发展并不算晚。2001 年，国家食品药品监督管理总局（CFDA）就已经受理了由第二军医大学免疫学研究所申报的抗原致敏的人树突状细胞。CFDA 前期受理细胞免疫临床试验分布情况如图3所示。随着近几年国内外合作日益密切以及资本市场的大量投入，国内已经有近百家不同规模的公司投入细胞免疫疗法的研究

中。针对 CAR – T 技术，2017 年 12 月 8 日，南京
传奇生物科技有限公司（以下简称"传奇生物"）
向 CFDA 递交了首个 CAR – T 项目，并于次年 3
月 12 日获批了临床试验，成为国内首个获批的
CAR – T 临床试验项目。随后，CFDA 陆续受理了
16 家公司的 23 项 CAR – T 临床试验申请。CAR –
T 细胞免疫疗法作为肿瘤治疗的前沿热门技术之一，
已经有大量的公司投入其上中下游的研发中，而
其研发方向、临床试验进度、适应证优化、产业
化程度等都将影响我国企业占据国内外肿瘤治疗
的有利市场。

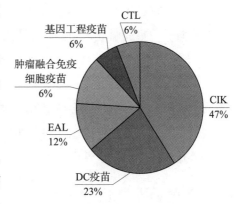

图 3　CFDA 前期受理细胞免疫
临床试验分布

（三）肿瘤细胞免疫治疗重点技术简介

根据前述临床试验数据以及上市产品所反映的信息，部分肿瘤细胞免疫治疗技术以
其良好表现，逐渐占据了全产业的关注。TCR – T 及 CAR – T 这两项技术由于具有不同的
效果优势和技术侧重点，在实体瘤和非实体瘤等肿瘤治疗中并驾齐驱，成为细胞免疫治
疗领域目前备受关注的热点技术。

1. TCR – T 技术

TCR – T，全称为 T 细胞受体基因转导的 T 细胞（t – cell receptor genetically transdused
T cells）。该技术的原理为从有靶向肿瘤活性的 T 细胞中克隆出 TCR 基因，将 TCR 基因
转导到正常 T 细胞里得到 TCR 工程化的 T 细胞，再将其回输到体内，从而增强免疫系统
介导的对肿瘤细胞的消除作用，达到特异性地靶向和杀伤肿瘤细胞的作用。TCR 是 T 细
胞表面能够特异性识别抗原和介导免疫应答的分子，根据其多肽链的不同可以分为
αβTCR 和 γδTCR。TCR – T 技术的关键在于抗体的选择、TCR 基因的表达、与内源性
TCR 配对的优化以及与靶抗原亲和力的提高。虽然 TCR – T 技术受限于 MHC 抗体、技术
本身的复杂性、工业制备成本高等问题而发展较为缓慢，但相对于其他细胞免疫疗法，
TCR – T 也具有特有的优势：（1）通过使用完整的 TCR 复合物的全信号能力，更强、更
全面地激活工程化的 T 细胞；（2）MHC 分子对肿瘤表面抗原的独立识别；（3）在免疫
突触中可募集与 TCR 自然结合的所有共刺激受体；（4）具有对抗 T 细胞衰竭和免疫抑制
性肿瘤微环境的措施。为使 TCR – T 技术的应用得到充分发挥，对 TCR – T 技术的临床应
用还在进一步的优化之中。

2. CAR – T 技术（其技术发展如图 4 所示）

CAR – T，全称为嵌合抗原受体 T 细胞（Chimeric Antigen Receptor T – cell Immuno-
therapy）。第一代的 CAR – T 出现于 20 世纪 80 年代，其胞内信号区只包括第一信号结构

域，该信号蛋白来源于 TCR/CD3 复合体中的 CD3ζ 链。由于第一代的 CAR－T 缺少第二共刺激信号，只能引起短暂的 T 细胞增殖和较低的细胞因子分泌，导致临床抗肿瘤效应并不显著。此后，在第二代 CAR－T 中，就引入了第二信号结构域以提供共刺激信号、促进 T 细胞增殖。在此基础上，第三代 CAR－T 增加了更多的共刺激信号以提高 T 细胞的杀伤效果。近年来，许多研究在考虑到肿瘤微环境和第二、第三代 CAR－T 技术的基础上，对 CAR－T 技术作出了进一步的改进，如整合表达免疫因子、共刺激因子配体等，用以提升该技术的安全性和有效性。

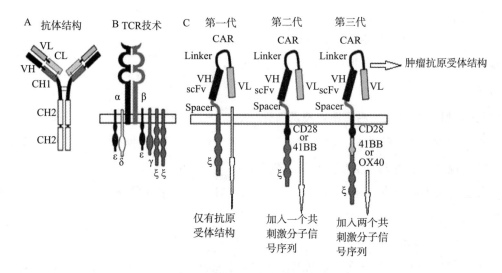

图4　CAR－T 技术发展图示

以下将从专利的角度对前述两种热点技术的发展、衍生及其相关方面进行分析研究。

二、TCR－T 专利技术分析

（一）概述

2016 年，英国艾达普特免疫有限公司（ADAPTIMMUNE）针对滑膜肉瘤的靶向 NY－ESO 亲和力增强型 T 细胞疗法被美国食品药品监督管理局（FDA）授予突破性疗法资格，其适用于肿瘤表达有 NY－ESO－1 抗原的转移性滑膜肉瘤患者。在 2017 年结缔组织肿瘤学会年会上，该细胞疗法主要负责人公开报告了针对 NY－ESO－1 TCR－T 细胞疗法的 I／II 期临床结果，其显示 NY－ESO－1 SPERA T 细胞疗法在滑膜肉瘤患者的治疗中表现为安全有效，这也意味着，TCR－T 作为有望在实体瘤领域突破的细胞免疫疗法，再次被研究者们寄予厚望。

本节以国家知识产权局的专利检索与服务系统（S 系统）为数据采集系统，以 TCR－T 细胞免疫治疗技术相关关键词如"T 细胞受体"等，结合肿瘤相关关键词如

"癌""瘤"等及肿瘤适应证相关分类号 A61P35 等各种表达作为主要检索要素，在中国专利文摘数据库（CNABS）、德温特世界专利索引数据库（DWPI）进行检索，数据截止日期为 2018 年 7 月 31 日，经关键词二次筛选及人工去噪，共检索获得 TCR－T 细胞免疫治疗技术相关发明专利申请 851 项。

（二）TCR－T 肿瘤细胞免疫治疗技术专利申请总体情况分析

1. 专利申请趋势分析

从图 5 可看出，TCR－T 技术总体上随时间保持增长，大体可分为三个发展阶段：1995～2000 年是技术萌芽阶段，2001～2014 年属于缓慢增长阶段，而 2015～2017 年属于快速增长阶段。其中，2016 年更是呈爆发式增长。

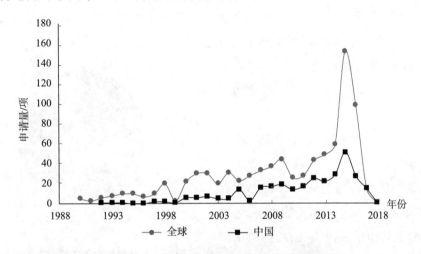

图 5 TCR－T 细胞免疫治疗技术全球申请量趋势

2004～2010 年，TCR－T 疗法几项临床试验中均出现了不同程度的安全性问题，如心脏毒性、神经系统毒性等，这是 TCR－T 技术发展过程中的第一个瓶颈期，该技术瓶颈也影响到专利申请的增长。直到 2014 年，Chodon 等以 MART－1 为靶点的自体 TCR 细胞联合 DC 疫苗的临床试验以及 Rosenberg 等针对 MAGE－A3 的 HLA－DPB1＊0401 阳性的 TCR－T 疗法试验未出现明显安全问题，且 2016 年艾达普特免疫有限公司旗下用于滑膜肉瘤的靶向 NY－ESO 亲和力增强型 T 细胞疗法被 FDA 授予突破性疗法资格，让从事 TCR－T 细胞治疗肿瘤领域的研究者们看到了希望，技术难点的突破带来了 2016 年 TCR－T 疗法领域的专利申请呈现爆发式增长。

2. 主要技术来源地和专利布局地分布

如图 6 所示，来源于美国的专利申请量占有绝对优势，遥遥领先其他国家，凸显了美国在 TCR－T 肿瘤细胞免疫治疗领域的研发实力和领先地位。美国 Rosenberg 团队最早将 TCR 转基因疗法用于肿瘤研究，并最早开展相关临床试验，这也为美国在 TCR－T 领域的研发奠定了坚实的基础。中国在 TCR－T 细胞疗法领域虽起步较晚，但伴随着国家

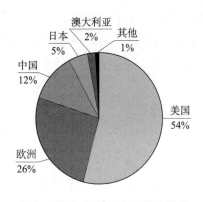

图6 TCR－T肿瘤免疫治疗技术
来源地分布

政策对"精准医疗"的扶持，国内企业及研究机构也紧跟国际步伐致力于 TCR－T 细胞疗法研发，以 12% 的申请量仅次于美国和欧洲，排名第三。

如图 7 所示，作为最大技术来源地的美国，同时也是世界上最大的医药市场，自然也是排名第一的专利技术布局地。紧随其后的是中国、欧洲、澳大利亚和日本等，可以看出，TCR－T 肿瘤细胞免疫治疗技术的目标地，多数是人口基数较大或经济实力较强的国家或地区，前者意味着庞大的肿瘤治疗需求，后者意味着较强的医疗负

担能力，这二者是肿瘤细胞免疫治疗技术投放市场的主要着眼点。

3. TCR－T 肿瘤免疫治疗技术重要申请人分析

如图 8 所示，全球 TCR－T 肿瘤免疫治疗相关专利申请量排名前 12 的重要申请人中，英美偌科有限公司（IMMUNO-CORE LTD）以 85 项专利申请拔得头筹。紧随其后的三名申请人以 50 余项的申请量位于第二梯度，剩下的均不超过 30

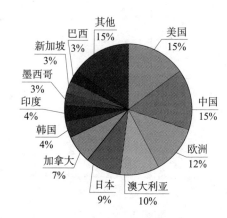

图7 TCR－T肿瘤细胞免疫技术专利布局地分布

项。其中，广州香雪制药股份有限公司（以下简称"香雪制药"）以 23 项专利申请占有一席之地。

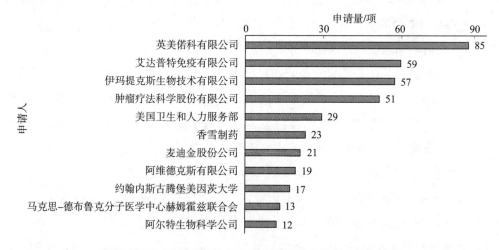

图8 TCR－T肿瘤细胞免疫治疗专利技术重要申请人排名

在这些重要申请人中，除了美国卫生和人力服务部属于政府科研机构外，其他的均为企业。虽然美国 Steve Rosenberg 最早将 TCR 细胞疗法用于癌症临床研究，但在申请量上英美偌科有限公司和艾达普特免疫有限公司更胜一筹。英美偌科有限公司是世界领先的生物公司，主要致力于发展新兴生物药，特别是基于 TCR 技术的免疫治疗；艾达普特免疫有限公司成立于 2008 年，其前身是阿维德克斯有限公司（AVIDEX），2006 年阿维德克斯有限公司被麦迪金有限公司（MEDIGENE）收购，2008 年艾达普特免疫有限公司分拆出来成为独立公司，是一家专注于用 T 细胞疗法治疗癌症的基因工程公司。而我国的香雪制药于 2015 年与 TCR－T 项目负责人李懿合资成立香雪生命科学有限公司，正式进入细胞治疗领域。

（三）TCR－T 细胞免疫治疗重点技术分析

TCR－T 疗法最关键的环节是选择与肿瘤相关的抗原作为靶点，再针对该靶点寻找特异性 TCR，筛选亲和力最佳的 TCR 并进行安全性评价。这些抗原靶点可分为肿瘤相关抗原和肿瘤特异性抗原两大类，其中肿瘤相关抗原包括癌睾丸抗原、肿瘤分化抗原、自身过表达抗原等，而肿瘤特异性抗原为癌症新生抗原，表 1 展示了 TCR－T 疗法涉及主要抗原靶点及相关申请人。以下将从这几类抗原靶点着手进行 TCR－T 重点专利技术分析。

表 1　重要肿瘤相关抗原靶点专利申请及相关申请人统计

抗原	重要靶点	申请量/项	适应证	重要申请人
癌睾丸抗原	NY－ESO－1	47	滑膜肉瘤、黏液样圆形脂肪肉瘤、转移性黑色素瘤、多发性骨髓瘤、膀胱癌、乳腺癌、卵巢癌、肺癌、食道癌	美国卫生和人力服务部、艾达普特免疫有限公司、阿维德克斯有限公司、英美偌科有限公司、麦康公司、麦迪金有限公司、深圳北科生物技术有限公司、香雪生物医药公司
	MAGE－A3	9	转移性黑色素瘤、食道癌、尿路上皮癌、宫颈癌	美国卫生和人力服务部、路德维格癌症研究所
	MAGE－A4	7	转移性黑色素瘤、食管癌	艾达普特免疫有限公司
肿瘤分化抗原	MART－1	32	转移性黑色素瘤	美国卫生和人力服务部、深圳精准医疗科技有限公司
	gp100	23	转移性黑色素瘤	美国卫生和人力服务部、英美偌科有限公司、根茨美转基因公司

抗原	重要靶点	申请量/项	适应证	重要申请人
过表达抗原	P53	34	膀胱癌	英美偌科有限公司、希望之城有限公司、阿尔特生物科学公司
	WT-1	12	间皮瘤、非小细胞肺癌	英美偌科有限公司、艾达普特免疫有限公司
其他	AFP	9	肝细胞癌	艾达普特免疫有限公司
	HBV	16	复发性肝细胞癌	狮城 TCR 公司

1. 癌睾丸抗原

癌睾丸抗原是目前研究最多的靶点，其能在睾丸、卵巢组织以及多种不同类型的肿瘤组织中表达，在其他正常组织中不表达，其中 NY-ESO-1、MAGE 为热门靶点。

美国卫生和人力服务部 Steve Rosenberg 团队在专利申请 US2009053184A1 中分离了能特异性靶向 NY-ESO-1 的 TCR，抗原表位包括 NY-ESO-1 的 p157-165、p157-168、p161-180，结果显示转导特异性识别 NY-ESO-1 抗原表位的 T 细胞能有效识别并杀死具有 HLA-A2 并呈递 NY-ESO-1 肽的肿瘤细胞，且 T 细胞能产生 IFN-γ，GM-CSF，IL-4 和 IL-10 等细胞因子。

对于 NY-ESO-1 抗原靶点，艾达普特免疫有限公司也有相关核心专利，如 2005 年申请的 EP05745017A，涉及高亲和力 NY-ESO T 细胞受体 TCR，该发明提供了具有对 SLLMWITQC-HLA-A0201 结合特异性的 T 细胞受体，该肽衍生自 NY-ESO-1 蛋白，所述 TCR 对 SLLMWITQC-HLA-A0201 复合物高亲和力 KD 小于或等于 $1\mu M$ 或对该复合物的解离速率 Koff 小于或等于 $1 \times 10^{-3} \cdot S^{-1}$。针对 NY-ESO T 抗原靶点；2016 年，艾达普特免疫有限公司旗下用于滑膜肉瘤的靶向 NY-ESO 亲和力增强型疗法被美国 FDA 授予"突破性疗法"资格。

作为癌睾丸抗原靶点，MAGE 也是 TCR-T 技术重要靶点，如美国政府健康与人力服务部的专利申请 WO2012054825A1、WO2013039889A1、WO2014043441A1 中涉及分离纯化对 MAGE-A3 和 MAGE-A12 具有抗原特异性的 T 细胞受体 TCR，其中针对 MAGE-A3 的抗原表位为 FLWGPRALV（271-279），KVAELVHFL（112-120）。

2. 肿瘤分化抗原

常见的肿瘤分化抗原有黑色素分化蛋白 MART-1（melanoma associated antigen recognized by T cells-1）和 gp100，二者均为人类分化抗原，表达于几乎所有的黑色素瘤细胞和黑色素细胞中，在其他正常组织中不表达。

1995 年美国卫生和人力服务部 Steve Rosenberg 博士在专利申请 US19950411098A 中

分离了能特异性识别黑色素瘤抗原的 TCR 基因，所述黑色素瘤抗原为 MART－1 或 gp100，所述 T 细胞受体 TCR 靶向 MART－1 的抗原表位为 AAGIGILTV、EAAGIGILTV、AAGIGILTVI，这是出现在专利文献中的有关 TCR 抗原靶点的早期研究。

对于靶向抗原 MART－1，Steve Rosenberg 博士于 2004 年启动了第一个 TCR 基因疗法的临床试验，所述 TCR 特异性识别 MART－1 （27－35），首次将重组 T 淋巴细胞用于黑色素瘤治疗，其临床试验结果缓解率为 30%，治疗率较低，反映了活性低导致免疫逃逸是 TCR－T 需要解决的问题；在另一项靶向抗原为 gp100 的临床试验中，黑色素瘤患者肿瘤消退的同时皮肤和眼睛正常黑素细胞受到二级损害，高活性的 TCR－T 细胞可能会导致脱靶效应。

针对 gp100 抗原靶点，作为 TCR－T 领域申请量最大的英美偌科有限公司也有相关的核心专利，2017 年申请的 WO2017208018A1 涉及对 gp100 阳性癌症患者施用一定剂量具有双特异性的 T 细胞免疫疗法，所述特异性包括对 gp100 靶点 YLEPGPVTA－HLA－A2 具有特异识别靶向能力的 TCR。基于该靶点，英美偌科有限公司的新药 IMCgp100 被 FDA 授予孤儿药资格认定，用于治疗葡萄膜黑色素瘤。IMCgp100 是基于英美偌科有限公司核心科技 "Imm TACs （Immunemobilizing monoclonal TCRs against cancer）" 研发的一种新类型的双特异性生物药物，对细胞内和细胞外癌症靶点具有极高的亲和性，Imm TAC 本质属于一类新型的双特异性生物大分子，是由工程化改造的 T 细胞受体 TCR 和抗 CD3 的 scFv 组成的。英美偌科有限公司将与阿斯利康公司旗下的免疫医疗有限公司展开新药 IMCgp100 联用 durvalumab 和 tremelimumab 的临床试验。

3. 其他类型非突变抗原靶点

TCR－T 技术前期较多的研究集中在黑色瘤相关抗原、癌睾丸抗原等靶点用于治疗恶性黑色素瘤和转移性滑膜肉瘤等实体瘤，而过表达自身抗原如 P53、WT－1 也是研究者们尝试的靶点，如英美偌科有限公司、希望之城有限公司、阿尔特生物科学公司 （AL-TOR BIOSCIENCE CORP） 的专利申请 US2002064521A1、EP1363940A1、CN1692124B、CN1901839A 均涉及 P53，英美偌科有限公司、艾达普特免疫有限公司的专利申请 WO0026249A1、WO2017112944A1 涉及 WT－1 等。

除此之外，新加坡狮城 TCR 公司 （LION TCR） 在专利申请 WO2018056897A1 中提供了特异性结合乙型肝炎病毒 HBV 抗原多肽的 T 细胞受体 TCR，所述抗原肽由 HLA－Cwx08 呈递，用于治疗肝癌。虽然狮城 TCR 公司在 TCR－T 细胞领域的专利申请量较少，但其针对 HBV 特异性 TCR 用于治疗肝癌的重定向 T 细胞疗法同样也被 FDA 授予孤儿药资格。

另外，艾达普特免疫有限公司在专利申请 CN105408353A 中提供了结合衍生自甲胎蛋白 AFP 的 HLA－A2 限制的 FMNKFIYEI （158－166） 肽表位的 TCR，AFP 在胎儿发育期间表达且是胎儿血清的主要成分，在发育期间，该蛋白质由卵黄囊和肝脏以高水平产生且在之后被抑制，并在肝癌细胞中再激活，治疗肝癌患者的方法包括给予患者结合以肽 – HLA – A2 复合物呈递的 FMNKFIYEI 肽的 TCR 或 TCR – T 细胞。相比于其他类型靶点，HBV、AFP 在 TCR – T 技术领域的研究相对较少。

4. 癌症新生抗原

由于肿瘤相关抗原在 TCR – T 技术中的应用常出现脱靶反应，以新抗原为靶点重新定向 T 细胞的改造方法受到越来越多的关注。美国卫生和人力服务部在专利申请 WO2016053338A1 中提供了分离对癌症特异性突变具有抗原特异性的 TCR 的方法，包括鉴定患者癌细胞中一种或多种基因，每个基因含有编码突变氨基酸序列的癌症特异性突变，诱导患者的自体 APC 呈递突变氨基酸序列，将患者自体 T 细胞与呈递突变氨基酸序列的自体 APC 共培养，选择自体 T 细胞从中分离编码 TCR 或其抗原结合部分的核酸序列，其中所述 TCR 或其抗原结合部分对由癌症特异性突变编码的突变氨基酸序列具有抗原特异性。此外，Steve Rosenberg 团队成功在一名胆管癌复发患者身上发现一种新抗原，并将针对这种新抗原的 T 淋巴细胞进行富集注入患者体内使患者肺部和肝脏的转移瘤缩小。但这样的新抗原通常为患者个体所特有，每个患者产生的新抗原不同，疗法需要对每个患者进行个体化优化，因此基于新抗原的 TCR – T 疗法需要跨越许多障碍。

（四）部分重要申请人技术发展分析

对排名前列申请人的相关专利申请进行了分析和整理，以期进一步了解重要申请人的技术布局。排名前列的英美偌科有限公司等部分申请人尽管申请数量较为领先，但其多项申请技术创新程度并不突出（如均仅涉及序列改造），也无与之对应的临床试验产品。因此，本小节以技术突破程度及技术相对应的产品的研发进程为重点标准，选取了申请量排名第二、专注于用 T 细胞疗法治疗癌症的基因工程公司、艾达普特免疫有限公司以及 TCR – T 研究起步较早且有多项重大突破的美国卫生和人力服务部做进一步分析；同时，也关注了国内对 TCR – T 技术研究具有一定突破的香雪制药和深圳北科生物技术有限公司（以下简称"北科生物"）。

1. 国外部分重要申请人技术发展分析

（1）艾达普特免疫有限公司 TCR – T 技术演进（如图 9 所示）

艾达普特免疫有限公司是一家专注于用 T 细胞疗法治疗癌症的基因工程公司，该公司作为当今 TCR – T 研究的主力军，其申请量为 59 件，在 2003 年开始有相关专利申请。值得一提的是，该公司在早期就有部分核心专利申请进入中国，如针对靶点 NY – ESO – 1 的专利申请 CN1989153B 在 2005 年就进入中国，可见艾达普特免疫有限公司早在 2005 年就开始重视中国市场。该公司的申请量主要集中在 2003 年、2005 年、2006 年、2014 ~ 2017 年这几个年份，尤其在 2016 年申请量就高达 40 件。

艾达普特免疫有限公司早期的专利申请集中在获取高亲和力的 TCR，具体靶点为

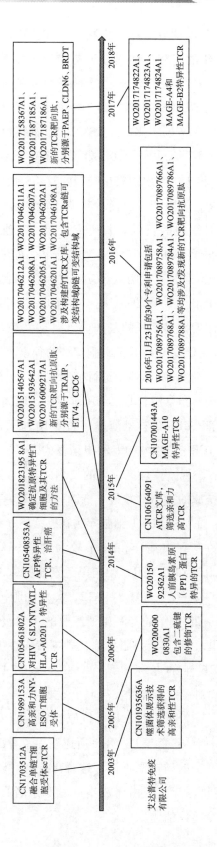

图9 艾达普特免疫有限公司TCR-T技术演进

NY－ESO、HIVGag，后期的专利申请包括特异性靶向 AFP、MAGE－A10 的 TCR、TCR 文库以及发现新的靶点，2016 年的专利申请集中于构建 TCR 文库和发现新靶点，如其 2016 年 11 月 23 日同日申请的 30 项专利涉及发现新的 TCR 靶向抗原肽，分别来源于 CT83、PAGE5、RLN1、PAGE2、ACTL8、HTR3A、DCAF4L2、TRPM1、NR0B1、NPSR1、SLC45A2、SLC30A8、MAGEC2、PIWIL1、KLK4、SMC1B、MAGEC1、IGLL1、MAGEB2、LGSN、HOXB13、ASCL2、CLSPN、ASPM、CT45A1、KLK3、SAGE1、C10orf90、AFP、CALHM3。可见在 TCR－T 技术临床试验出现安全问题的较长一段时间里，该公司并没有提交相关专利申请，而是在蓄势待发以期寻求使 T 细胞可清晰区分出患者正常细胞和癌细胞的 TCR 达到定位和杀灭癌细胞的目的。其研究成果——独特的 SPEAR（Specific Peptide Enhanced Affinity Receptor）T 细胞平台可生产高亲和力的增强 T 细胞受体 TCR 靶向实体瘤细胞，基于该平台，公司旗下有四款 TCR－T 治疗产品在临床阶段，分别以 MAGE－A10、MAGE－A4、AFP 和 NY－ESO 为靶点，涉足多种肿瘤类型，包括实体瘤和血液瘤。正是由于该平台，作为世界领先的制药业巨擘葛兰素史克启动与艾达普特免疫有限公司的合作，并获得 NY－ESO SPEAR T 细胞疗法的独家研发和推广权，而这种肿瘤睾丸抗原 NY－ESO TCR 已在多个癌症领域中进行临床试验，包括血液瘤领域的多发性骨髓瘤和实体瘤领域的黑色素瘤、卵巢瘤、非小细胞肺癌、滑膜肉瘤。

（2）美国卫生和人力服务部 TCR－T 技术演进（如图 10 所示）

美国卫生和人力服务部在 TCR－T 领域的专利申请量为 29 项，虽未位居一二，但其对 TCR－T 疗法领域的贡献不容小视，算是该领域的技术先驱。其在 1995 年的专利申请中就涉及特异性靶向黑色素瘤抗原的 TCR，并最早将针对 MART－1 抗原特异性的 TCR－T 细胞疗法用于临床试验研究，证实 TCR－T 细胞疗法在癌症治疗中的巨大潜力。

美国卫生和人力服务部的专利申请年份分布较为均匀，大致可分为两个阶段：（1）前期部分专利申请集中于高亲和力 TCR、靶向黑色素瘤抗原 MART－1、gp100 以及癌睾丸抗原 NY－ESO－1、MAGEA－3，MAGE－A12、肾癌细胞抗原的 TCR，并做了相关的临床试验研究；（2）2014～2017 年的专利申请涉及的 TCR 靶向抗原包括 HPVE6－E7，以及肿瘤特异性抗原。美国卫生和人力服务部是肿瘤特异性抗原相关 TCR－T 疗法的重要申请人，在 2014～2016 年的专利申请 WO2016053338A1、WO2016085904A1、WO2016179006A1 中提供了分离对癌症特异性突变具有抗原特异性的 T 细胞受体及 T 细胞的方法以及对突变的 KRAS、NRAS、HRAS 具有抗原特异性的 TCR。由于靶向的是新抗原，这些抗原由肿瘤细胞的 DNA 突变产生，几乎所述癌症患者都会产生新抗原，且均具有肿瘤特异性，但每个患者产生的新抗原不同，这意味着针对新抗原的 TCR－T 细胞疗法需要对每个患者进行个体化医疗，但由于成本问题和患者自身状态问题，个体化 TCR 疗法能否推广和扩大化是个争议话题。

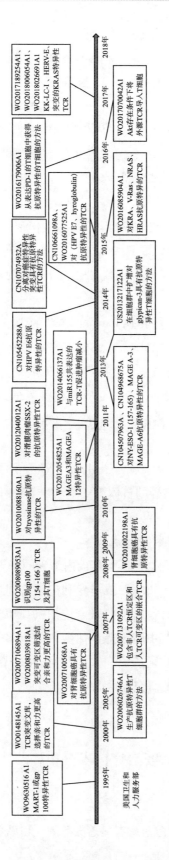

图10 美国卫生和人力服务部TCR-T技术演进

2. 国内部分重要申请人技术发展分析

在国外被重视的 TCR－T 项目，在国内相对较冷淡，这既是挑战，也是机遇。

（1）香雪制药 TCR－T 技术演进（如图 11 所示）

香雪制药于 2014 年抓住这一机遇成为国内 TCR－T 技术申请量最大的申请人。在此之前，尤其是 2007～2008 年，暨南大学是国内 TCR－T 细胞领域专利申请量较多的申请人，主要涉及 EB 病毒特异性 TCR 基因转导正常 T 细胞获得抗 EBV 特异性 CTL 以及针对弥漫性大 B 细胞淋巴瘤相关抗原、苯致再生障碍性贫血相关抗原的特异性 TCR 基因序列等。

香雪制药从 2014 年开始 TCR－T 领域的第一件专利申请，到 2017 年成为国内申请量最大的申请人，其主要专利技术包括以下三方面：

① 8 项专利申请涉及特异性结合 NY－ESO－1 抗原的短肽 SLLMWITQC、LLM-WITQCF 的 T 细胞受体 TCR；

② 4 项专利申请涉及特异性结合 RHAMM 抗原多肽的 TCR；

③ 涉及抗原靶点 MAGEA3、PRAME、MAGEA1 等的其他专利申请。

其研究旨在分离改造获得高亲和力、高稳定性的 T 细胞受体，搭建以高亲和性特异性 TCR 为核心的免疫治疗药物开发。该公司研究的靶点主要为癌睾丸抗原，与艾达普特免疫有限公司研究方向相似，其中癌睾丸抗原 NY－ESO－1、MAGEA3 也是国外重要申请人的重要研究靶点。

对于 TCR－T 细胞疗法，2017 年香雪制药也与广州医科大学附属第一医院合作启动了一项高亲和性 T 细胞受体 TCR 转导的自体 T 细胞治疗 NY－ESO－1 肿瘤抗原阳性晚期非小细胞肺癌的临床试验。

（2）北科生物 TCR－T 相关技术

北科生物虽然申请量未排入前列，但其也是国内新兴的 TCR－T 细胞免疫技术重要研究者之一，于 2017 年提交了首项 TCR－T 技术专利申请。其主要涉及特异性识别 NY－ESO－1、PLAC1 的 T 细胞及其与细胞因子的联合应用（CN107557339A、CN107557338A、CN107502596A、CN107630005A），其中胎盘特异性蛋白 1PLAC1 属于肿瘤抗原相关蛋白，在人类正常组织中只表达于胎盘，在乳腺癌、卵巢癌、肝癌、胃癌以及结肠、直肠癌中较高表达，以该抗原为靶点的 TCR－T 研究在国内外并不多见，体现了国内部分药企正努力紧跟国际步伐并逐步创新。

三、CAR－T 肿瘤细胞免疫治疗技术分析

（一）概述

由于对非霍奇金淋巴瘤和急性白血病有显著的疗效，以及 Kymriah 和 Yescarta 在美国

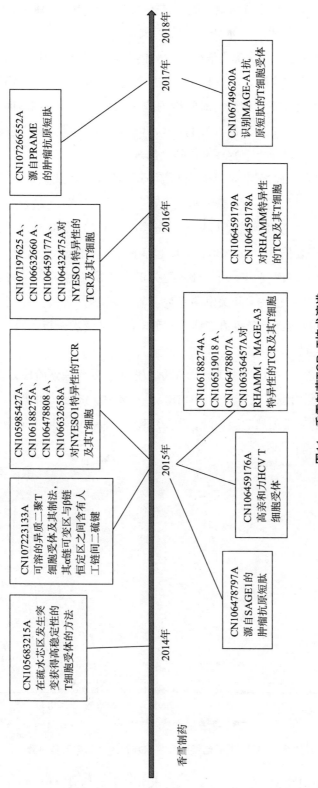

图11　香雪制药TCR-T技术演进

的成功获批上市，CAR－T 肿瘤细胞免疫疗法不断刊登在各大报纸杂志头条，当之无愧地成为医药产业的明星技术，学术研究、临床试验以及专利申请量均进入快速增长期。自 1989 年 Eshhar 研究小组首次提出嵌合抗原受体概念，目前 CAR－T 技术已经发展到了第三代。CAR－T 技术虽被认为是最有前景的肿瘤治疗方式之一，但仍然存在肿瘤抗原靶点特异性不强导致误伤正常细胞，对肿瘤细胞杀伤力过强导致细胞因子风暴，以及治疗成本过高等问题。针对上述问题，人们对 CAR－T 技术不断进行改善和增强，更多类型的 CAR－T 治疗方法以及上下游技术也随之出现。

本节以国家知识产权局的专利检索与服务系统（S 系统）为数据采集系统，以 CAR－T 细胞免疫治疗技术相关关键词如"嵌合抗原受体"等，结合肿瘤相关关键词如"癌""瘤""白血病"等及肿瘤适应证相关分类号 A61P35 等各种表达作为主要检索要素，在中国专利文摘数据库（CNABS）、德温特世界专利索引数据库（DWPI）进行检索，数据截止日期为 2018 年 7 月 31 日，经关键词二次筛选及人工去噪，共检索获得 CAR－T 肿瘤细胞免疫治疗技术相关发明专利申请 1339 项。

（二）CAR－T 肿瘤细胞免疫治疗技术专利申请总体情况分析

1. 专利申请总趋势分析

从图 12 可以看出，CAR－T 技术起步虽早，但一直处于摸索阶段，直到 2010 年之后才进入发展的快车道，而 2013 年之后，CAR－T 技术的发展更是呈现出井喷之势。中国有关 CAR－T 技术的研发虽然起步较晚，但 2013 年以后在该领域申请量增速明显，与全球在该领域的增速相当。

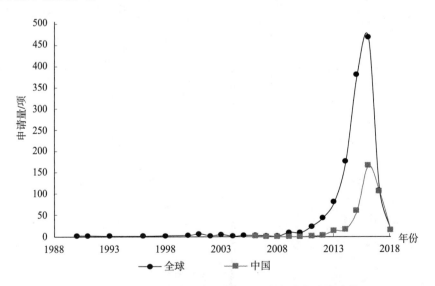

图 12　CAR－T 肿瘤细胞免疫治疗技术全球申请量趋势

2. CAR－T 肿瘤细胞免疫治疗技术不同技术分支申请趋势分析

为进一步了解热点技术 CAR－T 的特点，笔者按照涉及的技术手段对 CAR－T 肿瘤细胞免疫治疗技术进行了分解，如表2所示，其可进一步分为以下五类：CAR－T基础技术、CAR－T优化技术、载体优化技术、联合治疗技术及辅助技术。

表2　CAR－T肿瘤细胞免疫治疗技术分解示意

一级技术分支	二级技术分支	技术内涵
CAR－T	CAR－T基础技术	能明确划入一代至三代技术，不改变CAR的基础结构，仅对CAR的基础部件进行替换和改进
	CAR－T优化技术	不能明确划入一代至三代技术，在CAR的基础结构上引入新的部件，或构建新的CAR结构，或对表达CAR的T细胞进行改进或修饰
	载体优化技术	对表达CAR的载体的构建及改进
	联合治疗技术	CAR－T与其他药物的联合使用
	辅助技术技术	CAR－T细胞的制备、活性检测、相关仪器设备等外围技术

如图13所示，进一步对各技术分支分析可知，CAR－T基础技术起步于1990年，其后依次是载体优化技术、辅助技术、CAR－T优化技术和联合治疗技术。但2013年之前各技术分支的发展都十分缓慢，主要在于基础技术和优化技术。而2013年之后，各技术分支几乎同时开始了井喷式发展。根据申请量占比可知，CAR－T基础技术和CAR－T优化技术一直是研究的重点，而有关载体的优化虽起步于1993年，但其申请量优势并不明显，并不属于研发的重点和热点。

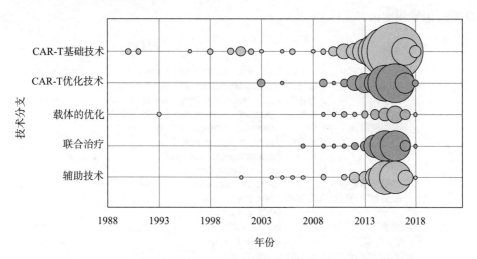

图13　CAR－T肿瘤细胞免疫治疗技术全球各技术分支全球申请趋势

3. 技术来源地和专利布局地分布

从图14可以看出，经济和科研实力雄厚的美国贡献了该领域专利技术的半壁江山，

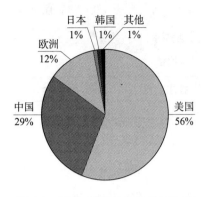

图14　CAR－T肿瘤细胞免疫治疗
技术来源地分布

中国以29%的占比超越欧洲，位居第二，虽与美国仍存在差距，但可以看出我国在该领域发展迅速。从前述申请趋势分析可知，近5年正是CAR－T细胞免疫疗法研发的黄金时期，各国几乎处于同一起跑线，因此，在该领域我国极有希望实现弯道超车。

图15中的数据显示，作为最大技术来源地的美国同样也是排名第一的专利布局地，紧跟其后的依次是中国、加拿大、欧洲、澳大利亚、日本、韩国等。可以看出，与TCR－T技术相似，CAR－T技术的专利布局地同样多是人口众多、技术雄厚或经济实力强大的国家和地区，这些地区的肿瘤治疗需求及经济负担能力决定了其始终是CAR－T、TCR－T等肿瘤细胞免疫技术的主要目标市场。

4. CAR－T肿瘤细胞免疫治疗技术重要申请人分析

（1）申请人总排名分析

笔者统计了CAR－T肿瘤细胞免疫治疗技术中全球申请量超过15项的申请人（见图16），其中，美国占据12席，中国占据3席，欧洲占据3席。而全球排名前十的申请人中，中国仅占1席。由此可以看出，国内在CAR－T技术上虽然有了一定的积累，但与美欧发达国家相比仍有差距。

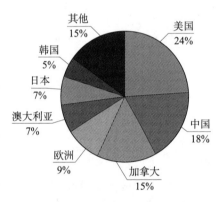

图15　CAR－T肿瘤细胞免疫治疗
技术专利布局地分布

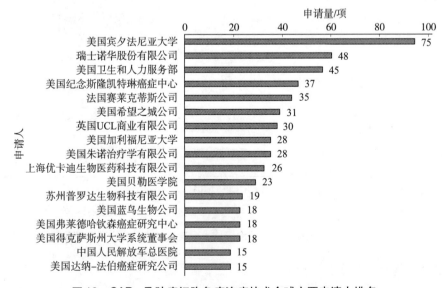

图16　CAR－T肿瘤细胞免疫治疗技术全球主要申请人排名

（2）不同技术分支申请人分布分析

通过图17可以看出，源自美国和欧洲的申请的技术分支分布与全球技术分支分布较为接近，且CAR－T优化技术与CAR－T基础技术的比例均超过1∶3，欧洲甚至接近1∶1，而中国的这一比例则明显偏低。CAR－T基础技术及优化技术是该技术的精髓所在，也是研究的热点。不同技术分支的侧重实际体现了除量之外，各国在CAR－T技术发展中"质"的差别。

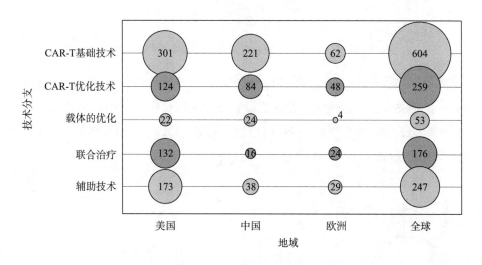

图17　中美欧 CAR－T 细胞免疫治疗技术分支分布分析

注：圈中数字表示申请量，单位为项。

中国目前大量的申请仍集中于CAR－T基础技术，这与我国在该技术研发进程中起步较慢有关。中国申请人今后还应加强在CAR－T优化技术、联合治疗及辅助技术三个方面的投入和研发。

（三）CAR－T 肿瘤细胞免疫治疗重点技术分析

根据前述分析结果，CAR－T基础技术和CAR－T优化技术一直是研发的重点和热点，申请量占据绝对优势，且其也是CAR－T技术创新优异点特别突出的两个分支，本节将进一步对这两个分支的重点技术进行详细分析。

1. CAR－T 肿瘤细胞免疫治疗基础技术分析

（1）总体情况分析

CAR－T肿瘤细胞免疫治疗基础技术相关专利申请共604项。从图18来看，其中超过80%的申请都涉及胞外抗原结合区的改进或优化，而涉及胞内信号转导区和跨膜结构改进或优化的专利申请占比分别仅为7%和2%。可以看出，全球对于基础CAR－T结构技术的研究主要集中于其胞外抗原结合区，即主要针对不同的肿瘤表面抗原进行研究和优化。

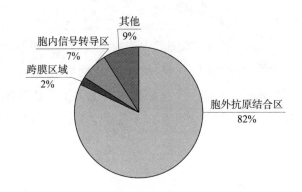

图18　CAR－T细胞免疫治疗技术基础技术专利申请的分布

根据图19的数据可以获知，在2013年前CAR－T胞外结合区相关研究还处于萌芽期，仅有少量相关专利申请提出。在此阶段，我国国内仅有上海中信国健药业有限公司提出了关于靶向ERB2的嵌合抗原受体的申请。随后，CAR－T胞外结合区相关研究迅速发展，于2016年达到了申请量的高峰。

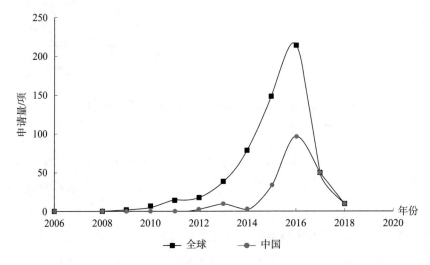

图19　关于靶向抗原蛋白的CAR－T专利申请趋势

我国关于CAR－T胞外抗原结合区的专利申请相较于全球发展水平来说，是相对滞后的。2011年，国内申请人才开始陆续针对靶向不同抗原的CAR－T胞外抗原结合区提出专利申请。根据图20我国申请人占据全球申请量的百分比数据可以获知，国内申请人关于CAR－T胞外抗原结合区的专利申请量增长极为迅速，2016年的年申请量就已经接近全球年申请总量的50%。

（2）CAR－T主要基础技术胞外结合区相关专利申请分析

1）全球专利申请分析

统计涉及CAR－T胞外抗原结合区的专利申请，发现总共498项专利申请中涉及211个靶向的抗原蛋白。其中，如表3所示，超过50项专利申请中都涉及针对CD19的胞外

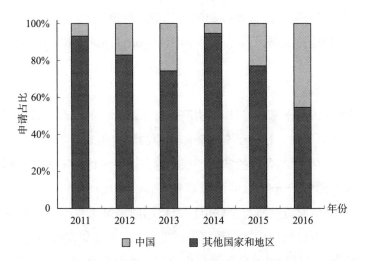

图20　关于靶向抗原蛋白的 CAR‐T 申请占比

抗原结合区，其次依次为 Her 家族、BCMA、EFGT、CD20 等；而大多数肿瘤抗原蛋白都仅有1~3项相关申请。因而对于采用新肿瘤抗原用于 CART 治疗的研究和改进主要表现为两个方面：一是对于研究已经较为成熟的抗原蛋白结合区的不断优化和改进；二是发现新的抗原蛋白。

表3　全球申请量大于10项的靶向抗原蛋白

抗原蛋白	相关申请量/项	适应证
CD19	51	淋巴瘤、急慢性淋巴瘤白血病
HER 家族	22	肾癌、胆管癌、乳腺癌等实体瘤
BCMA	20	多发性骨髓瘤
EGFR	16	非小细胞肺癌、胆管癌等实体瘤
CD20	14	B 细胞非霍奇金淋巴瘤
GPC‐3	13	肝癌
CD123	12	急性髓性白血病
CD30	10	非霍奇金淋巴瘤
CD33	10	急性髓性白血病
ROR 家族	10	卵巢癌、乳腺癌、淋巴瘤、白血病等

在申请量超过10项的较为成熟的肿瘤表面抗原中，CD19、BCMA、CD20、CD123、CD30、CD33 等均是血液瘤细胞所特有的表面抗原，即目前研究较多较为透彻的 CAR‐T 胞外抗原结合区的专利申请都集中在淋巴瘤、白血病、骨髓瘤等血液瘤中。在靶向实体瘤癌细胞的基础 CAR 结构方面，选用实体瘤中广泛表达的人类表皮生长因子受体（Human epidermal growth factor receptor，HER）家族蛋白质是研究的主流，除此之外也有

超过 10 项申请涉及肝癌特异性抗原磷脂酰肌醇蛋白聚糖 3 （glypian - 3，GPC - 3）和受体酪氨酸激酶样孤独受体家族（Recombinant Receptor Tyrosine Kinase Like Orphan Receptor，ROR）。

2）国内专利申请分析

目前，我国申请人关于基础 CAR 结构胞外抗原结合区的专利申请有 182 项，其中涉及了 64 个靶向的抗原蛋白，相较于全球靶向抗原的数据相差近 150 个。因而，有很大部分基础 CAR 的特异性抗原结合区的知识产权掌握在国外申请人手中。根据表 4 我国申请人提出的关于胞外抗原结合区的申请量数据可知，CD19、HER 家族、CD20、BCMA、CD30、EGFR 等靶向抗原蛋白质与全球申请趋势相同，说明我国目前针对靶向抗原的申请主要集中在已经研究得较为成熟的肿瘤抗原蛋白中，自主研发的肿瘤抗原蛋白质较少。国内基础 CAR 结构胞外抗原结合区的数据中也有一些我国申请人占据主要申请量的靶向抗原蛋白质，如：癌胚抗原（carcinoembryonicantigen，CEA）和间皮素（mesothelin，MSLN）。

表 4　国内申请量大于 5 项的靶向抗原蛋白

抗原蛋白	相关申请量/项	适应证
CD19	34	淋巴瘤、急慢性淋巴瘤白血病
HER 家族	15	肾癌、胆管癌、乳腺癌等实体瘤
CD20	8	B 细胞非霍奇金淋巴瘤
BCMA	7	多发性骨髓瘤
CD30	7	非霍奇金淋巴瘤
EGFR	7	非小细胞肺癌、胆管癌等实体瘤
CEA	6	肺癌、结直肠癌、乳腺癌、胃癌等实体瘤
MSLN	5	卵巢癌、间皮瘤、胰腺癌等

MSLN 的嵌合抗原受体相关的 5 项专利申请均是我国申请人提出的。其中，专利申请 WO2017032293A1 和 CN106467573A 是由科济生物提出的；专利申请 CN107841506A 和 CN107840891A 则是由上海恒润达生生物科技有限公司提出的。北京马力喏生物科技有限公司在前两家公司公开的靶向 MSLN 位点的技术上，于 2017 年提出了共表达 MSLN 嵌合抗原受体和无功能 EGFR 的转基因淋巴细胞以提高治疗安全性的专利申请。关于结合 MSLN 的 CAR - T 胞外抗原结合区的专利技术目前都掌握在我国生物企业的手中，但是针对这一具有我国自主知识产权的专利技术，专利申请数量较少，专利保护的范围也不全面，且其中仅有 1 件提出了 PCT 申请。可见，我国关于自主知识产权的 CAR - T 技术的专利布局还未完成，国内相关申请人还需要进一步完善已有核心技术的知识产权保护。

除排名前列的热门靶点外，全球关于受体酪氨酸激酶样孤独受体家族（ROR）的专利申请也高达 10 项，该抗原也是关键抗原之一。ROR1 位点最早由塞莱克蒂斯公司于 2015 年 7 月提出，并指出 ROR1 特异性的嵌合抗原受体能够用于治疗淋巴瘤、白血病等血液瘤，也可以用于治疗乳腺癌、结肠癌、肺癌、肾癌等实体瘤，并对胞外结合区的单克隆抗体序列进行了优化。随后，2015～2016 年，美国的一些生物医药企业以及科研院所也迅速提出了特异性结合 ROR1 或 ROR2 的嵌合抗原受体。该现象反映了针对一个肿瘤抗原蛋白家族的 CAR－T 基础技术，往往有较多的研发者投入其中，这些研发结果也都是在短时间内呈爆发式出现，因而彼此竞争激烈。我国仅有北京康爱瑞浩生物科技股份有限公司提出过针对 ROR1 的特异性嵌合抗原受体的申请，其余均为国外申请。可见，在针对 CAR－T 胞外结合区结合不同肿瘤表面抗原技术进行研发时，更应当注重时效，重视保护。

我国在基础 CAR－T 技术领域的申请量目前相对来说占据一定优势，但是主要研发还是集中在已经研究成熟的抗原蛋白位点上，还有很多国外申请人已经提出申请的抗原蛋白结合位点值得我们借鉴，同时也应着力于开发新的抗原位点。

2. CAR－T 肿瘤细胞免疫治疗优化技术分析

尽管 CAR－T 技术对血液肿瘤治疗疗效极为显著，但在恶性实体瘤的治疗中应用还比较有限，在临床应用中可能产生针对正常组织细胞的误攻击，或由于大量释放炎性细胞因子引起"细胞因子风暴"等毒副作用。为提高 CAR－T 治疗的可控性和安全性，全球许多科学家正努力采取不同策略对 CAR－T 细胞进行优化。

（1）全球专利申请分析

在 CAR－T 优化技术方面的申请量多达 259 项，可见，该技术领域存在着巨大的商业价值，吸引了众多创新主体参与其中进行相关的研究创新。统计全球细胞免疫治疗优化技术中申请量 7 项以上的申请人。从图 21 所示数据可知，从专利申请量来看，法国塞

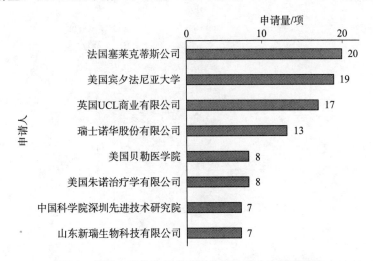

图21　CAR－T优化技术全球主要申请人申请量排名

莱克蒂斯公司以 20 项的申请量位居全球第一，美国宾夕法尼亚大学以 19 项的申请量居于第二。从图 22 可知，相对于国外申请人自 2011 年就进入 CAR－T 优化技术领域而言，我国在该领域的起步较晚，但很快，国内申请人也抓住机遇开始关注该领域，并且在全球开始占有一席之地，中国科学院深圳先进技术研究院（以下简称"先进技术研究院"）以 7 项的申请量位居全球第五名。

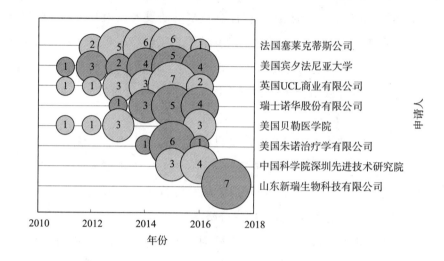

图22　CAR－T 优化技术全球主要申请人申请量年份分布

注：圈中数字表示申请量，单位为项。

（2）全球专利申请主要技术分析

从改进角度来看，CAR－T 优化技术主要集中在多靶点修饰、可控元件修饰、免疫检查点修饰、免疫排斥相关基因修饰、辅助基因共表达等几方面，从图 23 的数据可获知，多靶点修饰和可控元件修饰属于 CAR－T 优化的研究热点。

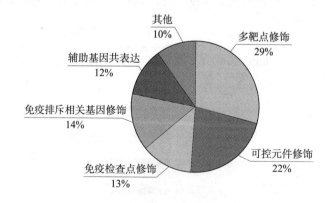

图23　CAR－T 优化技术专利申请技术分布

1）多靶点修饰

因难以找到只在肿瘤细胞中表达而不在正常组织中表达的靶位，任何单一靶标治疗方案均无法在攻击肿瘤细胞的同时不攻击正常组织；而利用多个在肿瘤组织中高表达的靶标，则只有在多个靶标同时高表达时才激活 CAR－T 并对肿瘤细胞进行杀伤而不攻击正常组织，因此，多靶点修饰的 CAR－T 备受科学家青睐。多靶点修饰技术一共有 78 项申请，其相关申请人分布如图 24 所示。

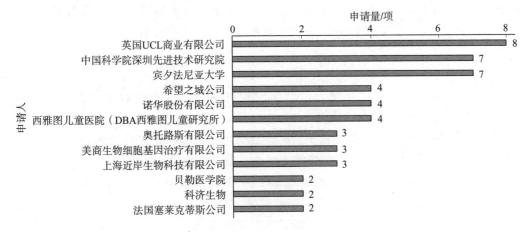

图 24　多靶点修饰优化技术申请人排名

　　英国 UCL 商业有限公司以其 8 项申请居于领先之位，其发明主要涉及在 T 细胞中表达两种结合不同抗原靶点的嵌合抗原受体 CAR。在专利申请 CN107002045A 中公开了在细胞表面共表达第一和第二嵌合抗原受体 CAR 嵌合抗原受体，每个 CAR 包含不同的抗原结合结构域，其中第一 CAR 的抗原结合结构域结合 CD19 且第二 CAR 的抗原结合结构域结合 CD22。而在 WO2016174406A1 中公开了将两个结合不同抗原靶点的 CAR 通过切割位点相连，一个 CAR 铰链区包含活化结构域，另一个 CAR 铰链区包含抑制性结构域，在不存在第二抗原的情况下，实现了触发的紧密控制。

　　先进技术研究院以 7 项申请与美国宾夕法尼亚大学并列第二，其在专利申请 CN107556388A 中公开了一种双特异性靶向抗体，能特异地识别并结合 CD44v6 抗原和 CD44v6 过表达的肿瘤细胞（包括肝癌在内的 CD44v6 阳性肿瘤等），同时也能结合 T 细胞受体，在 T 细胞与肿瘤细胞之间形成免疫突触，发挥 TCR 的功能，从而激活 T 细胞免疫机制杀死靶细胞。同时该公司也在另外几项专利申请中公开了由 GPC3、EGFRvIII、HVB、cMet、IGF1R、EpCAM 分别与 CD3 形成的双靶向抗体。

　　除前述主要申请人外，较有特色的研究还有贝勒医学院在专利申请 US2016303230A1 中公开的一个嵌合抗原受体 CAR 中同时包含两种或多种不同的对肿瘤抗原特异的抗原识别结构域，其中一种肿瘤抗原组合为 EphA2、IL13Rα2、Tem8。英国 UCL 商业有限公司在专利申请 WO2015075470A1 中公开了一种共表达第一和第二嵌合抗原受体 CAR 的 T 细胞，其中一个是包含活化性细胞内 T 细胞信号传导域的活化性 CAR，另一个是包含抑制性细胞内 T 细胞信号传导域的抑制性 CAR，抑制性内域可包含 ITIM 域、蛋白质－酪氨酸磷酸酶的一部分、PTPN6 的全部或一部分。

2）可控元件修饰

CAR－T 靶向治疗时，当太多的信号转导达到阈值后，引发体内强烈的免疫应答可能会产生"细胞因子风暴"等重症，甚至引起患者死亡。因此，在 CAR－T 设计中添加可调控元件，对 CAR－T 活性的开关、强弱进行调控是 CAR－T 技术需重点优化之处。可控元件修饰技术一共包括 57 项申请，其相关申请人排名如图 25 所示。

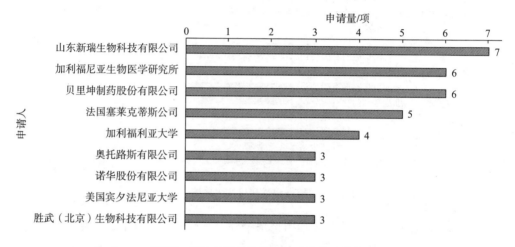

图 25　可控元件修饰优化技术申请人排名

山东新瑞生物科技有限公司（以下简称"新瑞生物"）在该领域以 7 项申请领先其他的申请人，其基于自杀基因单纯疱疹胸腺嘧啶激酶（HSV－TK）构建活性"开关"元件，在 CN107164412A 中描述了含有 Leader scFv（CEA）CD8 CD137 CD3ζ T2A HSV TK 编码基因的安全型抗 CEA 嵌合抗原受体修饰的 T 细胞；在更昔洛韦诱导后，含有重组嵌合抗原受体的 T 细胞裂解死亡以实现更昔洛韦控性的"关"作用，因而可通过注射更昔洛韦来预防和治疗 CAR－T 的不良反应。紧随其后的贝里坤制药股份有限公司在专利申请 WO2014197638A2 中公开了在嵌合抗原受体 CAR－T 细胞中植入可诱导的多聚化区和凋亡基因 Caspase9，在副效应发生时诱导细胞凋亡。同时，加利福尼亚生物医学研究所在 WO2018075807A1 中公开了人源化嵌合抗原受体－效应细胞（CAR－EC）开关，其包含与 CAR－EC 上的嵌合抗原受体相互作用的嵌合抗原受体相互作用结构域以及在靶细胞上结合 CD19 的人源化靶向部分，以提供更安全和通用的免疫疗法。

除前述主要申请人外，法国塞莱克蒂斯公司作为优化技术主要研究者，在可控元件修饰优化中也有所涉猎，其在专利申请 WO2018073394A1 中公开了一种 CAR－T 细胞，包含至少一个来源于肿瘤坏死因子（TNF）超家族的跨膜受体的死亡结构域以诱导嵌合抗原受体的细胞死亡，并且死亡结构域的修饰涉及减弱的自缔合和/或对于 FADD 或 TRADD 的结合；获得的含有死亡结构域的 CAR－T 能提高 CAR 安全性。此外，英国

UCL 商业有限公司在 CN106573989A 中公开了一种包含受体组分和细胞内信号转导组分的嵌合抗原受体信号转导系统，其在细胞内信号转导组分中包含信号转导结构域和特异性结合受体组分的第一和第二结合结构域，在外源试剂存在情况下，第一和第二结合结构域的结合被破坏，当试剂不存在时，受体组分和信号转导组分异二聚化，两者的结合导致信号转导。

3）其他优化技术

除申请量较多的多靶点修饰技术及可控元件修饰技术以外，能够增强系统抗击实体瘤方法的免疫检查点修饰优化技术、减少排异反应的免疫排斥相关基因修饰优化技术以及增强疗效的辅助基因共表达技术等也是研发的重点。

优化技术中，免疫检查点修饰技术、免疫排斥相关基因修饰技术各有 35 项申请，辅助基因共表达优化技术有 30 项，其他技术共 26 项。其中，免疫检查点修饰技术、免疫排斥相关基因修饰技术及辅助基因共表达优化技术主要申请人排名如图 26 所示。

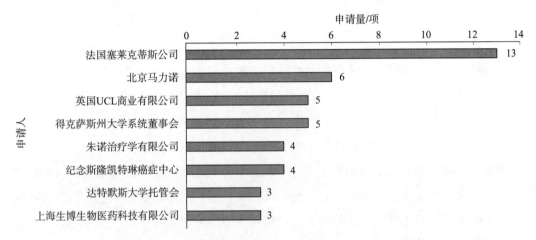

图 26　免疫检查点修饰技术等其他优化技术主要申请人排名

如图 26 所示，法国塞莱克蒂斯公司除多靶点和可控元件修饰等主流优化技术外，其研发也涉及前述其他三种优化。在免疫检查点方面，2014 年，其首先在专利申请 WO2014184744A1 中公开了利用失活至少两种编码免疫检查点蛋白质的基因来工程化用于免疫治疗的高活性 T 细胞，其通过设计特定的 TALE 核酸酶定向失活两种免疫检查点蛋白质（如 PD1 和 CTLA － 4），特异地阻断检查点信号通路从而避免由于抗体对患者的免疫系统的非特异性影响的不良事件。而在免疫排斥相关基因修饰方面，法国塞莱克蒂斯公司在专利申请 CN104718284A 中公开了通过在原代细胞中失活 TCRα 或 β 基因和/或通过结合使编码对于不同免疫抑制剂的靶标，特别是针对 CD52 和 GR（糖皮质激素受体）的基因的失活并进一步选择获得了耐所述免疫抑制剂的细胞。

除法国塞莱克蒂斯公司以外，国内外多家公司也在该领域贡献了许多有特色的研究，如朱诺治疗学有限公司在专利申请 WO2017193107A1 中公开了通过 CRISPR 敲除 PD － 1

编码基因 PDCD1 从而降低免疫抑制；与法国塞莱克蒂斯公司 WO2014184744A1 中公开的技术相比，其本质在于通过不同的方法降低 PD-1 的表达，从而调控 T 细胞活性。特希生物制药有限公司在专利申请 EP3283620A1 中公开了一种嵌合抗原受体 CAR 修饰的 γδT 细胞，当所述嵌合抗原受体不包含 CD3ζ 信号转导结构域时，被修饰的 γδT 细胞将仅对提供配体以便活化 γδT 细胞受体 TCR 的靶细胞产生细胞溶解，该工程化 T 细胞可合成受体以识别和靶向特定的抗原靶位而不依赖 HLA 限制。

而在国内，上海优卡迪生物医药科技有限公司在专利申请 CN108148862A 中公开了一种封闭免疫抑制性受体 PD-L1 的用于抑制免疫逃脱的 CAR-T 转基因载体，在人 T 淋巴细胞内表达细胞程式死亡配体 PDL1 的 scFv，使得肿瘤细胞的 PD-L1 不能与 T 细胞的 PD1 结合从而阻断免疫负调节信号通路，抑制肿瘤免疫逃逸，是非常有特色的优化技术之一。

四、结论和建议

尽管 TCR-T 和 CAR-T 两项技术在肿瘤细胞免疫治疗领域优势不同，但两项技术基本同期起步，都经历了 10 多年较为缓慢的增长过程。TCR-T 技术申请量变化受临床实验安全性影响较大，直到 2014 年临床试验安全性得以确认之后才带来了高速增长；CAR-T 受其技术本身的发展限制，也是在 2013 年以后才取得较大突破。

两项技术最大的技术来源地均为美国，欧洲和中国分别在 TCR-T 技术和 CAR-T 技术领域紧随美国成为主要的技术来源地。两项技术的主要技术布局地均为美国、欧洲、中国、澳大利亚、日本等人口基数较大及经济实力较强的国家或地区，主要原因在于这些国家庞大的肿瘤治疗需求以及经济负担能力可以支撑其较大的市场。

两项技术的重要申请人绝大多数为科技实力雄厚的生物制药公司，少数为科研机构，且各自的研究重点不同，不存在明显的竞争关系。

TCR-T 重点技术主要集中在靶点抗原的筛选，癌睾丸抗原、肿瘤分化抗原等抗原是其技术研发的重要着眼点。CAR-T 技术创新的主要着眼点在 CAR-T 基础技术和 CAR-T 优化技术，其中基础技术研究中对胞外结合区的研究吸引了该领域绝大部分创新者的视线；而优化技术的研究相对更为均衡，除多靶点修饰、可控元件修饰因关系杀伤准确度而得到重视外，其他的优化技术如免疫检查点修饰、免疫排斥相关基因修饰以及辅助基因共表达也是研究人员关注的技术点。

我国在 TCR-T 技术方面的研究优势不如在 CAR-T 领域明显，相对来说技术热度不高，仅有香雪制药及北科生物具有一定的研发实力，这是机遇，也是挑战。在全球 TCR-T 技术临床实验安全性得到突破的大趋势下，国内创新者应当把握机会，投入更多的研发实力到该领域，以在前人的研究成果上取得更快突破。在 CAR‑T 技术上，中国是仅次于美国的技术来源地，我国在该领域已经具备了一定的实力，出现了以先进技术研究院、新瑞生物为代表的重要申请人，但总体而言，虽然申请量有优势，但实际研究起步较晚且研究方向较为单一和集中，这也是该技术国内在"质"方面暂时不及国外的地方。此外，国内外申请人在涉猎的研究目标上虽然有所重叠，但采用的手段有所差异，不存在明显的竞争格局。

综上，对于我国制药企业来说，为了能在造福国民的同时及时抢占肿瘤细胞免疫治疗领域庞大的市场，除了在技术上要加强投入外，还应当充分保护自己已经形成的技术优势，及时占有知识产权，注重运用专利布局对创新成果进行有效保护，以实现弯道超车。

参考文献

[1] 苏燕，许丽，王力为，等. 免疫细胞疗法产业发展态势和发展建议 [J]. 中国生物工程杂志，2018，38（5）：104‑111.